기본 천문학 제6판

Hannu Karttunen, Pekka Kröger,
Heikki Oja, Markku Poutanen,
Karl Johan Donner 편저
강혜성, 민영기, 윤홍식, 이수창,
장헌영, 전명원, 홍승수 공역

KB144402

Σ 시그마프레스

기본천문학, 제6판

발행일 | 2019년 8월 20일 1쇄 발행
2020년 2월 3일 2쇄 발행

편저자 | Hannu Karttunen, Pekka Kröger, Heikki Oja
Markku Poutanen, Karl Johan Donner
역 자 | 강혜성, 민영기, 윤홍식, 이수창, 장헌영, 전명원, 홍승수
발행인 | 강학경
발행처 | (주)시그마프레스
디자인 | 고유진
편 집 | 문승연

등록번호 | 제10-2642호
주소 | 서울특별시 영등포구 양평로 22길 21 선유도코오롱디지털타워 A401~402호
전자우편 | sigma@spress.co.kr
홈페이지 | http://www.sigmapress.co.kr
전화 | (02)323-4845, (02)2062-5184~8
팩스 | (02)323-4197
ISBN | 979-11-6226-214-6

Fundamental Astronomy 6th Edition

Translation from English language edition: Fundamental Astronomy edited by Hannu Karttunen, Pekka Kröger, Heikki Oja, Markku Poutanen and Karl Johan Donner
Copyright ⓒ Springer-Verlag Berlin Heidelberg 2017
This Springer imprint is published by Springer Nature
The registered company is Springer-Verlag GmbH
All Rights Reserved.

Korean language edition ⓒ 2019 by Sigma Press, Inc. published by arrangement with Springer-Verlag GmbH

이 책은 Springer-Verlag GmbH와 (주)시그마프레스 간에 한국어판 출판 · 판매권 독점 계약에 의해 발행되었으므로 본사의 허락 없이 어떠한 형태로든 일부 또는 전부를 무단복제 및 무단전사할 수 없습니다.

* 책값은 뒤표지에 있습니다.
* 이 도서의 국립중앙도서관 출판예정도서목록(CIP)은 서지정보유통지원시스템 홈페이지(http://seoji.nl.go.kr)와 국가자료공동목록시스템(http://www.nl.go.kr/kolisnet)에서 이용하실 수 있습니다.(CIP제어번호 : CIP2019028868)

역자서문

1991년 이 책의 초판이 우리말로 번역되어 출간되었고, 2008년에 제5판의 번역본이 출간되었다. 2016년 제6판이 출간됨에 따라 그 번역본을 다시 출간하게 되었다. 천문우주과학의 최신 정보를 담고 있는 본 개정판의 출간을 학계와 교육계는 반갑게 맞이해 주리라 믿는다.

21세기를 넘어오면서 천문학은 비약적으로 발전해 왔다. 허블우주망원경을 비롯하여 적외선에서 감마선에 이르는 다파장 영역의 우주망원경들은 더 먼 우주의 모습을 더욱 정밀하게 관측할 수 있게 하였다. 그리고 WMAP 위성을 이용한 우주배경복사의 측정은 정밀 우주론 시대를 열어주었다. 현재 지상의 광학망원경은 구경 10m급이 주류를 이루고 있으며, 차세대 관측기기로 30m급 망원경의 건설이 추진되고 있다. 우주전파 관측을 위해서 대형 전파간섭망원경이 우리나라를 비롯하여 세계 곳곳에 세워지고 있다. 한편, 슈퍼컴퓨터의 기억용량과 연산속도가 급격하게 향상됨에 따라, 천체물리학 이론들이 시뮬레이션을 통하여 검증되고 더욱 정교해지고 있다. 우주 초기에 미세한 밀도요동이 성장하여 은하와 은하단이 형성되는 과정으로부터 태양계에서 행성이 만들어지는 과정까지 다양한 문제들을 좀 더 사실에 가까운 조건에서 계산할 수 있게 되었다. 또한 세계 각국은 국제우주정거장을 거점으로 다양한 우주탐사 프로젝트를 진행하고 있으며, 일본과 중국 등 주변 국가들도 우주개발에 박차를 가하고 있다.

2008년 제5판이 출간된 이후 가속팽창 우주모형은 표준 우주론으로 자리 잡았다. 외부 은하에 속한 제Ia형 초신성의 관측을 이용하여 가속팽창의 관측적 증거를 제시하였던 Saul Perlmutter, Brian P. Schmit, Adam G. Reiss 등은 2011년 노벨 물리학상을 수상하였다. 그 이후 세계의 주목을 가장 많이 끌었던 천문학적 발견은 레이저간섭 중력파관측소(Laser Interferometer Gravitational Wave Observatory, LIGO)가 2015년 9월 블랙홀-블랙홀 충돌의 결과로 방출된 중력파를 검출한 것이다. 이처럼 중력파의 존재를 처음으로 입증한 공로로 Rainer Weiss, Barry C. Barish, Kip S. Thorne 등은 2017년 노벨 물리학상을 수상하였다. 이와 같이 우주를 향한 인류의 호기심과 탐구는 21세기의 첨단과학을 선도해 나갈 것이다. 비록 작은 발걸음이지만 우리도 세계의 시민으로서 그 커다란 흐름에 동참하게 될 것이며, 앞으로 천문우주과학 관련 전문 인력의 수요는 크게 늘어날 전망이다.

지난 27년간 이 책은 천문우주과학에 입문하려는 학생들에게 천문학의 기본개념을 명료하게 제시하고 광범위한 분야를 소개해 주었으며, 천문학에 관심을 갖고 있는 다른 분야 학생들에게는 우주의 신비를 소상히 안내해 주었다. 아무쪼록 본 개정판이 대학 수준의 천문학 입문서의 역할을 충실히 하고, 젊은 과학도의 천문학에 대한 관심과 열정을 북돋아 미래의 천문학자를 양성하는 데 작은 도움이 되기를 바란다.

본 개정판에는 과학사에서 학문의 흐름을 파악하기 쉽도록 학자의 이름 뒤에 생몰연도를 표시하였으며, 한국천문학회가 발행한 천문학 용어집을 참고하여 모든 용어는 우리말로 표기하였다. 까다로운 전문용어의 번역 및 선정에 도움을 주시고 아낌없는 격려를 보내 주신 동료 연구자들에게 깊은 감사를 드린다.

끝으로 이 책의 발간을 맡아 주신 (주)시그마프레스 관계자 여러분께 심심한 사의를 표한다.

2019년 8월

역자 일동

제6판의 편저자 서문

이 책은 제목이 말해 주듯이 변하지 않고 남아 있을 것으로 기대되는 기본적인 것들을 다루고 있다. 하지만 천문학은 지난 수년간 엄청나게 진화했으며, 이 책의 몇몇 장 정도만 바뀌지 않고 그대로 남아 있다.

많은 아마추어 천문가들도 이 책을 사용하기 때문에, 제1장 서론에서는 다양한 천체들을 간략하게 요약함으로써 전문적 주제들로 부드럽게 넘어가도록 배려하였다.

제5판에서 태양계에 관한 장이 매우 길었기 때문에, 새 개정판에서 두 장으로 나누었다. 즉 제7장에서는 태양계의 일반적인 특성을 다루고 있고, 제8장에서는 새로운 데이터가 축적됨에 따라 변경되기 쉬운 개개의 천체에 관하여 기술하였다. 한편, 외계행성에 관한 새로운 관측 데이터가 급격하게 증가하고 있고 '천문생물학'과 밀접하게 관련되어 있어서 책의 마지막에 독립된 장으로 '외계행성'을 추가하였다. 앞으로 마지막 두 장은 나머지 부분에 비하여 상대적으로 더 많은 변화를 겪게 될 것이다. 결과적으로 수식과 그림의 번호가 많이 바뀌게 되었다.

우주론과 은하천문학은 여전히 빠르게 진화하고 있다. 따라서 우리은하, 외부은하, 그리고 우주론에 관한 장들에서 많은 부분이 수정되고 추가되었다.

나머지 여러 장들도 부분적으로 수정되었고, 다수의 기존 영상들을 새 것으로 교체하였다.

2016년 4월

헬싱키에서 편저자 일동

초판의 편저자 서문

이 책은 대학에서 기초 천문학 교재로 사용할 수 있도록 쓰였다. 그러나 통속적인 참고서에 만족하지 못하는 수준 높은 아마추어 여러분들도 이 책을 읽으리라 믿는다. 최근 개인용 컴퓨터로 프로그램을 짜기 위해서 정확하고 이해하기 쉬운 수학적인 공식을 필요로 하는 사람들이 늘어나면서, 아마추어를 위한 좋은 참고서의 부족이 문제시되고 있다. 이 책의 독자는 표준 고등학교 수준의 수학과 물리학의 지식을 갖추고 있는 것으로 가정하고 있다. 이보다 높은 수준의 것은 간단한 기본 원리로부터 단계적으로 유도해 놓았다. 여기서 필요한 수학적 배경은 평면 삼각법, 기초적인 미적분학, 그리고(천체역학을 다루는 장에서만은) 벡터 미적분학 등을 포함한다. 독자에게 익숙하지 않은 수학적 개념들은 부록에 간략하게 설명하였으나, 그렇지 못한 것은 곳곳에 삽입되어 있는 연습문제와 예제를 공부함으로써 이해할 수 있을 것이다. 그러나 이 책의 대부분은 수학 지식이 거의 없어도 읽을 수 있고, 비록 독자가 수학이 포함된 부분을 그냥 넘어가더라도 천문학 분야의 개념을 잘 이해할 수 있을 것이다.

이 책은 여러 해에 걸친 강의와 편저자 여러 사람의 작업 결과로 완성된 것이다. 이 책의 초고는 편저자 중 한 사람(Oja)의 강의 노트였다. 이 노트가 후에 다른 편저자들에 의해서 다듬어지고 보강되었다. Hannu Karttunen이 구면천문학과 천체역학에 관한 장을 집필하였고, Vilppu Piirola는 관측기기에 관한 장을 부분적으로 보강하였으며, Göran Sandell은 전파천문학 부분을 집필하였고, 등급, 복사 기작과 온도에 관한 장은 편저자들이 다시 썼고, Markku Poutanen은 태양계에 관한 장을 집필하였고, Juhani Kyröläinen은 항성 스펙트럼에 관한 장을 더 늘렸으며, Timo Rahunen은 항성구조와 진화에 관한 장을 대부분 다시 썼고, Ilkka Tuominen은 태양에 관한 장을 수정하였고, Kalevi Mattila는 성간물질에 관한 장을 집필하였고, Tapio Markkanen은 성단과 은하수에 관한 장을 집필하였고, Karl J. Donner는 외부은하에 관한 장의 주요 부분을 집필하였고, Mauri Valtonen은 외부은하의 장 일부분을 집필하였고, Pekka Teerikorpi와 공동으로 우주론의 장을 집필하였다. 마지막으로 이렇게 해서 나온 조금은 균형이 이루어지지 못한 원고들은 편저자들에 의해서 짜임새 있게 다듬어졌다.

이 책의 영어본은 편저자들에 의해서 쓰였다. 일부는 핀란드어의 원본으로부터 번역되었고, 또 일부는 원본에서 발견된 잘못된 부분을 수정하고 최신의 자료를 포함하도록 다시 쓰였다. 이 교과서 중의 작은 활자로 쓴 부분은 중요성은 떨어지지만 독자들에게는 흥미를 끌 수 있는 부분들이다.

그림은 Veikko Sinkkonen과 Mirva Vuori 그리고 몇 곳의 천문대와 개인들로부터 제공받았고, 그들의 이름을 그림 설명에 명시하였다. 실제 작업에서는 Arja

Kyröläinen과 Merja Karsma의 도움을 받았다. 번역의 일부는 Brian Skiff가 검토하고 교정해 주었다. 이 모든 분들에게 심심한 감사를 드린다.

재정적인 지원은 핀란드 정부의 교육부와 Suomalaisen kirjallisuuden edistämisvarojen valtuuskunta(핀란드문학진흥재단)에서 받았다. 이들에게도 감사를 드린다.

1987년 6월
헬싱키에서 편저자 일동

차례

5 복사 기작

6 천체역학

7 태양계

8 태양계 천체

9 항성의 스펙트럼

10 쌍성계와 항성의 질량

11 항성 내부 구조

12 항성의 진화

13 태양

14 변광성

21 천문생물학

22 외계행성

부록

서론 1

구름 없이 맑게 갠 어두운 밤, 도시의 불빛에서 멀리 떨어진 곳에서는 별이 빽빽하게 들어찬 찬란한 하늘을 볼 수 있다(그림 1.1). 하늘에 보이는 이 수천 개의 별빛이 인류의 역사를 통해서 어떻게 인간에게 영향을 미쳐 왔는지는 쉽게 알 수 있다.

인간은 그 존재의 시작과 더불어 하늘을 경외하였다. 고대인들은 종교적 신화와 신들이 보낸 전조와 관련된 인물들을 하늘에서 찾았다. 그러나 이미 수천 년 전부터 종교와 점성술적 미신과 별개로 진짜 천문학이 시작되어 발전해 왔다. 사람들은 하늘을 그 자체로 공부하기 시작한 것이다.

1.1 천체

17세기부터 사람들은 지구가 우주의 중심이 아니라는 것을 깨닫기 시작하였다. 비슷한 시기에, 광활한 거리 때문에 단지 희미한 점으로 보이지만, 별들은 태양과 유사한 천체라는 현대적 관점이 등장하였다. 우리는 태양과 별들이 뜨겁고 빛을 내는 기체의 구(球)이며, 수소를 헬륨과 중원소로 융합하면서 에너지를 생산한다는 것을 알고 있다(제11장).

사실 별들은 엄청난 속력으로 움직이고 있으나, 광대한 거리 때문에 수천 년이 지나도 하늘은 변하지 않는 것처럼 보인다. 태양과 달 이외에도 별들에 대하여 상대적으로 움직이는 천체들이 있는데, 방황하는 사람을 의미하는 그리스 단어를 따서 행성(planets)이라 불렀다.

천구상에서 빠르게 움직인다는 것은 행성들이 별들보다 매우 가깝게 있다는 것을 의미한다. 실제 행성은 태양 주변을 돌고 있는 천체이다. 현재의 정의에 의하면(제7장) 태양 주변에는 8개의 행성이 있다 : 수성, 금성, 지구, 화성, 목성, 토성, 천왕성, 해왕성. 비교적 큰 천체인 행성 이외에도 태양을 돌고 있는 많은 다양한 작은 천체들이 있다 : 왜소행성, 소행성, 혜성, 유성체(제8장). 대부분의 행성은 위성 또는 달을 갖고 있다. 행성, 달, 소천체들은 핵융합으로 스스로 빛을 만들지 않고, 대신 태양 빛을 반사하여 빛을 낸다.

태양계의 중심에서 태양은 핵융합 반응으로 에너지를 생산한다(제13장). 태양은 우리에게서 가장 가까운 항성으로 태양의 연구로부터 다른 별의 상태를 추정할 수 있다.

육안으로 볼 수 있는 별의 수는 고작 수천 개지만, 작은 망원경만 사용해도 수백만 개의 별을 볼 수 있다. 별들은 관측되는 특성에 따라서 분류될 수 있다. 대부분의 별들은 태양과 같고, 이러한 별들을 **주계열성**(main sequence stars)이라고 한다. 그러나 어떤 별들은 훨씬 큰 **거성**(giants)이나 **초거성**(supergiants)이고, 어떤 것은 훨씬 작은 **백색왜성**(white dwarfs)이다. 별의 형태 차이는 별이 진화함에 있어 다른 단계에 있음을 나타낸다.

그림 1.1 별이 빛나는 하늘의 찬란함은 도시의 광해로부터 멀리 떨어진 곳에서만 볼 수 있다. (사진출처 : Pekka Parviainen)

그림 1.2 플레이아데스는 가장 유명한 산개성단 중 하나이다. 가장 밝은 6개의 별은 육안으로도 쉽게 볼 수 있다. 사진은 별빛을 반사하는 주변의 성간기체를 드러나게 하고 있다. (사진출처 : NASA, ESA, AURA/Caltech, 팔로마 천문대)

많은 별들은 **변광성**(variable stars)으로 이 별들의 밝기는 시간에 따라 변한다.

천문학자들에 의해서 연구되는 가장 새로운 천체들 중에는 **밀집성**(compact stars), 즉 **중성자별**(neutron stars)과 **블랙홀**(black holes, 일명 **검은구멍**)이 있다. 이 별들에는 물질이 고도로 농축되어 있고 중력장이 너무 강해서 아인슈타인(Albert Einstein, 1879-1955)의 일반상대성 이론이 물질과 공간을 기술하는 데 사용되어야 한다.

태양은 외톨이 별이지만, 많은 별들은 **쌍성계**(binary stars)에 속하여 공통의 질량중심을 중심으로 궤도운동을 한다(제10장). 또한 여러 개의 별들로 이루어진 다중성계도 비교적 흔하게 나타난다.

더 많은 별들의 집합은 성단(star clusters)이다(제17장). **산개성단**(open clusters, 그림 1.2)은 보통 수백에서 수천 개의 별들을 포함한다. 비교적 최근에 같은 공간 영역에서 함께 태어났지만 결국에는 각자 자신의 길로 갈라지게 된다.

구상성단(globular clusters, 그림 1.3)은 수십만에서 수

그림 1.3 헤라클레스자리의 구상성단 M13은 100만 개가 넘는 별을 갖고 있다. 이 성단은 육안으로 보면 작고 뿌연 흔적처럼 보인다. (사진출처 : Palomar Observatory)

백만 개의 매우 늙은 별들을 포함한다.

성간 공간은 우리가 통상적으로 생각하는 완벽한 진공에 매우 가깝다. 그러나 완전히 비어 있는 것은 아니고, 주성분인 수소와 헬륨 원자와 더불어 미량의 중원소, 분자, 티끌로 구성된 성간물질(interstellar medium)을 포함한다(제16장). 성간물질은 균일한 안개처럼 공간을 채우는 것이 아니라 거대한 구름들로 이루어졌다(그림 1.4).

성간물질이 응축하여 새로운 별들이 태어난다. 응축된 구름의 밀도, 압력, 온도 등이 충분히 높아지면 핵융합 반응이 시작되어 그 에너지를 방출하여 새 별이 빛나게 된다(제12장). 수백에서 수십억 년이 지나면 에너지원이 고갈되는데, 그 이후의 진화는 별의 질량에 따라 달라진다. 가장 가벼운 별들은 냉각해서 희미해지지만, 무거운 별들은 행성상성운(planetary nebular)으로 질량의 일부분을 성간 공간으로 내보거나 초신성(supernova)으로 폭발한다. 결과적으로 별의 핵융합 반응으로 변환된 물질은 성간물질과 섞이게 된다.

육안이나 쌍안경으로 보았을 때 구별되는 모든 별들은 우리은하(Miky Way, 은하수)에 속한다(그림 1.5, 제18장). 우리은하는 수십억 개의 별들로 이루어진 은하(galaxy)라는 별의 집단이다(그림 1.6, 그림 1.7, 제19장). 우리은하를 빛의 속도로 횡단하는 데 대략 10만 년이 걸린다.

우리은하는 유일한 것이 아니라 수많은 은하 중 하나에 불과하다. 은하들은 우주를 구성하는 기본 단위이다. 은하들은 공간에 균일하게 퍼져 있는 것이 아니라 작은 은하군(galaxy groups), 좀 더 큰 은하단(galaxy clusters), 매우 큰 초은하단(superclusters)의 계층적인 집단을 이루고 있다.

은하들은 우리의 관측이 미칠 수 있는 모든 거리에서 관측된다. 일부 은하의 중심핵은 퀘이사(quasar)로 관측되는데, 그중 가장 먼 것들의 경우에는 지금 우리에게 도달한 빛은 우주의 나이가 현재의 1/10일 때 방출된 것이다.

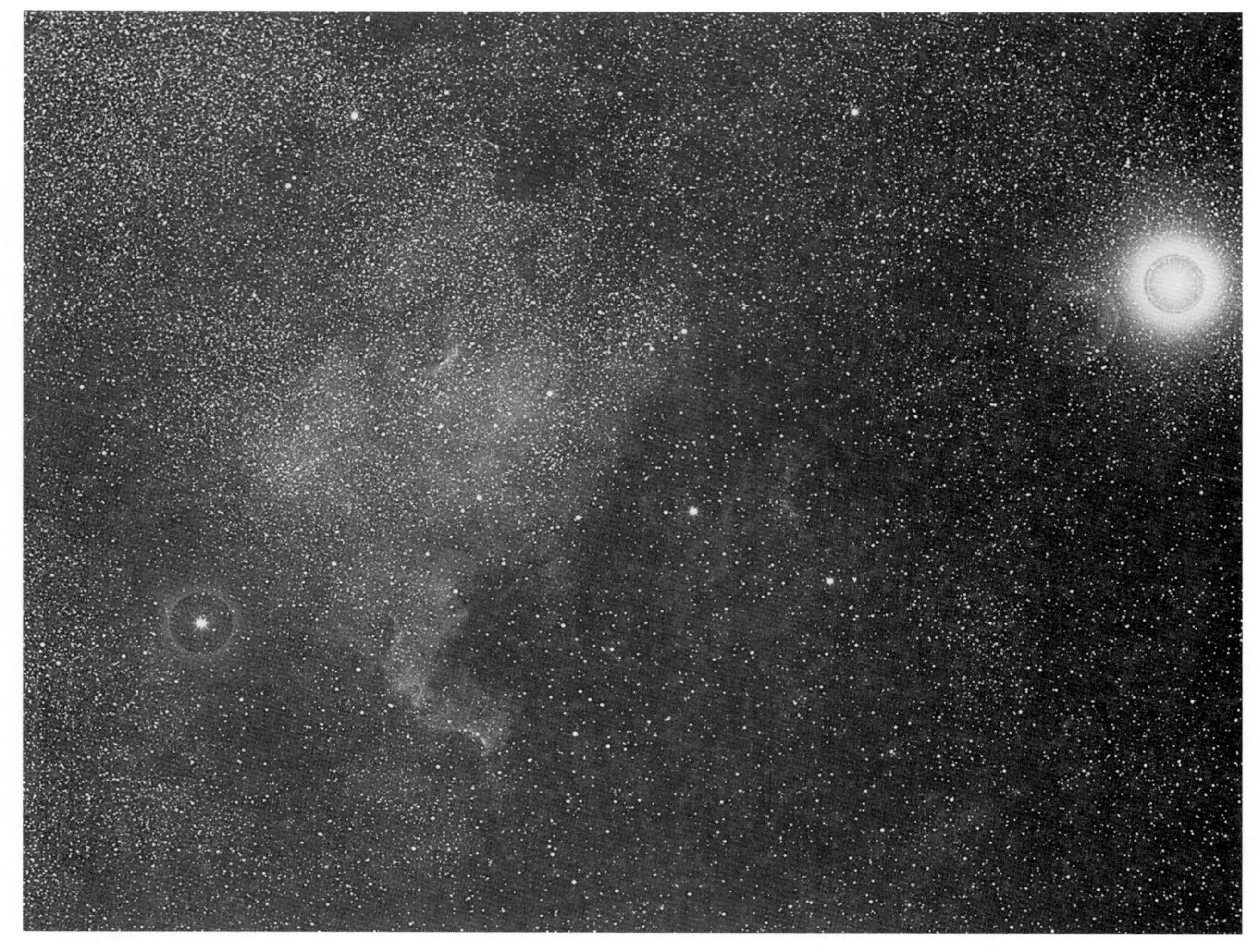

그림 1.4 백조자리의 북아메리카성운은 성간기체의 거대한 구름이다. 근처 별들의 빛을 받아서 빛나기 때문에 성운이 배경보다 밝게 보인다. 그러나 성운 자체는 매우 흐려서 눈으로 관측하는 것은 어렵다. 오른편에 있는 밝은 별은 백조자리 알파별(데네브)이다. (사진출처 : M. Poutanen and H.Virtanen)

1.2 천문학의 역할

하늘의 현상들은 오래전부터 사람들의 흥미를 불러일으켰다. 크로마뇽인(Cro-Magnon men)은 30,000년 전에 달의 위상을 나타내는 조각을 뼈에 새겨 넣었었다. 이 달력들은 가장 오래된 천문학적인 기록이며, 문자에 의한 기록보다 25,000년 앞서 만들어진 것이다.

농업은 계절에 관한 고도의 지식을 필요로 하였고, 종교적 의식과 예언은 천체의 위치에 근거를 두고 있었다. 따라서 시간측정법이 점점 정확해졌고, 천체의 운동을 미리 계산하는 방법을 익히게 되었다.

항해가 급속히 발전하던 시대, 즉 모항(母港)에서 점점 더 멀리 항해하여 나가던 때에 천문학은 위치를 결정하는 문제의 실질적인 해결책을 제공해 주었다. 이러한 항해의 문제를 해결하는 것이 17, 18세기 천문학에 주어진 가장 중요한 과제였다. 그래서 행성과 다른 천체의

그림 1.5 은하수는 밤하늘을 가로지르는 뿌연 띠처럼 보인다. 400년 전 갈릴레이가 관측하였듯이, 망원경을 사용하면 은하수는 수많은 별들로 이루어졌다는 것을 볼 수 있다. 우리은하(은하수)는 편평한 원반 형태의 별의 집합체이다. 우리 태양계는 원반의 중앙평면 가까이에 있으므로 그 평면 방향으로 많은 별들이 보인다. 평면에서 벗어난 방향은 별의 밀도가 현저히 낮아진다. 원반은 또한 불균일하게 분포된 성간기체와 티끌을 포함하고 있어서, 특정 방향의 관측을 방해한다. 사진의 아래쪽에 은하수가 2개의 가지로 나뉜 것처럼 보이는 이유는 배경 별빛이 성간물질에 의하여 차폐되었기 때문이다. (사진출처 : Pekka Parviainen)

운동에 관한 정밀한 표가 처음으로 출판되었다. 이러한 발전의 기초는 **코페르니쿠스**(Nicolaus Copernicus, 1473-1543), **브라헤**(Tycho Brahe, 1546-1601), **케플러**(Johannes Kepler, 1571-1630), **갈릴레이**(Galileo Galilei, 1564-1642), 그리고 **뉴턴**(Isaac Newton, 1642-1727)에 의해서 행성의 운동을 지배하는 법칙이 발견되면서 이루어졌다.

천문학 연구는 지구 중심과 인간 중심의 개념에서 인간과 지구가 하찮은 존재로 전락하는 현대의 방대한 우주관으로 인간의 세계관을 바꾸어 놓았다. 천문학은 우리를 둘러싸고 있는 자연의 실제 크기를 가르쳐주었다.

그림 1.6 안드로메다자리의 외부은하 M31은 우리은하와 비슷한 별의 집합체이다. 별과 성간물질은 나선팔에 집중되어 있다. M31의 형태는 납작하고 둥근 원반이지만 시선 방향에 비스듬하게 놓여있어서 달걀 형태처럼 보인다. 대기 조건이 좋은 경우에는 맨눈으로 보아도 은하의 중심이 희미하고 뿌연 덩어리로 보인다. M31은 사진에서 밝은 타원으로 보이는 2개의 작은 타원은하를 이웃으로 갖고 있다. 사진에서 M32는 M31의 중심 바로 아래에 있고, M110은 중심에서 북서쪽에 있다. 사진에서 위쪽이 북쪽에 해당한다. 점으로 보이는 것들은 우리은하의 별들이다. (사진출처 : Bill Schoening, Vanessa Harvey/REU program/NOAO/AURA/NSF)

그림 1.7 우리은하와 같은 큰 은하 이외에도 불규칙한 모양을 갖는 훨씬 작은 왜소은하들이 많이 있다. 그러한 예로 가장 가까운 위성은하인 대마젤란운을 들 수 있다. 맨눈으로도 쉽게 볼 수 있지만 천구의 남극 방향 가까이에 위치한다. (사진출처 : NOAO/Cerro Tololo Inter-American Observatory)

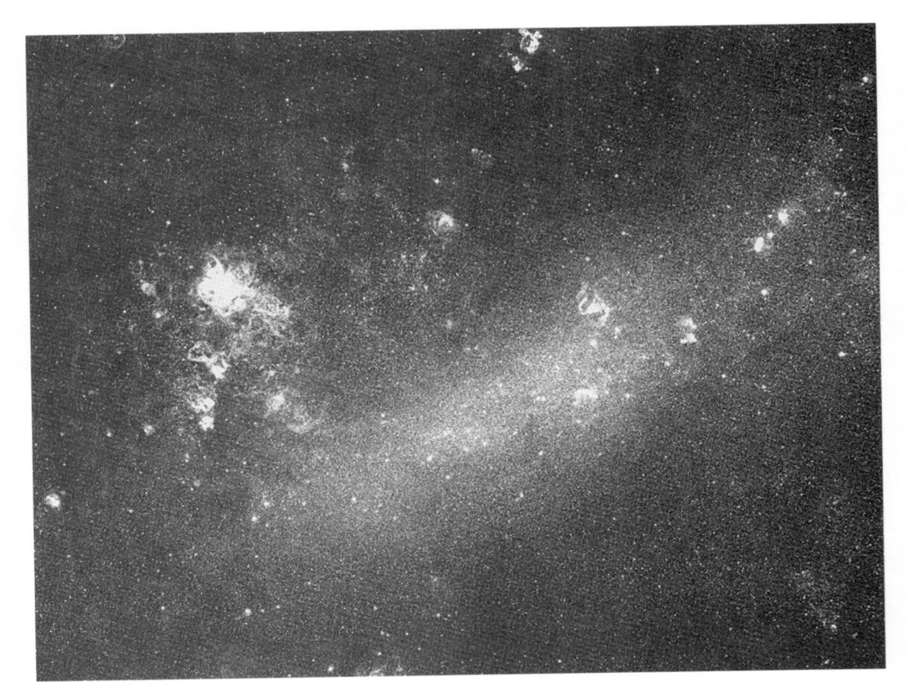

그림 1.8 허블우주망원경의 딥-필드(deep-field) 영상은 11일에 걸쳐서 촬영된 여러 사진을 결합하여 만들어졌다. 이 사진에는 가장 먼 거리에 있다고 알려진 여러 개의 은하들을 보여준다. 빛의 속력이 유한하기 때문에 공간적으로 먼 은하를 관측하는 것은 시간적으로 먼 과거를 들여다보는 것과 마찬가지이다. 따라서 이 사진에 포함된 다수의 은하들은 알려진 가장 오래된 천체들이다. 그러한 은하들과 가까운 우리의 이웃 은하들과 비교하면 은하들이 수십억 년에 걸쳐서 어떻게 진화하였는지를 추론할 수 있다. (사진출처 : NASA)

현대 천문학은 기초과학으로서 인간의 호기심, 즉 자연과 우주에 관하여 더 많이 알고자 하는 소망에 의해서 탄생한 학문이다. 천문학은 우주에 관한 과학적인 개념을 형성하는 데 있어 중심적인 역할을 하고 있다. '우주의 과학적인 개념'이란 관측, 잘 검증된 이론, 그리고 논리적인 추리에 바탕을 둔 우주의 모형을 뜻한다. 관측은 항상 모형의 최후 검증수단이 되고 있다. 만약 모형이 관측과 부합하지 않는다면 모형은 바뀌어야 하며, 이러한 과정은 어떤 철학적이거나 정치적, 또는 종교적인 개념과 신념에 의해서 제한되어서는 안 된다.

1.3 천문학의 연구대상 천체

현대 천문학에서는 우주 전체와 우주의 물질과 에너지의 여러 다른 형태를 탐구한다. 천문학은 연구의 대상이나 방법에 따라 몇 가지 분류방법에 의하여 세부 분야로 나뉜다.

지구는 여러 가지 이유로 천문학자들이 관심을 갖는 천체이다(그림 1.10). 거의 모든 관측이 대기를 통해서 이루어지고(그림 1.9), 상층대기와 자기권은 행성 간 공간의 상태를 반영한다. 지구는 또한 행성학자들에게는 다른 행성과 비교할 수 있는 가장 중요한 천체이기도 하다.

우주선과 우주인이 달의 표면을 탐사하고, 표본을 지구로 가져오기도 하였지만, 달은 여전히 천문학적인 방법에 의해서 연구되고 있다. 아마추어 천문학자들에게는 달은 관측하기 용이하고 흥미로운 천체이다.

우주탐사선을 이용하여 태양계의 모든 행성들과 대부분 위성들, 그리고 일부 소행성과 혜성을 탐구했다. 가

그림 1.9 우주탐사선과 인공위성을 이용하여 놀랄 만큼 새로운 정보를 얻고 있지만, 천문학적 관측의 대부분은 여전히 지상망원경에서 수행되고 있다. 가장 중요한 천문대들은 인구밀집 지역에서 멀리 떨어진 고지대에 위치하고 있다. 칠레의 파라날산에 있는 European VLT도 그러한 천문대이다. (사진 출처 : ESO)

장 멀리 있는 행성인 천왕성과 해왕성은 근접비행(fly-by)으로만 관측되었으나, 화성, 금성, 토성의 위성 타이탄과 몇몇 소천체에는 우주선이 연착륙한 바도 있다. 이러한 종류의 탐사로부터 태양계 천체들에 관한 지식은 엄청나게 늘어났다. 그러나 행성의 지속적인 관측은 아직도 지상에서만 가능하고, 태양계의 많은 소천체들이 아직도 우주선에 의해서 탐사되기를 기다리고 있다.

천문학자는 태양, 다른 종류의 별, 성단, 우리은하, 외부은하 등을 연구하는 다양한 세부 분야를 전공할 수 있다(그림 1.11).

천문학자들이 연구하는 대상 중 가장 큰 것은 전체 우주이다. **우주론**(cosmology)은 한때 신학자와 철학자의 관심사였으나 20세기 이후 물리학적 이론과 천문학적 관측의 확고한 대상이 되었다.

구면천문학(spherical astronomy)은 천문학의 오래된 분야로서 천구상의 좌표계와 천체의 겉보기 위치와 운동을 연구한다. 17세기 이전의 천문학은 구면천문학이었다. 뉴턴이 1687년 **프린키피아**(*Principia mathematica*)에 역학의 기본 법칙을 발표함으로써 천체의 운동은 물리적으로 설명될 수 있었다. 그것이 태양계의 행성과 지구를 공전하는 위성에서부터 먼 은하와 은하단의 운동을 연구하는 분야인 **천체역학**(celestial mechanics)의 시작이었다.

19세기 중반에는 분광 스펙트럼이 어떻게 천체의 물리적 특성을 알려주는가를 발견하였는데, 이것이 별의 물리현상을 연구하는 **천체물리학**(astrophysics)의 시작이 되었다. 천체물리학의 연구 결과는 특히 태양, 별, 성간물질의 연구에 이용되고 있다.

천문학은 관측에 사용되는 파장에 따라 몇 가지 영역으로 분류될 수 있다. 관측에 어떤 파장이 사용되느냐에 따라서 전파, 적외선, 광학, 자외선, 엑스선, 감마선 천문학 등으로 구분된다.

천문학자들은 우주에서 날아오는 **중성미자**(neutrino)와 우주선(cosmic rays)과 같은 입자들도 연구한다. **중력파**(gravitional wave)는 가장 최근에 시작된 연구 주제이다.

천문학과 우주연구(space research)는 매우 다른 분야

그림 1.10 달에서 바라본 지구의 모습. 우주여행 덕분에 지구의 행성으로서의 면모를 분명하게 볼 수 있었다. 이 사진은 2007년 일본의 가구야(Kaguya) 달 궤도선이 촬영한 것이다. 달은 1969~1972년 아폴로(Apollo) 우주선에 탑승한 인간이 방문한 지구 밖의 유일한 천체이다. (사진출처 : JAXA)

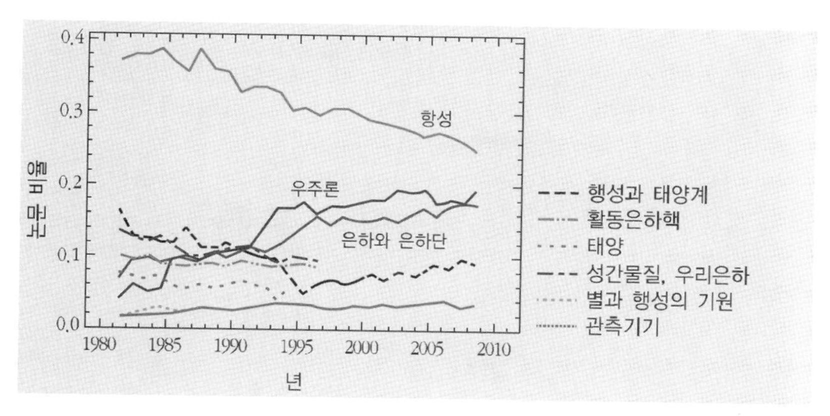

그림 1.11 천문학의 변화 추세. 지난 수십 년간 천문학 연구논문의 숫자는 전 분야에 걸쳐서 증가하여 왔으나, 분야별 상대적인 비율은 변하고 있다. 항성천문학 관련 연구는 감소한 반면, 우주론과 은하에 관한 연구는 가장 우세해졌다. 이 도표는 1981~2009년 사이에 가장 영향력 있는 저널들에 발표된 천문학의 다양한 분야 논문의 상대적인 분포를 보여준다.

임에도 서로 연관되어 있는 것처럼 보인다. 우주연구는 우주공간에서의 모든 활동을 연구하며, 그것의 아주 작은 부분만이 천문학 연구이다. 우주연구는 통신, 기후관측, 항해, 원격탐사, 환경제어, 군사정찰과 같은 주로 상업 서비스에 관한 것이다. 우주천문학(space astronomy)은 인공위성과 우주탐사선의 관측을 활용하는 천문학 분야이다.

1.4 우주의 크기

천체들의 질량과 크기는 보통 거대하다. 그러나 천체의 성질을 이해하기 위해서는 물질의 가장 작은 단위인 분자, 원자, 소립자를 알아야 한다. 우주의 밀도, 온도, 그리고 자기장은 지구상에 있는 실험실에서 만들 수 있는 것보다 훨씬 더 큰 범위 내에서 다양하게 분포한다(그림 1.12).

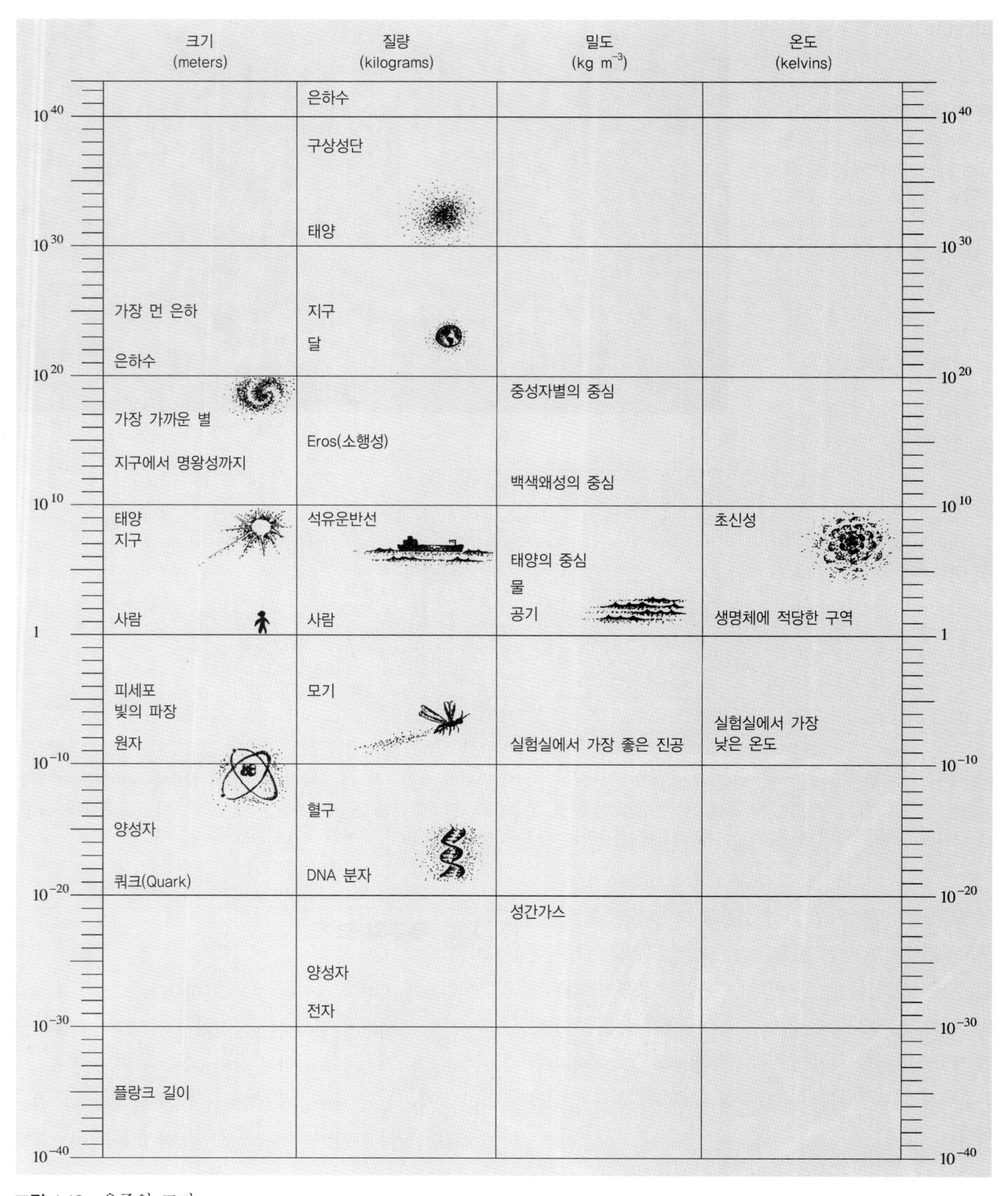
크기
(meters)
질량
(kilograms)
밀도
(kg m^-3)
온도
(kelvins)
10^40
10^30
10^20
10^10
1
10^-10
10^-20
10^-30
10^-40
은하수
구상성단
태양
가장 먼 은하
은하수
지구
달
가장 가까운 별
지구에서 명왕성까지
Eros(소행성)
중성자별의 중심
백색왜성의 중심
태양
지구
석유운반선
태양의 중심
물
공기
초신성
사람
사람
생명체에 적당한 구역
피세포
빛의 파장
원자
모기
실험실에서 가장 좋은 진공
실험실에서 가장
낮은 온도
양성자
쿼크(Quark)
혈구
DNA 분자
성간가스
양성자
전자
플랑크 길이

그림 1.12 우주의 크기

지구상에서 가장 큰 자연의 밀도는 22,500kg m^{-3}(오스뮴, osmium)인 반면, 중성자별에서는 10^{18}kg m^{-3} 크기의 밀도도 가능하다. 지구상에서 만들 수 있는 가장 좋은 진공의 밀도는 10^{-9}kg m^{-3}에 불과하다. 성간 공간에서 가스의 밀도는 10^{-21}kg m^{-3}이거나 그보다 작다. 현대의 가속기는 입자를 10^{13} 전자볼트(eV) 정도의 에너지로 가속시킬 수 있으나, 하늘에서 들어오는 우주선은 10^{20}eV에 이르는 높은 에너지를 갖기도 한다.

인간이 우주의 방대한 크기를 알게 되기까지 오랜 시간이 걸렸다. 기원전 2세기에 히파르코스(Hipparchos, BC 160?-BC 125?)는 이미 달까지의 거리에 대한 꽤 정확한 값을 얻어냈다. 태양계의 크기는 태양중심설과 더불어 17세기에 알려졌다. 이전의 지구중심설에서는 행성의 거리는 행성의 겉보기 운동에 영향을 미치지 않았으므로 임의로 선택할 수 있었으나, 태양중심설에서는 그것이 불가능하다. 따라서 태양계의 거리는 이미 15세기에 잘 알려져 있었다. 별의 거리를 측정하려는 진지한 시도들도 있었으나, 1830년대에야 처음으로 성공적인 측정이 가능하였다. 외부은하의 거리에 대한 비교적 정확한 추정은 1920년대에야 가능하게 되었다.

빛이 광원에서 지구에 있는 인간 눈의 각막에 이르는 데 걸리는 시간을 기초로 하여 우리가 다루는 거리에 관한 일종의 도표를 만들 수 있다(그림 1.12). 빛은 태양으로부터 8분, 해왕성으로부터 5.5시간, 가장 가까운 별로부터는 4년이 걸린다. 우리은하의 중심은 볼 수 없으나 우리은하 주위의 많은 구상성단들은 대체로 우리은하 중심과 비슷한 거리에 있다. 그림 1.3에 보인 구상성단 M13으로부터 빛이 지구에 도달하는 데 20,000년이 걸린다. 남반구 하늘에서 보이는 마젤란운은 가장 가까운 은하지만(그림 1.7), 빛이 그곳에서 지구에 도달하는 데는 150,000년이 걸린다. 마젤란운을 관측할 때 지금 우리가 감지하는 광자는 지구에 네안데르탈인이 살고 있을 때 마젤란운을 출발한 것이다. 북반구 하늘의 안드로메다은하(그림 1.6)로부터 지금 도착한 빛은 200만 년 전에 그곳을 출발한 것이다. 그즈음에 최초로 연장을 사용한 인간이었던 호모 하빌리스(Homo habilis)가 지구에 나타났다. 알려진 천체 중에서 가장 거리가 먼 천체인 퀘이사로부터 지금 우리가 받는 빛은 태양 또는 지구가 생겨나기 훨씬 오래전에 방출된 것이다(그림 1.8).

구면 천문학

2

구면 천문학은 천체의 좌표계, 천체의 방향과 시운동, 천체관측으로부터의 위치결정, 관측 오차 등을 연구하는 과학이다. 여기서는 천체의 좌표계와 항성의 겉보기 운동, 그리고 시간의 결정에 관해서 주로 다루기로 하자. 또한 가장 중요한 성표(star catalogue) 몇 가지를 소개하고자 한다.

문제를 간단히 하기 위해서, 관측자는 항상 북반구에 있다고 가정한다. 모든 정의와 방정식들은 양 반구(兩半球)에 적용될 수 있도록 쉽게 일반화될 수 있으나 그렇게 하면 필요없는 혼동을 일으킬 수 있다. 구면 천문학에서는 모든 각(角)이 도(°)로 표시된다. 그래서 여기서도 따로 언급하지 않는 한 도를 사용하기로 한다.

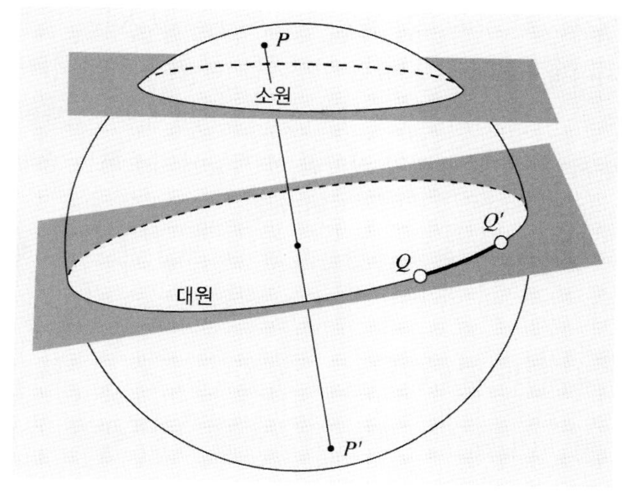

그림 2.1 대원은 구와 중심을 지나가는 평면이 교차하면서 만드는 원이다. P와 P'은 대원의 극이다. Q에서 Q'에 이르는 가장 짧은 길은 대원이다.

2.1 구면 삼각법

여기서는 구면 천문학에서 좌표를 환산하기 위해서 필요한 수학적인 도구를 소개하고자 한다.

만약 평면이 구의 중심을 통과하면 그 구는 **대원**(great circle)이라 불리는 원에 의해서 2개의 동일한 반구로 나뉜다(그림 2.1). 이 평면에 수직이고 구의 중심을 통과하는 선은 구와 양쪽의 **극**(pole) P와 P'에서 만난다. 만약 구가 중심을 통과하지 않는 평면과 교차하면 그 교차하는 곡선은 **소원**(small circle)이 된다. 구면 위에 주어진 어떤 두 점 Q와 Q'을 통과하는 대원은 하나뿐이다[단, 두 점이 대치점(antipodal)이 아닌 경우에 한해서 그러하다. 두 점이 대치점이면, 이 두 점을 통과하는 모든 원은 대원이다]. 대원의 원호 QQ'은 구면상에서 두 점 사이를 잇는 가장 짧은 거리이다.

구면 삼각형(spherical triangle)은 구면상에 놓인 3개의 각으로 이루어진 도형 중에서 삼각형의 변이 반드시 대원의 호인 것을 말한다. 그림 2.2에 주어진 구면 삼각형은 호 AB, BC와 AC가 변을 이루고 있다. 만약 구의

반지름이 r이면, 호 AB의 길이는

$$|AB| = rc, \quad [c] = \text{rad}$$

이 되고, 여기서 c는 중심에서 보았을 때 호 AB가 이루는 각이다. 이 각은 변 AB의 **중심각**(central angle)이라고 한다. 변의 길이와 중심각은 서로 상응하므로 변 대신에 중심각을 주는 것이 관례화되어 있다. 이 방법을 따르면, 구의 반지름은 구면 삼각법의 방정식들에 포함되지 않는다. 구면 삼각형의 각은 꼭짓점에서 만나는 두 변의 접선 사이 각이나 두 변을 따라서 구와 교차하는 평면 사이의 이면각(二面角)으로 정의될 수 있다. 구면 삼각형의 각들은 대문자(A, B, C)로 표시하고, 그 반대쪽에서의 각, 더 정확히 말하면 이 각들에 대응하는 중심각은 소문자(a, b, c)로 표시한다.

구면 삼각형의 각의 합은 항상 180°보다 크므로 초과한 크기는

$$E = A + B + C - 180° \tag{2.1}$$

로서 이 값을 **구면초과**(spherical excess)라고 부른다. 이 값은 일정하지 않고 삼각형에 따라 다르다. 그러므로 평면 기하학과는 달리 삼각형의 2개의 각을 안다고 해서 세 번째의 각을 결정할 수는 없다. 구면 삼각형의 면적은 구면초과와 다음과 같은 간단한 관계를 갖고 있다.

$$\text{Area} = Er^2, \quad [E] = \text{rad} \tag{2.2}$$

즉 구면초과는 중심에서 볼 때 삼각형에 의해서 만들어지는 입체각과 같다(부록 A.1 참조). 이때 입체각은 스테라디안(steradian)의 단위로 표시한다.

식 (2.2)를 증명하기 위해 삼각형 Δ의 모든 변을 연장하여 대원을 만들자(그림 2.3). 그러면 대원들은 Δ와 합동이지만 대치되는 다른 삼각형 Δ'을 형성한다. 각 A를 이루는 두 변 사이의 조각 부분 $S(A)$의 면적(그림 2.3에서 어둡게 나타낸 부분)은 분명히 구의 면적 $4\pi r^2$의 $2A/2\pi = A/\pi$배가 된다. 여기서 각 A는 라디안(radian)의 단위로 나타낸다. 이와 마찬가지로 조각 부분 $S(B)$와 $S(C)$의 면적도 구 면적의 B/π와 C/π의 비율을 차지한다.

3개의 조각을 모두 합치면 구의 표면 전체를 덮는다.

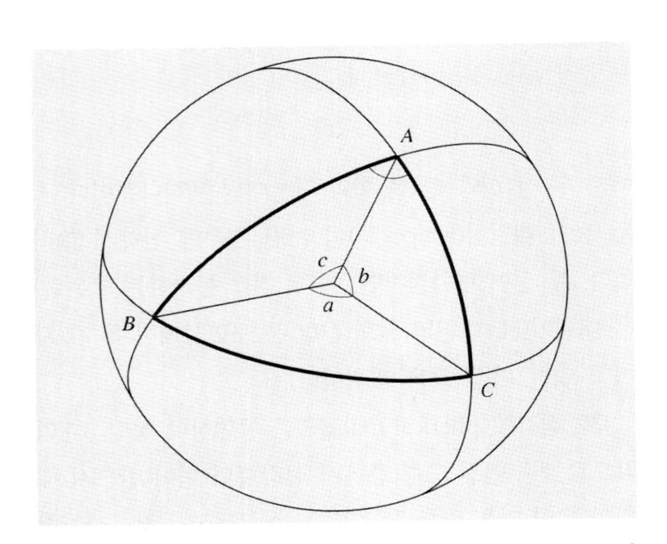

그림 2.2 구면 삼각형은 대원의 3개의 호 AB, BC, CA로 이루어져 있다. 이들에 상응하는 중심각들은 c, a, b이다.

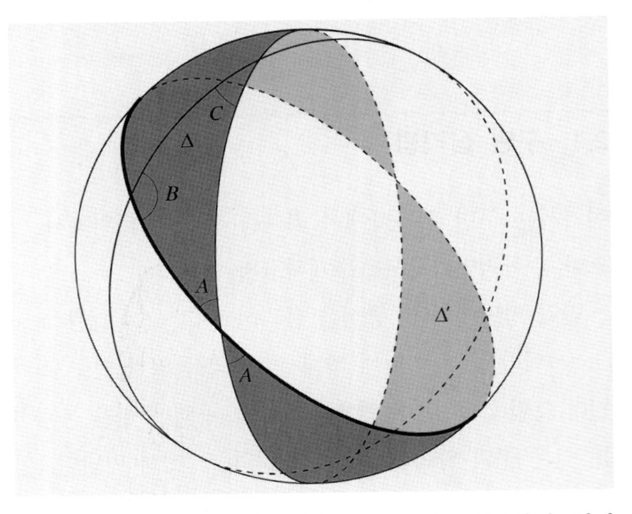

그림 2.3 구면 삼각형의 변들을 구면 전체에 연장하면, 원래의 삼각형 Δ와 같으나 반대 방향인 다른 삼각형 Δ'을 만든다. 어둡게 표시된 면적이 조각 부분 $S(A)$이다.

각각의 조각은 같은 삼각형 $\triangle$와 $\triangle'$의 면적을 포함하고 있고, 삼각형 밖의 각 점은 하나의 조각에 속한다. 그러므로 $S(A)+S(B)+S(C)$는 구의 면적에다 $\triangle$ 면적의 4배를 추가로 합친 것과 같다.

$$\frac{A+B+C}{\pi}4\pi r^2 = 4\pi r^2 + 4\mathbb{A}(\triangle)$$

그러므로

$$\mathbb{A}(\triangle) = (A+B+C-\pi)r^2 = Er^2$$

이 된다.

평면 삼각형의 경우처럼 우리는 구면 삼각형의 변과 각 사이의 관계를 유도할 수 있다. 가장 쉬운 방법은 좌표 환산을 활용하는 것이다.

2개의 직각좌표계 $Oxyz$와 $Ox'y'z'$이 있다고 하자(그림 2.4). 여기서 $x'y'z'$계는 xyz계를 x축 주위로 각 χ만큼 회전시킨 것이다.

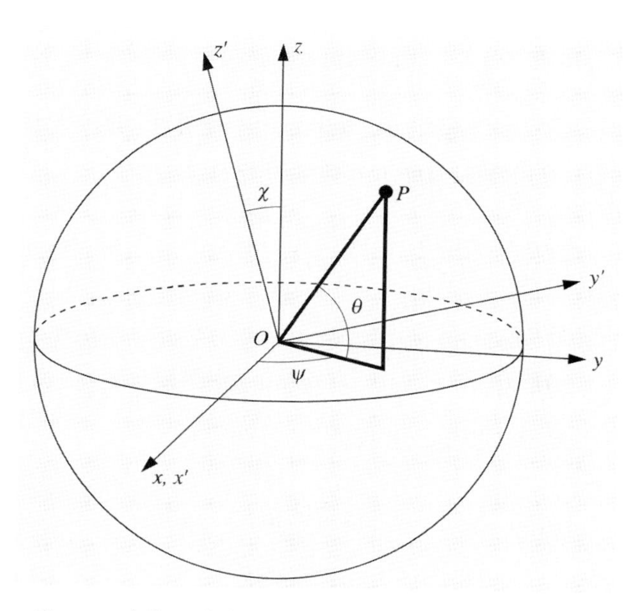

그림 2.4 단위 구면상의 점 P의 위치는 직각좌표 xyz나 2개의 각 ψ와 θ로 표시될 수 있다. $x'y'z'$좌표는 x축 주위로 각 χ만큼 xyz좌표계를 회전한 것이다.

반지름이 1인 단위 구면상에서 P점의 위치는 2개의 각에 의해서 결정된다. 각 ψ는 xy면을 따라서 양의 x축으로부터 반시계방향으로 측정된다. 또 다른 각 θ는 xy면으로부터의 각 거리이다. 이와 유사한 방법으로 $x'y'z'$계에서 P의 위치를 나타내는 각 ψ'과 θ'도 정의할 수 있다. 이러한 각의 함수로 표시한 P점의 직각 좌표는 다음과 같다.

$$\begin{aligned} x &= \cos\psi\cos\theta, & x' &= \cos\psi'\cos\theta', \\ y &= \sin\psi\cos\theta, & y' &= \sin\psi'\cos\theta', \\ z &= \sin\theta, & z' &= \sin\theta' \end{aligned} \tag{2.3}$$

프라임(′)을 붙인 좌표는 프라임이 없는 좌표를 yz평면상에서 회전하여 얻을 수 있다(그림 2.5).

$$\begin{aligned} x' &= x, \\ y' &= y\cos\chi + z\sin\chi, \\ z' &= -y\sin\chi + z\cos\chi \end{aligned} \tag{2.4}$$

직각좌표로 표시된 식 (2.3)을 식 (2.4)에 대입하면 다음 관계식을 얻는다.

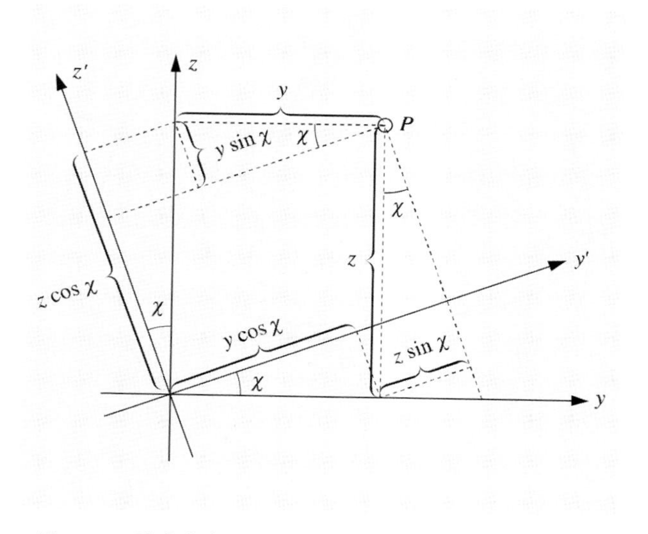

그림 2.5 회전시킨 좌표계에서 점 P의 좌표는 $x'=x$, $y'=y\cos\chi+z\sin\chi$, $z'=z\cos\chi-y\sin\chi$이다.

$$\cos\psi'\cos\theta' = \cos\psi\cos\theta,$$
$$\sin\psi'\cos\theta' = \sin\psi\cos\theta\cos\chi + \sin\theta\sin\chi,$$
$$\sin\theta' = -\sin\psi\cos\theta\sin\chi + \sin\theta\cos\chi \qquad (2.5)$$

실제로 우리가 다루게 될 어떤 좌표 환산도 이들 방정식만 가지면 충분히 수행할 수 있다. 그러나 여기서는 구면 삼각형을 위한 보편적인 방정식을 유도하고자 한다. 그러기 위해서는 적당한 좌표계를 설정해야 한다(그림 2.6). z축은 정점 A를 향하게 하고 z'축은 B를 향하게 한다. 정점 C는 그림 2.4에서 P점에 해당한다. 각 ψ, θ, ψ', θ'과 χ는 구면 삼각형의 각과 변의 항들로 표시될 수 있다.

$$\psi = A - 90^\circ, \quad \theta = 90^\circ - b, \quad \psi' = 90^\circ - B, \quad \theta' = 90^\circ - a, \quad \chi = c \qquad (2.6)$$

이것을 식 (2.5)에 대입하면 다음과 같다.

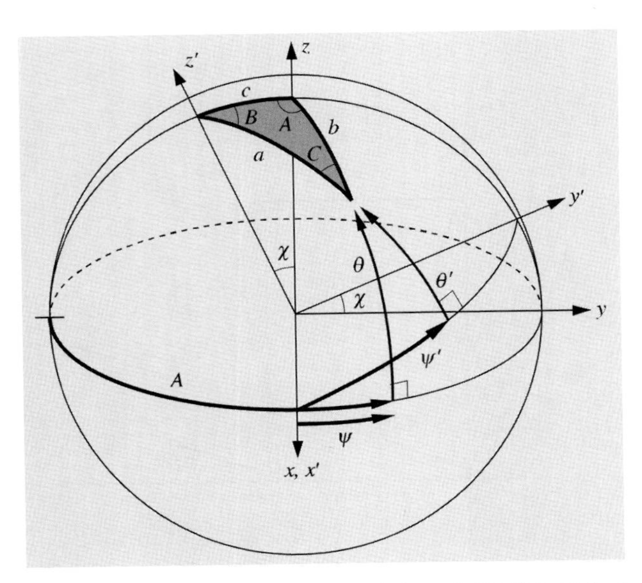

그림 2.6 구면 삼각형 ABC를 표시하는 삼각공식을 구하기 위하여 꼭지점 C의 구면좌표 ψ, θ, ψ'와 θ'은 삼각형의 변과 각에 의해서 표시된다.

$$\cos(90^\circ - B)\cos(90^\circ - a) = \cos(A - 90^\circ)\cos(90^\circ - b)$$
$$\sin(90^\circ - B)\cos(90^\circ - a) = \sin(A - 90^\circ)\cos(90^\circ - b)\cos c + \sin(90^\circ - b)\sin c$$
$$\sin(90^\circ - a) = -\sin(A - 90^\circ)\cos(90^\circ - b)\sin c + \sin(90^\circ - b)\cos c$$

또는

$$\sin B\sin a = \sin A\sin b$$
$$\cos B\sin a = -\cos A\sin b\cos c + \cos b\sin c \qquad (2.7)$$
$$\cos a = \cos A\sin b\sin c + \cos b\cos c$$

가 된다. 다른 변과 각을 나타내는 방정식은 변 a, b, c와 각 A, B, C를 순환순열(cyclic permutation)시켜 구할 수 있다. 예를 들어 첫 번째 방정식으로부터 다음 식을 구할 수 있다.

$$\sin C\sin b = \sin B\sin c$$
$$\sin A\sin c = \sin C\sin a$$

이것들은 사인 공식(sine formula)의 변형된 식들이므로 이를 우리에게 익숙한 형태로 변형시킬 수 있다.

$$\frac{\sin a}{\sin A} = \frac{\sin b}{\sin B} = \frac{\sin c}{\sin C} \qquad (2.8)$$

만약 한계값을 취해서 a, b, c를 0으로 줄어들게 하면, 구면 삼각형은 평면 삼각형이 된다. 모든 각을 라디안으로 표시하면, 근삿값은 다음과 같다.

$$\sin a \approx a, \quad \cos a \approx 1 - \frac{1}{2}a^2$$

이 근삿값을 사인 공식에 대입하면, 우리에게 익숙한 평면 삼각형의 사인 공식이 구해진다.

$$\frac{a}{\sin A} = \frac{b}{\sin B} = \frac{c}{\sin C}$$

식 (2.7)의 두 번째 방정식은 **사인-코사인 공식**(sine-cosine formula)이며, 그에 해당하는 평면의 공식은 다음과 같다.

$$c = b\cos A + a\cos B$$

이것은 사인과 코사인의 근삿값을 사인-코사인 공식에 대입하고 2차 또는 그 이상 차원의 항을 무시하면 구해진다. 같은 방법으로 식 (2.7)의 세 번째 방정식인 **코사인 공식**(cosine formula)을 이용하여 평면 코사인 공식을 다음과 같이 유도할 수 있다.

$$a^2 = b^2 + c^2 - 2bc\cos A$$

2.2 지구

지구상의 한 점에서는 통상 2개의 구면 좌표가 주어진다(물론 어떤 경우에는 직각좌표계나 다른 좌표계가 더 편리할 수도 있다). 필요한 경우에는 중심으로부터의 거리와 같은 제3의 좌표가 사용될 수도 있다.

기준면은 **적도면**(equatorial plane)으로, 이 면은 자전축에 수직이고 지구표면과는 **적도**(equator)를 따라 교차한다. 적도에 평행한 소원은 **위도선**(parallels of latitude)이라 부른다. 극에서 극에 이르는 반원은 **자오선**(meridians)이다. 지리학적 **경도**(longitude)는 자오선과 그리니치 천문대를 통과하는 영점 자오선 사이의 각이다. 그리니치 동쪽 방향의 경도는 양의 값, 서쪽 방향은 음의 값을 갖는다고 정의하자. 그러나 부호의 방향이 바뀔 수도 있고 지도에서는 음의 경도를 사용하지 않으므로, 경도가 그리니치의 동쪽인지 서쪽인지를 분명하게 표시하는 것이 일반적으로 더 편리하다.

위도(latitude)는 보통 **지리학적 위도**(geographical latitude)를 의미한다. 지리학적 위도는 연직선(鉛直線)과 적도면 사이의 각이다. 위도는 북반구에서 양의 값을 갖고, 남반구에서는 음의 값을 갖는다. 지리학적 위도는 천문학적 관측으로 결정할 수 있다(그림 2.7). 즉 지평선으로부터 잰 천구의 극의 고도는 지리학적 위도와 같다(천구의 극은 지구의 자전축과 무한한 거리에 있는 천구의 교차점이다. 이에 관해서는 후에 다시 논의한다).

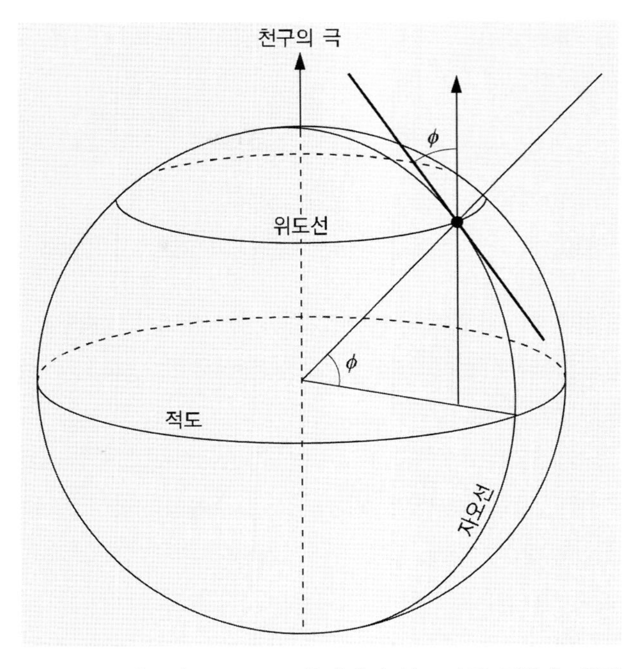

그림 2.7 천구의 극 고도를 측정하여 위도 ϕ를 구한다. 천구의 극은 지구의 자전축 방향으로 무한대의 거리에 있는 점이라고 상상할 수 있다.

지구가 자전하므로 지구는 약간 편평한 모습을 갖고 있다. 정확한 모양은 좀 복잡하지만, 대부분의 목적을 위해서는 단축이 자전축과 일치하는 **편평타원체**(oblate spheroid)로 근사할 수 있다(7.6절). 1979년 국제 측지학과 지구물리학 연맹(International Union of Geodesy and Geophysics, IUGG)은 다음과 같은 측지좌표계 1980(Geodetic Reference System, GRS-80)을 채택하였는데, 이는 지구에 고정된 전 세계적인 좌표계를 정의하는 데 사용된다. GRS-80 기준 타원체는 다음과 같은 크기를 갖는다.

적도반지름	$a = 6,378,137\text{m}$
극반지름	$b = 6,356,752\text{m}$
편평도	$f = (a-b)/a = 1/298.25722210$

바다의 표면에 의해서 정의되는 모양을 **지오이드**(geoid)라 하는데, GRS-80 기준 타원체와 최대 100m까지 차이가 난다.

적도와 진지구(true Earth)에 근사한 타원체에 수직선 사이의 각을 **측지학적 위도**(geodetic latitude)라고 한다. 바다와 같은 액체의 표면은 연직선에 수직이므로 측지학적 위도와 지리학적 위도는 실질적으로 같다.

편평도 때문에 연직선은 극과 적도를 제외한 다른 지점에서는 지구 중심을 향하지 않는다. 그러므로 정상적인 구면좌표에 해당하는 각(지구 중심에서 표면에 있는 한 점을 연결하는 선과 적도 사이에 이루는 각)인 **지심위도**(geocentric latitude) ϕ'은 지리학적 위도 ϕ보다 조금 작다(그림 2.8).

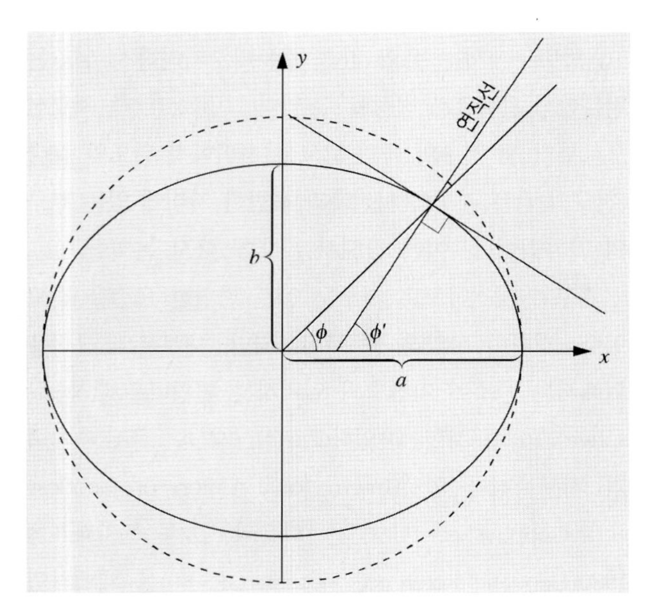

그림 2.8 지구의 편평도 때문에 지리학적인 위도 ϕ와 지심위도 ϕ'이 다르다.

지구가 편평 타원체이고 지리학적 위도와 측지학적 위도가 같다고 가정하고, 지리학적 위도 ϕ와 지심위도 ϕ' 사이의 방정식을 유도하자. 자오면 타원의 방정식은 다음과 같다.

$$\frac{x^2}{a^2} + \frac{y^2}{b^2} = 1$$

점 (x, y)에서 타원에 수직인 방향은 다음과 같다.

$$\tan\phi = -\frac{dx}{dy} = \frac{a^2 y}{b^2 x}$$

지심위도는 다음 식에서 구할 수 있다.

$$\tan\phi' = y/x$$

그러므로

$$\tan\phi' = \frac{b^2}{a^2}\tan\phi = (1-e^2)\tan\phi \tag{2.9}$$

이고, 여기서

$$e = \sqrt{1 - b^2/a^2}$$

은 타원의 이심률(eccentricity)이다. 두 종류 위도의 차 $\Delta\phi = \phi - \phi'$은 위도 45°에서 최댓값 11.5′를 갖는다.

천체력에 주어지는 천체의 좌표는 지구 중심을 기준으로 한 것이므로 가까운 천체의 좌표를 아주 정밀하게 구하려면 관측자의 위치에 따라 나타나는 차이를 수정해 주어야 한다. 그러므로 **관측자중심좌표계**(topocentric coordinate)를 계산해야만 하는데, 가장 쉬운 방법은 관측자와 천체 사이의 직각좌표계를 사용하는 것이다(예제 2.6).

자오선(경도)을 따라 위도로 각 1분(′)에 해당하는 거리를 해리(海里, nautical mile)라 한다. 곡률반지름(radius of curvature)은 극(pole)으로 갈수록 증가하기 때문에 해리의 길이는 위도에 따라 다르다(적도에서는 1,843m이고 극에서는 1,862m임). 그러므로 1해리는 위도 $\phi = 45°$의 위치에서 각 1분의 호에 해당하는 거리로 정의하여 1,852m이다.

2.3 천구

고대의 우주는 유한한 구면각 내로 제한되었다. 별들은 이 구각에 박혀 있었으므로, 구형인 우주의 중심에 위치한 지구로부터 모두 같은 거리에 있게 된다. 이 단순한 모형은 아직도 여러 면에서 고대에서와 같이 유용하게 사용된다. 즉 이것은 별의 일주와 연주운동을 쉽게 이해하는 데 도움을 주고, 그보다 더 중요한 것은 이러한 운동을 비교적 쉽게 예측할 수 있게 해 준다. 그러므로 당분간 모든 별이 거대한 구의 표면에 박혀 있고 우리는 그 중심에 있다고 가정하자. 이러한 천구의 반지름은 실제로 무한하기 때문에, 지구의 자전과 궤도운동에 의해서 일어나는 관측자의 위치 변화에서 오는 효과를 무시할 수 있다. 이 효과는 2.9절과 2.10절에서 다루게 된다.

별들의 거리를 고려하지 않고 그들의 방향만을 정하기 위해서는 2개의 좌표만이 필요하다. 각 좌표계는 천구의 중심을 지나고 대원을 따라 천구를 2개의 반구로 나누는 고정된 기준면(reference plane)을 갖는다. 좌표 중의 하나는 이 기준면으로부터의 각 거리를 나타낸다. 주어진 천체를 지나가면서 이 기준면과 수직으로 교차하는 대원은 하나뿐이다. 두 번째 좌표는 그 교차점과 어느 고정된 방향(즉 천체의 방향) 사이의 각을 나타낸다.

2.4 지평좌표계

관측자의 관점에서 가장 자연스러운 좌표계는 **지평좌표**

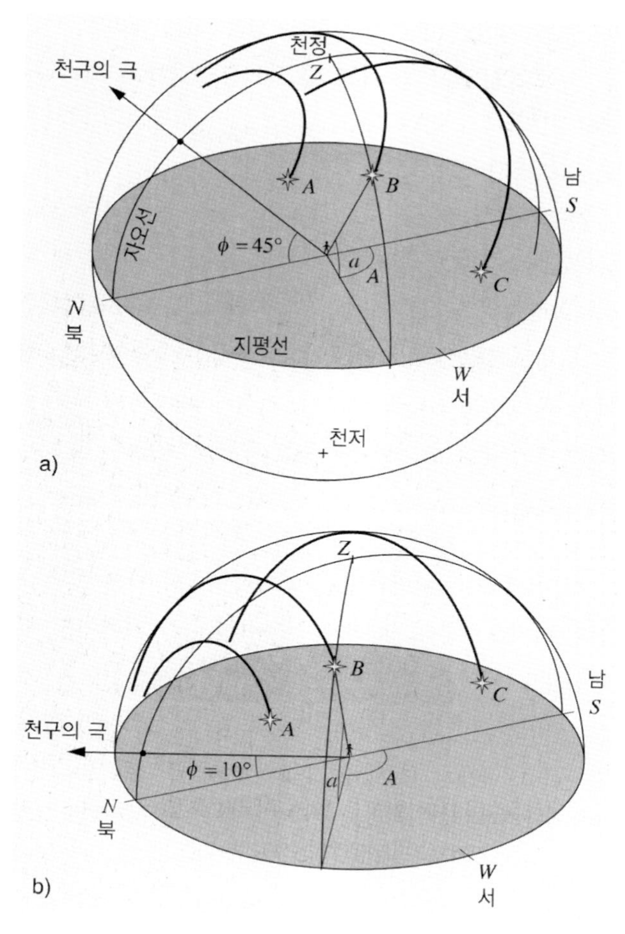

그림 2.9 (a) 위도 $\phi = 45°$에서 본 밤 사이 별들의 겉보기 운동. (b) 같은 별들을 위도 $\phi = 10°$에서 본 모습

계(horizontal frame)이다(그림 2.9). 이 좌표계의 기준면은 관측자를 지나가고 지표면과 접선을 이루는 평면이다. 즉 이 지평면은 **지평선**(horizon)에서 천구와 교차한다. 관측자의 머리 바로 위쪽에 있는 점을 **천정**(zenith), 그리고 관측자의 발 아래쪽에 반대되는 극에 있는 점을 **천저**(nadir)라고 한다(이 두 점들은 지평선에 대한 극점들이다). 천정을 통과하는 대원을 **수직권**(verticals)이라 부른다. 모든 수직권은 지평선과 수직으로 교차한다.

밤새 별의 운동을 관찰하면, 별들은 그림 2.9에서와 같은 궤적을 그리며 움직인다. 별들은 동쪽에서 떠서 가장 높은 지점인 수직권 NZS의 **정점**(culminate)에 이른 후 서쪽으로 진다. 수직권 NZS를 **자오선**(meridian)이라 부른다. 정북과 정남 방향은 자오선과 지평선의 교차점으로 결정된다.

지평좌표의 하나는 **고도**(altitude) 또는 **높이**(elevation) a로서, 이는 수직권을 따라 지평선에서 천체까지 잰 각이다. 고도는 $[-90°, +90°]$의 범위에 있고, 지평선 위의 천체는 양(+)의 고도를 갖고, 지평선 아래에 있는 천체는 음(−)의 고도를 갖는다. **천정거리**(zenith distance) 또는 천체와 천정 사이의 각은 다음과 같다.

$$z = 90° - a \tag{2.10}$$

두 번째 좌표는 **방위각**(azimuth) A로서 이는 어떤 고정된 방향으로부터 잰 천체의 수직권의 각 거리이다. 불행하게도 상황에 따라 다른 고정방향이 사용된다. 그러므로 어떻게 정의된 방위각인가를 항상 점검해야 한다. 방위각은 대체로 북점 또는 남점으로부터 재는데, 시계방향이 선호되고 있기는 하지만 종종 반시계방향으로 측정되기도 한다. 지리학, 항해술과 그밖에 여러 분야에서는 방위각을 북점으로부터 측정한다. 이 책에서는 극히 보편적인 천문학적 관습에 따라 방위각은 **남점으로부터 시계방향으로** 측정하는 것을 채택하기로 한다. 방위각은 0°에서 360° (또는 −180°에서 +180°) 사이의 범위에 있다. 이와 같은 방위각의 정의를 채택한 이유는 다른 중요한 각들이 역시 남점을 기준으로 삼기 때문이다.

그림 2.9a는 어느 순간에 3개 별의 고도와 방위각을 보여준다. 별의 일주운동에 따라 두 좌표는 변할 것이다. 이 좌표계의 다른 문제점은 지역적인 특성에 있다. 그림 2.9b는 이 별을 훨씬 남쪽에 있는 관측자가 본 것이다. 같은 별이 같은 순간에 갖는 좌표가 관측자에 따라서 달라지는 것을 알 수 있다. 지평좌표는 관측 시간과 위치에 따라 달라지므로, 이 좌표는 성표에서는 사용될 수 없다.

2.5 적도좌표계

지구의 자전축 방향은 거의 고정되어 있다. 그래서 이 축에 수직인 적도면도 거의 고정된다. 그러므로 적도면은 관측자의 시간과 위치에 의존하지 않는 좌표계의 기준면으로 적합하다.

천구와 적도면이 교차하는 대원은 **천구의 적도**(equator of the celestial sphere)라 부른다. 천구의 북극은 이 대원의 극 가운데 하나이다. 이는 또한 지구 자전축의 연장선이 북쪽 하늘에서 천구와 만나는 점이기도 하다. 천구의 북극은 중간 정도로 밝은 별인 북극성(Polaris)으로부터 약 1°만큼(이는 보름달 2개에 해당한다) 떨어져 있다. 자오선은 항상 북극을 통과하고 북극을 기준으로 북쪽과 남쪽 자오선으로 나뉜다.

적도면으로부터 잰 별까지의 각 거리는 지구 자전의 영향을 받지 않는데, 이 각을 **적위**(declination) δ라고 한다.

별들은 하루에 한 바퀴 극 주위를 회전하는 것으로 보인다(그림 2.10). 두 번째 좌표를 정의하기 위해서는 지구 자전에 영향을 받지 않는 고정된 방향이 설정되어야 한다. 수학적인 관점에서 보면 적도상에 어느 점이 선정되어도 상관없다. 그러나 다음 장에서 설명하겠지만 어떤 의미가 있는 점을 활용하는 것이 나중의 목적을 위해서도 적절하다. 그러한 점이 **춘분점**(vernal equinox)이다. 이 점은 양자리(Aries)에 있었으므로 양자리의 첫 번째 점이라 하고, 양의 기호인 γ로 표시한다. 그러면 춘분점에서 적도를 따라 측정한 각을 두 번째 좌표로 정의할 수 있다. 춘분점으로부터 반시계방향으로 잰 각이 천체의 **적경**(right ascension 또는 R.A.) α이다.

적위와 적경은 관측자의 위치와 지구의 운동에 의존하지 않기 때문에 이 좌표들은 성도나 성표에 사용될 수 있다. 뒤에서 설명하겠지만 망원경 축의 하나는 항상 지구 자전축에 평행하게 잡는다(시간축). 다른 축은 시간축에 수직이 된다(적위축). 적위는 망원경의 적위 눈금

그림 2.10 밤에 별들은 천구의 극 주위를 회전하는 것처럼 보인다. 지평선으로부터 잰 극의 고도는 관측자의 위도와 같다. (사진출처 : Aimo Sillanpää and Pasi Nurmi)

에서 즉시 알 수 있다. 그러나 적경의 영점은 지구의 일주 자전 때문에 하늘에서 움직인다. 그러므로 춘분점의 방향을 모르면, 어떤 천체를 찾기 위해 그 적경을 이용할 수 없다.

남쪽 자오선은 하늘에서 잘 정의된 선이므로 그것을 이용하여 적경에 해당하는 국지 좌표를 설정한다. 시간각(hour angle) h는 자오선에서 시계방향으로 측정한다. 천체의 시간각은 지구 자전 때문에 일정하지 않고 정해진 비율로 증가한다. 춘분점의 시간각을 항성시(sidereal time) Θ라 한다. 그림 2.11은 어떤 천체에 대하여 시간

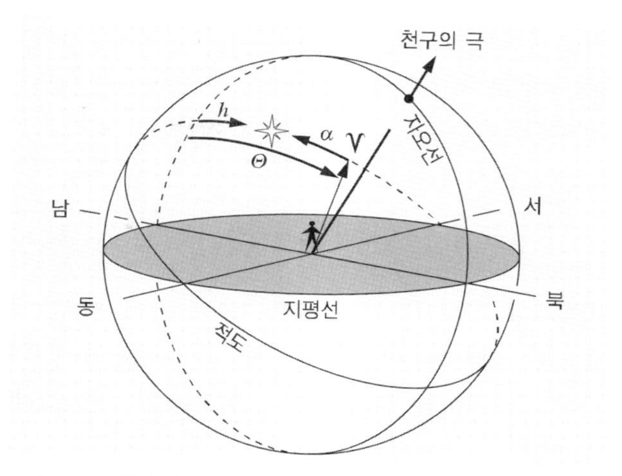

그림 2.11 천체의 적경(α), 시간각(h)과 항성시 Θ의 관계. 적경은 춘분점에서 반시계방향으로 측정하고, 시간각과 항성시는 남쪽 자오선에서 시계방향으로 측정한다. 항성시는 춘분점의 시간각이다.

각이

$$\Theta = h + \alpha \tag{2.11}$$

임을 보인다. 여기서 h는 천체의 시간각이고 α는 적경이다.

시간각과 항성시는 시간에 따라 일정한 비율로 변하므로 시간단위로 표시하는 것이 편리하다. 또한 이와 밀접한 관계를 갖고 있는 적경도 관례적으로 시간단위로 표시한다. 그러므로 24시간은 360°, 1시간은 15°, 시간의 1분은 각의 15′ 등이 된다. 이 모든 양은 (0시, 24시)의 범위 내에 있다. 이러한 관습 때문에 시간 대원(hour circle)은 시간각(또는 적경)이 일정한 대원을 일컫는다.

실제로 망원경을 찾기 쉬운 별을 향하게 한 후, 망원경의 시간각 눈금이 나타나는 시간각을 읽어서 쉽게 항성시를 결정할 수 있다. 성표에 주어진 그 별의 적경에 시간각을 합치면 관측 순간의 항성시가 된다. 이후에는 관측 후 경과한 시간을 더하여 항성시를 계산할 수 있다. 더 정확성을 기하려면 항성시계를 사용하여 시간 간

격을 측정해야 한다. 항성시계는 우리가 일상에서 사용하는 태양시계와 비교했을 때 하루에 3분 56.56초 빠르게 간다.

$$\begin{aligned}&24\text{h 태양시}\\&=24\text{h 3min 56.56s 항성시}\end{aligned} \tag{2.12}$$

이렇게 차이가 나는 이유는 지구의 궤도운동 때문이다. 즉 별은 태양보다 하늘에서 더 빠르게 움직이는 것처럼 보이고, 그래서 항성시계는 빠르게 간다(이 부분은 2.13절에서 더 자세히 다룬다).

지평좌표계와 적도좌표계 간의 좌표 환산은 구면 삼각법으로 쉽게 구해진다. 그림 2.6과 2.12를 비교하면 식 (2.5)에 다음과 같은 관계를 대입해야 함을 안다.

$$\begin{aligned}&\psi=90°-A, \quad \theta=a\\&\psi'=90°-h, \quad \theta'=\delta, \quad \chi=90°-\phi\end{aligned} \tag{2.13}$$

마지막 방정식에 있는 각 ϕ는 천극의 고도 또는 관측자의 위도이다. 이 관계를 대입하면 다음 식을 얻는다.

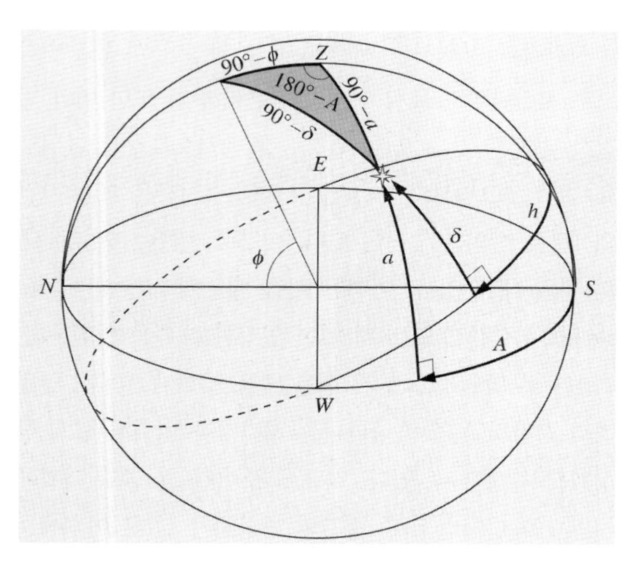

그림 2.12 지평좌표계와 적도좌표계 사이의 좌표 환산을 유도하기 위한 유도 삼각형

$$\begin{aligned}\sin h\ \cos\delta&=\sin A\ \cos a,\\\cos h\ \cos\delta&=\cos A\ \cos a\ \sin\phi+\sin a\ \cos\phi\\\sin\delta&=-\cos A\ \cos a\ \cos\phi+\sin a\ \sin\phi\end{aligned} \tag{2.14}$$

이와 대응하는 역환산은 다음 관계

$$\begin{aligned}&\psi=90°-h, \quad \theta=\delta\\&\psi'=90°-A, \quad \theta'=a\\&\chi=-(90°-\phi)\end{aligned} \tag{2.15}$$

를 대입하여

$$\begin{aligned}\sin A\cos a&=\sin h\cos\delta\\\cos A\cos a&=\cos h\cos\delta\sin\phi-\sin\delta\cos\phi\\\sin a&=\cos h\cos\delta\cos\phi+\sin\delta\sin\phi\end{aligned} \tag{2.16}$$

의 식을 얻는다.

고도와 적위는 [−90°, +90°]의 범위에 있으므로 각을 명백하게 결정하기 위해 이 각들 중 하나의 사인값을 알면 충분하다. 그러나 방위각과 적경은 0°에서 360°(또는 0h에서 24h) 사이의 값을 가질 수 있으므로 올바른 상한(quadrant)을 선택하기 위해 사인과 코사인의 값을 다 알아야 한다.

천체의 고도는 천체가 남쪽 **자오선**(천정을 통과하는 천극 사이의 대원호)상에 있을 때 가장 크다. 그 순간상 **정중**(upper culmination) 또는 **자오선 통과**(transit)]에 시간각은 0h이다. **하정중**(lower culmination)에서 시간각은 $h=12\text{h}$이다. 시간각 $h=0\text{h}$일 때 식 (2.16)의 마지막 방정식에서 다음을 얻는다.

$$\begin{aligned}\sin a&=\cos\delta\cos\phi+\sin\delta\sin\phi\\&=\cos(\phi-\delta)=\sin(90°-\phi+\delta)\end{aligned}$$

그러므로 상정중에서 고도는 다음과 같다.

$$a_{max} = \begin{cases} 90° - \phi + \delta, & \text{천체가 천정의 남쪽에서 상정중할 때} \\ 90° + \phi - \delta, & \text{천체가 천정의 북쪽에서 상정중할 때} \end{cases} \tag{2.17}$$

적위가 $\delta > \phi - 90°$인 천체에 대한 고도는 양의 값을 갖는다. 적위가 $\phi - 90°$보다 작은 천체는 위도 ϕ에서는 볼 수 없다. 반면 $h = 12\text{h}$일 때는

$$\begin{aligned} \sin a &= -\cos\delta\cos\phi + \sin\delta\sin\phi \\ &= -\cos(\delta+\phi) = \sin(\delta+\phi-90°) \end{aligned}$$

가 되고 하정중에서 고도는 다음과 같이 된다.

$$a_{min} = \delta + \phi - 90° \tag{2.18}$$

적위가 $\delta > 90° - \phi$인 별은 지평선 밑으로 넘어가지 않는다. 예를 들어 헬싱키(Helsinki, $\phi \approx 60°$)에서는 적위가 30°보다 큰 별들은 모두 **주극성**(circumpolar stars)이다. 또한 적위가 −30°보다 작은 별들은 그곳에서 관측되지 않는다.

그러면 여기서 (α, δ)좌표가 관측에 의해서 어떻게 결정되는가를 간단히 살펴보자. 어떤 주극성을 그 상정중과 하정중에서 관측한다고 하자(그림 2.13). 상정중에서는 고도가 $a_{max} = 90° - \phi + \delta$이고 하정중에서는

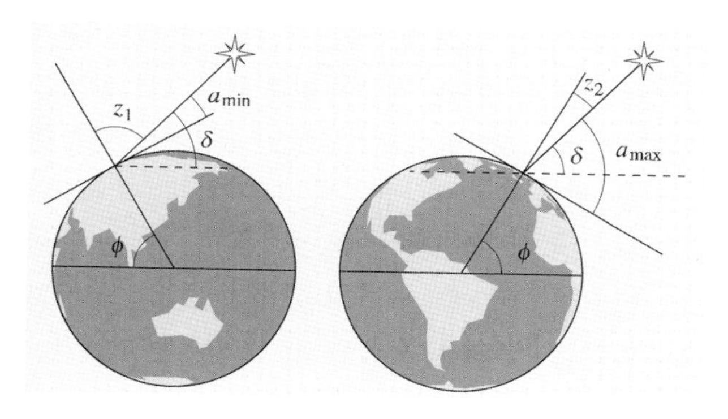

그림 2.13 상정중과 하정중에서 주극성의 고도

$a_{min} = \delta + \phi - 90°$가 된다. 이 두 관계식에서 위도를 소거하면 다음과 같이 된다.

$$\delta = \frac{1}{2}(a_{min} + a_{max}) \tag{2.19}$$

그러므로 관측자의 위치에 관계없이 같은 값의 적위를 얻는다. 그래서 적위를 절대좌표의 하나로 사용할 수 있는 것이다. 같은 관측으로부터, 천극의 방향뿐만 아니라 관측자의 위도도 결정할 수 있다. 이러한 사실들을 알고 있으면, 어떤 천체의 적위는 그 천체의 극에서부터 거리를 측정하여 알아낼 수 있다.

적도는 극에서 90°의 각거리에 있는 모든 점으로 이루어진 대원으로 정의할 수 있다. 두 번째 좌표인 적경의 영점(춘분점)은 태양이 적도를 남쪽에서 북쪽으로 넘어서는 점으로 정의할 수 있다.

지구의 자전축의 방향이 섭동에 의하여 변하므로 실제의 상황은 더 복잡하다. 그러므로 오늘날에는 매우 정확하게 위치가 알려진 표준 천체들을 사용하여 적도좌표계를 정의한다. 가장 멀리 있는 천체들을 사용하여 최상의 정확도를 얻을 수 있는데, 퀘이사(19.7절)는 아주 오랜 시간 동안 같은 방향에 남아 있다.

2.6 천체의 뜨고 지는 시간

식 (2.16)의 마지막 식으로부터 고도가 a인 순간에 천체의 시간각 h는 다음 식에서 구할 수 있다.

$$\cos h = -\tan\delta\tan\phi + \frac{\sin a}{\cos\delta\cos\phi} \tag{2.20}$$

이 방정식은 천체의 뜨고 지는 시각을 계산하는 데 사용될 수 있다. 고도 $a = 0$으로 놓으면, 뜨고 지는 시각에 해당하는 시간각은 다음에서 구해진다.

$$\cos h = -\tan\delta\tan\phi \tag{2.21}$$

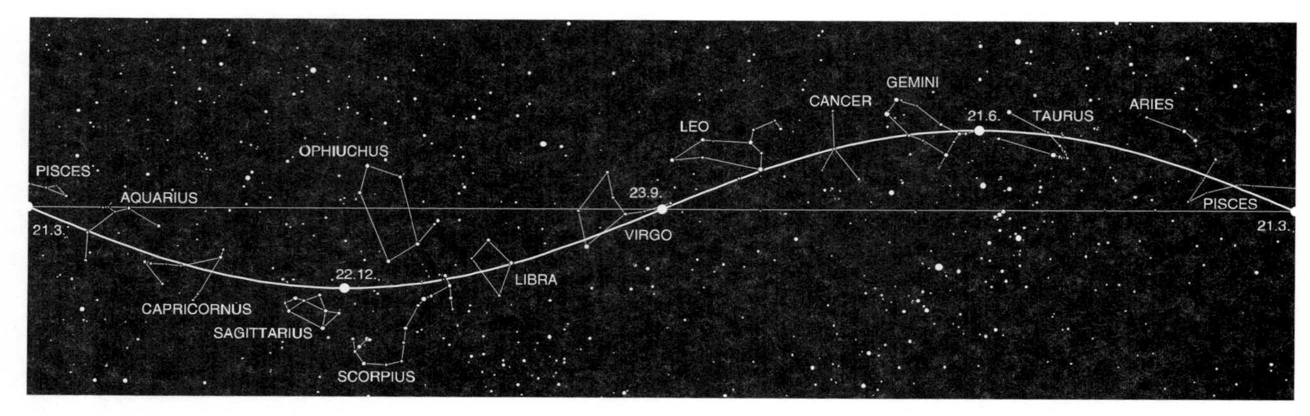

그림 2.14 황도 또는 태양의 겉보기 궤도는 적도좌표계에서 사인 곡선과 비슷한 모양을 한다. 황도는 13개의 별자리를 지나가는데, 그중 다수가 동물의 이름으로 명명된 것이다. 그래서 황도 부근을 **황도대**(zodiac)이라 칭하고, 점성술가는 황도를 30°씩 12개의 구역으로 나눈다(땅군자리는 제외). 그러나 좌표계의 세차 때문에 점성술의 기호와 같은 이름의 별자리가 더 이상 정렬되지 않는다. 또한 실제 황도대의 별자리들의 크기는 많이 다르다.

적경 α를 알고 있으면, 식 (2.11)로부터 항성시 Θ를 계산할 수 있다(추후 2.14절에서 항성시를 일상의 시간으로 전환하는 방법을 공부하게 될 것이다).

고도의 정밀도를 필요로 한다면 지구 대기에 의한 빛의 굴절을 보정해야 한다(2.9절 참조). 이 경우, 식 (2.20)에 있는 a에 대하여 작은 음수($-$)의 값을 사용해야 한다. 이 값을 **수평굴절**(horizontal refraction)이라 하는데 약 $-34'$이다.

역서에 기록되는 태양이 뜨고 지는 시간은 태양 원반의 위쪽 가장자리가 지평선에 닿는 시간을 지정한 것이다. 이 시각을 구하려면 고도를 $a = -50' (= -34' - 16')$으로 놓아야 한다.

달의 경우에도 원반의 위쪽 가장자리가 뜨고 지는 시간이 주어진다. 달까지의 거리는 꽤 많이 변하므로 달의 각 반지름은 상수값을 사용할 수 없고, 매 순간 계산해야 한다. 또한 달은 가깝기 때문에 지구의 자전에 의하여 먼 배경의 별에 대한 달의 상대적인 방향이 변한다. 그래서 달의 뜨고 지는 시간은 달의 고도가 $-34' - s + \pi$일 때로 정의한다. 여기서 s는 달의 시반경(평균적으로 $15.5'$)이며, π는 시차(평균적으로 $57'$)이다. 달의 시차는 2.9절에서 설명할 것이다.

태양, 행성, 특히 달의 뜨고 지는 시간을 찾는 것은 먼 항성에 대한 이들 천체의 상대적인 운동 때문에 복잡하다. 예를 들어 정오에 천체의 좌표를 이용하여 뜨고 지는 시간의 예상값을 계산하고, 이를 이용하여 달의 뜨고 지는 때의 좌표를 더 정확하게 추산할 수 있다. 이 좌표를 뜨고 지는 시간을 계산하는 데 다시 적용하면 꽤 좋은 정확도를 얻을 수 있다. 더 높은 정확도가 필요하다면 이러한 반복(iteration) 계산을 되풀이할 수 있다.

2.7 황도좌표계

지구의 궤도면인 **황도**(ecliptic)는 또 다른 중요한 좌표계의 기준이 된다. 황도는 태양이 천구상에서 1년 동안 그리는 대원으로 정의될 수도 있다. 이 좌표계는 주로 행성과 태양계 안에 있는 천체들에 사용된다. 지구 적도면의 방향은 연주운동에 의한 영향을 받지 않기 때문에 변하지 않는다. 봄철에 태양은 남반구에서 북반구로 움직이는 것으로 나타난다(그림 2.14). 이러한 중대한 사건이 일어나는 때와 그 순간에 태양을 향한 방향을 **춘분점**

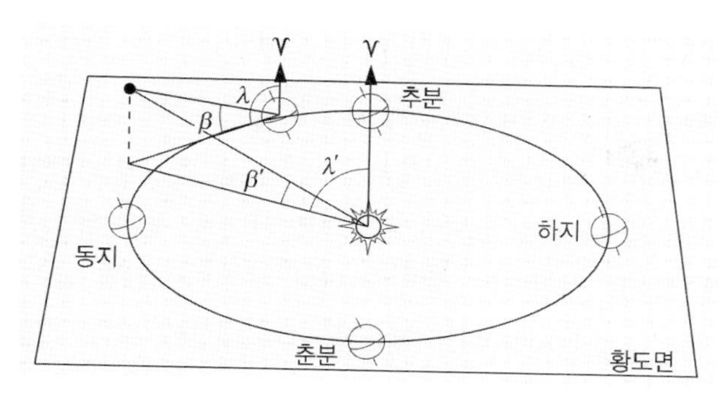

그림 2.15 천체의 거리가 아주 먼 경우에만 황도 지심좌표 (λ, β)와 일심좌표(λ', β')가 동일하다. 또한 지심좌표는 공전 궤도상에서 지구의 위치에 의존한다.

(vernal equinox)이라 부른다. 춘분에는 태양의 적경과 적위가 0이다. 적도면과 황도면은 춘분점을 향하는 직선상에서 만난다. 그래서 이 방향을 적도좌표계와 황도좌표계에서 0점으로 사용할 수 있다. 춘분점의 반대쪽에 있는 점을 **추분점**(autumnal equinox)이라 하는데, 이것은 태양이 적도를 북에서 남으로 가로지르는 점이다.

황위(ecliptic latitude) β는 황도로부터의 각 거리로서 $[-90°, +90°]$의 범위에 있다. **황경**(ecliptic longitude) λ는 춘분점에서 황도를 따라서 반시계방향으로 잰 각이다(그림 2.15).

적도좌표계와 황도좌표계 사이의 좌표 환산 방정식은 식 (2.14)와 (2.16)에서와 유사한 방법으로 유도된다. 즉

$$\begin{aligned} \sin\lambda\cos\beta &= \sin\delta\sin\epsilon + \cos\delta\cos\epsilon\sin\alpha, \\ \cos\lambda\cos\beta &= \cos\delta\cos\alpha, \\ \sin\beta &= \sin\delta\cos\epsilon - \cos\delta\sin\epsilon\sin\alpha, \end{aligned} \tag{2.22}$$

$$\begin{aligned} \sin\alpha\cos\delta &= -\sin\beta\sin\epsilon + \cos\beta\cos\epsilon\sin\lambda, \\ \cos\alpha\cos\delta &= \cos\lambda\cos\beta, \\ \sin\delta &= \sin\beta\cos\epsilon + \cos\beta\sin\epsilon\sin\lambda \end{aligned} \tag{2.23}$$

이 방정식들에 포함된 각 ε은 **황도경사**(obliquity of the ecliptic)라 하는데, 그것은 적도면과 황도면 사이의 각이다. 그 값은 대략 $23° 26'$이다(더 정확한 값은 글상자 2.1에 주어져 있다).

풀어야 하는 문제에 따라, **일심**(heliocentric, 태양에 원점을 둔), **지심**(geocentric, 지구에 원점을 둔) 또는 **관측자중심**(topocentric, 관측자에게 원점을 둔) 좌표계가 활용된다. 거리가 아주 먼 천체에 대해서는 이들 사이의 차이는 무시할 정도지만, 태양계 내의 천체들에 대해서는 무시할 수 없다. 일심좌표를 지심좌표로 환산하거나 또는 그 역을 할 때 천체의 거리를 알아야 한다. 이러한 환산은 천체의 직각좌표계와 새로운 원점을 계산한 후, 원점을 바꾸고 직각좌표계로부터 새로운 위도와 경도를 구해서 쉽게 이루어진다(예제 2.5와 2.6 참조).

2.8 은하좌표계

우리은하의 연구를 위한 가장 합리적인 기준면은 은하면이다(그림 2.16). 태양이 은하면에 아주 가까이 있으므로 은하좌표계의 원점을 태양에 둘 수 있다. **은경**(galactic longitude) l은 은하 중심 방향(궁수자리로서 $\alpha = 17\text{h}\ 45.7\text{min}$, $\delta = -29°\ 00'$)으로부터 반시계방향(적경과 같음)으로 측정된다. **은위**(galactic latitude) b는 은하면으로부터 측정하는데, 북쪽은 양(+), 남쪽은 음(−)이 된다. 이 정의는 1959년에 공식적으로 채택된 것으로, 그 당시 은하 중심 방향이 전파관측으로 정확히 결정되었다. 그 이전에 사용되던 은하좌표 l^{I}과 b^{I}은 적도면과 은하면의 교차점을 원점으로 놓은 것이었다.

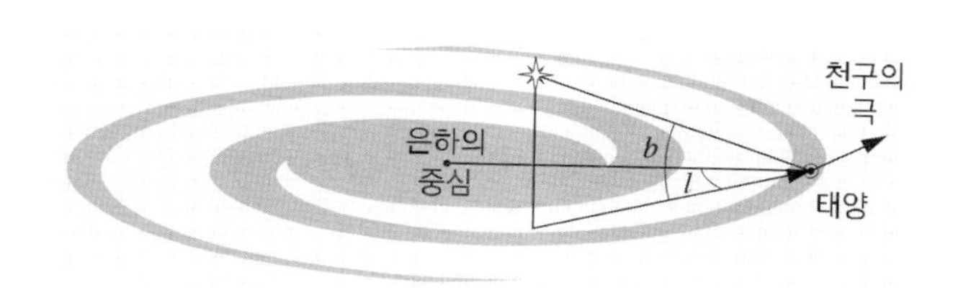

그림 2.16 은하좌표 은경 l과 은위 b

다음 환산 방정식을 이용하여 적도좌표로부터 은하좌표를 얻을 수 있다.

$$\begin{aligned}\sin(l_N - l)\cos b &= \cos\delta\sin(\alpha - \alpha_P)\\ \cos(l_N - l)\cos b &= -\cos\delta\sin\delta_P\cos(\alpha - \alpha_P)\\ &\quad + \sin\delta\cos\delta_P\\ \sin b &= \cos\delta\cos\delta_P\cos(\alpha - \alpha_P)\\ &\quad + \sin\delta\cos\delta_P\end{aligned} \tag{2.24}$$

여기서 은하의 북극은 $\alpha_P = 12h\ 51.4m$, $\delta_P = 27°08'$이고 천구의 북극의 은경은 $l_N = 123.0°$이다.

2.9 좌표의 섭동

비록 어느 별이 태양에 대하여 고정돼 있다 하더라도, 그 별의 좌표는 여러 가지 교란 효과 때문에 변할 수 있다. 지구의 자전 때문에 고도와 방위각은 자연히 변하게 마련이지만, 적경과 적위까지도 섭동에 의해서 변한다.

세차. 지구는 완벽한 구가 아니라 약간 납작한 회전 타원체이다. 태양계 내의 대부분 천체들은 황도면 가까이에서 궤도운동을 하므로 지구 적도의 부푼 곳을 황도면 방향으로 잡아끄는 작용을 한다. 이러한 편평 토크(flattening torque)의 대부분은 달과 태양에 의한 것이다. 그러나 지구가 자전하므로 이러한 토크가 황도에 대한 적도의 경사각을 바꾸지는 못한다. 그 대신 자전축이 축과 토크에 수직인 방향으로 회전하는데, 이 자전축의 회전은 대략 26,000년을 주기로 하는 원뿔을 그린다. 이러한 자전축의 느린 회전을 세차(precession)라 한다(그림 2.17). 세차 때문에 춘분점은 매년 각으로 50초만큼 황도를 따라 시계방향(서쪽)으로 움직인다. 그러므로 모든 천체의 황경이 같은 비율로 증가한다. 현재 자전축은 북극성(Polaris)에서 약 1° 떨어진 점을 향하고 있으나, 12,000년 후에는 천구의 북극은 대략 직녀성(Vega) 방향이 될 것이다. 황경의 변화는 적경과 적위에도 영향을

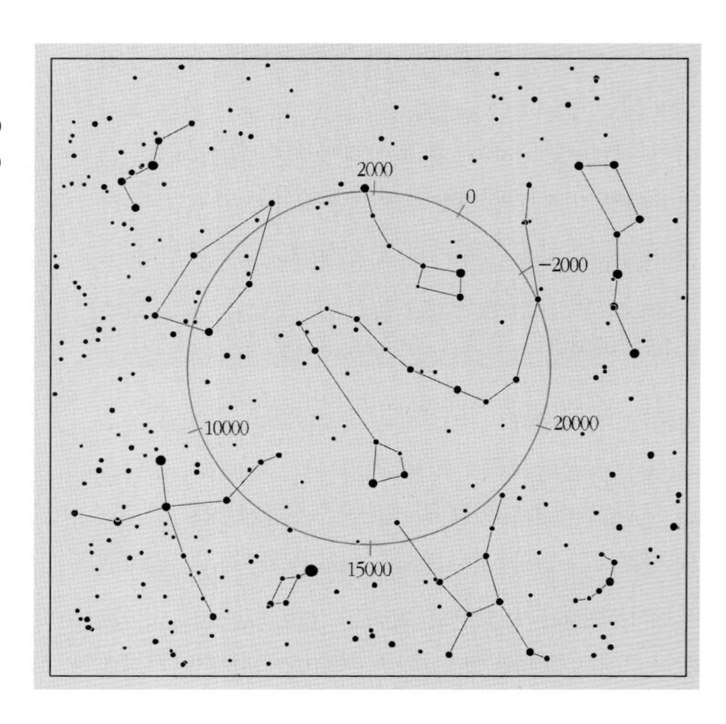

그림 2.17 세차운동에 의하여 천극은 약 26,000년을 주기로 황극의 주변을 돌게 된다. 당분간 천구의 북극은 북극성에 다가가지만, 이후에는 멀어지게 될 것이다. 대략 14,000년 이후에는 직녀성(Vega) 가까이 있게 된다. 기원전 2000년 전에는 용자리 α별 투반(Thuban) 근처에 있었다.

미친다. 그래서 좌표가 주어지는 시각 또는 역기점(曆起點, epoch)을 알아야 한다.

현재 대부분의 성도와 성표는 2000년의 시작점, 정확히 2000년 1월 1일 정오, 또는 율리우스 날짜 2,451,545.0을 기준으로 하는 J2000.0 역기점을 사용하고 있다(2.15절 참조).

이제 세차에 의한 적경과 적위의 변화를 나타내는 관계식을 유도하자. 좌표 환산식 (2.23)의 마지막 방정식

$$\sin\delta = \cos\varepsilon\sin\beta + \sin\varepsilon\cos\beta\sin\lambda$$

를 미분하면

$$\cos\delta\, d\delta = \sin\varepsilon\cos\beta\cos\lambda\, d\lambda$$

가 된다. 식 (2.22)의 두 번째 방정식을 오른쪽에 적용하면 적위의 변화는

$$d\delta = d\lambda\sin\varepsilon\cos\alpha \tag{2.25}$$

가 된다. 다음 식을 미분하면

$$\cos\alpha\cos\delta = \cos\beta\cos\lambda$$

다음 식을 얻고,

$$-\sin\alpha\cos\delta\, d\alpha - \cos\alpha\sin\delta\, d\delta = -\cos\beta\sin\lambda\, d\lambda$$

위에서 얻은 $d\delta$의 관계식을 대입하고 식 (2.22)의 첫 번째 방정식을 적용하면,

$$\begin{aligned}\sin\alpha\cos\delta\, d\alpha &= d\lambda(\cos\beta\sin\lambda - \sin\varepsilon\cos^2\alpha\sin\delta)\\ &= d\lambda(\sin\delta\sin\varepsilon + \cos\delta\cos\varepsilon\sin\alpha\\ &\quad - \sin\varepsilon\cos^2\alpha\sin\delta)\end{aligned}$$

를 얻는다.

이 식을 간단히 쓰면 다음과 같이 된다.

$$d\alpha = d\lambda(\sin\alpha\sin\varepsilon\tan\delta + \cos\varepsilon) \tag{2.26}$$

만약 $d\lambda$가 매년 황경이 증가하는 양(약 50″)이라 하면, 1년 동안 세차에 의해서 변하는 적경과 적위는

$$\begin{aligned}d\delta &= d\lambda\sin\varepsilon\cos\alpha\\ d\alpha &= d\lambda(\sin\varepsilon\sin\alpha\tan\delta + \cos\varepsilon)\end{aligned} \tag{2.27}$$

이 된다. 이 관계식은 보통 다음과 같은 형태로 쓰여진다.

$$\begin{aligned}d\delta &= n\cos\alpha\\ d\alpha &= m + n\sin\alpha\tan\delta\end{aligned} \tag{2.28}$$

여기서

$$\begin{aligned}m &= d\lambda\cos\varepsilon\\ n &= d\lambda\sin\varepsilon\end{aligned} \tag{2.29}$$

은 세차상수(precession constants)이다. 황도경사는 반드시 상수가 아니라 시간에 따라 변하므로 m과 n 역시 시간에 따라 천천히 변한다. 그러나 그 변화가 매우 천천히 일어나므로, 시간 간격이 매우 길지 않다면 보통 m과 n을 상수로 취급할 수 있다. 몇 개의 역기점에 대한 이 상수들의 값이 표 2.1에 있다. 수십 년보다 긴 간격의 경우 더욱 정교한 방법이 사용되어야 하는데, 그것의 유도는 이 책의 수준을 넘어선다. 이 책에서는 필요한 공식만을 글상자 2.1(좌표의 환산)에 주었다.

표 2.1 세차상수 m과 n. 여기서 'a'는 회귀년이다.

역기점	m	n	
1800	3.07048s/a	1.33703 s/a	= 20.0554″/a
1850	3.07141	1.33674	20.0511
1900	3.07234	1.33646	20.0468
1950	3.07327	1.33617	20.0426
2000	3.07419	1.33589	20.0383

장동(章動). 달의 궤도는 황도면에 대하여 기울어져 있어서, 그 궤도면이 세차운동을 한다. 이것이 한 바퀴 회전하는 데는 18.6년이 걸린다. 그러므로 이것이 지구의

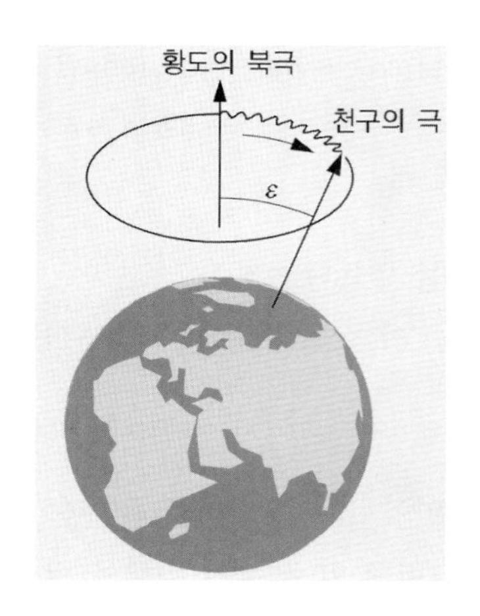

그림 2.18 세차운동에 의하여 지구 자전축은 황극의 주변을 돌게 된다. 장동은 세차에 추가하여 작게 흔들리는 움직임이다. 이 그림에서 장동의 크기는 편의상 크게 과장되게 나타내었다.

세차에 18.6년 주기로 섭동을 일으킨다. 이 효과, 즉 장동(nutation)은 황도경사뿐만 아니라 황경도 변화시킨다(그림 2.18). 이 계산은 아주 복잡하나 다행스럽게도 장동에 의한 섭동은 비교적 작아서 각으로 1분보다 작은 정도이다. 그러므로 이 섭동은 글상자 2.1(좌표의 환산)에 주어진 공식을 사용하여 계산하거나 또는 생략된다.

시차(視差). 어떤 물체를 서로 다른 지점에서 바라보면 그 물체의 방향은 달라진다. 관측된 방향의 차이(또한 그 현상 자체)를 **시차**(parallax)라고 한다. 시차의 크기는 관측자로부터 물체까지의 거리에 따라 달라지므로 거리를 측정하는 데 시차를 이용할 수 있다. 인간이 입체로 볼 수 있는 것도 (어느 정도는) 이 효과에 근거를 둔 것이다. 천문학적인 목적을 위해서는 우리 눈 사이의 거리(약 7cm)보다 훨씬 더 긴 기선(基線)을 필요로 한다. 길이가 적당하고 또 편리한 기선은 지구의 반지름과 지구 궤도의 반지름이다.

가장 가까운 별들까지의 거리는 **연주시차**(annual parallax)로부터 결정될 수 있다. 연주시차는 별에서 볼 때 지구 공전궤도의 반지름(천문단위 또는 AU라 칭한다)에 의해서 이루어지는 각을 말한다(이것은 2.10절에서 더 자세히 다룰 것이다).

일주시차(diurnal parallax)는 지구의 일일 자전 때문에 생기는 방향의 변화를 뜻한다. 일주시차는 천체의 거리뿐만 아니라 관측자의 위도에도 의존한다. 만약 우리 태양계 내에서 천체의 시차를 논한다면, 그것은 그 천체에서 바라보았을 때 지구 적도반지름(6,378km)이 이루는 각을 뜻한다(그림 2.19). 즉 지구의 적도에 있는 관측자가 그 천체가 지평선에서 천정으로 이동하는 것을 관측하는 경우에, 먼 배경의 별에 대하여 그 천체가 이동한 겉보기 각거리가 일주시차와 같다. 예를 들어 달의 일주시차는 약 57′, 태양의 시차는 8.79″이다.

비록 관측 방향의 이동을 이용하여 측정한 것이 아닌 경우에라도, 천문학에서 시차는 일반적으로 거리를 의미할 수도 있다(예를 들면 분광시차와 측광시차).

광행차. 유한한 광속도 때문에 움직이는 관측자에게는 천체가 관측자의 움직이는 방향으로 이동되어 나타난다(그림 2.20). 이와 같이 보이는 방향의 변화를 **광행차**(aberration)라 한다. 정확한 값을 유도하기 위해서는 특수상대성 이론을 사용해야 하지만 실질적인 목적으로는 다음과 같은 근삿값을 사용하는 것으로 충분하다.

$$a = \frac{v}{c}\sin\theta, \quad [a] = \mathrm{rad} \tag{2.30}$$

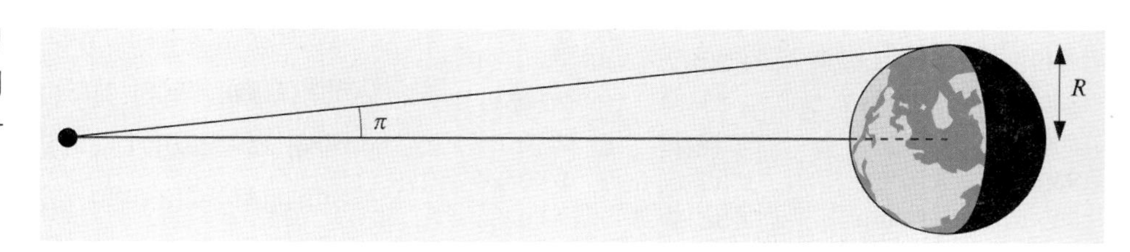

그림 2.19 어떤 천체의 지평시차(일주시차) π는 그 천체에서 관측되는 지구 적도반지름이 이루는 각에 해당한다.

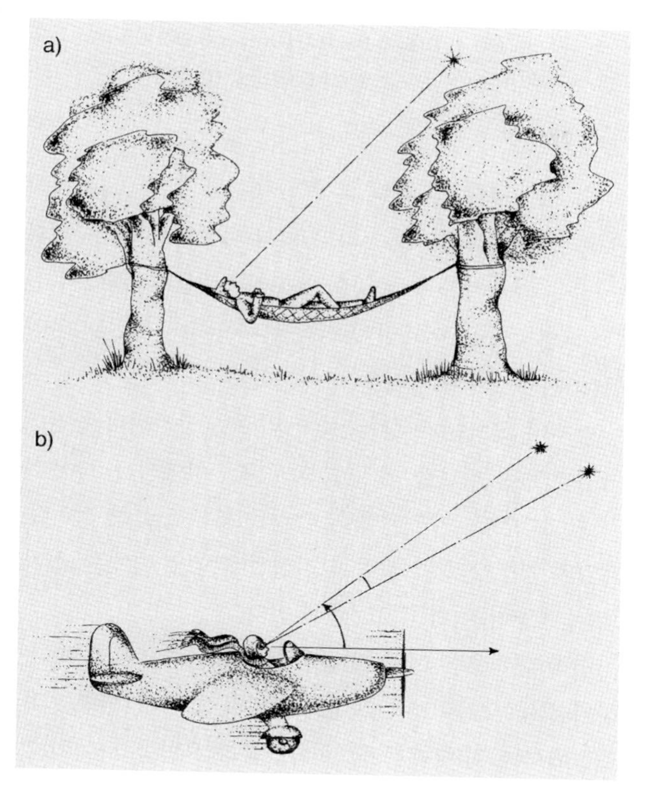

그림 2.20 천체가 보이는 방향에 대한 광행차 효과. (a) 정지 상태의 관측자. (b) 운동하고 있는 관측자

여기서 v는 관측자의 속도, c는 광속도, 그리고 θ는 천체의 실제 방향과 관측자의 속도 벡터 사이의 각이다(그림 2.21). 지구의 궤도운동 때문에 생기는 광행차의 가능한 가장 큰 값은 v/c인데, 여기서 v는 지구의 공전궤도속도이다. 이는 각으로 21″에 해당하는데, 이를 **광행차 상수**(aberration constant)라 한다. 지구 자전 때문에 생기는 광행차의 최대치, 즉 일주 광행차 상수는 아주 작아서 약 0.3″에 불과하다.

굴절. 빛은 지구 대기에 의해서 굴절되므로, 천체의 겉보기 방향과 실제 방향은 시선방향에 놓인 대기의 조건에 따라 조금씩 다르다. 굴절은 대기의 압력과 온도에 따라 변하므로 정확히 예측하기는 매우 어렵다. 그러나 대부분의 실질적인 목적에 사용하는 데 충분히 좋은 근

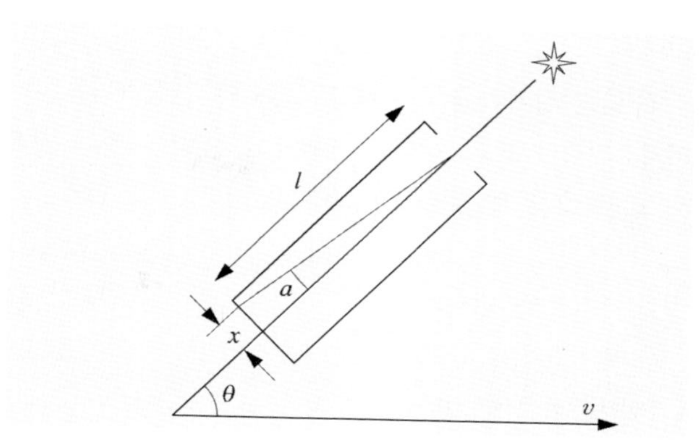

그림 2.21 망원경이 별의 실제 방향을 향하고 있다. 빛이 망원경의 길이를 통과하는 데 걸리는 시간은 $t = l/c$이다. 망원경은 v라는 속도로 움직이며, 이 속도가 갖는 빛살(light beam) 방향의 수직 성분은 $v \sin\theta$이다. 빛살은 광축에서 거리가 $x = t\,v\sin\theta = l(v/c)\sin\theta$만큼 옮겨져 망원경의 바닥에 닿을 것이다. 그래서 방향의 각의 변화는 $a = x/l = (v/c)\sin\theta$(라디안)이다.

삿값은 쉽게 유도된다. 만약 천체가 천정에서 그리 멀리 떨어져 있지 않다면, 천체와 관측자 사이의 대기는 n_i라는 일정한 굴절률을 갖는 평행한 평면층이 쌓인 것으로 근사될 수 있다(그림 2.22). 대기의 바깥쪽에서는 $n = 1$

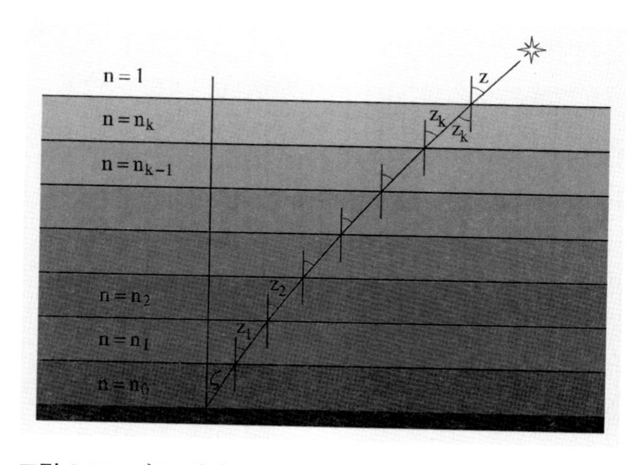

그림 2.22 지구 대기를 통과하는 빛의 굴절 현상. 별의 고도가 매우 낮지 않다면, 대기는 일정한 굴절률을 갖는 평행한 평면층이 쌓인 것으로 생각할 수 있다. 굴절률은 대기의 밖에서는 $n = 1$이고, 지표면을 향하여 증가한다.

이다.

진(眞)천정거리를 z라 하고, 겉보기 천정거리를 ζ라 하자. 그림 2.22의 기호를 사용하면, 잇따른 층의 경계에 대한 다음 방정식을 얻는다.

$$\begin{aligned} \sin z &= n_k \sin z_k \\ &\vdots \\ n_2 \sin z_2 &= n_1 \sin z_1 \\ n_1 \sin z_1 &= n_0 \sin \zeta \end{aligned}$$

이 방정식 세트를 단순화하면,

$$\sin z = n_0 \sin \zeta \tag{2.31}$$

굴절각(refraction angle) $R = z - \zeta$가 작고 라디안으로 표시되었다면,

$$\begin{aligned} n_0 \sin \zeta = \sin z &= \sin(R + \zeta) \\ &= \sin R \cos \zeta + \cos R \sin \zeta \\ &\approx R \cos \zeta + \sin \zeta \end{aligned}$$

를 얻는다. 그러므로

$$R = (n_0 - 1)\tan \zeta, \quad [R] = \mathrm{rad} \tag{2.32}$$

을 얻는다.

굴절률은 공기의 밀도에 의존하므로, 결국 기압과 기온에 의존한다. 고도가 15° 이상인 경우, 다음과 같은 근사식을 사용할 수 있다.

$$R = \frac{P}{273 + T} 0.00452° \tan(90° - a) \tag{2.33}$$

여기서 a는 각도로 나타낸 고도, T는 섭씨로 나타낸 기온, P는 헥토파스칼(또는 밀리바와 마찬가지)의 단위로 표시한 기압이다. 그보다 낮은 고도의 경우 대기의 곡률(curvature)을 고려해 주어야 한다. 이 경우 굴절각의 근사 공식은

$$R = \frac{P}{273 + T} \frac{0.1594 + 0.0196a + 0.00002a^2}{1 + 0.505a + 0.0845a^2} \tag{2.34}$$

이다. 이 공식들은 차원 분석의 규칙에 맞지 않는 형식으로 쓰여 있음에도 불구하고 널리 사용되고 있다. 정확한 값을 얻으려면 모든 양이 올바른 단위로 표시돼야 한다. 그림 2.23은 이러한 공식들을 사용하여 계산된 다양한 조건에서의 굴절각을 보여준다.

천체의 고도는 항상 굴절에 의해서 증가한다(천정에 아주 가까운 경우를 제외하고). 지평선상에서는 그 변화가 약 34′인데, 이는 태양의 각지름보다 조금 큰 각이다. 태양의 가장자리 낮은 쪽이 지평선에 닿을 때에는, 실제로는 태양이 이미 지고 난 후이다.

만약 대기층 사이의 경계가 수평을 이루고 있으면, 천정에서 들어오는 빛은 전혀 굴절되지 않는다. 어떤 기후 조건에서는 경계(예를 들면 한랭층과 온난층 사이의)가 비스듬히 놓이고, 그 경우 각으로 수 초(″) 정도의 작은 천정굴절이 생길 수 있다.

성표에 주어진 별의 위치는 시차, 광행차, 장동의 효과가 제거된 **평균위치**(mean places)이다. 주어진 날짜(즉

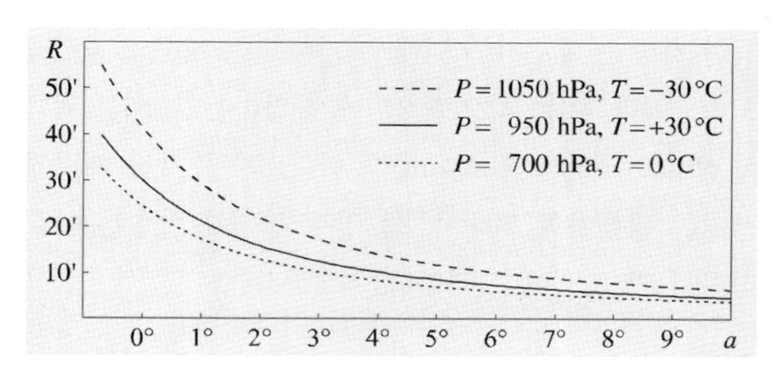

그림 2.23 다른 고도에서의 굴절. 굴절각 R은 진(眞)고도 a와 비교했을 때 천체가 얼마나 더 높이 있는 것처럼 보이는지를 말해 준다. 굴절은 대기의 밀도에 의존하므로, 압력과 온도에 의존한다. 위쪽의 파선은 기온이 매우 낮은 해수면에서의 굴절각을 나타낸다. 고도 2.5km에서는 기압이 700hPa밖에 되지 않는데, 그래서 굴절의 효과가 작아진다(아래쪽 점선).

관측시각에서)의 평균위치는 별의 고유운동과 세차를 보정하여 구한다(2.10절). 이것에 추가하여 장동, 시차, 광행차를 보정하여 **겉보기 위치**(apparent place)를 구한다. 한편, 기준 별들의 겉보기 위치를 수일 간격으로 표시한 성표가 매년 출간되고 있는데, 이 좌표는 세차, 장동, 시차, 연주 광행차를 보정한 것이다. 일주 광행차와 굴절 효과는 관측자의 위치에 따라 달라지므로 성표에 포함되지 않는다.

2.10 위치 천문학

별의 위치는 기준별에 대한 상대적 위치(상대적 측성학)로 측정되거나 또는 고정된 좌표계에 대해서 측정될 수 있다(절대적 측성학).

절대좌표는 일반적으로 **자오환**(子午環, meridian circle), 즉 자오면에서만 회전할 수 있는 망원경을 사용하여 결정된다(그림 2.27). 자오환은 정확히 동서 방향으로 맞추어진 축 하나만을 가진다. 모든 별들은 하루 중에 자오선을 통과하므로 하루 중 어느 때 자오환의 시야로 들어온다. 그러므로 별이 남중할 때 그 고도와 통과시각이 기록된다. 남중하는 별의 시간각은 $h = 0\text{h}$이므로 만약 항성시계로 항성시가 결정되면 즉각 별의 적경이 주어진다. 남중하는 별의 적위는 고도로부터 구해진다.

$$\delta = a - (90° - \phi)$$

여기서 a는 관측된 고도이고, ϕ는 천문대의 지리학적인 위도이다.

상대좌표는 알려진 기준별을 포함한 사진건판(그림 2.25) 또는 CCD 영상에서 측정된다. 건판의 척도와 좌표계의 방향은 기준별에서 결정될 수 있다. 이것들이 결정된 다음에는 어느 천체의 적경과 적위는 건판상의 좌표를 측정하여 계산할 수 있다.

작은 시야에 포함된 모든 별들은 주요 섭동들, 즉 세차, 장동, 광행차에 거의 같은 정도로 영향을 받는다. 그러나 시차에 의한 훨씬 작은 효과는 별들의 상대적 위치를 변화시킨다.

지구의 연주운동 때문에 생기는 거리가 먼 배경별들에 대한 방향 변화를 별의 **삼각시차**(trigonometric parallax)라 부른다. 이로부터 별들의 거리를 구할 수 있다. 시차가 작을수록 별은 더 멀리에 있다. 사실 삼각시차가 현재로서는 별의 거리를 측정하는 유일한 직접적인 방법이다. 뒤에서 별의 운동과 구조에 관한 가정을 필요로 하는 다른 간접적인 방법 몇 가지를 소개할 것이다. 이와 같은 삼각측량 방법은 지상에서 물체의 거리를 측정하는 데도 사용된다. 별의 거리를 측정하기 위해서는 우리가 얻을 수 있는 가장 긴 기선인 지구 공전궤도의 반지름이 사용된다.

1년에 걸쳐서 황극에 있는 별은 원을 그리고, 황도상에 있는 별은 선을 따라 왕복운동을 하고, 그 이외의 경우는 타원을 그린다. 이 타원의 긴반지름을 별의 시차라 부르고 π로 표시한다. 이것은 별에서 보았을 때 지구궤도의 반지름이 이루는 각과 같다(그림 2.24).

천문학에서 사용되는 거리의 단위는 **파섹**(parsec, pc)이다. 1pc의 거리에서 1천문단위는 1초의 각을 이룬다.

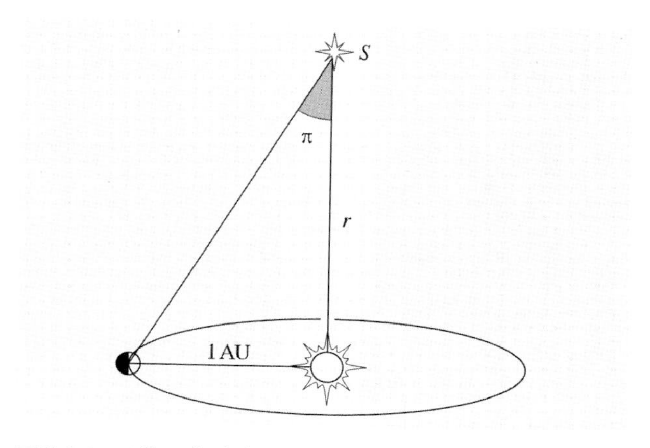

그림 2.24 별 S의 삼각시차 π는 그 별에서 볼 때 지구의 궤도반지름 또는 1천문단위가 만드는 각이다.

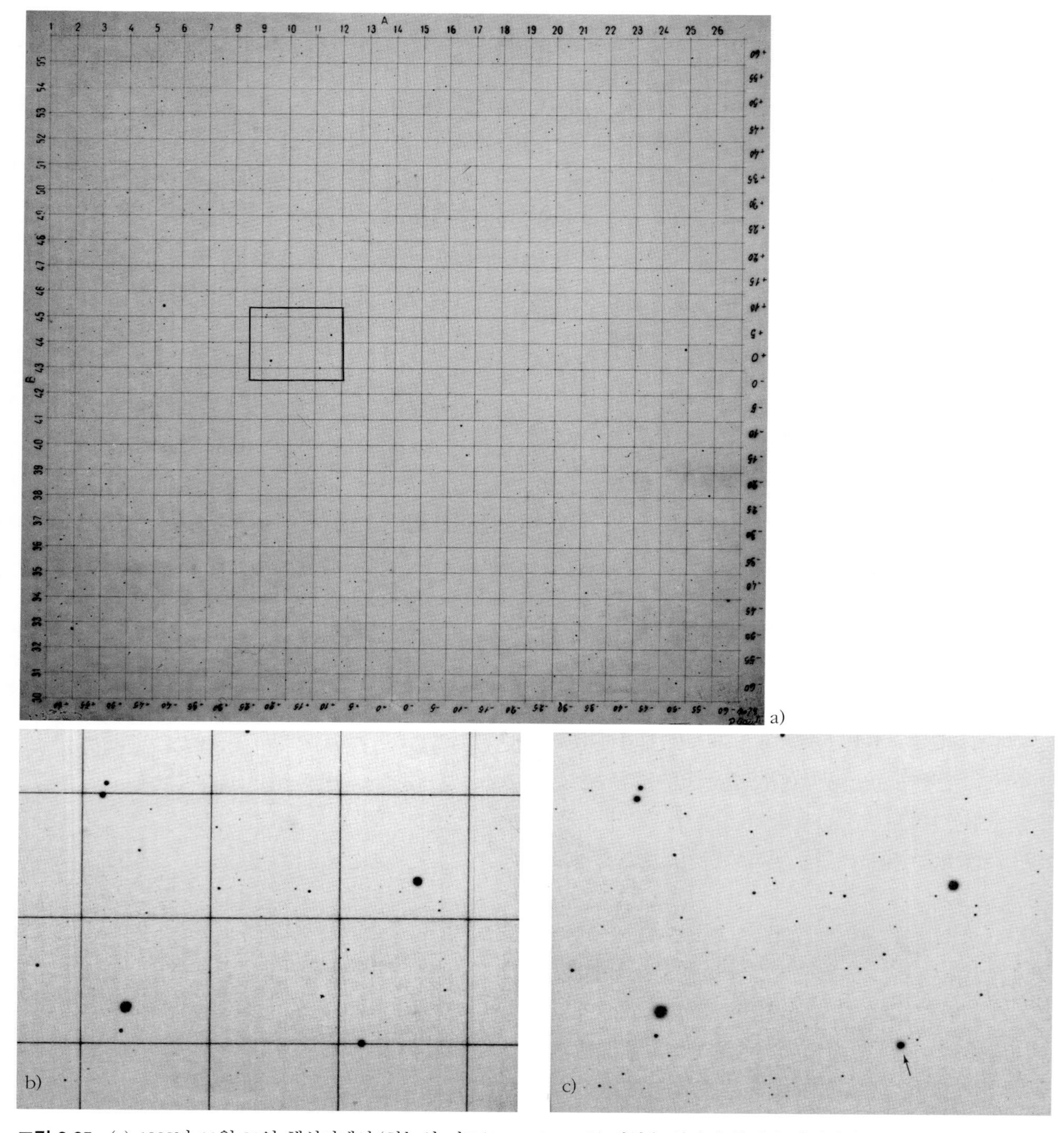

그림 2.25 (a) 1902년 11월 21일 헬싱키에서 '하늘의 지도(Carte du Ciel)' 계획을 위하여 촬영한 사진건판. 건판의 중심은 $\alpha=18$h 40min, $\delta=46°$에 있고 면적은 $2°\times2°$이다. 좌표 격자 사이의 거리(건판에 별도로 노출되었음)는 각으로 5분이다. (b) 같은 건판상에서 네모 상자 속의 구역을 확대한 모습. (c) 앞에서 보인 구역을 1948년 11월 7일에 촬영한 모습. 오른쪽 아래 구석의 밝은 별(SAO 47747, 화살표로 표시됨)이 각으로 약 12초 이동하였다. 왼쪽에 물방울 모양을 하고 있는 더 밝은 별(SAO 47767)은 쌍성이다 : 이 쌍성계의 두 별 사이의 분리각은 8″이다.

1라디안은 약 206,265″이므로 1pc은 206,265AU이다. 또한 $1\mathrm{AU}=1.496\times10^{11}\mathrm{m}$이므로 $1\mathrm{pc}\approx3.086\times10^{16}\mathrm{m}$이다. 만약 시차가 각의 초(″)로 주어졌다면, 그 거리는 단순히 다음과 같다.

$$r=1/\pi,\quad [r]=\mathrm{pc},\quad [\pi]={}'' \tag{2.35}$$

대중적인 천문학 책에서는 거리가 대부분 광년(light-years)으로 표시되는데, 1광년은 빛이 1년에 통과하는 거리로서 $9.5\times10^{15}\mathrm{m}$이다. 그러므로 1pc은 약 3.26광년이 된다.

최초의 시차측정은 1838년 **베셀**(Friedrich Wilhelm Bessel, 1784-1846)에 의해서 이루어졌다. 그는 백조자리 61별(61 Cygni)의 시차가 0.3″임을 알아냈다. 가장 가까운 별인 센타우루스자리 프록시마(Proxima Centauri)는 시차가 0.762″이므로 거리는 1.31pc이다.

연주시차 때문에 생기는 천체의 이동뿐만 아니라, 많은 별들이 시간에 대해서 변하지 않는 일정한 방향으로 천천히 이동하기도 한다. 이 효과는 태양과 별이 공간에서 일으키는 상대적인 운동에 의해서 생기는 것이다. 이것을 **고유운동**(proper motion)이라고 부른다. 하늘의 겉모습과 별자리의 형태는 비록 극히 조금씩이지만 별들의 고유운동에 의해 끊임없이 변하고 있다(그림 2.26).

별의 태양에 대한 상대속도는 2개의 성분으로 분류될 수 있다(그림 2.28). 그 하나는 시선방향을 향한 것[시선성분 또는 **시선속도**(radial velocity)]이고 다른 하나는 그것에 수직인 것(접선성분)이다. 접선속도(tangential velocity)가 고유운동을 일으키는데, 이것은 수년 또는 수십년의 간격으로 찍은 사진건판에서 측정할 수 있다. 고유운동 μ는 2개의 성분, 즉 적위의 변화 μ_δ와 적경의 변화 $\mu_\alpha\cos\delta$로 나뉜다. 여기서 $\cos\delta$는 적위에 따른 적경의 크기 차를 보정하기 위해 사용된 것이다. 시간권(hour circle)(α가 일정한 대원)은 극 쪽으로 가면서 서로 각거리가 가까워지므로 실제의 각 간격을 구하기 위해 좌표의 차이에 $\cos\delta$를 곱해야 한다. 전체 고유운동은 다음과 같다.

$$\mu=\sqrt{\mu_\alpha^2\cos^2\delta+\mu_\delta^2} \tag{2.36}$$

알려진 고유운동으로 가장 큰 값을 가진 것은 바너드별(Barnard's star)이다. 이 별은 매년 10.3″의 엄청난 속도로 천구상에서 움직인다. 이 고유운동 속도로 보름달의 각지름에 해당하는 각을 이동하는 데 200년도 걸리지 않는다.

고유운동을 측정하기 위해서는 별을 오랜 기간에 걸쳐서 관측해야 한다. 반면에 시선운동 성분은 **도플러 효과**(Doppler effect)에 의해서 한 번의 관측으로도 쉽게 구할 수 있다. 도플러 효과란 복사원의 시선속도 때문에 복사의 진동수와 파장이 변하는 것을 의미한다. 예를 들어 이와 똑같은 효과는 구급차의 소리에서도 관측될 수 있다. 즉 구급차가 접근하면 소리의 진동수가 높아져서 고음이 되고, 반대로 멀어지면 소리의 진동수가 낮아진다.

작은 속도에 대한 도플러 효과 공식은 그림 2.29에서와 같이 유도할 수 있다. 복사원이 주기가 T인 전자파를 방출하면 T시간 동안 복사는 거리 $s=cT$만큼 관측자에게 가까워진다. 여기서 c는 전파 속도이다. 같은 시간 동안 복사원은 거리 $s'=vT$만큼 관측자에 대하여 움직이는데, 여기서 v는 복사원의 속도로서 후퇴하는 복사원의 경우는 양(+), 접근하는 경우는 음(−)이 된다. 한 주기의 길이, 즉 파장 λ는 다음과 같다.

$$\lambda=s+s'=cT+vT$$

만약 복사원이 정지해 있으면, 복사의 파장은 $\lambda_0=cT$가 된다. 복사원의 운동은 다음 양만큼 파장을 변화시킨다.

$$\Delta\lambda=\lambda-\lambda_0=cT+vT-cT=vT$$

파장의 상대적 변화는 다음과 같다.

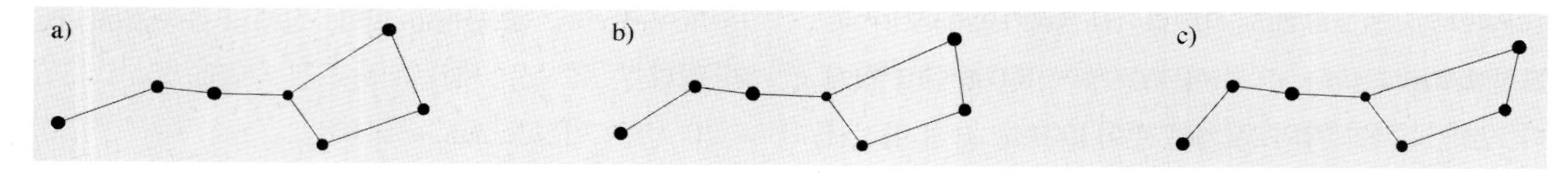

그림 2.26 별들의 고유운동이 별자리의 모습을 천천히 바꾼다. (a) 3만 년 전 빙하기에 큰곰자리의 모습. (b) 현재의 모습. (c) 3만 년 후의 모습

그림 2.27 1904년 헬싱키 천문대의 자오환 관측을 논의하는 천문학자들

$$\frac{\Delta\lambda}{\lambda_0} = \frac{v}{c} \tag{2.37}$$

이 관계는 $v \ll c$일 때만 유효하다. 아주 큰 속도에 대해서는 다음과 같은 상대론의 공식을 사용해야 한다.

$$\frac{\Delta\lambda}{\lambda_0} = \sqrt{\frac{1+v/c}{1-v/c}} - 1 \tag{2.38}$$

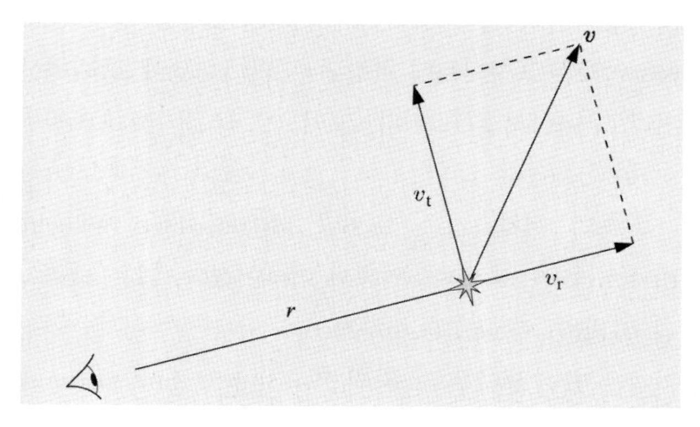

그림 2.28 별의 속도 v의 시선 성분 v_r과 접선 성분 v_t. 접선 성분은 고유운동으로 관측된다.

이 공식들은 전자기파에만 유효하다. 예를 들어 음파의 경우에는 음원이나 관측자의 운동에 따라 달라진다.

천문학에서 도플러 효과는 별의 스펙트럼에서 관측되는데 그 스펙트럼선들이 종종 청색(짧은 파장) 쪽으로나 적색(긴 파장) 쪽으로 변위되어 있다. **청색이동**(blueshift)은 별이 접근하고 있음을 뜻하는 반면, **적색이동**(redshift)은 별이 후퇴하고 있음을 나타낸다.

도플러 효과 때문에 생기는 변위는 일반적으로 아주 작다. 이를 측정하기 위해서 별의 스펙트럼 옆에 기준 스펙트럼을 건판상에 노출시킨다. 요즘은 사진건판 대신 CCD카메라를 사용하기 때문에, 파장을 결정하기 위해서 별도로 기준 스펙트럼을 노출시켜 파장의 척도를 결정하는 데 사용한다(3.3절). 기준 스펙트럼의 방출선들은 실험실에 정지한 광원에 의하여 만들어진다. 만약 기준 스펙트럼에 별의 스펙트럼에서 발견된 선들이 있다면, 그들을 비교하여 변위를 측정할 수 있다.

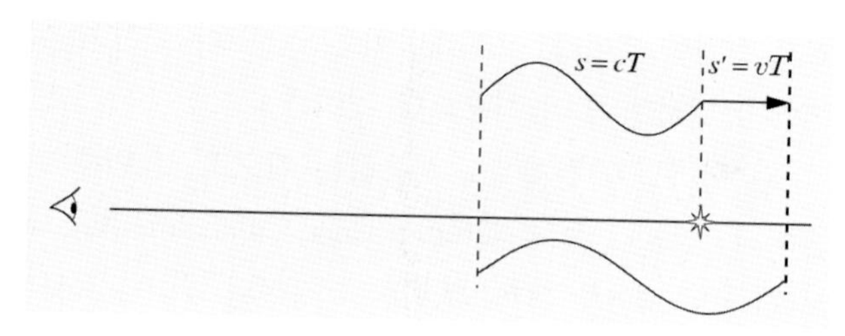

그림 2.29 복사원이 후퇴하면 복사의 파장은 증가한다.

먼 은하들의 스펙트럼은 적색이동을 보이는데, 그것의 일부만이 도플러 효과에 의한 것이다. 대신, 대부분의 적색이동은 우주의 팽창에 기인한 것이다(제20장). 또한 일반상대성 이론이 예측한 바와 같이 중력장도 적색이동을 일으킨다(부록 B).

스펙트럼선의 변위로부터 별의 시선속도 v_r이 구해지고, 사진건판 또는 CCD영상에서 고유운동 μ를 측정할 수 있다. 접선속도 v_t를 알아내기 위해서는 거리 r을 알아야 한다. 예를 들어 시차 측정 등으로 거리를 구할 수 있다. 접선속도와 고유운동은 다음과 같이 연관되어 있다.

$$v_t = \mu r \tag{2.39}$$

만약 μ가 ″/년, 그리고 r이 pc으로 주어진다면, v_t를 km s^{-1}로 얻기 위한 다음과 같이 단위를 환산시켜야 한다.

$$1\text{rad} = 206{,}265'', \quad 1\,\text{year} = 3.156 \times 10^7\,\text{s}$$
$$1\text{pc} = 3.086 \times 10^{13}\text{km}$$

그러므로

$$v_t = 4.74\mu r, \quad [v_t] = \text{km s}^{-1}$$
$$[\mu] = ''/\text{년}, \quad [r] = \text{pc} \tag{2.40}$$

이다. 별의 전체 속도는 다음과 같다.

$$v = \sqrt{v_r^2 + v_t^2} \tag{2.41}$$

2.11 별자리(星座)

어느 한 순간에 하늘에 보이는 별의 수는 약 1,000~1,500개에 이른다(지평선 위에서). 그러나 이상적인 조건에서 육안으로 볼 수 있는 별의 수는 각 반구에서 3,000개이고, 양 반구를 통틀어서는 6,000개로 늘어난다. 여러 별들이 모여, 어렴풋이 어떤 모습을 닮은 모양을 만들고 있는 것처럼 보이기도 한다. 이 모습들은 신화 속의 동물이나 또는 다른 동물로 묘사되어 왔다. 이렇게 별들을 별자리로 묶는 것은 어떤 물리적인 근거가 있는 것이 아니고, 단지 인간의 상상력의 소산이다. 각기 다른 문화에서는 그 문화의 신화, 역사, 그리고 환경에 따라 다른 별자리를 갖고 있다.

우리에게 익숙한 별자리의 모습과 이름의 절반 정도는 고대 지중해에서 유래한 것이다. 그러나 그 이름과 경계는 19세기까지도 모호했었다. 그래서 국제천문연맹(IAU)은 1928년 총회에서 별자리의 고정된 경계를 확정지었다.

별자리의 공식적인 경계는 1875년을 기준으로 일정한 적경과 적위를 따라 설정되었다. 그 이후, 지구의 세차가 적도좌표를 변화시키기에 충분한 시간이 지나갔다. 그러나 별자리의 경계는 별에 대해서 상대적 위치에 고정된 채로 남아 있으므로, 한 별자리에 속한 별은(그 별이 고유운동에 의해서 그 경계를 넘어가지 않는 한) 영구히 그 별자리에 속하게 될 것이다.

IAU에 의해서 확정된 88개의 별자리 이름이 이 책 말미에 수록된 표 C.21에 주어졌다. 이 표에는 또한 라틴 이름의 약어, 그 소유격(별 이름에 사용됨), 그리고 영어 이름도 주어졌다.

바이어(Johannes Bayer, 1572–1625)는 그의 성좌도인 천측도(天測圖, Uranometria, 1603)에서 각 별자리에서 가장 밝은 별들을 그리스문자를 써서 나타내는 관례를 시작하였다. 가장 밝은 별은 α(알파)이다. 예를 들면 백조(Cygnus)자리의 데네브(Deneb)는 백조자리 알파별(α Cygni)이고 그 약자는 α Cyg이다. 두 번째로 밝은 별은 β(베타)이고, 그다음은 γ(감마)의 순서이다. 그러나 이 법칙에서 벗어난 예도 여럿 있다. 예를 들어 큰곰자리의 별들은 별자리에 나타나는 순서로 명명한다. 그리스문자 알파벳이 다 사용된 후에는 라틴문자를 사용할 수 있다. 다른 방법으로는 숫자를 이용하는데, 적경이 증가하는 순서로 배정한다. 예를 들면 30 Tau는 황소(Taurus)자리의 밝은 쌍성이다. 이러한 숫자는 첫 번째 왕실천문관이었던 존 플램스티드(John Flamsteed, 1646-1719)가 제작한 *Historia Coelestis Britannica*(1725) 성표에 기초한 것이다. 한편, 변광성은 특별한 명명법을 갖고 이름 짓는다(14.1절). 대략 200개의 밝은 별들이 고유한 이름을 갖고 있는데, 예를 들어 마차부자리 알파별(α Aur)은 카펠라(Capella)로 부르기도 한다.

망원경이 발달하면서 더 많은 수의 별들이 관측되어 성표에 포함되었다. 이러한 방법으로 별의 이름을 붙여 나가는 것은 곧 비현실적으로 되어 버렸다. 그래서 대부분의 별들은 성표의 색인번호로만 알려지게 되었다. 같은 별이라도 여러 개의 다른 번호를 가질 수 있다. 예를 들어 앞서 언급한 카펠라(마차부자리 알파별)는 본 항성목록(Bonner Durchmusterung)에서 번호는 BD+45° 1077이고 헨리 드레이퍼(Henry Draper) 성표에서는 HD 34029이다.

2.12 성표와 성도

최초의 성표는 2세기에 **프톨레마이오스**(Claudios Hubble Space Telescope, 영어로는 Ptolemy, 85?~165?)에 의해서 발간되었다. 이 성표는 후에 **알마게스트**(Almagest)로 알려진 책에 수록되었다(Almagest는 아랍 이름 Almijisti의 라틴말 번역임). 이 성표에 수록된 별은 1,025개이다. 이 밝은 별들의 위치는 그보다 250년 전에 **히파르코스**가 측정한 것이다. 프톨레마이오스 성표는 17세기 이전에 유일하게 널리 사용되던 것이다.

천문학자들이 현재에도 사용하는 것으로 첫 번째 만들어진 성표는 **아르겔란더**(Friedrich Wilhelm August Argelander, 1799-1875)의 지휘로 작성된 것이다. 아르겔란더는 투르크에서 일했고, 후에는 헬싱키에서 천문학 교수로 일한 적도 있으나 그의 주요 업적은 독일의 본에서 이루어졌다. 그와 그의 조수들은 72mm 망원경을 사용하여 320,000개의 별의 등급을 추산하고 위치를 측정하였다. **본 항성목록** 성표에는 북극과 적위 −2° 사이에 9.5등급보다 밝은 별들 거의 모두가 수록되어 있다(등급은 제4장에서 자세히 설명). 아르겔란더의 업적은 후에 하늘 전체를 포괄하는 다른 2개의 성표를 만드는 데 표본으로 사용되었다. 이러한 성표들에 수록된 별의 총 수는 거의 100만 개에 이르렀다(그림 2.30).

이러한 **항성목록**(Durchmusterungen) 또는 일반성표(general catalogues)의 목적은 많은 수의 별들을 체계적으로 수록하는 데 있다. 소위 말하는 **구역성표**(zone catalogues)의 주된 목표는 별의 위치를 가능한 한 정확하게 수록하는 것이다. 대표적인 구역성표는 독일의 **천문학회성표**(Katalog der Astronomischen Gesellschaft, AGK)이다. 12곳의 천문대가 각기 하늘의 일정한 영역을 측정하여 이 성표를 만들었다. 이 작업은 1870년대에 시작해 20세기로 들어서면서 완성되었다.

일반성표와 구역성표들은 망원경을 사용한 별의 안시관측에 근거한 것이다. 그러나 사진기술의 발달로 19세기 말부터는 이러한 작업이 필요 없게 되었다. 미래의 목적을 위해서 사진건판을 저장할 수 있었고, 별의 위치를 측정하는 것은 더 쉽고 빠르게 되어 훨씬 더 많은 별의 측정이 가능하게 되었다.

19세기 말에 하늘 전체의 사진촬영을 위한 거대한 국제적인 계획이 시작되었다. 18곳의 천문대가 **하늘의 지도**(Carte du Ciel)라 불리는 이 계획에 참여하였는데, 그들

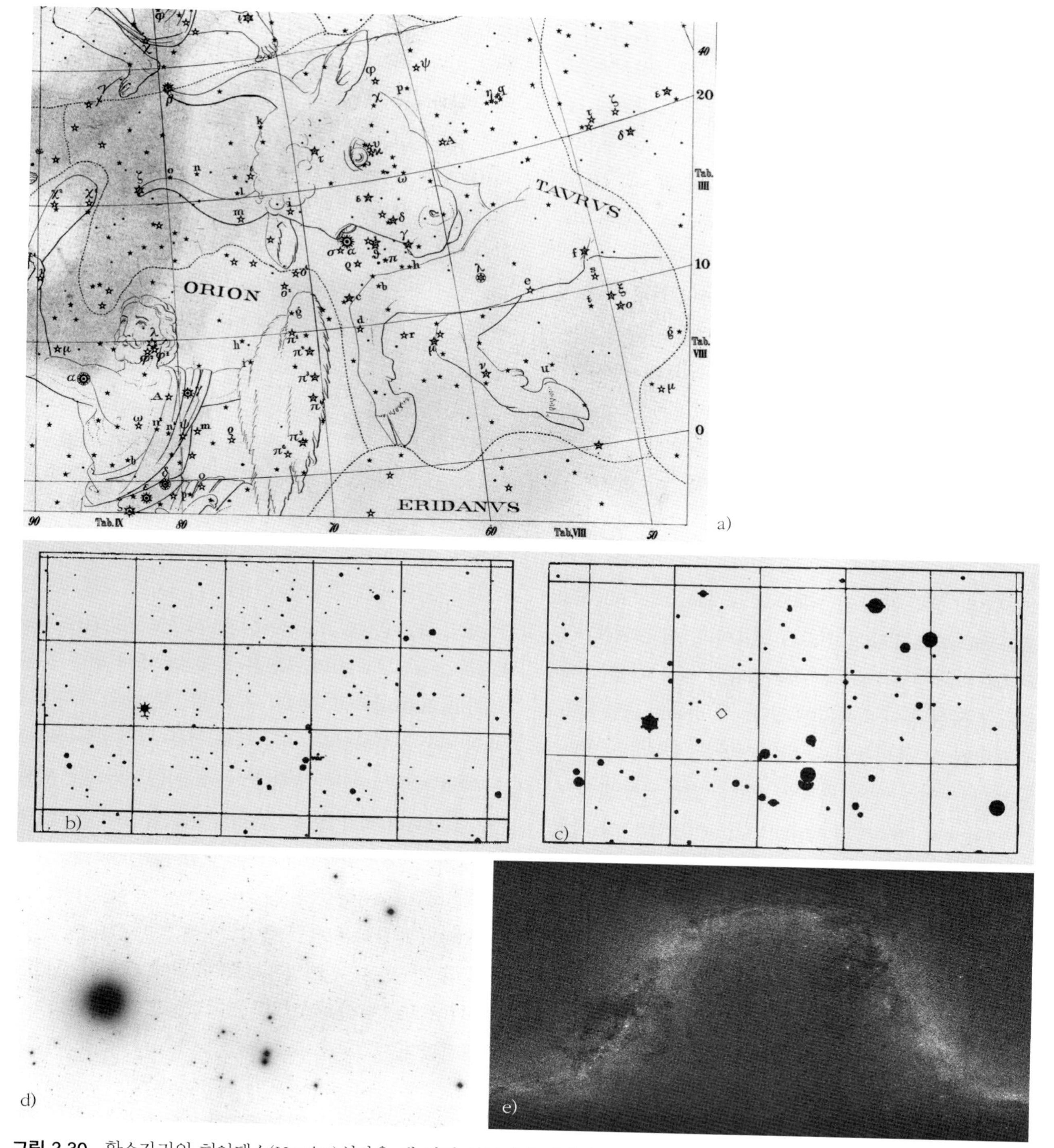

그림 2.30 황소자리의 히아데스(Hyades)성단을 네 가지 성도에서 나타냈다. (a) Heis : Atlas Coelestis, 1872년 출판. (b) Bonner Durchmusterung. (c) SAO. (d) 팔로마 천도(Palomar Sky Atlas)의 적색건판. 검은 큰 점은 황소자리에서 가장 밝은 별(α Tauri), 일명 알데바란(Aldebaran)이다. (e) 타이코(Tycho) 성표에 수록된 100만 개가 넘는 별들이 전천 성도에 기록되어 있다. 밝은 띠는 우리은하이다. (그림출처 : David Seal, NASA/JPL/Caltech)

은 모두 비슷한 기기와 사진건판을 사용하였다. 별들의 위치는 각 건판 위에 표시된 네모꼴 격자에 대해서 먼저 측정되었고(그림 2.25a), 그 후 이렇게 측정된 좌표가 적위와 적경으로 전환되었다.

이러한 과거의 건판들은 나중에도 유용했는데, 같은 지역을 다시 관측함으로써 많은 별들의 고유운동을 측정할 수 있었다.

성표에 수록된 별들의 위치는 좌표가 정확히 알려진 비교성을 기준으로 측정한 것이다. 이렇게 기준이 되는 별들의 좌표는 기본성표(fundamental catalogues)에 수록되었다. AGK 성표를 만드는 데 필요했던 비교성들의 기본성표는 1879년 독일에서 처음 발간되었다. **기본성표 1**(Fundamental Katalog, FK1)이라 불리는 이 성표에는 500개 이상의 별의 위치가 실려 있다.

가장 널리 사용되는 성표 중 하나는 1960년대에 스미스소니언 천체물리 천문대(Smithsonian Astrophysical Observatory)에서 출판한 SAO 성표이다. 이 성표에는 9등급보다 밝은 별 258,997개의 정확한 위치, 등급, 고유운동, 분광형 등이 수록되어 있다. 이 성표는 또한 성표에 포함된 모든 별들이 담겨진 성도를 포함하고 있다.

1990년대에는 별의 위치와 고유운동을 수록한 PPM (Positios and Proper Motions)이라는 거대한 측성 성표(astrometric catalogue)가 발간되어 AGK와 SAO를 대체하였다. 이 성표는 7.5등급보다 밝은 모든 별을 포함하고 있고, 8.5등급까지 거의 다 포함한다. 총 4권으로 되어 있는 이 성표는 378,910개 별들의 정보를 담고 있다.

이후 PPM 성표는 히파르코스 위성이 얻은 **타이코성표**(Tycho catalogue)에 의하여 사실상 대체되었다. 최초의 측성 위성인 히파르코스는 유럽우주국(European Space Agency, ESA)에 의하여 1989년에 궤도에 올려졌다. 비록 계획된 정지궤도(지구 동기 궤도)에 오르지는 못했지만, 10만 개 이상의 별의 정확한 위치를 측정하였다. 이 위성의 측정에 근거하여 만든 **히파르코스성표**(Hipparcos catalogue)는 118,000개의 별의 측성학과 측광학 자료를 담고 있다. 좌표는 수 밀리초의 오차범위로 정확하다. 덜 정확한 타이코성표의 경우 대략 100만 개의 별의 자료를 갖고 있다.

1990년과 2000년에 기본성표의 6차 개정판인 FK6가 발간되었다. 이것은 히파르코스 자료와 4,150개의 기본별에 대한 FK5 자료를 합한 것이다. 기본별에 대한 고유운동의 평균적 오차는 1년에 0.35밀리초이다. 21세기 초에 들어서면서 인터넷의 발달에 의하여 더 이상 인쇄된 형태의 성표를 발간하지 않고, 성표들은 인터넷으로 옮겨지게 되었다.

현재의 ICRS체계(International Coordinate Reference System)에서 천구의 좌표는 위치가 시간에 따라 변하지 않는 먼 퀘이사들에 의하여 고정된다. 역기점 J2000.0 좌표는 이러한 근본 좌표계와 거의 같이 따라간다.

새로운 매체가 등장하여 성표의 크기가 폭발적으로 커졌다. 1990년대 초 만들어진 허블조준성표(Hubble Guide Star Catalog)의 초판은 1,800만 개의 별을 포함하였고, 2001년에 만들어진 조준성표 제2판은 거의 5억 개의 별을 포함하였다. 미국 해군 천문대가 이를 능가하는 USNO-B1.0 성표를 발간하였는데, 이는 여러 전천 탐사 사진건판의 디지털 영상으로부터 얻은 1,024,618,261개의 별과 은하에 대한 자료를 갖고 있다. 이 성표는 별의 적경, 적위, 고유운동과 등급의 자료를 수록하고 있다.

2010년대 새로운 유럽 측성위성에 의하여 더 높은 측성학의 정밀도가 얻어졌는데, 2013년에 궤도에 올려진 가이아(Gaia) 위성은 측성의 정확도를 각으로 10^{-5}초로 향상시켰다.

측성학의 중요성은 성표에 제한되지 않는다. 측성 관측은 더 깊은 물리적 내용에 관한 기본적인 정보를 제공한다. 별의 거리가 알려지면, 관측된 밝기로부터 실제 복사광도를 계산할 수 있는데(제4장), 이로부터 별의 구조와 진화에 관한 정보를 얻을 수 있다(제11장과 제12

장). 별들의 운동은 예를 들어 우리은하의 질량분포와 연관되어 있다(제18장).

성도(star maps)는 고대로부터 발간되었다. 그러나 가장 먼저 나온 성도는 외부에서 바라본 천구를 나타내는 천체의(天體儀)였다. 17세기 초에 독일의 요하네스 바이어는 우리가 하늘을 보는 것과 같이 천구의 내부에서 바라보는 별을 나타내는 첫 번째 성도를 발간하였다. 별자리는 대체로 신화적인 그림으로 장식되었다. 아르겔란더가 제작한 신천측도(Uranometria Nova, 1843)는 현대적 성도로 전환하는 대표적인 예라 하겠는데, 신화적 그림들이 서서히 퇴장하기 시작했다. 본 항성목록에 포함된 성도는 이러한 변화가 극대화하였는데, 이 성도는 단지 별과 좌표의 격자만을 담고 있다.

대부분의 성도는 성표에 근거한 것이지만, 사진기술을 이용하면 성표를 만들지 않고도 성도를 만드는 것이 가능하다. 그러한 것 중에서 가장 중요한 성도는 국립지리학회-팔로마 천문대 전천탐사(The National Geographic Society-Palomar Observatory Sky Survey)라는 긴 이름으로 불리는 사진 성도이다. 이 성도의 건판들은 팔로마 산에 있는 1.2m 슈미트(Schmidt) 카메라로 찍은 것이다. 팔로마 전천 탐사(Palomar Sky Survey)는 1950년대에 완성되었다. 이 성도는 935쌍의 사진으로 되어 있는데, 각 구역은 적색과 청색으로 촬영되었다. 각 건판의 크기는 약 35cm×35cm이고 이는 6.6°×6.6°의 각 면적에 해당한다. 밝은 배경에 검은 별들이 보이는 음화(negative)로 인화되었는데, 이 방법으로 더 흐린 별도 볼 수 있기 때문이다. 한계등급은 청색에서 약 19등급이고, 적색에서 20등급이다.

팔로마 성도는 적위 −30°까지의 하늘을 포괄하고 있다. 여기 포함되지 않은 하늘의 성도를 만드는 작업이 남반구의 두 천문대, 즉 오스트레일리아의 사이딩스프링 천문대(Siding Spring Observatory)와 칠레의 유럽남반구천문대(European Southern Observatory, ESO)에 의해서 나중에 수행되었다. 이 건판의 크기와 사용된 기기는 팔로마 전천 탐사에 사용된 것과 비슷하다. 그러나 성도는 인화지의 형태가 아니라 투명한 필름으로 배포되었다.

아마추어 천문가를 위한 다양한 성도가 여럿 있는데, 참고문헌 목록에 몇 가지를 소개하였다.

요즘에는 다수의 성표를 인터넷에서 무료로 복사할 수 있으므로, 프로그래밍 기술을 가진 누구나 자신의 목적에 적합한 성도를 제작할 수 있다.

2.13 항성시와 태양시

시간의 측정은 지구의 자전, 태양 주변을 도는 궤도운동, 또는 원자시계에 근거할 수 있다. 세 번째 방법은 다음 절에서 논의할 것이고, 여기서는 지구의 자전에 관련된 항성시(sidereal time)와 태양시(solar time)를 고려하자.

항성시는 춘분점의 시간각으로 정의된다. 적절한 기본단위는 항성일(sidereal day)인데, 이는 춘분점이 두 번 연속으로 상정중하는 사이의 시간이다. 1항성일 후에 천구는 모든 별과 함께 관측자에 대하여 원래의 위치로 되돌아오게 된다. 항성시의 흐름은 지구 자전만큼 일정하게 되는데, 자전율이 천천히 감소하므로 항성일의 길이가 증가하고 있다. 일정하게 감소하는 것에 추가하여 1밀리초 정도로 불규칙하게 변하는 것이 관측되었다.

유감스럽게도 항성시에는 겉보기항성시와 평균항성시의 두 종류가 있다. 겉보기항성시(apparent sidereal time)는 진(眞)춘분점에 의하여 결정되므로, 직접적 관측에 의하여 얻어진다.

지구의 세차운동 때문에 춘분점은 1년에 50″씩 황경이 증가한다. 이러한 운동은 매끄럽지만, 장동은 더 복잡한 흔들림을 일으킨다. 평균춘분점(mean equinox)은 장동이 없다고 가정했을 때 춘분점의 위치에 해당한다. 평균항성시(mean sidereal time)는 평균춘분점의 시간각이다.

겉보기항성시와 평균항성시의 차이를 **분점차**(分點差, equation of equinoxes)라 부르고, 아래와 같이 주어진다.

$$\Theta_a - \Theta_M = \Delta\psi \cos\varepsilon \tag{2.42}$$

여기서 ε은 관측 시각에 황도의 경사각이고, $\Delta\psi$는 황경에 일어난 장동이다. 이 값은 예를 들어 천문역서(Astronomical Almanac)에 매일 표로 주어지는데, 글상자 2.1(좌표의 환산)에 주어진 공식으로부터 계산할 수도 있다. 이 차이는 기껏해야 1초 정도이므로, 매우 정밀한 계산에서만 고려할 필요가 있다.

그림 2.31은 춘분날 태양과 지구를 보여준다. 지구가 A점에 있을 때, 그림에 있는 거대한 검은 화살이 중앙 광장에 서 있는 도시에서 태양이 남중하고 새로운 항성일이 시작된다. 1항성일 후에는 지구가 B점으로 거의 1°만큼 궤도를 따라 움직였다. 그러므로 태양이 남중할 때까지 지구는 거의 1°를 더 자전해야 한다. 그러므로 **태양일** 또는 **회합일**(會合日, synodic day)은 항성일보다 3분 56.56초(항성시간으로) 더 길다. 그러므로 항성일이 시작되는 시간은 1년 동안 계속 변한다. 1년이 지난 후에 항성시와 태양시는 다시 같은 시각에 시작된다. 1년에는 항성일이 태양일보다 하루 더 많다.

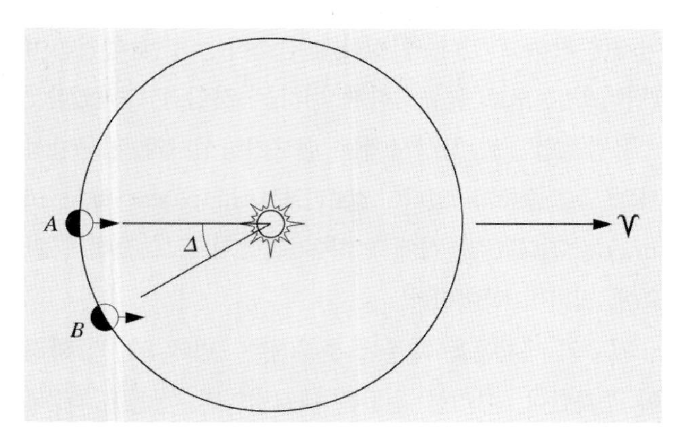

그림 2.31 춘분점이 연속적으로 자오선을 통과하거나 상정중하는 사이의 시간이 1항성일이다. 1항성일이 지나는 동안 지구는 공전궤도상에서 A에서 B로 이동한다. 여기서 각 Δ는 크게 과장되었으나 실제 1도보다 약간 작다.

행성의 자전주기를 거론할 때 그것은 일반적으로 평균 항성주기를 뜻한다. 그러나 하루의 길이는 태양을 기준으로 한 자전주기이다. 만약, 태양 주위를 도는 궤도주기가 P이고, 항성자전주기가 τ_*이며, 회합일을 τ라고 하면, 시간 P에 해당하는 항성일의 수 P/τ_*는 회합일의 수 P/τ^*보다 하루 더 많다.

$$\frac{P}{\tau_*} - \frac{P}{\tau} = 1$$

또는

$$\frac{1}{\tau} = \frac{1}{\tau_*} - \frac{1}{P} \tag{2.43}$$

이 관계는 궤도운동의 방향으로 자전하는 행성에 대해서 성립한다(반시계방향). 만일 자전방향이 반대, 즉 역행(逆行, retrograde)이면, 궤도주기에 해당하는 항성일의 수는 회합일의 수보다 하루가 적고 그 방정식은 다음과 같다.

$$\frac{1}{\tau} = \frac{1}{\tau_*} + \frac{1}{P} \tag{2.44}$$

지구에 대하여는 궤도주기가 $P = 365.2564$일이고 $\tau = 1$일이므로 식 (2.43)에서 $\tau_* = 0.99727$일 $= 23$시간 56분 4초 태양시간이 된다.

우리의 일상생활이 낮과 밤의 교대로 이루어지므로, 별보다는 태양의 운동에 근거를 둔 시간을 유지하는 것이 더 편리하다. 불행하게도 태양시는 일정한 율로 흐르지 않는다. 이에는 두 가지 이유가 있다. 첫째는 지구의 궤도가 정확한 원형이 아니라 타원이므로 궤도상에서 지구의 속도는 일정하지 않다. 둘째로, 태양은 적도가 아니라 황도를 따라 움직인다. 그러므로 적경은 일정한 비율로 증가하지 않는다. 그 변화는 12월 말에 가장 빠르고(매일 4분 27초) 9월 중순에 가장 느리다(매일 3분

35초). 그 결과, 태양의 시간각(이것이 태양시를 결정한다) 또한 고르지 않은 비율로 증가한다.

일정한 비율로 흐르는 태양시를 찾기 위해, 일정한 각속도로 천구의 적도를 따라 움직여서 1년에 한 번 완전한 공전을 하는 가상적인 **평균태양**(mean sun)을 정의한다. 여기서 연(year)이란 **회귀년**(回歸年, tropical year)을 의미하는데 이는 태양이 춘분점에서 다음 춘분점으로 움직이는 데 걸리는 시간이다. 1회귀년에 태양의 적경은 정확히 24시간 증가한다. 회귀년의 길이는 365일 5시간 48분 46초=365.2422일이다. 지구의 세차 때문에 춘분점의 방향이 움직이므로, 회귀년은 배경 별을 기준으로 태양이 한 번 공전하는 데 걸리는 기간인 항성년과 다르다. 1항성년은 365.2564일이다.

인위적으로 정한 평균태양을 사용해서 일정하게 흐르는 태양시, 즉 **평균태양시**(mean solar time)를 정의하자. 평균태양시는 평균태양의 중심의 시간각 h_M에 12시간을 더한 것과 같다(그래서 천문학자에게는 괴롭게도 하루가 자정에 시작하게 된다).

$$T_M = h_M + 12h \tag{2.45}$$

진태양시 T와 평균태양시 T_M 간의 차이를 **균시차**(均時差, equation of time)라고 한다.

$$E.T. = T - T_M \tag{2.46}$$

(같은 약자를 쓰기는 하지만 여기에 E.T.는 외계인과는 아무 관련이 없다.) E.T.의 가장 큰 양(+)의 값은 약 16분이고, 가장 큰 음(−)의 값은 약 −14분이다(그림 2.32 참조). 이것은 또한 태양이 자오선을 넘는 진정오와 평균정오의 차이에 해당한다.

진태양시와 평균태양시는 사실이거나 가상적인 태양의 시간각에 따르는 **지방시**(local times)이다. 만약 직접 측정에 의해서 진태양시를 관측하고, 식 (2.46)에서부터 평균시를 계산한다면, 디지털시계는 아마도 두 가지 시간 어느 것과도 일치하지 않을 것이다. 그 이유는 우리의 일상생활에서 지방시를 사용하지 않고 대신에 가장 가까운 **시간대**(time zone)의 **경도대 표준시**(zonal time)를 사용하기 때문이다.

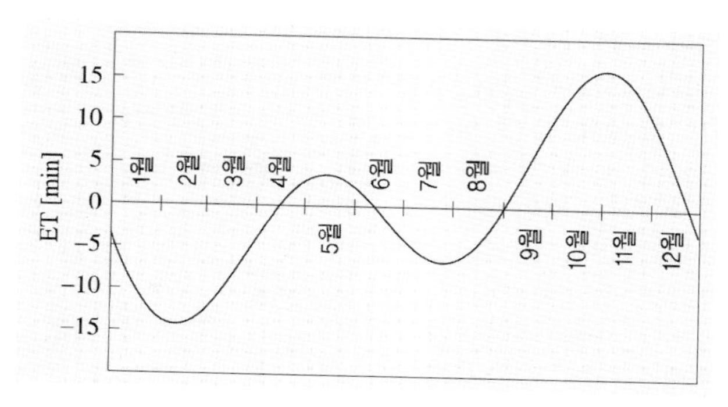

그림 2.32 균시차. 해시계는 항상 진 지방 태양시를 나타낸다(정확하게 설치되었다면). 지방 태양시에서 균시차를 빼주면 지방 평균시를 알 수 있다.

과거에는 각 도시가 그 자체의 지방시를 갖고 있었다. 여행이 한층 더 빠르게 되고 또 보편화되면서 제각각의 지방시가 있는 것이 불편하게 되었다. 19세기 말에 와서 지구는 경도에 따라 24시간대로 나뉘고, 각 시간대는 이웃한 시간대와 1시간의 시차를 갖게 하였다. 지구 표면에서 1시간이 경도 15°에 해당하므로, 각 시간대의 시간은 경도 0°, 15°, ⋯, 345° 중 하나에서 지방 평균시로 결정된다.

그리니치를 통과하는 0도 자오선의 시간, 즉 세계시(Universal Time)가 국제적인 기준으로 사용된다. 대부분의 유럽 국가들에서는 표준시가 이보다 1시간 빠르다(그림 2.33).

여름에는 여러 나라들이 시간을 평상시보다 1시간 빠르게 하는 **일광절약시간**(daylight savings time)으로 전환한다. 이렇게 하는 목적은 전기를 절약하기 위해 사람들이 활동하는 시간을 낮 시간과 일치시키기 위한 것이다. 특히 저녁에는 사람들로 하여금 1시간 일찍 잠자리에 들게 할 수 있다. 일광절약시간 중에는 진태양시(眞太陽

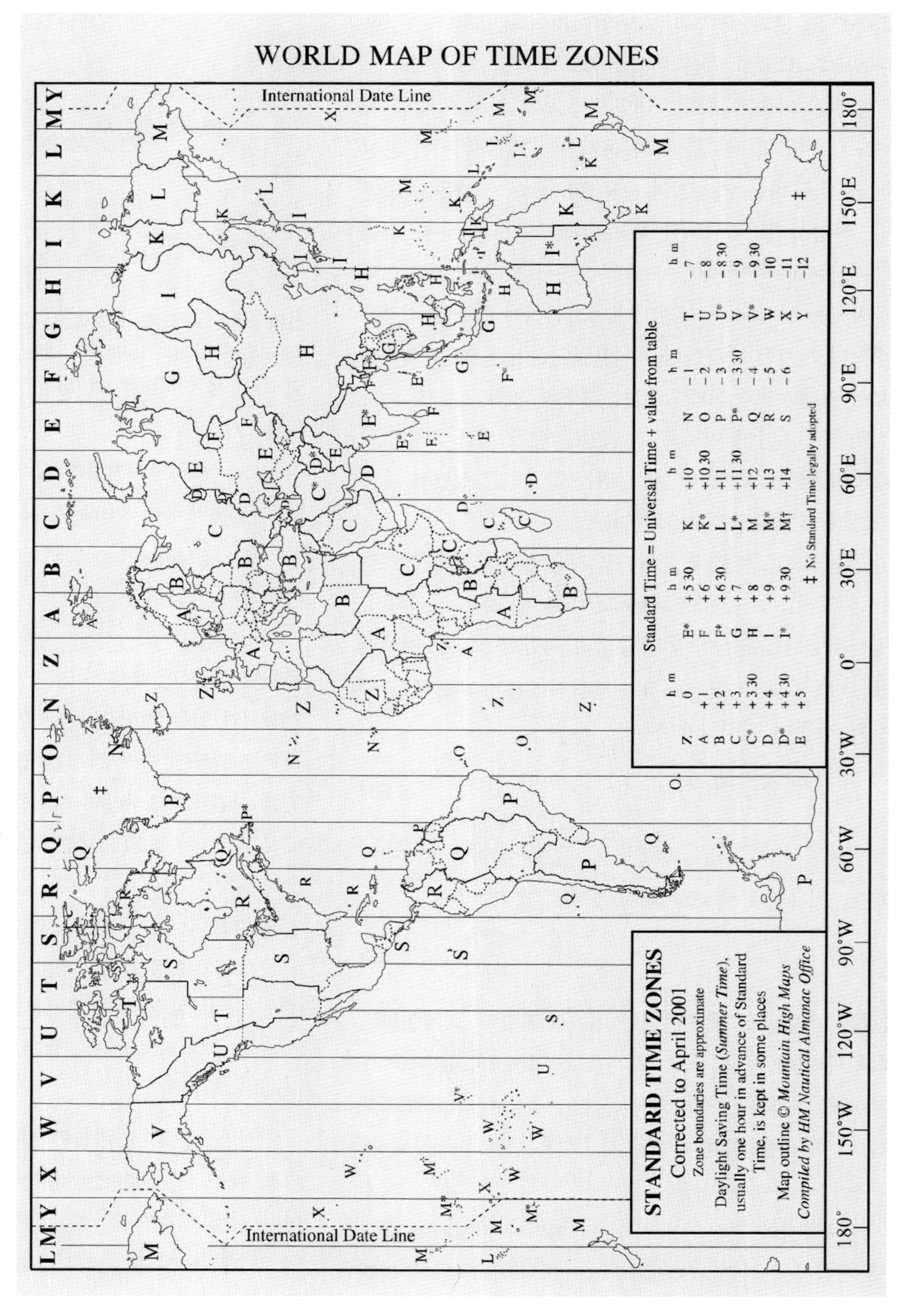

그림 2.33 시간대. 이 지도는 그리니치 평균시(UT)와 국지 경도대 표준시와의 차이를 보여준다. 일광절약시간 동안에는 표시된 시간에 1시간을 더해 주어야 한다. 날짜 변경선을 서쪽으로 넘어서 여행할 때는 1일을 더해야 하고 동쪽으로 여행할 때는 1일을 빼야 한다. 예를 들어 월요일 아침에 호놀룰루에서 도쿄로 비행하는 여행자는 여행 도중 한 번의 밤도 지내지 않았지만 그는 화요일에 그곳에 도착할 것이다. 2015년에 북한은 UTC+8.5시의 표준시를 채택했는데, 이것은 남한의 표준시에 대하여 0.5시간 늦은 것이다[1]. (그림출처: U.S. Naval Observatory)

1) 역주: 2018년 4월 29일 남북정상회담에서 남북의 표준시를 통일하기로 합의한 결과, 그 해 5월 5일 자로 평양시간을 기존의 UTC+9 시간대로 환원하였다.

時)와 공인시(official time) 사이의 차이는 더 커질 수도 있다. 사실 일광절약시간의 단점이 에너지 절약에서 얻는 이점보다 훨씬 더 심각하다고 비판을 받아 왔다. 많은 사람들이 매년 두 차례 하루의 리듬이 바뀌는 것에 적응하는 것에 심각한 어려움을 느낀다. 더욱 혼란스러운 것은 다른 국가들이 일광절약시간에 대하여 다른 규칙을 가진다는 것이다.

유럽연합에서는 일광절약시간이 3월의 마지막 일요일에 세계시로 오전 1시에 시작해, 시계를 오전 2시로 앞으로 돌리게 된다. 그리고 10월의 마지막 일요일 오전 1시에 끝나게 된다.

2.14 천문학적인 시간계

시간은 여러 다양한 현상을 이용하여 정의할 수 있다.

1. 태양시와 항성시는 지구의 자전에 근거한다.
2. 현재 SI 단위계에서 표준 시간 단위인 초는 양자역학적 원자 현상에 근거한다.
3. 천체의 운동을 기술하는 물리학 방정식은 일정한 간격으로 흐르는 이상적인 시간을 변수로 사용한다. 역표시와 역학시가 그러한 시간인데, 나중에 논의할 것이다.

진춘분점의 시간각을 직접 관측하여 겉보기항성시를 알 수 있고, 겉보기항성시로부터 평균항성시를 계산할 수 있다.

세계시(universal time, UT)는 다음과 같이 정의된다.

$$\begin{aligned} \mathrm{GMST}(0\,\mathrm{UT}) = {} & 24{,}110.54841\ \mathrm{s} \\ & + T \times 8{,}640{,}184.812866\ \mathrm{s} \\ & + T^2 \times 0.093104\ \mathrm{s} \\ & - T^3 \times 0.0000062\ \mathrm{s} \end{aligned} \tag{2.47}$$

여기서 GMST는 그리니치 평균태양시이고, T는 율리우스 세기이다. 율리우스 세기는 율리우스 날짜 J에서 다음과 같이 구한다[2.15절과 '글상자 2.2(율리우스 날짜)' 참조].

$$T = \frac{J - 2{,}451{,}545.0}{36{,}525} \tag{2.48}$$

이 식은 2000년 1월 1일 이후 경과한 율리우스 세기를 알려준다.

항성시와 UT는 지구의 자전에 관련되어 있으므로, 주로 자전이 느려지는 효과를 포함한 불규칙적인 섭동에 의한 효과가 포함된다.

식 (2.47)의 상수 8,640,184.812866초는 율리우스 세기 동안에 UT에 비하여 항성시가 얼마나 빨리 가는지를 알려준다. 지구의 자전이 느려짐에 따라서 태양일은 길어진다. 율리우스 세기는 일정한 수의 날짜를 포함하므로 마찬가지로 길어진다. 이 때문에 식 (2.47)에 작은 보정항들이 들어가게 된다.

엄밀히 말하면, 이렇게 계산된 세계시는 UT1으로 나타낸다. 관측으로부터 직접 구한 세계시는 UT0인데, 이것은 지리학적 북극이 오락가락하는 **극변이**(polar variation)에 의한 작은 섭동을 포함한다. 극축의 방향은 단단한 표면에 대하여 430일을 주기(**챈들러 주기**, Chandler Period)로 하여 0.1″(표면에서 수 미터에 해당) 정도 변화한다. 이에 추가하여 비주기적이며 느린 극운동이 있다.

천문좌표계의 z축 방향은 지구의 자전각 운동량 벡터와 나란하지만, 지상의 좌표계는 1903.5 시점의 축에 의하여 정의한다. 가장 정확한 계산에서는 이러한 차이를 고려해야만 한다.

극변이에 의한 섭동과 원점 방향인 그리니치 자오선의 이동 때문에 UT0는 일정한 율로 증가하지 않는다. 추가적으로 밀리초 정도의 불규칙한 변이가 발생하고, 또한 조석력에 의하여 아주 천천히 UT0의 시간이 느려진다.

요즈음에는 시간의 SI 단위인 초(second)를 천문 현상과 무관한 방법으로 정의한다. 복잡한 섭동을 포함하는 천체의 운동보다 양자역학적 현상의 주기가 더 안정적이기 때문이다.

1967년에는 1초는 바닥상태(ground state)에 있는 세슘(Cs) 133 동위원소가 초미세(hyperfine) 준위 $F=4$에서 $F=3$으로 천이를 일으키면서 방출하는 빛의 주기에 9,192,631,770배를 곱한 것으로 정의되었다. 후에 이 정의는 중력장에 의해서 생기는 작은 상대론적 효과를 포함시키도록 수정되었다. 이 원자시의 상대적 정확도는 약 10^{-12}이다. 1972년 **국제원자시**(international atomic time, TAI)가 시간 신호의 기준으로 채택되었다. 이 시간은 파리에 위치한 **국제도량형국**(Bureau International des Poids et Mesures)에서 관리되고 있으며, 여러 개의 정확한 원자시계의 평균으로 정한다.

원자시계가 출현하기 이전부터 뉴턴의 운동학 방정식의 시간 변수에 해당하는 완벽하게 일정한 율로 흐르는 이상적인 시간이 필요하였다. **역표시**(ephemeris time)가 그러한 시간으로 천체력(ephemerides)을 짜는 데 사용되었다. 역표시의 단위는 **역표초**(ephemeris second)로 1900년의 회귀년 길이를 31,556,925.9747로 나눈 값이다. 역표시는 미리 알려져 있지 않았고, 나중에야 관측으로부터 ET와 UT의 차이를 결정할 수 있었다.

1984년에 역표시는 **역학시**(dynamical time)에 의하여 대체되었는데, 역학시는 두 가지 종류가 있다.

지구 역학시(terrestrial dynamical time, TDT)는 지구와 함께 움직이는 관측자의 고유시간에 해당한다. 이 시간의 크기는 지구의 궤도속력에 의한 상대론적 시간지연에 영향을 받는다. 자전 속도는 위도에 따라 다르므로, 지구가 자전하지 않는다고 가정하고 TDT를 정의한다. TDT의 영점은 과거의 ET가 건너뛰지 않고 TDT로 전환되도록 선택되었다.

1991년에는 새로운 표준시인 **지구시**(terrestrial time, TT)가 채택되었는데, 이것은 실질적으로 TDT와 같은 것이다.

TT(또는 TDT)는 현재 행성과 천체의 천체력을 짜는 데 사용되고 있다. 예를 들어 **천문역서**(*Astronomical Almanac*)는 매일 0 TT에 행성들의 좌표를 준다.

천문역서에는 매년 다음과 같은 시간차이를 수록한다.

$$\Delta T = \mathrm{TDT} - \mathrm{UT} \tag{2.49}$$

당해 연도와 미래의 시간에 대하여 과거시점으로부터 추산된 ΔT에 대한 예측이 주어지는데, 그 오차는 0.1초 정도이다. 1990년의 시작에서 그 차이는 56.7초였으며, 매년 1초 미만 정도로 증가한다.

지구시는 원자시에 비하여 다음 상수만큼 다르다.

$$\mathrm{TT} = \mathrm{TAI} + 32.184\,\mathrm{s} \tag{2.50}$$

TT는 지구에서 관측한 천문현상의 천체력에 적합하다. 그러나 태양계의 운동 방정식은 태양계의 질량중심(barycenter)에 중심을 둔 좌표계에서 기술된다. 이 좌표계의 시간은 **질량중심 역학시**(barycentric dynamical time, TDB)라 한다. TDB의 단위는 평균적으로 TT와 같은 율로 흐르며, 단지 지구의 궤도운동에 따라 주기적으로 변하는 차이를 가지도록 정의된다. 그 차이는 기껏해야 0.002초이므로 보통 무시할 수 있다.

그렇다면 이 많은 종류의 시간 중에서 어떤 것을 알람시계에 사용해야 할까? 어느 것도 아니다. 그러한 목적을 위해 다른 시간이 필요하다. 공식적인 벽시계 시간을 **협정세계시**(coordinated universal time, UTC)라 한다. 경도대 표준시는 UTC를 따르지만, 시간대에 따라 정수의 시간만큼 다르다.

UTC는 TAI와 같은 율로 흐르도록 정의되었지만, 정수의 초만큼 차이가 난다. UT1과의 차이가 0.9초를 넘지 않도록 UTC를 보정하는 데 **윤초**(閏秒, leap seconds)를 사용한다. 한 해의 시작점이나 또는 6월과 7월 사이

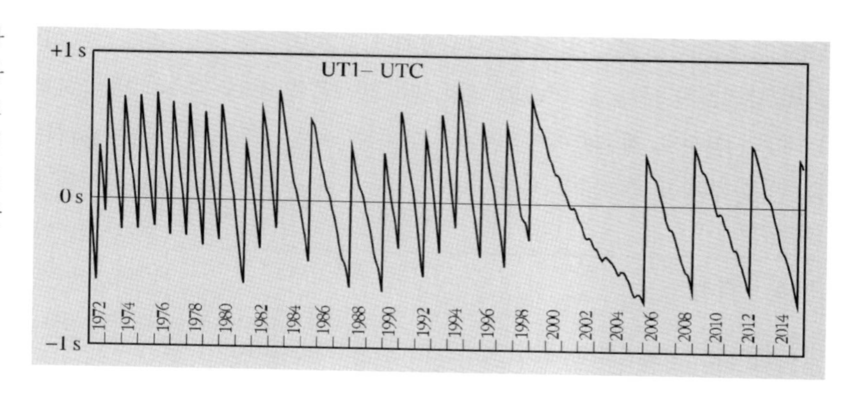

그림 2.34 1972~2002년의 기간에 지구의 자전에 근거한 세계시 UT1과 협정 세계시의 차이. 지구의 자전속도가 느려지기 때문에 UT1은 UTC에 비하여 매년 0.8초 느려진다. 두 시간을 근사적으로 같게 하기 위하여 필요할 때마다 UTC에 윤초를 더해 준다. 윤초를 더할 때 그래프가 1초씩 뛰어오른다.

의 밤에 윤초를 더한다.

그 차이는

$$\Delta AT = TAI - UTC \tag{2.51}$$

이며, 천문역서에도 주어진다. UTC의 정의에 의하여 초의 단위로 주어지는 차이는 항상 정수이다. 이 차이는 아주 먼 미래에 대해서는 예측될 수는 없다.

식 (2.50)과 (2.51)로부터

$$TT = UTC + 32.184\ s + \Delta AT \tag{2.52}$$

가 얻어지는데, 이는 주어진 UTC에 해당하는 지구시 TT를 준다. 표 2.2에 수정항들이 주어져 있으며, 이 표는 쉽게 미래로 연장될 수 있다. 윤초가 더해질 것이라는 뉴스를 듣게 되면, 이 차이는 1초 더 증가한다. 윤초의 숫자를 모르는 경우에는 근사적으로 매 1.25년마다 윤초 1초를 더하면 된다.

협정세계시 UTC, 원자시 TAI, 지구시 TT의 단위는 모두 SI 단위 초로 동일하다. 그러므로 이 시간들은 모두 같은 율로 진행하지만 영점이 다르다. TAI와 TT의 차이는 항상 같지만, UTC는 윤초 때문에 약간 불규칙하게 뒤처진다.

천체가 남중하는 시간, 뜨고 지는 시간은 지구의 자전에 관련되어 있다. 그러므로 항성시와 그러한 사건의 UT는 정확하게 계산될 수 있다. 그에 해당하는 UTC는

표 2.2 원자시와 UTC의 차이(△AT)와 지구시 TT와 UTC의 차이. 역서에 있는 지구시 TT는 △AT+32.184초를 보통의 UTC에 더하여 얻어진다.

	△AT	TT−UTC
1.1.1972– 30.6.1972	10s	42.184s
1.7.1972–31.12.1972	11s	43.184s
1.1.1973–31.12.1973	12s	44.184s
1.1.1974–31.12.1974	13s	45.184s
1.1.1975–31.12.1975	14s	46.184s
1.1.1976–31.12.1976	15s	47.184s
1.1.1977–31.12.1977	16s	48.184s
1.1.1978–31.12.1978	17s	49.184s
1.1.1979–31.12.1979	18s	50.184s
1.1.1980– 30.6.1981	19s	51.184s
1.1.1981– 30.6.1982	20s	52.184s
1.7.1982– 30.6.1983	21s	53.184s
1.7.1983– 30.6.1985	22s	54.184s
1.7.1985–31.12.1987	23s	55.184s
1.1.1988–31.12.1989	24s	56.184s
1.1.1990–31.12.1990	25s	57.184s
1.1.1991– 30.6.1992	26s	58.184s
1.7.1992– 30.6.1993	27s	59.184s
1.7.1993– 30.6.1994	28s	60.184s
1.7.1994–31.12.1995	29s	61.184s
1.1.1996– 31.6.1997	30s	62.184s
1.7.1997–31.12.1998	31s	63.184s
1.1.1999–31.12.2005	32s	64.184s
1.1.2006–	33s	65.184s

UT와 0.9초 이상 차이가 생길 수는 없지만, 정확한 값은 미리 알려지지 않는다. 미래의 태양, 달, 행성들의 좌표는 TT의 함수로 계산할 수 있지만, 그에 상응하는 UTC는 단지 추정할 수 있을 뿐이다.

2.15 역서

우리의 역서(曆書)는 오랜 진화의 산물이다. 역서를 만드는 데 있어 가장 어려운 문제는 기본단위인 일, 월, 년이 정수로 나누어 떨어지지 않는다는 사실에 있다. 즉 1년에 포함된 일수(日數)와 월수(月數)는 정수가 아니다. 그렇기 때문에 계절, 낮과 밤, 그리고 달의 위상을 올바르게 나타낼 수 있는 역서를 만드는 것이 아주 복잡하다.

우리가 쓰는 역서는 로마시대의 역서에서 비롯된 것인데, 이 초기의 역서는 달의 위상에 근거를 두고 있었다. 기원전 700년경부터 1년의 길이는 태양의 겉보기 운동에 따랐다. 그래서 1년은 12개월로 나뉘었다. 그러나 한 달은 여전히 대략 달의 주기와 같게 하였다. 그러므로 1년은 354일이 되고 이러한 1년을 계절과 맞추기 위해서 윤월(閏月)이 격년으로 더해져야만 했다.

결국 로마의 역서는 혼란을 일으키게 되었다. 기원전 46년경에 율리우스 카이사르(Julius Caesar, BC 100-BC 44)의 명에 의해서 알렉산드리아의 천문학자 소시게네스(Sosigenes)에 의하여 **율리우스력**(Julian calendar)이 개발되면서 이 혼란이 해결되었다. 1년은 365일을 가지며, 매 4년마다 윤일이 하루씩 삽입되었다.

율리우스력에서는 1년의 평균길이가 365일 6시간이지만, 회귀년은 이보다 11분 14초가 짧다. 128년이 지나면 율리우스력은 거의 하루 늦게 시작한다. 1582년 교황 그레고리 13세(Gregory XIII, 1502-1585)가 역서의 개혁을 단행했을 때에 그 차이는 이미 10일이 되었다. 그레고리력(Gregorian calendar)에서는 매 4년마다 윤년이 되지만, 100으로 나뉘는 해는 예외이다. 그러나 이들 중 400으로 나뉘는 해는 윤년이 된다. 그래서 1900년은 윤년이 아니지만, 2000년은 윤년이다. 그레고리력이 채택되는 과정은 느리게 진행되었으며, 나라에 따라 서로 다른 시기에 채택되었다. 역서의 개혁은 필요한 것으로 보였으나, 가톨릭 교황의 명령은 개신교 국가에서는 쉽게 받아들여지지 않았다. 그래서 이 전환기는 20세기 이전까지도 끝나지 않았다.

그레고리력조차도 완벽하지는 않다. 회귀년과의 차이는 축적돼 약 3,300년 후에는 하루가 될 것이다.

연과 월의 길이가 변하기 때문에 시간의 차이를 계산하기가 어렵다. 그래서 천문학자들은 날짜에 매일 연속적인 숫자를 매기는 여러 가지 방법을 채택하였다. 가장 널리 사용되는 숫자는 **율리우스 날짜**(Julian dates)이다. 이름과는 달리 이것은 율리우스력과는 관계가 없다. 유일한 연관성은 율리우스 날짜를 포함하는 여러 공식에 나타나는 **율리우스 세기**(Julian century)의 길이가 36,525일이라는 것이다. 율리우스 날짜 0은 기원전 4713년경에 시작된다. 날짜 수는 항상 12 : 00 UT에 변한다. 예를 들어 율리우스 날짜 2,451,545는 2000년 1월 1일 정오에 시작되었다. 글상자 2.2(율리우스 날짜)에 주어진 공식을 사용하여 계산할 수 있다.

율리우스 날짜는 불편할 정도로 큰 수이므로 **개정 율리우스 날짜**가 자주 사용된다. 예를 들어 기준점을 2000년 1월 1일로 정할 수 있다. 간혹 UTC에 해당하는 날짜를 만들기 위해 0.5일을 날짜에서 빼기도 한다. 그래서 개정 율리우스 날짜를 사용하는 경우 반드시 기준점을 설정해야 한다.

글상자 2.1(좌표의 환산) 성표는 어떤 기준시점에 대한 좌표를 사용한다. 천체의 좌표를 주어진 날짜와 시간에서의 값으로 환산하는 데 필요한 공식을 아래에서 기술할 것이다. 완벽한 환산은 좀 어렵지만, 실질적인 용도를 위해서는 대부분의 경우 단순화된 방법을 따라주는 것만으로도 충분하다.

성표의 좌표가 기준시점 J2000.0에 주어진 것으로 가정하고 아래 공식을 유도하자.

1. 고유운동이 무시될 수 있을 정도로 작은 경우가 아니라면, 우선 고유운동을 보정한다.
2. 관측자의 시간에 맞추도록 좌표를 바꾸어준다. 우선 기준시점의 좌표계 (α_0, δ_0)를 이용하여 별을 향하는 단위벡터를 찾는다.

$$\boldsymbol{p}_0 = \begin{pmatrix} \cos\delta_0 \, \cos\alpha_0 \\ \cos\delta_0 \, \sin\alpha_0 \\ \sin\delta_0 \end{pmatrix}$$

지구의 세차운동이 천체의 황경을 바꾸게 되는데, 이것이 적경과 적위에 미치는 영향은 세 가지의 회전 행렬을 이용한 좌표의 회전으로 계산할 수 있다. 이 세 가지 행렬을 곱하여 결합된 행렬을 이용하면 세차운동에 의하여 회전된 단위벡터를 찾을 수 있다. 장동에 대하여도 마찬가지로 비슷한 행렬을 유도할 수 있다. 여기에 주어진 환산과 상수들은 1976년 IAU에서 표준화한 방법에 근거한 것이다.

세차와 장동 행렬은 시간에 의존하는 여러 양들을 포함하고 있다. 그러한 수식에 나타나는 시간 변수에는

$$t = J - 2{,}451{,}545.0$$

$$T = \frac{J - 2{,}451{,}545.0}{36{,}525}$$

이 있다. J는 관측일을 율리우스 날짜로 나타낸 것이고, t는 J 2000.0(즉 2000년 1월 1일 정오)으로부터 경과한 날짜의 수이고, T는 그러한 날짜의 수(t)를 율리우스 세기 단위로 표시한 것이다.

다음은 세차 행렬에 필요한 3개의 각이다.

$$\zeta = 2306.2181'' \, T + 0.30188'' \, T^2 + 0.017998'' \, T^3$$

$$z = 2306.2181'' \, T + 1.09468'' \, T^2 + 0.018203'' \, T^3$$

$$\theta = 2004.3109'' \, T - 0.42665'' \, T^2 - 0.041833'' \, T^3$$

세차 행렬은 다음과 같다.

$$\boldsymbol{P} = \begin{pmatrix} P_{11} & P_{12} & P_{13} \\ P_{21} & P_{22} & P_{23} \\ P_{31} & P_{32} & P_{33} \end{pmatrix}$$

이 행렬의 원소들은 위의 각을 사용하여 아래와 같이 주어진다.

$$P_{11} = \cos z \cos\theta \cos\zeta - \sin z \sin\zeta$$

$$P_{12} = -\cos z \cos\theta \sin\zeta - \sin z \cos\zeta$$

$$P_{13} = -\cos z \sin\theta$$

$$P_{21} = \sin z \cos\theta \cos\zeta + \cos z \sin\zeta$$

$$P_{22} = -\sin z \cos\theta \sin\zeta + \cos z \cos\zeta$$

$$P_{23} = -\sin z \sin\theta$$

$$P_{31} = \sin\theta \cos\zeta$$

$$P_{32} = -\sin\theta \sin\zeta$$

$$P_{33} = \cos\theta$$

기준시점에서 별을 향한 단위벡터에 세차 행렬을 곱하면 새로운 좌표가 찾아진다.

$$\boldsymbol{p}_1 = \boldsymbol{P}\boldsymbol{p}_0$$

이것이 주어진 날짜와 시간에서 평균위치이다.

만약 기준시점이 J 2000.0이 아닌 경우에는, 우선 주어진 좌표를 J 2000.0 시점으로 환산한 후에 위의 과정을 따르는 것이 가장 쉬운 방법일 것이다. 이를 위해서 주어진 시점의 세차 행렬 P를 찾아서, 그것의 역행렬을 좌표에 곱하면 된다. 행렬

P를 전치(轉置)하여, 즉 열과 행을 서로 바꾸어줌으로써 쉽게 역행렬을 구할 수 있다. 그러므로 임의의 시점에 주어진 좌표를 J 2000.0 좌표로 바꾸기 위해서는 아래와 같은 행렬을 곱하면 된다.

$$\boldsymbol{P}^{-1} = \begin{pmatrix} P_{11} & P_{21} & P_{31} \\ P_{12} & P_{22} & P_{32} \\ P_{13} & P_{23} & P_{33} \end{pmatrix}$$

요구되는 정확도가 각으로 1분보다 작아야 한다면, 다음에 기술한 단계의 보정이 필요하다.

3. 장동 보정을 완벽하게 하는 것은 좀 복잡하다. 천체 역서에 사용되는 장동은 100개 이상의 항을 가지는 급수를 포함한다. 하지만 보통은 다음과 같은 간단한 공식을 사용하는 것으로 충분하다. 우선 관측 시점에서 황도면의 평균 경사각을 찾는 것으로 시작하자.

$$\begin{aligned}\varepsilon_0 = {} & 23°\,26'\,21.448'' - 46.8150''T \\ & - 0.00059''T^2 + 0.001813''T^3\end{aligned}$$

평균 경사각이라 함은 주기적인 섭동을 제외하였다는 것이다. 이 공식은 2000년을 기준으로 전후 수 세기에 걸쳐서 적용할 수 있다.

황도의 진짜 경사각 ε은 평균 경사각에 장동에 의한 보정항을 더하여 얻는다.

$$\varepsilon = \varepsilon_0 + \Delta\varepsilon$$

장동이 황경에 주는 효과(보통 $\Delta\psi$로 표기함)와 황도 경사각에 주는 효과는 다음과 같이 찾을 수 있다.

$$C_1 = 125° - 0.05295°t$$

$$C_2 = 200.9° + 1.97129°t$$

$$\Delta\psi = -0.0048°\sin C_1 - 0.0004°\sin C_2$$

$$\Delta\varepsilon = 0.0026°\cos C_1 + 0.0002°\cos C_2$$

각 $\Delta\psi$와 $\Delta\varepsilon$은 매우 작으므로, 예를 들어 각을 라디안의 단위로 표시한 경우에 $\sin\Delta\psi \approx \Delta\psi$, $\cos\Delta\psi \approx 1$로 근사할 수 있다. 그러므로 장동 행렬을 다음과 같이 얻는다.

$$\boldsymbol{N} = \begin{pmatrix} 1 & -\Delta\psi\cos\varepsilon & -\Delta\psi\sin\varepsilon \\ \Delta\psi\cos\varepsilon & 1 & -\Delta\varepsilon \\ \Delta\psi\sin\varepsilon & \Delta\varepsilon & 1 \end{pmatrix}$$

이것은 전체 환산의 선형적인 근사치이다. 여기서 각은 반드시 라디안으로 표시되어야 한다. 그러면 관측 시점에서 천체의 위치는 다음과 같다.

$$\boldsymbol{p}_2 = \boldsymbol{N}\boldsymbol{p}_1$$

4. 연주 광행차 역시 장동에 버금가는 영향을 줄 수 있다. 근사적인 보정은 다음과 같이 얻을 수 있다.

$$\begin{aligned}\Delta\alpha\cos\delta = {} & -20.5''\sin\alpha\sin\lambda \\ & -18.8''\cos\alpha\cos\lambda\end{aligned}$$

$$\begin{aligned}\Delta\delta = {} & 20.5''\cos\alpha\sin\delta\sin\lambda \\ & + 18.8''\sin\alpha\sin\delta\cos\lambda - 8.1''\cos\delta\cos\lambda\end{aligned}$$

여기서 λ는 태양의 황경이다. 이 작업에 필요한 정도의 정확도를 갖고 다음처럼 황경을 구할 수 있다.

$$G = 357.528° + 0.985600°t$$

$$\begin{aligned}\lambda = {} & 280.460° + 0.985647°t \\ & + 1.915°\sin G + 0.020°\sin 2G\end{aligned}$$

이러한 좌표 환산은 각으로 수 초 정도의 정확도를 갖고 천체의 겉보기 위치를 알려준다. 연주시차와 일주 광행차에 의한 효과는 이보다 훨씬 작다.

예제. 레굴루스(Regulus, 사자자리 알파)의 J2000.0의 좌표는 다음과 같다.

$$\alpha = 10\text{h } 8\text{m } 22.2\text{s} = 10.139500\text{h}$$
$$\delta = 11°58'02'' = 11.967222°$$

1995년 3월 12일에 레굴루스의 겉보기 위치를 찾으시오.

성표에 있는 레굴루스의 좌표에 해당하는 단위벡터를 찾으면 아래와 같다.

$$\boldsymbol{p}_0 = \begin{pmatrix} -0.86449829 \\ 0.45787318 \\ 0.20735204 \end{pmatrix}$$

관측 시점의 율리우스 날짜는 $J = 2,449,789.0$이므로, $t = -1756$이고 $T = -0.04807666$이다. 세차 행렬에 들어가는 각들은 $\zeta = -0.03079849°$, $z = -0.03079798°$, $\theta = -0.02676709°$이다. 세차 행렬은

$$\boldsymbol{P} = \begin{pmatrix} 0.99999931 & 0.00107506 & 0.00046717 \\ -0.00107506 & 0.99999942 & -0.00000025 \\ -0.00046717 & -0.00000025 & 0.99999989 \end{pmatrix}$$

이고, 세차를 보정한 단위벡터는

$$\boldsymbol{p}_1 = \begin{pmatrix} -0.86390858 \\ 0.45880225 \\ 0.20775577 \end{pmatrix}$$

이다.

장동 효과의 보정을 위한 각은 $\Delta\psi = 0.00309516°$, $\Delta\varepsilon = -0.00186227°$, $\varepsilon = 23.43805403°$이고, 장동 행렬은

$$\boldsymbol{N} = \begin{pmatrix} 1 & -0.00004956 & -0.00002149 \\ 0.00004956 & 1 & 0.00003250 \\ 0.00002149 & -0.00003250 & 1 \end{pmatrix}$$

이 된다.

관측 시점에서 천체의 위치는

$$\boldsymbol{p}_2 = \begin{pmatrix} -0.86393578 \\ 0.45876618 \\ 0.20772230 \end{pmatrix}$$

이 되므로, 레굴루스의 좌표는 아래와 같다.

$$\alpha = 10.135390\text{h}$$
$$\delta = 11.988906°$$

광행차에 대한 보정을 위해서 우선 태양의 황경을 찾으면 $G = -1372.2° = 66.8°$, $\lambda = -8.6°$이다. 그러면 보정항은 아래와 같다.

$$\Delta\alpha = 18.25'' = 0.0050°$$
$$\Delta\delta = -5.46'' = -0.0015°$$

이 보정항들을 위에서 구한 좌표에 더해 주면 1995년 3월 12일에 레굴루스의 겉보기 위치를 얻는다.

$$\alpha = 10.1357\text{h} = 10\text{h } 8\text{m } 8.5\text{s}$$
$$\delta = 11.9874° = 11°59'15''$$

이 좌표를 기본 별들의 겉보기 위치(Apparent Places of Fundamental Stars) 성표에 주어진 위치와 비교하면, 우리의 계산의 오차는 3″ 이내라는 것을 알 수 있어서, 만족할 만한 결과라고 하겠다.

글상자 2.2(율리우스 날짜) 율리우스 날짜를 알아내는 방법은 여러 가지가 있다. 다음에 소개할 방법은 플리겔(Henry Fliegel)과 반 플란던(Thomas Van Flandern, 1940–2009)이 1968년에 고안한 것으로, 컴퓨터 프로그램에 잘 적용된다. 여기서 y를 연(4개의 숫자를 가진), m을 월, d를 일이라 하면, 어느 날 정오에 율리우스 날짜는

$$J = 367y - \{7[y + (m+9)/12]\}/4$$
$$- (3\{[y + (m-9)/7]/100 + 1\})/4$$
$$+ 275m/9 + d + 1,721,029$$

가 된다. 여기서 나눗셈은 정수 소수점 아래를 잘라내는 정수 나눗셈이다. 예를 들어 7/3=2이고 −7/3=−2가 된다.

예제. 1990년 1월 1일의 율리우스 날짜를 구하시오.

여기선 $y=1990$, $m=1$, $d=1$이다.

$$J = 367 \times 1990 - 7 \times [1990 + (1+9)/12]/4$$
$$- 3 \times \{[1990 + (1-9)/7]/100 + 1\}/4$$
$$+ 275 \times 1/9 + 1 + 1,721,029$$
$$= 730,330 - 3482 - 15 + 30 + 1 + 1,721,029$$
$$= 2,447,893$$

천문학 성표에는 0 UT에서 율리우스 날짜를 준다. 그러한 경우 율리우스 날짜는 2,447,892.5가 된다.

이것의 역(逆)과정은 좀 더 복잡하다. 다음 과정에서 J는 정오의 율리우스 날짜이다(즉 날짜는 정수이다).

$$a = J + 68,569$$
$$b = (4a)/146,097$$
$$c = a - (146,097b + 3)/4$$
$$d = [4000(c+1)]/1,461,001$$
$$e = c - (1461d)/4 + 31$$
$$f = (80e)/2447$$
$$\text{day} = e - (2447f)/80$$
$$g = f/11$$
$$\text{month} = f + 2 - 12g$$
$$\text{year} = 100(b - 49) + d + g$$

예제. 앞의 예제에서 $J=2,447,893$을 얻었다. 이에 해당하는 달력의 날짜를 거꾸로 찾아서 앞의 풀이과정을 검산해보시오.

$$a = 2,447,893 + 68,569 = 2,516,462$$
$$b = (4 \times 2,516,462)/146,097 = 68$$
$$c = 2,516,462 - (146,097 \times 68 + 3)/4 = 32,813$$
$$d = [4000(32,813 + 1)]/1,461,001 = 89$$
$$e = 32,813 - (1461 \times 89)/4 + 31 = 337$$
$$f = (80 \times 337)/2447 = 11$$
$$\text{day} = 337 - (2447 \times 11)/80 = 1$$
$$g = 11/11 = 1$$
$$\text{month} = 11 + 2 - 12 \times 1 = 1$$
$$\text{year} = 100(68 - 49) + 89 + 1 = 1990$$

그러므로 우리가 처음 시작했던 달력의 날짜에 되돌아왔다.

요일은 7일을 주기로 반복되므로 $J/7$의 나머지는 명백하게 요일을 결정한다. J가 정오의 율리우스 날짜라면, $J/7$의 나머지는 다음과 같이 요일을 알려준다.

0 = Monday

⋮

5 = Saturday

6 = Sunday

예제. 1990년 1월 1일에 해당하는 율리우스 날짜는 2,447,893이다. 2,447,893=7×349,699이므로 나머지는 0이 되고, 이날은 월요일이다.

2.16 예제

예제 2.1(직각 구면 삼각형에서 삼각함수) 각 A가 직각이라 하자. 도형이 평면 삼각형일 때에는 각 B의 삼각함수

$$\sin B = b/a, \quad \cos B = c/a, \quad \tan B = b/c$$

가 된다.

구면 삼각형에 대하여는 식 (2.7)을 사용해야 한다. 이 식들을 다음과 같이 간단히 쓸 수 있다.

$$\sin B \sin a = \sin b$$

$$\cos B \sin a = \cos b \sin c$$

$$\cos a = \cos b \cos c$$

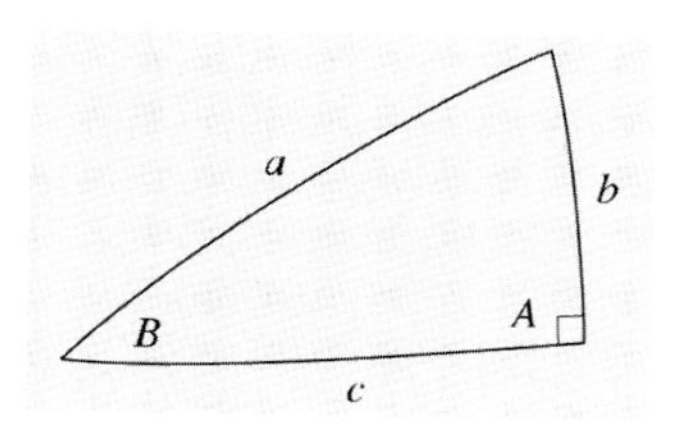

첫 번째 식으로부터 sine B값을 얻을 수 있다.

$$\sin B = \sin b / \sin a$$

두 번째 식을 세 번째 식으로 나누어 cosine B값을 얻을 수 있다.

$$\cos B = \tan c / \tan a$$

그리고 tan B값은 첫 번째 식을 두 번째 식으로 나누면 얻을 수 있다.

$$\tan B = \tan b / \sin c$$

세 번째 식은 직각삼각형에 대한 피타고라스 정리에 해당한다.

예제 2.2(두 지점 사이의 거리) 헬싱키의 위도는 대략 $\phi_1 = 60°$, 경도는 $\lambda_1 = 25°$이다. 라 팔마(La Palma)의 해당 좌표는 $\phi_2 = 28.7°$, $\lambda_2 = -17.9°$이다. 이 두 지점 사이의 지표면을 따라 측정된 거리는 얼마인가? 북반구의 구면 삼각형에 대하여 코사인 공식을 적용하여 거리를 구할 수 있다.

$$\begin{aligned}\cos a &= \cos(\lambda_2 - \lambda_1)\sin(90° - \phi_1) \\ &\quad \times \sin(90° - \phi_2) \\ &\quad + \cos(90° - \phi_1)\cos(90° - \phi_2) \\ &= \cos(\lambda_2 - \lambda_1)\cos\phi_1\cos\phi_2 \\ &\quad + \sin\phi_1 \sin\phi_2 \\ &= 0.7325 \times 0.5 \times 0.8771 + 0.8660 \times 0.4802 \\ &= 0.7372\end{aligned}$$

에서 $a = 42.5°$를 구한다.

또 다른 방법은 벡터연산(부록 A)을 이용하는 것이다. 지구의 중심에 대한 반지름 벡터는 다음과 같다.

$$\mathbf{r} = R(\cos\phi\cos\lambda, \cos\phi\sin\lambda, \sin\phi)$$

여기서 R은 지구의 반지름이다. 아래에서는 단위 벡터만 필요하므로 상수인 R은 생략할 수 있다. 이 예제에서 단위벡터는 다음과 같다.

$$\mathbf{r}_1 = (0.4532, 0.2113, 0.8660),$$

$$\mathbf{r}_2 = (0.8347, -0.2696, 0.4802).$$

이 두 벡터의 스칼라적은 사이각의 코사인값을 준다. 즉

$$\begin{aligned}\cos a &= \mathbf{r}_1 \cdot \mathbf{r}_2 \\ &= 0.4532 \times 0.8347 - 0.2113 \times 0.2696 \\ &\quad + 0.8660 \times 0.4802 \\ &= 0.7372\end{aligned}$$

그러므로 $a = 42.5° = 0.7419$라디안이 된다.

두 가지 방법으로 구한 두 지점 사이에 각거리는 같은 값을 갖는다. 지표면상의 대원을 따라 잰 거리는 $Ra = 6400 \times 0.7419 = 4{,}748\,\mathrm{km}$가 된다.

예제 2.3 (뉴욕시의 좌표) 지리적인 좌표는 적도에서 북쪽으로 41°와 그리니치의 서쪽으로 74° 또는 $\phi = +41°$, $\lambda = -74°$이다. 시간 단위로는 그리니치 서쪽으로 경도가 74/15시=4시 56분이 된다. 지심위도는 다음 식에서 얻어진다.

$$\tan\phi' = \frac{b^2}{a^2}\tan\phi = \left\{\frac{6,356,752}{6,378,137}\right\}^2 \tan 41°$$

$$= 0.86347 \Rightarrow \quad \phi' = 40°\,48'\,34''$$

지심위도는 지리적인 위도보다 11′ 26″만큼 작다.

예제 2.4 하늘에 있는 두 천체의 분리각은 그들의 좌표 차이와는 아주 다르다.

A라는 별의 좌표가 $\alpha_1 = 10\text{h}$, $\delta_1 = 70°$, 그리고 다른 별 B의 좌표는 $\alpha_2 = 11\text{h}$, $\delta_2 = 80°$라 하자.

평면 삼각형에 대한 피타고라스 정리를 사용하면 다음을 얻는다.

$$d = \sqrt{(15°)^2 + (10°)^2} = 18°$$

그러나 식 (2.7)의 세 번째 식을 사용하면

$$\begin{aligned}\cos d &= \cos(\alpha_1 - \alpha_2) \\ &\quad \times \sin(90° - \delta_1)\sin(90° - \delta_2) \\ &\quad + \cos(90° - \delta_1)\cos(90° - \delta_2) \\ &= \cos(\alpha_1 - \alpha_2)\cos\delta_1\cos\delta_2 \\ &\quad + \sin\delta_1\sin\delta_2 \\ &= \cos 15°\cos 70°\cos 80° \\ &\quad + \sin 70°\sin 80° \\ &= 0.983\end{aligned}$$

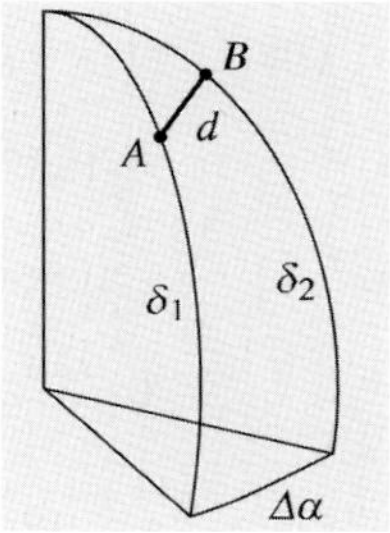

이 되고 그로부터 $d = 10.6°$가 된다. 그림에서 왜 피타고라스 정리로부터 구한 결과와 정답이 다른지를 알 수 있다. 극 쪽으로 접근하면 시간권(α = 일정한 대원)은 서로 가까워지고 좌표 차이는 같은 값인데도 불구하고 그들의 분리각은 점점 작아진다.

예제 2.5 1996년이 시작하는 자정에 헬싱키시에서 달의 고도(a)와 방위각(A)을 구하시오.

달의 적경은 $\alpha = 2\text{h}\,55\text{m}\,7\,\text{s} = 2.9186\text{h}$, 적위는 $\delta = 14°\,42' = 14.70°$, 항성시는 $\Theta = 6\text{h}\,19\text{m}\,26\,\text{s} = 6.3239\text{h}$, 헬싱키의 위도는 $\phi = 60.16°$이다.

시간각은 $h = \Theta - \alpha = 3.4053\,\text{h} = 51.08°$이다. 다음으로 식 (2.16)을 적용하면

$$\sin A\,\cos a = \sin 51.08°\cos 14.70° = 0.7526$$

$$\begin{aligned}\cos A\,\cos a &= \cos 51.08°\cos 14.70°\sin 60.16° \\ &\quad - \sin 14.70°\cos 60.16° \\ &= 0.4008\end{aligned}$$

$$\begin{aligned}\sin a &= \cos 51.08°\cos 14.70°\cos 60.16° \\ &\quad + \sin 14.70°\cos 60.16° \\ &= 0.5225\end{aligned}$$

이다. 그러므로 고도는 $a = 31.5°$이다. 방위각은

$$\sin A = 0.8827, \quad \cos A = 0.4701$$

을 풀어서 계산하면, $A = 62.0°$가 된다. 달은 남서쪽 방향에 지평선에서 31.5° 위에 있게 된다. 사실, 이 방향은 달이 무한의 먼 거리에 있을 때의 방향이다.

예제 2.6 앞의 예제에서 다룬 경우에 대하여 관측자중심좌표계에서 달의 위치를 찾으시오.

달의 지구 중심으로부터의 거리는 $R = 62.58 \times$(지구의 적도반지름)이다. 간단히 하기 위해 지구는 구라고 가정하자.

관측지점이 xz평면에 있고, z축이 천극을 가리키도록 직각좌표계를 설정하자. 지구의 반지름을 단위로 하여 거리를 나타내면, 관측지점의 반지름벡터는

$$\boldsymbol{r}_0 = \begin{pmatrix}\cos\phi \\ 0 \\ \sin\phi\end{pmatrix} = \begin{pmatrix}0.4976 \\ 0 \\ 0.8674\end{pmatrix}$$

가 된다.

달의 반지름벡터는

$$\boldsymbol{r} = R\begin{pmatrix}\cos\delta\cos h \\ -\cos\delta\sin h \\ \sin\delta\end{pmatrix} = 62.58\begin{pmatrix}0.6077 \\ -0.7526 \\ 0.2538\end{pmatrix}$$

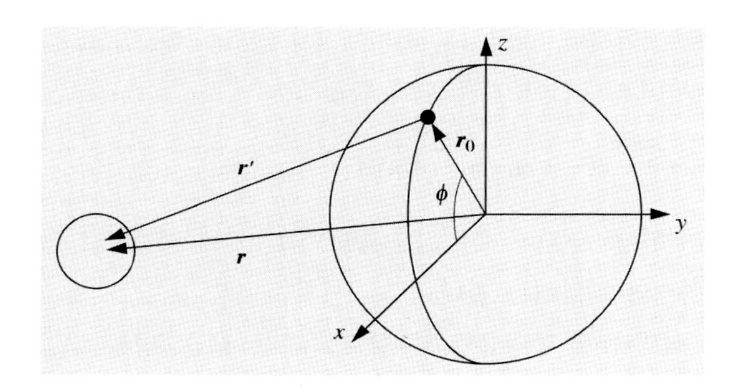

이다. 지표면의 관측자가 바라본 달의 위치는 다음과 같다.

$$\boldsymbol{r}' = \boldsymbol{r} - \boldsymbol{r}_0 = \begin{pmatrix} 37.53 \\ -47.10 \\ 15.02 \end{pmatrix}$$

이 벡터를 그 길이 62.07로 나누면, 달의 방향을 가리키는 단위벡터 $\boldsymbol{e}$를 얻는다. 이 벡터는 관측자중심 좌표의 δ'과 h'으로 표시할 수 있고,

$$\boldsymbol{e} = \begin{pmatrix} 0.6047 \\ -0.7588 \\ 0.2420 \end{pmatrix} = \begin{pmatrix} \cos\delta'\cos h' \\ -\cos\delta'\sin h' \\ \sin\delta' \end{pmatrix}$$

이는 $\delta' = 14.00°$와 $h' = 51.45°$를 준다. 이를 이용하여 앞의 예제 2.5에서 보인 바와 마찬가지로, 고도와 방위각을 구하면 $a = 30.7°$이고 $A = 61.9°$이다.

고도를 구하는 다른 방법을 알아보자. 벡터 $\boldsymbol{e}$와 $\boldsymbol{r}_0$의 스칼라적을 취하면 천정거리의 코사인을 준다.

$$\begin{aligned}\cos z &= \boldsymbol{e}\cdot\boldsymbol{r}_0 = 0.6047 \times 0.4976 + 0.2420 \times 0.8674 \\ &= 0.5108\end{aligned}$$

그러므로 $z = 59.3°$이고 $a = 90° - z = 30.7°$이다. 이것은 지심 고도보다 0.8° 적다는 것을 알 수 있다. 즉 두 고도의 차이가 달의 겉보기 각지름보다 크다.

예제 2.7 아르크투루스(Arcturus)의 좌표는 $\alpha = 14\,\mathrm{h}\ 15.7\mathrm{m}$, $\delta = 19°\ 11'$이다. 이 별이 보스턴($\phi = 42°\ 19'$)에서 뜨고 지는 순간의 항성시를 구하시오.

대기의 굴절을 무시하면

$$\begin{aligned}\cos h &= -\tan 19°\ 11' \tan 42°\ 19' \\ &= -0.348 \times 0.910 = -0.317\end{aligned}$$

그러므로 $h = \pm 108.47° = 7\,\mathrm{h}\ 14\mathrm{m}$이 된다. 더 정확히는

$$\begin{aligned}\cos h &= -\tan 19°\ 11' \tan 42°\ 19' \\ &\quad - \frac{\sin 35'}{\cos 19°\ 11' \cos 42°\ 19'} \\ &= -0.331\end{aligned}$$

이고 $h = \pm 109.35° = 7\,\mathrm{h}\,17\mathrm{m}$이다. +와 −부호는 각각 지는 시각과 뜨는 시각에 해당한다. 아르크투루스가 뜰 때 항성시는

$$\begin{aligned}\Theta &= \alpha + h = 14\,\mathrm{h}\ 16\mathrm{m} - 7\,\mathrm{h}\,17\mathrm{m} \\ &= 6\,\mathrm{h}\ 59\mathrm{m}\end{aligned}$$

이고, 질 때 항성시는

$$\begin{aligned}\Theta &= 14\,\mathrm{h}\ 16\mathrm{m} + 7\mathrm{h}\ 17\mathrm{m} \\ &= 21\,\mathrm{h}\ 33\mathrm{m}\end{aligned}$$

이다.

이 결과는 날짜와 관계가 없음에 주의하라. 별은 매일 같은 항성시에 뜨고 진다.

예제 2.8 알데바란의 고유운동은 $\mu = 0.20''$/년이고 연주시차는 $\pi = 0.048''$이다. 파장이 $\lambda = 440.5\,\mathrm{nm}$인 철(Fe)의 스펙트럼선은 긴 파장 쪽으로 0.079nm만큼 이동되어 있다. 이 별의 시선속도, 접선속도, 그리고 전체 속도는 얼마인가?

시선속도는 다음과 같이 구할 수 있다.

$$\frac{\Delta\lambda}{\lambda} = \frac{v_r}{c}$$

$$\Rightarrow v_r = \frac{0.079}{440.5} \cdot 3 \times 10^8 \text{m s}^{-1} = 5.4 \times 10^4 \text{m s}^{-1}$$
$$= 54 \text{km s}^{-1}$$

고유운동 μ와 연주시차 π가 올바른 단위로 주어졌으므로, 접선속도는 식 (2.40)에 주어졌다.

$$v_t = 4.74\mu r = 4.74\mu/\pi = \frac{4.74 \times 0.20}{0.048} = 20 \text{km s}^{-1}$$

전체 속도는 다음과 같다.

$$v = \sqrt{v_r^2 + v_t^2} = \sqrt{54^2 + 20^2} \text{km s}^{-1} = 58 \text{km s}^{-1}$$

예제 2.9 12시에 파리(경도 $\lambda = 2°$)의 지방시를 구하시오.

지방시는 그리니치 동쪽 자오선 15°의 경도대 표준시와 일치한다. 경도의 차이 15°−2°=13°는 (13°/15°) × 60분=52분이다. 지방시는 공인시보다 52분 늦어서 11 : 08이다. 이것이 평균태양시이다. 진태양시를 구하려면 균시차를 더해야 한다. 2월 초에는 균시차 E.T.= −14분이고 진태양시는 11 : 08−14분=10 : 54이다. 11월 초에는 E.T.=+16분이고 태양시는 11 : 24이다. −14분과 +16분은 E.T.의 극한값이므로 진태양시는 10 : 54-11 : 24의 범위에 있으며 그 정확한 값은 연중 날짜에 따라 다르다. 일광절약시간 중에는 이 시간에서 1시간을 빼야 한다.

예제 2.10(항성시의 추산) 항성시는 춘분점 γ의 시간각이므로, γ가 남쪽 자오선을 정중하거나 통과할 때 0 h이다. 춘분점의 순간에 태양은 γ의 방향에 있고 그래서 γ와 같은 시각에 정중한다. 그러므로 지방 태양시 12 : 00에 항성시는 0 : 00이고 춘분에는

$$\Theta = T + 12\text{h}$$

가 된다. 여기서 T는 지방 태양시이다. 이것은 2분 내로 정확하다. 항성시는 하루에 4분 정도씩 빠르므로 춘분 이후 n일이 지난 후의 항성시는

$$\Theta \approx T + 12\text{h} + n \times 4\text{min}$$

이 된다. 추분에서는 γ는 지방시 0 : 00에 정중하고 항성시와 태양시는 같다.

4월 15일 중앙유럽표준시 22 : 00(=일광절약시 23 : 00)에 파리에서의 항성시를 구하여 보자. 춘분이 평균적으로 3월 21일에 일어나므로 춘분으로부터의 기간은 10+15=25일이다. 균시차를 무시하면, 지방시 T는 경도대 표준시(zonal time)보다 52분 적다. 그러므로

$$\Theta = T + 12\text{h} + n \times 4\text{min}$$
$$= 21\text{h } 8\text{min} + 12\text{h} + 25 \times 4\text{min}$$
$$= 34\text{h } 48\text{min} = 10\text{h } 48\text{min}$$

춘분의 시각은 평균에서 크고 작은 양쪽으로 1일 정도 변할 수 있다. 그러므로 이 결과의 정확도는 대략 5분 정도이다.

예제 2.11 1월 10일에 미국 보스턴에서 아르크투루스의 뜨는 시각을 구하시오.

예제 2.7에서 이 별이 뜨는 항성시가 $\Theta = 6\text{h } 59\text{min}$임을 구하였다. 연도가 주어지지 않았으므로 예제 2.10에서와 같이 대략적인 방법을 사용하기로 한다. 1월 10일과 춘분(3월 21일) 사이의 기간은 약 70일이다. 그러므로 1월 10일에 항성시는

$$\Theta \approx T + 12\text{h} - 70 \times 4\text{min} = \text{T} + 7\text{h } 20\text{min}$$

이고, 이로부터

$$T = \Theta - 7\text{h}20 \text{ min} = 6\text{h } 59\text{min} - 7\text{h } 20\text{min}$$
$$= 30\text{h } 59\text{min} - 7\text{h } 20\text{min} = 23\text{h } 39\text{min}$$

이 된다. 보스턴의 경도는 71°W이고 동부 평균시는 (4°/15°)×60min=16분 늦으므로 23 : 23이 된다.

예제 2.12 1982년 4월 15일 20 : 00 UT에 헬싱키에서 항성시를 구하시오.

율리우스 날짜는 $J = 2,445,074.5$이고,

$$T = \frac{2,445,074.5 - 2,451,545.0}{36,525}$$
$$= -0.1771526$$

다음으로, 식 (2.47)을 사용하여 0 UT에서 항성시를 구한다.

$$\Theta_0 = -1,506,521.0\,\mathrm{s} = -418\mathrm{h}\ 28\mathrm{min}\ 41\mathrm{s}$$
$$= 13\mathrm{h}\ 31\mathrm{min}\ 19\mathrm{s}$$

항성시는 태양시에 비하여 하루에 3분 57초 빠르므로, 20시간에 대한 차이는

$$\frac{20}{24} \times 3\mathrm{min}\ 57\mathrm{s} = 3\mathrm{min}\ 17\mathrm{s}$$

이므로 20 UT에서 항성시는 13h 31min 19s + 20h 3min 17s = 33h 34min 36s = 9h 34min 36s가 된다. 그때에 (핀란드 시간 22 : 00, 일광절약시간 23 : 00) 헬싱키에서 항성시는 경도 25°에 해당하는 시간, 즉 1h 40min 00s 만큼 앞서간다. 그러므로 항성시는 11h 14min 36s가 된다.

2.17 연습문제

연습문제 2.1 헬싱키와 시애틀 사이의 최단 경로를 지나는 거리를 구하시오. 이 경로상에 가장 북쪽인 지점은 어디이며, 북극에서 그 지점까지의 거리는 얼마인가? 헬싱키의 경도는 25°E, 위도는 60°이고, 시애틀의 경도는 122°W, 위도는 48°이다. 지구의 반지름은 6,370km라고 가정하시오.

연습문제 2.2 어떤 별이 남쪽 자오선을 지나가는 고도는 85°이고, 북쪽 자오선을 지나가는 고도는 45°이다. 이 별의 적위와 관측자의 위도를 구하시오.

연습문제 2.3 다음과 같은 설명에 해당하는 지역은 어디인가?

a) 카스트로(Castro)(쌍둥이자리 알파, 적위 $\delta = 31°\ 53'$)는 주극성이다.
b) 베텔지우스(Betelgeuze)(오리온자리 알파, 적위 $\delta = 7°\ 24'$)가 천정에서 남중한다.
c) 센타우루스자리 알파($\delta = -60°\ 50'$)가 최대 고도 30°까지 떠오른다.

연습문제 2.4 노인과 바다라는 소설에서 헤밍웨이는 다음과 같이 적고 있다.

> 9월에는 태양이 지고 나면 빨리 어두워지므로, 지금은 어둡다. 그는 뱃머리의 낡은 나뭇조각에 기대어 누워서 최대한 휴식을 취하고 있었다. 첫 별들이 나왔다. 그는 리겔(Rigel)이라는 이름은 몰랐지만, 그 별을 보자마자 곧 다른 모든 별들도 나올 것이고 그의 먼 친구들을 보게 될 것을 알고 있었다.

헤밍웨이의의 천문학 지식은 어떤 수준이라고 보는가?

연습문제 2.5 1983년 6월 1일 태양의 적경은 4h 35m이고, 적위는 22° 00′이다. 이때 태양과 지구의 황경과 황위를 구하시오.

연습문제 2.6 북극권에서는

a) 12월 22일과 6월 22일 사이에 태양이 같은 항성시 Θ_0에 뜬다는 것을 보이시오.
b) 6월 22일과 12월 22일 사이에 태양이 같은 항성시 Θ_0에 진다는 것을 보이시오.

여기서 Θ_0는 얼마인가?

연습문제 2.7 은하좌표를 황도좌표의 함수로 나타내는 식 (2.24)를 유도하시오.

연습문제 2.8 1900.0 역기점에서 시리우스(Sirius, 큰개자리 알파)의 좌표는 $\alpha = 6\text{h}\ 40\text{m}\ 45\text{s}$, $\delta = -16°\ 35'$이고, 고유운동의 성분은 $\mu_\alpha = -0.037\text{s}/$년, $\mu_\delta = -1.12''/$년이다. 2000.0 시점에서 시리우스의 좌표를 구하시오. 세차운동을 반드시 고려하시오.

연습문제 2.9 별 시리우스의 연주시차는 $0.375''$이고, 시선속도는 -8km s^{-1}이다.

a) 시리우스의 접선속도와 전체 속도는 얼마인가? (앞의 예제를 참조하시오.)

b) 시리우스가 태양에 가장 가까워지는 때는 언제인가?

c) 그때 시리우스의 고유운동과 연주시차는 얼마인가?

연습문제 2.10 고래자리의 변광성 마이라(Mira)의 평균 변광주기는 331.96일이다. 성표에 의하면 2000년 9월 22일에 밝기가 최대였다. 그렇다면 2010년에 이 별이 가장 밝은 날은 언제였는가?

관측과 기기

3

중세 말까지 천문학에서 가장 중요한 관측수단은 인간의 눈이었다. 눈과 더불어 하늘에서 천체의 위치를 측정하기 위하여 각종의 기계적인 장치가 이용되었다. 망원경은 17세기 초에 네덜란드에서 발명되었고, 1609년 갈릴레이가 처음으로 이 새로운 기기로 천체를 관측하였다. 천문사진은 19세기 말에 소개되었고, 지난 수십 년 동안 여러 종류의 전자적인 검출기가 우주에서 들어오는 전자기파 복사를 연구하는 데 채택되었다. 현재는 파장이 가장 짧은 감마선부터 긴 전파까지의 전자기파 스펙트럼이 천체관측에 이용되고 있다.

3.1 대기를 통한 관측

인공위성과 우주선을 이용하여 대기권 밖에서도 천체의 관측이 가능해졌다. 그러나 여전히 대부분의 천체관측은 지상에서 이루어지고 있다. 앞 장에서 우리는 천체의 시고도(視高度)를 변화시키는 굴절에 관해서 논하였다. 이와 동시에 대기는 관측의 여러 면에서 상당한 영향을 주고 있다. 실질적인 문제점은 날씨를 비롯하여 대기의 안정성, 그리고 많은 파장대에서 대기의 불투명도이다.

공기는 안정적인 상태에 있지 않고, 온도와 밀도가 다른 여러 층을 이루고 있다. 이로 인하여 대류와 난류가 일어난다. 어떤 별에서 들어오는 빛이 안정적이지 않은 상태에 있는 공기를 통과할 때, 방향에 따라 굴절률이 급격히 변한다. 그러므로 검출기(예 : 사람의 눈)에 도달하는 빛의 양은 끊임없이 변한다. 별들이 이러한 현상을 보일 때, 우리는 별이 반짝이거나 섬동(scintillate)을 일으킨다고 한다(그림 3.1). 반면 행성들은 덜 반짝이며 상대적으로 안정적인데 행성은 별과 같은 점광원(point source)이 아니며 행성의 다른 영역에서 오는 빛이 부분적으로 서로 상쇄되기 때문이다.

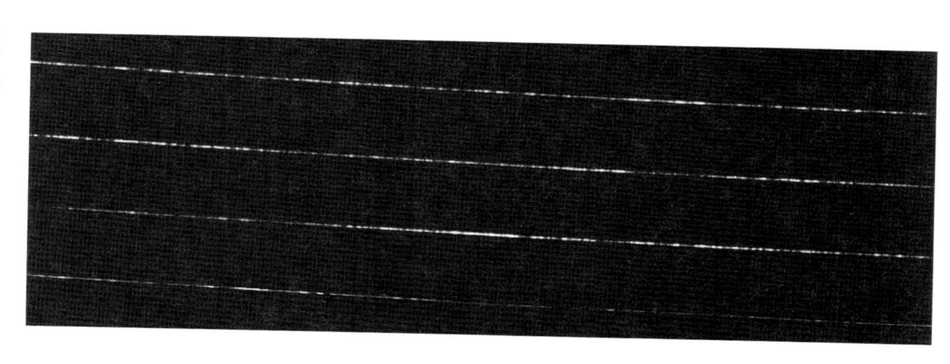

그림 3.1 시야를 가로질러 네 번 지나가는 동안에 나타난 시리우스의 섬동. 시리우스가 지평선에서 매우 낮게 떠 있는 상태이다. (사진 출처 : Pekka Parviainen)

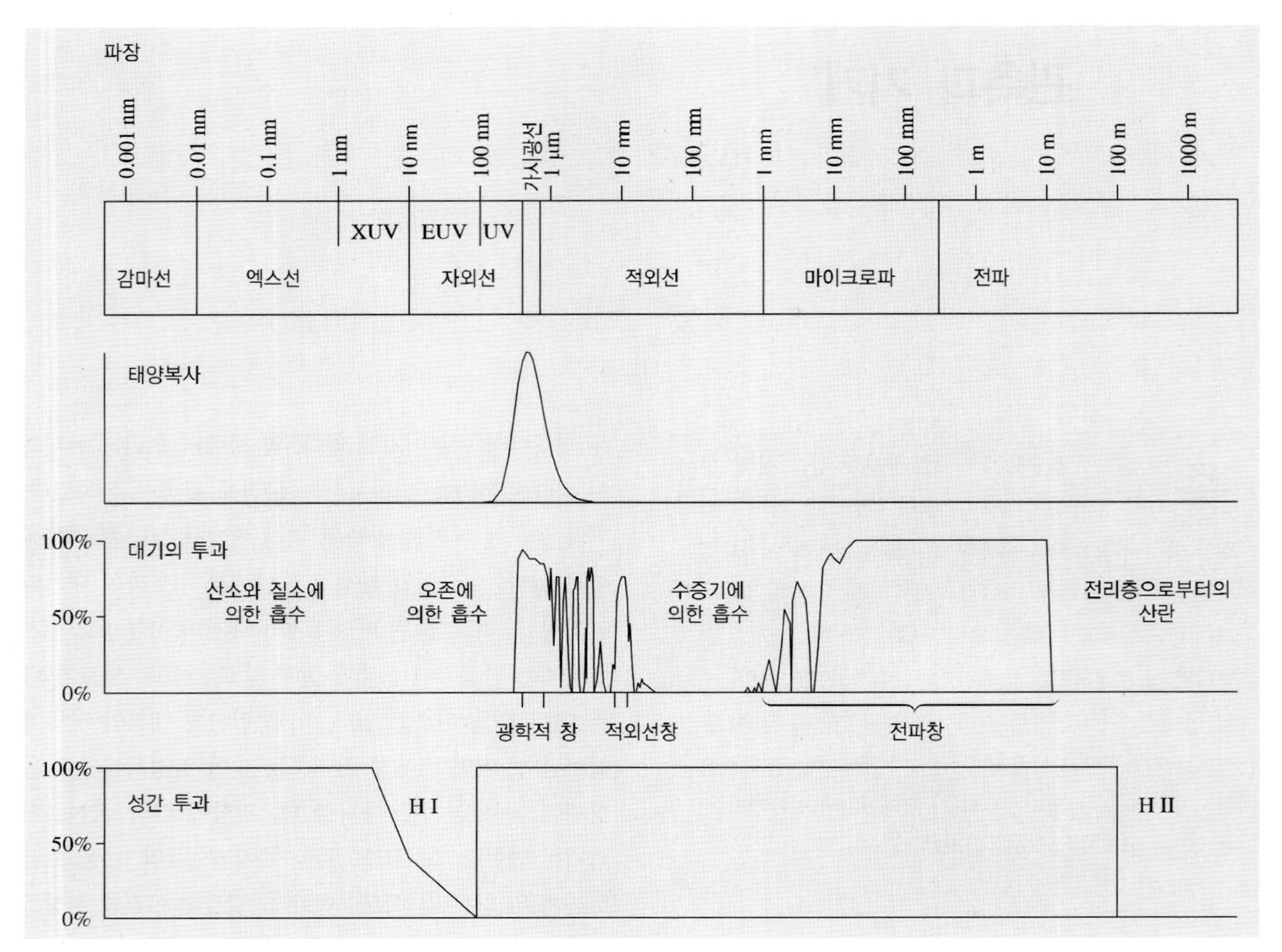

그림 3.2 서로 다른 파장에 따른 대기의 투명도. 100% 투과된다는 것은 모든 복사가 지구 표면에 도달한다는 것을 의미한다. 또한 맨 밑의 도식적인 그림에서 보이는 것과 같이 복사는 성간 기체에 의해 흡수된다. 또한, 성간 흡수는 방향에 따라 많이 달라진다(제15장).

빛의 파면이 망원경의 구경(aperture)을 지나갈 때 파면의 진폭과 위상은 시간에 따라 바뀐다. 진폭의 변화는 이미지에 섬동을 일으키고 위상의 변화는 이미지를 흐릿하게 만든다. 망원경은 넓은 면을 이용하여 빛을 수집하므로 급격한 변화를 반반하게 하고 섬동을 줄여준다. 대신에 대기를 통과하는 경로에 따라 빛의 위상 차이는 같은 방식으로 상쇄되지 않으므로 상은 흐트러지고, 점광원은 흔들리는 점으로 나타난다. 이러한 현상을 시상(視相, seeing)이라 한다. 노출시간이 수 초 이상이면 빛은 모든 방향으로 진동하면서 별빛은 점광원이 아닌 원반 모양이 된다(그림 3.3). 이러한 시상원반은 각으로 1초보다 작은 규모에서부터 수십 초까지 변한다. 시상원반이 작으면 좋은 시상이라고 말한다. 높은 산 위 좋은 조건 아래에서만 1 각초보다 작은 시상이 가능하다.

시상은 망원경이 얼마나 작은 것까지 분리해낼 수 있는지를 제한한다. 간혹 대기가 짧은 시간 동안 안정되는 경우, 긴 시간 동안 노출하여 찍은 이미지에서는 볼 수 없던 상세함을 얼핏 들여다보는 것이 가능하다.

그림 3.3 별의 상은 평균적으로 모든 방향에 대하여 동일하게 흔들린다. 대략 1초 이상 노출할 경우, 별의 상은 시상원반으로 퍼지게 된다. 시상원반의 지름이 작을수록 더 좋은 관측 조건이 된다.

일부 파장대의 전자기파 스펙트럼은 지구 대기에 의해 강력히 흡수된다(그림 3.2). 지구 대기에 의해 흡수되지 않는 가장 중요한 투명 파장대는 300~800nm 사이에 있는 소위 **광학적 창**(optical window) 영역이다. 이 파장 대역은 인간의 눈이 잘 반응하는 영역(약 400~700nm)과 일치한다.

300nm보다 짧은 파장에서는 대기 중의 오존에 의한 흡수로 인하여 지상에 복사가 도달하지 못한다. 오존은 고도 약 20~30km에 위치한 얇은 층에 집중되어 있고, 이 오존층은 해로운 자외선 복사로부터 지구를 보호해 주고 있다. 이보다 더 짧은 파장의 복사는 주로 O_2, N_2, 자유원자에 의해서 흡수된다. 300nm보다 짧은 파장의 복사는 거의 모두가 대기의 상층 부분에서 흡수된다.

지구 대기는 가시광선보다 긴 근적외선의 1.3μm 파장영역까지 대체로 투명하다. 이 파장 영역에도 수증기와 산소 분자가 일으키는 흡수대가 존재하지만, 1.3μm보다 긴 파장에서 대기는 점점 불투명해진다. 이 파장대에서는 오로지 몇 개의 좁은 창(즉 파장 영역)을 통해서만 복사가 대기의 하층부에 도달한다. 20μm와 1mm 사이의 모든 파장은 완전히 흡수된다.

1mm부터 약 20m 사이에는 **전파창**(radio window)이 있다. 이보다 더 긴 파장에서는 대기의 상층부에 있는 전리층(ionosphere)이 모든 복사를 반사시킨다(그림 3.2). 전파창의 정확한 최대 파장은 하루 동안에도 변하는 전리층의 강도에 따라 달라진다(대기의 구조는 제7장에 기술되어 있다).

광학영역 파장대(300~800nm)에서 빛은 대기 중의 분자와 먼지에 의해 산란되고 복사는 감소하게 된다. 산란과 흡수를 합쳐서 **소광**(消光, extinction)이라 부른다. 천체의 밝기를 측정할 때에는 소광을 고려해야 한다(제4장 참조).

19세기에 레일리(John Rayleigh, 1842-1919) 경은 하늘이 푸른 이유를 설명하는 데 성공하였다. 대기 중의 분자가 일으키는 산란은 파장의 4승에 역비례한다. 따라서 청색 빛은 적색 빛보다 산란이 더 잘 된다. 하늘 전체가 푸르게 보이는 것은 산란된 태양광 때문이다. 이와 똑같은 현상 때문에 지평선으로 지는 해를 붉게 보이게도 한다. 그 이유는 태양광이 낮고 긴 경로로 대기를 통과함에 따라 푸른빛은 모두 산란되어 사라졌기 때문이다.

천문학에서는 매우 어두운 천체를 관측해야 하는 경우가 종종 있다. 따라서 가능한 한 배경하늘이 어두워야 하고 대기는 투명해야 한다. 큰 천문대들이 도시에서 먼 산의 정상에 건설되는 것도 이와 같은 이유 때문이다. 천문대 상공의 공기는 건조해야 하고 흐린 밤의 날이 적어야 하며 시상이 좋아야 한다.

천문학자들은 최적의 조건을 갖는 곳을 찾기 위해 지구 전체를 샅샅이 뒤졌고, 드디어 몇 곳의 이례적으로 좋은 장소를 찾아냈다. 1970년대에 몇몇 새로운 주요 천

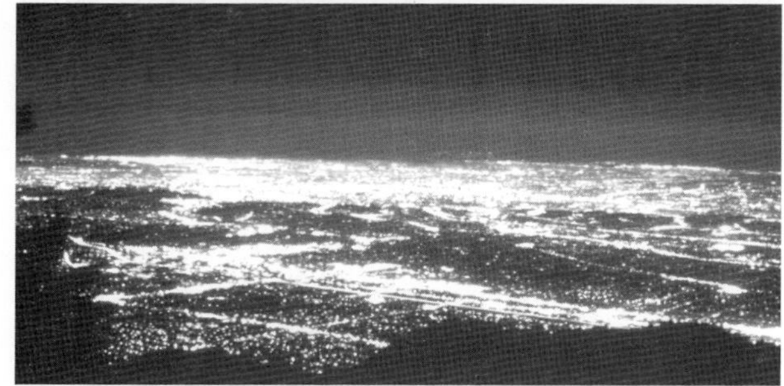

그림 3.4 윌슨(Wilson)산 정상에서 바라본 야경. 위의 사진은 1908년에 찍은 것이고, 아래의 사진은 1988년에 찍은 것이다. 로스앤젤레스, 패서디나, 할리우드, 그리고 40개 이상의 다른 도시 불빛이 하늘에 반사되어 보이며, 이것이 천체 관측에 심각한 장애가 되고 있다. [사진출처 : Ferdinand Ellerman and International Dark-Sky Association]

문대들이 이들 장소에 건설되었다. 세계에서 가장 좋은 장소들의 대표적인 예는 다음과 같다 : 해발 4,000m 이상인 하와이의 휴화산 마우나케아(Mauna Kea), 칠레 북부의 건조한 산맥, 멕시코와의 접경지역 근처에 있는 미국의 소노란(Sonoran) 사막, 그리고 캐너리(Canary) 섬 라팔마(La Palma)에 있는 산맥 등이다. 오래된 여러 천문대들은 근처 도시의 불빛에 의해 심각한 장애를 겪고 있다(그림 3.4).

대기 중의 수분에 의하여 감쇄되는 가장 짧은 파장의 전파관측을 수행할 때를 제외하고, 대기의 조건은 전파천문학에서 그리 중요하지 않다. 전파망원경을 건설하는 천문학자들은 천문대 후보지 선택에 있어 광학 천문학자들보다 훨씬 더 많은 선택권을 갖고 있다. 그럼에도 불구하고 전파망원경도 대부분 주거지역이 아닌 곳에 건설되는데 이는 전파망원경이 전파방해와 텔레비전 방송의 영향을 받지 않기 위해서이다.

3.2 광학망원경

망원경은 천체를 관측함에 있어 다음 세 가지 과제를 수행한다.

1. 천체로부터 빛을 모아 매우 어두운 광원에 대한 연구를 가능하게 한다.
2. 분해능을 향상시키고 천체의 겉보기 각지름을 증가시킨다.
3. 천체의 위치를 측정하는 데 사용된다.

망원경이 빛을 수집하는 면은 렌즈나 반사경의 형태를 갖는다. 그러므로 광학망원경은 두 가지의 형태, 즉 렌즈형망원경 또는 **굴절망원경**(refractor)과 거울형망원경 또는 **반사망원경**(reflector)으로 구분된다(그림 3.5).

기하광학. 굴절망원경은 2개의 렌즈, 즉 입사하는 빛을 모아 초점면(focal plane)에 상을 맺히게 하는 **대물경**(objective)과 상을 보는 데 사용되는 작은 확대경인 **접안경**(eyepiece)을 가지고 있다(그림 3.5). 원하는 어떤

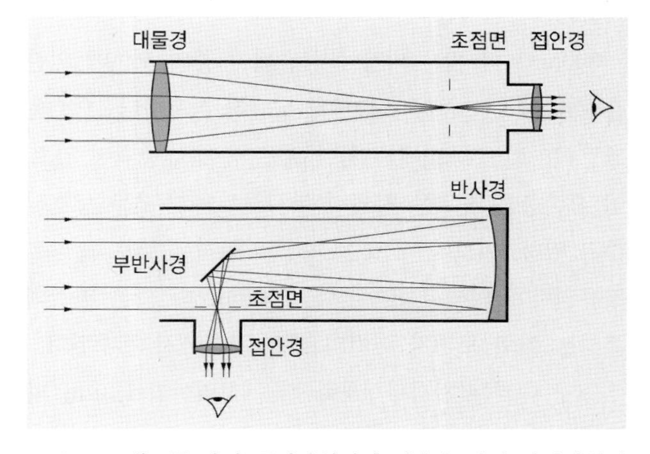

그림 3.5 렌즈를 가진 굴절망원경과 거울을 가진 반사망원경

방향으로도 향할 수 있는 망원경 경통의 양쪽 끝에 렌즈들이 부착되어 있다. 접안경과 초점면 사이의 거리는 초점에 상이 맺히도록 조정될 수 있다. 대물렌즈에 의해서 맺히는 상은 일반적인 카메라의 사진 필름 등에 기록될 수 있다.

대물렌즈의 지름 D를 망원경의 **구경**(aperture)이라 부른다. 구경 D와 초점거리 f와의 비, $F = D/f$를 **구경비**(aperture ratio)라 부른다. 이 값이 망원경의 집광력(light-gathering power)을 나타낸다. 만약 구경비가 1만큼 큰 망원경이 있다면, 이 망원경은 고성능이면서 '빠른' 망원경이라고 할 수 있다. 이는 상이 밝기 때문에 짧은 노출시간만으로도 사진을 찍을 수 있음을 의미한다. 작은 구경비(초점거리가 구경보다 훨씬 크다)는 '느린' 망원경을 의미한다.

사진촬영에서와 마찬가지로 천문학에서도 구경비가 종종 f/n(예 : $f/8$)로 표시된다. 여기서 n은 초점거리를 구경으로 나눈 값이다. 빠른 망원경의 경우 이 비가 $f/1 \cdots f/3$까지 될 수 있으나, 보통은 이보다 작아서 $f/8 \cdots f/15$ 정도의 값을 갖는다.

굴절망원경의 초점면에 맺히는 상의 **크기**(scale)는 그림 3.6에서 보인 바와 같이 기하학적으로 결정할 수 있다. 천체가 각도 u로 보일 때, 초점면에서 높이 s의 상을 맺는다.

$$s = f \tan u \approx fu \tag{3.1}$$

여기서 u는 매우 작은 각도를 라디안의 단위로 나타낸 것이다. 예를 들어 초점거리가 343cm인 망원경의 경우 천체의 각도 $1'$은

$$\begin{aligned} s &= 343\text{cm} \times 1' \\ &= 343\text{cm} \times (1/60) \times (\pi/180) \\ &= 1\text{mm} \end{aligned}$$

에 해당한다.

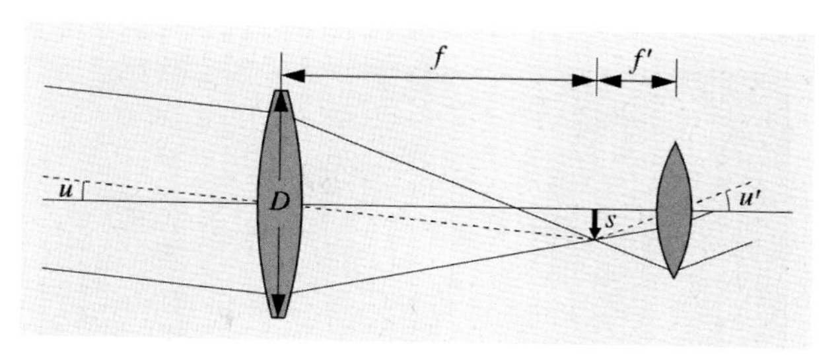

그림 3.6 굴절망원경의 척도와 배율. 천체는 u만큼 각도의 크기를 갖는다. 대물은 초점면에 천체의 상을 만든다. 접안렌즈를 통하여 상을 볼 때, 상은 각도 u'의 크기로 보인다.

배율(magnification) ω는(그림 3.6에서)

$$\omega = u'/u \approx f/f' \tag{3.2}$$

으로 나타낸다. 여기서 우리는 방정식 $s = fu$를 사용하였는데 f는 대물경 초점거리이고, f'은 접안경의 초점거리이다. 예를 들어 만약 $f = 100\text{cm}$인 망원경의 경우 $f' = 2\text{cm}$의 접안경을 사용하였다면 배율은 50에 해당한다. 단순히 접안경을 교환함으로써 배율을 변화시킬 수 있기 때문에, 배율이 망원경의 가장 중요한 특성은 아니다.

망원경의 구경에 따라 달라지는 더 중요한 특성은 **분해능**(resolving power)이다. 한 예로 분해능은 쌍성에서 2개의 분리된 별로 관측될 수 있는 별 사이의 최소 분리각을 결정해 준다. 분해능의 이론적인 한계는 빛의 회절(diffraction)에 의해서 정해진다. 망원경은 별의 상을 하나의 점으로 맺게 하지 않는다. 빛은 다른 모든 복사와 마찬가지로 '모서리 주위에서는 휘어지기' 때문에(그림 3.7) 오히려 망원경이 맺게 하는 상은 작은 원반의 형태를 나타낸다.

망원경의 이론적인 분해능은 레일리에 의해 소개된 식으로 자주 표현된다(글상자 3.1 참조).

$$\sin\theta \approx \theta = 1.22\,\lambda/D, \quad [\theta] = \text{rad} \tag{3.3}$$

실제적인 규칙으로서 두 천체 사이의 각 거리가

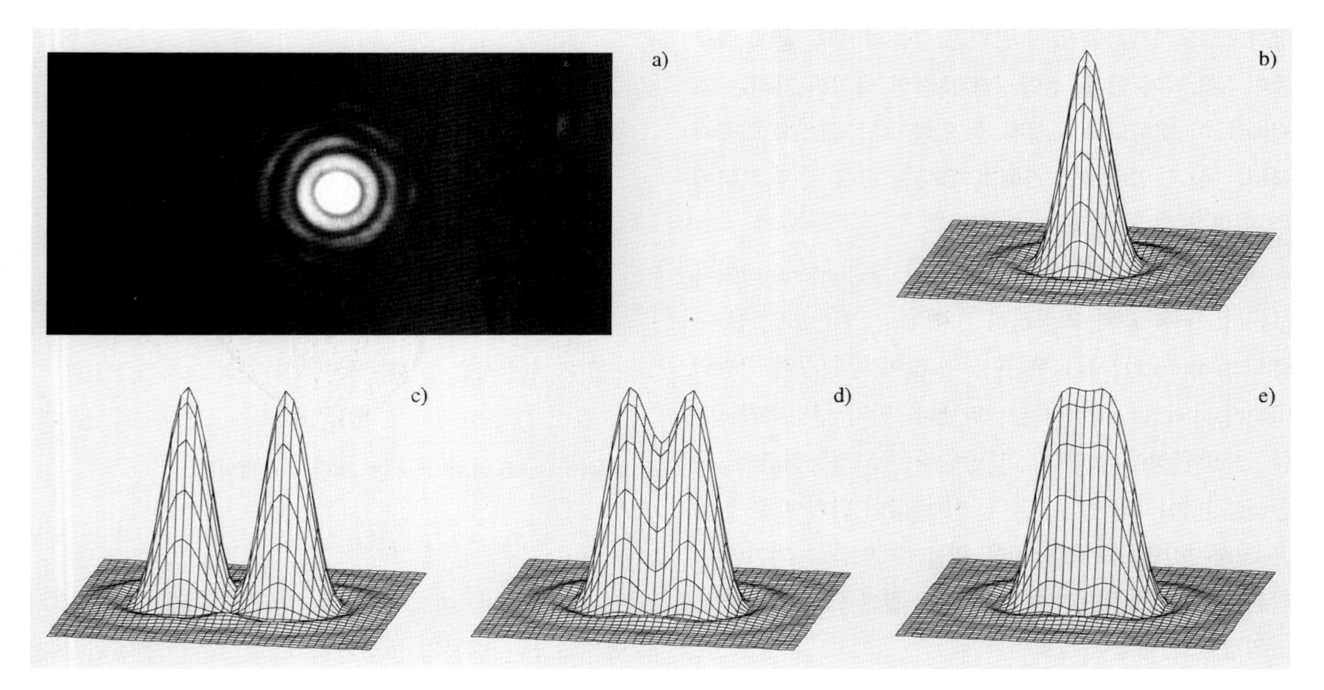

그림 3.7 회절과 분해능. (a) 단일 별의 상은 동심을 가지는 회절고리들로 이루어지며, (b) 3차원의 산봉우리로 나타낼 수 있다. (c) 넓게 분리된 쌍성은 쉽게 분해되지만, (d) 근접한 쌍성의 경우에는 여러 기준이 사용되는데, 레일리 한계는 $1.22\lambda/D$이다. (e) 실제 분해능은 도즈(William Dawes, 1799-1868) 한계와 비슷한 λ/D로 나타낼 수 있다. [사진 (a)의 출처 : Sky and Telescope]

$$\theta \gtrsim \lambda/D, \quad [\theta] = \mathrm{rad} \tag{3.4}$$

이면 2개의 천체가 분리되어 보인다고 말할 수 있다. 이 공식은 광학망원경은 물론 전파망원경에도 적용될 수 있다. 예를 들어 우리가 만약 노란색의 전형적인 파장($\lambda = 550\mathrm{nm}$)영역에서 관측한다면, 구경이 1m인 반사망원경의 분해능은 약 0.1″이다. 그러나 시상 때문에 상의 크기는 1초의 각지름으로 커진다. 따라서 이론적인 회절한계는 지구표면에서는 적용될 수 없다.

사진관측에서의 해상도는 사진건판의 특성 또는 CCD 카메라의 픽셀 크기에 의해 제한되며, 눈으로 보는 관측과 비교하여 분해능이 떨어진다. 사진감광 유제(乳劑)의 입자 크기는 약 0.01~0.03mm로서, 이는 상의 최소 크기가 된다. 초점거리가 1m일 경우, 1mm=206″의 각이 되므로 0.01mm는 약 2초의 각에 해당한다. 이는 육안 관측을 할 때 구경 7cm 망원경의 이론적인 분해능과 비슷한 값이다. CCD카메라의 픽셀 크기가 작아짐에 따라, 현재 분해능은 사진필름의 분해능과 비교하여 비슷하거나 더 뛰어나기도 하다.

실제로 육안관측의 분해능은 눈이 얼마나 상세히 볼 수 있느냐 하는 눈의 능력에 의해 결정된다. 밤의 시력(눈이 어둠에 완벽하게 적응되었을 때)으로 인간 눈의 분해능은 약 2′ 정도이다.

최대배율(maximum magnification) $\omega_{\max}$는 망원경을 이용한 관측에서 최대로 확대할 수 있는 배율을 말한다. 최대배율값은 육안의 분해능력($e \approx 2' = 5.8 \times 10^{-4}\,\mathrm{rad}$)에 대한 망원경의 분해능($\theta$)의 비로부터 얻을 수 있다. 즉

$$\omega_{\max} = e/\theta \approx eD/\lambda = \frac{5.8 \times 10^{-4} D}{5.5 \times 10^{-7}\mathrm{m}} \approx D/1\mathrm{mm} \tag{3.5}$$

가 된다. 예를 들어 대물의 크기가 100mm인 망원경의 경우 최대배율은 약 100에 해당한다. 이보다 큰 배율을 사용하면 천체는 더 크게 보이지만, 더 상세하게 분해되지는 않는다. 특히 작고 가격이 저렴한 아마추어 망원경은 큰 배율을 광고하기도 하지만 이것은 큰 의미가 없으며 오히려 관측을 어렵게 만든다. 그러나 숙련된 관측자들도 간혹 특별한 상황에서 큰 배율을 쓰기도 한다.

최소배율(minimum magnification) $\omega_{\min}$은 육안관측에서 유용하게 사용되는 가장 작은 배율이다. 이 값은 망원경의 **출사동**(出射瞳, exit pupil) L의 지름이 사람 눈의 동공과 같거나 작아야 하는 조건으로부터 얻어진다.

출사동은 접안렌즈의 후면에 만들어지는 대물렌즈의 상이다. 그림 3.8로부터

$$L = \frac{f'}{f} D = \frac{D}{\omega} \tag{3.6}$$

와 같이 출사동값을 얻게 된다. 따라서 $L \le d$인 조건은

$$\omega \ge D/d \tag{3.7}$$

을 의미한다. 밤에 사람의 동공 지름은 약 6mm이므로 100mm 구경의 망원경의 최소배율은 약 17이다.

굴절망원경. 간단한 대물렌즈만을 가졌던 초기의 굴절망원경을 이용한 관측은 **색수차**(色收差, chromatic aberration)의 장애를 겪었다. 유리가 빛을 굴절시키는 양은 색깔에 따라 다르므로 모든 색깔이 같은 초점에서 만나지 않고(그림 3.9), 파장이 길어짐에 따라 초점거리도 늘어난다. 이러한 광로차(光路差)를 없애기 위해서 18세기에 두 부분으로 이루어진 **색지움렌즈**(achromatic lenses)가 개발되었다. 단일렌즈를 사용할 때보다 색깔에 따라 초점거리가 달라지는 정도가 훨씬 작고, 특정 파장 λ_0에서 초점거리가 극한값(보통 최솟값)을 갖게 된다. 이 초점 부근에서 파장에 따른 초점거리의 변화량은 아주 작다(그림 3.10). 만약 망원경이 육안관측을 위한 것이

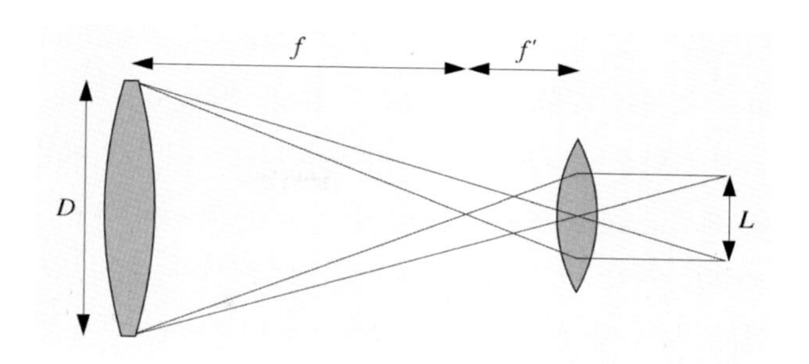

그림 3.8 출사동 L은 접안렌즈에 의해서 맺힌 대물렌즈의 상이다.

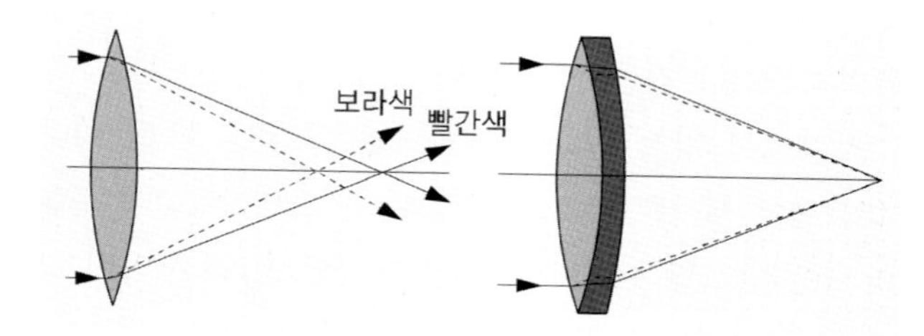

그림 3.9 색수차. 서로 다른 색깔의 빛은 서로 다른 초점으로 굴절된다(왼쪽 그림). 수차는 두 부분으로 이어진 색지움렌즈로 교정될 수 있다(오른쪽 그림).

라면, 눈에 가장 민감한 파장인 $\lambda_0 \approx 550$nm를 선택한다. 사진관측용 굴절망원경의 경우 사진건판이 보통 스

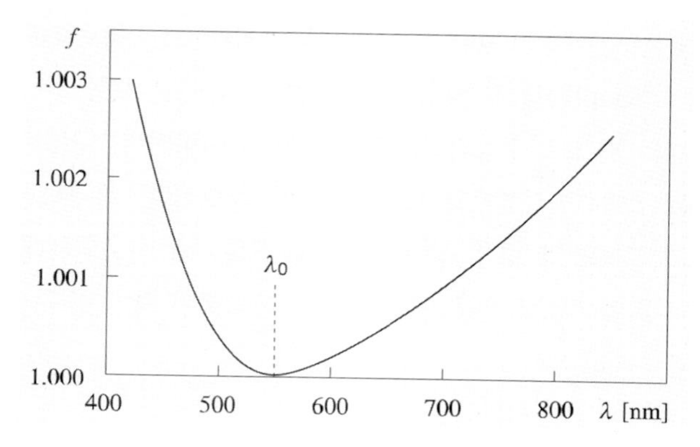

그림 3.10 육안관측에서 일반적인 색지움 대물렌즈의 초점거리가 파장에 따라 변하는 양상. 초점거리는 육안이 가장 민감한 파장 영역인 $\lambda = 550$nm 근처에서 최솟값을 나타낸다. 이보다 더 청색빛($\lambda = 450$nm) 또는 적색빛($\lambda = 800$nm)의 경우, 초점거리가 약 1.002배 증가한다.

펙트럼의 청색 부분에 가장 민감하므로 $\lambda_0 = 425\text{nm}$ 파장 영역의 대물렌즈가 되도록 통상 제작된다.

서로 다른 종류의 유리로 이루어진 3개 또는 그 이상의 렌즈를 결합하여 대물렌즈를 만들면 색수차를 더 잘 보정할 수 있다(고차 색지움 대물렌즈에서와 같이). 또한, 파장에 따라 달라지는 굴절률(refractive index)의 변화량을 잘 상쇄시켜 주는 특별한 유리가 개발되었는데, 이 유리로 만들어진 2개의 렌즈만으로도 색수차를 아주 잘 보정해 줄 수 있다. 그러나 이러한 유리는 아직 천문학에는 활용되지 못하고 있다.

세계에서 가장 큰 굴절망원경은 구경이 약 1m이다 [1897년에 제작된 102cm 구경의 여키스(Yerkes) 천문대의 망원경(그림 3.11)과 1888년 제작된 91cm 구경의 릭(Lick) 천문대의 망원경]. 구경비는 전형적으로 $f/10 \cdots f/20$이다.

굴절망원경은 시야가 좁고 불편할 정도로 긴 경통을 갖는 구조 때문에 활용도가 제한된다. 예를 들어 태양망원경과 별의 위치 측정에 사용되는 각종 자오(meridian)망원경에서 여전히 굴절망원경이 사용된다. 또한 쌍성의 안시관측에도 굴절망원경이 사용된다.

더 복잡한 렌즈시스템을 사용하면 시야를 더 넓힐 수 있는데, 이러한 종류의 망원경을 **천체사진의**(天體寫眞儀, astrographs)라 부른다. 천체사진의의 대물은 보통 3~5개의 렌즈로 구성되고, 구경은 60cm 이하이다. 구경비는 $f/5 \cdots f/7$이고 시야는 약 5° 정도이다. 천체사진의는 하늘의 넓은 영역의 사진을 찍는 데 사용되는데, 예를 들면 고유운동 연구와 별의 통계적인 밝기 연구에 활용된다.

반사망원경. 천체물리학 연구에 사용되는 가장 보편적인 망원경은 반사망원경 또는 반사경이다. 얇은 알루미늄층으로 피복된 거울을 이용하여 빛을 모은다. 거울의 형태는 일반적으로 포물면이다. 망원경의 주축에 평행으로 들어오는 모든 광선은 포물면 거울에 반사되어 동일한 초점에 모이게 된다. 초점에 형성된 상은 접안렌즈로 관측하거나 검출기에 기록된다. 반사망원경의 장점 중 하나는 색수차가 없다는 것인데, 이는 모든 파장의 빛이 같은 점으로 반사되기 때문이다.

매우 큰 망원경의 경우 주반사경에 들어오는 빛을 그리 많이 차단하지 않으면서 망원경의 **주초점**(primary focus)에 검출기를 설치할 수 있다(그림 3.12). 어떤 경우에는 관측자가 주초점에 위치한 관측실(cage)에 앉아서 관측할 수도 있다. 작은 망원경에서는 이러한 관측이 불가능하여 망원경 외부에서 관측해야 한다. 현대적인 망원경의 경우 망원경에 부착된 검출기를 원격으로 조정할 수 있으므로 관측자는 망원경으로부터 떨어져 있으면서 열적으로 발생하는 공기의 요동을 줄일 수 있다.

반사망원경에 대한 아이디어는 1663년 제임스 그레고리(James Gregory, 1638-1675)에 의해 제안되었다. 그러나 최초의 실용적인 반사망원경은 뉴턴에 의해 제작되었다. 그는 작은 평면거울을 이용하여 망원경의 수직 방향으로 빛을 끌어냈다. 따라서 이러한 종류의 망원경에서 형성되는 상의 초점을 **뉴턴초점**(Newton focus)이라 부른다. 뉴턴망원경의 전형적인 구경비는 $f/3 \cdots f/10$이다. 또 다른 형태는 주반사경 중심에 구멍을 뚫고 망원경의 전면에 작은 쌍곡면 2차 반사경으로 빛을 반사시켜 주반사경 중심의 구멍에 빛을 통과시키는 것이다. 이러한 방식에서 빛은 **카세그레인초점**(Cassegrain focus)에 모인다. 카세그레인 방식의 구경비는 $f/8 \cdots f/15$이다.

카세그레인망원경의 유효 초점거리(f_e)는 부반사경(secondary mirror)의 위치와 볼록한 정도에 따라서 결정된다. 그림 3.13의 기호를 사용하면 다음 관계를 얻는다.

$$f_e = \frac{b}{a} f_p \tag{3.8}$$

만약 $a \ll b$이면, $f_e \gg f_p$이다. 이러한 방법으로 긴 초

그림 3.11 세계에서 가장 큰 굴절 망원경은 시카고대학교 여키스 천문대에 있는 것이다. 이 망원경은 지름 102cm의 대물렌즈를 가지고 있다. (사진출처 : Yerkes Observatory)

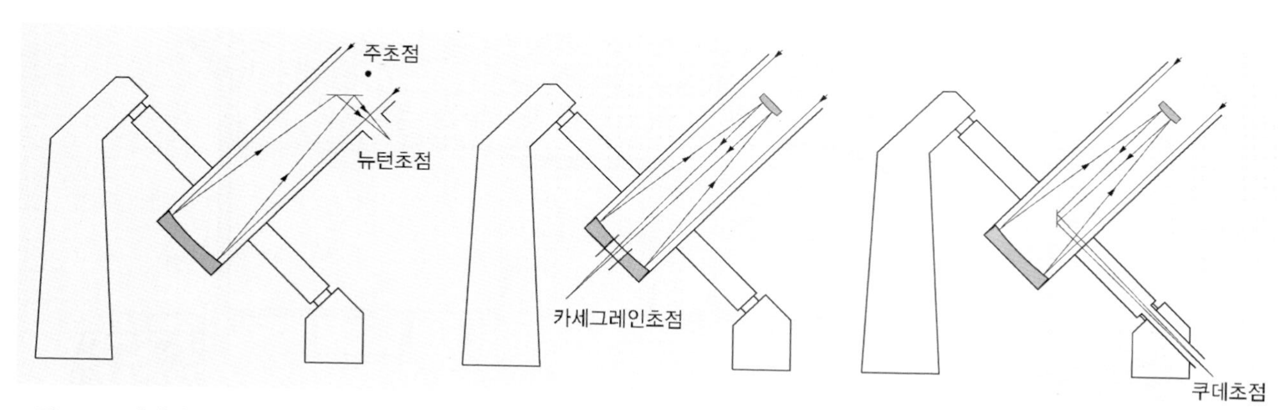

그림 3.12 반사망원경에서의 여러 가지 초점 위치 : 주초점, 뉴턴초점, 카세그레인초점, 쿠데초점. 이 그림에서 보이는 쿠데 시스템은 천구의 북극 근처 하늘에 대한 관측에 사용될 수 없다. 더 복잡한 쿠데 시스템에서는 일반적으로 주반사경과 부반사경 다음에 3개의 평면 반사경을 가지고 있다.

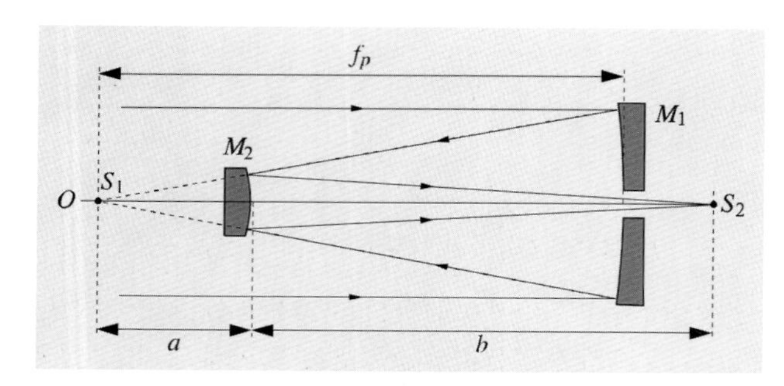

그림 3.13 카세그레인 반사망원경의 원리. 오목(포물면) 주반사경 M_1이 주축에 평행으로 광선을 반사하여 주초점 S_1에 빛을 모이게 한다. 볼록 부반사경 M_2(쌍곡면)는 빛을 주반사경 쪽으로 다시 반사시켜 주반사경 중심에 있는 작은 구멍을 통해서 망원경 바깥쪽에 있는 부초점 S_2로 빛이 모인다.

점거리를 가지면서도 경통의 길이가 짧은 망원경을 만들 수 있다. 카세그레인 방식의 경우 관측자가 쉽게 접근할 수 있는 2차 초점에 분광기, 측광기, 그리고 다른 기기를 설치할 수 있다.

더 복잡한 구조로서 여러 개의 거울을 사용하여 고정된 **쿠데초점**(coudé focus; 프랑스어의 couder에서 기원한 것으로 구부러짐을 뜻함)이 있는데, 망원경의 적위(赤緯)축을 따라 빛을 유도한다. 이 경우 망원경 부근에 있는 따로 떨어진 방에 쿠데초점을 만들 수도 있다(그림 3.14). 따라서 초점거리는 아주 길고 구경비는 $f/30 \cdots f/40$이다. 쿠데초점은 주로 정밀한 분광관측에 이용되는데, 이는 대형 분광기가 고정된 상태에서 작동될 수 있고, 분광기의 온도를 항상 정확하게 일정한 값으로 유지시킬 수 있기 때문이다. 최근에는 광섬유를 이용하는 방법도 가능하다. 그러나 쿠데 방식을 구성하는 여러 개의 반사경으로 빛을 반사시키는 과정에서 많은 빛이 손

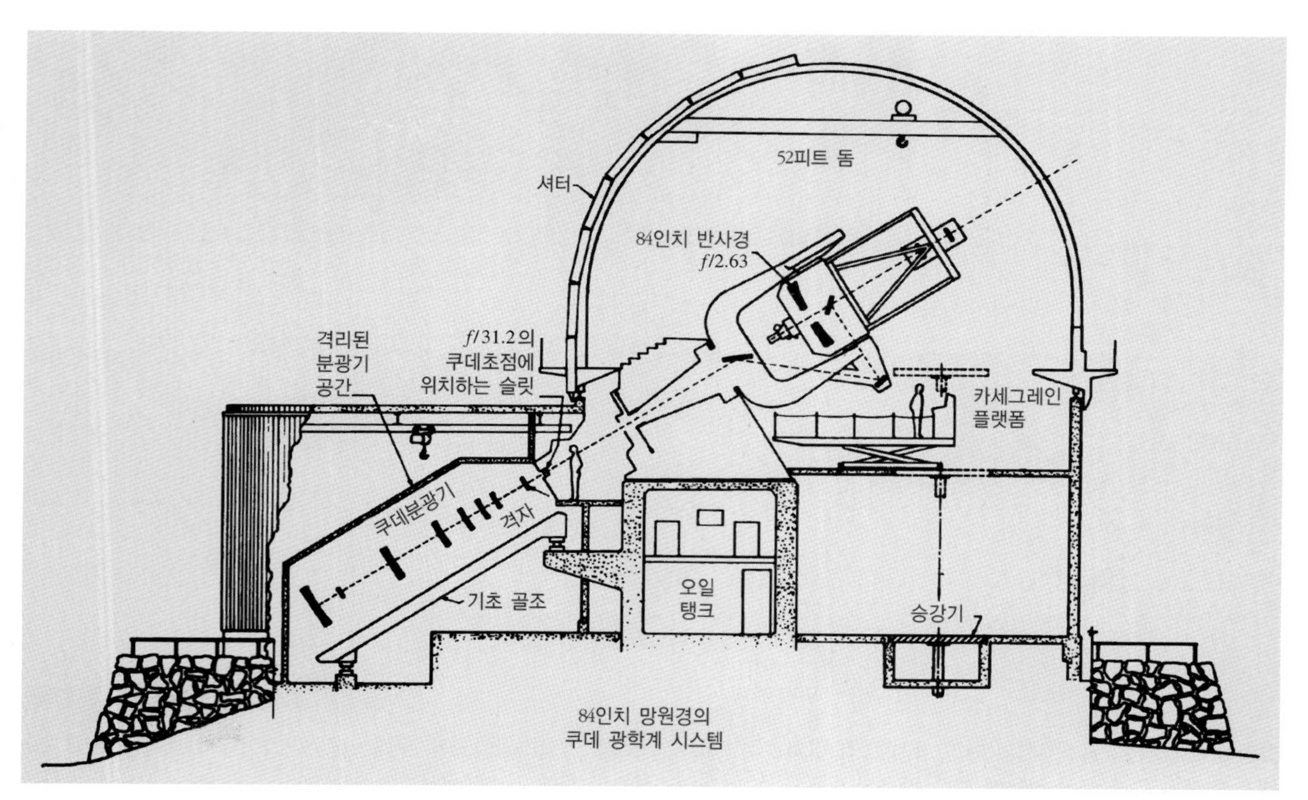

그림 3.14 키트피크(Kitt Peak) 2.1m 반사망원경의 쿠데 시스템. (그림출처 : Kitt Peak National Observatory)

실되는 것이 단점이다. 알루미늄을 입힌 반사경은 입사하는 빛의 약 80%를 반사시키므로, 만일 5개의 반사경(주반사경과 부반사경 포함)으로 이루어진 망원경이 있다면, 이 망원경은 $0.8^5 \approx 30\%$의 빛만을 검출기로 전달시킨다. 최신 대형 망원경의 경우 망원경 수평축 끝에 위치한 나스미스초점(Nasmyth focus)에 큰 기기들을 설치한다.

반사망원경은 광로차에 의한 **코마**(coma)를 가지고 있다. 코마는 광축으로부터 벗어난 상이한 점에 수렴하지 않아서 혜성과 같은 모습을 형성한 것이다. 코마로 인하여 포물면의 반사경을 가진 고전적인 반사망원경의 경우 정확한 상이 형성되는 시야는 매우 좁다. 코마로 인하여 유효한 시야가 제한되는데 그 값은 망원경의 구경비에 따라 각으로 2′ ~ 20′ 사이의 값을 갖는다. 예를 들어 5m 팔로마망원경은 달 각지름의 약 8분의 1에 해당하는 약 4′의 유효시야를 갖는다. 실제 관측에서는 여러 종류의 보정렌즈를 이용하여 이 작은 시야를 넓히게 된다.

주반사경이 구면인 경우 코마가 생기지 않는다. 그러나 이런 반사경은 **구면수차**(spherical aberration)라는 그 자체의 오차를 가지고 있다. 즉 구면수차는 반사경의 중심과 가장자리에서 들어오는 광선을 다른 점에 수렴시킨다. 구면수차를 없애기 위해서 에스토니아의 천문학자 **슈미트**(Bernhard Schmidt, 1879-1935)는 입사하는 빛의 통로에 놓는 얇은 보정렌즈를 개발하였다. 슈미트카메라(그림 3.15와 3.16)는 시야가 매우 넓고(약 7°) 무결점의 시야를 가지며, 보정렌즈는 매우 얇아서 투과한 빛을 매우 적게 흡수한다. 슈미트카메라로 촬영한 상은 매우 선명하다. 슈미트망원경에서 보정렌즈를 가진 조리개는 반사경의 곡률반지름(이 반지름은 초점거리의 2배와 같다)의 중심에 위치한다. 시야의 가장자리로부터 반사되는 모든 빛을 끌어 모으기 위해 반사경의 지름이 보정유리의 지름보다 더 커야 한다. 예를 들어 팔로마의 슈미트카메라는 122cm(보정렌즈)/183cm(반사경)의 구경과 300cm의 초점거리를 가지고 있다. 세계에서 가장 큰 슈미트망원경은 독일의 타우텐부르그(Tautenburg)에 있는 것으로, 이 망원경은 134cm(보정렌즈)/203cm(반사경)/400cm(초점거리)의 값을 갖고 있다.

슈미트망원경의 단점은 구면의 일부분과 같은 모습으로 초점면이 곡면을 이루고 있는 것이다. 슈미트망원경을 이용하여 사진관측을 할 때 사진건판은 구부러진 초점면에 따라서 휘어져야 한다. 시야의 곡률을 보정할 수 있는 다른 방법은 초점면 근처에 또 다른 보정렌즈를 하나 더 사용하는 것이다. 이 방법은 슈미트와 별개로 1930년대에 핀란드의 천문학자 이리오 바이살라(Yrjö Väisälä)가 개발한 것으로 종종 **슈미트-바이살라**(Schmidt-Väisälä telescope)**망원경**으로도 불린다. CCD 카메라의 칩이 보통 사진판보다 훨씬 작기 때문에 휘어진 초점면은 별 문제가 되지 않는다.

슈미트카메라는 천구상에서 천체의 분포도를 만드는데 매우 효율적인 것으로 밝혀졌다. 앞의 장에서 언급한 팔로마 성도(Paloma Sky Atlas)와 후속작업인 ESO/SRC

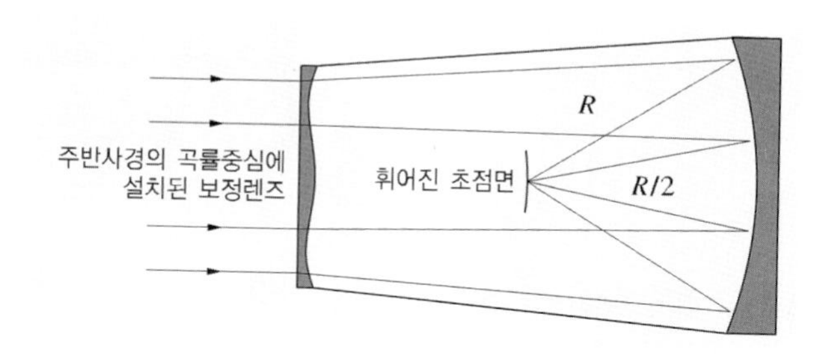

그림 3.15 슈미트카메라의 원리. 오목 구면거울의 곡률 중심에 보정유리를 놓아 평행광선을 빗나가게 하여 구면거울의 구면수차를 보정한다(그림에서 보정유리의 형태와 광선의 방향 변화는 과장해서 그려졌다). 보정유리가 곡률의 중심에 놓이므로, 상은 광선의 입사각과 실제로 무관하다. 따라서 코마수차 또는 비점수차(非點收差, astigmatism)가 없으며, 별의 상은 $R/2$ 거리에 있는 구면상의 점에 맺힌다. 여기서 R은 구면거울의 곡률반지름이다. 사진관측에서는 사진건판을 초점면의 형태에 맞게 구부려야 하거나, 보정렌즈를 사용하여 시야의 곡률을 보정해야 한다.

그림 3.16 유럽남반구천문대(ESO)에 있는 대형 슈미트망원경. 반사경의 지름은 1.62m이고 자유구경의 지름은 1m이다. (사진출처 : ESO)

남반구 성도(Southern Sky Atlas)의 사진을 찍는 데 슈미트카메라가 사용되어 왔다.

슈미트카메라는 렌즈와 반사경을 동시에 사용하는 반**사굴절망원경**(catadioptric telescope)의 한 예이다. 많은 아마추어 천문가들이 사용하는 **슈미트-카세그레인 망원경**은 슈미트카메라를 변형한 형태이다. 이 망원경의 부반사경은 보정렌즈의 중앙에 설치되어 있어서 주반사경의 중앙에 있는 구멍을 통과한 빛을 반사한다. 따라서 망원경 자체의 크기는 짧게 만들면서 유효 초점거리는 오히려 길게 만들 수 있다. 일반적으로 많이 쓰이는 또 다른 반사굴절망원경은 **막스토프**(Maksutov)망원경이다. 막스토프망원경의 주반사경과 보정렌즈의 표면은 중심이 같은 구의 형태를 갖고 있다.

고전적인 반사망원경에서 코마를 없애는 다른 방법은 더 복잡한 반사경 표면을 사용하는 것이다. **리치-크레티앙**(Ritchey-Chrétien) 광학계는 쌍곡면의 주반사경과 부반사경을 가지고 있어서 상당히 넓은 유효시야를 확보해 준다. 이 광학계는 여러 대형 망원경에 사용되고 있다.

망원경의 설치법. 망원경은 흔들림을 방지하고 관측하는 동안에는 매끄럽게 회전하기 위해서 안정되게 설치되어야 한다. 망원경의 설치법에는 **적도의**(equatorial) 방식과 **방위식**(azimuthal) 방식 등 두 가지 주요 방법이 있다(그림 3.17).

적도의 설치법에서는 한 축이 천구의 극(極)을 향한다. 이 축을 **극축**(polar axis) 또는 **시간축**(hour axis)이라 한다. 다른 축은 **적위축**(declination axis)으로서 이는 극축에 수직이다. 시간축은 지구 자전축에 평행하므로 망원경을 시간축 주위로 일정한 비율로 회전시켜서 하늘의 시회전(視回轉)을 상쇄시킬 수 있다.

적도의 설치법에서 적위축은 가장 큰 기술적인 문제에 해당한다. 망원경이 남쪽을 지향할 때 망원경의 무게로 인하여 적위축의 수직방향으로 힘이 작용하게 된다. 망원경이 서쪽방향으로 가면서 천체를 추적할 때, 베어링(bearing)은 적위축과 평행한 방향으로 증가되는 하중(荷重)을 견뎌야 한다.

방위식 설치법에서 한 축은 수직이고 다른 축은 수평이다. 이 설치법은 적도의 설치법에 비하여 건설이 쉽고 대형 망원경의 경우 더 안정된 방식이다. 하늘의 회전을 따라가기 위해 망원경은 속도를 변화시키면서 2개의 축 주위를 돌아야 한다. 시야 방향도 회전하므로 이 망원경으로 사진을 찍을 때는 이러한 회전이 상쇄되어야 한다.

만약 천체가 천정 근처에 있다면 천체의 방위각은 매우 빠른 시간 안에 180°로 변하게 된다. 따라서 천정 근처에는 방위식 망원경이 관측할 수 없는 영역이 존재하게 된다.

컴퓨터가 발달하여 방위식 설치법의 복잡한 구동이 가능하기 전까지 세계의 가장 큰 망원경들은 적도의 방식으로 설치되었다. 최근에 건설되는 대부분의 대형 망

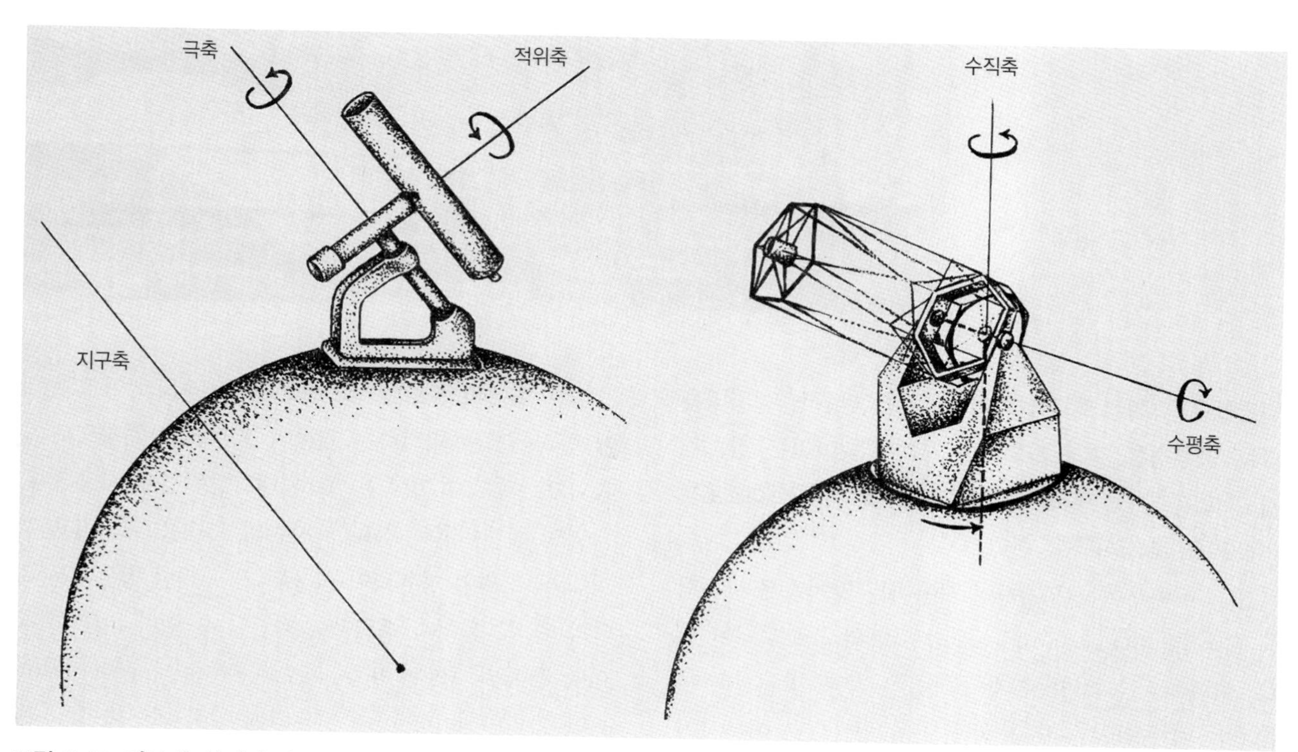

그림 3.17 적도의 설치법(왼쪽 그림)과 방위식 설치법(오른쪽 그림)

그림 3.18 1947~2000년 동안 건설된 세계 최대의 망원경들. (a) 미국 캘리포니아 팔로마산에 있는 5.1m 헤일(Hale) 망원경은 거의 30년 동안 세계 최대의 망원경이었다. (b) 남부 소련의 코카서스에 위치하고 있는 BTA(Big Azimuthal Telescope) 망원경. 이 망원경의 반사경 지름은 6m이다. 1975년 말에 작동을 시작하였다. (c) 1992년 건설된 하와이 마우나케아 정상에 있는 윌리엄 켁(William M. Keck) 망원경. 육각형으로 된 36개 조각 거울로 구성된 10m 반사경을 갖고 있다. (사진출처 : Palomar Observatory, Spetsialnaya Astrofizitsheskaya Observatorya, Roger Ressmeyer-Starlight for the California Association for Research in Astronomy)

원경들은 방위식으로 설치되고 있다. 방위식 설치법을 갖는 망원경은 추가로 2개의 초점이 맺어지는 장소를 갖고 있는데, 수평축의 양 끝에 있으며 **나스미스초점**(Nasmyth foci)이라고 한다.

많은 아마추어 천문가들이 사용하는 망원경에 사용되는 **돕슨설치법**(Dobson mounting)도 방위식으로 되어 있다. 일반적으로 뉴턴망원경의 배율은 작고, 망원경은 여러 조각의 테플론(teflon) 위에 얹혀 있으므로 이동시키기가 쉽다. 따라서 수동으로 천체를 쉽게 추적할 수 있다.

다른 형태의 설치법으로 **실로스탯**(coelostat)이 있는데, 이 방식에서는 회전하는 거울이 고정된 망원경으로 빛을 유도한다. 이 방식은 특히 태양망원경에 사용된다.

별의 절대위치와 정확한 시간의 측정을 위하여 남북의 축에 정렬된 망원경이 사용된다. 이러한 망원경은 하나의 축, 즉 동서축 주위만을 회전할 수 있다. 이러한 식으로 설치된 **자오환** 또는 **자오의**(子午儀, transit instruments)가 19세기에 여러 천문대에 많이 건설되었다. 몇몇 망원경이 현재까지 천체측정학(astrometry)에 사용되

그림 3.18 (계속)

고 있는데, 현재는 자동화로 작동되고 있다. 현재까지 구동 중인 가장 중요한 자오의 기기들은 미국 플래그스태프에 위치한 미국 해군 천문대에 있다. 칼스버그재단에 의해 재정적 지원을 받았던 라팔마 천문대의 자오선 망원경은 2013년에 문을 닫았다.

새로운 기술. 검출기들은 입사한 광자들을 전부 기록할 수 있는 이론적인 효율의 한계에 다가서고 있다. 궁극적으로 희미한 천체를 검출하기 위한 유일한 방법은 망원경의 집광 면적을 증가시키는 것이지만(그림 3.18), 반사경의 크기는 실질적인 최대 크기에 이르고 있다. 따라서 이러한 목적을 달성하기 위하여 새로운 기술적인 해결점이 요구되고 있다.

최신 대형 망원경들에 사용되는 새로운 기술 중 하나는 능동광학(active optics)이다. 이 방식에서 반사경은 매우 얇지만, 컴퓨터에 의해 조절되는 지지 시스템에 의해 반사경의 모양이 항상 정확하게 유지된다. 이러한 반사경은 기존의 두꺼운 반사경과 비하여 훨씬 가볍고 제작

그림 3.18 (계속)

비용도 덜 든다. 반사경의 중량이 작기 때문에 반사경을 지지하는 구조물도 더 가볍게 만들 수 있다.

반사경 지지 시스템의 개발은 **적응광학**(adaptive optics)까지 선도하게 되었다. 시상원반의 모양을 얻기 위하여 기준이 되는 별(또는 인공 광선)을 끊임없이 감시하며 관측한다. 작은 보조 반사경의 모양을 1초에 수백 번까지 조정함으로써 천체의 상을 최대한 선명하게 만든다. 2000년 이후에 적응광학은 세계 최대 망원경들에 채택되어 사용되고 있다.

대형 망원경의 반사경이 하나의 거울로 만들어질 필요는 없고 대신 육각형과 같은 작은 조각의 반사경들로 만들어질 수 있다. 이와 같은 **모자이크반사경**(mosaic mirrors)들은 매우 가볍고 지름이 수십 미터인 반사경을 만드는 데 사용될 수 있다(그림 3.20). 능동광학을 사용하면 육각형 반사경들이 정확하게 초점을 맞출 수 있다. 천문학 연구를 위한 캘리포니아 연합기구(The California Association for Research in Astronomy)는 모자이크 반사경으로 이루어진 10m 윌리엄 켁(William M. Keck) 망

그림 3.19 최신 대형 망원경들. (a) 유럽남반구천문대는 벨기에, 프랑스, 네덜란드, 스웨덴, 서독에 의해 1962년에 창설되었다. 이후 다른 유럽 국가들이 추가로 참여하였다. 북부 칠레의 세로 파라날(Cerro Paranal)에 있는 VLT(Very Large Telescope)는 1998~2000년 기간 동안 완공되었다. (b) 라 팔마(La Palma)에 있는 GTC(Gran Telescopio Canarias or GranTeCan)는 2009년 10.4m 주경을 갖추게 되었다. (c) 2008년 완공된 애리조나 그레이엄(Graham)산에 위치해 있는 가장 큰 쌍안망원경 LBT(Large Binocular Telecope). LBT는 8.4m급 반사경을 2개 가지고 있다. (사진출처 : ESO, IAC, Max Planck Institute)

그림 3.19 (계속)

원경을 건설하였다. 이 망원경은 하와이의 마우나케아에 위치해 있고, 1992년에 완공되었다. 또한, ESO에서 계획 중인 E-ELT 망원경(그림 3.21)도 모자이크 반사경으로 만들어질 것이다.

반사경 표면은 연속적일 필요가 없으며, 여러 개의 따로 떨어져 있는 망원경으로 구성될 수도 있다. 켁 망원경 옆에 비슷한 성능의 켁 망원경II(Keck II telescope)가 1996년에 완성되었다. 이 두 망원경은 75m 단일 망원경과 맞먹는 분해능을 갖는 간섭계 망원경으로 사용될 수 있다.

그림 3.20 더 쉽게 제작할 수 있는 작은 조각의 거울을 몇 개 조합해 큰 망원경의 반사경을 만들 수 있는데, 텍사스 파울케스(Fowlkes) 산에 있는 하비-에벌리(Hobby-Eberle) 망원경이 그 예이다. 반사경의 유효구경은 9.1m이다. 이와 비슷한 망원경이 남아프리카에 건설 중에 있다. (사진출처 : MacDonald Observatory)

그림 3.21 현재 관측 가능한 것보다 더 어두운 천체를 관측하기 위해서는 현저히 큰 구경을 갖는 망원경이 필요하다. 유럽남반구천문대는 100m 구경을 가지는 OWL(Overwhelmingly Large Telescope) 망원경을 계획하였으나, 그 건설비용이 '천문학적'이라고 추정되자 크기를 여러 차례 줄여야 했다. E-ELT(European Extremely Large Telescope)가 완성되면, 주반사경은 지름 39m를 갖게 된다. 주반사경은 1.45m 지름을 가지는 798개의 육각형 거울들로 이루어질 것이다. (사진출처 : ESO)

유럽남반구천문대는 자체적으로 다중반사경망원경을 건설하였다. 유럽남반구천문대의 Very Large Telescope (VLT)는 서로 가깝게 위치하는 4개의 반사망원경을 갖고 있다(그림 3.19). 각 반사망원경의 지름은 8m이며, 이것이 합쳐지면 지름이 16m인 반사망원경 하나에 해당한다. 합쳐진 구경은 반사망원경 간의 최대 거리에 해당하는 수십 미터이므로 유효분해능이 더욱 향상되었다.

20세기에 중요한 천문기기는 1990년에 발사되어 궤도에 올려진 **허블우주망원경**(Hubble Space Telescope)이다 (그림 3.22). 이 망원경은 지름 2.4m의 반사경을 가지고 있다. 교란시키는 대기가 없으므로 이 망원경의 분해능(불완전한 광학계를 보정한 후에)은 이론적인 회절한계에 가깝다. **제임스웹우주망원경**(James Webb Space Telescope)이라고 명명된 2세대의 우주망원경은 약 6.5m의 모자이크 반사경을 가진다. 망원경의 발사는 재정적 문제로 미루어져 왔으며, 현재 2021년 발사 예정이다.

우주망원경들은 대기의 교란을 피할 수 있다. 하지만 최근에는 적응광학계를 사용하여 비슷한 결과를 얻을 수 있다. 예산상의 이유로 인해 대부분의 천문관측은 지상에서 수행되고 있으며, 지상 천문대와 천문기기를 향상시키기 위한 대처 방안이 강구될 것이다.

미래에는 위성망원경들은 주로 대기에 의하여 흡수되는 복사의 파장대를 관측하기 위하여 계속 사용될 것이다.

3.3 검출기와 천문기기

망원경을 이용한 육안관측으로는 단지 제한된 정보만을 얻을 수 있다. 19세기 말까지 이러한 육안관측이 유일한 관측방법이었다. 19세기 중반 사진술의 발명은 천문학에 혁명을 일으켰다. 사진술 다음으로 광학천문학에 있

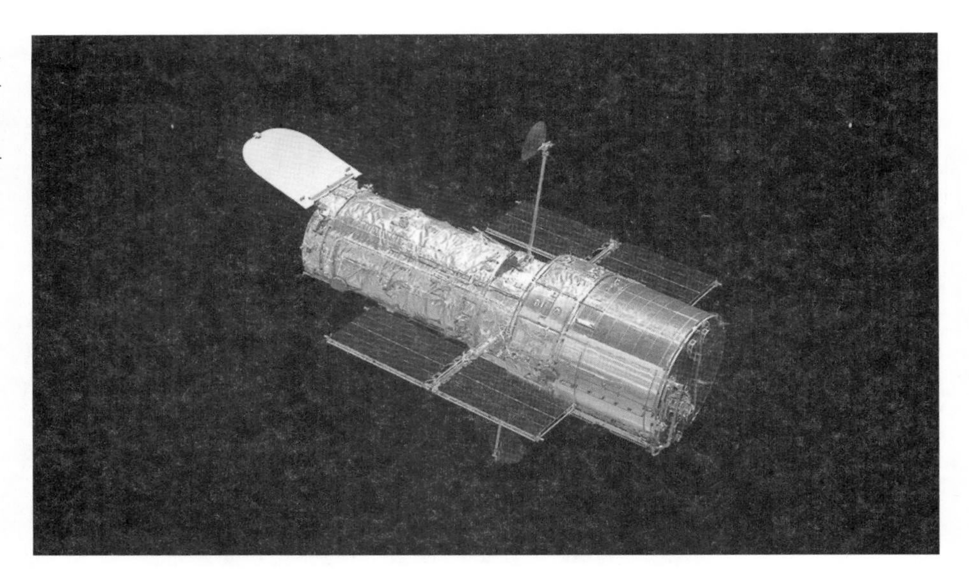

그림 3.22 2009년도 우주왕복선을 통해 점검 수리를 받은 허블우주망원경. 망원경의 태양전지판이 새 것으로 교체되었고, 몇몇 다른 부분들도 개량되었다.
(사진출처 : NASA)

어 중요한 진보는 1940년대와 1950년대에 이루어진 광전측광학의 개발이었다. 사진술의 발명에 의한 혁명과 비견되는 새로운 혁명이 1970년대 중반 여러 가지 반도체 검출기의 등장으로 일어났다. 검출기의 감도는 오늘날 상당히 높아져서 60cm 망원경이 1940년대 팔로마 5m 망원경이 할 수 있었던 것과 거의 같은 관측을 할 수 있게 되었다.

사진건판. 사진술(photography)은 아직도 천문학에서 가장 일반적인 천문관측 방법 중 하나이다. 천문 사진술에서 유리건판이 형태를 더 잘 유지하기 때문에 필름보다는 유리건판이 사용되지만, 요즘에는 사진건판이 더 이상 제작되지 않고 있으며 대부분 CCD(Charge Coupled Device)카메라가 사진술을 대체하고 있다. 필름 또는 건판표면에 입히는 감지층은 은할로겐 화합물(silver halide)로서 보통은 은브롬화물인 AgBr로 되어 있다. 할로겐 화합물에 흡수된 광자는 전자를 여기(勵起)시켜서 전자가 원자에서 다른 원자 사이를 움직여 다닐 수 있게 한다. 은(銀)이온 Ag^+가 전자를 잡게 되면 중성 원자가 될 수 있다. 한 장소에 은의 원자가 필요한 양만큼 쌓이게 되면, 그들은 숨은 영상, 즉 잠상을 형성한다. 건판을 여러 화학물질에 노출시킨 후 처리하면 이 숨은 영상은 영구적인 음화(陰畵, negative)로 만들어질 수 있다. 여기서 사용되는 화학물질에는 숨은 영상을 감싸고 있는 은브롬화 결정을 은으로 변하게 하는 것(현상)과 노출되지 않은 결정을 제거하는 것(정착) 등이 있다.

사진건판은 인간의 눈에 비해 많은 장점을 가지고 있다. 건판은 동시에 수백만 개의 별[화소(畵素, picture elements)]까지 기록할 수 있는 반면 눈은 한 번에 하나 또는 2개의 천체만을 관측할 수 있다. 건판에 기록된 영상은 실제적으로 영구적이기 때문에 관측한 사진은 언제라도 검토할 수 있다. 또한 사진건판은 여러 다른 검출기에 비하여 값도 싸고 이용하기가 쉽다. 건판의 가장 중요한 특징은 오랜 시간 빛을 모을 수 있는 능력이다. 노출을 길게 하면 할수록 더 많은 은 원자가 건판에 형성된다(건판이 어두워짐). 노출시간을 증가시키면 더 어두운 천체의 사진도 찍을 수 있다. 인간의 눈은 이와 같은 능력이 없다. 어두운 천체가 망원경을 통하여 보이지 않으면, 눈으로 아무리 오랫동안 응시하여도 그 천체를 볼 수가 없다.

사진건판의 한 가지 단점은 감도가 낮다는 것이다.

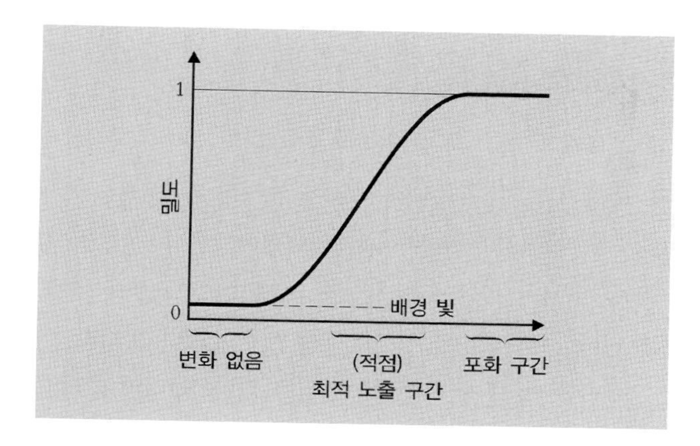

그림 3.23 사진감광 유제의 밀도는 입사광의 세기에 따라 달라진다. 빛의 세기가 매우 약하면 아무런 효과가 없지만, 배경 빛 때문에 필름은 완전히 투명해질 수 없다. 빛의 세기가 증가하면 유제의 밀도가 처음에는 비선형적으로 증가하다가, 적정한 수준에 도달하면 거의 선형적으로 증가한다. 빛의 세기가 너무 강해지면 모든 유제 입자가 암화되고 상은 포화 상태에 이른다.

1,000개의 광자 중에서 하나만이 은 입자를 형성시키는 반응을 일으킨다. 따라서 사진건판의 **양자효율**(quantum efficiency)은 고작 0.1%이다. 건판이 노출되기 전에 감도를 높이기 위해 몇 가지 화학처리를 할 수 있다. 이 방법으로 양자효율을 수 퍼센트까지 올릴 수 있다. 또 다른 단점은 한 번 노출된 은브롬화 결정은 더 이상의 정보를 기록하지 못한다는 것이다. 다시 말해 포화점에 이르게 된다. 한편, 영상을 만들기 위하여 일정한 수의 광자가 필요하다. 광자의 수가 2배로 증가하여도 밀도(영상의 검은 정도)는 반드시 2배가 되지 않게 된다. 즉 건판의 밀도는 입사광량에 선형적으로 비례하지 않는다(그림 3.23). 또한 건판의 감도는 빛의 파장에 매우 민감하다. 이와 같은 이유 때문에 사진건판으로 측정할 수 있는 밝기의 정확도는 일반적으로 5% 이하이다. 그러므로 사진건판은 그다지 좋지 않은 측광기다. 그러나 별의 위치측정(위치천문학)과 하늘의 별 분포도를 만드는 데 매우 유용하게 쓸 수 있다. 오래된 사진건판 자료들은

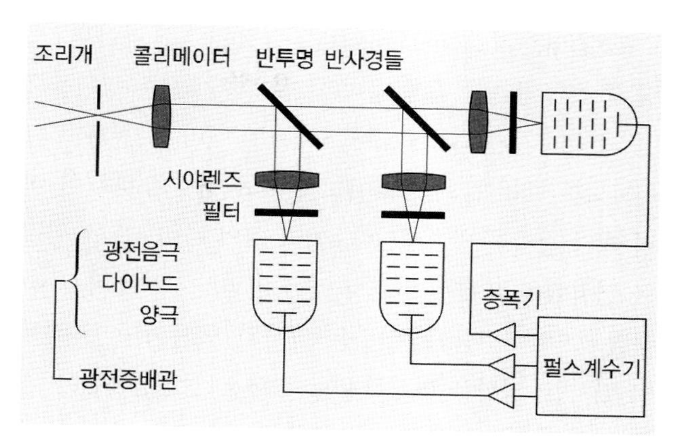

그림 3.24 다색(multicolour) 광전측광기의 원리. 망원경이 수집한 빛이 왼쪽에서 도착한다. 빛은 초점면에 있는 작은 구멍인 조리개를 통하여 빛이 측광기로 들어간다. 콜리메이터(collimator)라고 부르는 렌즈가 빛을 평행 광선으로 만들어준다. 반투명의 반사경들이 빛을 나누어 몇 개의 광전증배관으로 보낸다. 시야렌즈가 빛을 필터로 통과시킨 후 광전증배관의 광전음극으로 유도한다. 광양자 또는 광자는 음극에서 전자들을 방출한다. 전자들은 약 1,500V의 전압을 가진 다이노드를 향하여 가속된다. 다이노드를 때린 전자는 더 많은 전자를 방출시키고, 전류는 대폭 증폭된다. 음극에서 방출된 전자 하나가 양극에서는 약 10^8개의 전자 펄스로 증가된다. 이 펄스는 증폭되고 펄스계수기에 기록된다. 이러한 방법으로 별에서 오는 광자 수를 센다.

별들의 고유운동과 밝기 변화를 연구하는 데 여전히 유용하다.

광전음극, 광전증배관. 광전음극(photocathode)은 사진건판보다 더 효율적인 검출기이다. 광전음극의 원리는 광전효과에 기반을 두고 있다. 광양자 또는 광자가 광전음극을 때리면 전자가 튀어나온다. 이 전자가 양전극 또는 양극(anode)으로 이동하게 되면 측정 가능한 전류를 만들게 된다. 광전음극의 양자효율은 사진건판의 양자효율보다 약 10~20배 더 좋다. 최적의 조건에서 이 효율을 30%까지 높일 수 있다. 또한 광전음극은 선형 검출기이다. 즉 전자의 수가 2배가 되면 방출되는 전류도 2배가 된다.

광전증배관(photomultiplier)은 광전음극을 응용한 가장 중요한 검출기 중 하나이다. 이 장치에서는 광전음극을 떠난 전자가 다이노드(dynode)를 때린다. 전자가 다이노드를 때리게 되면 다이노드는 각 전자에 대하여 여러 개의 전자를 방출시킨다. 여러 개의 다이노드를 횡렬로 연결했을 때에는 원래의 약한 전류가 100만 배로 증폭될 수 있다. 광전증배관은 입사된 모든 빛을 측정할 수 있지만, 영상을 형성하지는 못한다. 광전증배관은 주로 측광에 사용되는데, 측광정밀도를 0.1~1%로 높일 수 있다.

측광기, 편광기. 밝기를 측정하는 검출기인 측광기(photometer)는 보통 망원경의 뒤쪽에 있는 카세그레인 초점에 놓인다. 초점면에는 관측하는 천체의 빛을 통과시키는 작은 구멍인 조리개(diaphragm)가 있다. 조리개를 둠으로써 시야에 들어오는 다른 별의 빛이 측광기로 들어오는 것을 막을 수 있다. 조리개 뒤에 놓인 시야렌즈(field lens)는 광선을 광전음극으로 굴절시켜 준다. 방출되는 전류는 전치증폭기(前置增幅器, preamplifier)에서 더 증폭된다. 광전증배관은 1,000~1,500볼트의 전압을 필요로 한다.

관측은 보통 검출기에 들어오는 모든 복사를 측정하는 대신 특정 파장의 영역에서만 이루어진다. 이 경우 광전증배관에 다른 파장의 광자가 들어오는 것을 막기 위하여 필터(filter)가 사용된다. 또한 측광기는 몇 개의 광전증배관으로 구성될 수 있는데(그림 3.23), 서로 다른 파장 영역을 동시에 측정할 수 있다. 이러한 검출기의 경우, 광선분배기(splitter) 또는 반투명 반사경이 광선을 분리하여 고정된 필터로 투과시킨 후 광전증배관으로 보내준다.

광전편광기(photopolarimeter)라는 장치에서는 편광필터(polarizing filter)가 단독으로 또는 다른 필터와 함께 사용된다. 편광의 정도와 방향은 편광자(polarizer)의 회전에 따른 복사의 강도를 측정하여 알아낼 수 있다.

실제 관측에서는 측광기의 조리개를 통하여 관측하는 천체 주위에 있는 배경하늘 부분의 빛도 들어온다. 실제로 측정된 밝기는 천체와 하늘이 합쳐진 밝기이다. 천체만의 밝기를 알기 위해서 따로 배경하늘의 밝기를 측정한 후 천체와 하늘이 합쳐진 밝기에서 빼 주어야 한다. 장시간의 관측이 이루어질 때와 배경하늘의 밝기가 빠르게 변할 때 측정의 정밀도는 떨어진다. 이러한 문제점은 배경하늘과 천체의 밝기를 동시에 관측하여 해결할 수 있다.

측광관측은 종종 상대적인 방법으로 이루어진다. 예를 들어 변광성과 같은 별을 관측할 때, 실제 변광성과 가까운 기준별(reference star)을 주기적으로 함께 관측한다. 이와 같은 기준별을 관측함으로써 천천히 변하는 지구대기소광(extinction)의 모형을 유도할 수 있고(제4장 참조), 이로부터 대기소광 효과를 제거할 수 있다. 매우 정밀하게 밝기가 알려진 표준성(standard star)들을 관측함으로써 검출기의 밝기를 영점조정할 수 있다.

영상강화. 1960년대 이후 광전음극을 활용하는 여러 종류의 영상강화기(image intensifier)가 사용되고 있다. 영상강화기의 경우, 광전음극에서 전자의 출발점에 관한 정보가 간직되고 강화된 영상이 형광 스크린에 형성된다. 그리고 영상은 CCD카메라 등으로 기록될 수 있다. 영상강화기의 장점 중 하나는 비교적 짧은 노출만으로도 어두운 천체의 영상을 얻을 수 있고, 보통의 검출기가 감지할 수 없는 파장에서도 관측이 가능하다는 것이다.

널리 사용되는 또 다른 형태의 검출기는 비디콘카메라(Vidicon camera)를 활용하는 것이다. 광전음극에서 방출된 전자들은 수 킬로볼트의 전압으로 가속되어 전극을 때리게 되고 전하분포의 형태로 영상을 형성한다. 노출 후에는 전자 선속(beam)으로 전극의 표면에 대해 행을 따라 주사(走査, scanning)함으로써 전극의 여러 다른 점에서 발생된 전하가 읽힌다. 이것이 동영상(video) 신호를 만들고, 이 신호가 TV관(tube)에서 눈으로 보이는 영상으로 전환될 수 있다. 또한, 정보는 디지털 형태로 저장될 수 있다. 가장 발전된 시스템에서는 영상강화기의 형광 스크린에 단일 전자에 의해서 일어나는 섬동(scintillation)이 기록되고 컴퓨터의 기억장치에 저장된다. 영상의 각 점마다 정보기억의 위치가 있는데, 이를 화소 또는 픽셀(pixel)이라고 부른다.

1970년대 중반 이후, 반도체 기술을 이용한 검출기의 사용이 늘어나기 시작하였다. 반도체 검출기를 이용함으로써 약 70~80%의 양자효율을 얻을 수 있다. 따라서 감도가 훨씬 더 개선될 여지는 없게 되었다. 이 새로운 검출기를 이용한 관측에 적절한 파장 영역은 사진건판의 경우보다 훨씬 더 넓다. 검출기는 또한 선형적으로 감응한다. 즉 광자의 수가 2배가 되면, 신호 또한 2배가 된다. 컴퓨터는 디지털 형태로 얻어지는 결과 자료의 수집, 저장 및 분석 작업에 사용된다.

CCD카메라. 가장 중요한 새 검출기 가운데 하나는 CCD카메라이다. 이 검출기는 빛에 민감한 실리콘 다이오드(silicon diode)로 만들어진 표면으로 구성되어 있으며, 영상 화소 또는 픽셀이 배열된 직사각형 형태를 갖는다. 가장 큰 CCD카메라는 4096×4096화소를 갖고 있지만, 대부분의 카메라는 이보다 더 작은 화소를 갖고 있다. 최근에는 일반 디지털카메라에도 CCD가 널리 이용된다.

광자가 검출기의 표면을 때리게 되면 전자들이 튀어나오게 되고 이 전자들은 화소에 갇혀 있게 된다. 노출이 끝나게 되면, 전위(potential) 차이를 변화시켜 줌으로써 검출기의 행(row)을 따라 화소에 쌓인 전하를 판독 기억장치(readout buffer)로 전달해 준다. 기억장치에서 각 화소에 있는 전하들은 아날로그/디지털변환기(analog/digital converter)로 전달되는데, 이로부터 변환된 디지털값이 컴퓨터에 전송된다. 이와 같이 영상을 읽게 되면 검출기는 정보가 없는 깨끗한 상태가 된다(그림 3.24). 만약에 관측 노출시간이 매우 짧다면, 읽기시간(readout time)이 관측시간의 대부분을 차지하게 된다.

CCD카메라는 거의 선형적인 검출기이다. 생성된 전하의 양은 입사한 광자의 양과 전적으로 비례한다. 자료의 영점조정도 사진건판의 경우보다 훨씬 더 쉽다(그림 3.25).

양자효율(즉 입사한 광자당 생성된 전자의 수)이 매우 높기 때문에, CCD카메라는 사진건판보다 빛에 더 민감하다. 대략 600~800nm 정도의 붉은 파장 영역에서 빛에 대한 감도가 최고로 높고, 이 파장 영역에서 80~90% 이상의 양자효율을 갖는다.

CCD카메라가 반응하는 파장은 적외선 영역까지 이른다. 약 500nm 이하의 파장에서는 실리콘이 빛을 매우 급격히 흡수하므로 자외선 파장의 빛에 대한 감도가 떨어지게 된다. 이러한 문제를 해결하기 위해 두 가지 방법이 쓰인다. 첫 번째 방법은 검출기 표면에 피복제(coating)를 바르는 것으로, 피복제가 자외선 광자를 흡수하게 되면 장파장의 빛을 방출하게 된다. 다른 방법은 검출기 조각을 거꾸로 뒤집고 매우 얇게 만들어서 흡수를 줄이는 것이다.

빛이 없고 완전히 컴컴한 곳에 CCD카메라가 있더라도 카메라의 열잡음(thermal noise)에 의하여 암전류(dark current)가 발생하게 된다. 이러한 잡음을 줄이기 위하여 카메라를 냉각시켜야 한다. 일반적으로 액체질소를 이용하여 천문관측용 CCD카메라를 냉각시키며, 이로부터 대부분의 암전류가 효과적으로 제거된다. 그러나 카메라를 냉각시키면 카메라의 감도도 함께 감소한다. 따라서 너무 차갑게 카메라를 냉각시키는 것은 좋지 않다. 일관된 자료를 얻기 위하여 카메라의 온도를 항상 일정하게 유지시켜 주어야 한다. 아마추어 천문가

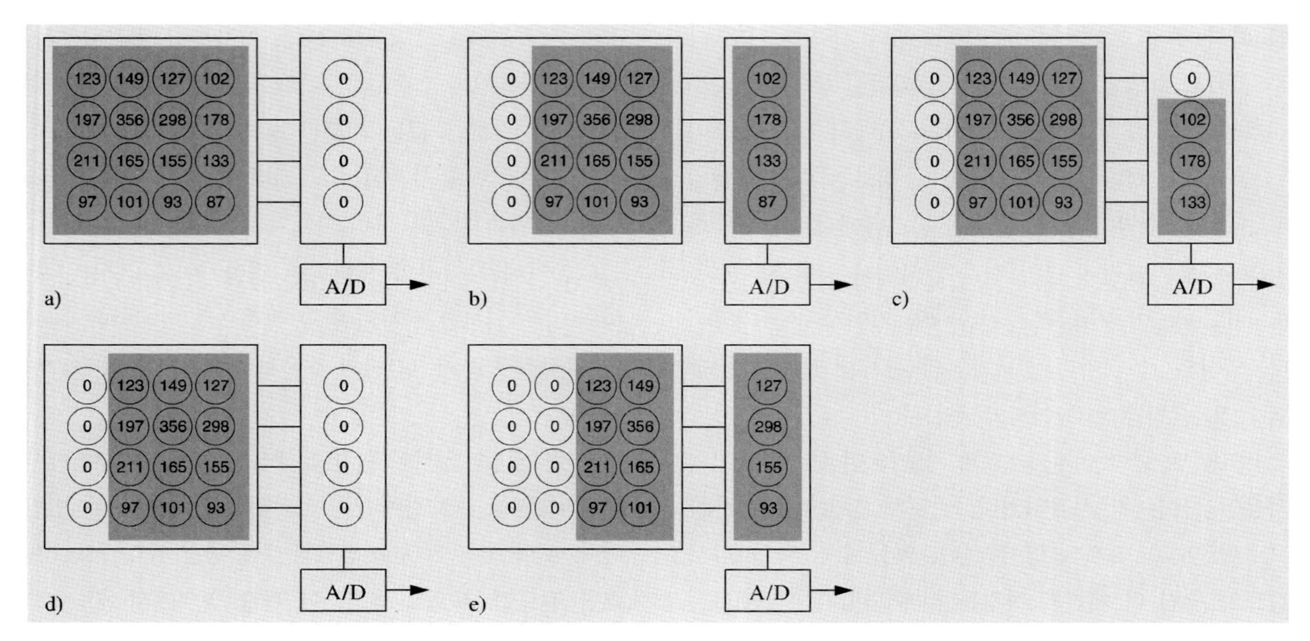

그림 3.25 CCD카메라의 원리. (a) 노출이 이루어지는 동안 카메라의 화소에 해당하는 퍼텐셜 골(potential well)에 전자들이 포획된다. 각 화소에 써 있는 번호는 전자의 개수를 나타낸다. (b) 노출이 끝난 후 각 화소가 오른쪽 수평방향으로 이동한다. 가장 오른쪽에 있는 열은 읽기 버퍼(readout buffer)로 이동한다. (c) 버퍼에 있는 정보는 하나의 화소씩 아래로 이동한다. 가장 밑에 있는 전하는 A/D 변환기로 이동하는데, A/D 변환기는 발생한 전자의 개수를 컴퓨터로 보내주는 역할을 한다. (d) 수차례에 걸쳐 버퍼에 있는 정보를 아래로 이동시키면, 하나의 열에 있는 모든 정보가 다 읽힌다. (e) 영상은 다시 화소 단위로 한 열씩 오른쪽으로 이동하면서 읽힌다. 이 과정은 모든 영상이 다 읽힐 때까지 계속된다.

들이 사용하는 적절한 가격의 CCD카메라의 경우 전기적으로 냉각시켜 준다. 상당수 전기냉각 방식의 CCD카메라는 높은 감도가 요구되지 않는 과학 연구에도 충분히 사용될 수 있다.

카메라의 셔터를 닫은 상태에서 노출을 주는 방법으로 암전류를 쉽게 측정할 수 있다. 관측된 영상에서 이러한 암전류를 빼 주면 입사한 빛에 의해 생성된 실제 전자의 양을 얻을 수 있다(그림 3.26).

개개 화소의 감도는 약간씩 차이가 있을 수 있다. 박명(twilight) 하늘과 같이 고르게 밝은 지역의 영상을 찍음으로써 이러한 감도의 차이를 보정할 수 있다. 이와 같은 영상을 바닥고르기(flat-field) 영상이라고 한다. 관측한 영상을 바닥고르기 영상으로 나눠 주면, 서로 다른 화소에서 나타나는 오차를 제거할 수 있다(그림 3.27).

CCD카메라는 매우 안정적이기 때문에 암전류와 바닥고르기 관측을 매우 자주 반복할 필요가 없다. 이와 같

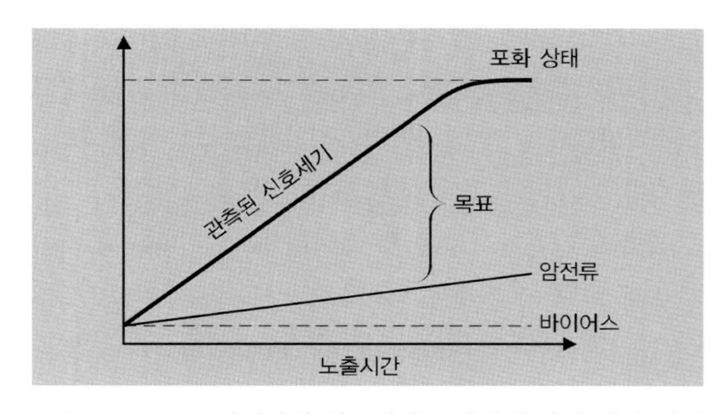

그림 3.26 CCD 카메라의 신호세기는 광자의 양에 거의 선형적으로 비례한다. 노출 중에는 암전류 또한 증가하기 때문에 관측된 값에서 암전류값을 빼주어야 한다. 바이어스(bias)란 노출시간이 없을 때 기록되는 암전류값이다.

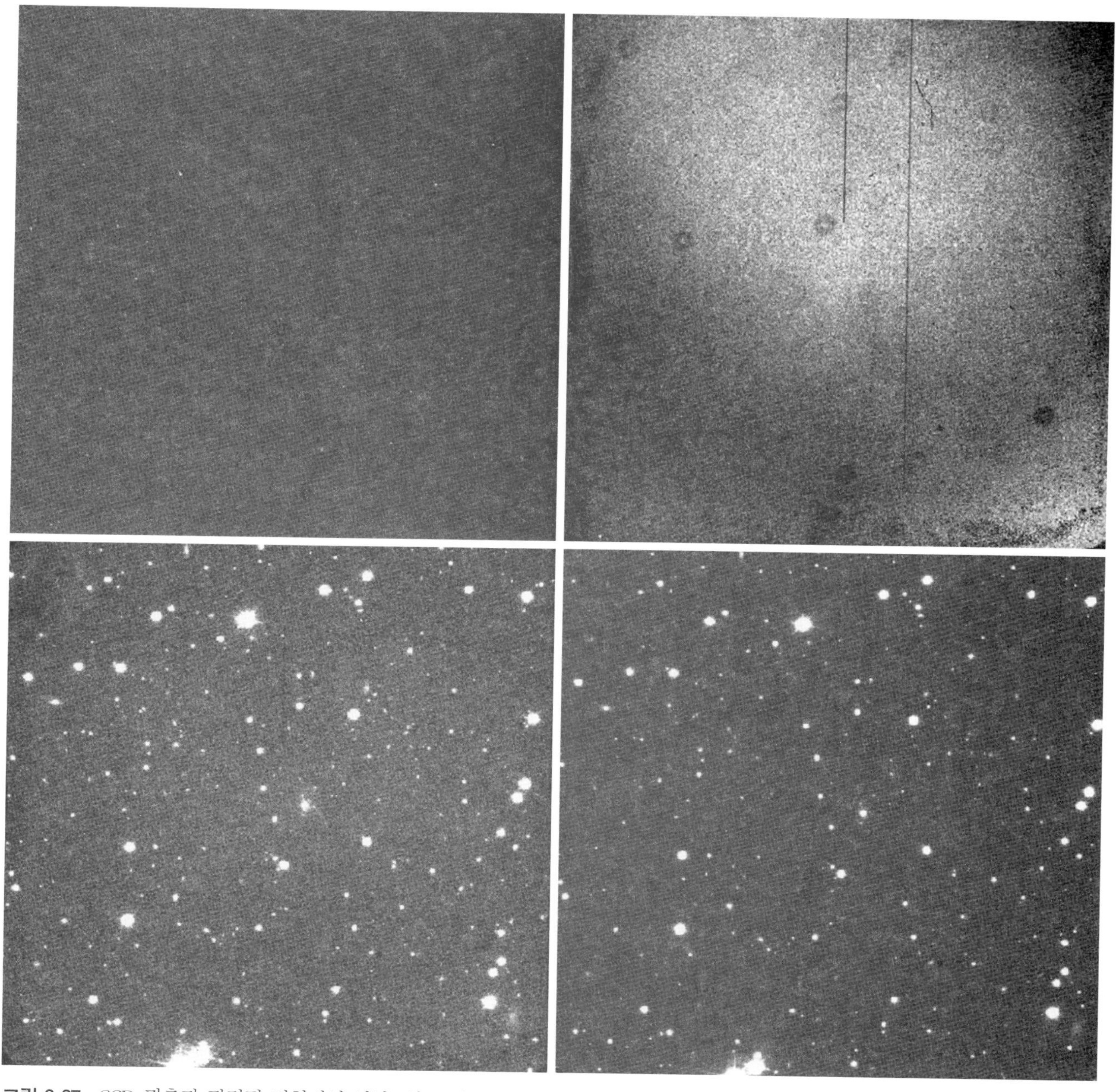

그림 3.27 CCD 관측과 관련된 전형적인 영상. 왼쪽 위 : 암전류, 오른쪽 위 : 바닥고르기, 왼쪽 아래 : 영상처리 전의 이미지, 오른쪽 아래 : 영상처리 후의 이미지.

은 영점조정을 위한 관측은 일반적으로 실제 천체관측을 하기 직전과 직후에 해당하는 저녁 박명과 새벽 박명 시간에 이루어진다.

우주선(cosmic ray)은 전하를 띤 입자로서 천체와 관계없는 밝은 점들을 CCD 영상에 발생시킨다. 우주선들은 보통 1개 또는 2개 화소에만 만들어지므로 쉽게 구별될 수 있다. 일반적으로 수 분 정도의 짧은 노출의 관측에서 몇 개의 우주선 흔적이 나타난다. 긴 시간의 노출을 한 번 주는 대신에 몇 개의 짧은 노출 영상을 얻어 우주선을 제거하여 깨끗한 영상을 만든 후 컴퓨터를 이용하여 최종적으로 영상들을 합치는 것이 일반적으로 더 좋은 방법이다.

더 심각한 문제는 CCD카메라의 전자기기에서 나타나는 **읽기잡음**(readout noise)이다. 초창기 CCD카메라에서 이러한 잡음은 화소당 수백 개 전자를 만들기도 했다. 현대의 CCD카메라의 경우, 읽기잡음은 화소당 두어 개 전자 정도다. 읽기잡음은 검출 가능한 가장 어두운 신호의 한계를 나타낸다. 만약에 신호의 세기가 읽기잡음보다 약하면 신호는 잡음과 구별되지 않는다. 최근에는 읽기 과정에서 전자들이 증폭되고 단지 읽기잡음만 있는 L3(low light level) CCD라는 카메라가 나왔다.

CCD카메라가 매우 민감한 검출기지만, 매우 밝은 빛이라도 CCD카메라를 손상시키지 않는다. 반면에, 광전증배관의 경우 너무 많은 빛을 받으면 쉽게 부서질 수 있다. 하지만 하나의 화소는 제한된 특정 양만큼의 전자만을 저장할 수 있어서, 많은 빛을 받으면 화소는 **포화**(saturate)가 된다. 심하게 포화가 되면 생성된 전하들이 넘치게 되어 주위에 있는 화소들로 이동할 수 있다. CCD카메라가 심하게 포화되었다면, 검출기에 있는 전하를 완전히 제거하기 위하여 수차례에 걸쳐 읽기 과정을 거쳐야 한다.

가장 크기가 큰 CCD카메라는 매우 비싸며, 이처럼 큰 CCD카메라도 큰 사진건판이나 필름에 비하면 여전히 작은 크기를 갖는다. 그럼에도 불구하고 CCD카메라는 감도가 높고 자료처리가 쉽기 때문에 사진술을 거의 대체하게 되었다.

분광기. 가장 간단한 분광기는 망원경의 전면에 설치하는 프리즘이다. 이러한 종류의 장치를 **대물프리즘분광기**(objective prism spectrograph)라고 한다. 프리즘은 여러 파장의 빛을 스펙트럼으로 분산시켜 이를 기록할 수 있게 해 준다. 스펙트럼의 폭을 넓히기 위해서 노출하는 동안 스펙트럼에 수직방향으로 망원경을 약간 움직여 준다. 별들의 분광형 분류를 위한 것과 같은 목적을 위해 대물프리즘분광기를 이용하여 많은 수의 스펙트럼을 한꺼번에 촬영할 수 있다(제9장 참조).

더 정밀한 정보를 얻기 위하여 **슬릿분광기**(slit spectrograph)를 사용해야 한다(그림 3.28). 이 기기는 망원경의 초점면에 좁은 슬릿을 가지고 있다. 슬릿을 통과한 빛은 반사 또는 굴절에 의해 모든 빛을 평행하게 만들어 주는 콜리메이터로 유도된다. 그 후에 빛은 프리즘에 의해 스펙트럼으로 분산되고 카메라로 검출기에 초점이 맞추어진다. 검출기는 주로 CCD카메라가 사용된다. 정확한 파장을 결정하기 위해서 별의 스펙트럼 옆에 비교 스펙트럼이 찍힌다. CCD카메라를 사용하는 현대의 분광기에서는 일반적으로 비교 스펙트럼이 별개의 영상으로 찍히게 된다. 대형 슬릿분광기는 종종 망원경의 쿠데 또는 나스미스 초점의 위치에 설치된다.

분광기에서 가장 중요한 특성은 스펙트럼의 스케일, 또는 스펙트럼의 **분산**(dispersion)이다. 분산은 검출기의 단위길이에 해당하는 파장범위를 알려주는 지수이다. 대물프리즘의 경우 전형적인 분산은 mm당 수십 nm다.

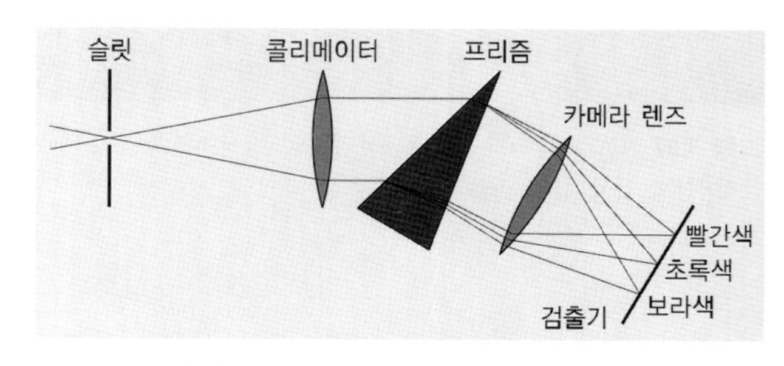

그림 3.28 슬릿분광기의 원리. 슬릿을 통해서 입사한 광선이 평행하게 된 후 프리즘을 통하여 스펙트럼으로 분산되고 사진건판 또는 CCD카메라에 투영된다.

슬릿분광기는 1~0.01nm/mm에 이르는 고분산을 가지고 있어서 개별 스펙트럼 윤곽선의 모양을 식별할 수 있다. 종종 분산은 단위가 없는 양으로 쓰이기도 한다. 예를 들어 분산 1nm/mm는 파장 크기가 100만 배 증가한 것이므로 10^6으로 표현이 된다.

스펙트럼을 만들기 위하여 프리즘 대신 **회절격자**(diffraction grating)가 사용될 수 있다. 회절격자는 mm당 통상 수백 개의 나란히 파진 홈(groove)을 갖고 있다. 빛이 파진 홈의 벽에 의해 반사될 때 인접한 광선들이 서로 간섭을 일으키고 이에 따라 서로 다른 차수(order)의 스펙트럼을 형성하게 된다. 회절격자에는 **반사회절격자**(reflection grating)와 **투과회절격자**(transmission grating)의 두 가지 종류가 있다. 반사회절격자에서는 프리즘이나 투과회절격자와 같이 유리에 의한 빛의 흡수가 없다. 회절격자는 일반적으로 프리즘보다 더 높은 분산, 즉 스펙트럼을 퍼지게 하는 능력을 갖고 있다. 회절격자에 있는 파진 홈의 밀도를 증가시킴으로써 분산을 증가시킬 수 있다. 슬릿분광기에서는 반사회절격자가 가장 널리 사용된다. 일부 분광기들은 프리즘의 한쪽 표면에 투과회절격자를 붙인 **그리즘**(grism)을 이용하기도 한다.

간섭계. 대형 망원경의 분해능은 실제로 시상에 의해 제한을 받으므로, 망원경의 구경을 증가시킨다고 해서 반드시 분해능이 개선되는 것은 아니다. 회절[식 (3.3), 그림 3.6]에 의해서 정해지는 이론적인 분해능의 한계에 근접하기 위하여 여러 종류의 **간섭계**(interferometer)가 사용될 수 있다.

광학 간섭계에는 두 가지 형태가 있다. 하나의 방법은 기존의 대형 망원경 하나를 사용하는 것이고, 다른 방법은 2개 또는 그 이상의 분리된 망원경을 연결하는 것이다. 두 경우 모두 광선이 간섭을 일으키도록 해야 한다. 발생한 간섭무늬를 분석함으로써 근접쌍성의 구조를 연구할 수 있다거나, 별의 겉보기 각지름을 측정하는 등의 연구를 할 수 있다.

초창기 간섭계 중 하나는 **마이컬슨간섭계**(Michelson interferometer)로서 1920년 직전에 가장 큰 망원경에 사용되기 위해 만들어졌다. 이 망원경의 전면에 있는 길이 6m 기둥의 양쪽 끝에는 평면거울들이 있어 망원경으로 빛을 반사시킨다. 간섭무늬의 형태는 거울의 간격이 달라질 때 변한다. 실제 관측에서 간섭무늬는 시상에 의해서 장해를 받기 때문에 이 기기를 이용하여 단지 몇 개만의 좋은 결과를 얻을 수 있었다.

가장 밝은 30개 이상의 별의 지름이 **세기간섭계**(intensity interferometer)에 의하여 측정되었다. 이 기기는 상대적으로 이동할 수 있는 2개의 독립된 망원경으로 구성되어 있는데, 이 방법은 매우 밝은 천체에만 적합하다.

1970년대에 프랑스의 라비리(Antoine Labeyrie, 1943~)가 **반점간섭계**(speckle interferometry)의 원리를 도입하였다. 전통적인 방법으로 얻은 영상에서 장시간 노출된 화상(picture)은 수많은 순간 영상, 즉 시상원반을 형성하는 여러 '반점'들이 겹쳐진 것이다. 반점간섭계에서는 아주 짧게 노출하고 확대를 크게 하는 방법으로 수백 개의 화상을 찍는다. 이러한 화상들을 결합하고 분석(보통 디지털 형태로)함으로써 망원경의 실제 분해능에 거의 도달할 수 있다.

2000년대 초부터 간섭계 기술의 정밀도가 향상되기 시작하였다. 10m 구경의 켁 망원경 2개를 이용하여 간섭계를 만드는 최초의 실험이 2001년도에 이루어졌다. 유럽남반구천문대의 VLT 망원경들도 간섭계로 이용되고 있다.

3.4 전파망원경

전파천문학은 1930년대에 시작되었으며 전자기파의 관측 가능한 영역을 여러 규모로 확장시켰다. 전파천문학은 수 메가헤르츠(MHz)(100m)에서 약 300GHz(1mm)

까지의 주파수 영역을 포함한다. 전파대역(帶域, band)의 저주파수 한계는 전리층의 불투명도에 의해 결정되는 반면, 고주파수 한계는 낮은 대기층에 있는 산소와 물의 강한 흡수대역에 의해 결정지어진다. 이러한 두 주파수 한계는 절대적인 것은 아니다. 전파천문학자들은 조건이 좋을 때 서브밀리미터(submillimeter) 영역을 이용하기도 하고, 태양흑점 극소기 동안에는 전리층의 구멍을 통해서 저주파수 관측을 할 수도 있다.

20세기 초 태양에서 방출되는 전파를 관측하려는 시도가 이루어졌다. 그러나 안테나-수신장치의 낮은 감도와 실험의 대부분이 행해진 낮은 주파수에서 전리층이 불투명하기 때문에 이러한 실험은 실패로 끝났다. 1932년 미국의 공학자 잰스키(Karl G. Jansky, 1905-1950)가 20.5MHz(14.6m) 주파수로 뇌우에 의한 전파교란을 연구하던 중에 우주에서 들어오는 전파의 최초 관측이 이루어졌다. 그는 24시간 주기로 변하는 미지의 전파 방출원을 발견하였다. 한참 후에 그는 이 전파원이 우리은하의 중심방향에 있음을 알아냈다.

하지만 전파천문학의 진정한 탄생은 레버(Grote Reber, 1911-2002)가 9.5m 포물면 안테나를 직접 만들어서 체계적인 관측을 시작한 때인 1930년대 후반에 이루어졌다고 할 수 있다. 이후에 전파천문학은 급속도로 발전하였고, 우주에 관한 우리의 지식을 크게 넓히는 데 공헌하였다.

전파관측은 연속복사(continuum, 넓은 대역)와 스펙트럼 선복사(전파분광학)의 형태로 이루어지고 있다. 우리은하계의 구조에 관한 지식의 대부분은 중성수소의 21cm선과 최근에 이루어지고 있는 일산화탄소(CO) 분자의 2.6mm선 전파관측에서 얻고 있다. 전파천문학은 다수의 중요한 발견을 이룩하였다. 예를 들어 펄서(pulsar)와 퀘이사는 전파관측으로 처음 발견되었다. 이 분야의 중요성은 최근 노벨 물리학상이 세 번이나 전파천문학자에게 수여된 사실에서도 알 수 있다.

전파망원경이 안테나에서 전파를 수집하면 전파강도계(radiometer)라 불리는 수신기에 의해 전기신호로 변환된다. 이 신호는 증폭, 검파, 그리고 적분된 후 그 결과가 몇몇 기록장치에 기억되는데, 최근에는 보통 컴퓨터가 사용된다. 수신된 신호가 아주 약하기 때문에 감도가 높은 수신기를 사용해야 한다. 전파원에서 오는 신호를 감지하기 어렵게 만드는 잡음을 최소화하기 위해서 종종 수신기를 냉각시킨다. 전파도 전자기복사이므로 보통의 빛 파동과 같이 반사되고 굴절된다. 그러나 전파천문학에서는 주로 반사망원경이 사용된다.

낮은 주파수에서의 관측을 위한 안테나는 보통 쌍극자(dipole, 라디오나 TV에 사용되는 것과 비슷한)를 사용하지만 전파를 수집하는 면적을 넓히고 분해능을 개선하기 위하여 모든 쌍극자의 요소들이 서로 연결된 쌍극자 배열(array)을 사용한다.

그러나 가장 보편적인 안테나의 형태는 광학 반사망원경과 똑같은 기능을 가진 포물면 반사경이다. 긴 파장에서는 안테나의 반사표면이 고체일 필요가 없다. 따라서 일반적으로 안테나는 금속 그물(mesh)의 형태로 만들어지는데, 이는 긴 파장의 광자가 반사경의 그물 사이 구멍을 투과할 수 없기 때문이다. 고주파에서는 안테나 표면이 매끄러워야 하므로, 밀리미터-서브밀리미터 범위에서는 거대한 광학망원경에 전파강도계를 부착하여 사용하기도 한다. 신호의 증폭을 균일하게 하기 위해서는 안테나(반사경) 표면의 불규칙도가 사용되는 파장의 10분의 1보다 작아야 한다.

광학망원경과 전파망원경 간의 가장 큰 차이는 신호를 기록하는 방법에 있다. 전파망원경은 영상을 만들어 주는 것이 아니라(이후에 설명될 합성망원경은 예외), 대신 안테나 초점에 놓인 피드혼(feed horn)이 신호를 수신기로 보낸다. 그러나 파장과 위상정보는 계속 보존된다.

전파망원경의 분해능 θ는 광학망원경에서와 같이 식

(3.4)의 λ/D에서 구할 수 있다. 여기서 λ는 사용되는 파장이고 D는 안테나의 지름이다. 전파와 가시광선 간의 파장비는 10,000대 1 수준이므로 광학망원경과 같은 분해능을 얻으려면 수 킬로미터의 지름을 가진 전파안테나가 있어야 한다. 초창기 전파천문학에서는 좋지 않은 분해능이 전파천문학을 발전시키고 인정을 받게 하는 데 가장 큰 장애요인이 되었다. 예를 들어 잰스키가 사용한 안테나는 방향이 좁은 쪽으로도 약 30°의 분해능을 가진 부채꼴의 빔(beam)을 가졌다. 그러므로 분해능 측면에서 전파관측은 광학관측에 비할 바가 못 되었다. 또한, 전파원에 대응하는 광학적 천체를 확인하는 것도 불가능하였다.

세계에서 가장 큰 전파망원경은 푸에르토리코에 있는 아레시보(Arecibo) 안테나이다. 이 안테나의 주반사면은 지름이 305m로서 고정형으로 되어 있는데, 금속 그물로 자연 그대로의 둥근 골짜기를 덮은 것이다(그림 3.29). 1970년대 후반에 안테나 표면과 수신기가 개선되어 5cm의 파장까지도 관측이 가능하게 되었다. 아레시보망원경의 반사면은 포물면이 아니라 구면이고, 이동 가능한 피드(feed) 시스템이 갖추어져 있어서 천정을 중심으로 20° 반지름 범위를 관측할 수 있다.

비슷한 성능의 부분적으로 방향 조종이 가능한 톈옌(天眼) 전파망원경이 중국에 설치되었다. 이 망원경은 세계에서 가장 큰 망원경으로 안테나 반경이 500m에 달한다.

안테나의 방향 조종이 온전하게 가능한 전파망원경으로 가장 큰 것은 미국 버지니아에 있는 그린뱅크(Green Bank)망원경으로서 2000년도 말에 건설되었다. 이 망원

그림 3.29 2015년 이전 세계에서 가장 큰 전파망원경은 푸에르토리코에 있는 아레시보 접시형 안테나였다. 이 망원경은 자연적으로 움푹 패인 곳에 건설되었고 지름은 300m이다. (사진출처 : Arecibo Observatory)

그림 3.30 안테나의 전 방향에 걸쳐 방향 조종이 가능한 가장 큰 전파망원경은 버지니아 그린뱅크에 있는 망원경이다. 이 망원경의 지름은 100×110m이다. (사진출처 : NRAO)

경은 100×110m의 지름으로 약간 비대칭의 형태를 띤 안테나를 갖고 있다(그림 3.30). 그린뱅크망원경이 건설되기 전에 20여 년 이상 가장 큰 전파망원경 역할을 한 것은 독일에 있는 에펠스베르그(Effelsberg)망원경이었다. 이 안테나는 지름 100m의 포물면 주반사경을 가지고 있다. 이 안테나 접시의 안쪽 80m는 고체의 알루미늄 판으로 덮여 있으나, 안테나 접시의 가장 바깥쪽 부분은 금속 그물 구조로 되어 있다. 망원경 안테나의 안쪽 부분만을 사용하면 4mm의 짧은 파장까지 관측이 가능하다. 가장 오래되고 잘 알려진 대형 전파망원경은 1950년대 말에 완성된 영국의 조드렐뱅크(Jodrell Bank)에 있는 76m 안테나이다.

가장 큰 대형 전파망원경들은 표면을 정밀하게 만들 수 없기 때문에 대체로 1cm 이하의 파장의 관측을 수행할 수 없다. 그러나 밀리미터 영역의 전파관측이 점점 더 중요해지고 있다. 이는 이 파장 영역에서 성간 분자의 여러 가지 천이가 일어나고, 단일 접시형 망원경으로도 아주 높은 분해능을 얻을 수 있기 때문이다. 현재 밀리미터 망원경의 반사면 크기는 일반적으로 약 15m이다. 이 분야의 발전이 매우 빠르게 이루어지고 있으며, 현재 몇 개의 대형 밀리미터 망원경들이 가동 중에 있다(표 C.24). 이들 중 대표적인 것으로 3mm까지 사용할 수 있는 일본의 40m 노베야마(Nobeyama)망원경, 1mm까지 사용할 수 있는 스페인의 피코벨레타(Pico Veleta)에 위치한 30m IRAM 망원경이 있다. 21세기의 첫 10년간 추진되는 가장 큰 사업은 ALMA(Atacama Large Millimetre Array)로서 12m 지름을 갖는 64개 망원경으로 구성된다(그림 3.31). 이 망원경은 미국, 유럽, 일본에 의해 추진

그림 3.31 ALMA(Atacama Large Millimetre Array)는 유럽, 미국, 일본의 협력으로 건설되었으며, 64개의 안테나를 갖고 있다. (그림출처 : ESO/NOAJ)

되어 칠레 차난토르 고원(Chajnantor plateau)에 건설되는 국제 공동 사업이다.

앞에서 언급한 바와 같이 전파망원경의 분해능은 광학망원경의 분해능에 비하면 아주 낮다. 현재 가장 큰 전파망원경은 가장 높은 주파수에서 각으로 5초의 분해능에 도달할 수 있다. 현재의 망원경이 이미 현실적으로 건설 가능한 크기의 한계에 이르렀으므로 망원경의 크기를 증가시켜서 분해능을 높이는 것은 불가능하다. 그러나 전파망원경과 간섭계를 결합시켜서 광학망원경보다 더 좋은 분해능을 달성할 수 있다.

이미 1891년에 마이켈슨은 천문학적인 목적으로 간섭계를 사용하였다. 광학 파장영역에서는 간섭계의 사용이 매우 어려운 것으로 증명된 반면, 전파 영역에서는 간섭계가 대단히 유용하게 쓰인다. 간섭계를 만들려면 적어도 2개의 안테나를 연결시켜야 한다. 두 안테나 사이의 간격 D를 기선(baseline)이라 부른다. 기선이 시선 방향에 대해 수직이라고 가정하자(그림 3.32). 그러면 복사가 두 안테나에 동일한 위상으로 도착하고, 신호의 합이 최대가 된다. 그러나 지구의 자전 때문에 기선의 방향이 바뀌어 두 신호 사이의 위상이 다르게 된다. 그 결과로 위상차이가 180°일 때 최소가 되는 사인(sine)파(波) 모양의 간섭무늬가 된다. 최고점(peak) 사이의 거리는 다음과 같다.

$$\theta D = \lambda$$

여기서 θ는 회전한 기선의 각이고 λ는 수신된 신호의

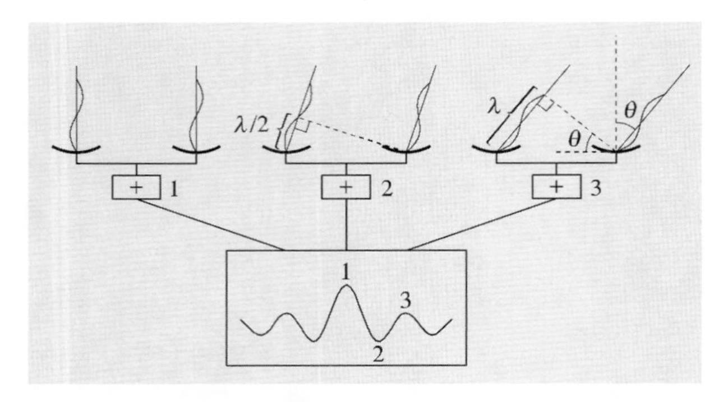

그림 3.32 간섭계의 원리. 만약 전파복사가 같은 위상을 가지고 전파망원경에 도달하면 전파들은 서로 증폭되고 그 합쳐진 진폭은 최대가 된다(1과 3의 경우). 만약 입사하는 전파들이 반대 위상이면, 그들은 서로 상쇄된다(2의 경우).

파장이다. 따라서 간섭계의 분해능은 지름 D인 안테나의 분해능과 같다.

만약 전파원이 점광원이 아니라면, 그 전파원의 각기 다른 부분에서 방출되는 전파복사가 안테나로 들어올 때 위상차이를 보일 것이다. 이 경우 간섭무늬의 최소치는 0이 아니라 양의 값 $P_{\min}$을 가질 것이다. 만약 간섭무늬의 최대치를 $P_{\max}$라 표시하면, 원서의 수식으로 나타나는 그 비는 전파원 크기의 척도(무늬 가시도, fringe visibility)가 된다.

$$\frac{P_{\max} - P_{\min}}{P_{\max} + P_{\min}}$$

안테나들의 상대적 위치를 바꾸어 그 기선들을 변화시키면 전파원의 구조에 대한 더 정확한 정보를 얻을 수 있다. 이론적으로는 여러 위치로 이동한 간섭계 안테나들이 망라한 면적과 동일한 면적을 가진 단일 안테나를 이용하여 관측한 것과 같은 정도의 상세한 구조를 관측할 수 있다. 이렇게 할 때 간섭방법은 **구경합성**(aperture synthesis)이라 부르는 기술로 변환된다.

구경합성의 이론과 기술은 영국 천문학자 라일(Martin Ryle, 1918-1984) 경에 의해서 개발되었다. 그림 3.33에 구경합성의 원리가 설명되어 있다. 만약 망원경들이 동서의 궤도상에 놓여 있다면 하늘에 투영된 망원경 사이의 간격은 지구가 그 축 주위를 자전하기 때문에 변하는 전파원의 위치에 따라 일련의 원 또는 타원을 그릴 것이다. 만약 망원경들 사이의 거리를 변화시키면 12시간 간격으로 하늘에 일련의 원 또는 타원을 얻을 것이다. 그림 3.29에서 볼 수 있는 바와 같이 망원경들 사이의 모든 간격을 포함하지 않아도 된다. 왜냐하면 동일한 상대거리를 갖는 어떠한 안테나의 조합도 하늘에서 같은 경로를 그리기 때문이다. 이러한 방법으로 망원경 간의 최대 간격과 동일한 크기의 안테나인 채워진 구경(filled aperture)으로 합성할 수 있다. 이러한 원리에 의해 작동되는 간섭계를 **구경합성망원경**(aperture synthesis telescope)이라고 한다. 만약 최대의 기선까지 포함하는 모든 간격을 활용한다면, 그 결과로 각 안테나 요소의 주빔(primary beam)으로 전파원의 정확한 분포도를 구할 수 있다. 그러므로 구경합성망원경을 이용하여 하늘의 영상, 즉 '**전파사진**(radio photograph)'을 만들 수 있다.

전형적인 구경합성망원경은 하나의 고정된 망원경과 여러 개의 이동 가능한 망원경으로 이루어진다. 이동 가능한 망원경들은 T자나 Y자형으로 나열된 것들도 있으나 대부분은 동서 궤도상에 놓이게 된다. 얼마나 빨리 더 큰 원반을 합성할 수 있느냐 하는 것은 사용되는 망원경의 개수에 따라 결정된다. 왜냐하면 n을 망원경의 개수라고 할 때 안테나의 가능한 조합숫자는 $n(n-1)$에 따라 증가하기 때문이다. 망원경 사이의 간격을 매 12시간마다 변화시키면 하나의 고정된 망원경과 하나의 이동 가능한 망원경만을 이용하여 대형 망원경을 합성하는 것이 가능하다. 그러나 이 경우 완전한 구경합성을 위하여 수개월의 관측시간이 걸릴 수 있다. 이러한 기술이 유효하려면 전파원의 강도가 일정해야 한다. 즉 전파신호가 관측기간 동안 시간에 따라 변화하지 않아야 한다.

현재 가장 효율이 좋은 구경합성망원경은 미국 뉴멕

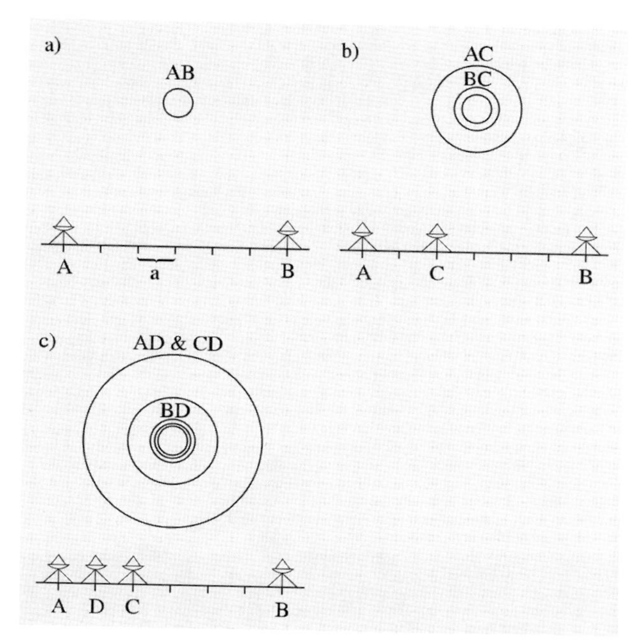

그림 3.33 구경합성의 원리를 설명하기 위하여 천구의 북극을 향한 동서방향의 간섭계를 생각하자. 각 안테나는 동일한 것들로서 지름이 D이고 관측파장이 λ이다. 각 안테나 사이의 최소 간격은 a이고, 최대 간격은 $6a$이다. (a)에서는 최대 간격 $6a$로 놓인 2개의 안테나 A와 B만 있다. 지구가 자전함에 따라 안테나 A와 B는 12시간 동안 천구면에 지름 $\lambda/(6a)$인 원을 그릴 것이다. 여기서 $\lambda/(6a)$는 이 간섭계가 달성할 수 있는 최대 분해능이기도 하다. (b)에서는 이 간섭계에 안테나 C가 추가되어서 2개의 기선이 더 생기고 이들이 천구에 반지름 $\lambda/(2a)$와 $\lambda/(4a)$의 원을 각각 그린다. (c)에서는 간섭계에 또 다른 안테나 D가 더 추가되었다. 이 경우 2개의 기선 AD와 CD는 같으므로 천구에는 2개의 원만이 새로 그려진다. 이 간섭계에 안테나를 더 추가시켜서 주 빔(다시 말해 접시안테나 하나가 갖는 빔) 안의 빈 부분을 채울 수 있고, 이렇게 함으로써 빔을 완전히 포함할 수 있다. 간섭계의 분해능은 안테나 간의 최대 간격에 의해 결정된다. (c)에서 보듯이, 서로 다른 모든 간격을 얻기 위하여 모든 안테나 위치가 필요한 것은 아니다. 이 경우 어떤 안테나의 간격들은 같으므로 추가적인 정보를 제공하지 않는다. 가능한 한 다양한 기선들로 안테나를 배열하는 것이 필수적이다. 관측된 값들과 천체의 이미지는 푸리에변환을 이용하여 처리된다.

시코에 있는 VLA(Very Large Array, 그림 3.34)와 칠레에 있는 ALMA이다. VLA는 지름 25m의 포물면 안테나 27대로 구성되어 Y자형의 궤도상에 놓여 있다. Y자 형태로 구성된 이유는 완전한 구경합성이 8시간이면 가능하기 때문이다. 각 안테나는 특별히 제작된 운반차에 의해 이동되고, 각 배열의 모양에 적합한 최적의 간격이 되도록 망원경의 위치가 선택된다. 가장 큰 배열에서 Y자형의 각 팔이 약 21km 정도 되므로 이 경우 유효 지름이 35km인 안테나에 해당된다. 만약 이 VLA가 가장 큰 배열을 이루고 가장 높은 주파수인 23GHz(1.3cm)를 사용한다면, 어떠한 광학망원경의 분해능도 능가하는 0.1″의 분해능을 달성할 수 있다. 이와 비슷한 분해능은 또한 영국의 MERLIN 망원경으로도 얻을 수 있는데, 이 방법은 기존의 망원경들을 전파로 연결하여 결합하는 것이다. 잘 알려진 또 다른 구경합성망원경으로는 영국 케임브리지 5km 배열과 네덜란드의 웨스터복(Westerbork) 배열이 있는데 이들은 모두 동서의 궤도상에 놓여 있다.

구경합성 기술을 확장하여 더 큰 분해능을 얻을 수 있는데, 이 방법을 **초장기선 전파간섭계**(Very Long Baseline Interferometry, VLBI)라 한다. 초장기선 전파간섭계 기술에서 안테나 사이의 최대 간격은 지구의 크기로 제한된다. 한편 일부 안테나들을 인공위성에 올려놓는 경우에는 간섭계의 기선을 임의로 길게 만들 수도 있다. 안테나들이 모두 같은 전파원을 향하여 관측하게 된다. 신호는 원자시계에서 나오는 정확한 시보(時報)와 함께 기록된다. 자료 파일들은 서로 상관(correlate)지어져서 결국 일반적인 구경합성망원경으로 얻는 것과 비슷한 분포도를 얻는다. 만일 여러 망원경 중 하나의 망원경이 지구궤도상의 망원경이라면 초장기선 전파간섭계 기술을 이용하여 0.00001″의 분해능도 달성할 수 있다. 간섭기술은 망원경 사이의 거리에 매우 민감하기 때문에 VLBI 기술은 또한 거리를 측정하는 가장 정확한 방법 중 하나가 되고 있다. 현재 대륙 간의 기선을 사용하여 수 밀리미터의 정확도로 거리를 측정할 수 있다. 이 방법이 시간에 따라 변화하는 대륙이동이나 극의 운동을 연구

그림 3.34 뉴멕시코 소코로(Socorro)에 있는 VLA는 이동 가능한 27개의 안테나로 구성된 합성망원경이다.

하는 측지 VLBI 실험에 활용된다.

전파천문학에서 단일 안테나 하나의 크기도 또한 이미 한계에 이르렀으므로, 최근 추세는 합성안테나를 건설하는 것이다. 1990년대에 미국은 전 미국 대륙 전체를 가로질러 늘어놓은 안테나 연결망을 건설하였으며, 호주도 이와 비슷하게 호주 대륙의 남북을 가로지르는 안테나 연결망을 구축하였다.

점점 더 많은 관측이 서브밀리미터 영역에서 이루어지고 있다. 짧은 파장일수록 대기에 있는 수증기에 의한 교란 효과가 더욱 심하기 때문에 서브밀리미터 망원경들은 광학망원경처럼 산 정상에 위치해야 한다. 새로운 광학망원경처럼 반사경의 모양이 최적의 상태로 정밀하게 유지되도록 서브밀리미터 망원경 반사경의 모든 부분이 능동적으로 조정된다. 몇 개의 서브밀리미터 망원경들이 현재 건설 중에 있다.

3.5 다른 파장 영역

지구는 하늘로부터 모든 파장의 전자기파를 받고 있다. 그러나 3.1절에서 언급한 바와 같이 모든 복사가 지상에 도달하는 것은 아니다. 1970년대 이후 지구궤도 인공위성을 이용하여 대기에 흡수되는 파장 영역의 연구가 광범위하게 이루어졌다(그림 3.37). 광학과 전파 영역을 제외하면 적외선 중 몇 개의 좁은 파장 영역만이 높은 산의 정상에서 관측할 수 있을 뿐이다.

새로운 파장 영역에서 최초 관측은 대부분 기구(balloon)를 활용하여 이루어졌다. 그러나 대기권 밖에서의 관측은 로켓이 활용된 이후에 가능해졌다. 예를 들어 엑스선원에 대한 실질적인 최초의 관측은 1962년

6월 로켓 발사를 이용하여 검출기를 대기권 위로 6분 동안 띄워 올려서 이루어졌다. 지상에서 관측할 수 없는 파장 영역에서 전 하늘의 지도를 만드는 일도 인공위성에 의해 가능하게 되었다.

감마복사. 감마선 천문학에서는 에너지 $10^5 \sim 10^{14}$eV의 복사양자를 연구한다. 감마선과 엑스선 천문학의 경계는 10^5 eV로서 이는 10^{-11}m의 파장에 해당한다. 이 경계는 고정된 것이 아니어서 경(hard, 고에너지)엑스선과 연(soft)감마선 영역은 부분적으로 겹친다.

자외선, 가시광선, 적외선 복사는 모두 원자를 둘러싸고 있는 전자들의 에너지 상태가 변화함에 따라 발생하는 반면, 감마선과 경엑스선은 원자핵 내에서의 천이나 소립자의 상호작용에 의해 생긴다. 따라서 가장 짧은 파장의 관측은 긴 파장에서 나타나는 것과 다른 과정에 관한 정보를 제공해 준다.

최초의 감마선원 관측은 1960년대 말 OSO(Orbiting Solar Observatory) 3 위성에 실린 검출기가 우리은하에서 감마선을 검출한 것이다. 그 후에 많은 인공위성들이 특별히 감마선 천문학을 위해서 설계되었다. 가장 최근의 위성은 1991~2000년에 작동한 컴프턴(Compton) 감마선망원경, 2002년에 발사된 유럽의 인터그랄(Integral) 감마선망원경, 그리고 원래 GLAST로 불렸던 미국의 페르미(Fermi) 감마선망원경이 있다.

감마선 복사의 양자들은 가시광선보다 100만 배나 더 큰 에너지를 가지고 있어서 이들을 동일한 검출기로 관측할 수 없다. 감마선의 관측은 다양한 **섬동검출기**(scintillation detector)로 이루어진다. 이 검출기는 여러 층의 검출기 건판으로 이루어져 있는데, 광전 효과에 의하여 감마선 복사가 광전증배관으로 감지될 수 있는 가시광선으로 변한다.

감마선 양자의 에너지는 감마선 양자가 검출기를 뚫고 들어가는 깊이로부터 결정될 수 있다. 감마선 양자가 남긴 궤적의 흔적을 분석하면 이들의 대략적인 방향에 관한 정보를 얻을 수 있다. 감마선 관측의 시야는 회절격자에 의해서 제한받는다. 감마선 천문학에서는 지향 정밀도가 낮고, 분해능도 다른 파장 영역에서보다 훨씬 낮다.

보통 감마선은 지구 대기를 통과하지 못하지만, 감마선의 영향은 지상 망원경에서도 관측될 수 있다. 고에너지 감마선이 대기로 들어오게 되면 입자-반입자 쌍이 생성된다. 이 입자들은 고에너지를 갖고 있어서, 대기의 광속(c/n_{air})보다 빠른 속도로 움직일 수 있다. 이러한 입자들은 체렌코프 복사(Čherenkov radiation)를 방출하며 이는 지상에서 가시광선으로 관측할 수 있다(그림 3.35).

엑스선. 엑스선 천문학의 관측범위는 $10^2 \sim 10^5$ eV의 에

그림 3.35 카나리아제도의 라 팔마에 위치한 매직(MAGIC) 망원경은 감마선에 의해 발생하는 체렌코프 복사를 관측한다. (사진출처 : Robert Wagner, Max Planck Institut für Physik)

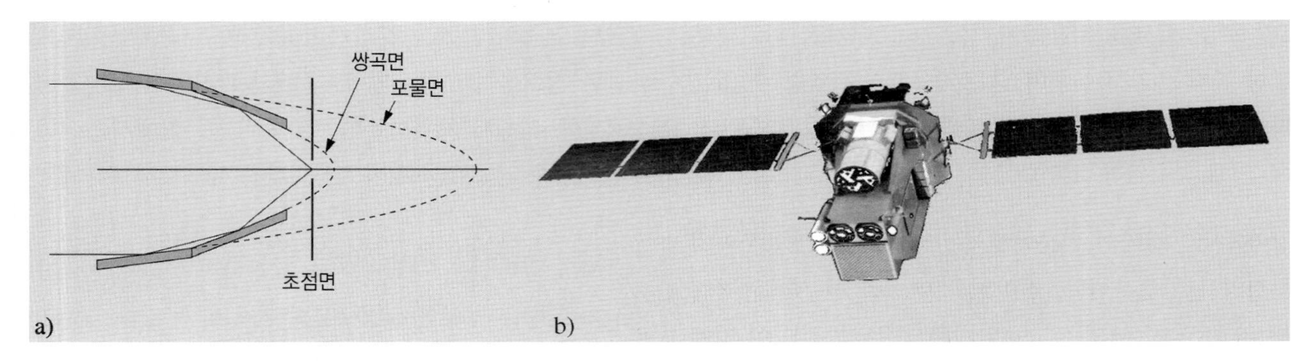

그림 3.36 (a) 엑스선은 일반적인 거울에 의해 반사되지 않기 때문에, 엑스선을 수집하기 위하여 스치는 반사의 원리가 사용되어야 한다. 복사는 아주 작은 각으로 포물면 거울에 입사되어 쌍곡면 거울에 반사된 후 초점면으로 모인다. 실제적으로는 여러 개의 거울이 겹겹으로 놓여져 공통의 초점으로 복사를 수집한다.

너지 또는 10~0.01nm 사이의 파장이다. 파장이 10~0.1nm인 영역과 0.1~0.01nm인 영역을 각각 **연엑스선**(soft X-ray)과 **경엑스선**(hard X-ray)으로 부른다. 엑스선은 19세기 후반에 발견되었다. 엑스선 파장의 하늘에 대한 체계적인 연구는 1970년대에 위성기술의 발달에 힘입어 가능하게 되었다. 최초의 전천(全天) 엑스선 지도는 1970년대 초반 우후루(Uhuru)라 불리는 SAS 1(Small Astronomical Satellite)에 의해서 만들어졌다. 1970년대 말 두 대의 위성인 HEAO(High-Energy Astronomy Observatories) 1과 2(HEAO 2는 이후 아인슈타인이라 불림)가 우후루보다 훨씬 더 높은 감도를 가지고 하늘의 지도를 만들었다. 아인슈타인 천문대는 이전의 엑스선 망원경보다 약 1,000배 더 어두운 엑스선원도 검출할 수 있었다. 이는 광학천문학의 경우 15cm 반사망원경으로 관측하던 것을 5m 망원경으로 관측하는 것에 해당한다. 따라서 광학천문학이 300년간 이룩한 만큼의 발전을 엑스선 천문학은 지난 20년간 달성하였다. 가장 최신의 엑스선 위성으로는 미국의 찬드라(Chandra)와 유럽의 XMM-뉴턴이 있으며, 모두 1999년에 발사되었다.

전 하늘의 지도를 만드는 위성 이외에 태양의 엑스선 복사를 관측하는 여러 개의 위성이 있었다. 가장 최근의 위성은 일본의 요코(Yohkoh)와 히노데(Hinode), 그리고 미국의 레씨(RHESSI) 위성이 있다.

초기의 엑스선 망원경들은 감마선 천문학에서 사용하는 것과 비슷한 검출기를 사용하였다. 이 망원경들의 지향 정밀도는 각으로 수 분 이상이었다. 더 정밀한 엑스선 망원경은 **스치는 반사**(grazing reflection)(그림 3.36)의 원리를 활용한다. 표면을 수직으로 때리는 엑스선은 반사되지 않고 흡수된다. 그러나 만약 엑스선이 반사경 표면에 거의 평행하게 들어오면, 다시 말해서 스쳐서 들어오면 성능이 좋은 표면은 엑스선을 반사시킬 수 있다.

엑스선 반사망원경의 반사경은 서서히 좁아지는 원뿔의 안쪽 표면에 위치한다. 반사경 표면의 바깥쪽 부분은 포물면이고 안쪽 부분은 쌍곡면이다. 엑스선은 두 표면에 의해서 반사되어 초점면에서 만난다. 실제로는 여러 개의 관(tube)이 겹쳐서 들어가 있다. 예를 들면 아인슈타인 천문대의 4개의 원뿔들은 지름 2.5m의 일반적인 망원경과 같이 잘 연마된 광학 표면을 가지고 있다. 엑스선 망원경의 분해능은 각으로 수 초 정도이고 시야는 약 1°이다.

엑스선 천문학에서 쓰이는 검출기에는 일반적으로 가이거-뮐러 계수기(Geiger-Müller counter), **비례 계수기**

그림 3.37 (a) 유럽의 엑스선 위성인 XMM-뉴턴이 1999년에 발사되었다. (그림출처 : D. Ducros, XMM Team, ESA) (b) FUSE 위성은 1999년에 발사된 이후 지구 주위를 돌면서 원자외선 영역의 사진을 찍었다. (그림출처 : NASA/JHU Applied Physics Laboratory)

(proportional counter), 또는 섬동검출기 등이 있다. 가이거-뮬러 계수기와 비례 계수기는 가스로 채워진 상자로 되어 있다. 벽이 음극을 형성하고, 양극 전선(wire)이 상자의 가운데를 지나간다. 더욱 정밀한 계수기에서는

여러 개의 양극선이 있다. 이 상자로 들어간 엑스선 양자는 가스를 이온화하고 양극과 음극의 퍼텐셜 차이가 전자와 양이온의 전류를 일으킨다. 찬드라의 ACIS와 같은 최신 영상기기들에서는 CCD카메라를 이용한다.

자외선 복사. 엑스선과 광학영역 사이인 10~400nm의 파장에 자외선 영역이 있다. 대부분의 자외선 복사는 대기에 의해서 흡수되므로 거의 모든 자외선 관측은 광학영역 빛의 파장에 가까운 파장인 **연자외선**(soft ultraviolet) 영역에서 이루어져 왔다. 300nm보다 짧은 파장은 대기에 의해 완벽하게 차단된다. 10~91.2nm의 짧은 파장영역을 **극자외선**(extreme ultraviolet, EUV, XUV)이라 한다. 극자외선은 앞으로 체계적인 관측이 이루어져야 할 전자기 스펙트럼의 마지막 영역 중 하나이다. 그 이유는 성간 수소에 의한 흡수 때문에 이 파장 영역에서 하늘이 실제로 불투명하게 보인다. 태양 근처의 대부분의 방향에서 극자외선의 가시거리는 수백 광년으로 제한되어 있다. 그러나 어떤 방향에서는 성간 기체의 밀도가 낮아 외부은하 천체까지 관측될 수 있다. 최초의 극자외선 전용 위성은 1992~2000년 동안 운용된 극자외선탐사선(Extreme Ultraviolet Explorer, EUVE)이다. 이 위성은 대략 1,000여 개의 극자외선원을 관측하였다. 극자외선에서도 엑스선 천문학의 경우와 같이 스치는 반사망원경이 사용된다.

거의 모든 천문학 분야에서 자외선 복사의 관측으로 중요한 정보를 얻는다. 별의 채층이나 코로나에서 나오는 많은 방출선, 수소 원자의 라이먼(Lyman)선, 그리고 뜨거운 별에서 방출되는 대부분의 복사는 자외선 영역에서 발견된다. 근자외선(near-ultraviolet)의 망원경은 광학망원경과 비슷하게 만들어지며 측광기 또는 분광기가 장착되어 지구궤도를 도는 위성에 실린다.

자외선 영역에서 가장 효율이 좋은 위성들은 유럽의 TD-1, 미국의 OAO(Orbiting Astronomical Observatories) 2와 3(Copernicus), IUE(International Ultraviolet Explorer), 그리고 소련의 아스트론(Astron) 등이다. TD-1 위성에 실린 기기 중에는 측광기와 분광기가 포함되어 있다. 이 위성은 135~274nm 사이의 4개의 다른 스펙트럼 영역에서 3만 개 이상 되는 별의 등급을 측정하였으며, 1,000개 이상의 별에 대한 자외선 스펙트럼을 기록하였다. OAO 위성들도 등급과 스펙트럼을 측정하는 데 사용되었으며, OAO 3은 8년 이상 작동하였다.

1978년에 발사된 IUE 위성은 가장 성공적인 천문위성 중 하나이다. IUE는 구경비가 $f/15$이고 시야가 각으로 16분인 45cm 구경의 리치-크레티앙 망원경을 싣고 있었다. 이 위성은 115~200nm 또는 190~320nm의 파장 대역에서 고분해능과 저분해능의 스펙트럼을 측정할 수 있는 2개의 분광기를 소유하였다. 스펙트럼을 기록하기 위하여 비디콘카메라가 사용되었다. IUE 위성은 거의 지상망원경과 같이 이용될 수 있다는 점에서 이전의 위성들과 달랐다. 관측자가 관측을 실시간으로 모니터하고 수정할 수 있었다. IUE 위성은 20년간 궤도에서 작동하였다.

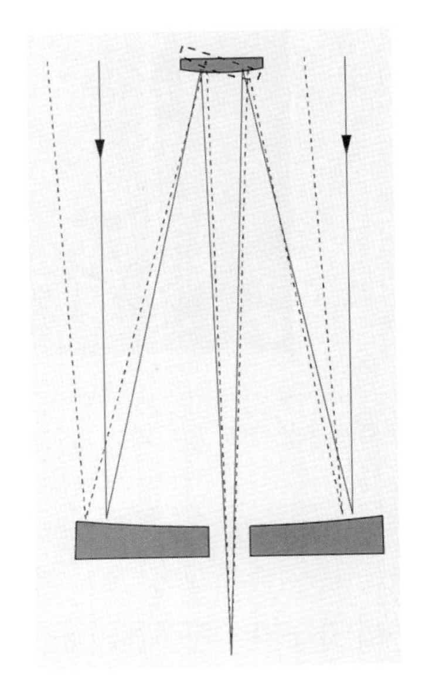

그림 3.38 적외선은 유리를 통과하지 못하므로 굴절망원경은 적외선 관측에 적절하지 않다. 적외선 관측을 위해서 특별히 만들어진 카세그레인 반사망원경은 대상 천체와 그 근처의 배경하늘을 관측할 수 있도록 부반사경이 앞뒤로 빠르게 움직이도록 만들어져 있다. 관측된 천체의 밝기에서 배경하늘의 밝기를 빼 줌으로써 배경하늘을 제거할 수 있다.

그림 3.39 2009년에 발사된 유럽의 허셜(Herschel)망원경은 가장 효율적인 적외선 망원경이었다. 주경의 직경은 3.5m로 이전의 다른 천체위성망원경들보다 큰 규모였다. 상당히 휘어진 반사경은 핀란드의 투올라(Tuorla) 천문대의 옵테온(Opteon) 회사에서 제작했다. 카메라 냉각제인 액체 헬륨이 소진되면서 2013년에 관측을 마무리하였다. (사진출처 : ESA, Rami Rekola)

허블우주망원경 역시 자외선 관측을 하였으며, 1990년대에 일부 자외선 망원경이 우주왕복선에 실려 관측에 사용되었다.

적외선 복사. 가시광선보다 긴 파장의 복사는 적외선 복사라 불린다. 이 영역은 약 1μm에서 전파영역이 시작되는 1mm까지 포함하고 있다. 종종 5μm 이하의 파장인 근적외선(near-infrared)과 파장이 0.1mm~1mm 사이의 서브밀리미터 구역은 별도의 파장 영역으로 취급되기도 한다.

적외선 관측에서 광학영역과 마찬가지로 망원경으로 복사를 수집한다. 입사하는 적외선 복사는 천체, 배경하늘, 그리고 망원경 그 자체에서 방출되어 들어오는 복사로 이루어진다. 적외선원과 배경하늘의 복사는 지속적으로 측정되어야 하고, 그 차이로부터 천체에서 받는 복사를 알 수 있다. 배경하늘의 측정은 일반적으로 카세그레인 부경이 적외선원과 배경하늘을 매초 100번의 비율

그림 3.39 (계속)

로 번갈아가며 관측하는 방식으로 이루어지고, 이로부터 배경하늘의 변화를 제거할 수 있다. 측정결과를 기록하기 위하여 반도체 검출기가 사용된다. 검출기 자체의 열복사를 최소화하기 위하여 검출기를 항상 냉각시켜야 한다. 때로는 망원경 전체가 냉각되기도 한다.

적외선 천문대는 대기 중 수증기의 대부분이 그 밑에 깔리게 되는 높은 산의 정상에 건설되어 왔다. 이러한 최적의 장소에는 하와이의 마우나케아, 애리조나의 레몬산(Mt. Lemon), 그리고 테네리페(Tenerife)의 피코델테이데(Pico del Teide) 등이 있다. 이들 산도 원적외선 관측에는 충분히 높지 않으므로, 원적외선 관측은 비행기 등에서 수행되고 있다. 가장 장비가 잘 갖추어진 비행기 중 하나는 행성 과학자로 유명한 카이퍼(Gerard Kuiper, 1905-1973)의 이름을 딴 카이퍼에어본(Kuiper Airborne) 천문대이다.

기구(balloon)와 위성도 적외선 관측에 사용된다. 최초의 강력한 성능의 적외선 망원경은 미국과 네덜란드의 협력으로 만들어지고 1983년에 발사된 IRAS(InfraRed Astronomy Satellite)이다. 8개월 동안 관측을 수행하며 하늘의 전천(全天) 관측을 네 가지 파장대(12, 25, 60, 100μm) 영역에서 수행하여, 200,000개가 넘는 새로운 적외선 천체를 찾아냈다.

유럽의 ISO(Infrared Space Observatory)는 1996~1998년에 거쳐 수천 개의 적외선 천체에 대해 자세한 관측을 실시하였다. 2003년부터 스피처(Spitzer)망원경[원래는 SIRTF(Space InfraRed Telescope Facility)]가 적외선으로 전천 관측을 하였다. 2009년, 유럽우주국(European Space Agency, ESA)은 자체적으로 허셜 위성을 발사하였으며(그림 3.39), 냉각제인 액체 헬륨이 모두 소진되는 2013년까지 운용하였다.

적외선 망원경은 우주 대폭발의 잔광을 관측하는 데 이용되었다. 매우 성공적인 위성으로는 1989년에 발사된 코비(Cosmic Background Explorer, COBE)로, 서브밀리미터와 적외선 파장대에서 배경복사를 전천 관측하였다. 더블유맵(Wilkinson Microwave Anisotropy Probe, WMAP)은 COBE의 관측을 2001년부터 이어 나갔으며 2009년 더욱 강력한 위성인 플랑크(Planck) 위성이 발사되었다.

3.6 에너지의 다른 형태

우주에서 오는 에너지는 전자기 복사 이외의 형태로도 들어온다. 즉 입자[**우주선**(cosmic ray) 및 **중성미자**(neutrinos)]와 **중력복사**(gravitational radiation)가 그것이다.

우주선. 우주선은 전자와 완전 이온화된 원자핵들로서 모든 방향에서 같은 양만큼 들어온다. 이들의 입사방향이 우주선의 기원을 밝혀 주지는 않는다. 왜냐하면 우주선은 전하를 가지고 있어서, 우리은하의 자기장을 통해 움직일 때 우주선의 통과경로는 끊임없이 변하기 때문이다. 우주선의 에너지가 높다는 사실은 우주선이 초신성 폭발과 같이 높은 에너지를 갖는 현상에 의해서 만들어졌음을 의미한다. 대부분의 우주선은 양성자(거의 90%)와 헬륨핵(10%)이지만, 일부는 더 무거운 핵에 해당한다. 이들의 에너지는 $10^8 \sim 10^{20}$ eV 사이를 갖고 있다.

고에너지 우주선이 대기 분자와 충돌할 때 주로 뮤온으로 이루어진 **2차 입자**들을 생성하며, 이 입자들은 지상에서 관측 가능하다. 감마선에 의해 생성되는 입자들처럼 2차 입자들은 대기의 광속보다 빠르게 움직일 수 있어서 체렌코프 복사(Čerenkov radiation)를 방출한다. 따라서 우주선 또한 체렌코프 복사로 지상에서 관측될 수 있다.

아르헨티나에 위치한 피에르 오제(Pierre Auger) 망원경은 10^{18}eV 이상의 에너지를 가지는 우주선을 검출하기 위해 2차 입자들과 체렌코프 복사를 동시에 관측한다. 10^{19}eV 정도의 에너지를 가지는 우주선은 km^2 해당하는 면적에 100년에 1개 정도가 입사하는 것을 감안하여 3,000km^2의 면적에 검출기들을 배열해 놓았다.

우주에서 입사하는 1차 우주선은 대기권 밖에서만 직접 관측할 수 있다. 우주선 관측에 사용되는 검출기는 입자물리학에서 사용되는 것과 비슷하다. 지상에 있는 입자가속기는 약 10^{12}eV까지밖에 도달하지 못하므로, 우주선은 입자물리학을 위한 훌륭한 '자연적인' 실험실의 역할을 하고 있다. 여러 위성과 우주탐사선이 우주선 검출기를 싣고 있다.

중성미자. 중성미자는 전하가 없는 소립자이다. 이전에는 중성미자의 질량이 0으로 생각되었으나, 최근에는 약간의 질량을 가지는 것으로 추측된다. 중성미자는 다른 물질들과 오로지 약한 핵력으로 상호작용하는데, 이러한 약한 핵력은 전자기력 혹은 강한 핵력에 비해 매우 약한 힘이다.

대부분의 중성미자는 별 내부에서 일어나는 핵반응 그리고 초신성 폭발에서 생성된다. 이 입자들은 다른 물질과 아주 약하게 반응하므로 별의 내부로부터 직접 탈출한다.

중성미자는 오직 약한 핵력으로 상호작용하므로 관측하기 매우 어렵다. 매초 수조 개의 중성미자가 이 페이지를 통과하는데, 별다른 영향을 미치지 않는다. 최초의 중성미자 검출방법은 방사화학적 방법이다. 반응 작용물로 테트라클로로에텐(tetrachloroethene, C_2Cl_4)과 같은 물질이 사용되었다. 중성미자가 염소(chlorine) 원자와 충돌할 때, 염소는 아르곤(argon)으로 변하고, 이때 전자가 방출된다.

$$^{37}\mathrm{Cl} + \nu \rightarrow {}^{37}\mathrm{Ar} + e^-$$

아르곤 원자는 방사능 물질로서 관측이 가능하다. 염소 대신 리튬(lithium)이나 갈륨(gallium)을 중성미자 검출에 사용할 수 있다. 1980년대 이후부터 최초의 갈륨 검출기가 이탈리아와 러시아에서 가동되고 있다.

또 다른 관측방법은 매우 순수한 물에서 중성미자가

그림 3.40 서드버리중성미자관측소(SNO)는 현재 운영 중인 광산의 2km 아래에 위치해 있다. 구형의 용기에 담긴 액체에서 중성미자에 의해 체렌코프 복사가 발생한다. 중성미자 검출을 위해 9,600개의 광전증배관에 신호를 기록한다. 이전에는 중수(重水)를 이용하였으며 현재는 알킬 벤젠(alkyl benzene)으로 대체되었다. 관측들은 이미 태양 중성미자 문제를 해결하였다(13.1절 참조). 새로운 SNO+는 더 낮은 에너지를 가진 중성미자들을 관측할 것이다. (사진출처 : SNOlab, H. Karttunen)

만드는 체렌코프 복사를 검출하는 것이다. 빛의 섬광이 광전증배관에 기록되고, 이로부터 복사의 방향을 알아낼 수 있다. 이 방법은 일본의 카미오칸데(Kamiokande) 검출기와 캐나다의 서드버리중성미자관측소(Sudbury neutrino observatory, SNO)(그림 3.40) 같은 곳에서 사용된다.

가장 큰 중성미자 검출기는 남극에 위치한 아이스큐브(IceCube)로 2010년까지 운용되었다. 아이스큐브는 km^3 부피의 얼음으로 이루어져 있다.

우주선에 의해 생기는 2차 입자들로부터 보호하기 위하여 중성미자 검출기는 지하 깊은 곳에 설치되어야 한다. 지구 내부의 방사선 붕괴 또한 배경소음을 만든다.

중성미자 검출기들은 태양에서 나오는 중성미자를 관측하였으며, 1987년 대마젤란운(Large Magellanic Cloud)에서 폭발한 초신성 1987A가 방출한 중성미자를 관측하였다. 미래에는 중성미자 검출기를 이용하여 암흑물질과 중성미자를 발생시키는 다른 기작들을 연구할 것이다.

중력복사. 중력복사천문학은 중성미자 천문학만큼 새로운 분야이다. 중력파를 측정하려는 최초의 시도는 1960년대에 있었다. 전하가 가속운동을 할 때 전자기복사를 방출하는 것과 같이 중력복사는 가속운동을 하는 질량에 의해서 방출된다. 중력파의 검출은 아주 어려우며, 최근에야 관측이 가능해졌다.

최초로 만들어진 중력파 안테나의 형태는 **웨버 원통**(Weber cylinder)이었다. 이 안테나는 알루미늄 원통으로서 중력 펄스(pulse)가 이 원통을 때리면 고유 주파수로 진동하기 시작한다. 원통 양쪽 끝 사이의 거리가 약 10^{-17}m만큼 변하는데, 이러한 거리의 변화는 원통의 측면에 용접된 변형 센서에 의해 감지된다.

또 다른 형태의 현대적인 중력복사 검출기는 중력파에 의해 발생하는 '공간 변형'을 측정하는 것으로서, 이

그림 3.41 공중에서 본 LIGO 리빙스턴(Livingston) 천문대의 모습. (사진출처 : LIGO/Caltech)

는 서로 수직인 방향으로 놓인 반사경 2개의 세트로 이루어져 있거나(마이켈슨 간섭계) 평행인 반사경 한 세트[패브리-페로(Fabry-Perot) 간섭계]로 구성되어 있다. 반사경 사이의 상대거리는 레이저 간섭계로 감시된다. 만약 중력 펄스가 검출기를 통과하면 반사경 사이의 거리가 변하게 되고 검출기는 이 변화량을 측정할 수 있다. 반사경 사이의 기선이 가장 긴 것은 미국 LIGO(Laser Interferometer Gravitational-wave Observatory) 시스템이며, 그 길이가 약 25km에 이른다(그림 3.41). LIGO는 2002년에 최초로 과학적으로 의미 있는 관측을 수행하였다. 2016년 초, 중력파로 보이는 긍정적인 신호를 발견했다는 결과가 발표되었는데, 그 관측은 2015년 9월 14일에 이루어진 것이다.

중력파 검출기들은 주변 환경들과 가능한 철저하게 분리되어 있지만 다양한 섭동에 의해 진동할 수 있다. 따라서 중력파 검출로 확정하기 위해서는 멀리 떨어진 다른 검출기에서 같은 현상이 관측되었는지 검증해야 한다.

글상자 3.1(원형 구경에 의한 회절) xy평면 위에 반지름 R을 갖는 원형 구멍을 생각하자. 음의 z축 방향에서 구멍으로 간섭성 빛(coherent light)이 들어온다(그림 참조). z축과 θ의 각을 이루면서 xz평면에 평행으로 구멍을 떠나는 빛을 생각하자. 빛의 파동은 멀리 떨어진 스크린에서 간섭을 일으킨다. 점$(x,\ y)$를 통과하는 파동과 구멍의 중심을 통과하는 파동 사이의 위상 차이는 경로길이 $s = x\ \sin\theta$의 차이로부터 계산할 수 있다.

$$\delta = \frac{s}{\lambda} 2\pi = \frac{2\pi \sin\theta}{\lambda} x \equiv kx$$

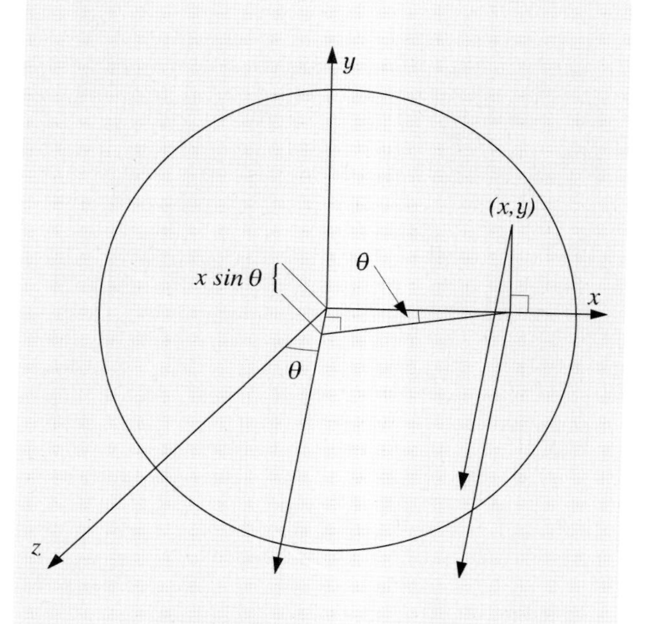

따라서 위상 차이 δ는 x축에만 의존한다. 작은 표면요소로부터 나오는 파동의 진폭의 합은 면적요소 $\mathrm{d}x\mathrm{d}y$에 비례한다. 구멍의 중심을 통과하는 진폭을 $\mathrm{d}\boldsymbol{a}_0 = \mathrm{d}x\mathrm{d}y\,\hat{\boldsymbol{i}}$이라 하자. 점 $(x,\ y)$에서 나오는 진폭은

$$\mathrm{d}\boldsymbol{a} = \mathrm{d}x\mathrm{d}y(\cos\delta\,\hat{\boldsymbol{i}} + \sin\delta\,\hat{\boldsymbol{j}})$$

가 된다.

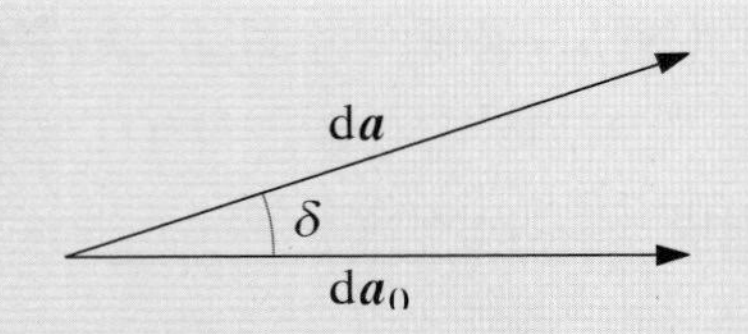

구멍의 여러 점에서 나오는 진폭을 합하면

$$\begin{aligned} \boldsymbol{a} &= \int_{\text{Aperture}} \mathrm{d}\boldsymbol{a} \\ &= \int_{x=-R}^{R} \int_{y=-\sqrt{R^2-x^2}}^{\sqrt{R^2-x^2}} (\cos kx\,\hat{\boldsymbol{i}} + \sin kx\,\hat{\boldsymbol{j}})\,\mathrm{d}y\mathrm{d}x \\ &= 2\int_{-R}^{R} \sqrt{R^2-x^2}\,(\cos kx\,\hat{\boldsymbol{i}} + \sin kx\,\hat{\boldsymbol{j}})\,\mathrm{d}x \end{aligned}$$

사인은 기함수(odd function)[$\sin(-kx) = -\sin(kx)$]이므로, 두 번째 항을 적분하면 0이 된다. 코사인은 우함수(even function)이므로

$$a \propto \int_0^R \sqrt{R^2-x^2}\,\cos kx\,\mathrm{d}x$$

가 된다.

$x = Rt$를 대입하고 $p = kR = (2\pi r \sin\theta)/\lambda$를 정의하면

$$a \propto \int_0^1 \sqrt{1-t^2}\,\cos pt\,\mathrm{d}t$$

가 된다.

스크린상에서 관측되는 강도가 0이 되는 점들은 진폭이 0이 되는 점들로부터 얻어진다. 즉

$$J(p) = \int_0^1 \sqrt{1-t^2}\,\cos pt\,\mathrm{d}t = 0$$

이 된다.

함수 $J(p)$를 살펴보면, 첫 번째로 0이 되는 곳은 $p = 3.8317$ 또는

$$\frac{2\pi R \sin\theta}{\lambda} = 3.8317$$

에서 나타남을 알 수 있다. 회절원반의 반지름은 다음 조건에서 각도의 단위로 추산할 수 있다.

$$\sin\theta = \frac{3.8317\lambda}{2\pi R} \approx 1.22\frac{\lambda}{D}$$

여기서 $D = 2R$은 구멍의 지름이다.

반사망원경에서 회절은 부경을 지지하는 구조물에 의해 발생하기도 한다. 만약 구멍이 더욱 복잡한 형태를 갖고, 계산을 위하여 기초 수학만 사용된다면 회절 현상을 다루기가 어렵다. 그러나 이 경우에 구경을 푸리에변환(Fourier transformation)해 줌으로써 회절 형태를 구할 수 있다.

3.7 예제

예제 3.1 쌍성 허큘리스자리 제타별(ζ Herculis)을 이루는 두 구성별 사이의 거리는 $1.38''$이다. 이 쌍성에 있는 두 별을 분간하려면 망원경 구경이 얼마여야 하는가? 대물렌즈의 초점거리가 80cm이고 눈의 분해능이 $2'$이라 할 때 구성별을 분간하려면 접안렌즈의 초점거리는 얼마나 되어야 하는가?

광학영역의 평균 파장값으로 $\lambda \approx 550\mathrm{nm}$를 사용하면, 대물렌즈의 지름은 분해능의 방정식 (3.4)로부터 구할 수 있어

$$\begin{aligned} D \approx \frac{\lambda}{\theta} &= \frac{550 \times 10^{-9}}{(1.38/3600) \times (\pi/180)}\,\mathrm{m} \\ &= 0.08m = 8cm \end{aligned}$$

가 된다. 필요한 배율은

$$\omega = \frac{2'}{1.38''} = 87$$

이다. 배율은

$$\omega = \frac{f}{f'}$$

로 주어지므로 접안렌즈의 초점거리는

$$f' = \frac{f}{\omega} = \frac{80\text{cm}}{87} = 0.9\text{cm}$$

가 된다.

예제 3.2 대물렌즈의 지름이 90mm이고 초점거리가 1,200mm인 망원경이 있다.

a) 출사동의 크기가 6mm(사람 동공의 크기와 비슷함)인 접안렌즈의 초점거리는 얼마인가?
b) 이 접안렌즈를 사용할 때 배율은 얼마인가?
c) 이 망원경과 접안렌즈를 이용하여 본 달의 각지름은 얼마인가?

a) 그림 3.7로부터 출사동의 크기는

$$L = \frac{f'}{f} D$$

이고, 여기서 f'은

$$f' = f\frac{L}{D} = 1200\text{mm}\frac{6\text{mm}}{90\text{mm}}$$
$$= 80\text{mm}$$

이다.

b) 배율은 $\omega = f/f' = 1200\text{mm}/80\text{mm} = 15$이다.
c) 달의 각지름을 $\alpha = 31' = 0.52°$라고 가정할 때, 망원경을 통하여 본 각지름은 $\omega\alpha = 7.8°$이다.

3.8 연습문제

연습문제 3.1 지름이 20cm이고 초점거리가 150cm인 대물렌즈를 가지는 망원경을 이용하여 달의 사진을 찍었다. 노출시간은 0.1초였다.

a) 대물렌즈의 지름이 15cm이고 초점거리가 200cm인 망원경이라면 노출시간은 얼마나 되는가?
b) 두 경우 찍힌 달의 상의 크기는 각각 얼마인가?
c) 초점거리가 25mm인 접안렌즈를 이용하여 달을 볼 때 두 망원경의 경우 각각의 배율은 얼마인가?

연습문제 3.2 매사추세츠 암허스트(Amherst)와 스웨덴 온살라(Onsala)에 각각 있는 전파망원경을 사용하여 기선이 2,900km인 간섭계를 만들려고 한다.

a) 22GHz에서 기선방향으로 분해능은 얼마인가?
b) 위에서 계산된 것과 똑같은 분해능을 갖는 광학망원경의 크기는 얼마나 되어야 하는가?

측광의 개념과 등급

4

대부분의 천문관측은 전자기복사를 통해서 이루어지고 있다. 우리는 전자기복사 방출원의 에너지 분포를 살펴봄으로써 그 방출원의 물리적 특성에 관한 정보를 얻을 수 있다. 그러면 전자기복사의 특성을 나타내는 기본 개념들을 알아보기로 하자.

4.1 강도, 플럭스밀도와 광도

면적소 $\mathrm{d}A$를 지나는 전자기복사를 생각하자(그림 4.1). 이때 복사의 일부는 면적소 $\mathrm{d}A$를 지나 입체각 $\mathrm{d}\omega$로 방출될 것이다. 면적소 $\mathrm{d}A$에 수직한 방향과 복사의 진행방향이 만드는 각을 θ라고 하자. $\mathrm{d}t$ 시간 동안 입체각 $\mathrm{d}\omega$로 진입하는 진동수 ν와 $\nu+\mathrm{d}\nu$ 사이의 복사에너지량은

$$\mathrm{d}E_\nu = I_\nu \cos\theta \,\mathrm{d}A\,\mathrm{d}\nu\,\mathrm{d}\omega\,\mathrm{d}t \tag{4.1}$$

이다. 여기서 계수 I_ν를 진동수 ν에서 입체각 $\mathrm{d}\omega$의 방향으로 진입하는 복사의 고유강도(specific intensity)라 부른다. 이때 I_ν의 단위는 $\mathrm{W\,m^{-2}Hz^{-1}sterad^{-1}}$이다.

θ 방향에서 본 $\mathrm{d}A$의 투영면적 $\mathrm{d}A_n$은 $\mathrm{d}A_n = \mathrm{d}A\cos\theta$이며, 이것이 바로 식 (4.1)에 $\cos\theta$가 들어 있는 까닭을 잘 설명해 준다. 만일 복사강도가 방향에 의존하지 않는다면, 에너지량 $\mathrm{d}E_\nu$는 복사의 진행방향에 수직한 면적에 비례할 것이다.

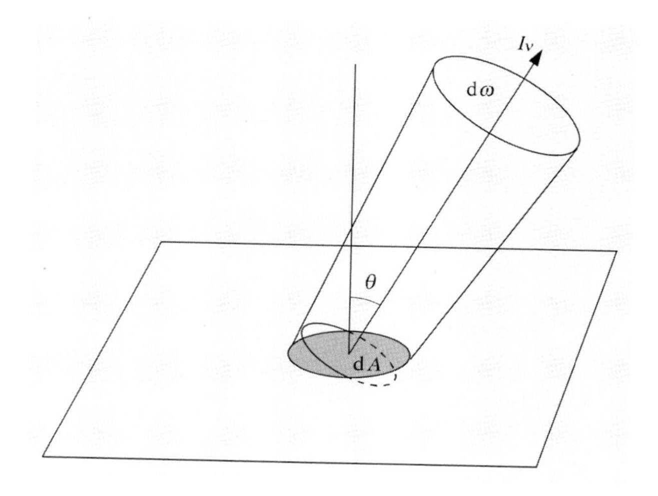

그림 4.1 복사강도 I_ν는 θ의 방향에서 면적소 $\mathrm{d}A$에 입사된 복사가 입체각 $\mathrm{d}\omega$로 방출될 때 복사에너지와 관계를 갖는다.

모든 진동수에 관한 복사강도의 합을 **총 복사강도**(total intensity)라고 하며, 이는 I_ν를 모든 진동수에 대하여 적분해 줌으로써 얻어진다.

$$I = \int_0^\infty I_\nu \,\mathrm{d}\nu$$

관측적인 측면에서 볼 때 더 중요한 물리량은 **에너지 플럭스**(energy flux; L_ν, L), 간단히 말해서 **플럭스**(flux) 또는 **플럭스밀도**(flux density; F_ν, F)이다. 플럭스밀도는 단위면적을 지나간 복사에너지량으로 정의된다. 따

라서 플럭스밀도의 단위는 그 양이 어떤 특정 진동수에서의 플럭스밀도인지 아니면 모든 진동수를 포함한 총 플럭스밀도인지에 따라 $\mathrm{Wm^{-2}Hz^{-1}}$ 또는 $\mathrm{Wm^{-2}}$으로 주어진다.

보통의 경우 관측되는 천체의 플럭스밀도는 작은 데 반하여, $\mathrm{W\,m^{-2}}$은 대단히 큰 양을 나타내어 이 단위를 직접 사용하는 것은 좀 불편하다. 따라서 특히 전파천문학에서는 플럭스밀도의 단위로 잰스키를 사용하고 있으며, 1잰스키(1Jy)는 $10^{-26}\mathrm{Wm^{-2}Hz^{-1}}$에 해당한다.

우리가 복사원을 관측할 때 실제로 측정하는 것은 일정한 시간 동안 검출기에 집적되는 에너지양이므로, 이는 관측시간과 검출기의 복사 수집면적에 대하여 플럭스밀도를 적분해 준 값에 해당한다.

진동수 ν에서의 플럭스밀도 F_ν를

$$F_\nu = \frac{1}{\mathrm{d}A\,\mathrm{d}\nu\,\mathrm{d}t}\int_S \mathrm{d}E_\nu = \int_S I_\nu \cos\theta\,\mathrm{d}\omega \tag{4.2}$$

와 같이 강도에 대하여 표현할 수 있다. 이때 적분 구간은 모든 방향을 포함하고 있다. 비슷하게, 총 플럭스밀도 F는

$$F = \int_S I\cos\theta\,\mathrm{d}\omega$$

로 표시된다.

가령 복사가 등방성(isotropy)을 갖는다면, 즉 강도 I가 방향에 무관하다면

$$F = \int_S I\cos\theta\,\mathrm{d}\omega = I\int_S \cos\theta\,\mathrm{d}\omega \tag{4.3}$$

가 된다. 이때 입체각 $\mathrm{d}\omega$는 단위구면상에 놓인 면적소와 같다. 구면좌표계에서 $\mathrm{d}\omega$는(그림 4.2, 부록 A.5)

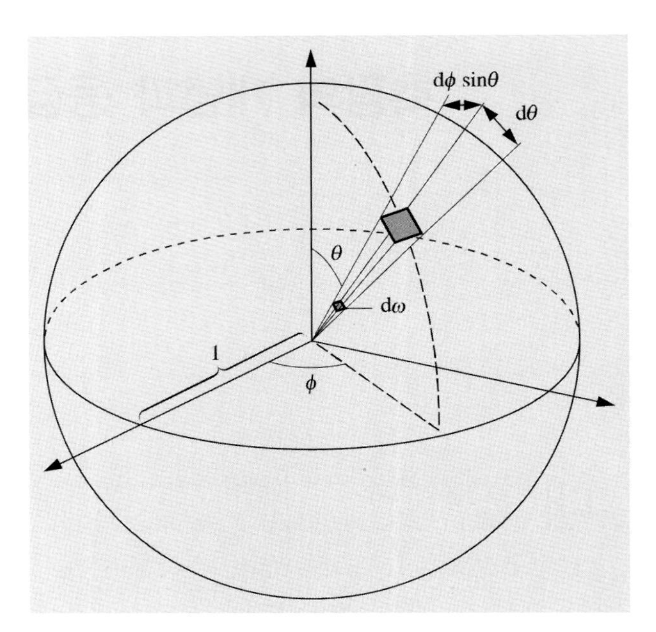

그림 4.2 무한소 입체각 $\mathrm{d}\omega$는 단위구면상에서의 면적소와 같다 : $\mathrm{d}\omega = \sin\theta\,\mathrm{d}\theta\,\mathrm{d}\phi$.

$$\mathrm{d}\omega = \sin\theta\,\mathrm{d}\theta\,\mathrm{d}\phi$$

이며, 이것을 식 (4.3)에 대입하면 총 플럭스밀도 F는

$$F = I\int_{\theta=0}^{\pi}\int_{\phi=0}^{2\pi}\cos\theta\sin\theta\,\mathrm{d}\theta\,\mathrm{d}\phi = 0$$

이 된다. 이때 알짜 플럭스(net flux)는 0이 되는데 이는 일정한 면적으로 진입하는 복사와 그 면적을 통해서 나가는 복사가 같다는 것을 뜻한다. 한편, 천체의 표면을 통하여 방출되는 복사량을 구하려면 그 표면을 떠나는 복사량을 알면 된다. 등방복사의 경우 이러한 총 플럭스밀도는

$$F_1 = I\int_{\theta=0}^{\pi/2}\int_{\phi=0}^{2\pi}\cos\theta\sin\theta\,\mathrm{d}\theta\,\mathrm{d}\phi = \pi I \tag{4.4}$$

가 된다.

천문학에서는 강도나 밝기(brightness)와 같은 용어들이 흔히 애매하게 사용되고 있다. 플럭스밀도는 거의 플

럭스밀도라고 하지 않고 강도 또는 간단히 플럭스라고 부를 때가 많다. 그러므로 이러한 용어들이 지닌 뜻을 항상 조심스럽게 살펴볼 필요가 있다.

플럭스는 단위시간에 단위면적을 지나는 에너지를 뜻하므로 와트(watt)의 단위로 표시된다. 어떤 별의 표면으로부터 입체각 ω로 방출되는 플럭스는 $L = \omega r^2 F$이다. 이때 F는 광원에서 r만큼 떨어진 관측자가 받는 플럭스밀도이다. **총 플럭스**(total flux)는 복사원을 에워싼 폐곡면을 지나는 플럭스를 말한다. 천문학자들은 별의 총 플럭스를 **광도**(luminosity)라고 부른다. 진동수 ν에서의 광도 L_ν에 대해서도 위와 동일하게 정의할 수 있다 ($[L_\nu] = \mathrm{W\,Hz^{-1}}$). [우리는 물리학에서 사용되는 광속(光束, luminous flux)과 혼동하면 안 된다. 왜냐하면 이는 눈의 감도를 고려한 양이기 때문이다.]

만일 광원(예 : 별)이 등방하게 복사를 방출한다면, 거리 r에서의 복사량은 $4\pi r^2$의 표면적을 갖는 구면상에 고르게 분포될 것이다(그림 4.3 참조). 이 구면의 표면을 통과하는 복사의 플럭스밀도를 F라고 하면, 총 플럭스 L은

$$L = 4\pi r^2 F \tag{4.5}$$

로 주어진다. 관측자가 광원 밖에 위치하고 있을 때, 빛의 흡수나 방출이 없다면 그 광원의 광도는 거리에 무관하다. 반면에, 플럭스밀도는 $1/r^2$로 감소한다.

크기를 갖는 천체(점광원으로 보이는 별과 같은 천체와는 대조적으로)의 경우, 그 천체의 **표면밝기**(surface brightness)는 단위입체각당 플럭스밀도로 정의된다(그림 4.4). 어떤 관측자가 입체각의 정점에 있다고 할 때, 크기를 갖는 천체의 표면밝기는 거리에 무관하다. 그 이유는 다음과 같다. 면적 A를 지나 도달한 복사의 플럭스밀도 F는 떨어진 거리의 제곱에 반비례하지만, 또한 면적 A를 품는 입체각 ω도 역시 거리 제곱(r^2)에 반비례한다(즉 $\omega = A/r^2$). 따라서 표면밝기, $B = F/\omega$는 거리에 무관한 일정한 값을 갖는다.

복사의 **에너지밀도**(energy density) u는 단위체적 속에 들어 있는 복사에너지량으로 정의된다($\mathrm{Jm^{-3}}$).

$$u = \frac{1}{c}\int_S I\,\mathrm{d}\omega \tag{4.6}$$

다음에 에너지밀도가 어떻게 표현되는지 살펴보자. 면적소 $\mathrm{d}A$에 수직한 방향으로 입체각 $\mathrm{d}\omega$로 진입한 복사강도를 I라고 하자(그림 4.5). 복사가 $\mathrm{d}t$ 시간 동안 진행하는 거리는 $c\,\mathrm{d}t$이므로 $\mathrm{d}t$ 시간 후에 복사는 $\mathrm{d}V = c\,\mathrm{d}t\,\mathrm{d}A$의 공간을 채우게 된다. 따라서 $\mathrm{d}V$ 속에 들어 있는 에너지 $\mathrm{d}E$(이때 $\cos\theta = 1$)는

$$\mathrm{d}E = I\,\mathrm{d}A\,\mathrm{d}\omega\,\mathrm{d}t = \frac{1}{c}I\,\mathrm{d}\omega\,\mathrm{d}V$$

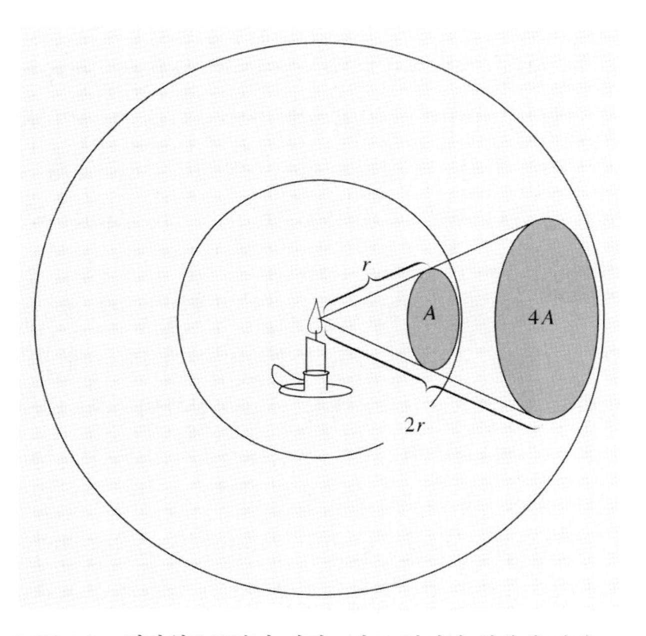

그림 4.3 점광원으로부터 거리 r만큼 떨어진 위치에 면적 A에 분포된 에너지플럭스는 그 거리에 2배인 $2r$만큼 떨어진 위치가 되면 $4A$의 면적에 분포하게 된다. 따라서 플럭스밀도는 거리 제곱에 반비례한다.

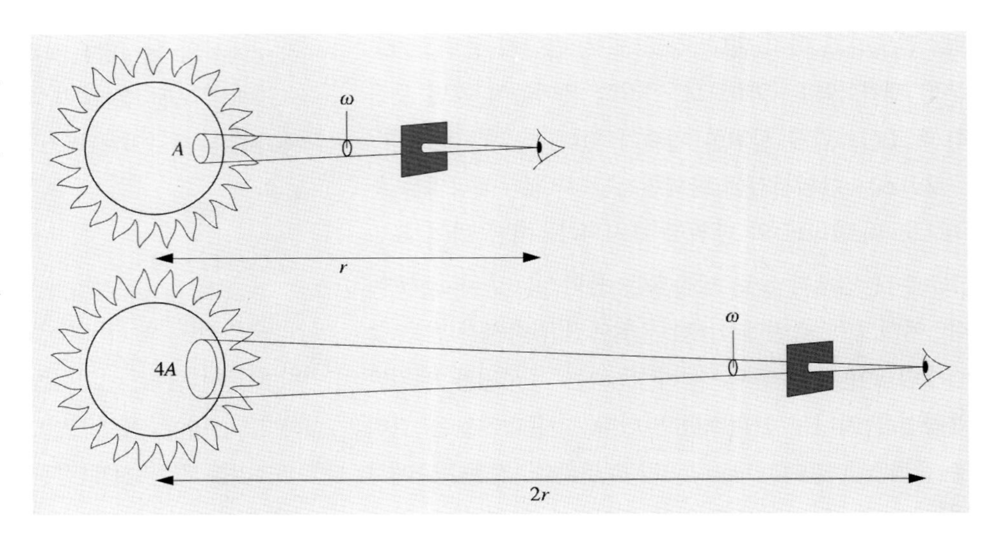

그림 4.4 관측자가 일정한 입체각 ω로부터 방출되는 복사를 관측할 때, 이 입체각으로 입사된 복사가 지나는 면적은 관측자로부터 광원까지의 거리가 멀어짐에 따라 증가한다($A \propto r^2$). 그러므로 표면밝기 또는 단위 입체각당 에너지플럭스는 항상 일정하다.

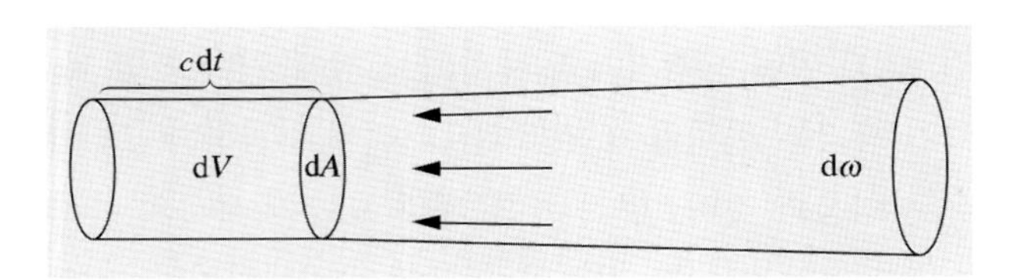

그림 4.5 복사방향에 수직한 면적소 $\mathrm{d}A$로 입사된 복사는 $\mathrm{d}t$ 시간 동안 $\mathrm{d}V = c\mathrm{d}t\mathrm{d}A$의 체적 공간을 채운다.

가 된다. 그러므로 입체각 $\mathrm{d}\omega$로 입사한 복사에너지밀도 $\mathrm{d}u$는

$$\mathrm{d}u = \frac{\mathrm{d}E}{\mathrm{d}V} = \frac{1}{c} I \mathrm{d}\omega$$

이며, 총 에너지밀도 u는 $\mathrm{d}u$를 모든 방향에 대하여 적분해 줌으로써 얻어진다. 등방복사의 경우 u는 간단히

$$u = \frac{4\pi}{c} I \tag{4.7}$$

가 된다.

4.2 겉보기등급

기원전 2세기경 히파르코스는 육안으로 보이는 별들을 그들의 겉보기 밝기(apparent brightness)에 따라서 6개의 등급으로 분류하였다. 그는 육안으로 가장 밝게 보이는 별들을 1등급에, 가장 어둡게 보이는 별들을 6등급에 포함시켰다.

빛의 밝기에 대한 우리 눈의 감도는 선형적이지 않다. 플럭스밀도의 비가 각각 1 : 10 : 100인 3개의 별이 있을 때, 첫 번째와 두 번째 별 사이의 밝기 차이는 두 번째와 세 번째 별 사이의 밝기 차이와 같아 보인다. 밝기의 비가 동일하면 겉보기 밝기의 차는 동일하다. 따라서 빛의 밝기에 대한 인간의 감지능력은 대수적(logarithmic)이다.

다소 모호했던 히파르코스의 등급 분류법은 1856년 포그슨(Norman R. Pogson, 1829–1891)에 의해 개정되었다. 새로 개정된 보다 정밀한 등급 분류법은 옛 등급 분류법에 가능한 한 가깝도록 만들어졌지만 보편적으로 천문학에서 사용되는 정의와 논리적으로 배치되는 또 다른 문제점을 만들게 되었다. 1등성의 밝기는 6등성 밝기의 약 100배 정도 되므로, 포그슨은 n등급과 $n+1$등급의 밝기의 비가 $\sqrt[5]{100} = 2.512$가 되도록 정의하였다.

밝기의 계급, 즉 **등급**(magnitude)은 관측된 플럭스밀

도 $F([F] = \mathrm{W\,m^{-2}})$의 형태로 정확하게 정의된다. 0등급이 미리 정해진 어떤 플럭스밀도 F_0에 해당한다고 일단 정해 놓으면, 그 밖의 모든 등급 m은

$$m = -2.5 \log \frac{F}{F_0} \tag{4.8}$$

로 정해진다. 여기서 그 계수가 2.512가 아니고 정확히 2.5인 것에 유의하라! 등급은 무차원(dimensionless)의 양이기는 하지만 그 값이 등급을 나타낸다는 것을 표시하기 위해, 5mag 또는 5^{m}과 같이 표시한다.

식 (4.8)은 포그슨의 등급을 정의하는 식임을 쉽게 알 수 있다. 따라서 등급이 m과 $m+1$이고 그에 대응하는 플럭스밀도가 각각 F_m과 F_{m+1}인 두 별이 있을 때, 그들 사이의 등급차는

$$\begin{aligned} m-(m+1) &= -2.5 \log \frac{F_m}{F_0} + 2.5 \log \frac{F_{m+1}}{F_0} \\ &= -2.5 \log \frac{F_m}{F_{m+1}} \end{aligned}$$

으로 주어진다. 여기서 플럭스밀도의 비는

$$\frac{F_m}{F_{m+1}} = \sqrt[5]{100}$$

이다. 마찬가지로 등급이 각각 m_1과 m_2이고 플럭스밀도가 F_1과 F_2인 두 별의 경우에는

$$m_1 - m_2 = -2.5 \log \frac{F_1}{F_2} \tag{4.9}$$

으로 주어진다.

등급체계는 처음 정의한 6개 등급에서 양과 음의 값 양쪽으로 확장 적용할 수 있다. 우리 눈에 가장 밝게 보이는 별인 시리우스의 등급은 -1.5로서 음의 값을 가지며, 태양은 -26.8, 보름달은 -12.5의 등급을 갖는다. 관측 가능한 가장 어두운 천체의 등급은 망원경의 크기, 검출기의 감도, 그리고 노출시간에 따라 달라진다. 가장 어두운 천체를 볼 수 있는 한계등급은 점점 커지고 있다. 현재 관측 가능한 가장 어두운 천체의 등급은 30등급을 넘는다.

4.3 등급계

우리가 정의한 **겉보기등급**(apparent magnitude) m은 등급을 측정하기 위해 사용한 관측기기에 의존한다. 검출기의 감도는 파장에 따라 다르다. 또한, 서로 다른 관측기기는 서로 다른 파장 영역을 검출한다. 따라서 관측기기로부터 얻어지는 플럭스는 총 플럭스가 아니며, 오직 그중 일부에 지나지 않는다. 우리는 관측방법에 따라서 여러 종류의 등급계를 정의할 수 있다. 이때 각 등급의 영점값은 등급의 종류에 따라 다르다. 즉 앞에서 언급한 0등급에 해당하는 F_0가 등급 종류에 따라 달라진다. 보통 영점값은 몇 개의 선택된 표준성(standard stars)에 의해서 정의되고 있다.

낮 동안 우리 눈은 파장이 약 550nm인 파장의 복사에 가장 민감하며, 그 감도는 적색(장파장) 쪽으로, 또한 보라색(단파장) 쪽으로 갈수록 감소한다. 이처럼 우리 눈의 감도에 의해서 정의된 등급을 **안시등급**(眼視等級, visual magnitude) m_{v}라고 부른다.

사진건판은 청색과 보라색 파장 영역에서 가장 예민하므로 우리 눈으로 볼 수 없는 파장의 복사를 검출할 수 있다. 그러므로 **사진등급**(photographic magnitude) m_{pg}는 보통 안시등급과 다르다. 황색 필터와 황색과 녹색광에 민감한 사진건판을 이용하여 우리 눈과 비슷한 감도를 만들어낼 수 있다. 이러한 방법을 사용하여 구한 등급을 **사진안시등급**(photovisual magnitude) m_{pv}라고 부른다.

만일, 이상적으로 우리가 전 파장 영역의 복사량을 측정할 수 있다면, 이를 **복사등급**(bolometric magnitude)

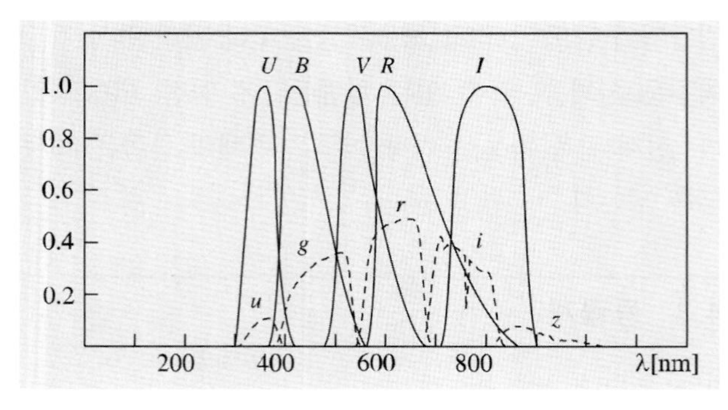

그림 4.6 UBVRI 측광계에 사용되는 필터의 상대 투과함수의 윤곽. 각 필터 투과율은 최대치가 1이 되도록 규격화되었다. R과 I필터는 존슨(Johnson), 커즌(Cousins), 그리고 글래스(Glass)에 의해 고안된 측광계에 기반을 두고 있으며, 이 측광계는 적외선 영역의 J, H, K, L, M필터도 포함하고 있다. 이전에 쓰였던 R필터와 I필터는 여기서 보여주는 필터와 매우 다르다. ugriz 등급을 나타내는 점선은 양자효율을 보여주며, 대기량 $x=1.3$에 해당하는 대기 소광을 포함하고 있다(4.5절 참조).

$m_{\rm bol}$이라 한다. 그러나 실제로 천체의 복사등급을 구한다는 것은 극히 어려운 일이다. 그 까닭은 측정하려는 복사 중 일부는 지구대기에 의해 흡수될 뿐만 아니라 파장에 따라서 각기 다른 검출기를 사용해야 하기 때문이다(실제로 복사측정기(bolometer)라고 부르는 기기가 있지만 이 기기는 진정한 의미에서 복사측정기라기보다는 적외선 검출기라 볼 수 있다). 그러나 **복사보정**(bolometric correction) BC값을 안다면 복사등급은 안시등급으로부터 구해진다.

$$m_{\rm bol} = m_{\rm v} - {\rm BC} \tag{4.10}$$

복사보정은 태양과 같은 분광형의 별(또는 더 정확히 말하면, 분광형이 F5인 별)에서 그 값이 0이 되도록 정의한다. 안시등급과 복사등급이 같다고 하더라도 실제 복사등급의 플럭스밀도는 안시등급의 플럭스밀도보다 항상 크다. 이러한 명백한 모순이 생기는 까닭은 두 등급을 정의하는 F_0의 값이 서로 다르기 때문이다.

별의 복사에너지 분포가 태양의 복사에너지 분포와 다르면 다를수록 별의 복사보정은 증가한다. 태양보다 온도가 높거나 낮은 별들은 모두 양의 복사보정값을 갖는다. 때로는 복사보정을 $m_{\rm bol} = m_{\rm v} + {\rm BC}$로 정의하기도 하는데, 이 경우에 BC는 항상 음의 값(BC ≤ 0)을 갖는다. 실제로 $m_{\rm bol} \le m_{\rm v}$이어야 하므로 복사보정을 잘못 적용하는 실수를 범할 확률은 극히 적다.

가장 정밀한 등급 측정법은 광전 측광기나 CCD카메라를 사용하는 것이다. 보통 필터를 사용하여 일정한 파장영역에 속하는 복사만이 검출기에 입사되도록 한다. 광전측광에서 널리 사용되는 다색등급계(multicolour magnitude system) 중 하나는 1950년대에 **존슨**(Harold L. Johnson, 1921-1980)과 **모건**(William W. Morgan, 1906-1994)이 개발한 UBV 측광계이다. 여기서 등급은 3개의 필터인 U(자외선), B(청색), V(안시) 필터에 의해 정의되는데, 이들의 파장폭과 유효파장이 그림 4.6과 표 4.1에 제시되어 있다. 이들의 필터를 통해서 관측되는 등급을 각각 U, B, V등급이라고 부른다.

표 4.1 UBVRI와 uvby필터의 파장폭과 유효(≈평균)파장

등급		파장폭(nm)	유효파장(nm)
U	자외선	66	367
B	청색	94	436
V	안시	88	545
R	적색	138	638
I	적외선	149	797
u	자외선	30	349
v	보라색	19	411
b	청색	18	467
y	황색	23	547

UBV 측광계는 그 후 보다 많은 파장대가 도입됨으로써 확대되었다. 그중 가장 흔히 사용되는 것은 5색 UBVRI 측광계로서, R은 적색 필터, I는 적외선 필터를 뜻한다.

그 밖에 여러 광대역(broad band) 측광계가 있지만

이들은 UBV 측광계처럼 잘 표준화되어 있지 않다. UBV 측광계는 밤하늘의 전역에 산재해 있는 다수의 표준성을 사용하고 있으므로 비교적 잘 정의되어 있다. 천체의 등급은 표준성의 등급과 비교함으로써 결정된다.

스트룀그렌(Bengt Strömgren, 1908-1987)의 **4색 측광계**(four-color system), 즉 **uvby 측광계**에서 사용하는 필터의 파장폭은 UBV 측광계의 경우보다 훨씬 좁다. uvby 측광계도 표준화가 잘 되어 있지만, UBV 측광계만큼 흔히 사용되지는 않는다. 그 밖의 **협대역**(狹帶域, narrow band) **측광계**에도 여러 종류가 있다. 보다 많은 필터를 추가함으로써, 천체들의 복사에너지 분포에 관한 보다 많은 정보를 얻을 수 있다.

다색측광계에서 두 등급의 차이로 **색지수**(color index)를 정의한다. 예를 들어 U등급에서 B등급을 빼 줌으로써 $U-B$ 색지수를 얻는다. UBV 측광계의 경우, 흔히 V등급과 2개의 색지수 $U-B$와 $B-V$만을 사용한다.

U, B, V등급의 경우, 분광형 A0 별(분광형에 관한 내용은 제8장 참조)의 $B-V$와 $U-B$가 모두 0이 되도록 식 (4.8)의 상수 F_0가 설정되었다. 한편, A0 별의 표면온도는 약 10,000K가량 된다. 예를 들어 거문고자리 알파별(α Lyr)인 베가(Vega, 분광형 A0V)는 $V=0.04$, $B-V=U-B=0.00$이다. 태양은 $V=-26.8$, $B-V=0.64$, 그리고 $U-B=0.12$의 값을 갖는다.

UBV 측광계가 개발되기 이전에 색지수 C.I.는 C.I.$=m_{pg}-m_v$로 정의되었다. 이 정의에 의하면 색지수 C.I는 $B-V$ 색지수에 해당하는 것으로 C.I.$=(B-V)-0.11$의 관계를 갖는다.

요즘에는 모든 파장대에서 F_0가 3631 Jy로 동일한 AB(ABsolute) 측광계를 사용하는 것이 더 관례가 되고 있다. 예를 Sloan Digital Sky Survey(SDSS)에서 사용한 ugriz 등급계가 그러한 측광계를 채택하였다. 천체의 종류에 따라서 UBV 측광계와 ugriz 측광계 사이의 변환을 위한 여러 다른 방정식이 있다. 보통 별에 대해서는 다음 변환식이 사용된다.

$$
\begin{aligned}
V &= g - 0.2906\,(u-g) + 0.0885, \\
V &= g - 0.5784\,(g-r) - 0.0038, \\
R &= r - 0.1837\,(g-r) - 0.0971, \\
R &= r - 0.2936\,(r-i) - 0.1439, \\
I &= r - 1.2444\,(r-i) - 0.3820, \\
I &= i - 0.3780\,(i-z) - 0.3974
\end{aligned}
\qquad (4.11)
$$

4.4 절대등급

지금까지 우리는 오직 겉보기등급에 관해서 논의하였다. 별의 밝기가 거리에 따라 변하기 때문에, 겉보기등급은 그 별의 실제 고유의 밝기(true brightness)를 나타내지 못한다. 별이 갖고 있는 고유의 밝기를 나타내는 물리량이 바로 **절대등급**(absolute magnitude)이다. 절대등급은 10pc 떨어져 있는 별의 겉보기등급으로 정의된다(그림 4.7). 이 정의는 1922년 IAU 총회에서 공식적으로 채택되었다.

그러면 겉보기등급 m, 절대등급 M, 거리 r 사이의 관계를 나타내는 식을 유도해보기로 하자. 거리 r에서 어떤 별의 표면으로부터 입체각 ω로 방출되는 플럭스는 ωr^2으로 퍼져나갈 것이므로, 플럭스밀도는 거리의 제곱에 반비례할 것이다. 따라서 거리 r과 10pc에서 플럭스 밀도의 비 $F(r)/F(10)$은

$$\frac{F(r)}{F(10)} = \left(\frac{10\text{pc}}{r}\right)^2$$

으로 주어진다. 또한, 거리 r과 10pc에서의 등급 차, 즉 **거리지수**(distance modulus) $m-M$은

$$m-M = -2.5\log\frac{F(r)}{F(10)} = -2.5\log\left(\frac{10\text{pc}}{r}\right)^2$$

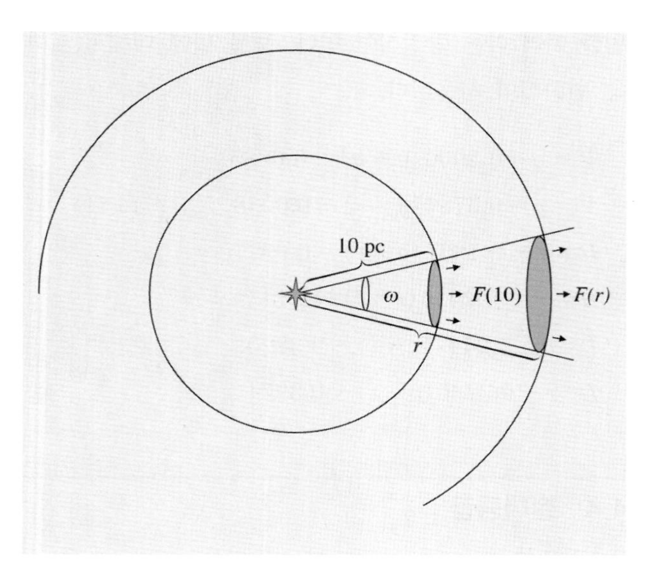

그림 4.7 거리 r에서의 겉보기등급은 플럭스밀도 $F(r)$에 의해 결정된다. 절대등급은 별에서부터 거리 10pc에서 보는 겉보기등급으로 정의하며, 이는 별에서 10pc 떨어진 위치에서 플럭스밀도 $F(10)$에 의존한다.

또는

$$m - M = 5\log\frac{r}{10\text{pc}} \tag{4.12}$$

로 주어진다. 전통적으로 앞의 식은 거의 언제나

$$m - M = 5\log r - 5 \tag{4.13}$$

의 형태로 나타낸다. 이때 이 식은 거리 r이 pc의 단위로 표시되었을 때만 성립된다(차원을 갖는 물리량에 대해 대수를 취하는 것은 사실 물리적으로 모순된 것이다). 때로는 거리를 킬로파섹(kpc, kiloparsec) 또는 메가파섹(Mpc, megaparsec)으로 나타내기도 하는데, 이 경우에는 식 (4.13)의 상수값을 그에 맞는 값으로 고쳐주어야 한다. 이와 같은 혼동을 피하기 위해서라도 식 (4.12)를 그대로 사용하는 것이 좋다.

절대등급은 흔히 대문자로 표기한다. 그러나 U, B, V등급은 예외적으로 겉보기등급을 나타내고 있다. 따라서 U, B, V 겉보기등급에 대응되는 절대등급은 M_U, M_B, M_V로 쓴다.

절대복사등급은 광도의 함수로 나타낼 수 있다. 거리 $r = 10\,\text{pc}$에서의 총 플럭스밀도를 F로 놓고 그에 상응하는 태양의 총 플럭스밀도를 $F_\odot$라고 하자. 광도는 $L = 4\pi r^2 F$로 주어지므로 우리는

$$M_{\text{bol}} - M_{\text{bol},\odot} = -2.5\log\frac{F}{F_\odot} = -2.5\log\frac{L/4\pi r^2}{L_\odot/4\pi r^2}$$

또는

$$M_{\text{bol}} - M_{\text{bol},\odot} = -2.5\log\frac{L}{L_\odot} \tag{4.14}$$

을 얻게 된다. 따라서 절대복사등급 $M_{\text{bol}} = 0$은 광도 $L_0 = 3.0 \times 10^{28}\,\text{W}$에 해당한다.

4.5 소광과 광학적 두께

식 (4.12)는 거리의 증가에 따라 겉보기등급이 어떻게 증가하는지(즉 밝기가 어떻게 감소하는지) 보여주고 있다. 만일 광원과 관측자 사이의 모든 공간이 완벽한 진공이 아니고 성간물질을 포함하고 있다면, 식 (4.12)은 성립되지 않는다. 왜냐하면 복사의 일부가 성간물질에 의해서 흡수되거나(흡수된 복사는 본래의 파장과 다른 파장으로 재방출되며, 이때 방출되는 복사의 파장은 그 등급을 정의한 파장대에서 벗어날 수도 있다), 시선방향 밖으로 산란되기 때문이다. 이러한 형태로 발생된 복사 손실을 소광(消光, extinction)이라고 부른다.

그러면 소광이 거리에 따라 어떻게 변하는지 알아보기로 하자. 주어진 파장 영역에서 한 별의 표면에서 입체각 ω로 복사되는 플럭스 L_0를 생각하자. 성간물질은 복사를 흡수 또는 산란시키므로 거리 r의 증가에 따라 플럭스 L은 감소될 것이다(그림 4.8). r과 $r + \mathrm{d}r$ 사이

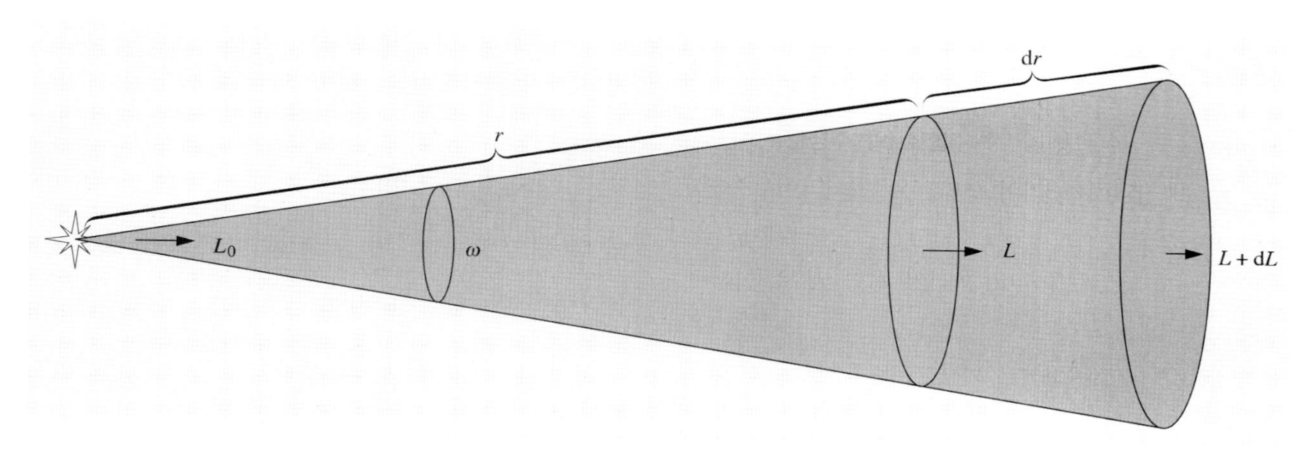

그림 4.8 성간물질은 복사를 흡수하고 산란시킨다. 이 과정을 통해서 입체각 ω 내에 있는 에너지플럭스 L은 감소하게 된다 ($\mathrm{d}L \leq 0$).

의 짧은 구간에서 소광량 $\mathrm{d}L$은 플럭스 L과 성간물질을 통과한 거리에 비례한 것이므로 소광량은

$$\mathrm{d}L = -\alpha L\,\mathrm{d}r \tag{4.15}$$

로 표시된다. 여기서 인자 α는 성간물질이 복사량을 얼마나 유효하게 차단하는가를 가늠하는 물리량이다. 우리는 이 물리량을 **불투명도**(opacity)라고 부른다. 식 (4.15)로부터 불투명도의 차원은 $[\alpha] = m^{-1}$임을 알 수 있다. 완벽한 진공에서 α값은 0이지만 매질의 밀도가 대단히 클 경우에는 무한대에 접근한다. 이제 무차원의 물리량인 광학적 두께(optical thickness) τ를

$$\mathrm{d}\tau = \alpha\,\mathrm{d}r \tag{4.16}$$

로 정의할 수 있게 되었다. 이 식을 식 (4.15)에 대입하면 $\mathrm{d}L$은

$$\mathrm{d}L = -L\,\mathrm{d}\tau$$

가 된다. 또 이 식을 광원(즉 $L = L_0$, $r = 0$)에서부터 관측자까지 적분해 주면

$$\int_{L_0}^{L} \frac{\mathrm{d}L}{L} = -\int_0^{\tau} \mathrm{d}\tau$$

가 되며

$$L = L_0 e^{-\tau} \tag{4.17}$$

이 얻어진다. 여기서 τ는 광원과 관측자 사이에 놓여 있는 물질의 광학적 두께이며, L은 관측된 플럭스이다. 이제 관측된 플럭스 L은 광학적 두께 τ의 증가에 따라 지수함수적으로 감소함을 알 수 있다. 진공은 완전히 투명하므로, 불투명도는 $\alpha = 0$이다. 그러므로 진공에서의 광학적 두께는 증가하지 않으며, 그 결과 복사플럭스 L은 언제나 일정한 값을 갖는다.

어떤 별 표면에서의 플럭스밀도를 F_0, 거리 r에서의 플럭스밀도를 $F(r)$이라고 할 때, 이들의 플럭스 L과 L_0는 각각

$$L = \omega r^2 F(r), \quad L_0 = \omega R^2 F_0$$

로 표시되며, 여기서 R은 그 별의 반지름이다. 이 식을 식 (4.17)에 대입하면

$$F(r) = F_0 \frac{R^2}{r^2} e^{-\tau}$$

이 얻어진다. 절대등급으로 환산하기 위해서는 10pc에서의 플럭스밀도 $F(10)$이 필요한데, 성간소광이 없는 경우 $F(10)$은

$$F(10) = F_0 \frac{R^2}{(10\text{pc})^2}$$

으로부터 얻어진다. 이제 거리지수 $m-M$은

$$\begin{aligned} m-M &= -2.5\log\frac{F(r)}{F(10)} \\ &= 5\log\frac{r}{10\text{pc}} - 2.5\log e^{-\tau} \\ &= 5\log\frac{r}{10\text{pc}} + (2.5\log e)\tau \end{aligned}$$

또는

$$m-M = 5\log\frac{r}{10\text{pc}} + A \tag{4.18}$$

로 표시된다. 여기서 $A(A \geq 0)$는 별과 관측자 간에 존재하는 모든 성간물질에 의해 나타난 소광등급을 나타낸다. 만일 불투명도가 시선방향을 따라 일정하다면

$$\tau = \alpha\int_0^r \mathrm{d}r = \alpha r$$

이 되어서 식 (4.18)은

$$m-M = 5\log\frac{r}{10\text{pc}} + ar \tag{4.19}$$

과 같이 쓸 수 있다. 여기서 상수 a는 $a = 2.5\alpha\log e$로서 단위길이당 소광등급을 나타낸다.

색 초과. 성간물질에 의해 나타나는 또 다른 현상은 빛의 **적색화**(reddening of light)로서 이는 성간물질에 의해 파란 빛이 붉은 빛보다 더 잘 산란되고 흡수되기 때문이다. 그 결과 $B-V$ 색지수값이 증가하게 된다. 어떤 한 별의 안시등급 V는 식 (4.18)에 의해

$$V = M_V + 5\log\frac{r}{10\text{pc}} + A_V \tag{4.20}$$

로 주어지는데, 이때 M_V는 절대안시등급이고 A_V는 V 파장대에서의 소광등급이다. 마찬가지로 B등급은

$$B = M_B + 5\log\frac{r}{10\text{pc}} + A_B$$

로 주어진다. 관측되는 색지수 $B-V$는

$$B-V = M_B - M_V + A_B - A_V$$

또는

$$B-V = (B-V)_0 + E_{B-V} \tag{4.21}$$

로 표시된다. 여기서 $(B-V)_0$는 이 별의 **고유색**(intrinsic colour)으로 $(B-V)_0 = M_B - M_V$를 뜻하며, E_{B-V}는 **색초과**(color excess)로서 $E_{B-V} = (B-V)-(B-V)_0$로 나타낸다. 성간물질에 관한 연구에 의하면 안시 소광등급 A_V에 대한 색초과 E_{B-V}의 비로 정의되는 R은 모든 별에 대하여 거의 일정하다는 사실이 밝혀졌다.

$$R = \frac{A_V}{E_{B-V}} \approx 3.0$$

따라서 우리가 색초과값을 안다면

$$A_V \approx 3.0 E_{B-V} \tag{4.22}$$

로부터 안시 소광등급을 구할 수 있다. V와 M_V 값을 알 경우 A_V가 구해지면 식 (4.20)으로부터 거리가 쉽게 계산된다.

우리는 16.1절('성간티끌')에서 성간소광에 대하여 보

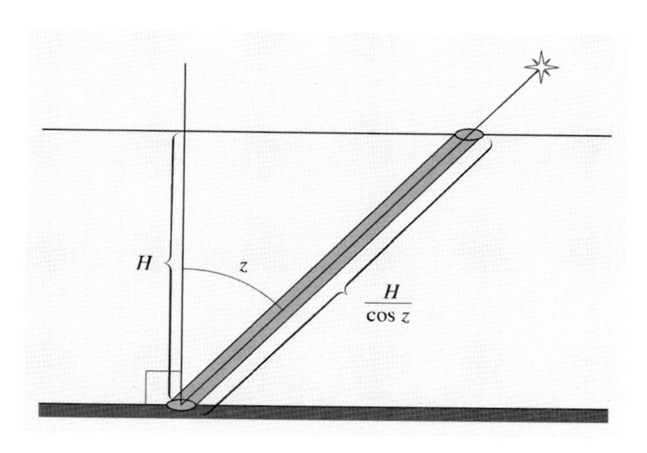

그림 4.9 별의 천정거리를 z라고 할 때 별빛이 대기의 두께가 H인 대기층을 지나간 거리는 $H/\cos z$이다.

다 상세하게 학습하게 될 것이다.

대기의 소광. 3.1절에서 언급한 바와 같이 지구 대기도 소광현상을 일으킨다. 관측되는 등급 m은 관측자의 위치와 그 천체의 천정거리에 따라 변한다. 그 이유는 이 두 가지 요소에 의해 빛이 지구 대기층을 뚫고 지나가게 되는 거리가 결정되기 때문이다. 따라서 서로 다른 관측결과를 비교하려면 대기에 의한 소광을 제거해야만 한다. 그와 같이 얻어지는 등급 m_0만을 이용하여 서로 다른 관측값을 비교할 수 있다.

천정거리 z가 그다지 크지 않을 경우, 지구 대기를 두께가 일정한 평면 대기층으로 근사시킬 수 있다(그림 4.9). 대기층의 두께를 1로 잡을 때 빛이 통과한 거리 X는

$$X = 1/\cos z = \sec z \tag{4.23}$$

이다. 이때 X를 **대기량**(air mass)이라고 부른다. 식 (4.19)에 의하면 등급 m은 대기량 X에 대하여 선형적으로 증가한다. 즉

$$m = m_0 + kX \tag{4.24}$$

이며, 여기서 k를 **소광계수**(消光係數, extinction coefficient)라 한다.

동일한 천체를 하룻밤 동안 여러 차례에 걸쳐 가능한 한 천정거리를 폭넓게 관측함으로써 소광계수를 구할 수 있다. 관측된 등급을 대기량의 함수로 나타낼 경우, 관측점들은 대부분 한 직선상에 놓이게 되는데, 이때 이 직선의 기울기가 바로 소광계수 k가 된다. 한편 이 직선을 $X=0$까지 외삽(外挿)시켜 구한 m_0는 지구 대기 밖에서 측정한 천체의 겉보기등급을 나타낸다.

저고도에서의 대기의 곡률은 문제를 대단히 복잡하게 만들기 때문에 실제로 천체의 천정거리가 70°를 넘을 경우(또는 천체의 고도가 20° 미만일 경우)의 관측값은 k와 m_0값을 구하는 데 사용되지 않는다. 소광량은 단파장 쪽으로 갈수록 급격히 증가하므로 소광계수 k의 값은 관측자의 위치, 관측시각, 그리고 관측하는 파장영역에 따라 변한다.

4.6 예제

예제 4.1 복사강도가 거리에 무관함을 증명하시오.

θ의 방향으로 면적소 $\mathrm{d}A$를 떠나는 복사를 생각하자. 이때 $\mathrm{d}t$ 시간 동안 $\mathrm{d}\omega$의 입체각으로 입사된 복사에너지 $\mathrm{d}E$는

$$\mathrm{d}E = I\cos\theta\,\mathrm{d}A\,\mathrm{d}\omega\,\mathrm{d}t$$

이며, 여기서 I는 복사강도이다. 만일 이 복사에너지가 거리 r만큼 떨어진 위치에서 θ'의 방향을 향한 면적소 $\mathrm{d}A'$으로 모두 입사된다면 입체각 $\mathrm{d}\omega$는

$$\mathrm{d}\omega = \mathrm{d}A'\cos\theta'/r^2$$

으로 주어진다. 한편 복사강도의 정의로부터 $\mathrm{d}E$는

$$\mathrm{d}E = I'\cos\theta'\,\mathrm{d}A'\,d\omega'\,\mathrm{d}t$$

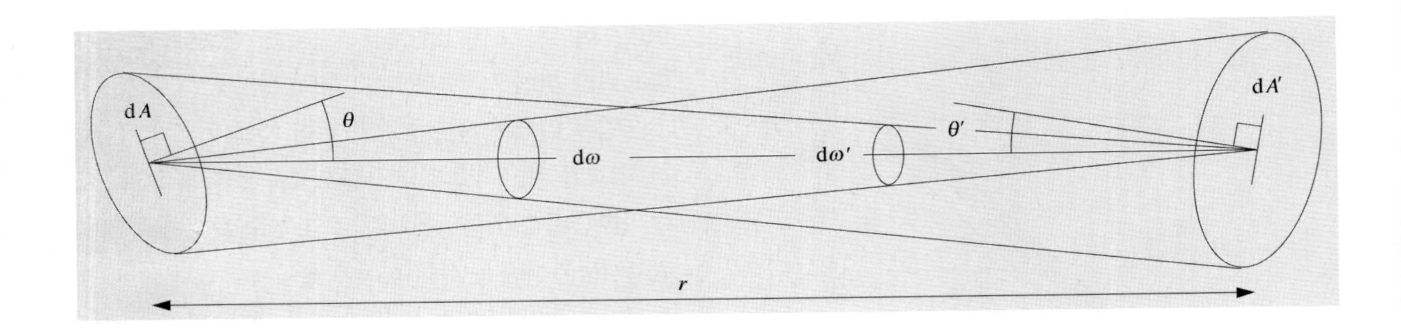

로 나타낼 수 있으며, 이때 I'은 dA'에서의 복사강도이며 $d\omega'$는

$$d\omega' = dA\cos\theta/r^2$$

로 주어진다. $d\omega$와 $d\omega'$을 dE에 각각 대입하면

$$I\cos\theta\, d\theta\, dA\frac{dA'\cos\theta'}{r^2}dt = I'\cos\theta'\, dA'\frac{dA\cos\theta}{r^2}dt$$

즉 $I' = I$가 된다. 따라서 복사강도는 진공에서 언제나 일정한 값을 갖는다.

예제 4.2(태양의 표면밝기) 태양이 등방적으로 복사를 방출한다고 가정하자. R을 태양의 반지름, $F_\odot$를 태양표면에서의 복사밀도, F를 거리 r에서의 복사밀도라고 할 때, 광도 L은

$$L = 4\pi R^2 F_\odot = 4\pi r^2 F$$

와 같은 형태로 일정하므로, 복사밀도 F는

$$F = F_\odot\frac{R^2}{r^2}$$

으로 주어진다. $r \gg R$인 거리에서 태양이 품는 입체각 ω는

$$\omega = \frac{A}{r^2} = \frac{\pi R^2}{r^2}$$

이며, 여기서 A는 $A = \pi R^2$으로서 태양의 중심을 자르는 단면적이다. 따라서 표면밝기 B는

$$B = \frac{F}{\omega} = \frac{F_\odot}{\pi}$$

가 된다. 식 (4.4)를 고려하면 우리는

$$B = I_\odot$$

를 얻게 된다. 따라서 표면밝기는 거리에 무관하며, 그 값은 복사강도와 같다. 여기서 다소 추상적인 복사강도에 관한 개념을 이해하기 위한 간단한 해석을 찾아보았다.

지구표면에서의 태양의 플럭스밀도, 즉 **태양상수**(solar constant) $S_\odot$는 $S_\odot \approx 1370\,\mathrm{W\,m^{-2}}$이다. 태양의 각지름은 $\alpha = 32'$이므로

$$\frac{R}{r} = \frac{\alpha}{2} = \frac{1}{2}\times\frac{32}{60}\times\frac{\pi}{180} = 0.00465\,\mathrm{rad}$$

이다. 태양이 품는 입체각 ω는

$$\omega = \pi\left(\frac{R}{r}\right)^2 = \pi\times 0.00465^2 = 6.81\times 10^{-5}\,\mathrm{sterad}$$

이므로 표면밝기는

$$B = \frac{S_\odot}{\omega} = 2.01 \times 10^7 \text{ W m}^{-2} \text{ sterad}^{-1}$$

으로 주어진다.

예제 4.3(쌍성의 등급) 등급은 대수적인 양이기 때문에 경우에 따라서는 이들을 다루기가 좀 어색할 때가 있다. 예를 들면 등급을 합할 때 플럭스밀도처럼 이들을 직접 더할 수 없다. 가령 쌍성을 이루는 두 별의 등급이 1등급과 2등급이라고 할 때, 쌍성 전체의 등급은 3등급이 아니다. 쌍성 전체의 등급을 구하려면 우선 등급 공식

$$1 = -2.5 \log \frac{F_1}{F_0}, \quad 2 = -2.5 \log \frac{F_2}{F_0}$$

로부터 이들의 플럭스 F_1과 F_2를

$$F_1 = F_0 \times 10^{-0.4}, \quad F_2 = F_0 \times 10^{-0.8}$$

으로부터 구한다. 따라서 총 플럭스 F는

$$F = F_1 + F_2 = F_0 (10^{-0.4} + 10^{-0.8})$$

로부터 구하고 총 등급 m을

$$\begin{aligned} m &= -2.5 \log \frac{F_0 (10^{-0.4} + 10^{-0.8})}{F_0} \\ &= -2.5 \log 0.5566 = 0.64 \end{aligned}$$

로부터 구해야 한다.

예제 4.4 거리 $r = 100\text{pc}$에 있는 별의 겉보기등급이 $m = 6$이다. 이 별의 절대등급은 얼마나 되는가?

주어진 값들을 식 (4.12)인

$$m - M = 5 \log \frac{r}{10\text{pc}}$$

에 대입하면 절대등급 M을

$$M = 6 - 5 \log \frac{100}{10} = 1$$

로 얻는다.

예제 4.5 어떤 별의 절대등급은 $M = -2$이며 겉보기등급은 $m = 8$이다. 이 별까지의 거리를 구하라.

식 (4.12)를 거리 r에 대하여 풀면

$$\begin{aligned} r &= 10\text{pc} \times 10^{(m-M)/5} = 10 \times 10^{10/5}\text{pc} \\ &= 1000\text{pc} = 1\text{kpc} \end{aligned}$$

을 얻는다.

예제 4.6 성간소광량은 위치에 따라 꽤 많이 변하지만 은하면(galactic plane) 근처의 경우에는 평균값 2mag/kpc을 사용할 수 있다. 이러한 성간소광량을 고려하여 예제 4.5에서 다룬 별까지의 거리를 구하라.

주어진 값을 식 (4.19)에 대입하면

$$8 - (-2) = 5 \log \frac{r}{10} + 0.002 r$$

이다. 여기서 r은 pc의 단위로 주어진 값이다. 이 식은 해석적으로 풀리지 않지만 수치 계산법을 사용하면 그 해를 구할 수 있다. 식을 r에 대하여 풀어

$$r = 10 \times 10^{2 - 0.0004r}$$

과 같이 변형시킨 다음, 간단한 축차법(iteration)을 사용하여 수치 계산을 해 주면 된다(부록 A.7). 첫 시도의 값으로 $r = 1000\text{pc}$을 택하면

$$\begin{aligned} r_0 &= 1000 \\ r_1 &= 10 \times 10^{2 - 0.0004 \times 1000} = 398 \\ r_2 &= 693 \\ &\vdots \\ r_{12} &= r_{13} = 584 \end{aligned}$$

를 얻는다. 따라서 별까지의 거리는 $r \approx 580\,\text{pc}$으로서, 이 값은 성간소광이 없었을 때의 값 1000pc보다 훨씬 작다. 이러한 결과는 성간소광 때문에 진공의 경우보다 복사가 대단히 빠른 비율로 감소되기 때문에 생기는 것이다.

예제 4.7 안개가 끼었을 때 본 태양의 밝기가 구름이 없을 때 보이는 보름달의 밝기와 같다면, 이때 안개층의 광학적 두께는 얼마나 되는가?

태양과 보름달의 겉보기등급은 각각 -26.8과 -12.5이므로 구름의 총 소광량 A는 14.3이다. 그런데 소광량 A는

$$A = (2.5\log e)\tau$$

로 주어지므로

$$\tau = A/(2.5\log e) = 14.3/1.086 = 13.2$$

를 얻는다. 즉 안개의 광학적 두께는 13.2이다. 실제 태양 빛의 일부는 대기 중에서 수차례 산란되며, 여러 번 산란된 광자의 일부는 시선방향을 따라서 구름을 빠져나오게 된다. 이는 총 소광량을 감소시킨다. 따라서 실질적인 광학적 두께는 위에 제시된 값보다 약간 클 것이다.

예제 4.8(관측자료 처리) 하룻밤 동안 어떤 별의 고도와 겉보기등급을 여러 번 측정해본 결과 다음과 같은 표를 얻었다.

고도	천정거리	투과 대기량	등급
50°	40°	1.31	0.90
35°	55°	1.74	0.98
25°	65°	2.37	1.07
20°	70°	2.92	1.17

관측값을 다음 그림과 같이 만들면, 소광계수 k와 지구 대기 밖에서의 등급 m_0를 구할 수 있다. 이러한 결과는 (여기에서처럼) 도표를 이용하여 구하거나 최소제곱맞춤법(least squares fit)을 써서 얻기도 한다.

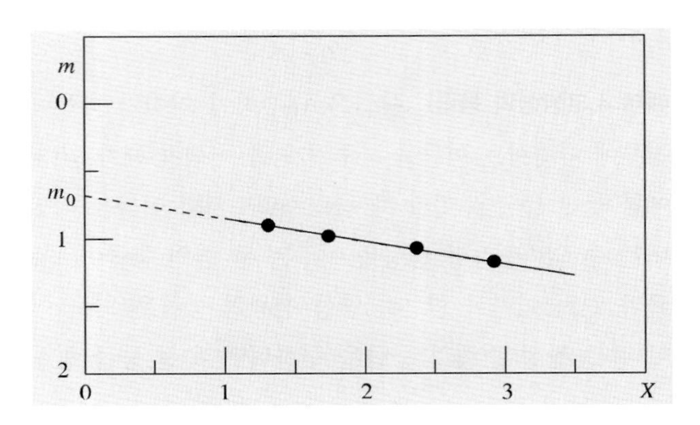

투과 대기량 $X = 0$까지 외삽하면 $m_0 = 0.68$을 얻으며, 직선의 기울기로부터 소광계수 $k = 0.17$을 구할 수 있다.

4.7 연습문제

연습문제 4.1 삼중성(triple star)의 전체 등급은 0.0이다. 삼중성을 이루는 별들 중 두 별의 등급이 각각 1.0과 2.0일 때, 세 번째 별의 등급은 얼마인가?

연습문제 4.2 거리가 690kpc인 안드로메다 은하에 있는 한 별의 절대등급이 $M = 5$이다. 이 별이 초신성 폭발을 일으켰을 때 이 별의 밝기가 원래 밝기보다 10억 배 밝아졌다. 이 초신성의 겉보기등급은 얼마인가?

연습문제 4.3 별들이 공간상에 균일하게 분포하고 있으며 이 별들의 절대등급이 모두 동일하다고 가정하자. m등급보다 밝은 별의 개수를 $N(m)$이라고 할 때 $N(m+1)/N(m)$의 비를 구하라.

연습문제 4.4 V등급이 15.1, 색지수 $B-V = 1.6$, 그리고 절대등급 $M_V = 1.3$을 갖는 별이 있다. 가시광 영역에서 이 별 방향의 성간소광량을 $a_V = 1\text{mag kpc}^{-1}$이라고 할 때 이 별의 고유 색지수는 얼마인가?

연습문제 4.5 3장의 유리로 구성된 창문을 통하여 별을 관측할 때 각 유리는 입사하는 빛의 15%를 반사시킨다.

a) 이 창문을 통하여 본 절대등급이 $M_{\mathrm{V}} = 1.36$인 레굴루스의 등급은 얼마인가?

b) 창문의 광학적 두께는 얼마인가?

복사 기작

5

우리는 앞에서 전자기복사의 물리적 성질과 검출 방법을 공부하였다. 이 장에서는 복사의 방출과 흡수에 관련된 몇 가지 주요개념을 소개하고자 한다. 복사의 방출·흡수기작에 대한 기본 사실만 설명할 뿐, 복사의 양자역학적 성질을 구체적으로 논의하지는 않을 것이다. 그러므로 복사에 대하여 더 자세히 알고 싶은 독자는 관련된 물리학 교과서를 참조하기 바란다.

5.1 원자와 분자의 복사

원자나 분자는 한 에너지 준위에서 다른 준위로 천이하면 전자기복사를 방출하거나 흡수한다. 원자의 에너지가 $\triangle E$만큼 감소한다면, 그 원자는 전자기복사의 양자(量子), 즉 **광자**(photon)를 방출하는데, 이때 방출된 복사의 주파수 ν는

$$\triangle E = h\nu \tag{5.1}$$

로 주어진다. 여기서 h는 **플랑크**(Max Planck, 1858-1947) 상수로서 $h = 6.6256 \times 10^{-34}\,\mathrm{J\,s}$이다. 한 원자가 주파수 ν인 광자를 흡수하면, 그 원자의 에너지는 $\triangle E = h\nu$만큼 증가한다.

고전적 모형에서는 하나의 핵 주위에 전자의 무리가 둘러싸고 있는 것으로 원자를 묘사한다. 핵에는 여러 개의 양성자(proton)와 중성자(neutron)가 있는데, 양성자 하나하나는 $+e$의 전하를 가지고 있고, 중성자는 전기적으로 중성이다. 전자 하나의 전하는 $-e$이다. 양성자가 Z개, 중성자가 N개인 핵의 경우, $A = Z + N$을 원자의 **질량수**(mass number), Z를 전하수(charge number)라고 부른다. 중성의 원자는 양성자와 전자의 수가 동일하다.

원자가 어떤 에너지 준위에 있다는 것은 원자의 전자들이 그 준위에 해당하는 에너지를 가지고 있다는 뜻이다. 전자는 임의의 에너지를 가질 수 있는 것이 아니라 특정 크기의 에너지만을 갖는다. 다시 말해서 전자의 에너지 준위는 **양자화**(量子化, quantized)되어 있다. 에너지 준위 E_i에서 준위 E_f 사이를 천이(遷移, transition)할 때, 원자는 특정 주파수 ν_{if}를 갖는 광자를 흡수 또는 방출하게 되는데, 이때 주파수와 에너지 준위 차 사이에는 $[E_i - E_f] = h\nu_{\mathrm{if}}$의 관계가 만족되어야 한다. 따라서 천이가 이루어질 때마다 우리는 그 원자 고유의 **선 스펙트럼**(line spectrum)을 보게 된다(그림 5.1). 고온저압의 가스는 이러한 불연속적인 선들로 이루어진 밝은 **방출(선)스펙트럼**(emission spectrum)을 내놓는다. 동일 가스를 냉각시킨 다음 백색광(연속 스펙트럼)의 광원 앞에 놓는다면 방출선이 보이던 파장(주파수)에 어두운 흡수선(absorption line)이 나타난다.

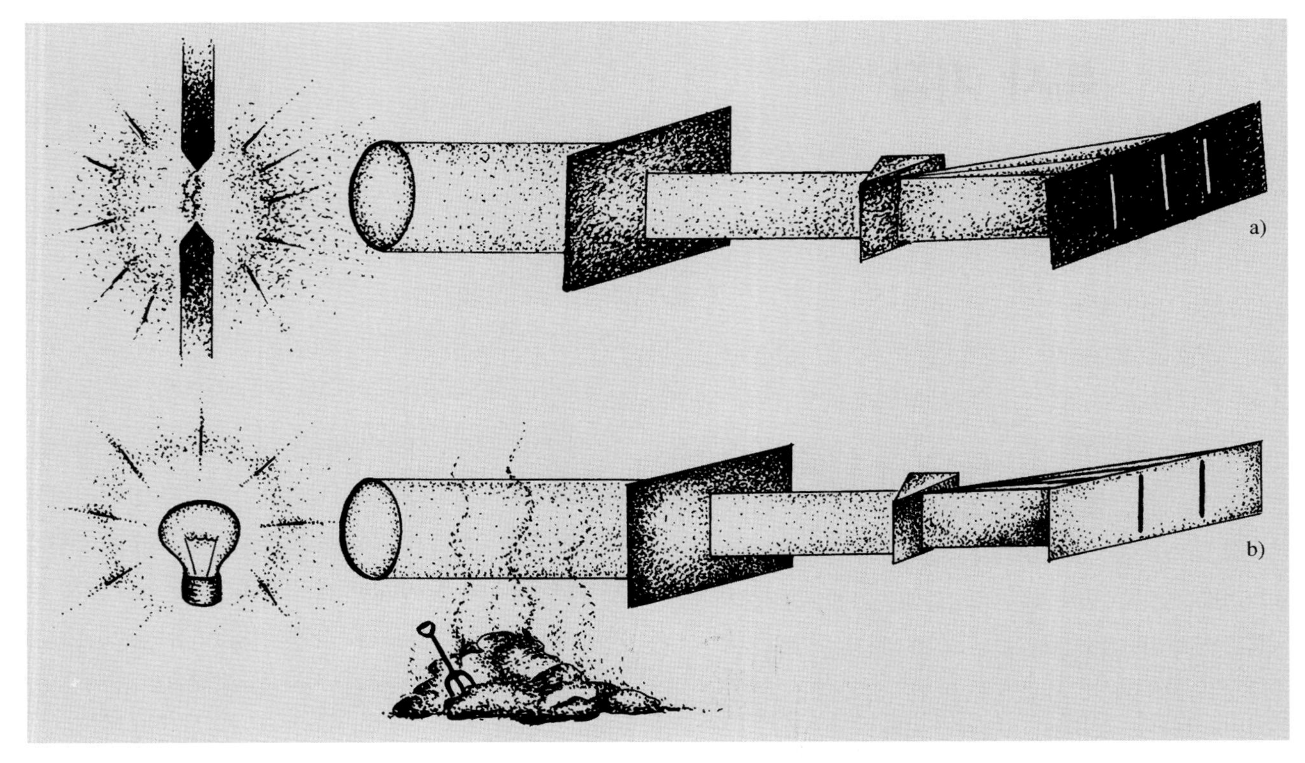

그림 5.1 선 스펙트럼의 기원. (a) 방출 스펙트럼. 작열하는 가스의 원자들은 들뜸상태에서 낮은 에너지 상태로 되가라앉으면서 두 상태의 에너지 차이에 해당하는 주파수의 광자를 방출한다. 원소마다 자기 고유의 파장에서 스펙트럼선을 보이는데, 빛을 프리즘이나 격자를 써서 분산시켜 스펙트럼을 얻은 다음, 여기에서 나타나는 선들의 파장을 측정할 수 있다. (b) 흡수 스펙트럼. 모든 파장의 빛을 다 포함하고 있는 백색광이 가스를 통과하면, 그 가스의 고유한 파장의 빛만 흡수된다.

저온에서는 대부분의 원자들이 가장 낮은 에너지 준위, 즉 **바닥상태**(ground state)에 있기 마련이다. 바닥상태보다 높은 준위에 있는 원자를 **들뜸상태**(excitation state)에 있는 원자라고 부른다. 낮은 에너지 준위에서 높은 준위로의 천이를 **들뜸**(excitation)이라고 부르며, 대부분의 경우 들뜸상태로 올라간 원자는 즉시 광자를 자발적으로 방출, 즉 **자발방출**(spontaneous emission)을 하면서 낮은 에너지 상태로 되돌아간다. 원자가 들뜸상태에 머물 수 있는 시간은 통상 10^{-8}초 정도로 매우 짧다. 방출된 광자의 주파수는 역시 식 (5.1)의 관계를 만족시킨다. 원자는 높은 준위에서 낮은 준위로 직접 옮겨가거나 또는 그 사이에 있는 중간 준위들을 거쳐서 천이한다. 낮은 준위로 천이할 때마다 그 천이에 따른 에너지 차이에 해당하는[식 (5.1)] 주파수의 광자가 하나씩 방출된다.

높은 준위에 있던 원자가 복사의 영향을 받아 낮은 준위로 되가라앉기도 한다. 어떤 원자가 광자를 흡수하여 들뜸상태에 놓이게 됐는데, 이 원자 근처에 다른 광자가 지나가고 있다고 하자. 이때 지나가는 광자가, 현재 놓여 있는 원자의 에너지 준위보다 낮은 어떤 준위로의 천이에서 방출될 수 있는 주파수를 갖는 광자라면, 들뜸상태에 있던 원자는 그 광자의 자극을 받아서 그 준위로 하향 천이하면서 자신을 자극한 광자와 동일한 주파수의 광자를 방출한다. 이러한 현상을 **유도방출**(induced or stimulated emission)이라고 부른다. 자발적 천이에 의한 자발방출과 유도방출 사이에는 중요한 차이점이 하나 있다. 자발방출에 의한 복사의 방향과 위상은 무작위적인 데 반해서 유도방출로 나오는 광자는 자극의 요인이 됐던 광자와 동일한 방향, 동일한 위상으로 방출된다. 즉 유도방출된 광자는 지나가는 광자와 결이 맞는다(coherent).

원자들 사이의 충돌 역시 상향 또는 하향 천이를 일으킨다. 충돌 천이에서는 광자가 방출되지 않고, 대신 원자들의 운동에너지가 바뀐다. 이때 들뜸상태에 올라갔던 원자는 결국 자발방출에 의한 복사를 내놓으면서 낮은 준위로 되가라앉는다. 충돌의 빈도는 밀도에 따라 증가할 터이므로, 고밀의 상황으로 갈수록 충돌에 의한 천이가 활발하게 이루어진다.

속박된 전자는 음의 에너지를, 자유전자는 양의 에너지를 갖게 되도록 에너지 준위의 영점을 정하는 게 통례이다(제6장 행성궤도의 에너지 적분 참조). 만약 $E < 0$인 상태에 있는 전자가 $|E|$보다 큰 양의 에너지를 얻으면, 즉 흡수하면 자신을 속박하고 있던 원자의 핵에서 해방되어 자유전자로 되고, 원자는 이온으로 남게 된다. 천체물리학에서는 이온이 되는 과정을 **속박-자유**(bound-free) 천이라고 부른다(그림 5.2). 일단 자유전자가 되면 전자는 들뜸 과정에서와는 달리 임의의 에너지(단 0보다 큰)를 가질 수 있다. 흡수된 광자의 에너지에서 전자를 핵에서 떼어 놓는 데 필요한 양을 제외한 나머지가 자유전자의 운동에너지로 바뀐다. 이와는 반대로 이온이 자유전자를 포획하는 과정을 우리는 **재결합**(recombination) 또는 자유-속박(free-bound) 천이라고 부른다.

자유전자가 핵이나 이온에 붙잡히지 않고 그 곁을 지나가며 산란될 경우, 전자기적 상호작용 때문에 전자의 운동에너지가 변하기 마련이다. 이때 생긴 에너지 차이가 **자유-자유**(free-free) 복사로 방출된다. 수소가 완전히 이온화되어 있는 매우 뜨거운($T > 10^6$K) 가스에서는

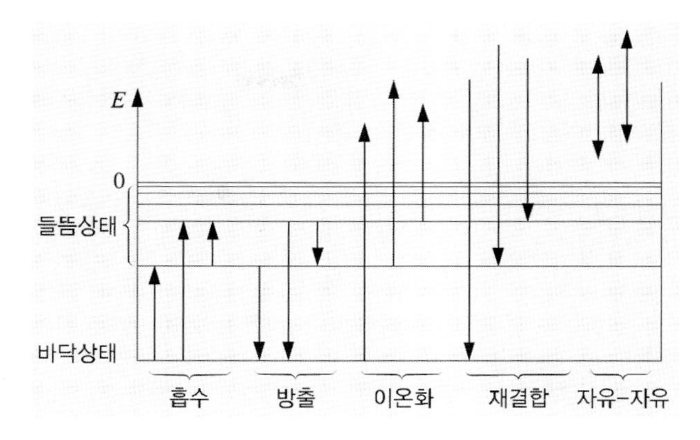

그림 5.2 에너지 준위 사이에서 볼 수 있는 각종 천이들. 흡수와 방출은 두 속박 상태 사이의 천이에서 일어나는 데 비하여, 이온화와 재결합은 속박상태와 자유상태 사이의 천이다. 원자가 자유전자와 상호작용할 때 자유-자유 천이가 일어날 수 있다.

자유-자유 복사가 가장 중요한 방출 기작이 되며, 이러한 복사를 **열적 제동복사**(thermal bremsstrahlung)라고도 부른다. 전자가 X-선관의 양극(陽極)에 부딪치며 속도가 감소할 때 이러한 복사가 방출된다는 사실에서 제동복사라는 이름이 비롯했다. 자유-자유 복사에 반대되는 과정, 즉 한 속박된 준위에서 다른 속박된 준위로 천이하는 과정을 속박-속박(bound-bound) 천이라고 부른다.

전자기복사는 횡파이다. 즉 전기장과 자기장 벡터는 상호 수직으로 진동하며, 복사의 진행방향은 진동방향과 수직을 이룬다. 보통의 백열등에서 나오는 빛의 전기장은 모든 방향으로 고르게 진동한다. 전기장의 진동방향이 복사의 진행방향에 수직인 평면상에 고르게 분포되어 있지 않다면, 그러한 복사를 두고 우리는 **편광**(polarization)되어 있다고 한다(그림 5.3). **선형편광**(linearly polarized light)된 빛의 편광방향, 즉 편광면은 복사의 진행방향과 전기장의 진동방향으로 만들어진 평면으로 정의된다. 전기장의 진동벡터가 원을 그리면서 회전하는 경우, **원형편광**(circular polarization)되었다고 한다. 전기장의 진동벡터가 회전하면서 그 진폭 또한 변한

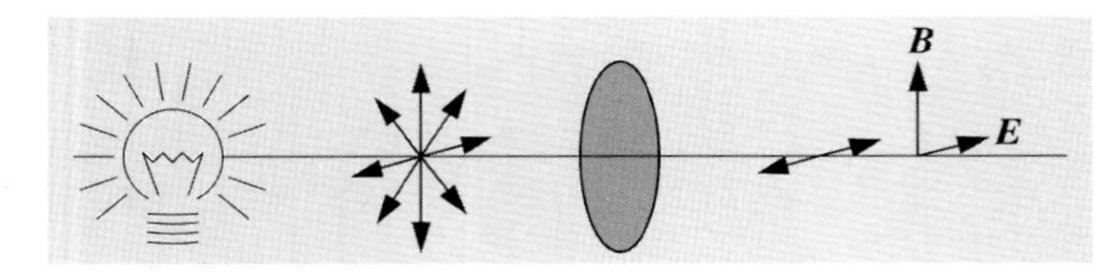

그림 5.3 빛의 편광. 백열전구에서 나오는 빛은 모든 방향으로 진동하므로 편광되어 있지 않다. 어떤 결정체들은 특정 방향으로 진동하는 전기장만을 통과시키는 성질을 가지고 있어서, 그와 같은 결정체를 통과한 빛은 선형편광된다. E는 전기장을, B는 자기장을 나타낸다.

다면, 그러한 복사는 **타원편광**(elliptical polarization)되었다고 한다.

편광된 복사가 자기장을 지날 땐 편광면이 회전한다. 이러한 회전을 **패러데이 회전**(Faraday rotation)이라 부르며, 패러데이 회전의 정도는 자기장의 시선방향 성분의 세기, 시선방향에 놓여 있는 전자의 총수, 즉 전자의 기둥밀도, 복사의 여행거리, 그리고 해당 복사의 파장의 제곱에 비례한다.

산란(散亂, scattering)이란 빛이 흡수된 후 즉각적으로 동일 파장의 빛으로 방출되는 과정인데, 방출된 빛의 진행방향은 대개의 경우 빛의 원래 진행방향과 다르다. 거시적 관점에서 보았을 때, 산란은 매질에 의해서 빛이 반사되는 것과 유사한 현상이다. 대낮의 하늘에서 볼 수 있는 빛은 태양 빛이 대기 중에 있는 공기 분자들에 의하여 산란된 것이다. 산란광은 항상 편광되어 있으며, 편광의 정도는 입사광의 진행방향에 수직인 방향에서 최대가 된다.

5.2 수소원자

수소는 가장 간단한 원자로서, 양성자 하나와 전자 하나로 구성되어 있다. 보어(Niels Bohr, 1885-1962)의 모형에 따르면, 전자는 양성자 주위를 원 궤도를 그리면서 돌고 있다고 기술된다. (이 모형이 실제와는 상당한 차이가 있음에도 불구하고, 수소 원자의 여러 가지 성질을 예측할 수 있으므로 보어의 모형이 매우 유용하다.) 보어는 두 가지 가정을 하였는데, 그 첫째가 전자의 각 운동량이 $\hbar$의 정수 배가 되어야 한다는 것이다.

$$mvr = n\hbar \tag{5.2}$$

여기서 각 변수와 상수의 의미는 아래와 같다.

m = 전자의 질량
v = 전자의 속력
r = 궤도반지름
n = 주양자수(主量子數) = 1, 2, 3, ...
$\hbar = h/2\pi$
h = 플랑크 상수

양자역학적 관점에서 보어의 첫째 가정을 해석하면 다음과 같다. 전자는 정상파동(定常波動, standing wave)으로 간주될 수 있으며, 전자가 운동하는 '궤도의 길이'가 드 브로이(Louis de Broglie, 1892-1987) 파장 $\lambda = \hbar/p = \hbar/mv$의 정수 배가 되어야 한다.

전하를 띤 입자가 원운동을 한다면 계속해서 가속운동을 하고 있는 셈이므로, 고전적 전기역학의 이론에 따라 전자기파를 방출하면서 자신의 운동에너지를 잃게 될 것이다. 그러므로 우리의 전자는 나선을 그리면서 핵을 향하여 떨어져야 할 것이다. 그러나 자연은 우리의 고전적 예측과는 달리 행동하고 있음에 틀림없으며, 그래서 우리는 보어의 둘째 가정을 수용하는 수밖에 없다. 보어의 둘째 가정은 전자가 허용된 궤도에서 핵 주위를 돌고 있는 한, 복사가 방출되지 않는다는 것이다. 복사의 방출은 전자가 한 에너지 상태(허용된 궤도)에서 그보다 낮은 에너지 상태(다른 허용된 궤도)로 옮겨갈 때에만 가능하다. 이때 방출된 광자의 에너지 $h\nu$는 두 상태의 에너지 차이와 같다.

$$h\nu = E_{n2} - E_{n1} \tag{5.3}$$

이제 E_n 준위에 있는 전자의 에너지를 구체적으로 계산해보자. 쿨롱(Coulomb)의 법칙에 따라서 양성자가 전자를 끌어당기는 힘의 세기는

$$F = \frac{1}{4\pi\epsilon_0}\frac{e^2}{r_n^2} \tag{5.4}$$

과 같으며 여기서 각 변수 또는 상수는 각각

ϵ_0 = 진공의 유전율 = $8.85 \times 10^{-12}\,\mathrm{N^{-1}m^{-2}C^2}$

e = 전자의 전하 = $1.6 \times 10^{-19}\,\mathrm{C}$

r_n = 양성자와 전자의 거리

를 의미한다. 입자가 반경이 r_n인 원을 그리면서 v_n의 속력으로 운동할 때 받게 되는 가속도의 크기는

$$a = \frac{v_n^2}{r_n}$$

이며, 뉴턴의 제2법칙($F = ma$)을 써서 우리는

$$\frac{mv_n^2}{r_n} = \frac{1}{4\pi\epsilon_0}\frac{e^2}{r_n^2} \tag{5.5}$$

의 관계를 얻는다. 식 (5.2)~(5.5)에서, 우리는

$$v_n = \frac{e^2}{4\pi\epsilon_0\hbar}\frac{1}{n}, \quad r_n = \frac{4\pi\epsilon_0\hbar^2}{me^2}n^2$$

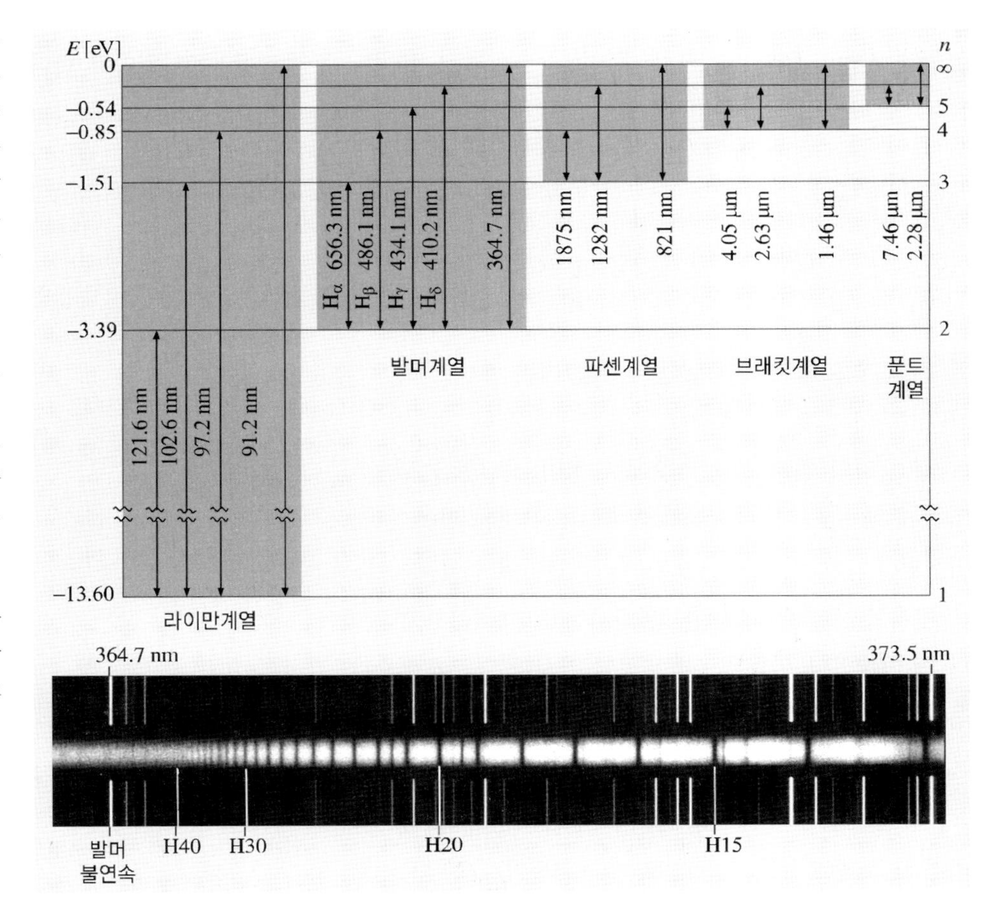

그림 5.4 수소 원자에서 볼 수 있는 천이들. 아래 그림은 별 HD193182의 스펙트럼 중 일부이다. 별 스펙트럼의 양쪽에 보이는 것은 철의 방출분광선이다. 철 분광선의 파장은 우리가 이미 알고 있으므로, 이를 이용하면 관측된 별 스펙트럼에 나타나는 선들의 눈금조정이 가능하다(즉 파장을 알아낼 수 있다). 수소의 발머선들이 어두운 흡수선으로 나타나 있는데, 왼쪽에 있는 $\lambda = 364.7\,\mathrm{nm}$인 발머 이온화 한계(발머불연속이라고도 불린다)를 향하여 선들의 간격이 점점 좁아진다. 15, …, 40 등의 숫자는 높은 에너지 준위의 양자수 n을 나타낸다. (사진출처 : Mt. Wilson Observatory)

이 됨을 알 수 있다. 궤도 n에 있는 전자의 총 에너지는 운동에너지와 위치에너지의 합이므로

$$\begin{aligned} E_n &= T+V = \frac{1}{2}mv_n^2 - \frac{1}{4\pi\epsilon_0}\frac{e^2}{r_n} \\ &= -\frac{me^4}{32\pi^2\epsilon_0^2\hbar^2}\frac{1}{n^2} \equiv -C\frac{1}{n^2} \end{aligned} \tag{5.6}$$

과 같은데 여기서 C는 상수이다. 바닥상태($n=1$)의 경우, 식 (5.6)으로부터 에너지가

$$E_1 = -2.18\times10^{-18}\text{J} = -13.6\ \text{eV}$$

로 됨을 알 수 있다. 식 (5.3)~(5.6)에서부터, 우리는 $E_{n2}\rightarrow E_{n1}$ 천이에서 방출되는 광양자(光量子)의 에너지 $h\nu$를

$$h\nu = E_{n2} - E_{n1} = C\left(\frac{1}{n_1^2} - \frac{1}{n_2^2}\right) \tag{5.7}$$

과 같이 계산할 수 있다. 이 식을 주파수 대신에 파장 λ를 써서 표현하면

$$\frac{1}{\lambda} = \frac{\nu}{c} = \frac{C}{hc}\left(\frac{1}{n_1^2} - \frac{1}{n_2^2}\right) \equiv R\left(\frac{1}{n_1^2} - \frac{1}{n_2^2}\right) \tag{5.8}$$

과 같고, **리드베리(Rydberg) 상수**라 불리는 $R=1.907\times10^7\text{m}^{-1}$의 값을 갖는다.

식 (5.8)의 관계가 $n_1=2$에 대하여 성립함을 발머(Johann Balmer, 1825-1898)가 이미 1885년에 실험으로 밝혔었다. 그래서 우리는 $E_n\rightarrow E_2$ 천이에서 볼 수 있는 일련의 선들을 그의 이름을 따서 **발머계열**이라고 부른다. 발머계열의 선들은 스펙트럼의 가시광 영역에 들어온다. 역사적인 이유로 $\text{H}_\alpha(n_2=3)$, $\text{H}_\beta(n_2=4)$, $\text{H}_\gamma(n_2=5)$ 등으로 발머 선들을 표시한다. 들뜸상태 E_n에 있던 전자가 바닥상태 E_1으로 되가라앉으며 방출하게 되는 선복사들은 **라이만(Lyman)계열**이라고 부르며, 이 선들은 모두 자외선 영역에 나타난다. 그 이외의 계열선들에는 **파셴(Paschen)계열**($n_1=3$), **브래킷(Brackett)계열**($n_1=4$), **푼트(Pfund)계열**($n_1=5$) 등의 이름이 붙어 있다(그림 5.4 참조).

5.3 선윤곽

선복사에 관한 앞에서의 설명만 고려한다면 분광선은 무한히 좁고 날카로운 모양을 가져야 한다(각 천이선이 특정 파장만 갖기 때문이다). 하지만 실제 분광선들은 어느 정도의 폭을 보인다. 분광선의 모양, 즉 **선윤곽(line profile)**을 결정하는 요소에 대해서 간단히 알아보겠다. 자세한 설명을 하자면 너무 깊은 양자역학적 지식을 필요로 하기 때문이다.

양자역학에 따르면 모든 물리량들이 동시에 정확히 측정될 수는 없다고 한다. 예를 들어 입자의 x축 위에

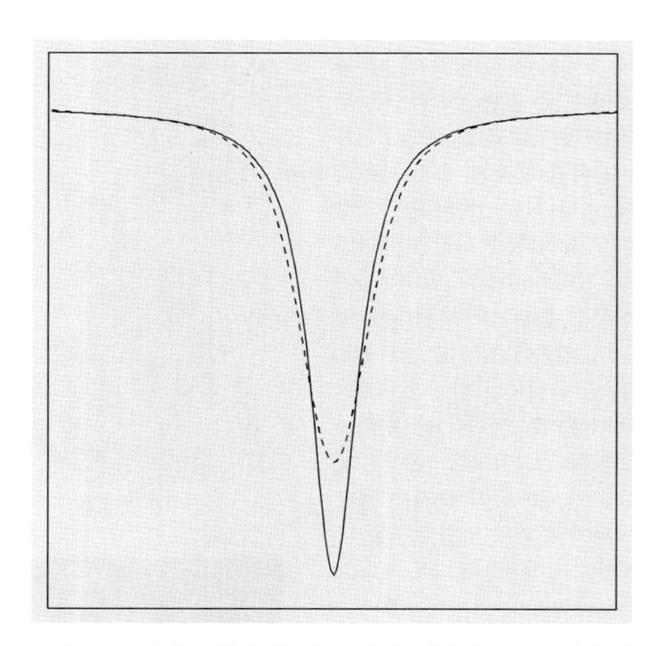

그림 5.5 각각의 분광선들은 고유한 자연선폭을 가진다(실선). 입자의 운동은 도플러 효과를 통해서 분광선의 폭을 더 넓혀 주며, 이에 따라 포인트 윤곽이 만들어진다(점선). 두 윤곽선에 감싸인 면적은 서로 같다.

서의 위치와 x축 성분의 운동량 p_x를 동시에 임의의 정밀도로 측정하는 것은 불가능하다. 이 물리량들은 각각 Δx와 Δp_x 정도의 불확정성(uncertainty)을 가지며, 이들은

$$\Delta x \Delta p_x \approx \hbar$$

의 관계를 만족한다. 같은 관계가 다른 차원의 물리량에도 적용되는데, 시간과 에너지도 이 불확정성 관계식으로 연결된다.

$$\Delta E \Delta t \approx \hbar$$

분광선의 이러한 자연선폭(natural width)은 **하이젠베르크**(Werner Heisenberg, 1901-1976)의 **불확정성 원리**의 결과이다.

원자가 들뜸상태에 머물 수 있는 평균 수명이 T라면, 이 천이에 관계되는 에너지는 $\Delta E = \hbar / T = h/(2\pi T)$의 정밀도로만 결정된다. 따라서 식 (5.1)로부터 $\Delta \nu = \Delta E / h$의 에너지 준위 폭을 얻게 된다. 사실, 천이에너지의 불확정 정도는 처음과 마지막 상태에서의 수명에 모두 의존하게 될 것이다. 따라서 분광선의 자연선폭은

$$\gamma = \frac{\Delta E_i + \Delta E_f}{\hbar} = \frac{1}{T_i} + \frac{1}{T_f} \tag{5.9}$$

과 같이 정의된다. 이에 해당하는 선윤곽은

$$I_\nu = \frac{\gamma}{2\pi} \frac{I_0}{(\nu - \nu_0)^2 + \gamma^2/4} \tag{5.10}$$

의 모양을 따르는데, 여기서 ν_0는 선 중심에서의 진동수이고, I_0는 선의 총 세기이다. 선 중심에서의 단위 진동수당 세기는

$$I_{\nu 0} = \frac{2}{\pi\gamma} I_0$$

이며, $\nu = \nu_0 + \gamma/2$에서의 단위 진동수당 세기는

$$I_{\nu 0 + \gamma/2} = \frac{1}{\pi\gamma} I_0 = \frac{1}{2} I_{\nu 0}$$

이다. 따라서 선폭 γ는 선의 최대 세기의 반이 되는 주파수 또는 파장에서 분광선의 전체 폭이다. 이것을 **반치전폭**(半値全幅, full width at half maximum, FWHM)이라 부른다(그림 5.6).

도플러 선폭 증가. 가스의 온도가 높아질수록 가스를 구성하는 원자들의 운동은 빨라진다. 따라서 개개의 원자에 의해 만들어지는 분광선들은 **도플러 효과**(Doppler effect)에 의해 원래의 중심 주파수에서 어느 정도 상하로 이동(shift)한다. 관측된 분광선은 각기 다른 정도의 도플러 이동을 겪은 선들의 집합이므로, 원자들의 속도 분포에 의해 분광선의 구체적인 모양이 결정된다.

각각의 도플러 이동된 선들은 고유의 (불확정성 원리에 의한) 자연선폭을 가지고 있다. 각각의 도플러 이동된 선에 같은 속도를 갖는 원자의 수에 비례하는 가중치를 할당하고, 이를 모든 속도에 대해 적분하면 최종적인

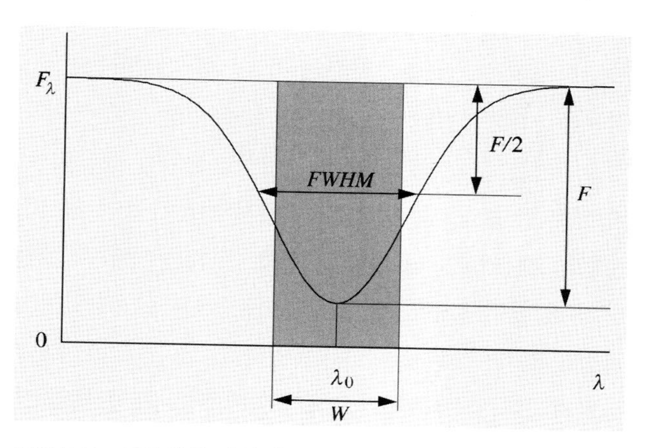

그림 5.6 분광선의 반치전폭(FWHM)은 최대 세기의 반이 되는 파장구간의 폭이다. 등가폭 W는 흡수선이 만드는 면적과 위 그림의 그늘진 직사각형의 면적이 같게 되도록 정의된다. 두 물리량은 일반적으로 같지 않지만, 비슷한 값을 가진다.

선윤곽이 얻어진다. 이와 같은 과정을 거쳐 얻어진 선윤곽을 **포크트**(Woldemar Voigt, 1850–1919) **윤곽**이라고 한다. 관측된 분광선들의 실제 모습은 포크트 윤곽으로 잘 묘사된다. 선폭이 증가된 분광선들은 모두 비슷한 윤곽을 보이는데, 선폭 증가의 가장 뚜렷한 결과는 선의 최대 깊이가 줄어든다는 것이다.

선폭을 기술하는 한 가지 방법은 반치전폭을 이용하는 것이다(그림 5.6). 이 값은 도플러 선폭 증가 때문에 대개 자연선폭보다 크다. **등가폭**(equivalent width)도 선의 세기를 나타내는 한 방법인데, 이것은 선윤곽에 의해 만들어지는 영역의 넓이와 같은 넓이를 갖는 직사각형의 폭이다. 등가폭은 어떠한 분광선에 관계되는 에너지를 그 선의 윤곽 모양과 관계없이 기술하기 위해 고안된 물리량이다.

5.4 양자수, 선택규칙, 원자의 준위에 따른 개수 분포

양자수. 보어의 원자 모형에서는 전자의 모든 준위의 에너지를 양자수 n 하나만으로 기술한다. 그러나 양자수 하나로는 전자를 하나 갖는 원자의 성질을 대강 서술할 수 있을 뿐이다.

양자역학은 전자를 3차원의 파동으로 기술하는데, 이 파동은 어떠한 위치에서 전자를 찾을 확률을 알려준다. 양자역학은 수소 원자의 모든 에너지 준위를 정확히 예측해냈다. 수소보다 더 무거운 원자와 분자들의 에너지 준위도 계산할 수 있지만, 그러한 계산은 매우 복잡하다. 다양한 양자수가 존재해야 하는 이유도 양자역학적 관점을 통하여 잘 이해할 수 있다.

양자역학적 상태를 기술하기 위해 모두 네 종류의 양자수(量子數, quantum number)가 필요하다. 앞서 사용한 n은 그중 하나로서 **주양자수**(principal quantum number)라고 한다. 주양자수는 전자의 양자화된 에너지 준위를 기술한다. 불연속적인 에너지 준위를 고전적인 관점에서 보면, 식 (5.6)과 같이 특정한 궤도들만 존재 가능하다고 이해될 수 있다. 전자 궤도의 각운동량도 양자화가 되는데, 이는 **각운동량 양자수**(angular momentum quantum number) l에 의해 기술된다. 양자수 l에 해당하는 각운동량은

$$L = \sqrt{l(l+1)}\,\hbar$$

로 주어진다. 고전적인 관점에서 각운동량 양자수를 이해하자면, 전자가 타원궤도를 가질 수 있다는 점에 해당한다. 양자수 l은 다음과 같은 값들만 가질 수 있다.

$$l = 0,\ 1,\ \cdots,\ n-1$$

역사적인 이유로 이 값들은 $s,\ p,\ d,\ f,\ g,\ h,\ i,\ j$로 종종 표기된다.

l이 각운동량의 크기는 결정하지만 방향에 대한 정보는 주지 않는다. 자기장 안에서는 이 방향이 중요한데, 이는 궤도운동을 하는 전자들도 미세한 자기장을 만들어내기 때문이다. 한 번의 실험에서 각운동량의 한 성분만 측정될 수 있다. 주어진 어떤 방향 z(예 : 자기장과 나란한 방향)에 투영된 각운동량의 성분은

$$L_z = m_l \hbar$$

의 값만을 가질 수 있다. 여기서 m_l은 **자기양자수**(magnetic quantum number)로서 다음과 같은 값들을 가진다.

$$m_l = 0,\ \pm 1,\ \pm 2,\ \cdots,\ \pm l$$

강한 자기장 안에서 분광선이 자기양자수에 따라 여러 개로 갈라지는데, 이 현상을 **제이만**(Pieter Zeeman, 1865–1943) **효과**라 부른다. 예를 들어 $l=1$인 경우, m_l은 $2l+1=3$개의 다른 값을 가진다. 따라서 $l=1 \rightarrow l=0$ 천이에 해당하는 선은 자기장 안에서 3개의 성분

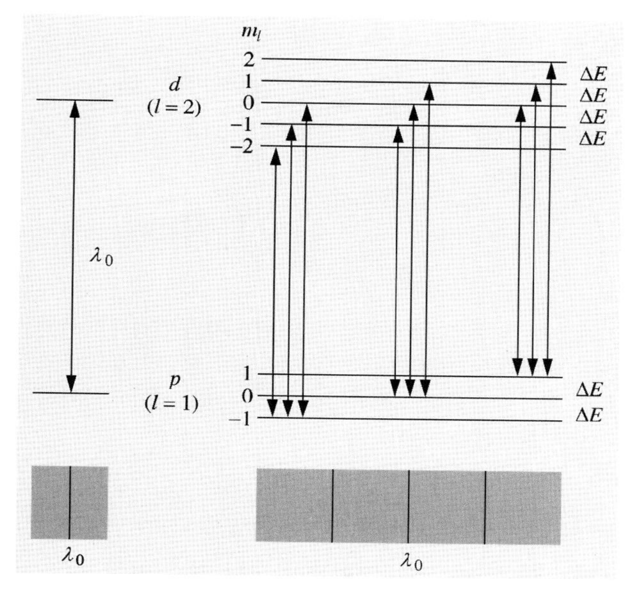

그림 5.7 제이만 효과. 강력한 자기장 안에서 각각의 수소에너지 준위는 $(2l+1)$개의 준위로 더 쪼개진다. 이는 자기양자수 m_l이 $l, l-1, \cdots, -l$의 값을 가질 수 있기 때문이다. 연속된 두 에너지 준위 사이의 에너지 차 ΔE는 모두 같은 값을 가진다. 예를 들어 p상태($l=1$)는 3개의 상태로 쪼개지며, d상태($l=2$)는 5개로 쪼개진다. 선택규칙에 의하면 전기쌍극자 천이에서는 Δm_l이 0이거나 ± 1이어야 하므로 p상태와 d상태 사이에서는 9개의 다른 천이가 가능하며, 또한 Δm_l이 같으면 에너지 차이도 같다. 따라서 스펙트럼에는 단지 3개의 선들만 보인다.

으로 갈라지게 된다(그림 5.7).

네 번째 양자수는 전자의 고유 각운동량을 기술하는 **스핀 양자수**(spin quantum number)이다. 전자의 스핀은

$$S = \sqrt{s(s+1)}\,\hbar$$

로 주어진다. 여기서 스핀 양자수 s는 1/2이다. 주어진 어떤 방향 z에 대해 스핀의 크기는

$$S_z = m_s \hbar$$

가 되는데, 여기서 m_s는 다음의 두 값만 가질 수 있다.

$$m_s = \pm \frac{1}{2}$$

모든 입자는 스핀 양자수를 갖는데, 정수의 스핀 양자수를 갖는 입자들을 **보존**(boson), 반정수의 스핀을 갖는 입자들을 **페르미온**(fermion)이라 부른다. 광자와 중간자(meson) 등이 보존이며, 양성자, 중성자, 전자, 중성미자 등이 페르미온이다.

고전적으로는 스핀을 입자의 회전으로 해석할 수 있지만, 이를 문자 그대로 받아들여서는 안 된다. 전자의 총 각운동량 $\boldsymbol{J}$는 전자의 궤도 각운동량과 스핀 각운동량 $\boldsymbol{S}$의 합이다.

$$\boldsymbol{J} = \boldsymbol{L} + \boldsymbol{S}$$

벡터 $\boldsymbol{L}$과 $\boldsymbol{S}$의 상호 방향성에 따라 총 각운동량 양자수 j는 다음의 두 가지 값 중 하나만 갖게 된다(단, $l = 0$인 경우 j는 1/2의 값만을 가진다).

$$j = l \pm \frac{1}{2}$$

총 각운동량의 z성분은 다음의 값들을 가질 수 있다.

$$m_j = 0,\ \pm 1,\ \pm 2,\ \cdots,\ \pm j$$

스핀도 분광선의 미세구조를 야기하는데, 선들이 가까운 짝(pair)이나 이중선(doublet)으로 보이게 된다.

선택규칙. 전자의 에너지 상태를 임의로 바꿀 수 있는 것은 아니다. 선택규칙이라고 불리는 규칙에 따라서만 천이가 이루어질 수 있는데, 선택규칙은 보존원리에서 비롯한다. 선택규칙은 천이가 가능한 준위들의 양자수가 만족해야 할 관계를 의미한다. 가장 이루어지기 쉬운 천이가 **전기쌍극자 천이**(electric dipole transition)인데, 쌍극자 천이는 원자를 마치 진동하는 쌍극자와 같이 행동하게 한다. 보존법칙에 의해 천이는 다음 관계를 만족해야 한다.

$$\Delta l \;\; = \pm 1$$
$$\Delta m_l = 0, \pm 1$$

총 각운동량의 관점에서는 선택규칙이 아래와 같다.

$$\Delta l \;\; = \pm 1$$
$$\Delta j \;\; = 0, \pm 1$$
$$\Delta m_j = 0, \pm 1$$

이 이외의 천이가 일어날 확률은 매우 낮아서, 그러한 천이를 **금지천이**(forbidden transition)라고 부른다. 자기쌍극자 천이 그리고 모든 종류의 4극자 이상의 천이가 금지천이에 해당한다.

금지천이에서 비롯한 분광선을 **금지선**(forbidden line)이라고 부른다. 그런데 금지천이의 확률이 매우 낮아서, 보통의 상황에서는 전자가 금지천이를 일으키기도 전에 충돌에 의하여 에너지 상태를 바꾸게 된다. 따라서 금지선들은 오로라나 행성상성운 같이 밀도가 매우 희박한 가스에서나 볼 수 있다.

수소 원자의 핵과 전자의 스핀 방향은 서로 같거나, 아니면 반대일 수 있다(그림 5.8). 평행한 경우가 반대인 경우보다 에너지가 0.0000059eV만큼 더 높다. 그러나 선택규칙에 의하면 이 두 상태 사이에서는 전기쌍극자 천이가 일어날 수 없다. 자기쌍극자 천이는 가능하지만 그 확률이 $A = 2.8 \times 10^{-15} \mathrm{s}^{-1}$으로서 매우 낮다. 즉 중성의 수소 원자가 높은 에너지 상태에 머물 수 있는 평균 수명은 $T = 1/A = 1.1 \times 10^7$년이나 된다. 보통의 상황에서는 자기쌍극자 천이로 복사를 내놓기 훨씬 이전에 충돌에 의하여 전자의 스핀 상태가 변한다. 그러나 성간 공간에서와 같이 밀도가 매우 희박한 경우에는 충돌 빈도가 매우 낮으므로 이러한 천이가 실제로 일어날 수 있다.

전파영역에서 검출되는 21cm 선 복사가 바로 수소 원자의 금지선이다. 전파영역에서는 성간소광(星間消光, interstellar extinction)이 무시될 정도로 적기 때문에, 가시광으로 볼 수 있는 거리보다 훨씬 먼 거리에 있는 천체들도 전파복사로는 관측이 가능하다. 이러한 이유로 21cm 전파선은 성간수소를 탐사하는 데 결정적 기여를 하였다.

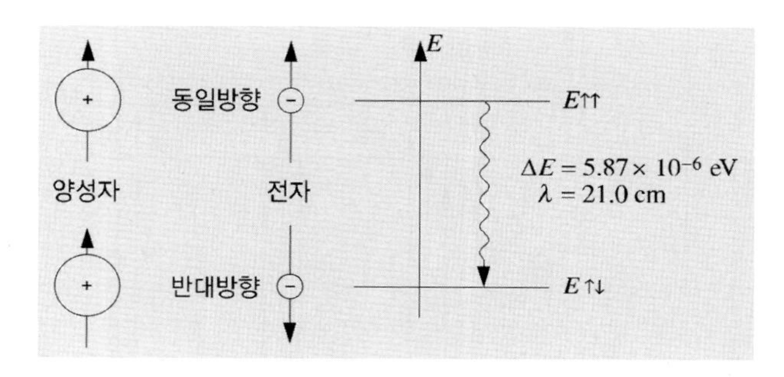

그림 5.8 수소 21cm 분광선의 기원. 전자와 양성자의 스핀은 서로 평행하거나 반대일 수 있는데, 서로 평행인 경우가 조금 높은 에너지의 상태이다. 이 두 상태 사이의 천이에 해당하는 광자의 파장은 21cm이다.

원자의 준위에 따른 개수 분포. 단위 부피에 들어 있는 에너지 준위가 i인 원자의 개수 n_i로 준위 개수를 정의한다. 열평형상태에서는 준위 개수가 **볼츠만**(Ludwig Boltzmann, 1844-1906) **분포**를 따른다.

$$\frac{n_i}{n_0} = \frac{g_i}{g_0} e^{-\Delta E/(kT)} \tag{5.11}$$

여기서 T는 온도, k는 볼츠만 상수, $\Delta E = E_i - E_0 = h\nu$는 들뜸상태와 바닥상태의 에너지 차이, g_i는 i 준위의 통계가중값(statistical weight)을 의미한다. 동일한 에너지를 갖고 있지만 양자역학적으로는 다른 상태가 여럿 있을 수 있는데, 이러한 상태들의 개수를 그 준위의 통계가중값이라고 한다. 첨자 0은 바닥상태를 의미한다. 실제 상황에서는 개수 분포가 식 (5.11)로 주어진 볼츠만 분포와는 다른 경우(즉 완벽한 열평형상태가 아닌 경우)가 대부분이다. 그러한 경우라도 **들뜸온도**(exci-

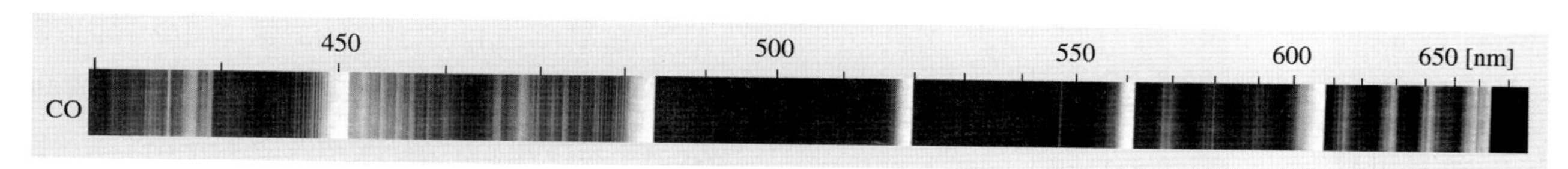

그림 5.9 일산화탄소(CO) 스펙트럼 중 430~670nm 부분. 여기서 보이는 띠들은 여러 다른 진동천이에 해당하며 각 띠들은 여러 개의 회전 분광선들을 포함한다. 각각의 띠에서 오른쪽 끝 부근에 있는 분광선들은 너무 밀집되어 있어서 중첩되어 보이며, 여기에 사용된 분해능 정도로는 분리되지 않고 마치 연속 스펙트럼처럼 보인다. [R. W. B. Pearse, A. G. Gaydon: *The Identification of Molecular Spectra*(Chapman & Hall Ltd., London 1976) p. 394]

tation temperature) T_{exc}라는 개념을 도입하여, 식 (5.11)에 T 대신에 적정한 값의 T_{exc}를 대입하여 계산되는 준위 개수가 실제와 일치한다면, 그 온도를 해당 준위의 T_{exc}로 정의한다. 이러한 들뜸온도의 구체적인 값은 준위에 따라 다를 수 있다.

5.5 분자 스펙트럼

원자의 에너지 준위는 그 원자에 속해 있는 전자들의 에너지만으로 결정된다. 분자의 경우, 에너지 준위를 결정하는 요인은 원자의 경우보다 더 많다. 분자를 구성하는 원자들이 평형점(equilibrium) 주위를 진동할 수 있고, 또 어떤 축을 중심으로 분자는 회전할 수도 있다. 이러한 진동상태와 회전상태 역시 양자화된다. 진동상태도 여러 가지가 있을 수 있으므로 진동상태들 사이의 천이에도 복사가 방출된다. 인접한 상태들 사이에서 방출되는 복사는 대개 적외선 영역에 떨어진다. 회전상태들 사이의 천이에서는 극초단파(microwave, 1mm−1m)가 발생한다. 회전천이, 진동천이 등이 전자의 천이들과 합하여 띠 스펙트럼(band spectrum)을 보이는데, 이것이 분자 스펙트럼이 갖는 뚜렷한 특징이다(그림 5.9). 분자 스펙트럼에는 몇 개의 좁은 띠가 보이고, 띠 하나에는 수많은 선들이 있다.

5.6 연속 스펙트럼

우리는 앞에서 연속 스펙트럼의 생성 기작을 몇 가지 알아보았다. 재결합이나 자유-자유 천이가 이에 속한다. 자유전자가 이온에 포획되는 재결합의 경우 자유전자의 에너지는 양자화되어 있지 않다. 자유-자유 천이 전과 후의 에너지 상태가 양자화되어 있지 않으므로, 방출선은 임의 크기의 에너지, 즉 그 어떤 크기의 주파수도 가질 수 있다. 다시 말해서 연속방출복사를 형성한다. 같은 맥락에서, 이온화나 자유-자유 천이 과정에서 연속 흡수 스펙트럼이 생길 수 있음을 쉽게 알 수 있다.

스펙트럼은 연속 스펙트럼과 분광선으로 이루어진다. 하지만 어떤 경우에는 선들이 빽빽이 밀집하게 되고 폭이 넓어져서 연속 스펙트럼 같이 보이기도 한다.

고온 가스의 압력을 높이면, 스펙트럼선들의 폭이 점점 더 넓어진다. 높은 압력하에서 원자들은 서로 근접할 기회를 자주 갖게 되며, 두 원자가 가까이 지나면서 상대방의 에너지 준위를 변화시키기 마련이다. 압력이 극도로 높아지면 선들이 서로 포개지기 시작하므로, 고온·고압의 가스에서는 연속 스펙트럼을 볼 수 있다. 전기장이 있으면 역시 에너지 준위에 변화가 생겨 스펙트럼선의 폭이 증가한다[스타크(Stark) 효과].

유체나 고체에서는 원자들이 기체에서보다 훨씬 더 밀집해 있으므로, 상호작용에 의한 에너지 준위의 변화 정도가 심하다. 따라서 유체나 고체도 연속 스펙트럼을 내놓기 마련이다.

5.7 흑체복사

흑체(blackbody)란 입사된 빛을 반사 또는 산란시키지 않고 완전히 흡수하였다가 또 완전히 재방출하는 물체를 의미한다. 흑체란 일종의 이상적인 복사체로서, 완전한 의미의 흑체는 실제로 존재하지 않지만, 흑체와 비슷한 성질을 갖는 물체는 많다.

흑체복사의 특성은 온도만으로 결정된다. 흑체복사의 파장에 따른 세기 변화의 양상이 은 흑체를 구성하는 물질의 종류, 모양 등에는 전혀 무관하다는 의미다. 흑체복사의 파장에 따른 세기의 변화를 기술하는 **플랑크법칙**(Plankc's law)은 온도만의 함수로 주어진다. 즉 온도 T인 흑체가 주파수 ν로 내놓는 복사의 세기는

$$B_\nu(T) = B(\nu;\ T) = \frac{2h\nu^3}{c^2}\frac{1}{e^{h\nu/(kT)}-1} \tag{5.12}$$

로 주어지는데, 여기서

h = 플랑크 상수 $= 6.63 \times 10^{-34}\,\mathrm{Js}$,

c = 광속 $\approx 3 \times 10^8\,\mathrm{ms^{-1}}$,

k = 볼츠만 상수 $= 1.38 \times 10^{-23}\,\mathrm{JK^{-1}}$

이다. 복사세기의 정의에 의하여 B_ν의 측정단위는 $\mathrm{Wm^{-2}Hz^{-1}sr^{-1}}$이다.

흑체복사는 입사되는 모든 빛을 흡수할 수 있는 벽으로 둘러싸인 공동(空洞, cavity) 내부에서 형성될 수 있다. 이러한 공동의 벽과 그 공동 내부의 복사는 같은 온도에 놓이게 되며(즉 평형상태를 이루며), 벽은 흡수한 에너지를 모두 재방출한다. 복사에너지가 공동 벽을 이루는 원자들의 열에너지로 바뀌었다가 다시 복사에너지로 방출되는 것이므로, 흑체복사를 **열복사**(thermal radiation)라고도 부른다.

플랑크법칙[식 (5.12)]으로 서술되는 흑체복사의 스펙트럼은 연속 스펙트럼이다. 복사체의 크기가 파장에 비하여 무척 크다면, 그 복사는 연속 스펙트럼의 형태를 띠게 된다. 공동복사의 경우, 복사가 그 공동에 갇혀 있는 정상파라고 간주될 수 있으므로 흑체복사가 연속복사임을 쉽게 이해할 수 있다. 다시 말하면, 파장이 동공의 크기에 비하여 짧으면 짧을수록 가능한 정상파의 파장 수가 점점 더 많아진다는 뜻이다. 고체에서 방출되는 복사가 연속 스펙트럼이라고 앞에서 언급했는데, 고체의 스펙트럼은 대개 플랑크법칙으로 아주 잘 근사될 수 있다.

플랑크법칙을 주파수 대신 파장의 함수로 나타낼 수도 있는데, 이때 $B_\nu \mathrm{d}\nu = -B_\lambda \mathrm{d}\lambda$를 이용하면 된다. 주파수가 증가할수록 파장은 감소하므로 이 식에 음의 부호가 필요하다. 주파수 ν와 파장 λ 사이에는 $\nu = c/\lambda$가 성립하므로 이 식은

$$\frac{\mathrm{d}\nu}{\mathrm{d}\lambda} = -\frac{c}{\lambda^2} \tag{5.13}$$

가 되며, 플랑크함수는

$$B_\lambda = -B_\nu\frac{\mathrm{d}\nu}{\mathrm{d}\lambda} = B_\nu\frac{c}{\lambda^2} \tag{5.14}$$

또는

$$B_\lambda(T) = \frac{2hc^2}{\lambda^5}\frac{1}{e^{hc/(\lambda kT)}-1} \tag{5.15}$$

$$[B_\lambda] = \mathrm{Wm^{-2}\,m^{-1}\,sr^{-1}}$$

로 나타낼 수 있다.

흑체복사의 세기분포를 나타내는 함수 B_ν와 B_λ는 각각 단위주파수나 단위파장 간격에서의 세기를 의미하므로, 흑체복사의 총 세기는

$$B(T) = \int_0^\infty B_\nu \, \mathrm{d}\nu = \int_0^\infty B_\lambda \, \mathrm{d}\lambda$$

로 계산된다.

주파수로 표현된 첫 번째 적분을 해보자.

$$B(T) = \int_0^\infty B_\nu(T) \mathrm{d}\nu = \frac{2h}{c^2} \int_0^\infty \frac{\nu^3 \mathrm{d}\nu}{\mathrm{e}^{h\nu/(kT)} - 1}$$

적분변수를 $x = h\nu/(kT)$로 하여 $\mathrm{d}\nu = (kT/h)\mathrm{d}x$의 관계를 써서 위의 식을 다시 쓰면

$$B(T) = \frac{2h}{c^2} \frac{k^4}{h^4} T^4 \int_0^\infty \frac{x^3 \mathrm{d}x}{e^x - 1}$$

가 된다. 위 정적분의 결과는 온도와 무관한 상수이므로 위 식은 다시

$$B(T) = AT^4 \tag{5.16}$$

으로 나타낼 수 있고, 상수 A는

$$A = \frac{2k^4}{c^2 h^3} \frac{\pi^4}{15} \tag{5.17}$$

과 같다.

[상수 A를 구하기 위해서는 적분 계산을 수행해야 하는데, 이 적분은 해석학적으로 간단히 풀리지 않는다. 이를 위해서는 이론 물리학자들이 즐겨 쓰는 특수함수인 $\Gamma(4)\zeta(4)$를 이용하여 적분을 표현할 수 있는데, 여기서 ζ는 리만 제타(Riemann zeta) 함수이고 Γ는 감마(gamma) 함수이다. $\Gamma(n)$은 $(n-1)!$로 간단하지만 $\zeta(4) = \pi^4/90$임을 보이는 것은 쉽지 않다. 후자는 $x^4 - x^2$을 푸리에(Fourier) 급수로 전개한 뒤 $x = \pi$에서 계산하여 얻을 수 있다.]

세기가 B인 등방(等方, isotropic)복사의 플럭스밀도 F는

$$F = \pi B$$

이므로(4.1절),

$$F = \sigma T^4 \tag{5.18}$$

을 얻게 된다. 이것이 **슈테판-볼츠만(Stefan-Boltzmann) 법칙**인데, 여기에 쓰이는 **슈테판-볼츠만 상수** $\sigma(=\pi A)$의 크기는 다음과 같다.

$$\sigma = 5.67 \times 10^{-8} \mathrm{W\,m^{-2}\,K^{-4}}$$

슈테판-볼츠만 법칙으로부터 우리는 별의 광도와 온도 사이의 관계를 알 수 있다. 반경이 R인 별의 표면적은 $4\pi R^2$이므로, 별 표면에서의 플럭스밀도가 F라면, 광도 L은

$$L = 4\pi R^2 F$$

가 된다. 별을 흑체복사에 근사시키면 $F = \sigma T^4$이므로

$$L = 4\pi\sigma R^2 T^4 \tag{5.19}$$

의 관계를 얻는다. 사실상 **유효온도**(effective temperature)는 위의 식에 의해 정의되며, 이에 대한 자세한 논의는 다음 절에서 다룰 것이다.

식 (5.19)가 나타내고 있듯이, 별의 광도는 반경과 온도에 의존하고, 광도는 **절대복사등급**(absolute bolometric magnitude)을 결정한다. 별과 태양의 절대복사등급의 차이는 식 (4.13)을 이용하여 다음과 같이 주어진다.

$$M_{\mathrm{bol}} - M_{\mathrm{bol},\odot} = -2.5 \log \frac{L}{L_\odot} \tag{5.20}$$

이제 식 (5.19)를 써서 광도를 온도와 반경으로 표현하면 절대복사등급이

$$M_{\mathrm{bol}} - M_{\mathrm{bol},\odot} = -5 \log \frac{R}{R_\odot} - 10 \log \frac{T}{T_\odot} \tag{5.21}$$

로 표현됨을 알 수 있다.

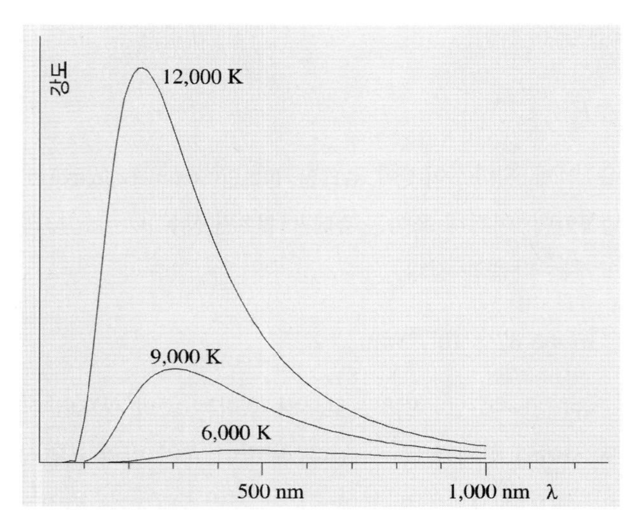

그림 5.10 온도가 12,000K, 9,000K, 6,000K인 흑체의 복사세기 분포. 온도의 비가 4 : 3 : 2이므로, 최대 강도를 보이는 파장은 빈의 변위법칙에 따라 1 : 4, 1 : 3, 1 : 2, 즉 3 : 4 : 6이다. 이 파장들의 실제 길이는 241.5nm, 322nm, 483nm이다. 총 복사강도, 즉 곡선 아래의 면적은 $4^4 : 3^4 : 2^4$의 비를 만족한다.

그림 5.10에서 볼 수 있듯이, 강도가 최대로 되는 파장이 흑체복사의 총 세기(곡선 밑의 면적)가 증가함에 따라 짧은 쪽으로 옮겨간다. 최대 강도의 파장 λ_{max}는 플랑크 함수 $B_\lambda(T)$를 λ에 관하여 미분하고, 미분값이 영이 되는 파장을 찾으면 된다. 그 결과가 바로 빈의 변위법칙(Wien displacement law)이다.

$$\lambda_{max} T = b = \text{const} \tag{5.22}$$

여기서 b는 변위상수(displacement constant)로서 그 크기는

$$b = 0.0028978\text{Km}$$

이다.

똑같은 방법으로 B_ν의 최대가 되는 주파수 ν_{max}를 구할 수 있다. 식 (5.22)에서 구한 λ_{max}를 $\nu_{max} = c/\lambda_{max}$의 관계에 그냥 넣어서는 올바른 ν_{max}의 값을 구할 수 없다. 왜냐하면, 파장과 주파수는 서로 비선형적 관계로 맺어져 있으므로, 단위 주파수 간격에 대하여 주어진 복사의 세기 B_ν가 단위 파장 간격에 대한 복사의 세기인 B_λ와 같을 수 없기 때문이다.

최대 강도의 파장 λ_{max}와 비슷하거나 무척 긴 파장에서는 플랑크 함수를 간단한 꼴로 근사시킬 수 있다. $\lambda \approx \lambda_{max}$[또는 $hc/(\lambda kT) \gg 1$]일 때는

$$e^{hc/(\lambda kT)} \gg 1$$

이므로, 다음에 주어진 빈의 근사가 성립한다.

$$B_\lambda(T) \approx \frac{2hc^2}{\lambda^5} e^{-hc/(\lambda kT)} \tag{5.23}$$

만약 $hc/(\lambda kT) \ll 1$(즉 $\lambda \gg \lambda_{max}$)이면

$$e^{hc/\lambda kT} \approx 1 + hc/(\lambda kT)$$

이므로, 다음의 레일리-진스(Rayleigh-Jeans) 근사가 성립한다.

$$B_\lambda(T) \approx \frac{2hc^2}{\lambda^5}\frac{\lambda kT}{hc} = \frac{2ckT}{\lambda^4} \tag{5.24}$$

이 근사식은 특히 전파영역에서 유용하게 쓰인다.

고전 물리학으로는 레일리-진스의 근사 관계밖에 유도할 수 없었다. 만약 식 (5.24)가 모든 파장 영역에 대하여 성립한다면, 파장이 0에 가까워질수록 복사의 세기가 무한정으로 강해진다는 것인데, 이는 관측적 사실과 분명히 배치된다. 이것이 바로 자외선 파국(ultraviolet catastrophe)이라고 불리던 문제였다.

5.8 온도

천체의 온도는 절대온도로 거의 0도에서부터 수백 만도에 이르는 광범위한 값을 갖는다. 온도는 여러 가지 방

법으로 정의할 수 있으며, 동일 천체라고 하더라도 사용한 정의에 따라 온도의 값이 다를 수 있다. 여러 다른 물리현상을 설명하려면 여러 가지 다른 정의의 온도들이 모두 필요하며, 하나의 '진짜' 온도란 대개의 경우 존재하지 않는다.

종종 어떤 천체(예 : 별)의 온도는 그 천체와 흑체를 비교하여 구한다. 실제의 별이 흑체와 동일하게 복사를 내놓는 것은 아니지만, 별의 스펙트럼에서 분광선들의 효과만 제외하고 남은 연속복사는 흑체복사로 아주 그럴듯하게 근사시킬 수 있다. 플랑크 함수를 관측과 맞출 때 쓰인 기준이 무엇이냐에 따라서 우리는 각기 다른 값의 온도를 얻게 된다.

별의 표면온도를 서술하는 데 있어서 가장 유용한 개념이 **유효온도**(effective temperature) T_e이다. 별에서 방출되는 총 플럭스밀도(플럭스밀도의 모든 파장에 대한 합)와 같은 총 플럭스밀도를 갖는 흑체의 온도를 유효온도로 정의한다. 유효온도는 단위 시간당 방출되는 총 복사량에 의하여 정의된 양이므로, 비록 빛의 파장에 따른 세기 분포가 플랑크법칙에서 많이 벗어나더라도 유효온도의 값은 결정될 수 있다.

앞 절에서 우리는 슈테판-볼츠만 법칙을 유도하였는데, 이를 통해 총 플럭스밀도는 온도만의 함수임을 알 수 있었다. 별 표면에서의 플럭스밀도 F와 같게 되는 흑체의 온도를 슈테판-볼츠만 법칙을 통해 찾으면, 그 별의 유효온도 T_e가 결정된다. 표면에서의 총 플럭스밀도는 다음과 같다.

$$F = \sigma T_e^4 \tag{5.25}$$

반경이 R인 별의 총 플럭스는 $L = 4\pi R^2 F$와 같은데, r만큼 떨어진 곳에서의 총 플럭스밀도는

$$F' = \frac{L}{4\pi r^2} = \frac{R^2}{r^2} F = \left(\frac{\alpha}{2}\right)^2 \sigma T_e^4 \tag{5.26}$$

가 된다. 여기서 $\alpha = 2R/r$은 별의 각지름(視直徑, angular diameter)이다. 유효온도를 직접 결정하려면 총 플럭스밀도 F'뿐만 아니라 그 별의 각지름도 측정해야 한다. 따라서 이 방법은 간섭계를 이용하여 각지름이 직접 측정되는 몇 개 되지 않는 별들의 경우에만 유용하다.

주어진 파장 λ에서 별의 표면 플럭스밀도 F_λ가 플랑크법칙을 따른다고 가정하면 그 별의 **밝기온도**(brightness temperature) T_b를 얻게 된다. 등방 복사장의 경우 $F_\lambda = \pi B_\lambda(T_b)$이며, 관측된 플럭스밀도는

$$F'_\lambda = \frac{R^2}{r^2} F_\lambda$$

이므로, 밝기온도 T_b는

$$F'_\lambda = \left(\frac{\alpha}{2}\right)^2 \pi B_\lambda(T_b) \tag{5.27}$$

를 통하여 구할 수 있는데, 이번에도 각지름 α를 알아야만 F_λ를 결정할 수 있다. 엄밀한 의미에서 별은 흑체가 아니므로, 밝기온도는 사용한 파장에 따라 일반적으로 다른 값을 갖게 된다.

전파천문학에서는 밝기온도로서 전파원의 복사세기(표면 밝기)를 나타낸다. 주파수 ν에서의 어느 전파원의 세기가 I_ν라면, 그 전파원의 밝기온도 T_b는

$$I_\nu = B_\nu(T_b)$$

로서 결정된다. 어느 흑체의 표면 밝기가 관측된 전파원의 표면 밝기와 같은 크기를 갖는다면, 그 흑체의 온도가 바로 전파천문학에서는 밝기온도 T_b이다.

전파영역에서는 파장이 매우 길기 때문에 대개 레일리-진스의 근사를 쓸 수 있는데, 이는 $h\nu \ll kT$의 조건이 밀리미터나 서브밀리미터(submilimeter, 0.1mm) 파장대를 제외한 거의 대부분의 전파영역에서 만족되기 때문이다. 따라서 플랑크법칙을

$$B_\nu(T_b) = \frac{2h\nu^3}{c^2}\frac{1}{e^{h\nu/(kT_b)}-1}$$
$$= \frac{2h\nu^3}{c^2}\frac{1}{1+h\nu/(kT_b)+\ldots-1}$$
$$\approx \frac{2k\nu^2}{c^2}T_b$$

와 같이 쓸 수 있으며, 전파천문학적 밝기온도 T_b가 다음의 관계식을 만족한다.

$$T_b = \frac{c^2}{2k\nu^2}I_\nu = \frac{\lambda^2}{2k}I_\nu \tag{5.28}$$

전파망원경에 검출되는 신호의 강도는 **안테나온도**(antenna temperature) T_A로 나타낸다. 안테나온도가 관측되면 밝기온도는

$$T_A = \eta T_b \tag{5.29}$$

에 의해 얻어지는데, 여기서 η는 안테나의 **빔효율**(beam efficiency)로 대개 $0.4 \le \eta \le 0.8$의 값을 가진다. 식 (5.29)는 전파원의 입체각 Ω_S가 안테나의 빔 크기 Ω_A보다 클 때만 적용된다. Ω_S가 Ω_A보다 작다면 관측된 안테나온도는 아래와 같이 구해진다.

$$T_A = \eta\frac{\Omega_S}{\Omega_A}T_b, \quad (\Omega_S < \Omega_A) \tag{5.30}$$

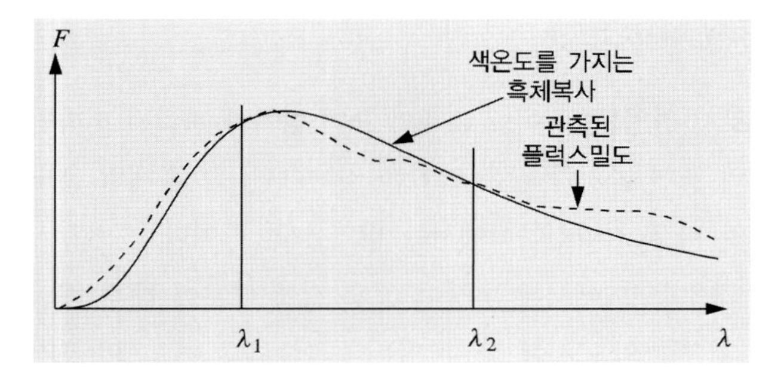

그림 5.11 색온도의 결정. 두 파장 λ_1, λ_2에서 측정된 플럭스의 비와 같은 비를 가지는 흑체의 온도가 그 별의 색온도이다. 색온도를 결정하는 데 쓰인 파장에 따라서 결과가 다르게 나올 수 있다.

색온도(color temperature) T_c는 각 크기에 대한 정보 없이 결정할 수 있다(그림 5.11). 이 경우, 어떠한 파장 구간[λ_1, λ_2]에서의 상대적인 에너지 분포를 알기만 하면 된다. 즉 플럭스의 절댓값을 알 필요가 없는 것이다. 플럭스밀도의 파장에 따른 분포를 관측하고 이를 여러 다른 온도의 플랑크 함수에 비교하여, [λ_1, λ_2]의 파장 구간에 가장 잘 들어맞는 온도를 찾아내면 이 온도가 바로 색온도가 된다. 색온도는 사용된 파장 구간에 따라 대개 달라지는데, 이는 관측된 에너지 분포가 흑체복사의 그것과 상당히 다를 수 있기 때문이다.

색온도를 간단히 측정하는 방법은 다음과 같다. 천체가 흑체와 동일하게 복사를 방출한다고 가정하면, 파장 λ_1과 λ_2에서 측정한 플럭스밀도 F'_λ의 비는 전적으로 플랑크 함수에 의하여 아래와 같이 결정될 것이다.

$$\frac{F'_{\lambda_1}(T)}{F'_{\lambda_2}(T)} = \frac{B_{\lambda_1}(T)}{B_{\lambda_2}(T)} = \frac{\lambda_2^5}{\lambda_1^5}\frac{e^{hc/(\lambda_2 kT)}-1}{e^{hc/(\lambda_1 kT)}-1} \tag{5.31}$$

이 방정식의 해가 바로 색온도가 된다.

측정된 플럭스밀도는 등급으로도 표시가 가능한데, 등급의 정의로부터

$$m_{\lambda_1} - m_{\lambda_2} = -2.5\log\frac{F'_{\lambda_1}}{F'_{\lambda_2}} + \text{상수}$$

가 성립한다. 여기서 상수는 등급척도(magnitude scale)의 영점(zero point)에 따라 결정되는 값이다. 온도가 지나치게 높지 않다면 가시광 영역에서는 플랑크 공식 대신 빈의 근사를 사용할 수 있으므로, 위 식은

$$m_{\lambda_1} - m_{\lambda_2} = -2.5\log\frac{B_{\lambda_1}}{B_{\lambda_2}} + \text{상수}$$
$$= -2.5\log\left(\frac{\lambda_2}{\lambda_1}\right)^5$$

$$+2.5\frac{hc}{kT}\left(\frac{1}{\lambda_1}-\frac{1}{\lambda_2}\right)\log e+\text{상수}$$

로 바뀐다. 이 식을 더 간략히 표현한다면 결국

$$m_{\lambda_1}-m_{\lambda_2}=a+b/T_c \qquad (5.32)$$

가 되며, 여기서 a와 b는 상수들이다. 이 식으로부터 두 등급의 차이와 색온도 사이에 간단한 관계가 성립함을 알 수 있다.

엄밀히 따지자면 식 (5.32)에 있는 등급들은 단색적(monochromatic)이어야 하지만(즉 폭이 무한히 좁은 대역에 대한 등급들이어야 하지만), B나 V와 같은 광대역 등급에도 같은 식이 적용될 수 있다. 이 경우, 두 파장은 결국 B와 V대역의 유효파장(effective wavelength)이 되며, 분광형이 A0인 별이 $B-V=0$을 가지도록 상수 a가 결정된다(제9장 참조). 이와 같이 색지수 $B-V$로부터도 색온도를 알 수 있다.

운동온도(kinetic temperature) T_k는 가스 분자들의 평균 운동속력과 관련이 있다. 가스 운동 이론에 의하면, 이상기체 분자의 운동에너지와 온도 사이에는 다음의 관계가 성립한다.

$$\text{운동에너지}=\frac{1}{2}mv^2=\frac{3}{2}kT_k$$

여기서 m은 분자의 질량, v는 평균속도(또는 r.m.s. 속도, 즉 식에 있는 v^2이 속도 제곱의 평균), k는 볼츠만 상수이다. 위의 식을 온도에 대하여 정리하면

$$T_k=\frac{mv^2}{3k} \qquad (5.33)$$

과 같다. 이상기체의 경우, 압력은 운동온도에 정비례한다(글상자 11.1 참조).

$$P=nkT_k \qquad (5.34)$$

여기서 n은 분자의 개수밀도(단위체적당 분자의 개수)이다. 앞에서 들뜸온도 T_{exc}는 볼츠만 분포 식 (5.11)에서 예측되는 준위 개수가 관측된 개수와 같게 되는 온도로 정의되었다. 준위에 따른 원자들의 개수분포가 원자들 사이의 충돌에 의해서만 결정된다면, $T_{exc}=T_k$가 성립한다.

들뜸온도에서와 마찬가지로 이온화 정도에 따른 분포를 이용하여 **이온화온도**(ionization temperature) T_i를 정의할 수 있다. 별은 완전한 의미의 흑체는 아니므로, 들뜸온도와 이온화온도는 일반적으로 같지 않으며, 어느 원소의 분광선을 이용하여 결정했는지에 따라 다른 값들을 가질 수 있다.

열역학적 평형(thermodynamic equilibrium)에서는 여기서 언급된 모든 종류의 온도들이 서로 같은 값을 갖는다.

5.9 다른 복사 기작들

열역학적 평형에 놓여 있는 가스로부터 나오는 복사는 온도와 밀도에만 의존한다. 하지만 천체물리학에서 다루는 천체들은 많은 경우 열역학적 평형에서 벗어나 있다. 열역학적 평형에서 벗어난 천체들이 내는 복사를 **비열적**(non-thermal) **복사**라 하며, 그 예로는 다음의 것들이 있다.

메이저와 레이저. (그림 5.12 참조) 볼츠만 분포 식 (5.11)에 의하면 들뜬 에너지 준위에 있는 원자는 바닥 준위에 있는 원자의 개수보다 적어야 한다. 그런데, 때로는 **개수분포의 역전**(population inversion)이 생겨서, 바닥상태보다 들뜸상태에 오히려 더 많은 수의 원자들이 놓여 있게 되는 경우가 있다. 이와 같은 개수분포의 역전이 **메이저와 레이저**(maser/laser, Microwave/Light Amplification by Stimulated Emission of Radiation) 현상의 결정적 요인이다. 들뜸상태에 있는 원자들에 들뜸에너

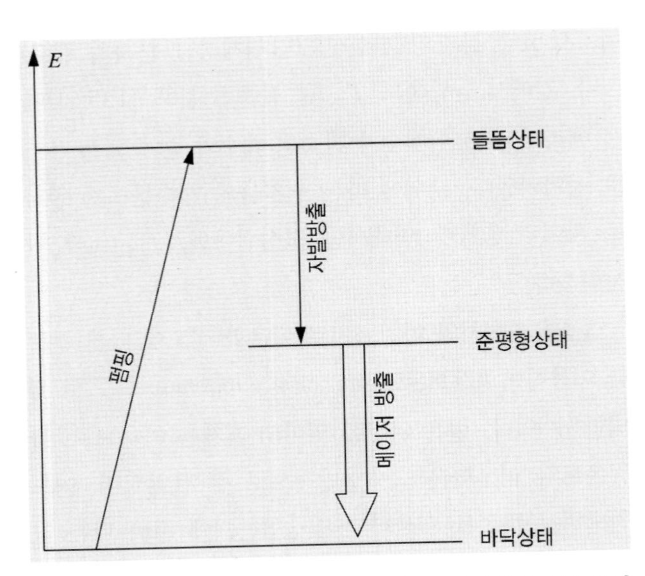

그림 5.12 메이저와 레이저의 작동원리. 준평형상태(비교적 긴 시간 머물 수 있는 에너지 준위)에 원자들이 쌓이기 시작하여 바닥상태보다 오히려 들뜸상태의 개수가 더 많게 되는 경우가 있다. 이와 같은 개수분포의 역전은, 복사에 의하여 원자들을 일단 들뜸상태로 올려놓은('pumping') 다음 이들이 자발천이로 준평형상태에 떨어져 쌓임으로써 가능하다. 개수분포의 역전을 이루고 있는 원자들에 준평형상태의 들뜸에너지를 갖는 광자가 조사되면 유도방출을 일으켜, 원자들로 하여금 동일한 파장을 갖는 광자들을 더 많이 내놓게 한다. 그리하여 복사의 세기는 기하급수적으로 증폭한다.

지와 같은 크기의 에너지를 갖는 광자가 조사되면, 원자는 광자의 자극을 받아 더 낮은 에너지 준위로 내려앉는다(즉 유도방출을 하게 된다). 유도방출로 나오는 광자의 수가 흡수된 광자수보다 월등하게 많으면 복사는 증폭되는 셈이다. 이러한 경우, 들뜸상태는 대개 **준평형상태**(metastable state)여서 원자들이 이 상태에 오랫동안 머물게 된다. 즉 자발방출에 의한 복사량은 무시되어도 좋으며, 따라서 이러한 상황에서 나오는 복사는 결맞고(coherent), 단색적(monochromatic)이다. 메이저 원(源)들이 성간 분자구름이나 별 주위에 티끌로 이루어진 포피부(envelope) 등에서 종종 발견되었다.

싱크로트론 복사. 자유 전하(charge)가 가속을 받으면 전자기복사를 내놓는다. 전하를 띤 입자들은 자기장 주위를 나선을 그리며 운동하는데, 자기장 방향을 따라 보았을 때 이러한 운동은 일종의 원운동이므로 전하는 계속적으로 가속을 받고 있는 셈이다. 그래서 자기장 주위를 움직이는 전하는 속도벡터의 방향으로 복사를 내놓게 되는데, 이러한 복사를 우리는 **싱크로트론 복사**(synchrotron radiation)라고 부른다. 이 문제는 제16장에서 더 자세히 다루겠다(글상자 16.1 참조).

5.10 복사전달

복사가 매질 속을 전파하여 가는 과정, 즉 복사의 전달 과정에 대한 이해는 천체물리학의 가장 중요한 문제 중 하나다. 복사전달은 매우 복잡한 문제여서 이 책에서 자세히 다룰 수 있는 성질의 것은 아니지만, 복사전달의 기본 방정식만은 쉽게 유도할 수 있다.

조그마한 원기둥을 생각하자. 원기둥의 밑넓이가 $\mathrm{d}A$, 높이가 $\mathrm{d}r$이라 하고, 이 원기둥의 밑면에 수직하게 입사되어 입체각 $\mathrm{d}\omega$로 퍼져 나가고 있는 복사의 세기를 I_ν라 하자($[I_\nu] = \mathrm{W\,m^{-2}\,Hz^{-1}\,sr^{-1}}$). 이 복사가 $\mathrm{d}r$만큼 통과할 때 생긴 세기의 변화가 $\mathrm{d}I_\nu$라면, $\mathrm{d}t$라는 시간 동안에 그 원기둥에서 겪게 된 에너지의 변화량 $\mathrm{d}E$는

$$\mathrm{d}E = \mathrm{d}I_\nu\,\mathrm{d}A\,\mathrm{d}\nu\,\mathrm{d}\omega\,\mathrm{d}t$$

로 주어진다. 이것은 원기둥에서 방출된 에너지에서 원기둥이 흡수한 에너지를 뺀 결과와 것과 같을 것이다. 흡수된 에너지는

$$\mathrm{d}E_{\mathrm{abs}} = \alpha_\nu I_\nu \mathrm{d}r\,\mathrm{d}A\,\mathrm{d}\nu\,\mathrm{d}\omega\,\mathrm{d}t \tag{5.35}$$

로 주어지는데[식 (4.14) 참조], 여기서 α_ν는 주파수 ν인 복사에 대한 그 매질의 **불투명도**(opacity)를 나타낸다. 주파수 ν로 단위입체각으로 단위시간에 단위 부피의 물질에서 방출되는 에너지를 **방출계수**(emission coefficient) j_ν

($[j_\nu] = \mathrm{Wm^{-3}\,Hz^{-1}\,sr^{-1}}$)로 표시하면, 그 원기둥에서 입체각 $\mathrm{d}\omega$로 $\mathrm{d}t$시간 동안에 주파수 간격 $\mathrm{d}\nu$로 방출되는 에너지는

$$\mathrm{d}E_{\mathrm{em}} = j_\nu \mathrm{d}r\,\mathrm{d}A\,\mathrm{d}\nu\,\mathrm{d}\omega\,\mathrm{d}t \tag{5.36}$$

가 된다. 이제 에너지의 수지(收支) 관계를 고려하면 다음의 관계가 성립한다.

$$\mathrm{d}E = -\,\mathrm{d}E_{\mathrm{abs}} + \mathrm{d}E_{\mathrm{em}}$$

식 (5.35)와 (5.36)을 이용하면 이는

$$\mathrm{d}I_\nu = -\,\alpha_\nu I_\nu \mathrm{d}r + j_\nu \mathrm{d}r$$

이 되고, 결국 다음 관계식이 도출된다.

$$\frac{\mathrm{d}I_\nu}{\alpha_\nu \mathrm{d}r} = -\,I_\nu + \frac{j_\nu}{\alpha_\nu} \tag{5.37}$$

방출계수 j_ν의 흡수계수(또는 불투명도) α_ν에 대한 비(比)인

$$S_\nu = \frac{j_\nu}{\alpha_\nu} \tag{5.38}$$

를 **원천함수**(source function)로 정의하고, 진동수 ν에서의 광학적 깊이 τ_ν를 $\mathrm{d}\tau_\nu \equiv \alpha_\nu \mathrm{d}r$로 정의하면 식 (5.37)은

$$\frac{\mathrm{d}I_\nu}{\mathrm{d}\tau_\nu} = -\,I_\nu + S_\nu \tag{5.39}$$

로 다시 쓸 수 있다.

식 (5.39)가 바로 복사전달의 기본 방정식이다. 이 방정식의 해를 구체적으로 구하지 않더라도 $I_\nu < S_\nu$인 경우, $\mathrm{d}I_\nu/\mathrm{d}\tau_\nu > 0$이므로 복사의 강도가 매질을 통과해 감에 따라 점점 더 세어짐을 알 수 있다. 반대로 $I_\nu > S_\nu$인 경우, $\mathrm{d}I_\nu/\mathrm{d}\tau_\nu < 0$이므로 I_ν가 줄어들 것임을 알 수 있다. 평형상태에서는 흡수된 에너지와 방출된 에너지가 같으므로, 이 경우 식 (5.35)와 (5.36)으로부터

$$I_\nu = j_\nu/\alpha_\nu = S_\nu \tag{5.40}$$

임을 알 수 있다. 이 식을 식 (5.39)에 다시 대입하면 $\mathrm{d}I_\nu/\mathrm{d}\tau_\nu = 0$이 성립한다. 열역학적 평형 상태에서는 매질의 복사가 흑체복사와 같으므로, 원천함수는 바로 플랑크법칙으로 주어진다.

$$S_\nu = B_\nu(T) = \frac{2h\nu^3}{c^2}\frac{1}{\mathrm{e}^{h\nu/(kT)} - 1}$$

우리가 다루고 있는 계가 비록 열역학적 평형상태에 있지 않더라도, 적당한 들뜸온도 T_{exc}를 대입하여 $B_\nu(T_{\mathrm{exc}}) = S_\nu$가 성립하도록 할 수 있다. 들뜸온도의 구체적인 값은 주파수에 따라 다를 수 있다.

복사전달 방정식 (5.39)의 형식 해(formal solution)는

$$I_\nu(\tau_\nu) = I_\nu(0)\mathrm{e}^{-\tau_\nu} + \int_0^{\tau_\nu} \mathrm{e}^{-(\tau_\nu - t)} S_\nu(t)\mathrm{d}t \tag{5.41}$$

로 주어진다. 여기서 $I_\nu(0)$는 배경 복사의 세기로서, 매질(예 : 성간구름)을 통과해 가면서 지수함수적으로 감소한다. 둘째 항은 매질이 방출한 복사의 세기를 나타낸다. 이 해가 형식적 해에 불과한 이유는 일반적으로 원천함수 S_ν가 미지의 양이므로 복사세기 I_ν와 함께 결정되어야 하기 때문이다. 원천함수가 위치에 따라 일정하며, 배경복사의 세기를 무시할 수 있는 특별한 경우에는

$$I_\nu(\tau_\nu) = S_\nu \int_0^{\tau_\nu} \mathrm{e}^{-(\tau_\nu - t)}\mathrm{d}t = S_\nu(1 - \mathrm{e}^{-\tau_\nu}) \tag{5.42}$$

가 성립한다. 통과해야 할 성간구름이 광학적으로 매우 두껍다면($\tau_\nu \gg 1$)

$$I_\nu = S_\nu \tag{5.43}$$

의 결과를 얻어, 복사의 세기가 원천함수와 같고 방출과

흡수가 평형을 이룸을 알 수 있다.

복사전달의 이론을 응용할 수 있는 분야 중에서 행성이나 항성 대기의 연구는 매우 중요한 몫을 차지한다. 이러한 연구들에서는 매질의 물리적 성질이 한 방향, 예를 들어 z축으로만 변한다고 하여도 매우 훌륭한 근사가 된다. 그렇다면 복사의 세기를 z와 θ만의 함수로 서술할 수 있는데, 여기서 θ는 z축과 복사의 진행방향이 이루는 각이다.

대기 문제에서는 광학적 깊이 τ_ν를 표면에서 대기 내부로 증가하는 식으로 측정하고, 기하학적 거리 z는 대기 하부에서 상부 쪽으로 증가하도록 잡는 것이 보통이다.

$$\mathrm{d}\tau_\nu = -\alpha_\nu \mathrm{d}z$$

수직방향의 선소(線素, line element) $\mathrm{d}z$는 빛의 진행거리 $\mathrm{d}r$과

$$\mathrm{d}z = \mathrm{d}r \cos\theta$$

의 관계를 이룬다. 이와 같은 관계와 식 (5.39)로부터

$$\cos\theta \frac{\mathrm{d}I_\nu(z, \theta)}{\mathrm{d}\tau_\nu} = I_\nu - S_\nu \tag{5.44}$$

의 결과가 도출된다. 이 방정식은 행성이나 항성 대기를 다룰 때 자주 보게 될 것이다.

대기의 표면에서 나오는 복사의 세기에 대한 형식 해는 식 (5.44)를 $\tau_\nu = \infty$에서 $\tau_\nu = 0$까지 적분해 줌으로써 얻을 수 있다.

$$I_\nu(0, \theta) = \int_0^\infty S_\nu \mathrm{e}^{-\tau_\nu \sec\theta} \sec\theta \, \mathrm{d}\tau_\nu \tag{5.45}$$

여기서 대기의 아래 바닥이 광학적 깊이로 ∞가 되는 곳에 있다고 간주했으며, $\tau_\nu = 0$은 대기의 최상층, 즉 표면을 지칭한다. 이 식은 제8장에서 항성의 스펙트럼을 설명할 때 자주 사용될 것이다.

5.11 예제

예제 5.1 수소가 $n_2 = 110$인 준위에서 $n_1 = 109$로 천이할 때 방출되는 광자의 파장을 계산하라.

식 (5.8)에 의해

$$\begin{aligned}\frac{1}{\lambda} &= R\left(\frac{1}{n_1^2} - \frac{1}{n_2^2}\right) \\ &= 1.097 \times 10^7 \mathrm{m}^{-1}\left(\frac{1}{109^2} - \frac{1}{110^2}\right) \\ &= 16.71 \mathrm{m}^{-1}\end{aligned}$$

이므로, 다음 결과를 얻는다.

$$\lambda = 0.060 \mathrm{m}$$

이것은 전파영역에 해당하는 파장이며, 바로 이 파장의 복사가 1965년 NRAO의 전파망원경이 처음으로 관측한 것이었다.

예제 5.2 어떤 별의 유효온도가 12,000K이며 절대 복사등급이 0.0이라고 하자. 태양의 유효 온도를 5,000K, 절대 복사등급을 4.7이라고 가정하고 이 별의 반경을 계산하라.

식 (5.21)을 써서 다음을 얻을 수 있다.

$$\begin{aligned}M_{\mathrm{bol}} - M_{\mathrm{bol},\odot} &= -5\log\frac{R}{R_\odot} - 10\log\frac{T}{T_\odot} \\ \Rightarrow \frac{R}{R_\odot} &= \left(\frac{T_{\mathrm{e}\odot}}{T_\mathrm{e}}\right)^2 10^{-0.2(-M_{\mathrm{bol},\odot})} \\ &= \left(\frac{5800}{12000}\right)^2 10^{-0.2(0.0-4.7)} \\ &= 2.0\end{aligned}$$

따라서 이 별의 반경은 태양 반경의 2배이다.

예제 5.3 빈의 변위법칙을 유도하라.

$x = hc/(\lambda kT)$라고 정의하면 플랑크법칙은

$$B_\lambda(T) = \frac{2k^5T^5}{h^4c^3}\frac{x^5}{e^x - 1}$$

과 같아진다. 온도가 주어지면 우변의 첫째 항은 상수가 되므로, $f(x) = x^5/(e^x - 1)$이 최대가 되는 지점을 찾기만 하면 된다.

먼저 f의 미분을 구하면 아래와 같다.

$$f'(x) = \frac{5x^4(e^x - 1) - x^5e^x}{(e^x - 1)^2} = \frac{x^4e^x}{(e^x - 1)^2}(5 - 5e^{-x} - x)$$

정의에 의해 x는 항상 양수이므로, $f'(x) = 0$이기 위해서는 $5 - 5e^{-x} - x = 0$이 만족되어야 한다. 그런데 이 식은 해석학적으로 풀리지 않으므로 $x = 5 - 5e^{-x}$의 모양으로 바꾸어 반복적으로 그 해를 구할 수 있다.

$x_0 = 5$ (이것은 단지 추측값이다)

$x_1 = 5 - 5e^{-x_0} = 4.96631$

$\vdots$

$x_5 = 4.96511$

이 결과는 $x = 4.965$가 되며, 빈의 변위법칙은

$$\lambda_{max}T = \frac{hc}{xk} = b = 2.898 \times 10^{-3}\,\mathrm{Km}$$

가 된다. 플랑크법칙을 주파수로 표현하면

$$B_\nu(T) = \frac{2h\nu^3}{c^2}\frac{1}{e^{h\nu/(kT)} - 1}$$

이고, 여기에 $x = h\nu/(kT)$를 대입하면

$$B_\nu(T) = \frac{2k^3T^3}{h^2c^2}\frac{x^3}{e^x - 1}$$

을 얻는다. 이제 함수 $f(x) = x^3/(e^x - 1)$에 대해 풀어보자.

$$f'(x) = \frac{3x^2(e^x - 1) - x^3e^x}{(e^x - 1)^2} = \frac{x^2e^x}{(e^x - 1)^2}(3 - 3e^{-x} - x)$$

이것은 $3 - 3e^{-x} - x = 0$일 때 0이 되므로 이 식의 해는 $x = 2.821$이 된다. 따라서

$$\frac{cT}{\nu_{max}} = \frac{hc}{kx} = b' = 5.100 \times 10^{-3}\,\mathrm{Km}$$

또는

$$\frac{T}{\nu_{max}} = 1.701 \times 10^{-11}\,\mathrm{Ks}$$

를 얻게 된다. 최대 진동수 ν_{max}에 해당하는 파장은 최대파장 λ_{max}와 다르다는 것에 유의하자. 그 이유는 단위파장당 세기와 단위진동수당 세기 두 가지 형태로 플랑크 함수가 주어지기 때문이다.

예제 5.4 a) 어떤 흑체로부터 방출되는 복사 중 $[\lambda_1, \lambda_2]$의 파장 영역에서 방출되는 복사의 비율을 계산하라(단, $\lambda_1 \gg \lambda_{max}$, $\lambda_2 \gg \lambda_{max}$이다). b) 100W의 백열등에서 방출되는 전파영역의 복사에너지는 얼마인가? 백열등의 온도는 2,500K로 가정하라.

파장이 λ_{max}보다 훨씬 길기 때문에 레일리-진스 근사인 $B_\lambda(T) \approx 2ckT/\lambda^4$을 이용할 수 있다.

$$B' = \int_{\lambda_1}^{\lambda_2} B_\lambda(T)\,d\lambda \approx 2ckT\int_{\lambda_1}^{\lambda_2}\frac{d\lambda}{\lambda^4} = \frac{2ckT}{3}\left(\frac{1}{\lambda_1^3} - \frac{1}{\lambda_2^3}\right)$$

따라서

$$\frac{B'}{B_{\rm tot}}=\frac{5c^3h^3}{k^3\pi^4}\frac{1}{T^3}\left(\frac{1}{\lambda_1^3}-\frac{1}{\lambda_2^3}\right)$$

온도는 $T=2{,}500\mathrm{K}$ 이고, 파장 영역은 $[0.01\mathrm{m}, \infty]$이므로

$$B'=100\,\mathrm{W}\times 1.529\times 10^{-7}\frac{1}{2500^3}\frac{1}{0.01^3}$$
$$=9.8\times 10^{-10}\,\mathrm{W}$$

를 얻게 된다. 일반적인 전파수신기를 사용하여 전구에서 나오는 전파영역의 복사를 수신하기는 매우 어렵다.

예제 5.5(유효 온도의 결정) 아르크투루스(Arcturus)라는 별에서 관측된 플럭스밀도가

$$F'=4.5\times 10^{-8}\,\mathrm{W\,m^{-2}}$$

이라고 한다. 간섭계로 측정한 이 별의 각지름은 $\alpha=0.020''$이었다. $\alpha/2=4.85\times 10^{-8}$라디안을 식 (5.26)에 대입하면, 이 별의 유효 온도가

$$T_{\rm e}=\left(\frac{4.5\times 10^{-8}}{(4.85\times 10^{-8})^2\times 5.669\times 10^{-8}}\right)^{1/4}\mathrm{K}$$
$$=4{,}300\,\mathrm{K}$$

임을 알 수 있다.

예제 5.6 어떤 천체가 440nm와 550nm의 파장에서 각각 $1.30\mathrm{Wm^{-2}\,m^{-1}}$, $1.00\mathrm{Wm^{-2}\,m^{-1}}$의 플럭스밀도를 가진다고 하자. 이 천체의 색온도를 구하라.

λ_1과 λ_2 파장에서의 플럭스밀도는 F_1, F_2라고 하면 이때의 색온도는

$$\frac{F_1}{F_2}=\frac{B_{\lambda_1}(T_{\rm c})}{B_{\lambda_2}(T_{\rm c})}=\left(\frac{\lambda_2}{\lambda_1}\right)^5\frac{e^{hc/(\lambda_2 kT_{\rm c})}-1}{e^{hc/(\lambda_1 kT_{\rm c})}-1}$$

로부터 구할 수 있다.

$$A=\frac{F_1}{F_2}\left(\frac{\lambda_1}{\lambda_2}\right)^5,\quad B_1=\frac{hc}{\lambda_1 k},\quad B_2=\frac{hc}{\lambda_2 k}$$

와 같이 나타낸다면 색온도 $T_{\rm c}$를

$$A=\frac{e^{B_2/T_{\rm c}}-1}{e^{B_1/T_{\rm c}}-1}$$

과 같이 얻게 된다. 이 식의 해는 수치적으로 구해야 한다.

이 예에서 상수들은 다음의 값들을 갖는다.

$$A=\frac{1.00}{1.30}\left(\frac{550}{440}\right)^5=2.348,$$
$$B_1=32{,}700\,\mathrm{K},\quad \mathrm{B}_2=26{,}160\,\mathrm{K}$$

여러 $T_{\rm c}$를 반복하여 대입해보면 $T_{\rm c}=7{,}545\mathrm{K}$의 결과를 얻게 된다.

5.12 연습문제

연습문제 5.1 빈 근사에서 B_λ의 상대오차가

$$\frac{\Delta B_\lambda}{B_\lambda}=-e^{-hc/(\lambda kT)}$$

임을 보여라.

연습문제 5.2 $n+1\rightarrow n$인 수소원자의 천이가 21.05cm 파장에 해당한다면 양자수 n은 얼마겠는가? 성간물질은 이 파장에서 강한 복사를 방출하는데, 이 파장에서의 복사가 이 문제의 천이에 해당될 수 있겠는가?

연습문제 5.3 우주공간은 우주 초기의 흔적인 배경복사로 가득 채워져 있다. 이 복사가 갖는 현재의 파장에 따른 세기 분포는 2.7K의 온도를 갖는 흑체의 복사 분포와 아주 유사하다. 이 복사의 $\lambda_{\rm max}$는 얼마이며, 총 세기는 얼마인가? 이 배경복사의 세기와 태양의 세기를 가

시광 영역에서 비교하라.

연습문제 5.4 어느 적색거성의 온도가 $T = 2{,}500\text{K}$ 이고 반경은 태양 반경의 100배라고 한다.

a) 이 별의 총 광도와 가시광 영역(400nm ≤ λ ≤ 700nm)에서의 광도를 계산하라.

b) 에너지의 5%를 가시광 대역의 복사로 방출하는 100W짜리 램프와 이 별을 비교해보자. 이 별과 같은 밝기를 가지려면 해당 램프를 관측자에게서 얼마나 멀리 가져다 놓아야 하겠는가?

연습문제 5.5 시리우스(Sirius)는 유효 온도 10,000K, 겉보기 안시등급 −1.5, 거리 2.67kpc, 복사보정(bolometric correction)은 0.5이다. 이 별의 반경을 구하라.

연습문제 5.6 $\lambda = 300\text{nm}$ 에서 관측된 태양의 플럭스 밀도는 $0.59\,\text{W}\,\text{m}^{-2}\,\text{nm}^{-1}$ 이다. 이 파장에서 태양의 밝기온도를 구하라.

연습문제 5.7 색온도는 2개의 다른 파장에서의 등급에서 구해질 수 있다.

$$T_c = \frac{7000\,\text{K}}{(B-V)+0.47}$$

가 성립함을 보여라. B와 V의 파장은 각각 440nm 와 548nm이다. 색온도가 15,000K인 분광형 A0 별의 경우 $B=V$라고 가정하자.

연습문제 5.8 태양 코로나를 이루는 플라즈마의 운동온도는 10^6K 에 다다를 수 있다. 이러한 플라즈마에 있는 전자의 평균속력을 구하라.

천체역학

6

천체의 운동을 다루는 학문인 천체역학은, 천체물리학이 급속도로 발전을 시작한 19세기 말까지 구면천문학과 함께 천문학의 주요 관심 분야였다. 고전적인 천체역학의 주임무는 행성과 그 위성들의 운동을 설명하고 예측하는 것이었다. 주전원(周轉圓, epicycle)과 케플러 법칙과 같은 몇 개의 경험적인 모델이 이들의 운동을 기술하는 데 이용되어 왔었다. 그러나 이들 모델 중 어느 것도 왜 행성들이 관측에 드러난 바와 같이 움직이는지를 설명하지는 못하였다. 이러한 모든 운동에 대한 간단한 설명, 즉 뉴턴의 만유인력 법칙이 발견된 것은 1680년대에 이르러서였다. 이 장에서는 궤도운동의 성질을 알아볼 것인데, 여기서 필요한 물리학은 사실상 대단히 간단하다. 즉 뉴턴의 법칙만 알면 된다(글상자 6.1 뉴턴의 법칙 참조).

이 장에서 우리는 이 책의 다른 장에서보다 수학을 조금 더 사용할 것이다. 결과를 유도하기 위하여 벡터 미적분을 조금 사용하겠지만, 이것도 아주 기초적인 수학만 알면 쉽게 이해될 수준의 것이다. 벡터 미적분의 기초는 부록 A.4에 요약되어 있다.

6.1 운동방정식

여기서는 2체계만 다룰 것이다. 사실 이것이 해석적인 답을 깔끔하게 얻을 수 있는 가장 복잡한 경우이다.[1] 두 천체가 행성과 그 위성일 수도 있고, 쌍성의 두 동반성

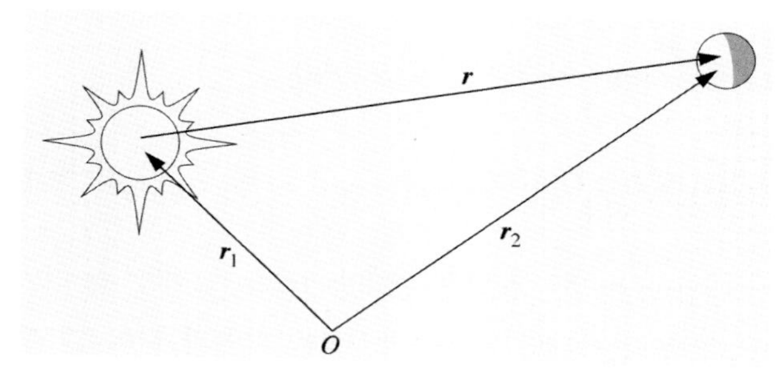

그림 6.1 임의의 관성계에서의 상황이다. 태양과 행성의 동경벡터는 r_1과 r_2이고 $r = r_2 - r_1$은 태양에 대한 행성의 상대 위치이다.

일 수도 있으나, 문제의 단순화를 위해 여기에서의 두 천체는 태양과 행성이다.

두 천체의 질량을 m_1과 m_2, 그리고 어떤 고정된 관성좌표계에서의 동경벡터(動徑벡터, radius vector)를 $\mathbf{r}_1$과 $\mathbf{r}_2$라 하자(그림 6.1). 태양에 대한 행성의 상대 위치는 $\mathbf{r} = \mathbf{r}_2 - \mathbf{r}_1$으로 표시된다. 뉴턴의 중력법칙에 따르면 행성은 질량 m_1과 m_2에 비례하고, 거리 r의 제곱에 반비례하는 중력에 끌린다. 이 힘이 태양을 향해 작용하므로, 우리는 태양을 향한 인력을 다음과 같이 기술할 수 있다.

---

1) 역주 : 3체 이상의 시스템에서는 극히 일부 경우에만 복잡한 과정을 거쳐 해석학적인 답이 얻어진다.

$$\boldsymbol{F} = \frac{Gm_1m_2}{r^2}\frac{-\boldsymbol{r}}{r} = -Gm_1m_2\frac{\boldsymbol{r}}{r^3} \tag{6.1}$$

여기서 G는 **중력상수**(gravitational constant)이다.(6.5절에서 더 자세히 설명한다.)

뉴턴의 제2법칙에 따르면 행성이 느끼는 가속도 $\ddot{\boldsymbol{r}}_2$는 그 행성에 적용되는 힘에 비례한다.

$$\boldsymbol{F} = m_2\ddot{\boldsymbol{r}}_2 \tag{6.2}$$

식 (6.1)과 (6.2)를 결합하면 행성의 **운동방정식**(equation of motion)이 아래와 같이 도출된다.

$$m_2\ddot{\boldsymbol{r}}_2 = -Gm_1m_2\frac{\boldsymbol{r}}{r^3} \tag{6.3}$$

태양도 똑같은 중력을 반대방향으로 느끼게 될 터이므로, 우리는 태양의 운동방정식을 다음과 같이 쓸 수 있다.

$$m_1\ddot{\boldsymbol{r}}_1 = +Gm_1m_2\frac{\boldsymbol{r}}{r^3} \tag{6.4}$$

우리의 관심 사안은 태양에 대한 행성의 상대운동이다. 상대 궤도의 방정식을 알아내기 위하여 식 (6.3)과 (6.4)의 양쪽에 있는 질량을 상쇄하고 식 (6.3)에서 식 (6.4)를 빼면

$$\ddot{\boldsymbol{r}} = -\mu\frac{\boldsymbol{r}}{r^3} \tag{6.5}$$

를 얻는데, 여기서 μ는 다음을 대신한다.

$$\mu = G(m_1 + m_2) \tag{6.6}$$

식 (6.5)의 해가 행성의 상대 궤도다. 이 방정식은 동경벡터와 그 2차 시간 미분을 포함하고 있다. 원칙적으로 이 방정식의 해는 동경벡터를 시간의 함수, 즉 $\boldsymbol{r} = \boldsymbol{r}(t)$의 형태로 주어야 한다. 그러나 안타깝게도 실제 계산에 있어 그 일이 그렇게 간단하게 이루어지지는 않는다. 사실 시간의 함수로서 동경벡터의 해를 닫혀 있는 형태(closed form)로(즉 우리에게 익숙한 기초적인 함수로만 이루어진 유한한 식으로) 나타낼 방법은 없다. 이 운동방정식을 푸는 몇 가지 방법이 있기는 하지만, 궤도의 중요한 성질들을 알아내기 위해서는 모종의 수학적인 기교를 발휘해야 한다. 다음에서 우리는 그중 한 가지 방법을 공부하게 될 것이다.

6.2 운동방정식의 해

운동방정식 (6.5)는 2차(즉 두 번의 미분을 포함하는) 벡터 미분방정식이다. 그러므로 완전한 해를 얻기 위해서는 6개의 적분상수[그냥 **적분**(integral)이라고도 한다]가 필요하다. 이 방정식의 해는 무한한 수의 다른 크기, 모양, 그리고 방향을 갖는 궤도의 집합이다. 어떠한 특정한 해(예 : 목성의 궤도)는 6개의 적분상수를 구체적 값들에 고정시킴으로써 선택할 수 있다. 행성 궤도의 미래는 어느 주어진 순간의 위치와 속도에서 유일하게 결정되므로, 어떤 순간의 위치와 속도벡터를 적분상수로 간주할 수 있다. 비록 이들이 궤도의 기하에 관해서는 알려주는 바가 없더라도, 컴퓨터를 이용해 궤도를 수치적으로 적분할 때 초깃값으로 사용될 수 있다. 적분상수 세트의 다른 예로는 **궤도요소**(orbital elements)가 있는데, 이것은 아주 명확하고 확고한 방식으로 궤도를 기술하는 기하학적인 양들이다. 이들에 관해서는 후에 다시 설명할 것이다. 세 번째로 가능한 적분상수의 세트는 특정한 물리량들과 관계가 있는데, 이제 그것들을 유도해 보이도록 하겠다.

각운동량이 일정하다는 사실을 보이는 것으로 시작하자. 태양 중심계에서 행성의 각운동량은 다음과 같다.

$$\boldsymbol{L} = m_2\boldsymbol{r}\times\dot{\boldsymbol{r}} \tag{6.7}$$

천체역학자들은 행성의 각운동량을 질량으로 나눈 결과인 고유 각운동량을 사용하기를 좋아한다.

$$\boldsymbol{k} = \boldsymbol{r} \times \dot{\boldsymbol{r}} \tag{6.8}$$

이것의 시간 미분을 구하면

$$\dot{\boldsymbol{k}} = \boldsymbol{r} \times \ddot{\boldsymbol{r}} + \dot{\boldsymbol{r}} \times \dot{\boldsymbol{r}}$$

가 되는데, 여기서 마지막 항은 2개의 평행한 벡터의 곱이므로 0이다. 그 바로 전 항은 $\ddot{\boldsymbol{r}}$를 포함하고 있는데, 이것은 운동방정식에 바로 주어지므로, 우리는 위의 식을 다음과 같이 바꿔 쓸 수 있다.

$$\dot{\boldsymbol{k}} = \boldsymbol{r} \times (-\mu \boldsymbol{r}/r^3) = -(\mu/r^3)\boldsymbol{r} \times \boldsymbol{r} = 0$$

따라서 $\boldsymbol{k}$는 시간에 독립적인 상수벡터이다($\boldsymbol{L}$이 상수벡터이듯이 말이다).

각운동량 벡터는 항상 운동방향에 수직이므로[이것은 식 (6.8)에서 자명하다], 운동은 언제나 $\boldsymbol{k}$에 수직인 불변의 평면에 제한된다(그림 6.2).

또 다른 상수벡터를 알아낼 요량으로 벡터의 곱 $\boldsymbol{k} \times \ddot{\boldsymbol{r}}$를 계산해보자.

$$\boldsymbol{k} \times \ddot{\boldsymbol{r}} = (\boldsymbol{r} \times \dot{\boldsymbol{r}}) \times (-\mu \boldsymbol{r}/r^3)$$
$$= -\frac{\mu}{r^3}[(\boldsymbol{r} \cdot \boldsymbol{r})\dot{\boldsymbol{r}} - (\boldsymbol{r} \cdot \dot{\boldsymbol{r}})\boldsymbol{r}]$$

거리 r의 시간 미분은 $\boldsymbol{r}$방향으로 $\dot{\boldsymbol{r}}$를 투영한 것과 같다(그림 6.3). 그러므로 스칼라 곱의 성질로부터 $\dot{r} = \boldsymbol{r} \cdot \dot{\boldsymbol{r}}/r$가 성립하므로

$$\boldsymbol{r} \cdot \dot{\boldsymbol{r}} = r\dot{r} \tag{6.9}$$

에서

$$\boldsymbol{k} \times \ddot{\boldsymbol{r}} = -\mu(\dot{\boldsymbol{r}}/r - \boldsymbol{r}\dot{r}/r^2) = \frac{\mathrm{d}}{\mathrm{d}t}(-\mu \boldsymbol{r}/r)$$

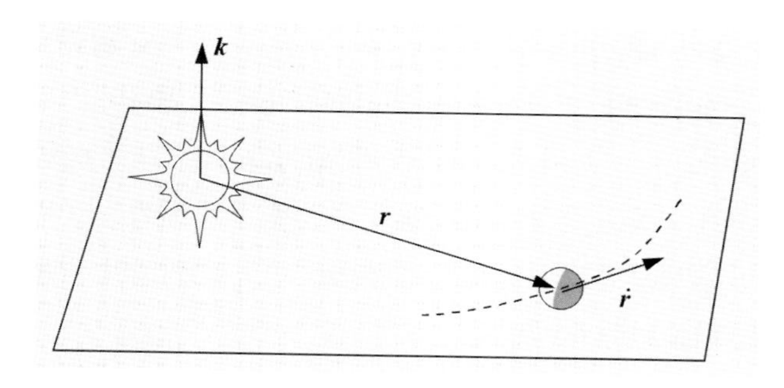

그림 6.2 각운동량 벡터 k는 행성의 반지름벡터와 속도벡터에 수직이다. k는 상수벡터이므로 행성의 운동은 k에 수직인 평면으로 제한된다.

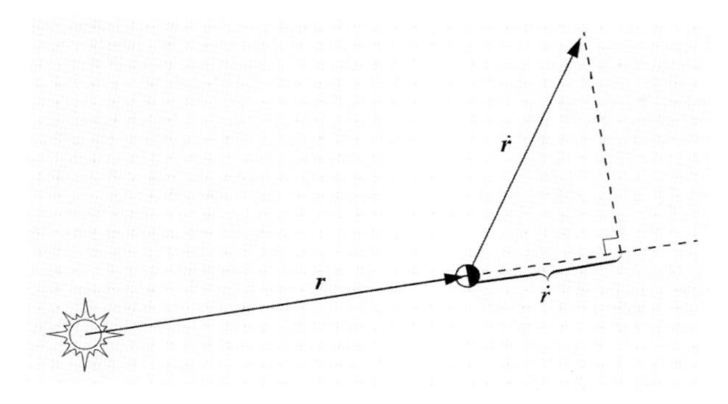

그림 6.3 시선속도 $\dot{r}$는 동경벡터 r의 방향으로 속도벡터 $\dot{r}$를 투영한 것이다.

이 도출된다. 위의 벡터 곱은 $\boldsymbol{k}$가 상수벡터이므로 다음과 같이 나타낼 수 있다.

$$\boldsymbol{k} \times \ddot{\boldsymbol{r}} = \frac{\mathrm{d}}{\mathrm{d}t}(\boldsymbol{k} \times \dot{\boldsymbol{r}})$$

이를 앞의 식과 결합하면

$$\frac{\mathrm{d}}{\mathrm{d}t}(\boldsymbol{k} \times \dot{\boldsymbol{r}} + \mu \boldsymbol{r}/r) = 0$$

과

$$\boldsymbol{k} \times \dot{\boldsymbol{r}} + \mu \boldsymbol{r}/r = \text{상수} = -\mu \boldsymbol{e} \tag{6.10}$$

가 된다.

$\boldsymbol{k}$가 궤도면에 수직이므로 $\boldsymbol{k} \times \dot{\boldsymbol{r}}$는 같은 궤도 평면에 놓여야 한다. 따라서 $\boldsymbol{e}$는 궤도면에 있는 두 벡터의 선형합이고, $\boldsymbol{e}$ 그 자체는 궤도면에 있어야 한다(그림 6.4). 후에 이것은 행성이 궤도에서 태양에 가장 가까운 곳의 방향으로 향한다는 것을 알게 될 것이다. 이곳이 바로 **근일점**(perihelion)이다.

$\dot{\boldsymbol{r}} \cdot \ddot{\boldsymbol{r}}$를 계산하면 상수를 하나 더 구할 수 있다.

$$\dot{\boldsymbol{r}} \cdot \ddot{\boldsymbol{r}} = -\mu \dot{\boldsymbol{r}} \cdot \boldsymbol{r}/r^3 = -\mu r \dot{r}/r^3$$
$$= -\mu \dot{r}/r^2 = \frac{\mathrm{d}}{\mathrm{d}t}(\mu/r)$$

다음의 관계

$$\dot{\boldsymbol{r}} \cdot \ddot{\boldsymbol{r}} = \frac{\mathrm{d}}{\mathrm{d}t}\left(\frac{1}{2}\dot{\boldsymbol{r}} \cdot \dot{\boldsymbol{r}}\right)$$

가 있으므로

$$\frac{\mathrm{d}}{\mathrm{d}t}\left(\frac{1}{2}\dot{\boldsymbol{r}} \cdot \dot{\boldsymbol{r}} - \frac{\mu}{r}\right) = 0$$

즉

$$\frac{1}{2}v^2 - \mu/r = \text{상수} = h \tag{6.11}$$

가 얻어진다. 여기서 v는 태양에 대한 행성의 상대적인 속도이다. 상수 h는 **에너지 적분**(energy integral)이라 불리며, 행성의 전체 에너지는 $m_2 h$이다. 에너지와 각운동량은 사용된 좌표계에 의존함을 잊지 말아야 한다. 여기서 우리는 태양 중심계를 사용하였는데, 태양 중심계 자체도 사실은 가속운동을 한다.

지금까지 우리는 2개의 상수벡터와 하나의 스칼라 벡터를 알아냈다. 우리가 이미 7개의 적분상수, 즉 필요보다 하나 더 많은 수의 상수를 구한 것 같이 보인다. 그러나 이 상수들 모두가 독립적인 것은 아니다. 다음의 두 관계가 존재하기 때문이다.

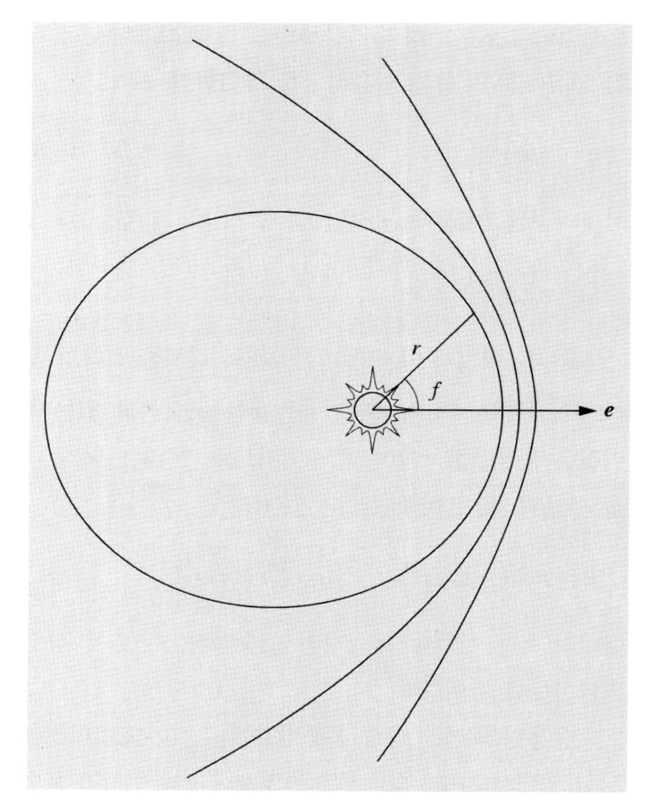

그림 6.4 한 천체의 중력장 안에서 다른 천체가 운동할 경우 그 궤도는 원뿔곡선을 그린다. 즉 타원, 포물선 또는 쌍곡선이 될 수 있다. 벡터 e는 궤도운동을 하는 천체가 중심천체에 가장 가까울 때의 지점인 근심점(近心點, pericenter) 방향을 향한다. 중심천체가 태양인 경우 이 점을 근일점(近日點, perihelion)이라 부른다. 만약 어느 다른 별이라면, 근성점(近星點, periastron)이고, 만약 지구라면 근지점(近地點, perigee)이 된다. 진근점이각 f는 근심점으로부터 측정한다.

$$\boldsymbol{k} \cdot \boldsymbol{e} = 0 \tag{6.12}$$

$$\mu^2(e^2 - 1) = 2hk^2 \tag{6.13}$$

여기서 e와 k는 $\boldsymbol{e}$와 $\boldsymbol{k}$의 크기, 즉 길이다. 첫 번째 방정식은 $\boldsymbol{e}$와 $\boldsymbol{k}$의 정의로부터 명백해진다. 식 (6.13)을 증명하기 위해 식 (6.10)의 양변을 제곱하여 다음 식을 구축하자.

$$\mu^2 e^2 = (\boldsymbol{k}\times\dot{\boldsymbol{r}})\cdot(\boldsymbol{k}\times\dot{\boldsymbol{r}}) + \mu^2\frac{\boldsymbol{r}\cdot\boldsymbol{r}}{r^2} + 2(\boldsymbol{k}\times\dot{\boldsymbol{r}})\cdot\frac{\mu\boldsymbol{r}}{r}$$

$\boldsymbol{k}$가 $\dot{\boldsymbol{r}}$에 수직이므로 $\boldsymbol{k}\times\dot{\boldsymbol{r}}$의 길이는 $|\boldsymbol{k}||\dot{\boldsymbol{r}}| = kv$이고, $(\boldsymbol{k}\times\dot{\boldsymbol{r}})\cdot(\boldsymbol{k}\times\dot{\boldsymbol{r}}) = k^2v^2$이다. 따라서

$$\mu^2 e^2 = k^2v^2 + \mu^2 + \frac{2\mu}{r}(\boldsymbol{k}\times\dot{\boldsymbol{r}}\cdot\boldsymbol{r})$$

을 얻는다. 마지막 항은 스칼라 삼중곱을 포함하는데, 스칼라곱과 벡터곱을 교환해서 $\boldsymbol{k}\cdot\dot{\boldsymbol{r}}\times\boldsymbol{r}$과 같이 만든 다음, 마지막 두 변수의 순서를 바꾼다. 여기서 벡터곱은 비가환적이므로 이 곱의 부호를 바꾸어야 한다.

$$\begin{aligned}\mu^2(e^2-1) &= k^2v^2 - \frac{2\mu}{r}(\boldsymbol{k}\cdot\boldsymbol{r}\times\dot{\boldsymbol{r}}) = k^2v^2 - \frac{2\mu}{r}k^2\\ &= 2k^2\left(\frac{1}{2}v^2 - \frac{\mu}{r}\right) = 2k^2h\end{aligned}$$

이로써 식 (6.13)을 증명하였다.

관계식 (6.12)와 (6.13)이 독립적인 적분상수의 수를 2개 줄여 줬으므로, 아직 하나가 더 필요하다. 우리가 구한 상수들은 궤도의 크기, 모양, 방위(orientation)를 완벽하게 기술해 주지만 우리는 아직 행성의 위치를 모른다. 궤도상에서의 위치를 결정하기 위하여 어느 주어진 시각 $t = t_0$에 행성이 어디에 있는지, 또는 행성이 주어진 방향에 있는 시각이 언제인지를 알아야 한다. 이를 위하여 우리는 근일점을 통과하는 시각, 즉 **근일점 시각**(time of perihelion), 또는 근일점 통과시각 τ를 지정해 주는 후자의 방법을 사용하기로 한다.

6.3 궤도방정식과 케플러의 제1법칙

궤도의 기하학적 형태를 알아내기 위해 궤도방정식을 유도해보자. $\boldsymbol{e}$가 궤도 평면에 있는 상수벡터이므로 이 방향을 기준방향으로 택한다. 동경벡터 $\boldsymbol{r}$과 상수벡터 $\boldsymbol{e}$ 사이의 각을 f로 표시하기로 하겠다. 각 f는 **진근점이각**(true anomaly)이라고 불린다. [anomaly(변칙, 이례)라는 용어는 춘분점 등으로부터의 각에 대한 용어인 longitude(경도)와 구별하기 위해 쓰인 것일 뿐, 무언가 변칙적이거나 이례적이어서 붙여진 이름은 아니다.] 스칼라 곱의 성질을 이용하면 다음의 관계를 얻는다.

$$\boldsymbol{r}\cdot\boldsymbol{e} = re\cos f$$

그러나 곱 $\boldsymbol{r}\cdot\boldsymbol{e}$는 $\boldsymbol{e}$의 정의를 사용해서도 구할 수 있다.

$$\begin{aligned}\boldsymbol{r}\cdot\boldsymbol{e} &= -\frac{1}{\mu}(\boldsymbol{r}\cdot\boldsymbol{k}\times\dot{\boldsymbol{r}} + \mu\boldsymbol{r}\cdot\boldsymbol{r}/r)\\ &= -\frac{1}{\mu}(\boldsymbol{k}\cdot\dot{\boldsymbol{r}}\times\boldsymbol{r} + \mu r) = -\frac{1}{\mu}(-k^2 + \mu r)\\ &= \frac{k^2}{\mu} - r\end{aligned}$$

$\boldsymbol{r}\cdot\boldsymbol{e}$에 대한 위의 두 식을 같게 놓으면 다음과 같다.

$$r = \frac{k^2/\mu}{1 + e\cos f} \tag{6.14}$$

이것이 극좌표로 주어지는 **원뿔곡선**(conic sections)의 일반 방정식이다(부록 A.2에 원뿔곡선에 대한 짧은 요약이 있다). $\boldsymbol{e}$의 크기는 원뿔곡선의 **이심률**(eccentricity)을 나타낸다.

$e = 0$	원
$0 < e < 1$	타원
$e = 1$	포물선
$e > 1$	쌍곡선

식 (6.14)를 검토하면, r은 $f = 0$일 때, 즉 행성이 벡터 $\boldsymbol{e}$의 방향에 있을 때 최소가 된다. 그러므로 $\boldsymbol{e}$는 실제로 근일점 방향을 향한다.

우리는 뉴턴의 법칙에서 시작하여 케플러의 제1법칙을 증명하기에 이르렀다.

> 행성의 궤도는 타원이고, 두 초점 중 하나가 태양에 있다.

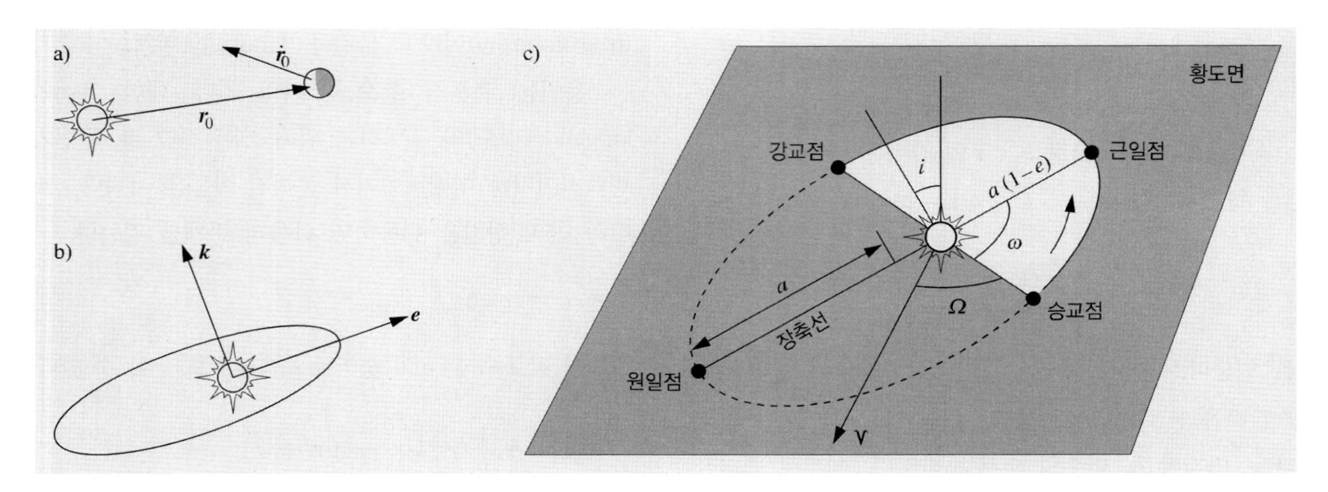

그림 6.5 행성의 궤도를 기술하는 데는 6개의 적분상수가 필요하다. 이 상수들은 여러 가지 방법으로 선택될 수 있다. (a) 궤도가 수치적으로 계산된다면 가장 간단한 선택은 동경벡터와 속도벡터의 초깃값이다. (b) 다른 가능성은 각운동량 $\boldsymbol{k}$, 근일점의 방향 $\boldsymbol{e}$(이것의 크기가 이심률이다), 그리고 근일점 통과 시각 τ를 사용하는 것이다. (c) 세 번째 방법은 궤도의 기하를 가장 잘 기술한다. 이 경우 적분상수들은 승교점의 경도 Ω, 근일점 이각 ω, 경사각 i, 긴반지름 a, 이심률 e, 근일점 시각 τ이다.

따로 노력을 들이지 않고도 우리는 또 다른 원뿔곡선인 포물선과 쌍곡선 역시 가능한 궤도임을 자연스럽게 증명하게 됐다.

6.4 궤도요소

앞에서 우리는 궤도운동의 동역학을 이해하는 데 편리한 적분상수의 세트를 유도하였다. 이제 궤도의 기하를 기술하기에 더 적절한 적분상수의 세트를 알아보자. 다음 6개의 양을 궤도요소(orbital elements)라 부른다(그림 6.5).

- 긴반지름(semimajor axis) a
- 이심률 e
- 경사각 i (또는 ι)
- 승교점(昇交點)의 경도 Ω
- 근일점 이각(離角, argument) ω
- 근일점 시각 τ

이심률은 벡터 $\boldsymbol{e}$의 길이로부터 쉽게 구해진다. 궤도 방정식 (6.14)로부터 궤도의 매개변수[parameter, 반통경(半通經, semilatus rectum)이라고도 함]는 $p = k^2/\mu$임을 알 수 있다. 그러나 원뿔곡선의 매개변수는 항상 $a|1-e^2|$이므로, e와 k를 알고 있는 경우 이로부터 장반경 축을 알 수 있다.

$$a = \frac{k^2/\mu}{|1-e^2|} \tag{6.15}$$

식 (6.13)을 적용하면 궤도의 크기와 에너지 적분 h 사이의 중요한 관계식을 얻는다.

$$a = \begin{cases} -\mu/2h, & \text{궤도가 타원일 때} \\ \mu/2h, & \text{궤도가 쌍곡선일 때} \end{cases} \tag{6.16}$$

속박된 계(타원 궤도)에서는 전체 에너지와 에너지 적분이 음수이다. 쌍곡선 궤도에서는 h가 양수이다. 즉 운동에너지가 충분히 커서 입자가 계에서 이탈할 수 있다(더 정확하게는 한없이 멀어질 수 있다). $h = 0$을 가지는 포물선 궤도는 타원 궤도와 쌍곡선 궤도의 경계에 있다. 어떤 천체도 정확히 0인 에너지 적분을 가질 수 없으므로 실제로는 존재하지 않는다. 그러나 이심률이 (여러 혜성에서와 같이) 1에 아주 가까우면, 계산을 단순화하기 위해 일반적으로 그 궤도가 포물선인 것처럼 취급한다.

궤도의 방위는 2개의 벡터 $\boldsymbol{k}$(궤도면에 수직)와 $\boldsymbol{e}$(근일점을 향한 방향)의 방향에 의해서 결정된다. 세 각 i, Ω, ω도 같은 정보를 가지고 있다.

경사각 i는 어떤 고정된 기준면에 대한 궤도면이 기울어진 정도, 즉 경사도(obliquity)를 나타낸다. 태양계 천체에 대한 기준면은 대개 황도면이 된다. 통상적인 궤도로 움직이는, 즉 반시계방향으로 움직이는 천체는 [0°, 90°] 사이의 경사각을 가지며, 역행(retrograde)하는 천체, 즉 시계방향으로 움직이는 천체는 [90°, 180°] 사이의 경사각을 갖는다. 예를 들어 핼리(Halley) 혜성의 경사각은 162°인데, 이는 운동이 역행이고 궤도면과 황도면 사이의 각이 $180° - 162° = 18°$임을 의미한다.

승교점의 경도 Ω는 천체가 황도면의 남쪽에서 북쪽으로 가면서 어디에서 황도면을 관통하지를 나타낸다. 이것은 춘분점으로부터 반시계방향으로 측정된다. 궤도요소 i와 Ω를 알면 궤도면의 방위가 결정되며, 이들은 $\boldsymbol{k}$의 방향, 즉 k 성분들(components)의 비(ratio)에 해당한다.

근일점 이각 ω는 승교점으로부터 운동방향을 따라 측정된 근일점의 방향(각)을 나타낸다. 같은 정보가 $\boldsymbol{e}$의 방향에 포함되어 있다. 종종 **근일점의 경도**(longitude of the perihelion) ϖ('파이'로 발음함)가 ω 대신 사용되는데, 이것은 다음과 같이 정의되는 양이다.

$$\varpi = \Omega + \omega \tag{6.17}$$

이 각은 일부는 황도면을 따라서, 일부는 궤도면을 따라서 측정되므로 조금 특이한 각이다. 하지만 이 각이 근일점이각보다 더 자주 쓰이는데, 이는 경사각이 0°에 가까울 때(즉 승교점의 위치가 불명확할 경우)에도 문제없이 정의되기 때문이다.

우리는 이제까지 각 행성이 태양과 함께 각각 독립된 2체계를 형성한다고 가정해 왔다. 하지만 태양계 내에서 행성들은 서로에게 영향을 주어 서로의 궤도를 교란시킨다. 그럼에도 그들의 운동은 원뿔곡선의 형태에서 그렇게 많이 벗어나지 않으며, 궤도요소를 이용하여 궤도를 기술하는 데 크게 문제가 없다. 단, 이 경우 궤도요소들은 완전한 의미의 상수가 아니며 시간에 따라 서서히 변하는 양이 된다. 또한 그들의 기하학적인 해석은 전과 같이 아주 명백하지는 않다. 이러한 궤도요소들을 **접촉요소**(osculating elements)라고 부르는데, 접촉요소란 모든 섭동이 갑자기 사라졌을 때 가지게 될 궤도를 기술하는 궤도요소이다. 접촉요소가 상수라고 일단 취급하고 이 접촉요소로부터 행성의 위치와 속도를 알아낼 수 있는 것이다. 유일한 차이는, 각 시점마다 다른 접촉요소를 이용해야 한다는 점이다.

표 C.12(책의 말미에 있음)에는 J2000.0 시점에 대한 9개 행성의 평균 궤도요소와 그들의 시간 미분값이 주어져 있다. 궤도요소는 표에 주어진 영속적인(secular) 시간 변화 외에도 표에 나와 있지 않은 주기적인 교란을 겪는다. 따라서 이 궤도요소로는 근사적인 위치만 계산할 수 있다. 표에는 근일점 시각 대신에 **평균경도**(mean longitude)

$$L = M + \omega + \Omega \tag{6.18}$$

가 주어져 있는데, 이로부터 평균근점이각(mean anomaly) M(6.8절에서 정의됨)을 바로 알아낼 수 있다.

6.5 케플러 제2법칙 및 제3법칙

극좌표계에서 행성의 동경벡터는 간단히

$$\boldsymbol{r} = r\hat{\boldsymbol{e}}_r \tag{6.19}$$

이 되는데, 여기서 $\hat{e}_r$은 $\boldsymbol{r}$에 평행한 단위벡터이다(그림 6.6). 만약 행성이 각속도 $\dot{f}$로 움직인다면, 이 단위벡터의 방향도 같은 율로 변한다.

$$\dot{\hat{\boldsymbol{e}}}_r = \dot{f}\hat{\boldsymbol{e}}_f \tag{6.20}$$

여기서 $\hat{e}_f$는 $\hat{e}_r$에 수직인 단위벡터이다. 행성의 속도는 식 (6.19)의 시간 미분으로 알아낼 수 있다.

$$\dot{\boldsymbol{r}} = \dot{r}\hat{\boldsymbol{e}}_r + r\dot{\hat{\boldsymbol{e}}}_r = \dot{r}\hat{\boldsymbol{e}}_r + r\dot{f}\hat{\boldsymbol{e}}_f \tag{6.21}$$

식 (6.19)와 (6.21)을 이용하면 각운동량 $\boldsymbol{k}$가 구해진다.

$$\boldsymbol{k} = \boldsymbol{r} \times \dot{\boldsymbol{r}} = r^2\dot{f}\hat{\boldsymbol{e}}_z \tag{6.22}$$

여기서 $\hat{e}_z$는 궤도면에 수직인 단위벡터이며, $\boldsymbol{k}$의 크기는

$$k = r^2\dot{f} \tag{6.23}$$

이다.

행성운동에서 **면적속도**(surface velocity)란 단위시간 동안 동경벡터가 휩쓰는 궤도면상의 면적을 의미한다.

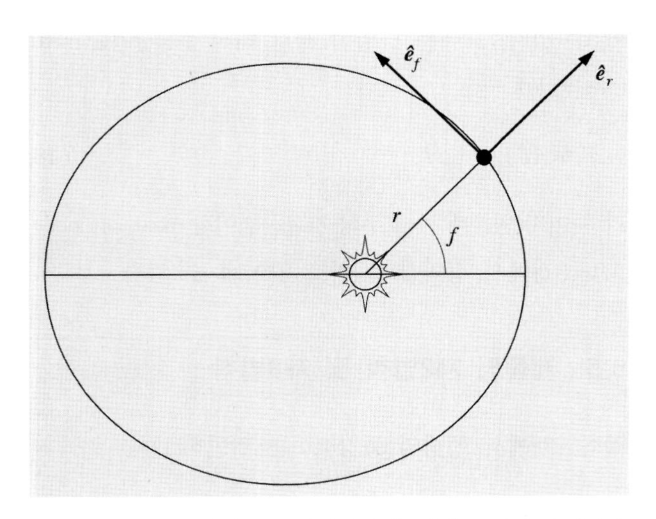

그림 6.6 극좌표계에서의 단위벡터 $\hat{e}_r$과 $\hat{e}_f$. 이들의 방향은 행성이 궤도를 따라 움직이는 동안 계속해서 변한다.

이는 어떠한 면적의 시간 미분임이 분명하므로 이를 $\dot{A}$이라 하자. 거리 r과 진근점이각 f의 항으로 면적속도를 기술하면

$$\dot{A} = \frac{1}{2}r^2\dot{f} \tag{6.24}$$

와 같이 표현된다. 이를 $\boldsymbol{k}$의 길이 식 (6.23)과 비교하면

$$\dot{A} = \frac{1}{2}k \tag{6.25}$$

의 관계가 성립함을 알 수 있다. k는 일정하므로 면적속도도 일정하다. 이로부터 다음의 케플러 제2법칙을 얻을 수 있다.

> 행성의 동경벡터는 같은 시간 동안 같은 면적을 휩쓸며 이동한다.

태양-행성 간 거리가 변하므로, 궤도속도 또한 변할 것이다(그림 6.7). 케플러의 제2법칙에 따르면 행성은 태양에 가장 가까울 때인 근일점 근처에서 가장 빠르게 움직이고, 태양에서 가장 멀리 떨어져 있을 때인 **원일점**(aphelion) 근방에서 가장 느리게 움직인다.

식 (6.25)는 다음 형태로 쓸 수 있다.

$$\mathrm{d}A = \frac{1}{2}k\mathrm{d}t \tag{6.26}$$

이를 한 번의 완전한 주기에 대해 적분하면

$$\int_{\text{궤도타원}} \mathrm{d}A = \frac{1}{2}k\int_0^P \mathrm{d}t \tag{6.27}$$

가 되는데, 여기서 P는 궤도주기이다. 타원의 면적은

$$\pi ab = \pi a^2\sqrt{1-e^2} \tag{6.28}$$

과 같은데, 여기서 a와 b는 긴반지름과 짧은반지름이고 e는 이심률이다. 타원의 면적은 결국

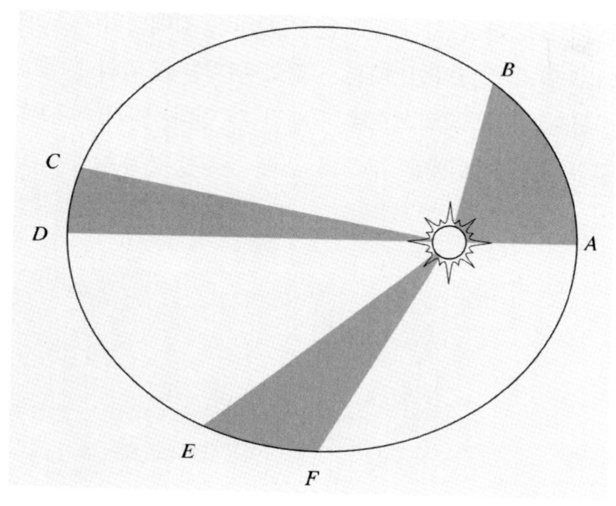

그림 6.7 타원에서 **그늘진 부분**의 면적들은 모두 같다. 케플러 제2법칙에 따르면 거리 *AB*, *CD*, *EF*를 도는 데 걸리는 시간은 서로 모두 같아야 한다.

$$\pi a^2 \sqrt{1-e^2} = \frac{1}{2} kP \tag{6.29}$$

와 같다.

긴반지름의 함수로서 에너지 적분 h[식 (6.16)]를 식 (6.13)에 대입하여 벡터 $\boldsymbol{k}$의 길이를 얻을 수 있다.

$$k = \sqrt{G(m_1+m_2)a(1-e^2)} \tag{6.30}$$

이것을 식 (6.29)에 대입하면

$$P^2 = \frac{4\pi^2}{G(m_1+m_2)} a^3 \tag{6.31}$$

이 된다. 이것이 뉴턴의 법칙으로부터 유도된 케플러의 제3법칙의 정확한 형태이다. 케플러 제3법칙의 원래 표현은 다음과 같다.

> 두 행성의 궤도 긴반지름의 세제곱 비는 그들의 궤도주기의 제곱 비와 같다.

위의 형태로는 이 법칙이 태양계 행성에 대해서조차 정확하게 맞지는 않는데, 그것은 행성의 질량이 주기에 영향을 미치기 때문이다. 그러나 이 효과를 무시해서 생기는 오차가 아주 작다.

만약 우리가 거리를 천문단위(AU)로, 시간을 항성년(약자가 a이므로 아주 비슷한 기호를 사용하는 긴반지름 a와 혼동하지 말아야 한다)으로, 그리고 질량을 태양질량($M_\odot$)으로 표현한다면 케플러 제3법칙은 놀랄 만큼 간단하게 된다. 이 경우 $G = 4\pi^2$이 되고, 식 (6.31)은

$$a^3 = (m_1+m_2)P^2 \tag{6.32}$$

과 같이 아주 간단하게 된다. 태양 주위를 도는 천체의 질량은 무시될 수 있고(가장 큰 행성들을 제외하고), 그러면 우리는 원래의 형태로 제3법칙을 기술할 수 있다. 이것은 주기가 관측된 여러 가지 천체의 거리를 결정하는 데 아주 유용하게 쓰인다. 절대거리를 구하려면, 적어도 어느 한 천체까지의 거리를 미터로 측정하여 1AU의 길이를 우선 알아내야 한다. 예전에는 태양이나 지구에 아주 가까이 접근하는 에로스(Eros)와 같은 소행성의 시차를 삼각측량 방법으로 측정하였다. 현재는 전파망원경을 이용한 레이더기법으로 가까운 천체, 예를 들면 금성까지의 거리를 아주 정확히 측정한다. 1AU의 값이 변하면 다른 모든 거리도 변하므로 1968년에 국제천문연맹(IAU)은 1AU$=1.496000 \times 10^{11}$m를 채택하기로 결정하였다. 이와 같이 정하자 지구궤도의 장반경이 1AU보다 조금 길게 되었고, 한 번 정한 상수값이 절대 변하지 않는 것은 아니어서, 결국 1984년부터 천문단위는 새로운 값을 가지게 되었다.

$$1\text{AU} = 1.49597870 \times 10^{11}\,\text{m}$$

"이것은 지구와 같은 궤도주기를 가졌으나 질량이 없는 가상의 천체의 궤도 긴반지름에 해당한다. 지구의 경우에는 질량이 궤도주기에 영향을 주기 때문에 실제 지구 궤도의 긴반지름은 1AU보다 조금 더 커야만 한다."

케플러 제3법칙을 이용한 또 다른 중요한 응용이 질

량의 결정이다. 자연위성 또는 인공위성의 주기를 관측하면 중심에 있는 천체의 질량이 바로 구해질 수 있다. 이와 똑같은 방법이 쌍성의 질량을 결정하는 데도 사용된다(제10장에서 자세히 설명한다).

AU와 년(年)의 값은 SI 단위로 정확히 알고 있다. 그러나 중력상수는 근사적으로만 알려져 있다. 천문관측으로부터 $G(m_1+m_2)$를 구할 수는 있지만, 중력상수가 얼마이고 질량이 얼마인지를 구별할 방법이 없다. 중력상수는 실험실에서 측정되어야 하는데, 중력은 매우 약한 힘이기 때문에 중력상수의 값을 자세히 측정하기는 대단히 어렵다. 그러므로 2~3자리 숫자보다 더 높은 정밀도가 요구되는 문제에서는 SI 단위로 알려진 값은 크게 의미가 없다. 그 대신 태양질량(또는 위성궤도 관측으로부터 $Gm_\oplus$을 결정한 후 지구질량)을 질량 단위로 사용해야 한다.

6.6 여러 천체로 이루어진 계

이제까지 우리는 2개의 천체로만 이루어진 계를 다루어 왔다. 사실 이러한 계는 완벽한 해가 알려진 계 중 가장 복잡한 계이다. 하지만 운동방정식은 쉽게 일반화될 수 있다. 식 (6.5)에서와 같이 천체 $k(k=1,\cdots,n)$에 대한 운동방정식을

$$\ddot{\boldsymbol{r}}_k = \sum_{i=1,\, i\neq k}^{i=n} Gm_i \frac{\boldsymbol{r}_i - \boldsymbol{r}_k}{|\boldsymbol{r}_i - \boldsymbol{r}_k|^3} \tag{6.33}$$

와 같이 얻을 수 있는데, 여기서 m_i는 i번째 천체의 질량이고 $\boldsymbol{r}_i$는 그 천체의 동경벡터이다. 우변은 한 천체가 아닌, 다른 모든 천체로부터의 중력의 총합을 준다. 천체가 2개보다 많은 경우, 이 식은 해석학적으로 닫혀 있는 형태로 풀리지 않으며(그림 6.8), 쉽게 유도되는 적분상수는 일반적으로 총 에너지, 총 운동량, 총 각운동량뿐이다.

어느 주어진 시점에 모든 천체의 동경벡터와 속도벡터가 알려져 있다면, 다른 시점의 위치들은 위의 운동방정식으로부터 수치적으로 구해질 수 있다. 역서(歷書)에 실을 행성의 위치를 구하기 위해 운동방정식을 수치적

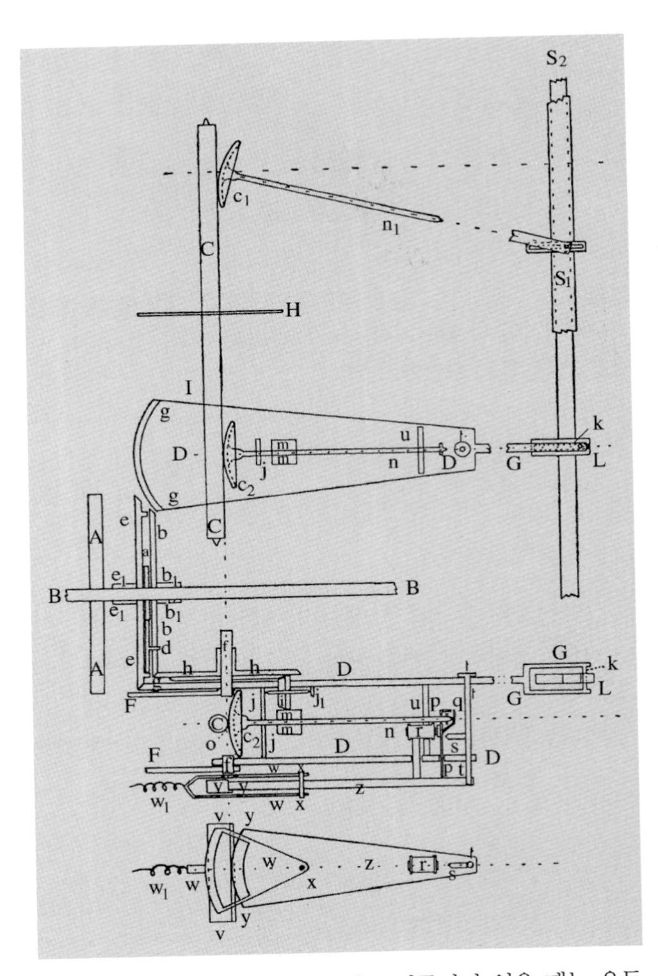

그림 6.8 계가 2개 이상의 물체로 이루어져 있을 때는 운동방정식이 해석학적으로 풀리지 않는다. 태양계 내에서 행성들에 의한 상호 교란은 그 효과가 대체로 미미해서, 궤도요소 결정에 작은 섭동으로 취급될 수 있다. K.F. Sundman은 섭동 방정식의 지루하게 긴 적분을 수행하는 기계를 고안하였다. 섭동방정식을 푸는 기계(perturbograph)라 불린 이 기계는 가장 초기의 아날로그 컴퓨터 중 하나지만, 불행히도 실제로 제작되지는 않았다. 위의 그림은 방정식에 나오는 한 적분을 계산하는 부품의 디자인이다(1915년 *Festskrift tillegnad Anders Donner*에 실린 K.F. Sundman의 논문에서 옮겨온 그림이다).

으로 적분하는 것이 그 한 예이다.

태양계에서와 같이 한 천체의 중력이 지배적일 때는 다른 방법이 이용될 수도 있다. 이 경우, 행성의 궤도는 2체 문제에서와 같이 계산할 수 있으며, 다른 행성에 의한 효과는 작은 섭동으로 간주해도 좋다. 이러한 섭동을 계산하기 위해 몇 가지 급수전개가 개발되어 있다.

제한삼체문제(restricted three-body problem)는 연구가 가장 많이 이루어진 아주 특별한 경우이다. 여기서 삼체는 원 궤도운동을 하고 있는 2개의 무거운 주성과, 질량이 없고 두 주성과 같은 평면에서 움직이는 세 번째 천체로 이루어지는데, 이 세 번째 천체는 주성의 운동을 전혀 방해하지 않는다. 따라서 무거운 천체들의 궤도는 가능한 한 간단한 형태를 택하게 된다. 따라서 이들의 궤도는 언제나 쉽게 계산될 수 있다. 세 번째 천체의 궤도를 찾는 것이 우리가 풀어야 하는 문제다. 이 궤도에 대한 유한해의 방정식은 존재하지 않는 것으로 밝혀졌다.

핀란드의 천문학자 **준트만**(Karl Frithiof Sundman, 1873–1949)은 이러한 문제에 대한 급수해가 존재한다는 사실을 입증해 보였으며, 그 궤도에 대한 급수전개를 유도해냈다. 이 급수는 너무 천천히 수렴하여 실용적이지 못하지만 수학적인 결과로만 보면 매우 놀라운 성취이다. 오랜 기간 동안 많은 수학자들이 시도했지만 그때까지 아무도 성공하지 못했었기 때문이다.

제한삼체문제에는 몇 가지 흥미로운 특수해가 존재한다. 세 번째 천체가 주성들에 대하여 상대적으로 정지해 있을 수 있는 지점들이 있다는 것이다. **라그랑주 점**(Lagrangian point) $L_1,\cdots,L_5$라고 알려져 있는 5개의 지점이 그것이다(그림 6.9). 이 중 3개의 지점은 두 주성을 지나가는 직선 위에 위치하는데, 이 지점들은 불안정한 위치여서 그 근처에 있는 미소 천체들은 섭동을 받으면 그 지점에서 벗어나게 된다. 나머지 두 지점 L_4와 L_5는 이와 반대로 안정적인 위치이며, 두 주성으로부터 정삼각형을 만드는 꼭짓점에 해당한다. 한 예로서 목성궤도와 화성궤도의 라그랑주 점 L_4와 L_5 근처에서 많은 수의 소행성이 발견되었다. 이들 중 처음 발견된 몇 개를 트로이(Troy) 전쟁의 영웅들의 이름을 따서 불렀는데, 이 때문에 라그랑주 점 근처에 있는 소행성들을 **트로이 소행성군**(Troyan asteroids)이라고 부른다. 이 소행성들은 라그랑주 점 주위를 돈다. 실은 라그랑주 점으로부터 꽤 멀리까지 움직여 나다니지만 계에서 완전히 탈출하지는 못한다. 목성의 두 라그랑주 점 근처에 소행성들이 밀집되어 있는 것을 그림 8.38에서 볼 수 있다. 목성의 트로이군이 발견된 후에 다른 행성들의 궤도에서도 제한삼체문제의 대상이 되는 소행성들이 발견되었다.

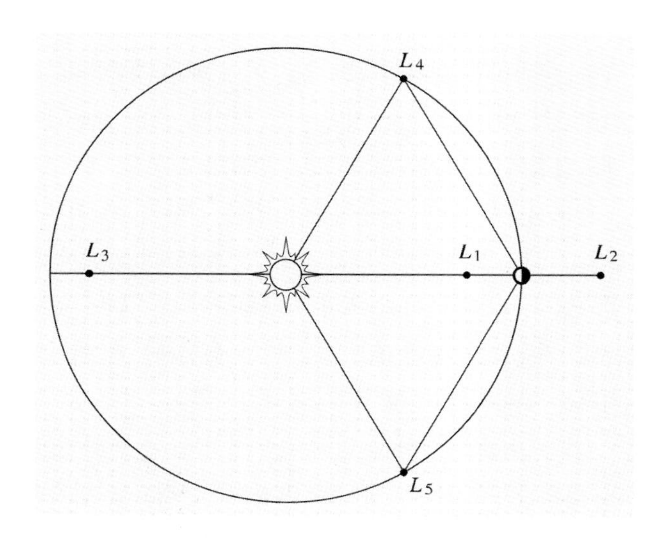

그림 6.9 제한삼체문제에서의 라그랑주 점들. L_1, L_2, L_3는 두 주성들과 같은 선상에 놓여 있으나, 번호를 매기는 순서는 바뀔 수 있다. L_4와 L_5는 주성들과 정삼각형을 이루는 위치에 있다.

6.7 궤도결정

천체역학은 두 가지 매우 실용적인 임무를 띠고 있다. 하나는 관측으로부터 궤도요소를 결정하는 것이고, 다른 하나는 알려진 궤도요소들로부터 천체의 위치를 예측하는 것이다. 행성의 궤도들은 이미 매우 정확하게 알려져 있으나, 새로운 혜성이나 소행성이 종종 발견되어 궤도결정의 노력이 지속적으로 필요하다.

궤도결정을 위한 실용적인 방법은 19세기 초 가우스(Johann Karl Friedrich Gauss, 1777-1855)에 의해서 개발되었다. 그때 이미 최초의 소행성들이 발견되어 있었는데, 가우스가 해낸 궤도결정 덕분에 언제든지 이들의 위치를 찾아서 관측할 수 있었다.

궤도요소를 계산하기 위해서는 적어도 세 번의 관측이 필요하다. 방향은 대체로 며칠 밤 간격으로 관측한 사진으로부터 측정된다. 이렇게 구한 방향을 이용하여 이들의 절대위치(동경벡터의 직각 성분)를 알아낼 수 있다. 이것이 가능하려면 궤도에 대한 추가적인 제한조건이 필요하다. 즉 천체가 태양을 포함하는 평면 내에 있는 원뿔곡선을 따라 움직인다고 가정해야 한다. 3개의 동경벡터가 알려지면, 이 세 점을 지나는 타원(또는 다른 원뿔곡선)을 결정할 수 있다. 실제 문제에서는 더 많은 관측이 사용된다. 더 많은 수의 관측점들이 확보될수록 궤도요소들을 더 정확히 결정할 수 있다.

궤도결정 계산이 수학적으로 깊은 내용의 과정은 아니지만, 계산은 비교적 길고 많은 노력을 필요로 한다. 천체역학 교과서에서 이러한 계산 방법 중 몇 가지를 찾아볼 수 있을 것이다.

6.8 궤도상에서의 위치

비록 궤도의 기하에 관해 이미 다 알고 있더라도, 어느 주어진 시각에 해당 행성의 위치를 알아내기 위해서는 동경벡터 $\boldsymbol{r}$을 시간의 함수로서 나타낼 수 있어야 한다. 궤도방정식에 있는 시간에 따른 변수는 근일점으로부터 측정한 진근점이각 f뿐이다. 우리는 케플러 제2법칙으로부터 f가 시간에 따라 일정한 율로 증가하지 않는다는 사실을 알고 있다. 그러므로 어느 주어진 순간의 동경벡터를 알아내려면 약간의 준비 작업이 필요하다.

동경벡터는 다음과 같이 표시될 수 있다.

$$\boldsymbol{r} = a(\cos E - e)\hat{\boldsymbol{i}} + b\sin E\hat{\boldsymbol{j}} \tag{6.34}$$

여기서 $\hat{\boldsymbol{i}}$와 $\hat{\boldsymbol{j}}$는 각각 장축과 단축에 평행인 단위벡터이다. 여기서 각 E는 **이심근점이각**(eccentric anomaly)으로, 약간의 이심률이 있는 경우에 대한 정의가 그림 6.10에 주어져 있다. 타원운동에 관한 여러 공식은 그 안에 들어가는 시간이나 진근점이각을 이심근점이각으로 대치시키면 아주 간단하게 변형된다. 예를 들어 태양으로부터의 거리를 알아내기 위하여 식 (6.34)를 제곱하면

$$\begin{aligned} r^2 &= \boldsymbol{r}\cdot\boldsymbol{r} \\ &= a^2(\cos E - e)^2 + b^2\sin^2 E \\ &= a^2[(\cos E - e)^2 + (1-e^2)(1-\cos^2 E)] \\ &= a^2[1 - 2e\cos E + e^2\cos^2 E] \end{aligned}$$

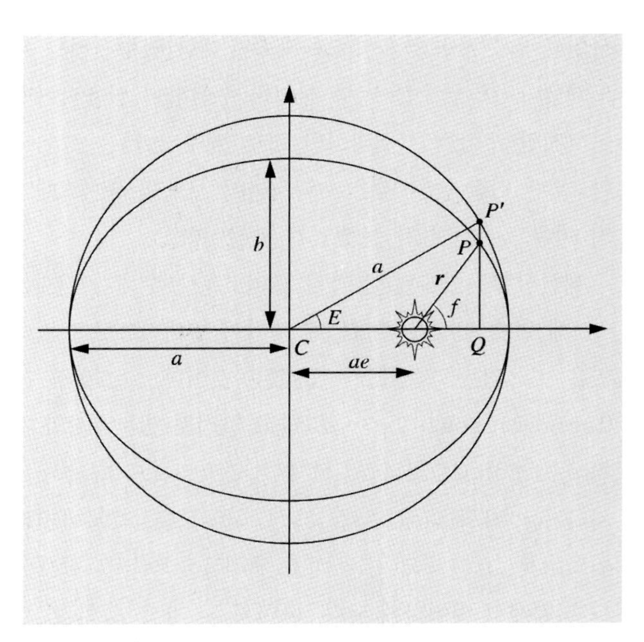

그림 6.10 이심근점이각 E의 정의. 행성은 P에 놓여 있으며, $\boldsymbol{r}$은 행성의 동경벡터이다.

가 되며, 따라서 동경의 길이가 다음 식으로 바로 주어진다.

$$r = a(1 - e\cos E) \tag{6.35}$$

다음 단계는 주어진 순간에 E를 계산하는 방법을 알아내는 것이다. 케플러 제2법칙에 따르면 면적속도가 일정하므로 그림 6.11에서 그늘진 영역의 면적은

$$A = \pi ab\,\frac{t-\tau}{P} \tag{6.36}$$

가 된다. 여기서 $t-\tau$는 근일점을 지난 뒤 경과한 시간이고, P는 궤도주기이다. 그런데 순전히 기하학적 고려에서 이 면적은, 외접원(circumscribed circle)에 의해 만들어지는 면적(그림 6.11의 $SP'X$)에다 두 축의 비인 b/a를 곱해 주면 바로 계산된다. 그러므로 그림 6.11의 SPX의 면적은

$$A = \frac{b}{a}(SP'X \text{ 면적})$$

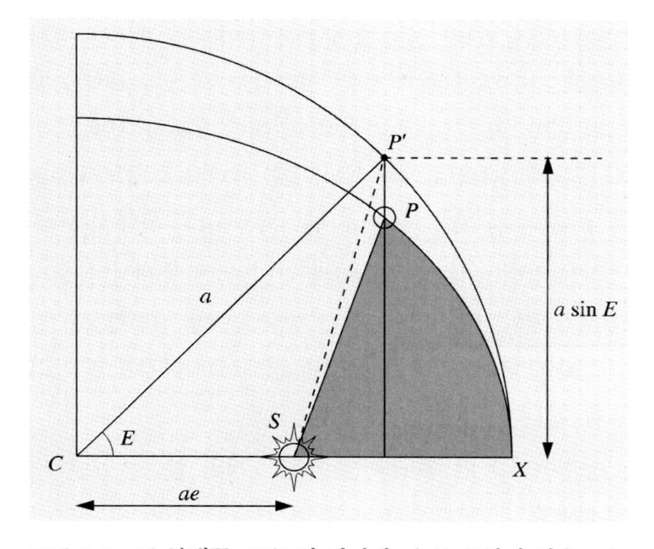

그림 6.11 큰 부채꼴 $SP'X$의 넓이에 b/a를 곱하면 짙은 그늘이 드리워진 작은 부채꼴의 넓이가 된다. S=태양, P=행성, X=근일점이다.

$$= \frac{b}{a}(CP'X \text{ 면적} - CP'S \text{ 면적})$$

$$= \frac{b}{a}\left(\frac{1}{2}a\cdot aE - \frac{1}{2}ae\cdot a\sin E\right)$$

$$= \frac{1}{2}ab(E - e\sin E)$$

가 된다. 면적 A에 대한 위의 두 관계식을 같다고 놓으면 그 유명한 케플러 방정식이 도출된다.

$$E - e\sin E = M \tag{6.37}$$

여기서

$$M = \frac{2\pi}{P}(t-\tau) \tag{6.38}$$

는 시간 t일 때 행성의 **평균근점이각**(mean anomaly)이다. 평균근점이각은 시간에 따라 일정한 율로 증가한다. 우리는 평균근점이각으로부터 행성이 반경 a의 원형궤도를 움직인다면 주어진 시간에 행성이 어디에 있을지를 알아낼 수 있다. 원형궤도인 경우에는 세 가지 근점이각 f, E, M이 모두 늘 같은 값을 갖는다.

만약 궤도주기와 근일점 통과 이후에 경과한 시간을 알면, 식 (6.38)을 사용하여 평균근점이각을 계산할 수 있다. 다음으로 케플러 방정식 (6.37)로부터 이심근점이각을 풀어내야 하며, 끝으로 동경벡터는 식 (6.35)에 의해 주어진다. 진근점이각의 함수로 표시된 $\mathbf{r}$의 성분들은 $r\cos f$와 $r\sin f$이므로 다음의 두 가지 유용한 관계식을 얻는다.

$$\cos f = \frac{a(\cos E - e)}{r} = \frac{\cos E - e}{1 - e\cos E}$$

$$\sin f = \frac{b\sin E}{r} = \sqrt{1-e^2}\,\frac{\sin E}{1 - e\cos E} \tag{6.39}$$

원한다면 이들로부터도 진근점이각을 구할 수 있다.

이제 우리는 궤도면에서의 천체의 위치를 점찍을 수

있게 되었다. 천체의 위치는 대개의 경우 r과 f보다 다른 좌표계로 변환되어야 실용적이다. 예를 들어 황경과 황위로 표현하고 싶을 때가 있을 수 있다. 황경과 황위를 알면 적경과 적위도 알아낼 수 있다. 이러한 유의 좌표 변환은 구면천문학 문제다. 예제 6.5~6.7을 참조하기 바란다.

6.9 탈출속도

만약 어떤 천체가 충분히 빠른 속도로 움직이면 그 천체는 중심 천체의 중력장으로부터 벗어날 수 있다(정확히 말하면 중력장은 무한대로 뻗어 있으므로 벗어나는 것이 아니라 한없이 멀어질 수 있는 것이다). 만약 이탈하는 물체가 이탈할 수 있는 최소의 속도를 갖는다면, 무한대에서 그 속도를 모두 잃게 될 것이다(그림 6.12). 그곳에서 $v = 0$이므로 운동에너지는 0이 되고, 거리가 무한대이므로 퍼텐셜에너지도 또한 0이다. 무한대의 거리에서 총 에너지와 에너지 적분 h는 0이 된다. 그렇다면 에너지 보존법칙으로부터

$$\frac{1}{2}v^2 - \frac{\mu}{R} = 0 \tag{6.40}$$

을 얻을 수 있는데, 여기서 R은 초기 거리로서, 물체는 이때 이 위치에서 속도 v로 움직이고 있었다. 이로부터 **탈출속도**(escape velocity)를 풀어내면 다음과 같다.

$$v_{\mathrm{e}} = \sqrt{\frac{2\mu}{R}} = \sqrt{\frac{2G(m_1+m_2)}{R}} \tag{6.41}$$

한 예로 지구 표면에서의 v_{e}는 $11\,\mathrm{km\,s^{-1}}$($m_2 \ll m_{\oplus}$)이다.

탈출속도는 원 궤도의 궤도속도를 사용해서 표현될 수도 있다. 궤도 반경 R과 궤도속도 v_c의 함수로서 궤도주기 P는

$$P = \frac{2\pi R}{v_{\mathrm{c}}}$$

이다. 이를 케플러 제3법칙에 대입하면

$$\frac{4\pi^2R^2}{v_{\mathrm{c}}^2} = \frac{4\pi^2R^3}{G(m_1+m_2)}$$

이 된다. 이로부터 반경 R의 원 궤도속도 v_{c}를 계산할 수 있다.

$$v_{\mathrm{c}} = \sqrt{\frac{G(m_1+m_2)}{R}} \tag{6.42}$$

이것을 탈출속도와 비교하면

$$v_{\mathrm{e}} = \sqrt{2}\,v_{\mathrm{c}} \tag{6.43}$$

의 관계가 성립함을 알 수 있다.

6.10 비리알 정리

어느 계가 2개 이상의 물체로 이루어져 있다면, 운동방정식은 거의 모든 경우 해석학적인 방법으로 풀어지지 않는다(그림 6.8). 물론 초깃값이 주어지면 궤도는 수치적분으로 구해질 수 있지만, 그렇다고 해서 수치해가 궤도의 일반적인 성질에 관하여 그 어떤 유용한 정보도 주지 않는다. 임의의 계에 대해서도 존재하는 적분상수는 총 운동량, 총 각운동량, 총 에너지뿐이다. 이에 덧붙여, 비리알 정리(virial theorem)와 같이 어떤 통계적인 결과가 유도된다. 이 정리는 시간 평균으로만 성립할 뿐, 임의의 순간에 계의 실제 상태에 관해서는 아무것도 알려주지 않는다.

동경벡터 $\boldsymbol{r}_i$와 속도 $\dot{\boldsymbol{r}}_i$를 가진 n개의 점질량 m_i개의 점질량 m_i로 이루어진 계를 고려하자. 계의 '비리알'이라 부르는 물리량 A를 우리는 다음과 같이 정의한다.

그림 6.12 대기가 없는 행성의 한 산꼭대기에서 대포가 수평방향으로 탄환을 발사하였다. 만약 초기 속도가 작으면 궤도는 근심점(近心點, pericenter)을 행성의 내부에 갖는 타원이 되어서 탄환은 행성의 표면에 충돌할 것이다. 속도를 점차 증가시키면 근심점이 행성 외부로 이동한다. 초기속도가 v_c에 이르면 궤도는 원이 된다. 만약 발사 시 초기속도를 이보다 더 빠르게 택하면 궤도의 이심률 역시 더 증가하여 근심점이 대포의 높이에 있게 된다. 초기속도가 v_e가 되어 궤도가 포물면이 될 때까지 원심점(遠心點, apocenter)은 계속 바깥으로 이동한다. 이보다 더 높은 초기속도에서는 궤도가 쌍곡선이 된다.

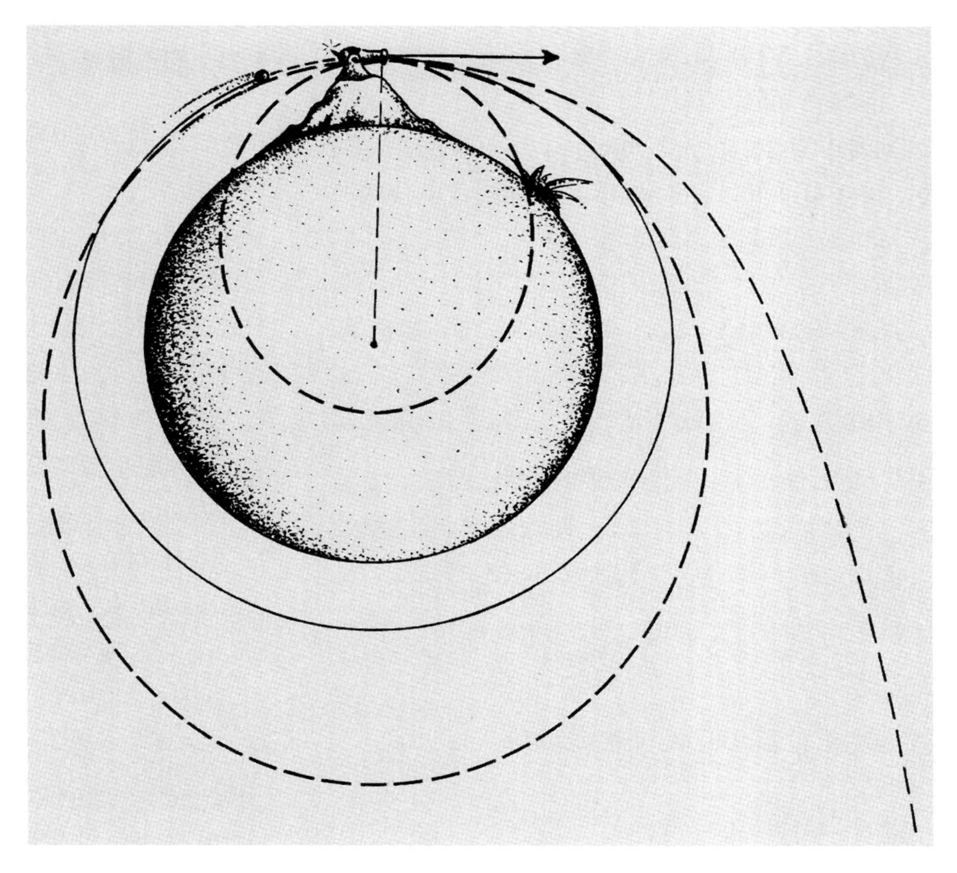

$$A = \sum_{i=1}^{n} m_i \dot{\boldsymbol{r}}_i \cdot \boldsymbol{r}_i \tag{6.44}$$

이 양의 시간 미분은

$$\dot{A} = \sum_{i=1}^{n} (m_i \dot{\boldsymbol{r}}_i \cdot \dot{\boldsymbol{r}}_i + m_i \ddot{\boldsymbol{r}}_i \cdot \boldsymbol{r}_i) \tag{6.45}$$

이다. 첫 번째 항은 i번째 입자의 운동에너지의 2배와 같고, 두 번째 항은 $m_i \ddot{\boldsymbol{r}}_i$를 포함하는데, 뉴턴의 법칙에 따르면 이는 i번째 입자에 가해진 힘과 같다. 그러므로 위의 식은

$$\dot{A} = 2T + \sum_{i=1}^{n} \boldsymbol{F}_i \cdot \boldsymbol{r}_i \tag{6.46}$$

로 변형이 가능하다. 여기서 T는 계의 총 운동에너지이다. 만약 $\langle x \rangle$로써 시간 간격 $[0, \tau]$에 대한 변량 x의 시간 평균을 나타내기로 한다면 우리는 위 식에서 바로 다음 관계식을 끌어낼 수 있다.

$$\langle \dot{A} \rangle = \frac{1}{\tau}\int_0^{\tau} \dot{A}\,dt = \langle 2T \rangle + \left\langle \sum_{i=1}^{n} \boldsymbol{F}_i \cdot \boldsymbol{r}_i \right\rangle \tag{6.47}$$

만약 계가 속박(bound)상태로 남아 있다면, 다시 말해서 어떤 입자도 이탈하지 않는다면, 모든 속도와 $\boldsymbol{r}_i$들은 속박상태로 남아 있을 것이다. 그 경우 A는 무한히 증가하지 않고 위 식의 적분은 유한하게 된다. 시간 간격이 길어질 때($\tau \to \infty$), $\langle \dot{A} \rangle$는 0에 접근하게 되므로

$$\langle 2T \rangle + \left\langle \sum_{i=1}^{n} \boldsymbol{F}_i \cdot \boldsymbol{r}_i \right\rangle = 0 \quad (6.48)$$

의 관계가 성립함을 알 수 있다. 이것이 비리알 정리의 일반적인 형태이다. 만약 힘이 구성원 상호 간에 작용하는 중력뿐이라면, 우리는 힘을

$$\boldsymbol{F}_i = -Gm_i \sum_{j=1,\, j\neq i}^{n} m_j \frac{\boldsymbol{r}_i - \boldsymbol{r}_j}{r_{ij}^3} \quad (6.49)$$

와 같이 기술할 수 있다. 여기서 $r_{ij} = |\boldsymbol{r}_i - \boldsymbol{r}_j|$이다. 비리알 정리 식 (6.48)의 둘째 항이 이제

$$\begin{aligned}\sum_{i=1}^{n} \boldsymbol{F}_i \cdot \boldsymbol{r}_i &= -G \sum_{i=1}^{n} \sum_{j=1,\, j\neq i}^{n} m_i m_j \frac{\boldsymbol{r}_i - \boldsymbol{r}_j}{r_{ij}^3} \cdot \boldsymbol{r}_i \\ &= -G \sum_{i=1}^{n} \sum_{j=i+1}^{n} m_i m_j \frac{\boldsymbol{r}_i - \boldsymbol{r}_j}{r_{ij}^3} \cdot (\boldsymbol{r}_i - \boldsymbol{r}_j)\end{aligned}$$

로 변형된다. 여기서 두 번째 관계식은

$$m_i m_j \frac{\boldsymbol{r}_i - \boldsymbol{r}_j}{r_{ij}^3} \cdot \boldsymbol{r}_i$$

와

$$m_j m_i \frac{\boldsymbol{r}_j - \boldsymbol{r}_i}{r_{ji}^3} \cdot \boldsymbol{r}_j = m_i m_j \frac{\boldsymbol{r}_i - \boldsymbol{r}_j}{r_{ij}^3} \cdot (-\boldsymbol{r}_j)$$

를 결합한 후 이중합(double sum)을 재배치하여 도출하였다. $(\boldsymbol{r}_i - \boldsymbol{r}_j) \cdot (\boldsymbol{r}_i - \boldsymbol{r}_j) = r_{ij}^2$이므로 이중합은

$$-G \sum_{i=1}^{n} \sum_{j=i+1}^{n} \frac{m_i m_j}{r_{ij}} = U$$

와 같이 되며, 여기서 U는 계의 퍼텐셜에너지를 의미한다. 그러므로 비리알 정리는 다음과 같이 간단히 표시될 수 있다.

$$\langle T \rangle = -\frac{1}{2} \langle U \rangle \quad (6.50)$$

6.11 진스한계

우리는 이 책 후반부에서 별과 은하의 탄생 과정을 공부하게 될 것이다. 그 내용을 개략적으로 소개하면 다음과 같다. 초기 단계는 자체의 중력 때문에 붕괴를 시작하게 된 가스구름으로 시작한다. 이 가스구름의 질량이 충분하면 퍼텐셜에너지가 운동에너지보다 커서 가스구름은 중력 붕괴의 과정을 겪게 되는 것이다. 비리알 정리로부터 퍼텐셜에너지는 적어도 운동에너지의 2배가 되어야 한다는 사실을 알고 있으므로, 우리는 이로부터 가스구름이 붕괴하는 데 필요한 임계질량(critical mass)의 조건을 결정할 수 있다. 중력 붕괴를 유발할 질량에 관한 조건은 1902년 **진스 경**(Sir James Jeans, 1877-1946)에 의해서 처음으로 제시되었다.

임계질량은 분명히 압력 P와 밀도 ρ에 의존할 것이다. 중력은 압축하는 힘이므로 중력상수 G가 질량을 나타내는 관계식에 포함될 것이다. 그러므로 임계질량은 다음의 형태를 가지게 될 것이다.

$$M = CP^a G^b \rho^c \quad (6.51)$$

여기서 C는 차원이 없는 상수이다. a, b, c는 앞으로 식의 우변이 질량의 차원을 가지도록 결정되어야 할 상수들이다. 압력의 차원은 $\mathrm{kg\,m^{-1}s^{-2}}$이고, 중력상수의 차원은 $\mathrm{kg^{-1}m^3s^{-2}}$이며, 밀도의 경우 $\mathrm{kg\,m^{-3}}$이다. 그러므로 우변의 차원은

$$kg^{(a-b+c)} m^{(-a+3b-3c)} s^{(-2a-2b)}$$

의 형태를 띠는데, 이것이 결국 킬로그램이 되어야 하므로, 다음의 연립방정식을 얻게 된다.

$$a - b + c = 1, \quad -a + 3b - 3c = 0$$
$$-2a - 2b = 0$$

우리가 원하는 해는 $a = 3/2$, $b = -3/2$, $c = -2$이므

로 임계질량은

$$M_J = C\frac{P^{3/2}}{G^{3/2}\rho^2} \tag{6.52}$$

가 되며, 이것을 **진스질량**(Jeans mass)이라고 한다. 상수 C를 결정하기 위해서는 운동에너지와 퍼텐셜에너지를 계산해야 한다.

파동의 전파(傳播, propagation)에 근거를 둔 선형 안정성 분석 방법으로 우리는 가스구름의 한계 직경, 즉 **진스길이**(Jeans length) λ_J를 구체적으로 결정할 수 있다. 외부로부터 주어지는 교란의 길이가 최소한 이보다 클 경우 그 교란이 무한히 성장할 조건에서 상수 C의 값을 정할 수 있다. C의 값은 주어진 섭동의 형태에 의존하나, 그 전형적인 값은 $[1/\pi, 2\pi]$의 범위에 있다. $C=1$을 취해도 좋을 것이다. 이 경우 식 (6.52)로부터 우리는 비교적 쓸 만한 임계질량 M_J의 값을 추정할 수 있다. 가스운의 질량이 M_J보다 훨씬 크면 그 자체의 중력에 의해서 이 가스구름은 붕괴하게 될 것이다.

식 (6.52)에서 압력은 가스의 운동온도 T_k로 대체될 수 있다(정의는 5.8절 참조). 가스운동 이론에 따르면, 압력은

$$P = nkT_k \tag{6.53}$$

가 되는데, 여기서 n은 개수밀도(단위부피당 입자 수)이고 k는 볼츠만 상수이다. 개수밀도는 가스밀도 ρ를 평균분자무게(average molecular weight) μ로 나누어 얻는다.

$$n = \rho/\mu$$

따라서

$$P = \rho k T_k/\mu$$

가 되며, 이것을 식 (6.52)에 대입하면 다음을 얻는다.

$$M_J = C\left(\frac{kT_k}{\mu G}\right)^{3/2}\frac{1}{\sqrt{\rho}} \tag{6.54}$$

글상자 6.1(뉴턴의 법칙)

1. 외부의 힘이 없을 때, 입자는 정지 상태로 남아 있거나 일정한 속도로 직선운동을 한다.
2. 입자의 운동량의 시간 변화율이 입자에 작용하는 힘 $\boldsymbol{F}$와 같다.

$$\dot{\boldsymbol{p}} = \frac{\mathrm{d}}{\mathrm{d}t}(m\boldsymbol{v}) = \boldsymbol{F}$$

3. 만약 입자 A가 다른 입자 B에 힘 $\boldsymbol{F}$를 작용하면, B도 A에 크기가 같고 방향이 반대인 힘 $-\boldsymbol{F}$를 작용할 것이다.

만약 몇 개의 힘 $\boldsymbol{F}_1$, $\boldsymbol{F}_2$, …가 한 입자에 작용하면, 그 총체적 효과는 각각의 힘 벡터의 합($\boldsymbol{F}=\boldsymbol{F}_1+\boldsymbol{F}_2+\cdots$)인 하나의 힘 $\boldsymbol{F}$가 작용하는 것과 같다.

중력의 법칙 : 만약 입자 A와 B의 질량이 m_A와 m_B이고 그 사이의 거리가 r이면, B에 의해서 A에 작용하는 힘은 B를 향하는 방향을 가지며 크기가 Gm_Am_B/r^2이다. 여기서 G는 상수로서, 선택하는 단위에 따라 그 값이 달라진다.

뉴턴은 어떤 함수 f의 미분을 $\dot{f}$로 표시했으며 그 적분은 f'으로 표시했다. 라이프니츠(Gottfried Leibniz, 1646-1716)는 이들을 각각 $\mathrm{d}f/\mathrm{d}t$와 $\int f\mathrm{d}t$로 표시했다. 뉴턴의 표기법 중 윗점만이 아직도 쓰이고 있는데, 이는 항상 시간에 대한 미분, 즉 $\dot{f}\equiv \mathrm{d}f/\mathrm{d}t$를 나타낼 때 사용된다. 예를 들어 $\dot{\boldsymbol{r}}$는 $\boldsymbol{r}$의 시간 미분이며, 가속도 $\ddot{\boldsymbol{r}}$는 2차 시간 미분이다.

6.12 예제

예제 6.1 1996년 8월 23일 목성의 궤도요소를 구하라.

율리우스 날짜(Julian date)가 2,450,319이므로 식 (6.17)에서 $T = -0.0336$이다. 이것을 표 C.12의 식에 대입하면 다음의 결과를 얻는다.

$$a = 5.2033$$
$$e = 0.0484$$
$$i = 1.3053°$$
$$\Omega = 100.5448°$$
$$\varpi = 14.7460°$$
$$L = -67.460° = 292.540°$$

이들로부터 근일점이각과 평균근점이각을 계산할 수 있다.

$$\omega = \varpi - \Omega = -85.7988° = 274.201°$$
$$M = L - \varpi = -82.2060° = 277.794°$$

예제 6.2(궤도속도) a) 혜성 오스틴(Austin, 1982g)은 포물선 궤도를 그리며 움직인다. 1982년 10월 8일 태양으로부터 거리가 1.10AU일 때 이 혜성의 속도를 구하라.

포물선에 대한 에너지 적분은 $h = 0$이다. 그러므로 식 (6.11)에서 속도 v는

$$v = \sqrt{\frac{2\mu}{r}} = \sqrt{\frac{2GM_\odot}{r}}$$

$$= \sqrt{\frac{2 \times 4\pi^2 \times 1}{1.10}} = 8.47722\,\text{AU/년}$$

$$= \frac{8.47722 \times 1.496 \times 10^{11}\,\text{m}}{365.2564 \times 24 \times 3600\,\text{s}} \approx 40\,\text{km s}^{-1}$$

가 된다.

b) 소행성 1982RA의 궤도 긴반지름은 1.568AU이고, 1982년 10월 8일 태양으로부터 1.17AU의 거리에 있었다. 당시 이 소행성의 속도를 계산해 보여라.

에너지 적분 식 (6.16)은

$$h = -\mu/2a$$

가 되므로

$$\frac{1}{2}v^2 - \frac{\mu}{r} = -\frac{\mu}{2a}$$

를 얻게 되며, 따라서

$$v = \sqrt{\mu\left(\frac{2}{r} - \frac{1}{a}\right)}$$

$$= \sqrt{4\pi^2\left(\frac{2}{1.17} - \frac{1}{1.568}\right)}$$

$$= 6.5044\,\text{AU/년} \approx 31\,\text{km s}^{-1}$$

가 된다.

예제 6.3 텅 빈 우주공간에 질량이 5kg인 2개의 바윗덩어리가 1m 거리를 두고 서로 궤도운동을 한다. 궤도주기는 얼마인가?

케플러의 제3법칙으로부터

$$P^2 = \frac{4\pi^2 a^3}{G(m_1 + m_2)}$$

$$= \frac{4\pi^2 1}{6.67 \times 10^{-11}(5+5)}\text{s}^2$$

$$= 5.9 \times 10^{10}\,\text{s}^2$$

이 되고, 따라서 주기는 다음과 같다.

$$P = 243{,}000\text{초} = 2.8\text{일}$$

예제 6.4 화성의 위성 포보스(Phobos)의 주기는 0.3189d이고 궤도 반지름은 9,370km이다. 화성의 질량은 얼마인가?

먼저 더 적합한 단위계로 바꾸자.

$P = 0.3189\text{d} = 0.0008731$항성년

$a = 9{,}370\text{km} = 6.2634 \times 10^{-5}$ AU

식 (6.32)로부터 [$m_{\text{포보스}} \ll m_{\text{화성}}$을 가정하면] 다음 결과를 쉽게 얻는다.

$$m_{\text{화성}} = a^3/P^2 = 0.000000322 M_{\odot}$$
$$(\approx 0.107 M_{\oplus})$$

예제 6.5 어떤 행성의 궤도요소와 진근점이각이 주어졌을 때, 그 행성의 일심(日心, heliocentric) 경도와 위도에 대한 공식을 유도하라.

그림의 구면 삼각형에 사인(sine) 공식을 적용하면

$$\frac{\sin\beta}{\sin i} = \frac{\sin(\omega + f)}{\sin(\pi/2)}$$

즉

$$\sin\beta = \sin i \sin(\omega + f)$$

가 된다. 사인-코사인(sine-cosine) 공식을 적용하면

$$\cos(\pi/2)\sin\beta$$
$$= -\cos i \sin(\omega + f)\cos(\lambda - \Omega)$$
$$+ \cos(\omega + f)\sin(\lambda - \Omega)$$

이므로 다음을 얻는다.

$$\tan(\lambda - \Omega) = \cos i \tan(\omega + f)$$

예제 6.6 1996년 8월 23일 목성의 동경벡터와 일심 경도, 위도를 구하라.

예제 6.1에서 계산한 궤도요소는

$a = 5.2033\text{AU}$

$e = 0.0484$

$i = 1.3053°$

$\Omega = 100.5448°$

$\omega = 274.2012°$

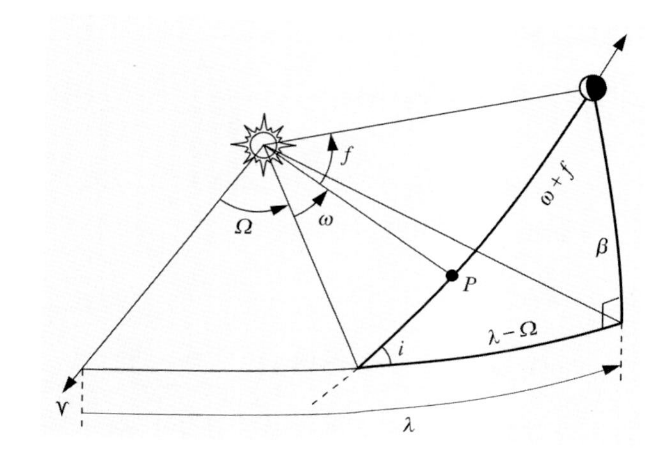

$M = 277.7940° = 4.8484$ rad

과 같다. 평균근점이각이 직접 구해졌으므로, 근일점을 지난 후의 경과 시간을 계산할 필요가 없다.

이제 케플러 방정식을 풀어야 한다. 이것은 해석적으로는 풀리지 않고, 반복(iteration)의 형태로 완력적 접근법(brute force approach)을 통해 (다른 말로, 수치해석학적으로) 풀어야 한다. 반복 과정을 위해 방정식을 다음과 같이 쓴다.

$$E_{n+1} = M + e \sin E_n$$

여기서 E_n은 n번째의 반복으로 구한 값이다. 여기에 필요한 초깃값 E_0로는 평균근점이각이 적합하다. [주의 : 모든 각은 호도법의 라디안 단위여야 한다.] 반복과정을 통하면 다음과 같이 된다.

$E_0 = M = 4.8484$

$E_1 = M = e \sin E_0 = 4.8004$

$E_2 = M = e \sin E_1 = 4.8002$

$E_3 = M = e \sin E_2 = 4.8002$

이 이후에는 연차근사(successive approximation)값이 더 이상 변하지 않으므로, 이는 소수점 이하 네 자리까지의 정확한 해가

$$E = 4.8002 = 275.0°$$

가 됨을 의미한다. 동경벡터는

$$\mathbf{r} = a(\cos E - e)\hat{\boldsymbol{i}} + a\sqrt{1-e^2}\sin E\,\hat{\boldsymbol{j}}$$
$$= 0.2045\,\hat{\boldsymbol{i}} - 5.1772\,\hat{\boldsymbol{j}}$$

이고, 태양으로부터의 거리는

$$r = a(1 - e\cos E) = 5.1813\,\mathrm{AU}$$

가 된다. $\mathbf{r}$의 두 성분의 부호를 보면 행성이 제4사분면에 있음을 알 수 있다. 진근점이각은

$$f = \arctan\frac{-5.1772}{0.2045} = 272.3°$$

이다. 앞에 나온 예제의 결과를 이용하면, 위도와 경도는

$$\begin{aligned}\sin\beta &= \sin i\,\sin(\omega + f)\\ &= \sin 1.3°\,\sin(274.2° + 272.3°)\\ &= -0.0026\\ \Rightarrow \beta &= -0.15°\\ \tan(\lambda - \Omega) &= \cos i\,\tan(\omega + f)\\ &= \cos 1.3°\,\tan(274.2° + 272.3°)\\ &= 0.1139\\ \Rightarrow \lambda &= \Omega + 186.5°\\ &= 100.5° + 186.5°\\ &= 287.0°\end{aligned}$$

가 된다. [여기서 $\tan(\lambda - \Omega)$에 대한 방정식은 2개의 해를 주므로 주의해야 한다. 어느 것이 맞는지 결정하기 위하여 그림을 그려 볼 필요가 있다.]

예제 6.7 1996년 8월 23일 목성의 적경과 적위를 구하라.

예제 6.6에서 우리는 경도와 위도 $\lambda = 287.0°$, $\beta = -0.15°$를 구하였다. 이것에 해당하는 직교(일심)좌표는

$$\begin{aligned}x &= r\cos\lambda\,\cos\beta = 1.5154\,\mathrm{AU}\\ y &= r\sin\lambda\,\cos\beta = -4.9547\,\mathrm{AU}\\ z &= r\sin\beta = -0.0133\,\mathrm{AU}\end{aligned}$$

이다. 목성의 황도 좌표계는 적도 좌표계로 변환되어야 하는데, 이는 x축에 대해 각 ε, 즉 황도면의 경사도만큼 회전하면 된다(글상자 2.1 참조).

$$\begin{aligned}X_J &= x = 1.5154\,\mathrm{AU}\\ Y_J &= y\cos\varepsilon - z\sin\varepsilon - 4.5405\,\mathrm{AU}\\ Z_J &= y\sin\varepsilon + z\cos\varepsilon = -1.9831\,\mathrm{AU}\end{aligned}$$

지구에서 보는 목성의 방향을 찾기 위해 먼저 지구의 위치를 알아야 한다. 원칙적으로는 지구의 궤도요소를 가지고 앞의 과정을 반복하면 되지만, 쉽게 하려면 지구의 적도 좌표가 나열된 역서를 이용할 수도 있다.

$$\begin{aligned}X_\oplus &= 0.8815\,\mathrm{AU}\\ Y_\oplus &= -0.4543\,\mathrm{AU}\\ Z_\oplus &= -0.1970\,\mathrm{AU}\end{aligned}$$

이제 지구에 대한 상대적인 위치는

$$\begin{aligned}X_0 &= X_J - X_\oplus = 0.6339\,\mathrm{AU}\\ Y_0 &= Y_J - Y_\oplus = -4.0862\,\mathrm{AU}\\ Z_0 &= Z_J - Z_\oplus = -1.7861\,\mathrm{AU}\end{aligned}$$

가 되며, 끝으로 적경과 적위는 다음과 같다.

$$\alpha = \arctan(Y_0/X_0) = 278.82° = 18\mathrm{h}\ 35\mathrm{m}$$
$$\delta = \arctan\frac{Z_0}{\sqrt{X_0^2 + Y_0^2}} = -23.4°$$

천문역서에 나온 값들을 같은 정밀도로 변환하면 위와 똑같은 결과를 얻게 된다. 목성의 궤도요소에 가해지는 모든 짧은 주기의 섭동은 무시했으므로 아주 좋은 정밀도

를 기대해서는 안 된다.

예제 6.8 지구에서 탐사선을 태양으로 보내는 것과 태양계 밖으로 내보내는 것 중 어느 것이 더 쉬울까?

지구의 공전궤도속도는 약 $30 \mathrm{km\,s^{-1}}$이므로, 태양계로부터 탈출속도는 $\sqrt{2} \times 30 \approx 42 \mathrm{km\,s^{-1}}$이다. 지구에서 보내진 탐사선은 이미 궤도속도와 같은 속도를 가지고 있다. 그러므로 추가적으로 $12 \mathrm{km\,s^{-1}}$가 더 필요하다. 그리고 지구를 탈출하기 위해서 $11 \mathrm{km\,s^{-1}}$가 필요하므로, 필요한 총 속도는 약 $23 \mathrm{km\,s^{-1}}$이다.

한편 탐사선이 태양으로 떨어지기 위해서 지구의 궤도속도 $30 \mathrm{km\,s^{-1}}$를 제거해야 한다. 이 경우에도 탐사선은 지구로부터 탈출해야 하므로, 필요한 총 속도는 $41 \mathrm{km\,s^{-1}}$이다. 이것은 현재의 기술로는 거의 불가능하다. 그러므로 태양을 향하는 탐사선을 우선 어떤 행성에 가깝게 가도록 한 다음, 그 행성의 중력장을 이용하여 최종 목적지를 향하도록 가속시킨다.

예제 6.9 성간수소구름은 $\mathrm{cm^3}$당 10개의 수소 원자를 가지고 있다. 이 구름이 그 자체의 중력에 의해서 붕괴하려면 얼마나 커야 하는가? 이 구름의 온도는 100K이다.

수소 원자 하나의 질량은 1.67×10^{-27}kg이므로 밀도는

$$\rho = n\mu = 10^7 \,\mathrm{m^{-3}} \times 1.67 \times 10^{-27} \,\mathrm{kg} = 1.67 \times 10^{-20} \,\mathrm{kg\,m^{-3}}$$

이다. 임계질량은

$$M_\mathrm{J} = \left(\frac{1.38 \times 10^{-23} \,\mathrm{J/K} \times 100 \,\mathrm{K}}{1.67 \times 10^{-27} \,\mathrm{kg} \times 6.67 \times 10^{-11} \,\mathrm{N\ m^2\ kg^{-2}}} \right)^{3/2} \times \frac{1}{\sqrt{1.67 \times 10^{-20} \,\mathrm{kg\ m^{-3}}}} \approx 1 \times 10^{34} \,\mathrm{kg} \approx 5000 M_\odot$$

이며, 반지름은

$$R = \sqrt[3]{\frac{3}{4\pi} \frac{M}{\rho}} \approx 5 \times 10^{17} \,\mathrm{m} \approx 20 \,\mathrm{pc}$$

이 된다.

6.13 연습문제

연습문제 6.1 원일점과 근일점에서의 궤도속도 비 $v_\mathrm{a}/v_\mathrm{p}$를 구하라. 지구의 경우 이 값은 얼마인가?

연습문제 6.2 에로스(Eros) 궤도의 근일점과 원일점은 태양으로부터 각각 1.1084와 1.8078 천문단위의 거리에 있다. 화성의 평균 거리만큼 에로스가 태양으로부터 떨어져 있을 때 에로스의 속도는 얼마가 될 것인가?

연습문제 6.3 지구정지위성(geostationary satellite)의 궤도 반경을 구하라. 이러한 위성은 지구적도상의 같은 지역 상공에 항상 머무른다. 지구표면 중 이 위성에서 관찰할 수 없는 지역이 존재하는가? 그렇다면 이 지역이 전체 면적 중 차지하는 비율은 얼마인가?

연습문제 6.4 태양의 각지름과 1년의 길이로부터 태양의 평균밀도를 유도하라.

연습문제 6.5 근일점으로부터 1/4년 지난 시점에서 지구의 평균근점이각, 이심근점이각, 진근점이각을 구하라.

연습문제 6.6 어느 혜성이 태양으로부터 매우 멀리 있을 때의 속도가 $5 \mathrm{ms^{-1}}$라고 한다. 이 혜성이 (중력을 무시하고) 직선으로 움직인다면 태양을 1AU 거리에서 지나치게 된다고 하자. 이 혜성이 가지고 있는 궤도의 이심률, 긴반지름, 근일점 거리를 구하라. 이 혜성에게 어떤 일이 일어나겠는가?

연습문제 6.7 a) 1997년 5월 1일(J=2,450,570), 지구중심 황도 좌표계에서의 태양의 동경벡터를 구하라.
b) 이때 태양의 적위와 적경은 얼마인가?

태양계

7

태양계는 태양(Sun)을 중심으로 태양 주위를 공전하는 행성과 몇 개의 작은 천체들로 구성되어 있다. 이번 장과 다음 장에서 태양계라 함은 태양 주위의 계를 의미한다. 다른 별의 경우에도 비슷한 행성계가 있으며 이에 대해서는 제22장에서 논의하겠다. 이 장에서는 태양계의 일반적인 특징에 대해 다루고 태양계에 포함된 개별 천체에 대해서는 다음 장에서 논의한다.

우주탐사선(space probe)이 근접하여 행성을 조사할 수 있게 된 1960년대 이후부터 태양계 연구는 매우 빠른 발전을 이루게 되었다. 또한, 최근 지질학에서 사용되는 많은 방법론들도 행성 연구에 적용되기 시작하였다. 달, 금성, 화성, 그리고 몇 개의 작은 태양계 천체에 착륙선이 보내졌다.

태양계에서 거리를 나타내는 가장 편리한 방법은 태양과 지구 사이의 거리에 해당하는 천문단위(astronomical unit, AU)를 사용하는 것이다. 1AU는 $1.49597870 \times 10^{11}$m이다(6.5절 참조). 우리로부터 가장 가까운 별인 프록시마 센타우리(Proxima Centauri)까지의 거리는 270,000AU를 넘는다.

사실은 1AU는 지구와 동일한 공전주기값을 갖지만 질량이 0인 행성의 궤도 긴반지름 크기에 해당한다. 지구의 질량이 자신의 공전운동에 영향을 미치므로, 지구의 긴반지름은 1AU(6.32)보다 약간 크다. 그러나 이와 같은 작은 차이는 정밀한 계산이 필요한 경우에만 중요하다.

7.1 태양계 천체의 분류

태양과 달 이외에 수성, 금성, 화성, 목성, 그리고 토성 등 5개 천체가 멀리 있는 별에 대해 상대적인 운동을 한다는 것이 고대에도 알려져 있었다. 이들은 그리스어로 방랑자라는 의미의 행성(planet)으로 불렸다. 그 당시 태양과 달도 행성으로 여겨졌으며, 이들 7개 태양계 천체의 이름은 일주일을 구성하는 각 요일의 이름으로 현재까지 반영되어 사용되고 있다.

망원경이 발명된 이후에 추가로 3개의 행성인 천왕성, 해왕성, 명왕성이 발견되었다. 관측기기와 관측 방법이 발전함에 따라 해왕성 너머에 궤도운동을 하며 명왕성과 비슷한 크기를 갖는 태양계 천체들이 더 많이 발견되었다. 행성에 대한 명확한 정의가 없었기 때문에, 멀리 있는 이들 천체들 중 몇 개는 행성으로 불려 왔다. 따라서 국제천문연맹(IAU)은 2006년 총회를 통하여 3개의 뚜렷한 부류를 정의함으로써 상황을 명확하게 정리하고자 하였다.

새로운 정의에 따르면 다음의 세 가지 조건을 만족하는 천체는 행성으로 정의된다.

(1) 태양을 중심으로 공전한다.
(2) 자체 중력이 강체력(rigid body forces)을 극복할 만큼 충분한 질량을 지녀서, 구형에 가까운 정유체 평

형 상태의 형태를 가질 수 있다.
(3) 자신의 섭동에 의해 공전궤도 주변의 물체를 깨끗이 제거한 천체이다.

(1)과 (2)의 조건을 만족하는 천체가 (3)의 조건을 만족하지 못하면 이 천체는 **왜소행성**(dwarf planet)에 해당한다. 명왕성은 (3)의 조건을 만족하지 못하여 자신의 지위가 왜소행성으로 축소되었다.

행성과 왜소행성 이외에 태양 주위를 공전하는 다른 천체들을 **태양계 소천체**(Small Solar System Bodies)로 통틀어 부른다. 이들 천체에는 소행성, 해왕성궤도통과천체(Trans-Neptunian Objects), 혜성, 그리고 그 밖의 소천체들이 있다. 공전운동하는 천체의 궤도 중심이 태양이 아닌 경우 그 천체는 자신의 물리적 특성과 상관없이 달 또는 위성에 해당한다.

위성은 주천체(primary body) 주위의 궤도에서 공전운동을 하는 천체로서 위성과 주천체 간의 질량중심(barycenter)이 주천체 안에 있다. 질량중심이 주천체 안에 있지 않은 경우, 이 계를 **쌍성계**(binary system)라고 부른다. 예를 들어 지구와 달로 구성된 계의 경우, 계의 질량중심이 지구 안에 있으며, 달은 지구의 위성에 해당한다. 명왕성과 카론(Charon)으로 구성된 계의 경우, 계의 질량중심이 명왕성 밖에 있으므로 이 계는 쌍성계로 불린다.

행성으로 정의되기 위한 조건 (2)와 (3)은 다소 문제를 일으킬 소지가 있다. 매우 멀리 있는 천체의 모양을 어떻게 잘 결정할 수 있을까? 행성 주위의 어느 범위까지 주변 물체들이 제거되어야 하고 얼마만큼 깨끗이 제거되어야 하는가?

또한, 위성의 정의도 약간 문제가 있어 보이는데, 가장 큰 행성들은 작은 입자들로 이루어진 고리 모양의 계로 둘러싸여 있기 때문이다. 고리를 구성하는 가장 큰 입자와 가장 작은 위성 사이의 명확한 차이점은 무엇인가? 실제로 한 천체의 궤도요소가 결정되어 별도의 대상으로 관측이 되면 이 천체는 위성으로 간주될 수 있다. 어쨌든 관측의 정확성이 커질수록 점점 많은 위성이 발견되기 때문에, 위성의 정확한 개수를 물어보는 것은 무의미하다고 할 수 있다. 오히려 더 흥미로운 질문들이 있을 텐데 달의 통계적인 성질 같은 것이 그 예라고 하겠다.

소천체(minor bodies)들과 외계행성의 분류와 관련하여 아직까지 해결되지 않은 질문들도 있다. 아마도 이들에 대한 정의를 위해 향후 미세 조정을 할 필요가 있겠다.

현재의 정의에 의하면 태양계에는 수성(Mercury), 금성(Venus), 지구(Earth), 화성(Mars), 목성(Jupiter), 토성(Saturn), 천왕성(Uranus), 해왕성(Neptune)의 8개 행성이 있다. 그러나 태양계에서 더 많은 행성이 발견될 가능성은 매우 희박해 보인다.

현재까지 5개의 왜소행성이 알려져 있다. 즉 이전에는 행성이었던 명왕성, 최초의 소행성으로 알려졌던 세레스(Ceres), 그리고 2004~2005년에 명왕성 너머에서 발견된 하우메아(Haumea), 마케마케(Makemake), 에리스(Eris) 등이 그것이다. 향후 이와 비슷한 왜소행성들이 추가로 발견될 것이다. 문제점은 이와 같이 먼 천체들이 행성으로 정의되기 위한 조건 (2)와 (3)을 만족하는지 확인하는 것이다.

태양계에는 어마어마한 수의 다양한 소천체가 있다. 전통적으로 이들 소천체는 소행성, 혜성, 유성체의 세 부류로 나뉜다. 이들 소천체 사이의 차이와 특징은 8.10~8.14절에서 좀 더 자세히 다루겠다.

수성부터 토성까지의 행성들은 밝기 때문에 맨눈으로도 잘 볼 수 있다. 따라서 이들 밝은 행성의 기록은 고대 문서에서도 발견된다. 그러나 천왕성과 해왕성은 쌍안경으로 볼 수 있다. 밝은 행성 이외에 밝은 혜성들이 맨눈으로 관측 가능하다.

중력은 태양계에 속하는 모든 천체의 운동을 지배한다. 태양의 둘레를 공전하는 행성들은 원에 가까운 타원 궤도를 그리며 거의 동일 평면상에서 운행하고 있다(그림 7.1). 가장 안쪽에 있는 행성인 수성은 공전궤도 이심률이 가장 크다. 소행성들은 주로 화성과 목성 궤도 사이에서 태양 둘레를 돌고 있으며, 이들의 공전 궤도면은 행성들의 궤도면보다 훨씬 더 경사진 경우가 많다. 소행성들과 해왕성궤도통과천체들은 주요 행성들과 동일한 방향으로 공전하고 있지만 혜성들 중에는 이와 반대방향으로 공전하는 것들도 있다. 혜성의 궤도는 대단히 길게 늘어진 납작한 타원형을 이루고 있으며, 심지어는 쌍곡선 궤도를 그리는 것들도 있다. 대다수의 위성들은 모행성의 둘레를 행성의 공전방향과 동일한 방향으로 돌고 있다. 가스 및 먼지와 같은 작은 입자들의 궤도만이 **태양풍**(solar wind), **복사압**(radiation pressure), 그리고 **자기장**(mag- netic field)의 영향을 받는다.

행성들은 공전궤도에 따라 내행성(inferior planets)과 외행성(superior planets)으로 나뉜다. 지구에서 볼 때 수성과 금성은 내행성이고, 화성부터 해왕성까지의 행성들은 외행성에 해당한다.

행성은 물리적 특성에 따라 두 부류로 구분된다(그림 7.2). 수성, 금성, 지구, 화성을 **지구형 행성**(terrestrial planets)이라고 부르는데, 이들은 단단한 고체의 표면을 갖고 있으며, 지름이 5,000~12,000km 사이로 크기가 거의 비슷하게 작고, 평균 밀도가 크다(4,000~5,000kgm^{-3}, 물의 밀도는 1,000kgm^{-3}이다). 한편, 목성부터 해왕성까지의 행성들은 **목성형 행성**(Jovian planets) 또는 **거대행성**(巨大行星, giant planets)이라고 부른다. 이들의 밀도는 약 1,000~2,000kgm^{-3}이며, 그 내부는 대부분 유체로 되어 있다. 목성형 행성의 지름은 지구형 행성의 지름보다 몇 배 더 크다.

7.2 행성의 배치

맨눈으로 보면 행성은 한 점의 별과 같은 모습을 나타낸다. 그러나 배경 별들에 비해 상대적으로 천천히 움직이는 사실로부터 우리의 태양계 내에 있는 천체임을 확인할 수 있다. 행성의 **겉보기 운동**(apparent motion)은 태양 주위를 공전하고 있는 지구의 운동을 반영하고 있기 때문에 대단히 복잡하다(그림 7.3과 그림 7.4).

행성은 보통 하늘의 배경 별들에 대하여 동쪽으로 **순행**(direct motion, 북반구에서는 반시계방향)한다. 지구가 외행성을 매우 가까운 거리에서 지나갈 때는 행성이 반대방향인 서쪽으로, 즉 **역행**(retrograde)한다. 몇 주에 걸쳐 역행한 후에 운동방향이 다시 바뀌어 행성은 원래의 순행방향으로 계속 운동한다. 따라서 고대 천문학자들에게는 이와 같이 복잡한 행성들의 역행과 루프(loop)를 나타내는 겉보기 운동을 설명하는 데 큰 어려움이 있었을 것이다. 그림 7.5는 행성들의 기본 배치를 나타낸 것이다.

외행성(지구의 공전궤도 밖에 위치한 행성들)이 태양과 정반대방향에 위치할 때, 즉 지구가 외행성과 태양 사이에 놓일 때, 행성의 위치를 **충**(衝, opposition)이라고 부른다. 한편 행성이 태양 뒤에 위치할 때의 위치를 **합**(合, conjunction)이라고 부른다. 그러나 실제로 행성은 지구와 동일한 공전궤도면에 있지 않기 때문에 행성은 정확히 충이나 합에 위치하지 못할 수도 있다. 천문역서에서는 합과 충을 **황경**(ecliptic longitude)값으로 나타낸다. 충에서 행성과 태양의 황경 차이는 180°지만, 합에서는 행성과 태양의 황경이 일치한다. 그러나 태양 대신 다른 천체가 사용되었을 경우에는 적경(right ascension)을 사용한다. 한 행성의 겉보기 운동이 전향되어 반대방향으로 움직이려고 할 때의 위치를 **유**(留, stationary points)라고 부른다. 충은 역행 루프의 정중앙에서 일어난다.

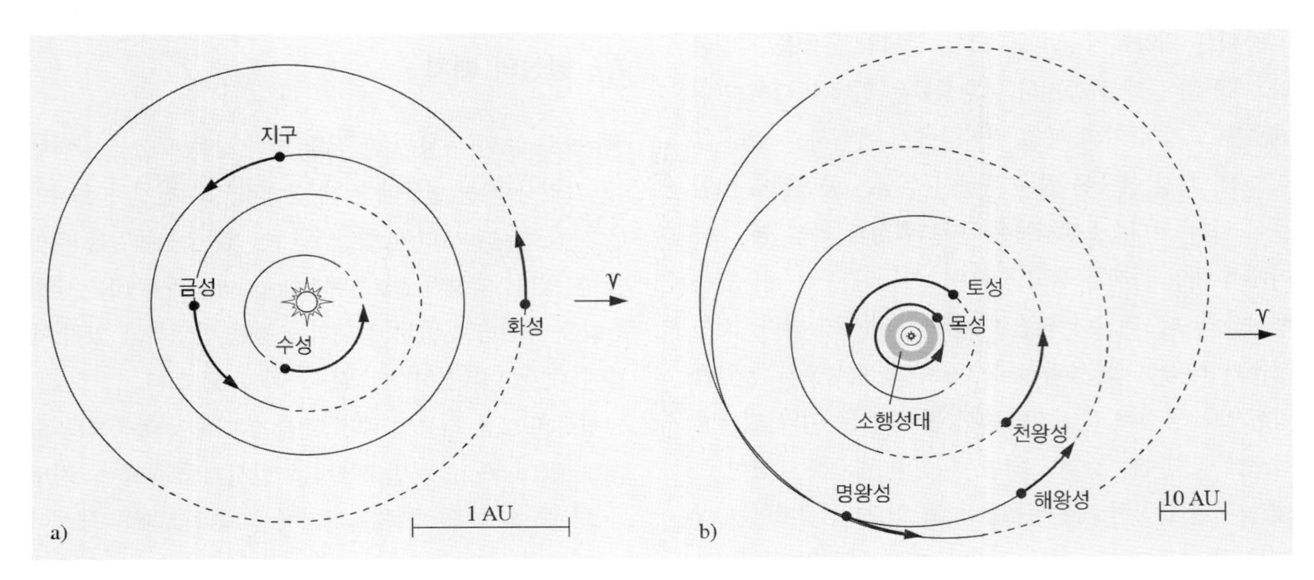

그림 7.1 (a). 수성에서 화성까지의 행성 궤도. 점선은 황도면 아래를 지나는 궤도를 나타내며, 화살표는 2000년 1월 한 달 동안 행성이 이동한 거리를 표시한 것이다. (b) 목성에서 해왕성까지의 행성 궤도와 왜소행성인 명왕성의 궤도. 화살표는 2000~2010년 10년 동안 행성들이 운행한 거리를 나타낸다.

그림 7.2 수성에서 해왕성까지 나열한 주요 행성들. 태양에서 가장 가까운 4개의 행성들을 지구형 행성으로, 태양에서 가장 먼 4개의 행성들을 거대행성으로 부른다. 3개의 왜소행성도 함께 나타냈다. 그림에서 왼쪽에 태양의 상대적인 크기도 함께 나타냈다. 태양으로부터 떨어진 행성들의 거리는 올바른 비율로 그린 것이 아니다. (그림출처 : IAU/Martin Kornmesser)

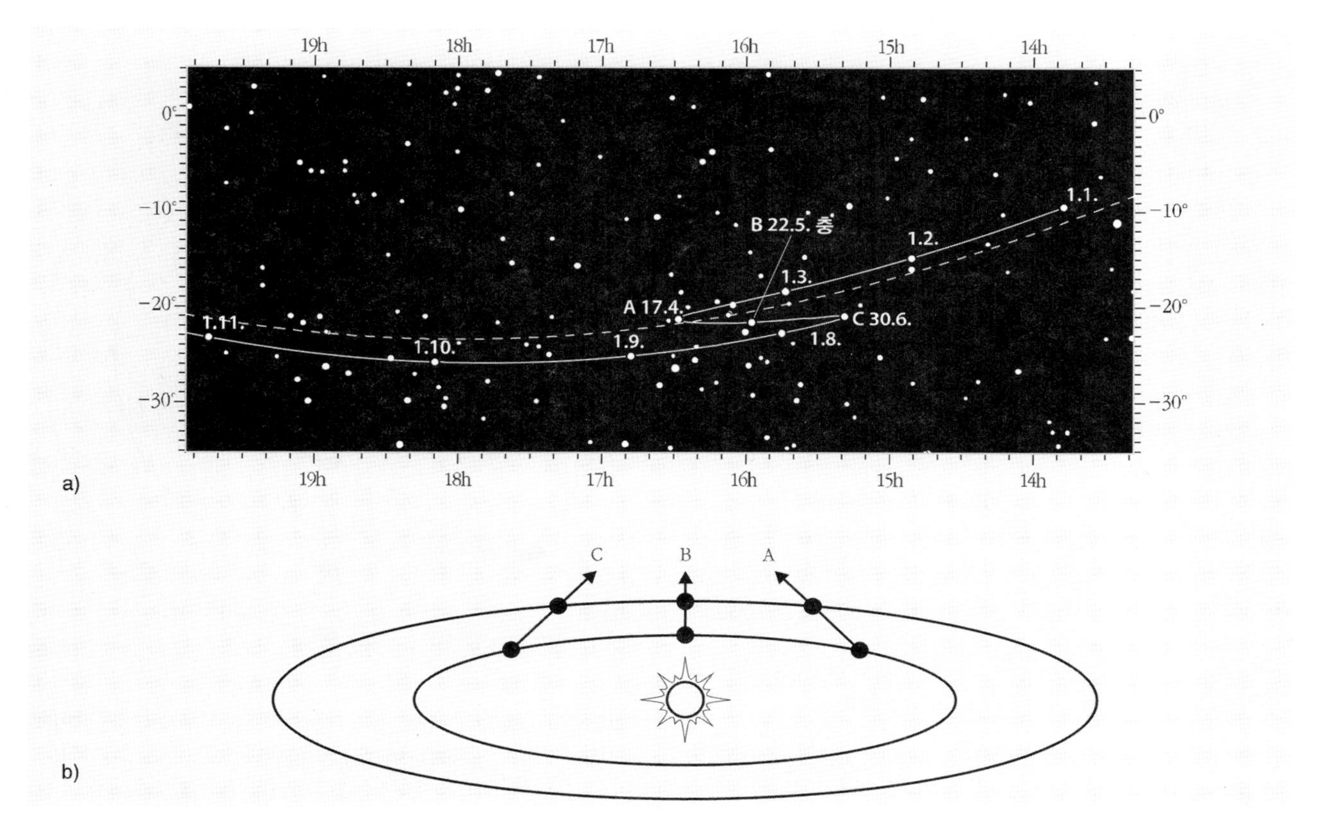

그림 7.3 (a) 2016년 충의 위치에 있는 동안 화성의 겉보기 운동. 일반적으로 화성은 순행방향으로 운동하지만(배경 별에 대해 반시계방향), 충의 위치 전후 한 달 동안 화성은 역행방향 운동을 한다. (b) 지구와 화성의 상대적 위치. 지구-화성의 방향을 무한히 큰 천구에 투영시키면 (a)에서와 같이 화성의 궤도운동에 상응하는 곡선이 하늘에 나타난다.

내행성(수성과 금성)은 결코 충에 위치할 수 없다. 내행성이 지구와 태양 사이에 위치할 때를 내합(內合, inferior conjunction)이라고 한다. 외행성이 합에 위치할 때를 **상부합**(上部合, upper conjunction) 또는 **외합**(外合, superior conjunction)이라고 한다. 태양으로부터 행성까지의(동방 또는 서방) 최대이각(離角, elongation)은 수성의 경우는 약 28°이고, 금성의 경우는 약 47°이다. 행성이 태양의 어느 쪽에서 보이느냐에 따라 동방이각 또는 서방이각이라고 부른다. 행성이 동방이각에 있을 때 '저녁별(evening star)'이 되며, 이때 행성은 태양이 진 다음에 진다. 반대로 행성이 서방이각에 있을 때, 그 행성은 아침 하늘에 '새벽별(morning star)'로 나타난다.

행성의 **회합주기**(synodic period)는 행성이 연이어 다시 회합할 때까지 걸린 시간(예 : 충에서 출발하여 다시 충의 위치로 돌아올 때까지 걸린 시간)을 말한다. 앞 장에서 사용한 주기는 행성의 **항성주기**(sidereal period)로서 태양의 둘레를 도는 각 행성 고유의 정확한 공전주기이다. 회합주기는 두 천체 간 항성주기의 차이에 따라 달라진다.

두 행성의 항성주기를 P_1과 P_2($P_1 < P_2$라고 가정)라고 할 때, 그들의 평균 각속도(평균운동)는 $2\pi/P_1$과 $2\pi/P_2$가 된다. 1회합주기 $P_{1,2}$ 후에 내행성은 외행성보다 한 바퀴 이상 더 이동하게 된다. 따라서 두 행성이 진행한 각거리의 관계는

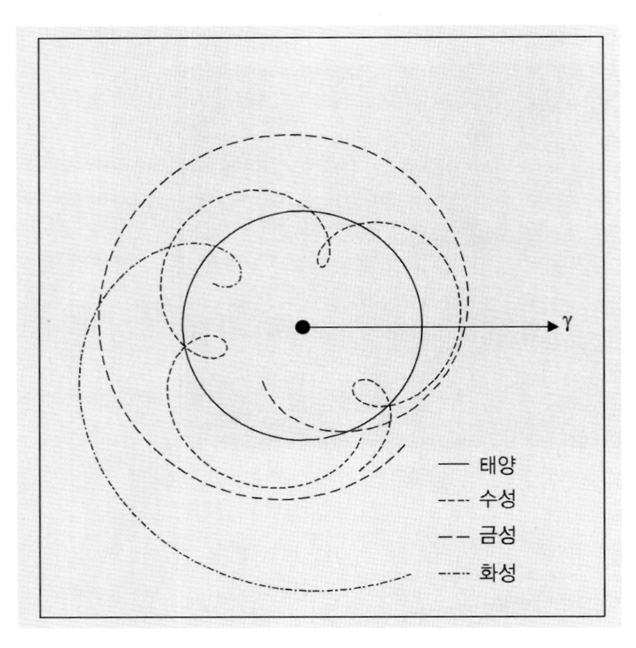

그림 7.4 1995년 황도의 북극에서 본 지구중심 좌표계에서의 태양, 수성, 금성, 그리고 화성의 겉보기 운동

$$P_{1,2}\frac{2\pi}{P_1} = 2\pi + P_{1,2}\frac{2\pi}{P_2}$$

또는

$$\frac{1}{P_{1,2}} = \frac{1}{P_1} - \frac{1}{P_2} \tag{7.1}$$

이 된다.

수성과 금성은 지구 궤도 안쪽에 있으므로 이들 행성은 달과 비슷한 위상을 나타낸다. 태양-행성-지구가 이루는 각을 그 행성의 위상각(phase angle)이라고 하며, 흔히 그리스 문자 α로 표시한다. 밝게 빛나는 행성 표면의 비율이 위상각에 따라 달라진다. 수성과 금성의 경우, 위상각은 0~180° 사이의 값을 갖는다. 이는 금성의 경우에 '만금성(滿金星, full Venus, 금성이 태양 뒤에 있을 때)', '반금성(半金星, half Venus)' 등을 볼 수 있는 사실을 잘 설명한다.

반면에 외행성의 위상각은 제한적인 값을 갖는다. 화

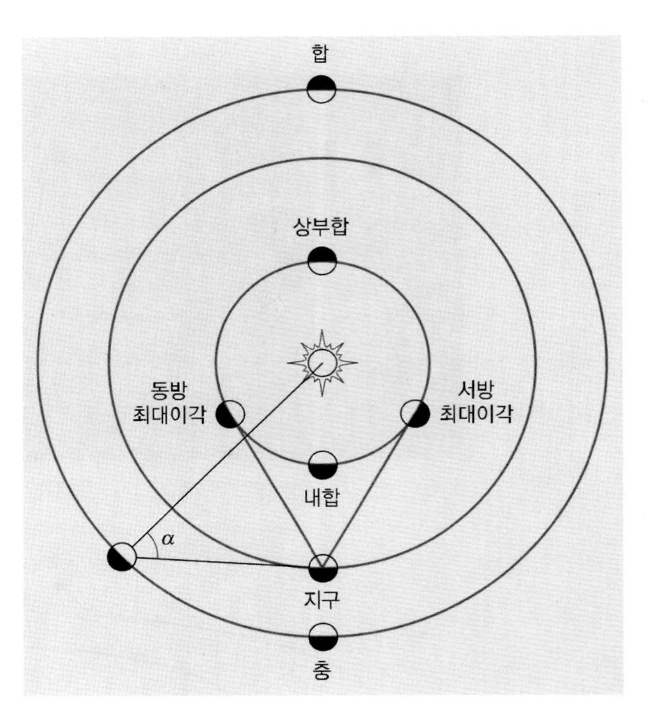

그림 7.5 행성의 배치. 각 α(태양-천체-지구)는 위상각이며, ε(태양-지구-천체)은 이각을 나타낸다.

성의 경우 최대 위상각은 41°이고 목성은 11°, 그리고 명왕성은 불과 2°에 지나지 않는다.

7.3 지구의 궤도와 태양의 가시성

태양에 대한 지구의 공전운동은 선사시대 이후부터 시간을 추정하는 기초로 사용되었다(물론 선사시대에는 지구 운동의 실체를 몰랐지만). 그러나 지구의 운동은 여러 섭동의 영향을 받게 된다. 현대적인 시간계(time system)는 원자시계에 바탕을 두고 있지만, 우리의 일상생활에서 사용하는 시간은 윤초(閏秒, leap second)를 통해 지구의 회전운동에 맞춰지고 있다(2.14절).

항성년(恒星年, sidereal year)은 태양 둘레를 도는 지구의 참 공전주기이다. 1항성년이 지나면 태양은 배경 별들에 대하여 동일한 상대적 위치에 있게 된다. 1항성년의 길이는 365.256363051일로서 여기서 1일은 역기점(曆起點, epoch) J2000.0(=2000년 1월 1일 12 : 00 : 00 지구시간)일 때 국제단위계(SI) 86,400초를 나타낸다.

앞에서 언급하였듯이, 지구의 세차운동 때문에 춘분점은 매년 황도를 따라 약 50″씩 이동한다. 이러한 사실은 태양이 완전히 1항성년을 보내기 전에 춘분점에 이르게 됨을 뜻한다. 태양이 춘분점에서 다음 춘분점으로 다시 돌아오는 데 걸리는 시간을 **회귀년**(回歸年, tropical year)라고 하며, 1회귀년은 365.24218967일이다.

1년에 대한 세 번째 정의는 지구의 근일점(perihelion) 통과에 근거하고 있다. 행성들에 의한 섭동 때문에 지구 근일점의 방향이 점진적으로 변한다. 근일점에서 다음 근일점을 지나는 데 걸리는 시간을 **근점년**(近點年, anomalistic year)이라고 하며, 1근점년은 365.259635864년으로 1항성년보다 조금 길다. 근일점이 춘분점에 대하여 360° 회전하는 데 걸리는 시간은 약 21,000년이다.

지구의 적도는 황도에 대하여 약 23.4° 기울어져 있다. 이 경사각은 섭동으로 인하여 시간에 따라 조금씩 변한다. 주기적인 항을 무시하면 **황도경사각**(obliquity of the ecliptic) ε은 글상자 2.1에서 제시된 방식으로 계산된다. 41,000년의 주기로 황도경사각은 22.1~24.5°의 범위에서 변한다. 현재 황도경사각은 줄어들고 있다. 한편, 짧은 시간 안에 황도경사각의 미세한 변화를 유발하는 **장동**(章動, nutation) 효과도 있다.

태양의 적위는 1년 동안 $-\varepsilon$과 $+\varepsilon$ 사이에서 변한다. 주어진 시각에 지구상의 어떤 한 곳에서는 태양이 천정에 위치하게 된다. 이때 이 지점의 위도는 태양의 적위와 같다. 위도가 $-\varepsilon$(**남회귀선**, Tropic of Capricorn)과 $+\varepsilon$(**북회귀선**, Tropic of Cancer)인 곳에서는 태양이 1년에 1번 천정에 위치하고, $-\varepsilon$과 $+\varepsilon$ 사이의 위도에서는 1년에 2번 천정에 위치한다. 춘분점과 추분점에서 태양은 적도를 횡단한다.

북반구에서 위도가 $90° - \delta$(δ는 태양의 적위)보다 큰 지역에서는 태양이 지지 않는다. **한밤중의 태양**(the midnight sun)을 볼 수 있는 최남단의 위도는 $90° - \varepsilon = 66.6°$이다. 이 위도를 **북극권**(Arctic Circle)이라고 부른다(남반구에서도 동일하게 적용할 수 있다). 북극권은 동짓날 하루 종일 태양이 지평선 아래에 있는 (이론상으로) 최남단 지역에 해당한다. 태양이 없는 시간은 북반구에서는 북으로 갈수록, 남반구에서는 남으로 갈수록 길어진다. 북극과 남극에서는 낮과 밤이 1년에 절반씩 차지한다. 실제로는 관측자의 위치와 지구 대기에 의한 햇빛의 굴절 때문에 한밤의 태양을 볼 수 있는 비율과 태양이 뜨지 않는 날의 수가 달라진다. 대기에 의한 빛의 굴절에 의해 지평선에 위치한 천체가 위로 들어 올려 보이기 때문에 한밤중의 태양은 북극권보다 약간 남쪽의 위치에서도 보이게 된다. 마찬가지 이유로, 춘분점과 추분점 근처의 날에 태양은 양 극지방에서 동시에 보인다(2.6절 참조).

지구 궤도의 이심률은 약 0.0167이다. 따라서 태양으로부터 떨어진 지구의 거리는 약 1.47억~1.52억 km의 범위 내에서 변한다. 지구가 받는 태양복사의 플럭스밀도는 지구 궤도상에서 지구의 위치에 따라서 약간 변하지만, 이것이 계절 변화에 실질적인 영향을 주지 못한다. 실제로 지구는 북반구에서 한겨울에 해당하는 1월에 근일점을 지난다.

계절의 변화는 황도경사각 때문에 생기며, 황도경사각은 다음 세 가지 요인과 관련되어 태양으로부터 받는 에너지에 영향을 준다. 첫째 단위면적당 받는 플럭스는 $\sin a$(여기서 a는 태양의 고도)에 비례한다. 따라서 여름에는 태양의 고도가 겨울보다 높기 때문에 단위면적당 입사되는 에너지양이 많다. 두 번째는 지구 대기 때문에 나타나는 효과로서, 태양이 지평선 근처에 있을 때 태양 복사는 보다 두꺼운 대기층을 지나야 하므로 그만큼 소광량이 커져서 지면에 도달하는 복사량은 적어진다. 세 번째는 태양이 지평선 위에 떠 있는 시간이다. 이는 고위도 지방에서 중요한데, 여름에 낮의 길이가 길기 때문에 태양의 고도가 낮은 효과가 상쇄된다. 마지막 요인은 최북단에서 살고 있지 않은 저자들이 쓴 많은 교과서에서 간과되고 있다. 이들 요인에 의해 나타난 효과는 예제 7.2에 상세히 논의되어 있다.

1년 동안 받는 태양복사 플럭스의 양이 장기간에 걸쳐 변화하기도 한다. 세르비아의 지구물리학자인 밀란코비치(Milutin Milanković, 1879-1958)는 1930년대와 1940년대에 빙하기(ice age)에 관한 그의 이론을 발표하였다. 지난 200~300만 년 동안 대략 10만 년의 주기로 큰 빙하기가 반복하여 발생하였다. 그는 지구 공전궤도의 변화에 의하여 장기간에 걸친 주기적인 기후 변화가 나타난다는 **밀란코비치주기**(Milanković cycle) 이론을 제시하였다. 밀란코비치는 지구 공전궤도 이심률, 근일점의 방향, 궤도경사각, 그리고 세차운동 등의 주기적인 변화에 의해 10만 년 주기의 빙하기가 나타난다고 주장하였다. 세차의 주기는 26,000년, 춘분점 및 추분점에 대한 근일점 방향 변화 주기는 22,000년, 그리고 황도경사각 변화의 주기는 41,000년을 갖는다. 지구 공전궤도 이심률의 변화는 완벽하게 주기적으로 나타나지는 않지만 10만 년 이상의 주기가 발견되기도 하였다. 지구 공전궤도 이심률은 0.005~0.058의 범위에서 변하며 현재는 0.0167의 값을 갖는다.

이와 같은 궤도 변화 요인에 의해 1년 동안 받는 태양복사 플럭스의 양이 달라지며 이 효과는 고위도 지역에서 가장 크다. 예를 들어 지구 궤도의 이심률이 크고, 겨울철에 지구가 원지점 근처에 있다면 겨울이 더 길고 추울 것이며 여름은 짧아질 것이다. 그러나 이 이론은 논쟁의 여지가 있어서, 지구 궤도의 변화에 의해 나타나는 효과가 기후 변화를 얼마만큼 유발하는지 잘 이해하지 못하고 있으며, 아마도 이 효과가 빙하 작용을 유발하는데 충분한 역할을 하지 못하는 것으로 생각된다. 또한, 빙하 작용에 긍정적으로 작용하는 다른 과정들이 반복적으로 나타나기도 하는데, 눈과 얼음의 높은 반사도(albedo)에 의해 나타나는 효과가 그 예에 해당한다. 즉 이는 얼음이 태양 복사를 우주공간으로 더 많이 반사하여 기후를 더 냉각시킨다는 것을 의미한다. 계는 매우 무질서한 상태이므로 초기 조건에 약간의 변화만 주어도 결과에 큰 차이가 나타난다. 기후 변화를 유발하는 또 다른 효과들도 있는데, 화산의 폭발과 용암의 흐름에서 나와 대기로 올라간 가스들과 현재 인류에 의해 인위적으로 발생된 여러 원인 등이 포함된다.

또한 미래에 대한 예측이 불확실하여, 어떤 이론들은 다음 5만 년 동안 온난기(warm period)가 지속될 것이라고 예측하고 있는가 하면, 다른 이론들은 이미 기후가 냉각되는 시기에 들어섰다는 주장을 하고 있다. 이산화탄소와 같은 온실가스 양의 증가처럼 인류가 인위적으로 만들어낸 원인들로 인하여 단기간의 기후 예측에 변화가 나타나고 있다.

7.4 달의 궤도

지구의 위성인 달은 반시계방향으로 지구의 둘레를 공전하고 있다. 달이 한 번 공전하는 주기, 즉 **항성월**(恒星月, sidereal month)은 약 27.322일이다. 실제 문제에서 더 중요하게 생각되는 주기는 달의 위상(phase) 변화의 주기(예 : 만월에서 다음 만월까지), 즉 **삭망월**(朔望月, synodic month)이다. 1항성월 동안 지구는 공전궤도의 거의 1/12에 해당하는 거리를 지나간다. 달이 지구-달-태양인 위치에 다시 이르려면 달은 자신의 공전궤도의 1/12만큼 더 운행해야 한다. 달이 이만큼 더 진행하는 데는 약 2.2일이 걸리므로 달의 위상은 약 29일을 주기로 반복되는 것이다. 더 정확히 제시하면, 달의 삭망월은 29.531일이다.

삭(朔, new moon)은 달이 태양에 대하여 합에 위치할 때 생긴다. 역서에서는 달의 위상을 황경의 값으로 정의하는데, 삭일 때 달과 태양의 황경은 일치한다. 달의 공전궤도는 황도에 대하여 약 5° 기울어져 있기 때문에 삭은 흔히 태양에 대하여 남쪽 또는 북쪽으로 약간 떨어져 위치한다.

삭 이후 약 2일이 지나게 되면, **초승달**(waxing crescent moon)이 저녁에 서쪽 하늘에서 보이게 된다. 삭 이후 약 일주일이 지나면 **상현**(first quarter)이 나타나는데, 이때 달과 태양의 황경은 90°만큼의 차이를 갖는다. 상현에서 달은 오른쪽 절반만 밝게 보인다(남반구에서는 왼쪽 절반만 밝게 보임). 삭으로부터 2주 후에는 **만월**(full moon)이, 만월 후 일주일이 지나면 **하현**(last quarter)이 나타난다. 마지막으로 **그믐달**(waning crescent moon)이 아침에 동쪽 하늘의 광영(光榮) 속에서 사라진다.

달의 궤도는 거의 타원형으로서 긴반지름의 길이가 384,400km이고 이심률은 0.055이다. 주로 태양에 의한 섭동 때문에 달의 궤도요소가 시간에 따라 변한다. 지구의 중심으로부터 달까지의 최소거리는 356,400km이고, 최대거리는 406,700km로서, 이 거리의 범위는 달의 긴반지름과 이심률로부터 얻은 계산치보다 크다. 달의 겉보기 각지름은 29.4~33.5′ 범위의 값을 갖는다.

달의 자전주기는 항성월과 같기 때문에 항상 달의 동일한 면이 지구를 향하게 된다. 이와 같은 **동주기자전**(synchronous rotation) 현상은 태양계의 위성들 가운데서 흔히 볼 수 있는 것으로, 특히 큰 위성들은 거의 모두가 동주기자전을 하고 있다.

달의 공전속도는 케플러 제2법칙을 따라 변하지만 자전주기는 일정하다. 이러한 사실로부터 달이 공전하면서 위상을 달리할 때 우리는 약간씩 월면의 다른 부분을 볼 수 있다는 것을 알 수 있다. 달의 근지점 근처에서 달의 공전속도는 평균 공전속도보다 크므로(또한 평균 자전속도보다 빠른 공전속도를 가지므로) 우리는 달 가장자리의 오른쪽 경계면의 일부를 더 볼 수 있다(북반구에서 보면). 마찬가지로, 달이 원지점에 있을 때 우리는 달의 왼쪽 가장자리 뒷부분 일부를 볼 수 있다. 이러한 달의 **칭동**(秤動, libration) 현상 때문에 지구에서는 달 전체 면적 중 59%의 면적을 볼 수 있다(그림 7.6). 달의 칭동 현상을 확인하려면 달의 양쪽 가장자리의 모습을 자세히 추적하면 된다.

위의 경우 외에도 칭동 현상을 유발하는 두 가지 다른 요인이 있다. 그중 하나는 일주(diurnal) 칭동으로, 달이 동쪽에서 뜰 때 달의 오른쪽 가장자리 뒷부분 일부를 볼 수 있고, 달이 서쪽으로 질 때 달의 왼쪽 가장자리 뒷부분 일부를 볼 수 있다. 또 다른 하나는 위도상(latitudinal) 칭동 현상으로서, 달의 공전궤도가 완전하게 적도 평면과 일치하지 않으므로 달의 궤도상 위치에 따라 달의 북극 또는 남극 뒷부분 일부를 볼 수 있다.

달의 공전궤도면은 황도면에 대하여 약 5° 정도밖에 기울어져 있지 않다. 따라서 달은 태양과 다른 행성들과 같이 항상 황도면 근처에 위치하고 있다고 할 수 있다. 그러나 이 궤도면은 주로 지구와 태양에 의한 섭동으로 인하여 시간에 따라 변한다. 그 결과 교점선(nodal line, 황도면과 달의 공전궤도면이 만나서 이루는 선)은 18.6년의 주기로 회전하게 된다. 그런데 이 교점선의 주기는 앞에서 이미 접한 바 있는 장동주기와 동일하다. 달의 공전궤도에서 승교점(昇交點, ascending node)이 춘분점에 가까이 있을 때, 달은 천구의 적도를 중심으로 남과 북으로 23.4°+5°=28.4°에 걸쳐 위치하게 된다. 달의 강교점(降交點, descending node)이 춘분점 가까이 있을 때, 달이 위치하게 되는 범위는 천구의 적도를 중심으로 남과 북으로 23.4°−5°=18.4°에 해당한다.

교점월(nodical or draconic month)은 달이 승교점에서 다시 그 승교점으로 돌아올 때까지 걸리는 시간이다. 그런데 달의 교점선이 회전하므로 교점월(nodical month)은 항성월보다 약 3시간 짧아져서 27.212일 정도 된다. 또한 달의 타원궤도도 천천히 세차운동을 한다. 근지점에서 다음 근지점까지 돌아오는 데 걸리는 공전주기를 **근점월**(anomalistic month)이라고 하는데, 근점월은 항성

그림 7.6 달의 칭동 현상은 달이 각각 근지점과 원지점 근처에 있을 때 찍은 두 장의 사진을 비교함으로써 알 수 있다. (사진출처 : Helsinki University Observatory)

월보다 5.5시간 더 길어서 27.555일 정도 된다.

지구표면 각 지점에 미치는 달과 태양의 중력 차이에 의하여 지구에 **조석**(tides) 현상이 나타난다. 지구의 인력은 월직하점(sub-lunar point)에서 최대가 되며, 그 반대지점에서 최소가 된다. 이 두 지점에서 해수면이 가장 높아져 **만조**(high tide, flood)가 된다. 만조 후 6시간이 지나면 해수면은 가장 낮아져 **간조**(low tide, ebb)를 이룬다. 태양에 의해 나타나는 조석현상은 그 크기에 있어서 달에 의한 조석현상의 절반도 못 된다. 달과 태양이 지구에 대하여 같은 쪽(삭)에 있거나 서로 반대쪽(만월)에 있을 때 조석 효과는 최대에 이르며, 이때 우리는 사리(spring tide)라고 부른다.

해수면은 보통 1m 정도 변하지만 좁은 해협에서는 그 차이가 15m까지 이를 수도 있다. 바다의 형태가 불규칙하기 때문에 바다에서 일어나는 조석의 정확한 형태는 매우 복잡하게 된다.

지구표면의 단단한 부분에도 조석력이 미치고 있지만, 그 진폭은 극히 작아서 약 30cm에 그친다.

조석현상은 마찰을 유발하여 지구-달 계의 자전과 공전 운동에너지를 감소시킨다. 이러한 에너지의 손실로 인하여 지구-달 계에서 몇 가지 변화가 나타나게 된다. 우선 지구는 동주기자전 현상이 일어날 때까지, 즉 항상 동일한 지구표면이 달을 향하게 될 때까지 자전속도가 계속 감소하게 된다. 한편 달 공전궤도의 긴반지름이 증가하여 달은 지구로부터 매년 3cm 정도씩 멀어진다.

7.5 일식과 엄폐

식(食, eclipse)이란 한 천체가 다른 천체의 그림자 속을 통과하여 지나가는 사건을 의미한다. 가장 빈번하게 볼 수 있는 식 현상으로는 월식(lunar eclipse)과 목성 둘레에 있는 큰 위성들의 식 현상을 들 수 있다. 엄폐(掩蔽, occultation)는 한 천체가 다른 천체의 전면을 지날 때 일어난다. 대표적인 예는 달에 의한 별들의 엄폐현상을 들 수 있다. 일반적으로 엄폐현상은 대단히 좁은 띠의 제한된 영역에서만 관측된다. 그러나 식 현상은 천체가 지평선 위에만 있으면 관측이 된다.

일식과 월식은 하늘에서 일어나는 가장 볼 만한 사건이다. 일식(solar eclipse)은 달이 지구와 태양 사이에 위치할 때 일어난다(그림 7.7; 정의에 따르면 일식은 식현상이라기보다 하나의 엄폐현상이다!). 태양의 전체 면적이 달에 의해 완전히 가려질 때 우리는 개기일식(total solar eclipse)이라고 하며(그림 7.8), 그렇지 않을 경우 부분일식(partial solar eclipse)이라고 한다. 달이 원지점 근처에 위치할 때 달의 겉보기 지름은 태양보다 작으므로 이때 일어나는 일식은 금환일식(annular solar eclipse)이 된다.

달의 공전궤도면이 황도면과 일치할 경우에는 매 삭망월마다 일식과 월식이 각각 한 번씩 일어난다. 그러나 실제로 달의 공전궤도면은 황도면에 대하여 5° 기울어져 있으므로 보름에 식이 일어나려면 달은 교점 근처에 위치해야 한다. 교점으로부터 달까지의 각거리는 개기월식의 경우에는 4.6°, 개기일식의 경우에는 10.3°보다 작아야 한다.

매년 2번에서 7번까지 식 현상이 나타난다. 보통 식 현상은 173일 간격으로 1~3개의 식이 1세트로 일어난다. 1세트의 식에 일식이 한 번만 일어나는 경우도 있고, 일식, 월식, 그리고 또 다른 일식의 순서로 연속적인 식 현상이 일어나기도 한다. 1년에 2세트 또는 3세트의 식

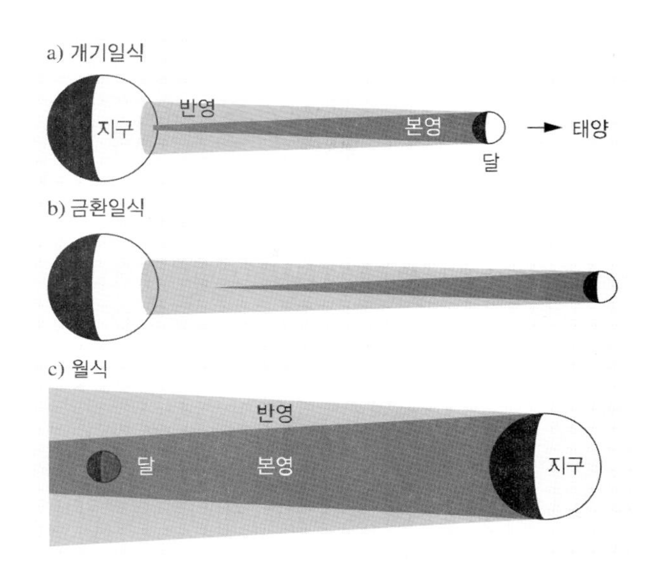

그림 7.7 (a) 개기일식은 좁은 영역 내에서만 일어난다. 그 밖에서는 부분일식만 나타난다. (b) 달이 원지점에 있고 달의 그림자가 지구에 이르지 못할 경우 금환일식이 나타난다. (c) 달이 지평선 위에 떠 있는 곳이라면 어디에서나 월식을 볼 수 있다.

그림 7.8 1990년 핀란드에서 관측된 개기일식 (사진출처 : Matti Martikainen)

현상이 일어날 수도 있다.

태양과 달 궤도의 교점(승교점이나 강교점)은 346.62일마다 한 번씩 동일한 방향에 위치하게 된다. 위와 같은 주기가 19번 지나고 나면(=6,585.78일=18년 11일)

그 기간은 223 삭망월과 비슷해진다. 이러한 사실은 태양과 달의 배치와 그에 따른 식 현상이 되풀이될 수 있음을 뜻한다. 이러한 주기는 일찍이 고대 바빌론 사람들에게 알려져 있었으며, **사로스**(Saros) 주기라고 부른다.

일식이 일어나는 동안 지구표면에 드리워지는 달 그림자의 폭은 270km를 넘지 않는다. 그림자의 속도는 적어도 분당 34km이며 일식이 지속되는 최대시간은 7.5분이다. 개기일식 과정의 처음과 끝에서 부분일식이 관측된다.

월식은 일식과 다른 종류의 식 현상으로서, 달이 완전히 지구의 그림자 속에 놓여 있을 때 나타나는 월식은 **개기월식**(total lunar eclipse)이며, 그렇지 않을 때 나타나는 월식을 **부분월식**(partial lunar eclipse)이라고 한다. 만약 달이 지구 그림자에 도달하지 않고 약간의 태양 빛을 받으면, 부분월식을 맨눈으로 식별하기란 그리 쉽지 않은데 이는 달의 밝기 변화가 거의 없기 때문이다.

월식은 달이 지평선 위에 떠 있을 경우 북반구와 남반구 어느 곳에서든 관측할 수 있다. 월식이 지속되는 최대시간은 3.8시간이며, 그중 개기월식의 지속시간은 항상 1.7시간을 넘지 않는다. 개기월식 때 붉은 달빛의 일부가 지구 대기에 의해 굴절되기 때문에 달은 짙은 붉은색으로 채색된 것처럼 보인다.

달은 동쪽으로 이동하기 때문에 달이 상현일 때 별은 달의 어두운 가장자리 끝에서 엄폐된다. 따라서 달에 의한 별의 엄폐현상은 관측되기 쉽고, 이에 대한 측광(photometric measurement)도 가능하다. 달에 의한 별의 **엄폐**(stellar occultation) 관측은 달의 궤도를 정밀히 측정하는 하나의 방법으로 사용되어 왔다. 달에는 대기가 없기 때문에 별의 엄폐가 일어날 때, 별은 1/50초 이내에 급격히 사라진다. 이러한 엄폐현상을 고속측광장치를 사용하여 관측한다면 특유의 회절무늬 모양을 얻게 된다. 회절무늬 모양으로부터 별의 직경과 쌍성을 구성하는 두 별 사이의 거리를 결정할 수 있다. 초창기 전파천문학에서 전파천문학자들은 몇몇 전파원의 엄폐 현상을 이용하여 전파원들의 정확한 위치를 결정하였다.

천구상에서 달이 지나는 길을 중심으로 11°의 폭을 갖는 영역에 밝은 별들과 행성들이 더러 있지만, 육안으로 아주 밝게 보이는 천체의 엄폐현상은 극히 드물다.

행성이나 소행성에 의해서도 엄폐현상이 일어난다. 이들 천체에 의한 엄폐현상을 정확히 예측하기란 매우 복잡한데, 이는 극히 제한된 좁은 경로 영역에서만 엄폐가 가능하기 때문이다. 1977년에는 엄폐현상이 진행되는 동안 천왕성의 고리가 발견되었으며, 엄폐가 예상되는 경로에 있는 관측자들이 엄폐시각을 정확하게 맞춤으로써 소행성의 형태에 관한 연구도 이루어졌다.

일면통과(日面通過, transit)는 지구에서 볼 때 수성이나 금성이 태양 표면을 가로질러 지나가는 현상이다(그림 7.9). 일면통과는 행성이 내합 무렵 교점 근처에 있을 경우에만 일어난다. 수성의 일면통과는 100년에 약 13번,

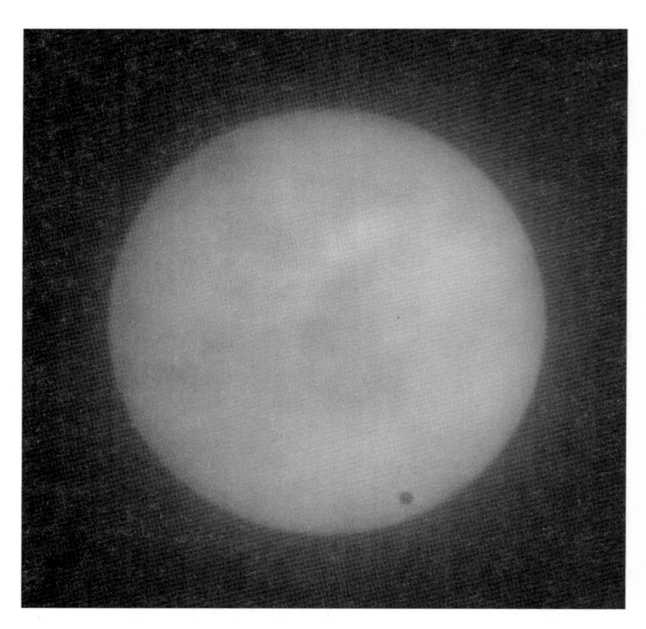

그림 7.9 2004년 6월 6일 관측된 금성의 일면통과. 태양 앞에 있는 작은 검은 점으로 보이는 것이 금성이다. (사진출처 : H. Karttunen)

금성의 경우에는 고작 2번 일어난다. 다음에 일어날 수성의 일면통과는 2019년 11월 11일, 2032년 11월 13일, 그리고 2039년 11월 7일에 있다. 금성의 일면통과는 2117년 12월 11일, 2125년 12월 8일, 그리고 2247년 6월 11일에 있다. 18세기에 2번(1761년과 1769년) 있었던 금성의 일면통과는 천문단위를 결정하는 데 이용된 바 있다.

7.6 행성의 구조 및 표면

1960년대 이후부터 우주탐사선을 이용하여 행성에 대한 방대한 자료를 수집해 오고 있는데, 행성 주위에서의 저공비행 또는 선회, 그리고 행성 표면에 직접 착륙시키는 방법을 사용하고 있다. 이러한 방법은 다른 천문관측 방법보다 더 많은 장점을 갖고 있다. 태양계 천체들은 천문학적인 대상에서 지구물리학적인 대상으로 전환된 것들이기 때문에 우리는 이에 대해 대변혁이라는 용어를 사용하지 않을 수 없을 것이다. 지구물리학의 다양한 분야에서 사용되어 온 많은 방법론들이 현재의 행성 연구에 적용되고 있다.

행성이 거느리는 위성과 우주탐사선의 궤도에서 나타나는 섭동 현상도 행성의 내부 구조를 연구하는 데 쓰일 수 있다. 구형 대칭에서 빗나간 모습도 외부 중력장의 형태에서 찾아낼 수 있다. 행성이 만들어내는 중력장의 형태와 불규칙성은 행성의 모양, 내부 구조, 질량 분포를 반영한다. 또한, 행성의 표면도 행성의 내부 구조와 여러 물리적인 과정들에 관한 단서를 제공해준다.

국제천문연맹은 행성을 **정유체 평형상태**(hydrostatic equilibrium)에 있는 천체로 정의하고 있다. 천체의 중력은 천체를 구성하는 물질을 안쪽으로 끌어당긴다. 그러나 물질의 힘이 물질 위에 있는 층들에 의해 나타나는 압력보다 크다면 천체는 잡아당기는 중력에 대항할 수 있다. 지름이 800~1,000km보다 큰 행성들의 경우, 중력은 바위로 된 행성들의 모양을 구형의 형태로 변형시킬 수 있다. 그러나 이보다 작은 천체들은 불규칙한 모양을 갖는다. 한편, 얼음으로 뒤덮인 토성의 달들도 구형의 모양을 갖는데, 이는 얼음이 암석보다 더 잘 변형되기 때문이다.

정유체 평형상태를 이룬다는 것은 천체 표면이 중력의 동일퍼텐셜면(equipotential surface) 상태를 따른다는 것을 의미한다. 예를 들어 지구가 이에 해당하는데, 지구의 바다 표면은 **지오이드**(geoid)라고 부르는 동일퍼텐셜면을 아주 잘 따르고 있다. 지구 내부로 작용하는 암석의 힘 때문에 지구 대륙은 수 km 정도 지오이드 표면에서 벗어나지만 지구의 지름을 고려하면 이와 같은 지구표면의 지형 변화는 무시할 수 있다.

자전을 하는 행성들은 이 효과 때문에 항상 **편평한 모습**(flattened)을 갖게 된다. 편평한 정도는 행성의 자전 비율과 행성을 이루는 물질의 강도에 따라 달라진다(액체 방울이 암석보다 더 잘 변형된다). 정유체 평형상태를 이루며 자전을 하는 천체의 모양은 운동방정식으로부터 구할 수 있다. 자전 비율이 적당하면, 액체로 구성된 평형상태의 천체의 모양은 회전타원체를 나타낸다. 이 경우 짧은 축이 회전축에 해당한다.

R_e와 R_p를 각각 적도축 반지름과 극축 반지름이라 할 때 행성의 모양은

$$\frac{x^2}{R_e^2}+\frac{y^2}{R_e^2}+\frac{z^2}{R_p^2}=1 \tag{7.2}$$

로 표현된다. **역학적 편평도**(dynamical flattening) f는

$$f=\frac{R_e-R_p}{R_e} \tag{7.3}$$

로 정의되는데, $R_e > R_p$이므로 편평도 f는 항상 양의 값을 갖는다.

거대행성은 실제로 정유체 평형에 가까운 상태를 나

타내며 이들의 모양은 자전에 의해 결정된다. 토성의 자전주기는 고작 10.5시간이므로 토성의 역학적 편평도는 1/10인데, 편평한 정도가 눈에 띌 정도가 된다.

소행성과 태양계 내 다른 소천체들의 경우 그 크기가 작기 때문에 자전 효과에 의해 편평해지지 않는다. 그러나 이들 소행성들은 자전 비율의 상한값을 갖고 있기 때문에 원심력에 의해 이들이 부서지는 것을 막아준다. 소행성이 중력에 의해 유지된다고 가정하면 원심력과 중력이 같다는 사실로부터 대략적인 최대 자전 비율을 계산할 수 있다.

$$\frac{GMm}{R^2}=\frac{mv^2}{R} \tag{7.4}$$

여기서 m은 소행성의 중심으로부터 거리 R만큼 떨어진 표면 위에 있는 작은 점질량을 나타낸다. 자전주기 P는

$$P=\frac{2\pi R}{v}$$

인데, 이 값을 대입하면 우리는

$$\frac{GM}{R^2}=\frac{4\pi^2 R}{P^2}$$

또는

$$P=2\pi\sqrt{\frac{R^3}{GM}}=2\pi\sqrt{\frac{3}{4\pi G\rho}}=\sqrt{\frac{3\pi}{G\rho}} \tag{7.5}$$

를 얻는다. 위 식에서 밀도 ρ의 값으로 지구 암석의 평균 밀도(즉 2,700kgm^{-3})를 대입하면, 최소 자전주기 값은 $P\approx 2$시간이 된다.

지진파(seismic wave)를 이용하여 지구형 행성의 내부 구조에 대해 연구할 수 있다(그림 7.10). 행성 내부에서 지진파는 다른 파와 마찬가지로 서로 다른 2개 층의 경계면에서 반사 또는 굴절하게 된다. 지진파에는 종파

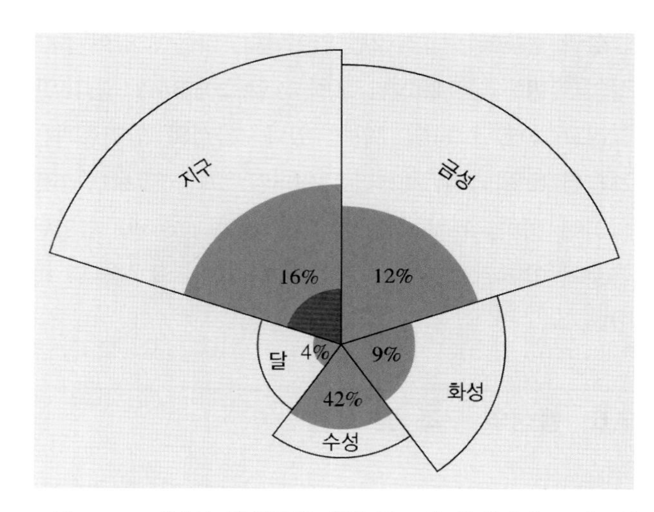

그림 7.10 지구형 행성들의 내부 구조와 상대적인 크기. 행성 전체의 체적에 대한 중심핵의 체적을 백분율로 표시하였다. 지구의 백분율은 외핵과 내핵을 모두 합친 경우의 값이다.

(longitudinal wave, P파)와 횡파(transversal wave, S파)가 있다. 이들은 모두 암석과 같은 고체물질 내부에서 전파될 수 있다. 그러나 종파만 유체에서도 전파가 가능하다. 따라서 행성의 내부 물질의 일부가 유체로 되어 있는지, 그리고 경계층이 어디에 존재하는지 여부는 행성 표면에 설치된 지진계가 기록한 정보를 분석함으로써 판정할 수 있다. 당연히 지구는 그 구조가 가장 잘 알려진 천체지만, 달, 금성, 화성에서도 지진이 관측되어 왔다.

행성 내부의 온도는 행성 표면의 온도보다 훨씬 높다. 예를 들어 지구 중심핵의 온도는 4,500~5,000K 정도이고 목성 중심핵의 온도는 약 30,000K이다.

이와 같은 열에너지의 일부는 행성이 형성되는 동안 중력수축에 의하여 만들어진 퍼텐셜에너지의 잔재라고 할 수 있다. 또한 방사선 동위원소의 붕괴로부터 열에너지가 방출될 수 있다. 한편 행성이 형성된 직후부터 운석이 집중적으로 행성의 표면에 충돌하는 것도 열에너지를 만드는 중요한 과정이다. 이 열에너지는 수명이 짧은 방사선 동위원소의 붕괴로부터 나오는 열에너지와

더불어 **지구형 행성을 녹이는**(melting of terrestrial planet) 원인이 된다. 행성들은 자체적으로 **분화**(分化, differentiation)되는 과정을 겪는다. 즉 원래 상대적으로 균질했던 물질이 용융 후 화학 조성이 서로 다른 물질로 구성된 여러 층으로 나뉘게 된다. 무거운 원소들이 행성의 중심부로 가라앉게 되고 이에 따라 밀도가 높은 중심핵이 형성된다.

지구형 행성은 **철-니켈 중심핵**(iron-nickel core)을 갖고 있다. 수성은 상대적으로 가장 큰 중심핵을 갖고 있는 반면 화성은 가장 작은 중심핵을 갖고 있다. 중심핵의 밀도는 10,000kgm^{-3} 정도의 값을 갖는다. **규산염**(silicate, 규소의 혼합물)으로 구성된 **맨틀**(mantle)이 철-니켈의 중심핵을 둘러싸고 있다. 가장 바깥층의 밀도는 약 3,000kgm^{-3}이다. 지구형 행성의 평균 밀도는 3,500~5,500kgm^{-3}의 값을 갖는다. 지각(crust)과 맨틀 상부는 고체 **암석권**(lithosphere)을 이루고 있으며, 암석권 아래에 일부 용융(溶融)된 층을 **암류권**(岩流圈, asthenosphere) 혹은 연약권(軟弱圈)이라고 한다. 행성의 평균 밀도는 3,500~5,500kgm^{-3}이지만, 행성 표면에 있는 물질의 밀도는 300kgm^{-3}보다 작다.

암석은 좋은 열 전도체는 아니지만 지구형 행성에서 내부의 열을 표면으로 이동시키는 유일하고 중요한 방법은 전도(conduction) 과정이다. 대류에 의한 열의 전달은 물질의 점도와 온도의 변화도에 따라 달라진다. 지구의 맨틀 아래 수백 km 범위의 수직방향에서 느린 대류에 의한 물질의 이동이 나타난다. 이러한 물질의 이동에 의해 **판구조**(plate tectonics)의 운동이 발생한다. 또한, 대륙의 이동에 의해 산맥이 형성된다. 지구는 현재 **판구조**의 운동이 활발한 유일한 행성이다. 다른 지구형 행성들에서는 이러한 과정이 오래전에 끝났거나 전혀 발생하지 않았다.

거대행성에는 독립된 바깥층이 없으며 온전히 대류에 의해 열이 표면으로 전달된다(그림 7.11). 따라서 거대행성들은 태양으로부터 받은 것보다 더 많은 양의 에너지를 방출하게 된다. 토성은 태양으로부터 받는 열에너지의 2.8배에 해당하는 열에너지를 방출하며, 이는 다른 어떤 행성의 경우보다 큰 값에 해당한다. 이 열에너지는 아마도 수소보다 무거운 헬륨이 점점 토성의 중심부로 가라앉게 되면서 수소와 헬륨이 분리되는 과정에서 생성되는 것으로 추측된다. 목성의 열에너지는 주로 목성의 생성 시기에 만들어진 열의 잔재인 것으로 생각된다.

거대행성의 평균 밀도는 매우 낮아서 토성의 밀도는 700kgm^{-3}에 불과하다(만일 토성을 거대한 욕조에 넣으면 토성은 물 위에 뜰 것이다!). 거대행성 내부의 대부분은 수소와 헬륨의 혼합으로 채워져 있다. 거대행성의 중심부에는 규산염으로 구성된 중심핵이 있는데, 그 질량이 지구 질량보다 몇 배 더 크다. 중심핵 둘레에 **금속성 수소**(metallic hydrogen)로 이루어진 층이 둘러싸고 있다. 극한에 이르는 고압 때문에 수소는 H_2 분자의 형태로 존재하지 못하고 모두 원자의 상태로 해리(解離)되어

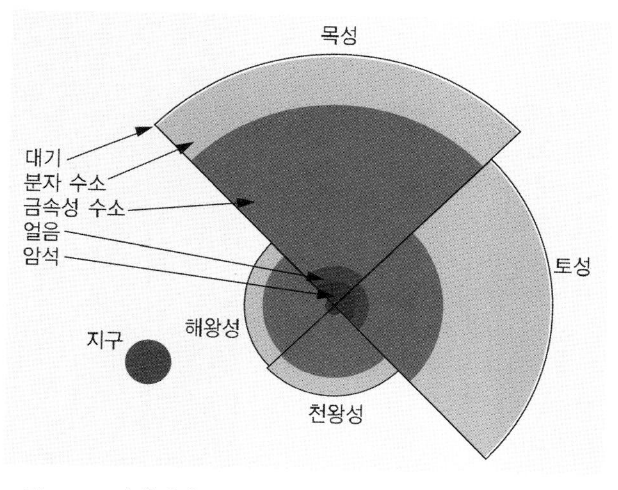

그림 7.11 거대행성들의 내부 구조와 상대적인 크기. 행성의 크기와 태양으로부터의 거리에 따라서 화학조성과 내부 구조가 다르다. 천왕성과 해왕성은 그 크기가 작기 때문에 금속성 수소층을 갖고 있지 않다. 크기의 비율을 비교하기 위해 지구를 함께 나타냈다.

있다. 이러한 상태에서 수소는 전기적 전도성을 가지므로 거대행성의 자기장은 금속성 수소층에서 생성되었다고 생각된다.

표면으로 갈수록 압력은 감소되고 수소는 분자의 형태로 존재한다. 금속성 수소층과 분자 수소층의 상대적 두께는 행성마다 다르다. 천왕성과 해왕성은 금속성 수소층을 갖고 있지 않은데, 이는 이들 행성의 내부 압력이 분자 수소를 원자 수소로 해리시킬 만큼 크지 않기 때문이다. 대신 중심핵 주위에 얼음으로 된 층이 둘러싸고 있다. 이 층은 물이 주를 이루면서 메탄과 암모니아가 섞여 있다. 높은 압력과 온도에서 이 혼합물은 부분적으로 각각의 성분으로 분해되어 용해된 소금과 같은 상태가 되고 금속성 수소와 같이 전기적 전도성을 띠게 된다.

행성의 최고 상층부에는 가스 상태의 대기가 있지만, 그 두께는 수백 km에 불과하다. 대기의 꼭대기에 있는 구름은 우리가 눈으로 보는 거대행성의 '표면'을 형성한다.

행성 표면(planetary surface)은 여러 가지 지질학적 과정을 겪으면서 변화되어 왔다. 이와 같은 과정들에는 **대륙이동**(continental drift), **화산활동**(volcanism), **운석의 충돌**(meteorite impact), 그리고 **기후현상**(climate) 등이 있다. 지구가 좋은 예에 해당하는 행성으로서 지난 수십억 년 동안 지구표면은 여러 차례의 변화를 겪어 왔다. 행성 표면의 나이는 여러 지질학적 과정에 따라 달라지며, 따라서 이 나이는 행성의 지질학적 진화 역사를 반영한다.

화산활동이 지구에 미치는 영향은 그다지 크지 않지만 (적어도 현재는) 목성의 위성인 이오(Io)의 경우 격렬한 화산분출 때문에 그 표면이 급격하게 변하고 있다(그림 7.12). 이오의 화산활동은 조석 효과에 의한 마찰 발열(frictional heating)에 의해 발생하고 있다. 화산활동은 화성과 금성에서 관측되고 있으나, 달에서는 관측되지 않고 있다.

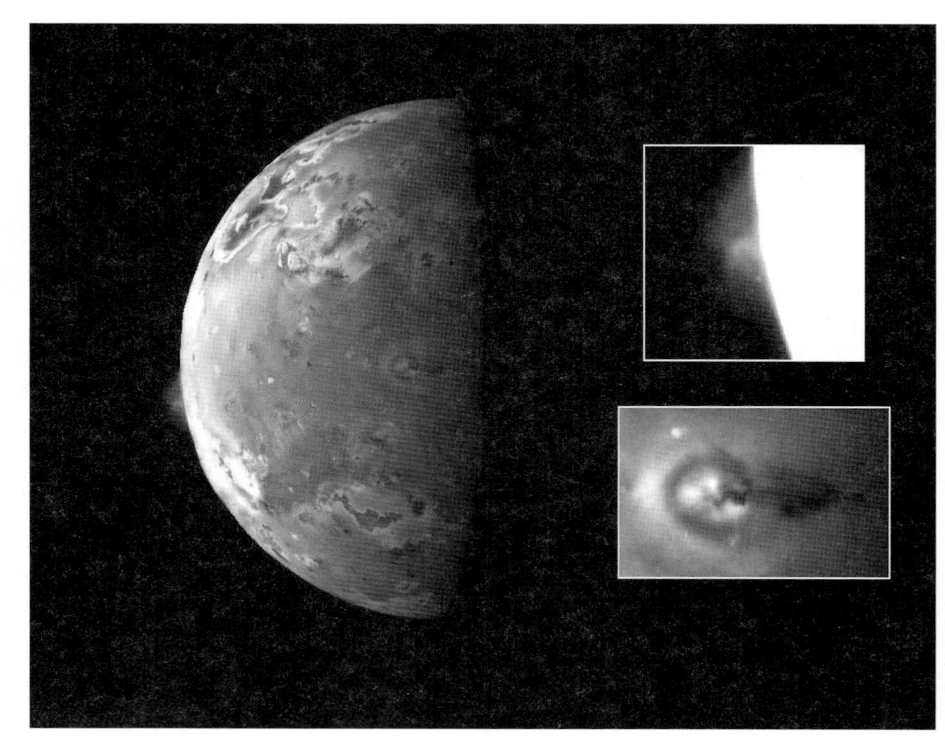

그림 7.12 행성 표면 재포장(resurfacing)의 예. 1997년 갈릴레오 탐사선이 관측한 목성의 위성 이오에 있는 2개의 화산 연기 기둥 모습. 이오의 밝은 가장자리(삽입된 작은 그림들 중 오른쪽 맨 위)에서 필란 파테라(Pillan Patera)라고 부르는 칼데라(caldera) 위로 화산의 연기 기둥 모습이 포착되었다. 이 연기 기둥은 140km의 높이를 갖는다. 또 다른 화산은 사진에서 밝은 부분과 어두운 부분의 경계면에서 보이는 것으로 프로메테우스(Prometheus)라고 불린다. 75km 높이의 화산 기둥 그림자가 화산 분출구의 오른쪽으로 뻗쳐 있는 것이 보인다. (사진출처 : NASA/JPL)

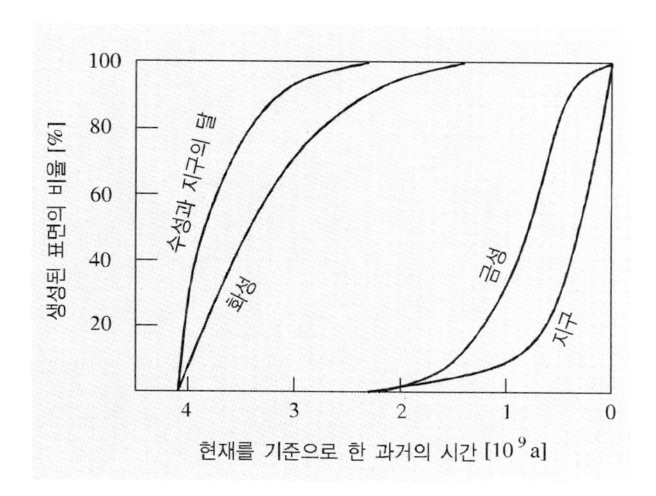

그림 7.13 수성, 지구, 달, 화성 표면의 나이. 곡선은 각 시기에 존재하였던 대륙 표면의 비율을 나타낸다. 달, 수성, 화성의 경우 대부분의 표면 나이는 적어도 35억 년 이상인 데 비하여 지구의 표면 대부분은 2억 년 미만이다.

고체의 표면을 갖는 거의 모든 천체에서 그러하듯이 달의 구덩이(crater)는 운석과의 충돌로 생긴 것이다. 운석은 계속 행성의 표면을 때리고 있지만 그 비율은 태양계 생성 이후 계속 감소하고 있다. 운석과의 충돌로 생긴 구덩이의 수는 행성 표면의 나이를 가늠해 준다(그림 7.13과 그림 7.14).

목성의 달인 칼리스토(Callisto)는 아주 오래전의 표면 상태를 간직하고 있는 천체의 한 예에 해당하는데, 오랜 세월을 거치면서 표면에서의 지질학적 활동이 완전히 멈추지 않고 있다. 칼리스토에는 작은 구덩이들의 수가 적은데, 이는 칼리스토의 표면이 다시 뒤덮인 과정이 있었으며 침식 과정에 의해 표면에 나타난 작은 특징들이 사라졌다는 것을 의미한다. 지구는 대기 덕분에 지표면이 보호되고 충돌의 흔적이 없어진 천체의 예라고 할 수 있다. 크기가 작은 유성체는 대기 중에 타서 없어지고 (관측되는 유성의 숫자를 주목할 필요가 있다), 일부 큰 유성체는 다시 튕겨져 대기권 밖으로 나간다. 운석의 충돌에 의하여 나타난 표면의 흔적들은 불과 수백만 년 이내에 모두 풍화되어 찾아볼 수 없게 된다. 금성은 더 심한 경우로서 보호해 주는 두꺼운 대기층 덕분에 작은 구덩이는 모두 찾아볼 수 없다.

기후현상은 지구와 금성에 가장 큰 영향을 준다. 두 행성은 모두 두꺼운 대기를 지니고 있다. 화성에서는 대단히 강한 먼지폭풍 때문에 지형의 경관이 변하며, 화성 표면이 종종 황색의 먼지구름으로 뒤덮인다.

7.7 대기와 자기권

모든 주요 행성들은 대기를 갖고 있는 반면에 수성의 대기는 극단적으로 얇다. 거대행성은 매우 두꺼운 가스층으로 둘러싸여 있고, 이 층이 행성의 대기로 생각되고 있다. 토성의 달인 타이탄은 메탄으로 구성된 상대적으로 두꺼운 대기를 갖고 있다. 또한 왜소행성인 명왕성은 메탄이 주성분인 얇은 대기를 갖고 있다.

대기의 조성, 두께, 밀도, 그리고 구조는 행성마다 다르지만 몇몇 공통점을 찾아볼 수 있다(그림 7.15와 그림 7.16). 우선 대기의 온도 T, 압력 P, 밀도 ρ가 높이 h에 따라 변하는 모습을 살펴보자. 높이가 $\mathrm{d}h$인 원통을 생각하자. 높이 h와 $h+\mathrm{d}h$ 사이의 압력 변화를 $\mathrm{d}P$라고 할 때, $\mathrm{d}P$는 이 원통 속에 들어 있는 가스의 질량에 비례한다. 즉

$$\mathrm{d}P = -g\rho\,\mathrm{d}h \tag{7.6}$$

가 된다. 여기서 g는 중력가속도이다. 우리는 식 (7.6)을 **정유체 평형방정식**(equation of hydrostatic equilibrium)이라고 부른다(제11장에서 자세히 논의할 것이다).

일차 근사로서 g가 높이에 무관하다고 가정할 수 있다. 지구의 경우 지표면으로부터 100km의 상공까지 g가 일정하다고 가정할 때 생기는 오차는 불과 3%에 지나지 않는다.

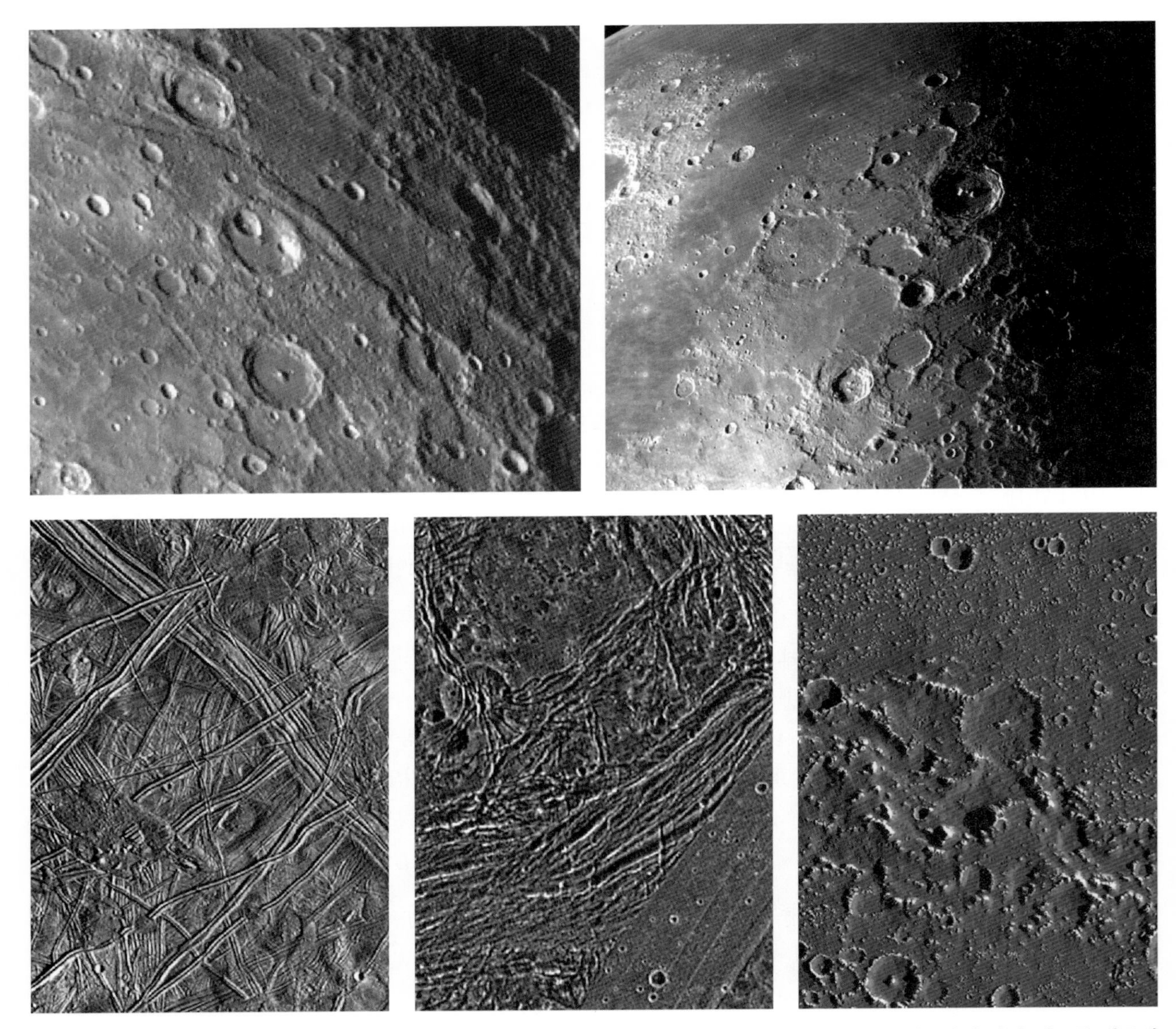

그림 7.14 충돌구덩이의 개수는 표면 나이 추정에 좋은 지표가 되고 구덩이의 모양은 표면 물질의 내구력에 관한 정보를 제공해준다. 사진에서 맨 윗줄은 수성(왼쪽)과 달, 그리고 아랫줄은 목성의 위성인 유로파(왼쪽), 가니메데(가운데), 그리고 칼리스토(오른쪽)의 모습을 나타낸다. 목성 위성들의 사진은 화소당 150m의 분해능을 가지는 갈릴레오 궤도 탐사선이 찍은 것이다. 유로파에는 적은 수의 구덩이만 있으며, 가니메데의 표면에는 서로 다른 나이를 갖는 영역들이 있고, 칼리스토는 가장 나이가 많은 표면을 보여준다. 도랑(groove)과 마루(ridge)는 서로 다른 지질학적인 과정에 의하여 나타난 것임을 주목하라. (사진출처 : NASA/JPL, DLR)

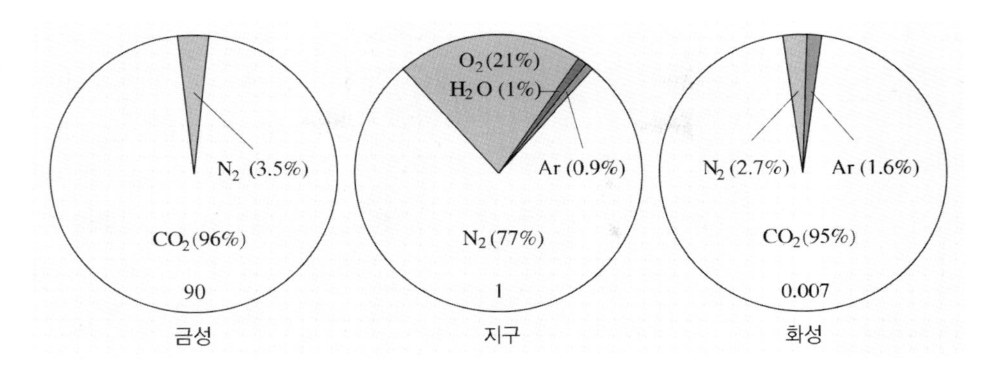

그림 7.15 금성, 지구, 화성 대기에서 가장 많이 존재하는 가스의 존재 비율. 각 원 안의 밑부분에 기록된 숫자는 기압의 단위로 나타낸 표면 대기압력이다.

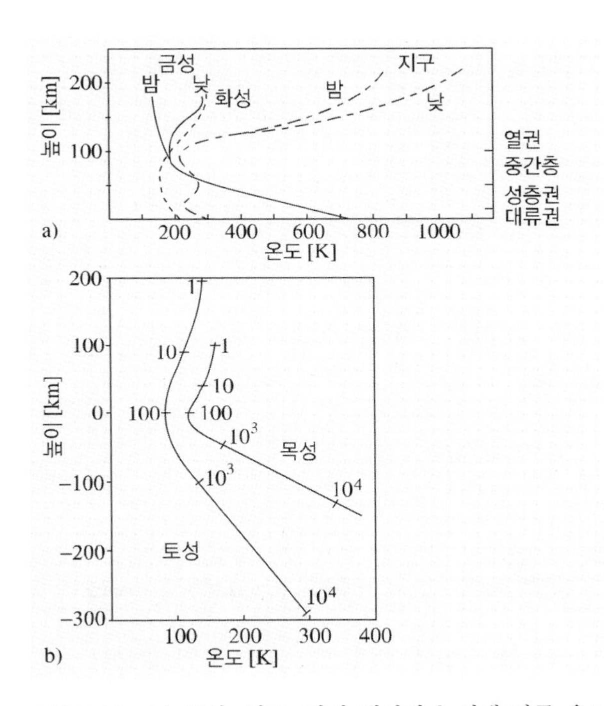

그림 7.16 (a) 금성, 지구, 화성 대기의 높이에 따른 온도분포. (b) 목성과 토성 대기의 온도분포. 여기서 높이의 영점은 압력이 100mbar인 지점을 택하였다. 곡선 옆에 있는 수치는 밀리바(millibar)로 나타낸 대기압이다.

이상기체 상태방정식

$$PV = NkT \tag{7.7}$$

로부터 압력은

$$P = \frac{\rho k T}{\mu} \tag{7.8}$$

로 표현된다. 여기서 N은 원자나 분자의 개수, k는 볼츠만 상수, 그리고 μ는 원자 또는 분자 1개의 질량이다. 따라서 밀도 ρ는

$$\rho = \frac{\mu N}{V}$$

으로 표시된다. 여기서 식 (7.6)의 정유체 평형방정식과 식 (7.8)의 상태방정식을 사용하면 우리는

$$\frac{\mathrm{d}P}{P} = -g\frac{\mu}{kT}\mathrm{d}h$$

를 얻게 되며, 이 식을 적분하면 높이에 따른 압력, 즉

$$\begin{aligned} P &= P_0 \exp\left(-\int_0^h \frac{\mu g}{kT}\mathrm{d}h\right) \\ &= P_0 \exp\left(-\int_0^h \frac{\mathrm{d}h}{H}\right) \end{aligned} \tag{7.9}$$

를 얻을 수 있다. 여기서 변수 H는 길이의 차원을 갖는 양으로 **높이척도**(scale height)라고 부르고

$$H = \frac{kT}{\mu g} \tag{7.10}$$

로 표현된다. 높이척도는 압력이 e배만큼 감소되는 높이로 정의된다. H는 높이 h에 따라 변하는 함수지만

표 7.1 금성, 지구, 화성의 대기에 있는 가스들의 높이척도

가스	분자량 [amu]	지구 H(km)	금성 H(km)	화성 H(km)
H_2	2	120	360	290
O_2	32	7	23	18
H_2O	18	13	40	32
CO_2	44	5	16	13
N_2	28	8	26	20
온도(K)		275	750	260
중력가속도(ms^{-2})		9.81	8.61	3.77

여기서 우리는 일정한 상수값으로 가정하고자 한다. 이러한 근사로부터

$$-\frac{h}{H} = \ln\frac{P}{P_0}$$

를 얻을 수 있으며, 식 (7.8)을 이용하면

$$\frac{\rho T(h)}{\rho_0 T_0} = e^{-h/H} \tag{7.11}$$

로 표현된다.

높이척도는 행성 대기의 구조를 기술하는 여러 식에서 사용되는 매우 중요한 물리량이다(표 7.1 참조). 예를 들어 높이 h에 따른 압력이나 밀도의 변화량을 알 수 있다면 대기의 평균분자량을 계산할 수 있다. 목성 대기의 높이척도는 1952년 목성이 별을 엄폐할 때 구해졌는데, 이 관측으로부터 계산된 높이척도는 8km, 평균분자량은 3~5원자질량단위[atomic mass unit(amu), 1원자질량단위는 탄소 ^{12}C 질량의 1/12에 해당함]이었다. 이 결과는 목성 대기의 주성분이 수소와 헬륨임을 나타내는 것으로서, 이러한 사실은 이후 우주탐사선의 자료에 의해 확인되었다.

지구 대기의 관측에서 적외선 자료는 수증기와 이산화탄소에 의해 제약을 받게 된다. CO_2의 높이척도가 5km일 경우 부분 압력이 절반으로 감소되는 높이는 3.5km이다. 따라서 적외선 관측은 비교적 높은 산의 정상(예 : 하와이 마우나케아산)에서 수행되어야 한다. 수증기의 높이척도는 13km지만 상대습도, 즉 실질적인 수증기 함량은 지역과 시간에 따라 크게 변한다.

대기의 높이척도와 온도는 대기의 존속기간을 결정하는 데 중요한 역할을 한다. 만일 분자의 속도가 이탈속도보다 크다면, 그 분자는 행성을 떠나 우주공간으로 날아가 버릴 것이다. 그렇게 된다면 그 행성은 비교적 짧은 기간 내에 대기를 모두 잃게 될 것이다.

기체운동 이론에 의하면 분자의 평균속도 $\bar{v}$는 가스의 운동학적 온도(kinetic temperature) T_k와 분자의 질량에 의해 결정된다. 즉

$$\bar{v} = \sqrt{\frac{3kT_k}{m}} \tag{7.12}$$

가 된다. 질량이 M이고 반지름이 R인 행성인 경우, 이탈속도는

$$v_e = \sqrt{\frac{2GM}{R}} \tag{7.13}$$

으로 표시된다. 비록 분자의 평균속도가 이탈속도보다 작다고 하더라도 분자들 중 일부는 이탈속도 v_e를 능가하는 속도를 지니고 있기 때문에, 시간이 충분히 길면 대기는 우주공간으로 증발될 수 있다. 입자의 속도 분포가 주어지면, 우리는 $v > v_e$가 되는 확률을 계산할 수 있다. 따라서 대기가 주어진 기간, 예를 들어 10^9년 동안 몇 퍼센트가량 사라질 것인지를 추산할 수 있다. 가령 평균속도가 $\bar{v} < 0.2v_e$인 경우 10억 년이 지나면 적어도 대기의 절반이 사라진다.

거대행성은 태양으로부터 멀리 위치하기 때문에 표면온도가 낮고, 게다가 강한 중력을 갖고 있다. 따라서 예를 들어 목성은 지구에 비해 더 많은 양의 수소를 보유하고 있다는 사실을 쉽게 이해할 수 있다.

행성 표면 근처에 있는 분자가 행성을 이탈할 확률은 극히 작다. 가스의 밀도가 클 때 분자의 평균자유행로(free mean path)는 대단히 작다(그림 7.17). 따라서 대기 중 가장 상층부에 있는 분자들이 대기를 이탈할 확률이 가장 크다. 대기의 위쪽 방향으로 운동하는 한 분자가 다른 분자와 충돌할 확률이 1/e 되는 높이의 층을 **임계층**(critical layer)이라고 한다. 임계층 위의 대기를 **외기권**(exosphere)이라고 부른다. 지구의 외기권은 500km 상공에서 시작되는데 이 높이에서 가스의 운동학적 온도는 1,500~2,000K이고 압력은 지상에서 최대로 만들 수 있는 진공상태보다 더 낮다.

자기권(磁氣圈, magnetosphere)은 행성의 가장 '외곽'에 있는 경계영역으로서 그 크기와 모양은 행성의 자기장 세기와 태양풍에 의해서 결정된다. **태양풍**(solar wind)은 주로 전자와 양성자로 이루어진 대전입자들의 플럭스로서 태양으로부터 유출되어 나온다. 지구의 거리에서 태양풍의 속도는 약 500km s^{-1}이고 밀도는 5~10 입자cm^{-3}이지만 이 값들은 태양의 활동에 따라 상당히 달라진다.

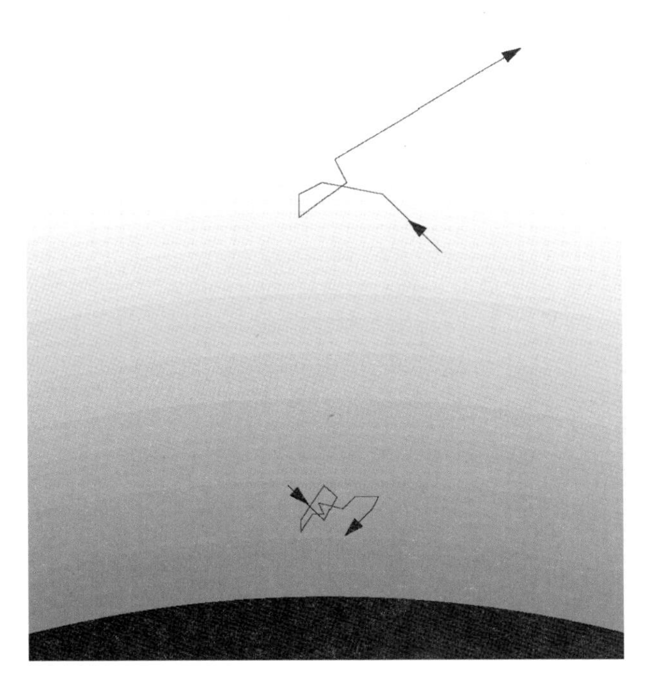

그림 7.17 표면 가까이 있을수록 분자들의 평균자유행로는 가스의 밀도가 적은 대기 상층에 있는 것들보다 훨씬 짧다. 행성을 이탈하는 분자는 임계층 근방에 있는 것들이다.

행성 반지름의 수십 배 정도 되는 거리에서 태양을 향한 쪽으로 **활모양충격파**(bow shock)가 만들어진다(그림 7.18, 표 7.2). 태양풍 입자들은 이 충격파면에서 자기권과 충돌하게 된다. 자기권은 **자기권계면**(magnetopause)에 의해서 그 크기가 결정되며, 태양을 향한 쪽은 납작하고 그 반대쪽은 길게 뻗어 있는 모습을 나타낸다. 자기권계면 안쪽에 있는 대전입자들은 자기장에 의해서 포획되며, 포획된 입자의 일부는 가속되어 큰 속도를 갖는다(그림 7.19). 가속된 입자들의 속도를 기체운동 이론으로 설명한다면, 이 속도는 수백만 도의 절대온도에 해당한다. 그러나 이들 입자의 밀도와 총 에너지는 대단히 작다. 현재까지 발견된 '최고의 고온영역'은 목성과 토성의 주변에 있으며, 입자들의 속도는 4억K에 이른다.

포획된 대전입자를 품고 있는 지구둘레의 복사대(radiation belt)를 **밴앨런대**(van Allen's belt)라고 부른다. 이 복사대는 1958년 미국의 첫 인공위성인 익스플로러(Explorer) 1호에 의해 발견되었다.

대전입자들의 수는 강한 태양 폭풍 직후에 증가하는데, 지구 대기로 유입되는 일부 대전입자들은 **오로라**(aurora) 현상을 일으킨다. 이와 비슷한 오로라 현상이 목성, 토성, 천왕성에서도 검출되고 있다.

태양의 자기장은 전기적인 도체 물질의 요동운동에 의해 만들어지며, 태양의 바깥층에서 나타나는 대류현상은 태양중심핵의 핵융합 반응에서 만들어진 에너지에 의해 발생한다. 그러나 태양의 자기장을 발생시키는 과정을 이용하여 행성의 자기장 형성을 설명할 수 없다. 또한, 행성의 생성 초기부터 있었던 자기장의 잔재도 행성의 자기 작용을 설명하지 못하는데, 그 이유는 행성의 내부온도가 **큐리온도**(Curie point, 자철광의 경우 약 850K)보다 높기 때문이다. 온도가 큐리온도보다 높으면, 강자

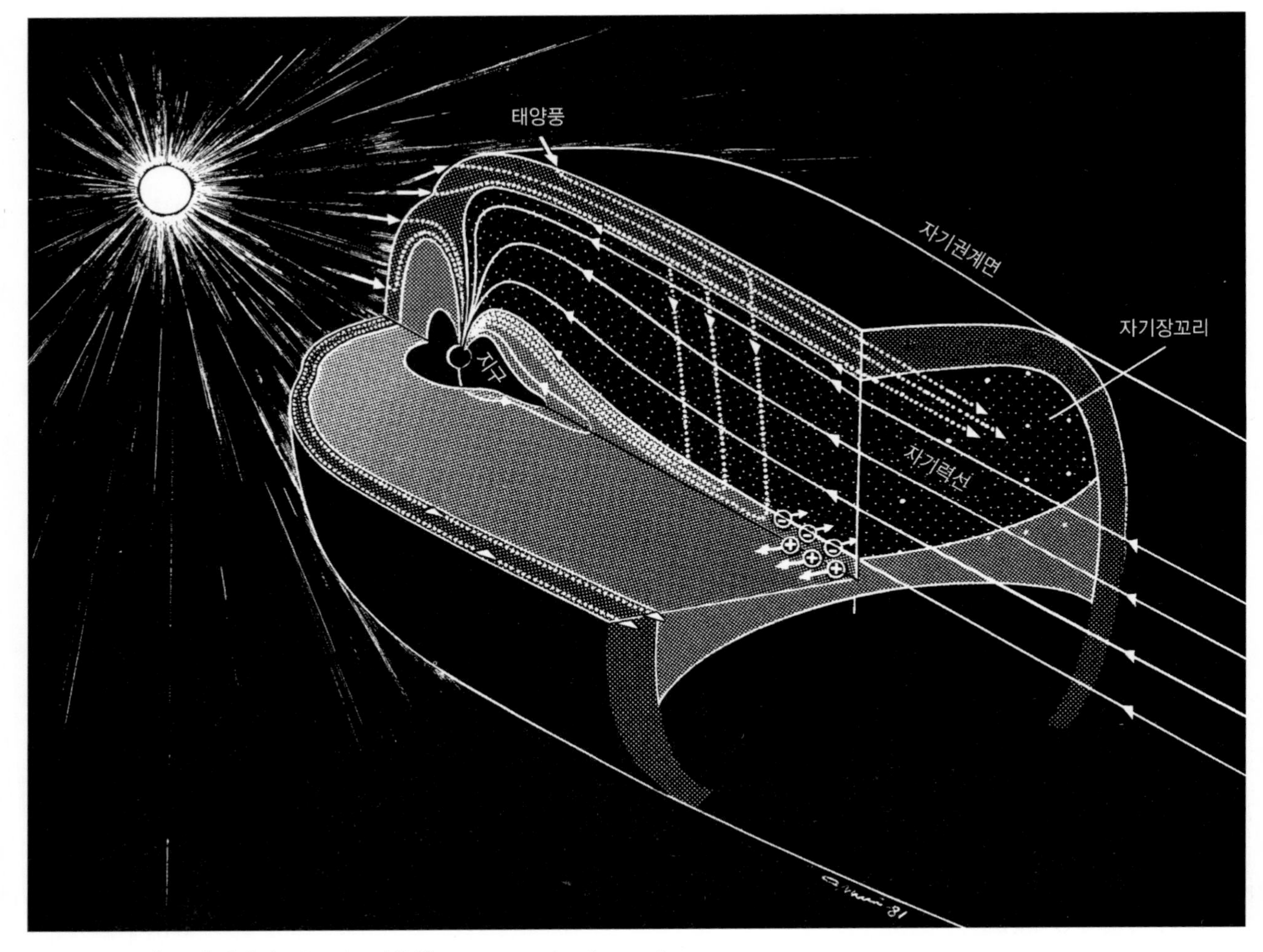

그림 7.18 지구 자기권의 구조 (그림출처 : A. Nurmi/Tiede 2000)

성(ferromagnetic) 물질은 갖고 있던 자기장의 잔재를 잃어버린다.

자기장을 만드는 행성의 다이나모(dynamo) 이론이 유효하기 위해서는 행성이 자전을 해야 하고 전기적인 도체 물질로 이루어진 대류층을 갖고 있어야 한다. 또한, 대류가 유지될 수 있도록 대류층 전체에서 온도 변화 정도(temperature gradient)가 충분히 커야 한다. 지구형 행성들은 액체 형태의 철-니켈 중심핵 또는 중심핵에 액체로 이루어진 층을 갖고 있다. 또한 목성과 토성은 액체 형태의 금속 수소층을, 그리고 천왕성과 해왕성은 물, 암모니아, 메탄의 혼합물을 갖고 있다.

자기장의 세기는 행성마다 매우 다른데, 행성의 자기장은 쌍극자 자기장 모멘트(dipole magnetic moment)의 특징을 갖는다. 목성의 자기장 모멘트는 수성보다 약 1억 배 정도 크다. 지구의 자기장 모멘트는 약 7.9×10^{25} gauss cm^3로서 일반적으로 실험실에서 만들 수 있는 강한 전자기장의 세기(약 100,000gauss cm^3)와 비슷하다. 이와 같이 강한 자기장을 발생시키기 위해서는 약 10^9암페어(Ampere) 정도의 전류가 필요하다. 자기장 세기를 행성의 반지름을 갖는 입방체로 나누어 주면 행성 적도

표 7.2 행성의 자기장

행성	쌍극자 모멘트 (지구=1)	자기장 세기 (gauss)[1]	양극성[2]	각도[3]	자기권계면[4]
수성	0.0007	0.003	⇑	14°	1.5
금성	<0.0004	<0.00003	–	–	–
지구	1.0	0.305	⇑	11°	10
화성	<0.0002	<0.0003	–	–	–
목성	20,000.	4.28	⇓	10°	80
토성	600.	0.22	⇓	<1°	20
천왕성	50.	0.23	⇓	59°	20
명왕성	25.	0.14	⇓	47°	25

[1] 적도에서의 값(1gauss는 10^{-4}T임)
[2] ⇑지구와 같은 방향, ⇓지구와 반대방향
[3] 자기장축과 자전축 간의 각도
[4] 태양 방향의 자기권계면의 평균거리로서 각 행성 크기에 대한 값으로 표현

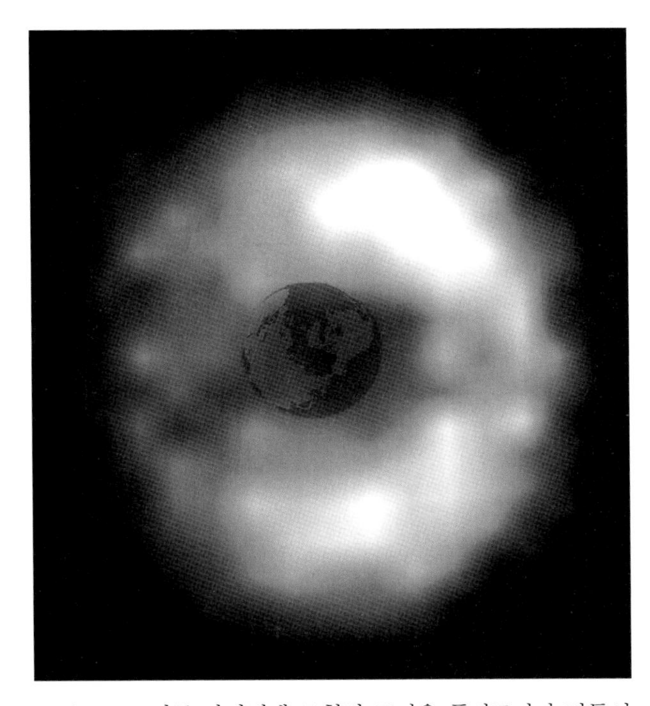

그림 7.19 지구 자기권에 포획된 뜨거운 플라즈마가 만들어내는 빛의 모양. 이 사진은 2000년 8월 11일 18 : 00 UT에 NASA의 IMAGE(Imager for Magnetopause to Aurora Global Exploration) 탐사선이 찍은 것이다. 태양은 사진 밖의 오른쪽 윗부분 영역에 위치한다. (사진출처 : NASA and the IMAGE science team)

에서의 자기장 세기를 계산할 수 있다.

자전축에 대한 자기장축의 정렬은 행성마다 다르게 나타난다(그림 7.20). 토성의 자기장은 거의 이상적인 경우로서 자전축과 자기장축이 일치한다. 또한 지구와 목성은 자전축과 자기장축의 차이가 10° 정도인 쌍극 자기장의 모습을 보인다. 그러나 천왕성과 해왕성의 자기장축은 행성의 중심을 벗어나 있고 자전축에 대해 약 50° 정도 기울어져 있다. 이와 같은 사실들은 자기장 형성을 위한 행성들의 다이나모 기구가 서로 다름을 나타낸다.

수성과 지구의 자기장은 다른 행성들의 자기장과 달리 반대의 양극성(polarity)을 갖는다. 지질학적 시간 척도에서 지구 자기장의 양극성이 몇 차례 바뀌었고, 가장 최근의 사건은 750,000년 전에 일어난 것이다. 현재 지구 자기장의 양극성이 바뀌기 시작했다는 몇몇 징후들이 있는데, 100년에 1% 정도 지구 자기장의 세기가 감소하고 자기장축이 더 빨리 움직이며 자기장의 비대칭이 점점 심해지는 과정들이 이에 해당한다. 이러한 모든 과정들은 수천 년의 시간 동안 진행되며, 이 기간 동안

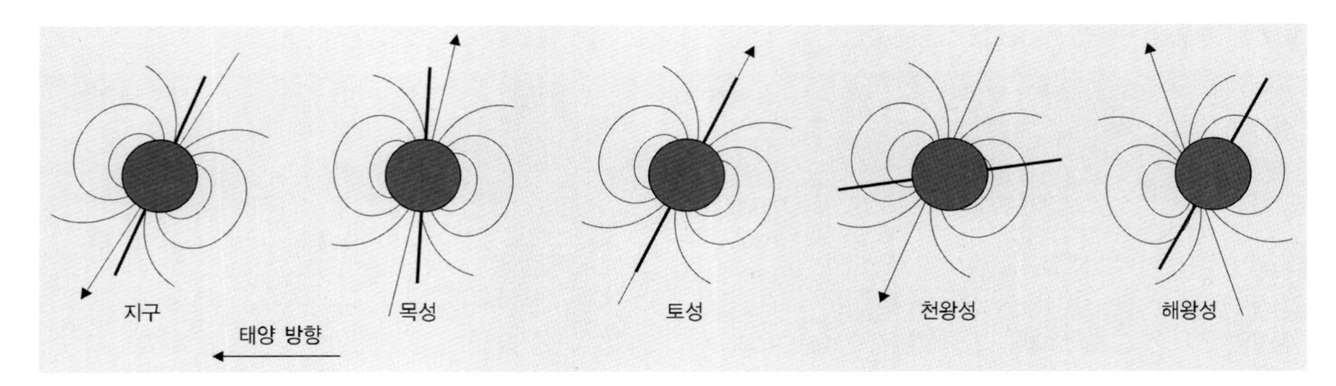

그림 7.20 행성의 자기장 모습

지구 표면은 우주선(cosmic ray)의 영향을 더 받는다.

갈릴레오 탐사선의 탐사 결과 목성의 위성인 가니메데에도 자기장이 있음이 밝혀졌다. 자기장의 세기가 약해서 자기장꼬리(magnetotail)를 갖고 있지 않으며 가니메데 주위에 입자들을 포획하지 못한다. 반면에 비슷한 크기를 갖는 칼리스토는 자기권을 갖고 있지 않다. 또한 달도 달 전체 규모의 자기장을 갖고 있지 않다.

7.8 반사율

행성을 비롯하여 태양계 내에 있는 모든 천체는 태양복사를 받아 반사한다(여기서 우리는 열복사와 전파복사는 무시하고 주로 가시영역의 복사만 생각하자). 따라서 태양계 천체의 밝기는 지구와 태양으로부터의 거리, 그리고 그 천체 표면의 **반사율**(albedo)에 의해 달라진다. 반사율이란 그 천체가 빛을 반사하는 능력을 뜻한다.

우선 태양의 광도를 $L_\odot$ 라고 할 때, 거리 r에서의 플럭스밀도는

$$F=\frac{L_\odot}{4\pi r^2} \tag{7.14}$$

로 표현된다(그림 7.21). 만일 행성의 반지름을 R이라고 할 때 그 단면적은 πR^2이므로 행성 전 표면에 입사되는 총 플럭스는

$$L_{\text{in}}=\pi R^2\frac{L_\odot}{4\pi r^2}=\frac{L_\odot R^2}{4r^2} \tag{7.15}$$

이다. 입사된 플럭스의 일부만 반사되며, 나머지 플럭스는 행성에 흡수되어 열로 바뀐 후 열방출선의 형태로 방출된다. **본드반사율**(Bond albedo, 또는 구면반사율) A는 입사된 플럭스에 대한 방출되는 플럭스의 비로 정의되고 $0 \leq A \leq 1$ 사이의 값을 갖는다. 따라서 행성에 의해 반사되는 플럭스는

$$L_{\text{out}}=AL_{\text{in}}=\frac{AL_\odot R^2}{4r^2} \tag{7.16}$$

이 된다.

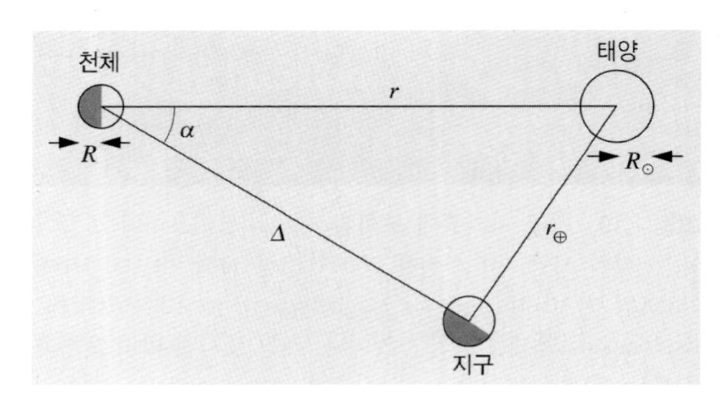

그림 7.21 수식에 사용된 기호들. 각 α는 위상각을 나타낸다.

이때 복사가 행성 표면에서 등방적으로 반사된다면, 지구로부터 거리 Δ에서 관측되는 행성의 플럭스밀도는

$$F = \frac{L_{\text{out}}}{4\pi\Delta^2} \tag{7.17}$$

이 된다. 그러나 실제로 행성 표면은 복사를 비등방적으로 반사한다. 복사를 반사시키는 천체가 균일한 구의 형태를 갖는다고 가정하면 반사되는 복사는 오로지 위상각(phase angle) α에 따라 달라진다. 따라서 거리 Δ에서 관측되는 플럭스밀도는

$$F = C\Phi(\alpha)\frac{L_{\text{out}}}{4\pi\Delta^2} \tag{7.18}$$

으로 표현된다. 여기서 위상각에 따라 달라지는 Φ를 위상함수(phase function)라고 부르며 $\Phi(\alpha = 0°) = 1$로 규격화되어 있다.

행성으로부터 반사된 모든 복사는 구 표면의 어디선가 발견되므로, 반사된 복사는

$$\int_S C\Phi(\alpha)\frac{L_{\text{out}}}{4\pi\Delta^2}\,\mathrm{d}S = L_{\text{out}} \tag{7.19}$$

또는

$$\frac{C}{4\pi\Delta^2}\int_S \Phi(\alpha)\mathrm{d}S = 1 \tag{7.20}$$

이 된다. 여기서 적분은 반지름 Δ인 구의 면적에 대해해 준다. 이러한 구면상의 면적소 $\mathrm{d}S$는 $\mathrm{d}S = \Delta^2 d\alpha \sin\alpha\,\mathrm{d}\phi$이므로 적분은

$$\begin{aligned}\int_S \Phi(\alpha)\mathrm{d}S &= \Delta^2\int_{\alpha=0}^{\pi}\int_{\phi=0}^{2\pi}\Phi(\alpha)\sin\alpha\,\mathrm{d}\alpha\,\mathrm{d}\phi \\ &= \Delta^2 2\pi\int_0^{\pi}\Phi(\alpha)\sin\alpha\,\mathrm{d}\alpha\end{aligned} \tag{7.21}$$

로 주어진다. 따라서 규격화 상수 C는

$$C = \frac{4\pi\Delta^2}{\int_S \Phi(\alpha)\,\mathrm{d}S} = \frac{2}{\int_0^{\pi}\Phi(\alpha)\sin\alpha\,\mathrm{d}\alpha} \tag{7.22}$$

이다. q는

$$q = 2\int_0^{\pi}\Phi(\alpha)\sin\alpha\,\mathrm{d}\alpha \tag{7.23}$$

로 주어지는 양으로서 **위상 적분**(phase integral)이라고 부른다. 위상 적분의 형태로 규격화 상수를 표현하면

$$C = \frac{4}{q} \tag{7.24}$$

가 된다. $L_{\text{out}} = AL_{\text{in}}$을 고려하면, 식 (7.18)은

$$F = \frac{CA}{4\pi}\Phi(\alpha)\frac{1}{\Delta^2}L_{\text{in}} \tag{7.25}$$

으로 표현할 수 있다. 이 식의 첫 번째 요소는 각 천체의 고유한 값을 나타내며, 두 번째와 세 번째 요소는 각각 위상각과 거리에 의존하는 양이다. 네 번째 요소는 입사되는 복사플럭스를 나타낸다. 첫 번째 요소는 보통

$$\Gamma = \frac{CA}{4\pi} \tag{7.26}$$

로 나타낸다. 이 식에 식 (7.24)의 C를 대입하고 본드반사율에 대하여 풀어 주면

$$A = \frac{4\pi\Gamma}{C} = \pi\Gamma\frac{4}{C} = \pi\Gamma q = pq \tag{7.27}$$

를 얻게 된다. 여기서 $p = \pi\Gamma$를 **기하학적 반사율**(geometric albedo)로 부르고, q는 앞에서 언급한 위상 적분이다. A, p, q는

$$A = pq \tag{7.28}$$

의 상관관계를 갖는다.

기하학적 반사율은 물리적인 해석을 명확하게 할 수 없는 임의의 인수로 생각된다. **램버트 표면**(Lambertian surface)이라는 양을 사용하여 기하학적 반사율을 설명해보자. 램버트 표면은 모든 복사를 반사하는 완전한 백색의 퍼진 표면으로 정의한다. 즉 램버트 표면은 반사율 $A=1$인 표면이다. 더욱이, 관측방향에 상관없이 램버트 표면의 표면 밝기가 모두 동일하기 때문에 위상함수는

$$\Phi(\alpha)=\begin{cases}\cos\alpha, & \text{만약 } 0\le\alpha\le\pi/2 \\ 0, & \text{그 외}\end{cases} \tag{7.29}$$

이 된다. 실제로 이러한 표면은 존재하지 않지만 램버트 표면과 거의 비슷한 성질을 갖는 물질은 존재한다. 하얀색으로 마무리된 매트(mat)가 부착된 벽이 좋은 예인데, 이 벽이 모든 입사광을 반사하지는 않지만, 반사된 빛은 대략 수직으로 분포하고 밝기는 모든 방향에서 비슷하다.

램버트 표면에서 상수 C는

$$\begin{aligned} C&=\frac{2}{\int_0^\pi \Phi(\alpha)\sin\alpha\, d\alpha} \\ &=\frac{2}{\int_0^{\pi/2}\cos\alpha\sin\alpha\, d\alpha} \\ &=\frac{2}{1/2}=4 \end{aligned} \tag{7.30}$$

가 된다. 따라서 램버트 표면의 기하학적 반사율은

$$p=\pi\Gamma=\frac{CA}{4}=\frac{4\times1}{4}=1 \tag{7.31}$$

이다.

위상각이 0인 곳에서 위상함수는 $\Phi(\alpha=0°)=1$이고 반사된 플럭스밀도 F는

$$F=\frac{CA}{4\pi}\frac{1}{\triangle^2}L_{\text{in}}$$

이다. 동일한 면적을 갖는 램버트 표면으로부터 반사된 플럭스밀도 F_{L}은

$$F_{\text{L}}=\frac{4}{4\pi}\frac{1}{\triangle^2}L_{\text{in}}$$

이고, 두 플럭스밀도의 비는

$$\frac{F}{F_{\text{L}}}=\frac{CA}{4}=\pi\Gamma=p \tag{7.32}$$

가 된다. 이제 우리는 p의 물리적 의미를 찾았다. 즉 기하학적 반사율이란 위상각 $\alpha=0°$에서 관측한 행성에 의해 반사된 플럭스밀도와 동일한 횡단면의 램버트 표면에 의해서 반사된 플럭스밀도와의 비를 나타내는 양이다.

기하학적 반사율은 표면의 반사율뿐만 아니라 위상함수 Φ에 의해 달라진다. 거친 표면은 입사한 복사의 대부분을 거꾸로 반사시킨다. 이 경우에 기하학적 반사율 p값은 등방적으로 복사를 반사시키는 표면의 p값보다 크다. 어떤 표면은 $p>1$이며, 가장 극단적인 경우로는 정반사(specular reflection)를 하는 거울 표면으로 $p=\infty$의 값을 갖는다. 태양계 안에 있는 천체들의 기하학적 반사율은 0.03~1 범위의 값을 갖는다. 달의 기하학적 반사율은 $p=0.12$이고, 토성의 위성인 엔셀라두스(Enceladus)의 기하학적 반사율이 가장 큰 값 ($p=1$)으로 측정되었다.

실제로 p는 관측으로부터 직접 구할 수 있는 양이지만, 본드반사율 A는 위상 적분 q가 구체적으로 주어졌을 때만 결정된다. 이에 대하여 다음 장에서 구체적으로 설명할 것이다.

7.9 행성의 측광, 편광 및 분광

앞 장에서 정의한 위상함수와 반사율을 이용하여 행성의 등급(planetary magnitude)에 관한 식을 유도할 수 있다. 반사된 빛의 플럭스밀도는

$$F = \frac{CA}{4\pi}\Phi(\alpha)\frac{1}{\Delta^2}L_{\text{in}}$$

이다. 입사한 플럭스인

$$L_{\text{in}} = \frac{L_\odot R^2}{4r^2}$$

과 기하학적 반사율의 형태로 표시한 상수항인

$$\frac{CA}{4\pi} = \Gamma = \frac{p}{\pi}$$

를 대입하면, 반사된 빛의 플럭스밀도를

$$F = \frac{p}{\pi}\Phi(\alpha)\frac{1}{\Delta^2}\frac{L_\odot R^2}{4r^2} \tag{7.33}$$

으로 표현할 수 있다. 태양으로부터의 거리가 $a = 1\text{AU}$인 곳에서 관측되는 태양의 플럭스밀도는

$$F_\odot = \frac{L_\odot}{4\pi a^2} \tag{7.34}$$

이고, 두 플럭스밀도의 비는

$$\frac{F}{F_\odot} = \frac{p\Phi(\alpha)R^2a^2}{\Delta^2 r^2} \tag{7.35}$$

이다. 거리가 1AU인 곳에서 측정한 태양의 겉보기 등급이 $m_\odot$이고 행성의 겉보기 등급이 m이라고 할 때 행성과 태양 간의 등급차는

$$\begin{aligned} m - m_\odot &= -2.5\log\frac{F}{F_\odot} \\ &= -2.5\log\frac{p\Phi(\alpha)R^2a^2}{\Delta^2 r^2} \\ &= -2.5\log\frac{pR^2}{a^2}\frac{a^4}{\Delta^2 r^2}\Phi(\alpha) \\ &= -2.5\log p\frac{R^2}{a^2} - 2.5\log\frac{a^4}{\Delta^2 r^2} - 2.5\log\Phi(\alpha) \\ &= -2.5\log p\frac{R^2}{a^2} + 5\log\frac{\Delta r}{a^2} - 2.5\log\Phi(\alpha) \end{aligned} \tag{7.36}$$

로 표현된다. 만일 $V(1,\ 0)$을

$$V(1,\ 0) \equiv m_\odot - 2.5\log p\frac{R^2}{a^2} \tag{7.37}$$

으로 놓으면, 행성의 등급은

$$m = V(1,\ 0) + 5\log\frac{r\Delta}{a^2} - 2.5\log\Phi(\alpha) \tag{7.38}$$

로 표현된다. 식 (7.38)의 첫 번째 항인 $V(1,\ 0)$은 행성의 크기와 행성의 반사 특성에 의해서 달라진다. 따라서 이는 행성이 갖는 고유한 물리량으로서 **행성의 절대등급**(absolute magnitude)으로 부른다(항성천문학에서 정의한 절대등급과 혼동하지 말 것!). 식 (7.38)의 두 번째 항과 세 번째 항은 각각 거리와 위상각에 따라 달라진다.

위상각이 0이고 $r = \Delta = a$로 놓으면, 식 (7.38)은 간단히 $m = V(1,\ 0)$이 된다. 절대등급은 위상각 $\alpha = 0°$이고 지구로부터 1AU에 위치한 천체의 등급을 나타내는 양임을 알 수 있다. 이러한 행성의 배치는 물리적으로 불가능하다는 것을 곧 알 수 있다. 왜냐하면 이때 관측자는 태양의 중심에 위치해야만 하기 때문이다. 따라서 $V(1,\ 0)$은 관측 불가능한 양이다.

$\alpha = 0°$인 경우 식 (7.37)과 식 (7.38)을 사용하면 관측 가능한 값으로 표현되는 다음 식으로부터 기하학적 반사율을 구할 수 있다. 즉

$$p = \left(\frac{r\Delta}{aR}\right)^2 10^{-0.4(m_0 - m_\odot)} \tag{7.39}$$

로 표현되며, 여기서 $m_0 = m(\alpha = 0°)$이다. 이 식에서 쉽게 알 수 있듯이 p는 1보다 커질 수도 있지만 실제로는 보통 1보다 작아서 보통 0.1~0.5 범위의 값을 갖는다.

위상함수에 따라 달라지는 식 (7.38)의 마지막 항은 가장 결정하기 어려운 양이다. 많은 천체의 경우 위상함수가 잘 알려져 있지 않다. 따라서 관측으로부터 구할 수 있는 양은 오직

$$V(1,\ \alpha) \equiv V(1,\ 0) - 2.5 \log \Phi(\alpha) \tag{7.40}$$

로서 이 값은 위상각 α 에서의 절대등급(absolute magnitude at phase angle α)에 해당한다. $V(1,\ \alpha)$를 위상각의 함수로 나타낸 곡선을 위상곡선(phase curve)이라고 한다(그림 7.22). 위상곡선을 $\alpha = 0°$까지 외삽하면 $V(1,\ 0)$ 값을 얻게 된다. 위상곡선의 모양은 대기의 유무에 따라 천체마다 매우 다르게 나타난다.

위상함수 Φ가 알려져 있을 경우에만 본드반사율을 구할 수 있다. 외행성(그리고 지구 궤도 밖에 존재하는 그 밖의 천체들)은 오직 제한된 위상각 범위에서만 관측되므로 위상함수 Φ가 자세히 알려져 있지 않다. 다만 우주탐사선에 의해 관측되는 천체의 경우 예외적으로 위상각을 잘 관측할 수 있다. 내행성의 경우는 외행성보

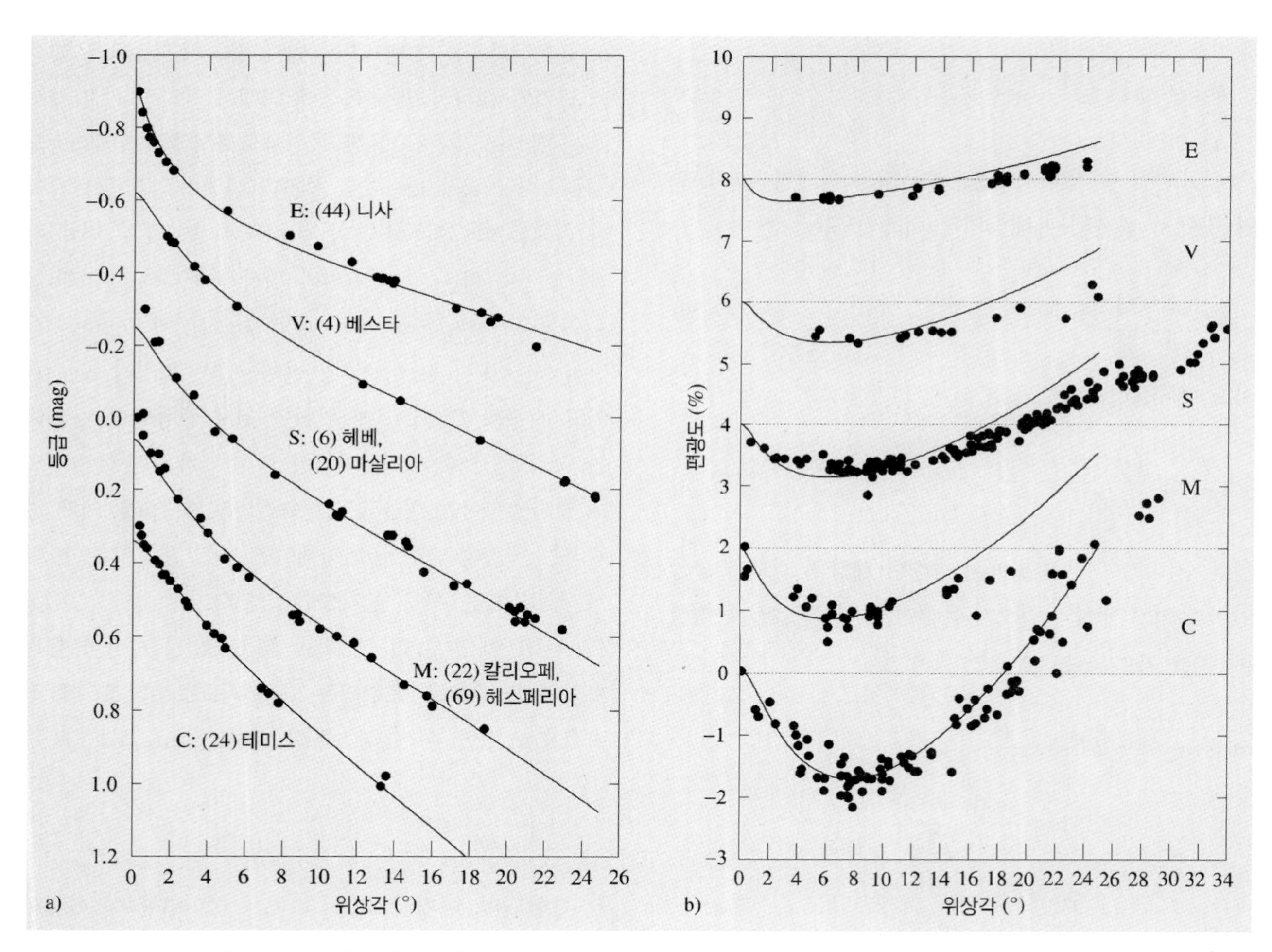

그림 7.22 여러 종류의 소행성들의 위상곡선 및 편광. 소행성의 특징은 8.11절에 자세히 기술되어 있다. (출처 : Muinonen et al., *Asteroid photometric and polarimetric phase effects,* Bottke, Binzel, Cellino, Paolizhi(Eds.), *Asteroids III*, University of Arizona Press, Tucson)

다 상황이 조금 낫다. 특히 인기 있는 천문학 교재에는 p 대신 본드반사율이 수록되어 있다(정확히 무엇인지 그 이름을 밝히지도 않고!). 이는 본드반사율이 기하학적 반사율보다 물리적 의미가 더 명확하고, 본드반사율이 [0, 1]의 값으로 정규화되었기 때문이다.

충의 효과. 대기를 갖는 천체는 등방성을 가지며 전 방향으로 빛을 반사시킨다. 반사된 빛의 플럭스밀도는 밝게 보이는 면적에 비례하여 증가한다(실제로 시선방향에 대해 수직인 평면에 투영된 면적에 비례한다). 대기가 없는 천체는 빛이 입사된 방향으로 빛을 강하게 반사시킨다. 따라서 대기를 갖지 않는 천체의 밝기는 위상각이 0으로 접근함에 따라 급격히 증가한다. 위상각이 약 10°보다 크면 밝기의 변화는 훨씬 감소된다. 이와 같이 천체가 충의 위치에 가까워질수록 급격히 밝기가 증가하는 현상을 **충효과**(opposition effect)라고 부른다. 그러나 대기가 있으면 충효과가 사라지게 된다.

그러나 현재까지 충효과에 대한 완벽한 설명이 불가능하다. 이에 대한 정성적인(그러나 부분적으로만 설명할 수 있는) 설명은 충에 접근할수록 천체의 어두운 부분이 사라지기 때문이라는 것이다. 위상각이 증가할수록 어두운 부분이 보이기 시작하고, 따라서 밝기는 그만큼 감소된다. 그러나 주된 이유는 빛의 파동성에 의해 빛이 일관되게 후방으로 산란되기 때문이다.

소행성의 등급. 위상곡선의 모습은 기하학적 반사율에 따라 달라진다. 따라서 위상곡선의 모습을 알고 있다면 기하학적 반사율을 예측할 수 있다. 이를 위하여 서로 다른 위상각에서 최소 몇 차례의 관측이 요구되며, 특히 0~10°인 위상각 범위에서의 관측이 가장 중요하다. 알려진 위상곡선을 이용하여 소행성의 지름과 같은 천체의 지름을 구할 수 있다. 소행성의 겉보기 지름은 너무 작기 때문에 지상 관측의 경우 편광측광 또는 전파복사(열복사)와 같은 간접적인 방법을 사용해야 한다(그림 7.22). 그러나 1990년대부터 우주탐사선이 스쳐 지나가면서 영상을 얻거나 허블우주망원경이 직접 영상을 찍는 방법을 이용하여 소행성의 지름과 모양을 직접 측정하였다.

위상각이 몇 도 이상의 값을 가질 때 소행성의 등급은 위상각과 거의 일차원적인 선형관계를 가지며 변한다. 이처럼 일차원적인 선형관계를 갖는 부분을 $a=0°$까지 외삽하여 충에 있을 때의 소행성 등급을 계산한다. 충효과로 인하여 실제 소행성의 충 등급은 훨씬 더 밝아질 수 있다.

1985년 국제천문연맹은 대기를 갖지 않는 천체의 등급을 계산하기 위해 HG 체계(HG system)를 채택하였다. 이 HG 체계는 룸메(Lumme)와 보웰(Bowell)의 측광학 이론에 바탕을 두고 있지만 공식적으로는 준경험적인(semi-empirical) 체계이다. 2012년에 개최된 회의에서 HG 체계는 새로운 HG_1G_2 체계로 교체되었다. 많은 경우에 기존 HG 체계가 유용하게 사용될 수 있지만, 충효과가 매우 작거나 매우 작은 위상각에 한정될 경우에는 HG 체계가 만족스럽게 적용되지 않는다.

새로운 HG_1G_2 체계에서 위상각 α에서의 등급은

$$\begin{aligned} V(1,\alpha) &= -2.5\lg[a_1\Phi_1(\alpha)+a_2\Phi_2(\alpha)+a_3\Phi_3(\alpha)] \\ &= H-2.5\lg[G_1\Phi_1(\alpha)+G_2\Phi_2(\alpha) \\ &\quad +(1-G_1-G_2)\Phi_3(\alpha)] \end{aligned} \tag{7.41}$$

로 표현되며, 기본함수 Φ_1, Φ_2, Φ_3의 값은 다음의 표를 이용한 스플라인 보간법(spline interpolation)으로부터 구할 수 있다.

a[°]	Φ_1
0.0	1.0
7.5	0.75
30.0	0.33486016
60.0	0.13410560
90.0	0.05110476
120.0	0.02146569
150.0	0.00363970
$\Phi'_1(7.5°)=-1.90986$	
$\Phi'_1(150°)=-0.09133$	

a[°]	Φ_2
0.0	1.0
7.5	0.925
30.0	0.62884169
60.0	0.31755495
90.0	0.12716367
120.0	0.02237390
150.0	0.00016506
$\Phi'_2(7.5°)=-0.57330$	
$\Phi'_2(150°)=-8.657\times10^{-8}$	

a[°]	Φ_3
0.0	1.0
0.3	0.83381185
1.0	0.57735424
2.0	0.42144772
4.0	0.23174230
8.0	0.10348178
12.0	0.06173347
20.0	0.01610701
30.0	0.0
$\Phi'_3(0°)=-0.10630$	
$\Phi'_3(30°)=0$	

위상각이 0일 때 모든 함수는 1의 값을 갖는다. 한편 위상각이 $\alpha \leq 7.5°$일 때 Φ_1과 Φ_2는 다음과 같은 선형 함수의 형태를 나타낸다 : $\Phi_1(\alpha) = 1 - \alpha/30°$, $\Phi_2(\alpha) = 1 - \alpha/100°$.

관측된 위상곡선을 기본 함수형태로 맞춰주면 계수 a_i와 H, G_1, G_2값을 구할 수 있다.

$$H = -2.5\lg(a_1 + a_2 + a_3),$$

$$G_1 = a_1/(a_1 + a_2 + a_3),$$

$$G_2 = a_2/(a_1 + a_2 + a_3) \tag{7.42}$$

위상각이 0일 때 등급은

$$\begin{aligned} V(1,0) &= H - 2.5\lg[G_1 + G_2 + 1 - G_1 - G_2] \\ &= H \end{aligned} \tag{7.43}$$

로 표현되고, H는 충일 때의 절대등급에 해당한다. 상수 G_1과 G_2는 위상곡선의 모양을 나타낸다.

예전에는 소행성 자료가 *Efemeridy malyh planet* 연감에 수록되었으나, 현재는 소행성 센터(Minor Planet Center)의 웹페이지(http://www.cfa.harvard.edu/iau/services/WebCSAccess.html)가 가장 좋은 자료 출처에 해당한다.

편광관측. 태양계 내의 천체에서 반사된 빛은 일반적으로 약간 편광된다. 편광량은 반사시키는 물질의 종류와 기하학적 형태에 따라 변한다. 편광은 위상각의 함수로 표시되며, **편광도**(degree of polarization) P는

$$P = \frac{F_\perp - F_\parallel}{F_\perp + F_\parallel} \tag{7.44}$$

로 정의된다. 여기서 $F_\perp$는 산란 평면(scattering plane)이라고 부르는 고정된 평면에 대해 수직방향의 복사플럭스밀도이고 $F_\parallel$는 평면에 평행한 방향의 복사플럭스밀도이다. 태양계 연구에서, 편광이라 함은 흔히 지구와 태양 그리고 대상 천체가 만드는 평면에 대한 편광을 의미한다. 식 (7.44)에 의하면, P는 양이나 음의 값을 모두 가질 수 있기 때문에, 각각 '양의 편광' 및 '음의 편광'의 용어를 사용한다.

위상각에 따른 편광도는 천체의 표면 구조와 대기에 따라 달라진다. 대기가 없는 천체 표면으로부터 반사된 빛의 편광도는 위상각이 약 20° 이상일 때 양의 값을 가지며, 충에 접근할수록 음의 값을 갖는다. 관측을 통해 편광과 기하학적 반사율 간의 상호 연관성을 얻을 수 있다. 이로부터 천체의 반사율과 크기를 독립적으로 구할

수 있다.

대기에 의해 빛이 반사될 때 위상각에 따라 달라지는 편광도는 대단히 복잡한 양상으로 나타난다. 일부 위상각에서 편광도 P는 매우 큰 음의 값을 나타낸다. 복사전달 이론을 사용하면 어떻게 대기가 빛과 편광에 영향을 미치는지 계산할 수 있다. 이론으로부터 구해진 결과를 관측과 비교함으로써 대기 성분에 대한 정보를 얻을 수 있다. 예를 들어 우주탐사선을 직접 보내기 전에 이와 같은 편광 연구 방법을 이용하여 금성 대기의 성분을 연구할 수 있다.

행성의 분광관측. 지금까지 논의한 행성의 측광 및 편광관측은 단색광을 이용한 방법이다. 그러나 금성 대기에 관한 연구를 위하여 다양한 파장대의 스펙트럼으로부터 얻게 되는 정보도 사용되고 있다. 이러한 분광측광법(분광편광법)의 가장 간단한 예는 광대역(broadband)의 UBV 측광 또는 편광측광이라고 할 수 있다. 분광측광법이란 보통 여러 개의 협대역(narrowband) 필터를 사용하여 관측하는 방법을 의미한다. 물론, '고전적'인 분광관측법을 이용하여 태양계 천체에 대한 관측도 한다.

분광측광이나 편광측광은 불연속적인 일부 파장 영역에서의 정보만 제공해 준다. 실제로 스펙트럼 파장 영역에서 사용되는 자료의 수(또는 사용 가능한 필터의 수)는 보통 20~30개로 제한되어 있다. 이는 곧 분광측광이나 편광측광에서 얻는 스펙트럼 정보만을 이용하여 자세한 정보를 얻을 수 없음을 의미한다. 현재 CCD카메라와 같은 새로운 첨단 검출기를 사용함으로써 상황이 개선되고 있지만, 일반적인 분광관측은 한계등급이 작은 밝은 천체에 국한하여 수행된다.

관측된 행성의 스펙트럼은 실질적으로 태양의 스펙트럼과 동일하다. 일반적으로 행성 스펙트럼에서 행성 자체가 기여하는 양이 상대적으로 작고, 관측 스펙트럼에서 태양의 스펙트럼을 제거함으로써 태양과 행성 간의 스펙트럼 차이를 볼 수 있다. 천왕성의 스펙트럼이 대표적인 예에 해당하는데(그림 7.23), 근적외선 영역에서 강한 흡수선의 띠가 존재함을 알 수 있다. 실험실 측정 결과에 의하면 이 흡수선의 띠는 메탄 흡수선에 해당한다. 또한 붉은 빛의 일부가 흡수됨에 따라, 천왕성이 녹색으로 보이게 된다. 분광관측의 일반적인 방법에 관해서는 제9장의 항성 분광관측에서 논의하기로 하겠다.

7.10 행성의 열복사

태양계 천체의 열복사(thermal radiation)는 천체의 반사율과 태양으로부터의 거리, 즉 태양으로부터 흡수한 복사량에 따라 달라진다. 목성과 토성의 경우에는 내부에서 발생한 열도 중요하지만 여기에서는 이 효과를 무시할 수 있다.

슈테판-볼츠만 법칙을 사용하면 태양 표면의 플럭스는

$$L = 4\pi R_{\odot}^2\, \sigma T_{\odot}^4$$

로 표시할 수 있다. 행성의 본드반사율을 A라고 할 때 실제로 행성이 흡수한 복사량은 $(1-A)$이며, 이 복사량은 나중에 열로 방출된다. 이 행성이 태양으로부터 r의 거리에 위치한다면, 이 행성이 흡수한 플럭스는

$$L_{\rm abs} = \frac{R_{\odot}^2\, \sigma T_{\odot}^4\, \pi R^2}{r^2}(1-A) \tag{7.45}$$

이다. 한편 몇 가지 타당한 이유로부터 행성이 **열적 평형**(thermal equilibrium)상태에 있다고 가정할 수 있다(열적 평형이란 방출된 플럭스와 흡수된 플럭스가 동일하다는 의미이다). 만약 행성이 열적 평형상태에 있지 않다면 그 행성은 평형상태에 이를 때까지 뜨거워지거나 차가워지게 될 것이다.

우선 행성이 서서히 자전한다고 가정하자. 태양 빛을

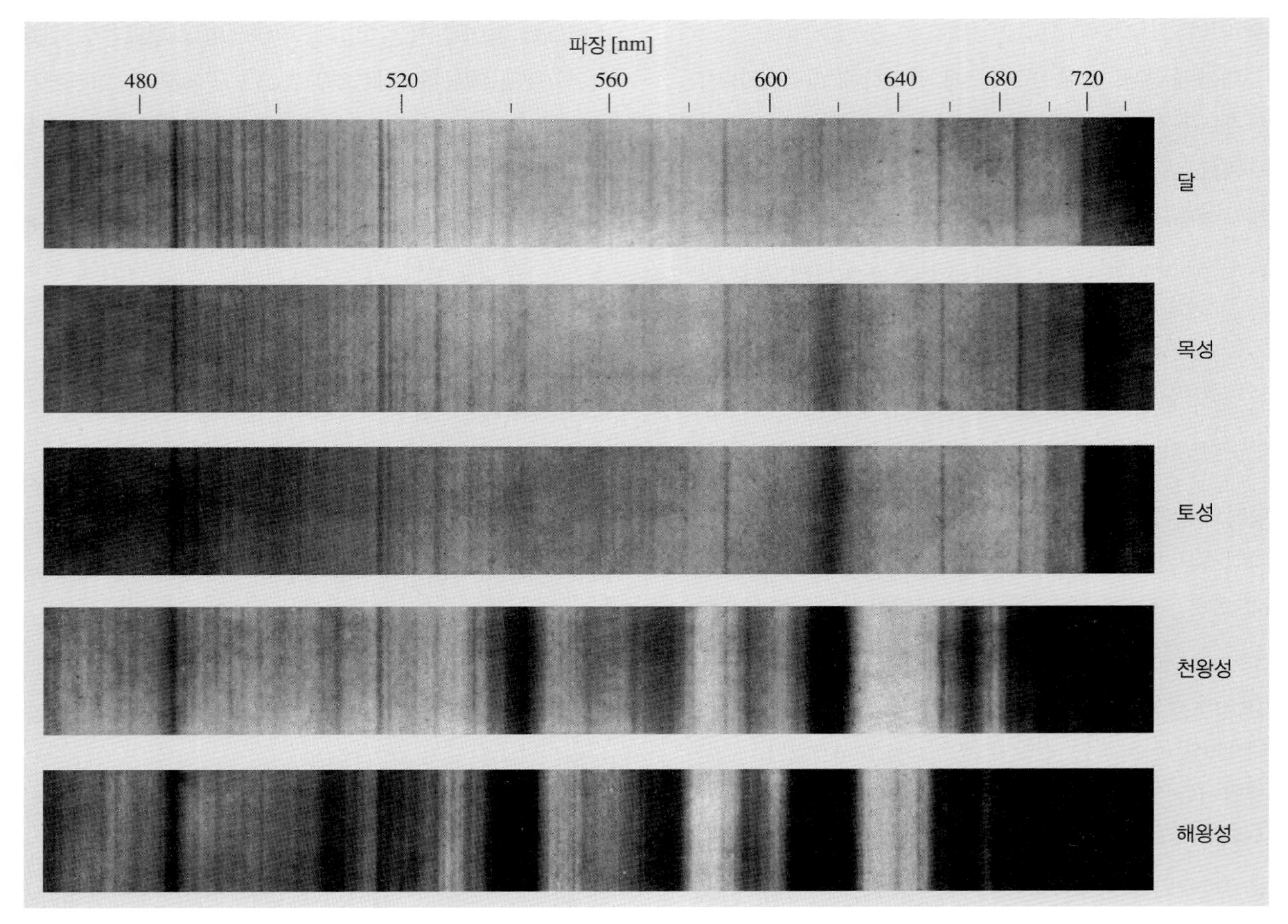

그림 7.23 달과 거대행성들의 스펙트럼. 천왕성과 해왕성의 스펙트럼에서 강한 흡수선 띠를 볼 수 있다. [사진출처 : Lowell Observatory Bulletin 42 (1909)]

받지 못하는 천체의 어두운 부분은 냉각될 것이므로 열복사는 밝게 빛나는 행성의 반구로부터 주로 방출된다. 방출된 복사플럭스는

$$L_{\mathrm{em}}=2\pi R^2\sigma T^4 \tag{7.46}$$

이며, 여기서 T는 행성의 표면온도, $2\pi R^2$은 반구의 면적이다. 열적 평형상태에서 식 (7.48)과 (7.49)는 동일하므로

$$\frac{R_\odot^2\, T_\odot^4}{r^2}(1-A)=2\,T^4$$

을 얻고, T는

$$T=T_\odot\left(\frac{1-A}{2}\right)^{1/4}\left(\frac{R_\odot}{r}\right)^{1/2} \tag{7.47}$$

으로 표현된다. 한편, 빠른 속도로 자전하는 행성의 경우 모든 표면에서 동일한 세기의 플럭스가 방출된다고 생각할 수 있으므로 방출되는 플럭스는

$$L_{\mathrm{em}}=4\pi R^2\sigma T^4$$

으로 표시되고, T는

표 7.3 몇몇 행성들의 이론 및 관측 온도

행성	반사율	태양으로부터의 거리[AU]	이론 온도[K] (식 7.50)	이론 온도[K] (식 7.51)	관측된 최대온도[K]
수성	0.06	0.39	525	440	700
금성	0.76	0.72	270	230	750
지구	0.36	1.00	290	250	310
화성	0.16	1.52	260	215	290
목성	0.73	5.20	110	90	130

$$T = T_{\odot}\left(\frac{1-A}{4}\right)^{1/4}\left(\frac{R_{\odot}}{r}\right)^{1/2} \tag{7.48}$$

으로 주어진다.

그러나 이와 같이 구한 이론적인 표면온도는 대부분 주요 행성의 경우에 잘 적용되지 않는다. 행성대기와 행성 내부의 열이 이와 같은 차이를 유발시키는 '요인'으로 작용한다. 표 7.3에 몇몇 주요 행성들의 이론적 온도와 관측으로부터 측정된 온도를 비교하여 제시하였다.

금성은 이론값와 관측값 사이의 차이가 가장 큰 행성으로서, 그 이유는 금성의 대기에서 온실효과(greenhouse effect)가 나타나기 때문이다. 온실효과란 대기에 복사가 진입하는 것은 허용하지만 방출되지 않는 과정을 의미하며, 온실효과는 지구 대기에서도 나타나고 있다. 온실효과가 없다면 지구의 평균 온도는 빙점 이하로 낮아져 지구 표면 전체가 얼음으로 덮이게 될 것이다. 금성의 경우 온실효과가 강하여 금성 표면의 온도가 이론값 대비 수백 도 더 높다.

빈의 법칙(Wien displacement law, 식 5.22) $\lambda_{max} = b/T$에 의하면, 표면온도가 200K인 천체가 방출하는 복사가 최대인 파장(λ_{max})은 적외선 영역인 $14\mu m$이다. 따라서 적외선 또는 전파영역에서 열복사가 측정되면 표면온도를 알 수 있고, 식 (7.47)과 식 (7.48)을 이용하여 본드반사율도 계산할 수 있다. 또한, 위상함수를 알 수 있다면 기하학적 반사율과 천체의 크기를 추정할 수 있다.

7.11 태양계의 기원

태양계 생성론(cosmogony)은 태양계의 기원을 연구하는 천문학의 한 분야이다. 행성이 형성되는 과정의 처음 몇 단계는 별 탄생 과정과 밀접한 연관을 갖고 있다.

우리 태양계에 포함된 천체들의 특징과 세부 정보가 천체마다 매우 달라 보이지만(다음 장 참조), 타당한 태양계 생성론에 의해 다음의 명확한 특징들이 설명되어야 한다.

- 행성들의 궤도는 거의 동일 평면상에 있으며 태양의 적도와 거의 평행하다.
- 공전궤도는 거의 원에 가깝다.
- 태양의 자전방향과 마찬가지로 행성은 태양 둘레를 반시계방향으로 공전한다.
- 행성은 자전축에 대하여 반시계방향으로 자전한다(금성, 천왕성은 예외).
- 행성들은 태양계 전체 각운동량의 99%를 가지고 있으나, 그들의 총 질량은 태양계 전체 질량의 0.15%에 불과하다.
- 지구형 행성과 거대행성의 물리적, 화학적 특성이 다르다.
- 태양으로부터 떨어진 거리에 따라 행성에 포함된 얼

표 7.4 태양으로부터 떨어진 행성의 실제 거리와 티티우스-보데 법칙(식 7.49)이 제시하는 거리

행성	n	계산한 거리 [AU]	실제 거리 [AU]
수성	$-\infty$	0.4	0.4
금성	0	0.7	0.7
지구	1	1.0	1.0
화성	2	1.6	1.5
세레스	3	2.8	2.8
목성	4	5.2	5.2
토성	5	10.0	9.2
천왕성	6	19.6	19.2
해왕성	7	38.8	30.1
명왕성	8	77.2	39.5

음과 암석의 상대적인 양이 달라진다.

또한, 행성의 거리를 나타내는 다음의 티티우스-보데 법칙(Titius-Bode lwa)도 설명되어야 한다(표 7.4).

$$a = 0.4 + 0.3 \times 2^n, \quad n = -\infty, 0, 1, 2, \cdots \tag{7.49}$$

여기서 행성의 궤도긴반지름 a는 AU 단위로 표시된다.

1644년 프랑스의 철학자 데카르트(René Descartes, 1596-1650)가 주장한 소용돌이(vortex) 이론이 태양계에 관한 최초의 과학적인 이론으로 언급되고 있다. 그러나 이 이론은 태양계의 운동에 관한 것이지, 태양계의 기원에 관한 것은 아니었다.

최초의 현대적인 태양계 생성 이론은 18세기에 등장하였다. 최초의 태양계 생성 이론가 중 하나는 칸트(Immanuel Kant, 1724-1804)로서 1755년 **성운론**(星雲論, nebular hypothesis)을 제안하였다. 이 이론에 의하면 태양계는 회전하는 거대한 구름으로부터 형성되었다는 것이다. 칸트의 성운론은 오늘날의 태양계 생성론이 갖는 기본 개념과 놀라울 정도로 비슷하다. 한편 칸트의 성운론과 비슷한 맥락에서, **라플라스**(Pierre Simon de Laplace, 1749-1827)는 1796년에 행성은 수축하는 태양의 적도로부터 분출되어 나온 가스 고리에서 형성되었다는 이론을 제안한 바 있다.

성운론이 갖는 가장 큰 약점은 태양계의 각운동량 분포를 설명할 수 없다는 데 있다. 행성은 태양계 총 질량의 1%도 차지하지 못하고 있지만, 총 각운동량의 98%를 지니고 있다. 이 이론으로는 이처럼 적절하지 않은 각운동량의 분포를 얻을 방법이 없다. 성운론의 두 번째 결점은 가정하는 가스 고리로부터 행성이 어떻게 형성되는지 그 기작(mechanism)을 제시하지 못한다는 것이다.

일찍이 1745년에 **뷔퐁**(Georges Louis Leclerc de Buffon, 1707-1788)은 큰 혜성이 태양과 충돌하여 분출된 태양 물질의 거대한 흐름으로부터 행성들이 생성되었다고 제안한 바 있다. 19세기에 행성의 형성에 대한 다양한 **격변 이론**(catastrophe theory)이 유행하였으며, 20세기 초에는 혜성의 충돌 대신 가까운 별과의 근접충돌에 의한 이론도 등장하였다. 이러한 이론은 1905년 **몰턴**(Forest R. Moulton, 1872-1952)과 1917년 **진스**에 의해 발전되었다.

다른 별과의 근접 조우에 의한 강한 조석력으로 인하여 태양으로부터 가스 물질이 충분히 떨어져 나올 수 있다. 이탈한 물질은 이후에 뭉쳐져서 행성이 된다는 것이다. 그러나 이와 같은 근접충돌은 극히 드물게 발생한다. 즉 일반적으로 별의 밀도가 단위 pc^3당 0.15개이고 별들 간 평균적인 상대속도가 $20\,\mathrm{km\,s^{-1}}$라고 가정한다면, 최근 50억 년 동안 우리은하 전체에서 오직 몇 번만의 근접충돌이 가능할 뿐이다. 만약 이러한 기작으로 태양계가 형성되었다면 태양계는 유일무이한 예에 해당하지만, 이는 현대 관측 결과와 확실하게 배치된다(제22장).

근접충돌 이론을 받아들이기 힘든 주된 이유는 태양으로부터 유출된 대부분의 뜨거운 물질이 태양 둘레의 궤도에 남아 있기보다는 우주공간으로 흩어져 버린다는 데 있다. 또한 유출된 물질이 어떻게 행성계를 형성하였는지에 대한 뚜렷한 기작도 제시되고 있지 않다.

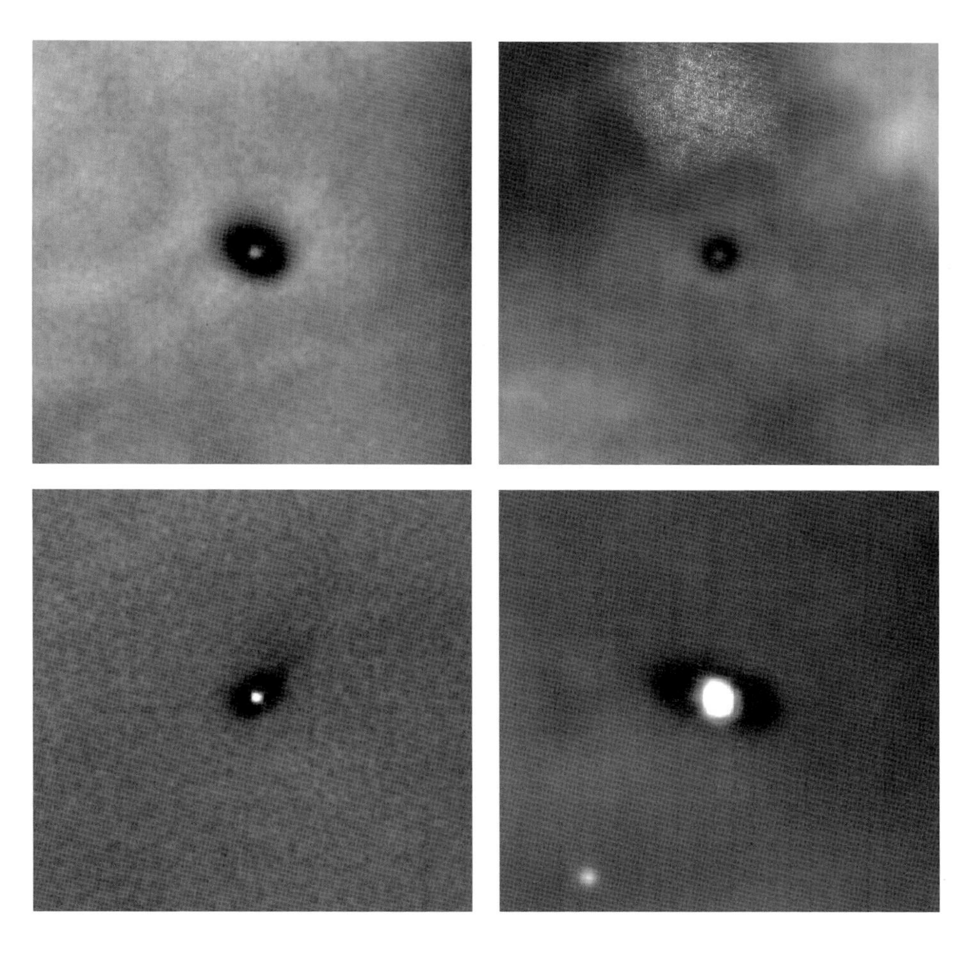

그림 7.24 오리온성운 내 젊은 별들 주위에 있는 4개의 원시행성 원반(프로플리드)들에 대한 허블 우주망원경의 사진. 원반의 지름은 우리 태양계 지름의 2~8배 정도이다. 각 원반의 중심에는 T Tauri형 별이 있다. (사진출처 : Mark McCaughrean/Max-Planck-Institute for Astronomy, C. Robert O'Dell/ Rice University, NASA)

역학적 과정과 통계적인 면에서 충돌 이론이 난관에 직면한 상황에서, 1940년대에 들어와 성운론이 수정되고 개선되었다. 특히 자기력과 가스의 분출에 의하여 각운동량이 태양에서 행성 성운으로 효율적으로 이동될 수 있다는 사실이 밝혀졌다. 이제는 행성 형성에 관한 주요 원리들을 비교적 잘 이해하고 있는 것으로 생각되고 있다.

지구에서 발견되는 가장 오래된 암석은 약 37억 년쯤 되었으며, 달이나 운석의 암석은 이보다 조금 더 오래되었다. 지금까지 알려진 모든 사실을 종합해보면 지구와 행성들은 45억 6,000만 년 전에 형성되었을 것으로 추산된다. 한편 우리은하의 나이는 적어도 이 나이보다 2배 정도 되므로, 태양계가 형성된 후에 태양계의 일생 동안 전반적인 조건들이 크게 변하지 않았다. 더욱이 오늘날에는 태양계 이외의 다른 행성계와 원시행성 원반인 **프로플리드**(proplyd)와 같은 직접적인 증거들도 확보되고 있다(그림 7.24).

태양은 물론 태양계 안에 있는 모든 천체는 자전하면서 수축하는 먼지와 가스구름으로부터 동시에 형성되었다. 이때 밀도는 단위 cm^3당 10,000개의 원자 또는 분자이고 온도는 10~50K 정도이다. 12.8절에서 기술하겠지만 헬륨보다 무거운 원소들은 앞선 세대에 속하는 항성의 내부에서 형성된 것이다. 먼지와 가스구름의 수축은 인접한 초신성 폭발로 발생된 충격파에 의하여 시작된다.

먼지와 가스구름의 원래 질량은 **진스질량**(Jeans mass)

보다 큰 태양 질량의 수천 배 정도 되어야 한다. 구름이 수축하면 진스질량도 작아진다. 이후에 별 탄생에 관한 장에서 기술하겠지만 구름은 작은 조각으로 나뉘게 되고 작은 조각들은 독립적으로 수축하게 된다. 이러한 구름 조각 중 하나가 태양이 된다.

구름 조각이 계속 수축할 때 구름에 있는 입자들끼리 충돌하게 된다. 구름의 자전은 입자들이 자전축에 수직한 동일 평면상에 쌓이도록 해 주지만, 자전축 방향으로 입자들이 모이는 것은 막아준다. 모든 행성의 궤도가 왜 동일 평면상에 놓이게 되는지에 대한 이유가 이러한 과정에 의해 설명된다.

원시태양의 질량은 현재의 태양 질량보다 컸으며, 황도면에 놓인 편평한 원반은 총 질량의 1/10 정도인 것으로 생각된다. 더욱이 원래 구름의 외곽부에 있었던 잔재들이 계속 원반의 중심 방향으로 유입되어 왔다. 자기장에 의하여 태양은 각운동량을 태양 주변에 있는 가스에 빼앗겼다. 태양의 중심부에서 핵융합 반응이 시작되면서 강한 항성풍(恒星風, stellar wind)이 발생되어 보다 많은 태양의 각운동량을 빼앗기게 된다. 그 결과 서서히 자전하는 현재의 태양이 된다.

중력 토크(gravitational torque)와 점성 토크(viscous torque)에 의해 각운동량이 원반 외곽부로 전달된다. 중력 토크는 원반의 불안정성에 의해 발생된 밀도파(density wave)를 의미하며, 이에 의해 원반의 바깥방향으로 질량과 각운동량이 전달된다. 먼지 입자 간의 충돌로 인하여 원반 외곽부에 있는 입자들의 속도는 빨라지고 원반 내부에 있는 입자들은 점점 느리게 운동한다. 결과적으로 대부분의 입자들은 원반 내부로 집중하게 되지만, 각운동량은 바깥방향으로 전달되고 원반은 점점 커지게 된다.

이후에 태양에서 핵융합 반응이 시작되면서 강한 태양풍이 발생하고 이에 따라 더 많은 각운동량이 원반 밖으로 전달된다. 이 시기가 T Tauri 단계이며, 이때 원시 태양은 태양풍으로 $10^{-8}M_{\odot}/a$만큼의 질량을 잃어버린다.

원반에 있는 입자들은 지속적으로 서로 충돌한다. 분자 상호 간에 작용하는 약한 반 데르 발스 힘(van der Waals forces) 때문에 처음에는 각 입자들이 서로 뭉쳐지게 된다. 이후 1만 년이 채 안 되어 입자의 크기가 수 μm에서 수 mm로 커지게 된다. 따라서 입자의 크기는 입자들의 충돌 단면적에 비례하여 커지게 된다.

입자들의 크기가 더 커질수록 입자의 성장률(growth rate)이 현저히 증가하여 입자 크기의 네제곱에 비례하면서 성장한다. 이는 크기가 큰 입자의 중력이 가스와 먼지를 끌어당기기 때문이다. 입자의 질량과 반경이 각각 M과 R이고, 먼지 입자의 상대속도가 V_0라면(그림 7.25), 크기가 큰 입자에 대한 유효한 충돌 단면적 s^2은

$$s^2 = \left(R^2 + \frac{2GMR}{V_0^2}\right) \tag{7.50}$$

로 표현된다. 여기서 $M \propto R^3$이므로 $s^2 \propto R^4$이 된다.

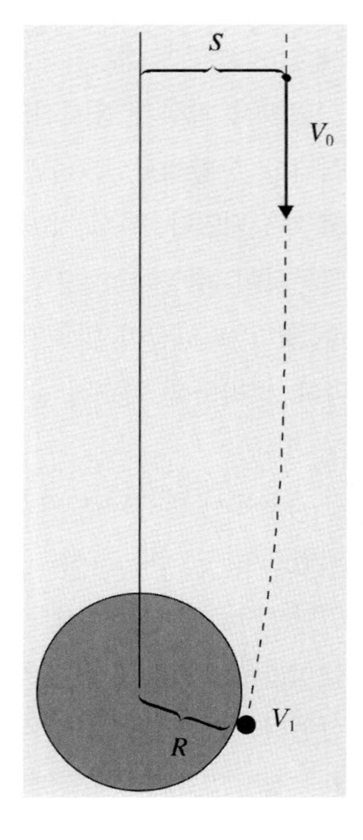

그림 7.25 입자 하나가 가까운 거리에서 질량이 큰 물체 옆을 통과할 때, 입자는 큰 물체를 때리고 질량을 증가시킨다.

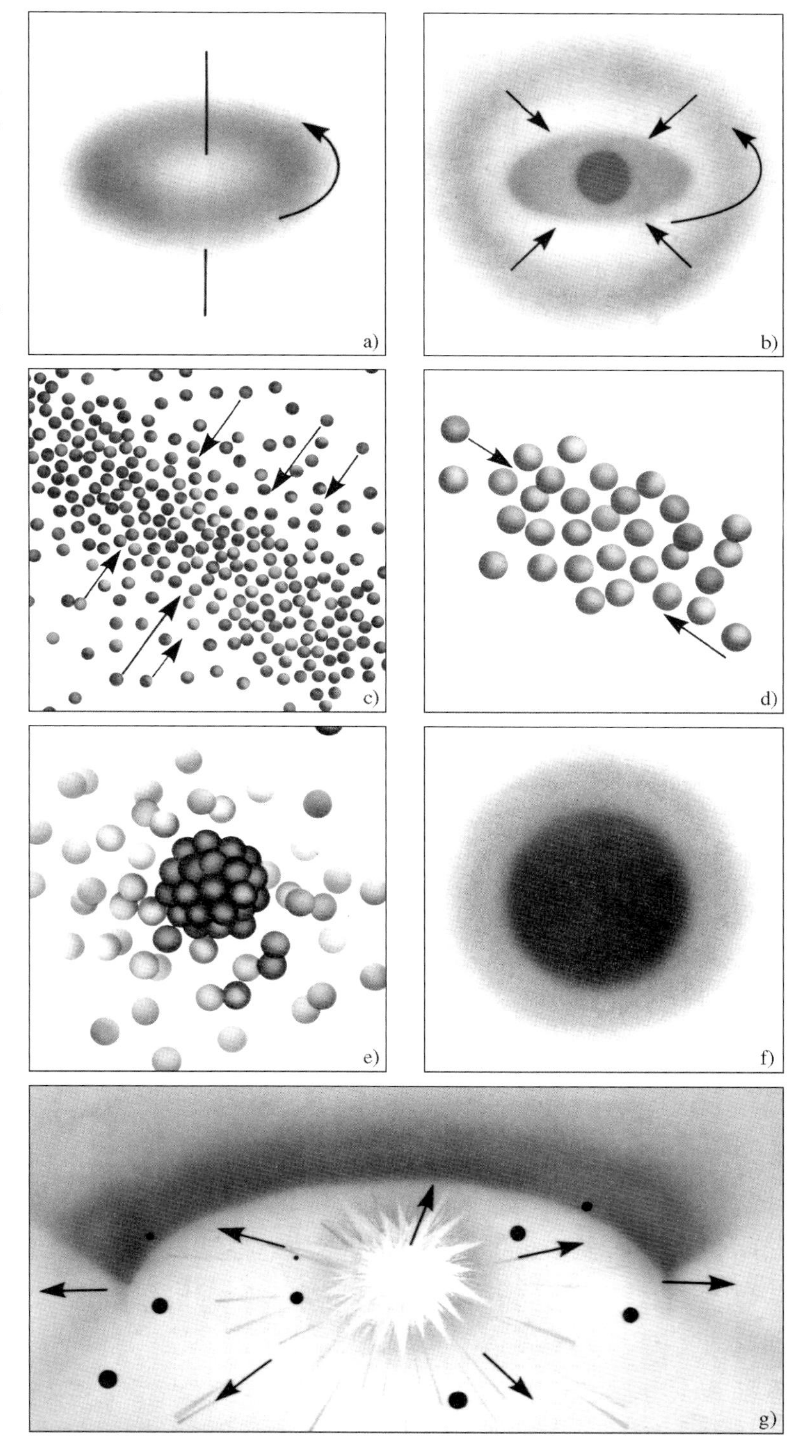

그림 7.26 태양계의 형성에 관한 개략도. (a) 태양 질량의 3~4배 되는 거대한 구름이 자전하면서 수축한다. (b) 중심부 영역의 구름이 가장 빠르게 수축하고 가스와 먼지로 된 원반이 원시태양의 주변에 형성된다. (c) 원반 내의 먼지 입자들은 상호 충돌하여 보다 큰 입자를 형성하고 곧 단일 평면에 안착한다. (d) 입자들이 뭉쳐져서 현재의 소행성 크기의 미행성을 만든다. (e) 이러한 미행성이 운행하면서 행성 크기 정도의 천체를 형성하고 (f) 주변 구름으로부터 가스와 입자를 모은다. (g) 강한 태양풍이 여분의 가스와 먼지를 '불어서' 날려 보낸다. 마침내 행성의 형성 과정이 끝난다.

가스의 속도는 입자의 공전속도보다 약 0.5% 정도 작으므로 입자들은 가스보다 더 빨리 움직이면서 가스와 먼지를 휩쓸어 버린다. 이의 결과로 수 m에서 수 km의 크기를 갖는 **미행성**(planetesimal)으로 성장한다.

큰 입자들은 가스보다 더 빨리 운동하기 때문에 입자에 작은 마찰력이 작용하여 운동속도가 감소하게 된다. 이러한 효과는 m 크기의 입자에 가장 강하게 작용한다. 따라서 작은 미행성은 수천 년 이내의 시간에 더 성장하게 되거나 태양 쪽으로 이동하게 된다.

미행성들이 서로 충돌하게 되면서 더 크게 성장하지만(그림 7.26) 성장률은 크기의 네제곱보다 커지지 않는다. 미행성이 행성의 크기 정도로 커지면 미행성 사이에 상호작용하는 중력의 역할이 더 중요하게 된다. 미행성과 원시행성 간의 충돌에 의해 태양계의 모습이 갖춰지게 되는데, 현재 태양계의 모습과 어느 정도 비슷할 때까지 충돌이 지속된다. 달의 생성, 금성의 느린 역행운동, 그리고 천왕성의 비정상적인 회전축의 방향 등과 같은 현상은 화성 정도 크기의 천체들 간의 충돌에 의해 발생한 것이다.

목성과 토성이 형성되는 데 약 10^3~10^6년 정도 소요되고, 지구형 행성은 10^6~10^7년, 그리고 천왕성과 해왕성은 10^7~10^8년 정도 필요하다. **니스 모형**(Nice model, 7.12절)에 의하면 원래 해왕성은 천왕성보다 더 태양에 가까웠다고 한다. 토성에 의한 공명현상(resonance)에 의해 천왕성과 해왕성이 태양으로부터 더 멀리 이동하게 되고, 급기야 해왕성이 천왕성보다 더 멀리 떨어지게 되었다. 한편 목성은 태양에 더 가깝게 이동하였다.

목성에 의한 강력한 섭동으로 인하여 화성과 목성 사이의 지역에서 거대한 행성이 생성되지 못하였다. 소행성대(asteroid belt)인 이 지역에 있는 천체들은 미행성 또는 산산조각이 난 원시행성들의 잔해이다.

태양계에 있는 물질은 휘발성(volatility) 정도에 따라 대략 세 가지 부류로 나눌 수 있다. 첫 번째는 가스로서 주로 수소와 헬륨으로 구성되며 태양계 전체 질량의 98.2%를 차지한다. 또한 0K 온도까지 가스 상태를 유지한다. 두 번째는 얼음으로서 태양계 전체 질량의 1.4%를 차지하며, 초기 성운이 갖는 압력이라면 160K 근처에서 녹게 된다. 마지막은 암석으로서 태양계 전체 질량의 0.4%를 차지하며, 1,000K 이상의 온도에서 녹아 버린다(그림 7.27).

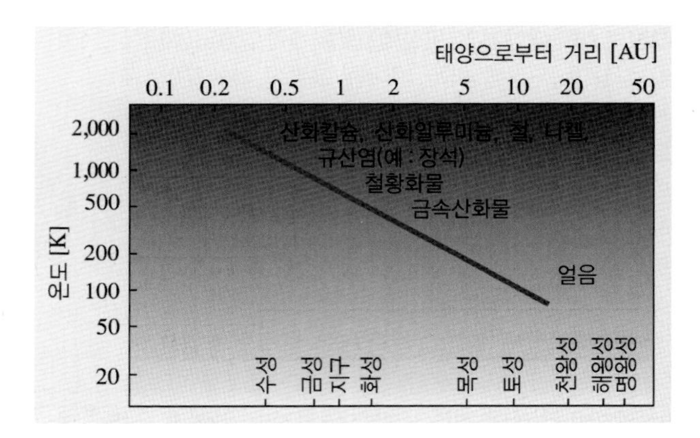

그림 7.27 행성이 형성될 때 태양계 내의 온도분포. 행성의 현재 화학조성비는 이러한 온도분포를 반영한다. 몇몇 혼합물의 개략적인 응축온도가 표시되어 있다.

수성부터 화성까지의 행성들은 주로 암석으로 구성되어 있다. 이들 행성의 생성 시기에는 수성부터 화성에 이르는 지역의 온도가 너무 높아 가스와 얼음이 행성에 존재할 수 없었다. 이 지역 물질의 99% 이상은 행성 밖 공간에 존재하였다. 행성들마다 다른 화학 조성으로부터 이 지역의 온도 분포를 유추할 수 있다. 수성의 거리에서는 온도가 1,400K보다 낮은데, 이는 성운에서 철과 니켈의 화합물이 응축될 수 있음을 나타낸다. 실제로 철과 니켈의 화합물이 수성 전체 질량의 약 60% 정도를 차지한다. 수성보다 더 먼 곳으로 가면 다른 원소들이 풍부해지기 시작한다. 지구의 거리에서 온도가 약 600K 정도 되며, 화성 근처에서는 450K 정도에 불과하다. 지구 맨틀에 약 10% 정도의 산화철(FeO)이 존재한다. 화성에는 상당히 많은 산화철이 있으나, 수성에는 거의 존

표 7.5 태양계의 질량분포

	전체 질량 중 비율(%)
태양	99.80
목성	0.10
혜성	0.05
다른 행성	0.04
위성 및 고리	0.00005
소행성	0.000002
먼지	0.0000001

재하지 않는다.

표 7.5는 태양계의 질량분포를, 표 7.6은 행성이 존재하기 위한 최소 질량을 나타낸다. 이 표에는 행성들과 태양의 서로 다른 구성 성분이 고려되어 있다. 실제로 원시태양계의 모든 질량이 행성의 형성에 다 사용되지 않기 때문에, 원시태양계 주위에 있는 부착원반(accretion disk)의 질량은 행성 자체의 질량보다 훨씬 더 크다. 행성이 존재하기 위한 최소 질량을 이용하여 부착원반의 밀도 분포를 계산할 수 있다. 행성의 질량이 M이고 원반의 밀도가 $\rho(r)$이며, 원반으로부터 $[r_0,\ r_1]$의 거리범위에 있는 물질이 원반에 부착되었을 때 행성의 질량은

$$
\begin{aligned}
M &= \int \rho(r) dA = \int_0^{2\pi} \int_{r_0}^{r_1} \rho(r) r \, dr \, d\theta \\
&= 2\pi \int_{r_0}^{r_1} \rho(r) r \, dr
\end{aligned}
\tag{7.51}
$$

로 표현된다.

질량 결손이 나타나는 소행성대를 제외하면 태양계 원반의 밀도 분포는 r^{-2} 법칙을 매우 잘 따른다(그림 7.28).

목성과 토성의 거리에서는 온도가 아주 낮기 때문에 얼음으로 이루어진 천체가 형성될 수 있다. 몇몇 토성의 위성들이 이와 같이 얼음으로 구성된 천체의 예라 할 수 있다. 거대행성을 둘러싼 구름으로부터 수집된 가스가 행성 주위에 잘 보존되고 있는데, 이는 행성이 태양으로부터 멀리 떨어져 있기 때문이다. 목성과 토성은 주로 수소와 헬륨을 포함하고 있지만, 천왕성과 해왕성에서는 이들 가스의 함유량이 적어 약 20% 정도에 불과하다.

운석의 충돌, 자체 중력에 의한 행성의 수축, 그리고 상대적으로 수명이 짧은 핵의 방사선 붕괴 등으로 인하여 행성에서 다량의 열이 발생된다. 이러한 열에너지는 행성의 일부를 용융시켜 물질의 분화작용(differentiation)

표 7.6 행성 형성에 필요한 원시성운의 최소 질량. 인수는 태양과 일관되는 원소함량을 만들기 위해 행성의 질량에 곱해져야 하는 값이다. 니스 모형에 의해 이 표에 있는 값과 그림 7.28의 모양이 달라진다.

	거리[AU]	질량(지구 = 1)	인수	총 질량	누적 질량
수성	0.4	0.055	350	19.3	19
금성	0.7	0.815	270	220.1	239
지구 + 달	1.0	1.012	235	237.8	477
화성	1.5	0.107	235	25.1	502
소행성	2.8	0.002	200	0.4	503
목성	5.2	317.89	5	1589.5	2092
토성	9.6	95.17	8	761.4	2853
천왕성	19.2	14.56	15	218.4	3072
해왕성	30.1	17.24	20	344.8	3417
명왕성	40	0.005	70	0.4	3417

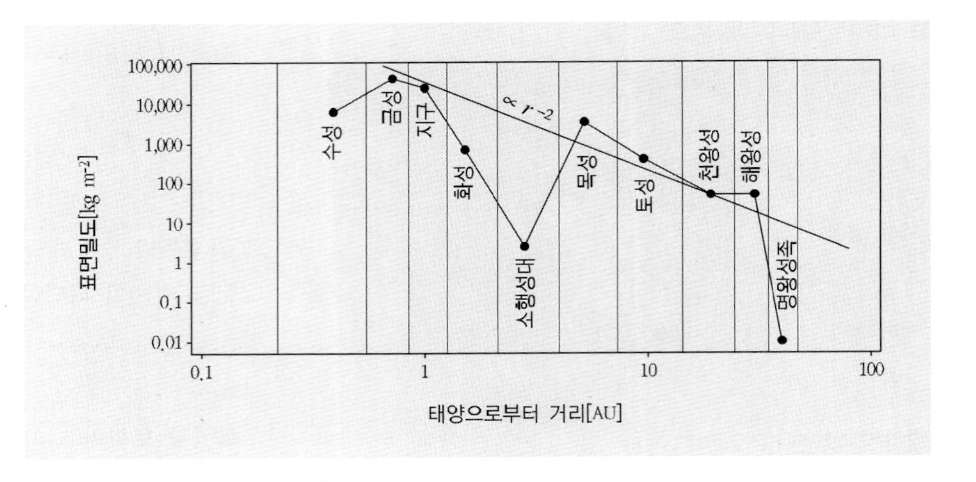

그림 7.28 태양으로부터의 거리에 따른 부착원반 표면밀도[kg m^{-2}]. 밀도는 대략적으로 r^{-2} 법칙을 따른다. 특히 소행성대 근처에서 질량 결손이 있어 보이며, 이는 상당량의 물질이 다른 곳으로 빼앗겼다는 것을 의미한다. 수직선들은 각 행성별로 물질이 부착되는 영역을 구분해 준다.

을 유발한다. 즉 무거운 원소는 중심부로 가라앉게 되고 가벼운 원소는 표면으로 부상하게 된다.

운석의 충돌은 약 5억 년 동안 지속되었다. 고체로 이루어진 대부분의 천체에서 이러한 충돌의 결과로 나타난 효과를 볼 수 있다. 예를 들어 달의 바다(Lunar Maria)는 운석의 충돌에 의해 만들어진 잔재에 해당한다. 지구에서는 지표면을 재포장하는 지질학적인 과정과 침식작용에 의해 운석이 떨어져 생긴 큰 구덩이의 흔적이 사라져 버렸다.

남겨진 미행성의 잔재는 거대행성의 섭동에 의해 행성과 충돌하거나 태양계 변두리 지역으로 쫓겨나고 심지어 태양계 밖 우주공간으로 탈출하게 된다. 현재까지 남아 있는 미행성은 안정된 궤도에 있는 소행성으로 존재한다. 혜성과 같이 밀도가 낮은 많은 천체들은 태양계 외곽 지역으로 내몰리게 되어 현재의 **오르트구름**(Oort cloud)을 형성하였다. 오르트구름의 총 질량은 지구 질량의 40배에 이르고 이곳에 수십억 개의 혜성이 존재한다.

또한 해왕성 궤도 너머와 이보다 더 먼 거리에 있는 **카이퍼대**(Kuiper belt)에 존재하는 소천체들도 태양에서 가까운 위치에서 생성되었을 것으로 생각된다.

태양에서 핵융합 반응이 시작되고 태양이 T Tauri 단계에 진입하면 행성의 생성은 멈추게 된다(14.3절). 강력한 태양풍으로 인해 태양은 자신의 질량과 각운동량을 잃어버리게 된다. 이때 질량 손실률은 $10^{-6}M_{\odot}$/년 정도지만, 총 질량 손실은 $0.1M_{\odot}$를 넘지 않는다.

태양풍이나 복사압은 mm나 cm 크기의 입자에게 아무런 영향을 주지 못한다. 그러나 이 입자들은 1903년 포인팅(John H. Poynting, 1852–1914)에 의해 처음 소개된 **포인팅-로버트슨 효과**(Poynting-Robertson effect)에 의하여 태양으로 빨려 들어가게 된다는 사실이 알려졌다. 이후에 로버트슨(H. P. Robertson, 1903–1961)은 상대성 이론을 이용하여 이 효과를 계산하였다. 이처럼 작은 입자들이 태양 복사를 흡수하고 방출할 때 각운동량을 잃게 되어 태양의 둘레를 선회하면서 빨려 들어가게 된다. 소행성대의 거리를 기준으로 했을 때 이 과정은 겨우 100만 년 정도가 소요된다. 따라서 현재 우리가 밤하늘에서 목격하는 유성은 태양계의 나이에 비해 매우 젊은 천체라고 할 수 있다. 상당수의 유성은 파괴된 혜성의 파편 물질이다.

7.12 니스 모형

태양계 내에서 행성들이 형성된 이후에 이들의 위치가 크게 변하지 않은 것으로 생각되어 왔다. 그런데 거대

행성은 현재 위치보다 더 태양에 가까운 곳에서 형성되었다는 것이 니스 모형의 가장 핵심적인 특징이다. 이 모형은 프랑스 니스(Nice)에 있는 코트다쥐르 천문대(Côte d'Azur observatory)에서 수행된 많은 컴퓨터 모의실험으로부터 얻어진 결과에 의해 제안되었다.

니스 모형에 의하면 행성들은 서로 간의 중력과 공명효과에 의해 현재 위치의 궤도로 이동하였다. 동시에 이들 행성의 섭동에 의해 잔재물이 행성과 충돌하거나 소행성대, 카이퍼대, 그리고 오르트구름 지역 등 태양계 외곽부로 이동하게 된다.

처음 제안된 니스 모형은 카이퍼대의 구조와 같이 태양계의 모든 특성을 잘 설명하지 못했다. 그러나 이러한 문제점은 새롭게 개선된 니스 모형 2에서 해결되었다.

니스 모형에는 세부적인 내용이 다른 몇 개의 버전(version)이 존재한다. 이들 서로 다른 형태의 모형은 태양계의 특징을 잘 설명하는 것으로 보이지만, 더 확실한 검증이 이루어지기 전에 모형의 복잡하고 자세한 내용을 이곳에서 다루는 것은 다소 시기상조라고 할 수 있다.

글상자 7.1(조석) 조석을 일으키는 천체의 질량이 M이고, 이 천체는 지구 중심으로부터의 거리가 d만큼 떨어진 Q지점에 위치한다고 가정하자. 지구표면의 A지점이 천체 Q에 의해 받는 퍼텐셜 V는

$$V(A) = \frac{GM}{s} \tag{1}$$

이다. 여기서 s는 천체 Q에서 A지점까지의 거리이다.

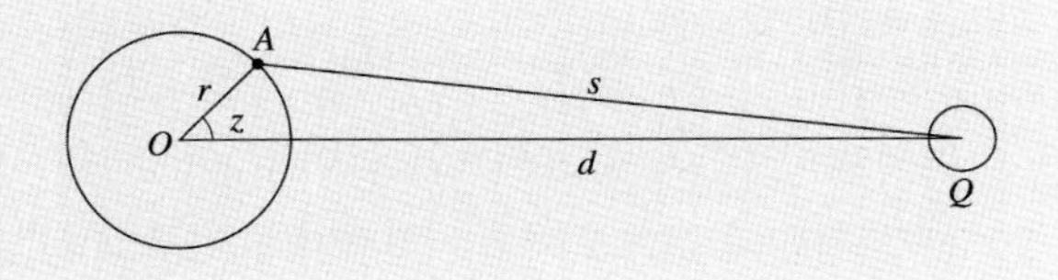

삼각형 OAQ에서 코사인 법칙을 적용하면 거리 s는 삼각형의 다른 두 변과 각도 $z = AOQ$의 형태로 표현될 수 있다.

$$s^2 = d^2 + r^2 - 2dr\cos z$$

여기서 r은 점 A와 지구 중심 사이의 거리에 해당한다. 이제 우리는 식 (1)을

$$V(A) = \frac{GM}{\sqrt{d^2 + r^2 - 2dr\cos z}} \tag{2}$$

과 같이 다시 표현할 수 있다. 분모를 테일러 급수(Taylor series)로 확장해 주면

$$(1+x)^{-\frac{1}{2}} \approx 1 - \frac{1}{2}x + \frac{3}{8}x^2 - \cdots$$

이 되며 이때 x는

$$x = \frac{r^2}{d^2} - 2\frac{r}{d}\cos z$$

이다. $1/d^4$보다 높은 차수의 항을 무시하면

$$V(A) = \frac{GM}{d} + \frac{GM}{d^2}r\cos z + \frac{GMr^2}{d^3}\frac{1}{2}(3\cos^2 z - 1) \tag{3}$$

이 된다.

거리 r에 대한 퍼텐셜 $V(A)$의 기울기는 단위질량당 힘의 벡터를 나타낸다. r에 대한 퍼텐셜 $V(A)$의 기울기로 식을 표현하면, 식 (3)의 첫째 항은 없어지고 둘째 항은 상수가 되어 r과 무관한 값이 되어 중심부 운동을 나타낸다. 그러나 힘의 벡터를 나타내는 세 번째 항은 r에 따라 달라지기 때문에 조석력의 주요 항에 해당한다. 식에서 보듯이 세 번째 항은 거리 d의 세제곱에 반비례하기 때문에 조석력을 일으키는 천체의 거리가 증가할수록 조석력은 매우 급격히 감

소한다. 따라서 태양의 질량이 달보다 훨씬 큼에도 불구하고 태양에 의한 조석력은 달에 의한 조석력의 절반보다도 작다.

우리는 식 (3)의 세 번째 항을

$$V_2 = 2D\left(\cos^2 z - \frac{1}{3}\right) \tag{4}$$

로 다시 표현할 수 있다. 여기서 D는

$$D = \frac{3}{4} GM \frac{r^2}{d^3}$$

으로서 **둣손의 조석상수**(Doodson's tidal constant)로 부른다. 달과 태양의 조석상수값은 각각 $2.628\text{m}^2\text{s}^{-2}$과 $1.208\text{m}^2\text{s}^{-2}$이다. 각도 z를 천체의 천정 각도로 근사시킬 수 있는데, 천정 각도 z는 시간각 h, 천체의 적위 δ, 그리고 관측자의 위도 ϕ로 표현되어

$$\cos z = \cos h \cos\delta \cos\phi + \sin\delta \sin\phi$$

가 된다. 이렇게 표현된 $\cos z$를 식 (4)에 대입하면 다음과 같이 약간 긴 대수적인 연산을 얻는다.

$$\begin{aligned} V_2 = D\Big(&\cos^2\phi \cos^2\delta \cos 2h \\ &+ \sin 2\phi \cos 2\delta \cos h \\ &+ (3\sin^2\phi - 1)\left(\sin^2\delta - \frac{1}{3}\right)\Big) \\ = D&(S + T + Z) \end{aligned} \tag{5}$$

식 (5)는 전통적으로 사용되는 조석퍼텐셜에 관한 기본적인 방정식으로서, **라플라스의 조석방정식**(Laplace's tidal equation)이라고 부른다.

식 (5)로부터 우리는 조석력에 관한 몇 가지 특징을 살펴볼 수 있다. S항은 $\cos 2h$에 따라 달라지므로 하루에 두 번 나타나는 **조석력**(semi-diurnal tide)의 원인이 된다. 이로부터 하루에 두 번씩 12시간 간격으로 간조와 만조처럼 최대 조석력과 최소 조석력이 나타난다. 이 조석력은 적도에서 최대이고 양 극에서 0의 값을 갖는다($\cos^2\phi$를 상기하자).

T항은 매일 발생하는 **조석력**(diurnal tides)을 나타낸다($\cos h$를 상기하자). 이 조석력은 위도 ±45°에서 최대가 되고, 적도와 양 극에서 0이 된다($\sin 2\phi$를 상기하자). 세 번째 항 Z는 지구의 자전과 무관한 양이다. 이 항은 **장주기조석력**(long period tides)을 발생시키며, 그 주기는 조석력을 일으키는 천체의 공전주기의 절반에 해당하여 달의 경우 약 14일이고 태양의 경우 6개월이 된다. 이 조석력은 위도 ±35.27°에서 0이 되고, 양 극에서 최댓값을 갖는다. 더욱이, Z항의 시간에 대한 평균값은 0이 아니므로 이 조석력은 지구의 모양을 영구적으로 변형시키는 원인이 된다. 따라서 이 조석력을 **영구조석력**(permanent tide)으로 부른다. 이 조석력은 지구의 **편평도**(flattening of the Earth)를 약간 증가시키는 역할을 하며, 지구의 자전 효과에 의해 나타나는 편평도와 불가분의 관계를 갖고 있다.

조석퍼텐셜의 총량은 달과 태양에 의한 퍼텐셜을 단순히 더해줌으로써 계산할 수 있다. 조석력 때문에 지구 전체 모양이 변형된다. 지구 지각의 수직방향 운동에 의해 생긴 변화량 Δr은

$$\Delta r = h\frac{V_2}{g} \approx 0.06\, V_2 [\text{m}] \tag{6}$$

이 된다. 여기서 g는 평균 자유낙하 가속도 상수로서 $g \approx 9.81\text{ms}^{-2}$이고 h는 **러브숫자**(Love number)라고 부르는 무차원의 값으로서 $h \approx 0.6$이며 지구의 탄성을 나타낸다. 뒤페이지 그림에서 1995년 1월 핀란드 헬싱키($\phi = 60°$, $\lambda = 25°$)에 있는 지각의 수직운동

양상을 볼 수 있는데, 시간적으로 보아 평균값이 0이 아니라는 것을 잘 알 수 있다.

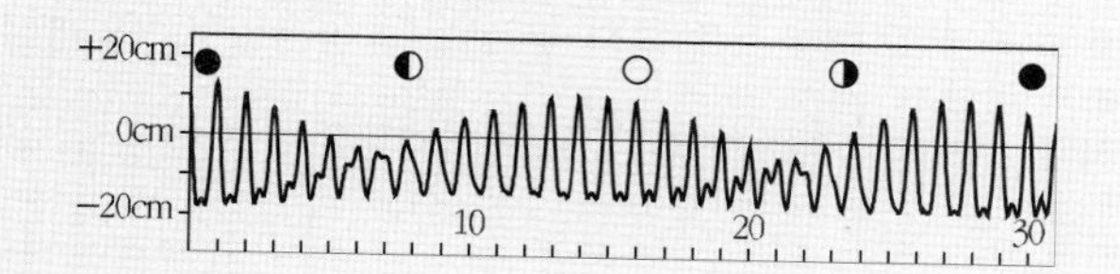

조석력은 또 다른 결과를 가져온다. 지구 주위에 대한 달의 공전보다 지구 자전이 더 빠르기 때문에 조석력에 의해 지구가 부풀어 오른 돌출부(bulge)가 지구와 달을 연결한 선에 놓이지 않게 되고 이 선보다 약간 앞선 위치(즉 지구의 자전방향)에 있게 된다(아래 그림 참조).

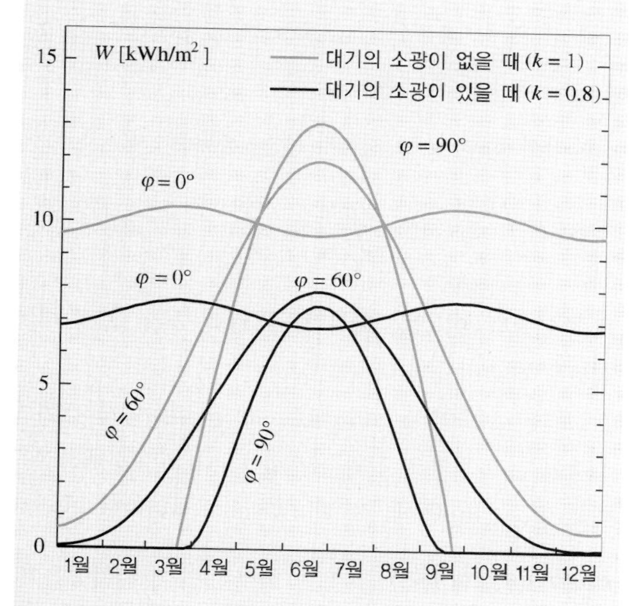

항력(抗力, drag) 때문에 지구 자전이 100년에 약 1~2ms 정도 늦어진다. 마찬가지로 달의 자전주기도 길어져 달의 공전주기와 같은 값을 갖게 되고 지구에서 볼 때 달은 항상 같은 표면만 보이게 된다. 지구와 달을 연결한 선에 놓여 있지 않은 지구의 돌출부가 달을 잡아당기게 된다. 가속력에 의해 달 궤도의 장반경이 약 1년에 3cm 정도 증가한다.

7.13 예제

예제 7.1(항성주기와 회합주기) 화성의 연속되는 충과 다음 충 사이의 시간은 779.9일이다. 화성의 궤도긴반지름을 구하라.

회합주기는 779.9일=2.14년이므로 식 (7.2)에서

$$\frac{1}{P_2} = \frac{1}{1} - \frac{1}{2.14} = 0.53 \quad \Rightarrow \quad P_2 = 1.88\,\mathrm{a}$$

를 얻는다. 케플러 제3법칙을 이용하면($m \ll M_\odot$), 궤도긴반지름은

$$a = P^{2/3} = 1.88^{2/3} = 1.52\,\mathrm{AU}$$

가 된다.

예제 7.2(지구의 태양에너지 플럭스) 지구의 거리에서 낮 동안 받는 단위면적당 태양에너지 플럭스를 구하라.

지구 대기 밖에서의 태양 플럭스밀도(태양 상수) S_0는 $S_0 = 1{,}370\,\mathrm{W\,m^{-2}}$이다. 태양의 적위가 δ일 때 위도 ϕ인 관측자를 생각해보자. 대기의 소광을 무시할 수 있다면 표면에서의 플럭스밀도는

$$S = S_0 \sin a$$

이며, 여기서 a는 태양의 고도이다. $\sin a$를 위도, 적위, 그리고 시간각 h의 함수로

$$\sin a = \sin\delta\,\sin\phi + \cos\delta\,\cos\phi\,\cos h$$

와 같이 표현할 수 있다. 구름이 없는 날에는 일출에서 일몰까지 계속 태양 복사에너지를 받는다. $a = 0$일 때의 시간각 h_0는 위 식에서

$$\cos h_0 = -\tan\delta\,\tan\phi$$

이므로 하루 종일 단위면적당 받는 에너지 W는

$$W = \int_{-h_0}^{h_0} S\,\mathrm{d}t$$

이다. 시간각 h는 라디안으로 표시되므로 시간 t는

$$t = \frac{h}{2\pi} P$$

이며, 여기서 $P = 1$일$=24$시간이다. 따라서 총 에너지는

$$\begin{aligned} W &= \int_{-h_0}^{h_0} S_0(\sin\delta \sin\phi + \cos\delta \cos\phi \cos h) \\ &\quad \times \frac{P}{2\pi}\mathrm{d}h \\ &= \frac{S_0 P}{\pi}(h_0 \sin\delta \sin\phi + \cos\delta \cos\phi \sin h_0) \end{aligned}$$

이며, 여기서 h_0는

$$h_0 = \arccos(-\tan\delta \tan\phi)$$

이다. 예를 들어 적도($\phi = 0°$) 근방에서는 $\cos h_0 = 0$ 이므로

$$W(\phi = 0°) = \frac{S_0 P}{\pi} cos\,\delta$$

가 된다. 태양이 지지 않는 위도에서는 $h_0 = \pi$이므로

$$W_{\mathrm{circ}} = S_0 P \sin\delta \sin\phi$$

가 된다. 극지방에서 태양은 지평선 위에서 극 둘레를 돌고 있으므로

$$W(\phi = 90°) = S_0 P \sin\delta$$

이다. 태양의 적위가 큰 여름에 극지방이 적도 근처 지방보다 더 많은 에너지를 받는다는 것은 대단히 흥미로운 사실이다. 즉

$$W(\phi = 90°) > W(\phi = 0°)$$

$$\Leftrightarrow S_0 P \sin\delta > S_0 P \cos\delta/\pi$$

$$\Leftrightarrow \tan\delta > 1/\pi$$

$$\Leftrightarrow \delta > 17.7°$$

이다. 태양의 적위가 17.7°보다 큰 기간은 매년 여름 약 2개월쯤 된다.

그러나 대기의 소광은 복사량을 감소시키며, 극지방에서 태양의 고도가 상대적으로 항상 낮기 때문에 그 손실은 양 극에서 가장 많다. 복사는 대기의 두꺼운 층을 투과해야 하므로 빛이 지나는 거리는 $1/\sin a$이다. 태양이 천정에 있을 때 지표에 이르는 복사밀도의 비율을 k라고 하면 고도 a에 위치한 태양의 복사밀도 S'은

$$S' = S_0 \sin a\, k^{1/\sin a}$$

이다.

따라서 하루 동안 지표가 받는 총 에너지는

$$W = \int_{-h_0}^{h_0} S'\,\mathrm{d}t = \int_{-h_0}^{h_0} S_0 \sin a\, k^{1/\sin a}\,\mathrm{d}t$$

로 주어진다. 이 값은 해석적으로 풀리지 않으므로 수치적분을 해주어야 한다.

그림은 위도가 $\phi = 0°$, 60°, 90°인 위치에서 대기의 소광이 없고 실제의 값과 흡사한 $k = 0.8$을 선택하였을 때의 연중 일조량 에너지 W[$\mathrm{kWh\,m^{-2}}$]을 나타낸 것이다.

예제 7.3(행성의 등급) 1975년 화성이 충에 위치했을 때의 겉보기 등급은 $m_1 = -1.6$이고 태양까지의 거리는 $r_1 = 1.55\,\mathrm{AU}$이었다. 1982년 충에 위치했을 때 거리는 $r_2 = 1.64\,\mathrm{AU}$이었다. 1982년 충에 위치했을 때 화성의 겉보기 등급을 구하라.

화성이 충에 위치할 때 지구에서 화성까지의 거리는 $\Delta = r - 1$이다. 지상에서 관측되는 플럭스밀도 F는 지구와 태양까지의 거리에 의존하므로

$$F \propto \frac{1}{r^2 \triangle^2}$$

이 된다. 식 (4.9)를 이용하면

$$m_1 - m_2 = -2.5 \log \frac{r_2^2(r_2-1)^2}{r_1^2(r_1-1)^2}$$

$$\Rightarrow m_2 = m_1 + 5 \log \frac{r_2(r_2-1)}{r_1(r_1-1)}$$

$$= -1.6 + 5 \log \frac{1.64 \times 0.64}{1.55 \times 0.55} \approx -1.1$$

을 얻는다. 식 (7.38)을 두 층에 대해 적용하여도 동일한 결과를 얻게 된다.

예제 7.4(금성의 밝기) 금성의 밝기가 금성의 투영된 일사 면적에 비례한다면 어느 순간 금성이 가장 밝게 보이는지 구하라. 여기서 금성 궤도를 원으로 가정하라.

금성의 일사 면적은 (반원 $ACE \pm$ 타원 $ABCD$ 면적의 절반)이다. R을 금성의 반지름이라고 한다면 타원의 긴반지름 · 짧은 반지름은 각각 R과 $R\cos\alpha$ 이다. 따라서 일사 면적은

$$\pi \frac{R^2}{2} + \frac{1}{2} \pi R \times R \cos\alpha = \frac{\pi}{2} R^2 (1 + \cos\alpha)$$

이며, 여기서 α는 위상각이다. 그런데 플럭스밀도는 거리 $\triangle$의 제곱에 반비례하므로

$$F \propto \frac{1 + \cos\alpha}{\triangle^2}$$

이다.

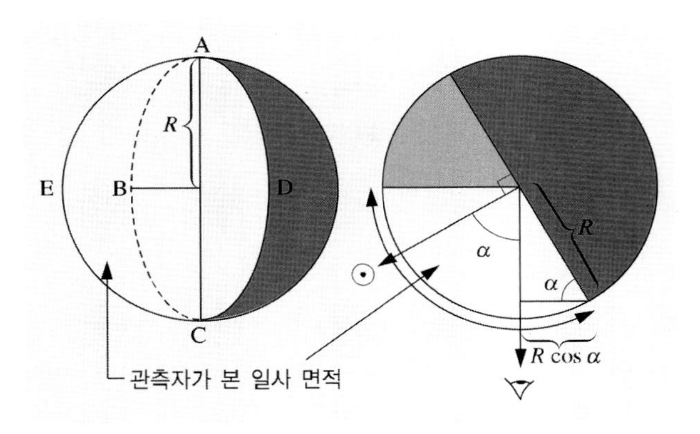

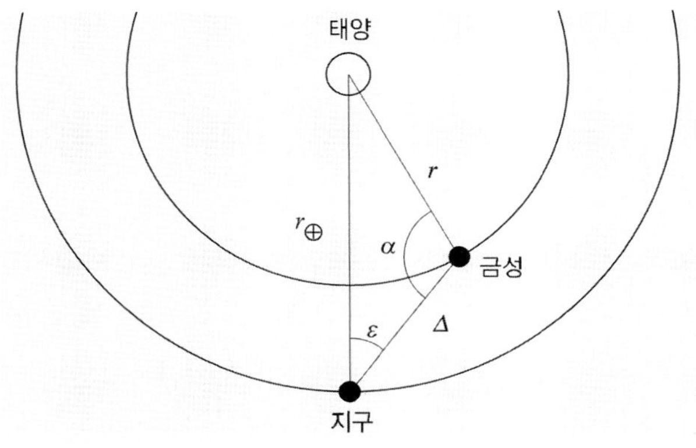

코사인 법칙을 적용하면

$$M_\oplus^2 = r^2 + \triangle^2 - 2\triangle r \cos\alpha$$

가 되며, 이를 $\cos\alpha$ 에 대하여 풀어서 플럭스밀도식에 대입하면

$$F \propto \frac{2\triangle r + r^2 + \triangle^2 - M_\oplus^2}{2r\triangle^3}$$

을 얻는다. 이 식에서 최소가 되는 경우가 금성이 가장 밝게 보이는 거리에 해당되므로

$$\frac{\partial F}{\partial \triangle} = -\frac{4r\triangle + 3r^2 - 3M_\oplus^2 + \triangle^2}{2r\triangle^4} = 0$$

$$\Rightarrow \triangle = -2r \pm \sqrt{r^2 + 3M_\oplus^2}$$

이 된다. 만일 $r = 0.723\text{AU}$, $R_\oplus = 1\text{AU}$라면, 가장 밝게

보이는 거리는 $\Delta = 0.43$AU이며 이때의 위상각은 $\alpha = 118°$이다.

따라서 금성은 동방최대이각 직후와 서방최대이각 직전에 가장 밝게 보인다. 사인 공식으로부터

$$\frac{\sin \varepsilon}{r} = \frac{\sin \alpha}{M_{\oplus}}$$

를 얻으므로 이에 대응하는 이각은 $\varepsilon = 40°$이며, 이때 일사면은

$$\frac{1 + \cos \alpha}{2} \times 100\% = 27\%$$

이다.

예제 7.5(소행성의 등급) 소행성 44 뉘사(Nysa)의 물리량은 $H = 6.929$, $G_1 = 0.050$, $G_2 = 0.67$이며 궤도긴반지름은 $a = 2.42$AU이다. $V(1, 1°)$를 계산하고, 위상각 0° 와 1°에서 소행성의 겉보기 등급을 구하라.

기본함수의 값은 $\Phi_1(1°) = 0.9667$, $\Phi_2(1°) = 0.9900$, $\Phi_3(1°) = 0.577$이다. 이 값들을 이용하여 위상각 1°에서 소행성의 절대등급을 다음과 같이 구할 수 있다.

$$\begin{aligned} V = (1, 1°) &= 6.929 - 2.5\log[0.050 \times 0.9667 \\ &\quad + 0.67 \times 0.990 \\ &\quad + (1 - 0.050 - 0.67) \times 0.577] \\ &= 7.076 \end{aligned} \tag{7.52}$$

충 근처에서 $\Delta = r - 1 = 1.42$AU로 근사시킬 수 있다. 충에서의 겉보기 등급은

$$\begin{aligned} m &= 6.929 + 5\log(1.42 \times 2.42) - 2.5\log\Phi(0°) \\ &= 6.929 + 5\log 3.36 = 9.561 \end{aligned} \tag{7.53}$$

이다. 위상각 1°에서의 절대등급은 충에서의 절대등급보다 0.147등급 더 크다. 위상각 1°와 충에서의 겉보기 등급의 차이도 똑같아 $m(\alpha = 1°) = 9.71$이 된다.

예제 7.6 혜성의 온도가 0℃와 100℃일 때 태양으로부터 떨어진 혜성의 거리를 구하라. 단, 혜성의 본드반사율을 0.05로 가정하자.

식 (7.47)에서 r을 풀어주면

$$r = \left(\frac{T_{\odot}}{T}\right)^2 \left(\frac{1 - A}{2}\right)^{1/2} R_{\odot}$$

가 된다. $T = 273$K이면, 거리는 $r = 1.4$AU이고, $T = 373$K이면 $r = 0.8$AU가 된다.

7.14 연습문제

연습문제 7.1 수성, 금성, 화성에서 가능한 최대이각은 각각 얼마인가? 일출 전 또는 일몰 후 행성을 얼마나 오랫동안 볼 수 있는가? 행성과 태양의 적경을 $\delta = 0°$로 가정하라.

연습문제 7.2 a) 금성의 가능한 최대 지심위도(geocentric latitude)는 얼마인가? 즉 행성이 내합에 있을 때 태양으로부터 얼마나 멀리 떨어져 있는가? 금성은 원궤도를 갖는다고 가정하라. b) 언제 이러한 상황이 가능한가? 단, 금성의 승교점 경도는 77°이다.

연습문제 7.3 a) 충의 위치에 있는 외행성이 역행하는 겉보기 운동을 찾아라. 행성과 지구는 원 궤도를 갖는다고 가정하라. b) 명왕성이 1930년에 충의 위치에 있을 때 6일 간격으로 찍은 2개의 사진건판으로부터 발견되었다. 이 사진건판에서 각도 1°는 3cm에 해당한다. 두 사진건판을 얻기 위한 6일 동안 명왕성은 얼마만큼(cm 단위로) 움직였는가? 같은 기간 동안 소행성대에 있는 소행성들은 얼마만큼 움직였는가?

연습문제 7.4 어떤 행성이 충 또는 내합에 있을 때 관측되었다. 빛의 속도가 유한하기 때문에 행성의 겉보기 방향은 실제 위치와 다르게 나타난다. 이와 같은 차이가 궤도반지름의 함수로 어떻게 나타나는가? 이때 행성의 궤도를 원으로 가정하라. 또한, 어떤 행성의 경우 가장 큰 차이를 나타내는가?

연습문제 7.5 달의 각지름은 각도로 0.5°이다. 보름달과 태양의 겉보기 등급은 각각 −12.5등급과 −26.7등급이다. 달의 기하학적 반사율과 본드반사율을 계산하라. 단, 반사된 빛은 등방적으로[2π 스테라디안(steradian)의 입체각으로] 퍼진다고 가정하라.

연습문제 7.6 수성 궤도의 이심률은 0.206이다. 수성에서 본 태양의 겉보기등급은 얼마나 변하는가? 또한 태양의 표면밝기는 얼마나 변하는가?

연습문제 7.7 지름이 100m인 소행성이 30km s^{-1}의 속도로 지구에 접근할 때, 소행성이 지구와 충돌하기 a) 일주일 전과 b) 하루 전 소행성의 겉보기 등급을 구하라. 단, 소행성의 위상각은 $\alpha = 0°$이고 기하학적 반사율은 $p = 0.1$로 가정하자. 한편 충돌하기 전에 소행성을 찾을 가능성은 얼마나 되는지 생각해보라.

연습문제 7.8 지구의 극과 적도에서의 구심 가속도를 구하라.

태양계 천체

8

우리의 태양계에는 태양 주위를 공전하는 8개의 행성을 비롯하여 왜소행성, 소행성, 혜성, 유성, 행성 주위를 공전하는 위성, 그리고 큰 행성 둘레에 분포하는 작은 입자들이 있다. 이 장에서는 이와 같이 서로 다른 태양계 천체들의 특징에 대해 논의하겠다.

8.1 수성

수성은 태양계에서 가장 안쪽에 위치하는 행성이다. 수성의 지름은 4,800km이다. 수성의 최대이각은 28°에 불과하므로 수성은 항상 태양 근처에서 발견된다. 따라서 수성의 관측은 항상 지평선 가까이의 밝은 하늘에서 이루어지기 때문에 많은 어려움이 따른다. 수성은 달과 같이 서로 다른 위상을 갖는다. 내합에서 수성이 지구에 가장 가까이 접근할 경우에는 수성의 어두운 표면이 우리 쪽으로 향하게 된다. 수성이 태양 뒤쪽에 위치하면서 우리 지구에서 가장 멀리 떨어져 있을 때, 수성의 전 표면이 지구 쪽으로 밝게 보인다. 100년에 수 회 수성은 태양표면을 가로질러 지나가는 일면통과를 한다(7.5절 참조). 수성의 일면통과 관측으로부터 수성에 뚜렷한 대기가 없다는 사실을 알게 되었다.

수성의 첫 지형도는 19세기 말에 만들어졌지만, 상세한 지형학적 구조의 진위 여부는 확인되지 않았다. 1960년대 초반까지만 하더라도 수성은 항상 태양에 대해 같은 면을 향한다고 믿고 있었다. 그러나 열적전파복사를 측정해본 결과 태양빛을 받지 않는 수성의 어두운 부분의 온도가 거의 절대영도에 가까울 것이라는 예상과는 달리, 100K 정도의 높은 값을 지니고 있음이 밝혀졌다. 그리고 마침내 레이더 관측으로부터 수성의 자전주기도 측정되었다.

수성의 공전주기는 88일이며, 자전주기는 이 값의 2/3에 해당하는 59일이다. 이러한 사실은 2회의 공전마다 수성은 동일한 표면을 태양에 향하게 됨(즉 2회의 공전을 마칠 때마다 수성은 근일점에 도달함)을 뜻한다(그림 8.1). 이러한 종류의 스핀-궤도 결합(spin-orbit coupling) 현상은 중심에 위치한 천체가 이심률이 큰 궤도를 그리며 공전하는 동반 천체에 조석력을 미치기 때문에 생기는 것이다.

과거의 관측 자료를 재검토해보면 수성이 동주기자전을 한다고 생각했었던 이유를 쉽게 알 수 있다. 수성의 기하학적 배치 때문에 수성의 관측은 봄과 가을에 용이하다. 6개월 동안 수성은 2회 공전하며, 정확히 3회 자전하게 된다. 따라서 봄과 가을에 시도한 관측에서 수성의 동일한 면이 태양을 향하고 있는 것으로 관측될 수밖에 없다! 수성표면에서 관측되는 상세한 구조를 파악하기가 매우 불분명하며, 몇 개의 예외적인 관측은 관측의 오차로 해석되고 있다.

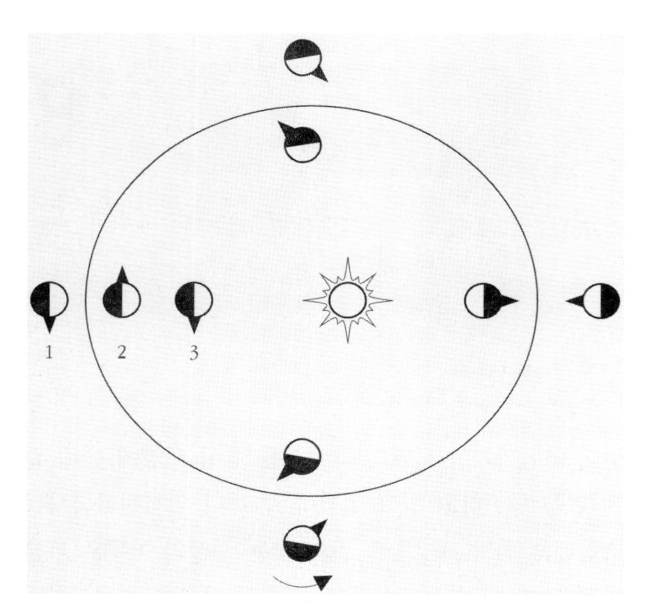

그림 8.1 수성의 하루 길이. 첫 번째 공전기간 동안 수성의 위치를 타원 바깥에 표시하였다. 원지점에 다시 돌아왔을 때 수성은 540°를 회전하였다(이때 1.5 공전함). 두 번 공전할 때 수성은 자전축 주위로 세 번 회전하였고 태양에 대하여 동일한 면을 향하게 된다. 하루의 길이는 176일로서 다른 어떤 행성의 하루 길이보다 길다.

수성의 자전주기는 $\tau_* = 58.6$일이고 공전주기는 $P = 87.97$일이므로, 식 (2.43)에 의하면 수성의 회합일은 $\tau = 176$일(또는 2 수성년)이다. 수성의 자전축은 공전 궤도면과 거의 수직이다.

태양으로부터의 평균거리는 0.39AU이다. 궤도 이심률은 0.21이기 때문에 태양까지의 거리는 0.31~0.47AU의 범위에서 변한다. 이심률이 크기 때문에 태양직하점(subsolar point)의 온도도 큰 폭으로 변한다. 즉 근일점에서 700K이고 원일점에서는 이보다 약 100K 정도 낮다. 수성의 밤에는 온도가 100K 이하로 떨어지기 때문에 수성의 온도 변화는 태양계에서 가장 심하다.

수성 근일점의 세차는 100년에 0.15° 이상의 값을 갖는다. 뉴턴 섭동을 제거하더라도 43″의 차이가 여전히 남는다. 이러한 현상은 일반상대성 이론으로 완전히 설명되기 때문에 수성 근일점의 세차 현상을 설명한 것은 일반상대성 이론을 확인한 첫 번째 실험이었다.

수성을 연구한 최초의 우주탐사선은 미국의 **매리너 10호**(Mariner 10)로서 1974년과 1975년에 3차례 수성에 가까이 지나갔다. 태양둘레를 회전한 매리너 10호의 공전주기는 수성 공전주기의 정확히 2배였다. 이와 같은 2/3 배수라는 요인 때문에 매리너 10호가 수성을 지날 때마다 수성의 동일한 밝은 면만이 관측되었으며, 수성의 반대 면은 알려져 있지 않았다. 2004년에 와서야 **메신저**[Messenger(MErcury Surface, Space ENvironment, GEo-chemistry, and Ranging)] 우주탐사선이 2008~2009년 세 차례의 근접 비행과 2011~2015년 수성 공전탐사를 통해 수성 전 표면의 지도를 완성하였다. 이후의 우주탐사선은 유럽우주기구(European Space Agency, ESA)가 제작한 **베피콜롬보**(BepiColombo)로 2018년 발사되었으며, 수차례 수성에 대한 근접 비행을 한 후 2025년 수성 주위의 궤도에 안착할 예정이다.

수성은 위성을 갖고 있지 않으므로 수성에 대한 정확한 질량과 밀도의 계산은 매리너 우주탐사선의 비행 후에 가능할 수 있었다.

매리너 10호의 자료에 의해 수성의 모습이 월면과 비슷하다는 것이 밝혀졌다. 수성의 표면은 충돌로 생긴 구덩이로 덮여 있으며(그림 8.2), 이는 수성표면의 나이가 많으며 그동안 대륙의 이동이나 화산의 분출 등에 의한 교란이 없었음을 나타낸다. 화산활동에 대한 몇 가지 흔적이 있으나, 이 활동은 아마도 10억 년보다 더 오래전에 나타난 것으로 생각된다.

달의 바다와 닮은 원형 모양의 분지 구조도 있는데, 이는 큰 천체와 충돌하여 형성된 후 수성 내부에서 배출된 용암이 덮어서 만들어진 것으로 여겨진다. 가장 큰 원형 구조는 1,500km의 폭을 갖는 **칼로리스 분지**(Caloris Basin)이다. 칼로리스의 충돌에 의해 발생된 충격파가 수성의 정반대 지점에 충격을 주어 수성표면층의 넓은

그림 8.2 메신저 탐사선이 찍은 수성의 모자이크 사진. 사진의 중심은 적도와 자오선이 지나는 지점이다. 빛줄기가 나오는 듯한 모습의 드뷔시(Debussy) 구덩이가 사진 하단부에 보인다.

영역이 수백 km 정도 지름을 갖는 복잡한 덩어리로 깨지게 된다. 이 영역을 기이한 지형(Weird Terrain)이라고 부른다.

또한, 표면 지각의 압축에 의해 생긴 것으로 추측되는 단층도 존재한다. 한편 부피의 변화도 발생하는데 이는 행성의 냉각에 의해 생기는 것으로 생각된다.

수성은 비교적 크기가 작고 태양에 근접해 있기 때문에 중력이 작고 표면온도는 높다. 따라서 수성은 대기를 갖지 못한다. 수성에는 태양풍에 의해 수성표면으로부터 솟아 오른 원자들로 구성된 층이 있다. 이와 같이 생긴 희박한 '대기'는 주로 산소, 나트륨, 헬륨으로 구성된다. 원자들은 빠르게 우주공간으로 탈출함과 동시에 지표로부터 지속적으로 보충된다.

수성은 대기를 갖고 있지 않기 때문에 표면온도는 일몰 후 대단히 빠른 속도로 급강하한다. 자전축이 궤도면에 거의 수직하므로 양 극 근처에는 온도가 영구적으로 빙점 이하로 떨어지는 영역이 존재한다. 수성표면에 대한 레이더반사관측에 의하면 수성의 북극과 남극에서 이례적으로 반사가 잘 나타나고 편광이 심하게 소멸되는 현상이 나타난다. 이러한 현상이 나타나는 일부 영역은 분화구로 생각될 수 있는데, 분화구 아래는 영구적으로 그늘이 져 있다. 레이더전파의 반사가 잘되는 이유 중 하나는 영구적으로 어두운 지역에 존재하는 얼음물 때문인 것으로 생각된다.

얼음의 존재는 메신저 우주탐사선의 탐사에 의해 확인되었다. 몇몇 분화구 아래의 온도는 100K를 넘지 않는다. 얼음을 뒤덮고 있는 표토(表土, regolith)는 얼음이 승화(昇華, sublimating)되고 우주공간으로 증발되는 것

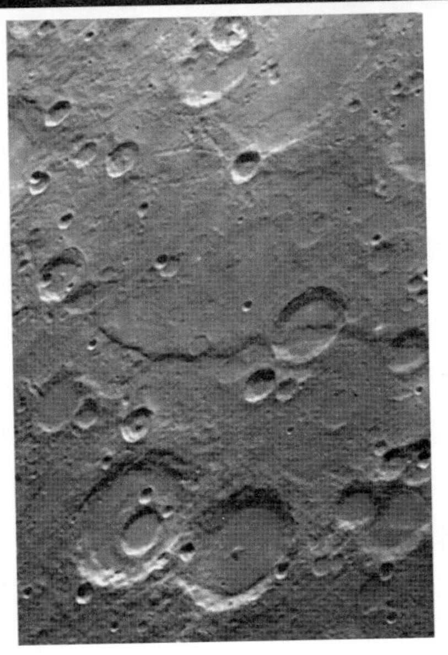

그림 8.2 (계속) (위) 메신저 탐사선이 수성의 반대편을 찍은 모자이크 사진. 원으로 둘러싸인 영역은 1,500km의 폭을 갖는 칼로리스 분지를 나타낸다. 칼로리스 분지 바로 아래에 225km 폭의 원형 모습으로 확연하게 움푹 파인 곳이 모차르트(Mozart) 분지이다. (사진출처 : NASA/Johns Hopkins University Applied Physics Laboratory/Carnegie Institution of Washington) (아래) 매리너 10호가 1974년 수성에 처음 접근하였을 때 찍은 수성 표면의 세밀한 모습. 350km 길이에 이르는 급경사 벼랑구조가 지름이 35km와 55km인 구덩이를 횡단하고 있다. 이 급경사 벼랑구조의 높이는 어떤 곳에서는 2km에 이르고, 이는 지각의 수축에 의하여 생긴 단층구조인 것으로 보인다. (사진출처 : NASA/JPL/Northwestern University)

을 막아준다. 수성에 존재하는 얼음의 총량은 지구의 남극에 있는 얼음의 1/1,000 정도인 것으로 계산되고 있다.

수성은 외관상 달과 흡사하게 보이지만 그 내부는 지구형 행성의 구조를 지니고 있다고 알려져 있다. 이론적인 모형에 의하면 수성의 내부 구조는 지구와 흡사하지만 수성의 중심핵은 지구의 것보다 매우 더 크다. 수성의 밀도는 지구와 비슷하기 때문에 이는 수성의 철-니켈 중심핵의 크기가 지구 중심핵 크기의 약 75% 수준이라는 것을 나타낸다. 맨틀의 두께는 500~700km에 불과하고, 지각의 두께는 100~300km 정도이다.

수성이 형성되는 기간에 수성의 거리에 위치한 원시성운은 태양에 가까이 있었기 때문에 그 온도가 대단히 높았을 것이다. 따라서 휘발성 원소의 상대적인 존재량이 다른 지구형 행성에 비하여 작다.

태양은 44일과 88일의 주기로 수성의 강력한 조석현상을 발생시킨다. 조석현상이 천천히 일어나기 때문에 조석의 변화를 측정하는 것이 힘들지만, 수성의 적도에서 나타나는 수직방향의 조석운동이 수 m 정도 되는 것으로 계산되었다(지구 지각은 달의 조석에 의해 약 30cm 정도 움직인다).

수성은 미약한 자기장을 지니고 있으며 그 세기는 지구 자기장 세기의 1% 정도이다. 지구보다 훨씬 작은 크기와 수성의 느린 자전속도를 고려한다면 자기장의 존재는 기대 밖이다. 다이나모 이론에 의하면 자기장은 전기 전도가 큰 중심핵 내에서 유체의 흐름에 의해 발생된다. 한편 현재 관측되는 자기장은 수성 형성 당시의 것이라고 할 수 없다. 왜냐하면 행성의 내부온도는 임계온도, 즉 큐리온도를 능가했어야 했기 때문이다. 따라서 중심핵의 일부는 용융된 상태라는 것을 가정할 수밖에 없다. 아마도 조석현상과 마찰에 의한 변형이 열에너지를 방출하며, 이 열에너지가 수성의 중심핵을 계속 용융 상태로 만들고 물질의 흐름을 지속시켜 자기장을 발생시키는 것으로 생각된다.

8.2 금성

금성은 태양과 달 다음으로 가장 밝게 보이는 천체이다. 금성도 수성처럼 아침이나 저녁 하늘에서만 볼 수 있다. 금성의 정확한 위치를 미리 알고 있으면 비록 태양이 지평선 위에 위치하고 있더라도 때로는 금성을 볼 수 있다. 고대에는 금성이 2개의 서로 다른 행성인 **헤스페로스**(Hesperos)와 **포스포러스**(Phosphorus), 즉 저녁별과 아침별이었다고 생각하였다.

금성의 최대이각은 47°이다. 금성은 내합 전후 35일 동안 가장 밝으며, 이때 전체 표면의 1/3이 밝게 빛나 보인다(그림 8.3).

내합일 때 금성과 지구 사이의 거리는 단지 4,200만 km에 불과하다. 금성의 지름은 약 12,000km이므로 이때 금성의 겉보기 지름은 1분(′) 정도가 된다. 관측여건이 좋으면 쌍안경으로 초승달과 같은 금성의 모습을 볼 수 있다. 한편 외합에서 금성의 겉보기 크기는 10초(″)에 지나지 않는다.

금성은 구름으로 덮여 있기 때문에 금성의 표면은 전혀 보이지 않으며, 뚜렷한 형태가 없는 황색의 구름 상층만 관측될 뿐이다(그림 8.4). 따라서 금성의 자전주기는 오랫동안 알려지지 않았다.

금성 대기의 화학조성은 인공위성을 이용한 연구를 수행하기 이전에도 이미 알려져 있었다. 분광관측으로

그림 8.3 금성의 위상 변화는 1610년에 갈릴레이가 처음으로 발견하였다. 이 그림은 위상이 변함에 따라 금성의 겉보기 크기가 어떻게 달라지는지 보여준다. 태양의 빛을 받는 부분이 지구를 향할 때 금성은 태양 뒤로 멀리 떨어져 있게 된다.

그림 8.4 (왼쪽) 1990년 2월 갈릴레오 궤도선이 촬영한 금성의 가시영역 영상. 구름의 모습은 $100 \mathrm{m\,s^{-1}}$의 속도로 동쪽에서 서쪽으로 부는 바람에 의해 생긴 것이다. (오른쪽) 레이더 관측에서 얻은 자료를 컴퓨터로 합성한 금성의 북반구 사진. 마젤란 구경합성 레이더 모자이크 영상의 중심이 북극에 해당한다. (사진출처 : NASA/JPL)

부터 CO_2의 존재가 알려졌지만 산소는 검출되지 않았다. 대기의 약 98%가 이산화탄소로 구성되어 있다. 구름의 화학조성을 알려주는 몇 가지 단서들은 편광관측으로부터 얻어졌다. 프랑스의 유명한 행성 천문학자인 리오(Bernard Lyot, 1897-1952)가 1920년대에 편광관측을 수행하였다. 그러나 그의 관측이 있은 지 수십 년이 지나지 않아서 그의 관측 결과는 굴절률이 1.44인 구형의 액체 입자들에 의한 빛의 산란을 가정하였을 경우에 잘 설명될 수 있음을 알게 되었다. 이 굴절률은 물의 굴절률인 1.33보다 훨씬 큰 값이다. 더욱이 금성 대기의 온도에서 물은 유체로 존재할 수 없다. 금성 대기를 구성하는 입자의 좋은 후보로 황산 H_2SO_4를 생각할 수 있었는데 그 후 위성탐사를 통하여 이러한 예측이 옳았음을 확인할 수 있었다.

1962년에 레이더 관측으로부터 금성의 자전주기가 243일이며, 금성은 다른 행성들과는 반대방향으로 역자전하고 있음이 밝혀졌다. 자전축은 거의 공전궤도면과 수직하며 그 경사각은 177°이다. 금성의 특이한 자전 특징의 이유는 아직까지 알려져 있지 않고 있다.

금성 구름 상층의 온도는 약 250K이다. 본드반사율이 75%나 될 정도로 높기 때문에 금성의 표면은 생물이 살기에 적당할 정도로 온화한 온도를 가질 것이라고 예상되었다. 그러나 이와 같은 생각은 1950년대 말 열적전파복사가 측정됨으로써 급격히 바뀌고 말았다. 열적전파복사는 금성의 표면으로부터 방출되며, 금성의 구름을 뚫고 빠져나올 수 있다. 금성의 표면온도는 납의 융점보다 높은 750K임이 밝혀졌다. 이와 같이 높은 온도의 원인은 금성 대기의 온실효과에 있다. 대기 밖으로 나가려는 적외선 복사는 금성 대기의 주성분인 이산화탄소에 의해 차단된다. 금성 표면에서 대기의 압력은 90atm이다.

매리너 2호(1962)는 금성에 접근한 최초의 금성 우주탐사선이다. 5년 후에 소련의 베네라(Venera) 4호가 구름 하층부의 자료를 최초로 송신해 왔으며, 금성의 표면 사진은 1975년 베네라 9호와 10호에 의해서 처음 입수되었다. 그리고 미국의 파이어니어 비너스(Pioneer Venus) 1호가 18개월에 걸쳐 금성의 지형을 탐사한 후인 1980년에 와서야 금성의 레이더 지형도가 최초로 완성되었다. 금성표면의 약 98%를 포함하는 가장 완벽하고 최상의 지형도는 1990~1994년 기간 동안 마젤란(Magellan) 탐사선의 구경합성 레이더 관측자료를 이용하여 만들어졌다. 이 지형도의 공간 분해능은 100m에 이르고 고도는 30m의 분해능으로 측정되었다. 유럽우주기구가 발사한 비너스 익스프레스(Venus Express) 탐사선은 2006~2014년 기간 동안 금성 주위의 궤도를 돌며 금성을 탐사하였다.

금성의 레이더 지형도로부터 계곡, 산맥, 구덩이, 화산, 그리고 또 다른 종류의 화산층이 발견되었다(그림 8.5). 금성표면의 약 20%는 저지대의 평원이며, 70%의 완만한 기복을 갖는 고지대 및 용암의 흐름, 10%의 고원으로 둘러싸여 있다.

금성표면에는 몇 개의 주요 고원 지역이 있는데 가장 큰 대륙은 **아프로디테 대륙**(Aphrodite Terra)으로서 금성의 적도 근처에 있으며 남아메리카와 비슷한 크기를 갖는다. 또 다른 큰 대륙은 북위 70°에 위치한 **이슈타르 대륙**(Ishtar Terra)이며 이곳에는 금성에서 가장 높은 산인 12km 높이의 **맥스웰 몬테스**(Maxwell Montes)가 있다.국제천문연맹에서는 금성과 관련된 모든 명칭을 여성 명사로 표기하기로 결정하였다. 유일한 예외로 맥스웰 몬테스는 유명한 물리학자 맥스웰(James Clerk Maxwell, 1831-1879)의 이름에서 따온 것이다.

금성표면 전체에 화산활동에 의한 지형이 골고루 분포하고 있다. 국부적인 지형의 변형은 있지만 지각변동에 의한 대규모적인 운동이 일어나고 있다는 증거는 발견되지 않고 있다. 작은 화산은 금성표면에 골고루 분포하지만, 큰 화산은 주로 고원지대에 밀집되어 있다. 큰 화산의 기원은 하와이에 있는 화산과 흡사하다. 화산은 맨틀의 열점(hot spot) 위에 위치하며, 맨틀의 흐름에 의해 뜨거운 마그마가 표면으로 이동하게 된다.

태양계에 있는 다른 어떤 행성보다 금성은 더 많은 화산을 갖고 있다. 금성에는 1,500개가 넘는 주요 화산 또는 화산 지형이 알려져 있으며, 100만 개 정도의 작은 규모의 화산들이 있는 것으로 보인다. 대부분은 순상화산(楯狀火山, shield volcano)들이지만 더 복잡한 형태를 갖는 것들도 많이 있다. 금성 대기에 있는 황산화물 함량의 변화가 크게 나타나는 것으로 보아 몇몇 화산이 활동하고 있는 것으로 짐작되지만, 현재 활동하고 있는 것으로 알려진 화산은 없다.

금성에서 나타나는 대부분의 화산활동에서 용암의 분출은 있지만 폭발적인 분화활동은 없는 것 같다. 격렬한 분화활동을 통해 나오는 지구의 용암과 달리, 금성표면의 용암은 높은 대기압 때문에 더 많은 양의 가스를 필요로 한다. 지구에서 용암의 분출을 일으키는 주요 가스는 수증기인데, 금성에는 수증기가 존재하지 않는다.

팬케이크 모양 지붕(pancake dome)으로 알려진 상고머리형(flat-topped) 화산 구조물은 아마도 점성이 높은 용암의 분출로부터 만들어진 것으로 생각된다. 코로나(corona)는 높은 평지를 둘러싸고 있는 원형 모양의 협곡으로서, 지름이 수백 km 정도에 이를 정도로 그 규모가 크다. 이 지형은 국부적으로 고온 물질이 상승하는 지각 부분인 뜨거운 지점의 한 예로서 맨틀이 상승함에 따라 팽창한 후 돌출부가 형성되었다. 물질의 분출이 멈추고 나면 돌출부는 가라앉게 되고 고리 모양으로 한 쌍의 산이 만들어진다.

어떤 곳에서는 용암의 흐름으로 인하여 길고 구불구불한 도랑이 만들어지는데 그 길이가 수백 km에 이른다.

금성에는 큰 규모의 지각활동이 없다. 그 이유는 지각이 얇고 약하며 물이 없기 때문인 것 같다. 따라서 대륙 사이에 큰 규모의 섭입대(攝入帶, subduction zone)가

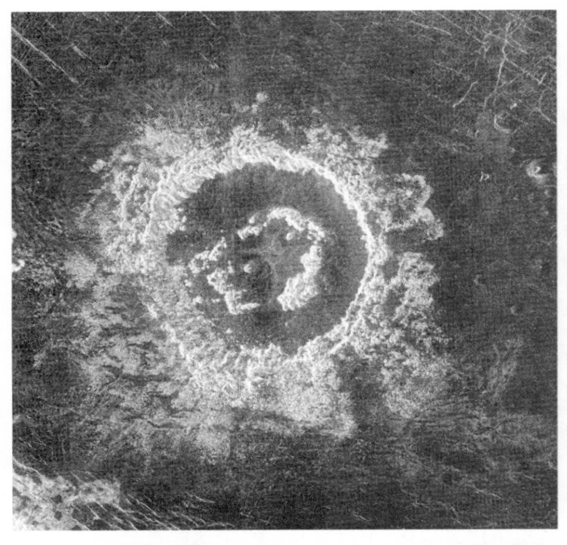
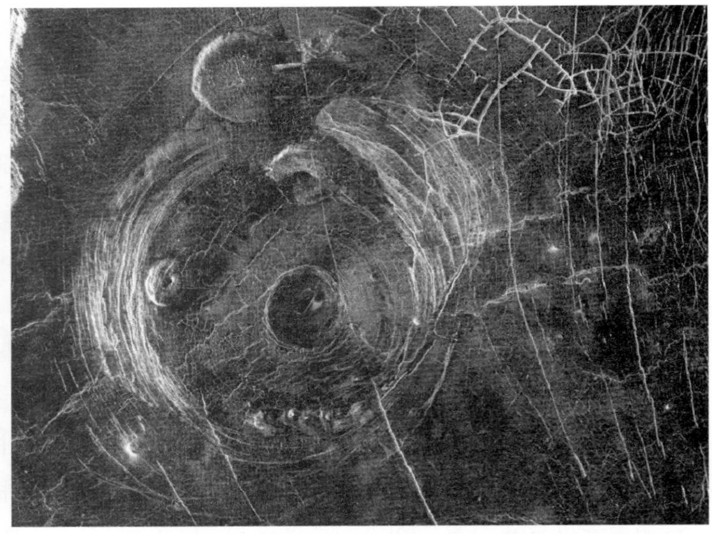

그림 8.5 금성표면의 모습. (왼쪽 위) 마젤란이 촬영한 50km 높이의 고리 모양의 바턴(Barton) 구덩이(27.4°N, 337.5°E에 위치)의 모습. (오른쪽 위) 아프로디테 대륙의 남쪽에 있는 거대한 평지에 위치한 300km 크기 영역의 마젤란 레이더 영상. 사진 중심부에 있는 거대한 원형 구조는 약 200km의 지름을 가진 코로나이다. 코로나의 북쪽은 둥근 팬케이크 모양 지붕(pancake dome)이라고 불리는 35km 크기의 편평한 모습의 화산 구조이다. 사진 오른쪽 위에 보이는 복잡한 모양의 갈라진 틈은 코로나 및 다양한 화산 형태와 관련된 것으로서 자주 관측된다. (사진출처 : NASA/JPL). (아래) 1982년 3월 베네라 14호가 찍은 금성표면의 사진

없다. 대신 금성의 지각은 여러 개의 국부적인 지역으로 구성되어 있다. 지구와 같이 내부의 열이 밖으로 배출되지 않기 때문에, 지각의 온도가 높아지고, 임계온도에 다다르면 지각이 붕괴하고 수억 년 이내에 다른 모습을 갖추게 된다. 약 5억 년 전에 이러한 사건이 마지막으로 발생하였다.

금성에 있는 대부분의 충돌구덩이 형태는 변형되지 않은 모습을 보여주고 있다. 이는 금성표면의 나이가 어리다는 것을 나타내는 것인데, 그 이유는 침식, 화산활동, 그리고 지각변동력 등이 충돌구덩이에 영향을 주기 때문이다. 이와 같이 표면을 다시 덮는 과정들에 의해 오래된 구덩이들이 종종 묻히기 때문에 현재 보이는 구덩이들은 아마도 5억 년 미만의 갓 형성된 것들이다. 작은 소행성들은 금성에 진입하면서 두꺼운 대기에 의해 타버리기 때문에 수 km보다 작은 충돌구덩이들은 존재하지 않는다.

지구와 금성은 비슷한 크기를 가지며, 내부 구조도 비슷한 것으로 추측된다. 금성은 반지름이 약 3,000km 정도이고 철로 구성된 중심핵을 갖고 있으며 용해된 암석 맨틀이 금성의 대부분을 채우고 있다. 금성은 아마도 자전속도가 작기 때문에 자기장을 갖고 있지 않는 것으로 생각된다. 베네라 착륙선이 탐색한 자료를 분석한 결과

에 의하면 금성의 표면을 구성하고 있는 물질은 지구의 화강암이나 현무암과 비슷하다.

입사된 태양복사 중 1% 정도가 금성표면에 이르며, 태양복사는 구름과 두꺼운 금성 대기를 통과하는 동안 짙게 적화(赤化)된다. 입사된 태양광의 대부분(약 75%)은 구름의 상층부에서 반사되어 나간다. 흡수된 태양빛도 적외선 파장의 복사로 재방출된다. 그러나 이산화탄소로 구성된 대기는 적외선 복사가 방출되는 것을 매우 잘 막아주며, 온도가 750K에 이르러서야 평형상태에 이르게 된다.

두꺼운 구름층이 있음에도 불구하고, 수십 km 깊이로 금성대기를 투시할 수 있으며, 구름에서도 수백 m 깊이를 볼 수 있다. 따라서 구름들은 상대적으로 빛에 대해 투명하다. 밀도가 가장 높은 구름들은 약 50km 상공에 떠 있으며, 구름의 두께는 2~3km에 불과하다. 이 구름들 위에는 안개와 같은 층들이 존재하는데, 이들이 실질적으로 우리 눈에 보이는 금성의 '표면'을 형성하고 있다. 금성에서 가장 높이 떠 있는 구름은 대단히 빠른 속도로 이동한다. 이 구름들은 금성 둘레를 4일에 한 바퀴씩 돌고 있으며, 이들은 태양에 의해서 발생하는 강한 바람에 의해 밀려 움직이고 있다. 구름의 이동 양상은 자외선 영역(ultraviolet light)에서 가장 잘 보인다. 황산 방울은 비의 형태로 금성표면에 내리지 않고 표면에 다다르기 전에 좀 더 낮은 구름층에서 증발되어 버린다.

금성의 대기는 대단히 건조하여 그 수증기의 양은 지구 대기 수증기 양의 100만 분의 1에 불과하다. 금성의 대기가 이렇게 건조한 이유는 금성에 진입한 태양의 자외선 복사가 금성의 상층대기 속에 들어 있는 물 분자를 수소와 산소로 해리시키고, 이때 생긴 수소는 금성을 탈출하여 행성 밖 공간으로 달아나 버리기 때문이다.

금성은 위성을 갖고 있지 않다.

8.3 지구와 달

태양으로부터 세 번째 가까운 행성인 지구와 그 위성인 달은 거의 '이중행성(double planet)'이라고 할 정도의 계를 이루고 있다. 모행성과의 상대적 크기에 있어서 달은 왜소행성인 명왕성의 위성을 제외하면 가장 크다. 일반적으로 위성의 크기는 모행성에 비하여 훨씬 작다.

지구는 표면에 상당량의 자유수(自有水, free water)를 갖고 있는 유일한 태양계 천체이다. 이것은 지구의 온도가 빙점 이상임과 동시에 비등점 이하에 있으며 충분히 두꺼운 대기를 갖고 있기 때문에 가능한 것이다. 또한 지구는 생명체가 존재하는 유일한 행성이기도 하다(그 생명체가 지적이든 아니든 간에). 극단적인 조건에서 몇몇 생명체가 발견되기도 하지만 온난한 온도와 물의 존재는 생명체 존재에 필수적인 요인이 된다.

지구의 지름은 12,000km이며, 지구의 중심에는 온도가 약 5,000K, 압력은 $3 \times 10^{11}\mathrm{N\,m^{-2}}$, 그리고 밀도가 $12{,}000\mathrm{kg\,m^{-3}}$인 철-니켈의 중심핵이 있다(그림 8.6).

중심핵은 2개의 층인 내핵(inner core)과 외핵(outer core)으로 나뉜다. 지구표면으로부터 깊이 5,150km 이하에 있는 내핵은 지구 전체 질량의 1.7%만 차지하고 있으며 높은 압력 때문에 고체 상태를 유지하고 있다. 표면으로부터 깊이 2,890km 이하에서는 지진파 중 S파(횡파)가 통과하지 않는데, 이는 외핵이 용융상태에 있음을 뜻한다. 또한 5,150km의 깊이에서 P파(종파)의 속도가 급격히 변하는데, 이는 내부에 명확한 위상 변화가 나타남을 보여주는 현상이다. 고체상태의 내핵은 외핵과 맨틀에 대하여 회전하고 있음이 밝혀졌다.

외핵은 지구 전체 질량의 약 31%를 차지하고 있다. 외핵은 액체 상태로 이루어진 철-니켈로 구성된 뜨겁고 전기적인 도체층이며 이곳에서 대류운동이 일어나고 있다. 이 도체층에 강한 전기의 흐름이 나타나며 이는 자

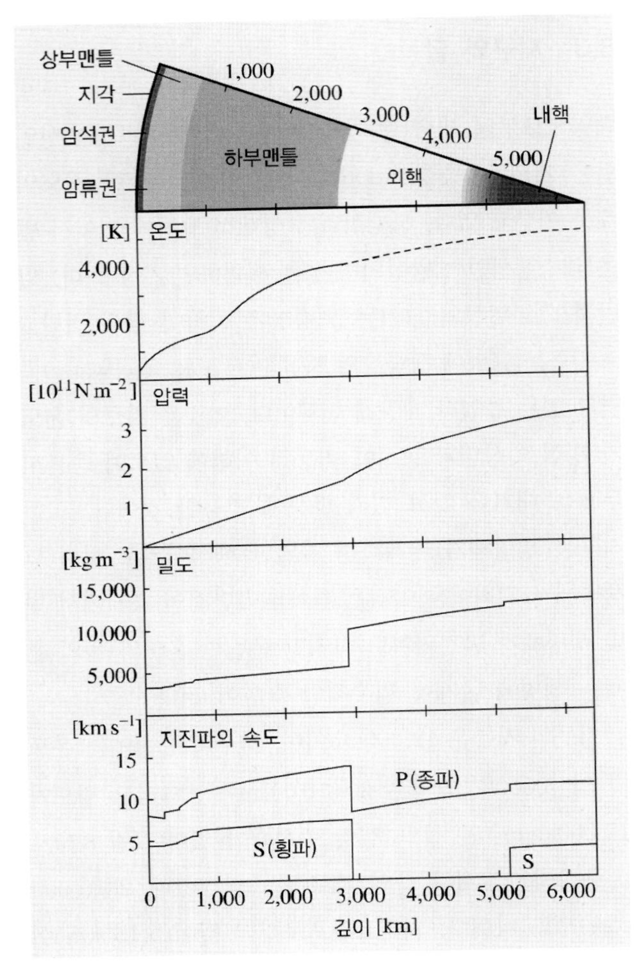

그림 8.6 지구의 내부 구조. 깊이에 따른 지진파의 속도, 밀도, 압력, 온도를 나타낸다. 지각, 암석권, 하부맨틀, 그리고 내핵은 고체로 이루어졌으며, 상부맨틀은 용융된 그리고 암류권은 부분적으로 용융된 물질로 이루어져 있다.

기장의 원인이 된다.

외핵과 하부맨틀 사이에는 200km 두께의 천이(transition)층이 존재한다. D″층(D″ layer)이라고 부르는 이 층은 종종 하부맨틀의 일부로 포함되곤 하는데, 이곳에서 나타나는 불연속적인 지진 현상에 의하면 이 층은 하부맨틀과 화학적으로 다른 것 같다.

규산염 맨틀은 깊이 2,890km부터 위쪽으로 수십 km까지 걸쳐 있다. 650km 깊이 이하는 보통 **하부맨틀**(lower mantle)로 구분된다. 하부맨틀은 지구 전체 질량의 약 49% 정도를 차지하고 있는데 주로 규소, 마그네슘, 산소로 구성되어 있으며 약간의 철, 칼슘, 알루미늄 등도 존재한다. 또한 존재하는 주요 무기물에는 감람석 $(Mg, Fe)_2SiO_4$와 휘석 $(Mg, Fe)SiO_3$가 있다. 주어진 압력에서 맨틀의 물질은 점성이 큰 유체나 비결정질 매질과 유사한 특징을 지니고 있어서 수직방향으로 느린 속도의 흐름을 나타낸다.

하부맨틀과 상부맨틀 사이에는 250km 두께의 전이대(transition region) 또는 **중간층**(mesosphere)이 있다. 이곳은 현무질의 마그마가 나오는 영역이며 칼슘과 알루미늄이 풍부하다. 깊이 400km 이하의 약 수십 km 영역인 상부맨틀은 지구 전체 질량의 약 10% 정도를 갖고 있다. 연약권(軟弱圈) 혹은 **암류권**(岩流圈, asthenosphere)으로 불리는 상부맨틀의 일부는 용융된 상태인 것으로 생각된다.

맨틀 위에는 얇은 **지각**(crust)이 떠 있다. 지각 두께의 범위는 10~65km이며, 히말라야와 같이 높은 산맥이 있는 지역에서 가장 두껍고, 대양 분지 밑에서 가장 얇다. 지각과 맨틀 사이의 경계면에서 나타나는 불연속적인 지진 현상은 1909년 크로아티아의 과학자인 **모호로비치치**(Andrija Mohorovičić, 1857-1936)에 의해 발견되었으며, 지금은 **모호불연속**(Moho discontinuity)으로 알려져 있다.

현무질의 **해양지각**(oceanic crust)은 대부분 1억 년 미만으로 매우 나이가 어리며 200Ma보다 오래된 곳은 없다. 이곳은 새로운 물질이 퍼져 나오는 지역인 해령(海嶺, mid-ocean ridge)에서 발생한 지각변동에 의해 만들어진다.

대륙지각(continental crust)은 주로 석영 $M(SiO_2)$과 장석(금속함량이 작은 규산염)으로 구성된 결정암(crystalline rock)으로 이루어져 있다. 대륙지각은 해양지각보다 가볍기 때문에 (평균밀도가 각각 2,700kgm^{-3}과 3,000kgm^{-3})

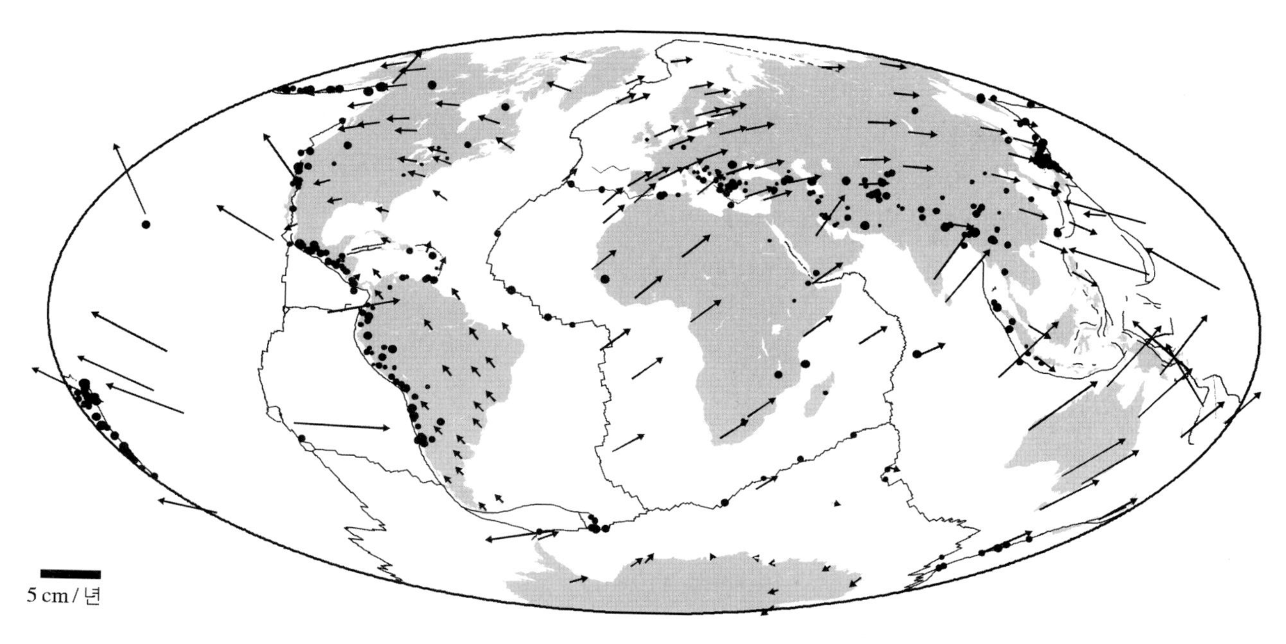

그림 8.7 지구의 판구조. 지도에 표시된 점들은 1980~1989년 동안 5 이상의 등급을 가진 지진의 위치를 나타낸다. 화살표는 상설 GPS(Global Positioning System) 추적관측소에서 관측한 속도를 나타낸다. 속도의 척도를 그림의 왼쪽 밑에 나타냈다.

대륙들은 다른 층 위에 떠 있으며, 현재 새로 생성되거나 파괴되지도 않고 있다.

암석권(lithosphere)은 지구의 단단한 외곽 영역을 말한다(지각과 상부맨틀의 가장 높은 부분). 암석권 하층에는 부분적으로 용융된 암류권이 있으며, 이곳에서는 지진파의 감소폭이 단단한 암석권에 비해 강하게 나타난다.

암석권은 단단하고 균일한 단일 층이 아니라 20개 이상의 개별 구조판으로 나뉘어 있다. **판구조론**(plate tectonics, '대륙 이동')은 맨틀 물질의 운동에 의해 나타난다(그림 8.7). 해령에서 흘러나오는 새로운 물질에 의해 판구조가 밀리며 서로 분리된다. 이로부터 매년 17km^{3}의 비율로 새로운 해양지각이 생성된다. 지구는 거대 규모의 지각변동이 나타나는 유일한 행성이다. 결정(crystallised) 암석의 자기장 방향에 관한 고자기(paleomagnetic) 자료 등을 이용하여 이러한 지각운동의 역사를 연구할 수 있다.

약 7억 년 전 선캄브리아 시대(precambrian era) 후기에 절반 이상의 대륙들이 **곤드와나**(Gondwana)라고 불리는 대륙으로 뭉쳐져 형성되었으며, 이 대륙에는 현재의 아프리카, 남미, 오스트레일리아, 남극이 포함되었다. 약 3억 5,000만 년 전에는 곤드와나가 남극점에 있었으나 적도 방향으로 점점 이동하면서 마침내 나뉘게 되었다. 이렇게 나뉜 대륙들이 서로 충돌하여 새로운 산맥이 형성되었으며 마침내 약 2억 년 전 중생대 초기에 모든 대륙이 합쳐져 하나의 초거대대륙인 **판게아**(Pangaea)가 형성되었다.

생성된 후 얼마 되지 않아 판게아에 있는 맨틀 흐름의 형태가 달라지면서 판게아는 나뉘게 되었다. 대서양은 지금도 확장되고 있으며, 새로운 물질이 **대서양 중앙 해령**(mid-Atlantic ridge)에서 흘러나오고 있다. 북아메리카는 매년 수 cm의 속도로 유럽 대륙으로부터 멀어지고 있다(여러분의 손톱이 이와 비슷한 속도로 자라고 있다). 동시에 태평양판의 일부는 다른 구조판 밑으로 깔리면서 사라진다. 해양지각이 밀려서 대양지각 밑으로 깔리면 화산활동이 활발한 지역이 생기게 된다. 이와 같은 섭입대에서 나타나는 진원은 지구표면 아래 600km 깊이까지에 이른다. 해령에서 진원의 깊이는 수십 km에 불과하다.

산맥은 두 구조판이 충돌하는 곳에서 만들어진다. 아프리카 구조판이 유라시안 구조판 쪽으로 밀리면서 약 4,500만 년 전에 알프스 산맥이 형성되었다. 인도 구조판이 유라시아 구조판에 충돌하면서 약 4,000만 년 전에 히말라야 산맥이 형성되었으며 지금도 융기하고 있다. 구조판들이 옆으로 빗겨나가 운동할 수도 있다. 이와 같은 단층에서 발생하는 지진의 진원은 100km보다 깊지 않은 곳에서 종종 나타난다. 대표적인 곳이 미국 캘리포니아에 있는 샌안드레아스(San Andreas) 단층이다.

태양계 내 어떤 행성에서도 이와 같은 대규모의 지각 활동이 나타나지 않는다. 화성과 수성의 경우 맨틀에서 대류 활동을 유지할 수 없을 정도로 이미 내부 온도가 너무 낮다. 금성의 지각 구조의 강도가 너무 약해 넓은 영역을 이동할 수 없다. 또한, 지구의 자유수는 판구조론의 유지에 중요한 역할을 한다.

기후는 지구표면의 모습을 변화시키는 효율적인 요인에 해당한다. 판구조의 충돌로 생긴 산맥은 기온의 변화, 강우, 바람, 그리고 얼음 등에 의해 수억 년 이내에 이미 침식되었다. 기후현상에 의해 충돌구덩이는 더 빨리 그 흔적이 사라지며, 현재 알려진 많은 구덩이들은 지질학적인 모습이 아니라 국부적으로 일어난 중력적인 이상현상(gravitational anomalies)에 의해 만들어진 것이다.

지구표면의 대부분은 물로 덮여 있다. 지구는 흐르는 자유수가 있는 유일한 행성이다. 물은 화산 분출로부터 방출된 수증기가 응결되어 만들어졌다. 빙하작용의 세기에 따라 달라지지만 지표면에 대해 해수면이 100m 이상 상승하거나 하강한다. 최근 마지막 빙하기의 해수면이 현재보다 150m 더 낮다. 빙하가 녹게 됨에 따라 해수면이 1년에 1mm만큼 상승하지만 지구의 온실효과 때문에 이 비율이 증가하고 있다.

지질학적인 시간척도와 비교하면 인간의 활동에 의하여 만들어진 온실효과는 매우 최근에 발생한 현상이다. 10만 년 주기로 빙하기가 나타났다가 사라진다. 현재 나타나고 있는 기후의 온난화는 일시적인 현상이지만 다음 빙하기의 등장 시기에 영향을 미칠 수 있다.

지구의 원시 대기는 현재의 대기와 매우 다르다. 예를 들면 원시 대기에는 산소가 없었다. 초기 연구는 원시 대기의 양이 감소했다고 추측하였지만, 최근 연구에 의하면 원시 대기의 양이 일정했던 것으로 제안되고 있다. 약 20억 년 전 유기화학적 과정이 대양에서 시작되고 광합성 작용이 나타나는 수준에 이르면서 산소의 양이 급속히 증가하였다(그러나 초기 생명체의 생존에는 산소가 나쁜 영향을 준다). 현재에는 원시 이산화탄소가 석회암과 같은 탄산암에 대부분 침전되었으며, 메탄은 태양의 자외선 복사에 의해서 해리되었다. 현재의 대기는 수십억 년 전 원시 대기와 아주 다르다.

지구 대기의 주성분은 질소(전체 부피의 77%)와 산소(21%)이며, 그 밖에 극히 적은 양이지만 아르곤, 이산화탄소, 그리고 수증기 등도 있다. **대류권**(troposphere)이라고 부르는 대기의 하층에서는 화학조성의 변화가 없다. 기상현상은 지표에서 8~10km까지 위치하는 대류권에서 주로 일어난다(그림 8.8). 대류권의 높이는 지역마다 약간 다른데, 양 극에서 가장 낮고 적도에서 가장 높은데 그 높이는 약 18km에 이른다.

대류권 위에는 **성층권**(stratosphere)이 60km 높이까지 뻗어 있다. 대류권과 성층권의 경계면을 **대류권계면**(tropopause)이라고 부른다. 대류권의 온도는 높이가 증가하면서 5~7K km^{-1} 비율로 감소하지만, 성층권에서는 이산화탄소, 수증기, 그리고 오존에 의한 태양복사의 흡

그림 8.8 1985년 9월 1일 우주왕복선 디스커버리(Discovery)호에서 본 멕시코 걸프(Gulf)만에 있는 허리케인 엘레나(Elena)의 모습. 허리케인 바람의 속도는 $170 kmh^{-1}$ 이상이다. 이 사진을 그림 8.18에 있는 목성의 대적반과 비교해보자. (사진출처 : NOAA)

수 때문에 온도가 다시 상승하기 시작한다. 태양의 자외선 복사를 막아주는 오존층은 20~25km 높이에 위치한다.

지구 전체 공기의 99%는 대류권과 성층권에 있다. 50~60km 높이에 있는 성층권계면(stratopause)은 **중간권**(mesosphere)과 성층권을 구분해 준다.

중간권은 85km 높이까지 이르며, 온도는 다시 감소하기 시작하여 80~90km 높이에 있는 **중간권계면**(mesopause)에서는 가장 낮은 온도인 약 −90°C에 이른다. 중간권의 화학물질은 태양에너지를 흡수하기 때문에 대부분 여기상태에 있게 된다.

중간권계면 위에는 **열권**(thermosphere)이 있으며 500km 높이까지 위치한다. 온도는 높이에 따라 증가하여 500km 높이에서는 1,200°C 이상을 나타낸다. 이곳에 존재하는 가스는 완전 이온화된 플라즈마 상태를 갖는다. 따라서 중간권계면 위에 있는 대기층을 **이온층**(ionosphere)이라고도 부른다.

150km보다 낮은 대기의 공기 밀도는 충분히 높아서 지구에 충돌하는 유성체를 마찰력으로 태워 재로 만든다. 또한 전파는 이온층에 의해 반사되기 때문에 대기는 전파 통신에서도 중요한 역할을 한다. 오로라는 이온층의 상층부에서 발생하는 현상이다.

열권을 지나 약 500km 위로 더 올라가면 **외기권**(exosphere)을 만나게 되는데, 이곳의 공기 압력은 지상의 실험실에서 가장 잘 만들어진 진공상태의 압력보다도 낮다.

지구의 자기장은 중심핵에서 나타나는 유체의 흐름에 의해 발생된다. 지구 자기장은 거의 쌍극자 분포이지만 국부적으로 나타나고 시간에 따른 자기장의 변화가 상당히 크다. 적도 근방에서의 평균 자기장의 세기는 3.1×10^{-5} Tesla(0.31 Gauss)이다. 자기장축은 지축에 대하여 약 11° 기울어져 있으나, 그 방향은 시간에 따라 서

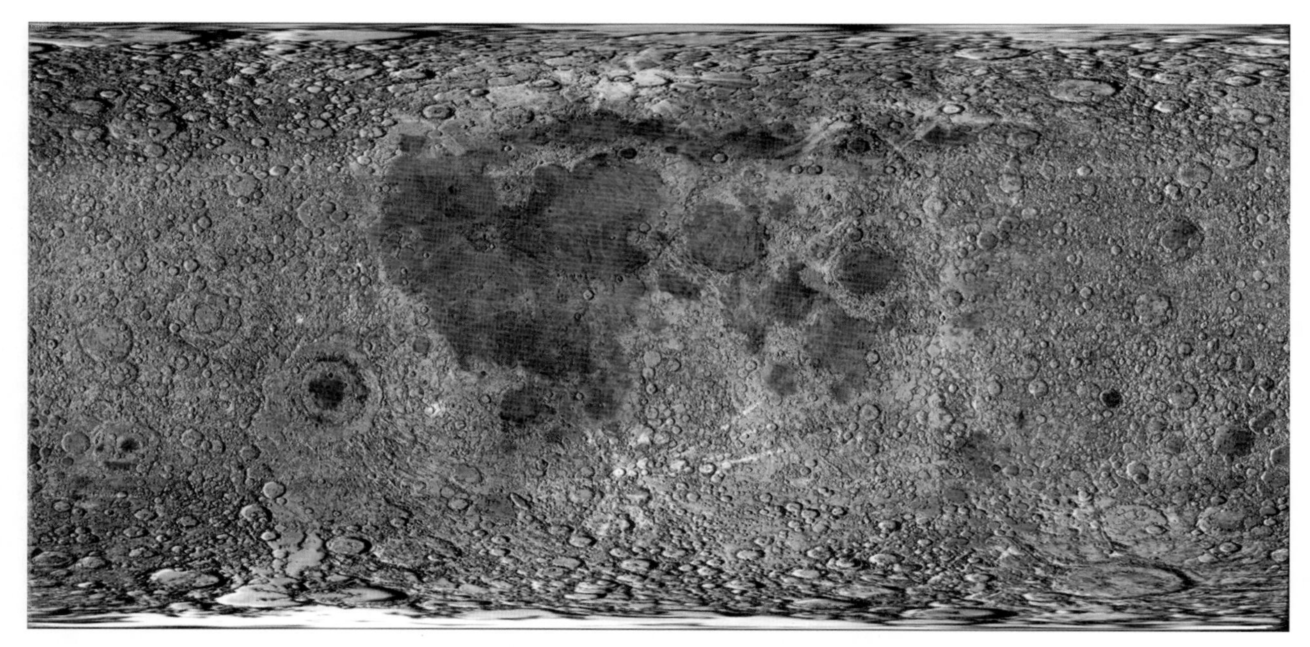

그림 8.9 1994년 클레멘타인 우주탐사선이 얻은 영상으로 구성한 달표면의 지도. 달 후면에는 바다가 거의 존재하지 않는 것에 비하여 사진의 중심부에 보이는 것처럼 달 전면에는 거대한 바다가 있는 것을 주목하자. (사진출처 : US Naval Observatory)

서히 변한다. 현재 지구 자기장은 1년에 약 30nT만큼 감소하고 있으며 반시계방향으로 움직이고 있다. 그러나 자기장축과 자전축 사이의 각도는 거의 일정하게 유지되고 있다. 더욱이 지자기의 북극과 남극은 과거 10만 년~100만 년에 한 번의 주기로 여러 차례 바뀐 바 있다. 가장 최근의 지자기극 위치 변화는 78만 년 전에 있었다.

달. 달은 우주공간에서 우리로부터 가장 가까운 이웃 천체이다(그림 8.9). 달의 운동은 7.4절에서 이미 기술하였다. 맨눈으로도 달의 어둡고 밝은 부분을 볼 수 있다. 역사적으로 어두운 부분을 바다 또는 **마리아**(maria)(라틴어에서 mare는 바다를 의미하고 maria는 mare의 복수형이다)로 불렀으며, 좀 더 밝은 부분은 고지대(highland)에 해당한다. 그러나 달에는 물이 없기 때문에 달의 바다는 지구의 바다와는 전혀 다르다. 달에 존재하는 수많은 구덩이들은 모두가 운석의 충돌로 생긴 것들로서 쌍안경이나 작은 망원경으로도 그 모습을 볼 수 있다. 달에는 대기, 화산활동, 그리고 지각운동이 없기 때문에 달 표면의 충돌구덩이가 잘 보존될 수 있었다.

달은 지구 다음으로 우리가 잘 파악하고 있는 천체이다. 인간은 1969년 **아폴로 11호**(Apollo 11)의 비행을 통해 달에 처음으로 착륙하였다. 여섯 차례에 걸친 아폴로 비행에서 수집한 자료만 해도 2,000종 이상 되며, 무게로 따지면 382kg에 이른다(그림 8.10 참조). 특히 소련의 무인 달 탐사선 루나(Luna)는 310g에 이르는 달의 흙을 수집하고 귀환한 바 있다. 아폴로 우주인들이 월면에 설치한 기기장치는 8년 동안 가동되었다. 대표적인 기기장치로는 월진(moonquakes)이나 운석의 충돌을 검출할 수 있는 지진계와 지구와 달 사이의 거리를 정확히 측정할 수 있는 레이저 반사경이 있다. 반사경은 현재까지 레이저를 이용한 달까지 **거리측정법**(Lunar laser ranging, LLR)에 쓰이고 있다.

그림 8.10 1972년 달표면에서 있는 아폴로 17호의 우주인 슈미트(Harrison Schmitt, 1935~)의 모습. (사진출처 : NASA)

달의 지진파와 중력측정은 달의 내부 구조에 관한 정보를 제공해 주었다. 월진은 지구의 지진에 비하여 상대적으로 훨씬 깊은 곳인 800~1,000km의 내부에서 발생되며, 그 강도는 지구의 지진에 비하여 훨씬 약하다. 대부분의 월진은 단단한 맨틀, 즉 **암석권**(lithosphere)과 **암류권**(asthenosphere)의 경계면에서 생긴다(그림 8.11). S파는 암류권을 통과할 수 없기 때문에, 이는 적어도 암류권 일부가 용융상태로 되어 있다는 사실을 의미한다. 일부 월진은 조석력에 의해 발생하는데, 이는 월진의 대부분이 근지점과 원지점에서 나타나기 때문이다.

달 탐사선은 바다 밑에서 **질량집중**(mascon)이라고 부르는 국부적인 질량 밀집체를 발견하였다. 이들은 거대한 현무암 덩어리로서 바다를 만드는 거대한 운석의 충돌로부터 형성되었다. 다수의 구덩이들은 수십억 년 동안 또는 여러 단계를 거쳐 나타난 용암의 흐름으로 채워졌다. 이러한 모습은 비의 바다(Mare Imbrium)와 같은 지역에서 찾아볼 수 있다. 거대한 바다들은 약 40억 년 전 운석의 충돌이 현재보다 훨씬 심했던 시기에 형성되었

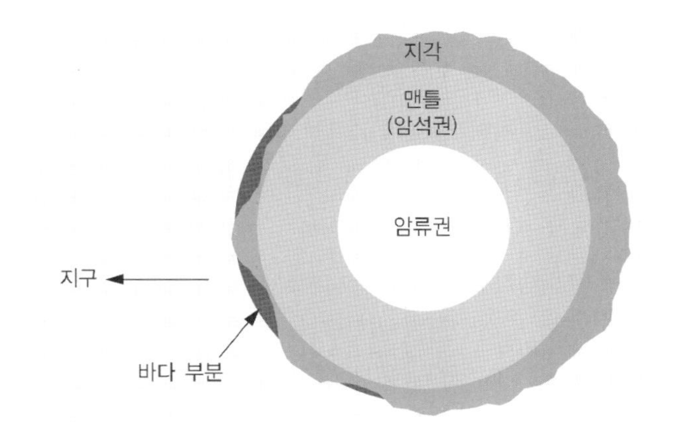

그림 8.11 달의 내부 구조. 여기서 달표면에 나타낸 높이 차이는 크게 과장되어 표시한 것이다.

다. 달은 지난 30억 년 동안 큰 사건 없이 아주 평화로운 시간을 보내고 있다.

거대한 바다 밑에 20~30km 두께의 두꺼운 현무암 판이 있기 때문에 달의 질량중심은 기하학적 중심에 대해 약 2.5km 벗어난 곳에 있다. 또한 지각의 두께는 서로 달라서 가장 두꺼운 곳은 100km이고 가장 얇은 곳은 60km의 두께를 갖는다.

달의 평균밀도는 3,400kgm^{-3} 정도로 지구상에 있는 현무질 용암의 밀도와 비슷하다. 달표면은 암석들이 산재해 있는 토양층인 **표토**(regolith)로 뒤덮여 있다. 이러한 표토는 소행성의 충돌에 의해 폭파된 파편 부스러기로 구성되어 있다. 따라서 어디에서도 원래의 달표면 모습을 볼 수 없다. 표토의 두께는 최소한 수십 m인 것으로 측정되었다. 특이한 형태의 돌인 **각력암**(breccia)은 소행성의 충돌에 의하여 여러 종류의 암석 조각들이 탄탄하게 접합된 것으로서 달표면 어디에서나 발견된다.

바다는 거대한 용암의 흐름이 빠르게 냉각되면서 생성된 검은 현무암으로 대부분 이루어져 있다. 고지대는 현무암의 생성 과정보다 더 느리게 용암이 냉각되면서 형성된 화성암인 **사장암**(anorthosite)으로 대부분 이루어져 있다. 이러한 사실은 바다와 고지대에 있는 암석들은 용융상태에서 서로 다른 속도로 냉각하였고 서로 다른 조건에서 형성되었음을 의미하는 것이다.

루나 프로스펙터(Lunar Prospector)와 **클레멘타인**(Clementine) 달 탐사선이 수집한 자료에 의해 달의 북극과 남극에 얼음이 존재한다는 사실이 제시되었다. 이들 자료에 의하면 건조한 표토 밑에 거의 순수한 얼음이 묻혀 있는 것으로 생각되고 있다. 얼음은 온도가 100K 이하로 항상 음지의 상태로 있는 깊은 계곡과 구덩이 밑에 집중되어 있다.

달에는 달 전체 규모의 자기장이 없다. 그러나 몇몇 암석은 달 형성 초기에 있었던 전체 규모의 자기장 존재를 나타내는 자기력의 잔재를 갖고 있다. 달에는 대기와 자기장이 없기 때문에 태양풍이 달 표면에 직접 도달할 수 있고, 태양풍에 있는 이온들은 표토에 묻히게 된다. 따라서 아폴로 탐사에서 얻은 토양 샘플은 태양풍 연구에 사용되는 가치 있는 자료로 판명되었다.

달의 기원에 대해서는 아직까지 잘 알려져 있지 않지만, 한때 생각했던 것처럼 달이 지구의 태평양에서 떨어져 나가서 생긴 것은 아니다. 태평양은 나이가 2억 년도 되지 않으며 대륙의 이동으로 생긴 것이다. 또한 달에 있는 토양의 화학조성은 지구의 물질과 다르다.

태양 주위에 많은 원시행성 천체들이 공전하는 지구 형성 초기 단계에서 달도 함께 형성되었다는 이론이 최근에 제안되고 있다. 이 이론에 의하면 화성 정도 크기의 천체가 지구의 측면에 충돌한 후 많은 양의 잔해가 배출되고 그중 일부가 뭉쳐져서 달이 형성되었다는 것이다. 이 이론은 현재의 지구와 달 사이에 나타나는 화학 구성 성분의 차이뿐만 아니라 달 궤도의 방향과 진화 그리고 상대적으로 빠른 지구의 자전속도 등을 잘 설명해 준다.

글상자 8.1(대기현상) 가장 잘 알려진 대기현상인 무지개는 대기 중에 있는 작은 물방울들에 의해 빛이 굴절될 때 생긴다. 무지개가 만드는 호의 반지름은 41° 정도이며 그 폭은 약 1.7°이다. 무지개는 태양(또는 다른 광원)의 반대편에서 나타난다. 빛이 물방울 안에서 굴절될 때 붉은색은 바깥쪽으로, 보라색은 안쪽으로 분산되면서 스펙트럼을 만든다. 빛이 물방울 내에서 두 번 반사될 경우에는 1차 무지개 밖에 2차 무지개가 생긴다. 2차 무지개의 색깔은 1차 무지개의 순서와 반대이며 그 크기는 반지름이 52°나 된다. 우리의 눈은 어두운 물체의 색깔을 식별하는 능력이 없기 때문에 달에 의해 생긴 무지개는 대단히 약하게 나타나며 색깔도 없다.

무리(halo)는 태양이나 달빛이 대기 중의 얼음 결정에 의해 반사될 때 생긴다. 가장 흔히 볼 수 있는 것이 태양이나 달 둘레에 생기는 22° 각도의 호 또는 둥근 원형의 무리이다. 보통 무리의 색깔은 백색이지만 때로는 대단히 밝은 색채를 띠기도 한다. 흔히 볼 수 있는 다른 형태로는 태양으로부터 22° 정도 떨어진 하늘에 태양과 같은 높이에 나타나는 무리의 지엽(side lobe)이 있다. 그 밖의 다른 형태의 무리는 그 빈도가 매우 적다. 무리가 나타날 확률이 가장 높은 '날씨'는 하늘에 권층운(cirrostratus)이나 권운(cirrus) 또는 얼음 안개(icy fog)가 있을 경우이다.

야광운(noctilucent clouds)은 약 80km의 높이에서 형성되는 얇은 층의 구름이다. 이 구름은 지름이 1마이크론 미만의 크기를 갖는 입자들로 구성되어 있으며, 태양이 (지평선 아래에 있으면서) 이 구름을 비출 때만 보이게 된다. 야광운을 관측하기에 가장 좋은 조건은 북반구의 여름밤에 태양이 지평선 밑 수 도(°)의 각도로 위치하고 있을 때이다.

밤하늘은 완전한 암흑이 아니다. 이에 대한 여러 원인 중 하나는 (도시 불빛의 방해 이외에) 대기광(airglow), 즉 여기된 대기 분자로부터 방출되는 빛 때문이다. 대부분의 대기광은 적외선 영역에 있으며, 하나의 예로 558nm에서 나타나는 산소의 금지선(forbidden line)이 검출된다.

이와 같이 녹색을 띤 산소 방출선은 높이 80~300km 상공에 나타나는 오로라에서도 명확하게 보인다. 오로라는 태양에서 방출된 대전입자가 지구 자기장의 영향을 받아 지구의 양 자기극 근처로 향하여 진입할 때 나타나므로 북반구와 남반구의 고위도 지방에서 주로 볼 수 있다. 북반구에서는 알래스카나 북스칸디나비아 지역이 오로라 관측을 위한 최적의 장소이다. 위도 40°에서도 오로라가 보이는 경우가 가끔 있다. 오로라는 주로 녹색 아니면 황록색의 것이 대부분이지만 붉은색의 오로라도 관측된 바 있다. 오로라의 가장 흔한 형태는 호 모양인데 보통 희미하면서 움직임이 없으며, 띠 모양의 오로라는 더 활발히 움직이고 빠르게 변화하는 수직방향의 광선을 나타낸다.

유성(Meteor, 별과는 상관없지만 돌진하는 별로 부르기도 한다)은 질량이 수 마이크로그램 또는 수 그램의 질량을 갖는 작은 모래 알갱이들이 지구 대기와 충돌할 때 생긴다. 이때 생긴 지구 대기와의 마찰로 인하여 알갱이 입자들이 가열되며 이들은 100km 상공에서 작열하기 시작한다. 보통 20~40km에서 대부분의 알갱이 입자들은 모두 타서 재가 된다. 유성이 빛을 내는 시간은 보통 1초를 넘지 않는다. 가장 밝은 유성을 화구(火球, bolide)라고 한다(이때 밝기는 −2등급 이하이다). 더 큰 알갱이 입자들의 유성체는 모두 소진되지 않고 지표에 이르는 것도 있다. 유성에 관해서는 8.13절에서 더 논의하게 될 것이다.

8.4 화성

화성은 지구형 행성 중 태양에서 가장 먼 행성이다. 화성의 지름은 지구의 약 절반 정도에 지나지 않는다. 망원경을 통해서 화성을 관측해보면 화성은 검은 점들과 흰색의 극관(polar cap)을 지닌 붉은색의 원형 모습으로 보인다. 극관은 화성의 계절에 따라서 그 크기가 커졌다 작아졌다 하는데 이는 극관이 얼음으로 구성되어 있음을 의미한다. 보다 어둡게 보이는 지역은 식물이 생장하는 곳으로 추측되었다. 19세기 말 이탈리아의 천문학자 스키아파렐리(Giovanni Schiaparelli, 1835-1910)는 화성에 운하가 있다고 주장한 바 있다.

한편 미국의 유명한 행성 천문학자인 로웰(Percival Lowell, 1855-1916)도 화성의 운하에 대하여 연구하였

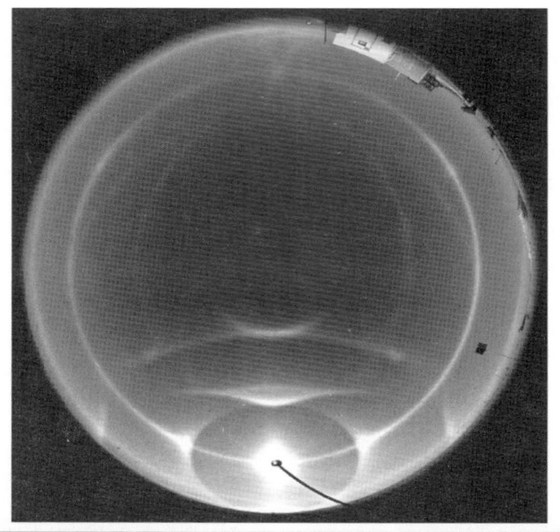

(위) 무리는 남극에서 흔하게 보이는 현상이다. (사진출처 : Marko Riikonen) (아래) 오로라의 모습 (사진출처 : Pekka Parviainen)

으며 연구 결과를 출판까지 하였다. 또한 화성인은 공상 과학 소설에서도 인기가 아주 높은 소재였다. 현재 운하는 존재하지 않는 것으로 알려지고 있으며, 이들은 모두 식별이 어려워 뚜렷하지 않았던 무늬들이 마치 직선형의 운하처럼 보인 광학적 환상에 불과했던 것이었다. 마침내 1965년 매리너 4호는 최초의 선명한 사진을 찍어서 화성에 생명체가 있으리라는 낙관적인 희망까지 묻어 버리고 말았다. 이후에 다른 탐사선이 더욱 자세한 화성의 모습을 보여주었다.

화성은 외행성이므로 지구에 가까이 접근했을 때 가장 잘 관측할 수 있다. 즉 충의 위치에 있을 때에는 밤새도록 지평선 위에 떠 있는 화성의 모습을 볼 수 있다.

지구의 자전축이 기운 양만큼 화성의 자전축은 황도에 대하여 약 25° 기울어져 있다. 화성의 하루는 지구의

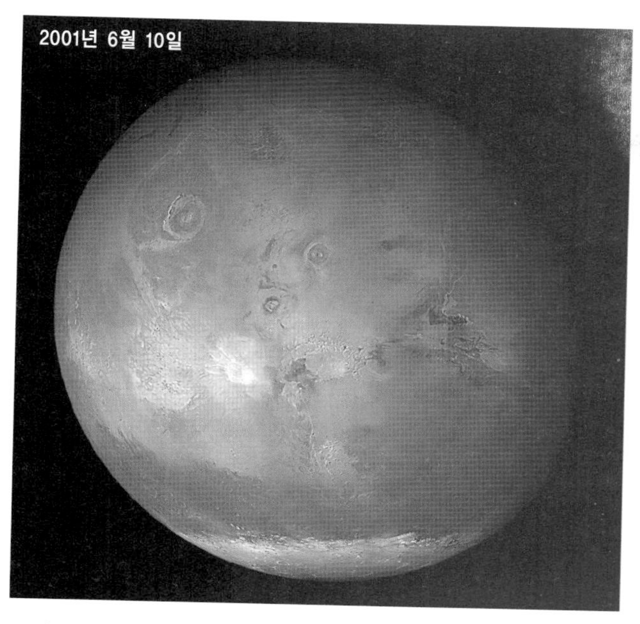

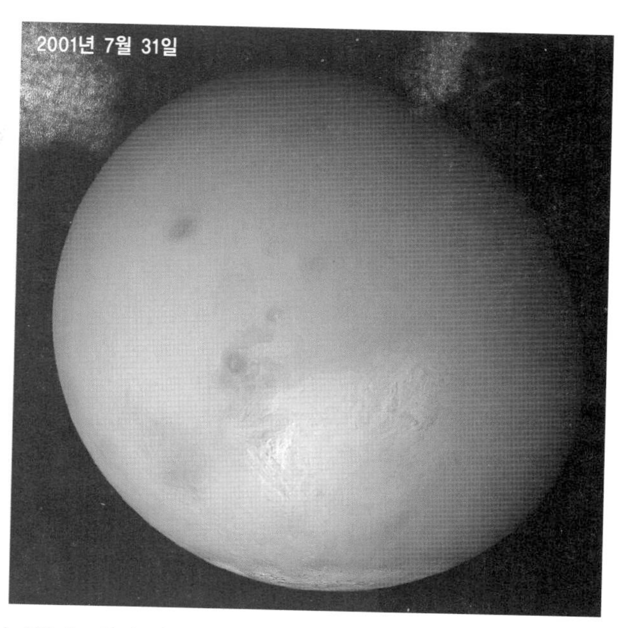

그림 8.12 화성 글로벌 서베이어(Mars Global Surveyor)가 2001년 6월과 7월에 촬영한 두 장의 화성 사진. 6월에 찍은 사진에서(왼쪽 사진) 타르시스(Tharsis) 화산 지역, 매리너 계곡, 그리고 늦겨울 남극관의 모습이 보인다. 7월에 동일한 지역을 찍은 사진에서는 세부 지형의 대부분 모습이 먼지폭풍과 안개에 의해 보이지 않고 있다. (사진출처 : NASA/JPL/Malin Space Science Systems)

하루보다 약 반 시간 더 길다. 화성의 궤도는 심한 타원 궤도를 가지기 때문에 원일점과 근일점 간에 태양직하점에서의 온도 변화가 30°C에 이른다. 이러한 온도 변화는 화성 기후에 상당한 영향을 미친다. 또한 거대한 먼지폭풍이 화성에 나타나는 것을 종종 볼 수 있다(그림 8.12). 통상적으로 이러한 폭풍은 화성이 근일점에 있을 때 시작한다. 화성표면이 가열되면 큰 온도 차이가 유발되고 이는 강한 바람의 원인이 된다. 바람에 흩날리는 먼지는 열을 더 많이 흡수하게 되고 바람의 속도가 $100\mathrm{m\,s^{-1}}$를 넘으면 마침내 화성 전체가 먼지폭풍으로 뒤덮이게 된다.

화성의 대기는 주로 이산화탄소(95%)로 구성되어 있으며 오직 2%의 질소와 0.1~0.4%의 산소가 포함되어 있다. 대기는 매우 건조하여 만일 모든 수분을 화성표면에 모아 놓는다면 그 양은 두께로 0.1mm보다 얇을 정도이다. 그러나 이처럼 적은 양의 수증기도 종종 얇은 구름이나 안개를 생성시키기에 충분하다.

화성표면에서의 대기압은 고작 5~8mbar 정도이므로 대기의 일부는 이미 화성에서 이탈되어 있다. 화성은 아마도 두꺼운 대기를 가져본 적이 없었으리라 추측된다. 그러나 화성의 원시 대기는 지구의 원시 대기와 다소 비슷하여, 거의 대부분의 이산화탄소는 탄산암을 형성시키는 데 사용되었다. 화성에는 판구조가 없기 때문에 지구와 같이 이산화탄소가 순환되어 대기로 다시 돌아오지 않는다. 따라서 화성에서는 온실효과가 지구보다 현저히 작다.

우주탐사선이 보내온 최초의 사진에서는 많은 구덩이들이 발견되었다. 특히 남반구에는 구덩이들의 모습이 유난히 돋보이는데 이는 초창기 표면의 모습이 아직 그대로 나타나고 있음을 의미한다. 가장 큰 구덩이인 헬라스(Hellas)와 아르기레(Argyre)는 약 2,000km의 지름을 갖는다. 한편 북반구에는 넓은 용암 분지와 화산이 많이 존재한다(그림 8.15). 북반구 표면은 남반구보다 지질학적으로 더 젊은 나이를 갖는다. 가장 큰 화산인 **올림포스 몬스**(Olympus Mons) 화산은 그 주변 지형보다 20km 이상 돌출되어 있다. 이 화산 밑 부분의 지름은 약 600km나 된다.

화성에는 현재 활발하게 활동하고 있는 화산이 없다. 화성에 존재하는 바다와 비슷한 평지는 달에 있는 바다와 비슷한 약 30억 년 정도의 나이를 갖는다. 고원 지역 및 바다와 비슷한 평지에서의 화산활동은 약 30억 년 전에 중지되었으나 거대한 순상지에 있는 화산은 아마도 10~20억 년 정도의 젊은 나이를 갖는 것 같다. 올림포스몬스 화산에서 흘러나온 가장 젊은 용암은 1억 년 미만의 나이를 갖는 것으로 추측된다. 화성에는 판구조가 있다는 어떠한 징조도 발견되지 않고 있다. 또한 화성에는 산맥이 없으며 전 규모적인 화산활동도 없다.

한편 화성에는 여러 개의 큰 계곡이 있으며, 그중 가장 큰 계곡인 **매리너 계곡**(Valles Marineris)은 길이가 5,000km, 폭이 200km, 그리고 깊이가 약 6km나 된다(그림 8.13). 매리너 계곡과 비교하면 그랜드캐니언은 단지 화성표면에 긁어 놓은 얕은 상처에 불과하다고 하겠다.

너무나 작아서 지구에서는 볼 수 없었던 아주 오래전에 형성된 강바닥이 화성 탐사선 관측으로부터 발견되었다(그림 8.15). 아마도 이 강들은 화성 형성 직후에 생성된 것으로 생각되는데, 그 당시 많은 양의 물이 있었고 대기 압력과 온도가 높았을 것이다. 화성의 최근 기후 역사에서 온난 주기가 있었을 것이라는 추측이 있긴 하지만, 현재 화성의 온도와 대기 압력이 너무 낮아 자연수가 존재하지 않는다. 화성의 평균 온도는 −50°C보다 낮으며 따뜻한 여름날에는 적도 지방에서 온도가

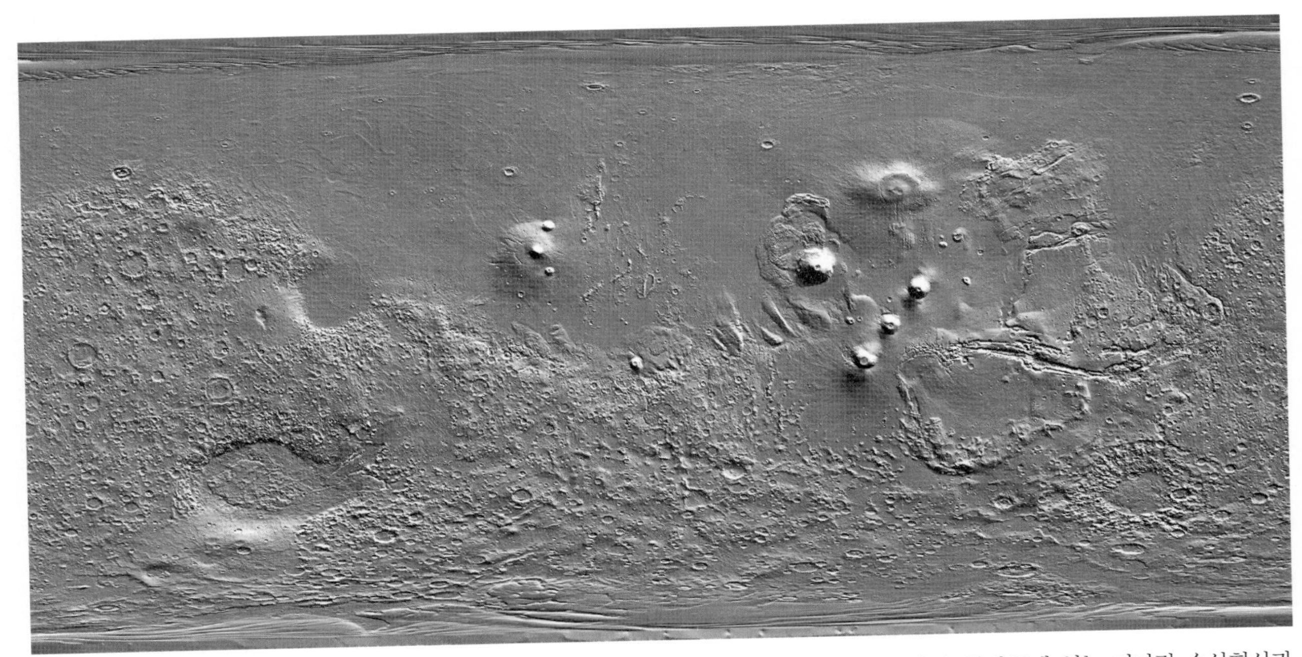

그림 8.13 화성 글로벌 서베이어 자료를 바탕으로 만든 화성의 지형도. 가장 두드러진 모습은 북반구에 있는 커다란 순상화산과 3,000km 이상의 길이와 8km의 깊이를 갖는 매리너 계곡이다. (사진출처 : MOLA Science Team/NASA)

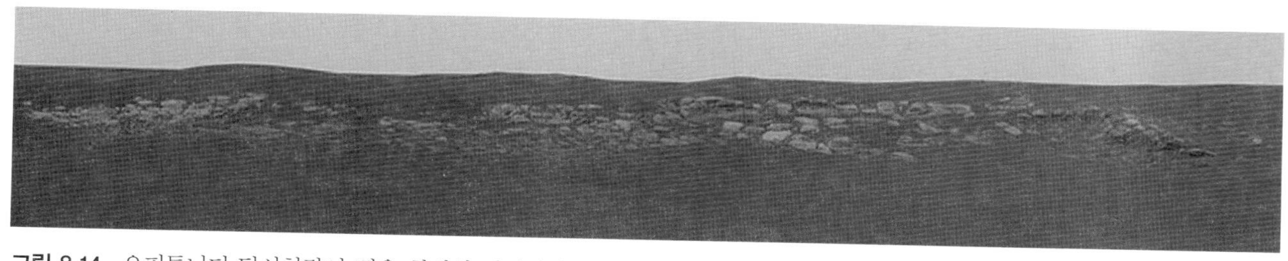

그림 8.14 오퍼튜니티 탐사차량이 찍은 화성의 전경사진으로서 지구의 퇴적층과 비슷한 모양의 구조가 보이며, 이는 아마도 물에 의해 만들어졌을 것으로 생각된다. (사진출처 : NASA/JPL/Caltech)

0°C 근처까지 상승한다. 대부분의 물은 화성표면 밑에 있는 수십 km 깊이의 영구동토층(permafrost)과 극관에 저장되어 있다. 2002년 화성 탐사선 오디세이(Odyssey)에 의해 남극 근처의 넓은 표면 밑에서 얼음 형태의 물이 다량 검출됨으로써 이러한 이론이 검증되었다. 화성 표면 아래 1m 깊이에는 얼음이 토양과 섞여 있다. 화성의 표면에서 활동 중인 탐사차량인 스피릿(Spirit)과 오퍼튜니티(Opportunity)는 2004년에 적철광(hematite) 및 침철광(goethite)과 같은 광물을 발견하였는데 이는 화성표면에 액체 형태의 물이 존재한다는 사실을 입증한

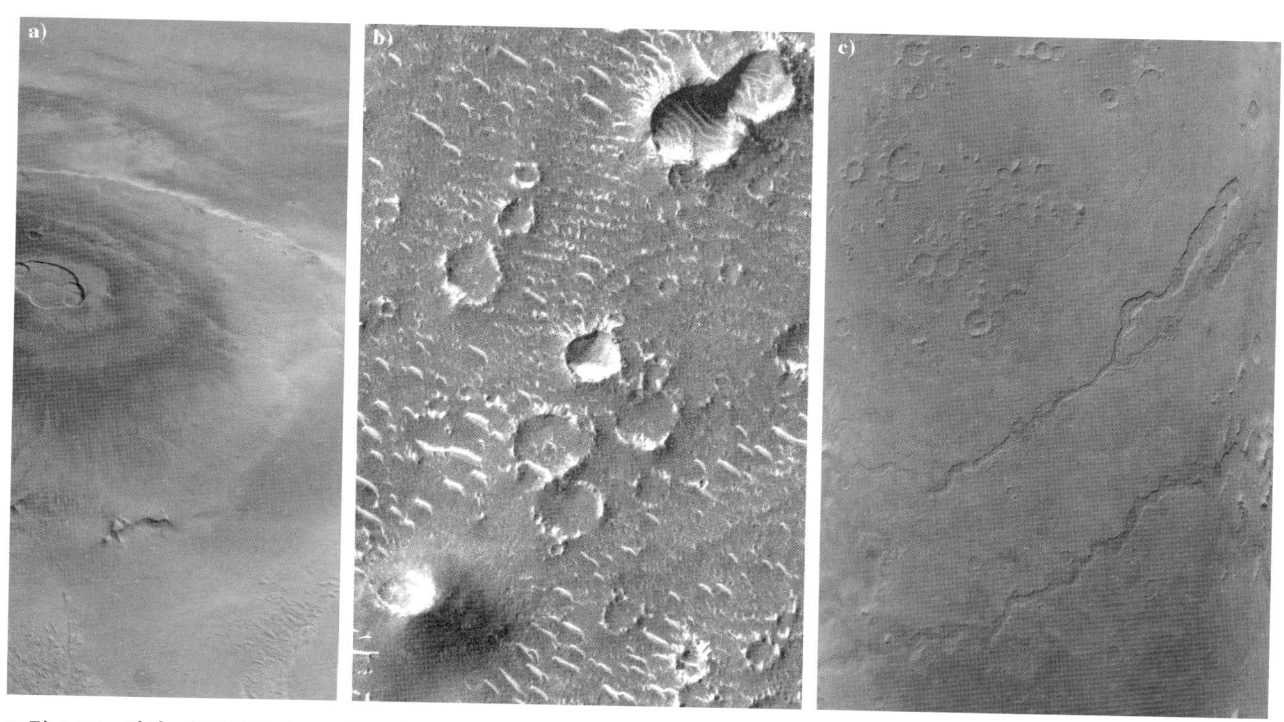

그림 8.15 화산, 충돌구덩이, 그리고 강의 모습. (a) 1998년 4월 화성 글로벌 서베이어가 촬영한 올림포스몬스 화산의 광시야 모습. (b) 화소당 1.5m의 해상도로 촬영된 작은 충돌구덩이 및 모래 언덕 모습. 이 사진은 이시디스 평원(Isidis Planitia)의 일부분인 1.5km 범위를 나타낸다. (c) 헬라스 평원의 동쪽에 있는 3개 주요 계곡의 모습. 이 계곡들은 액체 상태의 물이 분출하여 생성된 것으로 생각되지만 그 나이는 알려져 있지 않다. 모든 계곡은 대략 1km 깊이와 10~40km 폭을 가진다. 이 사진은 대각선으로 약 800km의 길이를 나타낸다. (사진출처 : Mars Global Surveyor, 2000, NASA/JPL/Malin Space Science Systems)

것이었다. 그러나 어느 시기에 액체 형태의 물이 존재하였는지에 대해서는 아직 잘 알려져 있지 않다.

극관(polar cap)은 주로 물과 얼음상태의 이산화탄소로 구성되어 있다. 북반구의 극관은 위도 70°까지 존재하며, 계절에 따라 그 크기가 거의 변하지 않는다. 한편, 남반구의 극관은 겨울에 위도 −60°까지 확장되지만, 여름에는 거의 다 사라져 버린다. 남반구의 극관은 주로 얼음상태의 이산화탄소로 되어 있다. 극관에 영구적으로 존재하는 것은 주로 물로 이루어진 얼음인데, 그 이유는 −73°C는 얼음상태의 CO_2를 유지시키기에 너무 높은 온도이기 때문이다. 화성의 얼음층 두께는 수백 m에 이른다.

화성의 어두운 부분은 식물의 식생 영역이 아니라 강풍에 의하여 움직여 흩어진 먼지에 의한 것이다. 화성의 강풍에 의하여 먼지가 대기의 상층까지 상승함에 따라 화성의 하늘은 붉게 물들어 보인다. 화성 착륙선은 큰 바위들이 여기저기 흩어져 있는 붉은 표토의 화성 표면 모습을 생생하게 보여주었다(그림 8.14). 표토의 붉은 색깔은 주로 산화철에 의해 생긴 녹 때문이다. 이미 1950년대에 편광관측으로부터 갈철석(limonite, $2FeO_3$ $3H_2O$)의 존재를 추정한 바 있다. 현지분석에 따르면 화성의 표토는 13%의 철과 21%의 규소로 구성되어 있으며, 유황은 지구에서 발견되는 것보다 10배 정도 많은 것으로 밝혀졌다.

화성의 내부 구조는 잘 알려져 있지 않다. 화성은 반지름이 약 1,500km인 밀도가 높은 중심핵을 갖고 있는 것으로 추정된다. 또한, 지구의 맨틀보다 밀도가 높은 용융된 암석 맨틀과 얇은 지각을 갖고 있는 것으로 추정된다. 남반구 지각의 두께는 80km 정도지만 북반구 지각은 고작 35km의 두께를 갖는다. 화성은 다른 지구형 행성들보다 더 작은 평균 밀도를 갖는데, 이는 화성의 중심핵이 철 이외에 상대적으로 많은 유황을 포함하고 있기 때문이다.

1997년에 화성 글로벌 서베이어는 화성에 약한 자기장이 있음을 확인하였다. 이는 현재는 사라졌지만 아마도 생성 초기에 있었던 전 규모적인 자기장의 잔재인 것으로 추정된다. 이 사실은 화성 내부 구조의 연구에 중요한 의미를 부여하는 중요성을 갖는다. 자기장을 유발하는 전기적 흐름이 없기 때문에 중심핵은 (최소한 부분적이라도) 고체상태일 것이다.

1976년 바이킹(Viking) 착륙선에 장착된 세 가지 생물학 실험장치를 이용하여 화성 생명체 존재의 징후를 탐색하였다. 어떠한 유기 합성체도 발견되지 않았으나 이 실험은 몇 가지 의외의 사실을 제공해 주었다. 이 실험 결과를 좀 더 자세히 살펴본 결과 생명체 존재의 징후는 없지만 흔히 접할 수 없는 화학반응들이 발견되었다.

화성은 2개의 위성인 **포보스**(Phobos)와 **데이모스**(Deimos)를 가지고 있다(그림 8.16). 포보스의 크기는 대략 27×21×19km이고 화성 주위를 도는 공전주기는 7시간 39분이다. 포보스는 화성 하늘의 서쪽에서 떠서 동쪽으로 진다. 한편 데이모스의 크기는 15×12×11km로 포보스보다 작다. 데이모스의 공전주기는 30시간보다 약간 길고, 화성의 자전주기보다 6시간 길다. 데이모스의 회합주기는 약 5.5일이기 때문에 화성 지평선 위에서 2.5일 이상 보인다.

두 위성들의 표면에는 구덩이들이 존재하는데, 이들 위성에 대한 편광관측 및 측광관측 결과에 의해 구덩이는 탄소성 석질운석(carbonaceous chondrite meteorite)과 비슷한 물질로 구성되어 있음이 확인되었다.

8.5 목성

지구형 행성이 분포하는 범위는 소행성대 안쪽이다. 소행성대 밖 태양계 영역에서는 휘발성 원소의 상대적인 함량이 많으며, 원시태양성운이 갖고 있었던 초기의 화학성분이 아직까지 거대행성에 그대로 보존되어 있다.

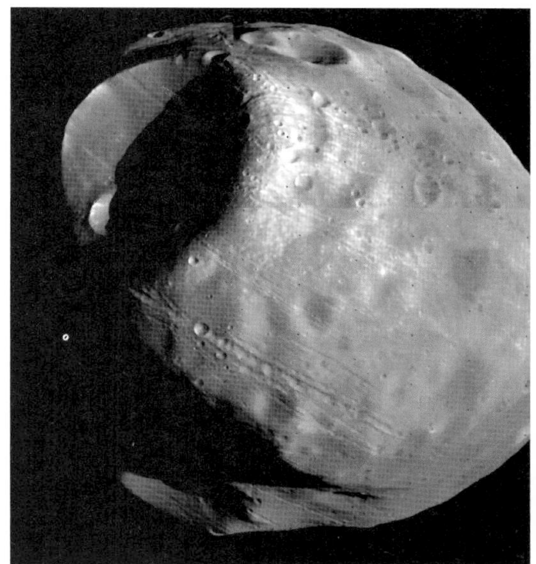
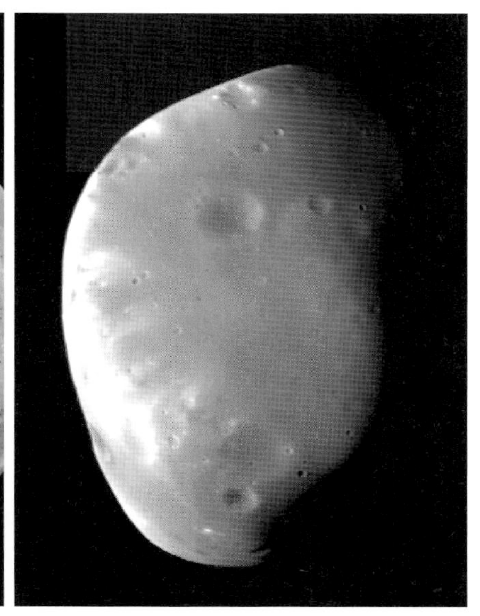

그림 8.16 화성의 두 위성인 포보스(왼쪽)와 데이모스(오른쪽)의 모습. 이들은 포획된 소행성으로 추측된다. (사진출처 : NASA)

거대행성들 중 첫 번째이자 가장 큰 것은 목성이다. 목성의 질량은 다른 모든 행성들을 합친 질량의 2.5배나 되지만 태양 질량의 1/1,000에 지나지 않는다. 목성은 주로 수소와 헬륨으로 구성되어 있으며, 이들 원소의 상대적인 함량비는 태양과 거의 동일하다. 목성의 밀도도 태양과 거의 비슷한 수준의 값인 1,330kgm^{-3}이다.

목성의 겉보기 크기는 충에 있을 때 약 50″ 정도 된다. 검은 띠(belt)와 밝은 대(帶, zone)는 작은 망원경으로도 쉽게 구분되며 이들은 적도에 평행하게 형성된 구름들이다(그림 8.17). 가장 유명한 것은 대적반(Great Red Spot)으로서 6일에 한 번씩 반시계방향으로 회전하고 있는 목성의 거대한 태풍이다. 대적반은 1655년 지오바니 카시니(Giovanni Cassini, 1625-1712)에 의해 발견된 이래 수 세기 동안 계속 관측되어 왔으나, 아직까지 대적반의 실제 나이는 알려져 있지 않다(그림 8.18).

목성의 자전속도는 대단히 빨라서 한 바퀴 자전하는 데 9시간 55분 29.7초가 걸린다. 이 주기는 자기장의 변화로부터 구한 것으로서, 이는 자기장이 만들어지는 목성 중심부의 자전속도를 반영하는 것이다. 짐작할 수 있듯이 목성은 강체처럼 자전하지 않는다. 구름의 자전주기는 적도에 비해 극 지역에서 약 5분 정도 더 길다. 빠른 자전 때문에 목성은 완전 구형의 모습을 이루지 못하며, 편평도는 1/15이나 된다.

목성의 중심부에는 철-니켈의 중심핵이 있을 것으로 생각되며, 그 질량은 지구 질량의 수십 배 정도로 추산된다. 중심핵은 금속성 유체의 수소 층으로 둘러싸여 있으며 이곳의 온도는 10,000K이고 압력은 300만 atm에 이른다. 이와 같은 엄청난 압력 때문에 수소 분자는 모두 해리되어 원자의 상태로 존재하는데, 이러한 상태는 보통의 실험실 환경에서 얻을 수 없다. 이와 같이 매우 특이한 상태에서 수소는 다분히 전형적인 금속의 속성을 갖는다. 수소층은 전기적인 전도의 성질을 가지므로 강한 자기장을 만든다. 압력이 좀 더 낮은 표면으로 갈수록 수소는 정상적인 분자상태(H_2)로 존재한다. 목성은 1,000km나 되는 두꺼운 대기층을 지니고 있다.

목성의 대기상태와 대기를 구성하는 원소들은 우주탐사선 관측으로부터 정확히 측정되었다. 1995년 갈릴레오 탐사선이 목성의 대기에 탐침 기기를 떨어뜨리는 방

그림 8.17 2000년 12월 카시니 우주탐사선이 촬영한 목성의 합성 영상. 해상도는 화소당 114km이다. 검은 점은 목성의 위성인 유로파의 그림자이다. (사진출처 : NASA/JPL/University of Arizona)

법으로 목성 대기에 대한 관측이 직접 이루어졌다. 이 탐침 기기는 목성의 압력에 의해 부숴지기 전까지 거의 한 시간 동안 생존하면서 최초로 목성 대기에 대한 직접적인 자료를 수집하였다.

목성 대기의 띠와 대는 안정된 구름의 형태를 가진다. 이들의 두께와 색깔은 시간에 따라 변하지만, 거의 규칙적인 모습이 위도 50°까지 걸쳐 보인다. 극지방의 색깔은 띠의 색깔과 비슷하다. 띠는 붉은색 또는 갈색으로 보이며, 띠 내부에 있는 가스는 하강운동을 한다. 한편 백색대(white zone)에서는 가스가 상승운동을 한다. 대에 있는 구름은 띠에 있는 구름보다 약간 더 높은 곳에 위치하며 온도는 더 낮다. 강풍 또는 제트기류가 띠와 대를 따라 불고 있다. 상층 대기의 일부 지역에서 풍속은 150m s^{-1}까지 이른다. 갈릴레오 탐침기기에 의한 측정 결과에 의하면 하층 구름에서의 풍속은 500m s^{-1}까지 나타난다. 이러한 사실은 깊은 대기층에서 나타나는 바람은 태양열이 아니라 내부에서 발생한 열에 의한 플럭스의 흐름으로부터 만들어진다는 것을 의미한다.

대적반(Great Red Spot, GRS)의 색깔은 띠의 색깔과 비슷하다(그림 8.18). 가끔 대적반이 거의 무채색을 나타내는 경우도 있지만 이는 대적반이 노쇠해지는 현상을 보여주는 것은 아니다. 대적반의 폭은 14,000km이고 길이는 30,000~40,000km이다. 대적반보다 작은 붉고 흰 점들도 목성에서 관측되는데, 이들의 수명은 일반적으로 몇 년도 되지 않는다.

목성 대기에 있는 수소에 대한 헬륨의 비는 태양과 거의 동일하다. 갈릴레오 탐사선의 결과에 의하면 이전 측정값보다 상당히 더 큰 헬륨 함량이 나타났다. 이는 헬륨의 분화 현상이 크지 않았다는 것을 의미한다. 즉 이전의 결과에서 예상되는 바와 달리 헬륨은 목성 내부로 가라앉지 않는다. 목성 대기에 존재하는 다른 화합물로는 메탄, 에탄, 그리고 암모니아 등이 있다. 구름 상단의 온도는 약 130K이다.

목성은 태양으로부터 받은 복사량의 약 2배 정도를

그림 8.18 1979년 보이저 1호가 촬영한 사진으로 목성의 대적반과 그 주위에 여러 개의 작은 달걀 모양 구조들이 보인다. 160km 크기 구름의 미세 부분이 보인다. (사진출처 : NASA)

열로 방출한다. 이 열은 목성이 형성될 때 중력수축에 의해 방출된 중력에너지의 잔재에 해당한다. 따라서 목성은 아직도 서서히 식고 있다. 목성 내부의 열은 대류에 의해서 외곽으로 전달되며, 이 때문에 금속성 수소의 흐름이 생기고 그 결과로 자기장이 생성되는 것이다.

목성의 고리는 1979년에 발견되었다(그림 8.19). 가장 안쪽에 있는 환상체(環狀體, toroid) 모양의 무리는 목성 중심으로부터 92,000~122,500km 사이에 존재한다. 이 무리는 목성의 고리에서 목성으로 낙하하는 먼지로 구성되어 있다. 목성의 고리는 무리의 경계면에서 시작하여 목성의 위성인 아드라스테아(Adrastea)의 공전궤도 바로 안쪽에 해당하는 128,940km 거리까지 뻗어 있다. 목성의 고리는 지름이 수 μm 정도 크기의 작은 입자들로 구성되어 있으며, 이 입자들은 빛을 후방보다는 전방으로 더 효율적으로 산란시킨다. 따라서 보이저(Voyager) 탐사선이 목성을 스쳐 지나가며 관측하기 전에는 이 입자들이 발견되지 않았다. 작은 입자들로 구성된 고리는 불안정하여 새로운 물질이 고리로 계속 유입되고 있다. 유입되는 물질의 공급원은 목성의 위성인 이오일 가능성이 가장 크다.

가장 바깥 부분에 있는 2개의 어두운 고리는 매우 균일하다. 그중 안쪽에 있는 고리는 아드라스테아의 궤도에서 시작하여 181,000km 거리에 있는 아말테아(Amalthea) 궤도까지 뻗어 있다. 좀 더 어두운 바깥 고리는 221,000km 거리에 있는 테베(Thebe)의 궤도까지 뻗어 있다.

목성의 고리와 위성들은 목성의 자기장에 의해 나타나는 강한 복사대 안에 놓여 있다. 목성의 자기권은 태양 쪽으로 300~700만 km까지 뻗어 있는데 그 범위가 태양풍의 세기에 의해 달라진다. 태양 반대방향으로는 토성 궤도를 넘어서 최소한 7억 5,000만 km까지 뻗어 있다.

목성은 강한 전파원이다. 목성의 전파복사는 세 가지 부류, 즉 mm와 cm의 열적복사, 수십 cm의 비열적 복사, 그리고 수십 m의 폭발성 복사로 구분된다. 비열적 전파 방출은 가장 흥미로운 것으로서, 이 복사의 일부는 목성의 자기권에 있는 상대론적 전자에 의해 발생되는 싱크로트론 복사에 해당한다. 비열적 전파복사의 강도는 목성 자전의 위상에 따라 변하기 때문에 목성의 전파복사를 이용하여 목성의 자전속도를 정확히 결정할 수 있다. 수십 m의 폭발성 전파복사는 목성의 가장 안쪽에 있는 큰 위성인 이오의 위치와 관련되어 있으며, 아마도 이 전파복사는 이오의 궤도에 있는 플라스마 원환체(圓環體, torus)와 목성 사이에서 관측되는 100만 암페어에 달하는 전류에 의해 발생되는 것 같다. 오로라는 목성에서 흔하게 나타나는 현상이다(그림 8.20).

2016년 초를 기준으로 알려진 목성의 위성은 67개 있지만 향후 작은 위성들이 더 많이 발견될 것으로 기대된다. 가장 큰 4개의 위성인 이오, 유로파, 가니메데, 그리고 칼리스토는 1610년에 이들을 발견한 갈릴레오 갈릴레이에게 경의를 표하는 의미에서 갈릴레이 위성(Galilean satellites)이라고 부른다(그림 8.21). 갈릴레이 위성은 보통의 쌍안경으로도 관측이 가능하다. 이들의 크기는 지구의 달과 비슷하거나 심지어 수성 정도 크기에 이른다. 그 밖의 목성의 다른 위성들은 그 크기가 작아 대부분 고작 수 km의 지름을 갖는다.

이오, 유로파, 가니메데의 궤도는 조석력 때문에 공명 상태로 묶여 있어서 이 위성들의 경도 λ는

$$\lambda_{\text{이오}} - 3\lambda_{\text{유로파}} + 2\lambda_{\text{가니메데}} = 180° \tag{8.1}$$

를 만족한다. 따라서 목성에서 보았을 때 이 위성들은 동일한 방향에 놓일 수 없다.

이오 위성은 목성의 가장 안쪽에 위치한 갈릴레이 위성이다. 그 크기는 달보다 약간 크며 그 표면은 산이 없는 분화구인 칼데라들로 얼룩져 있다. 분화구에서 나온 용융상태의 물질이 250km 상공까지 치솟으며 가스의 일부는 이오의 궤도까지 방출된다. 이처럼 이오 위성의 화산활동은 지구와 비교하여 더 강력하다. 목성에 의해 발생되는 100m 크기의 영구적인 대규모 조석이 있다. 유로파와 가니메데에 의한 공전 섭동에 의하여 이오는 약한 타원궤도를 가지며 이에 따라 공전속도도 변하게 된다. 조석력은 표면을 따라 움직이게 되는데 이에 따라 마찰이 유발되고 마찰은 곧 열로 전환된다. 이 열 때문에 화려한 색을 갖는 이오의 표면 밑에서 황화합물이 용융상태로 있게 된다. 이오 표면에는 충돌구덩이의 흔적이 없으며, 화산의 분출로 인하여 표면 전체가 계속 새롭게 변모하고 있다. 또한 이오의 표면에는 물이 없다.

유로파는 갈릴레이 위성 중 가장 작으며, 지구의 달보다 조금 작은 편이다. 표면은 얼음으로 덮여 있으며 기하학적 반사율은 0.6 정도에 이른다. 표면은 매끄러운 편이며, 100m 이상 높이의 몇 가지 지형만 있다. 표면에 나타난 대부분의 얼룩무늬는 매우 선명하지 않은 모습이며 아마도 반사에 의해 나타난 지형인 것으로 보인다. 단지 몇 개의 충돌구덩이만 발견되기 때문에 유로파의 표면은 나이가 젊은 것으로 생각된다. 유로파 내부의 바다로부터 흘러나오는 신선한 물이 표면을 매끈하게 변모시킨다. 갈릴레오 탐사선은 매우 약한 자기장을 발견하였다. 유로파가 목성의 자기장을 통과할 때마다 유로파의 자기장이 주기적으로 변한다. 이 사실은 유로파의 표면 밑 100km 깊이까지 소금기를 가진 바다가 있으며, 이곳에 전도 물질이 있음을 의미한다. 한편 중심부에는 고체 상태의 규산염으로 이루어진 중심핵을 갖고 있다.

가니메데는 태양계에서 가장 큰 위성으로 그 지름이 5,300km나 되어 행성인 수성보다 크다. 표면에 산재한 구덩이의 밀도는 일정치 않은데, 이는 지역마다 그 나이가 일정하지 않다는 사실을 의미한다. 가니메데의 일부

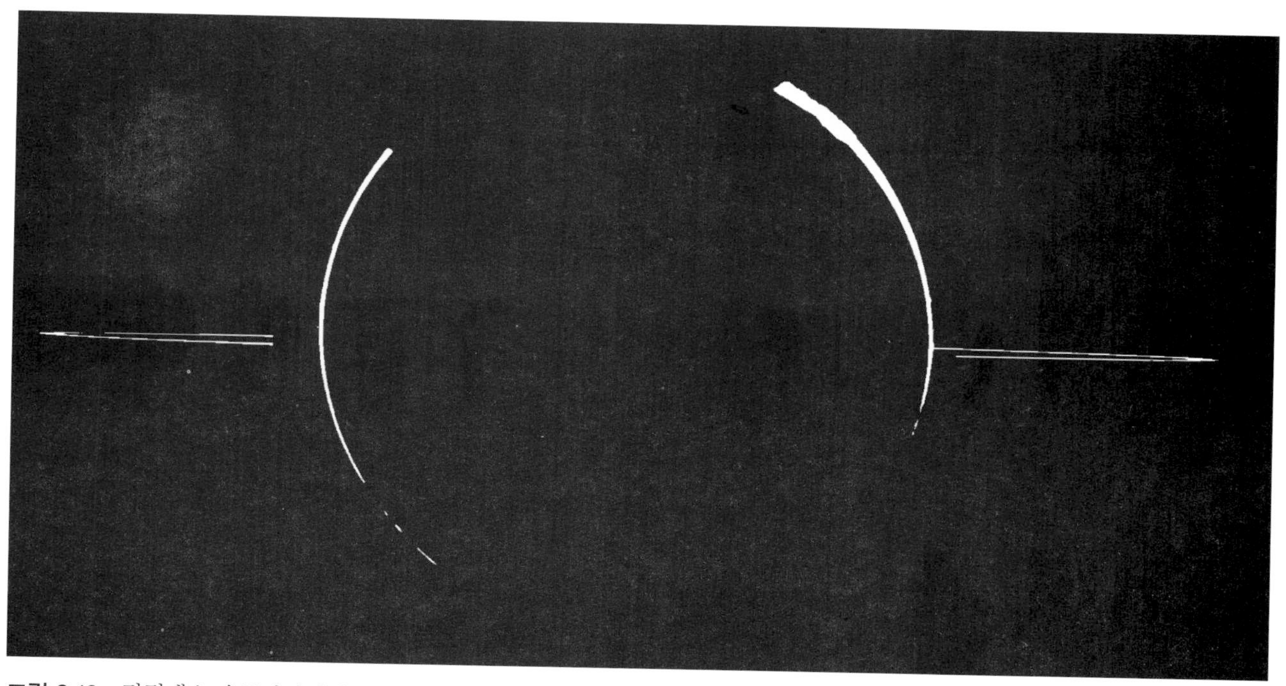

그림 8.19 갈릴레오 우주탐사선이 목성의 그림자 부분에 있을 때 촬영한 목성의 고리 구조 모자이크 영상. 목성의 고리 구조는 세 부분으로 구성되어 있다 : 얇은 최외곽 고리, 편평한 주고리, 그리고 가장 안쪽에 있는 도넛 모양의 헤일로. 이 고리들은 목성의 위성인 이오에서 나왔거나 작은 충돌에 의하여 근처에 있는 위성에서 발진된 먼지 크기의 입자들로 구성되어 있다. (사진출처 : NASA/University of Arizona)

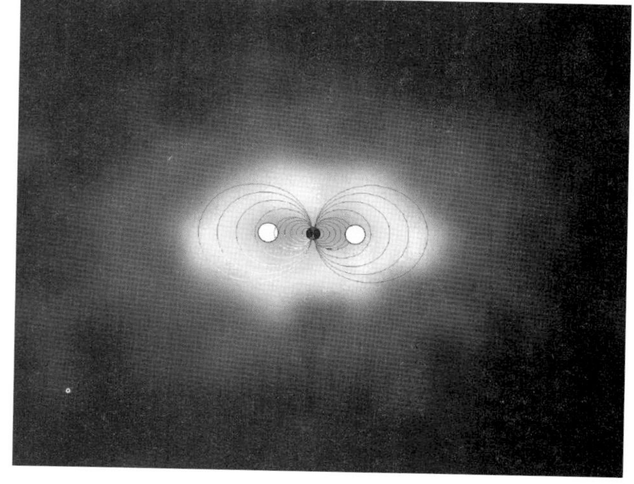

그림 8.20 (왼쪽) NASA의 허블우주망원경이 근접하여 촬영한 목성에 있는 오로라의 모습. 자기 북극을 중심으로 타원 모양으로 퍼져 있는 오로라와 극관 안에서 퍼져 있는 방출선을 볼 수 있다. (사진출처 : NASA, John Clarke/University of Michigan) (오른쪽) 2001년 1월 NASA의 카시니 탐사선이 촬영한 영상으로서 자기권에 포획된 대전 입자들이 거품 모양을 이루고 있다. 자기장과 이오의 화산에서 나온 원환체 모양의 이온화된 물질을 그림에 함께 나타냈다. (사진출처 : NASA/JPL/Johns Hopkins University)

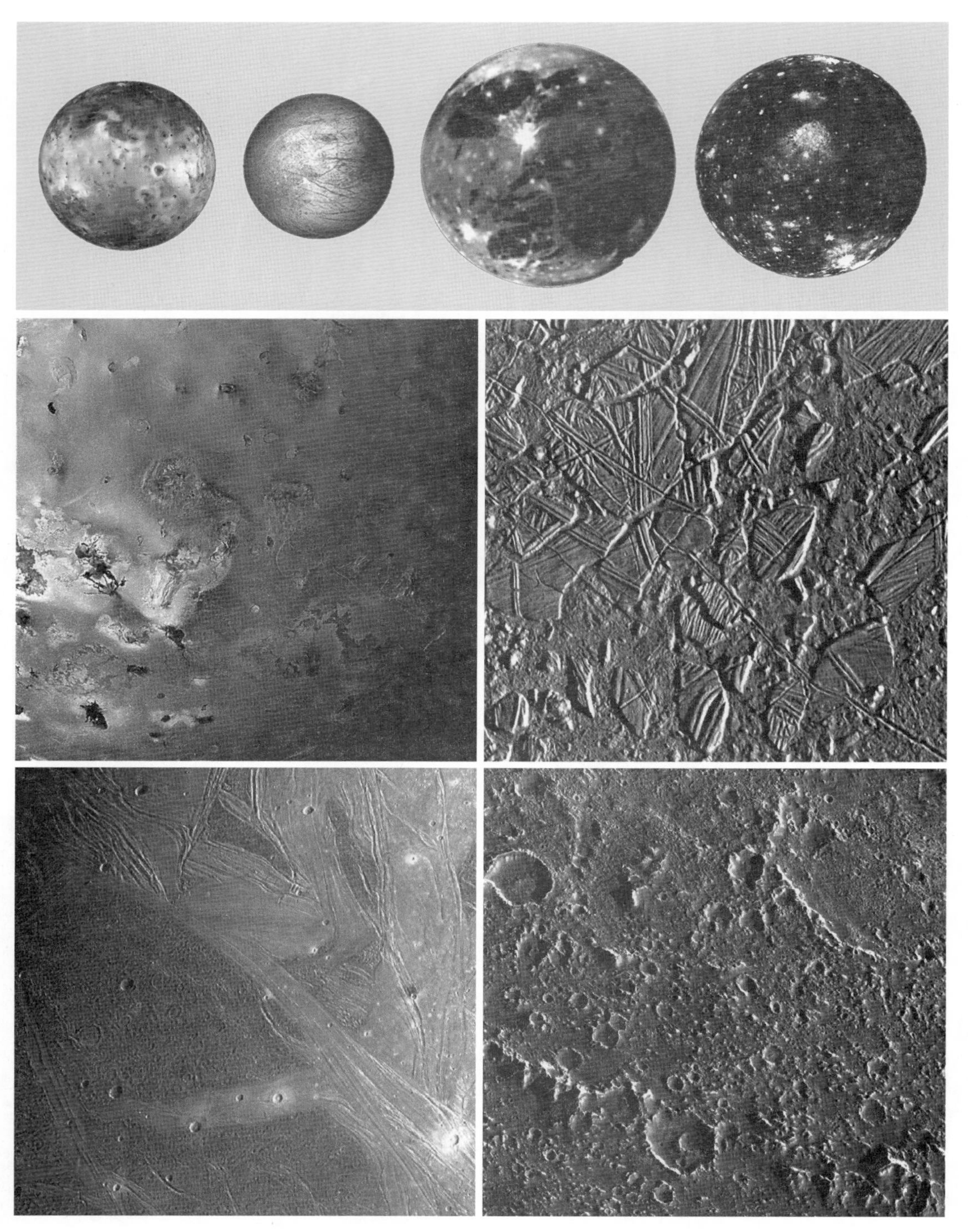

그림 8.21 (위) 목성의 갈릴레오 위성들. 왼쪽에서 오른쪽으로 이오, 유로파, 가니메데, 칼리스토. (사진출처 : NASA/DLR) (중간) 이오와 유로파 표면의 세부 모습. (아래) 가니메데와 칼리스토 표면의 세부 모습 (사진출처 : NASA/Brown University, NASA/JPL)

표면 중 구덩이가 많이 있는 검은색 지역은 나이가 매우 오래되었으며 이보다 약간 나이가 젊고 밝은색을 띠는 지역은 광범위한 고랑 및 산등성이의 배열로 이루어져 있다. 이들의 기원은 지질구조에 의한 것으로 생각되지만 그 형성에 관한 자세한 내용은 알려지지 않고 있다. 가니메데 질량의 50% 이상이 물이나 얼음으로 구성되어 있고 그 나머지가 규산염 암석으로 되어 있다. 칼리스토와 달리 가니메데는 분화되어 있다. 즉 철 또는 철/황으로 이루어진 작은 중심핵은 규산염 암석의 맨틀로 둘러싸여 있으며 맨틀 상부에는 얼음(또는 액체 물)으로 구성된 껍질이 있다. 가니메데에는 약한 자기장이 있다.

칼리스토는 목성이 거느리고 있는 거대 위성 중 가장 밖에 위치하고 있다. 표면은 검으며, 기하학적 반사율은 0.2보다 작다. 칼리스토는 분화되어 있지 않은 것으로 보여 중심부에 암석이 약간 밀집해 있는 정도이다. 칼리스토의 40%는 얼음이고 60%는 암석과 철로 구성되어 있다. 아주 오래된 표면에는 충돌구덩이들이 산재해 있으며 지각변동의 흔적은 보이지 않는다. 그러나 작은 구덩이들 대부분이 사라졌고 오래된 구덩이들이 붕괴되었기 때문에, 이후에 몇 가지 지질학적 과정이 발생한 것으로 생각된다.

현재 알려져 있는 위성들은 4개의 부류로 나뉜다. 즉 갈릴레오 위성의 궤도 안쪽에 있는 작은 위성, 갈릴레오 위성 자체, 그리고 갈릴레오 위성의 궤도 바깥에 있는 두 부류의 불규칙위성(irregular moon)이 이에 포함된다. 목성과 멀리 떨어져 있는 부류의 위성 중 약간 안쪽에 위치한 것들은 직행 궤도로 운동하고, 목성과 가장 멀리 있는 부류의 위성들은 역행공전궤도를 갖고 있다. 이 행성들의 상당수는 아마도 목성에 의해 포획된 소행성일 가능성이 크다.

8.6 토성

토성은 태양계에서 두 번째로 큰 행성이다(그림 8.22). 지름은 약 12만 km로서 지구 지름의 10배나 되며, 질량은 지구 질량의 95배이다. 밀도는 700kgm^{-3}로서 물의 밀도보다 작다. 자전축은 궤도면에 대하여 약 27° 기울어져 있어서 15년마다 북극 또는 남극 영역이 지구를 향하게 되어 잘 관측된다.

자전주기는 10시간 39.4분으로서 이는 1981년 보이저 탐사선이 검출한 자기장의 주기적인 변화로부터 결정된 것이다. 그러나 2004년 카시니 탐사선은 토성의 자전주기를 10시간 45분으로 측정하였지만, 이와 같이 자전주기의 변화가 나타난 이유에 대해서는 알려져 있지

그림 8.22 토성과 토성의 고리들. 토성의 왼쪽에 3개의 위성 테티스(Tethys), 디오네(Dione), 레아(Rhea)가 보이며 미마스와 테티스의 그림자가 토성의 구름 상층에 보인다. (사진출처 : NASA/JPL)

않다. 빠른 자전 때문에 토성은 편평도가 1/10 정도로 편평한 모습을 가져서 작은 망원경으로도 확인할 수 있다.

토성의 내부 구조는 목성과 흡사하다. 토성은 목성보다 작기 때문에 금속성 수소층이 목성만큼 두껍지 않다. 토성은 태양에서 받는 에너지 플럭스의 2.8배 정도의 열복사를 방출하고 있다. 이와 같은 열에너지의 초과는 헬륨의 분화에 의해 나타난 것이다. 헬륨 원자들이 점점 토성 내부로 가라앉게 되고 이로부터 나타난 퍼텐셜에너지가 열복사에너지로 방출된다. 토성 대기에 있는 헬륨의 양은 목성 대기와 비교하여 절반 정도에 지나지 않는다.

토성에서 나타나는 강풍 또는 제트기류는 목성에서 나타나는 것과 비슷하지만 그 모습은 덜 화려하다. 지구에서 볼 때 토성은 노르스름하게 보이며 토성표면에는 눈에 띌 만한 특징도 없다. 목성과 비교하여 구름의 특징도 적은데, 그 이유는 수소, 암모늄, 메탄으로 구성된 얇은 안개가 구름의 상단을 떠다니며 가리고 있기 때문이다. 또한 토성은 목성보다 태양에서 더 멀리 떨어져 있기 때문에 토성이 받는 태양에너지 양도 목성과 다르다.

구름 상단에서의 온도는 약 94K이다. 적도 근처에서 바람의 속도는 400ms^{-1}를 넘으며 적도를 중심으로 위도 40° 범위의 영역에서는 바람의 방향이 항상 일정하다. 이와 같이 빠른 바람의 속도는 외부에서 들어온 태양열만으로 설명될 수 없고 내부의 열에너지 플럭스에 의해 나타난 것이다.

토성에서 가장 돋보이는 모습은 토성의 적도면에 걸쳐 있는 얇은 고리(ring system)이다(그림 8.23, 8.24). 토성의 고리는 작은 망원경으로도 관측이 가능하다. 1610년 갈릴레이가 토성의 고리를 발견하였으며, 그 후 45년 만에 하위헌스(Christiaan Huygens, 1629-1695)는 관측된 형체가 실제로 고리이며 갈릴레이에게 보인 것처럼 이상하게 움직이는 2개의 둥근 불빛이 아님을 밝혔다.

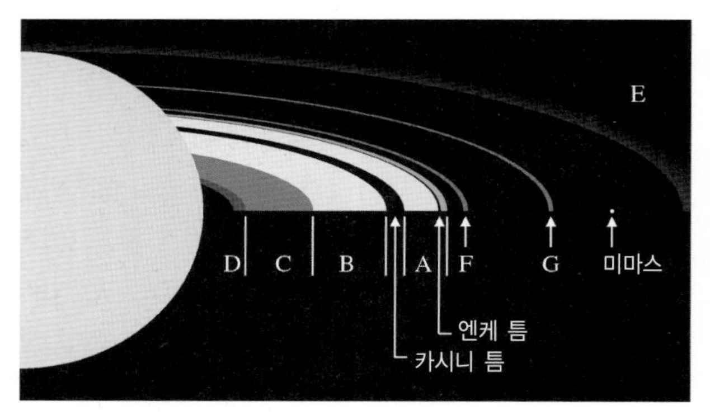

그림 8.23 토성 고리의 구조를 나타낸 개략도. 가장 밝은 고리 A와 B는 작은 망원경으로도 관측되지만, 나머지 고리는 매우 어둡다.

그림 8.24 가까운 거리에서 보면 토성의 고리는 수천 개의 얇고 작은 고리들로 나뉘어 있는 것을 볼 수 있다. (사진출처 : JPL/NASA)

1857년 맥스웰은 고리가 고체로 된 하나의 물체일 수 없으며 작은 입자들로 구성되어야 함을 이론적으로 증명하였다.

고리는 물로 만들어진 보통의 작은 얼음 덩어리로 구성되어 있다. 고리를 이루는 입자들은 수 마이크론에서 화물차 크기에 이르기까지 그 크기가 다양하다. 그러나 대부분 입자는 cm에서 m 범위의 크기를 갖는다. 고리의 폭은 약 60,000km(토성의 반지름 정도)를 넘으며, 두께는 최대 100m 정도지만 아마도 평균적으로 수 m 정도일 것이다. 카시니 탐사선은 고리 주위에서 산소 분자를 발견하였는데 이는 아마도 고리에서 분리된 얼음에서 생성된 것으로 생각된다.

지구에서 관측하면 고리는 세 부분으로 나뉘며 각각 A, B, 그리고 C 고리로 부른다. 가장 안쪽에 있는 C 고리는 폭이 17,000km이고 매우 얇은 물질로 구성되어 있다. C 고리 안쪽에도 물질이 존재하고(D 고리라고 부른다) 뿌옇게 분포하는 입자들은 토성의 구름까지 걸쳐 널리 퍼져 있다.

B 고리는 가장 밝은 고리에 해당한다. B 고리의 전체 폭은 26,000km지만, 수천 개의 좁고 작은 고리들로 나뉘어 있음이 토성 탐사선에 의해 관측되었다. 지구에서 보면 B 고리는 대략 균일하게 보인다. B 고리와 A 고리 사이에는 3,000km나 되는 틈이 있는데 이를 카시니 틈(Cassini division)이라고 부른다. 이 틈에는 과거에 생각했던 것처럼 물질이 전혀 존재하지 않는 것은 아니다. 이 영역에도 약간의 물질이 존재하며, 좁고 작은 고리도 존재하고 있음이 보이저 탐사선에 의하여 발견되었다.

B 고리와 달리 A 고리는 폭이 좁고 작은 고리들로 명확하게 나뉘어 있지 않다. 좁지만 뚜렷하게 보이는 하나의 틈인 엔케 틈(Encke's division)이 고리의 바깥쪽 경계면에 인접해 있다. 고리 밖으로 약 800km 떨어진 거리에 위치한 '목자' 위성(shepherd moon) 때문에 고리의 바깥쪽 경계면의 윤곽이 매우 뚜렷하게 나타난다. 이 목자 위성은 고리를 이루는 입자들이 보다 큰 궤도로 확산되어 나가려는 것을 막아주고 있다. 고리 안에서 아직 발견되지 않은 작은 위성들 때문에 B 고리의 특성이 나타났을 가능성이 있다.

1979년에 발견된 F 고리는 A 고리 밖으로 약 3,000km에 위치하고 있다. F 고리의 폭은 수백 km에 지나지 않는다. 이 고리 양쪽에 작은 위성이 하나씩 존재하는데 이 위성들도 고리가 확산되는 것을 막아 주고 있다. 고리의 안쪽에서 고리 입자들 사이를 관통해 지나가는 위성은 고리의 입자들이 더 큰 궤도를 그릴 수 있도록 입자를 밀어내며, 고리의 바깥을 도는 위성은 입자들이 안쪽으로 들어가도록 힘을 제공한다. 이러한 두 가지 효과로 인하여 결국 고리는 언제나 좁은 상태로 유지된다.

F 고리 밖에는 물질의 밀도가 대단히 희박한 영역이 존재하며, 간혹 G 고리와 E 고리로 부른다. 이 고리들은 작은 입자들로만 구성되어 있다.

토성의 고리는 토성과 함께 형성되었을 가능성이 크며, 파괴된 위성의 잔재와 같이 천문학적 격변 현상에 의한 잔해는 아니다. 고리의 총 질량은 토성 질량의 10^{-7}배 정도밖에 안 된다. 고리를 이루는 입자들을 모두 모으면 지름이 600km인 얼음 덩어리를 만들 정도의 양이 된다.

2009년에 포이베(Phoebe) 위성이 위치한 거리에서 매우 밀도가 희박한 고리가 관측되었다. 고리는 포이베 위성과 같이 약 30° 정도의 경사각을 갖는다. 이 고리는 미소 운석(micrometeorite)의 충돌에 의해 포이베 위성으로부터 떨어져 나와 산산이 부서진 물질에서 형성된 것으로 추정된다. 고리는 이아페토스(Iapetus) 위성 궤도까지 뻗어 있다. 이아페토스의 한쪽 반구는 다른 반구와 완전히 다른 모습을 보여 매우 어둡게 보인다. 이아페토스는 토성 쪽으로 항상 같은 표면만 보이기 때문에 오직 한쪽 반구만 고리 입자들에 의해 타격을 받는다. 결국 이 지역에서 얼음이 증발하고 검은 재만 남게 된다.

2016년 기준으로 토성에는 총 62개의 위성이 알려져 있다. 토성의 많은 큰 위성들은 파이어니어 11호와 보이저 1호 및 2호에 의해 발견되었다(그림 8.25). 엔셀라두스(Enceladus), 테티스와 같이 일부 큰 위성들은 주로 얼음으로 구성되어 있다. 토성의 거리에서 원시성운의 온도는 매우 낮았을 것이므로 순수한 얼음으로 이루어진

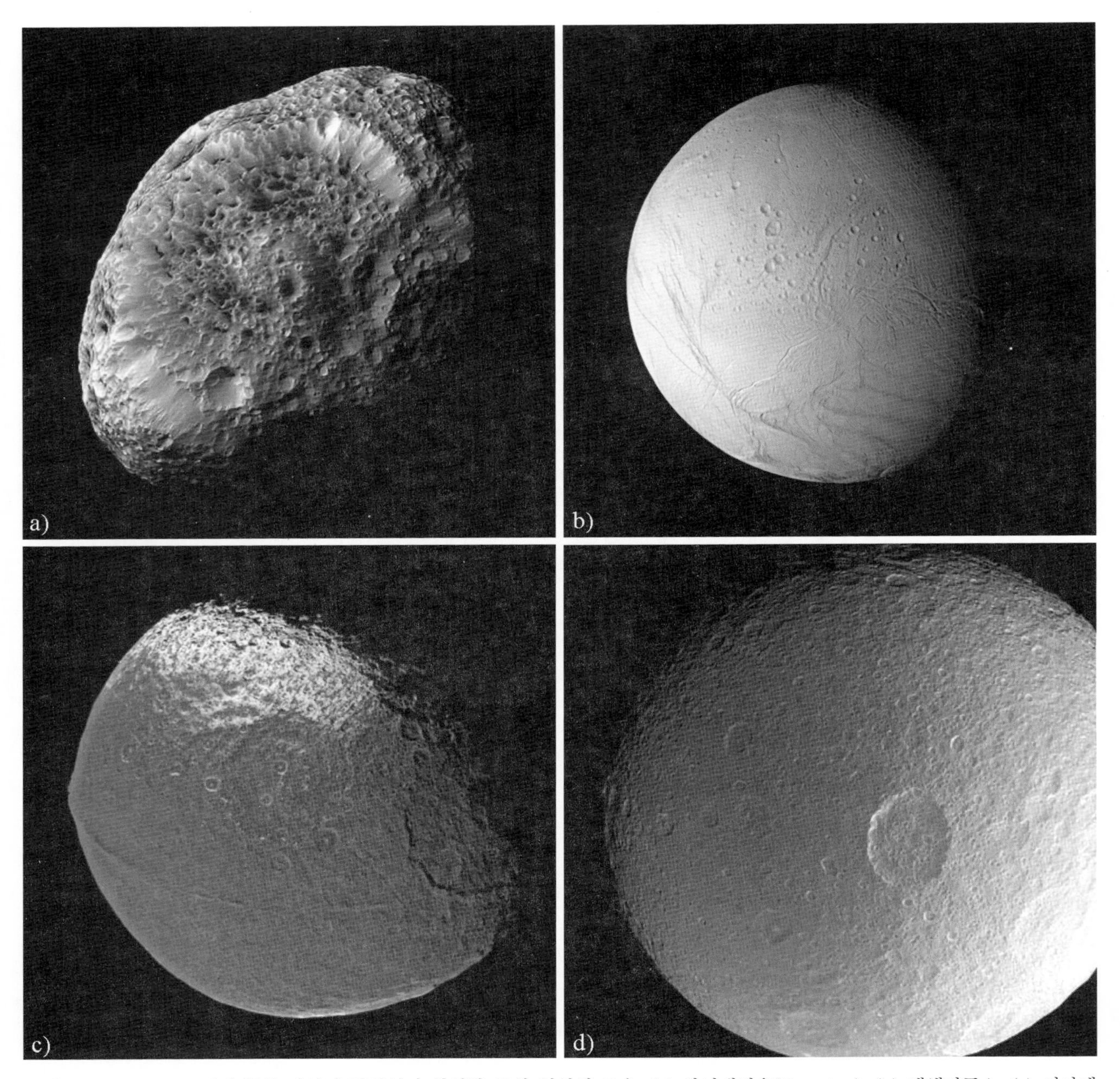

그림 8.25 2005~2006년 동안 카시니 탐사선이 촬영한 토성 위성의 모습. (a) 하이페리온(Hyperion), (b) 엔셀라두스, (c) 이아페투스, (d) 테티스. (e) 2006년 여름 카시니가 촬영한 타이탄의 북위도 레이더 영상. 검은색의 조각은 메탄으로 이루어진 호수로 추정된다. 이 사진의 폭은 약 450km 정도이다. (사진출처 : NASA)

천체가 형성되어 살아남을 수 있다.

어떤 위성들은 동역학적으로 흥미로운 특징을 갖고 있다. 즉 몇몇 위성은 매우 특이한 지질학적 역사를 갖고 있다. F 고리 밖으로는 에피메테우스(Epimetheus)와 야누스(Janus)라는 2개의 작은 위성이 거의 같은 궤도를 돌고 있으며, 이들의 궤도반지름의 차는 50km 정도로

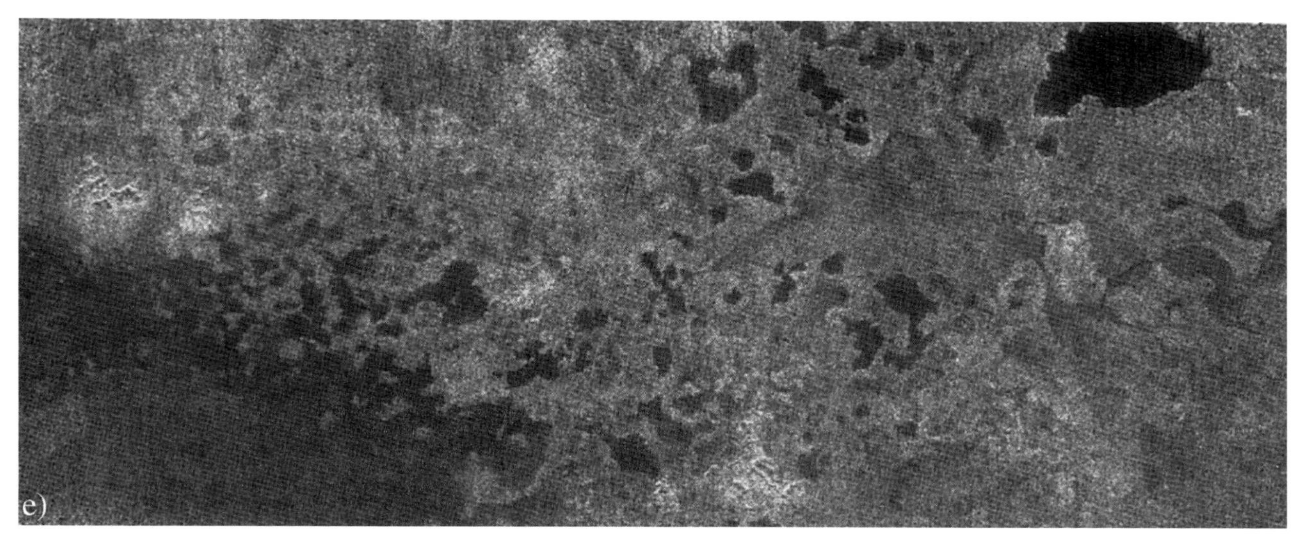

그림 8.25 (계속)

두 위성 자체의 반지름보다도 작다. 안쪽을 도는 위성은 바깥쪽으로 도는 위성을 앞질러 간다. 그러나 뒤따라가는 위성의 속도가 점점 증가하여 결국 바깥쪽으로 움직이게 되므로 두 위성은 결코 충돌하지 않는다. 앞서가는 위성의 속도는 감소하여 안쪽으로 움직이게 된다. 결국 두 위성은 대략 4년마다 그 역할을 서로 교환한다. **아틀라스**(Atlas), **프로메테우스**(Prometheus), **판도라**(Pandora)와 같은 몇 개의 목자 위성들은 토성의 고리가 제자리에 잘 위치하도록 유지시켜 준다. 즉 이 위성들은 고리를 구성하는 입자들이 표류하지 않도록 중력적으로 끌어당긴다.

'나이가 많은' 위성 중 가장 안쪽에 있는 것이 **미마스**(Mimas)이다. 이 위성 표면에는 지름이 100km이고 깊이가 9km 되는 허셜(Herschel)이라고 부르는 거대한 구덩이 하나가 존재한다. 태양계 내에는 이보다 더 큰 구덩이가 존재하지만 모행성에 대한 상대적 크기로는 미마스의 구덩이가 가장 크며 아마도 이 크기는 위성이 수용할 수 있는 최대의 것으로 생각된다(그렇지 않으면 구덩이가 미마스보다 더 클 것이다). 미마스의 후면에는 여러 개의 홈이 파진 줄무늬가 존재하는데, 이것은 운석과의 충돌로 미마스가 거의 파괴된 상태에 이르렀음을 의미한다.

그다음 위성인 **엔셀라두스**의 표면은 거의 순수한 얼음으로 구성되어 있으며, 한쪽 표면에는 구덩이가 거의 없다. 구덩이와 줄무늬는 다른 한쪽의 반구에서만 발견된다. 이는 조석력이 화산활동을 유발하고 이로부터 물이(용암 또는 뜨거운 물질이 아니고) 표면으로 흘러나왔기 때문이다.

타이탄은 토성의 위성 중에서 가장 큰 것으로서 지름은 5,100km나 되어 목성의 위성인 가니메데보다 약간 작은 정도이다. 타이탄은 밀도가 큰 대기를 지니고 있는 유일한 위성이다. 대기는 주로 질소(99%)와 메탄으로 구성되어 있으며 표면에서의 대기압은 1.6bar이다. 표면온도는 약 90K 정도 된다. 우리가 보는 타이탄의 표면은 지표로부터 약 200km 상공에 떠 있는 붉은색 구름이다. 2005년에 타이탄에 착륙한 하위헌스 탐사선이 여러 가지 관측을 수행하고 타이탄의 영상을 전송해 주었다. 하위언스는 타이탄에서 메탄으로 된 호수와 메탄,

암모니아, 그리고 물을 분출하는 간헐 온천을 발견하였다.

8.7 천왕성

수성부터 토성까지의 행성들은 고대부터 잘 알려져 있었지만 천왕성은 맨눈으로는 볼 수 없는 행성이다.

1781년 유명한 독일계 영국인 아마추어 천문학자인 허셜(William Herschel, 1738-1822)이 천왕성을 발견하였다. 처음에 허셜은 자신이 새로 발견한 천체가 혜성이라고 생각하였다. 그러나 그 천체가 대단히 느린 운동을 하기 때문에 토성의 궤도보다 훨씬 더 먼 거리에 있다는 사실을 알게 되었다. 핀란드의 천문학자 렉셀(Anders Lexell, 1740-1784)은 허셜의 관측 자료를 바탕으로 그 천체의 원궤도를 계산하였다. 그는 새로 발견된 천체가 행성이라고 주장한 최초의 사람이었다. 베를린 천문대 소속의 보데(Johann Bode, 1747-1826)는 천왕성이라는 이름을 제안하였지만, 그로부터 50여 년이 지난 후에야 모든 사람들이 이의 없이 그 이름을 채택하였다.

천왕성까지의 평균거리는 19AU이며, 공전주기는 84년이다. 자전축의 경사각은 다른 행성들과는 판이하게 다른 98°이다. 이처럼 매우 예외적인 기하학적 모습 때문에 천왕성의 극지방은 수십 년 동안 태양빛을 받기도 하고 어둠 속에 묻혀 있기도 한다. 1986년에 보이저 2호가 수행한 자기측정으로부터 천왕성의 자전주기가 17.3시간임이 확인되었지만, 보이저 2호의 근접 비행 탐사 이전에는 천왕성의 자전주기가 불확실하였다.

망원경으로 관측하면 천왕성은 녹색으로 보이는데, 이는 근적외선 영역에 존재하는 메탄의 강한 흡수선 띠 때문에 나타나는 효과이다. 이때 붉은색 빛의 일부는 흡수되고, 녹색과 청색 부분의 스펙트럼만 그대로 남게 된다. 천왕성은 거의 특징이 없는 모습을 보이는데(그림 8.26) 이는 천왕성의 구름이 짙은 안개와 스모그 밑에 가려져 있기 때문이다. 태양복사에 의해 메탄이 분리되어 라디칼(radical)이 만들어지고 이어서 아세틸렌(ase-

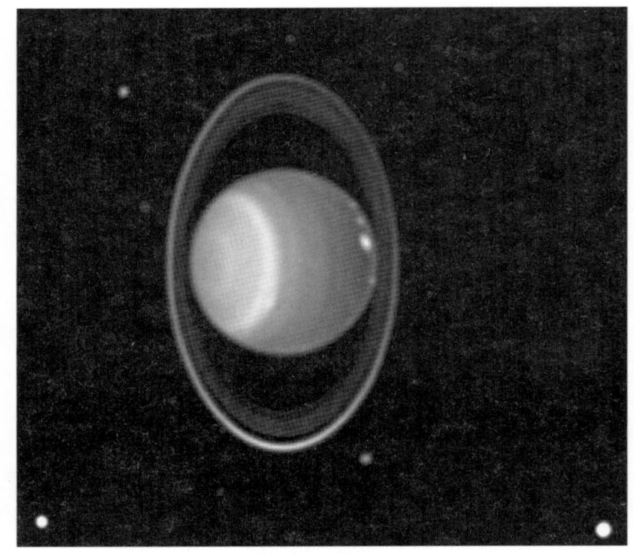

그림 8.26 천왕성의 두 모습. 왼쪽 사진은 육안으로 보는 것과 같은 모습을 보여준다. (사진출저 : NASA) 오른쪽 사진은 허블우주망원경이 얻은 사진으로 주위에 고리들이 있으며 원래의 사진에는 10개의 위성도 보인다. (사진출처 : Seidelmann, U.S. Naval Observatory, and NASA)

thylene)과 에탄(ethane)이 형성되면서 스모그가 나타난다.

스모그에 의해 나타나는 강한 주연감광(周緣感光, limb darkening) 때문에 지구에서 천왕성의 크기를 결정하기가 힘들다. 따라서 1977년이 되어서야 천왕성에 의한 별의 엄폐 현상이 일어나는 동안 천왕성의 크기를 정확하게 결정할 수 있었다. 또한 이때 천왕성에서 고리가 발견되었다.

천왕성의 내부 구조는 다른 거대행성과는 조금 다른 것으로 생각된다. 암석으로 이루어진 내부 핵 둘레에 물로 구성된 층이 있으며, 이 층은 수소와 헬륨으로 이루어진 맨틀로 둘러싸여 있다. 내부 핵 둘레 층에 있는 물, 암모니아, 그리고 메탄가스의 혼합물은 높은 압력에서 해리되어 이온이 된다. 이 혼합체는 물이라기보다 용융상태의 소금과 같은 성질을 갖는다. 전기 전도성을 띤 바다에서 발생하는 대류의 흐름에 의해 천왕성에서 자기장이 생긴다. 구름 상단에서의 자기장 세기는 지구 자기장의 세기와 비슷하다. 그러나 천왕성은 지구보다 더 크기 때문에 실제 자기장의 세기는 지구보다 50배 이상 더 크다. 천왕성의 자기장은 자전축에 약 59° 기울어져 있다. 이와 같이 천왕성처럼 자기장이 크게 기울어진 행성은 없다.

천왕성의 고리는 1977년에 별의 엄폐 현상이 일어나는 동안 발견되었다(그림 8.27). 이러한 엄폐 현상 전과 후에 2차로 생긴 엄폐 현상이 관측되었다. 총 13개의 고리가 알려졌으며 그중 9개는 엄폐 현상으로부터 발견되었다. 가장 안쪽에 있는 고리는 폭이 넓고 퍼져 있으며, 다른 고리들은 검게 보이고 매우 좁아서 고작 수백 m 또는 수 km의 폭을 갖는다. 보이저 2호의 관측 결과에 의하면 천왕성의 고리에는 목성과 토성의 고리와 달리 먼지의 양이 극히 적다. 천왕성의 고리를 이루는 입자의 크기는 1m 이상이며, 이들 입자는 태양계에서 알려진 어떤 물질보다 더 검다. 이와 같이 검게 보이는 원인은 아직 규명되지 않고 있다.

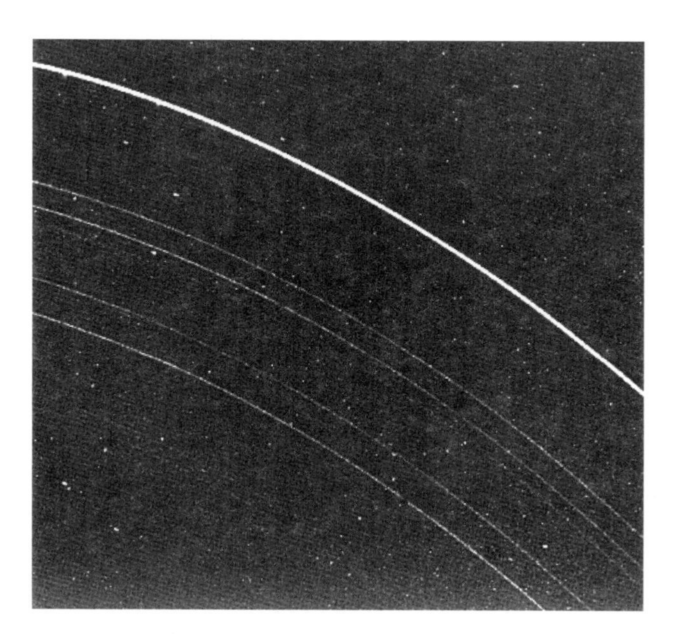

그림 8.27 (왼쪽) 천왕성의 고리들은 매우 좁으며 검은 물질로 구성되어 있다. 1986년 보이저의 사진에서 9개의 고리가 보인다. (오른쪽) 보이저 탐사선이 천왕성의 그림자 안에 있을 때 빛이 산란되면서 보이는 고리의 모습. (사진출처 : NASA)

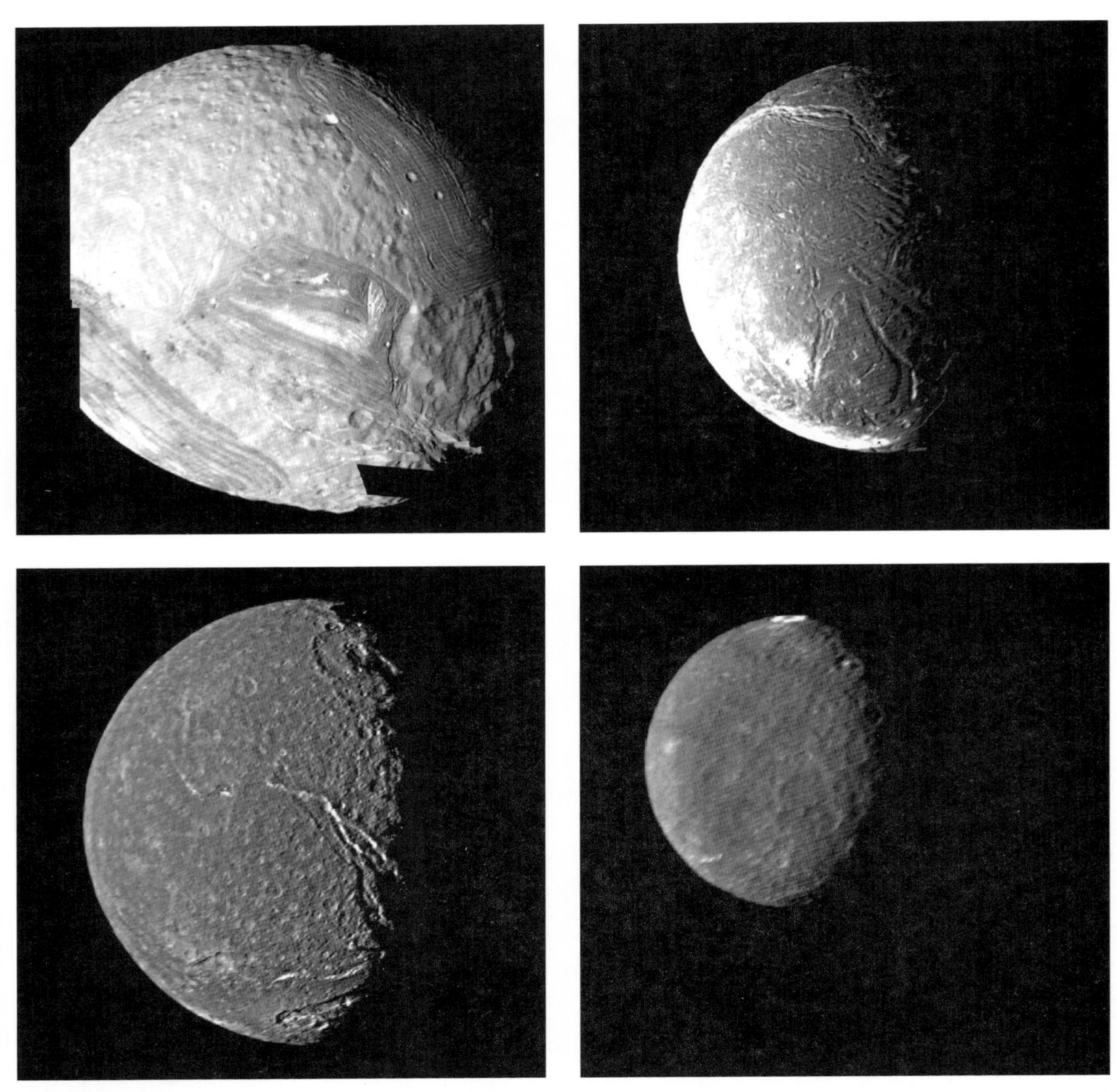

그림 8.28 4개의 천왕성 위성들(왼쪽 위에서 오른쪽 아래 방향으로). 미란다(Miranda), 아리엘(Ariel), 티타니아(Titania), 움브리엘(Umbriel) (사진출처 : NASA)

2016년 기준으로 천왕성 둘레를 공전운동하는 위성은 27개가 있으며, 그중 10개는 보이저 2호에 의해 발견되었다. 일부 위성의 지질학적 역사는 수수께끼와 같으며, 과거에 활발한 지질학적 활동이 있었다고 생각되는 많은 특성들이 발견되고 있다.

천왕성의 큰 위성들 중에 가장 안쪽에 있는 미란다(Miranda)는 현재까지 발견된 위성들 중 가장 특이한 특징을 갖고 있다(그림 8.28). 미란다는 매우 특이한 V형

암층을 비롯하여 다른 곳에서도 발견되는 여러 종류의 지층을 한꺼번에 갖고 있다. 미란다가 현재 이러한 모습을 보이는 것은 위성 자체를 부숴버리는 거대한 충돌의 결과 때문인 것으로 생각된다. 즉 충돌에 의해 부숴진 조각은 나중에 안쪽부터 차곡차곡 쌓이게 된다. 또 다른 특이한 위성은 움브리엘(Umbriel)이다. 이 위성은 유별나게 어두운 태양계 천체들의 부류(예 : 천왕성의 고리, 이아페투스의 검은 면, 그리고 핼리혜성)에 속한다. 움브리엘의 검은 표면은 구덩이들로 덮여 있으며 지질학적 활동의 흔적이 전혀 발견되지 않는다.

8.8 해왕성

천왕성의 궤도는 19세기 초에 이미 잘 알려져 있었다. 그러나 알려지지 않은 섭동을 받아 천왕성이 예상궤도를 이탈하고 있었다. 이러한 섭동을 근거로 케임브리지 대학교의 애덤스(John Couch Adams, 1819-1892)와 파리대학교의 르베리에(Urbain Jean-Joseph Le Verrier, 1811-1877)는 각각 독립적으로 섭동을 일으키는 미지의 행성의 위치를 예측하였다.

1846년 베를린 천문대의 갈레(Johann Gottfried Galle, 1812-1910)는 르베리에의 예측과 불과 1°밖에 차이가 나지 않는 곳에서 새로운 행성을 발견하였다. 이 행성이 발견됨에 따라 발견의 영광을 누구에게 주어야 하느냐에 관한 열띤 논쟁이 일어났다. 왜냐하면 애덤스의 계산 결과가 케임브리지 천문대 이외의 다른 곳에서는 출판되지 않았기 때문이다. 이러한 논쟁은 몇 년 후에 두 사람 모두에게 동일한 영예가 부여됨으로써 해결되었다. 해왕성의 발견은 실로 뉴턴의 중력 이론이 이루어낸 위대한 개가였다고 할 수 있다.

해왕성의 긴반지름은 30AU이며 공전주기는 165년이다. 1989년 보이저 2호에 의해 밝혀진 해왕성 내부의 자전주기는 16시간 7분이며 구름으로 이루어진 바깥층의

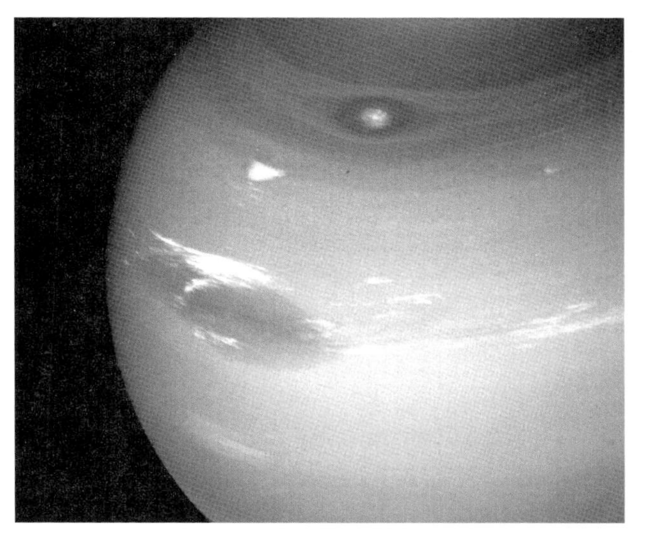

그림 8.29 (왼쪽) 해왕성은 천왕성보다 더 많은 특징을 보인다. 보이저 2호의 사진에서 밝고 하얀 구름을 동반한 대흑반(Great Dark Spot)이 잘 보이는데 그 모습은 시시각각 변한다. 대흑반의 남쪽으로 밝은 무늬가 보이고 더 남쪽으로 또 다른 흑반이 보인다. [역주 : 사진에서 위쪽 방향이 남쪽임] 각 모습은 서로 다른 속도를 가지며 동쪽 방향으로 움직인다. (오른쪽) 남쪽에 있는 흑반의 세부 모습. 밝은 영역의 오른쪽 경계면 근처에 V형 구조가 있는데 이는 흑반이 시계방향으로 회전하는 것을 의미한다. 반시계방향으로 회전하는 목성의 대적반과 달리 해왕성의 타원형 흑반에 있는 물질들은 하강운동을 한다. (사진출처 : NASA/JPL)

자전주기는 약 17시간이다. 자전축은 공전궤도면에 대하여 29° 기울어져 있지만 자기장은 자전축에 대하여 약 47° 정도 기울어져 있다. 자기장은 천왕성처럼 기울어져 있지만 자기장의 세기는 훨씬 작다.

해왕성의 밀도는 1,638kgm^{-3}이고 지름은 49,500km이다. 따라서 해왕성의 밀도는 다른 거대행성들보다 더 크다. 해왕성의 내부 구조는 매우 단순하고 규산염 암석으로 이루어진 중심핵은 약 16,000km의 지름을 갖는다. 중심핵 주위에 물과 액화 메탄으로 된 층이 둘러싸고 있으며 가장 바깥쪽 가스층인 대기에는 주로 수소와 헬륨이 있으며 부수적인 성분으로 메탄과 에탄이 있다.

그림 8.30 해왕성의 고리들. 고리를 이루는 입자들은 매우 작으며 산란된 빛의 앞쪽에서 가장 잘 보인다. 최외곽 고리에서 밝게 빛나는 몇 개의 영역이 존재한다. 여러 고리 중 하나가 꼬인 구조처럼 보인다. 왼쪽의 해왕성은 과도하게 노출되어 밝게 나타난다. (사진출처 : NASA/JPL)

구름의 구조는 천왕성보다 더 복잡하며 보이저의 근접 탐사 결과에 의하면 목성처럼 몇 개의 어두운 반점들이 발견되고 있다(그림 8.29). 바람의 속도는 최고 400m s^{-1}까지 이른다.

다른 거대행성처럼 해왕성도 고리를 갖고 있다(그림 8.30). 고리의 존재는 탐사선의 근접 탐사 이전에도 예측되었지만, 보이저 2호에 의해 처음 발견되었다. 상대적으로 밝지만 폭이 매우 좁은 2개의 고리가 해왕성의 중심으로부터 53,000km와 62,000km 떨어진 곳에 위치하고 있다. 또한 미세한 먼지가 있는 어두운 영역도 있다.

해왕성에는 14개의 위성이 알려져 있으며 6개는 보이저 2호에 의해 발견되었다. 보이저의 근접 탐사가 있기 전에는 트리톤(Triton)과 네레이드(Nereid)의 2개 위성만 알려져 있었다.

해왕성의 가장 큰 위성인 **트리톤**은 지름이 2,700km이며 주로 질소로 구성된 얇은 대기를 갖고 있다. 트리톤

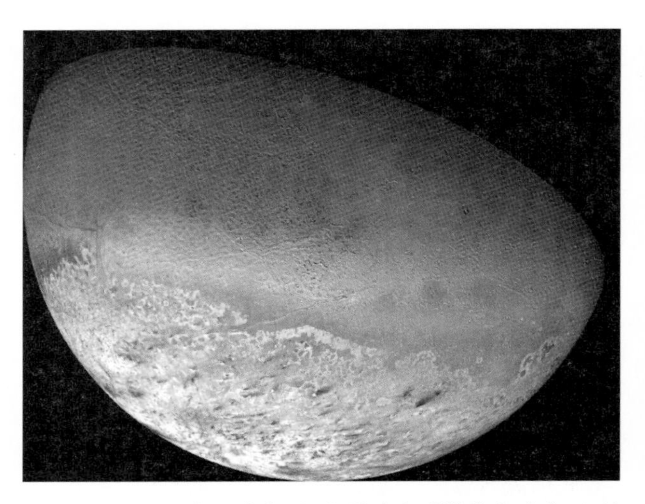

그림 8.31 1989년 보이저 2호가 촬영한 해왕성의 가장 큰 위성인 트리톤의 남반구 모습 사진. 어두운 반점들은 얼음으로 뒤덮인 화산의 폭발을 나타낸다. 보이저 2호의 영상을 보면 활동적인 간헐천과 같은 폭발로 인하여 질소 가스와 어두운 먼지 입자들이 수 km 높이의 대기로 분출되는 것을 볼 수 있다. (사진출처 : NASA)

의 반사율은 매우 높아서 입사한 빛의 60~80%를 반사한다. 표면은 상대적으로 나이가 젊기 때문에 큰 충돌구덩이를 갖고 있지 않다(그림 8.31). 액화 질소를 뿜어내며 활동하는 간헐온천이 존재하는데, 이는 높은 반사율과 충돌구덩이가 없는 이유를 설명해 준다. 트리톤의 표면온도는 37K 정도로 낮기 때문에 질소가 눈과 같이 고체상태로 표면을 덮고 있다. 트리톤의 표면온도는 태양계 천체 중 가장 낮다.

8.9 왜소행성

태양계에는 행성 이외에 태양 둘레에서 궤도운동하는 행성과 유사한 천체들이 있다. 이들은 거의 구에 가까운 형태를 갖고 있지만 자신의 궤도 주변에 있는 물체를 깨끗이 제거하지 못한 천체들이다. 왜소행성의 크기와 질량의 상한값과 하한값은 명확하게 결정되어 있지 않고 있다. 그러나 하한값은 정역학적인 평형상태에 있는 천체의 모양으로부터 결정되지만 왜소행성을 구성하는 물질의 성분과 역사에 따라 그 값이 달라질 수 있다. 수년 내에 발견될 왜소행성은 약 40~50개에 이를 것으로 추산된다.

현재까지 태양계에는 5개[세레스(Ceres), 명왕성(Pluto), 에리스(Eris), 하우메아(Haumea), 그리고 마케마케(Makemake)]의 왜소행성이 알려져 있다. 과거에 세레스는 소행성으로 그리고 명왕성은 행성으로 생각되었던 천체였다. 에리스[2003 UB 313, 제나(Xena)라는 다른 이름을 갖고 있다]는 최초의 해왕성궤도통과천체이며 명왕성보다 더 큰 것으로 판명되었다.

명왕성. 명왕성은 1930년에 미국 애리조나 주 로웰 천문대에서 수행한 광범위한 사진관측 탐색으로부터 발견되었다(그림 8.32). 이 탐색은 천왕성과 해왕성 궤도에서 관측된 섭동을 바탕으로 하여 이미 20세기 초에 로웰에 의해 시작되었다. 마침내 톰보(Clyde Tombaugh, 1906–1997)는 예측된 위치로부터 약 6°가 넘지 않는 곳에서 명왕성을 발견하였다. 그러나 명왕성은 천왕성이나 해왕성에게 섭동을 일으키기에는 너무나 작은 천체인 것으로 밝혀졌다. 따라서 명왕성의 발견은 순전히 우연이라고 할 수 있으며, 관측된 섭동은 실제로 존재하는 것이 아니라 과거의 관측에서 유발된 오차였던 것이다.

명왕성의 궤도는 다른 행성들의 궤도와 다르다. 명왕성의 이심률은 0.25이며 궤도경사각은 17°이다. 250년

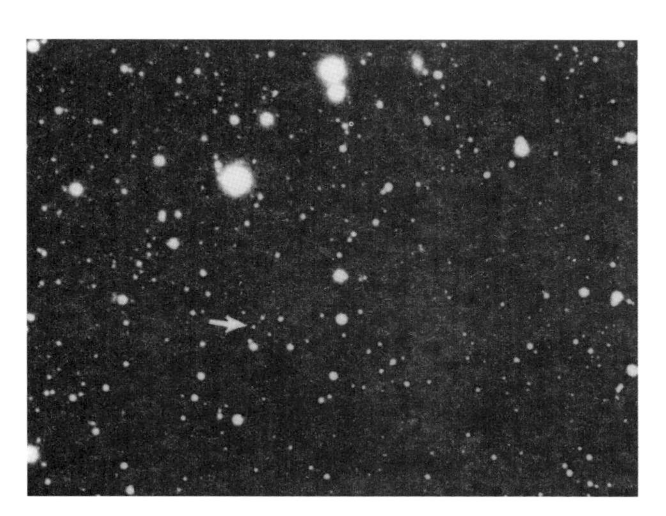
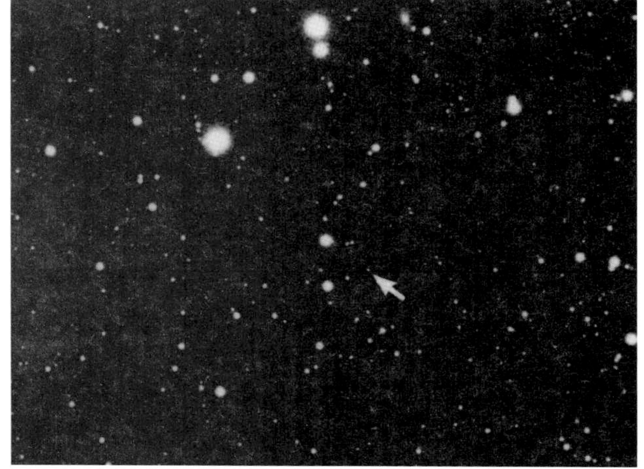

그림 8.32 1930년 명왕성을 발견한 한 쌍의 사진들. 명왕성이 화살표로 표시되어 있다. (사진출처 : Lowell Observatory)

의 궤도운동 기간 중에 명왕성은 20년 동안 해왕성보다 태양으로부터 더 가까운 거리에 위치한다. 실제로 1979년에서 1999년까지 이러한 상황이 유지되었다. 그런데 명왕성이 비록 해왕성의 거리에 있더라도 명왕성은 황도면에서 더 높이 위치하기 때문에 명왕성과 해왕성이 충돌할 위험은 없다. 명왕성의 공전주기는 해왕성에 대하여 3 : 2 공명상태에 있다.

지구상에 있는 망원경으로 관측할 때 명왕성은 다른 행성처럼 면적을 가진 원반 형태로 보이지 않고, 별처럼 하나의 점으로 보인다. 이러한 사실로부터 명왕성 지름의 상한값을 알 수 있으며, 그 값은 약 3,000km로 밝혀졌다. 명왕성의 정확한 질량은 1978년 명왕성의 위성인 **카론**(Charon)이 발견된 후에야 알려졌는데, 지구 질량의 0.2%에 불과하다. 카론의 공전주기는 6.39일이고 이 주기는 명왕성과 카론의 자전주기와 동일하다. 명왕성과 카론은 동시에 자전하기 때문에 두 천체 간에는 항상 동일한 표면만 보이게 된다. 명왕성의 자전축은 122° 정도 기울어져 있기 때문에 공전궤도 평면과 비슷하게 위치한다.

1985~1987년 사이에 있었던 명왕성과 카론 간의 엄폐 현상으로부터 두 천체의 지름을 정확히 결정할 수 있었다. 그 결과로부터 얻어진 명왕성의 지름은 2,300km이고 카론은 1,200km이다. 명왕성의 밀도는 약 2,100kgm^{-3}으로 밝혀졌기 때문에, 결국 명왕성은 하나의 거대한 얼음덩어리가 아니라 질량의 2/3가 암석으로 구성된 것이다. 얼음의 양이 상대적으로 적은 이유는 행성이 물질의 부착(accretion)에 의해 생성되는 동안 온도가 낮기 때문이며, 이때 대부분의 자유 산소가 탄소와 결합하여 일산화탄소가 된다. 계산에 의해 결정된 얼음 양의 하한값은 약 30% 정도이며, 이는 실제로 명왕성에서 관측된 값과 비슷하다.

명왕성은 얇은 메탄 대기를 가지며 표면 위에 얇은 안개가 깔려 있는 것으로 생각된다. 표면의 대기압력은

그림 8.33 2006년 2월 허블우주망원경이 명왕성과 3개의 알려진 위성을 찍은 사진. 2005년 더 작은 위성들이 발견되어 나중에 닉스(Nix)와 하이드라(Hydra)라는 이름이 붙여졌으며, 이들의 지름은 40~160km 정도로 추정된다. [사진출처 : M. Mutchler(STScI), A. Stern(SwRI), HST Pluto Companion Search Team, ESA, NASA]

그림 8.34 2015년 뉴호라이즌 탐사선이 촬영하여 전송해 준 명왕성의 사진으로 현존하는 유일한 명왕성의 정밀한 영상이다. 심장 모양의 밝은 영역은 명왕성을 발견한 사람에 대한 존경의 일환으로 톰보(Tombaugh) 지역이라는 이름으로 불린다. 이 지역 왼쪽에 보이는 검은 영역은 크툴루(Cthulhu) 지역으로 불리는데, 크툴루는 러브크래프트(H.P. Lovecraft)가 지은 공포소설에 등장하는 신화 속 악마의 이름이다. (사진출처 : NASA)

$10^{-5} \sim 10^{-6}$atm이다. 명왕성이 근일점에서 멀어지면 대기 전체가 얼게 되어 명왕성 표면에 떨어지는 것으로 추측된다.

명왕성은 5개의 위성을 갖고 있는데 그중 2개의 위성은 2005년 허블우주망원경에 의해 발견되었다(그림 8.33). 이 위성들은 반시계방향으로 명왕성 주위를 공전하며, 명왕성으로부터 카론이 떨어져 있는 거리의 2배에 해당하는 거리에 위치한다. 뉴호라이즌(New Horizon) 탐사선은 추가로 2개의 위성을 더 발견하였다.

세레스(Ceres). 세레스는 1801년 피아치(Giuseppe Piazzi, 1746-1826)에 의해 발견된 최초의 소행성이었다. 세레스는 목성 궤도 안쪽의 소행성대에서 운동하는 소행성 중 가장 크다. 세레스의 지름은 약 1,000km로서 정유체 평형상태를 유지하기 위한 한계를 초과하고 있다. 따라서 세레스는 더 이상 소행성이 아니라 왜소행성이라고 할 수 있다.

충의 위치에서 세레스의 밝기는 7.9등급이므로 쌍안경으로 볼 수 있지만, 맨눈으로는 관측할 수 없다.

우주 탐사선이 찍은 영상에서 반사가 크게 나타나는 몇 개의 반점을 볼 수 있다.

에리스(Eris). 2003년에 2003 UB313으로 명명된 하나의 해왕성궤도통과천체가 발견되었다. 이 천체는 제나(Xena)라는 별칭으로 불렸는데, 이는 TV 시리즈에 등장하는 상속녀의 이름에서 따온 것이다. 제나 주위를 공전하는 위성이 발견되었고, 이 위성의 이름을 가브리엘(Gabrielle)로 불렀다. 그러나 제나와 가브리엘은 비공식적인 이름이며, 각각 에리스와 디스노미아(Dysnomia)라는 공식적인 이름을 부여받았다.

에리스의 크기는 명왕성과 비슷하지만, 그 크기는 적외선 관측으로부터 추정한 것이다. 명왕성이 행성의 지위를 유지했다면 에리스도 행성으로 분류될 만큼 큰 천체지만, 현재 에리스는 왜소행성으로 정의된다. 에리스 궤도의 장반경은 97AU이고 공전주기는 560년이며 궤도 경사각은 45°이다.

8.10 태양계의 소천체

행성, 행성 주위의 위성, 왜소행성, 그리고 약간 큰 다른 천체들 이외에 태양계에는 소천체(minor bodies)로 통칭하는 작은 천체들이 많이 있다.

소천체의 종류에는 소행성, 혜성, 유성체, 행성간 먼지(interplanetary dust)가 있다. 그러나 이와 같이 서로 다른 종류의 천체들 사이에 경계가 뚜렷하지 않다. 어떤 소행성들은 혜성과 비슷하며 어떤 지구 근접 소행성들은 모든 휘발성 원소가 사라져버린 혜성의 잔재일 가능성이 있는 것들도 있다. 따라서 우리의 분류법은 실제 물리적인 차이보다는 외형적인 모습과 관례적인 방법에 바탕을 둔 것이다.

8.11 소행성

소행성은 무리를 이루며 태양계 내 도처에 흩어져 있으며 태양 주위를 공전하고 있다. 가장 오랫동안 잘 알려진 소행성의 무리는 태양으로부터 2.2~3.3AU 거리에 위치하면서 화성과 목성 사이에 소행성대를 이루고 있다(그림 8.38). 가장 먼 소행성들은 명왕성 궤도보다 훨씬 멀리 있으며 해왕성궤도통과천체로 불린다. 또한, 지구보다 태양에 더 가까운 소행성들도 많이 있다.

초기에 소행성은 작은 행성(minor planet) 또는 미행성(planetoid)로 불렸다. 소행성이라는 이름보다 이 이름들이 실제적으로 더 자연스러운데 그 이유는 소행성 자체의 이름이 별과는 상관없지만 별처럼 점으로 보이는 천체라는 의미를 지니기 때문이다.

최초의 소행성은 1801년 발견된 세레스이며(현재 세레스는 왜소행성임), 2016년 초 기준으로 750,000개 이

그림 8.35 (위) 최초로 발견된 소행성인 세레스의 모습. 우주 탐사선이 촬영한 사진을 보면 구형의 모습을 보이기 때문에 현재는 왜소행성으로 분류되었다. (중간) 베스타는 명확하게 비구형의 모습을 보이기 때문에 소천체로 분류되어 남아 있다. 베스타는 가장 밝은 소행성으로서 이상적인 조건이라면 충의 위치에 있을 때 육안으로도 관측될 수 있다. (아래) 소행성(243) 아이다와 그 주위에서 공전하는 달인 댁틸(Dactyl)의 모습. 이와 같이 불규칙한 모양은 대부분 소행성에서 나타나는 전형적인 모습니다. 아이다는 위성을 갖는 것으로 알려진 최초의 소행성이다.

상의 소행성에 대한 목록이 구축되었고, 이 중 15,000개의 소행성에 이름을 붙여 놓았다. 또한 상당수 많은 소행성들에 대해 거의 정확한 궤도 정보가 알려져 있다. 목록에 수록되는 소행성의 숫자는 현재 매달 수천 개씩 증가하고 있다. 태양계에는 1km보다 큰 소행성이 50만 개 이상 있는 것으로 추산되고 있다. 소행성들의 크기는 다양해서 지름이 수백 m부터 수백 km에 이른다. 가장 큰 소행성인 세레스는 현재 왜소행성으로 분류되어 있으며, 가장 작은 소행성과 유성체 간의 구분도 명확하지 않다.

가장 밝은 소행성조차도 육안으로 보기에는 너무 어둡기 때문에 망원경을 이용하여 소행성을 관측해야 한다. 큰 망원경으로 보더라도 소행성은 별과 같이 하나의 점으로 된 광원으로 보인다. 소행성이 배경 별들에 대하여 서서히 이동한다는 사실만으로 그들이 태양계의 구성원임을 알 수 있다.

소행성은 자전하므로 규칙적으로 밝기의 변화가 나타나게 된다. 대부분의 경우 밝기 변화의 폭은 1등급 이하이며 전형적인 자전주기는 4~15시간의 범위에 있다.

소행성대의 특징은 매우 잘 알려져 있다. 소행성대에 있는 소행성 전체의 질량은 지구 질량의 1/1,000보다 작다. 소행성대의 중심은 **티티우스-보데 법칙**(Titius-Bode law)이 예측하는 2.8AU의 거리에 위치한다(7.11절 참조). 과거에 널리 알려진 이론에 의하면 소행성은 행성의 폭발로부터 생긴 잔해들이라고 생각되었다. 그러나 이러한 격변 이론은 오늘날 받아들여지지 않고 있다.

현재 인정받고 있는 이론에 의하면 소행성이 주요 행성들과 동시에 형성되었다고 가정하고 있다. 원시 소행성들은 커다란 덩어리의 천체로서 대부분 화성과 목성 사이의 궤도를 돌고 있었다. 소행성 간의 충돌과 분열로 인하여 현재의 소행성들은 큰 행성을 이루지 못했던 원시 천체들의 파편 잔해이다. 크기가 가장 큰 몇몇 소행성들은 원래 원시 천체의 덩어리를 그대로 유지한 것으

그림 8.36 (왼쪽) 1991년 10월 갈릴레오 탐사선이 찍은 소행성(951) 가스프라(Gaspra)의 사진. 태양빛을 받아 빛나는 소행성의 부분은 약 16×12km이다. 이 사진에 나타난 가장 작은 구덩이의 크기는 약 300m 정도이다. (오른쪽) 니어(NEAR) 탐사선이 200km의 거리에서 찍은 소행성(433) 에로스의 모자이크 사진. 가장 윗부분에 있는 구덩이의 지름은 약 5km이다. 니어 탐사선은 에로스 주위를 1년 동안 공전하였으며 2001년 마침내 소행성에 착륙하였다. (사진출처 : JPL/NASA)

로 생각된다. 어떤 소행성들의 궤도 요소는 서로 비슷하여 이러한 소행성들을 **히라야마군**(Hirayama family)이라고 부른다. 이러한 소행성들은 아마도 원래 하나의 커다란 천체로부터 분열된 잔재로서 이후에 작은 소행성들의 무리가 된 것으로 생각된다. 히라야마군에 포함되는 수십 개의 소행성이 확인되었으며, 가장 큰 것으로는 헝가리아스(Hungarias), 플로라스(Floras), 에오스(Eos), 테미스(Themis), 힐다스(Hildas)(무리에 속한 주요 소행성의 이름을 따서 명명한 것임) 등이 있다.

소행성대 내에서 소행성들의 공간분포는 균일하지 않다(그림 8.38). 즉 소행성들은 **커크우드 틈**(Kirkwood gaps)이라고 알려진 몇몇 특정 영역에는 존재하지 않는다. 소행성이 발견되지 않는 가장 두드러진 영역은 목성의 공전주기에 대한 소행성의 공전주기의 비가 1 : 3, 2 : 5, 3 : 7, 또는 1 : 2가 되는 거리에 있는 곳이다(이는 케플러 제3법칙으로부터 계산된다). 이러한 영역에서 궤도를 도는 소행성의 운동은 목성의 공전주기와 공명 상태에 있게 되며, 극히 작은 섭동도 시간이 가면 증폭되는 경향을 갖는다. 따라서 소행성이 섭동을 받으면 다른 궤도로 진입하게 된다. 그러나 공명효과는 그리 단순하지 않아 때로는 소행성의 궤도가 공명으로 묶여 있기도 한다. 그 예로는 **트로이 소행성군**(Trojans)을 들 수 있는데, 이들은 목성과 같은 주기로 공전하는 소행성 무리들이다(즉 1 : 1 공명). 또한, **힐다 소행성군**(Hilda group)은 2 : 3의 공명상태에 묶여 있는 것들이다.

많은 소행성 무리들은 소행성대 밖에서 운행하고 있다. 이들 가운데는 위에서 언급한 트로이 소행성군에 속한 소행성들이 목성을 60° 앞지르거나 뒤처져서 운행한

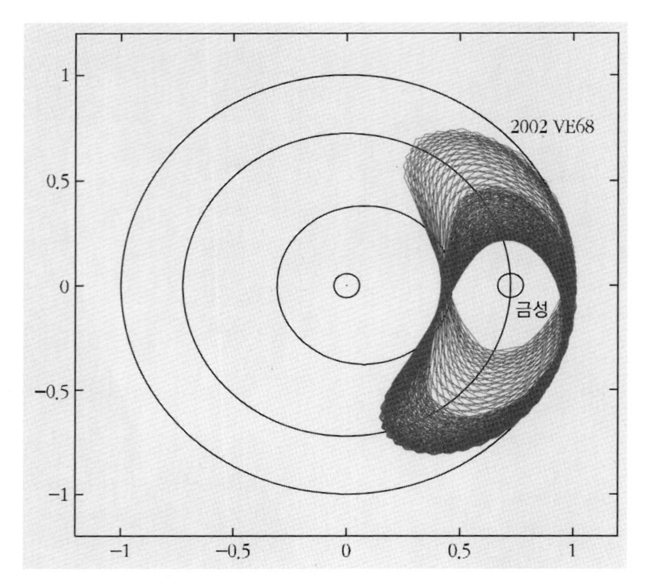

그림 8.37 준달(quasimoon)과 가짜달(pseudomoon)은 다소 특이한 궤도를 가지며 운동하는 소행성이다. 이들은 태양 주위에서 궤도운동하며, 공전주기가 일부 행성들과 매우 비슷하기 때문에 진짜 달이 아니다. 따라서 이 소행성들은 행성 주위에서 왔다 갔다 계속 오가는 것처럼 보인다. 준달은 매우 이심률이 큰 궤도로 행성의 공전궤도 안쪽과 바깥쪽을 넘나들면서 운동한다. 결국 소행성은 행성으로부터 멀리 도망가 버리지만 오랜 시간 후에 다시 돌아올 것이다. 금성과 해왕성은 각각 1개, 그리고 지구는 여러 개의 준달을 갖고 있다. 준달의 궤도에 관한 연구가 진행되고 있다(예 : 핀란드의 미콜라(Seppo Mikkola), 캐나다의 이나넨(Kimmo Innanen) 및 위거트(Paul Wiegert) 등의 연구자).

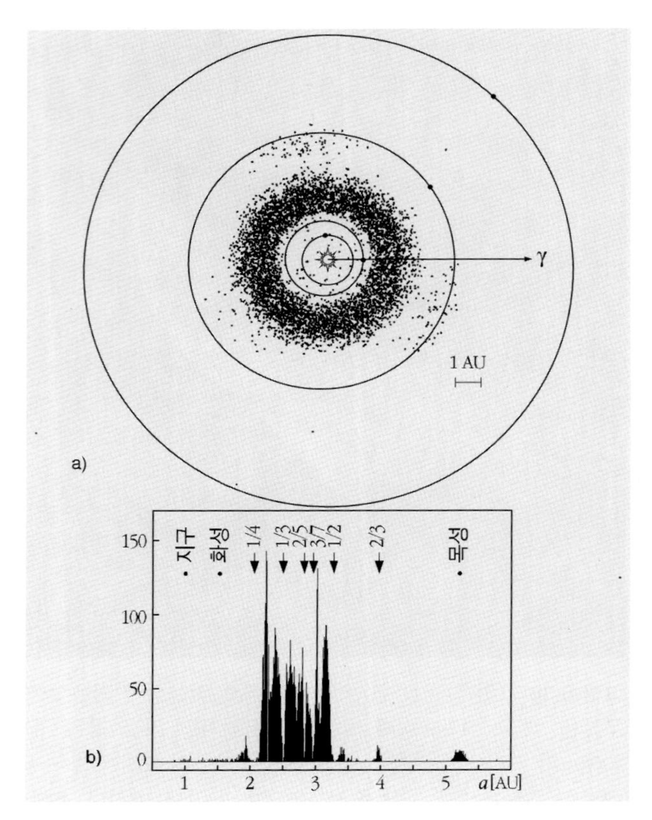

그림 8.38 (a) 태양 둘레를 공전하는 대부분의 소행성들은 화성과 목성 사이에 있는 소행성대에 있다. 그림은 2000년 1월 1일 기준으로 목록에 포함된 약 96,000개 소행성들의 위치와 주요 행성들의 궤도 및 위치를 보여주고 있다. 소행성들의 궤도 요소는 로웰 천문대의 자료에서 가져온 것이다. (b) 태양으로부터의 거리 함수로 나타낸 소행성의 총 개수. 각 구간은 0.1AU에 해당한다. 소행성이 존재하지 않는 커크우드 틈은 소행성의 궤도주기가 목성의 공전주기에 대한 간단한 비율로 주어지는 영역에 위치한다.

다. 트로이 소행성군은 제한된 3체 문제(restricted three-body problems)의 해로 주어지는 특이점인 L_4와 L_5에 인접해 있다. 이러한 라그랑주점(Lagrangian point)에서 질량이 없는 천체는 질량이 큰 주천체(여기서는 목성과 태양)에 대하여 정지상태를 유지할 수 있다. 실제로 소행성들은 이와 같이 정지한 점들을 중심으로 진동하고 있지만, 이들의 평균 궤도는 섭동에 대하여 대단히 안정된 상태를 유지하고 있다.

규모가 큰 또 다른 소행성군은 **아폴로-아모르 소행성**(Apollo-Amor asteroids)들이다. 아폴로와 아모르 소행성들의 근일점은 지구의 궤도 안에 존재하며 그들의 궤도는 지구와 화성의 궤도 사이에 위치한다. 이들은 모두 지름이 30km 미만의 작은 소행성들이다. 그중 가장 유명한 것으로는 20세기 초에 천문단위를 결정하는 데 사용되었던 433 에로스(Eros)이다(그림 8.36). 이 소행성이 지구에 가장 가까이 접근하였을 때의 거리는 2,000만 km에 불과하고 삼각시차 방법을 이용하여 433 에로스까지의 거리를 직접 구할 수 있다. 일부 아폴로-아모르 소행성들은 아마도 휘발성 물질들을 다 잃어버린 단주기혜성의 잔재인 것 같다.

지구를 스쳐 지나가는 소행성이 지구와 충돌하게 될 확률은 극히 작다. 지구에 대재앙을 일으키는 큰 소행성의 충돌이 평균 100만 년에 1회 발생하는 것으로 추산되고 있다. 핵폭탄과 비슷한 피해를 주는 작은 소행성들의 충돌은 100년에 한 번 발생할 수 있다. 지름이 1km보다 큰 **지구근접 소행성**(near-Earth asteroid)들은 500~1,000개 정도이고 더 작은 것들은 수만 개 있는 것으로 추산된다. 모든 지구근접 소행성을 발견하고 목록화하여 지구에 충돌할 위험에 대한 확률을 예측하는 작업들이 진행되고 있다.

멀리 있는 소행성들은 소행성대 바깥 영역에서 세 번째로 큰 무리를 이루고 있다. 이 무리에 속한 첫 번째 소행성은 2060 키론(Chiron)으로서 1977년에 발견되었다. 키론의 원일점은 천왕성의 궤도 근처에 있고 근일점은 토성 궤도보다 약간 안쪽에 있다. 멀리 있는 소행성들은 매우 어두워서 발견하기 어렵다.

이미 1950년대에 카이퍼는 태양계가 생성되었을 때의 부산물로서 혜성과 같은 잔해들이 해왕성 궤도 너머에 존재할 수 있고, 이들은 더 멀리 떨어져 있는 오르트구름 이외의 추가적인 혜성의 기원이 된다고 제안하였다. 이후에 태양계 형성에 관한 컴퓨터 모의실험은 태양계의 외곽부에서 잔해로 이루어진 원반이 형성되어야 한다는 것을 보여주었다. 이러한 원반은 현재 **카이퍼대**로 알려져 있다(그림 8.39).

최초의 해왕성궤도통과천체 소행성인 1992 QB1이 1992년 발견되었으며 2006년 초 기준으로 이러한 소행성이 약 1,000개 정도 알려져 있다. 지름이 100km보다 큰 카이퍼대 천체들의 총 개수는 70,000개가 넘는 것으로 추산되고 있다. 이들 중 명왕성보다 그 크기가 큰 것들도 있다. 카이퍼대 천체들은 태양계 형성 초에 물질이 태양계에 부착되는 단계에서 나온 잔재물이다. 몇몇 해왕성궤도통과천체들은 명왕성처럼 해왕성에 대하여 3 : 2의 공전궤도 공명상태에 있다. 따라서 이들은 **명왕성족**(plutinos)으로 불린다.

소행성의 정확한 크기는 오랫동안 잘 알려지지 않았다. 릭 천문대의 버나드(Edward E. Barnard, 1857-1923)는 1890년대에 육안으로 (1) 세레스, (2) 베스타(Vesta), (3) 유노(Juno), (4) 팔라스(Pallas)의 지름을 측정한 바 있다(그림 8.39). 측광과 분광의 간접적인 방법을 사용한 1960년대 이전에는 실질적으로 소행성 크기에 대한 믿을 만한 결과를 얻지 못하였다. 특히 소행성에 의한 별의 엄폐 현상은 1980년대 이후에야 관측되었다.

최초의 소행성 영상은 1990년대에 얻어졌다. 갈릴레오 탐사선은 목성으로 가는 긴 여정 중에 1991년에 소행성(951) 가스프라와 1993년 소행성(243) 아이다를 지나갔다(8.15절 참조). 마침내 2001년에 니어(NEAR) 탐사선이 소행성(433) 에로스 주위를 1년 동안 공전운동한 후 착륙하는 데 성공하였다.

소행성의 사진을 보면 소행성은 구덩이로 가득 차 있고 불규칙한 모습을 갖고 있으며 표면에는 표토와 분말 형태의 돌로 덮여 있다(그림 8.35). 어떤 소행성들은 2개의 독립적인 천체가 합쳐져서 하나로 된 것으로 추측된다. 1992년 소행성(4179) 투타티스(Toutatis)는 불과 400만 km 거리에서 지구를 스치고 지나갔다. 레이더 관측 영상으로부터 2개의 소행성으로 구성된 계가 발견되었으며, 이 계에서 두 소행성은 서로 접촉하게 된다. 이러한 이중소행성(double asteroid)은 매우 흔하게 발견되고 있으며 몇몇 소행성의 경우 2개의 천체로 이루어졌음을 말해주는 광도곡선이 존재한다. 또 다른 이중소행성인 243 아이다는 중력적으로 묶여 있는 작은 천체인 '위성'을 갖고 있다.

소행성대에 있는 소행성의 화학조성은 철, 석질, 철-석질 운석과 비슷하다. 대부분의 소행성은 측광 및 편광

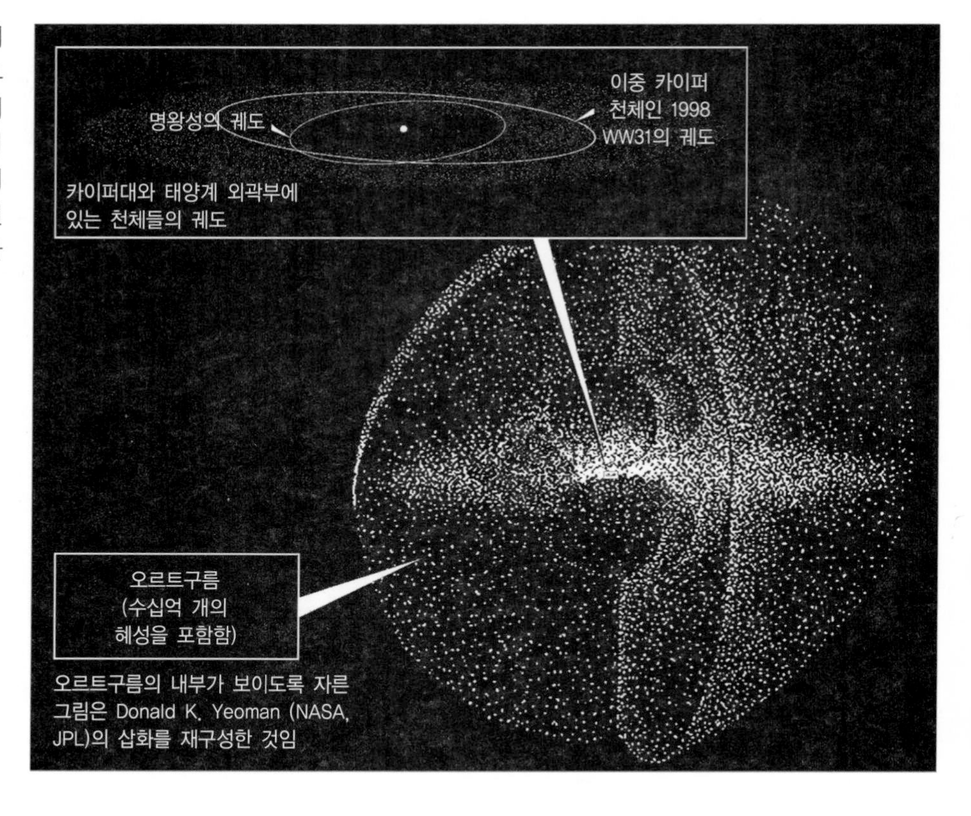

그림 8.39 카이퍼대는 얼음천체들이 이루는 원반 모양의 구름으로서 오르트구름의 헤일로 안에 위치하고 있다. 장주기혜성의 기원이 되는 거대한 양의 얼음천체들은 오르트구름 안에 있는 반면에 단주기혜성은 카이퍼대에서 만들어진다(8.12절 참조). (그림출처 : JPL/NASA)

학적 성질에 따라 세 부류로 분류된다. 95% 이상의 소행성들은 C와 S형에 속한다. 철이 많은 M형 소행성은 드물다.

약 75%의 소행성은 C형에 속한다. **C형 소행성**(C asteroid)들은 복사하는 빛이 적기 때문에 어둡게 보이며(기하학적 반사율이 $p \approx 0.06$ 정도이거나 그 이하), 많은 양의 탄소를 포함하고 있다(C형의 C는 carbon의 첫 글자를 딴 것임). 이들은 **석질운석**(stony meteorite)과 비슷하며 물질들은 분화 과정을 겪지 않았으므로 태양계 원시 천체의 모습을 거의 그대로 간직하고 있다. 규산염이 많은 **S형 소행성**(S asteroid)의 반사율이 더 크며, 이들의 스펙트럼은 **석-철질 운석**(stone-iron meteorite)과 비슷하다. 스펙트럼을 분석해보면 Mg_2SiO_4나 Fe_2SiO_4 등의 감람석(橄欖石, olivine)과 같은 규산염의 존재 가능성이 발견된다. M형 소행성은 니켈이나 철 등의 금속 함량이 더 많으며 부분적으로 분화 과정을 겪었다.

해왕성궤도통과천체들의 구성 성분과 크기를 결정하는 것은 매우 어렵다. 이 천체들은 매우 어둡고 온도가 낮기 때문에 흑체복사의 최대 파장은 $60\mu m$ 정도이다. 지구에서 이 파장대역을 관측하는 것은 거의 불가능하다. 심지어 반사율과 지름의 측정에도 매우 오차가 크다.

해왕성궤도통과천체들의 색깔은 푸른 회색부터 붉은색까지 다양하며 전체 표면색의 분포는 균일해 보인다. 그러나 궤도경사각이 작은 천체들은 붉고, 궤도경사각이 큰 천체들은 푸르게 보인다. 궤도경사각이 작은 천체들의 궤도는 섭동을 받지 않았기 때문에, 이들은 카이퍼대에 원래부터 있었던 천체들의 잔재를 대표한다고 말할 수 있다.

관측한 스펙트럼에 대한 해석이 모호한 경우가 있기 때문에 스펙트럼이 해왕성궤도통과천체의 구성성분을

그림 8.40 달과 비교해본 소행성들의 크기 (사진출처 : NASA)

그림 8.41 1986년 유럽우주기구의 지오토(Giotto) 우주탐사선이 촬영한 핼리혜성 핵의 합성사진. 핵의 크기는 약 13×7km이다. 먼지 제트가 핵의 두 영역에서 분출되고 있다. (사진출처 : ESA/Max Planck Institut für Aeronomie)

대변하지 않을 수도 있다. 강렬한 복사, 태양풍, 아주 작은 운석 등에 의해 해왕성궤도통과천체 표면이 변화되므로 이들 천체 표면의 표토와 표면 밑에 있는 층의 성질과 매우 다를 수 있다.

작은 해왕성궤도통과천체들은 암석과 얼음의 혼합물이며 표면에 몇 가지 유기물이 존재하는 것으로 생각된다. 이 천체들의 구성성분은 혜성과 비슷하다. 몇몇 큰 천체들은 높은 밀도(2,000~3,000kgm^{-3})를 가지므로 명왕성처럼 얼음의 양이 적다.

8.12 혜성

혜성은 얼음, 눈, 먼지로 뭉쳐진 덩어리이며 전형적인 지름은 수십 km에 이른다. 중심핵은 얼음 덩어리와 결빙된 가스를 포함하고 있으며 암석과 먼지가 그 안에 묻혀 있다. 혜성의 중심에 암석으로 된 작은 핵이 있기도 하다.

혜성은 그 명칭을 발견자의 이름으로부터 따오는 유일한 천체이다. 이름 앞에 문자 P(주기적이라는 의미의 periodic에서 따옴)가 붙은 혜성의 경우, 이는 행성의 섭동이 혜성의 궤도를 변화시켜 혜성이 태양 주위를 주기적으로 궤도운동함을 나타낸다.

혜성이 태양에서 멀리 떨어져 있을 때는 보이지 않는다. 그러나 2AU 이내로 태양에 접근하면 태양의 열을 받아 얼음과 눈은 녹기 시작한다. 혜성으로부터 빠져나온 가스와 먼지는 핵 주변에 표피인 코마(coma)를 만들어 핵 둘레를 에워싼다. 복사압과 태양풍은 이온화된 가스와 먼지를 태양으로부터 멀리 밀어내어 혜성 특유의 긴 꼬리를 만든다(그림 8.42).

혜성의 꼬리는 항상 태양에서 먼 쪽으로 향하고 있는데, 이러한 사실은 이미 16세기에 알려져 있었다. 혜성

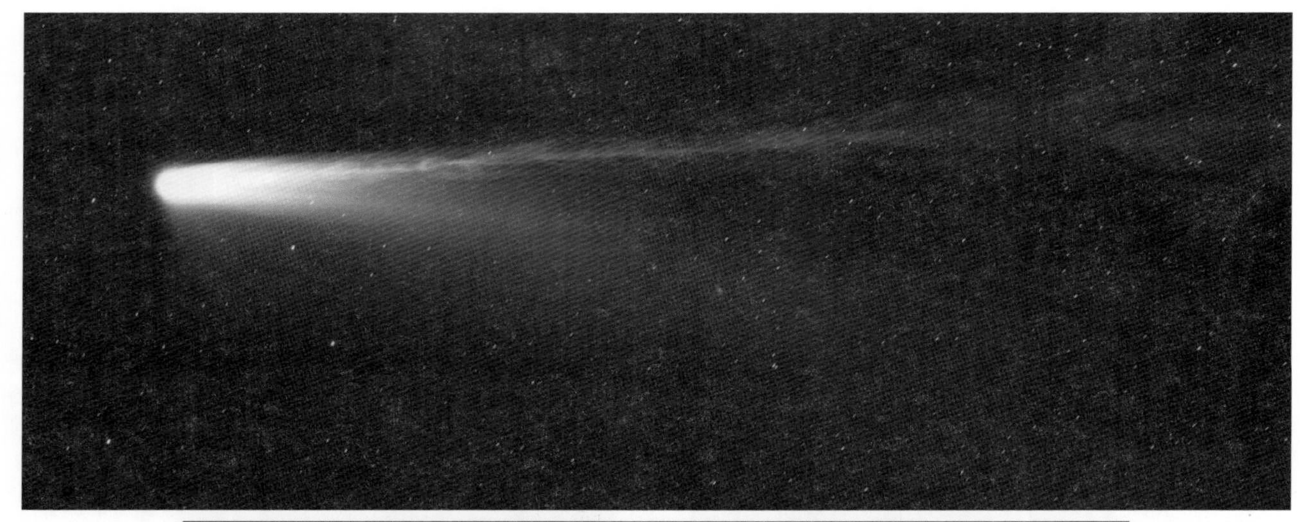

그림 8.42 (위) 1957년에 촬영된 혜성 무르코스(Mrkos)의 모습. 혜성의 대표적인 모습인 꼬리는 혜성이 태양으로 접근할 때 태양풍과 태양 복사압에 의해 만들어진다. (사진출처 : Palomar Observatory) (아래) 추류모프-게라시멘코(churyumov-Gerasimenko) 혜성은 우주탐사선이 착륙하여 자세한 확대 사진을 전송해 온 최초의 혜성이다. (사진출처 : ESA)

에는 두 종류의 꼬리, 즉 **이온꼬리**(ion tail, 가스꼬리)와 **먼지꼬리**(dust tail)가 있다. 이온꼬리에 있는 이온화된 가스 일부와 매우 미세한 먼지들은 태양풍에 의해서 밀려나간다. 빛의 일부는 반사된 태양 빛이지만 이온꼬리의 밝기는 대부분 여기된 원자들로부터 방출된 빛에 의한 것이다. 먼지꼬리는 복사압에 의하여 생긴다. 먼지꼬리에 있는 입자들의 속도는 가스꼬리에 있는 입자들의 속도보다 작기 때문에 보통 먼지꼬리가 이온꼬리보다 더 많이 휘게 된다.

위플(Fred Whipple, 1906-2004)은 1950년대에 혜성의 구조를 설명하기 위하여 '더러운 눈덩이(dirty snowball)' 이론을 도입하였다. 이 모형에 의하면 혜성의 핵은 사력(砂礫)과 먼지가 혼합된 얼음으로 구성되어 있다. 관측 결과에 의하면 고전적인 더러운 눈덩이 모형은 그다지 정확하지 않지만, 적어도 그 표면만은 눈보다 더 더럽고 유기혼합물을 포함하고 있다. 관측으로부터 얼음을 포함한 여러 종류의 화합물이 혜성에서 검출되었는데, 이 화합물은 아마도 휘발성 물질의 75~80%를 차지하고 있는 것 같다. 많이 발견되는 또 다른 혼합물에는 일산화탄소(CO), 이산화탄소(CO_2), 메탄(CH4), 암모니아(NH_3), 포름알데히드(H_2CO) 등이 있다.

가장 유명하고 그 성질이 가장 잘 알려진 혜성은 핼리혜성(Halley's comet)이다(그림 8.41). 공전주기는 약 76년이며 가장 최근에 근일점을 지난 때는 1986년이었다. 이 기간 동안 우주탐사선이 이 혜성을 관측하였는데, 이때 처음으로 고체로 된 핼리혜성의 몸체가 노출되었다. 핼리혜성은 13×7km 크기를 갖는 땅콩 모양의 덩어리로서, 그 표면은 매우 검은 타르 같은 유기물 또는 그와 유사한 물질로 구성된 층으로 덮여 있다. 혜성의 등급 측정에서 흔히 경험하듯이 가스와 먼지의 격렬한 폭발 때문에 정확한 밝기의 예측이 거의 불가능하다. 근일점 근처에서 매 초당 수 톤의 가스와 먼지가 혜성에서 분출된다.

혜성을 이루는 물질은 단단하게 뭉쳐 있지 않다. 가스와 먼지의 이탈, 큰 온도변화, 조석력 등은 혜성 전체를 부수는 원인이 된다. 1994년 목성에 충돌한 슈메이커-레비 9 혜성(Comet Shoemaker-Levy 9)은 충돌하기 2년 전 목성으로부터 21,000km의 거리를 지날 때 여러 조각으로 부서진 상태였다(그림 8.44). 슈메이커-레비 9 혜성의 충돌로부터 혜성 내부에서 밀도의 변화(또한 아마도 구성성분의 변화)가 있었음을 알 수 있었다.

혜성은 태양의 둘레를 수천 번 이하만 공전을 하는 제한된 수명을 갖는 천체이다. 지구에서 관측하는 단주기혜성(short-period comet)은 모두 새로운 방문객과 같으며 이들은 태양계 중심부에서는 오랫동안 생존할 수가 없다.

태양계의 중심부에 있는 혜성은 곧 파괴되기 때문에 새로운 단주기혜성의 공급원이 반드시 있어야 한다. 1950년에 오르트(Jan Oort, 1900-1992)는 장주기혜성의 원일점이 약 50,000AU의 거리에서 최대의 빈도수로 나타나고, 특정 방향에서 혜성이 나타나지 않는다는 것을 발견하였다(그림 8.43). 그는 태양계 외곽 부분에 혜성이 탄생하는 거대한 구름이 있음을 제안하였고, 이 구름은 현재 오르트구름(Oort cloud)이라고 알려져 있다(그림 8.45). 오르트구름의 총 질량은 지구 질량의 10배 정도로 추산되며, 이 질량은 10^{12}개 이상의 혜성을 포함하는 양이다.

1년 후에 카이퍼는 또 다른 부류의 혜성이 있음을 밝혀냈다. 공전주기 200년 이하의 많은 단주기혜성은 40° 이하의 궤도경사각을 가지며 지구와 동일한 방향으로 태양 주위를 공전한다. 장주기혜성의 궤도경사각은 황도면 근처에 몰려 있지 않고 임의의 값을 갖는다. 이러한 사실로부터 카이퍼는 단주기혜성이 별개의 기원을 갖는 혜성의 부류이며 해왕성 궤도 너머에 있는 원반 모양의 구름에 존재한다고 주장하였다. 이 영역은 현재 카이퍼대로 알려져 있다(그림 8.39 참조).

가끔 오르트구름 주위를 지나는 별들에 의한 섭동 때문에 혜성이 오르트구름에서 이탈하여 태양을 중심으로 하는 궤도에 진입하게 되고, 그 후 태양계의 중심부로 이동한다. 이때 이들은 장주기혜성(long-period comet)으로 관측된다. 대략 12개 정도의 '새로운' 혜성들이 매년 발견된다. 대부분 새로운 혜성들은 망원경으로만 보이고, 10년에 수차례 정도 혜성이 밝아지는 경우 맨눈으로 볼 수 있다.

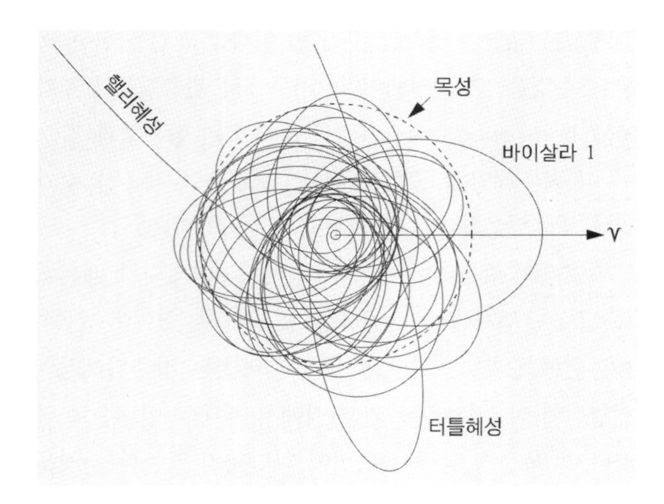

그림 8.43 황도면에 투영된 단주기혜성들의 궤도

장주기혜성 중 일부는 목성과 토성의 섭동을 받아 단주기 궤도로 진입하게 되며, 반면에 일부는 태양계에서 완전히 이탈되기도 한다. 그러나 태양계 밖 성간 공간으로부터 유입된 것으로 판명된 혜성은 지금까지 없다. 또한, 혜성을 구성하는 물질에 있는 몇몇 동위원소의 상대적인 함량비가 우리 태양계에 있는 다른 천체들의 값과 동일하다.

오르트구름과 카이퍼대의 기원은 다르다. 오르트구름의 천체들은 거대행성 근처에서 생성되었으며 태양계가 형성된 직후에 중력 섭동에 의하여 태양계 외곽부로 탈출하였다. 해왕성 궤도 너머에 있는 작은 천체들은 이러한 중력의 영향을 받지 않고 태양계 부착원반 근처에 머물러 있게 된다.

2014년 유럽우주기구의 로제타(Rosetta) 탐사선은 추류모프-게라시멘코(Churyumov-Gerasimenko) 혜성에 도달한 후 혜성 주위를 공전운동하였으며, 이후에 필레(Philae) 착륙선을 혜성 표면에 착륙시켰다. 필레 착륙선은 약 20cm 두께의 먼지 층 밑에서 몇 가지 유기화합물과 단단한 얼음을 발견하였다. 혜성에서 내뿜어지는 수증기는 지구의 물과 그 특징이 달랐다. 즉 수소에 대한 중수소의 비율이 지구와 비교하여 3배 더 컸다. 이 사실은 지구에 존재하는 물의 기원이 최소한 추류모프-게라시멘코 혜성과 같은 종류의 혜성이 아니라는 것을 의미한다.

8.13 유성체

소행성보다 작은 단단한 천체들을 유성체(meteoroids)라고 부른다. 그러나 소행성과 유성체 간의 경계는 분명

그림 8.44 목성에 충돌하기 5개월 전 허블우주망원경이 촬영한 슈메이커-레비 9 혜성의 모습 (사진출처 : JPL/NASA)

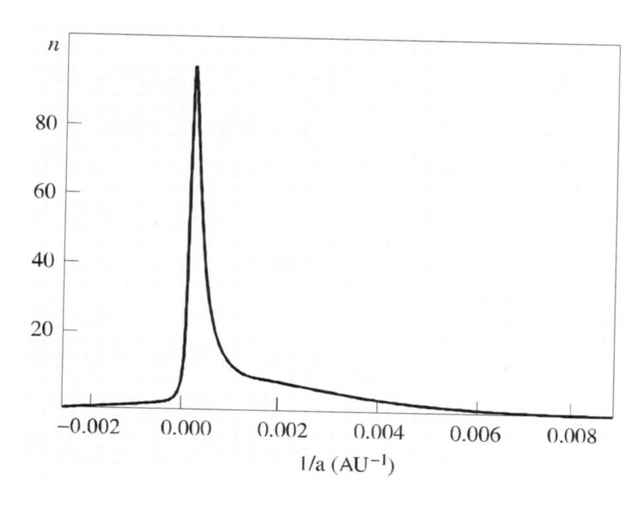

그림 8.45 장주기 변광성의 긴반지름 분포에 대한 개략도. 가로축은 긴반지름의 역수인 1/a[AU]$^{-1}$을 나타낸다. 매우 작은 양의 1/a 값이 최대로 분포하는 곳이 오르트구름을 나타낸다. 여기서 보여주는 궤도는 알려진 모든 섭동을 제거하기 위하여 시간에 대하여 거슬러 올라가 계산한 '초기궤도(original orbit)'를 나타낸다.

그림 8.46 지구가 궤도운동할 때 아침을 맞이하는 반구는 지구를 이끌고 오는 반구에 해당한다. 이에 따라 전 방향에서 오는 대부분의 유성체는 아침을 맞이하는 반구에 도달하게 된다. 따라서 대부분의 유성은 자정과 일출 사이에 관측할 수 있다.

치 않다. 10m 크기의 천체가 소행성으로 불려야 하느냐 유성체로 불려야 하느냐 하는 것은 각자 취향의 문제라 하겠다. 자주 관측되어 궤도 요소가 알려진 천체라면 소행성으로 불려야 할 것이다.

유성체가 지구 대기와 충돌하게 되면 **유성**(meteors, 또는 돌진하는 별)이라고 하는 광학적 현상으로 관측된다(그림 8.47). 유성이 될 수 있는 가장 작은 천체의 질량은 1g 정도로서, 이보다 더 작은 미세유성체(micrometeoroids)는 광학적 현상을 일으키지 못한다. 그러나 이러한 미세유성체도 이온화된 공기 덩어리의 검출이 가능한 레이더에 의해 관측된다. 미세유성체의 연구는 인공위성이나 우주탐사선에 장착된 입자 검출기로도 가능하다. 밝은 유성체는 **화구**(火球, bolide)로 불린다.

크기가 작은 유성체일수록 그 수가 급격히 증가한다. 매일 지구에 최소한 10^5kg의 운석 물질이 떨어지는 것으로 추산된다. 떨어진 물질의 대부분은 미세유성체로서 눈으로 관측이 되지 않는다.

투사효과 때문에 동일 방향에서 떨어지는 유성들은 동일한 한 지점에서 복사되어 나오는 것처럼 보인다. 그러한 유성의 흐름을 **유성우**(meteor stream 또는 meteor shower)라고 부르며, 8월의 **페르세우스자리 유성우**(Perseids)와 12월의 **쌍둥이자리 유성우**(Geminides)가 그 예라고 할 수 있다. 유성우의 이름은 복사점(radiation point)이 위치하는 하늘의 별자리 이름을 따서 명명된다. 평균적으로 시간당 여러 차례에 걸쳐 산발적으로 유성을 볼 수 있다(그림 8.46). 강력한 유성우가 나타나는 동안 보통은 시간당 수십 개의 유성을 관측하지만, 어떤 경우에는 분당 수십 개의 유성을 볼 수도 있다.

대부분의 유성체는 크기가 작으며, 고도 100km 상공에서 모두 타서 재가 된다. 그러나 좀 더 큰 유성체는 대기를 뚫고 지구 표면까지 도달하는 경우도 있다. 이러

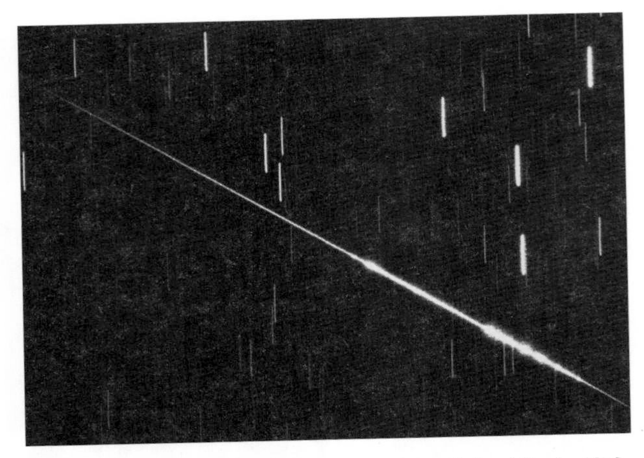

그림 8.47 사진필름을 이용하여 유성을 쉽게 찍을 수 있다. 감도가 높은 필름을 장착한 카메라를 삼각대 위에 놓고 셔터를 1시간 정도 열어 놓는다. 이때 별들은 필름 위에 곡선을 그린다. (사진출처 : L. Häkkinen)

한 천체를 **운석**(meteorites)이라고 부른다. 전형적인 유성체의 상대속도는 10~70km s^{-1}의 범위를 가진다. 가장 큰 유성체의 속도는 지구 대기에서 감소하지 않기 때문에 어마어마한 속도로 지표면을 때리고 거대한 충돌 구덩이를 만들게 된다. 작은 유성체들은 대기에서 감속되어 돌이 낙하하는 것처럼 떨어지지만, 지름이 수 m 이상 되는 큰 유성체가 지구에 충돌하면 대규모의 재앙을 일으킬 수 있다.

순수한 니켈-철로 구성된 **철질운석**(Iron meteorite) 또는 철운석(iron)은 모든 운석의 약 1/4을 차지한다. 실제로 철운석은 유성체 중 소수에 불과하지만 이들은 대기를 통과하는 격렬한 과정에서 단단하지 않은 천체에 비하여 더 잘 살아남을 수 있다. 나머지 3/4은 **석질운석**(stony meteorite) 또는 **석-철질 운석**(stone-iron meteorite)이 차지하고 있다.

유성체는 3개의 부류로 나뉘며, 각 부류에 속한 유성체의 점유율은 서로 거의 비슷하다. 전체 유성체의 1/3을 차지하는 첫 번째 부류는 평범한 돌인 **석질 콘드라이트**(chondrite)이다. 두 번째 부류는 덜 단단한 **탄소 콘드라이트**(carbonaceous chondrite)이고 세 번째 부류는 얼음과 눈으로 구성되어 느슨하게 뭉쳐진 혜성의 물질로서 이들은 지표까지 도달하지 못한다.

많은 유성우는 이미 알려진 혜성과 동일한 궤도에서 발견되기 때문에 적어도 일부 유성체는 혜성에 그 기원을 두고 있다고 할 수 있다. 근일점을 지날 때 초당 수 톤의 작은 자갈들이 혜성의 궤도에 남게 된다. 달과 화성에 그 기원을 두고 있는 운석들의 몇 가지 예도 있다. 달과 화성에서 발생한 충돌 구덩이의 파편들이 우주공간으로 탈출한 후 운석의 형태로 지구에 떨어지게 된다.

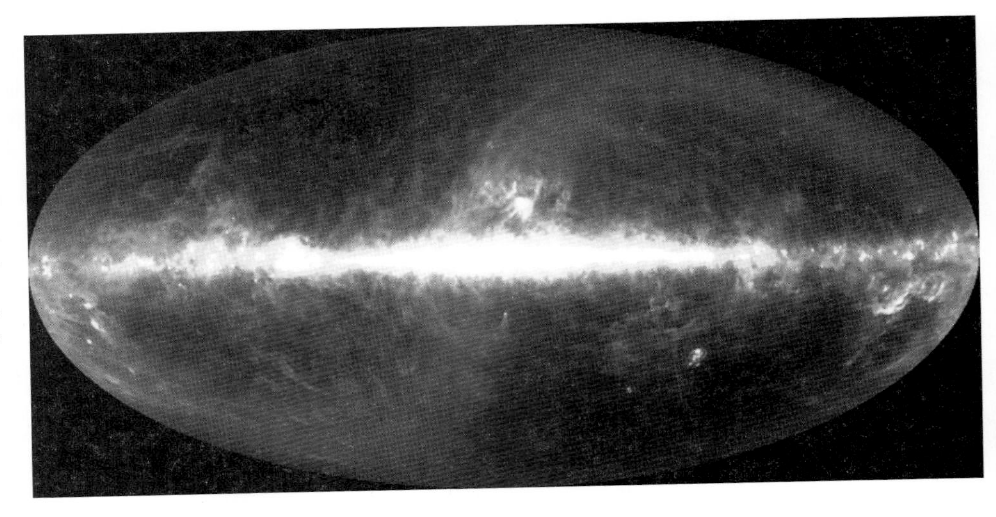

그림 8.48 COBE 위성의 관측에서 얻어진 적외선 천구의 투영된 모습. 밝게 나타나는 수평 영역은 은하수를 나타낸다. 지구에서 볼 때 태양계의 먼지들은 황도광의 형태로 보이며, 사진에서는 S형태로 발광하는 모습으로 나타나고 있다. (사진출처 : G. Greaney and NASA)

어떤 유성체는 소행성의 파편에서 온 것도 있다.

8.14 행성간 먼지 및 다른 입자

황도광(zodiacal light)과 대일조(對日照, gegenschein, counterglow)라고 불리는 두 가지 희미한 광학현상을 통해 태양빛을 반사하는 작은 먼지 입자인 행성간 먼지(interplanetary dust)를 관측할 수 있다. 이와 같은 빛의 미약한 발광은 일출 및 일몰하는 태양 위(황도광) 또는 정확히 태양의 반대편에서(대일조) 관측된다. 행성간 먼지는 황도면 근처에 집중되어 있으며, 이들의 일반적인 크기는 10~100μm의 범위에 있다.

태양풍. 지구를 때리는 소립자들은 태양 내부와 태양계 밖에서 생성된 것들이다. 양성자, 전자, 그리고 α입자(헬륨 핵)와 같은 대전입자들은 태양으로부터 지속적으로 방출되고 있다. 이와 같은 태양풍(solar wind)은 지구의 거리에서 약 500km s^{-1}의 속도를 갖는다. 대전입자의 속도와 개수는 태양의 폭발과 활동의 세기에 따라 달라진다(13.3절 및 13.4절 참조).

이 대전입자들은 태양의 자기장과 상호작용한다. 지구의 거리에서 태양 자기장의 세기는 지구 자기장 세기의 약 1/1,000 정도이다. 태양계 밖에서 유입된 고(高)에너지 입자를 우주선(宇宙線, cosmic rays)이라고 부르며, 우주선은 소립자와 무거운 원자핵을 포함하고 있다.

8.15 예제

예제 8.1(로슈한계) 프랑스의 수학자인 로슈(Edouard Roche, 1820-1883)는 1848년 위성이 모행성에 다가올 때 조석력에 의하여 파괴되는 한계를 계산하였다. 로슈는 토성의 고리가 이러한 방식에 의하여 형성되었다고 제안하였다.

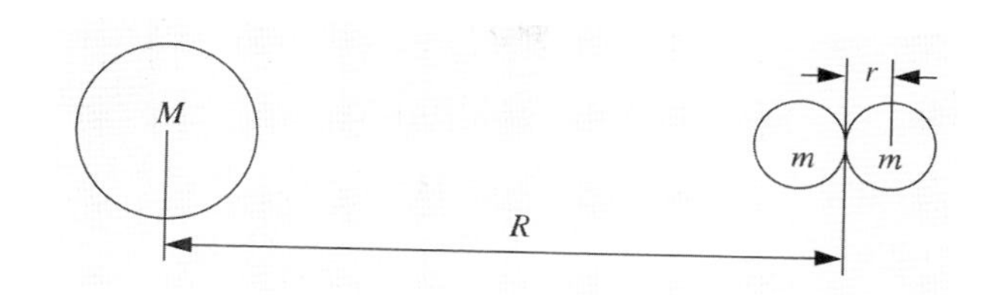

질량이 M인 행성으로부터 거리 R만큼 떨어진 곳에 2개의 작은 구형 천체들이 있을 때, 우리는 작은 천체 하나의 로슈한계를 계산할 수 있다. 이때 2개의 작은 천체들의 반지름은 r이고 서로 붙어 있다. 행성이 작은 천체들에 미치는 중력의 차이는

$$\Delta F = GMm\left[\frac{1}{(R-r)^2} - \frac{1}{(R+r)^2}\right]$$

$$\approx GMm\frac{4r}{R^3} \quad (R \gg r\text{이므로})$$

이며 작은 천체들 간의 중력은

$$F' = \frac{Gm^2}{4r^2}$$

이다. 만약에 $\Delta F > F'$이면 2개의 작은 천체들을 갈라놓게 된다. 로슈한계에서

$$GMm\frac{4r}{R^3} = \frac{Gm^2}{4r^2}$$

에서와 같이 두 힘은 같게 된다. 따라서 로슈한계의 거리 R은

$$R = \sqrt[3]{\frac{16r^3M}{m}}$$

이 된다. 행성과 작은 천체의 질량을 행성의 크기 S와 작은 천체의 크기 r의 함수로 대입하고 각각의 밀도 ρ가 동일하다고 가정하면 $m = 4\pi r^3\rho/3$와 $M = 4\pi S^3\rho/3$가 되고, 우리는

$$R \approx 2.5 \times S$$

를 얻는다. 우리가 구한 결과는 저항력이 전혀 없는 천체의 경우에만 적용된다. 저항력이 있는 작은 천체들은 로슈한계 안에서 존재할 수 있다. 독자들은 지구의 로슈한계 안에서 이 예제를 읽고 있기 때문에 여러분 자신이 이처럼 저항력을 갖는 물체의 아주 좋은 예에 해당한다. 100km 크기의 암석 소행성은 지구 대기 위에서 지구 주위를 공전하더라도 살아남을 수 있지만 같은 크기를 갖는 물로 된 물체는 깨지게 된다.

8.16 연습문제

연습문제 8.1 한 행성의 두 충 간 시간 간격은 398.9일이다. 충에 있을 때 그 행성의 각 크기는 47.2″였다. 이 행성의 항성주기, 긴반지름, 그리고 km 단위의 실제 지름을 구하라. 이 경우에 실제 어떤 행성인지 생각해보라.

연습문제 8.2 a) 3개의 천체가 n_1, n_2, n_3의 평균 각속도를 가지고 원궤도운동을 한다고 가정하자. 0이 아닌 정수인 k_1, k_2, k_3가

$$k_1 n_1 + k_2 n_2 + k_3 n_3 = 0, \quad k_1 + k_2 + k_3 = 0$$

을 만족할 때 이들 세 천체의 회합주기가 동일함을 증명하라.

b) 갈릴레오 위성들의 공명은

$$n_{\text{이오}} - 3n_{\text{유로파}} + 2n_{\text{가니메데}} = 0$$

과 같이 이 위성들의 평균 운동의 항으로 표시된다. 이때 세 위성의 회합주기를 구하라.

연습문제 8.3 화성의 자전주기는 24.62일이고 데이모스의 공전주기는 30.30시간이다. 화성에서 보았을 때 데이모스의 출몰과 다음 출몰 사이의 시간 간격은 얼마나 되며, 데이모스는 1시간에 얼마만큼 이동하는지 계산하라.

연습문제 8.4 모든 행성의 로슈한계 거리를 계산하고, 각 행성의 위성들이 로슈한계에서 공전하는지 살펴보라. 또한, 거대행성의 고리가 로슈한계와 비교하여 상대적으로 어떻게 위치하는지 생각해보라.

연습문제 8.5 수소 원자를 5.3×10^{-11}m의 반지름(보어 반지름)과 1.67×10^{-27}kg의 질량을 갖는 단단한 구형 공이라고 가정하자. 이와 같은 구형 공을 이용하여 규칙적이지만 무한한 입체격자를 만들 때 각 공은 인접한 6개의 이웃 공을 갖게 된다. 이와 같이 만들어진 물질의 밀도는 얼마나 되는가? 계산한 밀도값을 목성의 밀도와 비교하라.

항성의 스펙트럼

9

항성의 물리적 성질에 관한 거의 모든 정보는 항성의 스펙트럼 연구로부터 얻어진다. 특히 여러 흡수선의 세기를 분석해서 항성의 질량, 온도, 화학조성을 구할 수 있다. 스펙트럼선의 윤곽은 항성대기 내에서 일어나고 있는 물리적 과정에 관한 상세한 정보를 지니고 있다.

제3장에서 이미 보았듯이 별빛은 프리즘이나 회절격자에 의해서 스펙트럼으로 분산된다. 따라서 진동수에 따른 에너지 플럭스밀도의 분포를 얻을 수 있다. 별들의 스펙트럼은 폭이 좁은 **스펙트럼선**(spectral line)들이 포개져 있는 **연속 스펙트럼**(continuous spectrum 또는 continuum)으로 구성되어 있다(그림 9.1). 항성 스펙트럼의 선들은 대부분 검은 **흡수선**(absorption lines)이며 항성에 따라서는 밝은 **방출선**(emission lines)을 지니는 것들도 있다.

아주 단순화시켜 생각해볼 때 연속 스펙트럼은 온도가 높은 별의 표면에서 방출되는 것으로 생각할 수 있다. 상층 대기에 속해 있는 원자들은 이 연속복사의 일정한 파장에 해당하는 에너지를 흡수하여 스펙트럼 내에 검은 '틈'을 남긴다. 실제로 항성의 표면과 대기 사이에는 그런 뚜렷한 경계가 없다. 각 층들은 복사를 흡수하고 방출한다. 그러나 이러한 과정을 통해서 얻어지는 결과는 흡수선 파장에서의 복사 방출 에너지를 감소시킨다.

항성 스펙트럼의 분류는 스펙트럼선의 강도에 기초를 두고 있다. 뉴턴이 1666년에 태양의 스펙트럼을 관측하였지만 실질적으로 분광학이 시작된 것은 프라운호퍼(Joseph Fraunhofer, 1787-1826)가 태양에서 검은 흡수선을 발견한 1814년이라고 할 수 있다. 그는 선들을 만드는 원소를 몰랐지만 강한 흡수선을 D, G, H, K 등의 영어 대문자로 표시했다(9.2절). 이 흡수선들은 프라운호퍼선(Fraunhofer line)이라고 알려져 있다. 1860년 키르히호프(Gustav Robert Kirchhoff, 1824-1887)와 분젠(Robert Bunsen, 1811-1899)은 작열하는 기체 내에서 각 원소들이 방출하는 스펙트럼선들과 이 흡수선들을 동정하는 작업을 하였다.

9.1 스펙트럼의 측정

스펙트럼을 만드는 가장 중요한 방법은 대물프리즘(objective prism)이나 슬릿분광기(slit spectrograph)를 이용하는 것이다. 대물프리즘을 사용할 경우 항성의 영상은 스펙트럼으로 흩어져 나타난다. 1개의 사진건판에는 수백 개에 이르는 스펙트럼이 수록될 수 있어서 분광분류에 사용된다. 판독할 수 있는 스펙트럼의 미세구조는 건판의 1mm당(또는 CCD의 화소당) 파장 폭인 스펙트럼 분산(dispersion)에 의존한다. 대물프리즘의 분산은 1mm당 수십 나노미터 정도이다. 조금 더 상세한 스펙트럼의 구조를 보려면 슬릿분광기를 사용해야 하는데 이때 분산은 1~0.01nm/mm 정도에 이른다. 따라서 각 스펙트럼선의 상세한 윤곽을 연구할 수 있다.

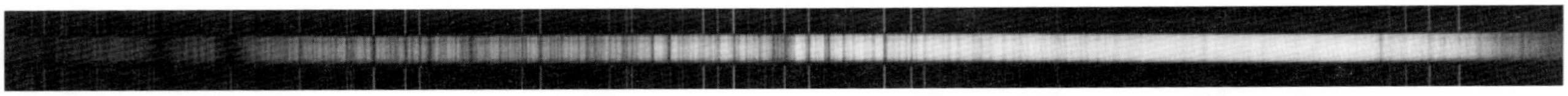

그림 9.1 전형적인 항성 스펙트럼. 연속 스펙트럼은 550nm에서 가장 밝고 파장이 이보다 짧아지거나 또는 길어질수록 강도는 감소한다. 검은 선들이 연속 스펙트럼에 포개져 있다. 페가수스자리 η별(η Pegasi)은 태양과 스펙트럼이 비슷하다. (사진출처 : Mt. Wilson Observatory)

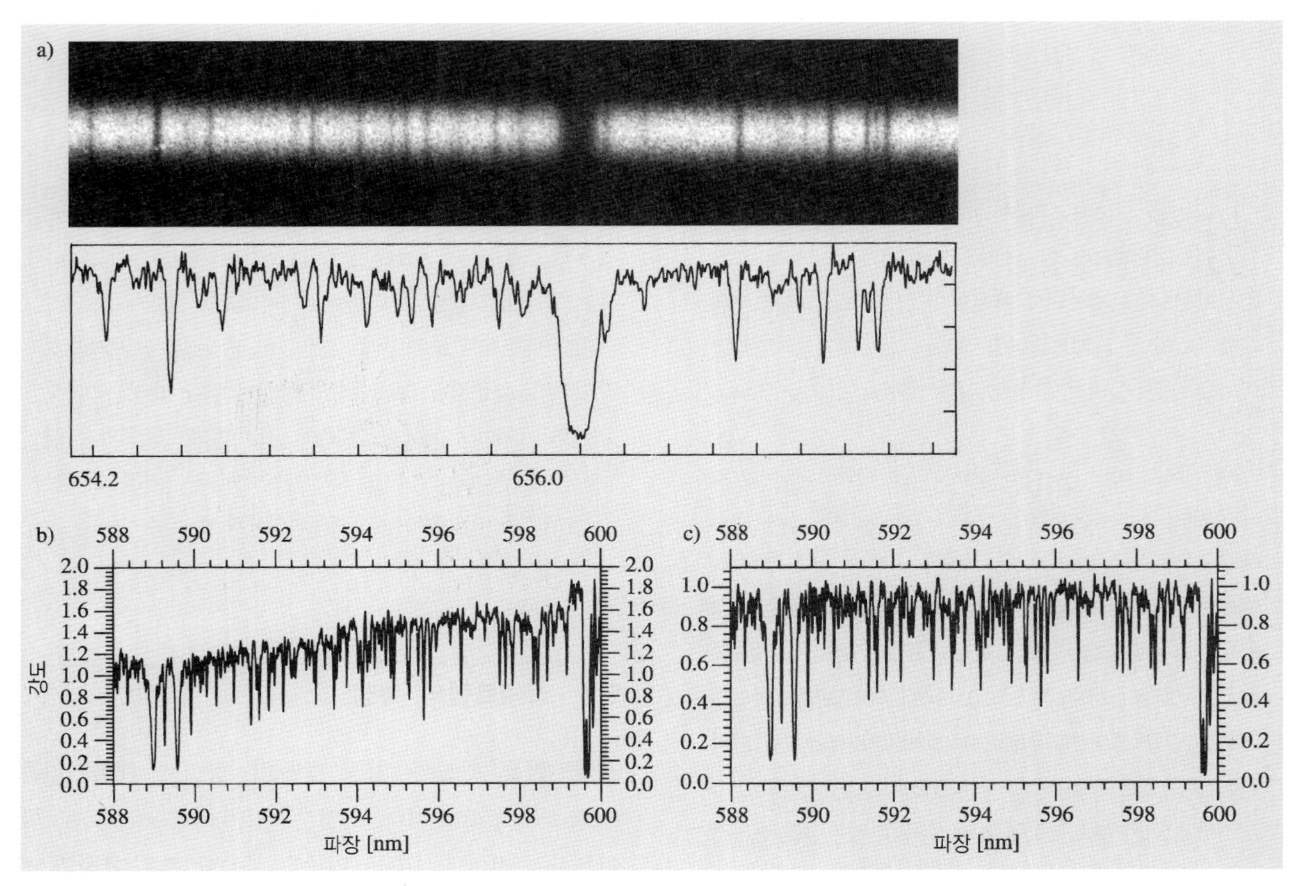

그림 9.2 (a) 어떤 한 별의 스펙트럼 일부분과 사진 농도 측정기로 주사시켜 얻은 것을 보여주고 있다. 이 스펙트럼은 크림 천문대(Crimean Observatory)에서 찍은 것이다. (b) 보다 폭넓은 파장대에서의 스펙트럼. (c) 첫 번째 스펙트럼의 연속 복사강도를 1로 규격화해 나타낸 것이다. (사진출처 : J. Kyröläinen and H. Virtanen, Helsinki Observatory)

스펙트럼 사진은 플럭스밀도를 파장의 함수로 줄 수 있는 사진 농도(스펙트럼의 강도)의 주사치(走査値, tracing)로 전환된다. 이러한 작업은 촬영된 스펙트럼을 통과한 광량을 측정해 주는 미세사진 농도측정기(microdensitometer)에 의해서 수행된다. 사진건판의 검은 정도는 사진건판이 받은 에너지양에 일차 함수적으로 비례하지 않는다. 따라서 사진건판의 흑화(blackening)강도를 이미 잘 알고 있는 노출량과 비교함으로써 이들 사이의 관계를 맺어 주는 눈금조정이 필요하다.

요즘은 CCD 카메라가 사용되기도 하는데 사진건판과

관련된 복잡한 과정을 거치지 않고 직접 강도곡선(intensity curve)을 결정하기도 한다. 스펙트럼의 높이가 수 픽셀에 이르거나 스펙트럼이 카메라의 픽셀열과 일치하지 않기 때문에 영상처리 작업이 필요할 때도 있다.

흡수선의 강도를 측정하기 위해서 흔히 스펙트럼선들을 연속 스펙트럼의 강도에 준하여 교정해 준다. 그림 9.2는 어떤 별의 스펙트럼 사진과 강도곡선을 보여주고 있다. 여기서 이들은 이미 미세사진 농도측정기로 구한 스펙트럼에 눈금조정과 적절한 교정을 마친 것들이다. 또한 그림 9.2에 제시된 한 쌍의 그림은 규격화 전후 스펙트럼의 강도곡선을 나타낸 것이다. 흡수선은 크기가 다른 곡선의 골(trough)처럼 보인다. 분명하고도 깊은 흡수선 외에도 겨우 구별할 수 있을 정도로 약한 흡수선들이 매우 많이 존재한다. 사진 유제의 알맹이들은 강도곡선에 불규칙한 교란을 주는 원천이 된다. 어떤 선들은 너무나 가까이 접근해 있어서 이 분산에서는 두 선이 혼합(blending)되어 있는 것처럼 보인다.

한 스펙트럼선의 상세한 모양을 **선윤곽**(line profile)이라고 한다(5.3절). 흡수선의 실제 윤곽은 항성대기의 성질을 반영하지만 관측된 선의 윤곽은 관측기기에 의해서 그 폭이 넓어진다. 그러나 **등가폭**(equivalent width)으로 나타낸 선의 총 흡수량은 이러한 관측 측기 효과에 그다지 민감하지 않다(그림 5.6 참조).

선의 등가폭은 특정 파장의 빛을 흡수할 수 있는 상태에 있는 원자가 항성대기 중 얼마나 많이 있는가에 의존한다. 그 수가 많으면 많을수록 그 스펙트럼선은 더 강하고 폭도 넓어진다. 예를 들어 태양 스펙트럼에서 전형적인 철(Fe)의 등가폭은 약 10pm이다. 선의 폭은 종종 옹스트롬으로 표현된다(1 Å $=10^{-10}$m$=0.1$nm).

약한 선에서는 등가폭이 흡수하는 원자의 수에 선형적으로 의존한다. 흡수하는 원자의 양의 함수로 표시된 등가폭은 **성장곡선**(curve of growth)이라고 알려져 있다. 그러나 이 내용은 이 책의 범위를 벗어난다.

선윤곽은 도플러 효과에 의해서 넓어진다. 항성대기에는 원자의 열적 운동과 대류 흐름 같은 작거나 큰 범위의 운동이 있기 때문이다.

항성대기의 화학조성은 스펙트럼선들의 강도로부터 구한다. 대형 컴퓨터의 도입으로 항성대기의 구조를 보다 상세히 구성할 수 있게 되었으며 주어진 모형에 의한 스펙트럼을 계산할 수 있게 되었다. 계산된 항성 스펙트럼은 관측된 스펙트럼과 비교가 가능하므로 관측 사실과 잘 일치할 때까지 이론적 대기모형을 수정할 수 있게 되었다. 따라서 이론적 대기모형은 흡수하는 원자들의 개수, 즉 그 대기 중에 존재하는 원소의 존재비를 제시해 준다. 항성대기모형을 구하는 방법에 관해서는 9.6절에서 다시 논의하게 될 것이다.

9.2 하버드 분광분류

현재 사용하고 있는 분광분류 체계는 20세기 초에 미국의 하버드 천문대에서 개발한 것이다. 이 작업은 1872년 **드레이퍼**(Henry Draper, 1837-1882)가 베가 별의 스펙트럼 사진을 처음 찍음으로써 시작되었다. 그 후 이 분류 작업은 드레이퍼의 미망인이 관측기기와 기금을 하버드 천문대에 기탁해 지속될 수 있었다.

분광분류는 주로 **캐넌**(Annie Jump Cannon, 1863-1941)에 의해서 이루어졌다. 이때 대물프리즘으로 찍은 항성의 스펙트럼을 사용하였다. **헨리 드레이퍼 목록**(Henry Draper Catalogue, HD)은 1918~1924년에 출판되었다. 이 목록에는 225,000개에 이르는 9등성까지의 항성들의 분광형이 수록되어 있다. 하버드 천문대는 총 390,000개에 이르는 항성의 분광형을 분류하였다.

하버드 분류는 항성의 중력, 즉 광도보다 표면온도에 민감한 스펙트럼선들에 근거한다. 주요 스펙트럼선들로는 수소의 발머(Balmer)선들, 중성헬륨선들, 철선들, 이온화된 Ca의 H와 K(396.8nm, 393.3nm) 이중선(doublet),

CH 분자의 G 흡수띠, 그 밖의 431nm 근방의 금속 원소들의 선, 422.7nm의 중성 Ca선, TiO 분자선들을 들 수 있다.

하버드 분류에서 분광형은 영어의 대문자로 나타내었다. 처음에는 영어의 알파벳 순서로 되어 있었다. 그 후에 그들은 항성대기의 표면온도에 따라 그 순서를 정할 수 있음을 알게 되었으며 다음과 같이 온도가 오른쪽으로 감소하는 순서로 그 계열을 재조정하였다.

C
O–B–A–F–G–K–M–L–T
S

이 밖에 신성에는 Q, 행성상성운에는 P, 그리고 울프-레이에(Wolf-Rayet) 별에는 W를 부여하였다. 분광형 C는 분광형 R과 N으로 구성되어 있다. 분광형 C와 S는 G–M과 평행한 가지에 속하며 그들 사이에는 표면 화학조성의 차이만이 있을 뿐이다. 가장 최근에 M형 뒤에 추가된 분광형은 L과 T인데 이것들은 갈색왜성(brown dwarfs)을 표시한다. 스펙트럼 분광형 순서를 잘 기억하는 방법이 있는데 여기서는 소개하지 않겠다.

분광형은 0에서 9까지 다시 세분된다. 때로는 소수점을 사용하기도 한다. 예를 들면 B0.5(그림 9.3과 9.4)와 같다.

이 순서에서 앞쪽에 나오는 별들을 조기형이라고 부르고, 뒤에 나오는 것들을 만기형이라고 부른다. 이것은 항성 진화와는 상관이 없고 오로지 O–B–A–F–G–K–M 순서의 위치만을 반영한다.

갈색왜성의 스펙트럼이 M형 왜성과 비교되어 그림 9.4에 제시되었다.

그러면 분광형의 주요 특성을 열거해보기로 하자.

O형 청색의 별, 표면온도 20,000~35,000K. 다중 전리된 원소(예 : HeII, CIII, NIII, OIII, SiV)의 선들을 포함한 스펙트럼. HeI선이 보임. HI선은 약함.

B형 청백색의 별, 표면온도 약 15,000K. HeII선이 보이지 않음. HeI(403nm)선은 B2에서 가장 강했다가 점점 약화되어 B9에서 보이지 않게 됨. B3에서 CaII의 K선이 보이기 시작함. HI선은 점점 강해짐. OII, SiII, MgII선들이 보임.

A형 백색의 별, 표면온도 약 9,000K. HI선이 A0에서 매우 강해서 전체 스펙트럼을 압도하며 그 후 점점 약해짐. CaII H와 K선이 점점 강해짐. HeI선은 보이지 않으며 중성 금속선들이 나타나기 시작함.

F형 황백색의 별, 표면온도 약 7,000K. HI선이 점차 약해지고 CaII H와 K선이 점점 강해짐. 다수의 금속 원

그림 9.3 375nm에서 390nm까지의 파장 영역에서 본 조기형 항성과 만기형 항성의 스펙트럼. (a) 위의 것이 베가(A0형)이고 (b) 아래 것이 알데바란(K5형)이다. 베가 스펙트럼에서는 수소의 발머선이 강하며 알데바란의 스펙트럼에서는 금속선들이 많이 존재한다. (사진출처 : Lick Observatory)

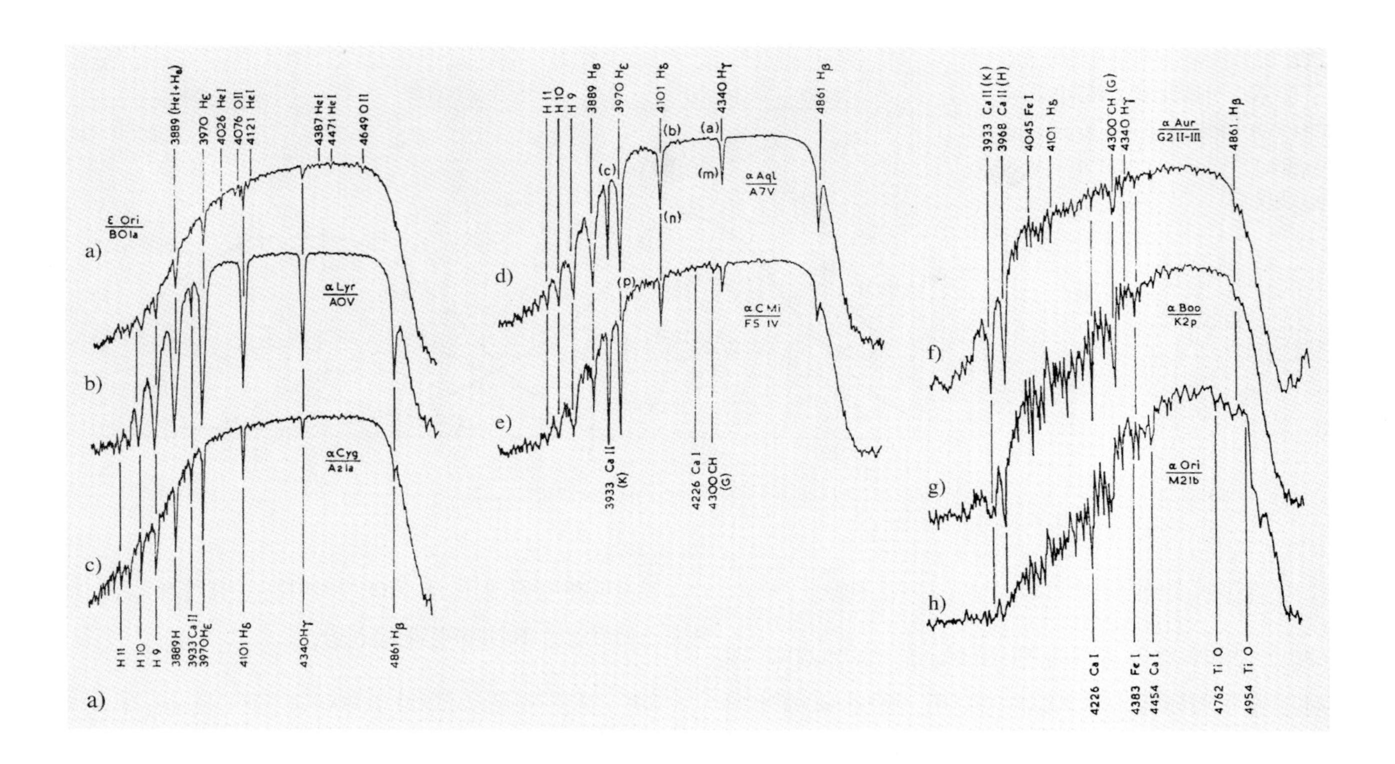

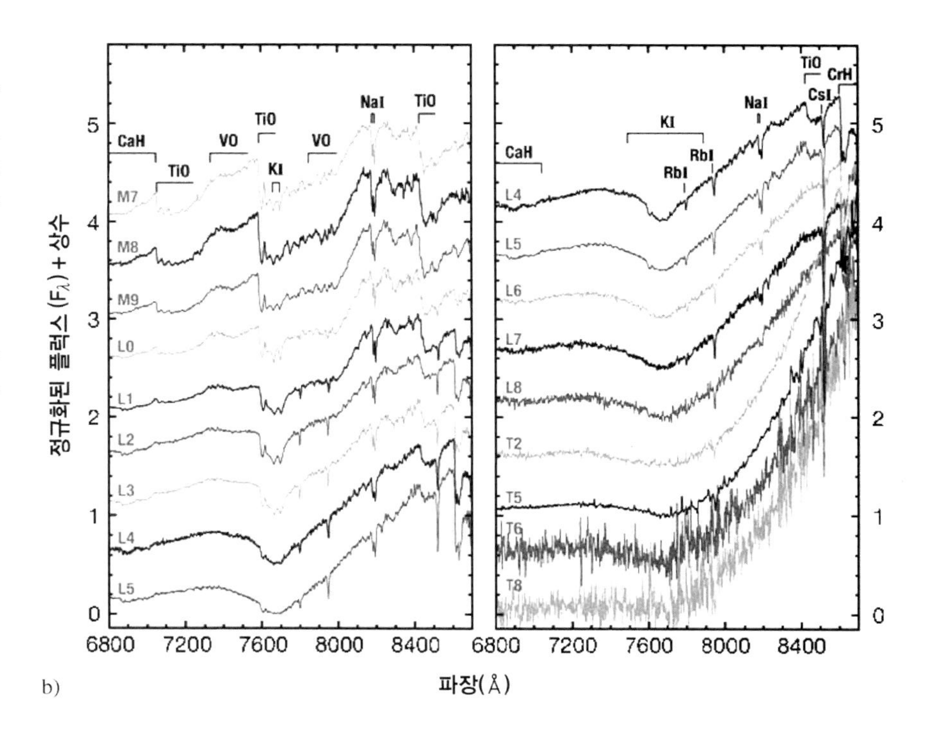

그림 9.4 (a) 분광형의 스펙트럼 특징을 나타낸 강도곡선. 별의 이름, 분광형, 그리고 광도계급이 각 강도곡선 옆에 표시되어 있으며 가장 돋보이는 스펙트럼선들이 제시되어 있다. (그림출처 : J. Dufay) (b) M형 별과 갈색왜성의 광학 스펙트럼. 조기분광형과 여러 면에서 다르지만 근사적으로 갈색왜성은 낮은 온도 쪽으로 분광형이 이어진다. (그림출처 : J. D. Kirkpatrick 2005, ARAA 43, 205)

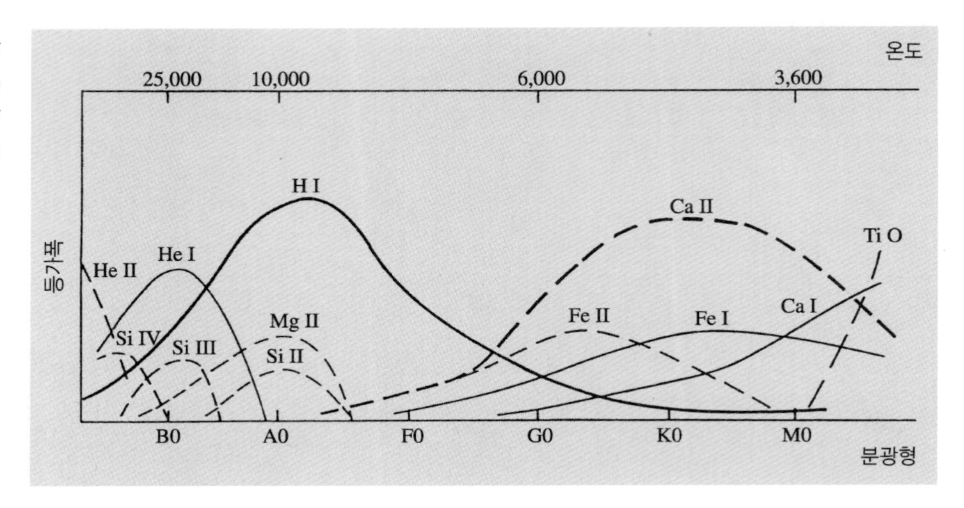

그림 9.5 여러 분광형에 속해 있는 주요 흡수선들의 등가폭. [Struve, O(1959) : Elementary Astronomy (Oxford University Press, New York) p. 259]

소의 선들이 강해짐(예 : FeI, FeII, CrII, TiII).

G형 태양과 같은 황색의 별, 표면온도 약 5,500K. HI 선은 계속 약해짐. H와 K선은 대단히 강하며 G0에서 최대 강도에 이름. 금속선들이 강해짐. G 분자띠가 확실히 보임. 거성에서 CN 분자선이 보임.

K형 주황색의 별, 표면온도 약 4,000K. 금속선들이 압도적으로 많음. HI선들은 대단히 약함. CaI 422.7nm선이 뚜렷이 보임. H와 K선과 G 분자띠가 강함. TiO의 분자선들이 K5에서 보이기 시작함.

M형 적색의 별, 표면온도 약 3,000K. TiO 분자띠가 점점 강해짐. CaI 422.7nm선이 대단히 강함. 다수의 중성 금속선들이 보임.

L형 갈색(실제 검붉은색)의 별, 표면온도 약 2,000K. TiO와 VO 분자띠가 초기 L형에서 사라짐. NaI와 KI 선이 매우 강하고 넓음.

T형 갈색왜성, 표면온도 약 1,000K. CH_4와 H_2O의 분자 흡수띠가 매우 강함.

C형 탄소별, 그 이전에는 R과 N으로 분류되었음. 대단히 붉은 별들임. 표면온도 약 3,000K. C_2, CN, CH 같은 분자띠가 강하게 보임. TiO 분자띠는 존재하지 않음. 선 스펙트럼은 K와 M형과 흡사함.

S형 붉은 저온의 별(약 3,000K). ZrO 분자띠가 돋보임. 그 밖의 YO, LaO, TiO와 같은 분자띠들이 존재함.

이 분류체계의 주된 특성이 그림 9.5에 도시되어 있다. 여기서 분광형에 따라 흡수선들이 변하는 양상을 알 수 있다. 스펙트럼 특징은 주로 유효온도가 다르기 때문이다. 항성대기의 압력과 화학조성은 특이한 별들을 제외하고 분광형 분류에 있어서 매우 중요한 요소가 아니다.

고온의 **조기 분광형**(early spectral class)은 전리된 원자들의 선에 의해서, 저온의 **만기 분광형**(late spectral class)은 중성 원자들의 선에 의해서 특징지어진다. 고온의 별에서는 분자들이 원자로 분리된다. 따라서 분자의 흡수띠는 만기 분광형에서 발견된다.

스펙트럼선의 강도가 어떻게 온도에 의해서 결정되는가를 중성 헬륨의 402.6nm선과 447.2nm선을 가지고 알아보기로 하자. 이 흡수선들은 온도가 높은 별에서만 관측되는데 그 까닭은 들뜬 원자(excited atom)의 흡수에 의해서 이들이 형성되며 그렇게 높은 들뜸(excitation)은 고온에서만 가능하기 때문이다. 항성대기의 온도가 증가함에 따라 보다 많은 헬륨 원자들이 들뜸상태에 있게 되므로 헬륨선의 강도는 강해진다. 온도가 더 높아져서 헬륨 원자가 전리되기 시작하면 중성 헬륨선의 강도는 감소하기 시작한다. 이와 비슷한 원리에 의해서 칼슘의 H와 K 같은 스펙트럼선들의 강도가 온도 변화에 따라 변화하는 양상을 이해할 수 있다. 이 흡수선들은 한 번 이온화된 칼슘 때문에 생기는 것이고 온도는 여러 개가 아닌 단 하나의 전자를 이온화시키는 데 꼭 맞아야 한다.

수소 발머선, H_β, H_γ, H_δ들은 분광형 A2에서 가장 강하다. 이 발머선들은 중성수소가 주양자수 $n=2$ 준위로 각각 $n=3, 4, 5, 6$ 준위에서 천이하면서 만드는 흡수선들이다. 그러므로 그 강도는 $n=2$ 준위로 들떠 있는 중성수소의 개수에 따라 결정된다. 온도가 너무 높으면 수소는 이온화될 것이고 이런 천이는 불가능하다.

9.3 여키스 분광분류

하버드 분류에서는 스펙트럼에 미치는 온도 효과만 고려하였다. 보다 정밀한 분류를 위해서는 별의 광도를 고려하지 않으면 안 된다. 왜냐하면 동일한 표면온도의 별이라도 판이하게 다른 광도를 가질 수 있기 때문이다.

따라서 여키스 천문대의 **모건**(William W. Morgan, 1906-1994), **키넌**(Philip C. Keenan, 1908-2000)과 **켈먼**(Edith Kellman, 1911-2007)은 2차원적인 분류 체계를 도입하였다. 이 체계를 MKK 또는 **여키스 분류**(Yerkes classification)라고 한다(MK 분류법은 그 후 수정된 것을 뜻한다). MKK 분류는 분산이 11.5nm mm^{-1}인 슬릿 스펙트럼의 육안 판정에 그 바탕을 두고 있다. 이 분류법은 표준성과 광도계급 기준을 기초하여 면밀하게 정의되어 있으며, 광도를 다음과 같은 6개의 **광도계급**(luminosity classes)으로 분류하였다.

- Ia 가장 밝은 초거성(most luminous supergiants)
- Ib 밝은 초거성(less luminous supergiants)
- II 밝은 거성(luminous giants)
- III 거성(normal giants)
- IV 준거성(subgiants)
- V 주계열성(왜성)[main sequence stars(dwarfs)]

광도계급은 스펙트럼형 뒤에 따라오는 로마 숫자로 표시한다. 예를 들어 태양의 계급은 G2 V이다.

광도계급은 항성의 표면중력에 예민한 스펙트럼선을 관측하여 결정한다. 그런데 표면중력은 항성의 광도와 대단히 밀접한 관계를 갖고 있다. 왜성과 거성의 질량은 비슷하지만 거성의 반지름은 왜성보다 훨씬 크다. 따라서 거성표면에서의 중력가속도 $g=GMR^{-2}$은 왜성에 비하여 훨씬 작다. 그 결과 거성대기에서의 가스밀도와 압력은 왜성보다 아주 작다. 항성대기의 가스밀도와 압력은 스펙트럼에 **광도 효과**(luminosity effect)를 주고 있는데 바로 이러한 효과 때문에 광도계급이 서로 다른 별들을 분류할 수 있는 것이다.

1. 분광형 B~F의 경우 중성 수소의 선들은 광도가 클수록 선폭이 좁아지고 강도는 강해진다. 그 까닭은 금속 이온들이 수소 원자 주변에 교란 전기장(fluctuating electric field)을 일으키기 때문이다. 이 교란 전기장은 수소 원자의 에너지 준위에 교란을 초래하여 수소선의 선폭이 증대되어 나타난다(스타크 효과). 이러한 효과는 밀도가 증가할수록 증가한다. 따라서 대단히 밝은 별의 수소선들의 선폭은 좁은 반면 주계열성에서는 넓고 백색왜성에서는 대단히 넓어진다(그림 9.6).
2. 전리된 원소의 선들은 광도가 높은 별에서 비교적 강하다. 그 까닭은 밀도가 높으면 높을수록 전자와 이온의 재결합이 용이하여 보다 많은 중성 원자의 형성이 가능하기 때문이다. 한편 원자의 전리도는 주로

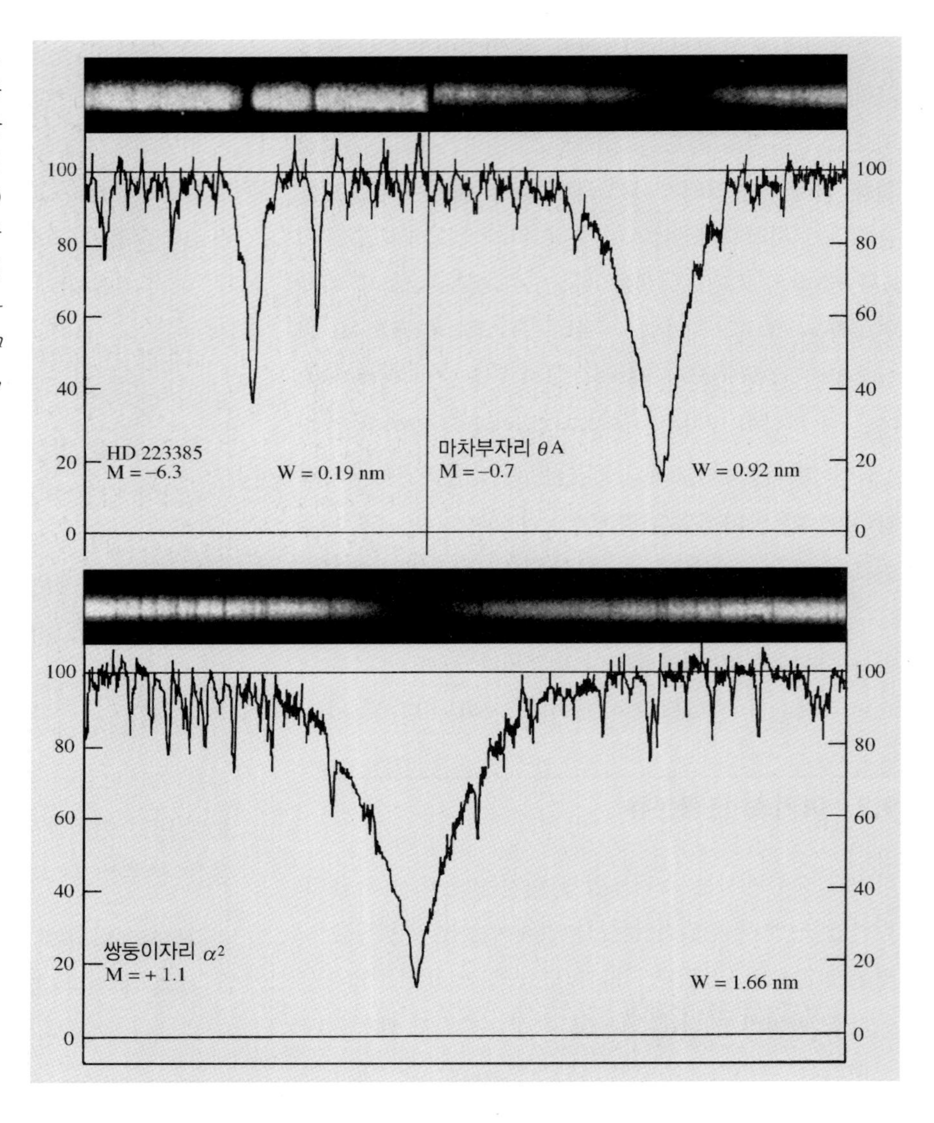

그림 9.6 A형 별 H_γ선의 광도 효과. 수직축은 규격화된 흡수선의 세기를 말해준다. 흡수선의 세기가 매우 약한 왼쪽 위의 HD 223385는 A2형의 초거성이며, 마차부자리 θA(θ Aurigae A)는 거성이고, 선폭이 매우 넓은 쌍둥이자리 α^2(α^2 Geminorum)은 주계열성이다. [Aller, L. H. (1953) : *Astrophysics, The Atmospheres of the Sun and Stars* (The Ronald Press Company., New York) p. 318]

복사장에 의해서 결정되므로 가스밀도부터는 그다지 큰 영향을 받지 않는다. 따라서 동일한 복사장 아래에서는 확장된 대기층을 갖는 별들이 보다 높은 전리도를 갖게 된다. 예를 들어 분광형 F~G에서 광도계급의 지표로서는 SrII와 FeI선들 간의 상대 강도 비를 사용하고 있는데 그 까닭은 이들은 모두 온도에 대한 민감도는 비슷하지만 광도가 클수록 SrII선이 상대적으로 훨씬 더 세지기 때문이다.

3. 거성은 동일한 분광형을 갖는 왜성에 비하여 더 붉게 보인다. 분광형은 이온선을 포함한 모든 스펙트럼선의 강도에 의해서 결정된다. 거성에서 전리된 원소의 선들은 더 강하므로 거성은 동일한 분광형의 왜성보다 온도가 낮으며 또한 보다 붉게 보인다.
4. 거성의 스펙트럼에는 강한 CN 흡수선 띠가 있는데 이 선은 왜성에 거의 존재하지 않는다. 이것은 부분적으로 온도 효과에 해당하는데, 그 이유는 거성의 차가운 대기가 CN 형성에 적합하기 때문이다.

9.4 특이 스펙트럼

어떤 별은 온도와 광도에 기초한 분류와는 전혀 다른 스펙트럼을 갖는 경우가 있다(그림 9.7 참조). 그러한 별을 **특이별**(peculiar star)이라고 부른다. 그러면 가장 흔한 특이별들의 분광형을 살펴보기로 하자.

울프-레이에별은 온도가 대단히 높다. 이러한 별은 1867년 **울프**(Charles Wolf, 1827-1918)와 **레이에**(Georges Rayet, 1839-1906)에 의해서 처음으로 발견되었는데 그들의 스펙트럼은 수소와 전리된 헬륨, 탄소, 질소, 산소의 선폭이 넓은 방출선을 지니고 있다. 흡수선들은 거의 없다. 울프-레이에별은 항성풍에 의해 외각 대기층을 잃어버린 질량이 매우 큰 별이라고 생각된다. 그 결과 항성 내부가 노출되어 보통 별들의 대기와는 전혀 다른 스펙트럼을 갖게 되는 것이다. 많은 울프-레이에별은 쌍성의 구성원이다.

일부 O형 또는 B형 별들의 수소 흡수선을 보면 흡수선의 중심 또는 선의 날개 부분(line wings)에 약한 방출 성분을 갖고 있는 것들이 있다. 이러한 스펙트럼을 갖는 별들을 **Be별** 또는 **껍질별**(shell stars)이라고 부른다[여기서 분광형 B 다음에 나온 e는 스펙트럼에 방출선이 있다는 뜻이며 이를 표시하기 위하여 방출선(emission line)의 머리글자를 딴 것이다]. 이 방출선들은 별의 둘레를 돌고 있는 납작한 모양의 가스 껍질에서 형성된다. 껍질별들은 스펙트럼선의 불규칙적 변화를 나타내는데 이들은 가스껍질에서 일어나고 있는 구조적 변화와 관련되어 있는 것으로 풀이되고 있다. O형과 B형 별 중 스펙트럼에 방출선이 발견되는 것들은 약 15% 정도 된다.

가장 강한 방출선을 갖는 별은 **백조자리 P**(P Cygni)별이다. 이 별들은 방출선의 단파장 쪽에 하나 또는 그 이상의 예리한 흡수선을 지니고 있다. 이러한 선들은 팽창하고 있는 두꺼운 대기층에서 형성된다고 생각하고 있다. 백조자리 P별 중에서는 변광하는 것이 많다. 예를 들어 백조자리 P별 자체도 지난 수 세기 동안 3등급에서 6등급 사이에서 변광해 왔다. 현재 백조자리 P별의 밝기는 약 5등급이다.

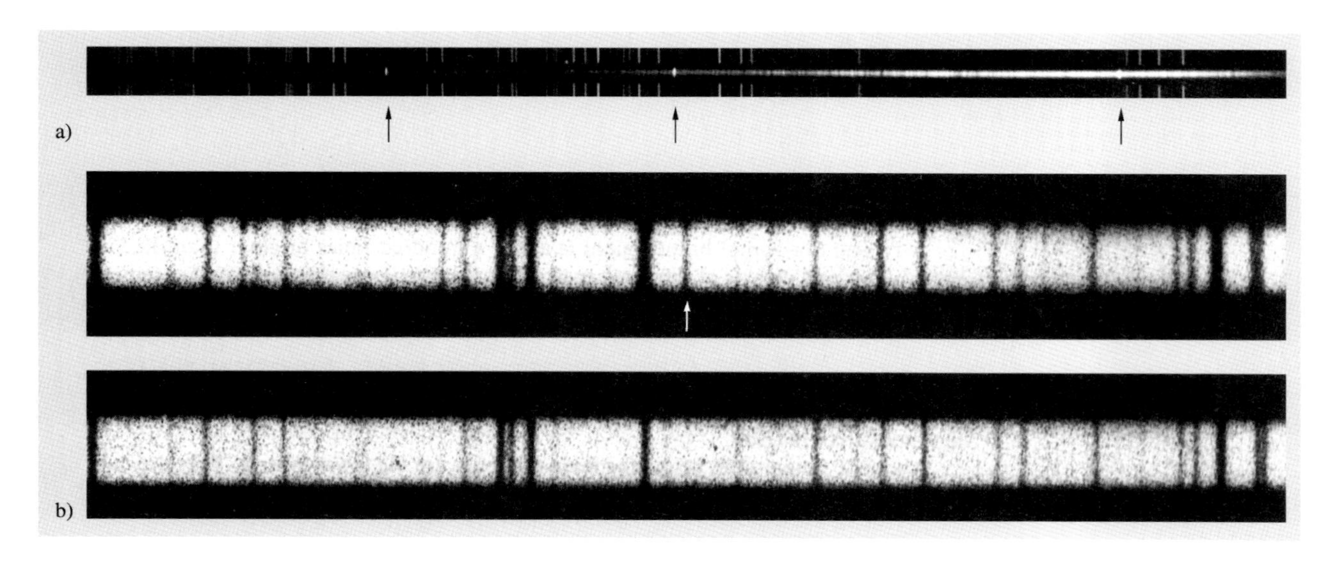

그림 9.7 특이별의 스펙트럼. (a) 쌍둥이자리 R은 화살표가 지시한 것처럼 밝은 방출선을 내는 방출선 별이다. (b) 정상별의 스펙트럼을 Zr선이 대단히 강한 특이별의 스펙트럼과 비교했다. (사진출처 : Mt.Wilson Observatory and Helsinki Observatory)

특이 A별(peculiar A) 또는 Ap별(p=peculiar)은 강한 자기장을 가지고 있어서 그들의 스펙트럼선은 제만 효과(Zeeman effect) 때문에 여러 개의 성분으로 갈라져 있다. Ap별에서는 Mg, Si, Eu, Cr, Sr과 같은 원소들의 선들이 예외적으로 강하다. Ag, Ga, Kr과 같은 희귀한 원소들의 선들도 발견된다. 이러한 특징을 제외한다면 Ap별은 정상 주계열 A형 별과 다를 바가 없다.

Am별[m=금속(metallic)] 역시 비정상적인 화학성분을 갖고 있지만 Ap별 정도로 심하지는 않다. 또한 희토류 원소와 대단히 무거운 중원소 선들이 스펙트럼에 강하게 나타난다. Ca선과 Sc선은 약하다.

이미 S별과 C별에 대하여 언급하였으며 이들은 비정상적인 화학조성을 지닌 특별한 K와 M 거성 부류에 속하고 있음을 잘 알고 있다. S별에서는 흔히 관측되는 TiO, SrO, VO 분자선들 대신에 무거운 ZrO, YO, BaO들의 선들이 스펙트럼을 차지하고 있다. S별들 중 상당수는 불규칙 변광성이다. C별의 이름은 탄소(carbon)에서 비롯된다. 산화 금속선들은 스펙트럼에 거의 존재하지 않으며 그 대신 각종 탄소의 화합물(CN, C_2, CH)들의 선이 강하게 나타난다. 탄소별의 경우 산소에 대한 탄소의 함량비는 정상의 별에서보다 4~5배 많다. C별은 온도가 높은 R별과 온도가 낮은 N별의 두 무리로 구분된다.

거성 중 비정상적인 화학조성비를 갖는 별로서 바륨별(barium stars)을 들 수 있다. 이들의 스펙트럼에는 Ba, Sr, 희토류 원소와 탄소 화합물들의 선이 강하게 나타난다. 핵융합 반응으로 생성된 부산물들이 별의 표면까지 이동되어 나타나는 것으로 생각되고 있다.

9.5 헤르츠스프룽-러셀도

1910년경 헤르츠스프룽(Ejnar Hertzsprung, 1873-1967)과 러셀(Henry Norris Russell, 1877-1957)은 별들의 절대등급과 분광형 사이의 상관관계를 조사하였다. 이 두 변수로 나타내는 도표를 헤르츠스프룽-러셀도(HR도)라 부른다(그림 9.8). 이 도표는 항성의 진화를 연구하는 데 중요한 자료가 되고 있다.

항성의 반지름, 광도, 표면온도가 폭넓게 변하고 있음을 생각할 때 별들은 HR도에서 고르게 분포하리라고 기대된다. 그러나 실제로 대부분의 별들은 주계열(main sequence)이라고 불리는 대각선을 따라 분포하고 있음을 알게 되었다. 태양도 주계열의 중간쯤 되는 지점에 위치하고 있다.

HR도는 또한 황색과 적색 별들(G-K-M에 속하는 별들)이 뚜렷이 구분되는 2개의 집단, 즉 왜성들의 주계열과 거성의 두 집단을 이루고 있음을 보여준다. 거성은 다시 몇 개의 뚜렷한 소집단으로 구분된다. 그중 수평가지(horizontal branch)는 안시절대등급이 0인 거의 수평으로 뻗은 거성계열이다. 적색거성가지(red giant branch)는 HR도의 K와 M에 걸쳐 있으며 주계열에서 거의 수직하게 뻗어 올라가고 있다. 끝으로 거성의 점근가지(asymptotic branch)는 수평가지로부터 올라와서 적색거성가지의 가장 밝은 끝까지 접근한다. 이러한 여러 거성가지들은 각기 다른 항성의 진화상태를 나타내고 있다(12.3절, 12.4절과 비교). HR도에서 별들의 밀도가 높은 지역은 별들이 오래 머무는 진화 단계에 해당한다.

전형적인 수평가지거성은 태양보다 약 100배 밝다. 분광형이 같은 거성과 왜성은 표면온도가 거의 같기 때문에 광도의 차이는 식 (5.21)에 의해 반지름의 차이 때문이다. 예를 들어 하늘에서 가장 밝은 별 가운데 하나인 아르크투루스의 반지름은 태양 반지름의 약 30배이다.

가장 밝고 큰 붉은 별은 초거성으로서 절대등급이 -7 등급에 이른다. 그 예가 오리온 별자리의 베텔지우스(Betelgeuse)인데 그 반지름은 $400R_\odot$이고 밝기는 태양 광도의 2만 배나 된다.

주계열 아래로 약 10등급 떨어진 영역에는 백색왜성들이 분포한다. 이들은 우주공간에 많이 있지만 어두워서

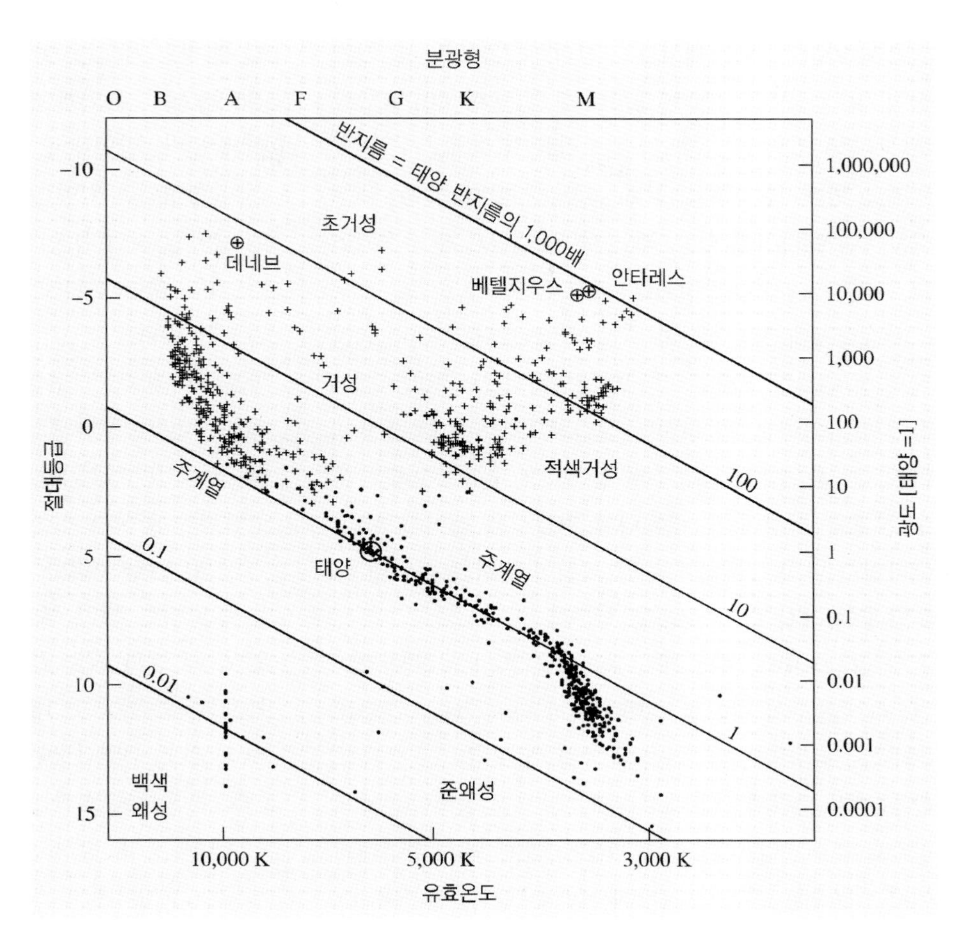

그림 9.8 헤르츠스프룽-러셀도. 수평축은 관측으로부터 직접 얻어지는 유효온도 또는 분광형이다. 이론 연구에서는 유효온도 T_e가 주로 사용된다. 이것들은 서로 관련이 있지만 광도에 따라 의존도가 약간 변한다. 수직축은 절대광도이다. $[\log(L/L_\odot), \log T_e]$ 그림에서 반지름이 상수인 경우는 직선으로 나타난다. 별들이 가장 많은 지역은 주계열과 거성으로 이루어진 수평가지, 적색거성, 점근가지이다. 거성 위에 초거성들이 흩어져 있다. 왼쪽 아래에 주계열 밑으로 약 10등급 어두운 곳에 백색왜성이 있다. 겉보기등급이 $m<4$인 밝게 보이는 별들이 십자 모양(+표)으로 표시되어 있고 가까운($r<50$광년) 별들이 점(•표)으로 표시되어 있다. 자료는 히파르코스 목록에서 발췌하였다.

잘 발견되지 않는다. 가장 잘 알려진 예가 시리우스 별의 반성인 시리우스 B이다.

HR도에서는 거성가지 아래에 있지만 주계열보다는 위에 분포하는 별 무리가 존재하는데 이들을 준거성이라고 한다. 또한 주계열 아래에 있지만 백색왜성보다는 밝은 준왜성(subdwarfs)들도 존재한다.

HR도를 해석할 때는 반드시 선택 효과(selection effect)를 고려해야 한다. 즉 밝은 별들은 선택한 표본에 포함될 가능성이 높다. 왜냐하면 밝은 별들은 보다 먼 거리에 있는 것까지 관측되기 때문이다. 만일 태양으로부터 일정한 거리 이내에 존재하는 별만 고려한다면 HR도 내에서 별들의 분포는 전혀 다르게 나타난다. 그림 9.8에서 그러한 효과를 볼 수 있다. 그런 별들을 보면 거성은 물론 밝은 주계열성도 없다.

성단의 HR도는 특히 항성진화의 이론적 연구에 중요하다. 이에 관해서는 제17장에서 논의하게 될 것이다.

9.6 모형대기

항성대기는 관측자에게 직접 전달되는 복사가 만들어지는 층으로 구성되어 있다. 따라서 항성의 스펙트럼을 해석하기 위해서는 항성의 대기 구조와 방출되는 복사량을 계산할 수 있어야 한다.

실제의 별에서는 자전이나 자기장과 같은 여러 가지 물리량들이 항성대기의 구조를 계산하는 데 문제를 복잡하게 만든다. 여기에서는 고전적 대기 구조, 즉 자기장이 없고 정역학적인 평형상태에 있는 항성대기의 깊이에 따른 압력 및 온도의 분포만을 고려하고자 한다. 이때 모형대기는 화학조성비, 표면 중력가속도 g, 내부로부터의 에너지 플럭스, 또는 유효온도 T_e가 결정되면 그 구조가 완전히 결정된다.

모형항성대기를 계산하는 데 바탕이 되는 기본 원리는 항성 내부를 계산할 경우와 동일하며 그 원리는 제11장에서 논의하게 될 것이다. 실질적으로 두 미분방정식, 즉 압력 분포를 결정해 주는 정역학적 평형방정식과 온도 분포를 결정해 주는 에너지 전달식을 풀어야 한다. 에너지 전달식은 에너지 전달 과정이 복사냐 아니면 대류냐에 따라서 다른 형태를 갖는다.

항성대기 내의 여러 가지 물리량은 흔히 적절히 정의한 연속 복사의 광학적 깊이(continuum optical depth) τ의 함수로 나타낸다. 따라서 압력, 온도, 밀도, 전리도, 각 에너지 준위에서의 개수 밀도 등 모든 물리량은 τ의 함수로 주어진다. 이들의 물리량을 알게 되면 항성대기에서 방출되는 복사강도를 계산할 수 있다. 글상자 9.1 '항성대기에서 방출되는 복사강도'에서는 실제로 관측되는 복사 스펙트럼이 대략 광학적 깊이가 1인 곳에서 방출하는 복사 스펙트럼과 거의 같다는 사실을 보여주고 있다. 이러한 사실을 근거하면 어떤 한 스펙트럼선이 관측된 스펙트럼에 존재할 것인지 여부를 쉽게 예측할 수 있다.

어떤 에너지 상태에 있는 원자(또는 이온)가 광자(photon)를 흡수함으로써 형성되는 스펙트럼선을 생각해보자. 모형대기를 이용하여 흡수를 일으키는 준위의 개수밀도를 연속 복사의 광학적 깊이 τ의 함수로 알 수 있다. 만약 $\tau = 1$인 지역의 위쪽에 흡수 준위의 밀도가 큰 층이 있다면, $\tau = 1$인 지역보다 더 상층에서 흡수선의 광학적 깊이가 $\tau = 1$이 될 것이다. 즉 스펙트럼선의 복사는 연속 복사에 비하여 대기의 더 높은 층에서 형성될 것이다. 온도는 항성 내부로 갈수록 증가하므로 선의 강도는 낮은 온도에 해당된다. 따라서 흡수선은 검게 보이게 된다. 반면에 흡수 준위의 밀도가 극히 적다면 그 선이 형성되는 깊이는 연속 복사가 형성되는 깊이와 거의 같아질 것이다. 이때 스펙트럼선의 복사는 연속 복사와 거의 같은 깊이에서 형성되므로 흡수선은 나타나지 않을 것이다.

글상자 9.1에서 유도한 복사강도 식은 태양에서 관측되는 **주연감광**(周緣減光, limb darkening) 현상을 잘 설명해 주고 있다(12.2절). 태양 얼굴의 가장자리 근방에서 방출되는 복사는 시선과 대단히 큰 각을 이루므로(θ는 거의 90°) cos θ값은 대단히 작아진다. 따라서 이 복사는 τ가 작은 영역, 즉 온도가 보다 낮은 영역에서 방출된다. 그 결과 태양 얼굴의 가장자리에서 방출되는 연속복사강도는 낮으며 태양 얼굴의 가장자리로 갈수록 검게 보인다. 주연감광이 일어나는 정도는 태양 대기 내의 온도 분포를 결정하는 관측적 방법을 제공해준다.

여기서 다룬 항성대기는 지극히 단순화한 것이다. 실제로 복사에너지의 스펙트럼 분포는 다양한 범위의 대기 매개변수를 갖는 대기모형으로부터 수치적으로 계산하여 구한다. 여러 항성의 T_e와 화학조성은 관측된 흡수선의 강도와 그 밖의 스펙트럼의 특성을 이론치와 비교함으로써 구해진다. 이에 관련된 과정에 관해서는 상세히 기술하지 않겠다.

9.7 관측은 무엇을 제공하는가?

이 장의 결론을 내리기 위해서는 관측에 의해서 밝혀진 항성의 성질을 요약해야 한다. 이 책 끝부분에는 가장 밝은 별과 가장 가까운 별들의 목록이 표로 제시되어 있다.

가장 밝은 별들 중에서 4개의 별은 음의 등급을 갖고 있다. 우리 눈에 밝게 보이는 별들 중 일부는 절대적으로 밝은 초거성들도 있지만 그 밖의 것들은 모두 가까운 거리에 있는 별들이다.

HR도에서도 볼 수 있듯이, 가까운 별들을 수록한 목록에는 어두운 왜성이 많다는 것을 염두에 두기를 바란다. 이들의 대다수가 K형과 M형에 속해 있다. 몇몇 가까운 별들은 질량이 목성 정도, 즉 행성 질량을 갖는 매우 어두운 반성을 갖고 있다. 그러한 반성은 이 표에 포함되어 있지 않다.

항성 분광학은 항성의 기본 매개변수, 특히 질량과 반지름을 결정하는 데 중요한 수단이 된다. 그러나 분광 관측에서 정확한 정보를 얻자면 이 물리량들을 직접 측정해서 눈금조정을 해야 한다. 이러한 문제는 다음에 다시 고려하게 될 것이다.

서로를 공전하는 쌍성계의 경우, 별들의 질량은 직접 구할 수 있다(상세한 방법은 제10장에서 논의될 것이다). 관측 결과에 의하면 주계열성의 질량이 클수록 주계열의 상부에 위치한다고 밝혀졌다. 쌍성 연구에서 경험적인 **질량-광도 관계**(mass-luminosity relation)를 얻게 되는데 이 관계는 분광형에 근거해서 항성의 질량을 추정하는 데 활용된다.

그림 9.9는 관측된 질량-광도의 관계를 나타낸 것이다. 광도는 대략 질량의 3.8제곱에 비례한다.

$$L \propto M^{3.8} \tag{9.1}$$

이 관계식은 단지 근사일 뿐이다. 이것에 따르면 태양보다 질량이 10배 큰 별은 태양보다 6,300배 밝으며 등급으로 환산하면 9.5등급 밝다.

관측되는 항성 질량의 최솟값은 태양 질량의 약 1/20이며 이 별은 주계열의 오른쪽 아래에 위치한다. 백색왜성의 질량은 $1M_\odot$보다 작다. 가장 무거운 주계열성과 초거성의 질량은 $10M_\odot$에서 심지어 $150M_\odot$ 범위 내에 속한다.

간섭계를 이용하여 별의 각지름이 직접 측정된 것은

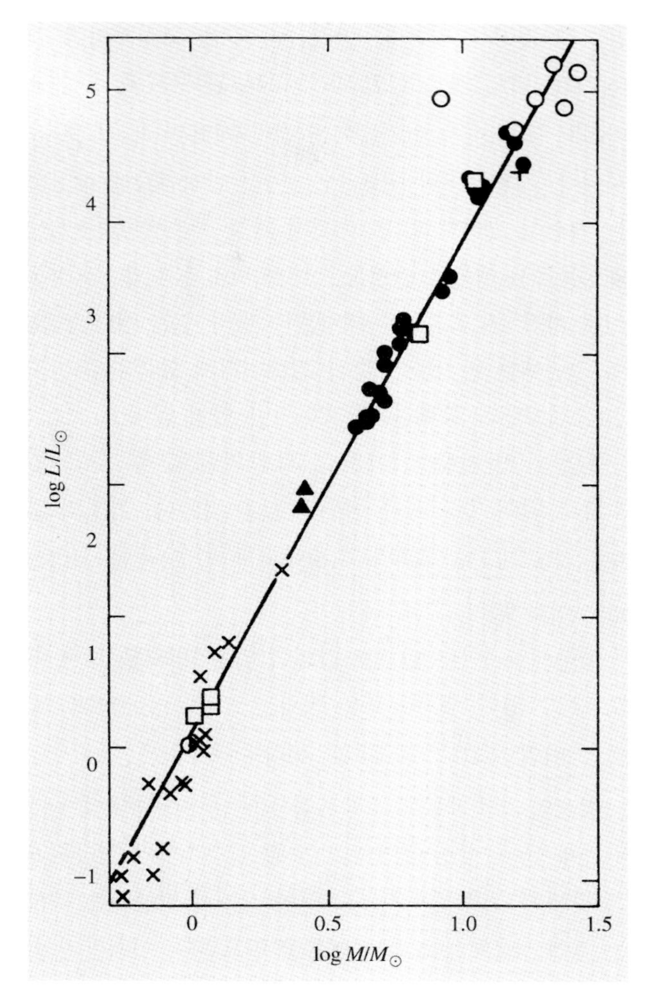

그림 9.9 질량-광도 관계. 이 그림은 질량이 알려진 쌍성 자료에 기초한 것이다. 다양한 기호는 다른 종류의 쌍성을 나타낸다. [출처 : Böhm-Vitense: *Introduction to Stellar Astrophysics,* Cambridge University Press (1989-1992)]

수십 개에 불과하다. 이들의 거리를 안다면 그들의 반지름은 쉽게 구해진다. 식쌍성의 경우 별의 반지름은 바로 얻어진다(10.4절 참조). 현재 직접 반지름을 측정하여 그 값이 알려진 별은 약 100개 가까이 된다. 그 밖의 경우는 광도와 표면온도로부터 반지름을 구하고 있다.

별의 반지름을 논의하는 데 있어서는 세로축에 M_{bol} (또는 $\log L/L_\odot$), 가로축에 $\log T_e$ 로 취한 HR도를 사용하는 것이 편리하다. 반지름의 값을 고정시키면 식 (5.21)은 M_{bol}과 $\log T_{\mathrm{e}}$와 선형적 관계를 맺어 준다. 따라서 HR도에서 반지름이 일정한 궤적은 직선으로 표시된다. 그림 9.8의 HR도에는 여러 반지름값에 해당하는 직선이 그려져 있다. 여기서 가장 작은 별들은 백색왜성들로서 이들의 반지름은 태양 반지름의 약 1% 정도이며 가장 큰 초신성은 태양 반지름의 수천 배나 된다. 이 그림에는 반지름이 수십 킬로미터에 불과한 고밀도성(중성자별과 블랙홀)은 포함되어 있지 않다.

항성의 반지름이 이처럼 광범위한 값을 갖고 있으므로 별의 밀도도 큰 범위의 값을 갖는다. 거성의 밀도는 $10^{-4}\mathrm{kg\,m^{-3}}$지만 백색왜성의 밀도는 약 $10^{9}\mathrm{kg\,m^{-3}}$이나 된다.

항성의 표면온도와 광도값의 범위는 HR도를 보면 바로 알 수 있다. 표면온도의 범위는 2,000~40,000K, 광도의 범위는 $10^{-4} \sim 10^{6} L_{\odot}$이다.

항성의 자전 때문에 스펙트럼선의 선폭이 증대되어 나타나게 한다. 항성 표면의 한쪽 끝은 우리에게 접근하고 그 반대쪽 끝은 멀어지므로 양쪽 끝에서 방출되는 복사는 그에 상응하는 도플러 이동을 일으킨다. 이러한 방법으로 추정한 자전속도는 오직 시선방향의 성분에 해당한다. 따라서 실제의 자전속도를 구하려면 측정한 속도를 $\sin i$(여기서 i는 자전축과 시선이 만드는 각)로 나누어 주어야 한다. 자전축의 방향에서 본 별은 자전 현상을 보이지 않을 것이다.

별들의 자전축 방향이 제멋대로 분포되었다고 가정하면 항성의 자전속도 분포를 통계적으로 구할 수 있다. 온도가 아주 높은 별들은 낮은 별들보다 자전속도가 크다. 항성 적도의 자전속도는 O형이나 B형 별의 200~250$\mathrm{km\,s^{-1}}$까지의 값을 갖고 G형 별은 약 20$\mathrm{km\,s^{-1}}$의 값을 갖는다. 껍질별의 경우 자전속도는 500$\mathrm{km\,s^{-1}}$에 이른다.

항성 외각층의 화학조성(chemical composition)은 스펙트럼선들의 강도로부터 유도된다. 항성 질량의 약 3/4은 수소로 되어 있다. 헬륨은 약 1/4을 차지하며 그 밖의 원소가 차지하는 비율은 대단히 낮다. 나이가 젊은 별의 중원소 함량(약 2%)은 나이가 많은 별의 중원소 함량(0.02% 미만)보다 훨씬 크다.

글상자 9.1(항성대기에서 방출되는 복사강도) 항성대기에서 방출되는 복사강도는 식 (5.45)로 주어진다. 즉

$$I_{\nu}(0,\theta)=\int_{0}^{\infty} S_{\nu}(\tau_{\nu})\mathrm{e}^{-\tau_{\nu}\sec\theta}\sec\theta\,\mathrm{d}\tau_{\nu} \qquad (9.2)$$

대기모형이 계산되어 있다면 원천 함수(source function) S_{ν}를 알게 된다.

강도에 대한 근사 공식은 다음과 같이 유도될 수 있다. 이제 원천 함수를 임의의 한 점 τ^{*}에 대하여 테일러 전개를 해 주면 S_{ν}는

$$S_{\nu}=S_{\nu}(\tau^{*})+(\tau_{\nu}-\tau^{*})S_{\nu}'(\tau^{*})+\cdots$$

로 표시되며 여기서 ′은 미분을 뜻한다. 이 식을 이용하여 식 (9.2)의 적분을 계산하면

$$I_{\nu}(0,\theta)=S_{\nu}(\tau^{*})+(\cos\theta-\tau^{*})S_{\nu}'(\tau^{*})+\cdots$$

가 된다. 이때 $\tau^{*}=\cos\theta$로 취하면 둘째 항은 없어진다. 국부 열역학적 평형상태(local thermodynamic equilibrium)에서 원천 함수는 플랑크 함수 $B_{\nu}(T)$이므로 에딩턴-바비에 근사식(Eddington-Barbier approximation)

$$I_{\nu}(0,\theta)=B_{\nu}(T[\tau_{\nu}=\cos\theta])$$

를 얻는다. 이 식에 따르면 어떤 주어진 방향으로 방출되는 복사강도는 그 방향을 따라 측정한 광학적 두께가 1인 점에서 방출되고 있음을 제시하고 있다.

9.8 연습문제

연습문제 9.1 온도가 감소하는 순서에 따라 스펙트럼을 정렬하라.

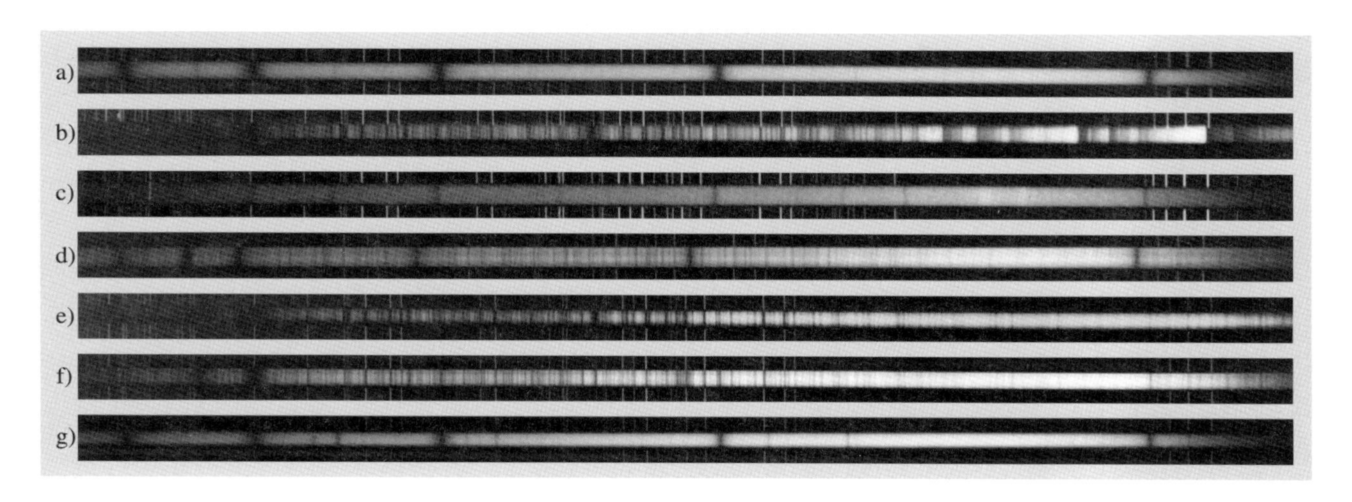

쌍성계와 항성의 질량

10

그냥 보기에는 매우 가까이 있는 두 별이라고 해도 사실상 서로 아주 멀리 떨어져 있는 경우가 허다하다. 이러한 별들의 쌍을 **광학적 쌍성**(optical binary star)이라고 부른다. 그러나 한 쌍의 별이 같은 거리에 있으면서 물리적으로 연관을 맺어 서로 맞물려 궤도운동을 하는 경우도 매우 흔하다. 태양과 같이 단독으로 존재하는 별은 전체 별 개수의 반이 채 안 되는 실정이다. 50% 이상이나 되는 별들이 둘 이상의 별들로 구성된 계들을 이루고 있는 셈이다. 다중성계는 사실상 계층적이다. 3중성계는 쌍성과 단독성으로 이루어져 있어 단독성과 쌍성계가 서로 돌고 있으며 4중성계의 경우 2개의 쌍성계가 서로 마주 돌고 있다. 그러므로 대부분의 다중성계는 몇 단계에 걸친 쌍성계의 집합이라고 하겠다.

쌍성계는 검출방법에 따라 분류된다. 이런 분류법은 별들의 물리적 성질과는 전혀 관계가 없다. **안시쌍성**(visual binary star)의 두 별은 0.1각초 이상 떨어져 있어서 2개의 성분 별이 따로따로 구별되어 보이며 두 별의 상대적 위치가 시간에 따라 변하는 것을 직접 관측할 수 있다(그림 10.1). **측성쌍성**(astrometric binary star)에서는 하나의 별만이 관측되는데 이 별의 고유운동이 변하는 것을 보고 동반성의 존재를 추정할 수 있다. **분광쌍성**(spectroscopic binary star)은 스펙트럼상에 나타나는 특성으로부터 2개의 별로 이루어졌음이 판명된 쌍성계이다. 두 세트로 이루어진 스펙트럼선들을 보이거나 파장의 위치가 도플러 효과로 주기적으로 변하면 눈에 보이지 않는 동반성이 있다는 것을 암시한다. 네 번째 종류로 **측광쌍성**(photometric binary star), 즉 **식쌍성**(eclipsing variables)이 있다. 식쌍성계에서는 한 별이 다른 별을 주기적으로 가리므로 그 계 전체에서 관측되는 밝기가 주기적으로 변하게 된다.

쌍성계는 두 별 사이의 간격에 따라서 분류되기도 한다. **원격쌍성**(distant binary)은 두 별 사이의 거리가 수십, 수백 천문단위(AU)나 되어서 궤도운동의 주기가 수십 년에서 수천 년에 이르는 장주기 쌍성계이다. **근접쌍성**(close binary)의 상호 거리는 수 천문단위에서 겨우 별의 반지름 정도밖에 안 된다. 그래서 궤도주기가 수 시간에서 수년 정도이다. **접촉쌍성**(contact binary)의 구성원은 너무 가까워 서로 접촉하고 있다.

쌍성계를 이루는 두 별은 그 계의 질량중심을 중심으로 타원궤도를 따라 돌고 있다. 제6장에서 두 별의 상대운동 궤도 역시 타원임을 배웠다. 그러므로 제시된 관측 자료는 마치 한 별이 고정되어 있다고 생각하고 그 별을 중심으로 나머지 다른 별이 그리는 상대 궤도처럼 설명된다.

10.1 안시쌍성

고정되어 있는 밝은 주성 주위를 상대적으로 어두운 반성이 돌고 있다고 가정하고 안시쌍성을 생각해보자. 주성과 반성 사이의 각거리(angular separation)와 주성을

그림 10.1 안시쌍성을 오랜 기간 동안 관측해보면, 쌍성계를 이루는 구성 별이 다른 구성 별에 대해 이동하는 것을 볼 수 있다. 그림은 서로 다른 시기에 촬영한 Krüger 60 쌍성계의 사진이다(사진출처 : Yerkes Observatory).

중심으로 한 반성의 방위각(angular direction)은 관측을 통해 직접 측정된다. 수년 또는 수십 년에 걸쳐서 각 거리와 방위각을 측정하면 반성의 주성에 대한 상대운동 궤도가 알려진다. 이렇게 해서 궤도가 최초로 알려진 안시쌍성계가 큰곰자리 ξ(ξ UMa)인데 그때가 1830년이었다(그림 10.2).

안시쌍성의 관측에서는 실제 궤도를 직접 얻는 것이 아니라 실제 궤도가 천구상에 투영된 모습을 얻는다. 실제 궤도의 모양과 위치는 알 수 없다. 주성의 위치가 실제 궤도의 초점에 위치한다는 사실로부터 계산할 수 있다. 투영된 주성의 위치가 투영된 상대 궤도의 초점에서 벗어난 정도로 실제 궤도의 방향을 추정할 수 있다.

쌍성계까지의 거리를 알면 궤도의 실제 크기를 알 수 있다. 실제 긴반지름이 알려지면 케플러 제3법칙을 이용해서 그 쌍성계의 전체 질량을 추정할 수 있다.

쌍성계를 구성하는 별 각각의 질량은 질량중심에 대한 각 별의 운동을 관측하여 알아낼 수 있다(그림 10.3). 질량중심에 대한 주성과 반성의 궤도긴반지름이 각각 a_1, a_2라고 하자. 질량중심의 정의에 따라 주성과 반성의 질량이 m_1과 m_2라면

$$\frac{a_1}{a_2} = \frac{m_2}{m_1} \tag{10.1}$$

가 성립한다. 상대 궤도의 긴반지름은

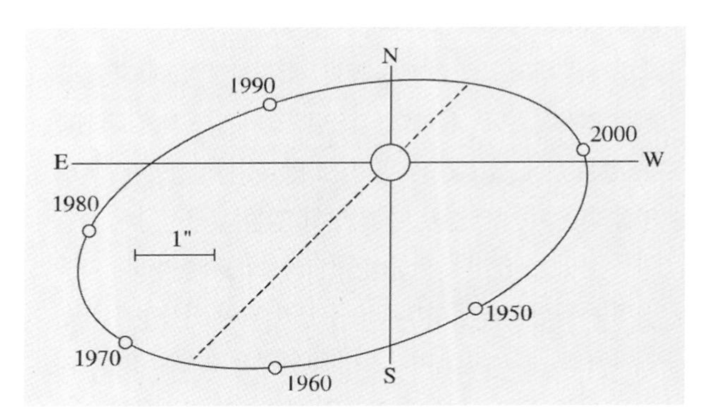

그림 10.2 1830년에 큰곰자리 ξ는 궤도가 관측적으로 알려진 최초의 쌍성계이다.

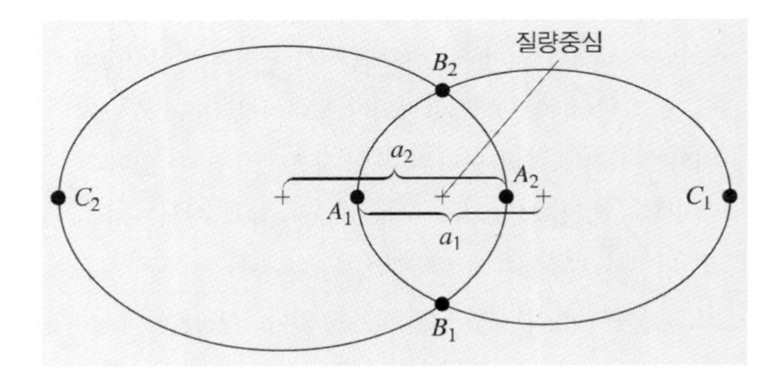

그림 10.3 쌍성계에서 그 구성 별들은 공통의 질량중심을 중심으로 하여 궤도운동한다. A_1과 A_2는 주어진 순간 A에 두 별의 위치를 나타낸다. B와 C도 마찬가지로 다른 순간에 두 별의 위치를 의미한다.

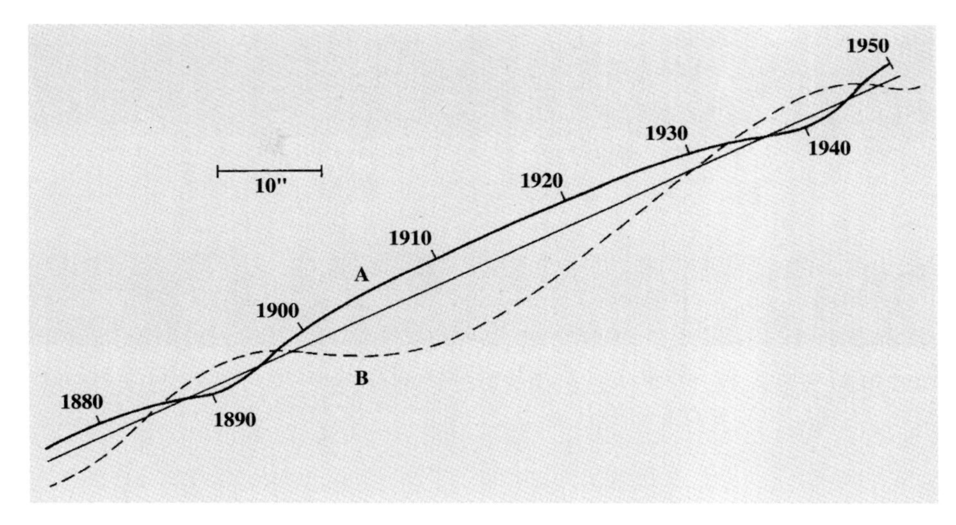

그림 10.4 시리우스와 그 동반성의 천구상 겉보기 운동

$$a = a_1 + a_2 \tag{10.2}$$

이다. 예를 들어 큰곰자리 ξ 쌍성계는 $1.3M_\odot$와 $1.0M_\odot$의 질량을 갖는 별들로 구성되어 있다.

10.2 측성쌍성

측성쌍성계에서는 두 별의 질량중심에 대한 밝은 별의 상대 궤도만이 관측된다. 일단 광도로부터 밝은 별의 질량을 추정하면 어두워 관측되지 않는 반성의 질량도 추산된다.

최초로 밝혀진 측성쌍성이 시리우스였다. 이 별의 구불구불한 고유운동의 모습이 1830년대에 발견되었고, 이 사실로부터 이 별에 보이지 않는 반성이 존재한다고 결론지을 수 있었다. 그리고 수십 년이 지난 다음 반성이 실제로 발견되었는데(그림 10.4와 15.1) 시리우스 B라고 명명된 이 별은 당시까지 알려져 있지 않던 전혀 새로운 부류의 별로서 백색왜성이었던 것이다(15.1절).

천문학자들은 비교적 가까이에 있는 별들의 고유운동을 자세히 관측하여 행성계의 존재를 밝히려고 오랫동안 노력하였다. 바너드별은 반성을 갖고 있는 듯 보이지만 다른 별 주위에서 행성계의 존재가 고유운동 연구를 통해 구체적으로 규명된 예는 아직 없다. 외계행성계 탐사는 주로 분광관측을 통해 이루어지고 있다(21.8절).

10.3 분광쌍성

분광쌍성(그림 10.5)은 가장 큰 망원경으로도 분해해볼 수 없으나 스펙트럼선들의 위치가 규칙적으로 변하는 것에서 쌍성계임을 알 수 있다. 분광쌍성이 최초로 발견된 것은 1880년대이다. 큰곰자리의 ζ[미자르(Mizar)]의 스펙트럼선이 주기적으로 갈라지는 것이 이때 처음 알려졌다.

도플러 이동량은 시선속도에 정비례한다. 그러므로 두 별 중 하나는 관측자를 곧바로 향하고 다른 하나는 관측자에서 멀어질 때 이 두 별에서 생긴 스펙트럼선들이 가장 멀리 벌어진다. 그리고 스펙트럼선이 벌어졌다가 합쳐지는 주기가 바로 이 쌍성계의 궤도운동주기이다. 그러나 불행하게도 천구면에 대한 궤도면의 기울기를 알아낼 수 있는 방법이 없다. 관측된 속도를 v, 참속도를 v_0, 궤도면과 천구면의 경사각을 i라 하면

$$v = v_0 \sin i \tag{10.3}$$

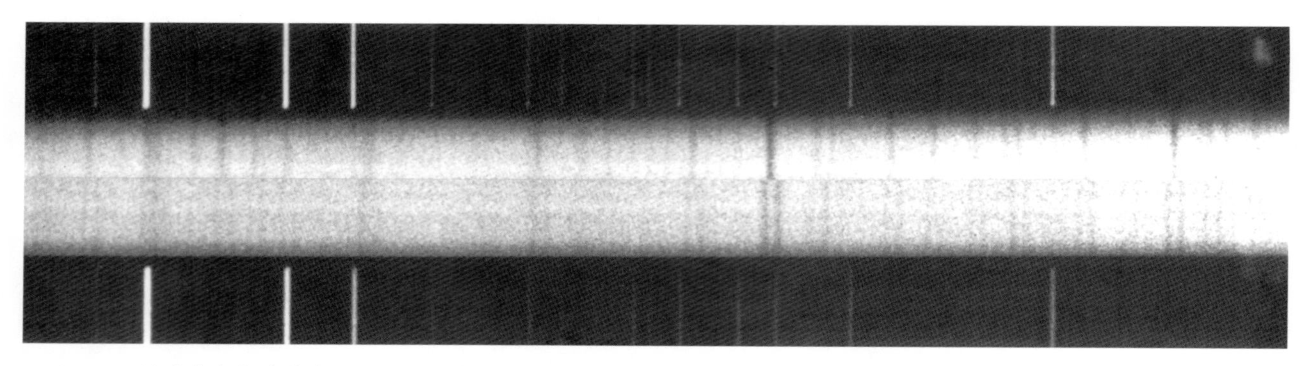

그림 10.5 분광쌍성인 양자리 κ(κ Arietis)의 스펙트럼. 위쪽에서는 단일선이던 것이 아래쪽에서 이중선으로 갈라진 것을 볼 수 있다. (사진출처 : Lick Observatory)

의 관계가 성립함을 알 수 있다.

편의상 쌍성계를 이루는 두 별이 질량중심을 중심으로 각각 원 운동을 한다고 생각하자. 궤도긴반지름을 a_1, a_2, 질량을 m_1, m_2라 하면 질량중심의 정의에서 $m_1 a_1 = m_2 a_2$의 관계를 얻고, $a = a_1 + a_2$이므로

$$a_1 = \frac{a m_2}{m_1 + m_2} \tag{10.4}$$

의 관계가 성립한다. 궤도운동의 주기를 P라 하면 궤도운동의 속도는

$$v_{0,1} = \frac{2\pi a_1}{P}$$

이다. 그러므로 식 (10.3)에 의하면 관측된 궤도속도는

$$v_1 = \frac{2\pi a_1 \sin i}{P} \tag{10.5}$$

이다. 여기서 식 (10.4)를 대입하여

$$v_1 = \frac{2\pi a}{P} \frac{m_2 \sin i}{m_1 + m_2}$$

의 관계를 얻는다. 이 식에서 구해진 장반경 a를 케플러 제3법칙에 대입하면 소위 질량 함수 방정식(mass function equation)이라고 불리는

$$\frac{m_2^3 \sin^3 i}{(m_1 + m_2)^2} = \frac{v_1^3 P}{2\pi G} \tag{10.6}$$

의 관계를 얻는다.

분광쌍성계에서 성분 별 하나가 너무 어두워 이 별에 대한 스펙트럼선이 관측될 수 없을 정도라면 P와 v_1만이 관측에서 알려진다. 그렇다면 식 (10.6)은 좌변의 표현식인 질량 함수의 값만 준다. 성분 별들의 질량을 따로따로 알 수 없을 뿐만 아니라 계 전체의 질량도 알 수 없다. 분광쌍성계의 두 별 모두의 스펙트럼선이 관측된다면 v_2도 알 수 있다. 따라서 식 (10.5)에서

$$\frac{v_1}{v_2} = \frac{a_1}{a_2}$$

이 성립함을 알 수 있다. 질량중심의 개념을 여기에 적용하면

$$m_1 = \frac{m_2 v_2}{v_1}$$

가 성립한다. 이 관계를 식 (10.6)에 대입시켜 $m_2 \sin^3 i$의 값을 구한다. 그러면 $m_1 \sin^3 i$의 값도 알게 된다. 그렇다고 하더라도 궤도경사각을 모르는 한 별들의 실

제 질량은 구할 수 없다.

쌍성궤도의 크기(긴반지름 a)는 $\sin i$ 요소를 제외하고 식 (10.5)를 통해 알 수 있다. 일반적으로 쌍성계의 궤도가 원이 아니다. 그러므로 관측 자료가 여기서 제시한 대로 간단히 분석되지는 않는다. 타원궤도의 경우 시선속도의 시간에 따른 변화 양상이 단순한 정현곡선의 모습과는 다르며 정현곡선에서 벗어나는 정도는 궤도 이심률이 커질수록 심하다. 속도곡선의 모양을 이러한 관점에서 잘 분석하면 궤도 이심률과 근성점(近星點, periastron) 경도를 찾을 수 있다. 그러면 타원궤도의 경우라도 $\sin^3 i$ 요소를 포함한 질량 함수와 개개의 질량을 알 수 있게 된다.

10.4 측광쌍성

측광쌍성계에서 밝기는 두 별의 궤도운동 때문에 주기적으로 변한다. 측광쌍성은 대개는 식 쌍성(eclipsing binary)이다. 한 별이 다른 별 앞을 가려 식이 생기면서 밝기가 주기적으로 변하는 것이다. 측광쌍성계 중에는 식이 일어나지 않는데도 밝기가 변하는 **타원체 변광성**(ellipsoidal variable)이 있다. 이러한 계에서는 적어도 한 별이 다른 별로부터 조석력의 영향을 받아 그 모양이 회전 타원체로 변한다. 궤도운동의 위상이 변함에 따라 천구에 투영된 단면적이 회전 타원체의 시선방향에 대해 계속해서 변하기 마련이다. 또한 회전 타원체의 양 끝, 즉 조석력에 의한 팽대부는 다른 부분에 비하여 온도가 낮다. 그러므로 타원체 변광성에서는 온도와 단면적의 변화가 한데 어울려 밝기의 변화를 가져오는 것이다.

궤도경사각이 90°에 가까워야 식쌍성계로 관측된다. 식쌍성이 분광쌍성인 경우에는 궤도경사각을 구체적으로 측정할 수 있으므로 개개 성분 별의 질량을 따로 결정할 수 있다.

식쌍성계의 등급이 시간에 따라 변하는 모습을 나타

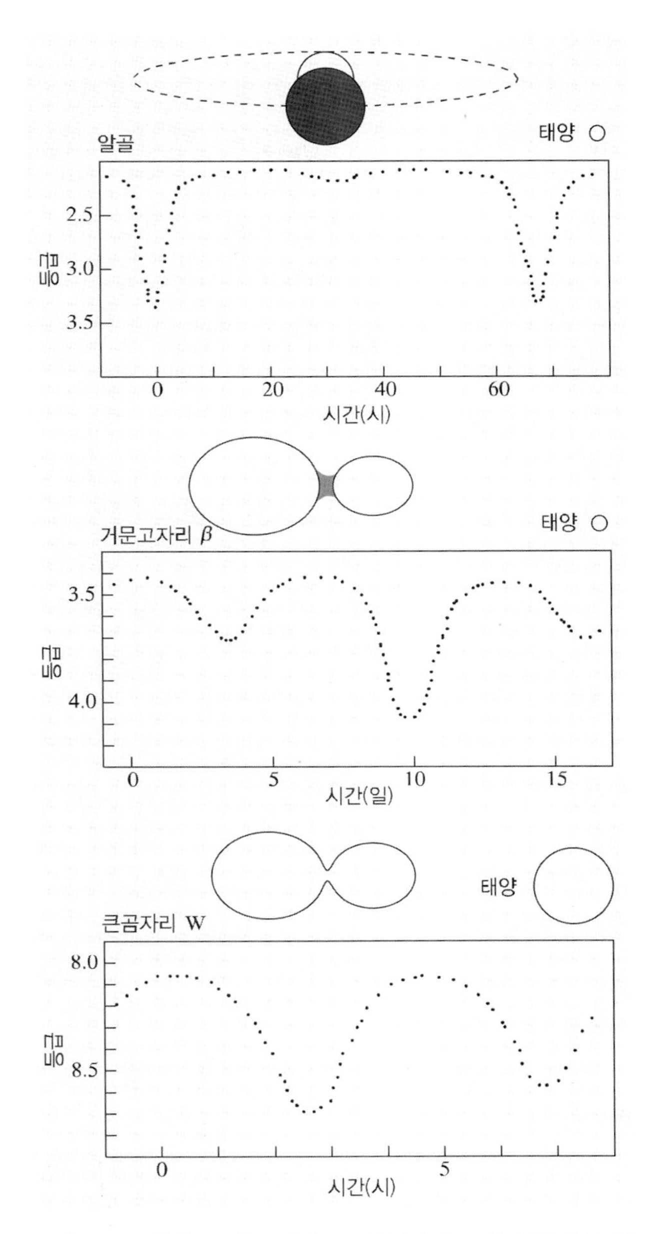

그림 10.6 알골, 거문고자리 β, 큰곰자리 W의 전형적인 광도곡선과 개략적 모습을 그려 놓았다. 비교를 위하여 태양의 상대적 크기를 나타냈다.

낸 곡선을 **광도곡선**(light curve)이라고 부른다. 광도곡선의 모양에 근거하여 식쌍성을 3개의 부류로 구별한다 — **알골**(Algol)**형**, **거문고자리** β(β Lyrae)**형**, **큰곰자리의 W**(W UMa)**형**(그림 10.6).

알골형 별. 페르세우스자리 β별(β Persei), 즉 알골이 이 부류의 대표 격인데 이 부류의 별에서는 밝기가 주기의 대부분에 걸쳐 일정 수준에 머문다. 이 시기는 두 별이 서로 멀리 떨어져 있어서 양쪽 별에서 오는 빛이 관측자에게 모두 도달한다. 광도곡선의 극소가 두 군데에서 생긴다. 광도곡선은 부극소(副極少, secondary minimum)보다 주극소(主極小, primary minimum)에서 월등히 깊게 나타난다. 두 극소 사이에 이렇게 큰 차이가 나타나는 것은 두 별의 밝기가 현저하게 다르기 때문이다. 부피가 큰 별(대개의 경우는 이 별이 저온의 거성임)이 부피는 작지만 고온인 주성을 가리면 광도곡선의 극소부가 매우 깊어져서 주극소가 된다. 부피는 작지만 온도가 높은 별이 거성의 일부를 가릴 때 이 쌍성계 전체의 밝기는 그리 크게 줄지는 않아서 부극소가 된다.

광도곡선의 극소부 모양은 식이 부분식이냐 개기식이냐에 따라서 결정된다. 부분식일 때는 광도곡선이 완만하게 변한다. 식의 깊이에 따라 밝기의 변화가 다르기 때문이다. 개기식의 경우 한 별이 완전히 가려지는 순간이 있거나, 일정 기간 지속될 수 있다. 이때 밝기가 일정하게 유지되므로 광도곡선의 극소부는 평평하게 된다. 알골 변광성의 극소부의 모양에서 궤도경사각에 대한 정보를 얻을 수 있다.

극소부가 진행되는 시간 간격은 항성 반지름의 궤도 반지름에 대한 비에 의하여 결정된다. 만약 식쌍성이면서 동시에 분광쌍성이라면 궤도의 절대 크기를 알아낼 수 있다. 즉 별들의 질량, 궤도의 크기, 별들의 반지름 등이 거리를 모르더라도 모두 결정되는 셈이다.

거문고자리 β형. 이 부류의 쌍성계에서는 등급이 계속해서 변하는 것을 볼 수 있다. 두 별이 너무나 가까이 있기 때문에 한 별이 다른 별에게 막강한 조석력을 미쳐서 그 별의 모습을 회전 타원체의 모양으로 바꾸어 놓았다. 따라서 비록 식이 일어나는 구간이 아니어도 밝기가 변한다. 거문고자리 β형 별들은 식쌍성이며 동시에 회전 타원체 변광성이다. 거문고자리 β형 쌍성계는 그 자체로 한 별이 로슈한계(12.6절 참조)를 다 채우고 계속해서 자신의 질량을 반성에게로 잃고 있다. 질량의 이동 때문에 광도곡선에 새로운 특징이 나타난다.

큰곰자리 W형. 광도곡선의 극소부가 매우 둥글고 넓으며 2개의 극소부 모양이 거의 비슷하다. 두 성분 별 모두가 자신들의 로슈한계를 모두 채우고 서로 붙어 있어서 근접쌍성계 중에서도 특별히 접촉쌍성계(contact binary)의 부류에 속한다.

측광쌍성의 광도곡선은 이외에도 여러 가지 특징을 보이고 있어서 특징을 모두 설명하기에는 앞선 분류가 적합하지 않다.

- 한 별의 모양이 동반성에 의한 조석력으로 매우 찌그러져 있다. 별은 회전 타원체이든지 로슈 표면을 채우고 있어서 그 모양이 마치 물방울 같다.
- 주연감광(9.6절 또는 13.2절 참조) 현상이 두드러지게 나타나는 수가 있다. 별의 광구 중심에서보다 가장자리에서 나오는 복사가 약하다면 광도곡선이 매우 둥글둥글하게 된다.
- 회전 타원체와 같이 찌그러진 별의 경우 중력 암화(gravity darkening) 현상이 나타난다. 중심에서 멀리 떨어져 있는 부분은 가까운 부분보다 온도가 낮아져 결국 그곳의 복사량도 적게 된다.
- 반사 효과가 있다. 두 별이 가까이 있으면 상대방을 서로 데워 주어서 그곳이 더 밝게 빛난다.
- 질량 교환이 이루어지고 있는 계에서는 한 별의 질량이 상대방 별의 표면에 떨어질 때 그곳의 온도가 상승한다.

이러한 요인들 모두가 광도곡선을 해석하는 데 어려움을 준다. 따라서 이론 모형으로부터 광도곡선을 계산하고 이를 관측 결과와 비교해야 한다. 이론 모형은 비교 결과가 만족될 때까지 계속 수정된다.

지금까지 쌍성계의 성질을 가시광선 영역에서 논의해 왔다. 최근에는 가시광선 이외의 파장대에서도 복사를 내놓는 쌍성계가 발견되었다. 특별히 관심을 끄는 대상이 쌍성계를 이루는 펄서(pulsar)로서 전파 관측에서부터 궤도운동 속도의 변화를 측정할 수 있다. 온갖 종류의 쌍성계들이 X-선 영역에서도 발견되었다. 제15장에서 이들 대상들에 대해 논의를 하겠다.

쌍성계를 이루는 별들의 경우에만 직접 질량 측정이 가능하다. 쌍성계 이외의 별들의 질량은 질량이 구체적으로 측정된 쌍성계들로부터 결정된 질량-광도 관계(9.7절)를 이용하여 간접적으로 추정할 뿐이다.

10.5 예제

예제 10.1(쌍성계의 질량) 거리가 10pc인 쌍성계가 있는데 두 별 사이의 최대 각거리는 7″이고 최소 각거리는 1″이다. 궤도주기는 100년이다. 궤도면이 시선방향에 수직이라고 가정하고 이 쌍성계의 질량을 추정해보라.

각 거리와 거리로부터 이 쌍성계의 궤도긴반지름이

$$a = 4'' \times 10\,\text{pc} = 40\,\text{AU}$$

임을 알 수 있다. 케플러 제3법칙을 쓰면

$$m_1 + m_2 = \frac{a^3}{P^2} = \frac{40^3}{100^2} M_\odot = 6.4\,M_\odot$$

의 관계를 얻는다. 각 별의 궤도긴반지름을 $a_1 = 3''$, $a_2 = 1''$라고 하자. 그렇다면 각각의 질량을 다음과 같이 구할 수 있다.

$$m_1 a_1 = m_2 a_2 \quad \Rightarrow \quad m_1 = \frac{a_2}{a_1} m_2 = \frac{m_2}{3}$$

$$m_1 + m_2 = 6.4 \quad \Rightarrow \quad m_1 = 1.6, \quad m_2 = 4.8$$

예제 10.2(쌍성계의 광도곡선) 궤도면이 시선방향에 평행하게 놓여 있는 알골형 쌍성계가 하나 있다고 가정하자. 두 성분 별의 반지름은 같다고 하자. 이 쌍성계의 광도곡선은 아래에 주어져 있다. 주극소는 밝은 별이 가려질 때 나타난다. 극소의 깊이를 구해보라.

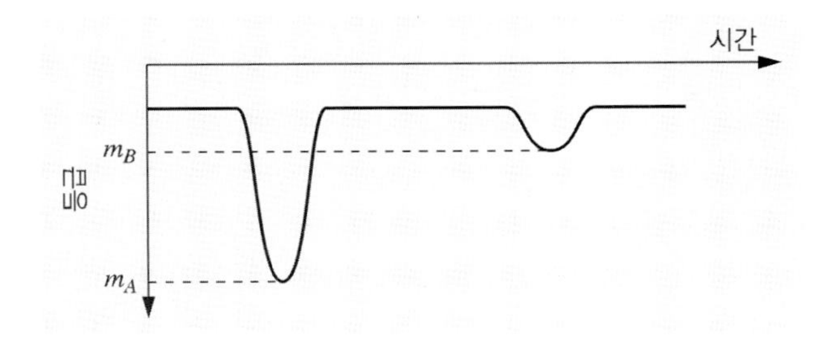

두 별의 유효온도가 T_A, T_B이며 두 별 모두 반지름이 R이라면 광도는 각각

$$L_A = 4\pi R^2 \sigma T_A^4, \quad L_B = 4\pi R^2 \sigma T_B^4$$

이 된다. 광도곡선의 평탄한 부분은 두 별의 광도를 모두 함께 측정할 수 있을 때 나타나는 것이므로

$$L_{\text{tot}} = L_A + L_B$$

이다. 관계식 (4.13)을 이용하면 광도를 절대복사등급과 연결시킬 수 있다. 두 별 모두 관측자로부터 같은 거리에 있으므로 주극소에서의 실시복사등급은

$$\begin{aligned} m_A - m_{\text{tot}} &= M_A - M_{tot} \\ &= -2.5 \log \frac{L_A}{L_{\text{tot}}} = +2.5 \log \frac{L_{\text{tot}}}{L_A} \\ &= 2.5 \log \frac{4\pi R^2 \sigma T_A^4 + 4\pi R^2 \sigma T_B^4}{4\pi R^2 \sigma T_A^4} \\ &= 2.5 \log \left(1 + \left(\frac{T_B}{T_A}\right)^4\right) \end{aligned}$$

이다. 동일한 논지를 따르면 부극소의 깊이는

$$m_B - m_{\text{tot}} = 2.5\log\left(1 + \left(\frac{T_A}{T_B}\right)^4\right)$$

이다. 두 별의 유효온도가 각각 $T_A = 5{,}000\text{K}$, $T_B = 12{,}000\text{K}$ 라면 주극소의 깊이는 등급으로

$$\begin{aligned} m_A - m_{\text{tot}} &= 2.5\log\left(1 + \left(\frac{12{,}000}{5{,}000}\right)^4\right) \\ &\approx 3.8\text{등급} \end{aligned}$$

이고 부극소의 깊이는

$$m_B - m_{\text{tot}} = 2.5\log\left(1 + \left(\frac{5{,}000}{12{,}000}\right)^4\right) \approx 0.03\text{등급}$$

이다.

10.6 연습문제

연습문제 10.1 쌍성계의 두 별이 원궤도에서 공전하고 있다. 상호 거리는 1AU이고 각각의 질량은 $1M_\odot$ 이다. 궤도면에 있는 관측자는 스펙트럼선이 주기적으로 나뉘는 것을 관측할 것이다. H_γ 선은 최대 얼마까지 멀어지겠는가?

연습문제 10.2 행성(질량 m)이 거리 a만큼 떨어져 있는 항성(질량 M) 주위를 공전하고 있다. 계의 무게중심이 별에서 a'만큼 떨어져 있다. 주기는 년 단위로, 거리는 AU 단위로, 질량은 태양 질량의 단위로 표시되었을 때

$$MP^2 = a^2(a - a')$$

을 증명하라.

연습문제 10.3 바너드별의 거리가 1.83pc이고 질량이 $0.135M_\odot$ 이다. 이 별이 25년 주기로 0.026각초의 진폭을 가지며 진동하고 있다고 알려져 있다. 이 진동이 행성 때문이라고 가정하고 행성의 질량과 궤도의 반지름을 구하라.

항성 내부 구조

11

별들은 거대한 기체 구(gas sphere)로서 질량이 지구의 수십만 내지는 수백만 배에 이른다. 태양과 같은 별들은 수십억 년 동안 계속해서 빛을 낼 수 있다. 이 사실은 과거 40억 년 동안 태양의 광도가 일정하게 유지되어 왔음을 말해주는 지구 역사에 관한 연구에서부터 알 수 있다. 그러므로 별들은 이와 같이 장구한 기간에 걸쳐서 평형상태를 유지해 왔음에 틀림없다.

11.1 내부 평형조건

수학적으로 항성 내부의 평형조건을 4개의 미분방정식으로 서술할 수 있다. 즉 별 내부에서 질량의 분포, 기체압, 에너지의 생성, 에너지의 전달 등을 서술하는 방정식들이다. 이 방정식들을 유도해보겠다.

정유체 평형. 별의 자체 중력은 내부의 물질을 중심으로 끌어당긴다. 한편 기체 분자들의 열운동에 의해 생긴 압력의 힘은 중력을 지탱한다. 첫째 평형조건은 바로 중력과 압력의 힘 사이의 평형관계를 의미한다.

별의 중심에서 r만큼 떨어진 곳에 있는 원기둥 체적소를 생각해보자(그림 11.1). 단면적이 $\mathrm{d}A$이고 높이가 $\mathrm{d}r$이라면 원기둥 체적소 $\mathrm{d}V$는 $\mathrm{d}V = \mathrm{d}A\,\mathrm{d}r$이다. 반지름 r에서 밀도 ρ를 $\rho(r)$이라 하면 그 안에 있는 질량은 $\mathrm{d}m = \rho\,\mathrm{d}A\,\mathrm{d}r$이다. 반지름 r 안에 있는 질량이 M_r이라면 체적소에 작용하는 중력은

$$\mathrm{d}F_{\mathrm{g}} = -\frac{GM_r\,\mathrm{d}m}{r^2} = -\frac{GM_r\rho}{r^2}\,\mathrm{d}A\,\mathrm{d}r$$

이다. 여기서 G는 만유인력 상수이다. 이 식의 마이너스 부호는 중력이 중심을 향하여 작용함을 나타내기 위함이다. 원기둥 밑면에서의 압력을 P, 윗면에서의 압력을 $P+\mathrm{d}P$라 하면 이 원기둥에 작용하는 압력차에 의한 힘은

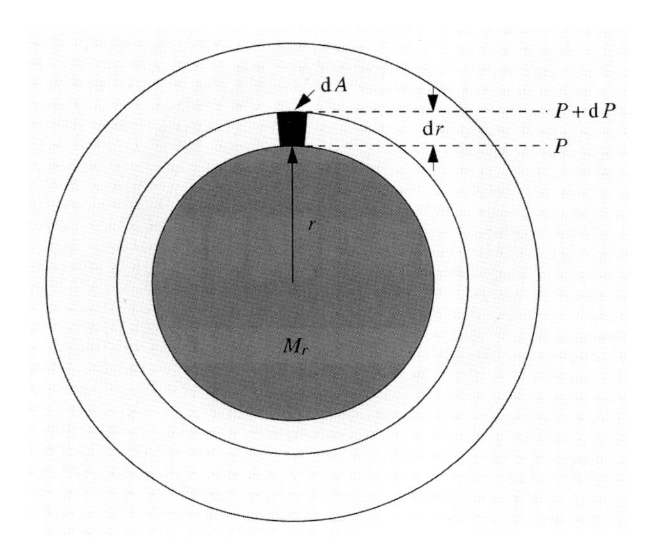

그림 11.1 정유체 평형에서는 체적소에 작용하는 중력과 압력에 의한 힘의 합이 0이다.

$$dF_p = P\ dA - (P + dP)dA$$
$$= -\ dP\ dA$$

가 된다. 중심에서 밖으로 나갈수록 압력의 세기는 감소하므로 dP는 음이며 힘 dF_p는 양이 된다. 원기둥이 평형상태에 있으려면 이 원기둥에 작용하는 힘들의 합이 0이 되어야 한다.

$$0 = dF_g + dF_p$$
$$= -\frac{GM_r\rho}{r^2}dA\ dr - dP\ dA$$

즉

$$\frac{dP}{dr} = -\frac{GM_r\rho}{r^2} \tag{11.1}$$

이다. 이 식이 바로 **정유체 평형**(靜流體平衡, hydrostatic equilibrium) 방정식이다.

질량 분포. 둘째 방정식은 주어진 반지름 내에 들어 있는 질량을 알려준다. 중심으로부터 r만큼 떨어진 곳에 두께가 dr인 얇은 구각(球殼, spherical shell)을 생각하자(그림 11.2). 이 구각의 질량이

$$dM_r = 4\pi r^2\rho\ dr$$

이므로

$$\frac{dM_r}{dr} = 4\pi r^2\rho \tag{11.2}$$

가 성립한다. 이 식이 바로 **질량연속**(mass continuity) 방정식이다.

에너지 생성. 셋째 평형조건은 에너지의 보존조건이다. 별 내부에서 생성된 에너지는 점차 밖으로 전달되어 표면에서 모두 방출된다는 조건이다. 앞에서와 같이 중심에서 r만큼 떨어진 곳에 두께 dr, 질량 dM_r인 구각을

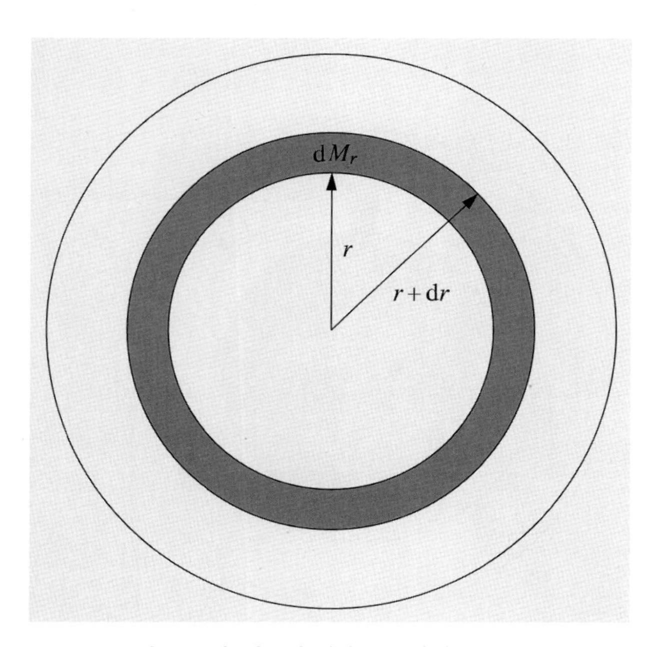

그림 11.2 얇은 구각 내부의 질량은 구각의 부피에 밀도를 곱한 것이다.

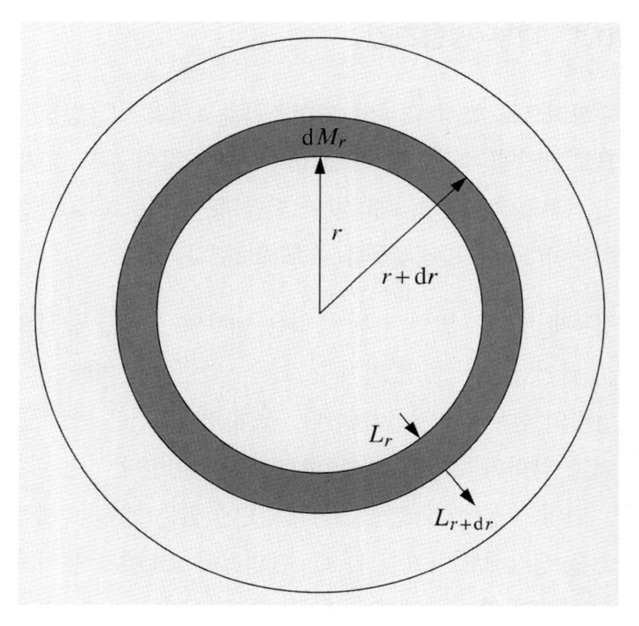

그림 11.3 어느 구각에서 밖으로 흘러나가는 에너지의 양은 그 구각 밑에서 들어온 에너지와 그 구각에서 생성된 에너지의 합이다.

생각하자(그림 11.3). 단위시간에 r에 있는 구면 전체를 통하여 밖으로 나가는 에너지의 총량인 에너지플럭스를 L_r이라고 하자. 단위질량에서 단위시간에 생성되는 에너지의 양을 에너지 생성률이라 하고 ε으로 표시한다면

$$\mathrm{d}L_r = L_{r+\mathrm{d}r} - L_r = \varepsilon\,\mathrm{d}M_r = 4\pi r^2 \rho\,\varepsilon\mathrm{d}r$$

이 성립할 것이다. 따라서 **에너지 보존 방정식**(energy conservation equation)은

$$\frac{\mathrm{d}L_r}{\mathrm{d}r} = 4\pi r^2 \rho\,\varepsilon \tag{11.3}$$

으로 구체화된다. 에너지 생성률은 중심에서 거리의 함수이다. 별 표면에서 복사의 형태로 방출되는 에너지의 거의 전부가 고온, 고밀도의 중심핵에서 만들어진다. 별 외곽부에서의 에너지 생성률은 무시할 정도로 적다. 그러므로 외곽으로 갈수록 L_r은 일정하게 된다.

온도 경사. 네 번째 평형조건은 온도가 중심거리 r에 따라 어떻게 변하는가, 즉 온도의 경사 $\mathrm{d}T/\mathrm{d}r$을 알려준다. 이 평형조건의 구체적 함수 형태는 에너지의 전달 방법이 **전도**(conduction), **대류**(convection), **복사**(radiation) 중 어느 것이냐에 따라서 다르다.

정상적인 별들의 내부에서는 전도에 의한 에너지의 전달은 거의 무시할 수 있다. 왜냐하면 에너지를 운반해야 할 전자들이 얼마 움직이지 않아서 다른 입자들과 곧 충돌하기 때문이다. 전도는 백색왜성이나 중성자별 같이 밀도가 매우 높은 별에서 효과적이다. 이런 별들에서는 광자의 평균자유경로(mean free path)가 매우 짧지만 어떤 전자의 자유경로는 상대적으로 길 수도 있다. 그러므로 정상적인 별들에서는 전도에 의한 에너지 전달은 거의 무시해도 좋다.

복사에 의해 에너지가 전달되는 경우에는 뜨거운 내부에서 방출된 광자가 덜 뜨거운 바깥 영역에 흡수되어 그 지역의 물질을 데워 준다. 별의 내부에서 생성된 에너지가 모두 복사의 형태로 외부로 전달될 때 그러한 별을 복사평형(radiative equilibrium)에 있는 별이라고 한다.

복사 온도 기울기는 에너지플럭스 L_r과 다음과 같이 연결시킬 수 있다.

$$\frac{\mathrm{d}T}{\mathrm{d}r} = \left(-\frac{3}{4ac}\right)\left(\frac{\kappa\rho}{T^3}\right)\left(\frac{L_r}{4\pi r^2}\right) \tag{11.4}$$

여기서 a는 복사상수 $a = 4\sigma/c = 7.564 \times 10^{-16}\,\mathrm{J\,m^{-3}\,K^{-4}}$, c는 광속, ρ는 밀도이다. **질량흡수계수**(mass absorption coefficient) κ는 단위질량의 물질이 흡수하는 에너지의 양을 나타낸다. 질량흡수계수의 크기는 온도, 밀도, 화학조성에 따라 결정된다.

식 (11.4)를 유도하기 위하여 복사 전달식 식 (5.44)를 다시 고려해보자. 복사 전달의 방정식을 이 장에서 소개한 변량을 써서 다시 표현하면

$$\cos\theta\,\frac{\mathrm{d}I_\nu}{\mathrm{d}r} = -\kappa_\nu \rho I_\nu + j_\nu$$

가 된다. 이 식에서 κ_ν는 적절한 평균값인 κ로 치환된다. 이 식의 양변에 $\cos\theta$를 곱해 주고 전 입체각과 진동수에 걸쳐서 적분을 한다. 좌변의 I_ν는 플랑크함수(B_ν)로 근사시킨다. 진동수 적분의 결과는 식 (5.16)을 써서 간단히 구할 수 있다. 한편 우변에 있는 첫 번째 항은 식 (4.2)에 의해 플럭스밀도로 표현할 수 있다. 그리고 j_ν는 θ에 의존하지 않기 때문에 두 번째 항의 전 입체각에 걸친 적분은 0이다. 결과적으로

$$\frac{4\pi}{3}\,\frac{d}{\mathrm{d}r}\left(\frac{ac}{4\pi}T^4\right) = -\kappa\rho F_r$$

의 관계를 얻는다. 이제 플럭스밀도 F_r과 에너지플럭스 L_r 사이의 관계식

$$F_r = \frac{L_r}{4\pi r^2}$$

을 이용하면 위 식은 바로 식 (11.4)와 같게 된다.

온도는 내부에서 외부로 나갈수록 감소하므로 $\mathrm{d}T/\mathrm{d}r$의 부호는 음이다. 에너지가 복사에 의해 전달된다면 온도의 기울기가 있을 것이다. 그렇지 않으면 복사장의 세기가 모든 방향으로 동일할 것이고 그렇다면 순(純)플럭스 F_r은 마땅히 0이 될 것이다.

복사에 의해서 에너지의 전달이 원활하게 이루어지지 않으면 온도 기울기는 점점 급해질 것이다. 그렇게 되면 물질은 거시적 운동을 하게 될 것이다. 운동에 의해서 내부의 에너지를 외부로 직접 실어 나르는 것이 복사에 의한 전달보다 빠를 수 있기 때문이다. 즉 대류 운동으로 뜨거운 기체는 표면의 차가운 부분으로 올라와서 자신이 갖고 있던 에너지의 초과량을 주위에 내놓고 다시 가라앉는다. 기체는 오르락내리락 하는 중에 잘 섞이게 되므로 대류가 진행되는 부분의 화학조성은 균질하게 된다. 반면 복사와 전도는 물질을 섞지 않는다. 왜냐하면 이 방법들은 에너지만 이동시키지 기체를 이동시키지 않기 때문이다.

대류의 경우 온도 기울기를 구하기 위해 상승하는 공기 덩어리를 고려하자. 상승하는 공기 덩어리는 단열 상태 방정식을 만족한다고 가정하자. 이 방정식은

$$T \propto P^{1-\frac{1}{\gamma}} \tag{11.5}$$

로 주어지는데 여기에서 P는 기체의 압력이고 정압비열(specific heat)의 정적비열에 대한 비인 **단열지수**(斷熱指數, adiabatic exponent)는

$$\gamma = C_\mathrm{P}/C_\mathrm{V} \tag{11.6}$$

이다. 정압비열의 정적비열에 대한 비는 기체의 이온화 정도에 의존하며 온도, 밀도, 화학조성을 알면 계산할 수 있다.

식 (11.5)를 미분하면 다음과 같은 대류 온도 기울기에 대한 식을 얻을 수 있다.

$$\frac{\mathrm{d}T}{\mathrm{d}r} = \left(1 - \frac{1}{\gamma}\right)\frac{T}{P}\frac{\mathrm{d}P}{\mathrm{d}r} \tag{11.7}$$

별의 구조에 대한 실질적 계산에서 식 (11.4) 또는 식 (11.7)을 이용할 수 있다. 어떤 식이 덜 가파른 온도 기울기를 제공하느냐에 따라 선택이 달라진다. 별의 가장 바깥층에서는 주변과 열이 교환되는 것을 고려해야 한다. 그리고 식 (11.7)은 더 이상 좋은 근사가 아니다. 이 경우 대류 온도 기울기를 계산하는 데 종종 사용되는 방법은 혼합 길이 이론(mixing length theory)이다. 대류는 어려운 문제로서 아직도 제대로 이해되지 않았으며 그 문제를 자세히 다루기에는 이 책의 수준이 적당하지 않다.

복사에 의한 온도 기울기의 절댓값이 단열 온도 기울기의 절댓값보다 크면 대류가 유발된다. 즉 온도의 복사 기울기가 너무 급하거나 온도의 대류 기울기가 너무 완만할 때 대류운동이 개시된다. 에너지 플럭스밀도나 질량흡수계수가 매우 크면 복사에 의한 온도 기울기가 급해지는 것을 식 (11.4)에서 쉽게 알 수 있다. 대류 기울기의 경우에는 단열지수가 1에 접근할 때 그 절댓값이 작아진다.

경계조건. 앞에서 유도한 4개의 미분방정식을 제대로 풀기 위해 4개의 경계조건이 필요하다.

- 반지름 r이 0인 별의 중심에서는 에너지원과 질량이 없으므로 $r=0$에서 $M_0 = L_0 = 0$이다.
- 별의 반지름 R 내부에 있는 질량이 이 별의 전체 질량이므로 고정되어 있고 $M_R = M$이다.
- 별 표면에서 온도 T_R과 압력 P_R의 값은 유한해야 한다. 그러나 내부에서의 값들과 비교하면 무시할 정

도로 작은 값을 가지므로 대개의 경우 $T_R = P_R = 0$ 이라고 할 수 있다.

이 경계조건 외에도 압력을 온도와 밀도의 함수로 표현하는 상태방정식(equation of state)과 질량흡수계수 및 에너지 생성률(energy generation rate)에 관한 관계식 등이 필요하다. 다음 절에서 이들에 대하여 설명하겠다. 앞에서 유도한 4개의 기본 미분방정식을 풀면 질량, 온도, 밀도, 에너지 플럭스 등을 반지름의 함수로 알게 된다. 그리고 주어진 질량에 대한 광도와 반지름도 계산하여 관측값들과 비교할 수 있다.

별의 평형 구조는 결국 전체의 질량과 화학조성만 주어지면 완전히 결정된다. 이 사실을 **포크트-러셀 정리**(Voigt-Russell theorem)라고 부른다.

11.2 기체의 물리적 상태

별 내부는 온도가 지극히 높기 때문에 별을 구성하는 기체는 거의 완전하게 이온화되어 있다. 개개 입자들 사이의 상호작용은 무시해도 좋다. 그러므로 완전 기체의 상태방정식을 그대로 사용할 수 있다.

$$P = \frac{k}{\mu m_{\mathrm{H}}} \rho T \tag{11.8}$$

여기서 k는 볼츠만 상수, μ는 m_{H}의 단위로 표시한 평균 분자량인데 m_{H}는 수소 원자의 질량을 의미한다.

완전 전리를 가정하면 평균 분자량을 쉽게 계산할 수 있다. 원자번호가 Z인 원자가 완전히 전리되면 전자를 Z개 그리고 핵을 하나 내놓게 되므로 모두 $(Z+1)$개의 자유 입자가 생겨난다. 수소는 1개의 원자 질량에 2개의 입자를 내놓고, 헬륨은 4개의 원자 질량에서 3개의 입자를 내놓는 셈이다. 헬륨보다 무거운 원자들의 경우 $(Z+1)$개의 2배 정도의 원자 질량 단위에서 $(Z+1)$개의 자유 입자들이 생긴다고 생각하면 크게 무리가 없다. (물론 개개의 원소에 대하여 구체적으로 정확한 값을 계산할 수도 있겠으나 중원소의 함량비가 워낙 낮기 때문에 사실상 그럴 필요까지는 없다.) 천체물리학에서는 수소, 헬륨, 그리고 모든 중원소의 상대 질량비를 X, Y, Z로 각각 표현한다. 물론

$$X + Y + Z = 1 \tag{11.9}$$

이 성립한다. (이 식에 쓰인 Z와 원자번호의 Z를 혼동하지 않도록 주의하자.) 따라서 X, Y, Z의 질량비를 갖는 수소, 헬륨, 중원소의 혼합물은 그 평균 분자량이

$$\mu = \frac{1}{2X + \frac{3}{4}Y + \frac{1}{2}Z} \tag{11.10}$$

로 주어진다.

온도가 아주 높아지면 복사에 의한 압력이 중요해지므로 완전기체의 상태방정식으로 주어지는 기체압과 복사압(글상자 11.2 참조)

$$P_{\mathrm{rad}} = \frac{1}{3} a T^4 \tag{11.11}$$

을 함께 고려해야 한다. 따라서 전체 압력은

$$P = \frac{k}{\mu m_{\mathrm{H}}} \rho T + \frac{1}{3} a T^4 \tag{11.12}$$

이다.

완전기체 법칙은 밀도가 매우 높을 때 적용되지 않는다.

파울리배타원리(Pauli exclusion principle)에 의하면 여러 개의 전자를 갖는 원자는 4개의 양자수가 모두 같은 전자를 하나 이상 가질 수 없다. 이것은 전자(또는 페르미온)로 이루어진 기체의 경우로 일반화될 수 있다. **위상공간**(phase space)은 전자를 묘사하는 데 사용된다. 위상공간은 입자의 위치를 나타내는 3개의 좌푯값과

x, y, z 방향의 운동량을 묘사하는 3개의 또 다른 좌푯값을 갖는 6차원 공간이다. 위상공간의 부피 요소는

$$\Delta V = \Delta x \Delta y \Delta z \Delta p_x \Delta p_y \Delta p_z \tag{11.13}$$

이다. 불확정성 원리에 의하면 가장 작은 의미 있는 체적소는 h^3 정도이다. 배타원리에 의하면 이런 체적소에 반대 회전을 가진 2개의 전자만이 존재할 수 있다. 밀도가 충분히 높아지면 위상공간의 모든 체적소는 한계 운동량을 갖도록 채워진다. 이런 상태를 **축퇴**(縮退, degenerate)라고 부른다.

별 내부의 밀도가 $10^7 \mathrm{kg\,m^{-3}}$ 이상이 되면 전자들이 축퇴된다. 정상적인 별에서는 기체가 축퇴상태에 이르는 경우가 없으나 백색왜성이나 중성자별에서는 축퇴 현상이 이들 평형구조를 결정짓는 가장 중요한 요인이다. 축퇴 전자의 압력은

$$P \approx \left(\frac{h^2}{m_\mathrm{e}}\right)\left(\frac{N}{V}\right)^{5/3} \tag{11.14}$$

으로 주어진다(글상자 11.2 참조). 여기서 m_e는 전자의 질량, N/V는 단위부피 속에 들어 있는 전자의 수를 나타낸다. 이 식을 개수밀도 대신에 질량밀도

$$\rho = N\mu_\mathrm{e} m_\mathrm{H}/V$$

를 써서 표현할 수 있다. 여기서 μ_e는 m_H의 단위로 표시한 전자 1개당 평균 분자량이다. 보통의 평균 분자량의 식 (11.10)을 유도할 때 사용하였던 논지를 답습하여 μ_e를 계산해보면

$$\mu_\mathrm{e} = \frac{1}{X + \frac{2}{4}Y + \frac{1}{2}Z} = \frac{2}{X+1} \tag{11.15}$$

와 같이 된다. 태양에 대하여 이 값을 구체적으로 구하면

$$\mu_\mathrm{e} = 2/(0.71+1) = 1.17$$

이다. 이제 압력에 대한 마지막 표현식은

$$P \approx \left(\frac{h^2}{m_\mathrm{e}}\right)\left(\frac{\rho}{\mu_\mathrm{e} m_\mathrm{H}}\right)^{5/3} \tag{11.16}$$

이다. 이것이 바로 축퇴 전자의 상태방정식이다. 완전기체의 법칙과 다르게 축퇴 기체의 경우 압력이 온도와 무관하게 된다. 축퇴압은 입자의 질량과 밀도만의 함수이다.

정상적인 별에서는 축퇴 기체의 압력이 무시할 정도로 적다. 그러나 밀도가 $10^8 \mathrm{kg\,m^{-3}}$ 이상 되는 거성의 중심핵이나 백색왜성에서는 축퇴압이 매우 중요한 몫을 차지한다. 이러한 별에서는 비록 온도가 높더라도 축퇴 기체 압력은 매우 중요하다.

밀도가 더 높아지면 전자의 운동량이 너무나도 커져서 운동 속력이 광속에 육박하게 된다. 그런 경우에는 특수 상대성 이론의 공식을 써야 한다. 상대론적 축퇴 기체의 압력은

$$P \approx hc\left(\frac{N}{V}\right)^{4/3} = hc\left(\frac{\rho}{\mu_\mathrm{e} m_\mathrm{H}}\right)^{4/3} \tag{11.17}$$

으로 주어진다. 상대론적인 상황에서는 축퇴 압력이 밀도의 4/3제곱에 비례하고 비상대론적인 경우에는 5/3제곱에 비례한다. 상대론적 상황으로의 진입은 대략 밀도가 $10^9 \mathrm{kg\,m^{-3}}$부터 시작된다.

일반적으로 별 내부에서의 압력은 온도(완전 축퇴 경우 제외), 밀도, 화학조성의 함수이다. 별 내부에서 기체가 완전히 전리된다거나 완전히 축퇴되는 경우는 없다. 그러므로 압력을 나타내는 식들이 위에 제시한 것들과 같이 간단하지는 않다. 그렇다고 해서 계산이 불가능한 것은 아니고 단지 좀 더 복잡해질 뿐이다. 개념적으로 상태방정식을

$$P = P(T,\ \rho,\ X,\ Y,\ Z) \tag{11.18}$$

와 같이 표현할 수 있다. 실질적으로 압력의 온도, 밀도, 화학조성에 대한 의존도는 이론적으로 모두 알려져 있다.

기체의 **불투명도**(opacity)란 복사가 그 기체를 통과하기가 얼마나 어려운가를 나타내는 척도이다. 거리 $\mathrm{d}r$에서 강도(intensity) 변화량 $\mathrm{d}I$는

$$\mathrm{d}I = -I\alpha\,\mathrm{d}r$$

이다. 여기에서 α가 불투명도이다(4.5절). 불투명도 역시 그 기체의 온도, 밀도, 화학조성에 의하여 결정된다. **질량흡수계수** $\kappa([\kappa] = \mathrm{m}^2\ \mathrm{kg}^{-1})$와 기체의 밀도 ρ는 $\alpha = \kappa\rho$의 관계가 성립한다.

불투명도의 역수는 복사가 그 매질 속을 산란하거나 흡수되지 않고 지날 수 있는 평균 자유 경로를 의미한다. 흡수 과정의 여러 가지(속박-속박, 속박-자유, 자유-자유)를 5.1절에서 학습하였다. 각각의 흡수 과정에 의한 별 물질의 불투명도를 온도와 밀도의 함수로 계산할 수 있다.

11.3 항성의 에너지원

별의 내부 구조를 다루는 방정식을 유도할 때, 별의 에너지원이 무엇인가에 대해서는 언급을 회피했었다. 별의 광도를 알고 있으므로 주어진 에너지원이 얼마나 오랫동안 지속될 수 있는지를 계산할 수 있다. 예를 들어 보통의 화학적 연소가 별의 에너지를 공급한다면 수천 년 이내에 모두 고갈되고 만다. 별의 중력수축에 의해 발생한 위치에너지에 의해 광도가 유지될 경우 화학적 연소보다는 오래 지속되겠지만 그래도 수백만 년을 넘길 수는 없다.

지상에서 획득한 생물학 및 지질학적 증거로부터 태양의 광도가 지난 수십억 년 동안 일정하게 유지되어 왔음을 알고 있다. 지구의 나이가 약 50억 년이므로 태양은 적어도 이 정도의 기간 동안은 존재했으리라고 믿어진다. 태양의 현재 광도가 4×10^{26}W이므로, 50억 년 동안에 6×10^{43}J만큼의 에너지를 방출한 것이다. 태양의 총 질량이 2×10^{30}kg이므로 태양을 구성하고 있는 물질 1kg이 $3\times10^{13}\,\mathrm{J\ kg^{-1}}$의 에너지를 방출한 셈이다.

에너지원의 정체를 모르더라도 우리는 태양 내부의 물리적 상태를 전반적으로는 알고 있다. 태양 반지름의 반쯤 되는 곳의 온도가 500만°C이며(예제 11.5) 중심에서는 약 1,000만°C나 된다. 이 정도로 온도가 높으면 **열핵융합 반응**(thermonuclear fusion reaction)이 일어날 수 있다.

핵융합 반응에서는 가벼운 원소들이 모여서 무거운 원소를 만든다. 핵융합 반응에서 만들어진 최종 산물의 질량이 융합에 쓰인 원소들 질량의 합보다 약간 작게 마련이다. 이 질량 결손량이 아인슈타인의 질량-에너지 등가법칙 $E = mc^2$에 따라서 에너지로 바뀌는 것이다. 열핵융합 반응에 연소라는 용어를 흔히 쓰는데 열핵융합 반응은 보통 연료의 화학적 연소와는 아무런 관계도 없는 현상이다.

원자핵은 양성자와 중성자로 구성되어 있다. 양성자와 중성자를 합해서 핵자(nucleon)라고 통칭한다.

m_p = 양성자의 질량

m_n = 중성자의 질량

Z = 핵의 전하수(원자 번호)

N = 중성자수

$A = N + Z$ = 원자량

$m(Z,\ N)$ = 양성자가 Z개, 중성자가 N개인 핵자의 질량

이라고 표시하자.

핵의 질량은 핵자 개개의 질량의 합보다 약간 적다. 이 차이를 **결합에너지**(binding energy)라고 부른다. 핵자

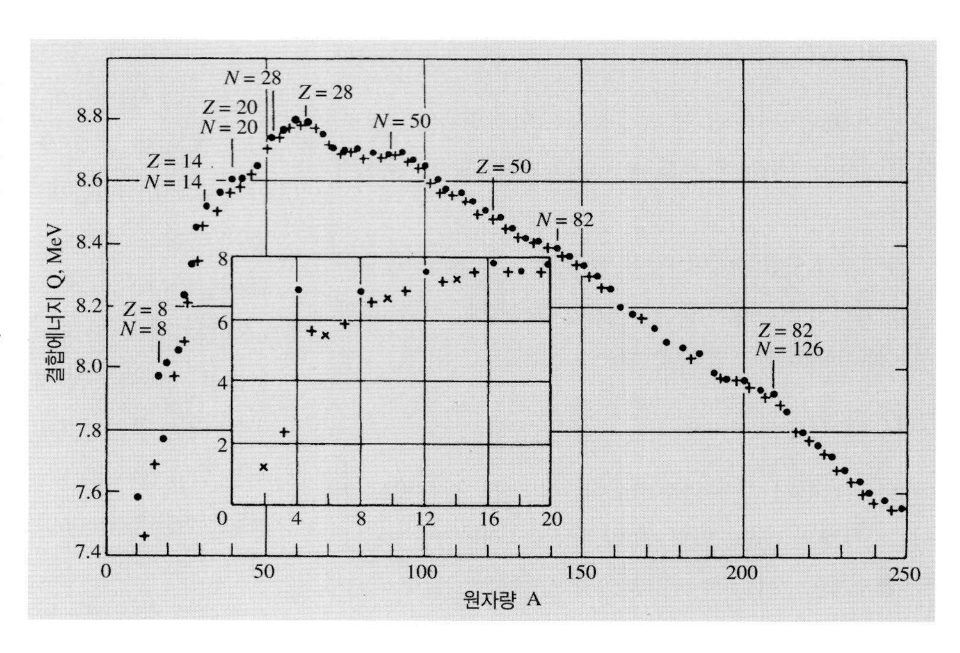

그림 11.4 핵자당 결합에너지의 원자량에 따른 변화. 원자량이 같은 동위원소들 중에서는 핵자당 결합에너지가 가장 큰 것에 대하여 표시하였다. 점은 양성자수와 중성자수가 모두 짝수인 핵들을 의미하고 십자표는 질량수가 홀수인 핵들이다. [Preston, M. A. (1962) : *Physics of the Nucleus* (Addison-Wesley Publishing Company, Inc., Reading, Mass)].

하나당 결합에너지는

$$Q = \frac{1}{A}(Zm_{\mathrm{p}} + Nm_{\mathrm{n}} - m(Z, N))c^2 \qquad (11.19)$$

으로 주어진다. 원자량이 큰 원자일수록 Q의 값이 커지다가 $Z=26$에 해당하는 철에서 최대가 되고 그보다 더 무거운 원자로 가면 핵자당 결합에너지가 다시 감소한다(그림 11.4).

별은 주로 수소로 만들어져 있다. 수소 4개가 융합하여 헬륨 하나가 만들어지는 과정에서 생성되는 에너지의 양을 계산해보자. 양성자의 질량이 1.672×10^{-27}kg, 헬륨이 6.644×10^{-27}kg이므로 질량 결손이 4.6×10^{-29}kg이다. 이는 $E=4.1\times10^{-12}$J에 해당된다. 반응에 참여한 전체 질량의 0.7%가 에너지로 변환하므로 수소 1kg당 에너지 생성량을 계산하면 6.4×10^{14}J kg^{-1}이 되는 셈이다. 이 값은 앞에서 태양에 대하여 계산한 3×10^{13}J kg^{-1}과 아주 잘 어울리는 값이다.

이미 1930년대에 별의 에너지원은 핵융합에 의한 것이라고 알려졌다. 1938년 베테(Hans Bethe, 1906-2005)와 바이재커(Carl Friedrich von Weizsäcker, 1912-2007)는 서로 독립적으로 별에서의 에너지 생성이 탄소-질소-산소 순환반응(CNO cycle)을 거쳐 이루어짐을 구체적으로 계산해 보였다. 또 다른 중요한 에너지 생성 과정(양성자-양성자 연쇄반응과 3중-알파 입자 반응)은 1950년대에 와서야 알려졌다.

양성자-양성자 연쇄반응(그림 11.5). 질량이 태양 정도거나 이보다 작은 별에서는 양성자-양성자 연쇄반응에 의하여 에너지가 발생한다. 이 반응은 다음과 같은 단계로 구성되어 있다.

(ppI)	(1)	$^1\mathrm{H} + {}^1\mathrm{H}$	$\rightarrow$	$^2\mathrm{H} + \mathrm{e}^+ + \nu_e$
		$^1\mathrm{H} + {}^1\mathrm{H} + \mathrm{e}^-$	$\rightarrow$	$^2\mathrm{H} + \nu_e$
	(2)	$^2\mathrm{H} + {}^1\mathrm{H}$	$\rightarrow$	$^3\mathrm{He} + \gamma$
	(3)	$^3\mathrm{He} + {}^3\mathrm{He}$	$\rightarrow$	$^4\mathrm{He} + 2\,{}^1\mathrm{H}$

반응 (3)이 한 번 일어나려면 (1)과 (2)의 반응들이 두 번씩 있어야 한다. 첫 번째 반응이 일어날 확률은 매우 낮아서 실험실에서 그 반응률의 값을 측정할 수 없을 정

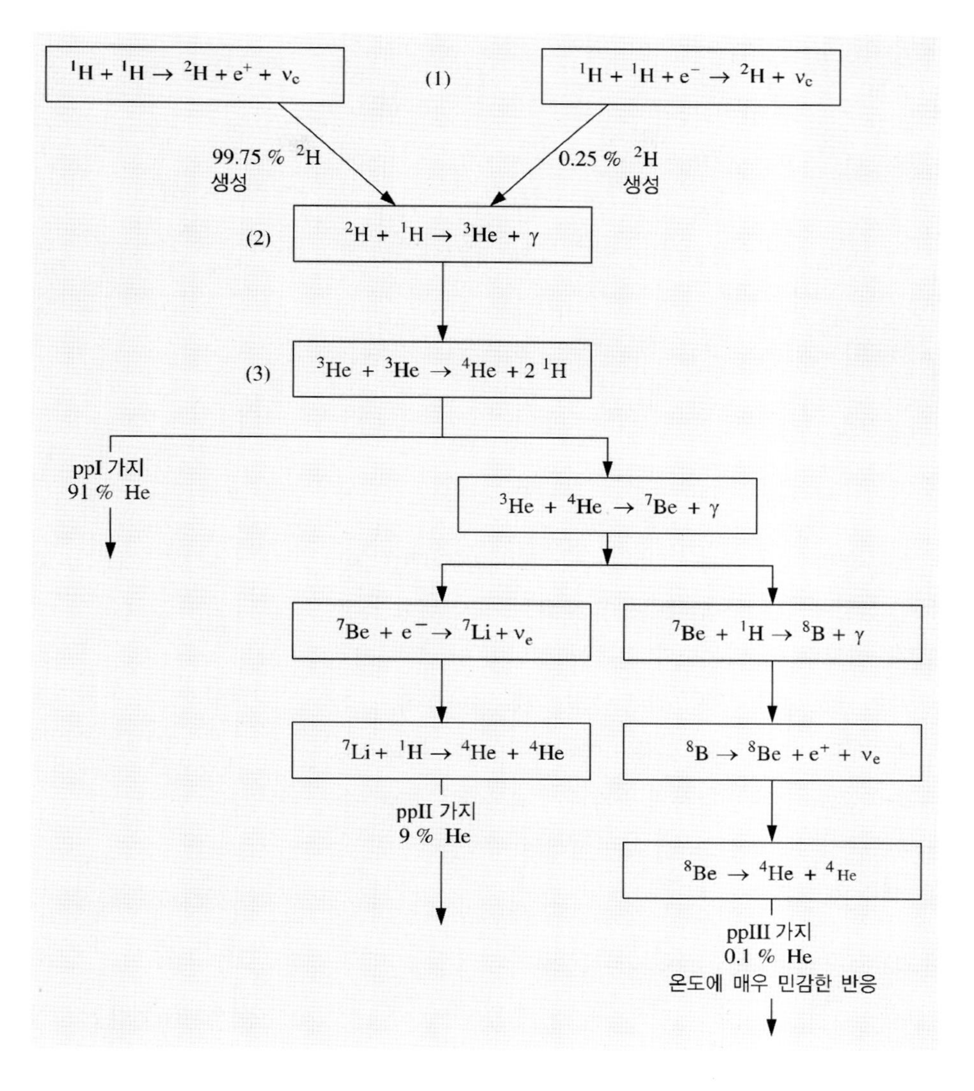

그림 11.5 양성자-양성자 연쇄반응. pp I 가지에서는 양성자 4개가 헬륨핵 하나, 양전자 2개, 중성미자 2개, 그리고 광자로 변한다. 각 반응의 상대 기여도는 태양의 상황에 대해서 계산한 것이다. 질량이 $1.5M_\odot$ 이하인 별에서는 pp 연쇄반응이 가장 중요한 에너지의 공급원이 된다.

도이다. 태양중심의 밀도와 온도의 상황에서 양성자 하나가 다른 양성자와 만나서 중양자(重陽子, deuteron)를 형성하는 데 걸리는 시간이 평균 10^{10}년이나 된다. 이 반응이 이렇게 느리게 진행되기 때문에 태양이 그토록 오랫동안 빛을 지속적으로 낼 수 있었다. 반응이 빠르게 진행되었더라면 태양은 벌써 다 타버리고 말았을 것이다. 반응 (1)에서 생성되는 중성미자는 생성된 에너지의 일부를 가진 채 별을 자유롭게 이탈한다. 양전자(陽電子, positron) e^+는 전자와 만나서 즉시 소멸되어 2개의 광자로 변한다.

두 번째 반응에서 중양자가 양성자와 결합하여 헬륨 동위원소 ^{3}He를 형성하는데 이 반응은 앞의 것보다 훨씬 빠르게 진행된다. 그러므로 별 내부에는 중양자의 함량비가 매우 낮다.

양성자-양성자 연쇄반응의 마지막 단계는 세 가지의 다른 경로를 택하여 진행될 수 있다. ppI의 (3)이 가장 유력한 경로로서 태양의 경우 에너지 생성률의 91%가 이 ppI의 경로로 이루어진다. 헬륨 동위원소 ^{3}He가 결합하여 ^{4}He핵으로 만들어지는 과정에는 다음의 두 가지가 더 있다.

(pp II) (3) $^3He + ^4He \rightarrow ^7Be + \gamma$
(4) $^7Be + e^- \rightarrow ^7Li + \nu_e$
(5) $^7Li + ^1H \rightarrow ^4He + ^4He$

(ppIII) (3) $^3He + ^4He \rightarrow ^7Be + \gamma$
(4) $^7Be + ^1H \rightarrow ^8B + \gamma$
(5) $^8B \rightarrow ^8Be + e^+ + \nu_e$
(6) $^8Be \rightarrow ^4He + ^4He$

탄소 순환반응(그림 11.6 참조). 온도가 2,000만°C 이하인 상황에서는 pp 연쇄반응이 주요 에너지 생성 기작이다. 이보다 높은 온도가 가능한 질량이 $1.5M_\odot$ 보다 무거운 별들에서는 탄소(CNO) 순환(cycle)반응이 중요하게 된다. CNO 순환반응률이 양성자-양성자 연쇄반응률보다 온도에 더 민감하게 증가하기 때문이다. CNO 순환반응에서 탄소, 산소, 질소는 촉매의 역할을 한다. 반응 과정은 다음과 같다.

(1) $^{12}C + ^1H \rightarrow ^{13}N + \gamma$
(2) $^{13}N \rightarrow ^{13}C + e^+ + \nu_e$
(3) $^{13}C + ^1H \rightarrow ^{14}N + \gamma$
(4) $^{14}N + ^1H \rightarrow ^{15}O + \gamma$
(5) $^{15}O \rightarrow ^{15}N + \gamma + \nu_e$
(6) $^{15}N + ^1H \rightarrow ^{12}C + ^4He$

단계 (4)가 가장 느리게 진행되므로 이 단계의 반응률이 결국 CNO 순환반응의 전체 반응률을 결정한다. 온도가 2,000만°C인 상황에서 (4)가 진행되는 데 100만 년이 걸린다.

방출된 에너지 중에서 복사의 형태로 나오는 에너지의 비율이 pp 연쇄반응보다 CNO 순환반응에서 약간 낮다. 왜냐하면 중성미자들이 pp 연쇄반응에서보다 에너지를 더 많이 갖고 달아나기 때문이다.

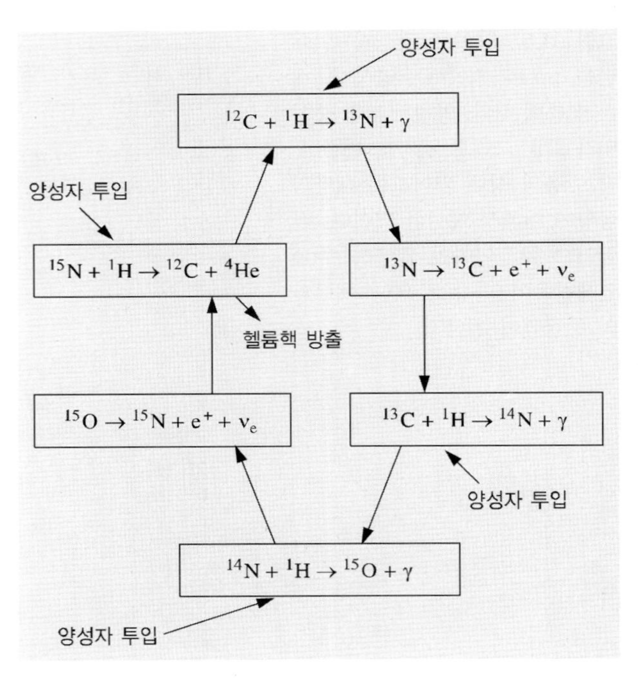

그림 11.6 ^{12}C의 촉매 역할로 개시되는 CNO 순환반응. 양성자 4개를 헬륨핵 하나, 양전자 2개, 중성미자 2개, 그리고 광자로 변환시킨다. 질량이 $1.5M_\odot$ 이상인 별의 주 에너지 공급원이다.

3중 알파(α) 반응. 앞에서 설명한 핵융합 반응이 진행되면서 별 내부에는 헬륨의 함량이 점점 늘게 된다. 온도가 1억°C 이상으로 되면 헬륨이 3중 알파 반응을 거쳐 탄소로 바뀐다.

(1) $^4He + ^4He \leftrightarrow ^8Be$
(2) $^8Be + ^4He \rightarrow ^{12}C + \gamma$

여기서 생성되는 ^{8}Be은 매우 불안정한 핵이어서 2.6×10^{-16}초 동안에 2개의 헬륨핵, 즉 알파 입자(α particle)로 붕괴된다. 그러므로 탄소가 형성되려면 거의 동시에 3개의 알파 입자가 서로 충돌해야 한다. 그래서 이 반응을

$$3\,{}^{4}He \rightarrow {}^{12}C + \gamma$$

와 같이 표현하기도 한다. 일단 헬륨이 모두 연소되면 보다 높은 온도에서 다른 종류의 반응들이 진행되어 철과 니켈에 이르는 중원소들이 합성된다. 그러한 반응의 예로서 여러 종류의 알파 반응들과 산소 연소, 탄소 연소, 규소 연소 등이 있다.

여러 가지 알파 반응. 헬륨 연소 과정에서 생성된 탄소핵의 일부가 헬륨핵과 반응하여 산소를 형성하고 산소는 이어서 네온 등을 만든다. 이런 식으로 반응이 계속된다. 이러한 반응들은 그러나 매우 드물게 일어나기 때문에 항성의 에너지원으로는 그리 중요하지 않다. 아래에 그 예를 보였다.

$$\begin{aligned} {}^{12}C + {}^{4}He &\rightarrow {}^{16}O + \gamma \\ {}^{16}O + {}^{4}He &\rightarrow {}^{20}Ne + \gamma \\ {}^{20}Ne + {}^{4}He &\rightarrow {}^{24}Mg + \gamma \end{aligned}$$

탄소 연소. 헬륨이 소진되면 탄소가 $(5-8)\times10^{10}$K에서 연소하기 시작한다.

$$\begin{aligned} {}^{12}C + {}^{12}C &\rightarrow {}^{24}Mg + \gamma \\ &\rightarrow {}^{23}Na + {}^{1}H \\ &\rightarrow {}^{20}Ne + {}^{4}He \\ &\rightarrow {}^{23}Mg + n \\ &\rightarrow {}^{16}O + 2\,{}^{4}He \end{aligned}$$

산소 연소. 앞에서 언급한 온도보다 약간 높은 온도에서 산소가 연소되기 시작한다.

$$\begin{aligned} {}^{16}O + {}^{16}O &\rightarrow {}^{32}S + \gamma \\ &\rightarrow {}^{31}P + {}^{1}H \\ &\rightarrow {}^{28}Si + {}^{4}He \\ &\rightarrow {}^{31}S + n \\ &\rightarrow {}^{24}Mg + 2\,{}^{4}He \end{aligned}$$

규소 연소. 몇 개의 중간 단계를 지나서 규소의 연소로 니켈과 철이 형성된다. 전 과정을 다음과 같이 간략하게 서술할 수 있다.

$$\begin{aligned} {}^{28}Si + {}^{28}Si &\rightarrow {}^{56}Ni + \gamma \\ {}^{56}Ni &\rightarrow {}^{56}Fe + 2\,e^{+} + 2\nu_e \end{aligned}$$

온도가 10^9K 이상으로 올라가면 광자의 에너지가 이제는 매우 높아 어떤 종류의 핵들은 광자에 의하여 파괴될 수 있다. 이러한 반응을 **광핵반응**(photonuclear reaction) 또는 **광분해**(photodissociation)라고 부른다.

철보다 무거운 원소가 만들어지려면 에너지가 공급되어야 한다. 그러므로 이러한 원자들은 열핵융합 반응으로는 만들어지지 않는다. 철보다 무거운 핵들은 항성 진화의 말기에서 볼 수 있는 매우 격렬한 폭발을 통해 거의 전적으로 **중성자 포획**(neutron capture) 과정에 의하여 만들어진다(12.5절).

상기 반응들의 반응률은 실험실에서 직접 측정되거나 이론적 계산을 통하여 알려진다. 일단 반응률이 알려지면 단위질량당 핵에너지의 생성률은 밀도, 온도, 화학조성의 함수로 계산할 수 있다.

$$\varepsilon = \varepsilon(T, \rho, X, Y, Z) \tag{11.20}$$

이 식에는 중원소들을 함께 합쳐 그저 Z라고만 표현했지만 실제 계산하려면 중원소들 하나하나의 상대 함량비를 구체적으로 알아야 한다.

11.4 항성 모형

항성 구조에 관한 미분방정식을 풀어서 항성의 이론적 모형을 만든다. 앞에서 이미 언급했듯이 질량과 화학조성이 정해지면 항성의 내부 구조도 유일하게 확정된다.

성간물질에서부터 방금 태어난 별은 화학조성 면에 있어서 균질하다. 화학조성이 균질한 별의 모형들을 HR

표 11.1 영년주계열성의 성질(T_c =중심온도, ρ_c =중심밀도, M_{ci}/M=대류핵의 질량비, M_{ce}/M=대류 포피의 질량비)

$M[M_\odot]$	$R[R_\odot]$	$L[L_\odot]$	T_e[K]	$T_c[10^6$K]	ρ_c[kg m^{-3}]	$M_{ci}[M]$	$M_{ce}[M]$
30	6.6	140,000	44,000	36	3,000	0.60	0
15	4.7	21,000	32,000	34	6,200	0.39	0
9	3.5	4,500	26,000	31	7,900	0.26	0
5	2.2	630	20,000	27	26,000	0.22	0
3	1.7	93	14,000	24	42,000	0.18	0
1.5	1.2	5.4	8,100	19	95,000	0.06	0
1.0	0.87	0.74	5,800	14	89,000	0	0.01
0.5	0.44	0.038	3,900	9.1	78,000	0	0.41

도에 찍어보면 주계열 가장 아래쪽에 늘어서는데 이를 **영년주계열**(zero age main sequence, ZAMS)이라고 부른다. ZAMS의 정확한 위치는 물론 화학조성에 따라 다르며 태양과 같은 화학조성의 경우 계산으로 알려진 ZAMS가 관측과 잘 일치함을 알 수 있다. 초기의 중원소 함량비 Z가 태양의 값보다 작으면 HR도상에서 이론적 ZAMS가 준왜성 부근인 주계열 밑으로 떨어진다. 이러한 현상은 별의 종족 I, II 문제와 관련이 있으며 자세한 설명은 18.2절로 미루겠다.

이론적 모형 계산을 통하여 질량-광도 관계를 설명할 수 있다. 영년주계열상에 오는 별들의 각종 성질이 질량에 따라 어떻게 다른가를 계산하여 그 결과를 표 11.1에 수록해 놓았다. 이 표를 만드는 데 있어서 $X=0.71$(수소의 질량비), $Y=0.27$(헬륨의 질량비), $Z=0.02$(중원소의 질량비)를 택했다. 예외적으로 질량이 $30M_\odot$인 별에 대해서는 $X=0.70$, $Y=0.28$을 사용했다. 태양과 질량이 같은 주계열성의 광도는 $0.74L_\odot$이고 반지름은 $0.87R_\odot$이다. 따라서 태양은 진화함에 따라 처음 태어날 때보다 반지름도 커지고 광도도 높아졌다. 그러나 이러한 변화는 매우 작기 때문에 태양의 광도가 일정하다는 사실과 결코 어긋나는 것은 아니다. 생물학적 증거 중에 가장 오래된 것이 30억 년밖에 안 되니까 말이다.

질량이 가장 작은 $M\approx 0.08M_\odot$인 별의 중심온도가 약 4×10^6K로 계산되었는데 이는 열핵융합 반응을 일으킬 수 있는 최저 온도이다. 질량이 가장 큰 $M\approx 50M_\odot$인 별의 경우 중심온도가 4×10^7K로 계산되었다.

핵반응의 각종 반응률을 별 내부의 모든 위치에서 알고 있으므로 핵반응에 의해 발생한 화학조성의 변화량을 구체적으로 계산할 수 있다. 예를 들어 Δt시간 동안 수소 함량비의 변화량 ΔX는 에너지 생성률 ε과 Δt에 비례할 것이다.

$$\Delta X \alpha - \epsilon \Delta t \tag{11.21}$$

이 비례관계식의 비례상수는 분명히 단위에너지당 소비된 수소의 양[kg J^{-1}]이 되겠다. pp 연쇄반응과 CNO 순환반응의 비례상수값이 각각 다르다. 따라서 식 (11.21)을 제대로 계산하기 위해서 각각의 반응으로부터 생성되는 에너지를 따로 계산해야 한다. 핵반응에 의해서 생성되는 원소의 입자에서 보았을 때 식 (11.21)의 우변의 부호가 양이어야 할 것이다. 만약 그 별 내부에 대류 영역이 존재한다면 화학성분의 변화는 대류 영역에 걸쳐 식 (11.21)의 평균을 택해야 할 것이다.

글상자 11.1(기체압과 복사압) 각 변이 Δx, Δy, Δz 육면체의 상자 속에 상호작용하지 않는 입자가

N개 들어 있다고 하자. 입자는 광자일 수도 있다. 입자들이 상자 벽과 충돌할 때 벽은 압력을 느끼게 된다. x축에 수직한 면을 입자가 때리고 튀어나오면 입자의 x방향 운동량 p_x는 $\Delta p = 2p_x$만큼 변한다. 입자는 시간이 $\Delta t = 2\Delta x / v_x$만큼 경과한 다음 다시 그 벽면을 때린다. 그러므로 입자들이 면적 $A = \Delta y \Delta z$인 벽면에 미친 압력은

$$P = \frac{F}{A} = \frac{\sum \Delta p / \Delta t}{A} = \frac{\sum p_x v_x}{\Delta x \Delta y \Delta z} = \frac{N\ \langle p_x v_x \rangle}{V}$$

이다. 여기서 $V = \Delta x \Delta y \Delta z$는 상자의 부피이며 꺾쇠 괄호는 평균을 의미한다. 운동량 p_x는 $p_x = mv_x$이므로(광자의 경우 $m = h\nu c^{-2}$)

$$P = \frac{Nm \langle v_x^2 \rangle}{V}$$

이 성립한다. 입자들의 속도가 등방 분포를 한다면 $\langle v_x^2 \rangle = \langle v_y^2 \rangle = \langle v_z^2 \rangle$이다. 즉

$$\langle v^2 \rangle = \langle v_x^2 \rangle + \langle v_y^2 \rangle + \langle v_z^2 \rangle = 3 \langle v_x^2 \rangle$$

이고

$$P = \frac{Nm \langle v^2 \rangle}{3V}$$

이 됨을 쉽게 알 수 있다.

입자들이 기체 분자라면 분자 하나의 에너지는 $\varepsilon = mv^2/2$이다. 기체의 전체 에너지는 $E = N\langle \varepsilon \rangle = Nm\langle v^2 \rangle / 2$이므로 압력은

$$P = \frac{2}{3}\frac{E}{V} \quad \text{(기체)}$$

의 관계를 만족시킨다. 입자들이 광자라면 광자는 광속으로 움직이므로 $\varepsilon = mc^2$이 성립한다. 따라서 광자의 전체 에너지는 $E = N\langle \varepsilon \rangle = Nmc^2$으로 복사압에 대해서는

$$P = \frac{1}{3}\frac{E}{V} \quad \text{(복사)}$$

의 관계가 성립한다.

식 (4.7), (4.4), (5.18)의 관계를 쓰면 복사장의 에너지밀도가

$$\frac{E}{V} = u = \frac{4\pi}{c} I = \frac{4}{c} F = \frac{4}{c} \sigma T^4 \equiv a T^4$$

이 됨을 알 수 있다. 여기서 $a = 4\sigma / c$가 바로 복사상수이다. 그러므로 복사압은

$$P_{\mathrm{rad}} = a T^4 / 3$$

이 된다.

글상자 11.2(축퇴 기체의 압력) 기체 입자가 페르미 운동량이라고 불리는 p_0에 대응하는 에너지 준위까지 가능한 모든 준위를 다 채우고 있으면 그러한 기체를 축퇴상태에 있는 기체라고 한다. 이렇게 완전히 축퇴되어 있는 전자기체의 압력을 구해보자.

기체가 차지하고 있는 부피를 V라고 하자. 그 안에 운동량이 p에서 $p + \mathrm{d}p$ 사이에 있는 전자들을 생각해보자. 이 전자들이 차지할 수 있는 위상공간의 부피는 $4\pi p^2 dp\, V$이다. 하이젠베르크의 불확정성 원리에 의하면 위상공간의 단위부피는 h^3이다. 그런데 파울리의 배타원리에 따라 단위 위상부피 h^3에 스핀의 방향이 서로 반대인 전자 2개를 넣을 수 있으므로 완전히 축퇴되어 있을 경우 운동량이 $[p, p + \mathrm{d}p]$인 전자들의 개수는

$$\mathrm{d}N = 2\frac{4\pi p^2 \mathrm{d}p\, V}{h^3}$$

가 된다. 운동량이 p_0보다 작은 전자들의 전체 개수는

$$N = \int \mathrm{d}N = \frac{8\pi V}{h^3}\int_0^{p_0} p^2 \mathrm{d}p = \frac{8\pi V}{3h^3}p_0^3$$

의 적분으로 주어진다. 따라서 페르미 운동량 p_0는

$$p_0 = \left(\frac{3}{\pi}\right)^{1/3}\frac{h}{2}\left(\frac{N}{V}\right)^{1/3}$$

이다.

비상대론적 기체. 전자의 운동에너지는 $\varepsilon = p^2/2m_e$이므로 기체 전체의 에너지는

$$E = \int \varepsilon\, \mathrm{d}N = \frac{4\pi V}{m_e h^3}\int_0^{p_0} p^4 \mathrm{d}p = \frac{4\pi V}{5m_e h^3}p_0^5$$

이다. 페르미 운동량의 관계를 대입하여

$$E = \frac{\pi}{40}\left(\frac{3}{\pi}\right)^{5/3}\frac{h^2}{m_e}V\left(\frac{N}{V}\right)^{5/3}$$

의 관계를 얻을 수 있다. 글상자 11.1에서 유도된 기체의 압력은

$$P = \frac{2}{3}\frac{E}{V} = \frac{1}{20}\left(\frac{3}{\pi}\right)^{2/3}\frac{h^2}{m_e}\left(\frac{N}{V}\right)^{5/3} \quad \text{(비상대론적)}$$

이다. 여기서 N/V는 전자의 개수밀도이다.

상대론적 기체. 페르미 운동량 p_0를 갖는 전자의 운동에너지 ε이 전자의 정지 질량에너지 $m_e c^2$보다 커질 정도로 밀도가 아주 높아지면 상대론적 표현이 전자에너지에 쓰여야 한다. 극도로 상대론적인 경우, 즉 $\varepsilon = cp$이면 총 에너지는

$$E = \int \varepsilon\, \mathrm{d}N = \frac{8\pi c V}{h^3}\int_0^{p_0} p^3 \mathrm{d}p = \frac{2\pi c V}{h^3}p_0^4$$

으로 주어진다. 페르미 운동량에 대한 표현은 그대로 쓸 수 있다. 따라서

$$E = \frac{\pi}{8}\left(\frac{3}{\pi}\right)^{4/3}hcV\left(\frac{N}{V}\right)^{4/3}$$

이 성립한다. 상대론적 축퇴 전자기체의 압력이다. 글상자 11.1에서 유도된 결과를 그대로 이용하여

$$P = \frac{1}{3}\frac{E}{V} = \frac{1}{8}\left(\frac{3}{\pi}\right)^{1/3}hc\left(\frac{N}{V}\right)^{4/3} \quad \text{(상대론적)}$$

으로 쓸 수 있다.

비상대론적인 경우와 극도로 상대론적인 경우에 대하여 압력을 계산해보았다. 전자의 에너지를 운동량으로 정확하게 표현하면

$$\varepsilon = (m_e^2 c^4 + p^2 c^2)^{1/2}$$

과 같으므로 중간 단계에서는 이 식을 사용해야 한다.

이상에서 유도한 결과들은 엄밀하게 얘기해서 온도가 0도일 때에만 성립한다. 그러나 밀집성(compact star)들의 밀도는 너무나 높아서 온도의 효과가 무시될 정도이므로 완전 축퇴 기체의 근사로도 충분하다.

11.5 예제

예제 11.1 태양의 표면중력 가속도를 구하라.
중력 가속도의 크기는

$$g = \frac{GM_{\odot}}{R^2}$$

로 계산된다. 태양의 질량이 $M = 1.989 \times 10^{30}$kg이고 반지름이 $R = 6.96 \times 10^{8}$m이므로

$$g = 274\,\mathrm{m\ s^{-2}} \approx 28\,g_0$$

의 결과를 얻는다. 여기서 g_0는 지구의 표면중력으로 $9.81\mathrm{ms^{-2}}$이다.

예제 11.2 태양의 평균 밀도를 구하라.
반지름 R인 구의 부피는

$$V = \frac{4}{3}\pi R^3$$

이므로 태양의 평균 밀도는

$$\bar{\rho} = \frac{M}{V} = \frac{3M}{4\pi R^3} \approx 1{,}410\,\mathrm{kg\ m^{-3}}$$

이다.

예제 11.3 태양 반지름의 절반인 곳에서의 압력을 구하라.
정유체 평형 조건의 식 (11.1)을 써서 압력의 세기를 추산할 수 있다. 밀도가 평균 밀도 $\bar{\rho}$로 일정하다고 생각하면 중심에서부터 r 내부에 있는 질량은

$$M_r = \frac{4}{3}\pi\bar{\rho}r^3$$

이므로 정유체 평형식을

$$\frac{\mathrm{d}P}{\mathrm{d}r} = -\frac{GM_r\bar{\rho}}{r^2} = -\frac{4\pi G\bar{\rho}^2 r}{3}$$

과 같이 쓸 수 있다. 이 식을 $r = R_{\odot}/2$에서부터 압력이 0이 되는 표면까지 적분하면

$$\int_P^0 \mathrm{d}P = -\frac{4}{3}\pi G\bar{\rho}^2 \int_{R_{\odot}/2}^{R_{\odot}} r\mathrm{d}r$$

$$\begin{aligned} P &= \frac{1}{2}\pi G\bar{\rho}^2 R_{\odot}^2 \\ &\approx \frac{1}{2}\pi\, 6.67 \times 10^{-11} \times 1{,}410^2 \\ &\quad \times (6.96 \times 10^8)^2\,\mathrm{N\ m^{-2}} \\ &\approx 10^{14}\,\mathrm{Pa} \end{aligned}$$

이 된다. 태양 내부로 들어갈수록 밀도가 급격히 증가하므로 결과는 근사값에 불과하다.

예제 11.4 태양의 평균 분자량을 구하라.
태양 대기층의 화학성분은 핵융합 반응에 따라 변하지 않고 생성 초기의 값을 그대로 갖고 있다. 따라서 $X = 0.71$, $Y = 0.27$, $Z = 0.02$를 사용할 수 있다. 평균 분자량은 식 (11.10)을 써서

$$\mu = \frac{1}{2 \times 0.71 + 0.75 \times 0.27 + 0.5 \times 0.02} \approx 0.61$$

로 계산된다. 수소가 완전히 소진된다면 $X = 0$, $Y = 0.98$이므로

$$\mu = \frac{1}{0.75 \times 0.98 + 0.5 \times 0.02} \approx 1.34$$

가 된다.

예제 11.5 태양 내부 $r = R_{\odot}/2$인 곳에서의 온도를 구하라.
평균 밀도(예제 11.2)와 평균 압력(예제 11.3)을 이용하고 완전기체의 상태방정식 (11.8)을 써서 온도를 추정할 수 있다. 표면 평균 분자량으로 예제 11.4의 값을 쓰기로 하면

$$T = \frac{\mu m_{\rm H} P}{k\rho} = \frac{0.61 \times 1.67 \times 10^{-27} \times 1.0 \times 10^{14}}{1.38 \times 10^{-23} \times 1,410}$$
$$\approx 5 \times 10^6 \,\mathrm{K}$$

의 결과를 얻는다.

예제 11.6 태양 내부 $r = R_\odot/2$인 곳에서의 복사압을 구하라.

바로 전 예제에서 이곳의 온도를 $T \approx 5 \times 10^6\,\mathrm{K}$로 추정하였으므로 식 (11.11)에 의해 복사압은

$$P_{\rm rad} = \frac{1}{3} a T^4 = \frac{1}{3} \times 7.564 \times 10^{-16} \times (5 \times 10^6)^4$$
$$\approx 2 \times 10^{11}\,\mathrm{Pa}$$

이다.

예제 11.3에서 구한 기체압과 비교하면 복사압은 기체압의 10^{-3} 정도이다. 그러므로 예제 11.5에서 이상기체 상태방정식을 사용한 것은 올바른 선택이었다고 할 수 있다.

예제 11.7 별의 중심에서 표면까지 광자의 진행 경로를 구하라.

광자가 흡수되었다가 재방출되기를 계속하면서 그 진행 방향이 제멋대로 변하기 때문에 에너지의 복사 전달 과정을 불규칙 행보(random walk)에 비유할 수 있다. 불규칙 행보의 보폭(평균자유경로)을 d라 하고 문제를 간단히 만들기 위하여 평면상에서 멋대로 걷는 경우를 생각하자. 한 발짝 떼고 나서 광자는

$$x_1 = d\cos\theta_1, \quad y_1 = d\sin\theta_1$$

에서 흡수된다. 여기서 θ_1은 진행방향을 나타내는 각을 의미한다. 발짝을 N번 떼고 나면 그 위치는

$$x = \sum_{i=1}^{N} d\cos\theta_i, \quad y = \sum_{i=1}^{N} d\sin\theta_i$$

가 되며 출발점에서부터의 거리는

$$r^2 = x^2 + y^2$$
$$= d^2\left[\left(\sum_1^N \cos\theta_i\right)^2 + \left(\sum_1^N \sin\theta_i\right)^2\right]$$

에서 계산된다. 대괄호 속에 있는 첫째 항은

$$\left(\sum_1^N \cos\theta_i\right)^2 = (\cos\theta_1 + \cos\theta_2 + \ldots + \cos\theta_N)^2$$
$$= \sum_1^N \cos^2\theta_i + \sum_{i\neq j} \cos\theta_i \cos\theta_j$$

와 같이 된다. 발을 떼어 놓을 때마다 진행방향이 멋대로 변하므로 θ_i는 서로 독립된 양들이다. 따라서

$$\sum_{i\neq j} \cos\theta_i \cos\theta_j = 0$$

이 성립한다. 둘째 항에 대해서도 동일한 결과를 얻을 수 있다. 그러므로

$$r^2 = d^2 \sum_1^N (\cos^2\theta_i + \sin^2\theta_i) = Nd^2$$

이 성립한다.

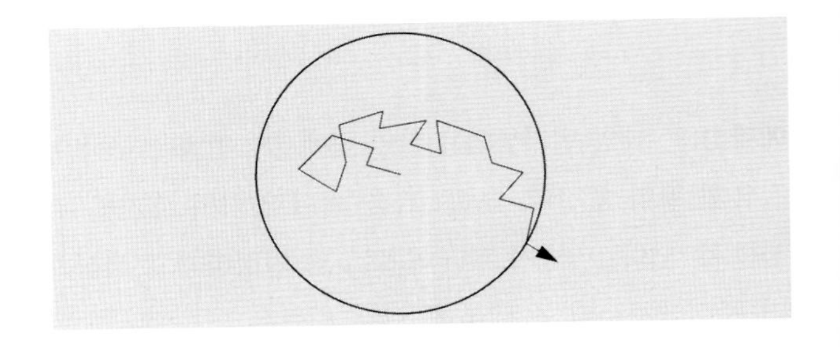

N번 움직이면 광자는 출발점에서부터 $r = d\sqrt{N}$되는 곳에 온다. 유사하게, 보폭이 1m인 술주정꾼이 100번 움직여야 출발점에서 겨우 10m쯤 떨어진 곳에 올 수 있다. 3차원에서도 동일한 결과가 성립한다.

광자 하나가 별의 중심에서 표면에 이르는 시간은 우

선 평균자유경로 $d = 1/\alpha = 1/\kappa\rho$에 달려 있다. 예제 11.2와 11.5에서 구한 밀도와 온도를 써서 $r = R_{\odot}/2$인 곳에 κ의 값을 추산하자. 이러한 상황에서 질량 흡수 계수의 크기는 $\kappa = 10\mathrm{m}^2\,\mathrm{kg}^{-1}$으로 알려졌다(계산의 구체적 과정은 생략한다). 그렇다면 광자의 평균자유경로는

$$d = \frac{1}{\kappa\rho} \approx 10^{-4}\mathrm{m}$$

이며 이 값은 태양 내부 거의 모든 영역에 크게 무리 없이 적용시킬 수 있다. 태양의 반지름이 $r = 10^9\mathrm{m}$이므로 표면에 이르려면 $N = (r/d)^2 = 10^{26}$번 옮겨야 한다. 광자가 움직인 총 거리는 $s = Nd = 10^{22}\mathrm{m}$가 되며 이 거리를 광속으로 움직이려면 $t = s/c = 10^6$년이 걸린다. 이보다 자세한 계산 결과에 의하면 10^7년이라고 한다. 태양 중심에서 생성된 에너지가 표면까지 와서 공간으로 빠져나가는 데 무려 1,000만 년이 걸린다는 얘기이다. 물론 중심에서 생성된 동일한 광자가 그대로 표면까지 나오는 것은 아니다. 산란, 흡수, 재방출의 과정을 겪으면서 결국 가시광선의 복사로 변환되어 우리 눈에 보이게 된다.

11.6 연습문제

연습문제 11.1 태양에는 헬륨 원자 하나당 몇 개의 수소 원자가 있는가?

연습문제 11.2 a) 1초당 몇 번의 pp 반응이 일어나는가? 태양의 광도는 $3.9\times10^{26}\mathrm{W}$이고, 양성자의 질량은 $1.00728\mathrm{amu}$이고, α입자의 질량은 $4.001514\mathrm{amu}$이다($1\mathrm{amu} = 1.6604\times10^{-27}\mathrm{kg}$).

b) pp 반응에서 만들어진 중성미자가 1초 동안 몇 개 지구를 통과하겠는가?

연습문제 11.3 중성미자의 질량흡수계수는 $\kappa = 10^{-21}\,\mathrm{m}^2\,\mathrm{kg}^{-1}$이다. 태양의 중심에서 평균자유경로를 구하라.

항성의 진화 12

제11장에서 균질한 화학조성을 갖고 태어난 별의 평형구조와 화학조성의 변화를 이론적으로 어떻게 계산하는가에 대하여 공부하였다. 별의 화학적 성분이 시간에 따라 변하면 새로운 모형이 각각의 시간에 따라 새로 계산되어야 한다. 이 장에서는 별의 진화 경로가 질량에 따라 어떤 차이를 보이는가를 이해함으로써 항성 진화에 관한 관측적 사실을 설명하겠다. 이론적 계산의 자세한 내용은 이 책에서 다루기에 너무 복잡하기 때문에 이 장에서 논의할 내용은 다소 정성적이다. 또한 매우 기본적인 별의 성질 이상의 내용이 포함되면 서로 다른 진화 경로가 상당히 복잡해질 것이다.

12.1 진화의 시간척도

진화 경로의 어느 단계에 있느냐에 따라 별에서 나타나는 변화는 매우 다른 시간척도에 걸쳐 발생한다. 항성 진화 과정을 대략적으로 서술하는 데 있어서 다음의 세 가지 시간척도가 매우 유용하게 쓰인다 – 핵 시간척도(nuclear time scale) t_{n}, 열 시간척도(thermal time scale) t_{t}, 동역학 시간척도(dynamical time scale) 또는 자유낙하 시간척도(freefall time scale) t_{d}.

핵 시간척도. 핵반응으로 생성될 수 있는 에너지 전량을 복사의 형태로 방출하는 데 걸리는 시간을 핵 시간척도라고 한다. 핵연료로 쓸 수 있는 수소가 전부 헬륨으로 변하는 데 걸리는 시간을 계산해보면 핵 시간척도의 크기를 대강 알 수 있을 것이다. 이론적 고찰의 결과나 진화 계산의 실제 결과에 의할 것 같으면 별 내부에 있는 수소 전체의 10%만이 핵반응에 우선 쓰일 수 있다고 알려졌다. 수소 연소가 끝난 다음의 핵반응은 수소의 경우보다 매우 빠르게 진행되므로 수소 연소에 걸리는 시간으로 핵 시간척도를 잡는 것은 타당하다. 수소 연소 과정에서 에너지로 변환되는 질량은 수소의 정지 질량의 0.7%에 불과하므로 항성의 핵 시간척도는

$$t_{\mathrm{n}} \approx \frac{0.007 \times 0.1\, Mc^2}{L} \tag{12.1}$$

으로 계산된다. 태양의 경우 10^{10}년이 되는 것을 쉽게 알 수 있다. 그러므로 앞 식을 다음과 같이 변형시키면 편리하다.

$$t_{\mathrm{n}} \approx \frac{M/M_\odot}{L/L_\odot} \times 10^{10}\,\mathrm{a} \tag{12.2}$$

어느 별의 질량과 광도를 태양의 단위로 알고 있다면 이 식에서부터 그 별의 핵 시간척도를 쉽게 계산할 수 있다. 예를 들어 질량이 $30M_\odot$인 별의 t_{n}은 약 200만 년이다. 이 별의 핵 시간척도가 태양의 경우보다 무척 짧은 이유는 질량이 증가함에 따라 광도가 급격하게 증가

표 12.1 항성의 수명(10^6년 단위)

질량 [$M_\odot$]	주계열성 분광형	주계열로 수축	주계열 단계	주계열에서 적색거성까지	적색거성 단계
30	O5	0.02	4.9	0.55	0.3
15	B0	0.06	10	1.7	2
9	B2	0.2	22	0.2	5
5	B5	0.6	68	2	20
3	A0	3	240	9	80
1.5	F2	20	2,000	280	
1.0	G2	50	10,000	680	
0.5	M0	200	30,000		
0.1	M7	500	10^7		

하기 때문이다(표 12.1).

열 시간척도. 별 내부에서 핵반응이 갑자기 멈춘다면 내부에 열의 형태로 남아 있던 에너지가 복사의 형태로 방출될 것이다. 열에너지로서 광도를 전부 충당했을 때 복사방출을 지속할 수 있는 시간을 열 시간척도라고 한다. 열 시간척도는 별의 중심에서 복사가 표면에까지 이르는 데 걸리는 시간과도 동일하다. 항성의 열 시간척도는

$$
\begin{aligned}
t_\mathrm{t} &\approx \frac{0.5\,GM^2/R}{L} \\
&\approx \frac{(M/M_\odot)^2}{(R/R_\odot)(L/L_\odot)} \times 2 \times 10^7\,\mathrm{a}
\end{aligned} \tag{12.3}
$$

와 같이 추산된다. 여기서 G는 중력상수이다. 태양의 경우 열 시간척도가 2×10^7년이므로 핵 시간척도의 1/500밖에 안 되는 매우 짧은 순간이다.

동역학 시간척도. 중력에 대항하여 별을 지탱할 압력이 갑자기 없어지면 별은 자체 중력으로 수축할 것이다. 완전히 수축하는 데 걸리는 시간을 동역학 시간척도라고 부르는데 여기서 설명하는 세 가지 시간척도 중에서 가장 짧다. 동역학 시간척도는 입자 하나가 별의 표면에서 중심까지 자유낙하하는 데 걸리는 시간과 같다. 또한 동역학 시간척도는 별의 반지름의 절반에 해당하는 긴 반지름을 갖는 궤도에서 케플러 운동주기의 절반과도 같다.

$$
t_\mathrm{d} = \frac{2\pi}{2}\sqrt{\frac{(R/2)^3}{GM}} \approx \sqrt{\frac{R^3}{GM}} \tag{12.4}
$$

태양의 동역학 시간척도는 약 반 시간 정도이다.

3개의 시간척도 크기의 순서는 $t_\mathrm{d} \ll t_\mathrm{t} \ll t_\mathrm{n}$이다.

12.2 주계열로 수축

중력수축에 의하여 성간운이 응집 분열하여 원시성(protostar)으로 되는 과정은 나중에 다루기로 하겠다. 이 장에서는 이미 수축 중에 있는 원시성의 진화 모습을 따라가 보려고 한다.

하나의 성간운이 수축할 때 위치에너지는 기체의 열운동에너지로 변환되고 종국에는 복사의 형태로 그 성간운을 떠나게 된다. 수축 중에 있는 성간운의 밀도가 처음에는 매우 희박하므로 불투명도도 매우 낮기 마련이다. 따라서 이때 복사는 성간운을 쉽게 빠져나갈 수 있으므로 열운동에너지로 바뀐 중력의 위치에너지가 성간운 내부의 온도를 높여줄 수 없게 된다. 다시 얘기해서 성간운은 온도를 거의 일정하게 유지하면서 수축을

계속하게 된다. 기체의 수축은 자유낙하운동으로 간주될 수 있으므로 수축이 완성되는 데 걸리는 시간은 동역학 시간척도와 같다고 하겠다.

밀도와 압력은 성간운 중심에서 가장 빠르게 증가한다. 밀도의 증가는 불투명도의 증가를 동반한다. 중력의 위치에너지에서 나온 에너지의 대부분이 이제 밀도가 높은 영역에 갇혀 그 부분의 온도를 높여 놓는다. 온도의 상승은 압력의 증가를 불러오고 압력의 증가는 자유낙하운동을 방해할 것이다. 따라서 중심부에서는 수축이 지연된다. 그러나 외곽부는 아직도 밀도가 낮은 상태에 있으므로 계속 자유낙하에 가까운 운동을 한다.

이 단계에 이른 성간운을 원시성이라고 불러도 좋겠다. 원시성을 이루는 수소 기체는 대부분 수소 분자로 이루어져 있으며 수소 분자는 1,800K 정도에서 수소 원자로 해리되기 시작한다. 분자를 해리시키려면 에너지가 필요하므로 해리가 일단 시작되면 온도의 상승이 둔화되고 압력의 증가율도 따라서 둔화된다. 그러므로 중력 수축은 다시 가속되기 마련이다. 수소 원자가 10^4K에서 전리될 때에도 같은 현상이 일어나며 헬륨이 전리될 때에도 이 현상은 반복된다. 온도가 10^5K 정도에 이르면 기체는 거의 완전히 전리된다.

원시성은 내부 기체의 대부분이 전리되어 플라스마(plasma)가 되면 수축을 멈춰 정유체 평형상태에 돌입한다. 그 후의 진화는 열 시간척도로 진행되므로 자유낙하 단계보다 상황의 변화가 매우 느리게 전개된다. 원시성의 반지름은 처음 100AU 정도의 크기에서 이때쯤이면 1/4AU로 줄어들어 있다. 원시성은 자신보다 훨씬 큰 성간운 속에 들어앉아 있고 주위의 기체는 원시성의 표면에 계속 떨어져 쌓이므로 원시성의 질량은 점진적으로 증가하는 동시에 중심온도와 밀도도 역시 증가한다.

평형상태에 막 도달했을 때의 별의 온도는 비교적 낮고 불투명도는 매우 높다. 그래서 중심부에서는 대류운동이 시작된다. 대류운동은 에너지를 매우 효율적으로 전달하므로 원시성의 표면은 비교적 밝게 된다.

이제 HR도에서의 진화를 설명하겠다. 처음 나타나기 시작한 원시성의 광도는 작고 표면온도는 낮으므로 원시성은 처음에 HR도의 오른쪽 아래에 자리 잡는다(그림 12.1에 나타낸 영역의 바깥). 수축하면서 표면온도가 상승하고 광도가 증가하므로 HR도에서 원시성의 위치는 급격히 그림 12.1의 오른쪽 위로 이동한다. 수축이 일단 끝나면 그 별은 하야시경로(Hayashi track)의 한 점에 자리 잡는다. 하야시경로상에서 원시성이 도달하는 시작점의 위치는 질량에 따라 다르다. 하야시경로에 있는 별들은 거의 전부가 내부에서 대류운동을 하고 있다(그림 12.1). 하야시경로의 오른편에 있는 별들은 평형상태에 있을 수 없어서 동역학적 시간척도로 수축할 것이다.

이제 별은 하야시경로를 따라서 열 시간척도로 서서히 진화한다. HR도에서 하야시경로는 거의 수직한 직선을 긋고 있으므로 하야시경로를 따라서 내려오면서 별의 반지름과 광도는 급격히 감소한다(그림 12.1). 그러나 별의 중심핵에서는 온도가 계속 상승하고 이에 따라 불투명도는 감소하므로 그곳에서는 에너지 전달이 이제 복사에 의하여 이루어지게 된다. 복사평형 부분의 질량이 서서히 증가하다가 급기야는 별 전체가 복사평형을 이루게 된다. 이때쯤이면 중심온도가 충분히 높아져 핵반응이 비로소 시작된다. 이제까지는 별에서 방출되는 빛은 전적으로 중력에 의한 위치에너지의 변신이었으나 이제부터는 핵반응이 에너지 공급에 점점 더 많은 부분을 차지하면서 별의 전반적 광도를 증가시킨다. 표면온도도 증가하여 HR도에서 이 별은 약간 왼쪽 위의 방향으로 이동한다. 중량급 별은 그 중심온도가 경량급 별에서보다 월등히 높기 때문에 핵반응을 일찍 시작한다. 따라서 질량이 큰 원시성일수록 HR도에서 왼쪽으로 먼저 이동한다.

태양 정도의 질량을 갖는 별들의 경우 원시성 구름의 급속한 중력 수축 단계가 겨우 수백 년밖에 지속되지 않

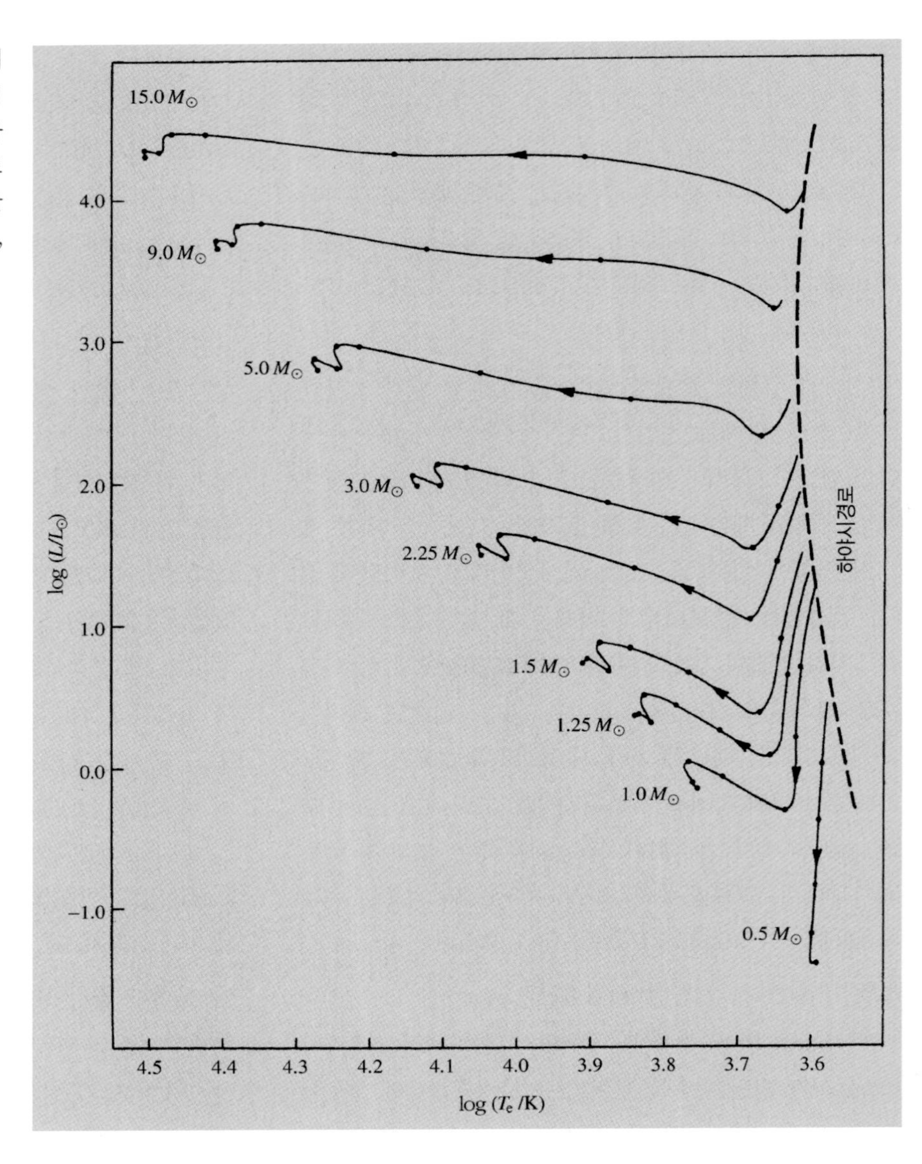

그림 12.1 열 시간척도에 걸쳐 주계열로 수축하는 별의 경로. 성간운이 동역학 시간척도로 빨리 수축하여 하야시경로에 도착한 다음 열 시간척도로 천천히 수축하여 주계열에 접근한다. [Iben, I. (1965): Astrophys. J. 141, 993]

는다. 그러고는 매우 느리게 응축이 진행되어 수천만 년의 세월이 걸려야 원시성의 최종 단계에 이른다. 이 수축의 기간은 질량에 따라 크게 다른데 그 이유는 열 시간척도가 광도에 민감한 함수이기 때문이다. 자유낙하 단계를 지나서 주계열에 이르는 데 걸리는 시간이 질량이 $15M_\odot$인 별의 경우 6만 년이 걸리는 데 비하여 $0.1M_\odot$인 별은 수억 년이나 걸린다.

수소를 연소하는 열핵반응 경로들 중 온도가 수백만 K에서 이미 반응을 시작하는 것들이 있다. 예를 들면 pp 연쇄반응이 완벽하게 작동하기 훨씬 이전에 ppII와 ppIII를 거쳐 리튬, 베릴륨, 붕소가 연소하여 헬륨이 만들어진다. 형성 초기에는 별 전체에서 대류운동이 일어나므로 물질이 잘 혼합된다. 심지어는 표면층에 있던 물질도 중심으로 섞여 들어가 핵반응을 겪는다. 앞에서 언급한 원소들의 함량비가 지극히 낮더라도 이 원소들은 별 중심온도에 대하여 중요한 정보를 제공한다.

그림 12.2 백조자리 펠리칸 성운(Pelican Nebula)에서 코끼리 코(elephant' s trunk)의 끝에 위치한 허빅-아로 천체 번호 555. 작은 날개는 충격파이다. 이것은 성운 안에 위치한 새롭게 탄생한 별에서 나온 강력한 분출물의 증거이다. (사진출처 : University of Colorado, University of Hawaii and NOAO/AURA/NSF)

항성 진화 과정에서 주계열 단계는 수소를 연료로 하는 pp 연쇄반응에 의하여 시작된다. 이때 중심온도는 400만K이다. 준평형 수축에서부터 얻을 수 있었던 에너지 공급률에 비하여 수소의 열핵반응에 의한 에너지 공급률이 월등하게 커서 주계열 단계의 개시와 더불어 광도의 거의 전부를 수소 연소로 충당하게 된다. 핵에너지의 발생으로 준평형상태에서 지속되는 수축마저 정지하면 별은 HR도에서 몇 차례 작은 진동을 하다가 드디어 완전 평형상태를 이루며 길고도 조용한 주계열 단계로 진입한다.

수축 단계에 있는 신생 항성들은 기체와 티끌이 밀집되어 있는 성간운 속에 자리 잡고 있으므로 이들을 관측하는 것이 쉽지 않다. 그러나 수축하고 있는 성간운들이 발견되기도 하며 또 이들 가까이에는 아주 젊은 별들이 위치하고 있음을 볼 수 있다. 그 구체적 예가 바로 **황소자리 T형 별**(T Tauri)들인데 이 별의 리튬 함량비가 비교적 높은 것으로 관측되었다. 따라서 황소자리 T형 별들은 신생 항성으로서 그 중심온도가 아직도 리튬을 파괴할 정도로 높지 않다고 판단된다. 또 황소자리 T형 별들 주변에는 작고 밝으며 별 비슷하게 보이는 작은 성운들이 보이는데 이들을 처음 발견한 학자의 이름을 따서 **허빅-아로 천체**(Herbig-Haro objects)라고 부른다. 이 부류의 천체는 신생 항성에서부터 나온 항성풍이 아직도 그 주위에 남아 있는 성간물질과 작용하여 만들어낸 것이라고 생각된다.

12.3 주계열 단계

항성의 진화 경로에서 **주계열 단계**(主系列段階, main sequence phase)란 중심핵에서의 수소 연소가 에너지의 유일한 공급원이 되는 시기이다. 이 단계에 있는 별들은 매우 안정된 평형상태에 있으며 내부 구조의 변화는 오로지 중심의 핵반응에 의해 화학조성이 서서히 변하기 때문에 나타난다. 따라서 이 단계의 진화는 핵 시간척도로 진행된다. 다시 얘기해서 별은 일생 중 가장 긴 세월을 주계열 단계에서 보낸다. 태양 정도의 질량을 갖는 별의 주계열 수명은 약 100억 년이다. 질량이 크면 진화가 빨리 이루어진다. 왜냐하면 질량이 클수록 단위 시간에 보다 많은 양의 에너지를 방출하기 때문이다. 그래서 $15M_\odot$의 별은 주계열에서 약 1,000만 년 정도밖에 머물지 못한다. 반면에 극히 경량급인 $0.25M_\odot$의 별은 주계열에서 무려 700억 년 동안이나 머물 수 있다.

이와 같이 모든 별들이 자신의 일생 중에 가장 긴 부분을 주계열에서 보내게 되므로 HR도의 주계열 부분에서 별들을 가장 많이 볼 수 있다. 특히 주계열의 만기형 쪽으로 갈수로 별들의 개수가 급격히 증가한다. 주계열의 조기형 쪽에는 별들이 많이 보이지 않는데 이는 질량이 클수록 별의 주계열 수명이 짧기 때문이다.

질량이 너무 크면 중력이 복사압을 견제할 수 없을 정도로 온도가 높아지므로 항성의 질량에는 상한이 존재하기 마련이다. 즉 질량이 어느 정도 이상으로 큰 원시성의 경우 중심을 향해 떨어지던 물질을 복사압이 다시 밀어낼 수 있으므로 원시성의 질량은 어느 한계 이상으로 성장할 수는 없다. 이론 계산에 의하면 질량의 상한이 $120M_\odot$이고 관측된 질량의 최대치는 $150M_\odot$이다. 이 값은 물론 불확실한 값이다.

질량의 하한도 존재한다. 질량이 $0.08M_\odot$ 이하가 되면 중심부의 온도가 수소 핵반응을 일으키기에는 너무 낮기 때문이다. 이것들은 중수소를 연소시켜 빛을 내기도 하지만 에너지원은 금방 고갈되고 만다. 이 **갈색왜성**들은 표면온도가 1,000~2,000K 정도이다. 갈색왜성 전용 탐사관측으로부터 수백 개의 갈색왜성이 발견되었다. 갈색왜성의 하한 질량은 종종 $0.015M_\odot$ 정도로 여겨지는데, 이 값은 중수소 연소에 필요한 최소 질량에 해당한다.

질량이 더 작다면 핵융합에 의한 에너지는 존재할 수 없다. 따라서 가장 작은 원시별들은 행성과 같은 왜성으로 수축한다. 수축 단계에서 이 별들은 중력에너지를 방출하다가 결국 차갑게 식게 될 것이다. HR도에서 이런 별들은 거의 수직으로 내려오다가 오른쪽 아래로 더 내려가게 된다.

질량이 가장 작은 갈색왜성과 질량이 가장 큰 행성 사이에 차이가 있을까? 갈색왜성이 지난 절과 15.4절에서 설명한 대로 중력적으로 수축하다가 만들어진 것이라면 별이라고 하지 못할 이유가 없다. 비록 핵융합 반응을 하지 못한다 하더라도 말이다. 반면 행성은 원시행성 원반에서 고체 조각과 기체를 끌어모아 훨씬 더 천천히 만들어졌다고 생각된다. 이런 기작으로 만들어진 천체는 매우 다른 구조를 가지고 있다. 어두운 별과 행성의 생성 기작 사이에 이와 같이 분명한 구별이 있는지는 여전히 논란의 대상이다.

주계열 상단부. **주계열 상단부**(upper main sequence)의 별들은 질량이 커서 그 중심온도가 CNO 순환반응을 일으킬 정도로 높다. 반면에 **주계열 하단부**(lower main sequence)에 있는 별들의 경우 pp 연쇄반응에 의하여 에너지가 생성된다. 온도가 1.8×10^7K 면 pp 연쇄반응과 CNO 순환반응에 의한 에너지 생성률이 서로 같게 되는데 $1.5M_\odot$인 별 내부의 온도가 바로 이 정도이다. 그래서 질량 $1.5M_\odot$를 경계로 하여 주계열을 상 · 하단부로 나누어 생각하면 편리하다.

CNO 순환에 의한 에너지 생성은 별의 중심핵 부분에서 집중적으로 이루어진다. 밖으로 내보내야 할 에너지 플럭스가 중심핵 부분으로 갈수록 급격히 증가하게 된다. 복사만으로는 이 많은 양의 플럭스 전부를 외부로 전달할 수 없으므로 주계열의 상단부에 있는 별들은 중심부에 **대류핵**(convective core)을 갖고 있다. 즉 에너지가 물질의 이동에 의해 전달된다. 대류가 일어나는 지역에서는 물질이 고르게 섞일 터이므로 주계열 상단부 별들의 대류핵에는 수소의 함량비가 시간에 따라 균일하게 감소한다.

중심핵 밖에는 **복사평형**(radiative equilibrium)이 이루어진다. 여기에는 핵에너지의 생성이 전혀 없으며 중심핵에서 공급되는 에너지를 복사의 형태로 밖으로 전달하는 역할만 한다. 그리고 중심핵과 외피부 사이에는 내부로 갈수록 수소 함량비가 감소하는 천이 지역이 존재한다.

대류핵 부분의 질량은 수소가 소진됨에 따라 점차 감소한다. 중심핵의 감소와 더불어 광도는 증가하고 표면온도는 감소하므로 HR도에서 별은 서서히 오른쪽 위로 이동한다(그림 12.2). 중심부 수소가 완전히 고갈되면 중심핵은 급격히 쭈그러들기 시작한다. 이때 표면온도는 증가하므로 별은 HR도에서 왼쪽 위로 급히 이동한다. 중심핵의 급격한 수축으로 핵 주위 얇은 구각 부분의 온도가 수소를 연소시킬 정도로 상승하여 수소가 이 구각 부분에서 연소되기 시작한다.

주계열 하단부. 주계열 하단부에 위치하는 별들의 중심온도는 상단부 별들보다 상당히 낮아서 에너지의 생성이 pp 연쇄반응에 의하여 이루어진다. pp 연쇄반응에 의한 에너지 생성률이 CNO 순환반응에서보다 온도에 덜 민감하기 때문에 에너지의 생성이 넓은 영역에 걸쳐 고르게 이루어진다(그림 12.3). 그 결과 중심핵에는 대류가 일어나지 않고 복사평형에 놓이게 된다.

주계열 하단부에 있는 별들의 표피부에서는 온도가 매우 낮으므로 외피부 물질의 불투명도는 매우 높다. 복사에 의해 에너지가 모두 전달되지 못하기 때문에 대류가 일어난다. 주계열 하단부 별들의 내부 구조는 상단부 별들과 서로 반대라고 할 수 있다. 중심핵은 복사평형에, 외피부는 대류평형에 있다. 핵반응이 일어나는 중심핵에 대류가 일어나지 않고 있으며 외부로부터 핵연료인 수소가 새롭게 공급되지 않으므로 중심에서는 수소가 급속히 소진된다. 따라서 수소의 함량비는 중심으로 향할수록 급격히 감소하기 마련이다.

중심핵에 수소가 소진됨에 따라 별은 HR도에서 거의 주계열을 따라서 서서히 상승한다(그림 12.2). 약간 밝아지면서 온도는 올라가지만 반지름은 크게 변하지 않는다. 그러다가 중심핵에 수소가 거의 소진될 즈음에 HR도에서 별의 진화방향이 오른쪽으로 꺾인다. 드디어 중심핵은 완전히 헬륨으로 채워지며 수소의 연소는 헬륨핵 주위를 둘러싸고 있는 비교적 두꺼운 구각에서 이루어진다.

질량이 $0.08M_\odot$ 에서 $0.26M_\odot$ 사이의 별들은 매우 단순한 진화의 경로를 택한다. 주계열 단계의 전 기간을 통하여 내부 전체가 대류 중에 있으므로 수소 전량을 핵연료로 쓸 수 있다. 이 별들은 HR도에서 왼쪽 위로 매우 느리게 이동하다가 수소가 온통 다 헬륨으로 변하면 수축하여 백색왜성으로 된다.

12.4 거성 단계

별 중심의 수소가 소진되면서 주계열 단계는 끝난다. 그러면 헬륨핵 주위 구각에서 수소가 연소되는 단계에 돌입한다. 주계열 하단부의 별들에서 서서히 변화를 일으켜 HR도에서 **준거성가지**(Subgiant Branch)를 만든다. 반면 주계열의 상단부 별들은 순식간에 이동한다.

구각에서 수소가 연소되기 때문에 헬륨핵의 질량이 증가한다. 이와 더불어 외피부는 팽창하여 별은 HR도에서 오른쪽으로 수평 이동한다. 외피부의 대류층이 깊어짐에 따라서 별은 다시 하야시경로로 접근하다. 하야시경로의 오른쪽으로는 들어갈 수 없는데 반지름이 계속 팽창하기 때문에 하야시경로를 따라서 별은 HR도에서 수직으로 상승한다. 이때 물론 광도의 엄청난 증가가 초래되어 별은 적색거성이 된다(그림 12.2).

경량급 항성($M < 2.3M_\odot$)에서는 중심핵의 질량이

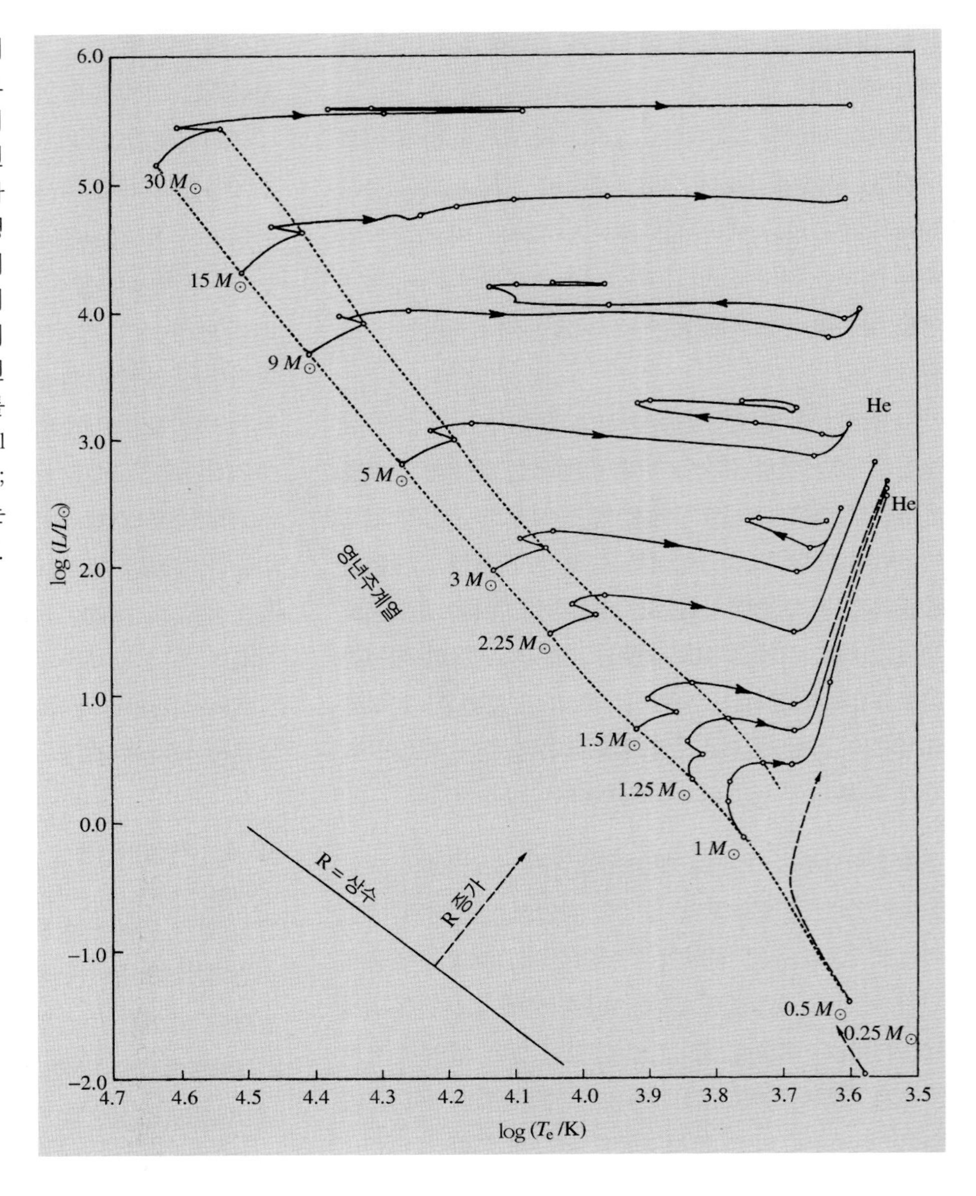

그림 12.3 HR도에 표현한 주계열 단계 이후의 진화 과정. 점선으로 구획 지어져 있는 주계열에서의 진화는 핵 시간척도로 진행된다. 주계열 이후 적색거성 단계까지는 진화가 열 시간척도로 진행된다. He라는 표시가 붙여진 점이 헬륨의 연소가 시작되는 위치이다. 질량이 작은 별에서는 이 위치에서 헬륨섬광이 일어난다. 직선은 반지름이 동일한 별의 위치를 표시한다. [Iben, I. (1967): Annual Rev. Astron. Astrophys. **5**, 571; $30M_\odot$ 에 대한 계산 결과의 출처는 Stothers, R. (1966): Astrophys J. **143**, 91]

증가함에 따라 밀도도 상승하여 급기야는 물질이 축퇴 상태에 놓이게 된다. 그리고 중심온도는 진화가 계속되는 동안 계속해서 상승한다. 축퇴 물질은 전도도가 매우 높기 때문에 헬륨핵 전체가 균일한 온도를 유지할 수 있다. 질량이 $0.26M_\odot$ 보다 크면 중심온도가 10^8K 이상으로 올라가 드디어 헬륨이 3중 알파입자 과정을 거쳐 탄소로 만들어진다.

헬륨의 연소는 헬륨핵 전체에 걸쳐 동시에 이루어지게 되고 이 때문에 온도는 급작스럽게 상승한다. 보통의 별에서와는 달리 축퇴상태에 있는 중심핵은 온도가 올라간다고 해도 팽창할 수 없다[식 (11.16) 참조]. 팽창한다면 온도가 내려갈 수도 있겠으나 팽창이 불가능하므로 온도는 계속 오른다. 그 때문에 열핵반응은 더욱 가속된다. 드디어 온도가 너무 높아져 중심부의 축퇴가 풀리게 되면 중심부는 이제 격렬한 팽창을 시작한다. 헬륨의 연소가 시작된 지 불과 수 초 사이에 이루어지는 이 폭발적인 팽창을 **헬륨섬광**(helium flash)이라고 부른다.

헬륨섬광으로 방출된 에너지는 외곽층에서 모두 흡수되므로 이 과정에서 별 전체가 파괴되는 일은 없으며 헬륨섬광 동안에 별의 광도는 오히려 감소한다. 그 까닭은 중심핵은 팽창하고 외곽부는 수축하기 때문이다. 헬륨섬광에서 나온 에너지는 팽창한 핵의 중력에너지로 변환된다. 그러므로 헬륨섬광 이후에 별은 새로운 평형상태를 찾아 중심부 헬륨은 비축퇴상태에서 차근히 연소되어 탄소가 된다.

헬륨섬광 이후 별은 HR도에서 **수평가지**(horizontal branch, HB)에 자리 잡는다. 헬륨섬광 이후 수평가지에서의 정확한 위치는 표피의 질량에 민감한 함수이다. 이것 역시 헬륨섬광에서 별이 잃어버린 질량에 의존하는데 이 양은 별마다 달라 정확히 알 수 없다. 수평가지를 따라서 광도는 크게 변하지 않지만 표피의 질량이 작을수록 별의 유효온도는 더 높다. 수평가지는 거문고자리 RR형 변광성을 만드는 맥동불안정띠(pulsational instability)에 해당하는 틈을 기준으로 푸른 부분과 붉은 부분으로 나뉜다(14.2절 참조). 금속함량이 적으면 푸른 수평가지가 두드러지는 것과 연관되기 때문에, 수평가지의 별들의 분포는 금속함량에 의존한다. 따라서 금속함량이 낮은 구상성단일수록 푸른 수평가지가 강하고 더 눈에 띈다(16.3절). 태양과 비슷한 금속 성분을 갖는 구상성단에서는 수평가지가 줄어들어 **레드클럼프**(red clump)라는 짧은 토막을 만드는데 이것은 적색거성가지(RGB)와 연결되어 있다.

중간 정도의 질량을 갖는 별들($2.3M_{\odot} \leq M \leq 8M_{\odot}$)은 중심온도가 더 높고 중심밀도는 더 낮다. 그래서 핵이 축퇴되지는 않는다. 따라서 핵이 수축할 때 헬륨 연소가 폭발적이지 않다. 헬륨 연소 핵의 중요성이 커짐에 따라 별은 일단 적색거성가지에서 멀어져 푸른색 쪽으로 움직이다가 다시 하야시경로 쪽으로 돌아온다. 이 **블루 루프**(blue loop) 때문에 별들이 세페이드 불안정띠에 해당하는 HR도의 구역으로 별이 지나가게 된다(14.2절). 은하수와 가까운 외부 은하들의 거리 결정에 매우 중요한 역할을 하는 전통적인 세페이드 변광성이 이렇게 만들어진다.

가장 질량이 큰 별에서는 별이 적색거성가지에 도달하기 전에 헬륨 연소가 시작된다. 어떤 별들은 HR도에서 오른쪽으로 계속 움직이게 된다. 어떤 별들은 엄청난 항성풍을 만들어 대단한 질량 손실을 경험하게 된다. 백조자리 P(P Cygni)와 용골자리 η(η Carinae)로 알려진 별들과 같은 이런 진화 단계에 있는 별들은 **밝은 청색 변광성**(luminous blue variables, LBV)으로 알려졌다. 이 별들은 우리은하에서 가장 밝은 별 가운데 하나이다. 이 별이 표피층을 유지할 수 있다면 이것은 적색초거성이 될 것이다. 그렇지 않다면 이 별은 HR도에서 푸른 쪽으로 되돌아와 울프-레이에 별로서 인생을 마칠 것이다.

점근거성가지. 헬륨 연소 다음에 진행되는 진화의 과정은 질량에 따라 크게 다르다. 중심온도가 얼마나 높아지며 무거운 원소 연료가 연소될 때 축퇴의 정도가 얼마나 될지는 질량에 의해 결정된다.

중심 헬륨의 공급이 중단되면 헬륨은 구각에서 연소를 계속한다. 이때 수소 구각 연소를 멈춘다. HR도에서 별은 유효온도가 낮은 쪽으로 그리고 광도가 높은 쪽으로 이동하게 된다. 온도가 약간 더 높다는 것을 제외하면 이 단계는 질량이 작은 항성의 적색거성 단계와 비슷하다. 이런 이유 때문에 이 단계를 **점근거성가지**(asymptotic giant branch, AGB)라고 한다.

초기 단계 후에 헬륨 구각이 연소가 끝난 수소 구각을 따라잡게 되면 **점근거성가지** 별들은 **열적맥동 단계**(thermally pulsing phase)라고 알려진 단계로 진입한다. 이 단계에서 수소와 헬륨 구각 연소를 번갈아 하게 된다.

연소가 진행되는 두 구각의 배치는 불안정하기 때문에 이 단계에서 항성 내부 물질은 혼합되거나 행성상성운처럼 구각의 형태로 우주공간으로 뿜어져 나오게 된다.

열적으로 맥동하는 점근거성가지 항성은 복사압이 바깥층을 행성상성운으로 모두 뿜어낼 때까지 계속 유지된다. 질량이 작거나 중간 정도 되는 거성($M \le 8M_\odot$)은 핵에서 탄소 연소를 시작하기에 충분한 온도가 절대로 될 수 없기 때문에 이 별들은 탄소-산소 성분의 백색왜성으로 남게 된다(그림 12.6).

거성 단계의 끝. 헬륨 연소가 끝나면 항성 진화의 성질이 바뀐다. 중심부에서의 핵 시간척도가 바깥층의 열 시간척도에 비해서 짧아지기 때문이다. 두 번째 이유는 핵융합 반응에서 방출된 에너지가 중심부에 쌓이는 대신 중성미자를 통해 방출되기 때문이다. 결과적으로 핵융합 반응이 수소와 헬륨 연소와 같은 방식을 따르지만 별 전체로는 즉각 반응할 시간적 여유를 갖지 못한다.

경량급 항성에서 헬륨섬광이 일어나듯 질량이 $10M_\odot$ 정도 되는 별에서 탄소나 산소를 폭발적으로 태우는 과정을 거친다. 즉 **탄소섬광**(carbon flash) 또는 **산소섬광**(oxygen flash) 현상이 있다. 이것은 헬륨섬광보다 훨씬 더 엄청난 에너지를 방출시키므로 별은 드디어 폭발하여 **초신성**으로 되면서 완전히 파괴되는 듯하다(12.5절, 14.3절 참조).

질량이 훨씬 더 큰 초중량급 항성에서는 핵이 계속 수축하는 동안 온도가 높아져 비축퇴상태로 남게 되고 연소도 그리 폭발적이지 않다. 탄소 연소와 이어서 산소, 규소 연소가 일어나게 된다(10.3절 참조). 각각의 핵연료가 중심부에서 다 소진되면 구각 연소가 계속 진행된다. 별들은 이렇게 여러 단계의 핵 구각 연소를 한다. 최종 단계에서 별은 화학성분이 다른 여러 개의 층으로 된다. 무거운 별($15M_\odot$ 이상)의 경우 철에 이르기까지 여러 층이 만들어진다.

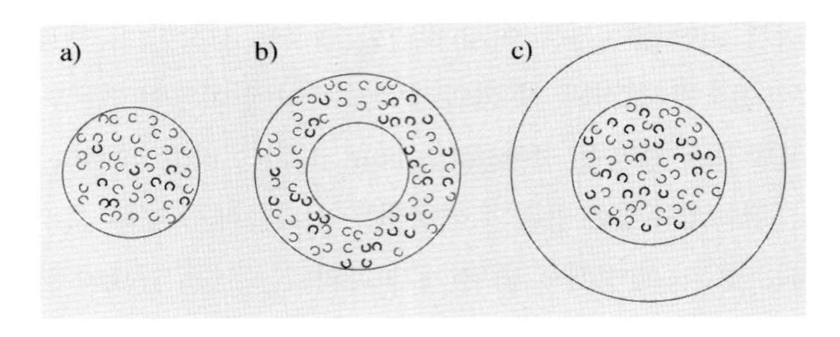

그림 12.4 주계열 단계에서의 에너지 전달. (a) 질량이 극히 작은 별($M < 0.26M_\odot$) 내부는 전체가 대류운동을 하고 있다. (b) 질량이 $0.26M_\odot < M < 1.5M_\odot$ 범위의 별들의 중심핵은 복사평형에, 외피부는 대류평형에 있다. (c) 질량이 큰($M > 1.5M_\odot$) 별들은 내부가 대류, 외피부가 복사평형에 놓인다.

근사적으로 $15M_\odot$보다 무거운 별의 중심부는 계속 핵반응을 일으켜 최종 단계에 가서 철(^{56}Fe)의 핵을 구성한다. 이렇게 되면 핵연료로 쓸 수 있는 원소는 모두 다 태운 셈이다. 이 단계에 이른 $30M_\odot$의 별 내부를 그림 12.4에 보였다. 철 핵 주위를 ^{28}Si, ^{16}O와 ^{12}C, ^{4}He, 그리고 ^{1}H 등이 층층이 둘러싸고 있다. 이러한 층 구조는 역학적으로 매우 불안정하다. 왜냐하면 중심핵에서 핵반응이 멈추면 중앙부의 압력이 급격히 떨어지고 그렇게 되면 중심핵이 결국 수축 함몰하게 되기 때문이다. 수축 과정에서 방출되는 중력에너지는 철 원자핵을 우선 헬륨핵으로 그리고 양성자와 중성자로 분해시키는 데 쓰인다. 성간운에서 수소 분자의 해리가 수축을 가속시키듯 철의 핵 분해 역시 수축을 더욱 가속시켜 중심핵은 매우 빠른 속도로 붕괴한다. 중심핵의 붕괴는 동력학 시간척도로 진행되는데 이 정도의 고밀도 상황에서는 동력학 시간척도가 수 분의 일 초 정도로 순간적이다. 외곽층들도 역시 수축하지만 중심핵보다는 훨씬 느리게 수축이 진행된다. 그 결과 핵연료가 아직 다 소진되지 않은 층에서는 온도의 증가가 폭발적인 핵반응을 유발시켜 수 초 이내에 엄청나게 많은 양의 에너지가 방출된다. 이 에너지의 대부분은 중성미자가 갖게 된다.

항성 진화의 최종 단계는 핵의 내파(implosion)로 설명할 수 있다. 내파는 새로운 핵연료 원이 연소될 수 있을 때마다 잠시 멈춘다. 이러한 수축에서 방출된 에너지가 정확히 어떻게 별 전체를 붕괴시키고 바깥층이 분출되는지는 여전히 풀어야 할 문제로 남아 있다. 또한 잔해물이 중성자별(neutron star)이 될지 블랙홀(black hole)이 될지도 여전히 불확실하다.

정확한 기작이 완전히 이해된 것은 아니지만 $8M_{\odot}$ 보다 무거운 항성 진화의 종착지는 초신성으로서 외부의 층이 폭발하는 것이다. 고밀도의 중심핵에는 양성자가 전자와 결합하여 중성자로 변한다. 거의 전적으로 중성자로 구성된 중심핵은 밀도가 아주 높아 축퇴상태에 있게 된다. 중성자의 축퇴압은 작은 질량의 핵의 수축을 멈출 것이다. 그러나 질량이 어느 한계 이상으로 크다면 중심핵은 결국 블랙홀로 되어 버릴 것이다.

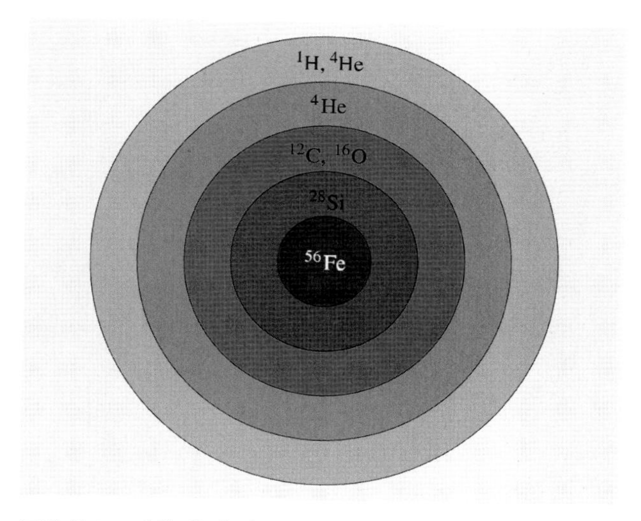

그림 12.5 진화 후기 단계에서 초중량급 항성($30M_{\odot}$)의 내부 구조. 핵 연소 구각에 의해 구분된 화학성분이 다른 여러 층으로 별이 구성된다.

12.5 진화의 최종 단계

항성 진화의 마지막 상태를 그림 12.7에 나타냈다. 그림 12.7은 온도가 0K인 천체의 질량과 중심밀도의 관계를 나타낸다. 즉 중량급 천체가 완전히 식었을 때 평형상태에서 갖게 되는 중심밀도가 질량에 따라 어떻게 다른가를 보여주고 있다. 2개의 극대점이 존재하는데 왼쪽의 극대점에 대응하는 질량을 찬드라세카 질량(Chandrasekhar mass), 오른쪽의 것을 오펜하이머-볼코프 질량(Oppenheimer-Volkoff mass)이라고 부른다. 전자 M_{Ch}는 $1.2 \sim 1.4M_{\odot}$, 후자 M_{OV}는 $1.5 \sim 2M_{\odot}$ 정도로 알려져 있다.

질량이 M_{Ch}보다 작은 별들을 우선 생각해보자. 진화 과정 중에서 별의 질량은 보존된다고 가정한다. 핵연료가 소진되면 그 별은 백색왜성으로 되어 서서히 냉각하면서 수축한다. 그림 12.5에서 이 별은 식으면서 오른쪽으로 수평 이동하다가 0K가 되면 상승하고 있는 평형곡선의 왼쪽에 도착한다. 최종 평형상태는 완전히 축퇴된 흑색왜성이다.

질량이 M_{Ch}보다 크고 M_{OV} 보다 작다면 계속 식어서 역시 평형곡선의 오른쪽에 도착한다. 여기에 도착한 별은 안정한 평형상태를 유지한다. 이 최종 평형상태가 완전 축퇴된 중성자별이다.

질량이 M_{OV} 보다 큰 별은 냉각하면서 계속 수축하며 중심밀도는 중성자별에 대응되는 값을 넘어서 더욱 높아진다. 이 경우 안정한 평형상태가 알려진 바 없으며 결국 블랙홀로 될 것이다.

이론적으로 예측된 항성 진화의 마지막 단계는 그림 12.7의 2개의 안정한 상태와 블랙홀로의 수축이나 폭발적 붕괴와 같은 두 가지 극단적 가능성이다.

지금까지의 논의는 순전히 이론적인 고찰에 불과하다. 실제 별들이 진화의 최종 단계에서 어떤 평형상태를 갖게 될지는 사실상 매우 복잡한 문제이다. 여러 가지 미지의 요인들에 의해서 최종 평형상태가 달라질 수 있기 때문이다. 그중에서도 가장 중요한 점이 질량 손실의 문제인데 이 문제는 이론적으로 풀기 어려운 문제일 뿐

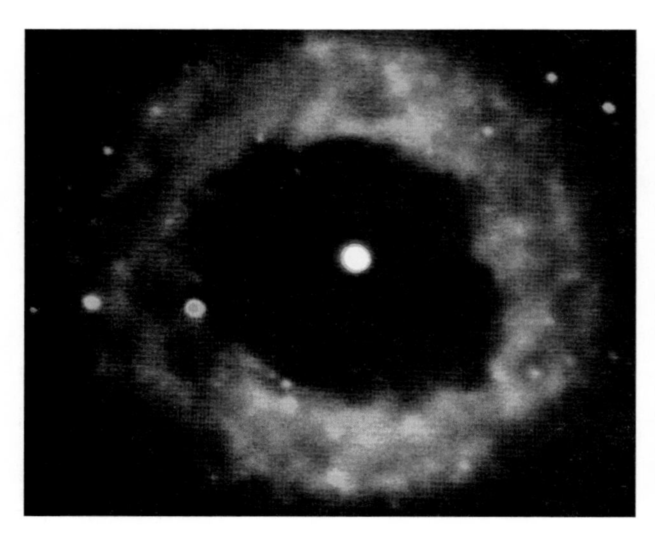

그림 12.6 질량이 $3M_\odot$ 보다 작은 별의 일반적인 진화의 마지막 단계는 백색왜성과 이것을 감싸고 있으면서 팽창하는 행성상 성운이다. 왼쪽은 8m급 쌍둥이 남반구 망원경(Gemini South telescope)으로 촬영한 행성상성운 NGC 6369이다. 질량이 큰 별은 삶이 초신성 폭발로 마감된다. 오른쪽은 전파로 관측된 카시오페이아 *A*(Cassiopeia *A*) 초신성 잔해이다. 영상은 VLA 망원경으로 작성되었다. (사진출처 : Gemini Observatory/Abu Team/NOAO/AURA/NSF, NRAO/AUI)

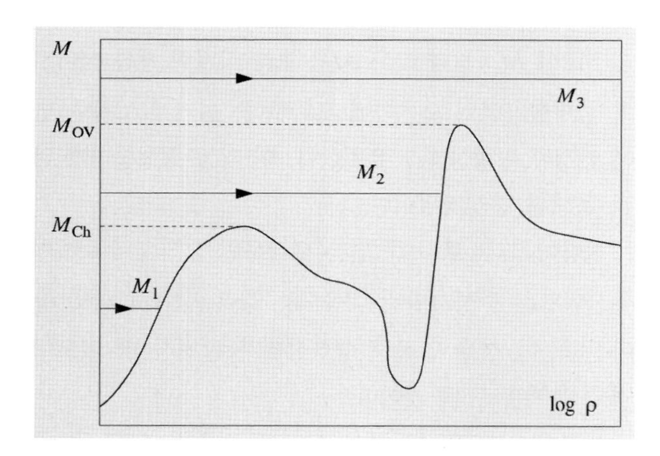

그림 12.7 별의 질량에 따라 진화의 최종 단계가 어떻게 다른지 중심밀도의 함수로 나타냈다. 곡선은 완전 축퇴된 천체($T=0$K)의 중심밀도의 양상을 보여준다. 이 곡선에 극대점이 2개 있는데 하나는 찬드라세카 질량 M_{Ch}, 다른 하나는 오펜하이머-볼코프 질량 M_{OV}이다.

아니라 관측적으로도 판가름하기 어렵다. 예를 들어 초신성 폭발만 하더라도 폭발 후에 남는 것이 중성자별인지 블랙홀인지 아니면 아무것도 남는 것이 없는지 전혀 확실하지 않다(밀집성의 구조는 제15장에서 다룬다).

그림 12.8에 다양한 진화경로 상태에 있는 별의 구조를 요약해 두었다.

12.6 근접쌍성의 진화

쌍성계를 이루는 두 별이 서로 멀리 떨어져 있다면 하나가 다른 하나의 내부 구조 및 진화에 아무런 영향도 줄 수 없다. 따라서 각각의 별들이 앞서 기술한 것처럼 단독적으로 진화한다고 취급해도 좋다. 그러나 근접쌍성의 경우에는 문제가 복잡해진다.

근접쌍성계는 세 부류로 구별된다(그림 12.9)—**분리쌍성계**(detached binary), **반분리쌍성계**(semi-detached binary), **접촉쌍성계**(contact binary). 이 그림에서 옆으로 눕혀 놓은 8자 모양은 로슈면(Roche surface)을 의미한다. 로슈면은 등위치에너지면이다. 어느 한 별이 로슈면보다 커지면 자신의 질량이 로슈면의 잘록한 부분을 통해 동반성에 옮겨가게 된다.

주계열 단계에서는 반지름에 커다란 변화가 없으므로 쌍성계를 구성하는 두 별은 각각의 자신의 로슈면 내에 아직 남아 있다. 수소가 소진되면 중심핵은 급격히 수축하지만 표피부는 팽창한다. 그러므로 이때 한쪽 별이 로슈면을 넘어서 질량의 일부가 다른 쪽 별로 넘어가게 된다.

근접쌍성계이며 동시에 식쌍성계인 경우가 종종 있다. 페르세우스자리 알골이 그 대표적인 예인데 하나는 주계열별이고 다른 하나는 준거성으로 주계열별보다 질량이 훨씬 작다. 이 준거성은 높은 광도를 보이므로 벌써 주계열을 떠난 별이라고 생각된다. 그렇다면 이것은 참으로 이상한 노릇이다. 왜냐하면 쌍성계의 두 별은 동시에 탄생하였을 터인데 질량이 작은 별이 큰 별보다 먼저 진화한 셈이 되니까 말이다. 바로 이 점이 **알골의 역설**(Algol paradox)이다. 무슨 이유에서인지 질량이 작은 별이 큰 별보다 빨리 진화했다.

이 역설을 해결하려고 1950년대에 다음과 같은 제안이 있었다. 현재 준거성 상태에 있는 별이 원래는 질량이 더 큰 별이었는데 진화 과정에서 질량의 일부를 반성에게 넘겨주었다는 것이 바로 그 제안이었다. 1960년대부터 근접쌍성계에서 질량 교환에 대한 연구가 많이 이루어졌는데 그 결과 질량 교환이 근접쌍성계의 진화에 괄목할 만한 영향을 미치고 있음을 알게 되었다.

하나의 예로서 질량이 각각 $1M_\odot$, $2M_\odot$이고 초기의 궤도주기가 1.4일인 근접쌍성계를 생각하자(그림 12.10). 주계열을 떠난 이후 무거운 쪽이 로슈한계를 넘어 자신의 질량을 반성에게 주기 시작한다. 질량의 전달은 초기에는 열 시간척도로 진행될 것이나 수백만 년이 경과하면 주성과 반성의 역할이 바뀌어 애초에 무거웠던 별이 이제는 자신의 반성보다 가벼워진다.

그리하여 이 쌍성계는 반분리형의 알골형 식쌍성으로 보이게 된다. 질량이 큰 주계열성과 질량이 작고 로슈면을 가득 채운 준거성으로 이루어진 쌍성이다. 질량의 이동은 앞에서보다 훨씬 느린 핵 시간척도로 진행될 것이다. 드디어 질량 이동을 멈추고 가벼운 별은 질량이 $0.6M_\odot$의 백색왜성으로 수축하여 버리고 만다.

질량이 커진 $2.4M_\odot$짜리 별은 이제 진화를 계속하면서 자신의 질량을 잃기 시작한다. 잃어버리는 질량은 물론 백색왜성의 표면에 쌓일 것이다. 이렇게 질량이 쌓이게 되면 **신성 폭발**(nova outburst) 현상을 보게 된다. 거대한 폭발로 물질이 공간으로 터져나가는 것이다. 신성 폭발로 질량을 공간에 잃어버리기는 하지만 백색왜성의 질량은 꾸준히 증가하여 언젠가는 찬드라세카의 질량을 넘게 될 것이다. 그러면 이 백색왜성은 일단 수축하다가 제I형 초신성으로 폭발한다.

둘째 예로서 질량이 $20M_\odot$, $8M_\odot$이고 초기 궤도주기가 4.7일인 중량급 쌍성계를 생각하자(그림 12.11). 질량이 큰 별이 매우 빨리 진화하여 주계열 단계를 벗어날 때쯤이면 자신의 질량 중 $15M_\odot$ 이상을 반성에게 넘겨준다. 질량의 이동은 겨우 수만 년에 불과한 열 시간척도 동안 일어난다. 결과로 진화하지 않은 주계열 별을 동반성으로 갖는 **헬륨별** 쌍성계가 남게 된다. 헬륨별의 성질이 **울프-레이에 별**의 성질과 비슷하다(그림 12.12).

헬륨별의 중심핵에서는 헬륨이 계속 타서 탄소로 되고 탄소핵은 성장하다가 드디어 폭발하여 초신성이 된다. 초신성 폭발의 귀결이 과연 무엇인지는 잘 알려져 있지 않지만 $2M_\odot$의 질량을 갖는 밀도가 매우 높은 잔해로 남는다고 생각하자. 이제 질량이 본래보다 더 커진 별은 진화를 계속하여 강력한 항성풍을 내보내고 이것이 고밀도의 밀집성에 부딪칠 때 강한 X-선 방출을 보게 될 것이다. X-선 방출은 질량이 큰 별이 자신의 로슈면을 다 채울 때가 되어서야 멈추게 될 것이다.

이 쌍성계는 계 전체의 각운동량과 질량을 빠르게 잃어버리게 되고, 최종적으로 안정한 상태를 이루게 되는데 하나는 $6M_\odot$의 헬륨별이고 다른 하나는 $2M_\odot$의 밀집성이 된다. 헬륨별은 울프-레이에 별로 보이다가 약

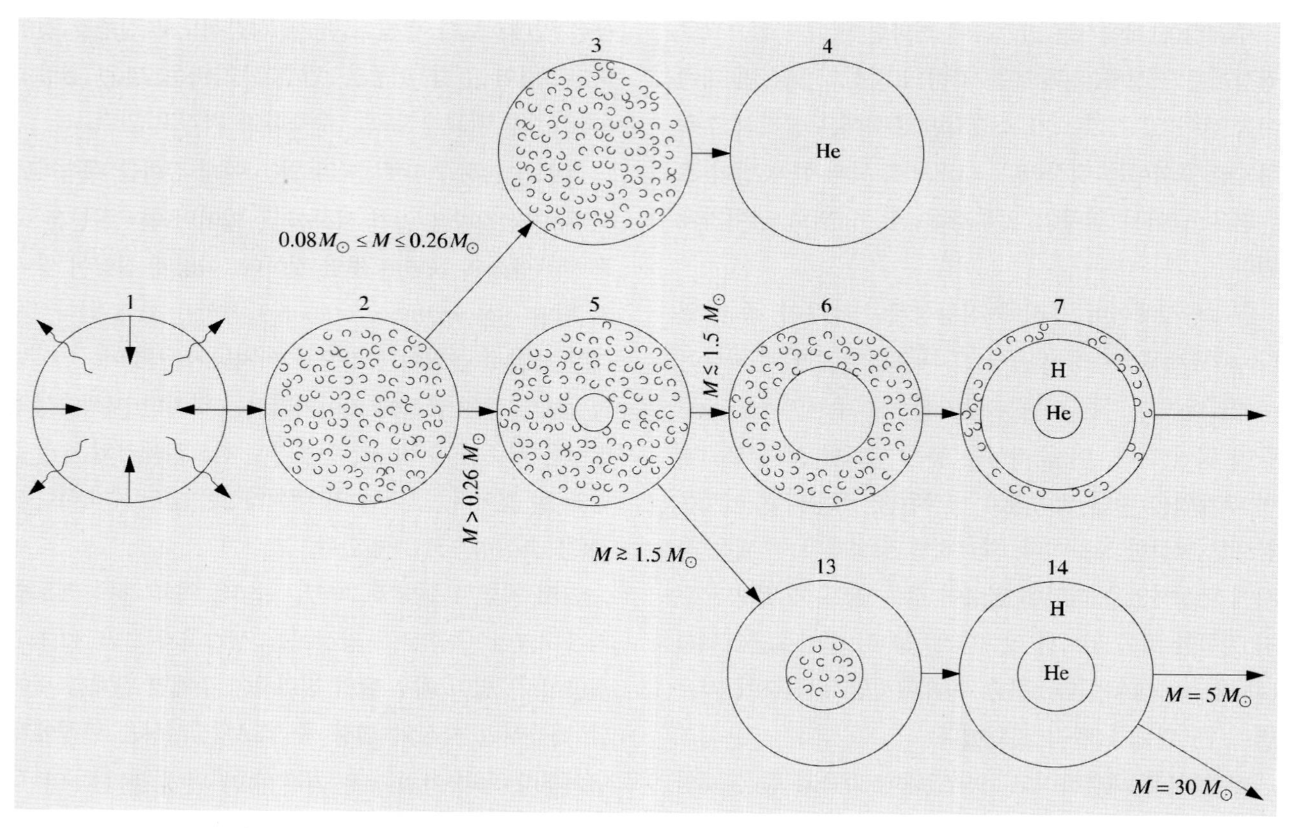

그림 12.8 질량에 따른 진화 경로의 차이. 반지름은 모든 그림에서 같게 처리했다. 실제로는 서로 다른 별과 진화의 다른 단계에서 반지름은 엄청나게 다르다. 처음에는 (1) 기체운이 자유낙하하면서 급격히 수축한다. 밀도가 매우 희박하므로 이 기체운으로부터 복사가 쉽게 밖으로 빠져나갈 수 있다. 밀도가 증가함에 따라 복사 방출이 어렵게 되므로 수축으로 공급된 중력에너지가 기체의 온도를 높인다. 수축은 기체가 완전히 전리될 때까지 진행하다가 정유체 평형상태로 진입한다(2). 별 내부가 온통 대류를 일으킨다.

이제부터는 진화가 열 시간척도로 진행한다. 수축은 자유낙하할 때보다 무척 느리게 진행한다. 이 단계 이후의 진화는 질량 M에 의해 결정된다. 질량이 $M < 0.08M_\odot$ 인 별들은 내부 온도가 수소 핵반응을 일으키기에 너무 낮아서 계속 수축하여 행성 비슷한 갈색왜성이 된다. 질량 M이 $M \ge 0.08M_\odot$ 이면 수축이 진행되어 중심부의 온도가 4×10^6K 에 이르며 이때 수소를 연소하는 핵반응이 개시되고 비로소 주계열성이 된다. 주계열 단계에서 경량급 항성($0.08M_\odot \le M \le 0.26M_\odot$)의 내부는 온통 대류 상태에 놓인다. 그러므로 화학조성이 내부 어디를 가든 동일하다(3). 진화는 매우 느리게 진행되며 핵연료로서 수소가 소진되어 헬륨으로 채워진 다음 수축하여 백색왜성으로 변한다(4).

질량 M이 $M > 0.26M_\odot$ 인 별의 내부 온도는 앞의 부류의 별보다 높으므로 중앙부 물질의 불투명도가 낮아 중심핵은 복사평형에 놓인다(5). $0.26M_\odot \le M \le 1.5M_\odot$ 의 별들은 주계열 단계에서 pp 연쇄반응을 거쳐 수소를 태우고 있는 동안 그 중심핵이 복사평형을 계속 유지한다(6). 외피부는 대류 상태에 있다. 주계열 단계의 마지막에 가서는 중심핵은 헬륨이 차지하고 그 둘레에서 수소가 연소한다(7).

이때 외피부는 팽창하고 별은 적색거성 단계에 진입한다. 한편 수축하는 헬륨 중심핵은 축퇴상태가 되어 온도가 계속 상승한다. 온도가 10^8K 에 이르면 3중 알파입자 과정이 시작되어 중심핵은 순간적으로 헬륨섬광을 겪게 된다(8). 폭발은 외피부 물질 때문에 일어나지 않고 중심핵에서는 헬륨이 계속 연소된다(9). 수소가 외곽부의 얇은 층에서 연소된다. 중심핵의 헬륨이 소진됨에 따라 헬륨이 연소하는 지역이 점차 밖으로 이동하면서 얇은 층에서 헬륨의 연소가 계속된다(10). 동시에 외피부는 심하게 팽창하면서 자신의 질량을 일부 잃어버리기 시작하다가 결국 행성상성운으로 된다(11). 성운의 중심핵 부분에는 백색왜성이 자리 잡는다(12).

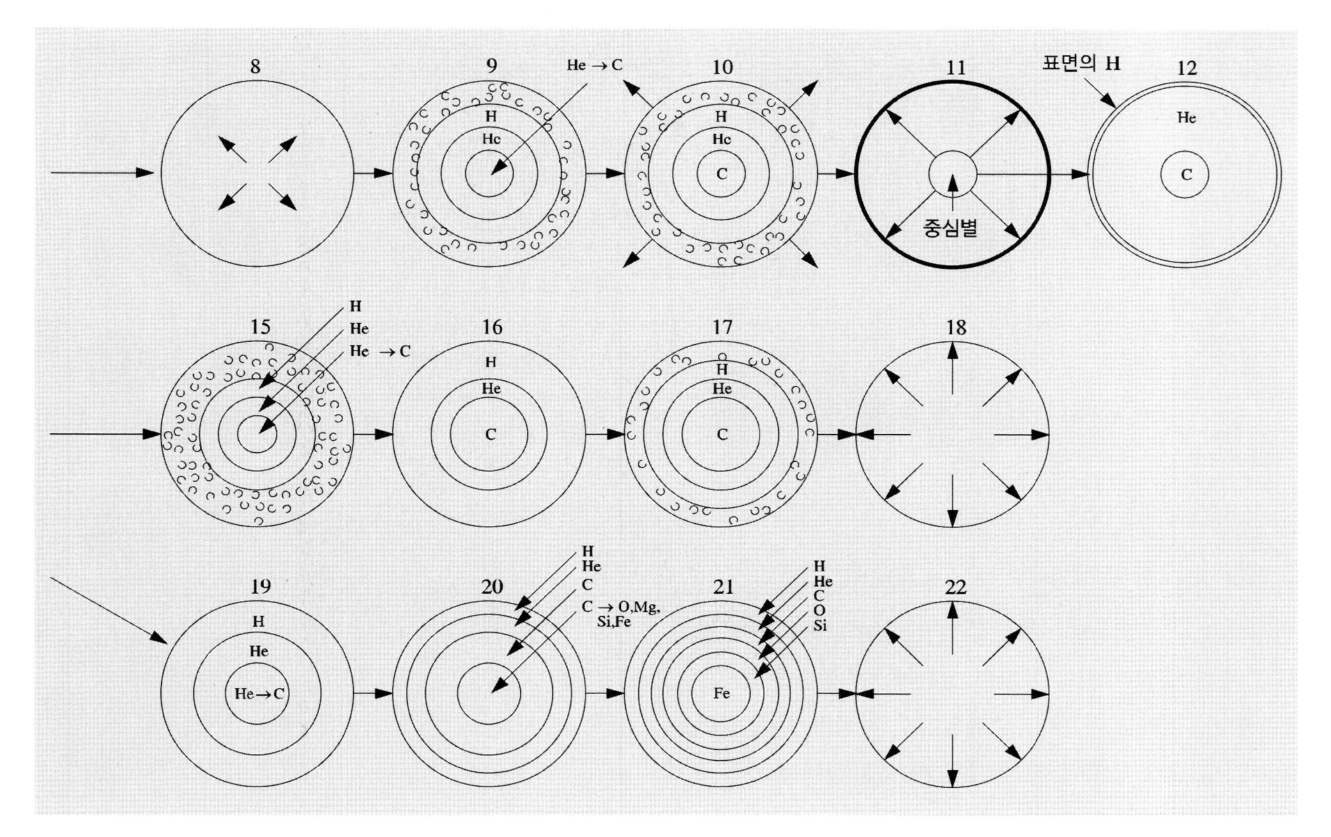

그림 12.8(계속) 주계열의 상단부($M \geq 1.5M_{\odot}$)에 있는 별들에서는 CNO 순환반응으로 에너지가 생성되며 중심핵에서는 대류에 의하여, 표피부에는 복사에 의하여 에너지가 외부로 전달된다(13). 중심핵의 수소가 소진됨에 따라 주계열 단계가 끝나고 중심핵을 둘러싼 구각에서 수소가 연소되기 시작한다(14). 헬륨으로 채워진 중심핵은 대류상태에 놓이게 되며 비축퇴상태에 있다. 그리고 헬륨은 계속해서 연소한다(15와 19). 그 후에는 헬륨 연소 지역이 얇은 층을 이루면서(16과 20) 밖으로 옮겨 간다. 질량이 $3M_{\odot} \leq M \leq 15M_{\odot}$ 인 별들은 중심핵의 탄소가 축퇴상태에 이르게 되며 탄소의 섬광현상이 있게 된다(17). 그 결과로 초신성 폭발이 초래되는데(18) 이때 별은 아마도 완전히 파괴되는 것 같다.
아주 질량이 큰 $M \geq 15M_{\odot}$ 별들은 중심의 탄소 핵이 대류상태에 있으며 탄소가 연소하여 산소와 마그네슘으로 만들어진다. 드디어 중심핵은 철로 채워지고 그 주위를 규소, 산소, 탄소, 헬륨, 수소의 순으로 여러 층이 둘러싼다(21). 핵연료는 고갈되어 별이 동역학 시간척도로 수축한다(22). 외곽부는 폭발하고 중심핵은 더 수축하여 중성자별이나 블랙홀로 된다.

100만 년이 지나면 초신성으로 폭발할 것이다. 이 쌍성계를 이루는 두 별은 한쪽이 초신성으로 폭발함에 따라 깨어질 공산이 크다. 그러나 초신성 폭발 후에 남는 중심 천체의 질량이 얼마나 되느냐에 따라서 그대로 쌍성계로 남아 있을 수도 있다. 그렇다면 중성자별로 구성된 쌍성계가 태어나는 셈이다.

12.7 관측과 비교

이론적 진화 모형의 타당성 여부는 HR도의 관측적 사실로부터 확보된다. 모형이 실제와 맞는다면 HR도 각 위치에서 관측되는 별들의 개수가 각 진화 단계의 지속 시간에 비례할 것이다. 질량에 따른 진화 단계들의 지속시간이 표 12.1에 주어져 있다. HR도에는 역시 주계열에

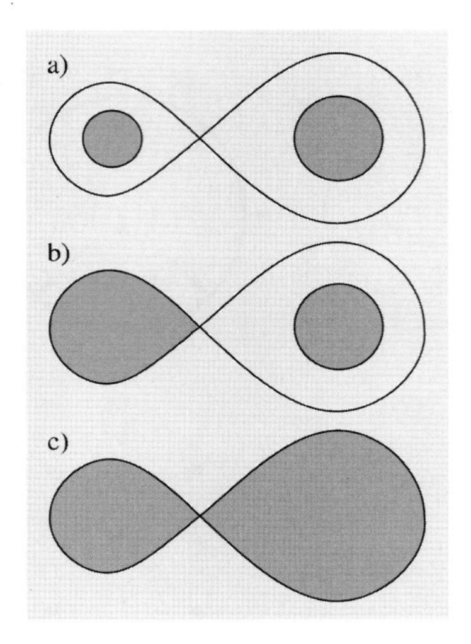

그림 12.9 근접쌍성계의 종류 – (a) 분리계, (b) 반분리계, (c) 접촉계

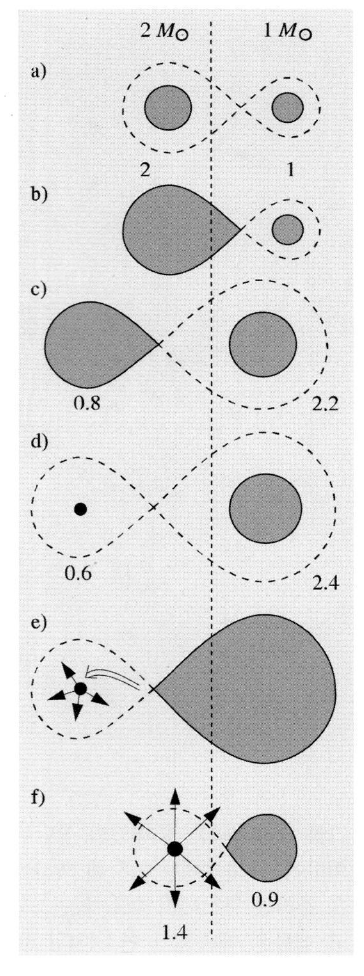

그림 12.10 경량급 근접쌍성계의 진화 – (a) 두 별이 모두 주계열성. (b) 질량이 큰 쪽에서부터 작은 쪽으로 질량 이동. (c) 질량이 작은 준거성과 질량이 큰 주계열성. (d) 백색왜성과 주계열성. (e) 질량이 큰 쪽에서 백색왜성으로 질량이 옮겨가면서 신성 폭발. (f) 백색왜성의 질량이 찬드라세카 질량을 넘어 제I형 초신성으로 폭발

별들이 가장 많고 거성들도 흔하게 보이며 이외에도 백색왜성과 준거성 등이 있다. 주계열 상부의 오른쪽에 별의 개수가 특별히 적은 부분이 있는데, 이 부분을 헤르츠스프룽 빈틈이라고 부른다. 주계열에서 거성 단계로 진화할 때 특히 이 부분에 와서 매우 빠르게 진행되므로 헤르츠스프룽 빈틈이 보이는 것이다.

세페이드 변광성이 진화 모형을 검증하는 하나의 중요한 도구가 된다. 별의 맥동 현상, 맥동에 따른 변광주기와 광도의 관계 등이 모두 이론적 항성 모형으로 설명될 수 있다.

진화의 모형 계산 결과로 성단의 HR도를 잘 설명할 수 있다. 성단을 구성하고 있는 별들이 모두 동시에 탄생하였다면 극히 젊은 성단이나 성협 등의 별들은 주로 주계열의 상단부에서 발견될 것이다. 왜냐하면 중량급 항성들이 빨리 진화하기 때문이다. 주계열의 오른쪽에는 비교적 질량이 작은 황소자리 T형 별들이 자리 잡고 있으며 이들은 아직 수축 단계에 있을 것이다. 나이가 중간 정도인 산개성단을 보면 주계열이 비교적 뚜렷하게 보일 것이며 그 상단은 오른쪽으로 약간 휘어져 있을 것이다. 이 정도 나이의 성단에서는 중량급 항성들이 벌써 주계열을 벗어나기 시작했을 터이므로 주계열의 상단이 오른쪽으로 굽어지는 것이다. 나이가 아주 오래된 구상성단에서는 거성가지가 HR도의 그 어느 부분보다 뚜렷하게 드러난다. 늙은 성단일수록 거성가지는 더욱 뚜렷해질 것이다. 이러한 예상은 관측에서 모두 확인되었다. 보다 자세한 내용은 제17장에서 성단을 다루면서 논의하겠다.

별들 중에서 태양이 가장 자세하게 관측된 별이므로 태양에 대한 관측사실과의 비교로부터 항성 진화 이론을 검증할 수 있다. 초기의 화학조성이 질량으로 수소 71%, 헬륨 27%, 그 외의 중원소 2%로 된 $1M_{\odot}$의 별을 모형 계산을 통하여 5×10^9년 동안 진화시키면 그 결과

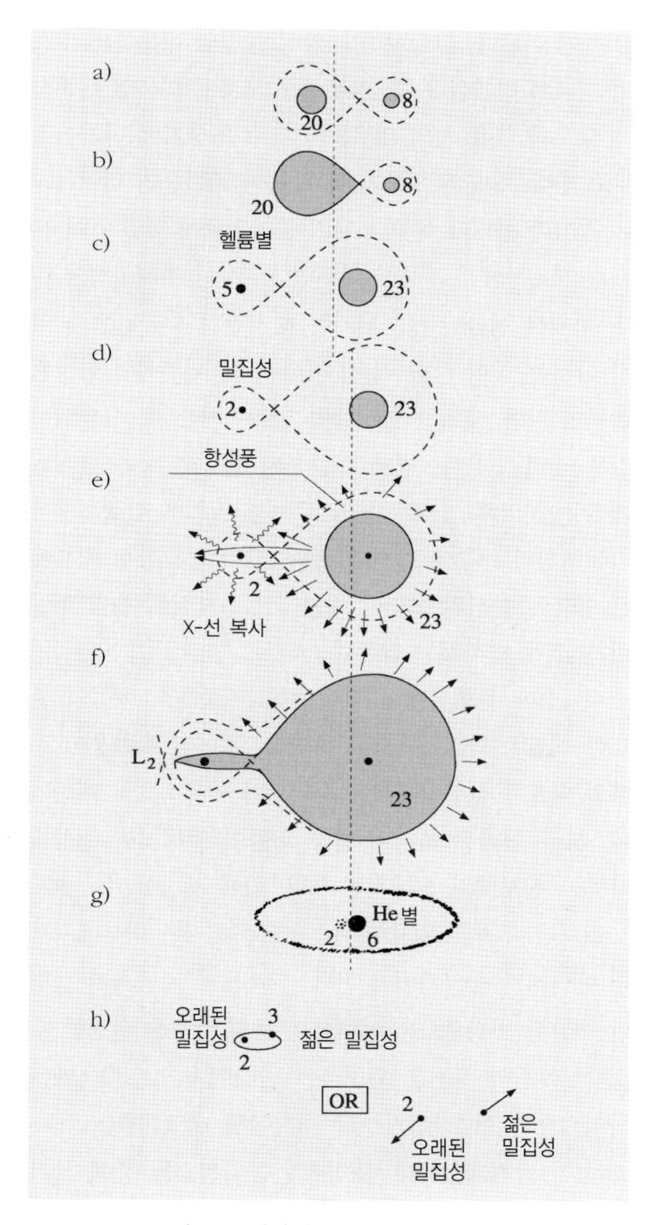

그림 12.11 중량급 근접쌍성계의 진화. 질량이 $5M_{\odot}$ 인 헬륨별이 초신성으로 폭발하면서 $2M_{\odot}$ 의 고밀도 별(중성자별이나 블랙홀 등의 밀집성)이 남는다고 가정한다. (a) 주계열 단계. (b) 제1단계 질량 이동 개시. (c) 제1단계 질량 이동 종료. 울프-레이에 별의 제1단계 시작. (d) 헬륨별(울프-레이에 별)이 초신성으로 폭발. (e) $23M_{\odot}$ 인 별이 초거성으로 되고 밀집성은 강력한 X-선 방출. (f) 제2단계 질량 이동 개시. X-선 원이 꺼지고 질량 손실이 대규모로 발생. (g) 울프-레이에 별의 제2단계. (h) $6M_{\odot}$ 헬륨별 초신성으로 폭발. 쌍성계는 잔여 질량의 크기에 따라 파괴될 수도 있고 보존될 수도 있다.

가 태양과 아주 흡사하게 나타난다. 특히, 반지름, 광도, 표면온도 등에서 이론적 모형은 관측과 훌륭히 부합한다. 이러한 모형 연구에 의하면 태양은 핵연료로서 수소를 중심핵 부분에서 반이나 소진하였다고 한다. 태양은 앞으로도 50억 년 동안은 현재의 상태를 그대로 유지하다가 그 후에 가서는 내부 구조에 커다란 변화가 올 것이다.

관측에 관하여 문제가 전혀 없는 것은 아니다. 태양의 중성미자 문제가 그중 하나이다. 1970년대 초 이래 3.7절에서 설명한 방법으로, 태양의 핵반응에서 생성되는 중성미자를 계속 관측하였다. 세 종류의 연쇄반응 중에서 ppIII의 기여도가 가장 낮기는 하지만, 이 연쇄반응에서 생성되는 중성미자만이 관측에 걸릴 만큼 충분한 에너지를 갖고 밖으로 나온다. 그런데 관측된 수가 너무 적었다. 모형계산의 예측은 5단위인데 검출되는 것은 1

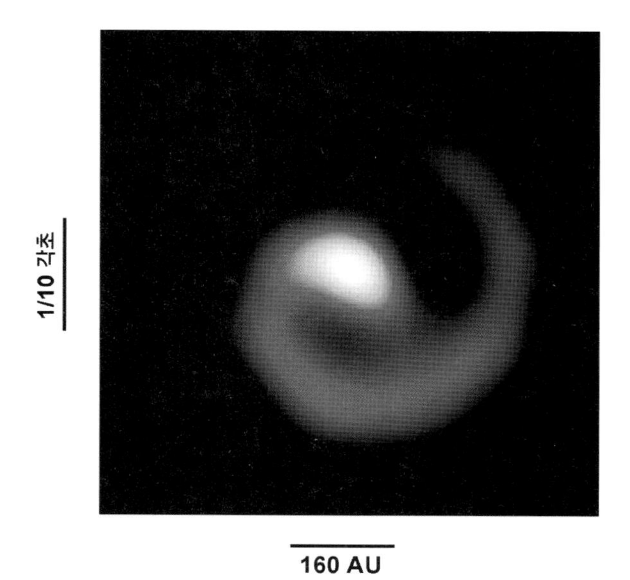

그림 12.12 10m 켁 망원경으로 촬영한 울프-레이에 별 WR 104. 나선 모양은 회전하는 쌍성계에서 떨어져 나오는 먼지와 기체이다. 나선 모양의 '바람개비'는 약 220일 동안 한 바퀴 도는 것처럼 보인다. (사진출처 : U.C. Berkeley Space Sciences Laboratory/W.M. Keck Observatory)

~2단위에 불과했다.

관측과 이론의 불일치는 아마도 관측 기술에 문제가 있든가 아니면 중성미자의 성질을 제대로 알고 있지 못하기 때문일 것이다. 관측되는 수와 같은 수의 중성미자를 모형계산이 예측하려면 태양 중심의 온도가 생각하고 있는 값보다 20%나 낮아야 한다. 그런데 온도를 이렇게 낮춘다면 이번에는 태양의 광도를 설명할 수 없게 된다. 이것은 커다란 딜레마이다. 이 딜레마에서 벗어날 수 있는 한 가지 가능성은 전자 중성미자의 일부가 지구를 향해 오는 중에 관측이 불가능한 다른 종류의 입자로 바뀌는 것이다(13.1절 참조).

두 번째 문제는 관측되는 리튬과 베릴륨의 양이다. 태양표면은 정상적인 베릴륨 양을 갖고 있지만 리튬은 매우 적은 양만 태양표면에서 관측된다. 이것은 태양이 수축하는 동안 중심온도가 리튬을 파괴할 수 있는 온도(3×10^6K)이면서 베릴륨을 파괴할 수 없는 온도(4×10^6K)였을 때도 여전히 완전히 대류 상태라는 것을 의미한다. 그러나 태양표준 모형에 의하면 중심온도가 2×10^6K일 때 중심에서는 이미 대류가 멈추었다. 한 가지 제안된 설명은 나중에 리튬이 파괴될 수 있을 만큼 뜨거운 층으로 대류가 리튬을 옮겼을 것이라는 것이다.

12.8 원소의 기원

태양계에는 100가지가 채 못 되는 종류의 천연원소가 있다. 동위원소들을 따로 생각하면 약 300종이 된다(그림 12.13). 12.4절에서 수소가 헬륨으로 연소되고 후에 헬륨이 탄소, 산소 등 무거운 물질로 연소되어 철에 이르는 원소들이 어떻게 만들어질 수 있는가를 알아보았다.

헬륨보다 무거운 원소들 거의 모두가 별 내부에서 핵반응으로부터 합성된다. 나이가 가장 많은 별들에서는 중원소의 함량비가 약 0.02%인데 아주 젊은 별에서는 수 %에 이른다. 그렇더라도 항성 물질의 대부분은 수소와 헬륨이 차지한다. 표준 우주론 모형에 의하면 현존하는 수소와 헬륨 거의 대부분이 우주 초창기에 만들어졌다고 한다. 온도와 밀도가 매우 높아 핵반응이 일어나기에 적합한 상태가 우주 초창기에 마련되어 있었다(이 문제는 제20장에서 자세히 다루겠다). 물론 주계열성의 내부 핵에서 헬륨이 생성되기는 하지만 우주공간으로 다시 나가는 양이 극히 적다. 따라서 별 내부에서 합성된 헬륨이 다음 세대의 항성들이 만들어지는 데 사용되는 일은 극히 드물다. 별에서 합성된 헬륨은 다음 단계의 핵반응에 의해 그 대부분이 무거운 원소로 합성되든가 백색왜성의 내부에 갇히게 된다. 그러므로 항성 내부에서 헬륨이 합성되어도 이 때문에 성간물질의 헬륨 함량비가 크게 변하지는 않는다.

11.3절에서 헬륨에서 철에 이르는 중원소 핵들의 중요한 핵합성 과정들을 공부하였다. 주어진 핵반응이 진행될 확률은 실험실에서 측정되든가 이론적으로 계산된다. 모든 핵반응 과정의 반응 확률이 알려지면 생성될 다양한 원자핵의 상대적인 양을 쉽게 계산할 수 있다.

철보다 무거운 원자핵들이 만들어지려면 외부에서부터 에너지가 공급되어야 한다. 그러므로 지금까지 설명한 핵융합 과정으로는 이러한 핵들의 생성을 설명할 수 없다. 여전히 무거운 원소들이 만들어지고 있다. 예를 들어 1952년에 적색거성의 대기에서 테크네튬(technetium)이 발견되었는데 테크네튬 동위원소들 중에서 가장 수명이 긴 ^{98}Tc라고 하더라도 그 반감기가 1.5×10^6년에 불과하므로 관측된 Tc는 분명히 이 별에서 생성된 것임에 틀림이 없다.

철보다 무거운 원자핵들의 대부분이 **중성자포획**(中性子捕獲, neutron capture) 과정을 거쳐 만들어진다(그림 12.14). 중성자는 전기적으로 중성이므로 원자핵에 쉽게 들어간다. 중성자포획 확률은 입사되는 중성자의 운동에너지와 과녁 원자핵의 질량 번호에 따라 결정된다. 예

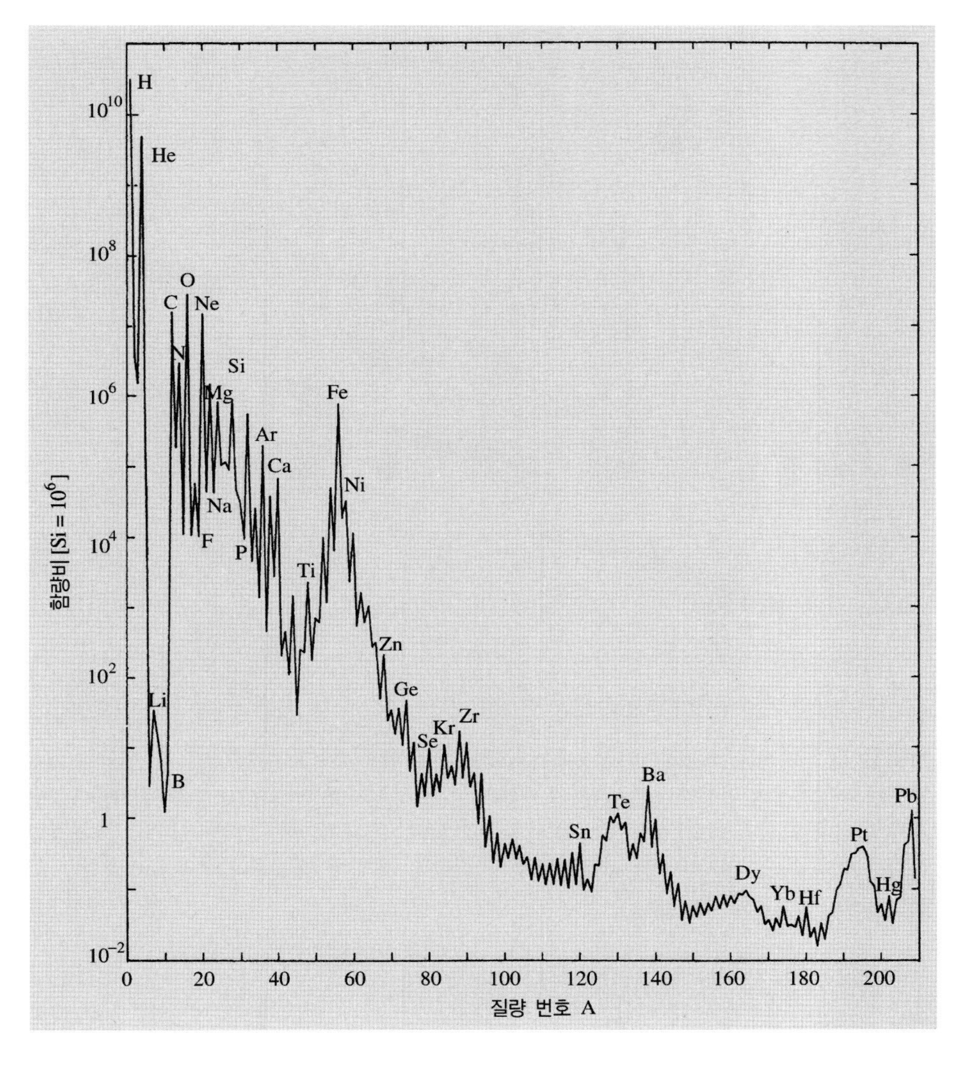

그림 12.13 태양계에 현존하는 원소들의 함량비를 질량 번호의 함수로 나타내었다. 규소의 함량비 값을 10^6으로 택하였다.

를 들어 태양계에서는 질량 번호가 A=70~90, 130, 138, 195, 208인 원자핵들의 함량비가 극대값을 보이고 있다. 이러한 질량 번호들은 중성자 번호가 N=50, 82, 126으로 폐쇄된 중성자 껍질을 갖는 핵에 대응된다. 중성자의 에너지 준위를 모두 채워 중성자가 들어갈 자리가 더 이상 없는 이런 원자핵들이 중성자를 포획할 확률은 매우 낮다. 그러므로 이러한 원자핵들은 천천히 반응을 일으키고 함량비가 높게 축적된다.

중성자포획 과정을 거쳐 질량 번호가 A인 핵은 자기보다 무거운 핵으로 변한다.

$$(Z, A) + \mathrm{n} \rightarrow (Z, A+1) + \gamma$$

새로 태어난 핵이 불안정하면 β붕괴(β decay)를 일으켜 중성자 하나가 양성자로 변한다.

$$(Z, A+1) \rightarrow (Z+1, A+1) + \mathrm{e}^- + \overline{\nu_e}$$

중성자포획은 중성자 플럭스의 양에 따라 두 가지 다른 경로를 거쳐 진행된다. 느리게 진행되는 s과정

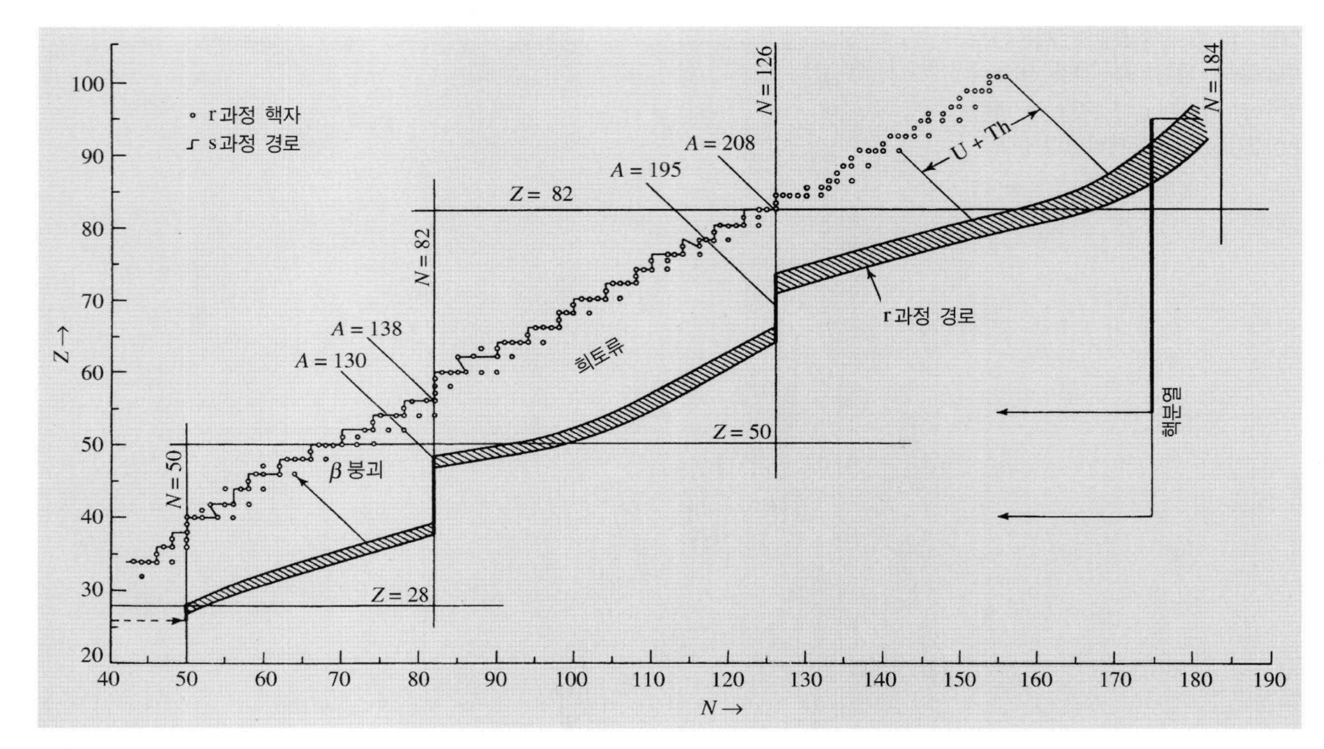

그림 12.14 s과정과 r과정에 대한 중성자포획의 경로(왼쪽에서 오른쪽으로). s과정은 β 안정성 선을 따라서 진행된다. 작은 원으로 표시된 r과정의 안정핵들은 빗금 친 부분에 있던 중성자를 많이 갖고 있는 핵자들이 β붕괴를 거치면서 만들어진다. β붕괴는 A가 일정한 직선을 따라 진행된다. N=50, 82, 126인 핵자의 닫힌 중성자각은 A=88, 138, 208인 s과정 핵자의 함량비 극대에 해당하고 A=80, 130, 195인 r과정 핵자의 함량비 극대에 해당한다. [Seeger, P.A., Fowler, W.A., Clayton, D.D. (1965): Astrophys, J. Suppl. **11**, 121]

(s-process)의 경우에는 중성자 플럭스가 낮아서 다음 번 중성자가 포획되기 이전에 β붕괴가 일어날 충분한 시간이 있다. 질량 번호가 210에 이르는 원자핵들 중에서 가장 안정한 핵들은 s과정으로 만들어진다. 이러한 원자핵들을 β붕괴의 안정 계곡에 있는 핵이라고 부른다. 함량비가 질량 번호 88, 138, 208에서 극대가 되는 사실은 이 s과정으로 잘 설명된다.

중성자의 플럭스가 많으면 β붕괴가 일어나기도 전에 다음 번 중성자가 포획된다. 이렇게 포획이 빠르게 진행되는 과정을 r과정(r-process)이라고 부르는데 이 과정을 거쳐 생성된 동위원소 핵들은 중성자를 많이 갖고 있다. 함량비가 극대가 되는 r과정의 산물은 s과정 산물보다 질량 번호가 10단위씩 적다.

정상적인 항성 진화 과정에서는 s과정에 필요한 충분한 양의 중성자 플럭스를 얻을 수 있다. 예를 들어 탄소나 산소의 연소 과정 중 일부는 자유 중성자를 내놓는다. 수소와 헬륨이 연소되고 있는 구각들 사이에 대류가 생기면 자유 양성자들이 탄소가 많이 있는 층으로 섞여 들어갈 수 있다. 이러한 상황에서는 중성자가 다음의 연쇄반응에 의하여 만들어진다.

$$^{12}C + p \rightarrow {}^{13}N + \gamma$$
$$^{13}N \rightarrow {}^{13}C + e^+ + \nu_e$$
$$^{13}C + {}^4He \rightarrow {}^{16}O + n$$

대류에 의하여 이 반응 산물이 표면 가까이로 옮겨질 수 있다.

r과정이 일어나려면 중성자의 플럭스가 10^{22}cm^{-3}은 되어야 하는데 이는 정상적인 항성 진화 과정에서는 기대할 수 없을 정도로 많은 양이다. 이 정도로 충분한 양의 중성자 플럭스를 기대할 수 있는 유일한 후보가 현재까지는 초신성 폭발로 생성되는 중성자별 부근뿐이다. 이런 곳에서는 중성자포획이 급속히 진행되어 새로운 핵들이 만들어지는데 이 핵들은 중성자를 더 포획하면 불안정하게 되어 붕괴되고 마는 것들이다. β붕괴를 한두 차례 급히 겪고 이러한 반응은 계속 진행된다.

중성자 플럭스가 감소하면 r과정이 일단 멈춘다. 그리고 이미 생성된 핵들은 β붕괴를 통하여 안정한 동위원소로 서서히 변신한다. r과정의 경로가 안정 계곡에서 질량수가 약 10단위 정도 적은 곳을 지나므로 함량비가 극대로 되는 원자핵들은 s과정의 것들보다 원자 번호가 10 정도 작다. 그림 12.14에 이 사실이 잘 나타나 있다. 자연에서 볼 수 있는 원소 중에서 가장 무거운 축에 속하는 우라늄, 토륨, 플루토늄 등은 r과정으로 만들어진 것이다.

약 40종에 이르는 동위원소들이 β안정 계곡의 양성자가 많은 쪽에 있는데 이들은 중성자포획으로 만들어질 수 없는 것들이다. 이들은 그 함량비가 주위에 있는 동위원소들에 비하여 지극히 낮으며 초신성이 폭발할 때 온도가 10^9K 이상 되는 상황에서 p과정(p-process)이라고 불리는 경로로 만들어진 동위원소들이다. 온도가 이 정도로 높으면 쌍생성(pair production)이 가능하다.

$$\gamma \rightarrow e^+ + e^-$$

여기서 생성된 양전자는 즉시 소멸되거나 아니면 다음의 경로를 통해 없어진다.

$$e^+ + (Z,\ A) \rightarrow (Z+1,\ A) + \bar{\nu}_e$$

p과정의 또 다른 경로

$$(Z,\ A) + p \rightarrow (Z+1,\ A+1) + \gamma$$

가 있다. 질량이 매우 큰 동위원소들 중 어떤 것은 핵분열(fission)하여 p과정의 핵들을 만드는 예도 있다. 즉 ^{184}W, ^{190}Pt, ^{196}Hg 등이 납의 분열 산물들이다.

앞에서 설명한 모든 반응의 산물들은 초신성 폭발과 더불어 성간물질에 투입된다. 중원소 핵들은 우주선(cosmic ray) 입자와 충돌하여 리튬, 베릴륨, 붕소 등의 가벼운 원자핵으로 된다. 궁극적으로 이와 같은 과정들을 통하여 자연에 존재하는 동위원소 모두의 함량비가 설명된다.

별의 탄생이 세대를 거듭하여 진행되는 동안 성간물질의 중원소 함량비는 점차 증가한다. 생성된 중원소들은 새로운 별, 행성, 그리고 종국에 가서는 생명체를 만드는 데 쓰이게 된다.

12.9 예제

예제 12.1 질량이 $1M_\odot$이고 cm^{3}당 수소 원자의 수가 10^{10}인 성간구름이 있다. 회전주기는 1,000년이다. 이 성간구름이 태양 크기의 별로 수축한다면 이때의 회전주기는 얼마인가?

각속도가 ω이고 관성 모멘트가 I이면 각운동량은 $L = I\omega$이다. 질량이 M이고 반지름이 R인 균질한 구인 경우

$$I = \frac{2}{5} MR^2$$

이다. 각운동량 보존법칙으로부터 P_1과 P_2가 수축 전후의 회전주기라면

$$L = I_1 \omega_1 = I_2 \omega_2$$

$$\Rightarrow \frac{I_1 2\pi}{P_1} = \frac{I_2 2\pi}{P_2}$$

$$\Rightarrow P_2 = P_1 \frac{I_2}{I_1} = P_1 \frac{\frac{2}{5}MR_2^2}{\frac{2}{5}MR_1^2} = P_1 \left(\frac{R_2}{R_1}\right)^2$$

이다. 성운의 질량은

$$M = \frac{4}{3}\pi R^3 \rho$$
$$= \frac{4}{3}\pi R^3 \times 10^{16} \times 1.6734 \times 10^{-27}\,\text{kg}$$
$$= 1M_\odot = 1.989 \times 10^{30}\,\text{kg}$$

이다. 반지름에 대해서 풀면 $R = 3\times 10^{13}\text{m}$ 이다. 수축 후에 회전주기는

$$P_2 = 1000\,\text{a} \times \left(\frac{6.96\times 10^8\,\text{m}}{3\times 10^{13}\,\text{m}}\right)^2$$
$$= 5.4 \times 10^{-7}\,\text{a} = 17\,\text{s}$$

이다. 이 값은 실제 주기보다 수 차수 짧은 값이다. 수축 과정 동안 별은 어떻게 해서든 각운동량의 대부분을 잃어야 한다.

12.10 연습문제

연습문제 12.1 수소 분자 H_2의 밀도가 $3{,}000\text{cm}^{-3}$일 때 수소구름의 자유낙하 시간척도를 구하라. 우리은하에 이런 구름이 100개 있고 별들이 이런 구름의 수축으로부터 만들어진다고 가정하자. 각 구름의 질량은 $5\times 10^4 M_\odot$이고 10%의 질량이 별로 만들어진다. 별의 평균 질량이 $1M_\odot$라고 가정하자. 1년당 몇 개의 별이 만들어지겠는가?

연습문제 12.2 분광형이 A0V인 베가의 질량이 $2M_\odot$이고 반지름이 $3R_\odot$, 광도가 $60L_\odot$이다. 이 별의 열 시간척도와 핵 시간척도를 구하라.

연습문제 12.3 별이 주계열에 10^{10}년 머물고 이 별이 포함한 수소 중 10%를 연소한다고 가정하자. 그 이후 별이 적색거성으로 팽창하여 광도가 100배 증가하였다. 적색거성 단계는 얼마나 길겠는가? 에너지는 남아 있는 수소의 연소에 의해서만 제공된다고 가정하자.

13 태양

태양은 우리와 가장 가까이 이웃하는 별이다. 별에서 직접 관측할 수 없는 많은 현상들(예 : 항성의 자전, 항성의 흑점, 표면 구조 등)이 태양에서는 직접 관측 가능하므로 태양은 천문학에서 중요한 천체이다. 태양에 관한 지식은 관측과 이론적 계산에 모두 근거하고 있다. 태양에 대한 어떤 관측 결과는 태양의 이론 모형과 잘 일치하지 않는다. 태양 모형의 세부 구조는 변경될 수 있지만 일반적인 모형은 유효하다.

13.1 내부 구조

태양은 전형적인 주계열성의 하나이다. 주요 성질을 나열해보면 다음과 같다.

질량	$m = M_{\odot}$	$= 1.989 \times 10^{30}$kg
반지름	$R = R_{\odot}$	$= 6.960 \times 10^{8}$m
평균밀도	$\bar{\rho}$	$= 1,409$kgm^{-3}
중심밀도	ρc	$= 1.6 \times 10^{5}$kgm^{-3}
광도	$L = L_{\odot}$	$= 3.9 \times 10^{26}$W
유효온도	T_e	$= 5,785$K
중심온도	T_c	$= 1.5 \times 10^{7}$K
절대복사등급	M_{bol}	$= 4.72$
절대안시등급	M_V	$= 4.79$
분광형		G2V
색지수	$B-V$	$= 0.62$
	$U-B$	$= 0.10$
표면화학조성비	X	$= 0.71$
	Y	$= 0.27$
	Z	$= 0.02$
적도에서 자전주기		25일
위도 60°에서 자전주기		29일

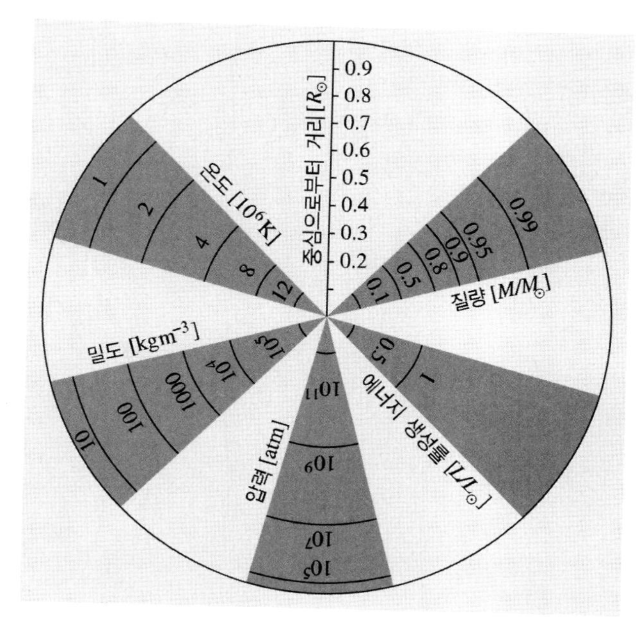

그림 13.1 태양 중심으로부터의 거리의 함수로 나타낸 온도, 압력, 에너지 생성, 질량

이 자료에 바탕을 둔 태양의 모형이 그림 13.1에 제시되어 있다. 태양에너지는 그 중심부에서 pp 연쇄반응에 의해서 생성된다. 총 태양에너지의 99%는 태양 반지름

의 1/4 이내에서 생성되고 있다.

태양은 4×10^{26}W의 에너지를 생성하고 있는데 이는 매초 400만 톤의 질량이 에너지로 전환되는 양에 해당한다. 태양의 질량은 매우 크기 때문에(지구의 33만 배) 주계열을 거치는 동안 에너지로 전환되는 질량은 총 질량의 0.1% 정도밖에 되지 않는다.

약 50억 년 전 태양이 형성될 때 태양 내부는 전체가 현재 태양표면의 화학조성과 동일한 성분으로 이루어져 있었다. 에너지 생성은 태양의 중심부에 밀집되어 일어나므로 중심부에서는 수소가 급격하게 소모되었다. 태양 반지름의 1/4 되는 위치에서 수소의 함량은 아직도 표면과 동일하지만 그곳에서 내부로 들어갈수록 수소의 함량은 급격히 감소한다. 중심핵에서는 물질의 40% 정도가 수소일 뿐이다. 태양 내부에는 수소 양의 약 5%가 이미 헬륨으로 전환되었다.

태양 내부의 복사 전달 영역은 중심으로부터 태양 반지름의 약 70%에 이르는 곳까지다. 복사층 상단에 이르면 온도는 이미 현저히 감소되었기 때문에 가스가 완전히 전리된 상태에 있을 수 없다. 따라서 태양 물질의 불투명도는 급격히 상승하게 되며 그 결과 복사에 의한 에너지 전달이 어려워진다. 이러한 영역에서는 대류가 효율적인 에너지 전달 수단이 된다. 태양이 대류외피(convective envelope)를 갖고 있는 것은 바로 이 때문이다(그림 13.2).

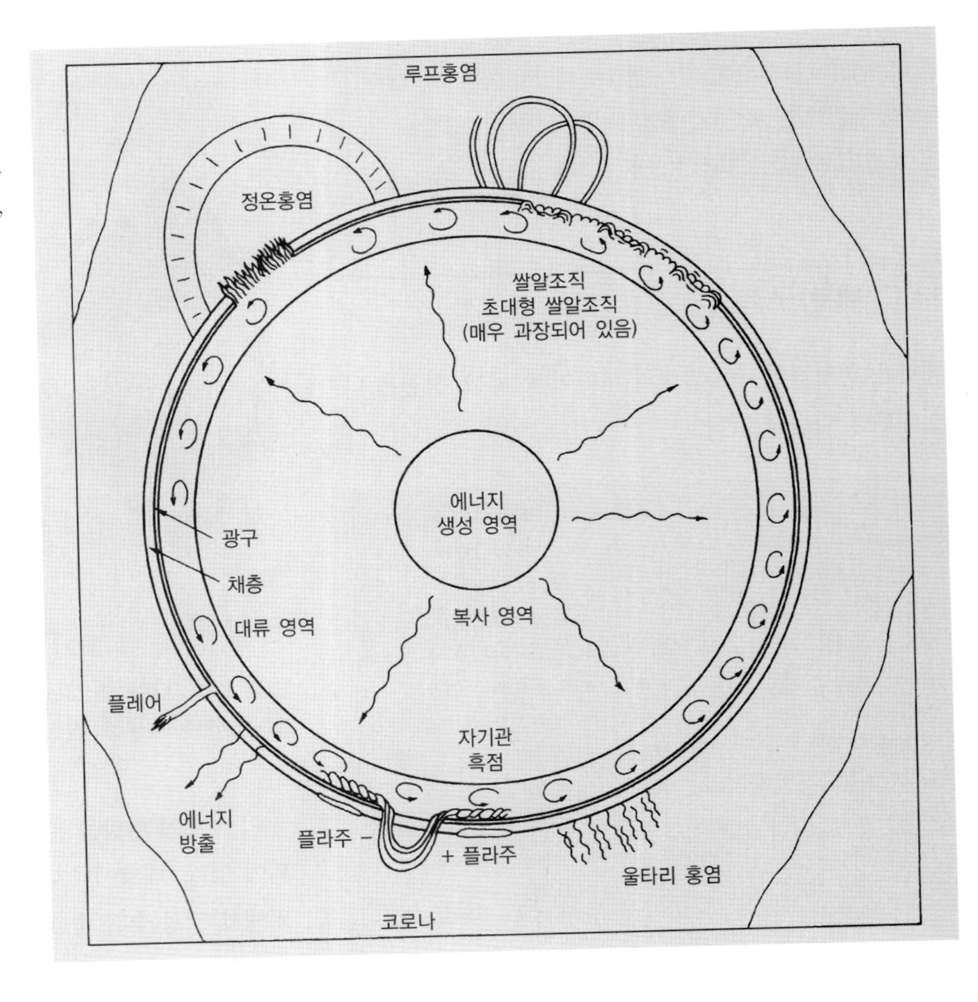

그림 13.2 태양의 내부와 표면. 태양에서 일어나는 다양한 현상이 표시되어 있다. [Van Zandt R. P. (1977) : Astronomy for the Amateur, Planetary Astronomy, Vol.1, 3rd ed. Peoria, Ⅲ.]

태양 중성미자 문제. 중심부에서 일어나는 핵융합 반응은 pp 연쇄반응의 여러 단계에서 중성미자를 생성한다(그림 11.5 참조). 이 중성미자들은 바깥층으로 자유롭게 전파될 수 있어서 태양 중심부 근처의 상황에 관한 직접적인 정보를 제공한다. 1970년대 태양으로부터 중성미자가 처음으로 관측되었을 때 그 양은 예측된 양의 1/3 수준이었다. 이 불일치는 태양 중성미자 문제(solar neutrino problem)라고 불렸다.

첫 번째 실험에서는 ppII와 ppIII 가지에서 나오는 중성미자만이 관측되었다(11.3절). 태양 광도의 아주 작은 부분만이 이 반응에서 만들어지기 때문에 태양 모형에 대해 이 결과가 어떤 의미를 갖는지 확실하지 않았다. 1990년대 pp 연쇄반응의 주요 가지인 ppI 가지에서 생성된 중성미자가 관측되었다. 표준 모형과의 불일치는 줄어들었지만(예상치의 약 60%가 관측됨) 중성미자 문제는 여전히 남아 있었다.

태양 중성미자 문제에 대한 가장 인기 있는 해답은 중성미자 진동(neutrino oscillations)이다. 이 설명에 의하면 중성미자가 아주 작은 질량(약 10^{-2}eV)을 갖고 있다면 전자 중성미자는 태양의 외피 부분을 지나는 동안 μ 중성미자나 τ 중성미자로 변할 수 있다. 초기 실험에서는 생성된 전체 중성미자 수의 일부인 전자 중성미자만이 관측되었다.

2001년 캐나다의 서드베리 중성미자 관측소(Canadian Sudbury neutrino observatory, SNO)는 이 문제가 해결된 것처럼 보이는 결과를 발표하였다. SNO는 전자 중성미자의 수와 전체 중성미자의 수를 측정했다고 발표하였다. 전체 플럭스 양은 표준 태양 모형의 예상과 일치한 반면 전자 중성미자의 플럭스 양은 앞선 실험에서 측정된 것과 마찬가지로 전체의 35%뿐이었다. 이렇듯, 65%의 태양 전자 중성미자는 태양에서 지구로 오는 동안 μ 중성미자나 τ 중성미자로 변한 것이었다. 유사한 관측이 일본 중성미자 관측소에서도 실행되었다. 중성미자 천문학의 선구자들 중 레이먼드 데이비스(Raymond Davis, 1914–2006)와 마사토시 고시바(Masatoshi Koshiba, 1926~)는 2002년 노벨 물리학상을 공동으로 수상하게 되었다.

태양 중성미자 문제는 이제 해결된 것으로 여겨진다. 이러한 해결 과정에서 얻은 결론은 표준 태양 모형이 아주 정확한 것이라는 사실을 확인한 것이다. 그리고 중성미자가 질량을 갖는다는 것을 증명하는 중성미자 진동의 존재를 알게 된 것이다. 따라서 입자물리학의 표준 모형의 일부분을 수정해야만 했다.

태양 회전. 망원경이 소개되자마자 흑점의 움직임으로부터 태양이 약 27일의 주기로 자전한다는 것이 알려졌다. 1630년 샤이너(Christoph Scheiner, 1575?–1650)는 태양에서 차등회전(differential rotation)을 발견했다. 즉 자전주기가 극 주변에서는 30일가량이고 적도 주변에서는 25일 정도이다. 태양의 자전축은 황도면에 대해 7° 기울어져 있다. 따라서 태양의 북극은 9월에 지구에서 가장 잘 보인다.

흑점의 움직임은 태양표면 근처의 회전에 대한 정보를 잘 제공한다. 다른 표면 특징들도 자전주기를 측정하는 데 사용될 수 있다. 자전속도는 도플러 효과를 이용해서 직접 측정할 수 있다. 각속도는 일반적으로

$$\Omega = A - B\sin^2\psi \tag{13.1}$$

로 쓸 수 있다. 여기에서 ψ는 태양 적도에 대한 위도이다. 계수의 측정값은 $A = 14.5$이고 $B = 2.9$도/일이다.

태양 내부의 회전속도는 직접 관측할 수 없다. 1980년대에 들어 내부의 회전을 측정할 수 있는 방법이 가능하였다. 스펙트럼선의 변화로부터 태양 진동의 진동수를 측정할 수 있게 되었기 때문이다. 이 진동은 기본적으로 대류층에서 발생한 난류가 만드는 음파이다. 이 음파는 계산할 수 있는 진동주기(약 3~12분)를 갖는데 태

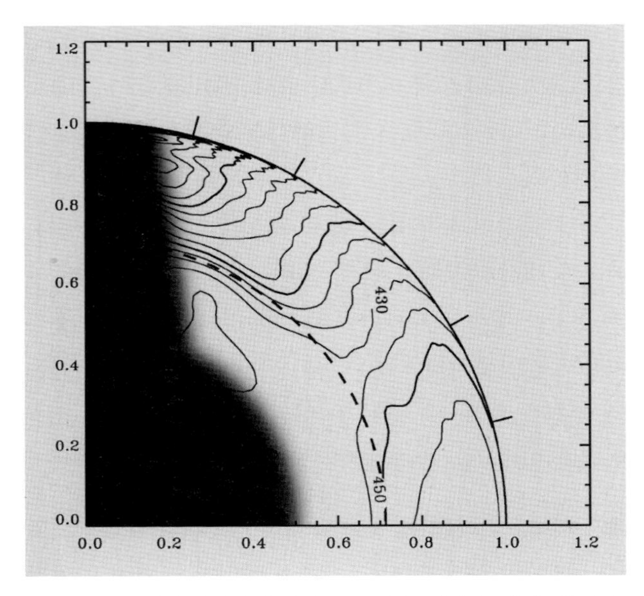

그림 13.3 태양지진학적 관측으로부터 알아낸 태양 회전율. 적도는 수평축이고 극은 수직축이며 양 축 모두 태양 반지름에 대한 분수로 표시되어 있다. 등회전 곡선은 nHz단위로 표시되어 있고 분명하기 위해 몇몇 등회전 곡선은 두꺼운 글자로 표시했다. (430nHz는 약 26.9일에 해당한다.) 파선 원은 대류층의 바닥을 나타내며 맨 바깥 원을 따라 있는 눈금은 위도 15°, 30°, 45°, 60°, 75°를 나타낸다. 음영으로 표시한 부분은 현재 관측 자료로는 정확한 값을 알 수 없는 지역이다. 비스듬한 점선은 회전축과 27° 기울어져 있다. (Schou et al., 1998에서 따옴.) (J. Christensen-Dalsgaard 2007, astro-ph/0610942, Fig. 2)

양 내부의 조건에 의존한다. 관측치와 이론적인 계산치를 비교해서 태양 내부 깊은 곳의 조건에 대한 정보를 알아낼 수 있다. 이 방법의 개념은 지진에서 발생한 파를 이용해 지구 내부를 연구할 때 사용하는 개념과 같다. 그래서 이 분야를 **태양지진학**(helioseismology)이라고 부른다.

태양지진학을 이용해서 대류층 전체의 태양 회전에 대한 모형을 계산할 수 있다. 적도 부분에서 반지름에 대해 약간 감소하고 극 부분에서 약간 증가하는 것처럼 보이기도 하지만 전체 대류층에서 각속도는 표면과 거의 같은 것처럼 보인다. 핵은 표면 각속도의 평균값을 갖는 강체(solid body)처럼 회전하는 것 같지만 복사층의 각속도는 아직 불확실하다. 대류층과 복사층의 경계에 **타코클라인**(tachocline)이라고 불리는 얇은 층이 있다. 이곳에서는 각속도가 반지름에 대해 빠르게 변하고 있다. 태양지진학 연구에 의해 얻어진 태양 내부 회전곡선이 그림 13.3에 나타나 있다.

태양의 차등회전은 대류층의 기체 운동에 의해 유지되고 있다. 그러나 관측된 양상을 설명하는 것은 아직 완전히 이해가 되지 않은 어려운 문제이다.

13.2 태양 대기

태양의 실질적인 대기층은 **광구**(photosphere)와 **채층**(chromosphere)으로 구분되며 이들 밖에는 **코로나**가 멀리까지 확장되어 있다.

광구. 태양 대기의 가장 안쪽에 있으며 그 두께는 300~500km에 불과하다. 광구는 눈에 보이는 태양의 표면으로 그 밀도는 내부로 갈수록 급격히 증가한다. 이러한 밀도의 급격한 증가 때문에 태양의 내부를 볼 수 없게 된다. 광구 하층부의 온도는 약 8,000K인 반면에 상층부의 온도는 약 4,500K이다. 태양 얼굴의 가장자리에서 우리의 시선은 광구면과 대단히 작은 각을 이루므로 광구의 하층부까지 이르지 못한다. 따라서 태양의 가장자리에서는 온도가 낮은 광구의 상층부를 보게 된다. 이러한 이유 때문에 태양의 가장자리가 어둡게 보이는 것이다. 이러한 현상을 **주연감광**(limb darkening)이라고 부른다. 연속 스펙트럼과 흡수선은 모두 광구에서 형성되지만 흡수선의 빛은 보다 높은 층에서 나오므로 흡수선은 검게 보인다.

태양 대류는 표면에서 **쌀알조직**(granulation)의 형태로 나타나는데(그림 13.4) 이들의 밝기는 고르지 못하고 그 형태도 시간에 따라 계속 변한다. 쌀알조직의 중심부에서는 가스가 상승하고 있으며 그 가스는 가장자리의 어

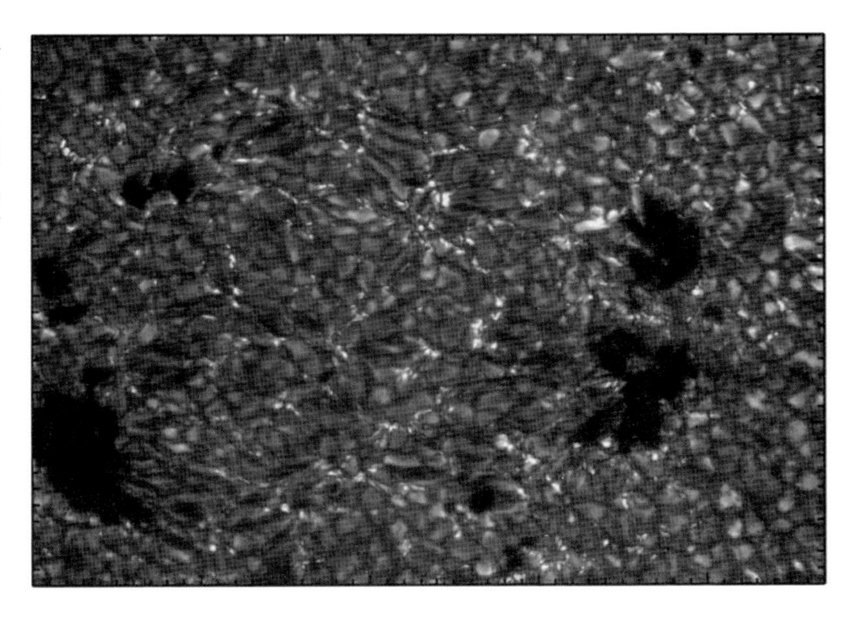

그림 13.4 태양표면의 쌀알조직. 쌀알조직은 상승과 하강하는 가스의 흐름 때문에 생긴다. 지름은 1,000km 정도이다. 사진은 라팔마의 Swedish 1-meter Solar Telescope으로 2005년 5월 13일 촬영되었다. (사진출처 : Tom Berger, Royal Swedish Academy of Sciences, ISP/RSASs)

두운 부분으로 다시 하강한다. 지구에서 본 쌀알조직의 크기는 약 1″ 정도이며 이는 태양표면에서 약 1,000km에 해당한다. 태양표면에는 **초대형쌀알조직**(supergranulation)이라고 부르는 대규모의 대류 현상이 존재한다. 이 초대형쌀알조직의 지름은 약 1′ 정도이다. 초대형쌀알조직 내의 가스의 흐름은 주로 표면에 평행한 것으로 관측되고 있다.

채층. 광구 밖으로 두께가 약 500km, 온도가 4,500K에서 6,000K로 약간 증가하는 대기층이 존재하는데 이를 채층이라고 부른다. 채층 바로 밖 수천 킬로미터에는 전이층(transition region)이 존재하는데 이는 채층으로부터 코로나로 이어지는 경계층이다. 전이층 밖에서의 운동학적 온도는 이미 10^6K에 이르고 있다.

채층의 복사가 광구보다 훨씬 약하기 때문에 채층은 정상적인 상태에서는 보이지 않는다. 그러나 개기일식에 달이 태양의 광구를 완전히 가리는 순간부터 수 초 동안 채층은 제 모습을 드러낸다. 이때 채층은 옅은 붉은색의 낫 또는 고리 모양으로 보인다.

일식 중 관측되는 채층의 스펙트럼을 **섬광 스펙트럼**(flash spectrum)이라고 부른다(그림 13.5). 이 스펙트럼은 약 3,000개 이상의 방출선을 지니고 있다. 그중 가장 돋보이는 것들은 수소, 헬륨 그리고 몇몇 금속원소에서 나오는 방출선들이다.

채층의 가장 밝은 방출선 중 하나는 수소의 발머 α선(Balmer H_α)으로 그 파장은 656.3nm이다(그림 13.6). 정상적인 태양 스펙트럼에서 H_α선은 대단히 검은 흡수선으로 나타나므로 이 파장 영역에서 찍은 단색 사진은 태양의 채층을 드러낼 것이다. 이러한 목적을 위해서는 H_α의 빛만을 통과시키는 좁은 파장 폭의 필터를 사용하면 된다. 이러한 장치를 사용하여 찍은 사진을 보면 태양면에 수많은 반점이 박혀 있는 듯한 모습을 보여준다. 그중 밝게 보이는 영역은 주로 그 크기가 초대형쌀알조직 정도이며 **스피큘**(spicule)들에 의해 둘러싸여 있다(그림 13.7). 스피큘은 채층 위로 10,000km 상공까지 치솟는 불꽃과 같은 구조를 지니고 있으며 이 불꽃 구조는 수 분 동안 지속된다. 이들이 태양의 밝은 면을 배경으로 나타날 때에는 검은 줄처럼 보이지만 태양의 가장자리 바로 밖에서는 밝은 불꽃으로 보인다.

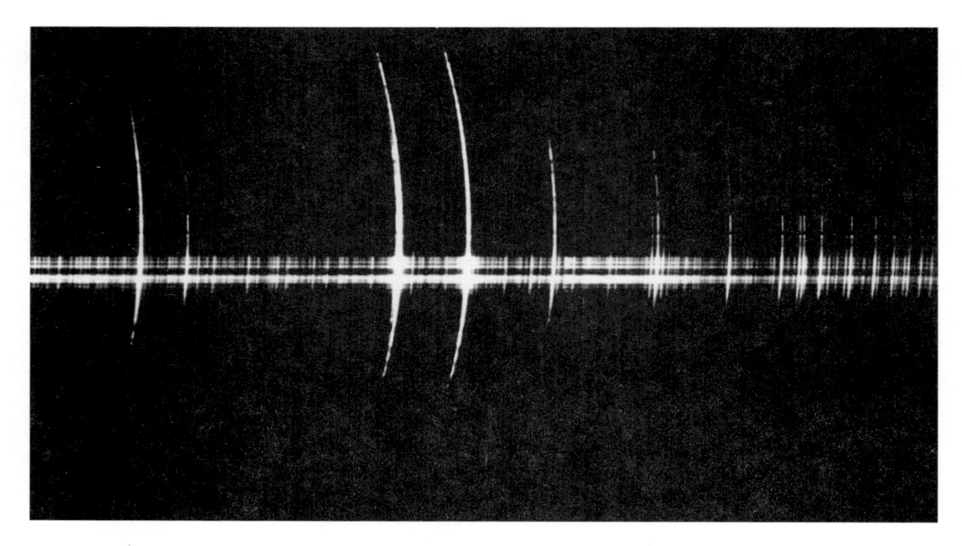

그림 13.5 밝은 발광선을 갖는 태양 채층의 섬광 스펙트럼

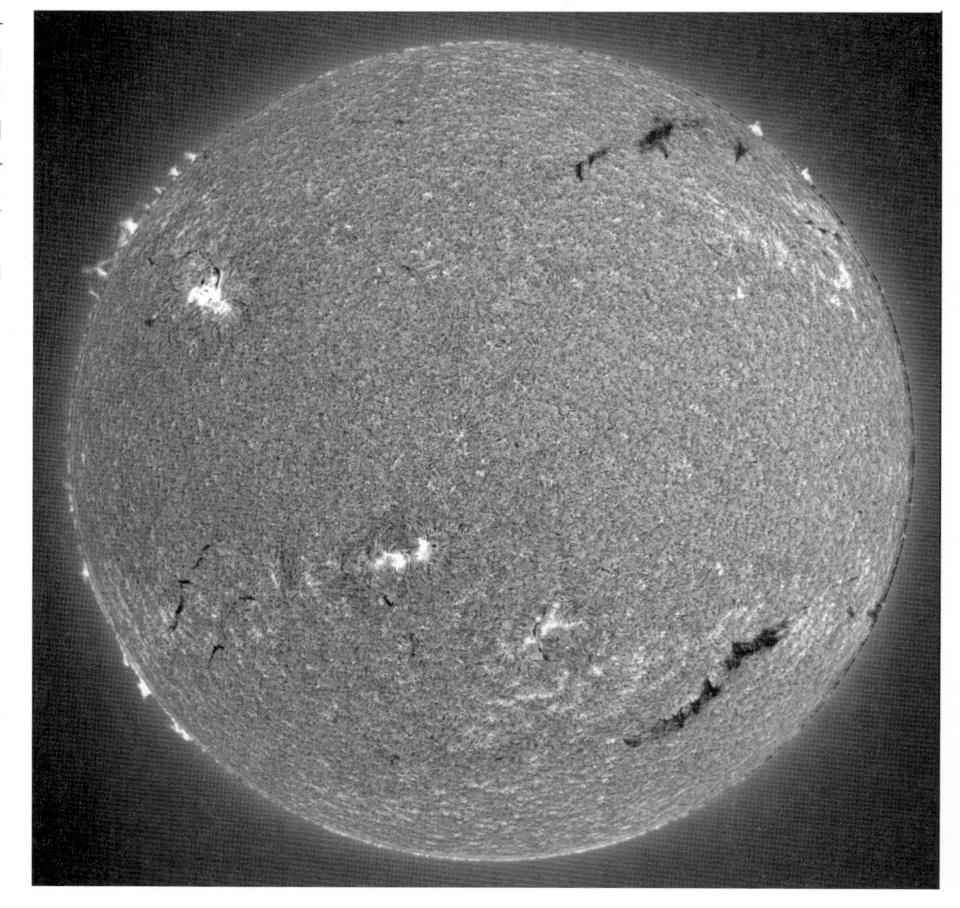

그림 13.6 H_α 단색 사진으로 본 태양표면. 활동 영역은 밝게 보이며 검은 줄무늬(filament)는 홍염이다. 주연감광이 인공적으로 제거되었기 때문에 그곳에서 스피큘과 홍염이 보인다. 사진은 1997년 10월에 촬영되었다. [사진출처 : Big Bear Solar Observatory/NJIT]

그림 13.7 태양표면의 가장자리에서 솟아오르는 불꽃처럼 보이는 스피큘 (사진 출처 : Big Bear Solar Observatory/NJIT)

코로나. 채층은 점진적으로 코로나로 이어진다. 코로나도 개기일식이 진행되는 동안만 관측된다(그림 13.8). 코로나는 태양 반지름의 수 배 되는 거리까지 뻗은 하나의 무리(halo)처럼 보인다. 코로나의 표면 밝기는 달과 비슷하므로 광구에 가까이 인접한 코로나를 관측하는 것은 그리 쉬운 일이 아니다.

코로나 중 가장 안쪽 부분을 K 코로나라고 부르는데 K 코로나의 스펙트럼은 광구에서 온 빛이 자유전자에 의해서 산란된 연속 스펙트럼이다. K 코로나에서 태양 반지름의 2~3배 밖에는 F 코로나가 존재하는데 F 코로나는 프라운호퍼 흡수선(Fraunhofer absorption line)이 보이는 스펙트럼을 갖는다. F 코로나의 빛은 태양광선

그림 13.8 과거에 코로나에 대한 연구는 개기일식이 진행되는 동안에만 가능하였다. 1970년 3월 7일에 있었던 개기일식 사진. 오늘날 코로나의 연구는 소위 코로나 사진기(coronagraph)에 의해서 수행되고 있다.

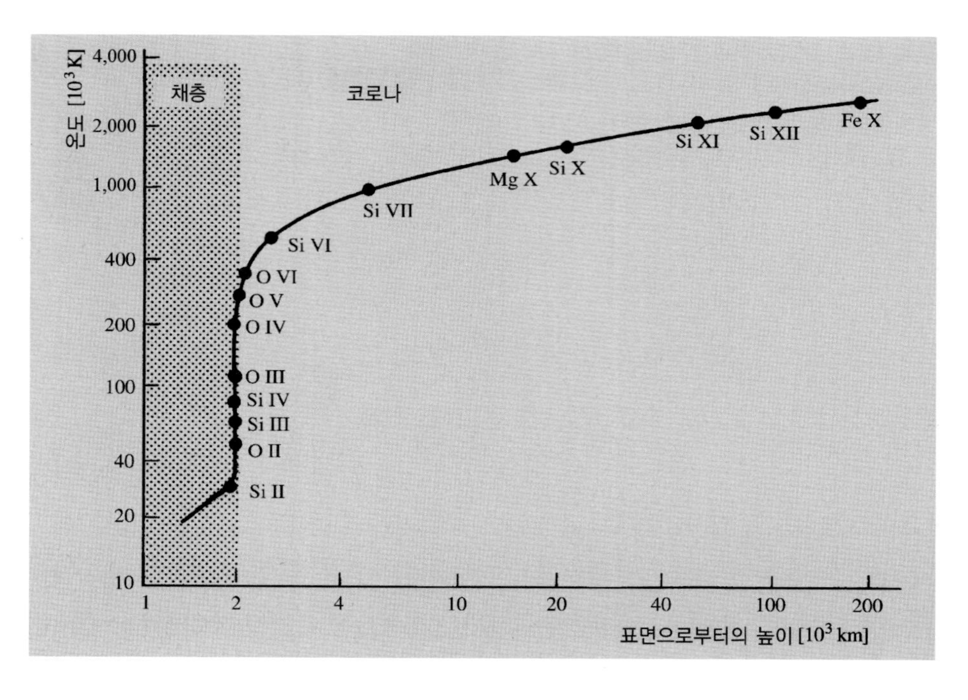

그림 13.9 코로나 스펙트럼에서 관측되는 고도로 전리된 원소의 방출선은 코로나의 온도가 대단히 높다는 사실을 암시한다.

이 먼지에 산란된 것이다.

19세기 후반에 당시 알고 있던 어떤 원소에도 해당되지 않는다고 생각되었던 강한 방출선이 코로나에서 발견되었다(그림 13.9). 그 당시 사람들은 코로늄(coronium)이라고 부르는 새로운 원소가 발견되었다고 생각하였다(이보다 조금 앞에서는 태양에서 헬륨을 발견한 바 있었다). 1940년경에 이르러서야 비로소 코로나 스펙트럼선들이 고도로 전리된 원자들(예 : 13차 전리된 철)로부터 방출된 것임을 확인할 수 있었다. 원자들로부터 다수의 전자를 제거하려면 많은 에너지가 필요하다. 코로나에서처럼 원자를 고도로 전리시키려면 그 온도는 적어도 100만°C 이상 되어야 한다.

고도의 온도를 유지하기 위해서는 지속적인 에너지의 공급이 필요하다. 과거 이론에 의하면 이 에너지는 대류운동에 의해 광구에서 발생된 음파나 자기유체충격파(magnetohydrodynamic shock wave)의 형태로 전달된다고 생각하였다. 최근에는 에너지가 자기장의 변화로 생긴 전류로부터 공급된다고 제안되었다. 따라서 코로나의 열은 거의 일상적인 전구에서처럼 발생하는 것으로 생각되고 있다.

코로나는 고온임에도 불구하고 그 밀도가 극히 작기 때문에 코로나 자신이 품고 있는 에너지는 얼마 되지 않는다. 코로나는 가스 입자를 계속 방출하고 있으며 이들은 결국 **태양풍**(solar wind)으로 발전된다. 이렇게 잃어버린 가스는 채층으로부터 진입되는 새로운 물질로 교체된다.

13.3 태양활동

흑점. 태양활동 중 가장 눈에 돋보이는 것은 **태양흑점**(sunspot)이다. 흑점 중 가장 큰 것들은 안개가 짙게 낀 날 맨눈으로도 관측되기 때문에 그들의 존재는 꽤 오래전부터 알려져 있었다(그림 13.10). 더 정밀한 흑점 관측을 시작한 것은 17세기 초 갈릴레이가 자신의 망원경으로 흑점을 관측한 데에서 비롯된다.

흑점은 태양표면에 생긴 검은 구멍처럼 보인다. 흑점

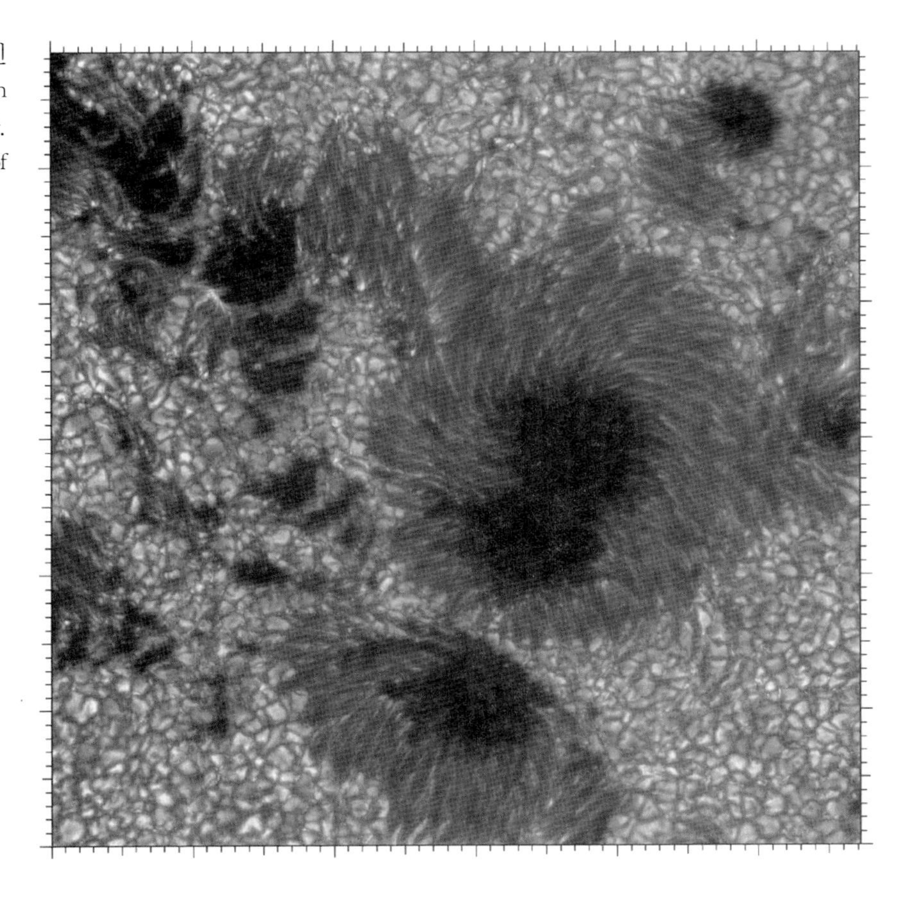

그림 13.10 흑점은 가장 오랫동안 알려진 태양활동의 형태이다. 2002년 7월 Swedish 1-meter Solar Telescope으로 촬영했다. (사진출처 : Royal Swedish Academy of Sciences)

은 중심부의 검은 **암부**(暗部, umbra)와 그 주변의 덜 어두운 **반암부**(半暗部, penumbra)로 되어 있다. 태양 얼굴의 가장자리에 위치한 흑점을 보면 흑점의 표면은 주변 태양표면에 비하여 조금 가라앉아 있는 것을 볼 수 있다. 흑점의 표면온도는 주변 광구보다 1,500K 정도 낮으며 이러한 사실은 흑점이 검게 보이는 이유를 설명해 준다.

전형적인 흑점의 크기는 약 10,000km이며 수명은 수일에서 수개월로 크기에 따라 변한다. 흑점의 수명은 크기가 클수록 길다. 흑점은 흔히 짝이나 더 큰 무리를 지어 나타난다. 흑점의 이동을 자세히 조사해보면 태양의 자전주기를 구할 수 있다.

흑점 수가 변하는 모습은 최근 250여 년간 추적되어 왔다. 흑점 수는 취리히 흑점 수 Z에 의해서 다음과 같이 표시된다.

$$Z = C(S + 10G) \tag{13.2}$$

여기서 S는 흑점 수, G는 관측 시 흑점군의 수다. C는 관측자와 관측조건에 의존되는 상수이다.

그림 13.11은 18세기로부터 오늘에 이르기까지 취리히 흑점 수가 변해 온 모습을 나타낸 것이다. 그림에서 보듯이 흑점 수는 평균 11년의 주기로 변한다. 실제로 관측된 개개의 주기는 7~17년의 범위 내에서 변한다. 과거 수십 년 동안 흑점주기는 약 10.5년이었다. 태양활동은 3~4년 만에 극대기에 이르며 그 후에는 보다 서서히 감소한다. 흑점의 주기성은 1843년에 슈바베(Samuel

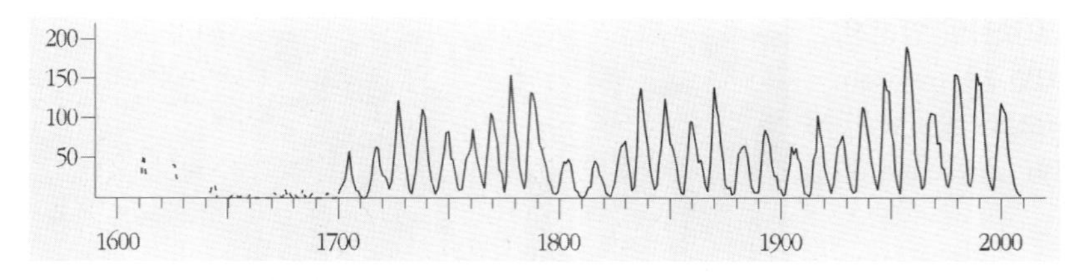

그림 13.11 1700~2001년까지 취리히 흑점 수. 1700년 이전에는 드문드문 관측했다. 흑점과 흑점군의 수는 약 11년 주기로 변한다.

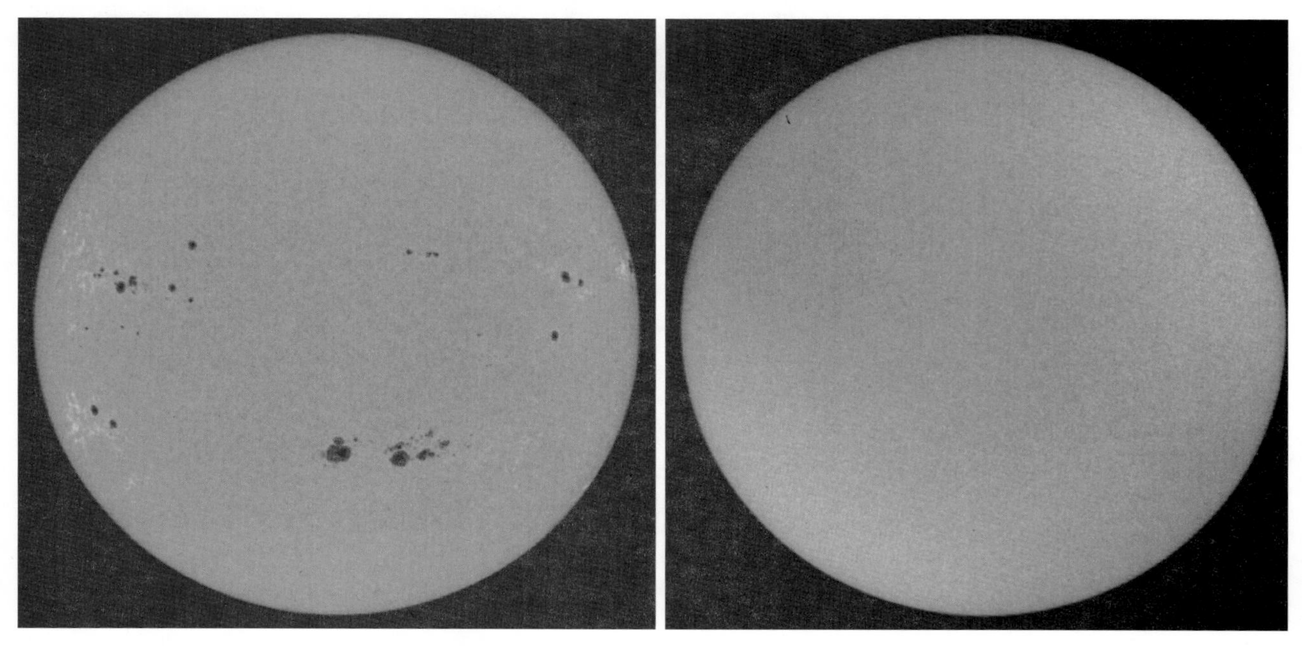

그림 13.12 (왼쪽) 태양 극대기 동안(2001년 9월 27일) 태양은 수많은 흑점으로 덮여 있다. (오른쪽) 정확히 7년 후에 태양 극소기가 지났음에도 불구하고 흑점이 전혀 관측되지 않는다. (사진출처 : SOHO/MIDI)

Heinrich Schwabe, 1789-1875)에 의해서 최초로 발견되었다.

18세기 초 이후 지금까지의 흑점 수 변화는 거의 규칙적이었다. 그러나 17세기에 흑점이 실질적으로 존재하지 않았던 긴 기간이 있었는데 이 기간을 몬더 극소기(Maunder minimum)라고 부른다. 이와 비슷한 **슈푀러 극소기**(Spörer minimum)가 15세기에 있었으며 그 밖의 활동이 미약했던 기간이 그 전에도 여러 차례 있었다고 추정하고 있다. 이러한 불규칙적 태양활동의 변화에 관해서는 아직까지 그 원인을 잘 이해하지 못하고 있다.

흑점 내 자기장의 세기는 제만 효과에 의해서 측정된다. 흑점의 자기장은 최대 0.45테슬라(tesla)이다(지구 자기장의 세기는 0.03mT이다). 강한 자기장은 대류에 의한 에너지 전달을 방해한다. 흑점의 표면온도가 낮은 것은 바로 이 때문이다.

흑점은 종종 반대 극을 갖는 2개의 쌍으로 나타난다. 그런 **쌍극자군**(bipolar groups)의 구조는 두 쌍극자를 잇는 루프 모양으로 자기장이 태양표면에서 부상한 것으로 이해할 수 있다. 기체가 이런 고리를 따라서 흐른다면 **루프홍염**(loop prominence)으로 관측될 것이다(그림

그림 13.13 한 쌍의 흑점으로부터 나온 자력선은 태양표면 밖으로 루프를 만든다. 자력선을 따라 이동한 물질은 루프홍염을 형성한다. 다양한 크기의 루프들이 이 영상에서 보인다. 이 영상은 1999년 트레이스(Trace) 위성에서 촬영했다. (사진출처 : Trace)

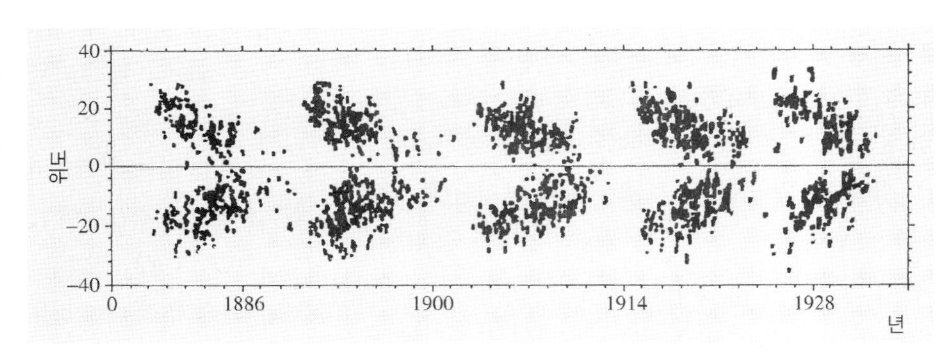

그림 13.14 태양활동이 시작될 때 흑점은 고위도에 출현한다. 활동주기가 진행됨에 따라 흑점의 출현은 점점 적도 쪽으로 이동한다. (그리니치 천문대의 관측을 기초로 하여 H. Virtanen이 그린 도해)

13.13).

흑점 수의 주기적 변화는 그에 상응하는 자기장의 변화를 반영해 준다. 활동 주기가 시작될 때 흑점은 위도 ±40° 정도에서 보이기 시작한다. 주기가 진행됨에 따라 흑점은 더욱 적도에 가깝게 이동한다. 그림 13.14에 보인 것처럼 흑점이 발생하는 형태를 보인 그림을 나비도(butterfly diagram)라고 부른다. 주기가 끝날 무렵 적도 지방에 흑점이 여전히 있을 때 새로운 주기의 흑점이 ±40° 정도에서 나타나기 시작한다. 새로운 주기에 속한 흑점들은 지난 주기에 속한 흑점과 반대되는 극성을 갖는다(반대쪽 반구에 있는 흑점도 마찬가지로 반대 극성을 갖는다). 이어지는 11년 주기 사이에 극성이 바뀌기 때문에 엄밀히 말하자면 태양의 자기 활동 주기는 22년이다.

지금부터 설명할 태양활동 주기의 기작에 대한 일반적이며 정성적인 내용은 배브콕(Horace W. Babcock, 1912-2003)이 제안한 것이다. 태양 극소기에 시작하는 자기장은 일반적으로 쌍극자 성격이다. 태양의 외부층 같은 전기 전도성을 갖는 매질은 자력선을 가로지르며 운동할 수 없다. 자기장은 플라스마에 묶여 있으므로 그

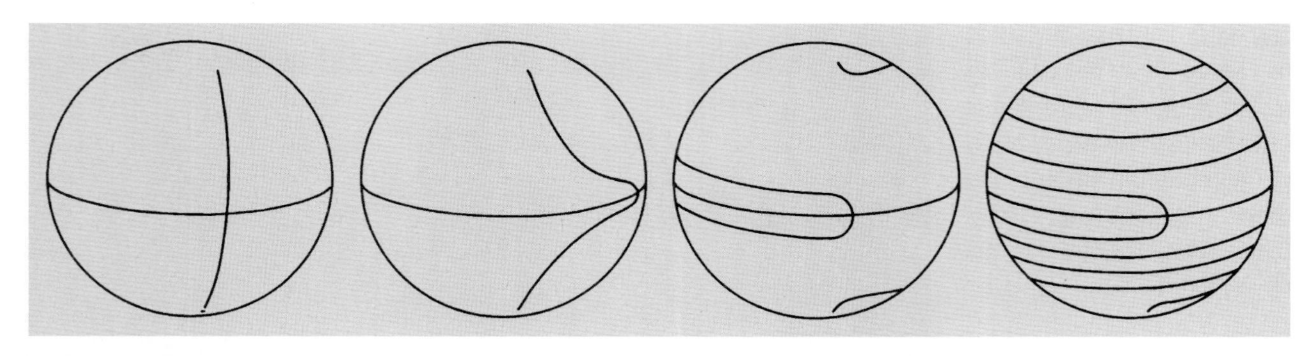

그림 13.15 태양의 자전속도는 양극에서보다 적도에서 더 빠르므로 태양 자기장의 자력선은 그림에서처럼 팽팽하게 감기게 된다.

가 이동하는 데 따라서 움직인다. 차등자전은 태양의 평균 자기장을 변형시킨다(그림 13.15). 이런 과정을 통해 자기장은 더 강해지는데 이런 증폭은 위도의 함수이다.

표면 아래에 있던 자기장이 충분히 세지면 '자기부력(magnetic buoyancy)'을 만드는데 이것 때문에 자기력선 다발은 표면 위로 상승하게 된다. 이 현상은 위도 40° 근처에서 먼저 발생하고 점차 낮은 위도에서 발생한다. 떠오른 자기장 다발은 루프 형태로 팽창해서 흑점의 쌍극자군을 만든다. 루프가 계속 팽창함에 따라 극지역에 남아 있던 일반적인 쌍극 자기장과 접촉하게 된다. 일반적인 배경 자기력선과 만나 자기장을 중성화시키는 빠른 재결합을 유발한다. 자기활동이 잦아들 때 마지막 결과는 처음 것과 반대인 극성을 갖는 자기 쌍극자이다.

이렇게 배브콕 모형은 나비도에 나타나는 쌍극 자기장과 일반적인 배경 자기장의 극성 역전현상을 설명한다. 그러나 이 모형은 기본적으로 현상학적 모형이기 때문에 또 다른 시나리오가 제안되었다. **다이나모 이론**(dynamo theory)에서 태양과 다른 천체의 자기장의 근원에 대한 정량적 모형이 연구되었다. 이 모형에서 자기장은 기체의 대류와 차등 회전에 의해 만들어진다. 태양의 자기활동을 설명하기 위한 완벽하게 만족스러운 다이나모 이론은 아직 완성되지 못했다. 예를 들어 자기장이 대류층 전체에서 생성되는지 또는(일부 관측 자료가 제안하는 바처럼) 대류층과 복사층 경계층에서만 생기는지 확실하지 않다.

기타 태양활동. 태양은 그 밖에도 여러 가지 표면활동을 하고 있다. 즉 **백반**(白斑, faculae), **플라주**(plage), **홍염**(prominence), 그리고 **플레어**(flare) 등을 들 수 있다.

백반과 플라주는 광구와 채층에서 각각 국부적으로 밝게 보이는 영역이다. 플라주는 수소 원자의 H_α선이나 이온화된 CaII의 K선으로 수행한 관측에서 나타난다(그림 13.16). 플라주는 신생 흑점이 성장하기 시작하는 영역에 주로 나타나며 흑점이 없어질 때 사라진다. 플라주는 강한 자기장 내에 있는 채층이 심히 가열될 때 발생된다.

홍염은 태양에서 나타나는 현상 중 가장 돋보인다. 이것들은 코로나에서 발광하는 고온 가스로서 태양의 가장자리 근처에서 쉽게 관측된다(그림 13.17). 홍염에는 여러 가지 형태의 것들이 있다. 가스가 서서히 자력선을 따라 하강하는 정온홍염(quiescent prominence), 흑점의 자력선 루프와 관련된 루프홍염, 가스의 폭발적 분출로 생기는 분출홍염(eruptive prominence) 등이다.

홍염의 온도는 10,000~20,000K이다. 채층의 H_α 사진에서 홍염이 태양표면을 배경으로 관측될 때 검은 필

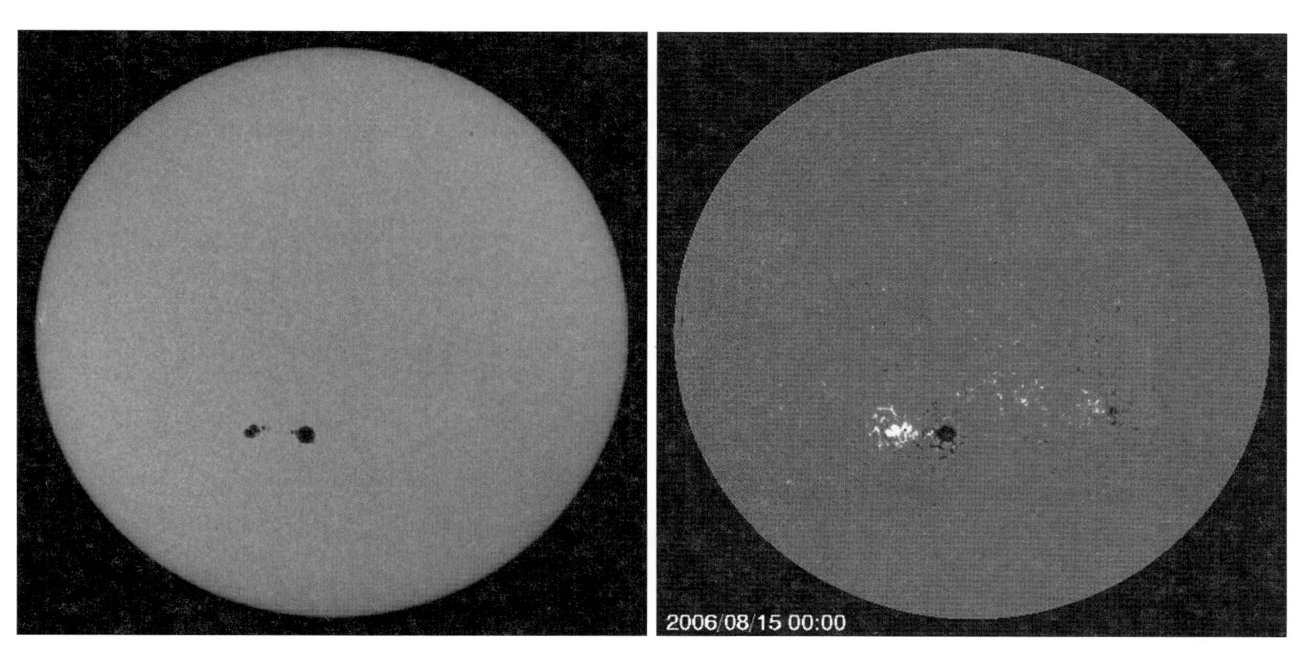

그림 13.16 태양 극소기 근처인 2006년 8월의 조용한 태양. 두 그림은 모두 소호 위성의 마이켈슨 도플러 영상기(Michelson Doppler Imager)로 촬영한 것이다. 왼쪽 그림은 가시광선 사진이고 오른쪽은 자기분포도이다. 자기분포도에 검은색과 흰색으로 자기장의 반대 극을 보였다. (사진출처 : SOHO/NASA/ESA)

라멘트로 나타낸다(그림 13.16).

분출홍염은 태양활동 중 가장 격렬한 것들 중 하나이다(그림 13.18). 플레어는 밝기가 1초에서 1시간 미만의 시간 동안 밝기가 급격히 증가하는 현상이다. 플레어에서는 자기장에 누적된 상당한 에너지가 순식간에 발산된다. 하지만 자세한 기작은 아직 알려지지 않았다.

플레어는 모든 파장 영역에서 관측할 수 있다. 태양의 높은 에너지 대의 X-선 방출(hard X-ray emission)은 플레어 동안 수백 배나 증가한다. 전파의 파장대에서 플레어는 여러 가지 유형으로 관측된다. 이때 태양 우주선 입자의 방출도 급격히 증가한다.

홍염과 플레어는 종종 **코로나 질량 방출**을 동반한다. 고속 구름(500~2,000km s^{-1})은 매우 높은 속도로 입자들을 가속시키는 충격파를 만든다. 플레어에 있는 입자들은 가장 빠르게 운동한다($v \approx 0.3c$). 코로나 질량 방출의 속도로 움직이는 자기구름 속 입자들은 하루 이틀 안에 지구에 도달한다. 충격파에 의해 활성화된 입자들은 지자기 폭풍을 일으키는 등 우주 기상에 영향을 주면서 계속해서 지구에 도달한다.

태양 플레어와 코로나 질량 방출은 지구에 여러 가지 교란을 야기한다. X-선은 지구의 이온층을 변화시켜서 단파 통신에 영향을 미친다. 플레어 발생 시 방출되는 입자가 플레어 출현 후 수일이 지나 자기장에 진입하게 되면 강한 오로라를 일으킨다.

태양 전파 방출. 태양은 가장 강한 전파원이다. 태양 전파 관측은 1940년대 이후 계속 수행되어 왔다. 가시광 복사로 본 태양과는 대조적으로 전파로 본 태양에서는 강한 **주연증광**(周緣增光, limb brightening) 현상을 보인다. 그 까닭은 태양 전파 복사가 대기의 상층으로부터 방출되기 때문이다. 전파 복사는 매질 내의 자유전자에 의해서 차단되기 때문에 태양표면에 인접한 곳에서 방

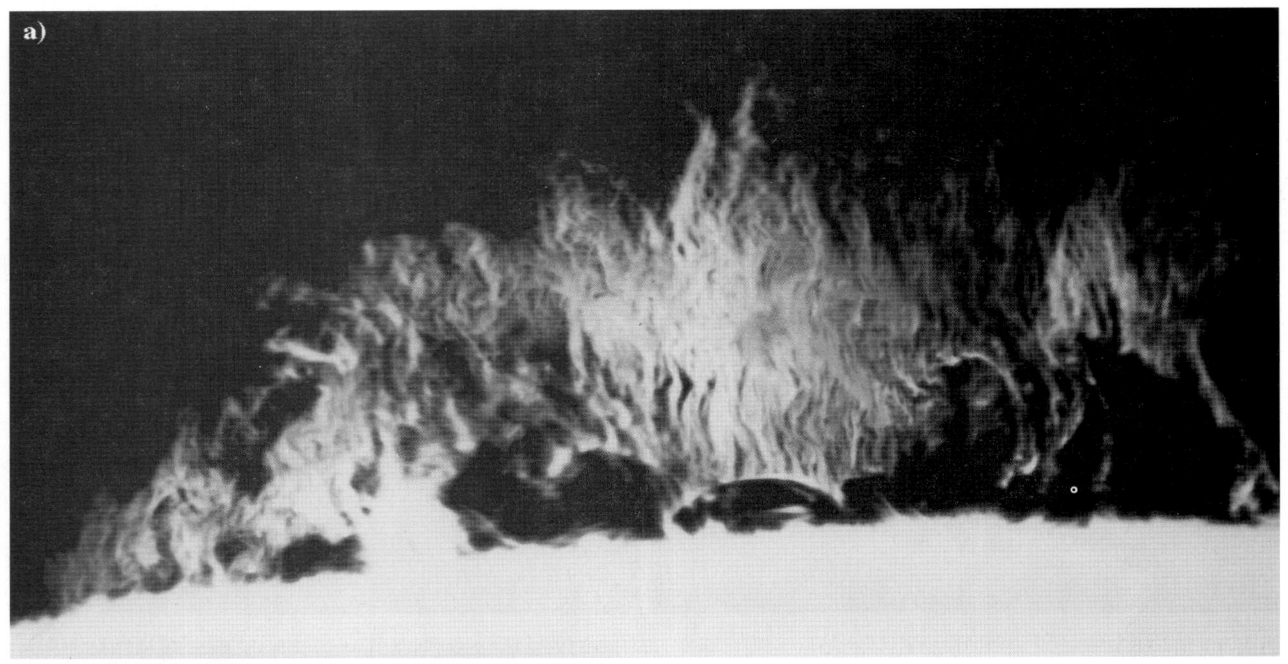

그림 13.17 (a) 정온홍염(사진출처 : Sacramento Peak Observatory), (b) 규모가 큰 분출홍염(사진출처 : Big Bear Solar Observatory /NJIT)

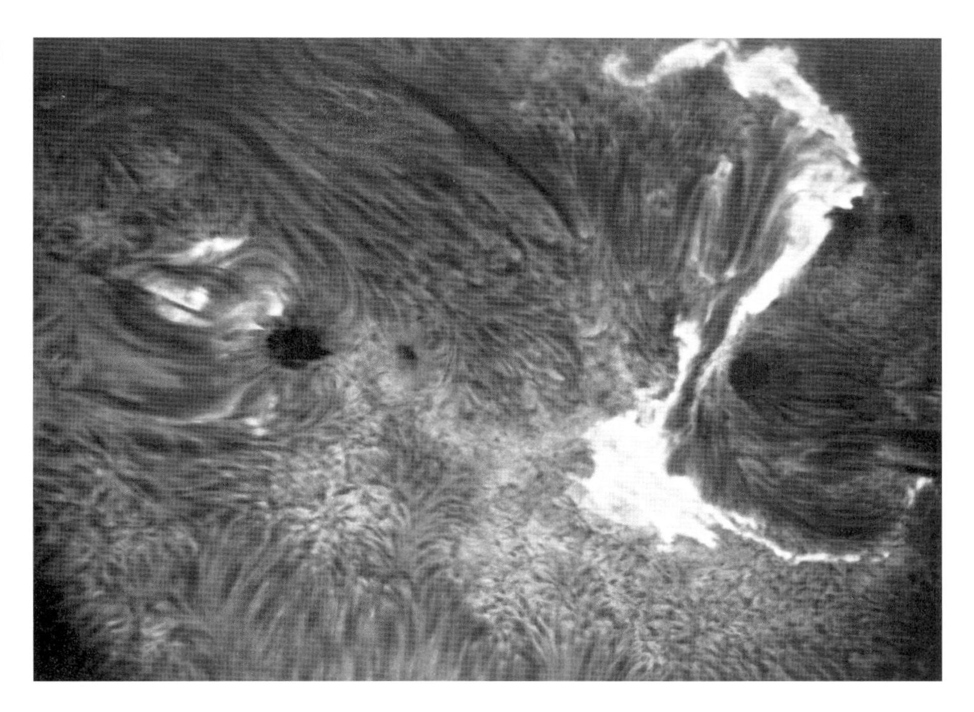

그림 13.18 작은 흑점 주변에서 발생한 격렬한 플레어 (사진출처 : Sacramento Peak Observatory)

출된 전파는 쉽게 빠져나갈 수가 없다. 한편 전파는 파장이 짧을수록 보다 쉽게 빠져나갈 수 있으므로 mm파의 전파관측은 보다 깊은 대기층의 모습을, 반면에 보다 긴 파장에서의 전파관측은 상층 대기의 모습을 보인다 (10cm 전파 복사는 채층의 상층 대기층에서 방출되며 1m 전파 복사는 코로나에서 방출된다).

태양은 다른 파장대에서 서로 다르게 보인다. 긴 파장에서 복사는 가장 넓은 영역에서 나온다. 이것은 코로나에서 생기기 때문인데 전자 온도는 약 10^6K이다.

태양 전파의 방출량은 태양활동에 따라 항상 변한다. 자기 폭풍 발생 시 총 방출량은 정상 시 방출량의 10만 배까지 증대된다. 특히 충격파에 의해 가속된 전자들이 전파 방출을 만들기 때문에 (전파 폭발 II형) 충격파의 움직임은 전파 방출이 뒤따른다.

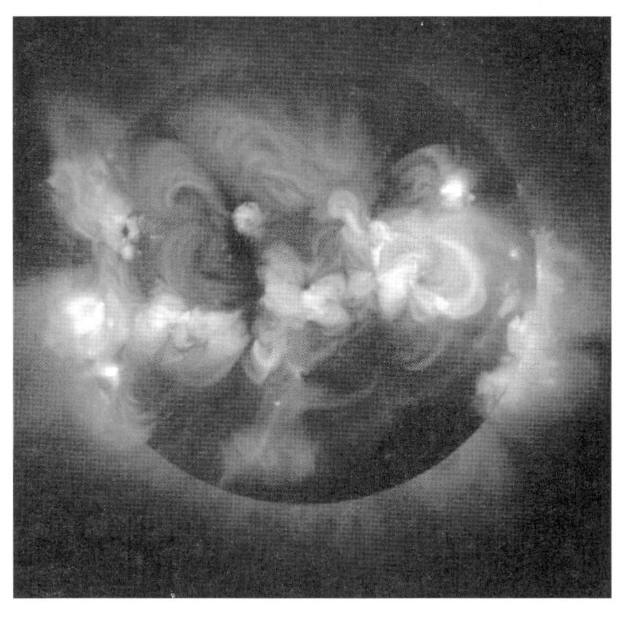

그림 13.19 태양 흑점 활동이 극대기 근처인 1999년 일본 위성 요코(Yohkoh)가 촬영한 활동 태양의 X-선 사진 (사진출처 : JAXA)

X-선과 자외선 복사. 태양의 X-선 방출도 역시 태양의 활동영역과 밀접히 관련되어 있다(그림 13.19). 밝은 X-선 영역(X-ray region)과 보다 작고 밝은 X-선 반점(x-ray

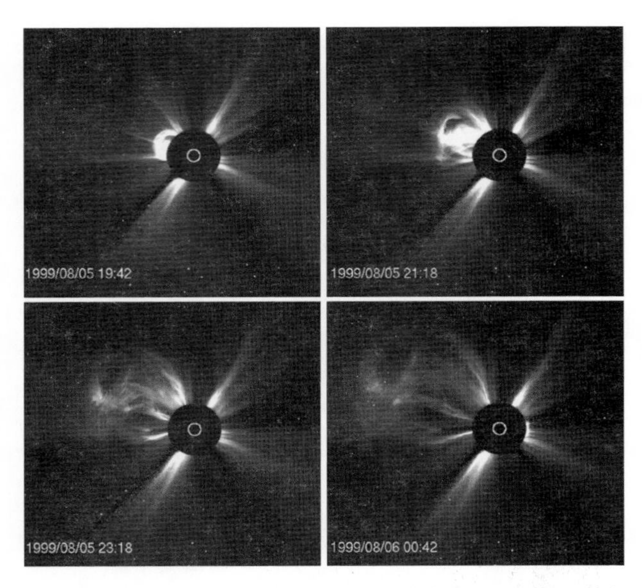

그림 13.20 SOHO는 여러 파장으로 태양과 그 주위를 계속 해서 감시하고 있다. 여기에 보이는 것은 LASCO(Large Angle and Spectrometric Coronagraph) 기기가 태양으로부터 뿜어져 나오는 큰 코로나 질량 방출을 나타낸다. 태양표면은 원반에 의해 가려져 있고 태양의 크기와 위치는 하얀 원으로 표시되어 있다. (사진출처 : SOHO/NASA/ESA)

bright point)들은 활동의 징표로 제시되고 있으며 이들은 10시간 정도 지속된다. 내부 코로나도 X-선을 방출한다. 태양의 두 극 근방에서는 X-선 방출이 약한 **코로나 구멍**(corona hole)이 관측된다.

자외선으로 본 태양표면의 모습은 가시광으로 본 것과는 대조적으로 그 표면이 대단히 불균질하다. 대부분 영역에서 자외선 복사 방출이 적으며 큰 활동 영역에서만 자외선 복사가 밝게 관측된다.

태양의 자외선이나 X-선 관측은 그간 여러 인공위성들에 의해서 수행되었다. 예로서 SOHO 위성(Sola and Heliospheric Observatory, 1995~, 그림 13.20)을 들 수 있다. 인공위성에 의한 관측은 태양의 상층 구조에 관한 보다 상세한 연구를 가능하게 해 주었다. 항성도 태양처럼 코로나, 채층을 갖고 있으며 자기장도 시간에 따라 변하고 있음이 밝혀졌다. 따라서 오늘날 새로운 관측 기술은 태양 물리와 항성 물리를 보다 가깝게 접근시키는 데 큰 역할을 하고 있다고 할 수 있다.

13.4 태양풍과 우주 기상

대전입자의 흐름이 태양으로부터 태양풍의 형태로 계속 흘러 들어온다. 이 흐름은 태양 활동주기에 따라 달라진다. 코로나 질량 방출은 '교란'으로 생각될 수 있다. 활동 극소기 무렵 코로나 질량 방출은 일주일에 몇 번 정도 발생하는 반면 극대기 때는 거의 매일 몇 개의 코로나 질량 방출이 일어난다. 태양풍은 주로 전자와 양성자로 구성되어 있다. 태양에서 1AU 떨어진 곳에서 태양풍의 개수밀도는 5~10개cm^{-3}이다. 헬륨 원자의 핵도 약간 존재한다. 태양의 극과 가까운 곳에서는 속도가 약 $800\mathrm{km\ s}^{-1}$이지만 적도 주변에서는 $300\mathrm{km\ s}^{-1}$ 정도이다. 지구 주변에서 입자의 속도는 평균적으로 대략 $500\mathrm{km\ s}^{-1}$이다. 태양풍에 의한 질량 손실은 약 $2-3\times10^{-14}M_{\odot}$/년 정도 된다.

행성의 자기장은 태양풍의 입자운동을 조정한다(7.7절). 오로라는 지구에서 가장 경이로운 현상이다. 대전입자에 의해 유도된 전류는 상당히 부정적인 효과를 유발한다. 이들은 인공위성이나 심지어 전선망에 피해를 주기도 한다. 지금까지 발생한 가장 심각한 사건은 퀘벡주에서 1989년에 발생한 것인데 이때 고압 전선망이 피해를 입어 수백만 명의 사람들이 여러 시간 동안 전기 없이 견뎌야 했다.

우주 기상(space weather)은 태양풍과 지구의 자기장 환경의 상호작용을 의미한다. 이 효과는 현재 활발히 연구가 진행 중이다. 우주 기상은 상층 대기에 영향을 주는데 이것이 지구 기상이나 기후 변화와 연결되어 있는지 논의가 뜨겁다.

13.5 예제

예제 13.1 태양이 질량의 0.8%를 에너지로 변환한다고 가정하자. 태양의 광도가 일정하다고 가정하고 태양 나이의 상한을 구하라.

발산되는 전체 에너지는 다음과 같다.

$$
\begin{aligned}
E &= mc^2 = 0.008 M_{\odot} c^2 \\
&= 0.008 \times 2 \times 10^{30}\,\mathrm{kg} \times (3 \times 10^{8}\,\mathrm{m\,s^{-1}})^2 \\
&= 1.4 \times 10^{45}\,\mathrm{J}
\end{aligned}
$$

이 에너지를 복사하는 데 필요한 시간은 다음과 같다.

$$
\begin{aligned}
t &= \frac{E}{L_{\odot}} = \frac{1.4 \times 10^{45}\,\mathrm{J}}{3.9 \times 10^{26}\,\mathrm{W}} \\
&= 3.6 \times 10^{18}\,\mathrm{s} \approx 10^{11}\text{년}
\end{aligned}
$$

13.6 연습문제

연습문제 13.1 지구에서 받는 태양 복사의 플럭스밀도인 태양상수는 $1{,}370\,\mathrm{Wm^{-2}}$이다.

a) 태양의 겉보기 각지름이 $32'$일 때 태양의 표면에서 플럭스밀도를 구하라.

b) 1,000메가와트를 생산하기 위해 태양표면에서 몇 제곱미터가 필요한지 구하라.

연습문제 13.2 어떤 이론들은 약 45억 년 전 태양의 유효온도가 5,000K, 반지름이 현재 반지름의 1.02배라고 가정한다. 그때의 태양상수는 얼마인가? 지구의 궤도가 변하지 않았다고 가정하자.

변광성

14

광도가 변하는 별을 변광성(variable)이라 부른다(그림 14.1). 티코 브라헤의 초신성이 폭발하였고(1572) 규칙적으로 빛이 변화하는 별인 고래자리 o[o Ceti(미라, Mira)]이 관측된 때(1596)인 16세기 말에 유럽에서 처음으로 별의 밝기가 변한다는 사실이 알려지게 되었다. 알려진 변광성의 수는 관측 정밀도가 개선되면서 꾸준히 늘어나게 되었다(그림 14.2). 가장 최근의 목록에는 변광성으로 알려졌거나 변광성이라 짐작되는 별 약 40,000개가 수록되어 있다.

엄격히 말해서 모든 별은 변광한다. 제12장에서 본 바와 같이 별의 구조와 밝기는 별이 진화하면서 변한다. 비록 이러한 변화는 대체로 느리지만 진화의 어떤 단계에서는 지극히 빠르게 일어난다. 또한 어떤 진화 단계에서는 주기적인 변화가 일어난다. 예를 들면 별의 바깥층의 맥동이 있다.

별의 밝기에 있어 작은 변화가 생기는 것은 별 표면의 뜨겁고 찬 점(spot)이 별이 자전축을 회전함에 따라 나타났다 사라졌다 함에서도 기인한다. 태양의 광도도 태양 흑점 때문에 조금씩 변한다. 아마도 거의 모든 별에 이와 비슷한 흑점이 있을 것이다.

초창기에는 가까이에 있는 별들을 서로 눈으로 비교해서 별의 밝기를 결정하였다. 그 후에는 사진건판상에서 비교하였다. 현재는 가장 정확한 관측이 광전측광이나 CCD카메라로 이루어진다. 시간의 함수로 나타낸 광도의 변화를 별의 광도곡선이라고 한다(그림 14.3). 광도곡선으로부터 광도 변화의 진폭을 구하고 만약 변화가 주기적이면 그 주기를 구한다.

기본적인 변광성 목록의 참고자료는 소련의 천문학자 쿠카르킨(Boris Vasilyevich Kukarkin, 1909-1977)이 만든 변광성의 일반 목록(General Catalogue of Variable Stars)이다. 새로 보충된 신판들이 수차례 발간되어 콜로포프(P. N. Kholopov)가 편집하여 1985년과 1987년에 발간된 제4판은 우리은하에 존재하는 약 32,000개의 변광성을 망라하고 있다.

14.1 분류

새로운 변광성이 발견되면 그 별이 위치하고 있는 별자리에 따라 이름이 주어진다. 주어진 별자리에서 첫 번째로 발견되는 변광성의 이름은 R이 먼저 붙고 그다음으로 별자리의 이름이 붙는다(소유격으로 쓴다). 두 번째의 변광성을 나타내는 기호는 S이며, 이런 식으로 Z까지 붙는다. 그다음으로는 두 글자의 부호를 써서 RR, RS, …, ZZ까지 사용하고 그런 후에는 AA에서 QZ(J는 생략)까지 사용한다. 이런 방법으로는 334개의 변광성밖에는 이름을 붙일 수 없는데 이 숫자는 대부분의 별자리에서 이미 넘어선 지 오래다. 그래서 V335, V336… 등과 같이 숫자 붙이기로 이어진다[여기서 V는 변광성(variable)

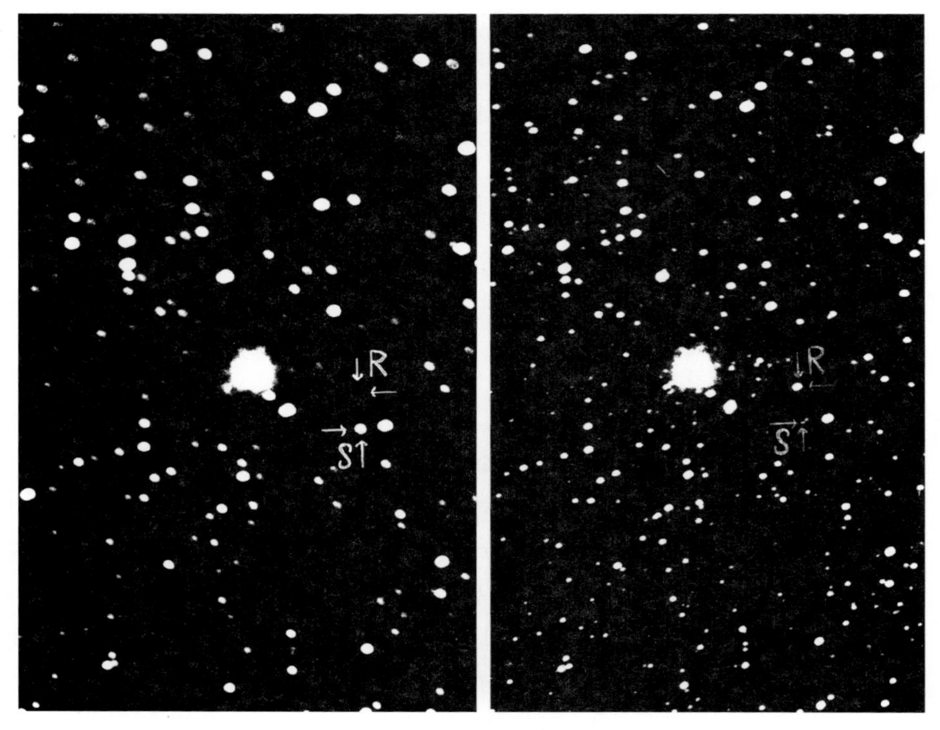

그림 14.1 변광성은 밝기가 변하는 별이다. 전갈(Scorpio)자리의 두 변광성 전갈자리 R과 S (사진출처 : Yerkes Observatory)

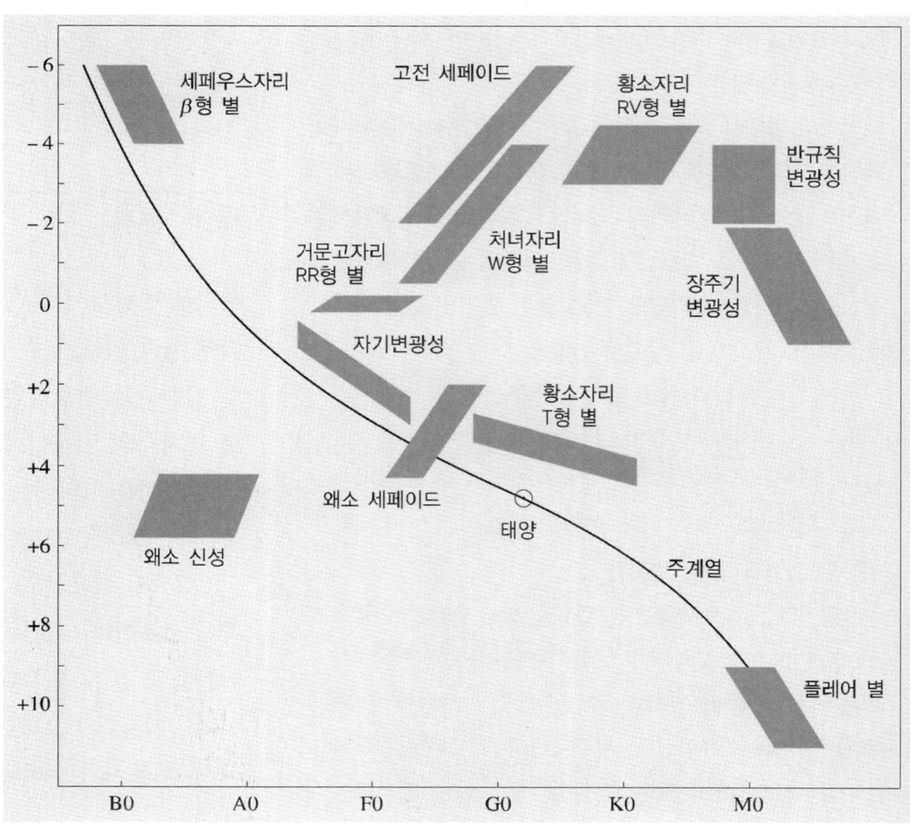

그림 14.2 HR도에서 변광성들의 위치

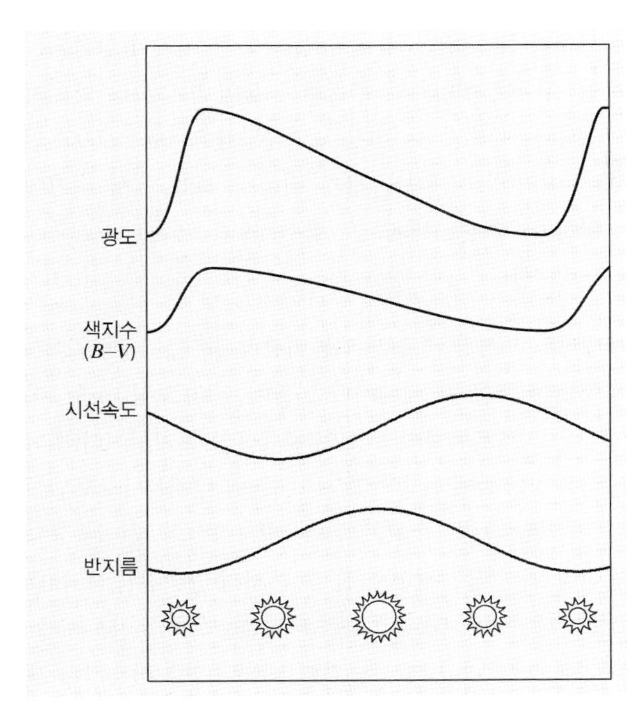

그림 14.3 맥동하는 동안 세페이드의 밝기, 색깔, 크기의 변화

의 머리글자를 딴 것이다). 어떤 별들은 후에 변광성임이 발견되었어도 이미 알려진 대로 그리스어 문자의 부호가 그냥 사용된다[예 : 세페우스자리 δ(δ Cephei)].

변광성의 분류는 광도곡선의 형태, 스펙트럼형, 그리고 관측한 시선운동에 따라 이루어지고 있다. 스펙트럼에는 별 주위에 있는 물질로부터 생기는 어두운 흡수선들이 포함되어 있기도 하다. 광학 영역 밖에서도 관측이 이루어질 수 있다. 그러므로 어떤 변광성들의 전파 방출(예 : 플레어 별들)은 광학적인 밝기와 동시에 크게 증가한다. 전파 및 X-선 변광성의 예는 전파 및 X-선 펄서와 X-선 폭발성들이다.

변광성들은 일반적으로 3개의 주요 유형, 즉 **맥동변광성**(pulsating variable), **폭발변광성**(eruptive variable), **식변광성**(eclipsing variable)으로 분류된다. 식변광성은 쌍성계로서 동반성이 주기적으로 서로의 앞을 지나가는 것이다. 이 변광성에서 광도의 변화는 별의 어떤 물리적인 변화와는 관계가 없고 단지 쌍성과 연관해서 설명된다. 다른 변광성들에서 밝기 변화는 그 별 고유(intrinsic)의 변화에 의해서 일어나는 것이다. 맥동변광성에서는 광도 변화가 별 바깥층의 팽창과 수축에 기인한다. 이러한 변광성들은 별의 진화에서 불안정한 단계에 이른 거성과 초거성들이다. 폭발변광성은 대체로 질량을 방출하는 어두운 별들이다. 그들 대부분은 질량이 한 별에서 다른 별로 이동하는 근접쌍성계(close binary system)의 일원이다.

몇 개의 **자전변광성**(rotating variables)이 알려져 있다. 이 별들에서 밝기 변화는 별의 자전에 따라 별의 흑점이 시선에 들어오게 되거나 별 표면의 온도 분포가 고르지 못한 데서 기인한다. 이러한 별들은 아주 흔할 것으로 생각되는데, 결국 태양도 약한 자전변광성이다. 가장 명확한 자전변광성의 부류는 자기 A별(magnetic A stars)이다[예 : 사냥개자리 α^2(α^2 Canum Venaticorum)]. 이 별들은 흑점을 생기게 하는 것으로 생각되는 강력한 자기장을 가지고 있다. 자기 별의 주기는 1~25일 정도이고 진폭은 0.1등급보다 작다.

14.2 맥동변광성

맥동변광성 스펙트럼선의 파장은 밝기 변화와 함께 변한다(표 14.1). 이러한 변화는 도플러 효과 때문으로 이것은 별의 바깥층이 실제로 맥동하고 있음을 보여준다. 관측되는 가스 속도는 40~200km s^{-1}의 범위 내에 있다.

맥동주기는 별의 **고유진동수**(proper frequency)에 해당한다. 때리면 고유진동수로 진동하는 소리굽쇠처럼 별 역시 기본진동수(fundamental frequency)를 가진다. 기본진동수와 더불어 '상음(overtones)'도 가질 수 있다. 관측된 밝기 변화는 진동의 여러 모드의 중첩으로 이해할 수 있다. 1920년경 영국 천체물리학자 에딩턴 경(Arthur Eddington, 1882-1944)이 맥동주기 P는 평균

표 14.1 맥동변광성들의 주요 성질(N은 쿠카르킨의 목록에 주어진 각 형태의 별 개수, P는 일수로 주어진 주기, Δm은 등급으로 표시한 맥동 진폭)

변광성	N	P	스펙트럼	Δm
고전 세페이드(δ Cep)	800	1~135	F-KI	$\lesssim 2$
처녀자리 W형(W Vir)				
거문고자리 RR형	6,100	<1	A-F8	$\lesssim 2$
왜소 세페이드 (δ Scuti)	200	0.05~7	A-F	$\lesssim 1$
세페우스자리 β형	90	0.1~0.6	B1-B3Ⅲ	$\gtrsim 0.3$
미라형 변광성	5,800	80~1,000	M-C	$\gtrsim 2.5$
황소자리 RV형	120	30~150	G-M	$\lesssim 4$
반규칙 변광성	3,400	30~1,000	K-C	$\lesssim 4.5$
규칙 변광성	2,300	-	K-M	$\lesssim 2$

밀도의 제곱근에 역비례한다는 것을 증명했다.

$$P \propto \frac{1}{\sqrt{\rho}} \tag{14.1}$$

맥동하는 동안에 별의 지름은 2배로 늘어날 수도 있다. 하지만 일반적으로 크기의 변화는 아주 작다. 따라서 광도 변화의 주된 원인은 표면온도의 주기적인 변화이다. 5.7절에서 별의 광도는 유효온도에 민감하게 의존한다($L \propto T_e^4$)는 사실을 알았다. 그러므로 유효온도의 작은 변화가 상당한 광도 변화를 만든다.

정상적인 별은 안정한 정유체 평형상태에 있다. 만약 별의 바깥층이 팽창하면 밀도와 온도는 감소하여 압력이 작아지고 중력은 가스를 끌어당겨 다시 압축시킨다. 그러나 에너지가 가스운동으로 전환되지 않는 한, 이러한 진동의 진폭은 서서히 줄어들 것이다.

만약 별의 내부에서 나오는 복사에너지가 더 높은 가스 밀도의 영역에서 대부분 흡수된다면, 이것이 별의 진동을 일으키는 에너지원이 될 수 있다. 일반적으로 이러한 과정은 수소와 헬륨이 부분적으로 이온화된 **이온화대역**(ionization zone)에서 일어난다. 불투명도(opacity)는 실제로 가스가 압축되었을 때 더 커진다. 이온화대역이 항성대기 중 적당한 깊이에 있다면 이 대역이 압축되는 동안 흡수한 에너지와 팽창하는 동안 방출하는 에너지가 진동을 일으킬 수 있다. 표면온도가 6,000~9,000K인 별이 이러한 불안정을 겪기 쉬운데, HR도에서 여기에 해당하는 영역을 세페이드 불안정띠(cepheid instability strip)라 한다.

세페이드. 가장 중요한 맥동변광성 중에는 세페우스자리 δ의 이름을 딴 세페이드 별들이 있다(그림 14.3). 이 별들은 스펙트럼형이 F-K인 종족 I의 초거성이다(별의 종족은 18.2절에 논의하였다). 이들의 주기는 1~50일이고 변광폭은 0.1~2.5등급이다. 광도곡선의 형태는 규칙적이며 매우 급격히 밝아진 후 서서히 떨어진다. 1912년 리비트(Henrietta Leavitt, 1868-1921)는 소마젤란운(Small Magellanic Cloud)에서 발견된 세페이드를 이용하여 세페이드의 주기와 절대등급(즉 광도) 사이에 관계가 있음을 발견하였다. 이 **주기-광도 관계**(period-luminosity relation)는 별까지의 거리나 가까운 은하들의 거리를 측정하는 데 사용될 수 있다(그림 14.4).

이미 맥동주기가 평균 밀도와 관계된다는 것을 알고 있다. 또한 별의 크기 또는 평균 밀도는 전체 광도에 관계가 있다. 그러므로 맥동변광성의 주기와 광도 사이에 관계가 있어야 하는 이유를 이해할 수 있다.

전통적인 세페이드들의 등급 M과 주기 P를 그림 14.4에 보였다. M과 $\log P$는 선형적인 관계를 나타낸다. 그러나 세페이드의 광도는 어느 정도 색에 따라 다르다. 즉 별이 푸를수록 더 밝다. 정확한 거리의 결정을 위해서는 이 효과가 고려되어야 할 것이다.

처녀자리 W형 별. 1952년 바데(Walter Baade, 1893-1960)는 세페이드에 두 가지 형, 즉 고전 세페이드형과 처녀자리 W형이 있음을 알아냈다. 이 두 형은 모두 주기-광도 관계를 따르지만, 처녀자리 W형 별들은 같은 주기의 고전 세페이드형보다 1.5등급 더 어둡다. 이 차이

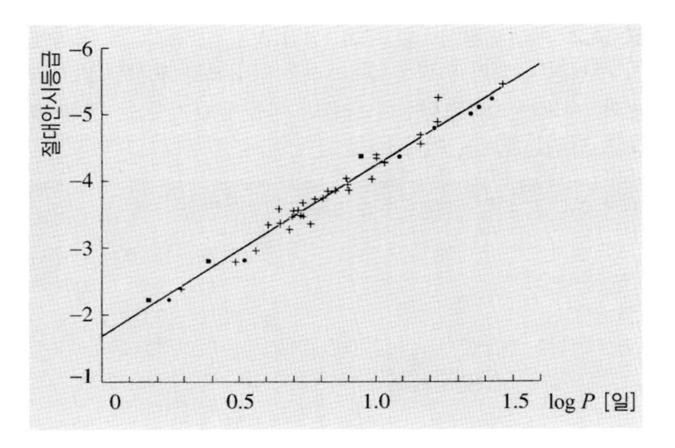

그림 14.4 세페이드의 주기-광도 관계. 검은 점과 네모는 이론적으로 계산된 값이고 +와 직선은 관측된 관계를 나타낸다. [그림출처 : Novotny, E. (1973): *Introduction to Stellar Atmospheres and Interiors* (Oxford University Press, New York) p. 359]

는 고전 세페이드들은 젊은 종족 I 천체임에 반해서 처녀자리 W형 별들은 늙은 종족 II의 별이기 때문에 생기는 것이다. 이것만 아니면 이 두 종류의 변광성은 서로 비슷하다.

초기에는 처녀자리 W형 별의 주기-광도 관계가 세페이드의 두 형 모두에 사용되었다. 그 결과 고전 세페이드의 거리가 너무 작게 계산되었다. 예를 들어 안드로메다 은하의 거리는 고전 세페이드로부터 구해졌다. 그 이유는 이 별만이 안드로메다의 거리에서도 보일 수 있을 만큼 밝기 때문이다. 이후 고전 세페이드에 맞는 주기-광도 관계가 사용되었을 때 모든 외부 은하의 거리는 2배로 늘어나야만 했다. 은하수 내의 거리는 다른 방법에 의해서 측정되었으므로 변경하지 않아도 되었다.

거문고자리 RR형 별. 맥동하는 변광성의 세 번째 중요한 종류로는 거문고자리 RR형 별들이 있다. 이들의 광도 변화는 세페이드보다 훨씬 작아서 대체로 1등급도 되지 않는다. 이들의 주기 또한 짧아서 주기가 1일도 되지 않는다. 처녀자리 W형 별과 마찬가지로 이 별들도 늙은

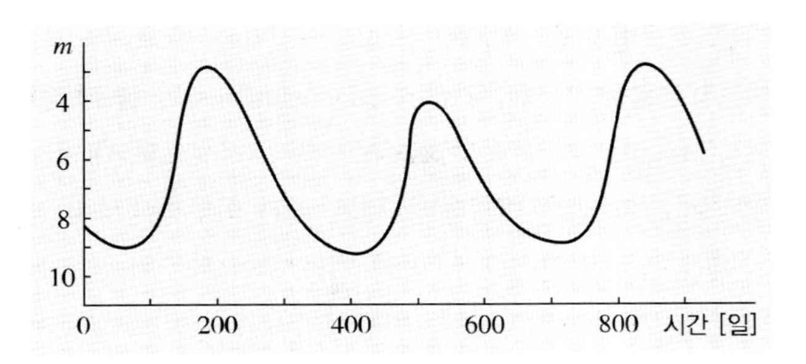

그림 14.5 장주기 미라형 변광성의 광도곡선

종족 II의 별들이다. 이 별들은 구상성단에 아주 많이 포함되어 있어서 전에는 성단변광성이라고 불렸다.

거문고자리 RR형 별의 절대등급은 약 $M_V = 0.6 \pm 0.3$이다. 이들은 거의 모두 비슷한 나이와 질량($0.8M_\odot$)을 가지고 있어 같은 진화 단계에 있다고 할 수 있다. 이 별들은 중심핵에서 헬륨이 막 연소되기 시작하는 수평가지 단계에 있다. 거문고자리 RR형 별들의 절대등급이 알려져 있으므로 이 별들은 구상성단의 거리 결정에 사용된다.

미라형 변광성(그림 14.5 참조). 미라형 변광성[고래자리 미라(Mira Ceti)에서 이름을 땄음]은 대체로 스펙트럼에 방출선을 가진 M, S 또는 C형 초거성들이다. 이 별들은 정상 항성풍(定常恒星風, steady stellar wind)에 의해 가스를 잃고 있다. 이들의 주기는 통상 100~500일이며 주기가 이렇게 길기 때문에 종종 이들은 장주기 변광성이라 불린다. 광도 변화의 폭은 가시 영역에서 보통 약 6등급이다. 미라형 변광성 자체는 주기가 약 330일이고 지름은 약 2AU이다. 미라형 변광성은 가장 밝을 때 2~4등급이지만 가장 어두울 때는 12등급까지 내려간다. 미라형 변광성의 유효온도는 겨우 2,000K 정도여서 이 별들에서 복사의 95%는 적외선으로 방출된다. 그러므로 온도의 작은 변화에도 가시광선 영역의 광도에 아주 큰 변화를 일으킬 수 있다.

다른 맥동변광성. 맥동변광성의 또 다른 주요 무리는 **반규칙 변광성**(半規則, semi-regular variables)과 **불규칙 변광성**(irregular variable)이다. 이들은 초거성으로 대개는 질량이 크고 젊은 별들인데, 넓게 퍼진 외부층에서 비정상적인 맥동이 일어난다. 만약 맥동에 어떤 주기성이 있다면 그 변광성은 반규칙 변광성이라고 불리고 그렇지 않으면 불규칙 변광성이라 불린다. 반규칙 변광성의 예는 베텔지우스(오리온자리 α별)이다. 이 별들의 작동 기작은 별의 외부층이 대류층이고 별의 대류 이론이 아직도 개발의 초보 단계에 있으므로 잘 이해되지 않고 있다.

맥동변광성에는 이상의 주요 유형들뿐만 아니라 수는 적으나 그림 14.2에 보인 것처럼 몇 가지 종류가 더 있다.

왜소 세페이드(dwarf cepheid)와 **방패자리 δ**(δ Scuti)**형** 별들은 종종 다른 형으로 간주되기도 하는데 이들은 HR도에서 세페이드 불안정띠 안에서 거문고자리 RR형 아래쪽에 위치하고 있다. 왜소 세페이드들은 고전 세페이드보다 어둡지만 밝기는 더 빠르게 변한다. 이들의 광도곡선은 종종 기본 진동수와 첫 번째의 상음(上音) 사이의 간섭 때문에 맥놀이(beating)를 나타낸다.

세페우스자리 β형 별들은 HR도에서 다른 모든 변광성과 다른 영역에 위치하고 있다. 이들은 주로 자외선 복사를 방출하는 뜨겁고 질량이 큰 별들이다. 변화는 빠르고 폭이 작다. 이 별의 맥동 기작은 알려지지 않고 있다.

황소자리 RV형 별들은 HR도에서 세페이드들과 미라형 변광성들 사이에 놓여 있다. 이 별들의 주기는 광도에 따라 약간 다르다. 황소자리 RV형 별의 광도곡선에는 최솟값이 번갈아 가면서 깊어졌다 얕아졌다 하는 것과 같이 설명되지 않는 모습들이 보이기도 한다.

14.3 폭발변광성

폭발변광성(eruptive variable)들의 광도는 규칙적으로 맥동하지 않는다. 대신 급작스러운 폭발이 일어나고 그 과정에서 물질이 우주공간으로 방출된다. 근래 들어 이 별들을 **폭발변광성**(eruptive variable)과 **격변변광성**(cataclysmic variable)으로 분류하고 있다. 폭발변광성의 밝기 변화는 채층이나 코로나에서 갑작스러운 폭발 때문에 발생한다. 하지만 이 폭발은 별의 전체 크기에 비하면 작다고 볼 수 있다. 이 별들은 주로 기체 구각이나 폭발에 관여한 성간물질에 의해 둘러싸여 있다. 이 부류는 예를 들어 **플레어 별**(flare star), 여러 종류의 **성운상 변광성**(nubular variable), **북쪽왕관자리 R형 별**(R Coronae Borealis Star)들을 포함한다. 격변변광성의 분출은 항성 표면이나 내부에서 핵융합 반응 때문에 일어난다. 폭발은 너무 격렬하기 때문에 심지어 별 전체가 파괴될 수도 있다. 이 부류는 **신성과 같은 별**(nova-like star), **왜소 신성**과 **초신성**들을 포함한다(표 14.2).

표 14.2 폭발변광성들의 주요 성질(N은 쿠카르킨의 목록에서 주어진 유형의 변광성 수, Δm은 등급으로 표시된 밝기의 변화. 속도는 스펙트럼선의 도플러 이동에 근거를 둔 팽창 속도로 단위는 km s^{-1}이다.)

변광성	N	Δm	속도
초신성	7	$\gtrsim 20$	4,000~10,000
정상신성	210	7~18	200~3,500
반복신성		$\lesssim 10$	600
신성과 같은 변광성 (P Cygni, 공생별)	80	$\lesssim 2$	30~100
왜소 신성 (SS Cyg=U Gem, ZZ Cam)	330	2~6	(700)
북쪽왕관자리 R형 별	40	1~9	–
불규칙 변광성 (성운변광성, T Tau, RW Aur)	1,450	$\lesssim 4$	(300)
플레어 별(UV Ceti)	750	$\lesssim 6$	2,000

플레어 별. 플레어 별 또는 고래자리 UV형 별들은 스펙트럼 종류가 M형인 왜성(矮星, dwarf stars)이다. 이 별들은 대부분 젊은 성단(星團, star cluster)과 성협(星協, associations)에서 발견되는 젊은 별들이다. 태양에서와

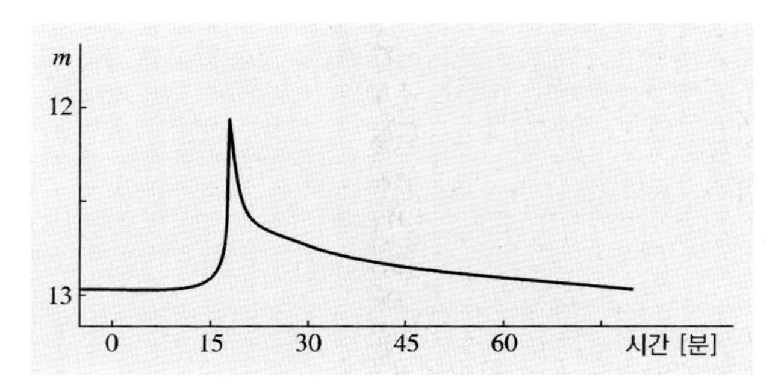

그림 14.6 전형적인 플레어 별의 폭발은 짧은 기간에 일어난다.

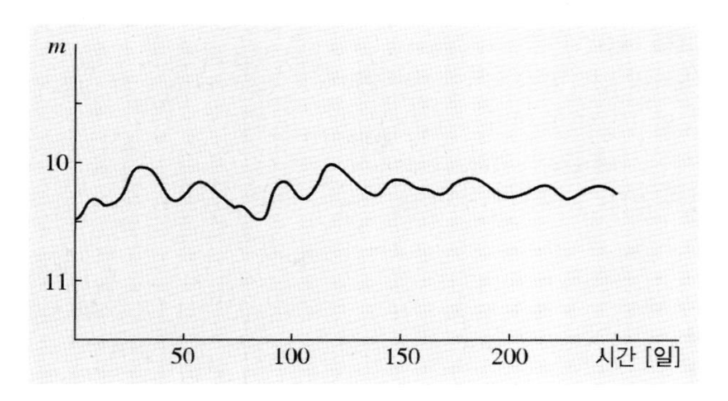

그림 14.7 황소자리 T형 변광성의 광도곡선

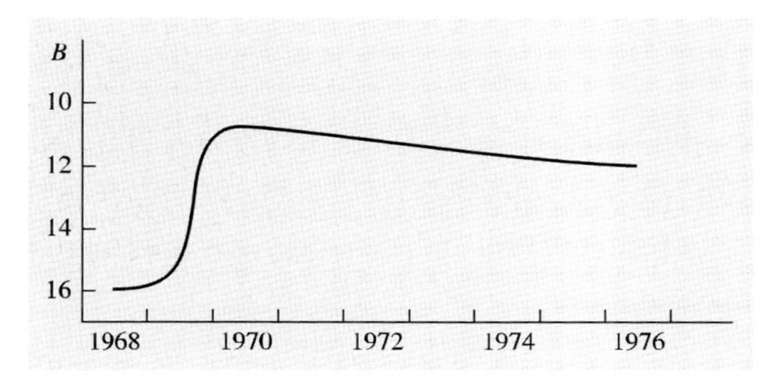

그림 14.8 1969~1970년 사이 백조자리 V1057은 거의 6등급 밝아졌다.

비슷하게 이 별들에서는 불규칙적인 시간 간격으로 별 표면에서 플레어 폭발이 일어난다. 플레어는 표면의 자기장에 생기는 교란과 관계가 있다. 플레어 별의 폭발 에너지는 태양 플레어와 거의 같다. 그러나 별이 태양보다 훨씬 어두우므로 플레어는 별을 4~5등급 더 밝게 할 수 있다. 플레어는 수 초 내에 밝아졌다가 수 분 내에 사라져버린다(그림 14.6). 같은 별이 하루에도 몇 번씩 플레어를 일으킨다. 광학적인 플레어는 태양에서와 같이 전파 폭발을 동반한다. 실제로 플레어 별들은 전파 영역에서 관측된 최초의 별들이다.

성운상 변광성. 오리온자리, 황소자리, 마차부자리 등에 있는 발광성운이나 암흑성운과 관련된 변광성이 있다. 이들 중 황소자리 T형 별이 가장 흥미롭다. 이 별들은 새로 형성되었거나 막 주계열을 향하여 수축하는 것들이다. 황소자리 T형 별들의 밝기 변화는 불규칙하다(그림 14.7). 이 별의 스펙트럼에는 별의 채층에서 형성된 밝은 방출선과 극히 낮은 밀도에서만 형성될 수 있는 금지선(forbidden line)이 포함되어 있다. 스펙트럼선들은 물질이 별에서 흘러나오는 것을 알려주고 있다.

황소자리 T형 별들은 밀도가 높은 가스성운 내에 놓여 있으므로 관측이 어렵다. 그러나 전파와 적외선 기술의 발달에 힘입어 그 상황이 좋아졌다.

형성 과정에 있는 별들은 밝기가 급격히 변할 것이다. 예를 들어 1937년 오리온자리 FU는 6등급이나 밝아졌다. 이 별은 적외선 복사를 강하게 방출하고 있는데 이는 이 별이 아직도 다량의 성간가스와 먼지로 둘러싸여 있음을 나타내는 것이다. 비슷하게 6등급이 밝아지는 현상이 백조자리 V1057에서 1969년 관측되었다(그림 14.8). 이 별이 밝아지기 전에는 불규칙 황소자리 T형 변광성이었다. 그 후 이 별은 대체로 일정한 10등급 별인 AB형 별로 남아 있다.

북쪽왕관자리 R형 별(R Coronae Borealis)들은 '역신성(逆新星, inverse nova)' 광도곡선을 가진다. 이들의 광도는 거의 10등급까지 낮아졌다가 정상적인 광도로 돌아올 때까지 몇 년 동안 낮은 광도상태를 유지하기도 한다. 예를 들어 북쪽왕관자리 R은 5.8등급인데 14.8등급까지 어두워진다. 그림 14.9는 1978년에 핀란드와 프랑

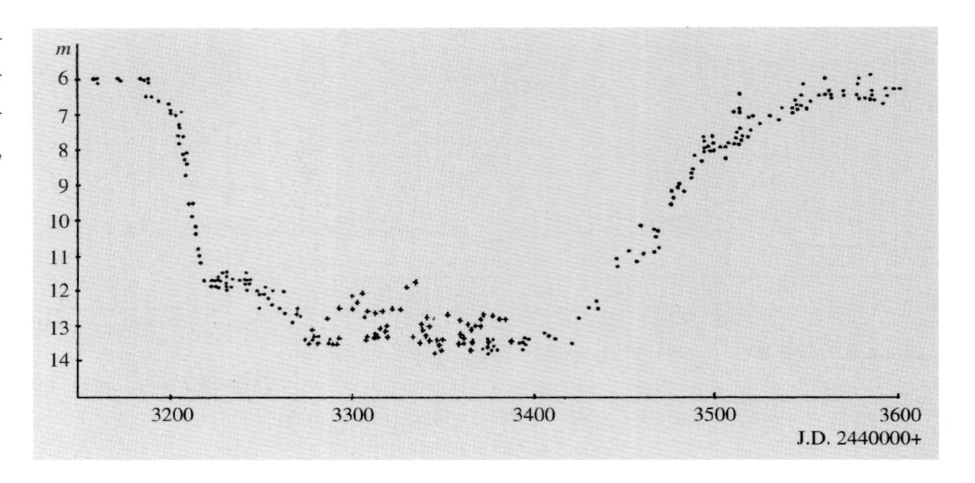

그림 14.9 1977~1978년 북쪽 왕관자리 R의 밝기 감소. 이는 핀란드와 프랑스의 아마추어 천문학자에 의하여 관측되었다. (Kellomäki, Tähdet ja Avaruus, 5/1978)

스 아마추어가 관측한 자료로서 광도가 어두워진 것을 보여주고 있다. 북쪽왕관자리 R은 탄소가 풍부한 별인데 탄소가 별 주변의 먼지 구각으로 응축될 때 밝기가 어두워진다.

또 다른 흥미로운 별은 **용골자리 에타별**(η Carinae)이다(그림 14.10). 현재 이 별은 두껍고 영역이 넓은 먼지와 기체로 된 외피로 둘러싸인 6등급 별이다. 19세기 초 용골자리 에타는 하늘에서 시리우스 다음으로 밝은 별이었다. 19세기 중반에 8등급까지 빠르게 어두워지다가 20세기 들어서 조금 밝아졌다. 용골자리 에타별은 소위 밝은 청색 변광성이다. 질량은 태양보다 100배가 무거운 것으로 생각된다. 별을 둘러싸고 있는 먼지구름은 태양계 밖에 있는 천체 가운데 가장 밝은 적외선원에 해당한다. 용골자리 에타가 방출한 에너지는 성운에 의해 흡수되었다가 적외선 파장으로 재방출된 것이다. 밝기 변화가 왜 이렇게 큰지 정확한 이유는 알려지지 않았다. 별의 안정도가 매우 무거운 별에서 나온 엄청난 에너지의 복사압에 의해 교란된 것으로 믿어진다. 별의 진화 마지막 단계에서 핵이 수축할 때 용골자리 에타별은 초신성으로 폭발할 것이다.

신성. 폭발성 변광성 중 가장 잘 알려진 유형은 신성(新星, novae)이다. 신성은 다시 여러 개로 세분되는데, **정상신성**(ordinary novae), **반복신성**(recurrent novae), **신성과 같은 변광성**(nova-like variables) 등이다. 왜소 신성은 신성과 비슷하지만 폭발을 더 자주 일으키는 별이다(그림 14.11). 또한 신성의 광도곡선과 비슷하게 보이지만 그 생성 기작은 다르다.

모든 신성의 폭발은 급격하게 나타난다. 하루나 이틀 사이에 정상적인 광도보다 7~16등급 더 밝은 최대 광도로 올라간다. 그 후 광도는 수개월 또는 수년에 걸쳐서 천천히 감소한다. 전형적인 신성의 광도곡선을 그림 14.13에 보였다. 이는 신성 백조자리 1975(Cygni 1975)의 광도곡선으로서 아마추어들이 수행한 수백 번의 관측으로 이루어졌다.

반복신성은 10등급 미만으로 그리고 왜소 신성은 2~6등급 정도 더 밝아진다. 두 형태 모두 반복적인 폭발이 일어난다. 반복신성의 경우 폭발 사이의 시간 간격은 수십 년이고, 왜소 신성의 경우 20~600일이다. 이 간격은 폭발의 세기에 따라 다르다. 폭발이 강할수록 다음 폭발 때까지의 시간이 길어진다. 등급으로 표시된 밝기는 대략 재충전하는 간격의 로그(logarithm)에 비례한다 ($\Delta m \propto \log \Delta t$). 정상 신성도 이와 같은 관계에 따를 가능성이 있다. 그러나 그 폭이 아주 크므로 폭발 사이

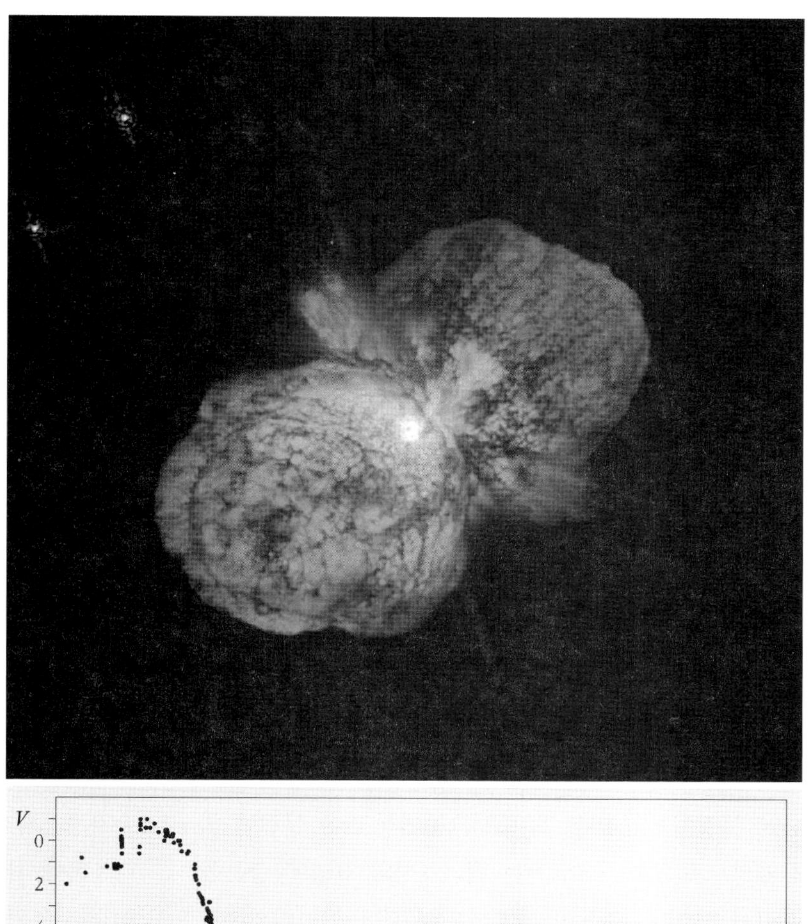

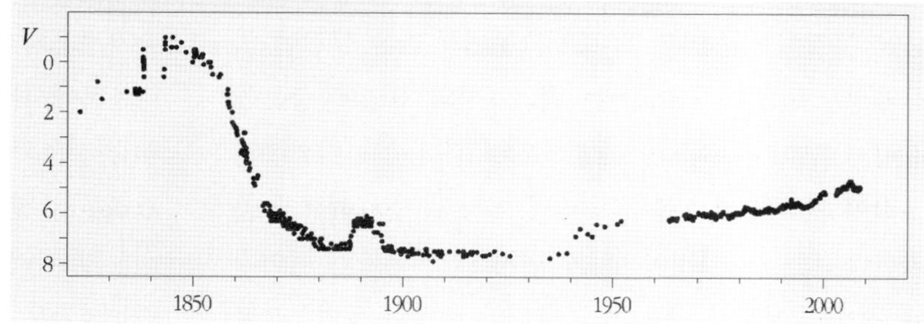

그림 14.10 19세기에 용골자리 에타는 하늘에서 가장 밝은 별 중 하나였다. 그 후 이 별은 상당히 어두워졌다. 1843년 폭발로 이 별은 '호문쿨루스(Homunculus)'라 불리는 성운을 방출하였다. 쌍극 유출의 세부적인 모습을 보이기 위해 허블 사진을 음화(negative print)로 처리한 것이다. (사진출처 : NASA/HST/University of Minnesota)

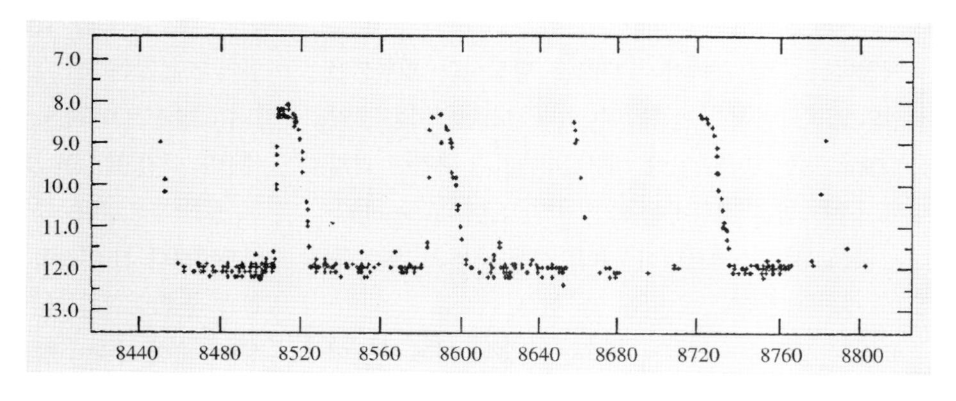

그림 14.11 1966년 초에 관측된 왜소 신성 백조자리 SS의 광도곡선 (북유럽 아마추어의 관측에 근거한 Martti Perälä의 그림)

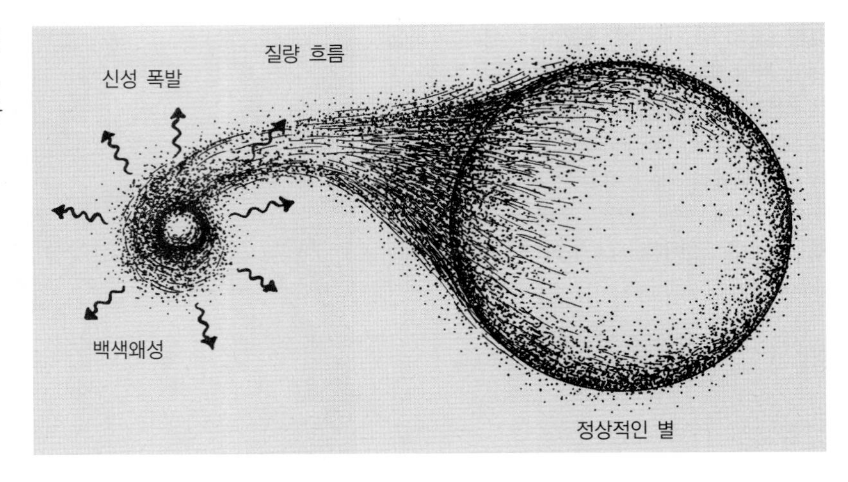

그림 14.12 신성들은 근처의 동반성으로부터 물질을 끌어모으는 백색왜성이라 생각된다. 때때로 부착된 수소를 태우는 핵반응이 점화되고 이것이 신성의 폭발로 관측된다.

의 기간은 수천 또는 수백만 년이어야 한다.

모든 신성들은 근접쌍성계의 일원임이 관측에 의해 알려졌다. 이 계의 동반성 중 하나는 정상적인 별이고 다른 것은 가스의 고리로 둘러싸인 백색왜성이다(이러한 종류의 계가 어떻게 형성되는가를 보여주는 근접쌍성계의 진화를 12.6절에서 다루었다). 정상적인 별에서 나온 물질이 로슈면을 채우고 그곳에서 나온 물질이 백색왜성으로 흘러 들어간다. 백색왜성의 표면에 충분한 질량이 모이면 수소는 폭발적으로 점화되고 바깥쪽의 구각이 외부로 방출된다. 그러면 별의 밝기는 빠르게 증가한다. 방출된 껍질이 팽창하면서 별의 온도가 떨어지고 광도는 서서히 감소한다. 그러나 폭발이 동반성으로부터의 질량 이동을 정지시키지는 못하고 백색왜성은 계속해서 새로운 물질을 끌어모아 다음 폭발을 일으킨다(그림 14.12).

팽창하는 기체 구각에서 나오는 발광선과 흡수선이 신성의 스펙트럼에서 관측될 수 있다. 도플러 이동은 약 1,000km s^{-1}인 팽창속도에 해당한다. 기체 구각이 퍼지면서 스펙트럼은 전형적인 확산 발광성운(diffuse emission nebula)의 스펙트럼이 된다. 신성 주변의 팽창 구각은 가끔 사진에서 직접 볼 수 있다.

왜소 신성에서 에너지는 핵융합 반응에 의해 만들어지지 않고 대부분 백색왜성으로 떨어지는 물질의 위치에너지에서 기인한다. 동반성에서 흘러오는 물질에 의해 만들어지는 부착원반의 밀도가 특정한 임계 밀도를 넘어서 불안정해지고 강하게 가열될 때 폭발이 일어난다.

우리은하 내의 신성들 중 상당수가 성간운에 의하여 숨겨지므로 그들의 수를 추산하기가 어렵다. 안드로메다은하에서는 매년 20~30개의 신성 폭발이 관측된다. 왜소 신성의 수는 훨씬 많다. 그뿐 아니라 별 주위의 가스로부터 발생하는 방출선과 급격한 밝기 변화와 같은 신성의 여러 성질을 공유하고 있는 변광성이 있다. 이 변광성들은 질량 이동을 일으키는 근접쌍성들이다. 이들 중 몇 개는 **공생별**(symbiotic star)들이다. 주성에서 흘러나오는 가스는 동반성 주위의 가스 원반을 때려 뜨거운 점(hot spot)을 만들기도 한다. 하지만 신성 폭발은 일어나지 않는다.

슈퍼소프트별(supersoft stars, SSS)는 격변변광성 중에서도 약간 특이한 부류이다. 엑스선 방출은 훨씬 강하고 훨씬 부드럽다. 즉 이들의 엑스선 복사는 보통 격변변광성보다 긴 파장을 갖는다. SSS 천체에서는 일반적인 접촉 쌍성과 달리 질량을 잃고 있는 별은 동반성(백색왜성)에 비해 질량이 훨씬 더 크다. 그렇기 때문에 정상적

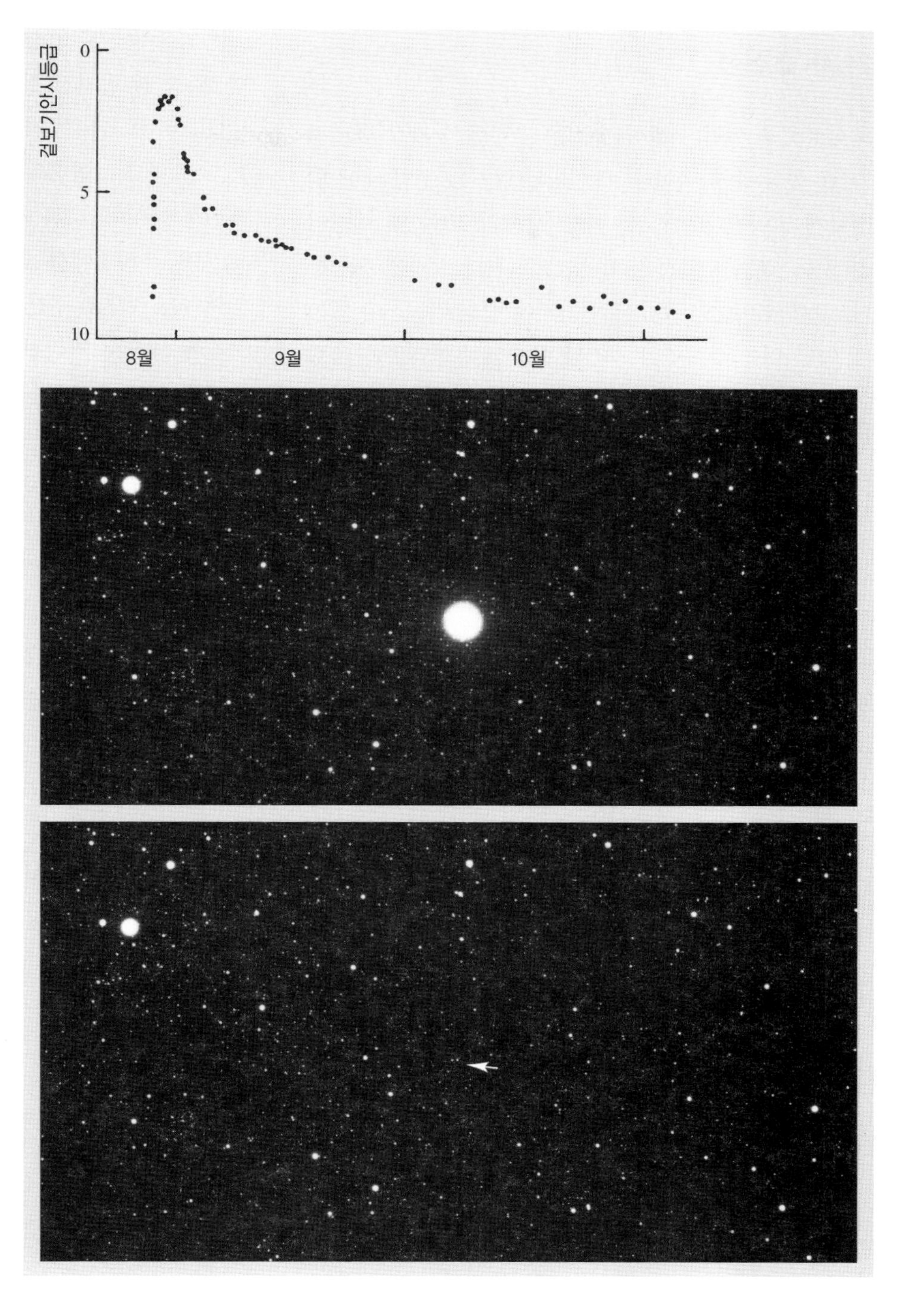

그림 14.13 1975년 새로운 변광성인 백조자리 신성 또는 백조자리 V1500(V1500 Cygni)이 백조자리에서 발견되었다. 위의 사진은 신성이 가장 밝을 때(약 2등급)이고 아래 사진은 15등급으로 어두워졌을 때이다. (사진출처 : Lick Observatory)

인 격변변광성에서보다 백색왜성의 표면으로 더 많은 질량이 전달되는 불안정한 과정으로 질량이 전달된다. 백색왜성의 표면에서 신성폭발을 닮은 연속적인 핵융합 반응이 부드러운 X-복사를 상당히 많이 만들게 된다. 이런 불안정한 성질 때문에 SSS 천체들은 수명이 짧고 상대적으로 드물다.

14.4 초신성

초신성으로 별이 폭발하는 것은 우주에서 가장 에너지가 큰 현상 중 하나이다. 초신성의 밝기는 수일 내에 엄청나게 밝아진다. 광도는 태양 광도의 10억 배 이상이 될 수도 있는데 이것은 작은 은하 전체 밝기에 해당한다. 그래서 이들은 우주론적 거리에서도 관측될 수 있는데 이런 이유로 우주의 크기나 우주론적 물리량을 측정하기 위한 유용한 표준 촛대가 된다. 초신성은 무거운 원소의 중요한 근원이다. 철보다 무거운 대부분 원소들이 초신성 폭발 때 만들어진다.

최대 밝기에 이른 후 수년에 걸쳐서 그 밝기가 서서히 감소한다. 가장 가까운 초신성들은 폭발 후 수년 동안 관측될 수도 있다. 폭발로 가스 껍질은 수천 km s^{-1}의 속도로 방출된다. 200개 이상의 초신성 잔해가 우리 은하에서 발견되었다. 이들의 나이는 수백 년에서 수십만 년 정도로 다양하다.

우리은하에서 적어도 6개의 초신성 폭발이 관측되었다. 가장 잘 알려진 것은 1054년 중국에서 관측된 '손님별(guest star)'[그 잔해가 게성운(Crab nebula)이다], 1572년 티코 브라헤의 초신성, 그리고 1604년 케플러의 초신성 등이다. 다른 Sb-Sc형 나선 은하의 관측을 기초로 하면 은하수에서 초신성 폭발은 약 50년의 간격으로 일어나는 것으로 추산된다. 그들 중 몇 개가 차광(遮光) 물질에 의해서 가려진다 하여도 마지막 초신성 폭발이 관측된 이래 400년의 기간이 지난 것은 이상할 정도로 길다.

다른 외부 은하의 초신성은 훨씬 자주 관측된다. 예를 들어 2006년과 2007년 동안 500개 이상의 새로운 초신성이 발견되었다. 가까운 미래에는 이 숫자가 새로운 전천 탐사를 통해 훨씬 빠르게 증가할 것이다.

초기에 초신성은 그들의 스펙트럼에서 수소가 있는지 없는지에 근거해서 제I형(Type I)과 제II형(Type II)으로 분류되었다. 나중에 다른 스펙트럼의 특징이나 광도 곡선에 따라 세분화되었다(그림 14.14, 14.15, 14.16).

Ia형 초신성은 젊은 신성의 스펙트럼에서도 강하게 나타나는 규소 흡수선(615nm)의 존재로부터 확인된다. 이런 초신성들은 적어도 수십억 년의 나이를 가진 백색왜성과 동반성으로 이루어진 쌍성에서 만들어진다고 생각된다. 이런 근접 쌍성에서 동반성에서 물질이 질량 한

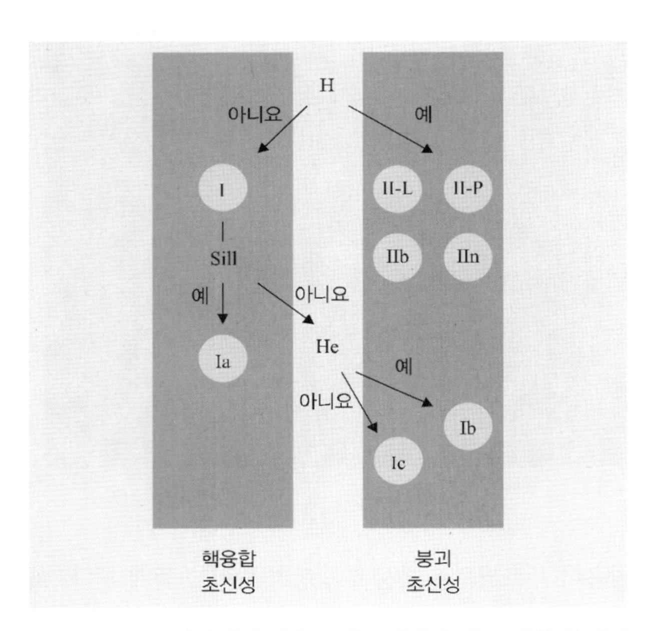

그림 14.14 초신성의 유형은 스펙트럼에서 서로 다른 분광선의 세기와 광도곡선의 형태에 의해 결정된다.

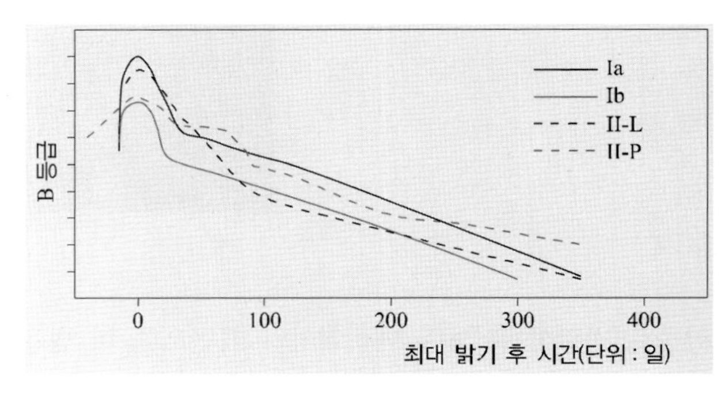

그림 14.15 서로 다른 종류의 초신성에 대한 전형적인 광도 곡선

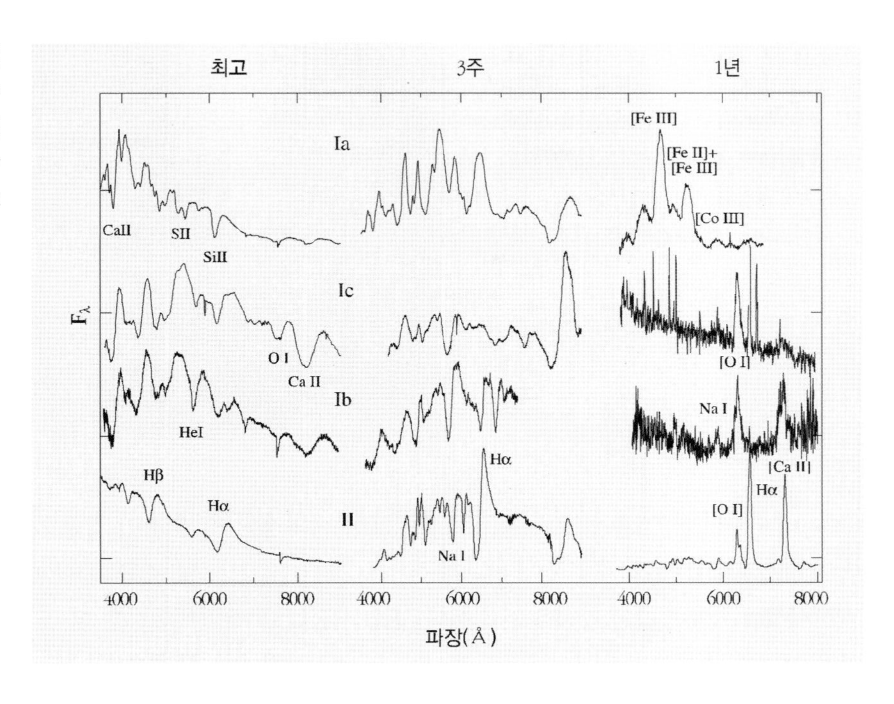

그림 14.16 다른 종류의 초신성이 최대 밝기에 이르렀을 때, 최대 밝기 후 3주 때, 최대 밝기 후 1년 때의 스펙트럼 (Turatto: Supernovae and Gamma-Ray Bursters, ed. K. Weiler, Lecture Notes in Physics, vol. 598, pp. 21-36)

계(약 $1.4M_\odot$)가 될 때까지 백색왜성으로 이동할 수 있다. 그다음 백색왜성의 전자 기체의 축퇴 압력이 중력을 견디지 못하고 별이 수축하게 된다. 밀도와 온도가 증가하면 백색왜성을 파괴할 수 있을 정도의 폭발적인 핵융합 반응이 시작될 것이다. 이 과정에서 방출되는 운동에너지는 팽창하는 기체의 속도가 $0.1c$가 되게 할 수 있는 10^{44}J 정도가 된다. 복사에너지(10^{42}J)의 근원은 폭발(전형적으로 약 $0.5M_\odot$)에서 만들어진 방사성 동위원소 니켈 56이 방사성 코발트와 안정한 철 원소로 변환되는 핵분열이다. 폭발에서 니켈이 더 많이 만들어질수록 초신성이 최대 밝기에서 더 밝게 빛나게 된다. 이때 절대등급이 −19에서 −20까지 된다. 광도곡선의 모양은 초신성의 밝기에 따라 달라진다. 초신성이 더 밝아질수록 광도곡선에서 최대 밝기 부분이 더 넓어진다. 그러므로 Ia형 초신성의 최대 밝기는 광도곡선으로 정확하게 결정될 수 있다. 이런 식으로 하면 우주의 크기와 우주론적 물리량을 결정하는 데 표준 촛대로 사용된다(제20장).

제12장에서 항성 진화의 마지막 단계와 무거운 별의 수축이 어떻게 폭발로 이어지는지 알아보았다. Ia형 초신성을 제외한 모든 초신성은 무겁고 짧게 사는 별들의 붕괴에 의해 만들어진다고 믿어진다. 항성 일생의 마지막에 이런 별들은 찬드라세카 한계를 초과하여 자체 중력에 의해 수축하는 철 핵을 갖는다. 항성의 핵에서 물질은 원자핵의 밀도에 이르며 외곽층은 외부로 충격파를 내보내며 뒤로 되튕긴다. 이 과정에서 엄청난 양의 중성미자가 만들어진다. 중성미자가 별의 외곽층과 거의 반응하지 않기 때문에 항성 주변 우주로 빠르게 퍼져나간다. 남아 있는 잔해는 중성자별이나 블랙홀이다. 방출되는 에너지의 대부분(약 99%)은 중성미자가 갖게 된다. 별의 외곽층은 약 10^{44}J의 운동에너지를 받게 되는데 이 중 일부는 팽창하는 물질이 별의 주변 물질이나 성간 물질과 충돌할 때 복사에너지의 형태로 방출된다. 전형적으로 초신성은 폭발 후 수 개월 동안 약 10^{42}J 정도의 에너지를 복사에너지로 방출한다. 절대등급으로 따지면 −16에서 −20 사이까지 밝아진다. 나중에 밝기는 Ia형 초신성의 경우처럼 폭발 때 만들어진 방사성 동

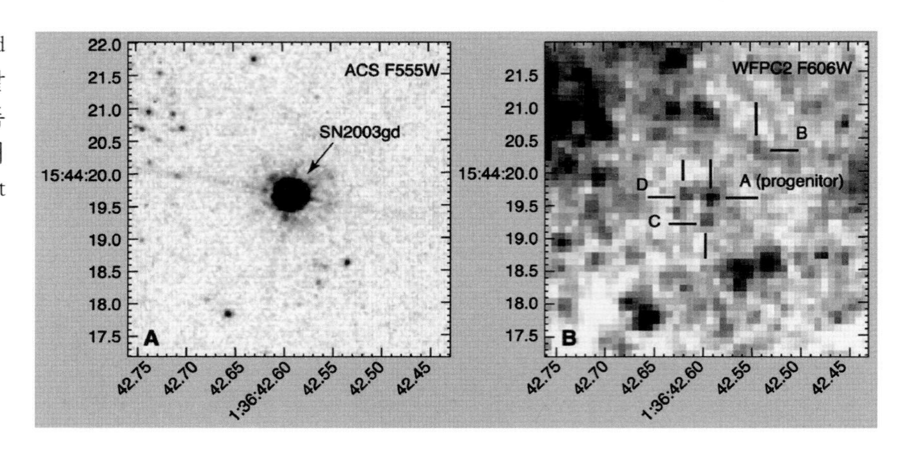

그림 14.17 (왼쪽) II-P형인 초신성 2003gd의 폭발 직후 모습. (오른쪽) 폭발 전 같은 영역. 폭발한 적색거성(모체별)은 폭발 전 영상에 위치했다. 두 영상 모두 허블우주망원경으로 촬영한 것이다. (Smartt et al., 2004, Science, 303, 5657, 499)

위원소 니켈 56이 다른 안정된 원소로 핵분열하는 과정에 의해 유지된다.

초신성의 스펙트럼이 강한 수소선이나 규소선을 갖고 있지 않다면 초신성은 Ib형이거나 Ic형이다. Ib형은 Ic형에 존재하지 않는 강한 헬륨선이 있는 것이 특징이다. 이런 초신성은 바깥층에 수소가 더 이상 존재하지 않는 별에서 만들어진다. Ic형 초신성으로 폭발하는 별은 헬륨으로 이루어진 외곽층까지 잃어버린 별이 폭발하여 만들어진다. 이렇게 외곽층을 잃어버린 질량이 큰 별을 울프-레이에별이라고 부른다.

모든 II형 초신성의 경우 초신성 스펙트럼에서 수소선들이 나타난다. 이들은 광도곡선의 모양이 편평한지 선형 함수적인지에 따라 II-P형과 II-L형으로 다시 세분된다. 최근 들어 나중에 초신성으로 폭발한 몇 개의 별들이 허블우주망원경이나 VLT 망원경으로 폭발 전에 고해상도 영상으로 촬영되었다(그림 14.17). 이 관측은 항성 진화 이론이 예측하는 대로 적색 초거성 별들에서 II-P형 초신성들이 공통적으로 만들어진다는 것을 증명했다. 처음에 이런 별들의 질량은 적어도 $8M_\odot$ 이상 된다. 질량이 작은 별들은 수축에 의해 폭발되지 않는다고 생각된다. 이들은 더 조용한 진화를 거쳐 백색왜성으로 생을 마감한다.

IIn형 초신성은 다른 초신성의 스펙트럼에서보다 훨씬 폭이 좁은 수소 발광선으로 특징지어진다. 이 선들은 별 주변 물질에서 만들어진다. 젊은 IIn형 초신성의 스펙트럼은 몇 주 후에 사라지는 수소선들을 갖고 있기 때문에 이후에는 Ib형 스펙트럼과 유사해진다. 이들은 외곽층에 수소가 매우 적은 별의 폭발로 만들어졌다고 생각된다. 따라서 이들은 IIn형과 Ib형 중간이다. 초신성의 관측적인 특징과 유형은 초신성으로 진화하는 모체별의 성질에 따라 달라지기 때문에 모든 초신성들의 형태는 섞여 있다고 할 수 있다. 그러므로 초신성을 폭발의 기작에 따라 단순히 **열핵융합 초신성**(thermonuclear supernova)과 **핵붕괴 초신성**(core collapse supernova)의 두 형태로 구분하는 것이 더 의미가 있다. 가까운 은하에서 발견된 초신성의 약 30%가 열핵융합 초신성이고 나머지 70%가 핵붕괴 초신성이다.

1987년 2월 23일 은하수의 작은 동반 은하인 대마젤란운(Large Magellanic Cloud)의 초신성의 폭발 빛이 지구에 도착했다(그림 14.18). SN1987A 초신성은 제II형 초신성이고 383년 동안 가장 밝은 초신성이었다. 첫 검출 후 SN1987A는 가능한 모든 방법으로 아주 자세히 연구되었다. 12.4절과 12.5절에서 배운 항성 진화의 마지막 단계에 관한 여러 개념이 확인되었지만 복잡성이 남아 있다. 예를 들어 모체별은 기대했던 것보다 더 푸르다. 어쩌면 이것은 우리은하에 비해 대마젤란운의 중

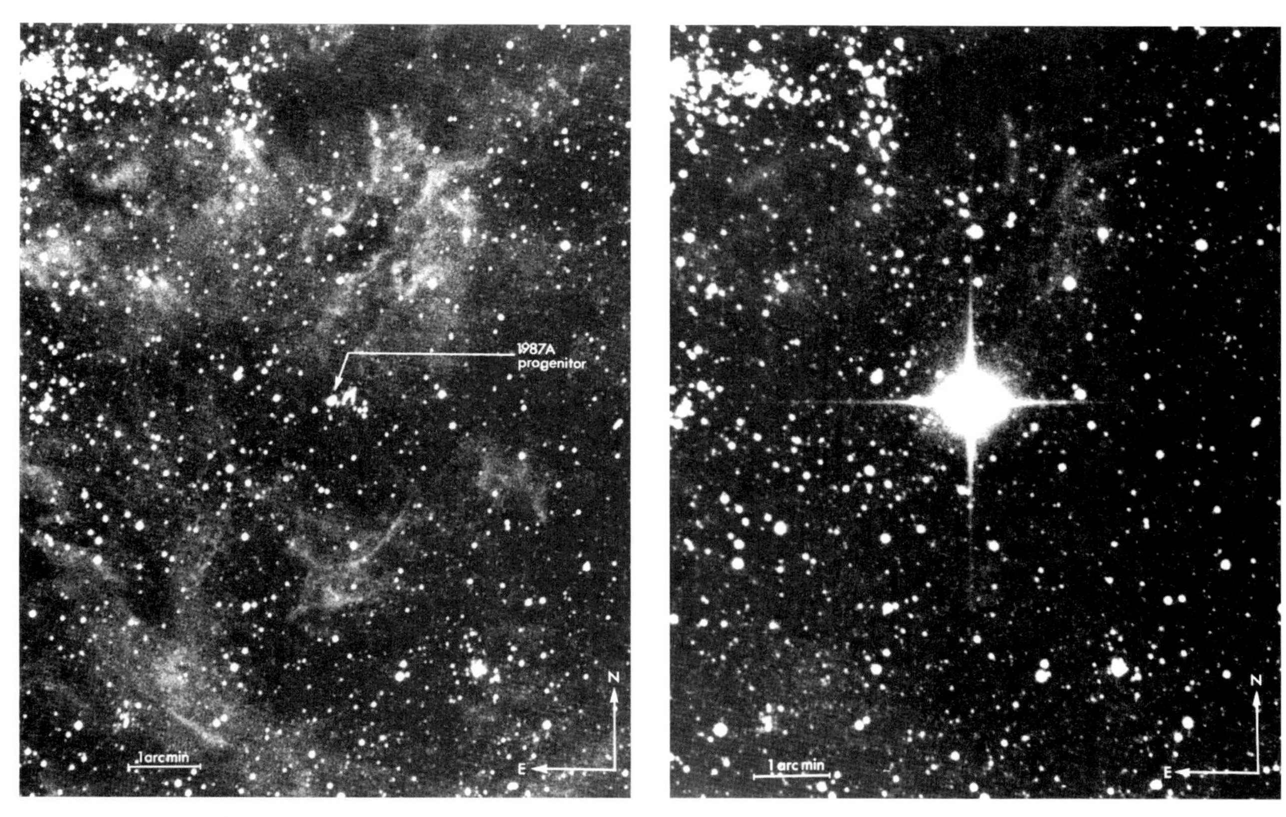

그림 14.18 대마젤란운의 초신성 1987A. 폭발 전과 후의 모습이다. (사진출처 : ESO)

금속 함량이 적기 때문일 수도 있다. 일본과 미국에서 검출한 바와 같이 핵의 수축은 막대한 양의 에너지를 중성미자로 분출했다. 방출된 에너지양은 잔해물이 중성자별일 것이라고 말해준다.

14.5 예제

예제 14.1 어느 세페이드의 주기가 20일 그리고 평균 겉보기등급은 $m=20$이다. 그림 14.4로부터 이 별의 절대 등급은 대략 $M\approx-5$이다. 식 (4.12)에 따르면 이 세페이드의 거리는 다음과 같다.

$$r = 10\times10^{(m-M)/5} = 10\times10^{(20+5)/5}$$
$$= 10^6\,\mathrm{pc} = 1\,\mathrm{Mpc}$$

예제 14.2 세페이드의 밝기가 2등급 변한다. 최대 밝기일 때 유효온도가 6,000K이고 최소 밝기일 때 5,000K라면 반지름은 얼마나 변하겠는가?

광도는 아래와 같이 변했다.

$$L_{\max} = 4\pi R_{\max}^2\,\sigma T_{\max}^4$$
$$L_{\min} = 4\pi R_{\min}^2\,\sigma T_{\min}^4$$

등급의 차이는

$$\Delta m = -2.5\log\frac{L_{\min}}{L_{\max}} = -2.5\log\frac{4\pi R_{\min}^2\,\sigma T_{\min}^4}{4\pi R_{\max}^2\,\sigma T_{\max}^4}$$
$$= -5\log\frac{R_{\min}}{R_{\max}} - 10\log\frac{T_{\min}}{T_{\max}}$$

이다. 따라서

$$\log \frac{R_{\min}}{R_{\max}} = -0.2\Delta m - 2\log \frac{T_{\min}}{T_{\max}}$$
$$= -0.4 - 2\log \frac{5000}{6000} = -0.24$$

이다. 즉

$$\frac{R_{\min}}{R_{\max}} = 0.57$$

이다.

14.6 연습문제

연습문제 14.1 거문고자리 RR형 변광성의 절대 안시등급은 0.6±0.3이다. 등급의 오차 때문에 발생한 거리의 상대 오차는 얼마인가?

연습문제 14.2 장주기 변광성의 복사등급은 1등급 정도 변한다. 광도가 최대일 때 유효온도는 4,500K이다.

a) 변광이 온도의 차이 때문만이라면 최소 광도일 때 온도는 몇 도인가?

b) 온도가 일정하게 유지된다면 반지름의 상대 변화량은 얼마인가?

연습문제 14.3 1983년 게성운의 반지름은 약 3′이었다. 이것은 1년에 0.21″씩 팽창하고 있다. 중심별에 대한 성운의 시선속도는 1,300km s^{-1}라고 성운에서 관측되었다.

a) 성운의 팽창이 대칭적이라고 가정하면 성운까지의 거리는 얼마인가?

b) 성운 방향에서 초신성 폭발이 관측되었다. 얼마나 오래전에 폭발이 있었는지 예측해보라.

c) 절대등급이 평균적으로 −18등급이라면 초신성의 겉보기등급은 무엇인가?

밀집성

15

천체물리학에서 별 내부 물질의 밀도가 보통의 별보다 훨씬 큰 별들은 밀집성(compact objects)으로 알려져 있다. 이러한 별들에는 백색왜성, 중성자별, 블랙홀 등이 포함된다. 이러한 천체들은 아주 높은 밀도뿐만 아니라, 핵반응이 그 별의 내부에서 완전히 끝났다는 사실로도 특징지어진다. 핵반응이 끝난 결과 이 별들은 열적인 가스 압력으로 중력에 대항하여 그 자신을 지탱할 수 없다. 백색왜성과 중성자별들에서는 축퇴 가스의 압력이 중력에 저항한다. 블랙홀에서는 중력이 완전히 지배적인 힘이 되어 물질을 무한대의 밀도로 압축시킨다.

쌍성계의 밀집성은 충격적인 새로운 현상들을 다양하게 제공한다. 동반성이 항성풍이나 로슈로브넘침(Roche lobe overflow)에 의해 질량을 잃고 있다면 그 질량이 밀집성으로 유입될 수 있다. 이때 배출되는 중력에너지는 X-선 방출의 형태로 관측될 수 있다. X-선 방출은 강하고 빠른 밝기 변화를 동반한다.

15.1 백색왜성

11.2절에서 언급한 대로 일반적인 별 내부에서는 기체의 압력이 이상기체 상태방정식을 잘 따른다. 항성 내부에서 기체는 완전히 이온화되어 이온과 자유전자로 이루어진 플라스마 상태가 된다. 이온과 전자의 부분 압력은 뜨거운 별에서 중요한 역할을 하는 복사압과 더불어 중력과 평형을 이루는 전체 압력을 구성한다. 항성이 핵연료를 모두 소진하면 내부의 밀도는 증가하지만 온도는 많이 변하지 않는다. 전자는 축퇴상태가 되고 압력은 주로 축퇴된 전자기체의 압력이 주를 이룬다. 이온과 복사 때문에 생기는 압력은 무시할 만하다. 별은 백색왜성이 된다.

글상자 15.1 '백색왜성과 중성자별의 반지름'에서 설명하겠지만, 축퇴별의 반지름은 질량의 세제곱근에 역비례한다. 즉 정상적인 별과는 달리 반지름은 질량이 증가함에 따라 감소한다.

최초로 발견된 백색왜성은 시리우스의 동반성인 시리우스 B이다(그림 15.1). 시리우스 B가 예외적으로 특이한 성질을 가지고 있음이 1915년에 알려졌는데, 그 당시 유효온도가 매우 높은 별로 발견되었다. 이 별은 어두우므로 반지름이 지구보다도 더 작을 정도로 아주 작아야 한다. 시리우스 B의 질량은 태양 질량과 거의 같은 것으로 알려져 있으므로 따라서 밀도는 극히 높아야 한다.

시리우스 B의 밀도가 높다는 사실은 이 별의 스펙트럼선에서 중력적색이동(gravitational redshift)이 측정되었을 때인 1925년에 확인되었다. 이 측정은 아인슈타인의 일반 상대성 이론에 대한 관측적인 지지기반을 마련해 주었다.

백색왜성은 단독성과 쌍성의 두 경우 모두에서 생긴다. 그들의 스펙트럼선들은 표면의 강한 중력장에 의해

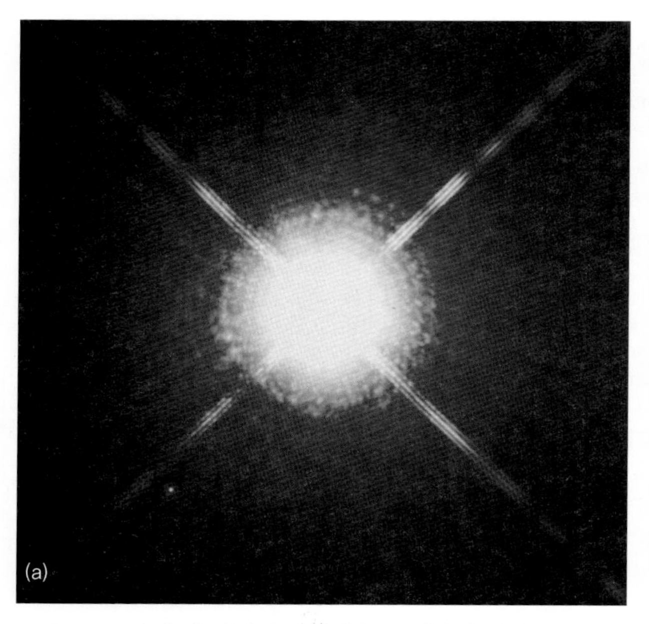

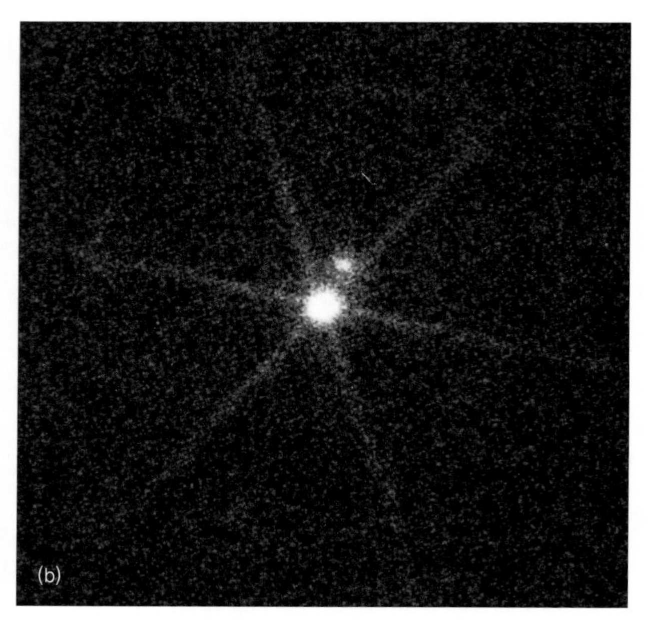

그림 15.1 가장 잘 알려진 백색왜성 중 하나인 시리우스 B의 두 영상이다. 왼쪽은 허블우주망원경으로 촬영한 가시광 사진이다. 시리우스 B는 과다 노출된 시리우스 영상의 왼쪽 아래에 있는 작고 하얀 점이다. 오른쪽에는 찬드라 X-선 관측위성(Chandra X-ray Observatory)이 촬영한 X-선 영상이다. 시리우스 B가 더 밝게 보인다. 시리우스가 백색왜성의 표면온도보다 훨씬 더 낮기 때문에 더 어둡게 보인다. (사진출처 : NASA/HST, Chandra)

서 증폭된다. 어떤 백색왜성에서는 빠른 자전 때문에 스펙트럼선들이 더 증폭된다. 또한 강한 자기장도 관측되었다.

백색왜성은 내부의 에너지원이 없지만 축퇴된 전자기체의 압력이 더 이상의 중력 수축을 막고 있다. 남은 열을 서서히 복사로 잃어 백색왜성은 점점 차가워진다. 색깔이 백색에서 적색으로 그리고 종국에는 흑색으로 변한다. 냉각되는 데 걸리는 시간은 거의 우주의 나이와 비슷하다. 따라서 가장 오래된 백색왜성이라도 현재 여전히 관측된다. 가장 어두운 백색왜성을 찾는 것은 우주 나이의 하한값을 결정하는 방법이기도 하다.

격변변광성. 백색왜성이 근접쌍성의 구성원일 경우 동반성으로부터 질량이 유입될 수 있다. 가장 흥미로운 경우는 주계열성이 **로슈로브**(Roche lobe)를 채우고 있는 경우이다. 로슈로브는 백색왜성으로 질량이 넘어가지 않고 채울 수 있는 최대 공간이다. 동반성이 진화함에 따라 팽창하기 시작하는데 질량이 결국 주성으로 넘어가 동반성의 질량은 손실된다. 이런 종류의 쌍성이 **격변변광성**이다.

격변변광성의 정의는 점차적으로 변해 왔다. 결과적으로 과거에 다른 형태라고 여겨지던 많은 형태의 쌍성계가 격변변광성의 이름을 갖게 되었다. 원칙적으로 초신성 Ia형도 이 부류에 속한다. 백색왜성의 표면에 모여 있던 수소의 갑작스러운 연소 때문에 분출하는 **전통적 신성**(classical novae)은 14.3절에 소개되었다. 분출 과정에서 유입된 기체의 대부분은 구각으로 방출된다. 하지만 계속해서 질량이 유입되면 분출이 이어질 수 있다. 이런 경우 **반복신성**이 된다. 마지막으로 선신성(pre-novae) 또는 후신성(post-novae) 같은 분출 없는 격변변광성은 신성과 같은 변광성으로 분류된다.

14.3절에서 소개된 왜소 신성(dwarf novae)은 매우 다른 기작으로 만들어진다. 이 경우 물질의 분출이 열핵융합 반응에 의한 것이 아니고 백색왜성 근처에 존재하는 부착원반(accretion flow)의 불안정성 때문에 발생한다. 자세한 분출 기작에 대해 아직 완전히 이해된 것은 아니지만 기본적인 이론은 다음과 같다. 부착원반은 차가운 상태와 뜨거운 상태의 두 가지 상태가 가능하다. 어떤 조건 아래에서는 원반이 한 상태를 계속 유지할 수 없기 때문에 반복적으로 뜨거운 분출상태와 차가운 고요상태를 반복한다.

신성과 같은 변광성의 특수한 경우가 자기격변변광성(magnetic cataclysmic variable)이다. **폴라**(polar)별은 자기장이 매우 강해서 유입 기체가 부착원반에 정착하지 못한다. 대신 자기력선을 따라서 **부착기둥**(accretion column)을 만들게 된다. 기체가 백색왜성의 표면을 때리게 되면 백색왜성은 밝은 X-선 방출을 낼 수 있게 가열된다. 밝은 X-선 방출은 폴라별의 특징이다. 자기장의 세기가 다소 약한 별은 **중간 폴라**(intermediate polar)별이라고 부른다. 이 별은 X-선 방출과 부착원반 때문에 발생하는 밝기 변화를 모두 나타낸다.

15.2 중성자별

별의 질량이 충분히 크면 물질의 밀도는 정상적인 백색왜성보다 훨씬 크게 된다. 그렇게 되면 고전적인 축퇴 전자기체의 상태방정식이 이와 같은 상황에 해당하는 상대론적인 공식으로 대체되어야 한다. 이 경우 중력에 의한 끌어당김에 대해 저항하는 데 있어 별 반지름의 감소가 더 이상 도움이 되지 않는다. 평형은 오직 하나의 특수한 값의 질량에 대해서만 가능한데, 그러한 질량은 찬드라세카 질량 M_{Ch}로서 이것은 이미 12.5절에서 소개되었다. M_{Ch}값은 약 $1.4M_{\odot}$로서 이는 백색왜성 질량의 상한값이다. 만약 별의 질량이 M_{Ch}보다 크면 중력이 압력을 압도하고 별은 더 높은 밀도로 급격히 수축한다. 이러한 붕괴 후 도달하는 최종의 안정된 단계가 **중성자별**(neutron star)이다(그림 15.2). 반면에 질량이 M_{Ch}보다 작으면 압력이 우세하게 된다. 그렇다면 이 별은 덜 상대론적(less relativistic) 상태방정식으로 평형 상태를 나타낼 정도로 밀도가 낮아질 때까지 팽창할 것이다.

질량이 큰 별이 그 진화의 최종 단계에 도달하여 초신성으로 폭발을 일으키면 이 별의 중심핵도 동시에 붕괴하는데, 이 붕괴가 반드시 백색왜성의 밀도를 갖는 상태에서 멈추지는 않을 것이다. 붕괴하는 중심핵의 질량이 찬드라세카 질량보다 더 크면($\gtrsim 1.4M_{\odot}$) 붕괴는 계속되어 중성자별이 된다.

별 진화의 최종 단계에서 일어나는 중요한 입자 반응은 **URCA 과정**(URCA process)이다. 이 과정은 1940년대에 **쇤베르크**(Mario Schönberg, 1914-1990)와 **가모프**(George

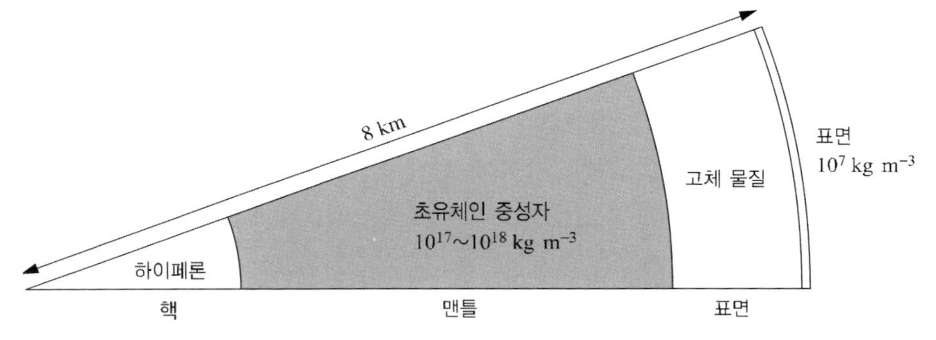

그림 15.2 중성자별의 구조. 외피는 딱딱한 고체 물질이고 맨틀은 자유로이 흐르는 초유체이다.

Gamow, 1904-1968)가 제안한 것으로 이 과정에서는 물질의 구성에 어떤 영향도 미치지 않으면서 중성미자를 다량으로 방출한다. (URCA 과정은 리우데자네이루에서 발명되었고 그곳 카지노의 이름을 따서 명명되었다. 이 카지노 URCA에서는 별 내부에서 에너지가 중성미자의 형태로 사라지는 것과 같이 돈이 사라졌던 것이다. 이 카지노는 이러한 유사성이 알려진 후 당국에 의해서 폐쇄당했다고 소문이 나 있다.) URCA 과정은 다음 반응으로 이루어진다.

$$(Z, A)+e^- \rightarrow (Z-1, A)+\nu_e$$
$$(Z-1, A) \rightarrow (Z, A)+e^- +\bar{\nu}_e$$

여기서 Z는 핵 내의 양성자 수, A는 질량 수, e^-는 전자, 그리고 ν_e와 $\bar{\nu}_e$는 전자 중성미자와 반중성미자이다. 전자 가스가 축퇴될 때 두 번째 반응은 파울리의 배타 원리에 의해서 억제된다. 그 결과 핵 내의 양성자들은 중성자로 변한다. 핵 속의 중성자 수가 증가함에 따라 그들의 결합에너지는 감소한다. 밀도가 약 4×10^{14}kg m^{-3}에 이르면 중성자는 핵에서 흘러나오기 시작하고 10^{17}kg m^{-3}에 이르면 핵은 완전히 사라진다. 그러면 물질은 전자와 양성자가 약 0.5% 혼합된 중성자 '죽(porridge)'으로 이루어진다.

중성자별들은 백색왜성들이 축퇴된 전자압력으로 지탱되는 것과 같이 축퇴된 중성자 가스의 압력이 중력에 대항하여 별을 지탱해 주고 있다. 전자 질량이 중성자 질량으로 대체되고 평균 분자 무게가 자유 중성자 수로 정의되는 것 등을 제외하면 상태방정식은 동일하다. 거의 대부분의 가스가 중성자로 구성되어 있으므로 평균 분자무게는 1에 가깝다.

중성자별의 지름은 전형적으로 약 10km이다. 보통의 별과는 달리 중성자별들은 윤곽이 아주 뚜렷한 고체 표면을 가지고 있다. 그 위의 대기 두께는 수 센티미터이다. 외피의 상층부는 밀도가 안쪽으로 급격히 증가하는 금속성의 고체이다. 이 별의 대부분은 중성자 초유체(超流體)이고 중심부의 밀도는 10^{18}kg m^{-3} 이상이다. 그곳에는 더 무거운 입자[하이페론(hyperon)] 또는 쿼크(quark) 물질로 이루어진 고체 핵이 있을 것이다. 보통 중성자를 구성하는 쿼크는 그곳에서 중성자 안에 제한되어 있지 않을 것이다.

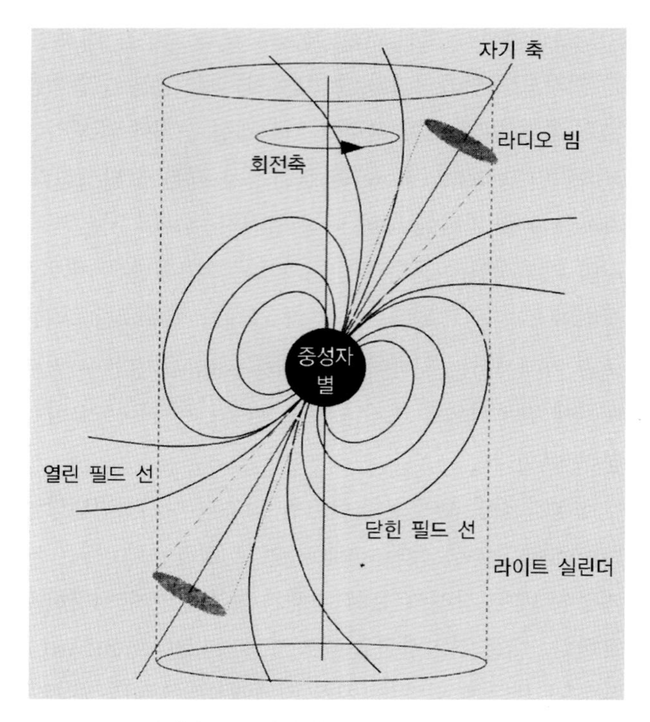

그림 15.3 자전하는 중성자별은 표면의 전자를 끌어당겨 자극으로 상대론적 속력까지 가속시키는 자기장에 의해 둘러싸여 있다. 자기력선을 따라 전자들이 가속되면 좁은 빔으로 곡률 복사라고 불리는 복사를 하게 된다. 자기장 축이 자전축과 일치하지 않기 때문에 빔이 등대처럼 휩쓸게 된다. (Lorimer-Kramer 2005, Handbook of Pulsar Astronomy, Cambridge University Press, p. 55)

초신성의 폭발과 수축으로 만들어진 중성자별은 초기에 아주 빠르게 회전할 것이다. 왜냐하면 반지름은 전보다 상당히 작아진 반면 각운동량은 변함이 없기 때문이다. 처음 몇 시간이 지나면 별은 1초에 수백 번 회전하는 납작한 평형상태가 될 것이다. 중성자별의 초기 자기력도 수축하는 동안 압축될 것이다. 결국 주변 물질과 별을 연결하는 강력한 자기장이 만들어진다. 중성자별의 각운동량은 전자기파, 중성미자, 우주선 입자, 그리고 어쩌면 중력파에 의해 점점 감소될 것이다. 따라서 각속도도 줄어들 것이다. 중성자별이 너무 빠르게 회전하게 되면 별이 조각날 수도 있다. 조각난 파편들은 계의 에너지가 감소되면서 결국 다시 합쳐질 것이다. 어떤 경우에는 별이 분리된 상태로 남아 중성자별 쌍성계가 될 수도 있다.

중성자별의 이론은 1930년대에 발전되었으나 관측이 최초로 이루어진 것은 1960년대이다. 그 당시 빠르게 맥동하는 새로운 형태의 전파원인 펄서가 발견되었고 이것이 중성자별로 판명되었다. 1970년대에 와서 중성자별들은 X-선 펄서와 X-선 폭발체(X-ray burster), 마그네타(magnetar)로서 관측되었다.

펄서. 펄서는 영국 케임브리지대학교의 휴이시(Anthony Hewish, 1924~)와 벨(Jocelyn Bell, 1943~)이 하늘에서 들어오는 예리하고 규칙적인 전파 맥동(pulse)을 탐지하였을 때인 1967년에 발견되었다. 그 후 약 1,500여 개의 펄서가 발견되었다(그림 15.4). 이들의 주기는 0.0016초(펄서 1,937+214 경우)에서 20분의 범위에 있다.

꾸준하게 회전이 느려지는 것과 더불어 가끔 주기가 갑자기 빨라지는 현상이 관측된다. 이것은 중성자별 지각이나 그 주변부에서 질량이 빠르게 움직인다는 신호[星震(성진), starquake]이다.

만약 자기장이 자전축에 대해서 45°~90°의 각으로 기울어져 있다면 전파가 맥동하는 원인을 설명할 수 있다. 이 경우 자기장이 너무 강하기 때문에 전자들은 표면에서 자기극으로 상대론적 속력까지 가속된다. 전자들이 자기력선을 따라 가속되면 이들은 싱크로트론 복사와 관련된 곡률 복사라고 불리는 복사를 하게 된다(그림 15.3). 빔은 하늘을 주변으로 빙빙 돌게 되고 지구가 우연히 빔의 경로에 들게 되면 우리는 펄서를 보게 되는 것이다.

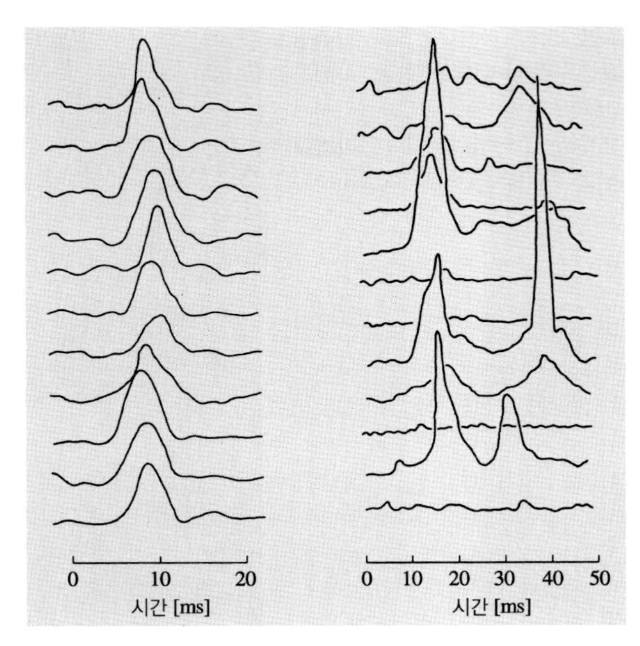

그림 15.4 두 펄서로부터 연속 관측한 408MHz 전파 펄스. 왼쪽은 PSR 1642-03이고 오른쪽은 PSR 1133+16이다. 관측은 조드렐 뱅크에서 이루어졌다. [Smith, F.G. (1977): Pulsars (Cambridge University Press, Cambridge) pp. 93, 95]

가장 잘 알려진 펄서는 게성운에 있다(그림 15.5와 15.7). 황소자리에 있는 이 작은 성운은 18세기 중순에 프랑스 천문학자 메시에(Charles Messier, 1730-1817)에 의해서 알려졌고 메시에 목록에 수록된 첫 번째 천체인 M1이 되었다. 게성운이 강한 전파원임은 1948년에 그리고 X-선원임은 1964년에 각각 발견되었다. 펄서는 1968년에 발견되었다. 그다음 해에 이 펄서는 광학적으로 관측되었고 이것이 X-선의 방출원임도 알려지게 되었다.

중성자별들은 가시광선 영역에서 광도가 아주 작아서(대부분 약 $10^{-6}L_{\odot}$) 광학적으로는 연구하기가 어렵다. 예를 들어 벨라(Vela) 펄서는 겉보기등급이 약 25등급으로 관측되고 있다. 이는 지금까지 관측된 가장 어두운

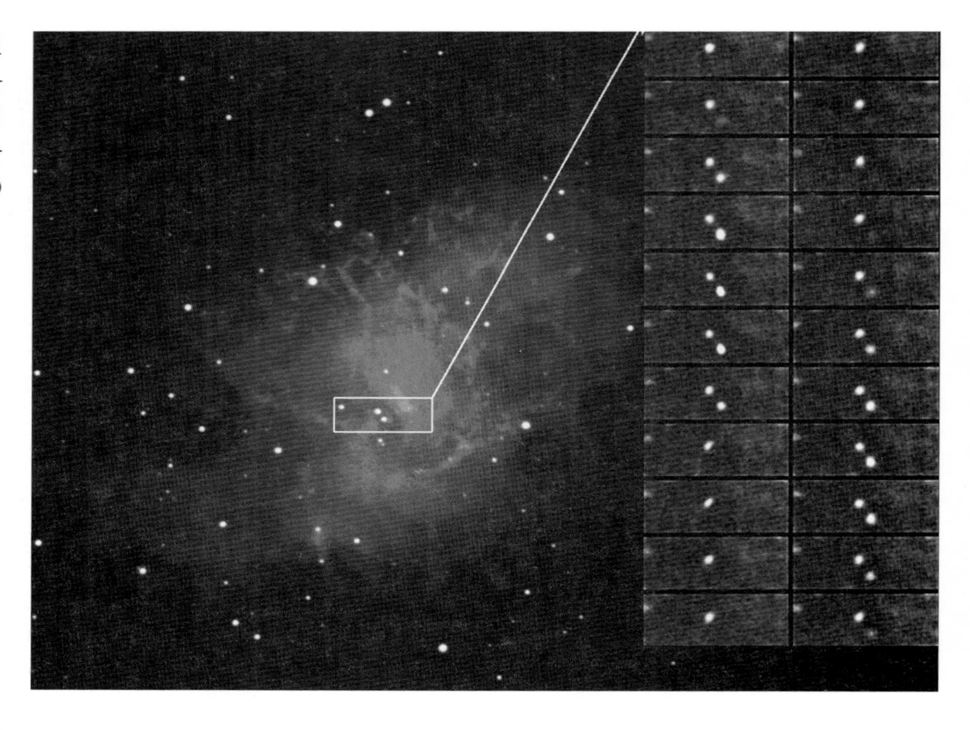

그림 15.5 가시광선으로 관측된 게성운 펄서의 맥동 현상. 사진은 1밀리초마다 촬영하였다. 펄서의 주기는 약 33밀리초이다. (사진출처 : N. A. Sharp/NOAO/AURA/NSF)

천체 중 하나이다. 전파 영역에서 이 천체는 아주 강한 맥동 전파원이다.

쌍성계에서도 몇 개의 펄서가 발견되었다. 그 첫 번째가 1974년에 발견된 PSR 1913+16이다. 1993년 테일러(Joseph Taylor, 1941~)와 헐스(Russell Hulse, 1950~)는 이 펄서의 검출과 연구 공로를 인정받아 노벨 물리학상을 수상했다. 이 펄서는 아마도 또 다른 중성자별인 동반성 주위를 궤도 이심률 0.6과 주기 8시간을 가지고 선회하는 것 같다. 관측된 맥동의 주기는 도플러 효과에 의해서 변하고 이로부터 펄서의 속도곡선을 결정할 수 있다. 이러한 관측은 아주 정확히 이루어질 수 있다. 그래서 수년의 주기에 걸쳐서 이 계의 궤도 요소 변화를 추적할 수 있었다. 예를 들어 쌍성 펄서의 근성점(近星點, periastron)은 매년 4° 정도 회전하는 것으로 발견되었다. 이 현상은 일반 상대성 이론으로 설명될 수 있다. 태양계에서는 이에 상응하는 수성의 근일점 회전이 100년당 각으로 43각초이다. (이 작은 값은 뉴턴 역학으로 설명할 수 없는 양이다.)

쌍성 펄서 PSR 1913+16은 또한 중력파 존재에 대한 강력한 증거를 첫 번째로 제시해 주고 있다. 관측 시간 동안 이 계의 궤도주기는 서서히 증가한다. 이것은 이 계가 일반 상대성 이론이 예측한 것과 꼭 일치하는 비율로 궤도에너지를 잃고 있음을 보여주는 것이다. 여기서 잃어버린 에너지는 중력파로 방출된다.

마그네타. 일반적인 펄서가 방출하는 에너지는 회전이 느려지면서 남은 에너지이다. 마그네타(magnetar)라는 중성자별은 자기장이 너무나 강하기 때문에 자기장이 붕괴(decay)되면서 나온 에너지가 주요 에너지원이 된다. 일반적인 펄서의 자기장 세기가 전형적으로 10^9T인 반면 마그네타의 자기장 세기는 10^9~10^{11}T이다.

마그네타는 처음에 **연감마선 반복폭발체**(soft gamma repeater, SGR)를 설명하기 위해 도입되었다. SGR은 낮은 감마선의 밝은 섬광을 불규칙적이면서 짧은 주기(약 0.1초)로 방출하는 X-선 별이다. 비정상 X-선 펄서

(anomalous X-ray pulsar, AXP)라는 신기한 두 번째 부류의 천체도 마그네타로 알려졌다. AXP는 주기가 6~12초 정도로 느리게 회전하는 펄서이다. 그럼에도 불구하고 AXP는 밝은 X-선 광원이다. 이것은 이들의 에너지원이 강한 자기장일 때 이해될 수 있다.

자세한 사항은 아직도 논란의 대상이지만 마그네타는 일반적인 펄서를 만드는 별보다 훨씬 더 무겁고 빠르게 회전하는 별의 잔해라고 판단된다. 마그네타는 처음에 SGR의 형태로 나타난다. 1만 년 정도 지속되는 이 단계 동안 매우 강력한 자기장은 회전율을 낮춘다. 동시에 자기장은 중성자별 지각에 대해 이동한다. 이것이 지각 구조를 변화시켜 강력한 자기 플레어와 관측되는 분출을 만든다. 약 1만 년 후에 회전은 상당히 느려져서 분출은 멈추고 AXP로서 관측되는 중성자별을 남긴다.

감마선폭발체. 1973년 처음으로 발견된 매우 짧고 예리한 감마선 펄스인 **감마선폭발체**(gamma ray burst, GRB)는 오랫동안 신비로운 존재로 남아 있었다. SGR과 달리 감마선폭발체는 절대로 반복되지 않는다. 한동안 가시광선 영역과 X-선 영역에서 GRB에 대응되는 천체를 찾을 수 없었다. 컴프턴감마선관측소(Compton Gamma Ray Observatory)라는 위성관측을 통해 감마선폭발체가 하늘 전체에 거의 균일하게 퍼져 있다는 것을 발견한 것이 감마선폭발체 연구의 첫 번째 주요 돌파구였다. 이것은 알려진 중성자별의 분포와 다른 것이다.

감마선폭발체의 성질은 벱포-삭스(Beppo-SAX) 위성과 같은 감마선과 X-선 위성의 감마선폭발체 검출 프로그램과 가시광선 영역에서 감마선폭발체의 잔유휘광(afterglow)을 빠르게 찾아내는 스위프트(Swift) 위성 등의 도움으로 매우 분명해졌다. 이런 잔유휘광의 검출로 감마선폭발체의 거리를 결정할 수 있게 되었으며, 감마선폭발체를 포함하고 있는 모은하(host galaxy)의 위치를 알 수 있게 되었다(그림 15.6 참조).

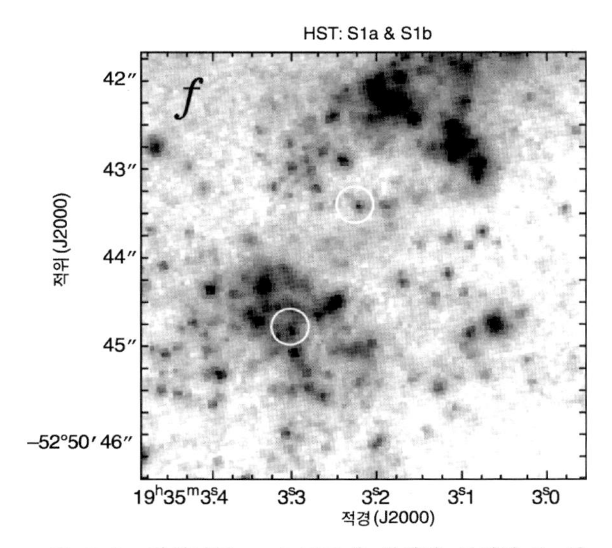

그림 15.6 적색이동 $z=0.0085$에 위치한 특이한 Ibc형 초신성 SN 1998bw의 위치가 왼쪽 아래에 원으로 표시되어 있다. 이것은 어두운 감마선폭발체 GRB980425의 위치이기도 하다. GRB980425는 처음으로 초신성과 관련된 감마선폭발체이다. 오른쪽 위에 있는 원은 밝은 X-선원이다. (C. Kouveliotou et al., 2004, ApJ 608, 872, Fig. 1)

감마선폭발체는 적어도 2개의 다른 종류가 있는 것 같다. 즉 길고 에너지가 낮은 것(long soft burst)과 짧고 에너지가 높은 것(short hard burst)이 있다. 2초 이상 지속되는 긴 감마선폭발체는 거의 확실히 무거운 별의 폭발에서 생기는 것 같다. 특히 Ib형과 Ic형 초신성이 모체라고 생각된다(14.3절). 모든 Ibc형 초신성 중 아주 일부분만이 감마선폭발체를 생기게 한다. 감마선폭발체를 만드는 폭발을 극초신성(hypernovae)이라고 부른다. 이것들은 우주에서 가장 밝은 천체에 속한다. 2005년 후반에 관측된 어떤 감마선폭발체는 우주가 생성된 지 9억 년이 지난 후에 만들어진 것으로, 이것은 관측된 천체 가운데에서 가장 멀리 있는 천체 중 하나이다. 어떤 조건에서 극초신성 폭발이 일어나는지 아직까지 잘 모르고 있다.

2초보다 짧은 감마선폭발체를 만드는 계의 성질은 알

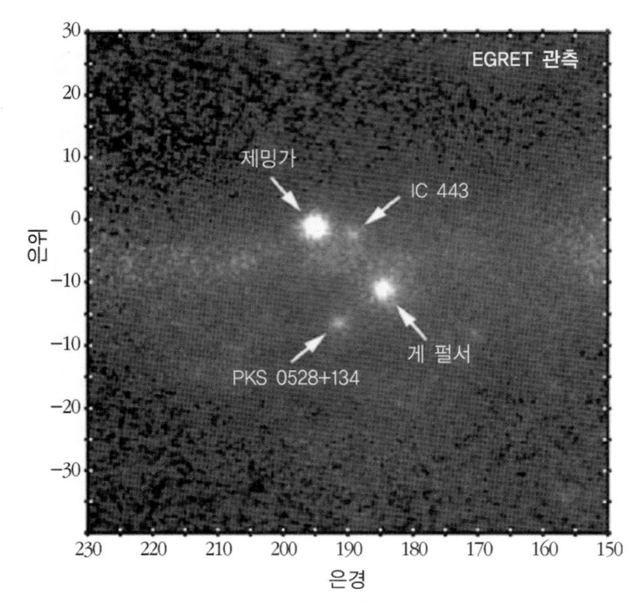

그림 15.7 일부 펄서는 감마선 영역에서 밝게 빛난다. 중앙에 위치한 펄서와 왼쪽 위에 감마선 광원 제밍가(Geminga)가 있다. 제밍가는 태양으로부터 100pc 떨어져 있는 가장 가까운 펄서로 1992년 확인되었다. (사진출처 : Compton Gamma Ray Observatory)

아내기 더 어렵다. 가장 인기 있는 이론은 이들이 중성자별과 블랙홀, 또는 2개의 중성자별로 이루어진 근접쌍성계에서 만들어졌다는 것이다. 이 쌍성계가 중력파에 의해 궤도에너지를 잃고 종국에 합쳐지면서 감마선폭발체가 된다는 것이다. 짧은 감마선폭발체의 잔유휘광이 모은하 바깥쪽에서 주로 발견되는 사실 때문에 이 이론은 현재 널리 지지를 받고 있다. 은하의 외곽부에는 핵붕괴 초신성으로 폭발할 수 있는 무거운 별들은 없고, 주로 가볍고 늙은 별들이 존재하므로, 중성자별 병합 가설은 더 그럴듯해 보인다. 그러나 일부 짧은 감마선폭발체는 예외적으로 밝은 마그네타 플레어(magnetar flare)일 가능성도 있다.

글상자 15.1(백색왜성과 중성자별의 반지름) 백색왜성이나 중성자별의 질량으로부터 이 천체들의 반지름을 결정할 수 있다. 이는 축퇴 가스의 정유체 평형 방정식과 압력-밀도 관계에서 구해진다. 정유체 평형방정식 (11.1)

$$\frac{dP}{dr} = -\frac{GM_r\rho}{r^2}$$

를 이용해서 평균압력 P는 다음과 같다.

$$\left|\frac{dP}{dr}\right| \approx \frac{P}{R} \propto \frac{M \times M/R^3}{R^2} = \frac{M^2}{R^5}$$

여기서 $\rho \propto M/R^3$이 사용되었다. 그러므로 압력은

$$P \propto M^2/R^4 \tag{1}$$

이 된다. 비상대론적인 경우에 축퇴 전자 가스의 압력은 식 (11.16)에 주어졌다.

$$P \approx (h^2/m_e)(\mu_e m_H)^{-5/3}\rho^{5/3}$$

그러므로

$$P \propto \frac{\rho^{5/3}}{m_e \mu_e^{5/3}} \tag{2}$$

이다. 식 (1)과 (2)를 결합하면

$$\frac{M^2}{R^4} \propto \frac{M^{5/3}}{R^5 m_e \mu_e^{5/3}}$$

또는

$$R \propto \frac{1}{M^{1/3} m_e \mu_e^{5/3}} \propto M^{-1/3}$$

이 된다. 그러므로 백색왜성의 반지름이 작으면 작을수록 질량은 더 커질 것이다. 밀도가 매우 커져서 상대론적인 상태방정식 (11.17)이 사용되어야 하면 압력의 식은

$$P \propto \rho^{4/3} \propto \frac{M^{4/3}}{R^4}$$

이 된다. 별이 수축하면서 압력은 정유체 평형의 조건식 (1)이 요구하는 것과 같은 비율로 증가한다. 수축이 일단 시작되면 물질의 상태가 바뀔 때, 즉 전자와 양성자가 중성자로 합해질 때라야만 수축이 멈출 수 있다. 아주 질량이 큰 별만이 상대론적 축퇴압을 만들 수 있다.

중성자는 전자와 마찬가지로 페르미입자(fermions)이다. 이들은 파울리의 배타 원리에 따르며 축퇴 중성자 가스압을 식 (2)와 유사한 표현에서 얻을 수 있다.

$$P_{\mathrm{n}} \propto \frac{\rho^{5/3}}{m_{\mathrm{n}}\mu_{\mathrm{n}}^{5/3}}$$

여기서 m_{n}은 중성자 질량이고 μ_{n}은 자유 중성자당 분자 무게이다. 이에 대응하는 중성자별의 반지름은 다음과 같이 주어진다.

$$R_{\mathrm{ns}} \propto \frac{1}{M^{1/3}m_{\mathrm{n}}\mu_{\mathrm{n}}^{5/3}}$$

백색왜성이 순전히 헬륨만으로 구성되어 있다면 $\mu_{\mathrm{e}} = 2$이고 중성자별이라면 $\mu_{\mathrm{n}} \approx 1$이다. 백색왜성과 중성자별이 같은 질량을 가지고 있다면 그들 반지름의 비는

$$\frac{R_{\mathrm{wd}}}{R_{\mathrm{ns}}} = \left(\frac{M_{\mathrm{ns}}}{M_{\mathrm{wd}}}\right)^{1/3}\left(\frac{\mu_{\mathrm{n}}}{\mu_{\mathrm{e}}}\right)^{5/3}\frac{m_{\mathrm{n}}}{m_{\mathrm{e}}} \approx 1 \times \left(\frac{1}{2}\right)^{5/3} \times 1840 \approx 600$$

이 된다. 그러므로 중성자별의 반지름은 백색왜성 반지름의 약 1/600이다. R_{ns}의 전형적인 값은 약 10km이다.

15.3 블랙홀

별의 질량이 M_{OV}를 초과하고(12.5절) 그 진화 도중에 질량을 잃지 않는다면 이 별은 안정된 최후의 상태에 이를 수가 없다. 중력의 힘이 모든 다른 힘을 지배하여 별은 블랙홀로 붕괴할 것이다. 블랙홀에서는 빛조차도 빠져나오지 못하므로 검게 보인다. 18세기 말에 이미 라플라스는 질량이 충분히 큰 천체에서는 표면에서 빛이 빠져나오지 못함을 보였다. 고전 역학에 따르면 반지름이 R이고 질량이 M인 물체에서의 이탈속도는

$$v_{\mathrm{e}} = \sqrt{\frac{2GM}{R}}$$

이다. 반지름이 임계 반지름(critical radius)

$$R_{\mathrm{s}} = 2GM/c^2 \tag{15.1}$$

보다 작으면 이탈속도는 빛의 속도보다 커진다. 임계 반지름과 같은 값인 **슈바르츠실트 반지름**(Schwarzschild radius)은 일반 상대성 이론에서 구해진다. 예를 들어 태양에 대해서는 R_{s}가 약 3km이다. 그러나 태양의 질량은 너무 작아서 정상적인 별의 진화로는 블랙홀이 될 수 없다. 별의 붕괴로 형성된 블랙홀의 질량이 M_{OV}보다 더 커야 하기 때문에 이 방법으로 형성된 가장 작은 블랙홀의 반지름은 약 5~10km이다.

블랙홀의 성질은 일반 상대성 이론에 근거하여 연구되어야 한다. 일반 상대성 이론은 이 책의 범위를 벗어난다. 따라서 아주 기본적인 몇 가지 성질만 정성적으로 설명하겠다.

사건 지평선(event horizon)은 원론적으로 어떤 정보도 빠져나올 수 없는 표면이다. 블랙홀은 슈바르츠실트 반지름에서 사건 지평선으로 둘러싸여 있다(그림 15.8). 상대론에서 각 관측자에게는 그 자신의 국부 측정 시간이 있다. 두 관측자가 같은 지점에서 서로에 대해 정지

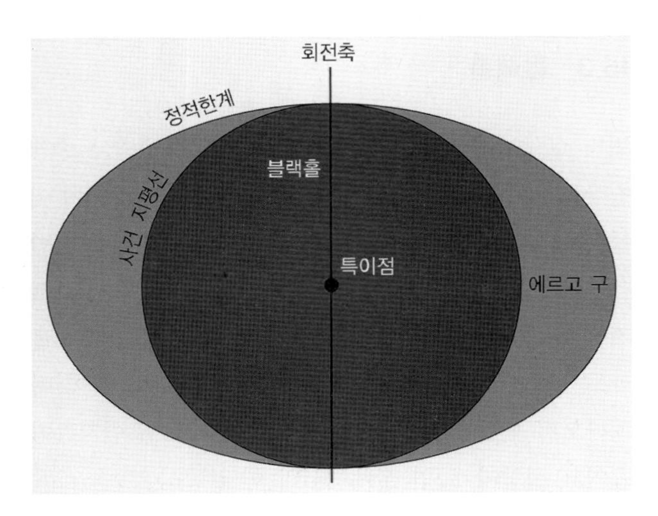

그림 15.8 블랙홀은 구형의 사건 지평선으로 둘러싸여 있다. 이와 함께 자전하는 블랙홀은 편평한(flattened) 표면으로 둘러싸여 있는데 그 내부에서는 어떤 물질도 정지상태로 남아 있을 수 없다. 이 지역을 에르고 구라 부른다.

하고 있다면 그들의 시계는 같은 속도로 움직일 것이다. 그렇지 않으면 시계의 움직이는 속도는 다르게 되고 사건의 진행 또한 다르게 나타난다.

사건 지평선 근처에서는 시간 정의의 차이가 뚜렷해진다. 블랙홀로 떨어지는 관측자는 그 자신의 시계에 따르면 유한한 시간에 중심에 도달하고 그는 사건 지평선을 지나면서 어떤 특별한 것도 느끼지 못한다. 그러나 먼 곳에 있는 관측자에게는 그가 사건 지평선에 결코 도달하지 못하는 것처럼 보이고 그가 사건 지평선에 접근하면서 떨어지는 속도는 0으로 줄어드는 것처럼 보인다.

시간의 늦어짐은 빛 신호의 진동수를 감소시키는 것으로도 나타난다. 중력적색이동의 공식은 다음과 같이 슈바르츠실트 반지름으로 표시될 수 있다(부록 B).

$$\nu_{\infty} = \nu \sqrt{1 - \frac{2GM}{rc^2}} = \nu \sqrt{1 - \frac{R_S}{r}} \tag{15.2}$$

여기서 ν는 블랙홀에서 거리가 r인 곳에서 방출되는 복사의 진동수이고 ν_{∞}는 무한대의 거리에 있는 관측자가 관측하는 진동수이다. 사건 지평선 근처에서 방출되는 복사는 무한대의 거리에서 진동수가 0에 접근함을 알 수 있다.

중력은 블랙홀의 중심을 향하고 있으며 세기는 거리에 따라 달라진다. 떨어지는 물체의 다른 부분에서는 중력이 잡아당기는 정도가 크기와 방향 모두 다르게 느껴질 것이다. 블랙홀 근처에서는 조석력(tidal force)이 극히 커져서 블랙홀로 떨어지는 어떤 물질도 산산조각이 날 것이다. 모든 원자와 소립자는 중심점 근처에서 파괴되고 물질의 최종 상태는 현재의 물리학으로는 알 수가 없다. 블랙홀의 관측 가능한 성질은 블랙홀이 어떻게 만들어졌는가에 의존하지 않는다.

물질 구성에 관한 모든 정보는 별이 블랙홀로 붕괴하면서 사라진다. 예를 들어 자기장도 사건 지평선 뒤로 사라진다. 블랙홀에서 관측 가능한 성질로 세 가지만 있는데 질량, 각운동량, 전하가 그것들이다.

블랙홀이 상당량의 전하를 가지는 것은 불가능해 보인다. 전기적으로 대전된 블랙홀은 중성이 될 때까지 반대 전하를 띤 입자들을 끌어당기게 될 것이다. 하지만 회전은 일반적인 별의 특징이므로 블랙홀 역시 회전해야 할 것이다. 각운동량이 보존되기 때문이 블랙홀은 상당히 빠르게 회전할 것이다.

1963년 커(Roy Kerr, 1934~)는 회전하는 블랙홀에 대한 중력장 방정식의 해를 찾을 수 있었다. 사건 지평선 외에 회전하는 블랙홀은 또 다른 한계면을 가지고 있다. 이 한계면은 회전타원체 **정적한계**(static limit)이다(그림 15.8). 정적한계 안에 있는 물체는 어떤 힘으로도 정지한(stationary) 상태를 유지할 수 없다. 이 물체들은 블랙홀을 중심으로 회전해야 한다. 사건 지평선과 정적한계 사이의 지역에서는 탈출할 수 있다. 이 지역을 **에르고 구**(ergosphere)라고 부른다. 실제로 물체의 한 부분은 블랙홀로 떨어지고 나머지 부분은 튕겨져 나오도록 에르고 구로 물체를 떨어뜨려서 블랙홀의 회전에너지를 사용하는 것이 가능하다. 밖으로 나온 물체는 원래 물체보다 훨씬 더 큰 에너지를 갖게 된다.

현재로는 블랙홀을 직접 관측할 수 있는 방법으로 유일하게 알려진 것은 그곳으로 빨려드는 가스에서 방출되는 복사를 이용하는 것이다. 예를 들어 블랙홀이 쌍성계의 일부라면 동반성에서 흘러드는 가스는 블랙홀 주위에 원반으로 몰려든다. 원반 안쪽에 있는 물질은 블랙홀로 떨어질 것이다. 유입되는 가스는 그 에너지의 상당 부분(정지 질량의 40% 이상)을 X-선 영역으로 관측되는 복사로 잃게 될 것이다.

이러한 종류의 급격하고 불규칙적으로 변하는 X-선원 몇 개가 하늘에서 발견되었다. 가장 확실한 블랙홀 후보는 아마도 백조자리 X-1(Cygnus X-1)일 것이다(그림 15.9). 이 천체의 광도는 0.001초의 시간 간격으로 변하는데 이는 방출 영역의 크기가 0.001광초(光秒) 또는 수백 킬로미터로 작음을 의미한다. 중성자별과 블랙홀만이 이와 같은 고에너지 현상을 일으키기에 충분할 만큼 작고 밀도가 크다. 백조자리 X-1은 쌍성계 HDE 226868의 작은 동반성이다. 큰 동반성은 질량이 20~25$M_{\odot}$를 가진 초거성으로 광학적으로 관측될 수 있는 별이다. 관측되지 않는 동반성의 질량은 10~15$M_{\odot}$로 계산되었다. 이 값이 맞다면 동반성의 질량은 중성자별의 질량 상한값보다 훨씬 크다. 그러므로 이것은 블랙홀이어야 한다.

현재 질량이 3$M_{\odot}$보다 큰 밀집성이 20개 정도 알려져 있으며 이들은 아마도 블랙홀일 것이다. 그림 15.10에서 보인 것처럼 이들은 매우 다양한 크기를 갖고 있다. 이들 중 거의 전부가 X-선 신성으로 발견되었다.

블랙홀에 관한 여러 가지 놀라운 이야기가 많이 있다. 그러므로 블랙홀도 다른 별과 마찬가지로 똑같은 동력학적 법칙에 따른다는 사실을 강조하고자 한다. 블랙홀이 순진한 여행자를 공격하기 위해서 우주의 암흑 속에

그림 15.9 화살표는 변광성 백조자리 V1357(V1357 Cyg)을 나타낸다. 이 별의 동반성이 블랙홀 백조자리 X-1으로 추측되고 있다. 이 별의 오른쪽 밑에 있는 밝은 별은 백조자리에서 가장 밝은 별 중 하나인 백조자리 η이다.

숨어 있는 것은 아니다. 태양이 블랙홀로 변한다 해도 행성들은 아무 일도 일어나지 않은 것 같이 그들의 궤도를 계속 돌 것이다.

지금까지 별이 가질 수 있는 질량 정도 되는 블랙홀만을 논의하였다. 하지만 블랙홀 질량의 상한값은 없다. 은하핵에서 나타나는 다양한 활동 현상은 질량이 태양의 수백만 배 또는 수십억 배 되는 거대블랙홀(supermassive black hole)로 설명될 수 있다(19.7절 참조).

15.4 X-선 쌍성계

중성자별이나 블랙홀이 주계열인 동반성으로부터 물질을 끌어들이고 있을 경우 이 근접쌍성은 강한 X-선 광원으로 관측된다. 이들은 일반적으로 동반성의 질량이 $10M_{\odot}$ 보다 큰 **고질량 X-선 쌍성**(high-mass X-ray binary, HMXB)과 동반성의 질량이 $1.2M_{\odot}$ 보다 작은 **저질량 X-선 쌍성**(low-mass X-ray binary, LMXB)으로 분류된다. HMXB에서는 물질이 강력한 항성풍을 통해 유입된다. LMXB는 동반성의 로슈로브넘침으로 만들어진다. 왜냐하면 쌍성계의 각운동량이 손실되어 계의 긴반지름이 줄어들거나 동반성의 반지름이 진화에 따라 커지기 때문이다.

HMXB의 질량이 큰 동반성이 빠르게 진화하기 때문에 이들 쌍성계는 젊고, 수명이 $10^5 \sim 10^7$년 정도로 짧다. LMXB의 수명은 질량전이(mass-transfer) 과정에 의존하는데, 일반적으로는 $10^7 \sim 10^9$년 정도로 HMXB의 수명보다 더 길다. 여러 면에서 이들은 격변변광성과 비슷하며 이와 유사한 현상을 만든다.

1970년대 처음 관측된 이래로 밝기가 변하는 다양한 종류의 X-선 광원이 발견되고 있다. 이것들 가운데 X-선 펄서와 X-선 폭발체는 중성자별이어야 한다. X-선 쌍성의 다른 종류는 주성이 중성자별인지 블랙홀인지 결정짓기가 어렵다.

중성자별과 블랙홀은 초신성 폭발에 의해 만들어진다. 쌍성계에서 폭발은 일반적으로 쌍성계를 붕괴시킨

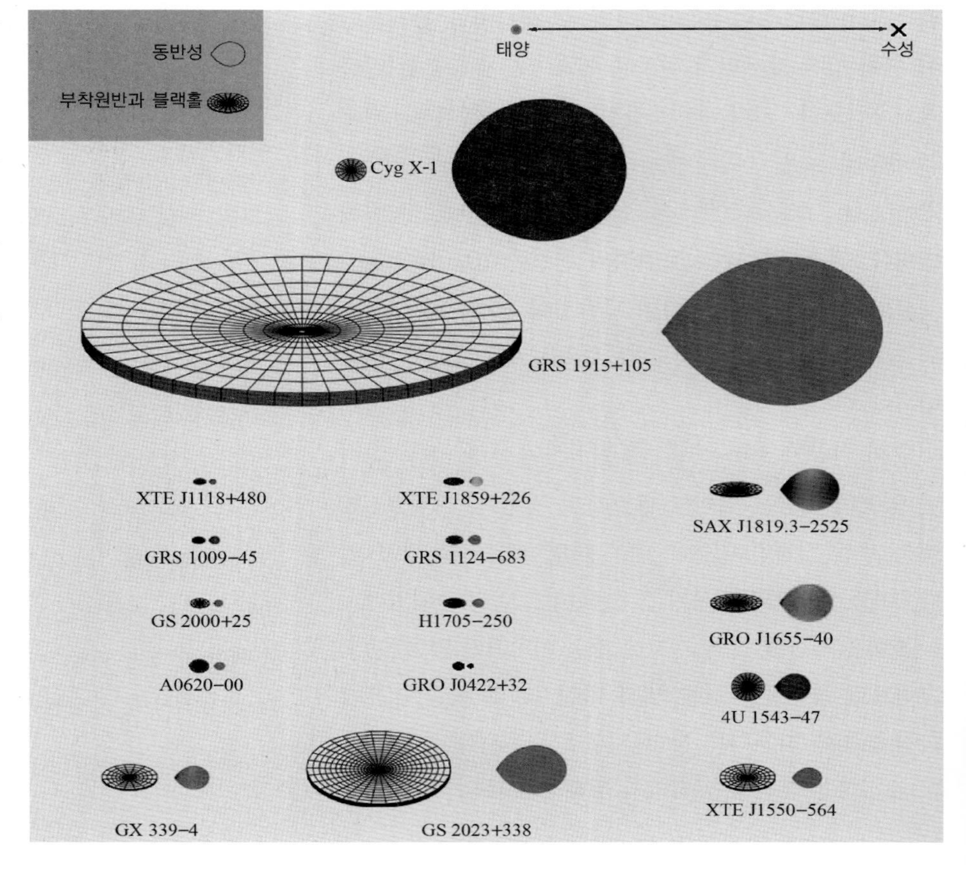

그림 15.10 우리은하에 존재하는 16개의 블랙홀 쌍성계의 크기를 나타낸 그림(J. Orosz). 태양-수성의 거리(0.4AU)가 위에 표시되어 있다. 예측된 쌍성의 경사각이 부착원반의 기울기로 표시되어 있다. 동반성의 색은 표면온도를 대략적으로 말해준다. (R.A. Remillard, J.E. McClintock 2006, ARAA 44, 54)

다. X-선 쌍성계는 아주 특별한 조건에서만 형성된다. 몇 가지 예를 12.6절에서 보였다.

X-선 펄서. X-선 펄서는 HMXB이든 LMXB이든 관계없이 언제나 쌍성계에 속해 있다. HMXB에 속한 X-선 펄서의 주기는 주기가 수 초에서 수십 분에 이르는 전파 펄서보다 훨씬 더 길다. 전파 펄서와 대조적으로 펄서의 맥동주기가 시간이 지남에 따라 감소하고 있다.

X-선 펄서를 포함하는 쌍성계의 성질로부터 X-선 펄서의 특성을 이해할 수 있다. 쌍성계에서 형성된 중성자별은 처음에는 정상적인 전파 펄서로 관측된다. 초기에는 펄서의 강한 복사 때문에 가스가 별 쪽으로 떨어지지 못한다. 그러나 별의 자전이 늦어지면서 그 에너지는 줄어들고 결국 동반성에서 나온 항성풍이 그 별 표면에 도달하게 된다. 유입되는 물질은 중성자 별의 자기극으로 모이게 되는데 그곳에서 표면과 부딪치면 강한 X-선 복사를 방출한다. 관측된 맥동 방출은 이런 식으로 만들어진다.

LMXB에서 유입되는 가스의 각운동량이 펄서의 자전을 빠르게 한다. 중성자별이 원심력에 의해 붕괴되지 않고 회전할 수 있는 최대 회전주기는 약 1밀리초이다. 수 밀리초의 주기를 갖는 **밀리초 펄서**(millisecond pulsar)가 알려져 있다. 밀리초 펄서는 전파 영역과 X-선 영역 모두에서 알려져 있다. 이것들은 모두 쌍성계의 구성원이라고 생각된다. 적어도 전파의 경우에는 한때 쌍성계의 구성원이었을 것이다.

빠른 X-선 펄서인 헤라클레스자리 X1(Hercules X1)의 전형적인 방출곡선을 그림 15.11에 보였다. 맥동주기는 1.24초이다. 이 중성자별은 광학관측으로부터 헤라클레스자리 HZ(HZ Herculis)라고 알려진 식 쌍성계의 구성원이다. 그러므로 이 계의 궤도 성질이 결정될 수 있다. 예를 들어 이 펄서의 질량은 중성자별로서는 적당한 $1M_{\odot}$ 정도이다.

X-선 폭발체. X-선 폭발체는 제1형 X-선 폭발로 알려진 것으로 갑작스럽게 밝아지는 불규칙 변광성이다(그림

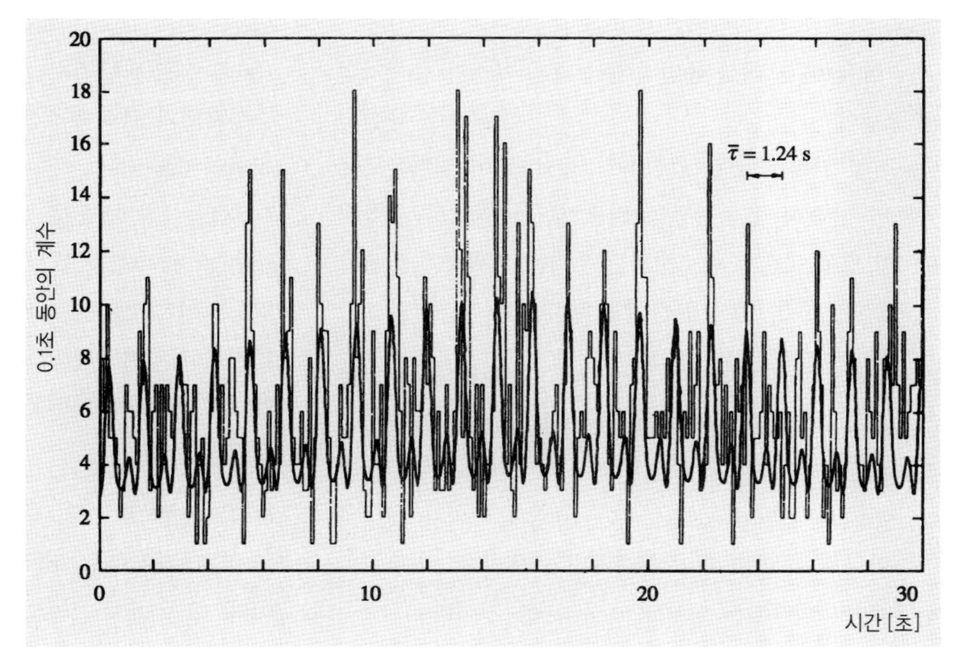

그림 15.11 X-선 펄서 헤라클레스자리 X1(Hercules X1)의 맥동은 주기가 1.24초이다. 최적의 맞춤 곡선(best-fitting curve)을 관측 결과와 중첩해서 보였다. [Tananbaum, H. et al. (1972): Astrophys. J. (Lett.) 174, L143]

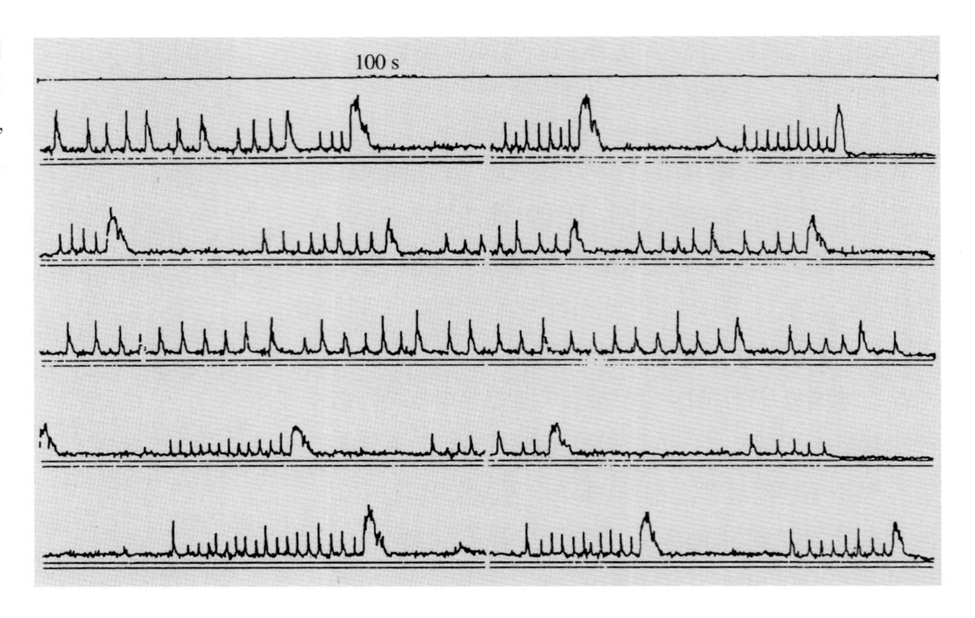

그림 15.12 빠른 X-선 폭발체 MXB 1730-335의 변화. 100초의 간격이 그림에 표시되었다. [Lewin, W.H.G. (1977): Ann. N.Y. Acad. Sci. **302**, 310]

15.12). 폭발 사이의 전형적인 시간 간격은 수 시간에서 수일이다. 그러나 더 빠른 간격의 폭발체 또한 알려져 있다. 폭발의 강도는 재충전 시간에 관계가 있는 것으로 보인다.

제1형 X-선 폭발은 전통적인 신성의 분출과 유사하다. 하지만 X-선 폭발체의 복사원이 수소의 연소일 수는 없다. 그 이유는 가장 많이 방출되는 복사가 X-선 영역이기 때문이다. 대신 동반성에서 나온 가스가 중성자별의 표면에 자리 잡고 그곳에서 수소가 헬륨으로 융합된다. 점점 커지는 헬륨 껍질(helium shell)이 임계온도에 이르면 급격히 헬륨섬광을 일으키면서 탄소로 융합된다. 이 경우 복사를 감소시키는 두터운 외곽층이 없으므로 섬광은 X-선 복사의 폭발로 나타난다.

X-선 신성. X-선 펄서와 폭발체는 중성자별이어야 한다. 다른 종류의 X-선 쌍성은 중성자별이거나 블랙홀일 수 있다. 모든 밀집 X-선 광원은 어느 정도 밝기가 변한다. **영속적인 광원**(persistent source)에서는 변광 정도가 그다지 심하지 않고 광원이 언제나 관측된다. 그러나 X-선 광원의 대다수는 **일시적인**(transient) 것이다.

전통적인 신성이 X-선 폭발체에 해당한다면, 왜소 신성의 상대 천체는 **X-선 신성**이다. 이것은 **일시적 연X-선 광원**(soft X-ray transient, SXT)이라고도 한다. 이런 종류들 사이에는 정량적으로 아주 큰 차이가 있다. 왜소 신성은 여러 달 간격으로 수일 정도 유지되는 폭발이 있지만 SXT의 경우에는 수십 년 간격으로 여러 달 동안 유지되는 폭발이 일어난다. 왜소 신성은 폭발하는 동안 약 100배 정도 밝아지지만 SXT는 100만 배 정도 밝아진다. 중성자별과 블랙홀 SXT의 광도곡선은 그림 15.13에 비교되어 있다.

SXT는 (적어도) 두 상태가 번갈아 존재한다. 높은 상태(high state) 동안 부착원반에서 나오는 열적 복사가 압도적이지만 낮은 상태(low state)에는 X-선이 높은 에너지를 가지며 원반의 코로나나 제트(jet)의 뜨거운 전자에 의한 컴프턴산란(Compton scattering)에 의해 복사가 생긴다.

마이크로퀘이사. X-선 쌍성의 흥미로운 점은 이것이 활동성 은하핵(AGN, 19.7절)의 모형과 연관이 있다는 것이다. 두 계에서 블랙홀은 부착원반에 의해 둘러싸여 있

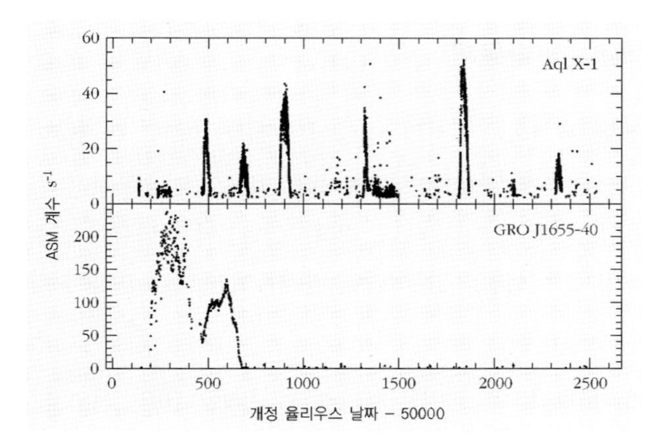

그림 15.13 RXTE의 전천 감시기(All Sky Monitor)가 관측한 중성자별[독수리자리 X-1(Aql X-1)]과 일시적 광원인 블랙홀(GRO J1655-40)의 광도곡선 (D. Psaltis 2006, in Compact Stellar X-ray Sources, ed. Lewin, vdKlis, CUP, p. 16, Fig. 1.9)

다. AGN의 경우 블랙홀의 질량은 $10^6 \sim 10^{10} M_\odot$ 이다.

마찬가지로 X-선 쌍성계에도 별 크기의 블랙홀이 부착원반에 의해 둘러싸여 있다. 여러 면에서 AGN과 유사한 현상을 보이고 있다. 은하원(galactic source)은 훨씬 가깝고 훨씬 짧은 시간척도에서 변하기 때문에 이들은 이런 종류의 현상을 더 자세하게 관측할 수 있게 한다.

예를 들어 블랙홀 주변의 부착원반과 수직으로 있는 상대론적 제트는 AGN에서 공통적으로 발견되는 것이고, 또 이것들은 X-선 쌍성계에서도 역시 기대되는 것이다. 이런 **마이크로퀘이사**(microquasar)의 몇몇 예가 발견되었다. 그림 15.14를 보자.

더욱이 AGN에서는 제트가 가끔 우리를 바로 향하게 된다. 상대론적 효과 때문에 광원이 밝은 것처럼 관측된다. 마이크로퀘이사에서 비슷한 효과가 있을 수 있다. 이런 효과로 일반적인 별 크기의 블랙홀보다 훨씬 밝게 보이는 **극단적으로 밝은 X-선원**(ultraluminous X-ray sources, ULX)을 설명할 수 있다. ULX에 대한 또 다른 설명은 $10^3 M_\odot$ 정도의 질량이 되는 **중간 질량 블랙홀**(intermediate mass black hole)과 관련이 있다는 것이

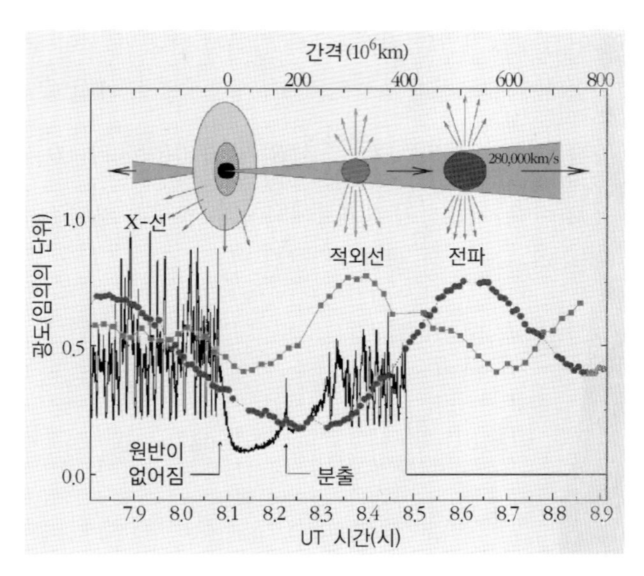

그림 15.14 1997년 9월 9일 관측된 마이크로퀘이사 GRS 1915+105(microquasar GRS 1915+105)의 폭발. 상대론적 플라스마가 분출되면서 부착원반의 안쪽 부분이 없어졌다. X-선 플럭스는 감소하였고 적외선과 전파 영역은 진동한다. (S. Chaty, astro-ph/0607668)

다. 만약 중간 질량 블랙홀이 존재한다면 이런 중간 질량 블랙홀의 기원은 매우 흥미로운 문제이다.

15.5 예제

예제 15.1 태양이 반지름 20km인 중성자별로 수축한다고 가정하자. a) 중성자별의 평균 밀도는 얼마인가? b) 자전주기는 무엇인가?

a) 평균 밀도는

$$\rho = \frac{M_\odot}{\frac{4}{3}\pi R^3} = \frac{2\times10^{30}\,\mathrm{kg}}{\frac{4}{3}\pi(20\times10^3)^3\,\mathrm{m}^3}$$

$$\approx 6\times10^{16}\,\mathrm{kg\,m^{-3}}$$

이다. 이 물질은 세제곱 밀리미터당 6,000만kg의 질량을 갖는다.

b) 정확한 값을 얻기 위해 태양의 질량분포와 결과로 얻

어진 중성자별의 질량분포를 알아야 한다. 물질이 균일하게 분포한다고 가정하고 대략적으로 계산해보자. 관성 모멘트는 $I=\frac{2}{5}MR^2$이고 각운동량은 $L=I\omega$이다. 제12장의 예제 1에서 얻은 것처럼 자전주기는 다음과 같이 얻을 수 있다.

$$P=P_{\odot}\left(\frac{R}{R_{\odot}}\right)^2$$
$$=25\,\mathrm{d}\left(\frac{20\times10^3\,\mathrm{m}}{6.96\times10^8\,\mathrm{m}}\right)^2=2.064\times10^{-8}\text{일}$$
$$\approx 0.0018\text{초}$$

태양은 1초당 550바퀴 자전한다.

예제 15.2 태양의 반지름이 얼마일 때 표면에서의 탈출속도가 빛의 속도를 초과하겠는가?

$$\sqrt{\frac{2GM}{R}}>c$$

또는

$$R<\frac{2GM}{c^2}=R_{\mathrm{S}}$$

이면 탈출속도가 빛의 속도보다 크다. 태양이라면

$$R_{\mathrm{S}}=\frac{2\times6.67\times10^{-11}\,\mathrm{m^3\,s^{-2}\,kg^{-1}}\times1.989\times10^{30}\,\mathrm{kg}}{(2.998\times10^8\,\mathrm{m\,s^{-1}})^2}$$
$$=2{,}950\,\mathrm{m}$$

이다.

15.6 연습문제

연습문제 15.1 펄서의 질량이 $1.5M_{\odot}$이고, 반지름이 10km, 자전주기가 0.033초이다. 펄서의 각운동량은 얼마인가? 주기가 0.0003초 변화하였다. 이 변화량이 반지름의 진동(성진) 때문이라면 반지름이 얼마나 변해야 하는가?

연습문제 15.2 포워드(Robert L. Forward)의 용의 알(*Dragon's Egg*)이라는 소설에서 우주선이 별에서 406km 떨어진 중성자별 주변을 돌고 있다. 공전주기는 별의 자전주기인 0.1993초와 같다.

a) 별의 질량과 우주선이 받는 중력 가속도를 구하라.

b) 우주인의 발이 별을 향하도록 서 있을 때 키 175cm인 우주인이 받는 중력 효과는 무엇인가? 우주인이 궤도의 접선방향으로 누워 있을 때 우주인이 받는 중력 효과는 무엇인가?

연습문제 15.3 진동수가 ν_{e}인 광자가 별의 표면을 떠난다. 무한히 멀리 있는 관측자는 이 진동수가 ν로 관측된다. 이 차이가 중력에 의해서만 발생했다면 광자의 에너지 차이 $h\Delta\nu$는 광자의 위치에너지 변화량과 같다. 별의 질량이 M이고 반지름이 R이라고 가정하고 ν_{e}와 ν의 관계를 유도하라. 태양광은 얼마나 적색이동 되겠는가?

성간물질

16

우리은하의 질량 중 거의 대부분을 별들이 차지하고 있긴 하지만, 별과 별 사이의 공간이 완전히 비어 있는 것은 아니다. 성간에는 가스(gas)와 티끌(dust, 먼지라고도 함)들이 개개의 구름이나 퍼진 매질(diffuse medium)의 형태로 존재한다. 성간가스와 성간티끌의 밀도는 매우 희박하여, 평균적으로 수소는 cm^3당 1개, 티끌은 km^3당 100개가 있는 정도이다.

전체적으로 보았을 때, 성간가스는 우리은하 전 질량의 10%를 차지한다. 가스는 은하평면과 나선팔(spiral arm)에 밀집되어 있어서, 이 지역들에서는 성간물질과 별의 양이 엇비슷한 곳도 있다. 성간티끌은 지상에서 흔히 볼 수 있는 티끌에 비하여 그 크기가 월등히 작으므로, 티끌이라기보다 오히려 '연기'라고 부르는 것이 타당할 정도이다. 그런데, 티끌의 총 질량은 가스의 1%에 불과하다. 또 성간에는 고에너지의 우주선 입자들이 가스, 티끌들과 섞여 있으며, 미약하지만 매우 중요한 역할을 하는 은하 자기장도 존재한다.

성간매질에 관한 중요한 정보들은 주로 전파와 적외선 파장에서 얻어지는데, 이는 성간매질로부터의 복사가 주로 이 파장 영역에서 일어나기 때문이다. 복사의 방출이나 흡수를 통하여 검출이 전혀 불가능한 형태의 성간물질(예 : 지름이 1mm 이상 되는 고체)들도 많을 것이다. 관측된 것들의 총 질량보다 관측되지 않은 것들의 총 질량이 훨씬 클 수도 있다. 성간물질의 총량을 구체적으로 알 수는 없어도, 중력의 효과를 통하여 총 질량의 상한값은 결정할 수 있다. 이를 우리는 **오르트 한계**(Oort limit)라고 부른다. 은하 중력장의 세기는 물질의 분포에 의해 결정된다. 그러므로 은하면에 수직한 방향으로 별들이 운동하는 것을 자세히 관측하면 중력 가속도의 크기를 추정할 수 있고, 여기에서 우리는 은하면에 있는 물질의 총량을 알 수 있다. 그 결과 태양으로부터 1kpc 내의 평균 밀도가 $(7.3-10.0)\times10^{-21}$kg m^{-3}이 되어야 함이 규명되었다. 그런데 별의 밀도가 $(5.9-6.7)\times10^{-21}$kg m^{-3}이고 알려진 성간물질의 밀도가 1.7×10^{-21}kg m^{-3}이므로, 태양 주위에서 아직 발견되지 않은 성간물질의 양이 그리 많지는 않다고 생각된다. 하지만 이 한계는 은하평면에 있는 암흑물질(dark matter)만에 대한 한계이며, 우리은하는 암흑물질로 된 구형의 헤일로에 의해 둘러싸여 있다는 징후들이 있다(제18장 참조).

16.1 성간티끌

성간티끌이 우주공간에 존재한다는 사실에 대한 확실한 증거는 1930년경에 처음 얻어졌다. 그전에는 우주공간은 투명하여, 빛이 전혀 약화되지 않은 채 무한히 전파해 갈 수 있다고 생각했었다.

1930년 **트럼플러**(Robert Trumpler, 1886-1956)는 산개성단의 공간분포에 관한 연구를 발표하였다. 성단 내에서 가장 밝은 별들의 절대등급 M은 이 별들의 분광형으로부터 알 수 있다. 따라서 성단들까지의 거리 r은 겉보기등급 m을 관측함으로써 계산될 수 있다.

$$m - M = 5\log\frac{r}{10\,\mathrm{pc}} \tag{16.1}$$

트럼플러는 성단의 지름도 연구하였다. 성단의 각지름 d를 관측하면 실제 지름 D를 다음과 같이 구할 수 있다.

$$D = dr \tag{16.2}$$

그런데 이렇게 추정된 성단의 지름이 가까이 있는 것보다 멀리 있는 것일수록 크다는 사실에 트럼플러는 주목하였다(그림 16.1). 반드시 이래야 할 특별한 이유가 없으므로, 멀리 있는 성단일수록 거리가 과대평가된 것이 분명했다. 트럼플러는 공간이 완전히 투명하지 않고, 중간에 무엇인가 있어서 이것이 별빛을 약화시키고 있다고 결론지었다. 이것을 고려하려면 식 (16.1)을 식 (4.17)로 대치해야 한다.

$$m - M = 5\log\frac{r}{10\,\mathrm{pc}} + A \tag{16.3}$$

여기서 $A \geq 0$는 중간에 놓여 있는 물질에 의하여 소광된 양을 등급으로 표시한 것이다. 물질의 불투명도가 위치와 방향에 관계없이 일정하다면 A는

$$A = ar \tag{16.4}$$

과 같이 나타낼 수 있는데, 여기서 a는 상수이다. 트럼플러가 사진등급에 대해 구한 은하평면의 평균 a값은 $a_{\mathrm{pg}} = 0.79\,\mathrm{mag\,kpc^{-1}}$이다. 오늘날에는 $2\,\mathrm{mag\,kpc^{-1}}$이 평균값으로 쓰이고 있다. 따라서 5kpc에 걸쳐 일어난 소광은 10등급이나 된다.

성간티끌에 의한 소광의 정도는 방향에 따라서 크게 다르다. 예를 하나 들면, 우리은하 중심부(8~9kpc 거리)에서 떠난 가시광 영역의 빛은 30등급이나 어두워진다. 따라서 가시광으로는 은하의 중심부를 도저히 관측

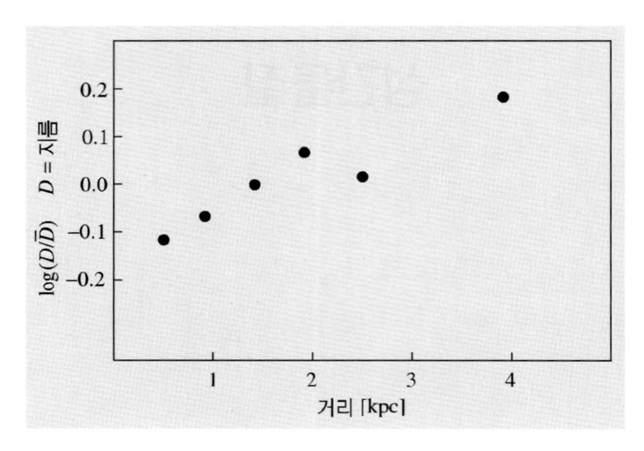

그림 16.1 트럼플러가 식 (16.1)에서 주어진 거리를 이용하여 계산한 산개성단의 지름이 멀리 있는 성단일수록 더 크게 나타났다. 이는 산개성단들이 실제로 그렇다기보다 성간소광에 의한 효과였다. 이로부터 성간소광의 존재를 알게 되었다.

할 수 없다.

소광은 가시광 영역 빛의 파장과 비슷한 지름을 가지는 티끌 알갱이들에 의해 일어난다. 이러한 입자들은 빛을 매우 효율적으로 산란시킨다. 가스도 산란에 의해 소광을 야기할 수 있지만, 단위질량당 산란 효율이 티끌보다 훨씬 적다. 오르트 한계가 허용하는 가스의 양이 워낙 적어서, 가스에 의한 산란은 무시해도 좋다(지구 대기에서는 상황이 달라서, 공기 분자가 대기 소광량 전체에 큰 몫을 차지한다).

성간입자들은 다음의 두 가지 방식으로 소광을 일으킨다.

1. **흡수** : 흡수된 복사에너지가 열로 변환된 다음, 티끌의 온도에 해당하는 적외선 파장에서 복사로 재방출된다.
2. **산란** : 빛의 진행방향이 바뀌게 되어, 원래 진행방향에 대한 빛의 세기를 줄이게 된다.

성간소광에 대한 식을 유도해보겠다. 입자의 크기, 굴절률, 개수밀도가 알려져 있다고 하자. 입자는 편의상

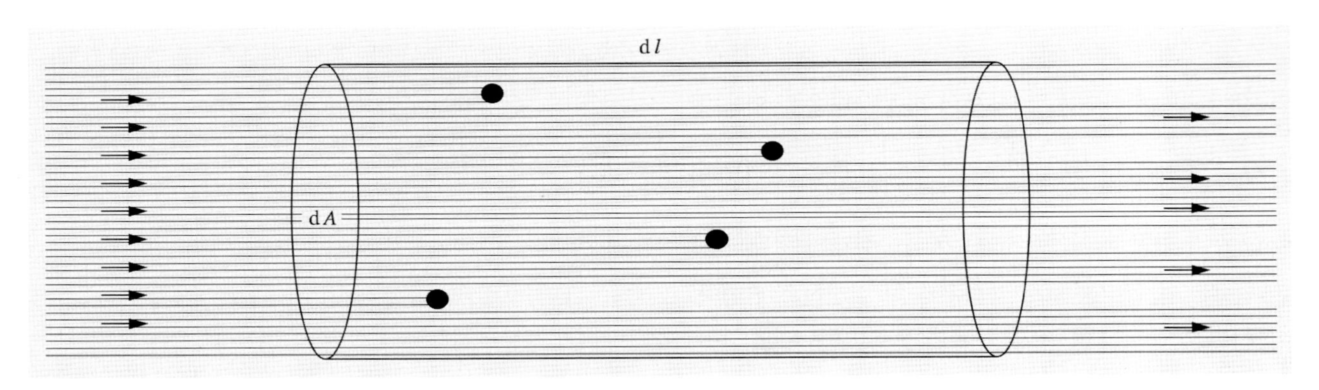

그림 16.2 여러 입자들에 의한 소광. n을 매질에 있는 입자의 개수밀도라고 하면, 길이가 dl, 단면적이 dA인 체적소에는 ndAdl개의 입자가 있다. 입자 하나의 소광단면적이 C_{ext}이라면, n입자들에 의해 가려지게 되는 총 면적은 ndAdl C_{ext}이 된다. 그러므로 거리 dl을 지나는 동안 줄어드는 빛의 세기의 비율은 $\mathrm{d}I/I = -n\,\mathrm{d}A\,\mathrm{d}l\,C_{\text{ext}}/\mathrm{d}A = -nC_{\text{ext}}\,\mathrm{d}l$이 된다.

반지름이 a인 구라고 간주하면, 기하학적 단면적은 πa^2이 된다. 입자의 실제 소광단면적 C_{ext}은

$$C_{\text{ext}} = Q_{\text{ext}}\pi a^2 \tag{16.5}$$

과 같게 되는데, 여기서 Q_{ext}은 소광효율계수이다.

빛의 진행방향에 수직인 단면적 dA와 길이 dl인 원기둥을 생각하자(그림 16.2). 원기둥 내에 있는 입자들은 빛의 진행방향에서 봤을 때 서로를 가리지 않는다고 하자. 이 입자의 개수밀도를 n이라고 하면 $n\,\mathrm{d}l\,\mathrm{d}A$개의 입자가 이 원기둥 안에 있게 되며, d$A$에 비해 이들이 차지하는 면적의 비는

$$\mathrm{d}\tau = \frac{n\,\mathrm{d}A\,\mathrm{d}l\,C_{\text{ext}}}{\mathrm{d}A} = n\,C_{\text{ext}}\,\mathrm{d}l$$

이 된다. 따라서 거리 dl을 통과하는 동안 입사광의 세기 I는

$$\mathrm{d}I = -I\,\mathrm{d}\tau \tag{16.6}$$

만큼 변한다. 식 (16.6)을 통해 dτ가 바로 광학적 깊이(optical depth)임을 알 수 있다.

별과 지구 사이의 총 광학적 깊이는

$$\tau(r) = \int_0^r \mathrm{d}\tau = \int_0^r n\,C_{\text{ext}}\,\mathrm{d}l = C_{\text{ext}}\bar{n}r$$

인데, 여기서 $\bar{n}$는 경로에 놓인 입자들의 평균 개수밀도이다. 식 (4.18)에 따르면 등급으로 표시된 소광의 양은

$$A = (2.5\log \mathrm{e})\tau$$

이므로

$$A(r) = (2.5\log \mathrm{e})\,C_{\text{ext}}\bar{n}r \tag{16.7}$$

을 얻는다. 다른 물리량들을 모두 안다면, 이 식은 거꾸로 $\bar{n}$를 계산하는 데 쓰일 수도 있다.

구형(球形) 입자의 경우, 소광효율계수 Q_{ext}은 굴절률 m과 입자의 반지름 a를 알면 정확히 계산될 수 있다. 일반적으로 소광효율계수는 흡수효율계수 Q_{abs}과 산란효율계수 Q_{sca}의 합으로 주어진다.

$$Q_{\text{ext}} = Q_{\text{abs}} + Q_{\text{sca}}$$
$$Q_{\text{abs}} = \text{흡수효율계수}$$
$$Q_{\text{sca}} = \text{산란효율계수}$$

만약

$$x = 2\pi a/\lambda \tag{16.8}$$

와 같이 정의한다면(λ는 복사의 파장), 다음을 얻는다.

$$Q_{\text{ext}} = Q_{\text{ext}}(x, m) \tag{16.9}$$

Q_{ext}의 정확한 식은 x에 대한 급수전개의 형태로 나타나는데, 이 급수는 x가 커질수록 더 천천히 수렴한다. 이 산란은 $x \ll 1$인 경우엔 레일리 산란(Rayleigh scattering)이라고 불리며, 그 외의 경우에는 미 산란(Mie scattering)이라고 불린다.[1] 그림 16.3은 $m = 1.5$와 $m = 1.33$에 대하여 Q_{ext}를 x의 함수로 나타냈다. 그림에서 보이는 것과 같이, 매우 큰 입자의 경우($x \gg 1$) $Q_{\text{ext}} = 2$가 된다. 기하학적 측면에서만 보자면 $Q_{\text{ext}} = 1$이 기대되겠지만, 입자 가장자리에서 일어나는 빛의 회절 효과 때문에 2배 만큼의 차이가 나는 것이다.

성간티끌에 의해 야기되는 관측적 현상에는 소광 이외에 **적색화**(reddening)가 있다(이 현상을 분광선의 적색편이와 혼동해서는 안 된다). 적색화는 파장이 짧아질수록 소광량이 증가하기 때문에 생기는 현상이므로 실질적으로 소광의 결과이기는 하다. 적색 파장에서 자외선 파장으로 가면서 성간소광량이 파장에 대략 반비례하여 증가한다. 이 때문에, 멀리 있는 별들의 색깔은 분광형에서 기대되는 것보다 더 붉다. 분광형은 여러 분광선 세기의 상대적인 비에 의해 정의되는 것인데, 분광선의 세기는 소광에 의해 영향을 받지 않기 때문이다.

식 (4.20)에 의하면 별의 관측된 색지수 $B-V$는

$$\begin{aligned} B-V &= M_{\text{B}} - M_{\text{V}} + A_{\text{B}} - A_{\text{V}} \\ &= (B-V)_0 + E_{\text{B-V}} \end{aligned} \tag{16.10}$$

인데, 여기서 $(B-V)_0$는 그 별의 **고유색**이고 $E_{\text{B-V}}$는

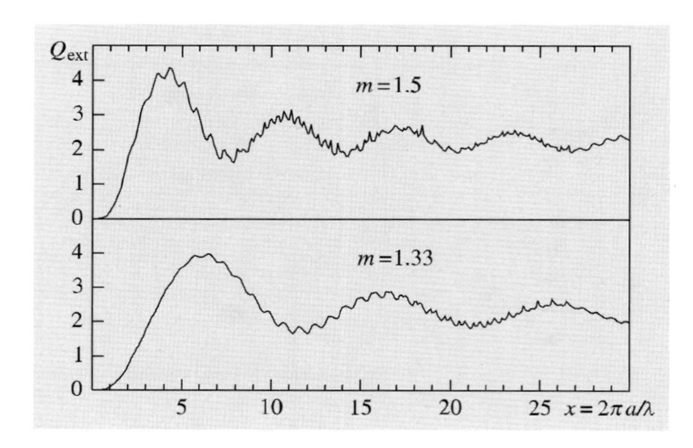

그림 16.3 미 산란 : 굴절률 $m=1.5$와 $m=1.33$(물의 굴절률)을 가지는 구형의 입자에 대한 소광효율계수. 가로축은 입자의 크기와 관련되는데, $x=2\pi a/\lambda$로 주어져 있다. 여기서 a는 입자의 반지름이며 λ는 복사의 파장이다.

색초과이다. 4.5절에서 설명되었듯이, 안시 파장대역 V에서의 성간소광량 A_{V}와 색초과량 $E_{\text{B-V}}$ 사이의 비는 거의 일정하다.

$$R = \frac{A_{\text{V}}}{E_{\text{B-V}}} = \frac{A_{\text{V}}}{A_{\text{B}} - A_{\text{V}}} \approx 3.0 \tag{16.11}$$

R은 별의 특성이나 소광량에 의존하지 않는다. 이 사실은 측광학적으로 거리를 측정할 때 특히 중요한데, 이는 어느 별의 관측된 색지수 $B-V$와 분광형으로부터 알게 되는 고유색 $(B-V)_0$의 차이로부터 색초과 $E_{\text{B-V}}$를 직접 구할 수 있기 때문이다. 일단 $E_{\text{B-V}}$가 알려지면 소광량을

$$A_{\text{V}} \approx 3.0\, E_{\text{B-V}} \tag{16.12}$$

로부터 계산할 수 있고, 그 별까지의 거리도 결정할 수 있게 된다. 성간물질은 매우 불균질하기 때문에, 식 (4.18)과 같이 평균 소광량을 이용하는 것보다 색초과 방법을 이용하는 것이 훨씬 더 믿을 만하다.

같은 분광형을 갖지만 다른 색을 보이는 별들의 등급을 비교하여 파장에 대한 소광의 의존성 $A(\lambda)$를 알 수

1) 역주 : 미세 입자와 빛의 산란 문제는 미(G. Mie)가 처음 풀었는데, 그의 이론은 입자의 크기에 제한을 두지 않는다. 그러니까 레일리 산란을 미 산란과 떼어서 생각하기보다 미 산란에 포함되는 것으로 보아야 한다.

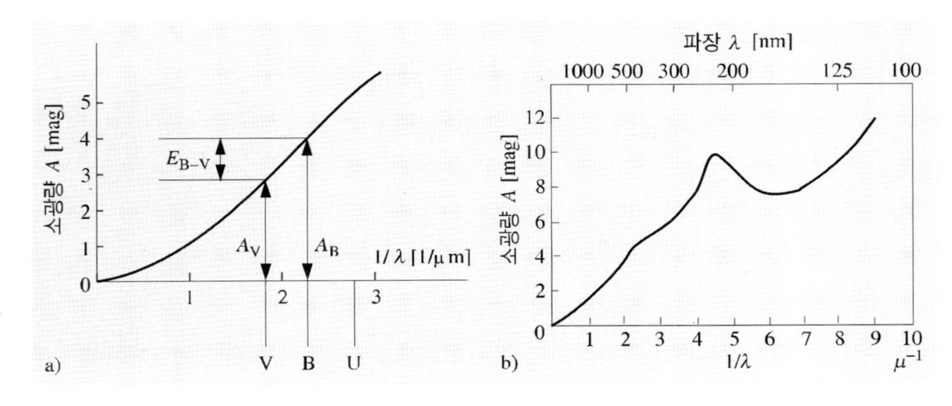

그림 16.4 (a) 성간소광곡선의 개략적 모습. 파장이 증가할수록 소광량은 0으로 수렴한다. [다음 자료에 기초함 : Greenberg, J.M. (1968): "Interstellar Grains" in *Nebulae and Interstellar Matter*, ed. by Middlehurst, B.M., Aller, L.H., Stars and Stellar Systems, Vol. VII (The University of Chicago Press, Chicago) p. 224] (b) 실제로 측정된 성간소광곡선으로, $E_{B-V}=1$이 되도록 표준화되었다. (Hoyle, F., Narlikar, J. (1980): *The Physics-Astronomy Frontier* (W.H. Freeman and Company, San Francisco) p. 156.]

있다. 이와 같은 관측을 통해, λ가 매우 커지면 $A(\lambda)$가 0으로 접근한다는 것을 알게 되었다. 실제로는 최대 약 2μm의 파장까지만 $A(\lambda)$를 측정할 수 있다. 이보다 긴 파장에 대해서는 파장의 역수가 0으로 갈 때 소광이 0이 되도록 외삽을 하는데, 이는 꽤 믿을 만하다. 그림 16.4(a)는 $A(\lambda)$를 파장의 역수에 대하여 보여준다. 이 그림은 또 R을 계산하는 데 필요한 A_V와 E_{B-V}가 소광곡선(extinction curve) 또는 적색화곡선(reddening curve)으로부터 어떻게 구해지는지를 보여준다. 그림 16.4(b)는 관측된 소광곡선을 보여주는데, 자외선 영역($\lambda \le 0.3$ μm)에 있는 데이터는 로켓 관측을 통해 얻어진 것이다.

그림 16.4(b)에서 보는 바와 같이, 성간소광은 파장이 짧은 자외선에서 최대가 되고 긴 파장으로 갈수록 감소한다. 성간소광량은 적외선 영역에서는 가시광 영역의 1/10밖에 안 되고, 전파 영역에서는 0이라고 해도 좋을 정도로 적다. 따라서 성간소광 때문에 가시광에서는 관측이 불가능한 천체라도, 적외선이나 전파 영역에서는 그 천체를 관측할 수 있다.

성간티끌에 의해 발생하는 또 다른 관측적 현상은 별빛의 **편광**(polarisation)이다. 구형인 입자들은 편광을 일으킬 수 없으므로, 성간티끌의 모양은 구형이 아님에 틀림이 없다. 성간구름에 있는 입자들이 성간 자기장에 의하여 특정 방향으로 정렬되어 있다면, 그러한 매질을 통과하는 빛은 편광되기 마련이다. 편광의 정도나 편광의 파장에 대한 의존성으로부터 티끌 입자들의 성질을 추정할 수 있다. 하늘의 넓은 영역에 대해 편광의 방향을 조사하면 은하 자기장의 구조에 대한 지도를 그릴 수 있다.

우리은하에 있는 성간티끌은 은하면 내에 있는, 두께가 100pc 정도밖에 되지 않는 얇은 층에 집중되어 있다. 외부 나선은하에 있는 성간티끌도 이와 비슷한 분포를 가지며, 은하면에 있는 검은 띠의 형태로 그 존재가 확인된다(그림 19.17 아래). 태양은 은하 중심면에 가까이 있으므로, 우리가 은하면 방향으로 관측한 결과에는 성간소광의 영향이 매우 크게 나타나며, 이와는 대조적으로 은하면에 수직한 방향으로는 성간소광의 총량이 0.1 등급 이하일 경우도 있다. 그 결과 은하면에 수직한 방향에는 은하가 많이 보이지만, 은하면을 중심으로 20° 내에는 외부은하가 거의 보이지 않는다. 이 지역을 외부

은하의 회피대(zone of avoidance)라고 부른다.

티끌이 균질하게 분포되어 있는 얇은 층이 그 층의 수직한 방향으로 총 Δm등급의 소광을 만들어낸다면, 은위 b에서의 소광량은

$$\Delta m(b) = \Delta m / \sin b \tag{16.13}$$

가 될 것이다(그림 16.5). 만약 은하들이 공간에 균질하게 분포하고 소광이 전혀 없다면, m등급보다 밝은 은하의 $1° \times 1°$당 개수는

$$\log N_0(m) = 0.6m + C \tag{16.14}$$

가 될 것이다(연습문제 18.1 참조). 여기서 C는 상수이다. 그러나 소광이 없을 때 겉보기등급이 m_0인 은하가 소광이 있으면

$$m(b) = m_0 + \Delta m(b) = m_0 + \Delta m / \sin b \tag{16.15}$$

로 관측될 것이다. 그러므로 은위 b에서 볼 수 있는 은하의 개수는

$$\begin{aligned}\log N(m, b) &= \log N_0[m - \Delta m(b)] \\ &= 0.6[m - \Delta m(b)] + C \\ &= \log N_0(m) - 0.6 \Delta m(b)\end{aligned}$$

즉

$$\log N(m, b) = C' - 0.6 \frac{\Delta m}{\sin b} \tag{16.16}$$

이 되는데, 여기서 C'은 $\log N_0(m)$으로서 은위의 함수가 아니다. 따라서 은위에 대한 은하의 개수분포를 조사하면 소광량 Δm을 결정할 수 있다. 릭 천문대에서 이렇게 측정한 결과는 $\Delta m_{pg} = 0.51$등급이다.

별빛의 색초과로부터도 우리은하의 수직방향에 걸친 총 소광량을 알아냈는데, 그 결과는 이보다 훨씬 더 적은 0.1등급으로 나타났다. 특히 은하의 북극방향으로는 0.03등급으로 매우 작은 값을 얻었다. 이와 같이 서로 다른 결과가 얻어지게 되는 근본 원인은 티끌의 공간분포가 전혀 균질하지 않기 때문일 것이다. 만약 태양이 비교적 티끌이 적은 지역에 놓여 있다면, 은하의 극방향으로의 소광은 매우 적을 것이다.

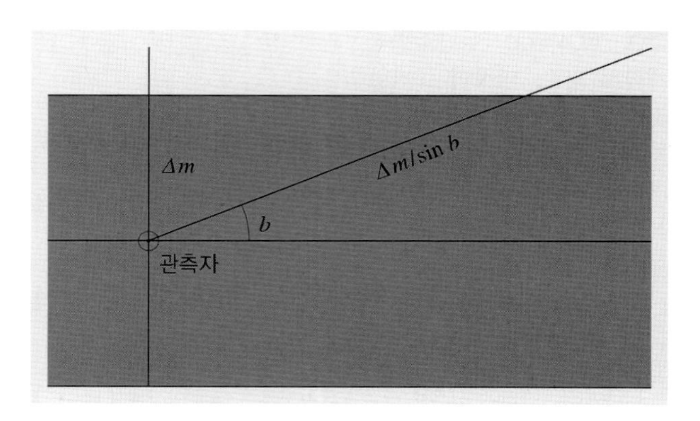

그림 16.5 균질하게 분포되어 있는 매질에서 등급으로 표시된 소광량은 빛이 통과한 거리에 비례한다. 은하의 극방향으로의 소광량이 Δm이라면, 은위가 b인 시선방향이 겪는 소광량은 $\Delta m / \sin b$가 될 것이다.

암흑성운. 외부은하들을 관측해보면 성간티끌들이 나선팔에, 특히 나선팔의 안쪽에 밀집하여 있음을 알 수 있다. 게다가 티끌들은 개개의 구름 같은 형태로 뭉쳐 있는데, 이들은 배경이 되는 우리은하에 비해 별이 상대적으로 없는 영역, 즉 **암흑성운**(dark nebula)의 형태로 나타난다. 그 대표적 예로 남천(南天)에는 석탄자루(Coalsack)가 있고(그림 16.6), 북천(北天)에는 오리온자리의 말머리 성운(Horsehead nebula)이 있다. 암흑성운의 모습은 여러 가지인데, 어떤 것은 구불구불 늘어진 띠 같은 것이 있는가 하면 또 조그만 구형의 것들도 있다. 후자의 부류는 주로 별들이 많이 보이는 밝은 하늘을 배경으로 하여 두드러지게 나타나 보이는데, 가스성운(gas nebula)이 한 예이다(그림 16.19). 복(Bart J. Bok, 1906-1983)은 이러한 천체들을 **구상체**(球狀體, globule)라고 명했으며, 별이 되기 위해 수축을 막 시작한 성간

그림 16.6 석탄자루는 남십자성에 가까이 있는 암흑성운이다. (사진출처 : K. Mattila, Helsinki University)

운일 것이라고 제안하였다.

암흑성운에 의한 소광을 나타내고 연구하는 데는 **울프도**(Wolf diagram)가 유용하게 쓰이는데, 그림 16.7이 이를 도식적으로 보여준다. 이 도표는 별의 개수를 세서 만드는데, 등급이 어떤 주어진 간격 안에(예 : 14등급에서 15등급 사이에) 들어오는 별의 개수를 성운 방향으로 1°×1° 영역에서 센 것과 성운 바깥 방향으로 1°×1° 영역(비교 영역)에서 센 것을 비교한다. 비교 영역에서는 별의 개수가 어두운 등급으로 갈수록 점진적으로 증가하는 데 비하여, 성운 영역에서는 비교 영역과 비슷한 증가를 하다가 특정 등급에 와서(그림 16.7의 경우에는 10등급) 개수가 비교 영역에 비해 적어진다. 어떤 등급보다 흐린 별들은 대부분이 이 암흑성운 뒤에 있는 것이어서, 이 암흑성운 때문에 뒤에 있는 별들의 등급이 어떤 일정량 Δm만큼 증가하게 되기 때문이다(그림 16.7의 경우에는 2등급). 밝은 별들은 대개 이 암흑성운 전방에 위치하여 아무런 영향을 받지 않는다.

반사성운. 밝은 별 근처에 있는 티끌구름은 이 별에서 나오는 빛을 산란, 즉 반사하게 되며 경우에 따라 이러한 티끌구름이 우리에게 밝은 반사성운(reflection nebula)으로 관측될 수도 있다. 약 500개의 반사성운이 알려져 있다.

좀생이 성단(Pleiades) 주위와 거성인 안타레스(Antares) 주위에는 반사성운들이 특별히 많이 보인다. 안타레스는 거대한 적색 반사성운에 의해 둘러싸여 있다(그림 16.8). 그림 16.9는 반사성운 NGC 2068의 모습인데, 오리온자리에 있는 밝은 별들로부터 북서쪽으로 수 도(°) 떨어진 곳에 크고 두꺼운 티끌구름 근처에 있다. 이것은 가장 밝은 반사성운 중 하나로서, 메시에 목록에 들어 있는 유일한 반사성운이다(M78). 이 성운의 중심에는 11등급 정도 되는 밝은 별이 2개 있는데, 그중 북쪽에 있는 별이 성운을 빛나게 하고 있으며, 나머지 하나는 아마도 성운 앞에 있는 것으로 생각된다. 그림 16.10은 좀생이 성단의 메로페(Merope) 별 주위에 위치한 반사성운인 NGC 1435이다. 밝아서 연구가 많이 이루어진 또 다른 반사성운으로 세페우스자리(Cepheus)의 NGC 7023이 있다. 이 성운도 암흑성운과 연결되어 있다. 이 반사성운을 비추고 있는 별의 스펙트럼에는 방출선이 강하게 보인다(분광형 Be). 이 부근 지역에서 적외선 별들이 여럿 발견되는 것으로 미루어 보아, 이 부근은 항성이 생성되고 있는 지역이라고 생각된다.

1922년, 허블(Edwin Hubble, 1889-1953)은 우리은하 내에 있는 밝은 성운들에 관한 연구 결과를 발표하였다. 그는 수많은 사진관측과 분광관측을 통하여 두 가지 재미있는 관계를 발견하였다. 첫째, 방출성운(emission nebula)은 B0형보다 조기형 별 주위에서, 반사성운은 B1형보다 만기형 별 주위에서 발견된다는 사실이다. 둘째, 반사성운의 각 크기 R과 이 성운을 비추는 별의 겉보기등급 m 사이에는

$$5 \log R = -m + 상수 \tag{16.17}$$

의 관계가 성립한다는 것이다. 즉 주위에서 빛을 비추는 별이 밝을수록 반사성운의 각지름이 크다는 것이다. 노출시간을 늘릴수록 성운에서 관측되는 영역이 일반적으로 커지므로, 즉 더 어두운 부분까지 관측되므로, 위 식에서의 R은 어떤 정해진 한계 표면밝기보다 더 밝은 부분의 크기로 정의된다. 따라서 위에 주어진 허블 관계식에 있는 상수는 한계 표면밝기에 따라 달라진다. 반사성운에 대한 허블의 관계식을 그림 16.11에서 볼 수 있다. 이는 반덴버그(Sidney van den Bergh, 1929~)가 팔로마 전천사진(Palomar Sky Atlas) 건판으로부터 얻은 것이

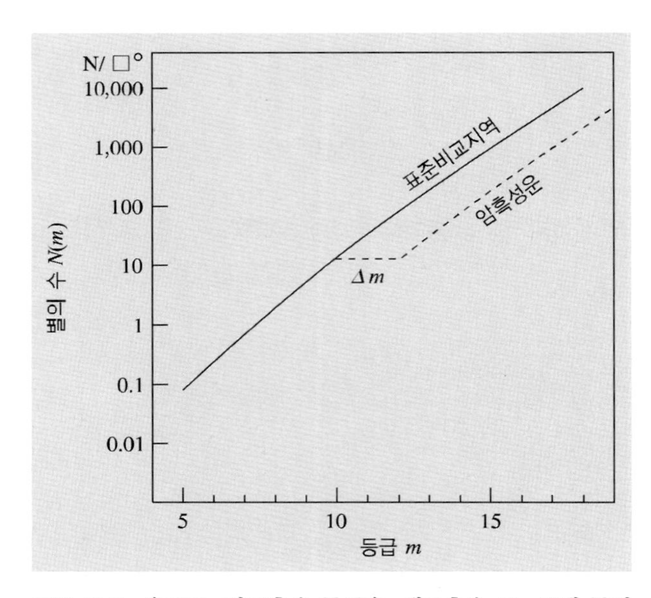

그림 16.7 울프도. 가로축은 등급을, 세로축은 1°×1°에 들어오는 별들 중에서 주어진 등급보다 밝은 별들의 수이다. 암흑성운이 자신보다 뒤에 놓여 있는 별의 밝기를 Δm만큼 낮추고 있다.

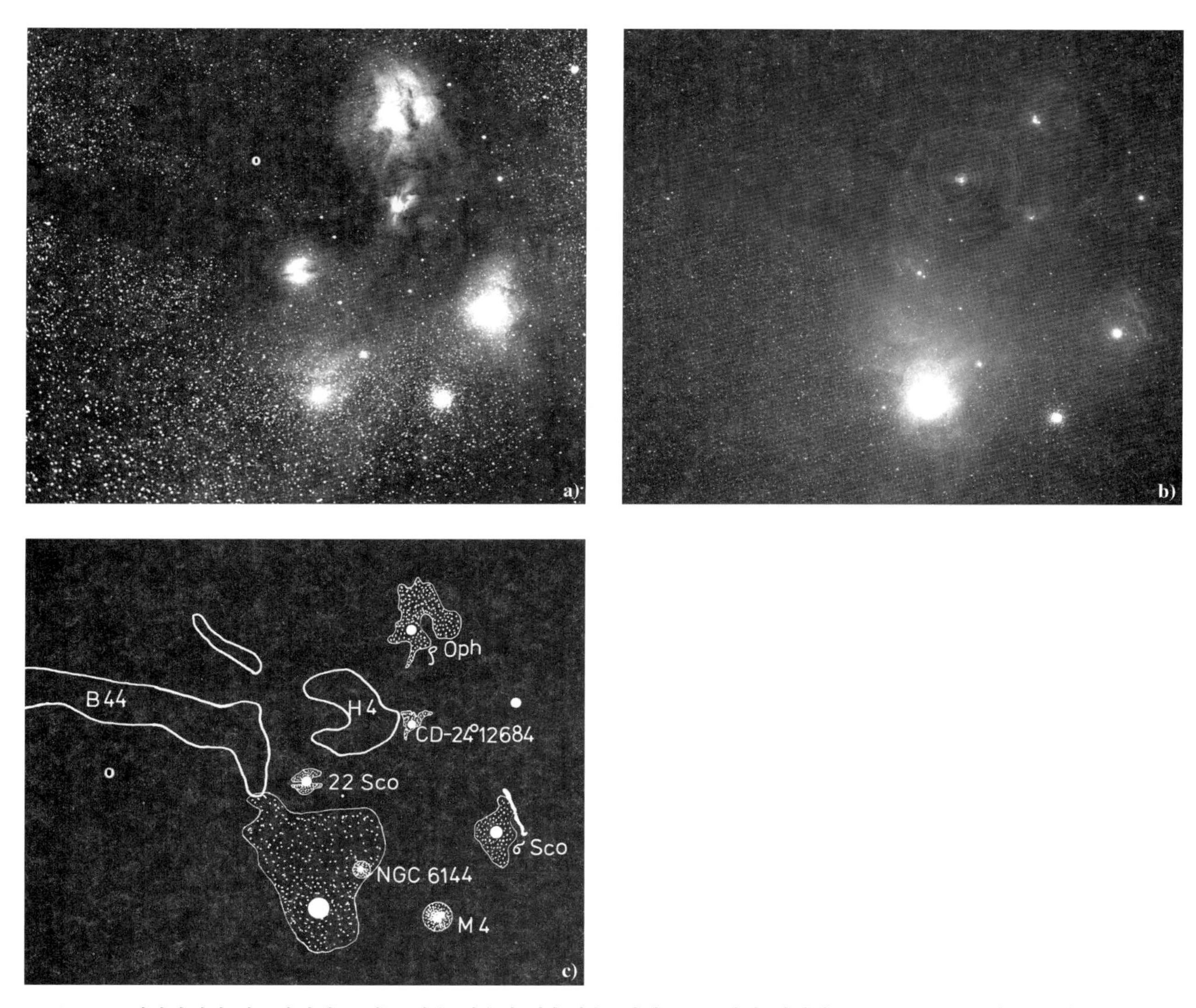

그림 16.8 전갈자리와 땅군자리에 보이는 밝은 성운과 암흑성운. 사진 (a)는 파장 영역이 λ =350～500nm인 푸른색, (b)는 λ = 600～680nm인 붉은색으로 찍은 것이다. [사진 (b)에 보이는 동심원들은 슈미트 카메라의 보정렌즈에 안타레스 별의 상이 반사되어 생긴 것이다.] 이 지역에 보이는 성운들이 그림 (c)에 동정되어 있다. B44와 H4는 암흑성운이다. 안타레스 주위에 커다란 반사성운이 있는데, 푸른색 사진 (a)에는 흐릿하게 보이지만 붉은색 사진 (b)에는 밝게 보인다. 안타레스는 분광형이 M1인 매우 붉은 별이기에 반사성운 역시 붉게 보인다. 이와는 대조적으로, 푸른 별들인 땅군자리 ρ 별(ρ Ophiuchi)(B2), CD-24°12684 (B3), 전갈자리 22 별(22 Scorpii)(B2), 전갈자리 시그마 별(σ Scorpii)(B1) 등의 주위에 있는 반사성운들은 청색을 띠며 사진 (a)에서만 볼 수 있다. 사진 (b)에는 전갈자리 시그마의 오른쪽에 길쭉한 발광성운이 있는데, 사진 (a)에는 보이지 않는다. 이것은 발광성운으로, 적색인 수소 H_α 선(656nm)에서 매우 밝게 나타난다. 이와 같이 파장대를 달리하여 사진을 찍으면 반사성운과 발광성운을 구별할 수 있다. [사진출처 : (a) E. Barnard, (b) K. Mattila]

그림 16.9 오리온자리에 있는 반사성운 NGC 2068(M78). 이 성운의 가운데에는 11등급 정도 되는 밝은 별 2개가 있는데, 그 중 북쪽에 있는 별이 성운을 빛나게 하고 있으며, 나머지 하나는 아마도 성운 앞에 있는 것으로 생각된다. [사진출처 : Lunar and Planetary Laboratory, Catalina Observatory]

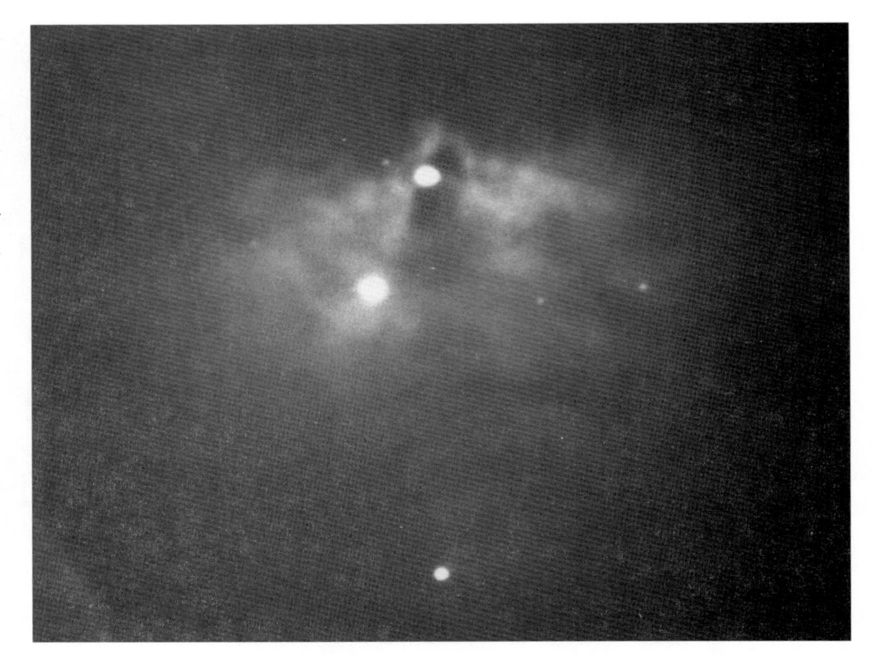

다. 그림에 있는 점들은 각 반사성운에 해당하며, 직선은 식 (16.17)을 나타낸다. 여기서 상수의 값은 12.0이고 R은 분(′)으로 주어져 있다.

티끌구름을 비추고 있는 별로부터의 거리제곱에 반비례하여 비추는 정도가 감소하며, 티끌구름이 우주공간에 균일하게 분포하고 있다고 가정한다면, 허블의 관계를 이론적으로도 유도할 수 있다. 이론적인 허블 관계식이 우변의 상수에 대한 식을 알려주게 되는데, 이 식은 티끌의 반사도(albedo)와 산란 위상함수를 포함한다.

반사성운을 비추는 별과 반사성운 사이의 거리가 정확히 알려져 있지 않기 때문에, 티끌 반사도의 구체적 값을 결정하기란 매우 어렵다. 그러나 반사성운에 관한 여러 가지 연구를 종합해보면 성간티끌의 반사도가 상당히 큰 값을 갖는 것만은 확실하다.

가까이에 별이 없어서 반사성운으로는 보이지 않는 암흑성운의 표면밝기를 고려해보자. 이러한 성운들도 우리은하 내에 있는 별들로부터 나와서 공간에 퍼져 있는 빛, 즉 산광(散光, diffuse light)을 반사할 것이다. 계산에 의하면 티끌 입자들의 반사도가 크다면 이렇게 반사된 빛은 우리에게 관측될 정도로 충분히 밝아야 하며, 실제로 관측되기도 하였다. 그러므로 암흑성운이라고 해도 완전히 암흑은 아닌 셈이다. 은하 산광의 밝기는 우리은하 전체 밝기의 20~30% 정도를 차지한다.

티끌의 온도. 성간티끌은 빛을 산란할 뿐만 아니라 흡수하기도 한다. 흡수된 에너지는 적외선으로 재방출되는데, 이때 파장에 따른 복사의 세기 분포는 티끌의 온도에 의해 결정된다. 성간공간이나 암흑성운에 있는 티끌의 온도는 10~20K 정도이다. 빈의 변위법칙 식 (5.22)을 이용하면, 300~150μm 에서 복사의 세기가 최대로 될 것임을 알 수 있다. 고온의 별 주위에서는 티끌의 온도가 100~600K까지 올라갈 수 있고, 이때는 30~5μm 대에서 복사가 극대로 된다. 전리수소 영역 내부에서는 티끌의 온도가 70~100K 정도이다.

1970년대에 들어와서 급속히 발달하기 시작한 적외선 천문학에 힘입어, 우리는 위에서 언급된 티끌들이 내놓

그림 16.10 좀생이 성단의 메로페 별(23 Tau, 분광형 B6) 근처에 있는 반사성운 NGC 1435. 이 그림을 그림 18.1과 비교해 보자. 거기에서는 메로페가 좀생이 성단에서 아래쪽에 밝게 보인다. [사진출처 : National Optical Astronomy Observatories, Kitt Peak National Observatory]

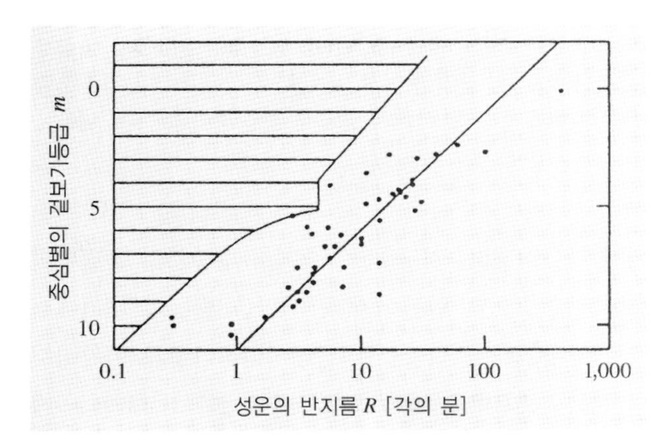

그림 16.11 반사성운에 대한 허블의 관계. 가로축은 성운의 반지름을 각의 분 단위로, 세로축은 중심별의 (청색) 겉보기 등급 m을 보여준다. 가로선이 그어진 부분에서는 관측이 이루어지지 않았다. [van den Bergh, S. (1966): Astron. J. 71, 990]

는 적외선 복사를 관측할 수 있게 되었다(그림 16.12). 또한, 보통의 은하핵이나 활동성 은하핵에서 방출되는 적외선 복사도 주로 티끌이 내놓는 열 복사임이 밝혀졌다. 티끌의 적외선 복사야말로 적외선 천문학에서 가장 중요한 복사원이라고 하겠다.

전 하늘을 통하여 가장 강력한 적외선원은 용골자리 에타 별 주위에 있는 성운이다. 이 성운은 전리가스로 구성되어 있는데, 그 스펙트럼에서 티끌이 방출하는 적외선 복사 역시 관측되었다(그림 16.13). 극단적인 경우, 많은 양의 티끌들에 의한 소광 때문에 중심에 있는 별이 가시광 영역에서는 전혀 보이지 않으면서, 뜨거워진 티끌로부터 나오는 적외선 복사로 인해 그 존재가 밝혀지는 수도 있다.

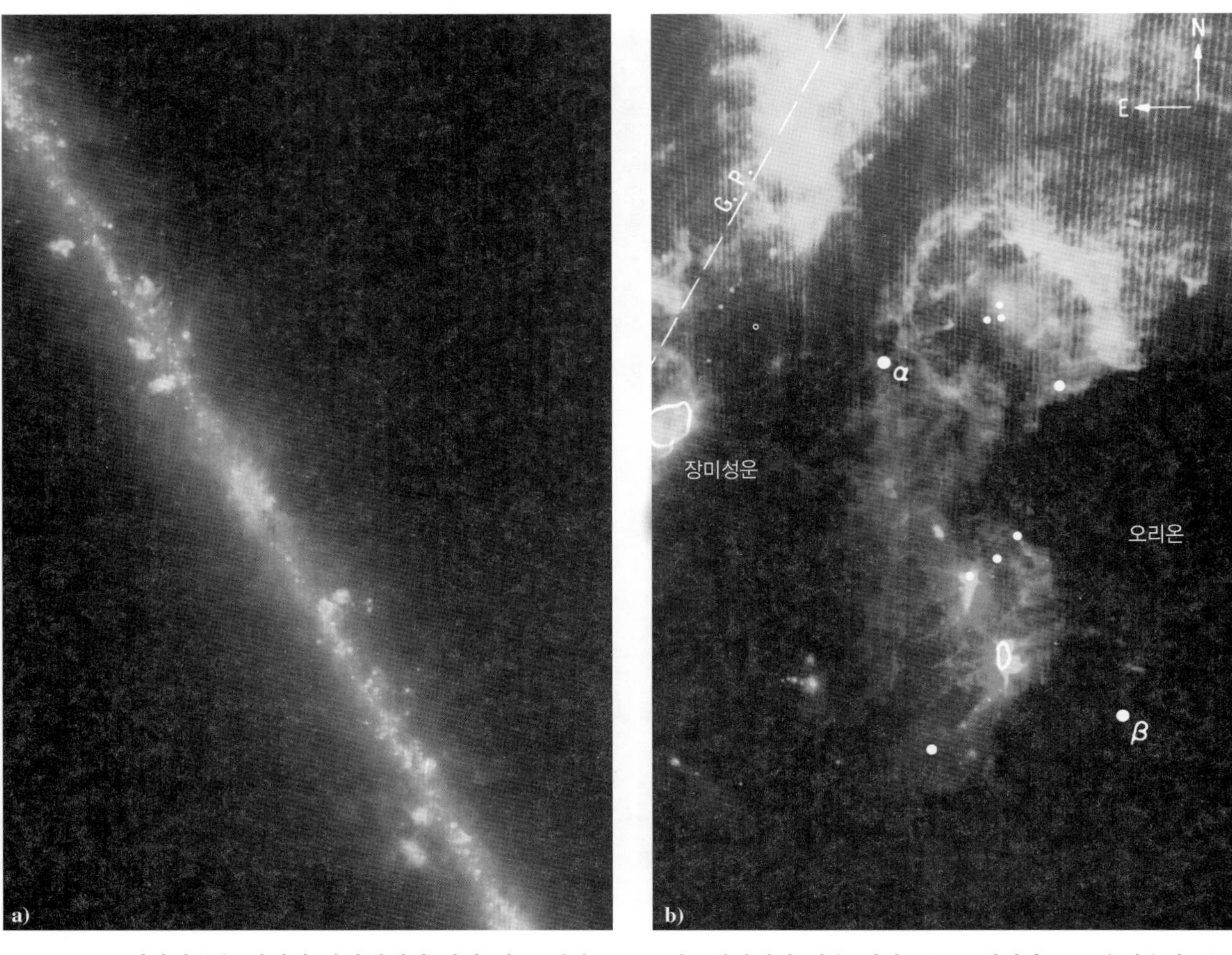

그림 16.12 성간티끌은 적외선 파장대에서 가장 잘 보인다. IRAS 인공위성에서 찍은 영상 중 두 예이다. (a) 우리은하 중심부 방향의 이 그림에서는 티끌들이 은하 평면의 얇은 층에 집중되어 있는 것이 보인다. 몇몇 떨어져 있는 구름들도 보인다. (b) 오리온 별자리의 대부분이 성간물질의 복잡한 분포로 뒤덮여 있다. 영상의 중심 아래에 가장 티끌의 밀도가 높은 곳이 있는데, 이곳은 말머리 성운과 오리온 성운 지역에 해당한다. (사진출처 : NASA)

티끌의 성분과 기원(표 16.1, 16.2). 소광곡선에 있는 조그마한 정점들의 위치를 보면, 성간티끌이 얼음과 규산염 등으로 구성되어 있으며, 아마도 흑연 성분도 있는 것으로 판단된다. 티끌의 크기는 산란 특성으로부터 추정될 수 있는데, 대부분 $1\mu m$ 이하이다. $0.3\mu m$ 정도의 티끌들이 산란을 가장 잘 일으키며, 이보다 작은 티끌들도 분명히 존재한다.

티끌 입자들은 K형, M형과 같은 만기형 별의 대기층에서 만들어진다. 지구 대기 중에서 수증기가 응결하여 눈이나 얼음으로 만들어지듯, 이러한 별들의 대기에서 가스가 응결하여 티끌로 만들어진다. 이렇게 만들어진 티끌들은 복사압을 받아 우주공간으로 밀려 나간다. 별의 생성 과정 중에도 티끌들이 만들어질 수 있으며, 또 성간구름에서는 원자나 분자로부터 직접 만들어지기도 한다.

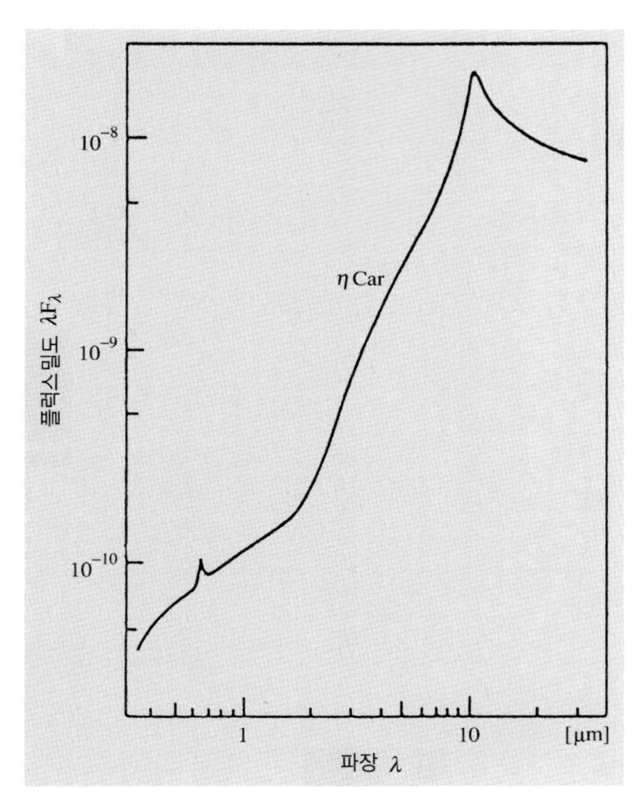

그림 16.13 용골자리 에타 성운(그림 13.10)이 방출하는 복사의 99% 이상은 적외선 복사이다. 가시광 영역에 밝게 보이는 부분은 수소의 H_α 선(0.66μm)에 의한 것이다. 적외선 영역에는 10μm 부근에 규산염의 존재가 뚜렷하게 나타나 보인다. [Allen, D.A. (1975): *Infrared, the New Astronomy* (Keith Reid Ltd., Shaldon) p. 103]

16.2 성간가스

성간가스의 총 질량은 성간티끌 총 질량의 약 100배가 된다. 가스는 질량 면에서 티끌보다 이렇게 많은데도 불구하고 별빛을 티끌만큼 소광시킬 수 없으므로 그 존재를 알기 어려웠다. 가시광 영역에서 볼 수 있는 성간가스의 흡수선은 몇 개가 되지 않는다.

20세기에 들어와서야 비로소 성간가스의 존재가 의심되기 시작하였다. 하트만(Johannes Hartmann, 1865-1936)이 1904년에 쌍성계의 스펙트럼에서 다른 흡수선들과는 달리, 궤도운동에 따른 도플러 이동을 전혀 보이지 않는 정지 흡수선들을 발견하였다. 그는 이 흡수선이 이 쌍성계와 지구 사이에 있는 성간가스에 의한 것이라고 결론 내렸다. 어떤 별의 스펙트럼에서는 이와 같은 흡수선들이 여러 개 보였는데, 이 사실은 성간가스가 공간에 고르게 분포되어 있는 것이 아니라 구름의 형태를 이루고 있으며, 이 구름들이 각기 서로 다른 속도로 움직이고 있기 때문인 것으로 생각되었다. 가시광 영역에서 볼 수 있는 가장 강한 성간 흡수선은 중성의 나트륨이거나 1차 전리된 칼슘에 의한 것이다(그림 16.14). 자외선 영역에서는 더 많은 성간 흡수선들을 볼 수 있는데, 가장 강한 것은 중심 파장이 121.6nm인 수소의 라이먼 α선이다.

가시광과 자외선 영역에서 관측되는 성간흡수선을 연구해본 결과, 여러 차례 전리된 원자들이 성간공간에 존재함을 알게 되었다. 별에서 방출되는 자외선 복사가 전리의 주요 원인이지만, 우주선 입자들도 성간가스를 전리시킨다. 성간공간의 밀도가 워낙 낮기 때문에 전리된 원자들, 즉 이온들과 자유전자가 만날 기회는 거의 없다. 따라서 성간가스는 일단 전리되면 오랫동안 전리된 상태로 남아 있게 된다.

가시광과 자외선 영역에서 관측되는 흡수선으로부터 약 30종의 원소들을 밝혀낼 수 있었다. 수소에서부터 아연(원자 번호 30)에 이르는 거의 모든 원소와 이보다 무거운 원소들도 몇 종 발견되었다(표 16.3). 별 내부에서와 마찬가지로, 성간가스의 대부분은 수소(약 70%)와 헬륨(거의 30%)이 차지한다. 이와는 달리, 성간공간에서의 중원소 함량비는 태양이나 다른 종족 I 별들의 내부에 비해 훨씬 더 적다. 그 이유는 중원소들이 성간티끌에 결합되어 흡수선을 야기하지 않기 때문이라고 풀이된다. 즉 가스와 고체 입자를 함께 생각하면 성간물질(가스+티끌)의 원소함량은 별의 대기에서와 크게 다를 바가 없으며, 단지 성간가스에 있는 중원소의 양이 상대적

표 16.1 성간가스와 티끌의 주요 성질

성질	성간가스	성간티끌
질량 점유율	10%	0.1%
성분	HI, HII, H_2(70%) He(28%) C, N, O, Ne, Na, Mg, Al, Si, S, …(2%)	고체 입자 $d \approx 0.1 \sim 1\mu m$ H_2O(얼음),규산염 흑연+불순물
개수밀도	$1 cm^{-3}$	$10^{-13} cm^{-3} = 100 km^{-3}$
질량밀도	$10^{-21} kg\ m^{-3}$	$10^{-23} kg\ m^{-3}$
온도	100K(HI), 10^4K(HII), 50K(H_2)	10~20K
연구방법	별 스펙트럼의 성간 흡수선 광학 영역 : CaI, CaII, NaI, KI, TiII, FeI, CN, CH, CH^+ 자외선 영역 : H_2, CO, HD 전파 영역 : 수소 21cm 흡수 및 방출, HII, HeII, CII 재결합선, 분자방출선과 흡수선 OH, H_2CO, NH_3, H_2O, CO, H_2C_2HCN, C_2H_5OH	 별빛의 흡수와 산란 성간적색화 성간편광 열 적외선

으로 적다는 것이다. 성간티끌의 양이 보통보다 적은 지역에서는 성간가스의 원소함량비가 별과 비슷하다는 점이 이러한 해석을 지지하는 관측적 사실이다.

수소 원자. 성간공간에 존재하는 **중성수소**(neutral hydrogen)를 연구하는 가장 좋은 방법은 자외선 관측이다. 앞에서 이미 언급했듯이, 가장 강한 성간 흡수선이 수소의 라이먼 α선으로서(그림 16.15), 수소 원자의 전자가 주양자수 $n = 1$에서 $n = 2$로 천이하는 것에 해당된다. 성간공간의 물리적 조건에서는 거의 모든 수소가 $n = 1$ 상태에 머물게 된다. 이 때문에 라이먼 α선은 매우 강한 흡수선이 되며, $n = 2$ 준위에서 시작되는 발머 흡수선들은 관측이 거의 불가능하다(온도가 10,000K 정도인 별의 대기에서는 발머선이 강하게 되는데, 이 경우에는 수소가 거의 모두 $n = 2$ 준위에 있기 때문이다.)

성간라이먼 α선이 처음 검출된 것은 1967년 로켓 관측에서였다. 그 후, OAO 2 인공위성에서 95개의 별을 관측하여 라이먼 α선들을 더 많이 관측하였다. 이 별들은 100~1,000pc 사이에 있는 것들이었다.

라이먼 α선과 21cm 중성수소선을 비교하면 여러 가지 유용한 정보를 캐낼 수 있다. 21cm 전파관측으로 중성수소 가스의 분포를 전 하늘에 걸쳐 탐사하였으나, 이것만으로는 수소구름들의 거리를 측정하기 어려웠다. 그러나 라이먼 α 흡수선의 경우에는 별까지의 거리를 대개 알고 있으므로, 흡수선의 원인이 되는 성간구름까지 거리의 상한값을 알 수 있게 된다.

표 16.2 성간물질에 의하여 발생하는 현상

관측 가능한 현상	요인
성간소광과 편광	자기장에 의하여 정렬된 비구형의 성간티끌
암흑성운, 별과 은하의 비균질적 분포	티끌구름
별 스펙트럼의 성간흡수선	성간가스로 있는 원자와 분자
반사성운	별 근처에 있는 성간티끌에 의한 별빛의 산란
발광성운 또는 HII 영역 (가시광, 적외선, 전파방출)	성간가스와 티끌구름, 근처의 뜨거운 별이 가스를 전리시키고 티끌을 50~100K로 가열함
가시광 은하배경(은하 산광)	성간티끌에 산란된 별빛
은하 배경복사 :	
a) 단파장(≲1m)	고온 성간가스로부터의 자유-자유 방출
b) 장파장(≳1m)	자기장 내의 우주선 전자들로부터 나오는 싱크로트론 복사
은하 21cm선 방출	저온(100K)의 성간 중성 수소구름(HI 지역)
분자선 방출(비점광원)	거대 분자구름(10^5~$10^6 M_\odot$), 암흑성운
OH, H_2O, SiO의 점광원	원시성과 장주기 변광성 주위의 메이저원

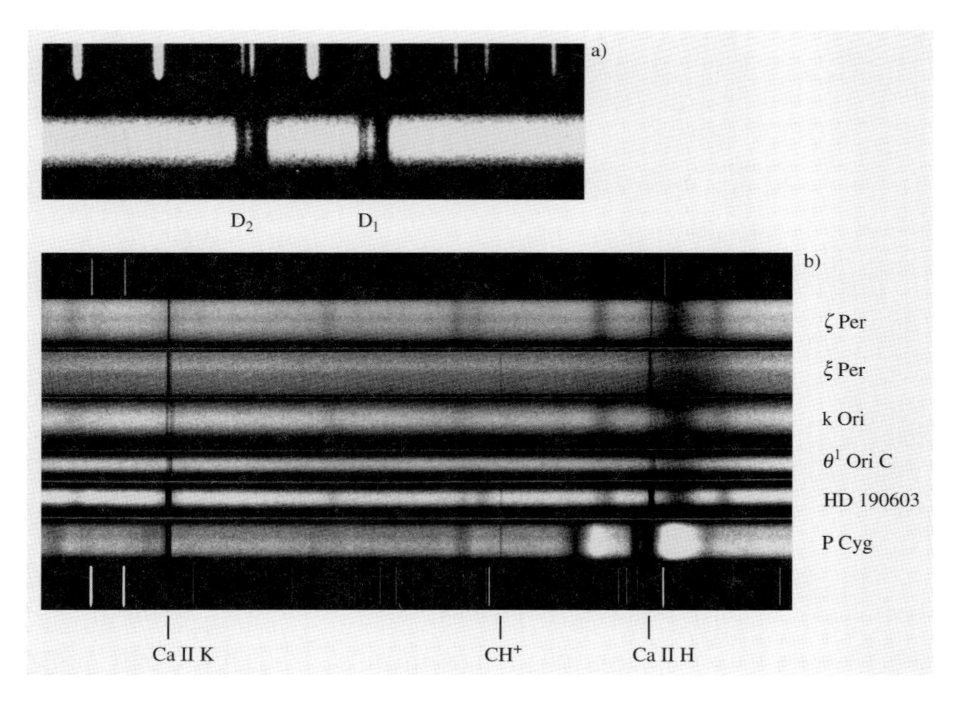

그림 16.14 (a) 별 HD 14134의 스펙트럼에 있는 성간 나트륨의 D 선인 D_1(589.89nm)과 D_2(589.00nm). 양쪽 선 모두에서 2개의 성분을 볼 수 있는데, 이는 2개의 나선팔에 따로 떨어져 있는 성간운들에 의해서 각각 만들어진 것이다. 두 나선팔의 시선속도 차이는 30km s^{-1}이다. (사진출처 : Mt. Wilson Observatory) (b) 여러 개 별의 스펙트럼에서 보이는 Ca II와 CH^+에 의한 성간흡수선들. 비교를 위해 철의 방출 스펙트럼을 (a), (b)에 같이 나타냈다. (사진출처 : Lick Observatory)

라이먼 α선의 관측에서 얻은 태양으로부터 반지름 1kpc 이내에 있는 가스의 평균밀도는 0.7원자 cm^{-3}이다. 성간라이먼 α선은 매우 강하므로, 아주 근거리에 있는 별들의 스펙트럼에서도 쉽게 검출된다. 예로 태양에서 불과 11pc의 거리에 있는 아르크투루스(Arcturus)의 스펙트럼에서도 코페르니쿠스 위성에 의해 라이먼 α

표 16.3 땅군자리 제타별(ζ Ophiuchi) 시선방향에서 검출된 성간물질의 원소함량비와 태양에서의 원소함량비. 함량비들은 수소에 상대적인 값으로 주어졌으며, 수소의 양은 1,000,000으로 정의되었다. 별표(*)는 운석으로부터 측정된 값을 뜻한다. 마지막 열의 숫자는 태양에 비해 상대적인 성간매질에서의 함량비이다.

원자 번호	원소명	화학기호	성간함량	태양함량	함량비
1	Hydrogen	H	1,000,000	1,000,000	1.00
2	Helium	He	85,000	85,000	≈1
3	Lithium	Li	0.000051	0.00158*	0.034
4	Beryllium	Be	<0.000070	0.000012	<5.8
5	Boron	B	0.000074	0.0046*	0.016
6	Carbon	C	74	370	0.20
7	Nitrogen	N	21	110	0.19
8	Oxygen	O	172	660	0.26
9	Fluorine	F	–	0.040	–
10	Neon	Ne	–	83	–
11	Sodium	Na	0.22	1.7	0.13
12	Magnesium	Mg	1.05	35	0.030
13	Aluminium	Al	0.0013	2.5	0.00052
14	Silicon	Si	0.81	35	0.023
15	Phosphorus	P	0.021	0.27	0.079
16	Sulfur	S	8.2	16	0.51
17	Chlorine	Cl	0.099	0.45	0.22
18	Argon	Ar	0.86	4.5	0.19
19	Potassium	K	0.010	0.11	0.094
20	Calcium	Ca	0.00046	2.1	0.00022
21	Scandium	Sc	–	0.0017	–
22	Titanium	Ti	0.00018	0.055	0.0032
23	Vanadium	V	<0.0032	0.013	<0.25
24	Chromium	Cr	<0.002	0.50	<0.004
25	Manganese	Mn	0.014	0.26	0.055
26	Iron	Fe	0.28	25	0.011
27	Cobalt	Co	<0.19	0.032	<5.8
28	Nickel	Ni	0.0065	1.3	0.0050
29	Copper	Cu	0.00064	0.028	0.023
30	Zine	Zn	0.014	0.026	0.53

선이 관측되었다. 이 관측을 통해 얻어진 태양과 아르크투루스 사이에 있는 중성수소의 밀도는 0.02~0.1원자 cm^{-3}이다. 그러므로 태양은 밀도가 평균값의 1/10밖에 안 되는 매우 희박한 지역에 위치하고 있는 셈이다.

바닥상태에 있는 수소 원자가 91.2nm보다 짧은 파장의 빛을 흡수하면 전리된다. 중성수소의 밀도를 알고 있으면, 파장이 91.2nm인 광자가 수소에 흡수되지 않고 앞으로 나아갈 수 있는 거리를 추정할 수 있다. 밀도가 평균보다 무척 낮다고 생각되는 태양 주위에서도 91.2nm 광자의 평균자유경로는 약 1pc 정도밖에 되지 않으며, 10nm인 광자의 경우는 수백 파섹 정도이다. 그러므로 극자외선(extreme ultraviolet, XUV)으로는 태양

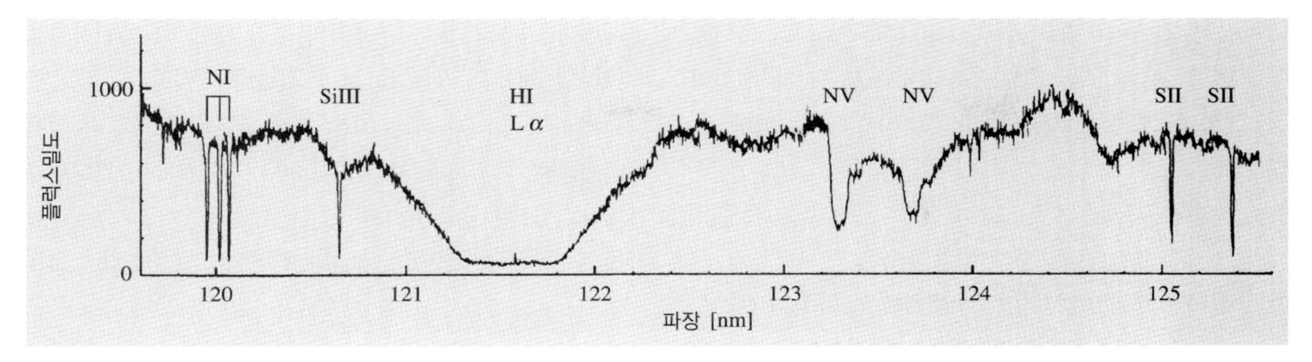

그림 16.15 땅군자리 제타 별(ζ Ophiuchi)의 자외선 스펙트럼에 보이는 성간 흡수선들. 가장 강한 선이 수소의 라이먼 α선으로, 등가폭이 1nm를 넘는다. 코페르니쿠스 인공위성에서 관측된 것이다. [Morton, D.C. (1975) : Astrophys. J. 197, 85]

으로부터 지극히 가까운 지역만을 연구할 수 있다.

수소 21cm선. 바닥상태에 있는 중성수소 원자에 있는 전자와 양성자의 스핀은 같은 방향일 수도 있고 반대일 수도 있다. 이 두 상태의 에너지 차이는 1420.4MHz에 해당하며, 따라서 이 두 초미세구조 사이의 천이는 파장이 21.049cm인 분광선을 만들어낸다(그림 5.8). 수소 21cm선의 존재는 1944년에 훌스트(Hendrick van de Hulst, 1918-2000)가 이론적으로 예측했으며, 1951년 이웬(Harold Ewen, 1922-2015)과 퍼셀(Edward Purcell, 1912-1997)에 의해서 최초로 검출되었다. 성간물질의 정체를 규명하는 데 있어서 그 어느 방법보다도 수소 21cm선이 가장 큰 공헌을 하였는데, 21cm 천문학이라는 연구 분야를 따로 생각할 수 있을 정도이다. 우리은하와 다른 은하의 나선팔 구조와 회전도 21cm선을 이용하여 연구할 수 있다.

수소의 21cm선은 주로 방출선으로 관측된다. 우주에서 수소는 가장 풍부한 원소이기에, 하늘의 어느 방향을 보아도 21cm선이 관측된다. 그림 16.16은 관측 자료의 한 예를 보여주는데, 주파수나 파장 대신에 도플러 이동에 해당하는 속도를 가로축에 나타냈다. 이는 21cm선의 선폭은 성간구름 내 가스의 난류(turbulence)운동이나 성간구름 자체의 운동에 기인하기 때문이다. 전파천문

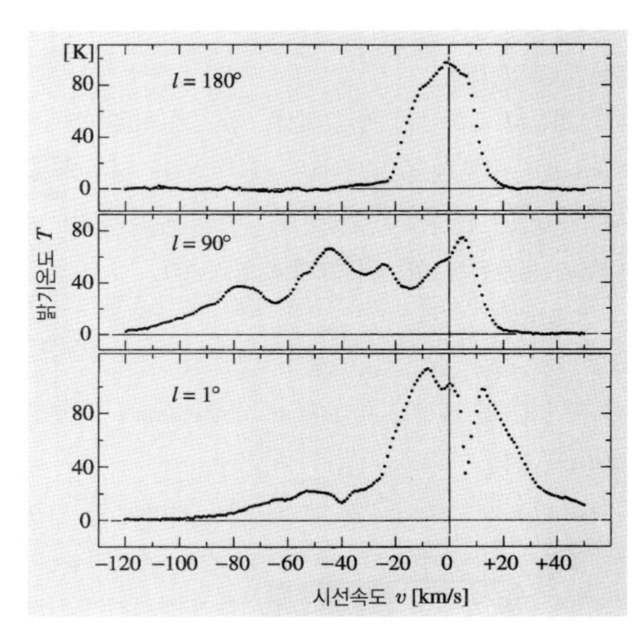

그림 16.16 은경 180°, 90°, 1°에 대한 은하면에서의 수소 21 cm 방출선의 윤곽(은경 0°에는 강한 흡수선이 있다). 세로축은 밝기온도를, 가로축은 도플러 공식에 따른 시선속도를 나타낸다. [Burton, W.B. (1974): "The Large Scale Distribution of Neutral Hydrogen in the Galaxy", in *Galactic and Extra-Galactic Radio Astronomy*, ed. by Verschuur, G.L., Kellermann, K.I. (Springer, Berlin, Heidelberg, New York) p. 91]

학에서 세로축은 대개 안테나온도 T_A로 표시된다(제5장 참조). 빔효율을 η_B로 표시하면, 점광원이 아닌, 퍼진 전파원의 밝기온도 T_b는 $T_b = T_A/\eta_B$로 주어진다.

파장이 21cm인 경우 $h\nu/k = 0.07\mathrm{K}$ 이므로, 우리가 예상할 수 있는 모든 온도에서 $h\nu/kT \ll 1$가 성립하며, 레일리-진스 근사식 (5.24)]를 이용할 수 있다.

$$I_\nu = \frac{2\nu^2 kT}{c^2} \tag{16.18}$$

따라서 복사전달 방정식 (5.42)의 해에서 복사의 세기는 온도에 대응된다. 정의에 의해 I_ν는 밝기온도 T_b에, 원천함수 S_ν는 들뜸온도 T_exc에 대응된다. 즉

$$T_\mathrm{b} = T_\mathrm{exc}(1 - \mathrm{e}^{-\tau_\nu}) \tag{16.19}$$

의 관계를 얻는다.

우리은하 내의 어떤 방향에서는 수소가 아주 많아서 21cm선의 광학적 깊이가 매우 큰($\tau_\nu \gg 1$) 경우가 있다. 이때에는 관측에서 측정된 밝기온도 T_b가 성간구름 내부의 들뜸온도 T_exc를 그대로 알려준다.

$$T_\mathrm{b} = T_\mathrm{exc} \tag{16.20}$$

이 들뜸온도는 종종 **스핀온도**(spin temperature) T_S로도 불린다.

들뜸온도가 가스의 운동온도와 항상 같아야 할 필요는 없다. 그러나 수소 21cm 천이의 경우, 수소 원자들 사이의 충돌 시간이 400년인 데 비하여 복사천이 시간은 1,100만 년이기 때문에, 초미세 준위의 분포개수는 충돌에 의해 결정된다. 즉 들뜸온도가 운동온도와 같은 것이다. 관측에 의하면 이 온도는 125K 정도가 된다.

방출선의 관측만으로는 방출선원까지의 거리를 알 수 없다. 관측에서 알려지는 것은 $1\mathrm{cm}^2$의 밑넓이와 관측자로부터 우리은하 바깥까지의 길이를 가지는 원기둥 내에 들어 있는 수소 원자의 총 개수이다. 이를 천문학에서는 **기둥밀도** 또는 **투사밀도**라고 부르며, 부피밀도를 표시할 때 쓰는 n과 구별하여 대문자 N을 쓰는 것이 통례이다. 속도가 $[v,\ v+\mathrm{d}v]$의 구간 내에 있는 원자들을 나타낼 때에는 $N(v)\mathrm{d}v$로 표시한다.

광학적 깊이가 매우 작은 경우, 분광선으로부터 얻은 밝기온도가 주어진 시선속도를 가지는 원자의 기둥밀도 N에 그대로 비례한다는 것을 보일 수 있다. 그러므로 만약 어떤 성간구름의 시선방향 크기 L을 안다면, 관측된 선 윤곽으로부터 성간구름 내부에 있는 가스의 밀도 n을 추정할 수 있다.

$$n = N/L$$

성간구름의 거리와 모양을 안다고 가정하면, 크기 L을 성간구름의 각지름으로부터 추정할 수 있다.

성간구름까지의 거리는 구름의 시선속도와 우리은하의 회전을 이용하여 결정할 수 있다(18.3절). 따라서 관측된 21cm선 윤곽에 있는 봉우리들(그림 16.16) 하나하나가 개개의 성간구름에 대응한다면, 그들의 거리와 밀도를 알 수 있다. 전파관측은 성간소광의 영향을 받지 않으므로, 이런 식으로 우리은하 평면 전체에 대하여 중성수소의 분포를 얻을 수 있었다. 네덜란드의 라이덴 천문대와 호주의 파크스 전파 천문대에서의 관측으로부터 얻은 결과를 그림 16.17에 보였는데, 우리은하는 나선은하이고 성간수소는 나선팔에 집중되어 있는 것으로 보인다. 성간수소의 평균 밀도는 1원자 cm^{-3}이지만, 그 분포는 매우 비균질적이다. 수소가스는 수 파섹 정도 크기 안에 10~100원자cm^{-3}의 밀도로 밀집되어 있는 것이 보통이다. 거의 대부분이 중성수소로 되어 있는 지역은 **HI 영역**이라 부른다(대조적으로 전리수소 영역은 HII 영역이라 부른다).

퀘이사와 같은 밝은 전파원으로부터 오는 빛이 중간에 놓여 있는 구름을 거치게 되면 수소 21cm선이 흡수선에서도 발생할 수 있다. 같은 구름이 흡수 스펙트럼과 방출 스펙트럼을 동시에 만들어낼 수도 있는데, 이러한 경우 구름의 온도, 광학적 깊이, 수소량을 모두 추정할

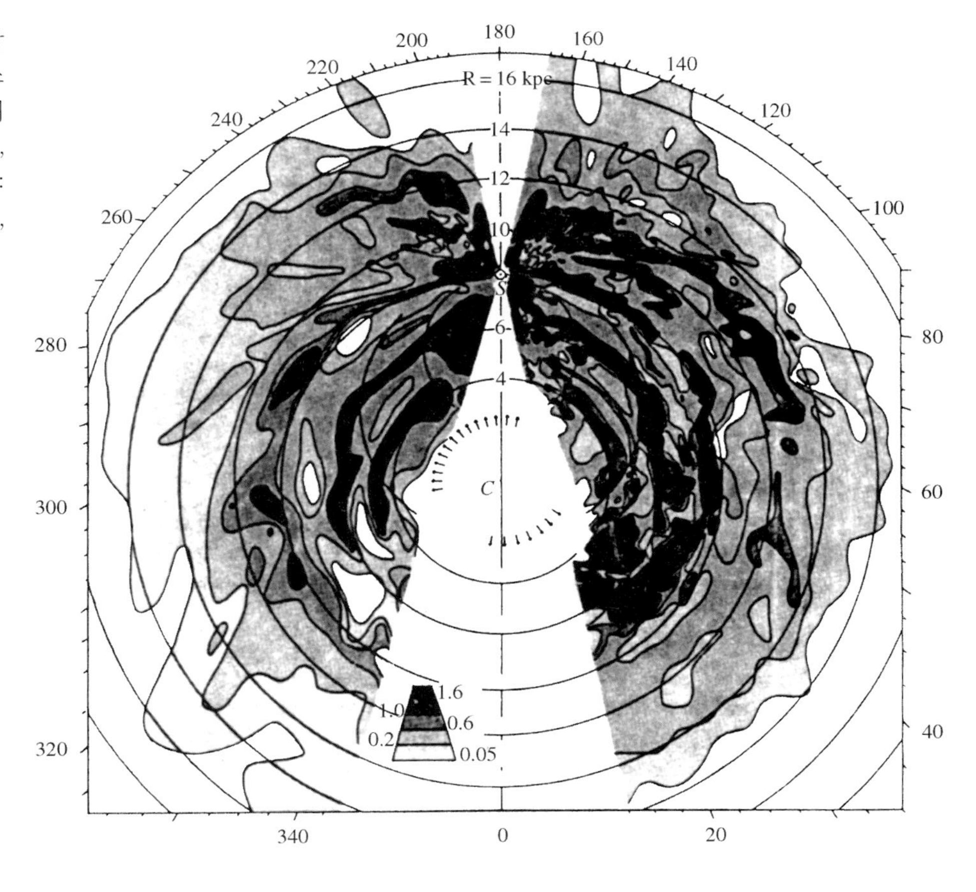

그림 16.17 라이덴과 파크스 탐사에서 얻어진 우리은하 중성수소의 분포. 밀도는 원자 cm^{-3}의 단위로 주어졌다. [Oort, J.H., Kerr, P.T., Westerhout, G.L. (1958): Mon. Not. R. Astron. Soc. **118**, 379]

수 있다.

성간티끌과 마찬가지로, 수소도 은하면에 얇은 층을 이루고 있다. 수소층의 두께는 티끌층 두께의 약 2배로서, 대략 200pc 정도이다.

HII 영역. 우주공간의 많은 곳에서 수소가 중성이 아니라 전리된 상태로 존재한다. 특히, O형 별 주위의 수소는 이 별에서 방출되는 강력한 자외선 복사로 전리된다. 이러한 별들 주위에 충분한 양의 수소가 자리 잡고 있으면, 전리된 수소들은 방출성운의 형태로 보일 것이다. 이와 같은 성운을 우리는 HII 영역이라고 부른다(그림 16.18, 16.19).

방출성운으로 전형적인 것은 M42라는 이름이 붙여진 오리온자리의 대성운이다. 이 성운은 육안으로도 그 존재를 알 수 있으며, 망원경으로 보면 매우 아름답게 보인다. 이 성운의 한복판에 사다리꼴 성단이라고 불리는 4개의 뜨거운 별들이 자리 잡고 있다. 사다리꼴 성단은 조그마한 망원경으로도 식별이 가능하다. 사다리꼴 성단의 별들은 강한 자외선 복사를 방출하고 있으며, 대오리온 성운을 지속적으로 전리시키고 있다.

별의 스펙트럼과는 판이하게, 전리가스는 몇 개의 예리한 방출선들이 그 스펙트럼의 대부분을 이루며 약한 연속 스펙트럼을 보인다. 가시광 영역에서는 발머선들이 특히 강하게 보인다. 이 발머선들은 자유전자가 전리수소와 재결합하여 들뜬 상태에 앉은 후, 일련의 복사천이를 거쳐 바닥 상태로 가라앉는 과정에서 방출되는 선들이다. HII 영역에 있는 수소 원자는 전리 상태가 되면 보통 수백 년 동안 그 상태에 머물게 되며, 한 번 재결합

그림 16.18 오리온대성운(M42, NGC 1976). 새로 태어난 뜨거운 별이 이 성운의 에너지 공급원이다. 검은 지역은 성운 앞에 있는 불투명한 티끌 구름이다. 전파와 적외선 관측으로부터 성운 뒤에 많은 양의 분자구름이 존재함을 알게 되었다(그림 16.20). 이 그림의 상부에 있는 것은 가스구름 NGC 1977이고, 하부에 밝게 빛나는 별은 오리온자리 요타 별(ι Orionis)이다. (사진출처 : Lick Observatory)

하면 근처에서 온 광자에 의해 다시 전리되기 전까지 수개월 정도를 재결합 상태로 존재한다.

단위체적, 단위시간에 일어나는 재결합의 수는 전자밀도와 이온 밀도의 곱에 비례한다.

$$n_{\mathrm{rec}} \propto n_{\mathrm{e}} n_{\mathrm{i}} \tag{16.21}$$

완전 전리된 수소가스에서는 $n_{\mathrm{e}} = n_{\mathrm{i}}$이므로, 결국 재결합률은 전자밀도의 제곱에 비례하게 된다.

$$n_{\mathrm{rec}} \propto n_{\mathrm{e}}^2 \tag{16.22}$$

대부분의 재결합은 $n = 3 \rightarrow 2$의 천이 과정을 거친다. 즉 대부분의 재결합에서 H_α 광자가 하나씩 방출되는 것이다. 따라서 성운의 H_α선 표면밝기는 **방출측도**(放出測度, emission measure)

$$EM = \int n_{\mathrm{e}}^2 \, \mathrm{d}l \tag{16.23}$$

그림 16.19 궁수자리에 있는 호수 성운(Lagoon nebula, M8, NGC 6523). 이 HII영역에는 조기형 별들과 아직도 주계열을 향하여 수축 중에 있는 별들이 여럿 있다. 작고 둥근 모양의 암흑성운인 구상체도 밝은 하늘을 배경으로 두드러지게 나타나 보인다. 이들은 아마도 별로 수축해 가는 과정에 있는 가스구름일 것이다. (사진출처 : National Optical Astronomy Observatories, Kitt Peak National Observatory)

에 비례한다. 여기서 적분은 성운을 가로지르는 시선방향을 따라서 수행한다.

헬륨 원자를 전리시키는 데는 수소를 전리시킬 때보다 높은 에너지가 필요하므로, 전리헬륨 영역은 아주 뜨거운 별들 주위에서나 볼 수 있다. 이 경우 중앙에 He^{+}, He^{++} 영역이 있고 그 주위를 넓은 HII 영역이 둘러싸게 된다. 스펙트럼에서 헬륨의 강한 방출선들도 보이게 된다.

수소와 헬륨이 성간구름에서 가장 풍부한 원소들이긴 하지만, 스펙트럼에서 가장 강하게 보이는 방출선이 반드시 수소나 헬륨에 의한 것은 아니다. 20세기 초에는, 정체가 아직 밝혀지지 않았던 강한 방출선들을 설명하기 위하여 네뷸륨(nebulium)이라는 새로운 원소를 상정하기도 했었으나, 이 선들이 전리된 산소와 질소, 즉 O^{+}, O^{++}, N^{+}에서 방출되는 **금지선**(forbidden line)들이란 것을 1927년에 **보웬**(Ira S. Bowen, 1898-1973)이 규명하였다. 실험실 환경에서는 금지선을 관측하기가 지극히 어려운데, 이는 이러한 천이의 확률이 무척이나 낮아서, 실험실 밀도에서는 복사를 방출하기 전에 충돌에 의하여 들뜬 상태로부터 되가라앉기 때문이다. 그러나 밀도가 극히 희박한 성간가스에서는 충돌이 워낙 드물게 이루어지므로, 들뜬 상태에 있던 이온이 광자를 방출하면서 낮은 에너지 준위로 천이할 확률이 존재한다.

가시광 영역에서 관측되는 HII 영역들은 비교적 근거리에 있는 것들뿐인데, 이는 성간소광 때문이다. 적외선이나 전파 영역에서는 훨씬 멀리에 있는 HII 영역들도 관측된다. 전파 영역에서 중요한 선들은 수소와 헬륨의 재결합 선들인데, 수소의 에너지 준위 110~109 사이의 천이에 해당하는 5.01GHz 전파선이 특히 많이 연구되었다. 중성수소의 경우에서와 마찬가지로, 이러한 전파 재결합 선들을 이용해서 시선속도를 측정하고, 은하의 회전법칙을 이용하여 HII 영역까지의 거리를 측정할 수 있다.

HII 영역의 물리적 성질은 연속 전파 복사를 통해서

도 유추할 수 있다. 이 연속 복사는 전자의 자유-자유 천이에 기인한 제동복사(bremsstrahlung)이다. 복사의 세기는 식 (16.23)에서 정의한 방출측도에 비례한다. HII 영역에서는 또 강한 적외선 연속복사가 검출되는데, 이는 내부에 있는 뜨거운 성간티끌이 내놓는 열복사이다.

고온의 O형 또는 B형 항성이 주위의 가스를 전리시키기 시작하면 HII 영역이 형성되는데, 전리 영역의 범위는 별에서부터 꾸준히 확장된다. 중성수소는 자외선 복사를 매우 잘 흡수하므로, HII 지역과 중성가스 영역 사이의 경계는 매우 분명하다. 가스 밀도가 균질한 경우 별 주변의 HII 영역은 구형이 되는데, 이러한 영역을 스트룀그렌 구(Strömgren sphere)라고 부른다. B0V형 별 주위에 생긴 스트룀그렌 구의 반지름은 50pc이며, A0V형 별의 경우에는 1pc밖에 되지 않는다.

HII 영역은 주위 가스보다 온도가 높기 때문에, 전리된 가스는 중성가스를 밀어내어 팽창시키는 경향이 있다. 약 100만 년 정도 팽창하면, 전리 영역의 밀도가 너무 낮아져 결국 일반 성간매질에 섞이고 만다.

16.3 성간분자

성간분자(interstellar molecules)가 최초로 발견된 것은 1937~1938년인데, 세 종류의 간단한 2원자 분자인 **메틸리딘**(methylidyne) CH, CH^+, 그리고 **시아노겐**(cyanogen) CN의 흡수선이 별의 스펙트럼에서 관측되었다. 다른 몇 가지 분자도 후에 같은 방법으로 자외선에서 발견되었다. 수소 분자 H_2가 발견된 것은 1970년대 초이며, 전파 영역에서 발견된 **일산화탄소**(CO) 분자는 자외선 영역에서도 검출되었다. 성간분자로서는 수소 분자가 가장 흔하고, 그다음으로는 일산화탄소이다.

수소 분자. 수소 분자의 발견과 이를 이용한 연구야말로 자외선 천문학이 이룩한 커다란 공헌 중 하나이다. 수소 분자는 105nm에 강한 흡수선 띠를 가지고 있는데, 1970년 **카루더스**(George R. Carruthers, 1939~)가 로켓 관측으로 이 띠를 처음 검출하였다. 그 후에 코페르니쿠스 인공위성을 이용하여 본격적인 연구가 이루어졌다. 그 결과, 우리는 성간수소의 상당량이 분자 형태로 존재함을 알게 되었으며, 밀도가 높아서 소광량이 큰 성간구름일수록 분자 형태로 있는 수소의 비율이 높다는 사실도 밝혀졌다. 소광이 안시등급으로 1등급이 넘는 성간구름에서는 모든 수소가 분자의 형태로 존재한다.

수소 분자는 성간티끌의 표면에서 만들어지는데, 이는 티끌이 모종의 화학적 촉매 역할을 하기 때문이다. 성간티끌은 별에서 오는 자외선을 차단하여 성간분자가 원자로 해리되는 것을 막는 역할도 한다. 그러므로 수소 분자는 성간티끌이 많은 곳에서 검출된다. 가스와 티끌이 잘 섞여 있는지, 아니면 각기 다른 구름으로 따로 뭉쳐 있는지를 알아내는 것도 흥미로운 일이다.

자외선 관측을 통해서 우리는 성간가스와 성간티끌의 분포를 더 잘 비교할 수 있게 되었다. 관측자와 별 사이에 존재하는 티끌의 양은 별빛이 겪은 성간소광량으로부터 추정할 수 있으며, 수소 원자와 분자의 총량은 같은 별의 자외선 스펙트럼에 나타난 수소 원자와 분자의 흡수선들로부터 측정할 수 있다.

그 결과 우리는 가스와 티끌 입자가 매우 고르게 혼합되어 있음을 알게 되었다. 성간티끌이 안시등급에서 1등급의 소광을 만들어낼 때, 약 1.9×10^{21}개의 수소 원자가 존재한다(분자 하나는 원자 2개로 간주된다). 이렇게 해서 밝혀진 가스 대 티끌의 질량비는 100 : 1 정도이다.

전파분광학. 흡수선이 관측되려면 분자구름 뒤에 밝은 별이 있어야만 한다. 그러나 매우 밀도가 높은 성간구름의 경우에는, 높은 소광량 때문에 가시광이나 자외선 영역에서는 분자를 검출할 수 없다. 밀도가 높은 성간구름에는 분자들이 많이 존재하는데, 이러한 구름에 대해서는 전파로만 관측이 가능하다.

성간분자를 연구하는 데 전파분광학은 어마어마한 공헌을 하였다. 1960년대 초만 해도, 성간공간에 2원자 분자보다 더 복잡한 분자가 존재하리라고는 아무도 생각하지 못했었다. 성간공간은 밀도가 너무 낮아서 우선 분자가 형성되기도 어려울 뿐만 아니라, 형성되었다고 하더라도 자외선 복사를 받아 즉시 파괴될 것이라고 생각했었다. 최초로 알려진 분자 전파선은 수산기(OH) 선이었는데, 1963년에 처음 발견되었다. 그 이후 많은 분자들이 관측되어 2002년에 이르러서는 130여 종이나 검출되었으며, 현재까지 알려진 성간분자 중에서 가장 무거운 것은 13개의 원자를 가지고 있는 $HC_{11}N$이다.

전파 영역에서의 분자선은 흡수와 방출 양쪽 모두의 형태로 관측될 수 있다. CO와 같은 2원자 분자로부터의 복사(그림 16.20)는 다음 세 가지 중 하나에 해당할 수 있다−(1) **전자천이**는 분자에 속해 있는 전자들의 에너지 준위가 바뀌는 것이다. 이 천이는 단원자에서의 천이와 같으며, 파장은 가시광이나 자외선 영역에 있다. (2) **진동천이**는 분자의 진동에너지 준위가 바뀌는 것이며, 그 파장이 대개는 적외선 영역에 위치한다. (3) **회전천이**는 전파분광학에서 가장 중요한데, 분자의 회전에너지 준위가 바뀌는 것이다. 바닥상태에 있는 분자들은 회전하지 않는다. 다시 말해서, 바닥상태에 있는 분자의 각운동량은 0이다. 하지만 다른 분자들과의 충돌에 의해 들뜬 상태로 올라가면 회전을 시작할 수 있다. 예를 들어 황화탄소 CS는 들뜬 상태에서 몇 시간 정도 머물다가 밀리미터 영역의 광자를 방출하면서 바닥상태로 되가라앉는다.

표 16.4에 여러 성간분자들이 수록되어 있다. 이 중 많은 수가 아주 높은 밀도의 성간구름(주로 은하 중심에 있는 궁수자리 B2)에서만 검출되었으며, 나머지들은 성간공간에서 상당히 흔하게 볼 수 있다. 가장 풍부한 H_2 분자는 전파 영역에서 관측될 만한 분광선이 없기 때문에 전파에서는 관측되지 않는다. 그다음으로 많은 분자들은 일산화탄소 CO, 수산기 OH, 암모니아 NH_3 등인데,

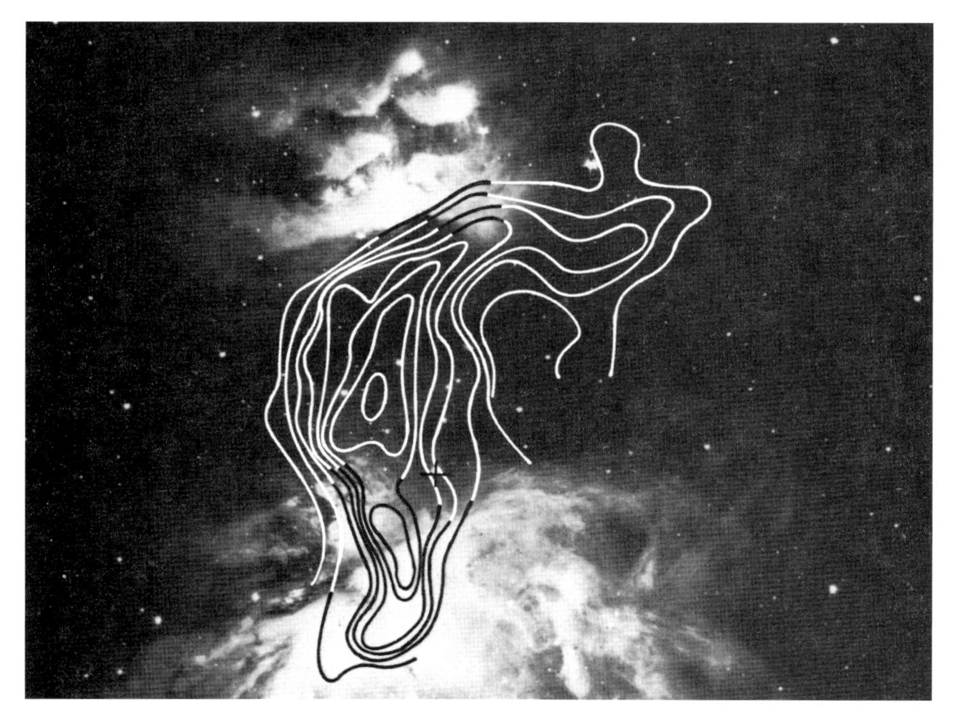

그림 16.20 오리온성운 근처에 있는 분자구름 내 일산화탄소 $^{13}C^{16}O$ 분포의 전파지도. 곡선은 세기의 등고선이다. [Kutner, M.L., Evans II, N.J., Tucker, K.D. (1976) : Astrophys. J. **209**, 452]

표 16.4 성간매질에서 관측된 분자의 일부

분자	이름	발견 연도
가시광과 자외선 영역에서 발견된 분자들		
CH	메틸리딘	1937
CH^+	메틸리딘 이온	1937
CN	시아노겐	1938
H_2	수소 분자	1970
CO	일산화탄소	1971
전파 영역에서 발견된 분자들		
OH	수산기	1963
CO	일산화탄소	1970
CS	일황화탄소	1971
SiO	일산화규소	1971
SO	일산화황	1973
H_2O	물	1969
HCN	시안화 수소	1970
NH_3	암모니아	1968
H_2CO	포름알데히드	1969
HCOOH	포름산	1975
HCCNC	이소시아노아세틸렌(isocyanoacetylene)	1991
C_2H_4O	비닐 알코올(vinyl alcohol)	2001
H_2CCCC	쿠뮬렌 카르벤(cumulene carbene)	1991
$(CH_3)_2O$	디메틸에테르(dimethyl ether)	1974
C_2H_5OH	에탄올	1975
$HC_{11}N$	시아노펜타세틸렌(cyanopentacetylene)	1981

많다고 해도 수소에 비하면 상대적으로 매우 적다. 하지만 성간구름의 질량이 매우 크기 때문에, 분자들의 총 개수는 상당히 많다(예를 들어 궁수자리 B2 성간구름에 있는 에탄올 C_2H_5OH로는 10^{28}병의 보드카를 만들 수 있다).

성간분자의 생성과 생존 모두 일반적인 성간구름보다 높은 밀도를 필요로 하므로, 분자들은 밀도가 높은 구름에 가장 흔히 존재한다. 분자는 원자들 또는 단순한 분자들의 충돌로 만들어지거나, 티끌 입자의 표면에서의 촉매작용을 통해 만들어진다. 분자구름은 밖에서 들어오는 자외선 복사를 흡수할 티끌들을 많이 포함하고 있어야 하는데, 그렇지 않으면 분자들이 분해될 것이기 때문이다. 따라서 분자의 생성과 생존에 가장 적합한 환경은 밀도가 높은 암흑성운과 HII 영역의 근처에 있는 티끌 및 분자구름의 내부이다.

표 16.4에 실린 분자의 대부분은 HII 영역과 연결되어 있는 고밀도의 분자구름에서만 검출되었다. 은하 중심부 근처에 있는 궁수자리 B2 성간운에서는 현재까지 발견된 분자의 거의 모든 종류가 검출되었다. 성간 분자가 풍성하게 발견된 또 하나의 분자구름은 HII 영역인 오리온 A 근처에서 관측되었는데, 이 지역은 가시광에서 오리온성운 M42로 오랫동안 알려져 있었다(그림 16.18). HII 영역 내부에는 분자가 존재하지 않는데, 이는 높은 온도와 강한 자외선 복사 때문에 분자들이 금방 해리되기 때문이다. 다음 세 종류의 분자원이 HII 영역 주위에서 발견되었다(그림 16.21).

1. HII 영역 주위에 있는 거대한 가스와 티끌의 외피부
2. 이 외피부 내부에 존재하는 고밀도의 작은 구름
3. 극히 작은 OH와 H_2O 메이저원

거대한 외피부는 주로 CO 관측에서 발견되었다. OH와 H_2CO 역시 검출되었다. 암흑성운에서와 마찬가지로 이러한 구름들에 있는 가스는 주로 수소 분자이다. 이 구름들은 상당히 크고 밀도가 높아($n \approx 10^3 \sim 10^4$분자 cm^{-3}), 질량이 $10^5 M_\odot$ 또는 $10^6 M_\odot$(궁수자리 B2)에까지 이르며, 이들은 우리은하에서 질량이 가장 큰 천체에 속한다. 분자구름 내에 있는 티끌들은 열적 복사에 의해 관측되는데, $10 \sim 100 \mu m$ 영역에 복사의 극대점이 존재하므로 티끌온도는 30~300K에 해당한다.

어떤 성간구름들은 매우 작은 **메이저원**(maser source)을 포함하고 있다. 이러한 메이저원에서 측정되는 OH, H_2O, SiO의 방출선은 다른 곳에서보다 수백만 배까지 강할 수 있지만, 복사 영역의 크기는 5~10AU에 불과하다. 이러한 성간구름이 가지고 있는 환경에서는, 특정

표 16.5 성간가스의 다섯 가지 위상

	T [K]	n [cm^{-3}]
1. 매우 낮은 온도의 분자 가스구름(주로 수소 H_2)	20	$\gtrsim 10^3$
2. 저온의 구름(주로 중성수소 원자)	100	20
3. 저온의 구름을 둘러싸고 있는 따뜻한 중성가스	6,000	0.05~0.3
4. 전리된 고온의 가스(주로 뜨거운 별 주위의 HII 영역)	8,000	> 0.5
5. 초신성 폭발로 전리되고 가열된 극히 고온의 희박한 전리 코로나가스	10^6	10^{-3}

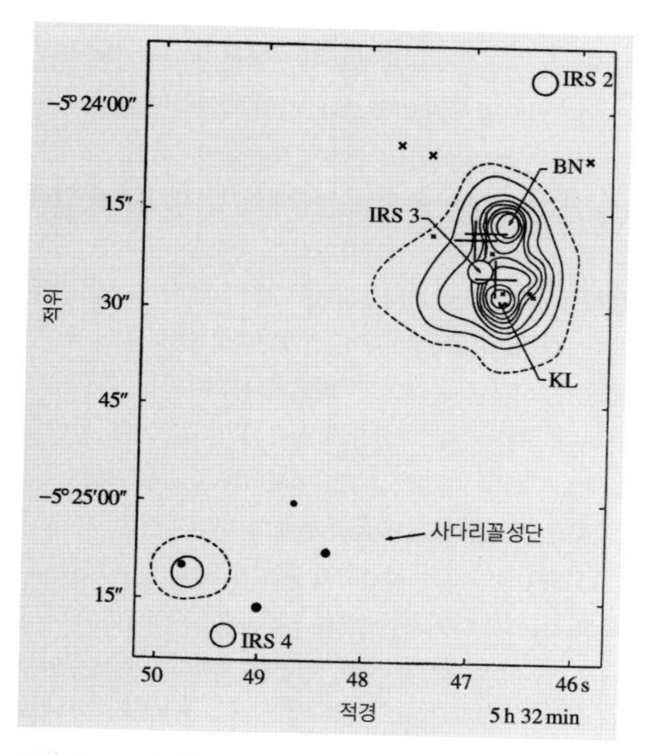

그림 16.21 오리온성운 중앙부의 적외선 지도. 하단부에 사다리꼴성단의 4개의 별이 보인다. 상부에 있는 0.5″ 각지름의 적외선원이 클라인만-로우 성운(KL)이라고 알려진 것이다. BN으로 표시된 것은 벡클린-노이게바우어 천체로서 적외선 점광원이다. 그 외의 적외선원들은 IRS로 표시되었다. 큰 십자표는 OH 메이저를, 작은 ×표는 H_2O 메이저를 나타낸다. 그림 16.18의 척도에서는 이 그림 전체가 수 밀리미터에 불과하게 된다. [Goudis, C. (1982): The Orion Complex: A Case Study of Interstellar Matter (Reidel, Dordrecht) p. 176]

분광선의 세기가 그 구름의 내부를 지나면서 유도방출에 의하여 엄청나게 증폭될 수 있다. 수산기와 물 분자 메이저들은 고밀도 HII 영역 및 적외선원들과 함께 발견되며, 원시성의 생성과 관련이 있는 듯하다. 또한 메이저 방출(OH, H_2O, SiO)은 미라형 변광성 및 특정 적색 거성들과 함께 관측된다. 이러한 메이저는 별 주위의 분자 및 티끌 외피부로부터 방출되며, 관측이 가능할 정도로 큰 적외선 초과 현상을 야기한다.

16.4 원시성의 형성

우리은하의 질량은 약 $10^{11} M_\odot$ 이고 나이는 대략 10^{10}년이므로, 평균적으로 1년에 $10 M_\odot$ 의 비율로 별이 생성되었다고 할 수 있다. 이 값은 현재 별 생성률의 상한값인데, 초기에는 별 생성률이 지금보다 더 높았을 것이기 때문이다. O형 별의 수명은 100만 년 정도밖에 되지 않기 때문에, 관측된 O형 별들의 개수로부터 별 생성률을 더 잘 추정할 수 있다. 그 결과, 우리은하의 별 생성률은 현재 연간 $3 M_\odot$ 정도 된다고 알려져 있다.

우리은하에서 별들은 나선팔에 대부분 위치하고 있는 고밀도 성간구름에서 태어난다고 믿어지고 있다. 성간구름은 자체 중력에 의해 수축을 시작한 후, 여러 개의 덩어리들로 쪼개져서 원시성으로 진화한다. 여러 가지 관측사실에서부터 우리는 별이 단독으로 하나씩 태어나는 것이 아니라 무더기로 한꺼번에 여러 개가 동시에 탄생함을 알게 되었다. 젊은 별들은 산개성단과 느슨한 성협에서 발견되고 있는데, 하나의 성단이나 성협에는 동시에 탄생한 수백 개의 별들이 있다.

이론적 계산도 별이 단독으로 생성되는 것은 거의 불가능하다는 것을 보여준다. 중력이 압력을 이길 수 있어야만 성간구름이 수축할 수 있게 되는데, 1920년대에 이미 진스는 어떤 주어진 온도와 밀도를 가지는 성간구름은 질량이 충분히 커야만 수축한다는 사실을 알아냈다. 질량이 너무 작으면 가스의 압력이 중력 수축을 충분히 막을 수 있는 것이다. 이 한계 질량을 진스질량(6.11절)이라고 하며, 다음과 같이 주어진다.

$$M_J \approx 3 \times 10^4 \sqrt{\frac{T^3}{n}} M_\odot$$

여기서 n은 원자 m^{-3}의 단위를 가지는 개수밀도이고, T는 온도이다.

전형적인 성간 중성수소구름에서는 $n = 10^6$, $T = 100K$이며, 진스질량은 $30{,}000 M_\odot$가 된다. 고밀도의 암흑성운에서는 $n = 10^{12}$, $T = 10K$이며, $M_J = 1 M_\odot$가 된다.

별의 생성은 질량이 수만 태양 질량, 지름이 10pc 정도 되는 성간구름에서 시작된다고 생각된다. 성간구름의 처음 수축 단계에서는, 수축에 의해서 해방된(중력퍼텐셜에너지로부터 전환된) 에너지가 가스를 덥힐 겨를도 없이 복사의 형태로 성간구름을 빠져나갈 수 있으므로, 내부의 온도가 일정하게 유지된다. 수축이 진행되면서 밀도가 증가함에 따라 진스질량은 감소하게 된다. 이 때문에, 여러 덩어리의 핵들이 성간구름 안에서 만들어지게 되고 이들이 각각 독립적으로 수축을 계속하게 된다. 즉 성간구름이 **분열**(fragmentation)되는 것이다. 분열이 진전됨에 따라 회전속도가 커지는데, 이는 원래의 성간구름이 가지고 있던 각운동량이 분열과 수축을 하는 동안에도 보존되어야 하기 때문이다.

이러한 수축과 분열은 개개 덩어리의 밀도가 충분히 높아져서 내부가 광학적으로 두꺼워질 때까지 일어난다. 수축하는 동안에 해방된 에너지는 더 이상 탈출할 수 없게 되고 온도가 상승하게 된다. 그 결과로 진스질량이 커지기 시작하여 더 이상의 분열은 없게 되고, 덩어리 내부에서 상승한 압력이 더 이상의 수축도 막는다. 이렇게 만들어진 원시성들 중 일부는 그 회전이 너무 빠를 수 있는데, 이 경우에는 2개로 쪼개져서 쌍성을 이루게 될 수도 있다. 이 이후의 원시성의 진화는 11.2절에서 다루었다.

성간구름이 수축하여 별들이 만들어진다는 기본 생각은 널리 받아들여지고 있으나, 분열 과정의 자세한 내용의 상당 부분은 아직도 추측에 의존한다. 회전, 자기장, 에너지 투입 등에 의한 효과에 대해서는 확실하게 알려진 바가 없다. 성간구름이 어떻게 수축을 시작하는지도 불확실하다. 한 이론에 의하면 성간구름이 나선팔을 통과할 때 압축되어 수축이 유발된다고 한다(17.4절 참조). 이 이론이 맞다면, 우리은하나 외부은하에서 새로 태어난 별들이 왜 나선팔에 집중되어 있는지를 설명할 수 있다. 한편, 팽창하는 HII 영역이나 초신성 폭발도 근처에 있는 성간구름을 수축하게도 할 수 있을 것이다.

수축하는 구름과 원시성의 온도가 대략 100~1,000K이며, 적외선은 가장 밀도가 높은 티끌구름에서도 빠져나올 수 있기 때문에 별의 생성은 특히 적외선으로 잘 관측할 수 있다. 예를 들어 전파관측으로 발견된 오리온성운과 연결된 거대한 수소구름은 작은 적외선원들을 포함하고 있다. 이 베클린-노이게바우어(Becklin-Neugebauer) 천체는 대략 200K 온도를 가지고 있지만 태양에 비하여 1,000배에 이르는 광도를 가지고 있다. 이 천체는 거대한 HII 영역 옆에 있으며, 강한 H_2O 메이저원이다.

16.5 행성상성운

밝게 빛을 내는 전리가스가 반드시 새로 만들어진 별 근처에서만 발견되는 것은 아니며, 진화의 후기 단계에 있는 별들 주위에서도 볼 수 있다. **행성상성운**(行星狀星雲, planetary nebula)이란 청색을 띠는 고온의 별 주위에 있는 가스 껍질(shell)이다. 항성 진화에서 이미 본 바와 같이, 헬륨 연소 단계에서 별의 내부는 유체역학적으로 불안정하게 된다. 어떤 별들은 맥동운동을 시작하기도 하고, 또 어떤 별들은 자신의 외곽부를 세차게 날려버리기도 한다. 후자의 경우, 외곽부는 20~30km s^{-1}의 속도로 팽창하여 나가는 가스 껍질을 형성하고, 원래 별의 중심핵 부분은 작고 뜨거운(50,000~100,000K) 별이 된다.

행성상성운에서 팽창하고 있는 가스는 중심별로부터 나오는 자외선 복사에 의해 전리되며, 이러한 가스의 스펙트럼은 HII 영역에서 볼 수 있는 것과 같은 밝은 방출선을 많이 보유하고 있다. 하지만 일반적으로 행성상성운은 대부분의 HII 영역보다 그 모양이 훨씬 더 대칭적이며 더 빨리 팽창한다. 예를 들어 잘 알려진 거문고자리의 고리성운(Ring nebula, Lyra, M57)은 50년의 간격을 두고 찍은 두 사진의 차이에서 팽창을 눈으로도 알아볼 수 있을 정도이다. 행성상성운은 수만 년 이내에 보통의 성간매질로 사라지게 되며, 중심별은 백색왜성으로 식어간다.

이러한 천체에 행성상성운이라는 이름이 붙은 것은 19세기인데, 작은 망원경으로는 그 모습이 천왕성과 같은 행성과 구별되지 않았기 때문이다. 행성상성운 중에서 각지름이 가장 작은 것의 각 크기는 수 초(″)에 불과한 반면, 가장 큰 것(예로 나선성운)은 1도나 된다(그림 16.22).

행성상성운에서 나오는 강한 방출선들은 HII 영역에서와 마찬가지로 금지천이에 기인한 것들이 많다. 예를 들어 거문고자리에 있는 고리성운의 중심부에서 볼 수 있는 초록색 영역은 전자를 2개 잃은 산소에서 나오는 금지선인 495.9nm와 500.7nm에 의한 것이다. 외곽부에서 볼 수 있는 붉은색은 수소의 발머 α선(656.3nm)과 전리 질소의 금지선(654.8nm, 658.3nm)에 기인한다.

그림 16.22 나선성운 NGC 7293. 이 행성상성운은 태양 정도의 질량을 갖는 별의 마지막 진화 단계에서 형성된다. 중심에 보이는 별이 자신의 외곽부를 우주공간에 분출하였다. (사진출처 : National Optical Astronomy Observatories, Kitt Peak National Observatory)

그림 16.23 1054년에 폭발한 초신성의 잔해인 황소자리 게성운(M1, NGC 1952). 적색 파장에서 찍은 사진이다. 이 성운은 강력한 전파원이기도 하다. 에너지의 원천은 중심에서 빠른 속도로 돌고 있는 중성자별인데, 중성자별은 원래 별의 중심핵이 붕괴하여 만들어진 것이다. (사진출처 : Palomar Observatory)

우리은하에는 총 50,000개 정도의 행성상성운이 있는 것으로 추산되며, 이 중에 실제로 관측된 것은 2,000개 정도이다.

16.6 초신성 잔해

무거운 별들은 생애의 종말을 초신성 폭발로 장식한다는 것을 제11장에서 보았다. 중심핵의 수축은 외곽층의 격렬한 분출을 야기하고, 분출된 외곽층은 팽창하는 가스구름으로 남는다.

우리은하에서는 약 120개의 초신성 잔해가 발견되었다. 이 중의 일부는 가시광으로 보았을 때 고리 모양을 하거나 불규칙한 형태의 성운(예 : 게성운, 그림 16.23)으로 보이지만, 대부분은 전파 영역에서만 검출된다. 전파 복사는 성간소광에 영향을 받지 않기 때문이다.

전파 영역에서 초신성 잔해들은 HII 영역과 마찬가지로 점광원이 아닌 퍼져 있는 천체로 보인다. 그러나 HII 영역과 달리, 초신성 잔해에서 방출되는 복사는 종종 편광되어 있다. 또 다른 특징적인 차이는, HII 영역의 경우

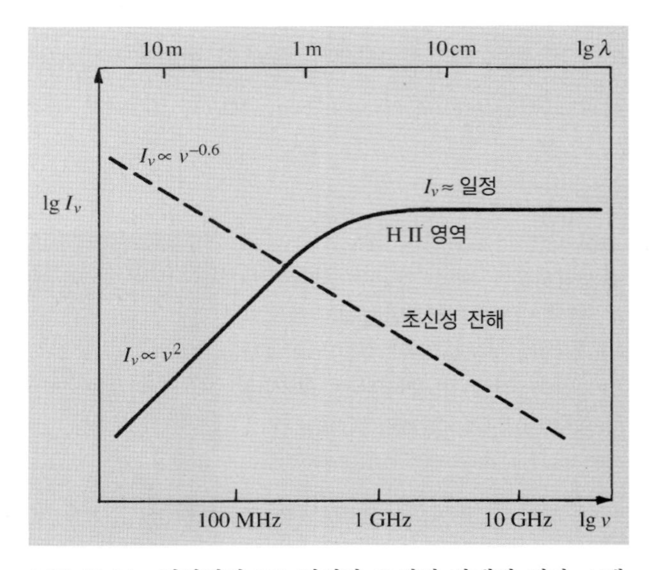

그림 16.24 전형적인 HII 영역과 초신성 잔해의 전파 스펙트럼. HII 영역의 복사는 열적 복사이며, 1m보다 긴 파장에서는 레일리-진스의 근사를 따라 $I \propto \nu^2$의 관계를 보인다. 초신성 잔해의 복사 세기는 주파수가 증가함에 따라 감소한다. [Scheffler, H., Elsässer, H. (1987): *Physics of the Galaxy and the Interstellar Matter* (Springer, Berlin, Heidelberg, New York)]

그림 16.25 백조자리의 면사포성운(오른쪽은 NGC 6960, 왼쪽은 NGC 6992)은 수만 년 전에 폭발한 초신성 잔해이다. (사진 출처 : Mt. Wilson Observatory)

주파수가 커짐에 따라 전파밝기가 커지거나 유지되는데 반해, ($\log I_\nu - \log\nu$ 그림에서) 초신성 잔해에서는 거의 선형적으로 감소한다는 점이다(그림 16.24).

이러한 차이는 HII 영역과 초신성 잔해의 복사방출 기작이 다르기 때문이다. HII 영역의 전파복사는 고온의 플라스마 상태에서 자유전자들이 자유-자유 천이를 통하여 내놓는 제동 복사이다. 초신성 잔해에서 검출되는 전파 복사는 **싱크로트론 복사**로서, 상대론적 속도를 가지는 전자들이 자기장 내에서 나선운동을 하며 내놓는다. 싱크로트론 기작은 모든 파장 영역에 걸치는 연속 스펙트럼을 방출한다. 예를 들어 게성운의 사진을 보면 초록색이나 청색을 띠는데, 이는 가시광 영역에서의 싱크로트론 복사 때문이다.

매우 밝은 배경에서도 두드러지는 적색의 필라멘트 구조를 게성운에서 볼 수 있다. 이는 주로 수소의 H_α선에 의한 복사이다. 초신성 잔해에 있는 수소는 HII 영역에서처럼 중심별에 의해서가 아니라, 자외선 싱크로트론 복사에 의해서 전리된다.

우리은하의 초신성 잔해는 크게 두 부류로 나뉜다. 한 부류는 고리 모양의 구조를 뚜렷하게 보이는 것들로서 카시오페이아 A, 백조자리의 면사포(Veil)성운 등이 여기에 속한다(그림 16.25). 또 다른 부류는 게성운과 같이 모양이 불규칙적이고 중앙부가 밝게 빛나는 것들이다. 후자에 속하는 초신성 잔해에서는 중앙에 고속으로 자전하는 펄서가 늘 발견된다. 중앙에 자리 잡고 있는 펄서는 상대론적 속력으로 움직이는 전자들을 방출하여 초신성 잔해에 에너지의 대부분을 공급한다. 불규칙한 모양을 보이는 초신성 잔해의 진화는 펄서의 진화와 연계되어 있으며, 이 때문에 이러한 초신성 잔해의 진화 시간척도는 수만 년 정도 된다.

고리 모양의 초신성 잔해는 펄서를 갖고 있지 않으므로, 에너지의 원천은 초신성 폭발 그 자체이다. 팽창은 폭발 초기에 10,000~20,000km s^{-1}의 속력으로 진행된다. 폭발 후 50~100년이 경과하면 폭발의 잔해는 주위의 성간가스를 밀어내면서 구형의 껍질 모양을 띠기 시작하며, 외곽부의 팽창이 둔화된다. 성간가스가 밀리면서 만들어진 껍질은 팽창이 둔화되면서 식게 되며, 약 10만 년이 지나면 성간물질과 섞이고 만다. 초신성 잔해의 두 부류는 아마도 초신성의 두 부류(I형과 II형)와 관련이 있을 것이다.

글상자 16.1(싱크로트론 복사) 싱크로트론 복사를 최초로 관측한 것은 1948년 엘더(Frank Elder), 랭뮤어(Robert Langmuir, 1881-1957), 폴락(Herbert Pollack)에 의해서이다. 이들은 강한 자기장에서 전자를 가속시켜 상대론적 에너지를 가지게 하는 전자 싱크로트론 실험을 수행하는 중이었는데, 전자들이 자신의 운동방향으로 향하는 좁은 입체각으로 가시광을 방출하는 것이 관측되었다. 천체물리학에서는 잰스키가 1931년에 검출한 우리은하의 전파 복사를 설명하는 데 싱크로트론 복사가 처음으로 이용되었다. 이 전파 복사는 연속 스펙트럼을 가졌으며, 높은 미터-파(meter-wave) 밝기온도(10^5K 이상)를 보였는데, 이는 전리된 가스에서 나오는 통상적인 열적 자유-자유 천이 복사와 일치하지 않는 것이었다. 그러자 1950년에 알벤(Hannes Alfvén, 1908-1995), 헐로프슨(Nicolai Herlofson), 키펜호이어(Karl-Otto Kiepenheuer, 1910-1975) 등은 은하의 이 배경전파가 싱크로트론 복사에 의한 것이라고 제안하였다. 키펜호이어는 고에너지의 우주선 전자들이 미약한 은하 자기장과 작용하여 전파 복사를 낸다고 구체적으로 설명하였는데, 이후에 이러한 설명은 올바른 것으로 판명되었다. 싱크로트론 복사는 초신성 잔해, 전파은하, 퀘이사 등에서도 중요한 방출 기작이며, 복사를 내는 전자들의 열운동과는 관계없는 비열적 복사이다.

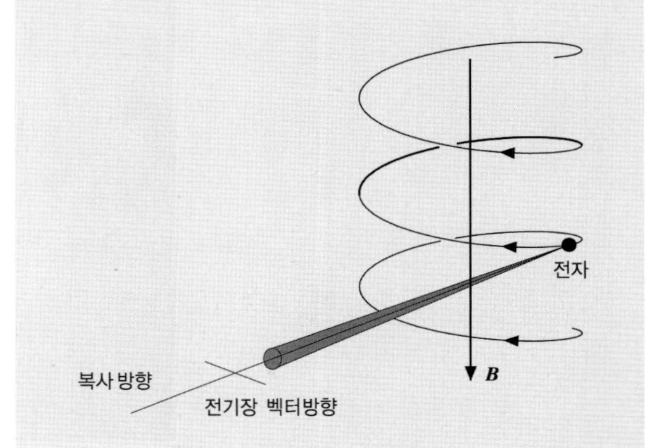

싱크로트론 복사의 방출. 자기장에서 움직이는 전하(전자)는 나선형의 궤도를 가진다. 구심 가속에 의하여 전하는 전자기 복사를 방출하게 된다.

싱크로트론 복사의 기작을 위 그림에 도식적으로 설명해 놓았다. 자기장은 전자들이 나선을 그리며 운동하게 하므로, 전자는 자기장에 의해 지속적으로 가속되고, 전자기 복사를 방출하게 된다. 특수상대성 이론에 의하면 상대론적 속도로 움직이는 전자는 좁은 원뿔 내로만 복사를 방출하게 된다. 등대에서 오는 불빛과 마찬가지로, 이 원뿔은 한 번 회전할 때 관측자의 시야를 한 번만 지나가게 된다. 따라서 관측자는 불빛의 간격에 비해 짧은 시간 동안만 비춰지는 일련의 섬광을 연속적으로 보게 된다(실제로는 전자 하나만이 돌고 있는 것이 아니므로 섬광 하나하나를 구별해볼 수는 없을 것이다). 섬광의 연속을 각기 다른 주파수를 갖는 성분들의 합으로 표현해보면(즉 푸리에 변환을 해보면), 넓은 주파수 영역에 걸쳐 완만한 변화를 갖는 스펙트럼이 되는데, 세기가 극대로 되는 주파수는

$$\nu_{\max} = aB_{\perp} E^2$$

으로 주어진다. 여기서 $B_{\perp}$는 전자의 운동방향에 수직한 자기장 성분의 세기이며, E는 전자의 운동에너지, a는 비례상수이다.

아래의 표는 전형적인 은하 자기장 세기인 0.5nT (=5microgauss)에 대하여 극대 주파수와 극대 파장을 전자에너지의 함수로 보여준다.

$\lambda_{\max}$	$\nu_{\max}$ [Hz]	E[eV]
300nm	10^{15}	6.6×10^{12}
30μm	10^{13}	6.6×10^{11}
3mm	10^{11}	6.6×10^{10}
30cm	10^{9}	6.6×10^{9}
30m	10^{7}	6.6×10^{8}

전파와 같이 에너지가 약한 파장이라도 싱크로트론 복사를 만들어내려면 매우 높은 에너지를 가진 전자가 필요한데, 우주공간에는 이러한 에너지를 갖는 전자들이 실제로 존재한다고 알려져 있다. 싱크로트론 복사가 가시광 영역에서의 은하 배경 복사에 기여하는 양은 극히 미미하여 무시할 수 있을 정도지만, 게 성운에서는 싱크로트론 복사가 가시광 밝기의 대부분을 차지한다.

16.7 우리은하의 뜨거운 코로나

이미 1956년에 스피처(Lyman Spitzer, 1914-1997)는 우리은하가 거대하고 뜨거운 가스로 둘러싸여 있어야 한다는 것을 보였다(그림 16.26). 그 후 거의 20년이 경과한 다음, 스피처가 과학 프로그램 책임자로 일했던 코페르니쿠스 인공위성이 이러한 가스의 증거를 발견하였는데, 이러한 가스를 태양의 코로나에 견주어서 은하 코로나가스라고 부르게 되었다. 이 위성은 여러 가지 방출선들을 관측하였는데, 전자를 5개 잃은 산소(O VI), 4개 잃은 질소(NV), 3개 잃은 탄소(C IV) 등이 그 예이다. 이러한 분광선들은 온도가 상당히 높아야만(10^5~10^6K) 형성되며, 넓게 관측되는 선폭도 높은 온도를 암시한다.

은하 코로나가스는 우리은하 전역에 걸쳐 분포하며, 은하면에서 수 킬로파섹 떨어진 곳에까지 펴져 있다. 이 가스밀도는 10^{-3}원자cm^{-3} 단위이다(은하면에서의 평균 가스밀도는 1원자cm^{-3}임을 상기하라). 그러므로 코로나가스는 일종의 배경 바다이며, 중성수소구름이나 분자구름 같은 더 높은 밀도와 더 낮은 온도의 성간물질들이 섬같이 그 바다 위에 떠 있는 상태라고 볼 수 있다. IUE 인공위성도 1980년대 초에 비슷한 코로나를 대마젤란운과 나선은하 M100에서도 검출하였다. 코로나가스는 상당히 흔하고, 은하에 있는 물질의 중요한 한 형태라고 생각된다.

초신성 폭발이 코로나가스의 근원이자, 그 가스에너지의 근원이기도 하다. 초신성이 하나 폭발하면 주위 성간매질에 고온의 풍선같은 거품이 만들어지고, 이러한 거품들이 팽창하면서 근처의 거품들과 합쳐져 해면조직 같은 구조를 형성한다. 초신성 이외에도 고온의 별에서 나온 항성풍도 코로나가스에 에너지의 일부를 제공할 것이다.

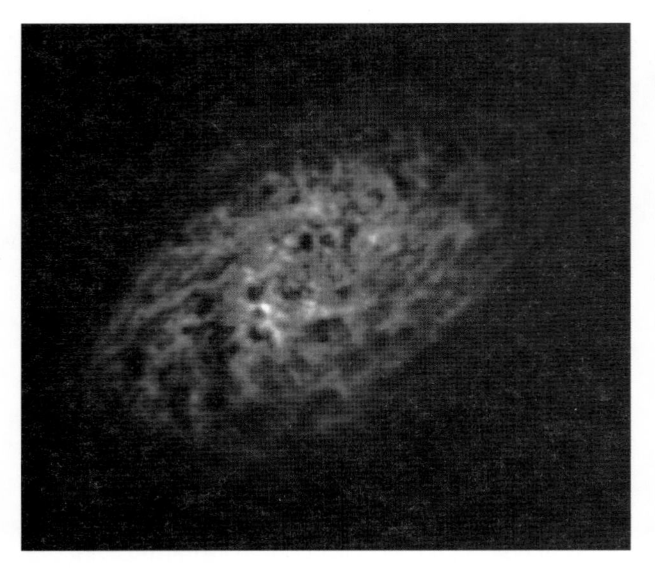

그림 16.26 뜨거운 은하 코로나. NGC 2403은 우리은하와 비슷한 나선은하이다. 오른쪽은 가시광 빛으로 찍은 사진이며, 왼쪽은 오른쪽의 가시광 사진과 같은 척도로 나타낸 VLA 전파영상이다. 왼쪽의 그림에서는 은하 주변에 걸친 커다란 수소 코로나가 보인다. 초신성 폭발에 의해 생긴 커다란 구멍들이 가스코로나에 보인다. (사진출처 : NRAO/AUI and Tom Oosterloo, Astron, The Netherlands)

16.8 우주선과 성간자기장

우주선. 우주공간으로부터 지구에 도달하는 높은 에너지의 소립자와 원자핵들을 우주선(cosmic ray)이라고 부른다. 성간공간에서 이들의 에너지 밀도는 별에서 방출되는 복사의 에너지 밀도와 엇비슷하다. 따라서 우주선 입자들은 성간가스의 전리와 가열에 중요한 역할을 한다.

우주선 입자는 전하를 띠고 있으므로, 자기장의 방향과 세기에 따라 진행방향이 계속 바뀌게 된다. 따라서 우주선 입자들이 관측자에게 도착할 때의 방향으로부터 이 입자들의 발생지에 대한 정보를 얻는 것은 불가능하다. 지구에서 관측되는 우주선 입자들에서 우리가 알아낼 수 있는 가장 중요한 정보는 그들의 성분과 에너지 분포이다. 3.6절에서 언급된 바와 같이, 지구에서의 우주선 관측은 상층대기에서만 이루어질 수 있는데, 이는 우주선 입자들이 대기에서 파괴되기 때문이다.

우주선 입자들의 주 구성성분(약 90%)은 수소의 핵, 즉 양성자이다. 그다음으로 많은 성분(약 9%)은 헬륨의 핵인 α 입자이다. 그 나머지는 헬륨보다 무거운 원자핵들과 전자가 차지하고 있다.

대부분의 우주선 입자는 10^9eV보다 작은 에너지를 가지며, 에너지가 높을수록 입자 수는 격감한다. 가장 에너지가 큰 양성자의 에너지는 10^{20}eV 정도인데, 이러한 입자는 매우 드물며, 이 에너지는 이 책을 1cm 정도 들어올릴 수 있다(인간이 만든 가장 큰 입자 가속기도 10^{12}eV 정도까지만 다다를 수 있다는 것을 고려하면 이 것은 매우 큰 에너지이다).

낮은 에너지(10^8eV 이하)를 가지는 우주선 입자들의 에너지 분포는 지구에서 확실하게 측정할 수 없는데, 이는 '태양으로부터의 우주선 입자', 즉 태양 플레어에서 만들어진 고에너지의 양성자와 전자들이 태양계를 가득 채우고 있고, 이들이 낮은 에너지를 가지는 우주선의 운동에 영향을 주기 때문이다.

우리은하 내 우주선 입자의 분포는 감마선과 전파관측을 통해 직접 추정할 수 있다. 우주선 양성자가 성간수소 원자와 충돌하면 파이온(pion)이 생성되고, 파이온은 다시 붕괴하여 감마선을 내놓아 우리은하의 감마선 배경복사를 이룬다. 우리은하의 전파 배경복사는 우주선 전자들이 성간자기장 둘레를 돌면서 내놓는 싱크로트론 복사에 의해 형성된다.

전파와 감마선 배경복사는 모두 은하면에 집중되어 있다. 그러므로 우주선 입자의 원천들 역시 은하면에 몰려 있을 것이다. 이 배경복사는 초신성 잔해 부근에서 특별히 밝다. 감마선 밝기는 게성운이나 돛자리 펄서(Vela pulsar)에서 두드러지게 강하며, 전파대역에서는 북극박차(North Polar Spur)라 불리는 고리 모양의 강한 방출 지역이 보인다.

이와 같이 우주선 입자의 대부분은 그 근원이 초신성 폭발에 있는 것으로 보인다. 실제 초신성 폭발은 강력한 에너지를 가지는 입자들을 만들 것이다. 초신성 폭발에서 만들어진 펄서가 주위의 입자들을 가속시키는 것도 관측되었다. 또한 팽창하는 초신성 잔해에서 형성되는 충격파도 상대론적 에너지를 가지는 입자들을 생성할 것이다.[2)]

다양한 우주선 원자핵들의 상대 함량비로부터 우주선 입자들이 지구에 도달하기까지 여행한 거리를 계산할 수 있다. 이와 같은 계산을 통해 전형적인 우주선 양성자는 자신이 만들어진 곳으로부터 수백만 년 동안의 시간을(즉 수백만 광년의 거리를) 날아왔음을 알게 되었다. 우리은하의 지름이 약 100,000광년이라는 점을 고려하면, 우주선 양성자들은 우리은하를 수십 번 횡단한 거리만큼 은하들 사이의 벌판을 지나왔다고 볼 수 있다.

2) 역주 : 초신성 폭발 자체에서 방출된 입자보다는 초신성 잔해 충격파가 성간물질을 전파해 가면서 페르미(Fermi) 1차 가속 과정으로 가속시킨 입자들이 더 중요하다고 알려져 있다. 최근 SN1006, Cas A, Tycho 등 다양한 초신성 잔해에서 가속된 우주선이 방출하는 비열적 복사가 전파, X-선, γ-선 영역에서 관측되었다.

성간자기장. 성간자기장(interstellar magnetic field)의 세기와 방향을 확실하게 알아내기는 쉽지 않다. 지구와 태양의 자기장이 훨씬 더 강하기 때문에 성간자기장을 직접 측정할 수 없지만, 여러 가지 천체를 이용해서 그 존재와 세기를 유추하는 것은 가능하다.

앞에서 우리는 성간티끌이 성간편광을 일으킨다는 것을 보았다. 빛을 편광시키기 위해서는 티끌 입자들의 방향이 어느 정도 정렬되어야 하는데, 이것은 큰 규모의 자기장에 의해서만 가능하다. 그림 16.27은 전 하늘에 걸친 성간편광의 분포를 보여준다. 서로 가까이에 있는 별들은 동일한 편광을 보인다. 낮은 은위에서는 편광의 방향이 은하면에 평행한데, 나선팔을 따라서 보게 되는 방향에서는 예외이다.

멀리서 오는 전파 복사의 편광면이 회전하는 현상으로부터 자기장의 세기를 더 정확히 측정할 수 있다. 이를 패러데이(Faraday) 회전이라고 부르는데, 이 회전한 각은 자기장의 세기와 전자 밀도에 비례한다. 또 다른 측정 방법은 21cm전파선의 제만 갈라짐(Zeeman splitting)을 측정하는 것이다. 이 두 방법으로 얻어진 결과는 서로 꽤 잘 일치하며, 성간자기장의 세기는 10^{-10}~10^{-9}T(1~10microgauss) 정도임을 보였다. 이 값은 태양계 내 행성 간 자기장 세기의 100만분의 1 정도에 해당한다.

16.9 예제

예제 16.1 성간티끌 입자의 크기와 은하평면에서의 개수밀도를 추정하라.

그림 16.4b에 있는 성간소광곡선을 그림 16.3에 있는 미산란곡선과 비교해보자. 곡선의 가장 왼쪽 부분들이 서로 비슷한 것을 볼 수 있다. 즉 그림 16.3에서 굴절률을 $m = 1.5$로 가정할 때 $0 < x < 5$ 구간이 그림 16.4b

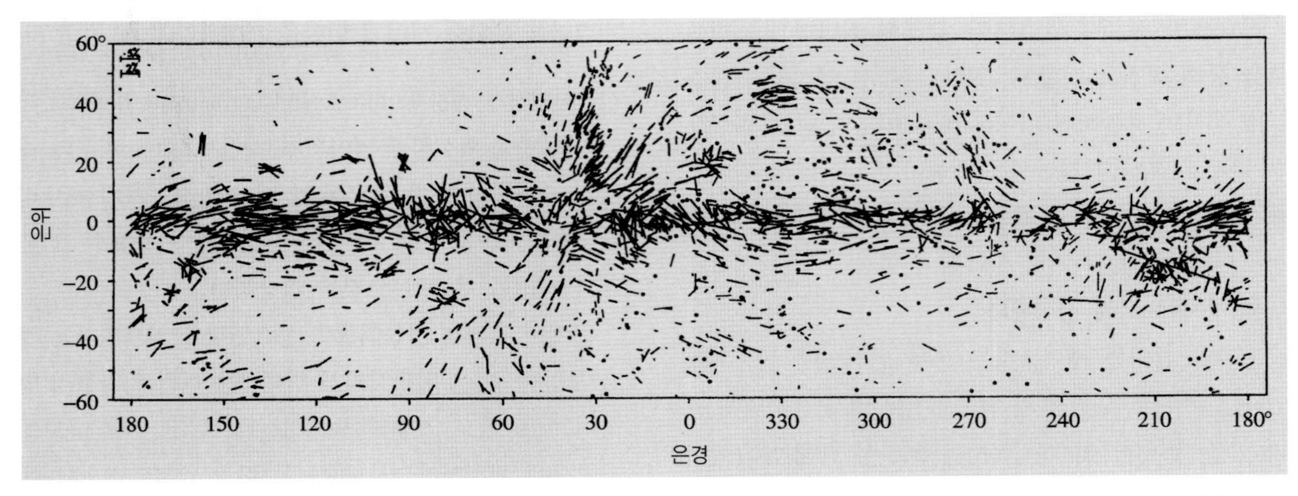

그림 16.27 별빛의 편광. 직선의 방향과 길이가 편광의 방향과 세기를 각각 나타낸다. 가는 선은 편광의 정도가 0.6% 이하, 굵은 선은 그 이상인 별들이다. 왼쪽 위에 편광 세기의 척도를 표시하였다. 편광 0.08% 이하인 별들은 작은 원으로 표시하였다. [Mathewson, D.S., Ford, V.L. (1970): Mem. R.A.S. **74**, 139]

의 $0 < 1/\lambda < 5\mu\mathrm{m}^{-1}$ 구간과 일치함을 볼 수 있다. 이 두 부분이 일치한다는 사실에서 티끌들의 크기는 서로 비슷하다고 간주될 수 있다. 그리고 크기의 구체적 값은 $x = 2\pi a/\lambda$ 이므로, $2\pi a \approx 1\mu\mathrm{m}$, 즉 $a \approx 0.16\mu\mathrm{m}$ 에서 크게 벗어나지 않을 것이다.

청색 파장 영역($\lambda = 0.44\mu\mathrm{m}$)에서는 $x = 2.3$이고, 그림 16.3의 위 그림에 따르면, $Q_{\mathrm{ext}} \approx 2$이다. $r = 1$ kpc의 거리에서 성간소광은 $A = 2$등급인 것을 이용하고 식 (16.5)를 식 (16.7)에 대입하면 $\bar{n} \approx 4 \times 10^{-7}\mathrm{m}^{-3}$를 얻는다. 이 결과로부터 성간티끌 밀도의 대략적인 값을 알 수 있다.

정리하자면, 성간소광의 상당한 부분이 지름 $0.3\mu\mathrm{m}$ 인 티끌에 의한 것이며, 입자의 개수밀도는 $10^{-7}\mathrm{m}^{-3} = 100\mathrm{km}^{-3}$ 단위라 말할 수 있다.

예제 16.2 성간가스에 있는 수소 원자가 한 번 충돌을 겪은 후에 다시 충돌을 겪을 때까지의 평균적인 시간 간격을 추정하라.

r을 원자의 반지름이라고 할 때, 두 원자 중심 사이의 간격이 $2r$보다 작으면 충돌할 것이다. 따라서 미시적인 충돌단면적은 $\sigma = \pi(2r)^2 = 4\pi r^2$이 된다. 거시적인 충돌단면적, 즉 단위길이당 원자의 충돌횟수는 n을 원자의 개수밀도라 할 때 $\Sigma = n\sigma$로 주어진다. 원자의 평균자유경로는 거시적 충돌단면적의 역수, 즉 $l = 1/\Sigma$이다. 그러므로 충돌이 두 번 연속해서 일어나는 데 걸리는 시간은, v를 원자의 속도라 할 때 $t = l/v$로 계산된다.

수치적으로 보면, 수소 원자의 보어 반지름은 $r = 5.3 \times 10^{-11}\mathrm{m}$이다. $n = 1\,\mathrm{cm}^{-3}$을 취하면 $l = 2.8 \times 10^{13}\,\mathrm{m} \approx 0.0009\mathrm{pc}$을 얻는다. 평균속도는 $T = 125\,\mathrm{K}$일 때의 속도의 평균제곱근(root mean square)과 크게 다르지 않다[식 (5.33) 참조].

$$v = \sqrt{\frac{3kT}{m}} = 1760\,\mathrm{m\ s^{-1}}$$

이러한 l과 v값들은 $t = l/v = 510$년의 충돌간격을 의미한다. 가스 내의 속도분포를 고려하면 실제 평균자유경로가 $1/\sqrt{2}$ 만큼 작아야 하며, 따라서 충돌간격은 약 400년 정도가 된다.

예제 16.3 CO 분자의 가장 낮은 회전천이를 고려하자. ^{12}CO의 경우 이 천이선의 주파수는 $\nu(^{12}\mathrm{CO})=$ 115.27GHz이며, ^{13}CO의 경우 $\nu(^{13}\mathrm{CO})=110.20\mathrm{GHz}$이다. 관측된 밝기온도가 $T_\mathrm{b}(^{12}\mathrm{CO})=40\mathrm{K}$, $T_\mathrm{b}(^{13}\mathrm{CO})=9\mathrm{K}$인 분자구름에서 각 천이선의 광학적 깊이를 추정하라.

^{12}CO의 경우, $h\nu/k=5.5\mathrm{K}$이다. 따라서 온도가 5K보다 훨씬 더 높으면 레일리-진스 근사를 이용할 수 있다. 항상 이 경우에 해당하지는 않지만, 관측된 $T_\mathrm{b}(^{12}\mathrm{CO})$로 볼 때 이 근사를 쓸 수 있다고 하겠다.

배경복사를 무시하면 식 (16.19)에 의해

$$T_\mathrm{b}=T_\mathrm{exc}(1-\mathrm{e}^{-\tau_\nu})$$

를 얻는다. 광학적 깊이 τ_ν는 불투명도(opacity), 즉 흡수계수 α_ν에 비례하며[식 (4.16) 참조], 명백히 α_ν는 존재하는 CO 분자의 수에 비례한다. 천이선 사이의 다른 차이들은 작으므로, 다음과 같이 쓸 수 있다.

$$\frac{\tau_\nu(^{12}\mathrm{CO})}{\tau_\nu(^{13}\mathrm{CO})}\approx\frac{n(^{12}\mathrm{CO})}{n(^{13}\mathrm{CO})}$$

지구상에서의 값인 $n(^{12}\mathrm{CO})/n(^{13}\mathrm{CO})=89$를 이용하여

$$\tau_\nu(^{12}\mathrm{CO})=89\tau_\nu(^{13}\mathrm{CO})$$

라고 하자. 들뜸온도들이 같다고 가정하고 $\tau_\nu(^{12}\mathrm{CO})$를 간단히 τ로 쓰면,

$$T_\mathrm{exc}(1-\mathrm{e}^{-\tau})=40$$
$$T_\mathrm{exc}(1-\mathrm{e}^{-\tau/89})=9$$

를 얻는다. 이 두 식의 해는

$$\tau_\nu(^{12}\mathrm{CO})=23,\quad \tau_\nu(^{13}\mathrm{CO})=0.25,\quad T_\mathrm{exc}=40\,\mathrm{K}$$

가 된다. 따라서 ^{12}CO 천이선은 광학적으로 두꺼우며, $T_\mathrm{exc}=T_\mathrm{b}(^{12}\mathrm{CO})$이다. 만약 ^{13}CO 천이선도 광학적으로 두껍다면, 두 밝기온도들은 사실상 같고, 광학적 깊이를 추정할 수 없을 것이다.

16.10 연습문제

연습문제 16.1 은하평면에 자리하며, 천구상에서 서로 가까이 있는 두 산개성단을 생각하자. 각각의 각지름이 α와 3α이며, 거리지수가 각각 16.0과 11.0인 것으로 알려졌다. 두 성단의 실제 지름이 같다고 가정하고, 이 성단들의 거리와 식 (16.4)에 나오는 성간소광계수 a를 구하라.

연습문제 16.2 자체 중력에 의해 수축하고 있는 구형의 가스구름이 있다고 하자. 이 구름의 표면에서의 자유낙하속도를 계산하라. $n(\mathrm{H}_2)=10^3\mathrm{cm}^{-3}$와 $R=5\mathrm{pc}$을 가정하라.

연습문제 16.3 속도 $\boldsymbol{v}$로 움직이는 전하 q에 자기장 $\boldsymbol{B}$에 의해서 발생하는 힘 $\boldsymbol{F}$는 $\boldsymbol{F}=q\boldsymbol{v}\times\boldsymbol{B}$이다. $\boldsymbol{v}$가 $\boldsymbol{B}$에 수직이면 전하의 궤도는 원이 된다. 1MeV의 운동에너지를 가지는 성간 양성자 궤도의 반지름을 구하라. 은하 자기장 세기로 $B=0.1\mathrm{nT}$를 이용하라.

성단과 성협 17

밤하늘에는 맨눈으로도 볼 수 있는 별들의 군집이 여러 개 보인다. 자세한 연구에 의해 이들은 실제로 우주공간에서도 독립적인 집단을 이루고 있음이 밝혀졌다. 예로 황소자리에 있는 좀생이 성단과 황소자리에서 가장 밝은 별인 황소자리 1등성 알데바란 주변의 히아데스 성단을 들 수 있는데, 이들은 **산개성단**이라고 불린다. 머리털자리의 거의 모든 별은 하나의 산개성단에 속해 있다. 육안으로는 구름조각(nebulous patch)처럼 보이는 많은 천체들을 망원경으로 자세히 살펴보면 그들 중 상당수가 성단으로 판명되었는데, 게자리의 프레세페(Praesepe) 성단과 페르세우스자리(Perseus)의 쌍성단인 미산(Misan) 등이 그 예이다(그림 17.1). 구름처럼 보이는 천체(nebulous object)로는 산개성단 외에 매우 밀집된 **구상성단**들도 있는데, 헤라클레스자리와 사냥개자리에 있는 구상성단들이 그 예이다(그림 17.2).

성단의 목록은 프랑스의 천문학자 메시에에 의해 1784년에 처음 작성되었다. 첫 번째 버전은 45개의 천체만이 포함되어 있었으며 나중에 메시에와 피에르 메샹(Pierre Mechain, 1744-1804)에 의해 103개의 천체를 포함하도록 목록을 확장하였다. 그 후 메시에에 의해 관측된 것으로 여겨지는 7개의 천체가 추가되었다. 사실 메시에는 흐릿한 천체들보다 혜성에 관심을 갖고 있었으며, 그가 성단의 목록을 작성한 이유는 혜성을 다른 흐릿한 천체들로부터 구별해 내기 위해서였다. 메시에 목록은 여러 가지 천체들을 포함하고 있었다. 예를 들어 30개의 구상성단을 비롯하여 30개의 산개성단, 그리고 가스 성운, 은하들이 포함되었다.

이보다 더 큰 목록으로는 덴마크의 천문학자 **드레이어**(John Louis Emil Dreyer, 1852-1926)에 의해서 제작되어 1888년에 출판된 **NGC목록**(New General Catalogue of Nebulae and Clusters of Stars)이 있다. 이 목록에 수록된 천체들의 일련번호 앞에는 이 천체목록의 머리글자를 딴 NGC가 붙어 있다. 예를 들어 헤라클레스자리에 있는 큰 구상성단은 메시에 목록에 M13으로 수록되어 있으며, 또한 NGC 6205로도 알려져 있다. NGC목록은 색인성운목록(Index Catalogue)과 함께 1895년과 1910년에 증보되었으며, 여기에 수록된 천체의 일련번호 앞에는 이 부록의 머리글자 IC를 붙이기로 하였다.

작은 망원경으로 관측하면 먼 곳에 위치하는 성단들과 은하들 안에 있는 개개 별들을 구분해내기 어려우며, 마치 성운처럼 보인다. 따라서 이러한 천체들의 명확한 구분은 오로지 분광 관측과 대형 망원경 관측을 통해서 이루어진다. 그러한 이유로 오래된 목록들은 여러 가지 다양한 천체들을 포함하게 되었다.

지금까지도 관측적 한계까지 완성된 산개성단에 대한 목록은 존재하지 않는다. 자료들은 여러 천문학자들이 출판한 여러 천체 목록들로부터 수집되었고, 그 이유로 명칭들이 균일하지 않다. 산개성단들은 우리은하의 원반에 집중적으로 위치해 있기 때문에 성단들에 속해 있는 별들을 배경 별들과 구분해내기 쉽지 않다. 성단에 속해 있는

그림 17.1 산개성단들. (a) 왼쪽 아래에는 히아데스 성단이, 오른쪽 위에는 좀생이 성단이 있다. (사진출처 : M. Korpi) (b) Metsähovi Schmidt 카메라로 찍은 좀생이 성단. 성단의 각지름은 약 1°이다. 몇 개의 별들 주변에 있는 반사성운들이 보인다. (사진출처 : M. Poutanen and H. Virtanen, Helsinki University) (c) 페르세우스자리에 있는 쌍성단인 미산(페르세우스자리 h와 χ). 두 성단 사이의 거리는 약 25′이다. 이 사진은 Metsähovi 60cm Ritchey Chrétien 망원경으로 촬영하여 얻은 것이다. (사진출처 : T. Markkanen, Helsinki University)

지 여부를 확인하기 위해서는 별들 각각의 성질이 자세히 연구되어야 한다. 또한, 성단의 별들이 넓은 범위로 퍼져 있을 가능성이 있기 때문에 별들이 실제로 같은 성단에 속하는지 아닌지 판정하는 것이 더욱 어렵다.

17.1 성협

1947년 구소련의 천문학자 암바춤얀(Viktor Amazaspovich Ambartsumyan, 1908-1996)은, 하늘의 매우 넓은 영역에 걸쳐 퍼져 있어서 보는 것만으로는 집단이라는 것을 알아채기 힘든, 젊은 별들의 집단이 존재한다는 사실을 발견하였다. 이러한 집단은 수십 개에 이르는 별들로 구성되어 있는데, 이들을 성협(associations)이라고 부른다. 페르세우스자리 제타 별(ζ Persei) 주변에서 하나의 성협이 발견되었고, 오리온자리에서는 여러 개의 성협이 발견되었다.

성협은 대단히 나이가 어린 별들의 집단으로, 그들은 주로 절대밝기가 아주 큰 주계열성들이거나 황소자리 T형 별들임을 통해 식별된다. 그들의 유형으로는 OB성협과 황소자리 T성협을 들 수 있다. 분광형이 O인 가장 무거운 별들은 주계열에서 불과 수백만 년밖에 머물 수 없

그림 17.2 센타우루스자리 오메가(ω Centauri) 구상성단. 칠레 La Silla의 덴마크 1.5m 망원경으로 촬영한 것이다. 매우 좋은 시상 덕분에 몇몇 부분에서는 성단을 꿰뚫어 뒤편까지 보인다. (사진출처 : T. Korhonen, Turku University)

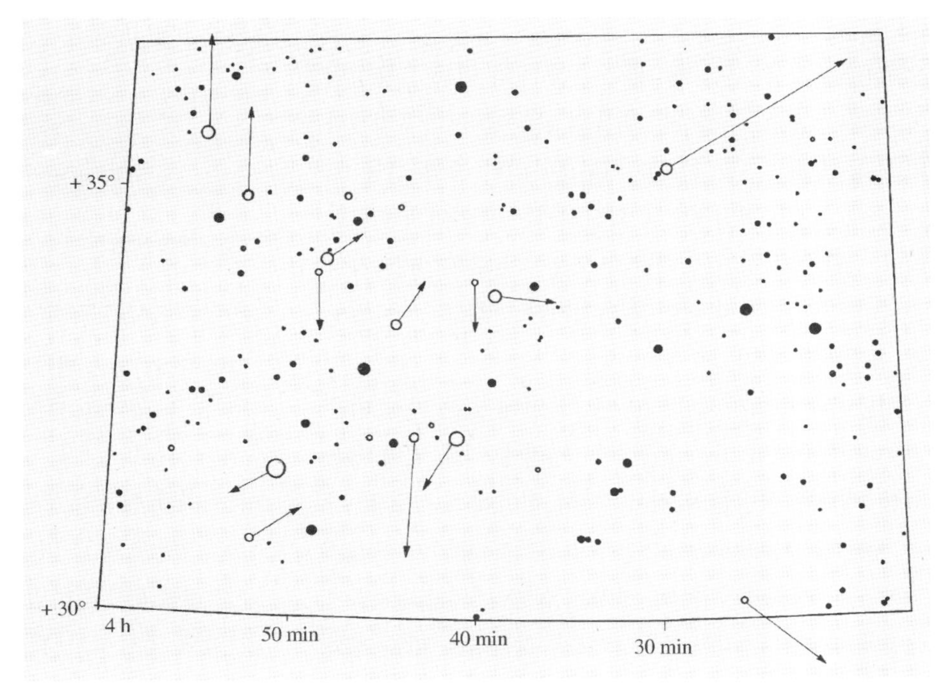

그림 17.3 페르세우스자리 제타(ζ Persei) 성협. O와 B 별들은 빈 원으로 나타냈다. 화살표는 앞으로 50만 년 동안 별이 이동하게 될 고유운동을 보여준다.

으므로, 이들을 포함하는 성협도 젊어야 한다. 황소자리 T형 별들은 나이가 더 젊은 별로서, 현재 중력수축을 하면서 주계열을 향하여 접근하고 있는 별들이다.

성협 내 별들의 운동을 살펴보면 별들이 빠른 속도로 흩어지고 있음을 알 수 있다. 성협을 구성하는 별들의 수는 매우 적어서 오랫동안 그들을 중력으로 묶어둘 수가 없다. 성협 내 별들의 운동을 관측해보면, 수백만 년 전에는 그 별들끼리 대단히 인접해 있었음을 알 수 있다 (그림 17.3).

상당량의 성간물질, 즉 가스구름과 티끌구름들은 성협 근처에서 관측되고 있으며, 이들은 별의 형성과 성간물질 사이의 관련성에 대해 많은 정보를 제공한다. 밀도가 높은 성간구름 내에서 별들이 지금 형성되고 있거나 최근에 형성되었음을 적외선 관측을 통해 알게 되었다.

성협은 우리은하 평면에 놓여 있는 나선팔에 많이 밀집되어 있다. 세 가지 연령대에 걸친 성협들이 오리온 영역이나 세페우스자리 방향에서 발견되었는데, 가장 나이가 많은 성협이 가장 넓게 퍼져 있고, 가장 나이가 어린 성협이 가장 밀집되어 있다.

17.2 산개성단

산개성단은 보통 수십 개 내지 수백 개의 별들로 구성되어 있다. 성단을 구성하는 별들의 운동에너지, 우리은하의 차등회전(17.3절 참조), 외부로부터의 중력 섭동 등은 산개성단을 점진적으로 확산시키는 요인이 된다. 그러나 상당수의 성단은 대단히 오랫동안 유지된다. 가령 좀생이 성단은 수억 년이나 되었지만 아직도 높은 밀도를 유지하고 있다.

성단이나 성협까지의 거리는, 그 안에 있는 가장 밝은 별들의 측광학적 또는 분광학적 거리에 의해 얻어진다. 가장 가까운 성단들의 경우, 특히 히아데스 성단의 경우, **운동학적 시차**(kinematic parallax)를 사용하여 거리를 구한다. 운동학적 시차의 원리는 성단 내의 모든 별이 태양에 대해서 동일한 평균 속도를 갖는다는 데 근거하고 있다. 그림 17.4는 히아데스 성단에 속하는 별들의 고유운동을 나타낸 것인데, 이들은 모두 동일한 점으로 수렴하는 것처럼 보인다. 그림 17.5는 성단 내의 모든 별들이 관측자에 대하여 동일한 속도를 가졌을 때 얻어

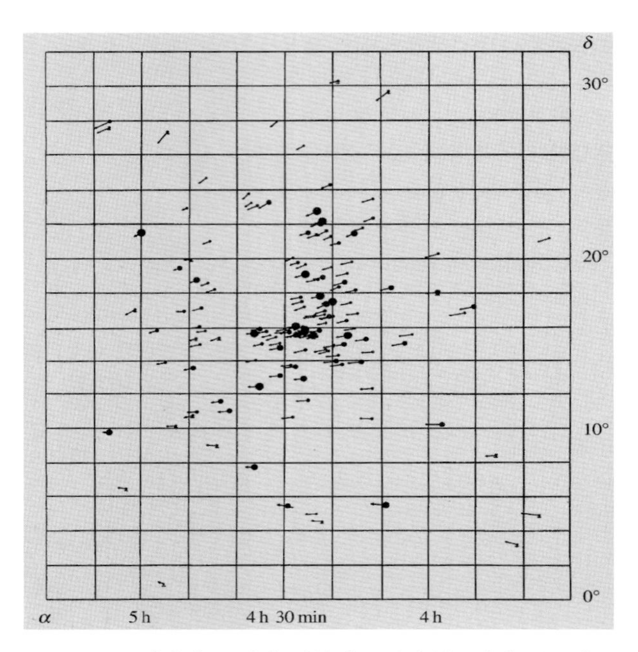

그림 17.4 히아데스 성단 별들의 고유운동. 화살표는 앞으로 약 1만 년 동안 별이 이동하게 될 고유운동을 보여주고 있다. [van Bueren H. G. (1952) : Bull. Astr. Inst. Neth. 11]

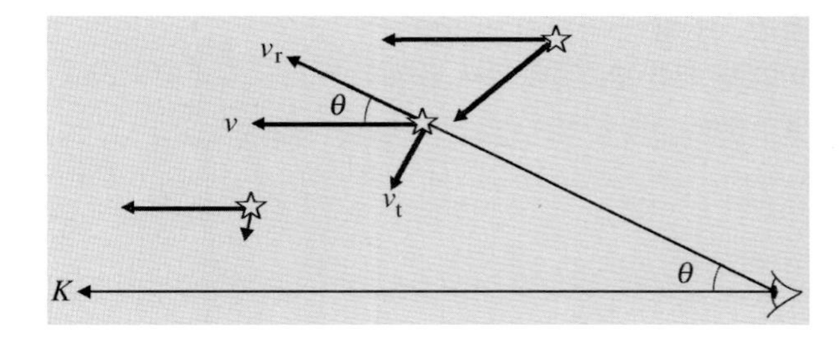

그림 17.5 모든 별이 동일한 방향으로 움직인다면, 그들의 접선속도 성분은 수렴점 *K*로 향하는 것처럼 보인다.

지는 수렴 현상이 투시도법의 효과 때문에 나타나는 것임을 설명해 주고 있다. 수렴점으로부터 어떤 별까지의 각 거리를 θ라고 하면, 시선방향과 별의 속도 벡터 사이의 각도 역시 θ가 될 것이다. 따라서 시선방향의 속도 성분과 그에 수직한 속도 성분을 각각 v_r과 v_t라고 할 때, 이들은

$$v_r = v\cos\theta, \quad v_t = v\sin\theta \tag{17.1}$$

로 주어진다. 이때 시선속도 v_r은 항성의 스펙트럼에 나타난 도플러 이동을 측정하여 구하며, 접선속도 v_t는 그 별의 고유운동 μ와 거리 r로부터 구한다.

$$v_t = \mu r \tag{17.2}$$

따라서 그 별까지의 거리 r은

$$r = \frac{v_t}{\mu} = \frac{v \sin\theta}{\mu} = \frac{v_r}{\mu}\tan\theta \tag{17.3}$$

로 주어진다.

이러한 방식으로 성단에 소속된 개개 별들의 거리를 성단 전체의 운동으로부터 구할 수 있다. 지상에서 관측된 삼각시차 방법은 그 정밀도 때문에 30pc 이내의 천체에만 적용된다. 운동성단 방법(moving cluster method)은 매우 중요한 방법인데, 이 방법으로 구한 히아데스 성단의 거리는 약 40pc이다. 1990년 히파르코스(Hipparcos) 위성을 이용하여 삼각시차 방법을 통해 직접적으로 얻은 거리는 약 46pc이다. 히아데스는 우리에게서 가장 가까운 산개성단이다.

히아데스 성단 및 가까운 다른 성단들의 관측된 HR도나 색-등급도는 매우 뚜렷한 주계열을 보여준다(그림 17.6). 성단에 소속된 대부분의 별들은 주계열성이며 몇 개 안 되는 별들만이 거성에 속한다. 몇몇 별들은 주계열에서 위로 1등급 조금 못 되는 곳에 분포하고 있는데, 이들은 광학적으로 분해되지 않은 쌍성으로 생각된다. 예로, 같은 등급 m과 같은 색지수를 갖지만 광학적으로 분해되지 않는 두 별로 이루어진 쌍성을 생각해보자. 이 쌍성계의 관측된 등급은 $m-0.75$로, 별 하나의 등급에 비해 1등급에 약간 못 미치는 만큼 더 밝게 보일 것이다.

산개성단의 주계열은 대개 HR도 또는 색-등급도에서 동일한 영역에 위치한다(그림 17.7). 그 까닭은 산개성단들의 구성 물질이 크게 다르지 않기 때문이다. 즉 초기의 화학조성이 성단마다 크게 다르지 않기 때문이다.

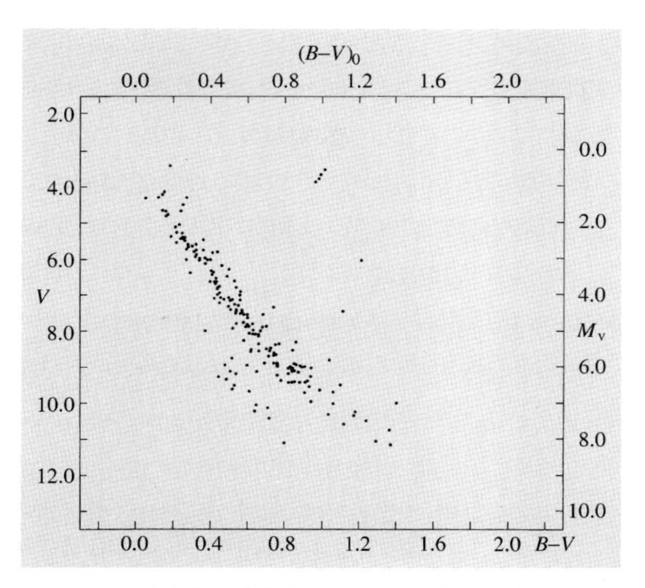

그림 17.6 히아데스 성단의 색-등급도, 왼쪽의 세로축은 겉보기안시등급, 오른쪽의 세로축은 절대안시등급으로 표시되어 있다.

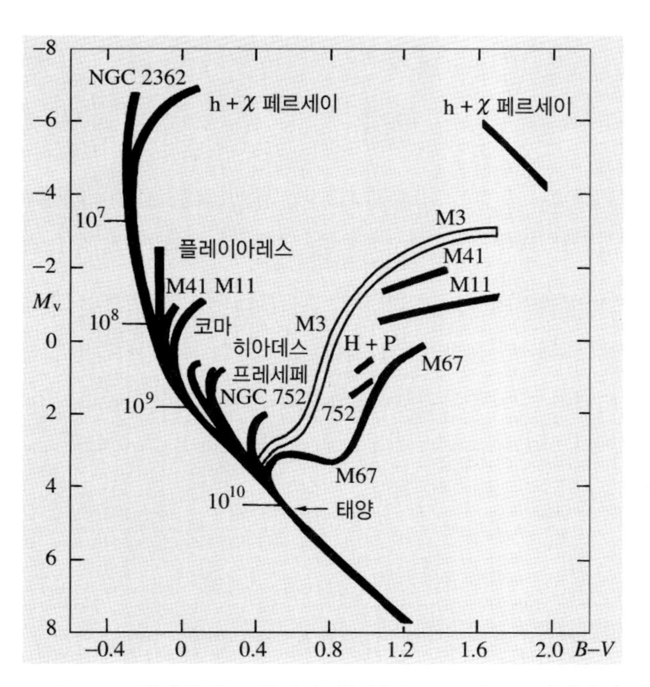

그림 17.7 성단들의 도식적인 색-등급도. M3는 구상성단이고, 나머지는 모두 산개성단이다. 성단의 나이가 주계열을 따라 표시되어 있다. 성단의 나이는 별이 주계열을 떠나기 시작하는 전향점으로부터 추산될 수 있다. [Sandage, A. (1956): Publ. Astron. Soc. Pac. 68, 498]

나이가 젊은 성단일수록 주계열은 보다 밝고, 고온의 조기형(早期型, earlier spectral type) 별까지 뻗는다. 이 도형에서 우리는 거성가지를 향하여 굽어지는 주계열의 종점을 확인할 수 있는데, 그 위치는 성단의 나이에 따라 대단히 다르게 나타난다. 이러한 사실은 성단의 나이를 결정하는 데 활용될 수 있으며, 성단은 항성 진화에 관한 연구에 대단히 중요한 대상이 되고 있다.

성단의 색-등급도는 성단의 거리를 구하는 데도 이용될 수 있는데, 이러한 방법을 **주계열 맞추기**(main sequence fitting)라고 부른다. 다중색측광(multicolor photometry) 방법을 이용하면 성간먼지에 의해 발생하는 적색화의 양을 구할 수 있으며, 적색화의 양을 관측된 색 $(B-V)$로부터 제거함으로써 고유의 색 $(B-V)_0$를 구할 수 있다. 대부분의 성단은 우리로부터 대단히 멀리 떨어져 있으므로 동일 성단에 속하는 별들은 동일한 거리에 있다고 볼 수 있다. 따라서 거리지수

$$m_{V_0} - M_V = 5 \log \frac{r}{10\,\mathrm{pc}} \tag{17.4}$$

은 성단 내 모든 별들에 대하여 동일하다. 식 (17.4)에서 m_{V_0}는 별의 겉보기안시등급, M_V는 절대안시등급, r은 그 별까지의 거리이다. 여기서 우리는 다중색측광 관측에 의해서 성간티끌에 의한 소광계수 A_V가 이미 결정되었다고 가정하였으며, 따라서 소광에 의한 효과가 관측된 안시등급으로부터 다음과 같이 제거되었다고 가정했다.

$$m_{V_0} = m_V - A_V$$

성단의 관측된 색-등급도의 세로축을 절대등급 M_V 대신에 겉보기등급 m_{V_0}로 그릴 때는 거리지수만큼 주계열이 세로축 방향으로 움직이게 된다. 관측된 색-등급도[m_{V_0}, $(B-V)_0$]와 기준으로 사용되는 히아데스 성단의 색-등급도[M_V, $(B-V)_0$]를 비교하여 주계열을 맞춤으로써 거리지수와 거리를 구할 수 있다. 이러한 방법은 대단히 정확할 뿐만 아니라 매우 효율적이다. 이 방법을 사용하면 수 kpc에 이르는 먼 성단의 거리를 구할 수 있다.

17.3 구상성단

구상성단은 대개 10만 개 정도의 별들로 구성되어 있다. 별들은 구형으로 분포되어 있으며, 성단 중심부의 밀도는 산개성단 밀도의 약 10배나 된다. 구상성단의 별들은 우리은하에서 가장 오래된 별에 속하며, 따라서 항성 진화의 연구에 매우 중요한 역할을 한다. 우리은하에는 150~200개 정도의 구상성단이 있다.

그림 17.8은 전형적인 구상성단의 색-등급도를 보여준다. 주계열은 어둡고 붉은 별들로만 구성되어 있으며, 매우 두드러진 거성가지와 수평가지, 점근거성가지가 뚜렷하게 보인다. 주계열은 산개성단의 그것보다 아래

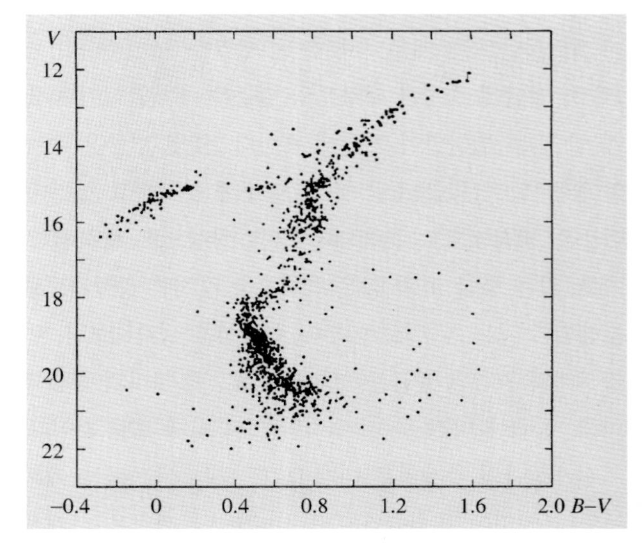

그림 17.8 구상성단 M5의 색-등급도. 주계열성 이외에 오른쪽 위로 굽어진 거성가지와 그것의 왼쪽에 있는 수평가지를 볼 수 있다. [Arp, H. (1962): Astrophys. J. **135**, 311]

에 위치하는데, 이는 구상성단을 이루는 별들의 금속함량비(metal abundance)가 산개성단보다 훨씬 적기 때문이다.

수평가지에 있는 별들의 절대등급은 알려져 있는데, 이 등급은 주로 거문고자리 RR형 변광성들에 의해 영점조정(calibration)되었다. 수평가지 별들은 밝기 때문에 이들을 이용하여 구상성단의 거리를 상당히 정확하게 결정할 수 있다.

이렇게 알게 된 거리를 이용하여 구상성단들의 실제 크기를 계산할 수 있다. 구상성단 내 질량의 대부분은 0.3~10pc 정도의 반지름을 가지는 중심핵(central core)에 집중되어 있다. 그 바깥에는 넓게 퍼진 외피(外皮, envelope)가 있는데, 외피의 반지름은 핵의 반지름보다 10~100배 정도 크다. 이보다 바깥에 있는 별들은 은하의 조석력(*潮汐力*, tidal force) 때문에 성단으로부터 탈출할 수 있다.

구상성단 내 별들의 속도를 측정하면, 비리얼 정리(virial theorem)를 이용하여 성단의 질량을 대략적으로 추정할 수 있다. 더 정밀한 질량은 관측된 밀도와 속도 분포를 이론적 모형에 맞춰서 계산될 수 있다. 이렇게 해서 얻어진 질량의 범위는 $10^4 \sim 10^6 M_\odot$ 이다.

우리은하에 있는 구상성단은 두 부류로 나뉠 수 있는데, 이들은 표 18.1에 있는 분류의 중간종족 II와 헤일로종족 II에 해당한다. 원반 구상성단들은 우리은하 중심부와 원반에 모여 있으며, 우리은하의 전체적인 회전과 같은 방향으로 회전하고 있다. 이와는 반대로, 헤일로 성단들의 분포는 거의 구형이며 최소 35kpc까지 넓게 뻗어 있다. 헤일로 구상성단계는 전반적인 회전을 보이지 않으며, 개개 성단의 속도는 모든 방향으로 고르게 분포하고 있다. 중원소의 함량비 또한 두 부류가 다른 값을 가진다. 원반성단의 함량비는 태양의 30% 정도지만, 헤일로 성단의 함량비는 1% 정도밖에 되지 않는다. 일부 구상성단의 금속함량비는 태양의 10^{-3}배 정도이며, 가장 낮은 금속함량비는 $10^{-4} \sim 10^{-5}$로, 헤일로의 필드(field) 별들에서 측정된 것이다. 따라서 이들은 초기우주와 우리은하 형성시기에 원소의 합성에 관한 중요한 정보를 제공한다.

구상성단은 모두 나이가 많으며, 헤일로 성단들은 알려진 천체 중에 가장 오래된 천체에 속한다. 나이를 정확하게 측정하는 것은 어려우며, 이를 위해선 HR도에 있는 주계열의 전향점(turn-off point)에 대한 정밀한 관측과 자세한 항성 진화의 이론적 모형이 모두 필요하다. 이렇게 얻어진 나이는 130억 년 정도이다. 이 나이는 우주의 팽창률로부터 계산된 우주의 나이에 가깝다(제20장 참조).

17.4 예제

예제 17.1 어느 구상성단의 지름이 40pc이며, 그 구상성단에는 $1M_\odot$ 의 별이 100,000개 있다고 하자.

a) 비리얼 정리를 이용하여 별들의 평균속도를 구하라. 별들 사이의 평균거리는 성단의 반지름과 같다고 가정해도 된다.

b) 탈출속도를 구하라.

c) 이 두 속도를 비교하면 이 성단의 안정성에 대해 무엇인가를 말할 수 있겠는가?

a) 먼저 퍼텐셜에너지를 계산하자. 성단에 있는 별 사이에는 $n(n-1)/2 \approx n^2/2$개의 쌍이 존재하며, 각 쌍의 평균거리는 R이다. 따라서 퍼텐셜에너지는 대략

$$U = -G\frac{m^2}{R}\frac{n^2}{2}$$

이 되는데, 여기서 $m = 1M_\odot$ 이다. 운동에너지는

$$T = \frac{1}{2}mv^2 n$$

이며, 여기서 v는 속도의 평균제곱근(root mean square)이다. 비리얼 정리에 의하면 $T=-1/2U$ 이므로,

$$\frac{1}{2}mv^2n=\frac{1}{2}G\frac{m^2}{R}\frac{n^2}{2}$$

을 얻는다. 이를 속도에 대해 풀면

$$\begin{aligned} v^2 &= \frac{Gmn}{2R} \\ &= \frac{6.7\times10^{-11}\,\mathrm{m^3\,kg^{-1}\,s^{-2}}\times2.0\times10^{30}\,\mathrm{kg}\times10^5}{40\times3.1\times10^{16}\,\mathrm{m}} \\ &= 1.1\times10^7\,\mathrm{m^2\,s^{-2}} \end{aligned}$$

를 얻으며, 결국 $v\approx3\,\mathrm{km\,s^{-1}}$이다.

b) 성단 끝에서의 탈출속도는 다음과 같다.

$$\begin{aligned} v_\mathrm{e} &= \sqrt{\frac{2Gmn}{R}} \\ &= \sqrt{4v^2}=2v=6\,\mathrm{km\ s^{-1}} \end{aligned}$$

c) 말할 수 없다. 평균속도가 탈출속도보다 작아 보이나, 이는 성단이 안정되어 있다는 것을 가정하고 비리얼 정리로부터 유도된 것일 뿐이다.

17.5 연습문제

연습문제 17.1 어느 구상성단이 태양 절대등급을 가지는 별 100,000개로 이루어져 있다고 하자. 성단의 거리가 10kpc인 경우, 성단의 총 겉보기등급을 계산하라.

연습문제 17.2 위 17.1번 문제에서 만일 구상성단의 겉보기등급이 10이고 성단 방향으로 성간물질에 의한 흡수량이 $1.5\,\mathrm{mag\,kpc^{-1}}$라면, 이 성단까지의 거리는 얼마인가?

연습문제 17.3 좀생이 산개성단은 중심으로부터 4pc 내에 230개의 별을 가지고 있다. 비리얼 정리를 이용하여 성단 내 별들의 속도를 추정하라. 계산을 간단히 하기 위해 모든 별들의 질량이 $1M_\odot$ 라고 가정하자.

우리은하

18

맑게 개이고 달이 없는 밤에는 희미한 빛의 띠가 하늘을 가로질러 뻗어 있는 것을 볼 수 있는데, 이것이 은하수(Milky Way)이다(그림 18.1). 은하수란 이름은 하늘에서 보이는 이러한 현상과 이 현상을 만들어내는 거대한 별의 계(系, system)에 대해서 모두 사용된다. 은하수 계는 또한 우리은하(the Galaxy)라고도 불리며, 영어에서는 첫 글자를 대문자로 쓴다. 일반적인 용어로서의 은하(galaxy)는 은하수와 비슷한, 수없이 많은 별의 계를 부르는 데 사용된다.

은하수의 띠는 천구 전체에 한 바퀴 두르며 뻗어 있다. 이것은 주로 별들로 이루어진 거대한 별의 계이며, 태양도 그 일원이다. 은하수의 별들은 납작한 원반과 같은 계를 형성한다. 원반평면의 방향으로는 수많은 별이 보이지만 그 수직방향으로는 상대적으로 별이 많지 않다. 거리가 먼 별들의 흐린 빛이 연속적인 빛의 덩어리로 뭉쳐져서, 은하수는 육안으로는 희미한 띠(nebulous band)로 보인다. 장시간 노출한 사진에는 수십만 개의 별이 드러난다(그림 18.2).

17세기 초, 갈릴레이는 그가 만든 최초의 망원경을 써서 우리은하가 수없이 많은 별로 구성되어 있음을 발견하였다. 18세기 후반 허셜은 별 헤아리기(star count) 방법으로 은하수의 크기와 형태를 알아내려고 시도하였다. 20세기 초에 와서야 네덜란드의 천문학자 캅테인(Jacobus Kapteyn, 1851-1922)이 은하수의 크기를 처음으로 추산하였다. 우리은하의 실제 크기와 그 안에 있는 태양의 위치는 1920년대 구상성단의 공간분포를 연구한 섀플리(Harlow Shapley, 1885-1972)에 의해서 알려지게 되었다.

우리은하의 구조를 연구할 때는 기본평면이 우리은하의 대칭면이 되는 구면좌표계를 사용하는 것이 편리하다. 이 면은 중성수소 분포의 대칭면으로 정의되고, 태양 근처(수 kpc 이내) 별 분포에 의해 정의되는 대칭면과 거의 일치한다.

기본평면에서의 기준방향은 우리은하의 중심방향으로 잡는다. 우리은하 중심은 궁수자리 방향($\alpha = 17\text{h}45.7\text{min}$, $\delta = -29°\ 00'$, 2000.0 기점)으로 거리가 8.5kpc 되는 곳에 있다. 은위는 우리은하 평면으로부터 극방향으로 재는데, 은하 북극방향으로는 0°에서 90°까지, 남극방향으로는 0°에서 −90°까지 변한다. 은하좌표계는 그림 18.3에 보이는 것과 같다(2.8절도 참조).

18.1 거리 측정 방법

우리은하의 구조를 연구하기 위해서는 별, 성단, 성간물질과 같은 여러 종류의 천체가 우주공간에 어떻게 분포되어 있는지를 알아야 한다. 이를 위하여 천체의 거리를 측정하는 데 가장 중요한 방법들을 알아보자.

삼각시차. 삼각시차(trigonometric parallax)는 지구의 궤

그림 18.1 희미한 띠로 보이는 우리은하가 하늘 전체를 가로질러 뻗어 있다. (사진출처 : M. & T. Kesküla, Lund Observatory)

도운동 때문에 생기는 것으로, 하늘에서 별의 연주(年周, yearly) 전후진 운동을 관측하는 방법이다. 지상에서 관측하는 삼각시차로는 약 30pc의 거리까지는 믿을 만하게 측정할 수 있고, 100pc이 넘어가면 이 방법을 더 이상 사용할 수 없었다. 하지만 이제 상황이 바뀌어, 히파르코스 위성에 의해 이 한계가 수백 파섹까지 확장되었으며, 가이아 위성은 관측 정밀도에 있어서 또 하나의 커다란 도약을 이룰 것이다.

근처 별들에 대한 태양의 운동. 국부정지계. 근처에 있는 별들에 대한 태양의 운동은 이 별들의 고유운동과 시선속도에 나타나 있다(그림 18.4). 별들 사이에서 태양이 향하고 있는 것처럼 보이는 방향을 **향점**(向點, apex)이라 하며, 그 반대방향은 **배점**(背點, antapex)이라 한다. 향점 부근의 별들은 우리에게 접근하는 것으로 나타난다. 즉 그들의 시선속도는 평균적으로 가장 큰 음의 값을 갖는다. 배점 방향으로는 가장 큰 양의 시선속도가 관측된다. 향점-배점 방향에 수직인 대원(大圓, great circle)에서는 평균 시선속도가 0이 되지만 고유운동은 크다. 고유운동은 향점과 배점 방향으로 가면서 감소하지만 고유운동의 방향은 항상 향점에서 배점 방향을 향한다.

별들의 실제 운동을 연구하기 위해서는 운동의 기준이 되는 좌표계를 정의해야 한다. 가장 실용적인 기준계는 태양계 근처 별들이 평균적으로 정지해 있게끔 정의하는 계이다. 보다 정확히 말하자면 이러한 **국부정지계**(local standard of rest, LSR)는 다음과 같이 정의된다.

고려 대상에 있는 태양 주위 별들의 속도가 무작위로(randomly) 분포되어 있다고 하고, 태양에 대한 그들의 속도(시선속도와 고유운동)와 거리가 알려져 있다고 가정하자. 그리고 이 별들의 속도벡터 평균값이 국부정지계에 대한 태양의 속도에 반대가 되도록 국부정지계를 정의한다. 이렇게 할 경우 여기서 이 별들의 평균속도도 국부정지계에 대해서 분명히 0이 될 것이다. 국부정지

그림 18.2 백조자리와 독수리자리 사이에 보이는 약 40° 부분의 우리은하. 오른쪽 위의 가장 밝은 별은 직녀성(베가, α Lyrae)이다. (사진출처 : Palomar Observatory)

계에 대한 태양의 운동은 다음과 같이 알려져 있다.

향점 좌표	$\alpha = 18\,\mathrm{h}\,00\,\mathrm{min} = 270°$	$l = 56°$
	$\delta = +30°$	$b = +23°$
태양 속도	$v_0 = 19.7\,\mathrm{kms}^{-1}$	

향점은 헤라클레스자리에 놓여 있다. 국부정지계를 정의하는 데 사용된 별의 표본을 태양 근처의 모든 별 중에서 일부분만으로 제한하면, 예를 들어 어떤 주어진 분광형의 별들로 제한하면, 일반적으로 이 표본은 전체를 이용하는 것에 비해 조금 다른 운동 성질을 갖게 되고, 태양 향점의 좌표도 그만큼 변할 것이다.

국부정지계에 대한 개개 별의 속도를 그 별의 특이운동(peculiar motion)이라 한다. 특이운동은 측정된 별의 속도에 국부정지계에 대한 태양의 속도를 더해서 얻는

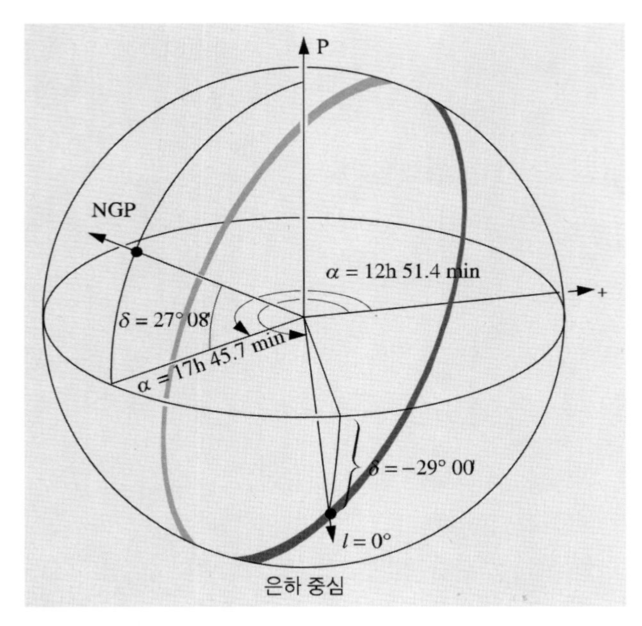

그림 18.3 적도좌표계에서의 은하 중심과 은하북극(NGP) 방향. 은경 l은 은하 중심에서 은하면을 따라 측정된다. 은하 중심의 좌표는 기준점으로 쓰인 1950분점(分點, equinox)으로부터 세차운동을 하며, 정확한 값은 아니다[A.P. Lane (1979), *PASP*, 91, 405 참조].

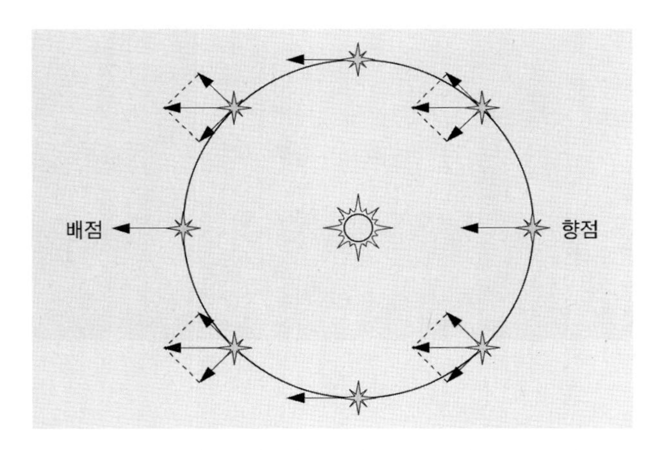

그림 18.4 향점을 향한 태양의 운동 때문에 근처 별의 평균 시선속도는 향점과 배점 방향에서 가장 크게 나타난다.

다. 속도들은 당연히 벡터로 다루어져야 한다.

국부정지계는 태양 근처 지역에 대해서만 정지되어 있다. 태양과 그 부근의 별들, 그리고 국부정지계는 태양 근처에서의 전형적인 특이운동속도보다 10배나 큰

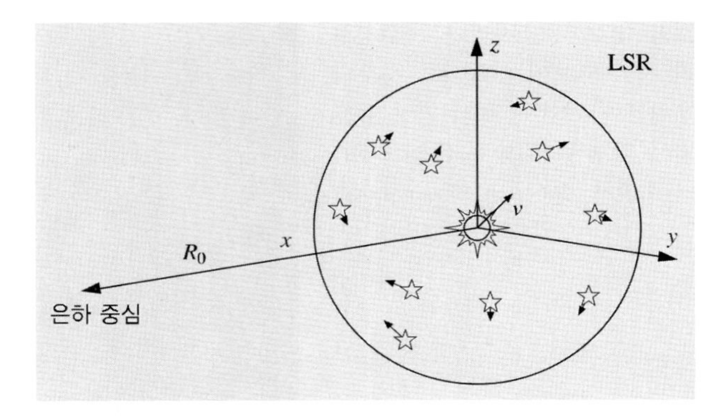

그림 18.5 태양 근처 별들에 의해서 정의된 국부정지계는 은하 중심에 대해서 움직인다. 그러나 태양 근처 별들의 국부정지계에 대한 특이속도의 평균은 0이다.

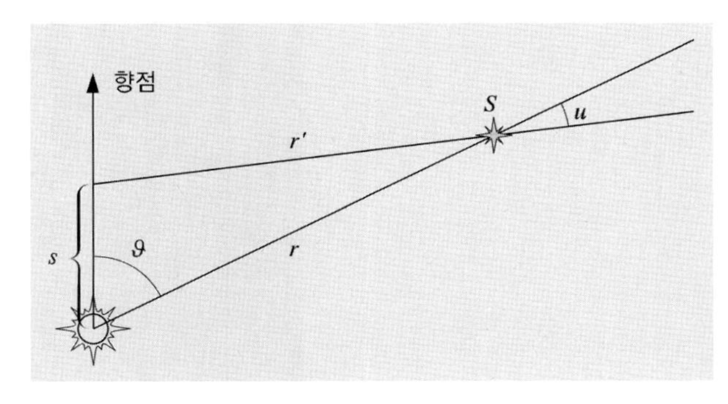

그림 18.6 태양이 향점을 향해서 거리 s만큼 이동했을 때, 별 S로 향하는 방향은 각 u만큼 변한 방향으로 나타난다.

속도로 우리은하의 중심에 대한 회전운동을 한다(그림 18.5).

통계시차. 태양 근처에 있는 별들에 대한 태양의 속도는 약 $20 \mathrm{km\,s^{-1}}$이다. 이는 태양이 이 별들에 대해서 1년에 약 4AU를 움직이는 것을 의미한다.

향점으로부터의 각 거리가 ϑ이고 태양에서 거리가 r인 별 S를 고려하자(그림 18.6). 이 별은 태양의 운동 때문에 시간 간격 t 동안 각속도 $u/t = \mu_{\mathrm{A}}$로 향점에서 멀어질 것이고, 같은 시간 간격 동안 태양은 s만큼 움직일 것이다. 삼각형의 사인 법칙으로부터

$$r \approx r' = \frac{s \sin\vartheta}{\sin u} \approx \frac{s \sin\vartheta}{u} \tag{18.1}$$

을 얻게 되는데, 이는 거리가 거의 바뀌지 않았고 u가 매우 작기 때문이다. 관측된 고유운동은 태양운동에 의한 성분 μ_A 외에 그 별의 특이운동에 의한 성분도 가지고 있다. 태양 근처 별의 특이운동속도는 무작위로 분포되어 있다고 가정할 수 있으므로, 표본 별들에 대한 식 (18.1)의 평균값을 취하여 특이운동에 의한 성분을 제거할 수 있다. 그러므로 같은 거리에 있다고 알려진 천체의 평균 고유운동을 관측하여 그들의 실제 거리를 구할 수 있다. 이와 비슷한 통계적 방법이 시선속도에도 적용될 수 있다.

거리가 같은 천체들은 다음과 같은 방법으로 찾아낼 수 있다. 우리는 거리지수 $m-M$과 거리 r 사이에는 다음 관계가 있음을 알고 있다.

$$m - M = 5\log(r/10\,\mathrm{pc}) + A(r) \tag{18.2}$$

여기서 A는 성간소광이다. 이 식에 의하면 같은 겉보기등급과 같은 절대등급을 가지는 별들은 같은 거리에 있게 된다. 표본에 속한 모든 별들의 절대등급이 같은 한, 이 절대등급의 구체적인 값은 알 필요가 없다. 절대등급이 같은 별들의 종류로는 주계열의 A4 별들, 어떤 주어진 주기를 가지는 거문고자리 RR형 변광성들과 고전적인 세페이드 변광성들이다. 한 성단 내에 있는 별들도 모두 같은 거리에 있다. 이 방법이 적용된 예는, 17.2절에 설명된 바와 같이 히아데스 성단의 거리를 결정하는 데 사용된 것이다.

태양의 특이운동 또는 향점운동에 근거를 둔 시차를 **통계시차**(statistical parallax) 또는 **영년시차**(secular parallax)라 한다.

주계열 맞추기. 어느 성단까지의 거리가 알려져 있다면, 이 성단에 대해 절대등급을 세로축으로 하는 HR도를 만들 수 있다. 거리를 결정해야 할 성단을 이 HR도에 같이 그리는데, 세로축은 겉보기등급으로 한다. 그러면 두 성단의 주계열 사이의 수직거리로부터 겉보기등급이 절대등급으로부터 얼마나 떨어져 있는지를 알 수 있으며, 거리지수 $m-M$을 측정할 수 있게 된다. **주계열 맞추기**(main sequence fitting)라고 알려진 이 방법은, 대략 같은 거리를 가지는 별들로 이루어진 성단의 경우에 잘 맞는다. 성단 내 별들까지의 거리가 많이 다를 경우 주계열이 분명하게 나타나지 않는다.

측광시차. 식 (18.2)로부터 거리를 직접 결정하는 것을 측광방법이라 하고, 이에 해당하는 시차를 **측광시차**(photometric parallax)라 한다. 이 방법을 사용함에 있어 가장 어려운 과제는 절대등급을 알아내는 일인데, 절대등급을 알아내는 방법에는 여러 가지가 있다. 예를 들어 2차원적인 MKK 분광형 분류법을 사용하면 스펙트럼으로부터 절대등급을 결정할 수 있으며, 세페이드 변광성들의 절대등급은 그들의 주기에서 구할 수 있다. 성단에 특히 유용한 방법은 주계열 맞추기이다. 측광방법을 사용함에 있어 전제조건은 절대등급의 척도가 먼저 다른 방법으로 눈금조정되어야 한다는 것이다.

거리가 먼 별에는 삼각시차를 적용할 수 없다. 예를 들어 히파르코스 위성으로도 몇 개 되지 않는 세페이드 변광성의 거리만이 삼각시차를 통해 정밀하게 측정되었다. 통계시차는 밝은 천체의 절대등급을 눈금조정하는 데 있어 필수적인 방법이다. 이 방법이 적용되면 측광방법으로 보다 더 먼 천체의 거리도 구할 수 있게 된다.

밝기 지표 또는 광도 표준의 다른 예로는 특징적인 분광선들과 세페이드 변광성의 주기가 있으나, 이들을 이용하는 것 또한 어떤 다른 방법을 통한 눈금조정을 필요로 한다. 이와 같이, 가까운 천체의 거리에 대한 정보에 근거하여 멀리 있는 천체의 거리를 측정한다는 것이 천문학적 거리 결정의 특성이다.

18.2 별의 통계학

별의 광도함수. 태양 근처에 있는 모든 별들을 체계적으로 관측하면 그들의 절대등급 분포를 알아낼 수 있다. 이것은 광도함수(luminosity function) $\Phi(M)$(그림 18.7)으로 주어지는데, 광도함수는 $[M-1/2,\ M+1/2]$ 범위의 절대등급을 가진 별의 상대적인 수를 나타낸다. 광도함수가 알려진 공간에서는 현재 별이 형성되지 않는 것으로 보인다. 우리은하의 나이는 100∼150억 년으로서, 이것은 질량이 $0.9M_{\odot}$보다 작은 별들은 아직도 모두 주계열에 있음을 의미한다. 반면에 우리은하의 초기에 형성된 더 무거운 별들은 그들의 진화를 마치고 이미 사라졌을 것이다. 질량이 작은 별들은 여러 세대의 별 형성을 거쳐 광도함수에 쌓인 반면, 밝고 질량이 큰 별들은 최근에 형성된 별들이다.

다른 질량을 가진 별들, 따라서 다른 등급을 가진 별들은 수명이 다르다는 점을 고려하면 초기 광도함수(initial luminosity function) $\Psi(M)$을 결정할 수 있다. 초기 광도함수는 별 형성 당시의 밝기 분포, 즉 영년 주계열 광도함수를 나타낸다. 함수 Ψ와 관측된 광도함수 Φ 사이에는

$$\Psi(M) = \Phi(M)\,T_0/t_{\mathrm{E}}(M) \tag{18.3}$$

의 관계가 있는데, 여기서 T_0는 우리은하의 나이이고, $t_{\mathrm{E}}(M)$은 등급 M인 별의 주계열 수명이다. 여기서 우리는 등급 M인 별의 생성률은 우리은하의 일생에 걸쳐 같았다고 가정할 것이며, 초기 광도함수는 그림 18.7에 주어졌다.

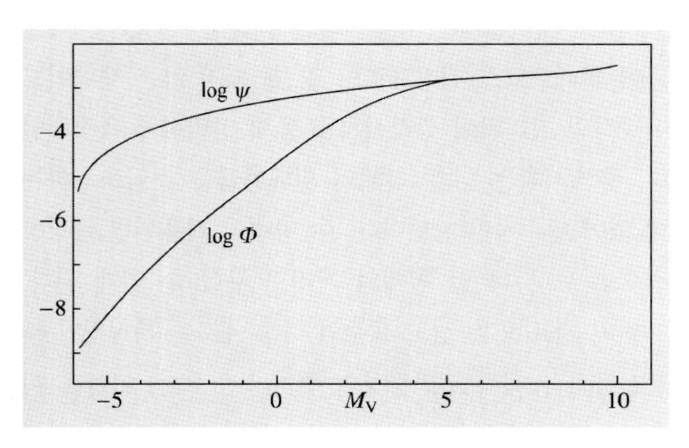

그림 18.7 태양 근처에 있는 주계열 별들에 대해 관측된 광도함수 $\Phi(M_{\mathrm{V}})$와 초기 광도함수 $\Psi(M_{\mathrm{V}})$. 이 함수들은 pc^3당 등급간격 $[M_{\mathrm{V}}-1/2,\ M_{\mathrm{V}}+1/2]$ 내 별의 수를 나타낸다. 별의 수는 실제로는 곱의 형태인 $D\Phi$와 $D\Psi$인데, 여기서 D는 별의(태양 근처에서의) 밀도 함수이다.

별 통계학의 기본방정식. 별의 밀도. 우리은하의 구조를 연구함에 있어 가장 중요한 문제는 우주공간에서 별의 밀도가 위치에 따라 어떻게 변하는가를 알아내는 것이다. 태양으로부터 $(l,\ b)$의 방향으로 r인 거리에서의 단위부피당 별의 수는 별의 밀도 $D = D(r,\ l,\ b)$로 주어진다.

별의 밀도는 태양에 바로 인접한 곳을 제외하고는 직접 관측할 수 없다. 그러나 만약 주어진 방향에 대해 광도함수와 성간소광을 거리의 함수로 알 수 있다면 별의 밀도가 계산될 수 있다. 그뿐 아니라, 단위 입체각(예 : 각초의 제곱)당 별의 수는 별 헤아리기 방법을 통해 한계 겉보기등급의 함수로 구해질 수 있다(그림 18.8).

방향이 $(l,\ b)$이고, 거리가 범위 $[r,\ r+\mathrm{d}r]$ 안에 있으며, 입체각 ω 내에 있는 별들을 생각하자(그림 18.9). 이 별들의 광도함수 $\Phi(M)$은 태양 근처에서와 같고, 이 별들의 밀도를 D라 하자. 겉보기등급이 m인 별들의 절대등급 M은 항상 그렇듯이 다음과 같다.

$$M = m - 5\log(r/10\,\mathrm{pc}) - A(r)$$

거리 r에서 부피 요소 $\mathrm{d}V = \omega r^2 \mathrm{d}r$ 내에 있고, 겉보기등급이 $[m-0.5,\ m+0.5]$ 구간 내에 있는 별들의 수는

그림 18.8 별의 밀도는 별 헤아리기 방법으로 결정된다. 실제로 헤아리기는 사진건판에서 이루어진다. (삽화 : S. Harris)

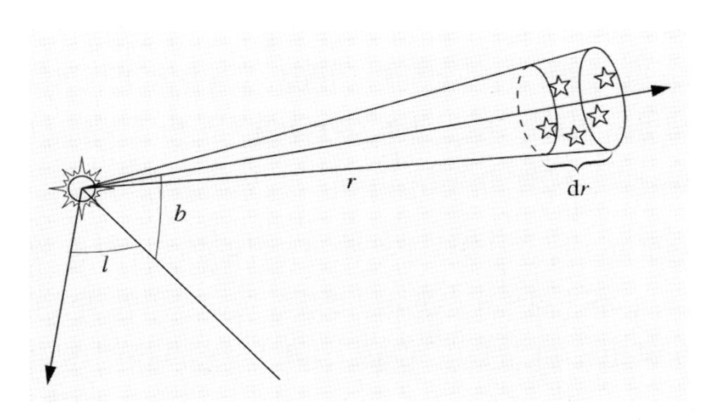

그림 18.9 은하좌표계 $(l,\ b)$의 방향에 있으며 거리가 r인 부피 요소의 크기는 $\omega r^2 \mathrm{d}r$이다.

$$\mathrm{d}N(m) = D(r,\ l,\ b) \times \Phi\left[m - 5\log\frac{r}{10\,\mathrm{pc}} - A(r)\right]\mathrm{d}V \tag{18.4}$$

가 된다(그림 18.9).

하늘의 어떤 영역 안에 있는 겉보기등급 m인 별들은 사실 거리가 모두 다른 것들이다. 그들 전체의 수 $N(m)$을 구하려면 모든 거리 r에 대해 $\mathrm{d}N(m)$을 적분해야 한다.

$$N(m) = \int_0^\infty D(r,\ l,\ b) \times \Phi\left[m - 5\log\frac{r}{10\,\mathrm{pc}} - A(r)\right]\omega r^2 \mathrm{d}r \tag{18.5}$$

식 (18.5)를 **별 통계학의 기본방정식**(fundamental equation of stellar statistics)이라고 한다. 이 방정식의 좌변은 입체각 ω 내에 있으며 겉보기등급이 구간 $[m-0.5,\ m+0.5]$ 내에 있는 별들의 수로서, 관측으로부터 구해진다. 즉 사진건판 위의 어떤 선택된 영역에서 등급에 따른 별의 수를 헤아려서 구하는 것이다. 광도함수는 태양 부근의 별들로부터 얻어진다. 선택된 영역에 대한 소광 $A(r)$은 다중색측광과 같은 방법에 의해서 결정될 수 있다. 적분방정식 (18.5)를 $D(r,\ l,\ b)$에 대해 풀기 위한 방법이 몇 가지 개발되어 있지만, 여기서는 이 방법들에 대해 더 깊이 논의하지 않겠다.

그림 18.10(a)는 우리은하의 평면에서 태양 부근에 있는 별의 밀도를 나타내고, 그림 18.10(b)는 은하면에 수직인 방향으로의 별의 밀도를 나타낸다. 별들이 밀집되어 있는 곳들이 보이긴 하지만, 이와 같은 한정된 공간에서는 나선구조 같은 것들이 관측될 수 없다.

밝은 천체의 분포. 별의 통계학적인 방법을 사용하면 태양 근처, 최대로 약 1kpc까지밖에는 연구할 수 없다. 절대밝기가 낮은 천체는 먼 곳에서 관측되지 않는다. 태양 근처는 은하수의 보편적인 특성을 잘 나타내고 있다고 여겨지므로, 여러 분광형 별들의 분포와 광도함수 등에 관한 정보를 얻을 수 있다는 점에서 태양 근처에 대한 연구는 당연히 중요하다. 그러나 우리은하의 대규모

그림 18.10 태양 근처에서 별의 밀도. (a) 맥커스키(S.W. McCuskey)가 구한 은하면에서 A2-A5 분광형을 가진 별들의 밀도. 등밀도곡선 옆에 표시된 숫자는 10,000pc³ 내에 있는 별의 수이다. (b) 엘비어스(T. Elvius)가 구한 여러 분광형 별들의 은하면 수직방향에 대한 분포. 은하면에서의 밀도가 1로 정규화되었다.

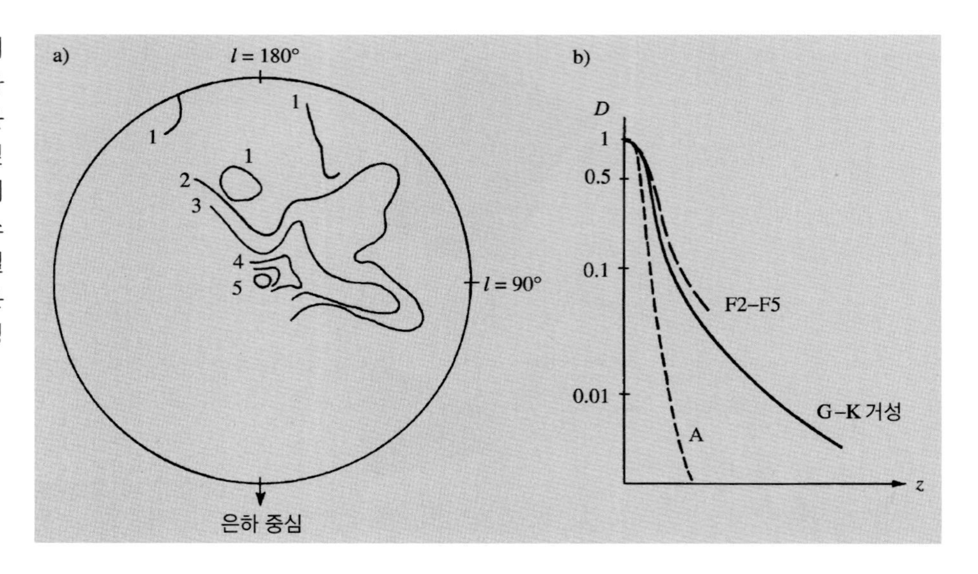

(large-scale) 구조에 관한 개념을 얻어내기 위해서는 먼 거리에서도 관측될 수 있는, 가능한 한 밝은 별들을 이용해야 한다.

이에 적합한 천체를 예로 들면, 조기(早期) 분광형의 별, HII 영역, OB성협, 산개성단, 세페이드 변광성, 거문고자리 RR형 별, 만기(晩期) 분광형의 초거성과 거성, 그리고 구상성단 등이다. 이들 천체 중 어떤 것들은 나이가 크게 다른데, 젊은 OB성협들과 늙은 구상성단들 사이의 차이가 그 예이다. 이들이 우주공간에서 가지는 분포의 차이는 우리은하의 일반적 구조가 (거리에 따라) 어떻게 변화하는지에 관해 알려준다.

젊은 가시광 천체인 HII 영역, OB성협, 산개성단 등은 은하수 평면에 집중되어 있다(표 18.1). 또한 적어도 관측된 영역 내에서는 이 천체들이 3개로 구분되는 띠에 집중되어 있음이 그림 18.11에 나타난다. 다른 은하에서 이러한 종류의 천체들은 나선 구조의 일부로 알려져 있으므로, 우리은하에서 관측되는 이 띠들도 태양 부근을 지나는 3개 나선팔의 일부라고 판단된다. 만기형 분광형의 별들은 훨씬 더 고르게 분포되어 있는 것으로 보인다. 몇 곳의 특수한 방향을 제외하면, 은하면에서 관측 가능한 거리는 성간티끌의 영향으로 인해 3~4kpc 내로 제한된다.

늙은 천체들, 특히 구상성단들은 우리은하의 중심에 대해서 거의 구형으로 분포되어 있다(그림 18.12). 늙은 천체의 공간 밀도는 은하 중심을 향하여 증가한다. 이 천체들은 은하 중심으로부터 태양까지의 거리를 결정하는 데 사용될 수 있는데, 이 거리는 약 8.5kpc이다. 다른 방법을 이용한 최근 관측 결과에 따르면 이 거리는 약 8kpc(26,000광년)이다.

별의 종족. 은하원반에 속한 별들의 운동을 연구한 결과, 은하면 내에서 운동하는 별들의 궤도는 거의 원임이 밝혀졌다. 이 별들은 대체로 젊어서, 가장 나이가 많은 것이라 해도 수억 년에 지나지 않는다. 이들은 2~4% 정도의 비교적 많은 양의 중원소들을 가지고 있다. 성간물질들도 이와 비슷하게 거의 원궤도로 은하면 내에서 운동하고 있다. 이들의 운동과 화학적 조성을 기초로 하여 성간매질과 가장 젊은 별들을 통틀어서 **종족 I**(population I)이라 한다.

우리은하 평면의 바깥에는 거의 구대칭에 가까운 헤일로가 50kpc 바깥까지 뻗어 있으며, 더 바깥쪽에는 코

표 18.1 우리은하의 종족. z는 은하면으로부터의 수직거리이고, v_r은 은하면에 수직한 속도성분이다.

종족	대표적인 천체	평균 나이 [10^9년]	z [pc]	v_r [km s^{-1}]	금속함량
헤일로종족 II	준왜성 구상성단 거문고자리 RR형 변광성 (P>0.4d)	14~12	2,000	75	0.001
중간종족 II	장주기 변광성	12~10	700	25	0.005
원반종족	행성상성운, 신성 밝은 적색거성	12~2	400	18	0.01~0.02
늙은종족 I	A형 별, Me 왜성 고전적인 세페이드 변광성	2~0.1	160	10	0.02
젊은종족 I	가스, 티끌, 초거성, T Tau 별	0.1	120		0.03~0.04

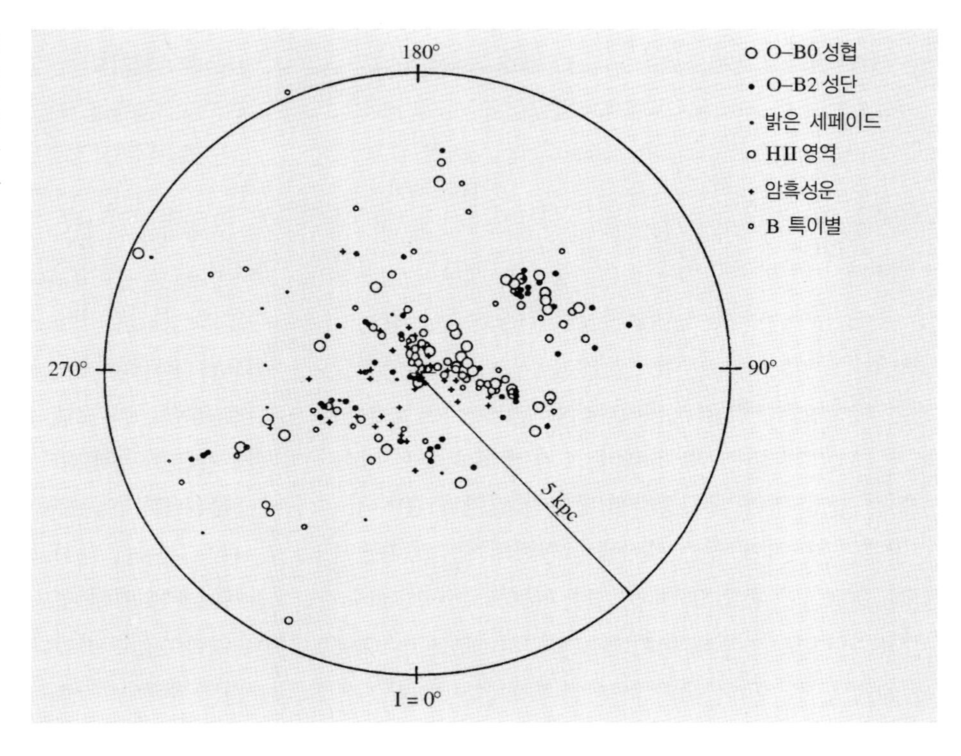

그림 18.11 은하면에 있는 여러 종류 천체들의 분포. 3개의 밀집 영역이 보인다. 그들은 궁수자리 팔(가장 아래), 태양 근처의 국부 팔, 그리고 페르세우스자리 팔(가장 바깥쪽)이다.

로나(corona)가 존재한다. 별의 밀도는 은하 중심 부근에서 가장 크고 바깥쪽으로 가면서 감소한다. 헤일로는 거의 성간물질을 포함하고 있지 않으며, 그곳의 별들은 늙은 것들로서 나이가 130억 년에 이르는 것도 있다. 이 별들의 금속함량은 매우 낮고, 이들 궤도의 이심률은 상당히 크며, 은하면에 집중되어 있지 않다. 이러한 범주에 속하는 별들을 **종족 II**(population II)라고 한다. 전형적인 종족 II의 천체로는 구상성단, 거문고자리 RR형 별, 처녀자리 W형 별 등이 있다.

태양과 태양 근방의 별들은 종족 I의 별들과 비슷하게

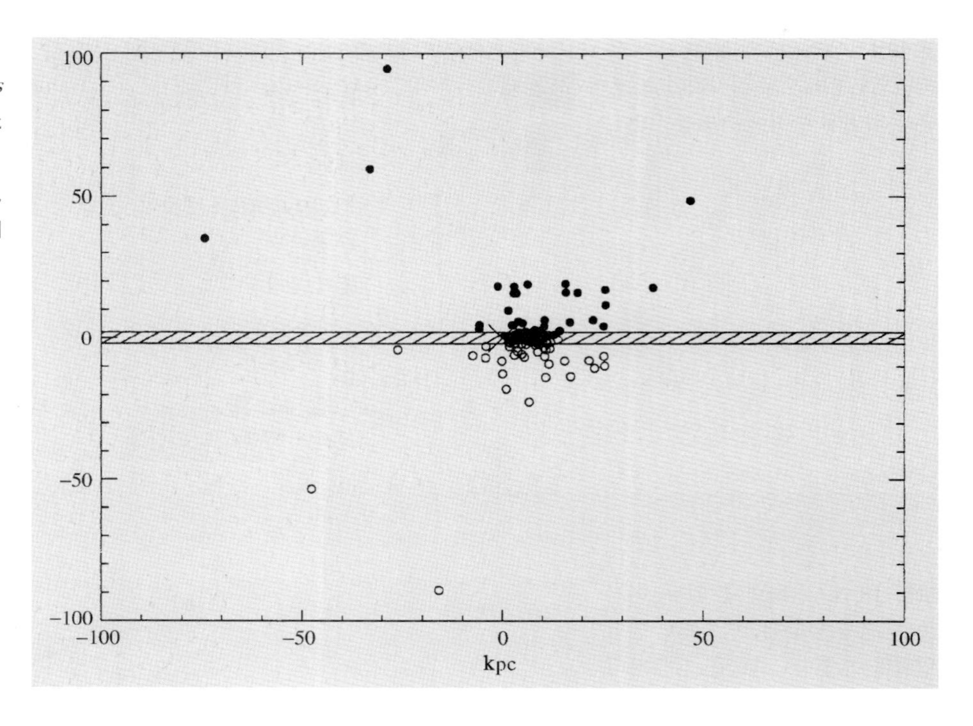

그림 18.12 구상성단의 분포. [S.R. Majewski, *Stellar populations and the Milky Way,* in C. Martínez Roger, I. Perez Fournón, F. Sánchez (Eds.) *Globular Clusters,* Cambridge University Press, 1999]

운동하는 반면 종족 II의 별들은 국부정지계에 대하여 $300 \mathrm{km\,s^{-1}}$ 이상까지 이르는 큰 속도를 가지고 움직인다. 은하 중심으로부터 태양까지의 반지름에서 종족 II 별들이 가지는 실제 속도는 매우 작으며, 종종 국부정지계의 운동에 반대방향을 향한다. $300 \mathrm{km\,s^{-1}}$ 이상에 이르는 큰 상대속도는, 약 $220 \mathrm{km\,s^{-1}}$의 속도로 은하 중심 주위를 돌고 있는 국부정지계 운동의 결과일 뿐이다.

이 두 극단적인 종족 사이에는 일련의 중간종족들이 있다. 종족 I과 종족 II 외에, 원반종족(disk population)이라는 용어도 쓰이며, 여기에 포함되는 것으로는 태양을 예로 들 수 있다. 여러 다른 종족의 운동, 화학조성, 나이 등에는 우리은하의 진화와 은하 내 별들의 형성에 관한 정보가 내포되어 있다(표 18.1).

18.3 우리은하의 회전

차등회전. 오르트 공식. 우리은하가 편평한 모습을 하고 있는 것은 우리은하가 은하면에 수직인 축을 중심으로 회전하고 있다는 사실을 이미 암시하는 것이다. 별과 성간가스의 운동을 관찰하여 이러한 회전이 확인되었고, 또한 이 회전이 차등회전(differential rotation)임도 알게 되었다. 이는 회전의 각속도가 은하 중심으로부터의 거리에 따라 다르다는 것을 의미한다(그림 18.13). 즉 우리은하는 강체와 같이 회전하지 않는다. 태양 부근에서는 회전속도가 은하 반지름이 증가함에 따라 감소한다.

관측 가능한 은하 회전의 효과는 네덜란드의 천문학자 오르트에 의해 유도되었다. 별들이 은하 중심에 대하여 원궤도로 움직인다고 가정하자(그림 18.14). 이러한 근사는 종족 I의 별들과 가스에 대해서는 타당하다. 태양 ⊙에서 볼 때 거리가 r이고 은경이 l인 별 S가 은하 중심으로부터의 거리 R과 원궤도속도 V를 가진다고 하자. 마찬가지로 태양은 은하 중심으로부터의 거리 R_0와 속도 V_0를 가진다고 하자. 태양에 대한 이 별의 상대 시선속도는 시선방향으로 투영된 두 원궤도속도의 차이다.

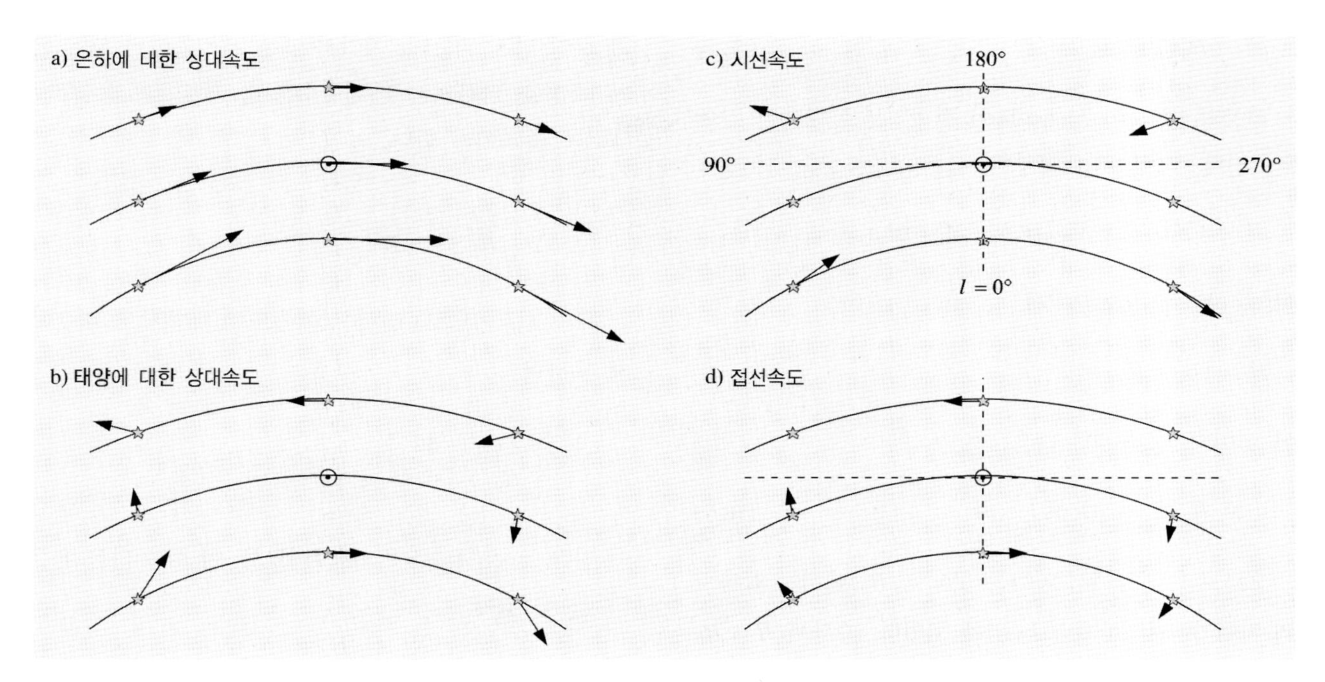

그림 18.13 별의 시선속도와 고유운동에 미치는 차등회전의 효과. (a) 태양 근처에서 별의 궤도속도는 은하의 바깥쪽으로 가면서 감소한다. (b) 태양에 대한 상대속도는 (a)의 속도벡터에서 태양속도를 빼면 구해진다. (c) 태양에 대한 속도의 시선방향 성분. 이 성분은 태양과 같은 궤도상에 있는 별들에서는 사라진다. (d) 속도의 접선성분

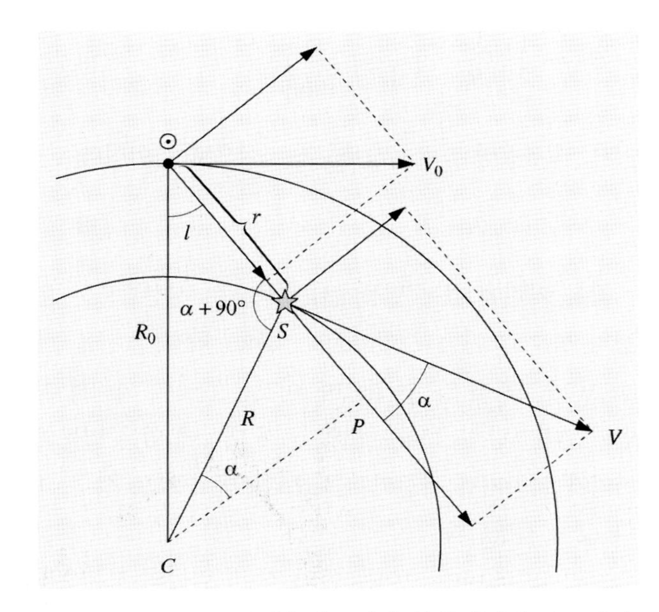

그림 18.14 오르트 공식을 유도하기 위해 태양과 별 S의 속도벡터가 직선 $\odot S$에 평행한 성분과 이에 직각인 성분으로 나뉘어 있다.

$$v_r = V\cos\alpha - V_0 \sin l \tag{18.6}$$

여기서 α는 별의 속도벡터와 시선방향 사이의 각이다. 그림 18.14에서 각 $CS\odot$는 $\alpha + 90°$와 같다. 삼각형 $CS\odot$에 사인 법칙을 적용하면

$$\frac{\sin(\alpha + 90°)}{\sin l} = \frac{R_0}{R}$$

또는

$$\cos\alpha = \frac{R_0}{R}\sin l \tag{18.7}$$

을 얻는다.

별과 태양의 각속도를 각각 $\omega = V/R$와 $\omega_0 = V_0/R_0$로 나타내면, 다음과 같은 형태로 관측 가능한 시선속도를 얻는다.

$$v_r = R_0(\omega - \omega_0)\sin l \tag{18.8}$$

태양과 별 사이 상대속도의 접선성분은 다음과 같이 얻어진다. 그림 18.14로부터

$$v_t = V\sin\alpha - V_0\cos l = R\omega\sin\alpha - R_0\omega_0\cos l$$

이며, 삼각형 $\odot CP$에서

$$R\sin\alpha = R_0\cos l - r$$

이 얻어지고, 따라서 다음을 얻는다.

$$v_t = R_0(\omega - \omega_0)\cos l - \omega r \tag{18.9}$$

오르트는 태양에서 가까운 곳($r \ll R_0$)에서는 각속도의 차이가 아주 작게 됨을 알게 되었다. 따라서 $R = R_0$ 부근에 대하여 $\omega - \omega_0$를 테일러 급수 전개한 후 첫 번째 항만을 취하면 정확한 식 (18.8)과 (18.9)에 대한 좋은 근사식이 구해진다.

$$\omega - \omega_0 = \left(\frac{d\omega}{dR}\right)_{R=R_0}(R - R_0) + \cdots$$

$\omega = V/R$과 $V(R_0) = V_0$를 사용하면 다음이 구해진다.

$$\omega - \omega_0 \approx \frac{1}{R_0^2}\left[R_0\left(\frac{dV}{dR}\right)_{R=R_0} - V_0\right](R - R_0)$$

$R \approx R_0 \gg r$인 경우, $R - R_0 \approx -r\cos l$이 된다. 이렇게 하여 식 (18.8)에 대한 근사식을

$$v_r \approx \left[\frac{V_0}{R_0} - \left(\frac{dV}{dR}\right)_{R=R_0}\right] r\cos l\sin l$$

또는

$$v_r \approx Ar\sin 2l \tag{18.10}$$

과 같이 얻게 되는데, 여기서 A는 우리은하의 태양 근처 특성을 나타내는 매개변수로서, **제1오르트 상수**(first Oort constant)라 한다.

$$A = \frac{1}{2}\left[\frac{V_0}{R_0} - \left(\frac{dV}{dR}\right)_{R=R_0}\right] \tag{18.11}$$

$\omega r \approx \omega_0 r$이므로, 접선 상대속도에 대해서도 비슷하게 구하면

$$v_t \approx \left[\frac{V_0}{R_0} - \left(\frac{dV}{dR}\right)_{R=R_0}\right] r\cos^2 l - \omega_0 r$$

이 된다. $2\cos^2 l = 1 + \cos 2l$이므로, 이 식은 다음과 같이 쓸 수 있다.

$$v_t \approx Ar\cos 2l + Br \tag{18.12}$$

여기서 A는 앞에서와 같고, B는 **제2오르트 상수**(second Oort constant)로서

$$B = -\frac{1}{2}\left[\frac{V_0}{R_0} + \left(\frac{dV}{dR}\right)_{R=R_0}\right] \tag{18.13}$$

이다. 고유운동 $\mu = v_t/r$은 다음 식으로 주어진다.

$$\mu \approx A\cos 2l + B \tag{18.14}$$

같은 거리에 있는 별들에서 관측되는 시선속도는 은경의 함수로 이중 사인(double sine) 곡선이 됨을 식 (18.10)으로부터 알 수 있으며, 이것은 관측에 의해서 확인되었다[그림 18.15(a)]. 만약 고려 대상에 있는 별들의 거리가 알려지면 곡선의 진폭으로부터 오르트 상수 A의 값이 결정된다.

그림 18.15(b)에 보이는 바와 같이, 별들의 고유운동은 거리에는 무관하게 은경의 함수로 이중 사인 곡선을 형성한다. 이 곡선의 진폭은 A이고 그 평균값은 B이다.

이러한 종류의 분석을 통하여 1927년 오르트는 관측

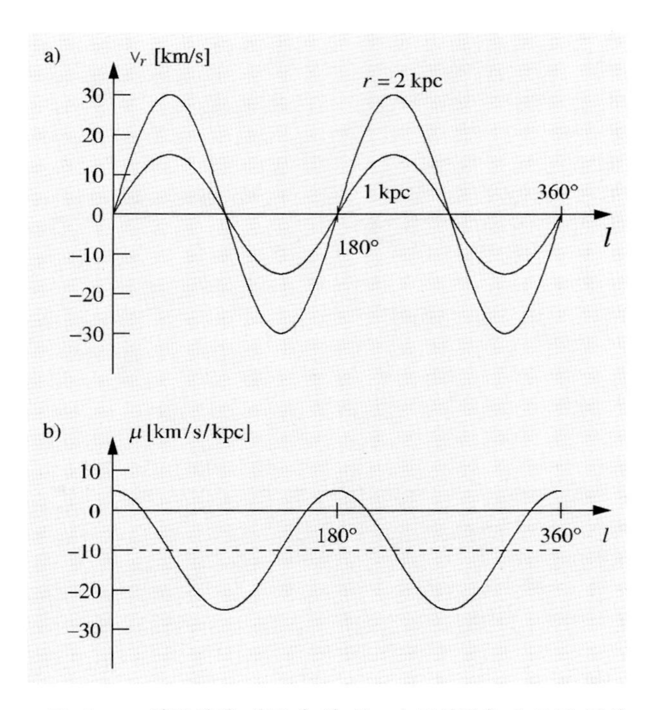

그림 18.15 차등회전 때문에 생기는 속도성분을 오르트 공식에 따라서 구하여 은경의 함수로 나타냈다. (a) 거리가 1kpc과 2kpc에 있는 천체들에 대한 시선속도. (그림 18.13과 비교하라.) 엄밀히 따지면, 시선속도가 0이 되는 은경은 거리에 의존한다. 오르트 공식은 태양에서 아주 가까운 곳에서만 성립한다. (b) 고유운동

된 별들의 운동이 우리은하의 차등회전을 의미한다는 것을 보였다. 일련의 광범위한 관측자료를 참고로 하여, 국제천문연맹(IAU)은 오르트 상수에 대한 추천값으로 다음과 같이 채택하였다.

$$A = 15\ \mathrm{km\,s^{-1}\,kpc^{-1}}, \quad B = -10\ \mathrm{km\,s^{-1}\,kpc^{-1}}$$

오르트 상수는 몇 가지 재미있는 관계를 가지고 있다. 식 (18.11)에서 식 (18.13)을 빼면

$$A - B = \frac{V_0}{R_0} = \omega_0 \tag{18.15}$$

가 되고, 식 (18.11)에 식 (18.13)을 더하면

$$A + B = -\left(\frac{\mathrm{d}V}{\mathrm{d}R}\right)_{R=R_0} \tag{18.16}$$

가 된다.

A와 B의 값을 알면 각속도 $\omega_0 = 0.0053''$/년을 계산할 수 있는데, 이 값은 은하 중심에 대한 국부정지계의 회전 각속도이다.

태양과 국부정지계의 원궤도속도는 우리은하 밖의 천체를 기준점으로 사용하여 독립적으로 측정할 수 있는데, 이 방법으로 구한 V_0의 값은 약 220km s^{-1}이다. 이제 식 (18.15)를 사용하여 은하 중심까지의 거리를 계산할 수 있다. 계산 결과는 8.5kpc으로, 이는 구상성단계 중심까지의 거리와 잘 일치한다. 식 (18.10)과 (18.14)를 사용하여 시선속도와 고유운동의 분포에서 구한 은하 중심의 방향도 다른 측정값들과 잘 일치한다.

이상의 결과를 이용하면 우리은하 내에서 태양의 궤도주기는 약 2.5×10^8년이다. 태양의 나이가 거의 5×10^9년이므로, 태양은 은하 중심을 이제까지 약 20회 공전하였다. 가장 최근 공전의 말기에 지구에서는 석탄기(Carboniferous)가 끝나고 최초의 포유류가 곧 나타났다.

성간물질의 분포. 성간가스의 전파복사, 특히 중성수소의 전파복사는 성간티끌에 의해서 많이 흡수되거나 산란되지 않기 때문에, 이 복사를 우리은하의 대규모 구조도를 만드는 데 이용할 수 있다. 전파신호는 우리은하의 반대쪽 끝에서 오는 것도 탐지할 수 있다.

우리은하 내의 전파원들, 예를 들어 HI 구름의 위치는 관측에 의해 직접 밝혀지지는 않는다. 그러나 우리은하의 차등회전을 이용한 간접적인 방법으로 위치를 알아낼 수 있다.

그림 18.16은 원 위에 놓인 가스구름들 P_1, P_2, ⋯가 $l(-90° < l < 90°)$ 방향에서 관측되는 것을 도식적으로 그린 것이다. 각속도는 은하계 안쪽 방향으로 증가하므로, 시선방향을 따라 가장 큰 각속도를 가지는 위치는

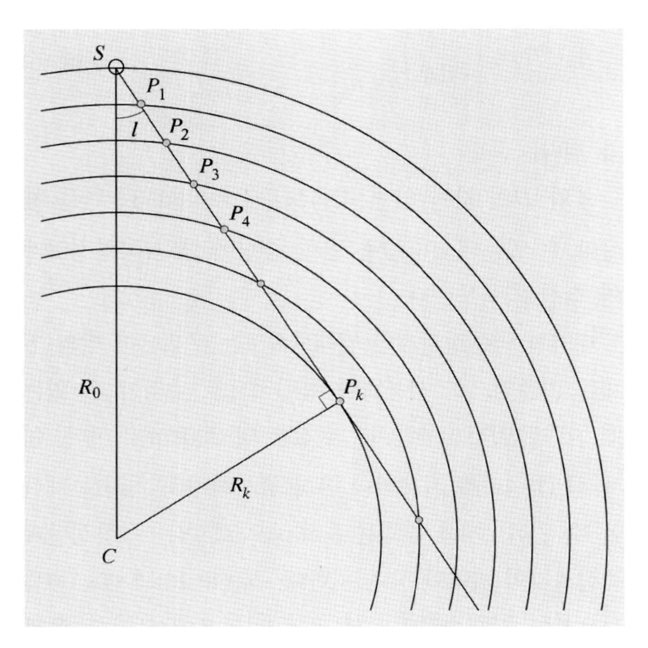

그림 18.16 같은 방향에 있으나 거리가 다른 성운들 P_1, P_2, …

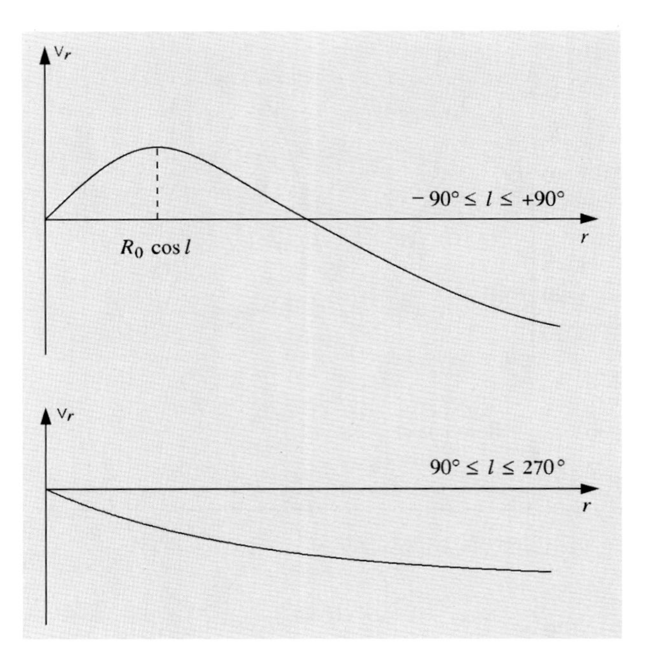

그림 18.17 거리의 함수로 나타낸 시선속도(도식적으로 보였다.)

점 P_k에서 얻어지는데, 이 위치는 시선방향이 원의 접선이 되는 곳이다. 이것은 어느 고정된 방향에서 성간구름의 시선속도는 거리에 따라 증가하여 구름 P_k에서 최댓값이 됨을 의미한다.

$$v_{\mathrm{r,max}} = R_k(\omega - \omega_0) \tag{18.17}$$

여기서 $R_k = R_0 \sin l$이다. 태양에서 구름 P_k까지의 거리는 $r = R_0 \cos l$ 이다. r이 더 증가하면, v_r은 계속 감소한다. 그림 18.17은 가스가 원궤도를 돌고 각속도가 바깥쪽으로 가면서 감소할 때, 어느 주어진 방향에 대해 관측된 시선속도가 거리 r에 따라 어떻게 변하는가를 보여준다.

중성수소 21cm선은 특히 우리은하의 구조도를 만드는 데 중요한 역할을 해 왔다. 그림 18.18은 개개 중성수소의 집단, 성간구름, 나선팔 등의 복사로부터 어떻게 수소 분광선이 만들어지는지를 도식적으로 보여준다. 각각의 가스구름에 의해서 만들어진 선 성분은 그 구름의 시선속도에 의해 결정되는 파장과 그 구름의 질량과 밀도에 의해 결정되는 세기를 가진다. 관측되는 스펙트럼은 이러한 각각의 선 성분들이 합쳐져서 만들어지는 결과이다.

여러 은경방향으로 관측하고, 또 성간구름들이 적어도 부분적으로는 연속된 나선팔의 모양을 형성한다고 가정하면, 은하면에서의 중성수소의 분포도를 얻을 수 있다. 그림 18.17은 중성수소의 21cm선 관측에서 얻은 우리은하의 모습을 보여준다. 중성수소는 나선팔에 집중적으로 분포되어 있는 것으로 보이지만, 관측지도의 불확실성 때문에 상세한 해석은 어렵다. 가스구름의 거리를 알아내기 위해서는 **회전곡선**(rotation curve), 즉 은하 반지름의 함수로서의 원궤도속도를 알아야 한다. 이것은 위에서와 같은 시선속도 관측으로부터 결정되지만, 이를 위해서는 가스의 밀도와 회전에 관한 모종의 가정을 해야 한다. 전파관측으로부터 내린 나선구조에 대한

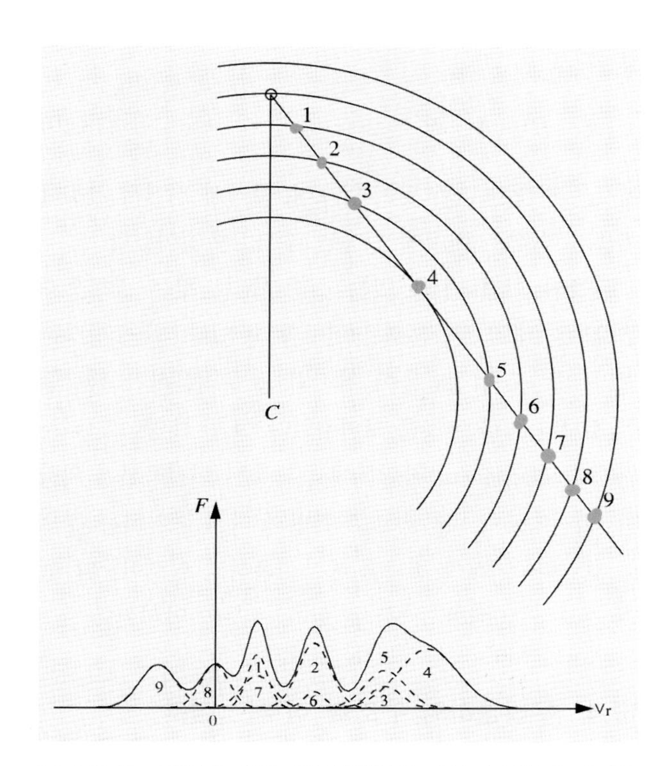

그림 18.18 거리가 다른 성간구름들은 다른 속도들을 가지므로 다른 도플러 이동을 가진 방출선들을 일으킨다. 관측된 플럭스밀도 윤곽(실선)은 모든 개개의 선윤곽(점)을 합친 것이다. 선윤곽의 숫자는 위 그림에 보인 성운들에 해당한다.

해석에는 아직도 불확실성이 있다. 예를 들어 전파로부터 구한 나선구조는 젊은 별과 성협들의 가시광 관측으로부터 구한 태양 근처의 나선구조와 잘 맞지 않는다.

우리은하의 회전, 질량분포, 총 질량. 식 (18.17)에서 최대 시선속도를 가지는 구름의 은하 반지름 R_k를 은경 l에 대해 구할 수 있다. 여러 다른 은경에서의 관측을 통하여, 은하 중심으로부터 여러 다른 거리에 있는 성간가스의 각속도를 식 (18.17)로부터 구할 수 있다. (원운동이 가정되어야 한다). 이러한 방법으로 회전곡선 $\omega = \omega(R)$과 이에 해당하는 속도곡선 $V = V(R)\ (= \omega R)$이 구해진다.

그림 18.19는 우리은하의 회전곡선을 보여준다. 은하 중심부는 강체와 같은 회전을 하며, 따라서 각속도가 반지름에 의존하지 않는다. 이 영역의 밖에서는 속도가 처음에는 떨어지다가 서서히 올라가기 시작한다. 최대 속도는 중심에서 약 8kpc 떨어진 곳에서 나타난다. 태양 근처에서는 회전속도가 약 220km s^{-1}이다. 예전에는 회전속도가 우리은하의 바깥쪽으로 가면서 감소를 계속한다고 생각했었는데, 이는 은하 내 질량의 대부분이 태양

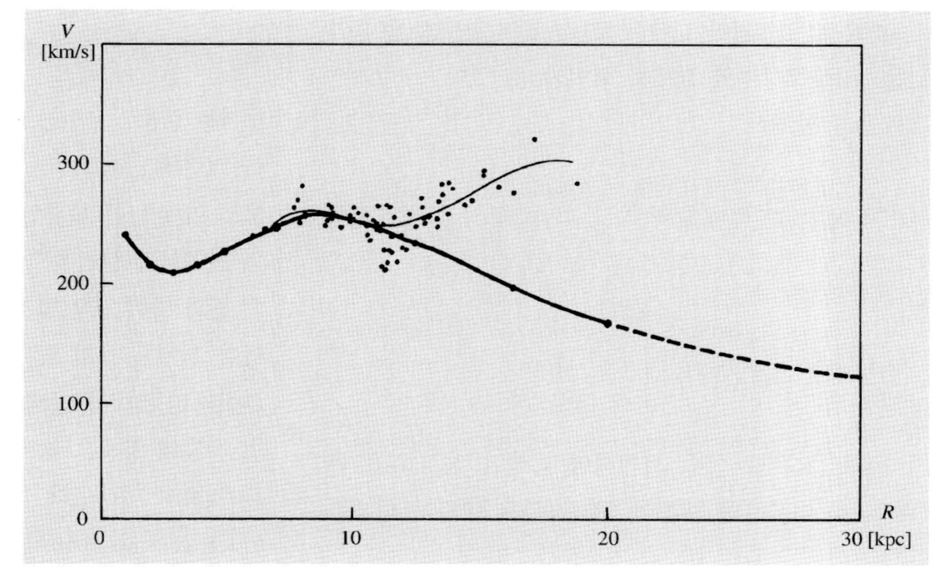

그림 18.19 수소구름의 운동에서 얻어진 우리은하의 회전곡선. 각 점은 구름 하나를 나타낸다. 굵은 선은 1965년에 슈미트가 구한 회전곡선을 나타낸다. 모든 질량이 반지름 20kpc 내에 집중되어 있다면, 이 곡선은 케플러 제3법칙에 따라 계속되었을 것이다(점선). 최근의 관측에 의해 블리츠(Leo Blitz)가 구한 회전곡선은 12kpc에서 다시 올라가기 시작한다.

의 안쪽에 있음을 의미한다. 이 질량은 케플러의 제3법칙으로부터 결정될 수 있다. 식 (6.42)에 의하면

$$M = R_0 V_0^2 / G$$

이 된다. $R_0 = 8.5\,\mathrm{kpc}$과 $V_0 = 220\,\mathrm{km\ s^{-1}}$의 값을 사용하면

$$M = 1.9 \times 10^{41}\,\mathrm{kg} = 1.0 \times 10^{11}\,M_\odot$$

를 얻는다. 반지름 R에서 탈출속도는

$$V_\mathrm{e} = \sqrt{\frac{2GM}{R}} = V\sqrt{2} \tag{18.18}$$

이다. 이로부터 태양 근처에서의 탈출속도 $v_\mathrm{e} = 310\,\mathrm{km\ s^{-1}}$가 구해진다. 따라서 은하가 회전하는 방향인 $l = 90°$ 방향으로는 국부정지계에 대한 속도가 $90\,\mathrm{km\,s^{-1}}$보다 더 큰 별이 많지 않은데, 이는 별의 속도가 이보다 빠르면 탈출속도를 초과하는 것이기 때문이다. 이 사실은 관측에 의해 확인되었다.

위에서 태양 부근에서 회전속도를 고려할 때, 우리은하 전체 질량이 은하 중심에 집중되어 있다고 가정하였다. 만약 이것이 사실이라면 회전곡선은 케플러 형태인 $V \propto R^{-1/2}$이 되어야 한다. 그러나 이것이 사실이 아님은 오르트 상수의 값에서 확인할 수 있다.

케플러 관계식

$$V = \sqrt{\frac{GM}{R}} = \sqrt{GM}\,R^{-1/2}$$

을 미분하면

$$\frac{\mathrm{d}V}{\mathrm{d}R} = -\frac{1}{2}\sqrt{GM}\,R^{-3/2} = -\frac{1}{2}\frac{V}{R}$$

가 된다. 오르트 상수 관계식의 특성인 식 (18.15)와 (18.16)을 이용하면 케플러 회전곡선에 대하여 다음을 얻는다.

$$(A-B)/(A+B) = 2 \tag{18.19}$$

이것은 관측된 값과 맞지 않으며, 따라서 위에서 가정한 케플러 법칙은 여기에 적용될 수 없는 것이었다.

관측된 회전곡선에 맞는 질량분포를 찾는 방법으로 우리은하 내의 질량분포를 연구할 수 있다. 최근 상당히 멀리 있는 구상성단들이 발견되어, 우리은하가 생각했던 것보다 크다는 것을 보여주었다. 또한 태양이 그리는 원궤도(solar circle) 바깥쪽에서 관측된 회전곡선에 의하면, 회전속도가 바깥쪽으로 가면서 다시 증가하는 것으로 보인다. 이러한 결과들은 우리은하의 질량이 생각했던 것보다 10배까지 클 수 있다는 것을 암시한다.

18.4 우리은하의 구조를 이루는 성분

우리는 앞에서 가스, 젊은 별, 중간나이 별들로 이루어진 원반과 거의 구형이며 늙은 별들로 이루어진 헤일로에 의해 우리은하의 전반적인 구조가 어떻게 묘사될 수 있는지를 보았다. 구조적으로 우리은하는 원반은하에 해당하며 은하의 형태는 제19장에서 논의하도록 하겠다. 이제 더 상세한 설명을 통해 더 작은 규모의 특징들을 알아보기로 하겠다.

두꺼운 원반. 우리는 전통적으로 우리은하에 있는 별들을 일련의 종족으로 나누는데, 이러한 종족들이 정성적으로 아예 다른 부류인지, 아니면 단지 연속적인 배열상의 단계들에 불과한지에 대한 답은 불명확했었다. 관측의 질과 양이 모두 발전함에 따라, 중간종족 II로 정의되었던 천체들이 사실은 우리은하의 독립적인 한 구성성분이라는 것이 분명해졌는데, 이 종족의 원소 함량비와 별 운동의 양상은 늙은 원반(얇은 원반)과는 확연히 다른 것으로 나타났다. 현재 이 종족은 두꺼운 은하원반(thick galactic disk)이라고 불린다. 두꺼운 원반은 다른

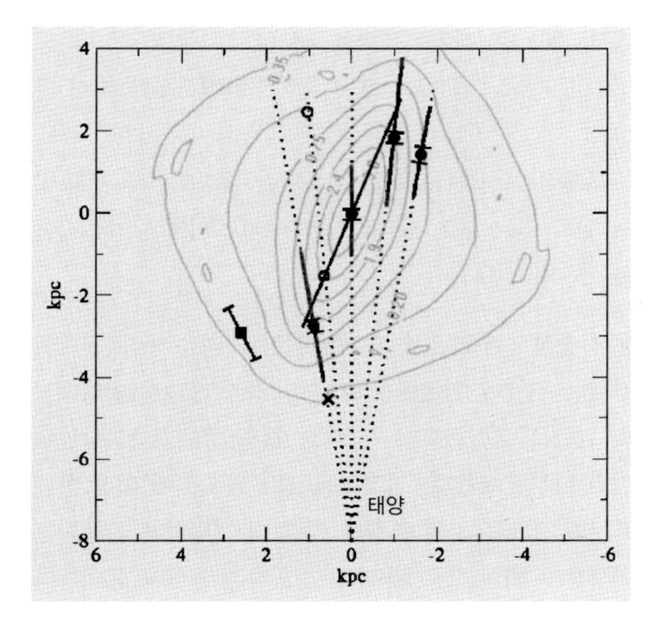

그림 18.20 은하 북극에서 바라본 우리은하의 막대. 속이 찬 기호들은 주어진 방향에 있는 적색응집거성(red clump giants)들의 평균 위치이며, 굵은 회색 선들은 그 별들의 거리의 범위를 나타낸다. 평균 거리(위치)들을 통과하는 직선은 길이가 3kpc이며 22.5°만큼 은하 중심부 방향에서 틀어져 있는 막대를 나타낸다. 등고선 지도는 적외선 관측에서 얻어진 막대 모형을 보여준다. (C. Babusiaux, G. Gilmore 2005, MNRAS 358, 1309, Fig. 6)

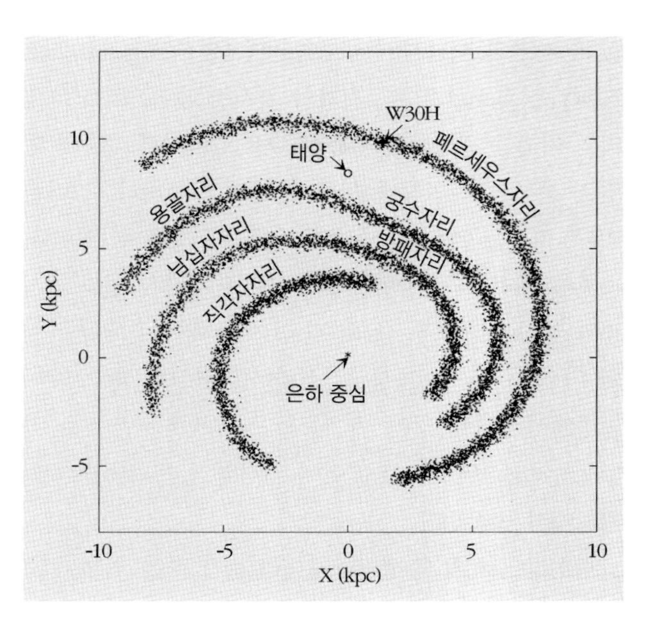

그림 18.21 우리은하 나선팔의 대략적인 모습. 나선팔의 위치를 추적하는 데 쓰이는 천체가 무엇이냐에 따라 조금씩 다른 나선 모양을 얻게 되지만, 여기에 보이는 것과 같은 4개의 팔로 이루어진 모양이 가장 적합한 총체적 묘사임에는 이견이 없는 듯하다. 그림에 붙인 팔들의 이름은 가장 많이 쓰이는 이름들이다. 그림 18.11도 보라. (Y. Xu et al., 2006, Science 311, 54)

몇몇 은하에서도 발견되긴 했지만, 모든 원반은하가 가지고 있는 특징은 아닌 것으로 보인다.

은하막대. 다음 장의 19.1절에서 볼 수 있듯이, 원반은하 중 많은 수가 중심에 길쭉한 빛의 분포를 가지고 있는 막대은하(barred galaxy)이다. 우리은하도 이와 같을 것이라는 첫 번째 증거는 중성수소의 속도 관측으로부터 발견되었는데, 중성수소의 속도들이 원궤도운동에서 관측될 속도와는 달랐기 때문이다. 1971년 셰인(W. W. Shane)은 만약 우리은하 중심부 방향에서 20° 어긋난 방향으로 향하고 있는 중심막대가 존재한다면 우리은하 중심부 가스의 운동이 설명될 수 있음을 보였다.

별 관측으로부터 막대의 존재를 알아내는 것은 더 어렵다. 이러한 일은 코비(COBE) 위성을 이용해 처음 시도되었는데, 이 위성은 우주마이크로파배경(19.7절) 외에도 늙은 별들이 대부분을 차지하는 적외선 파장에서 하늘의 지도를 작성하였다. 우리의 관측위치 때문에 양의 은경에 위치하는 막대의 가까운 쪽 끝은 먼 쪽 끝과 조금 다르게 보일 것이다. 이러한 비대칭이 적외선 지도에 나타났으며, 0.6의 축비(軸比, axial ratio)를 가지는 막대의 경우와 일치하였다. 이후에 근적외선 측광거리를 이용하여 만들어진 중심부 늙은 별들의 분포지도가 막대의 존재를 뒷받침하였다(그림 18.20 참조).

나선구조. 앞에서 언급한 대로 우리은하는 나선은하(그림 18.21)인 것으로 보이긴 하지만, 나선패턴의 상세한 형태에 대해서는 일반적인 합의가 이루어지지 못하고 있다. 예를 들어 1976년에 조즈린(Y.M. Georgelin)과 조즈린(Y.P. Georgelin)은 전파와 가시광 관측으로 HII 영역의 거리를 결정하였는데, 가시광 영역에서 그들의 방법은 은하 회전법칙에 관한 가정과 무관하다. 그들은 HII 영역들을 이용하여 4개의 나선팔을 맞출 수 있었다.

후에 여러 가지 방법을 이용하여 연구해본 결과 가시광과 전파에서 모두 4개의 팔을 가진 패턴이 태양 근처의 나선팔 구조를 가장 잘 설명하였다(그림 18.22). 이 모형에서는 나선팔이 원궤도와 비스듬히 만나는 각(pitch angle)이 약 11.3°이며, 3개의 팔은 은하막대의 위치에서 시작된다.

나선팔이 어떻게 생겨나게 되었는가 하는 의문은 오래된 것이다. 원반에 작은 섭동을 주면 차등회전에 의해서 섭동이 나선의 형태로 급히 뻗어 나가지만, 수억 년이 걸리는 은하의 공전이 여러 번 진행되고 나면 그러한 나선패턴은 사라질 것이다.

나선구조 연구에 있어 진전을 이룩한 중요한 업적은 1960년대에 린(Chia-Chiao Lin, 1916-2013)과 슈(Frank H. Shu, 1943~)가 개발한 **밀도파 이론**(density wave theory)이다. 이 이론에서 나선구조는 원반의 밀도에 파동과 같은 변화가 일어난 것으로 간주된다. 나선의 패턴은 은하회전보다 작은 각속도로 강체와 같이 회전하므로, 원반 내의 별과 가스는 이 파동을 추월하여 통과해 지나간다.

밀도파 이론은 분자구름, HII 영역, 밝고 젊은 별들과 같은 젊은 천체들이 왜 나선팔에서 발견되는가에 대해 자연스러운 방법으로 설명해준다. 가스는 밀도파를 지나면서 강력하게 압축된다. 그러면 가스구름의 내부 중력이 더 강해져서 가스구름은 붕괴하고 별을 형성한다.

성간물질이 나선팔을 통과하는 데는 약 10^7년이 걸린다. 이 기간 동안 뜨겁고 밝은 별들은 그들의 진화를 끝낸다. 따라서 나선팔 밖에서는 그들의 자외선 복사는 더 이상 방출되지 않고, HII 영역은 사라지게 된다. 나선팔에서 형성된 작은 질량의 별들은 그들의 특이속도(peculiar velocity)에 의해서 은하원반에서부터 퍼져 나간다.

무엇이 나선파동을 일으키는지는 아직도 밝혀지지 않고 있다. 나선구조에 대한 더 자세한 설명은 19.4절을 참조하라.

은하 중심. 우리은하 중심에 관한 지식은 거의 전파와 적외선 관측에 의존한다(그림 18.22). 가시광 영역에서의 관측은 우리로부터 약 2kpc 정도 떨어져 있는 궁수자리 나선팔에 있는 암흑구름(dark cloud)에 의해 방해받는다. 우리은하의 중심은 훨씬 더 격렬하게 활동하는 외부은하 핵의 작은 예일 수도 있다는 점에서 흥미롭다(19.7절 참조). 따라서 우리은하의 중심은 활동적인 은하에 관련되는 현상들을 가까이에서 연구할 수 있는 기회를 제공한다. 활동은하핵(active galactic nucleus, AGN)은 $10^7 M_\odot$ 보다 큰 블랙홀을 가지고 있다고 생각되기 때문에, 우리은하 중심부에도 큰 블랙홀이 있을 가능성이 있다. 우리은하 중심부에는 $5 \times 10^6 M_\odot$ 질량에 가까운 초대형 블랙홀이 존재한다.

은하 중심부로 갈수록 별의 밀도가 계속해서 높아지며, 중심에 가서는 예리한 밀도의 정점을 이룬다. 반대로, 은하의 가스원반은 반지름 약 3kpc의 중심부 구멍을 가지고 있다. 이는 은하막대 때문일 수 있는데, 은하막대는 가스를 은하핵으로 운반하여 가스가 없는 넓은 영역을 만들 것이기 때문이다.

중심부 구멍 안에는 높은 밀도의 핵 가스원반(nuclear gas disc)이 있다. 이 원반의 중성수소가 가지는 반지름은 약 1.5kpc이지만, 대부분의 질량은 분자의 형태로 존재하며 핵으로부터 300pc 안에 집중되어 있다. 이 지역에 있는 분자가스의 질량은 약 $10^8 M_\odot$ 인데, 이는 우리은하 총 분자 질량의 5%에 해당한다. 이 분자구름은 아마도 주위에 있는 매우 뜨거운($T \approx 10^8$K) 가스의 압력

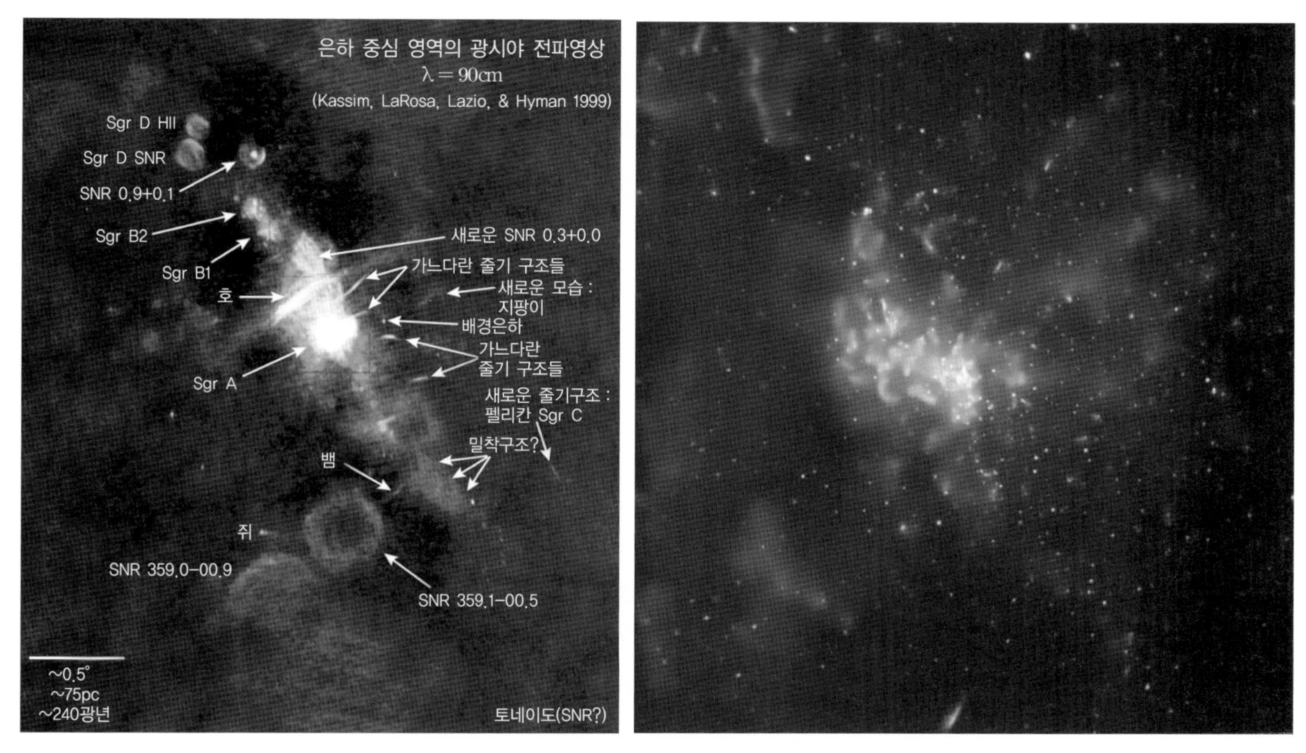

그림 18.22 (왼쪽) 전파관측으로 본 우리은하 중심부 모습. VLA를 통해 관측되었다. (사진출처 : Kassim et al., Naval Research Laboratory) (오른쪽) 찬드라위성에 의해 관측된 우리은하 중심부의 초거대질량 블랙홀 Sgr A* 주변부의 모습. 사진의 한 변은 8.4′으로 은하 중심의 거리에서 20pc에 해당한다. (NASA/CXC/MIT/F.K. Baganoff et al.)

에 의해 가두어져 있을 것이다. 이 뜨거운 가스는 수직 방향으로 팽창하여 은하풍(galactic wind)을 형성할 것이다. 은하풍 또는 별 형성으로 인해 잃어버린 가스는 더 바깥에서 안으로 떨어져 내려오는 가스에 의해 재공급된다.

중심부 10pc에서는 전파연속원(radio continuum source)인 궁수자리 A(Sgr A)와 적외선에서 관측되는 밀도가 높은 성단이 두드러진다. 복잡한 운동과 별 형성 활동의 징후를 보이는 분자구름도 존재한다. Sgr A 내에는 Sgr A*라고 알려진 점으로 보이는 독특한 전파연속원이 있다. 중심부의 성단은 은하원반에서 관측된 그 어느 것보다 높은 밀도를 가지는데, Sgr A*의 위치는 이 성단의 중심에서 1″ 이내에 든다.

태양 근방의 별의 밀도는 단위 pc^3당 1개의 별이 존재하는 반면 우리은하 중심부 성단 별들의 밀도는 단위 pc^3당 3×10^{14}에 달한다. 이러한 별의 무리들은 은하 중심부의 블랙홀 주변을 궤도운동한다. 1990년대 후반 이후부터 가장 안쪽 궤도 별들의 운동이 계속 추적되어 왔으며 그중 일부 별들의 공전주기는 16년, 11.5년으로 이미 한 번의 궤도운동을 마쳤다(그림 18.23). 공전주기와 궤도의 크기에 대한 정보가 주어지면 궤도 안의 총 질량을 계산할 수 있다. 켁 망원경(Keck telescope)을 이용해 얻은 물리량을 이용하여 2014년 은하 중심부의 질량이 $4.6 \pm 0.7 \times 10^6 M_\odot$ 임을 추정하였다.

VLBI 관측에 따르면 중심부 블랙홀을 감싸고 있는 부착원반의 사이즈는 10AU보다 작다. 은하 중심부에서

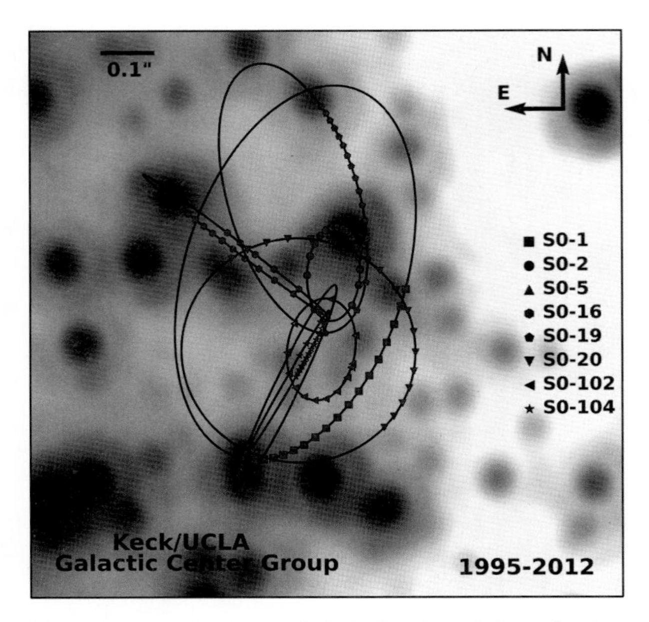

그림 18.23 15년 동안 추적된 우리은하 중심부를 궤도운동하는 별들의 궤적. 배경 이미지는 2014년 켁 망원경을 이용하여 관측되었다. (Kuva Andrea Ghez/UCLA/W.M. Keck Telescopes)

20여 분 지속되는 적외선 분출을 통해 추산한 값도 이와 비슷하며, 중심 블랙홀의 반경은 약 0.2AU로 추정된다.

18.5 우리은하의 형성과 진화

다른 은하들과 마찬가지로, 우리은하도 우주공간에서 평균보다 높은 밀도를 가지는 지역이 급격하게 수축하여 형성되었을 것이다. 형성 과정에 대한 일반적인 고찰은 다음 두 장, 특히 19.8절과 20.7절에서 다룰 것이다. 우리 근처에 있으며 다른 나이를 가지는 여러 별의 특징들로부터 은하 형성 과정의 흔적들을 찾아볼 수 있을 것이다. 이러한 흔적들은 우리은하 형성에 관한 정보들을 제공하는데, 이는 다른 은하에서는 얻을 수 없는 것들이다.

별의 나이. 우리은하의 진화를 연구하는 가장 직접적인 방법은 별들의 나이를 관측하는 것이다. 18.2절에서 설명된 종족들의 연속은 다른 나이를 가지는 별들의 연속에 해당하기도 한다. 가장 늙은 성분(종족 II)인 헤일로는 120~140억 년의 나이를 가지는 별들이 거의 구형으로 분포하는 것이며, 우리은하에서 가장 오래된 부분이다.

반대로, 늙은종족 I과 젊은종족 I은 100억 년보다 적은 나이를 가지는 별들로 구성되어 있으며, 초기에는 아주 얇은 층(원반)에서 만들어진 후 나선팔, 분자구름 등과의 조우(遭遇, encounter)를 통해 그 층이 두터워졌다.

앞에서 언급된 바와 같이 종족 I과 II 사이의 중간종족은 100~120억 년의 나이를 가지는 두꺼운 원반이다. 우리은하의 또 다른 중간종족은 은하막대를 포함하고 있는 중앙팽대부(central bulge)이며, 70~110억 년 정도의 나이를 가진 별들로 이루어져 있다.

화학적 농축(chemical enrichment). 우리은하 형성의 역사는 오래된 별들의 특성에 보존되어 있는데, 무엇보다 그 별들의 화학적 성분, 즉 헬륨보다 무거운 원소와 동위원소의 함량비(abundance)에 보존되어 있다[천체물리학에서는 헬륨보다 무거운 원소들을 종종 '금속(metal)'이라는 전문용어로 부르기도 한다].

처음 별들이 만들어졌을 때는 수소와 헬륨만이 존재했다. 별들의 세대가 대대로 진화하면서, 별 내부의 핵반응이 무거운 원소들을 만들어냈고, 이 중 일부는 초신성 폭발이나 항성풍에 의해 성간가스로 환원되었다. 그 후 이 중원소들은 다음 세대의 별들 내부에 혼합되었으며, 성간매질의 금속함량을 서서히 증가시켰다.

초기에 만들어진 별들의 일부는 작은 질량을 가졌으며, 수명이 매우 길어서 아직도 존재한다. 이 별들의 화학조성은 그들이 태어났을 시기의 성간매질의 함량비를 반영한다. 따라서 다른 나이를 가지는 여러 별들의 화학조성을 연구하면 우리은하 내 별 형성의 역사에 대한 정보를 얻을 수 있는데, 어떤 주어진 시점의 별 형성률과 별들이 태어났을 당시의 질량 및 다른 특징들이 그것이다.

별 내부의 금속함량을 알려주는 지표 중 많이 쓰이는 것은 수소에 대한 철의 상대적인 질량인데, 태양에 대한 상대적인 값을 로그스케일로 나타내며, [Fe/H]로 표기한다. 그림 18.24는 여러 나이를 가지는 다른 종류의 별들에 대한 [Fe/H]값을 보여준다. 금속함량이 처음 10억 년 정도 빠르게 증가하다가 그 이후에는 천천히 증가했다는 것이 일반적인 견해이다. 늙은 헤일로 별들 중에서 발견된 가장 낮은 [Fe/H]값은 약 −5이다.

우리은하와 다른 은하들의 화학적 진화를 묘사하기 위하여 별 형성 및 은하 외부로부터 가스의 낙하 등과 같은 효과를 고려한 모형들이 여럿 개발되었다. 특히 간단한 모형으로는 초기에 금속함량이 갑작스럽게 증가하는 현상을 설명하기 어렵다. 이러한 문제, 즉 늙고 금속함량이 적은 원반 별들(초기 10억 년 동안에 금속을 공급해 주었던 별들)이 거의 없다는 사실은 'G 왜성 문제(G dwarf problem)'라고 알려져 있는데, 이는 아직 주계열에 있는 가장 늙은 별의 분광형이 G형이기 때문이다. G 왜성 문제를 피하는 가장 직접적인 방법은 성간가스 중 많은 양이 가장 늙은 별이 탄생한 후 은하로 유입되었다고 가정하는 것이다.

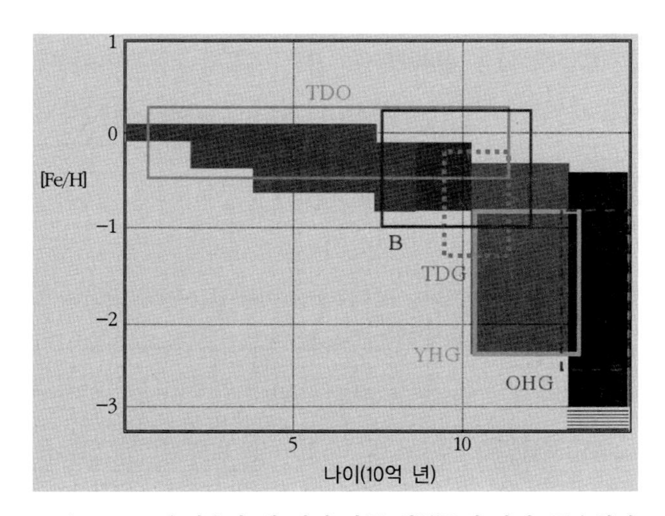

그림 18.24 우리은하 내 여러 다른 성분들의 나이-금속함량 관계. TDO : 얇은 원반의 성단, TDG : 두꺼운 원반의 구상성단, YHG : 젊은 헤일로 구상성단, OHG : 늙은 헤일로 구상성단. 그늘진 영역들은 나이순으로 얇은 원반의 낱별, 두꺼운 원반의 낱별, 헤일로 낱별에 해당한다. (K. Freeman, J. Bland-Hawthorn 2002, ARAA 40, 487, Fig. 2)

우리은하의 형성. 우주에 있는 가스구름들 중 평균보다 높은 밀도를 가지는 것들이 자체 중력에 의해 붕괴하여 은하가 형성된다고 생각된다. 가스가 압축되면서 그 안에서 별이 태어난다. 붕괴가 끝난 후에 성간구름은 준정상 상태(quasi-stationary state)로 들어가며, 진화가 더 느린 속도로 계속된다. 별이 진화하며 화학적으로 풍부해진 가스가 성간공간으로 환원된다. 환원된 가스는 이미 성간공간에 있던 원래의 가스와 섞이게 되며, 별 형성은 계속된다.

은하 형성이 어떻게 진행되는지에 대한 문제에는 경쟁 관계에 있는 두 가지 개념이 있다. 단일(monolithic) 붕괴 모형에서는 은하를 구성하게 될 물질의 대부분을 포함하는 무거운 구름이 붕괴하면서 커다란 은하가 한꺼번에 형성된다고 가정하는 반면, 계층적(hierarchical) 모형에서는 대부분의 별들이 훨씬 더 작은 구름에서 태어난 후 모여들어서 우리가 현재 관측하는 은하를 형성한다고 가정한다. 외부은하에서 보이는 이러한 모형들에 대한 증거는 다음 장에서 고려될 것이다.

우리은하에서만 보더라도 단일붕괴 모형과 계층적 모형이 모두 너무 단순화된 모형이라는 것을 알 수 있다. 은하 구조의 어떤 면들은 단일붕괴 모형에 잘 맞는데, 예를 들어 헤일로의 빠른 붕괴 후에 원반이 점진적으로 성장하였다는 것은 이 모형에 잘 맞는 것이다. 화학조성비의 양상도 은하 전체에 걸쳐 동일한데, 이는 은하 역사를 통틀어 별 형성의 양상이 동일했다는 것을 의미한다.

다른 관측 결과들은 계층적 형성의 역사를 암시한다. 예를 들어 두꺼운 원반에 있는 별들의 함량비 양상은 얇은 원반의 그것과는 다르다. 이것을 설명하는 가장 자연스러운 방법은 별 형성 역사가 다른 하나 또는 여러 개의 작은 위성은하들이 유입되어 두꺼운 원반이 형성되었다는 것이다. 위성은하 유입이 중요하다는 또 다른 징후는 궁수자리 왜소은하 등과 같은 계가 존재한다는 것인데, 이 왜소은하는 현재 우리은하에 의해 부서지고 있는 과정에 있는 것으로 보인다.

우주에는 눈에 보이는 물질의 양보다 5배가량 많은 암흑물질이 존재한다. 최근 수치 계산은 암흑물질이 은하 형성과 진화에 필수 불가결한 역할을 했다는 것을 확인하였다. 우주가 탄생한 후 10억 년 동안 중력에 의해 암흑물질로 이루어진 헤일로가 뭉쳐지고 보통물질이 암흑물질 헤일로 안으로 유입되며 초기 은하들을 탄생시켰다. 현재 은하들은 암흑물질, 은하 간의 상호작용, 충돌, 그리고 병합 등 많은 효과가 합쳐진 복잡한 물리적 현상들을 겪으며 진화한 것으로 이해된다.

18.6 예제

예제 18.1 우주공간에 별들이 균일하게 분포하고 있고 소광이 없다면, 겉보기등급 m보다 더 밝은 별의 수는

$$N_0(m) = N_0(0) \times 10^{0.6m}$$

이 된다는 것을 보여라.

우선, 모든 별이 같은 절대등급 M을 가진다고 가정하자. 이 별들 중 겉보기등급이 m인 별들까지의 거리를 파섹으로 나타내면

$$r = 10 \times 10^{0.2(m-M)}$$

이 된다. 어떤 별이 m보다 밝게 보이기 위해서는 반지름이 r인 구 이내에 있어야 한다. 별의 밀도는 상수이기 때문에, 이러한 별들의 수는 다음 부피에 비례한다.

$$N_0(m) \propto r^3 \propto 10^{0.6m}$$

이 결과는 별의 절대등급에 의존하지 않으므로, 광도함수가 거리에 따라 다르지만 않으면 이 결과는 절대등급이 똑같지 않은 별들의 집단에도 적용될 수 있다. 따라서 이러한 조건에서는 위 식이 유효한 것이다.

예제 18.2(오르트 공식을 이용한 거리 측정) 은하 평면 내 은경 $l = 45°$에 있는 한 천체가 국부정지계(LSR)에 대해 $30\,\mathrm{km\,s^{-1}}$의 시선속도를 가지고 있다. 이 천체의 거리는 얼마인가?

식 (18.10)에 따르면

$$v_{\mathrm{r}} = Ar\sin 2l$$

이다. 따라서 다음을 얻는다.

$$r = \frac{v_{\mathrm{r}}}{A\sin 2l} = \frac{30\,\mathrm{km\,s^{-1}}}{15\,\mathrm{km\,s^{-1}\,kpc^{-1}}} = 2\,\mathrm{kpc}$$

실제로는 특이운동이 매우 커서 이 방법으로는 거리를 측정할 수 없다. 오르트 공식은 통계적 연구에만 적합하다.

예제 18.3(균일한 원반의 중력장에 대한 논의) 균일하며 얇고 무한히 넓은 원반의 중력장은 일정하며 원반 평면방향으로 향한다는 것을 보일 수 있다. 원반의 단위면적당 질량이 σ라면, 중력장은

$$g = 2\pi G\sigma$$

가 된다. 따라서 원반 밖에 놓인 시험입자는 원반방향으로의 일정한 가속을 받을 것이다. 수치적인 예를 보이기 위해 지름이 20kpc인 원형의 원반에 $10^{11} M_{\odot}$의 질량이 균일하게 분포하고 있다고 가정하자. 단위면적당 질량은

$$\sigma = \frac{10^{11} \times 2 \times 10^{30}\,\mathrm{kg}}{\pi(10^4 \times 3.086 \times 10^{16}\,\mathrm{m})^2} = 0.67\,\mathrm{kg\,m^{-2}}$$

이 되며, 이에 따른 중력장은

$$g = 2.8 \times 10^{-10}\,\mathrm{m\,s^{-2}}$$

이 될 것이다. 어떤 별이 원반에서 $d = 1\,\mathrm{kpc}$ 떨어져 있으며, 처음에는 정지해 있다고 하자(근사적으로 풀 수 있게 하기 위해 이 별이 원반의 가장자리 근처에 있지 않다고 하자). 원반은 이 별을 원반 쪽으로 잡아당길 것이며, 이 별이 원반을 통과할 때

$$v = \sqrt{2gd} = 130\,\mathrm{km\,s^{-1}}$$

의 속도를 가질 것이고, 원반에 이르는 데 걸리는 시간은

$$t = v/g = 15 \times 10^{6}\,\mathrm{a}$$

와 같다.

18.7 연습문제

연습문제 18.1 태양과 어떤 한 별이 우리은하의 원반에서 같은 원궤도 위에서 같은 속도를 가지고 움직이고 있다고 가정하자. 이 별의 고유운동은 거리에 관계없음을 보여라. 이 고유운동은 얼마나 큰가?

연습문제 18.2 a) 한 세페이드 변광성이 $80\mathrm{km\,s^{-1}}$의 시선속도를 가지고 있으며 은경이 $145°$이다. 이 별의 거리는 얼마인가?

b) 이 세페이드 변광성의 주기는 3.16일이며, 겉보기 안시등급은 12.3이다. 이 정보로부터 얻어지는 거리는 얼마인가? 위의 두 속도는 일치하는가?

연습문제 18.3 a) 가장 가까이에 있는 별들(표 C.15) 중에 얼마나 많은 별이 가장 밝은 별(표 C.16)에 속하는가? 이유를 설명하라.

b) 별의 밀도가 일정하다면, 용골자리 1등성[카노푸스(Canopus)]보다 가까운 거리에 있는 별들의 수는 얼마나 되겠는가?

연습문제 18.4 a) 우리은하가 균일한 원반이며, 태양은 원반의 중앙면에 놓여 있다고 가정하자. 어떤 한 별의 절대등급은 M이고, 은위는 b이며, 중앙면으로부터 z만큼 떨어져 있다. 우리은하 내의 소광이 $a\,\mathrm{mag\,kpc^{-1}}$이라면, 이 별의 겉보기등급은 얼마인가?

b) 은하원반의 두께가 200pc이라고 가정하자. $M = 0.0$, $b = 30°$, 거리 $r = 1\,\mathrm{kpc}$, $a = 1\,\mathrm{mag\,kpc^{-1}}$인 별의 겉보기등급을 구하라.

은하

19

은하들은 우주의 기본적인 구성단위이다. 은하들 중에는 그 구조가 매우 단순하고 보통의 별만을 포함하며 아무런 독특한 개별적 특징을 보여주지 않는 것도 있다. 또한 거의 전적으로 중성수소만을 포함하는 은하들도 있다. 그 반면에 다른 은하들은 여러 종류의 다른 성분들로 이루어진, 즉 별, 중성가스, 전리된 가스, 티끌, 분자구름, 자기장, 우주선 등으로 이루어진 복잡한 시스템을 이루고 있다. 은하들은 우주공간에서 작은 군(群, group)이나 거대한 은하단(galaxy cluster)을 형성하기도 한다. 많은 은하의 중심에는 밀집된 핵이 있는데, 이것은 종종 매우 밝아서 은하의 전체 복사를 압도하기도 한다.

가장 밝은 보통 은하의 광도는 10^{12} 태양광도에 해당하지만, 대부분은 이보다 훨씬 흐려서 발견된 것 중 가장 작은 것은 약 $10^5 L_\odot$의 밝기를 가진다. 은하들은 바깥 가장자리에 뚜렷한 경계를 가지고 있지 않으므로, 그들의 질량과 반지름은 이 양들이 어떻게 정의되느냐에 따라 다르다. 만약 중심의 밝은 부분만을 포함한다면 거대은하는 약 $10^{13} M_\odot$의 질량과 30kpc의 반지름을 가지며, 왜소은하는 $10^7 M_\odot$와 0.5kpc을 가진다.

암흑물질의 존재는 은하 연구 분야에 커다란 변화를 가져왔다. 암흑물질이야말로 은하의 생성과 진화를 통합적으로 설명해내기 위해 반드시 필요한 요소이다.

은하의 총 질량에 따라 암흑물질의 비율은 매우 다르다. 예를 들어 무거운 은하의 경우 눈에 보이는 보통물질보다 5배 많은 암흑물질이 존재하며, 작은 은하의 경우 보통물질 대비 암흑물질의 비율이 100배에서 1,000배에 이른다.

매우 작은 왜소은하들이 발견됨에 따라 성단과 은하의 경계가 모호해졌는데, 가장 작은 왜소은하들은 밀집한 성단과 비슷하기 때문이다. 따라서 일부 천문학자들은 은하를 별뿐만 아니라 암흑물질을 포함하는 시스템으로 다시 정의하게 되었다.

19.1 은하의 분류

형태에 따라 은하를 분류하는 것은 은하를 이해하는 데 유용한 첫 번째 단계이다. 이러한 형태학적 분류는 항상 어느 정도 주관적이지만, 그래도 이것이 은하의 정량적인 특성을 체계적인 방법으로 연구할 수 있는 골격을 마련해준다. 그러나 이렇게 얻어지는 결과는 하늘에서 쉽게 관측되는 매우 크고 밝은 은하들에 국한된 것이라는 점을 기억해야 한다. 보통 은하의 반지름과 등급을 보여주는 그림 19.1에서 이러한 한계를 엿볼 수 있는데, 이 그림의 어떤 좁은 영역에 있는 은하들만 잘 발견된다는 것을 알 수 있다. 만약 어떤 은하가 등급에 비해 훨씬 큰 반지름을 가지고 있다면(작은 표면밝기), 은하는 밤하늘의 배경 밝기보다 흐려서 배경 속으로 사라질 것이

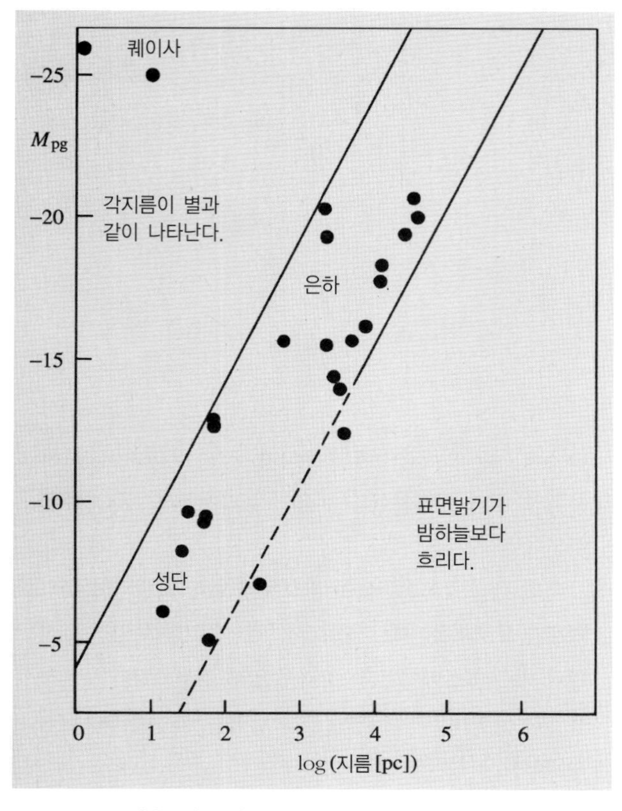

그림 19.1 관측 가능한 외부은하의 등급과 지름. 왼쪽 위의 천체들은 별과 같이 보인다. 이 영역에 있는 퀘이사들은 그들의 스펙트럼을 통해 발견되었다. 오른쪽 아래의 천체들은 밤하늘보다 훨씬 더 흐린 표면밝기를 가지고 있다. 최근에 이 영역에서 낮은 표면밝기 은하(low surface brightness galaxy)들이 많이 발견되었다. [Arp, H. (1965): Astrophys. J. **142**, 402]

다. 그 반면에 은하의 반지름이 너무 작으면, 그 은하는 별과 같이 보여서 사진건판에서 눈에 띄지 않게 된다. 아래에서는 이러한 한계 내에 들어오는 밝은 은하들에 관해서 주로 논의할 것이다.

은하의 분류가 유용하려면, 그것은 적어도 은하들의 어떤 중요한 물리적 성질과 대략적으로 관련이 있어야 한다. 대부분의 분류들은 1926년 허블이 제안한 것과 주요 특징들이 일치한다. 허블 자신이 직접 그린 **허블계열**(Hubble sequence)이 그림 19.2에 나타나 있는데, 은하의 여러 형태가 조기(early)에서 만기(late)까지 순서대로 나열되어 있다. 이 분류에는 세 가지 주요 형태가 있는데, **타원은하**, **렌즈형은하**(lenticular galaxy), **나선은하**(spiral galaxy)가 그것이다. 나선형은 2개의 계열, 즉 **정상나선형**(normal spiral)과 **막대나선형**(barred spiral)으로 구분된다. 이와 함께 **불규칙은하**(irregular galaxy)의 분류도 있다. 렌즈형은하와 나선은하의 경우 물질들이 주로 은하 원반에 집중되어 있기 때문에 이 은하들을 통칭하여 **원반은하**(disk galaxies)로도 부른다.

타원은하들(그림 19.6)은 하늘에 투영된 모습이 별들의 타원형 집단으로 보이는데, 이 은하들에서는 밀도가 바깥쪽으로 나가면서 규칙적인 형태로 낮아진다. 대개 이 은하들에는 성간물질의 흔적(티끌로 인한 검은 띠, 밝고 젊은 별들)이 없다. 타원은하들 사이의 차이는 그 모양에서만 보이는데, 모양을 근거로 하여 그들은 E0,

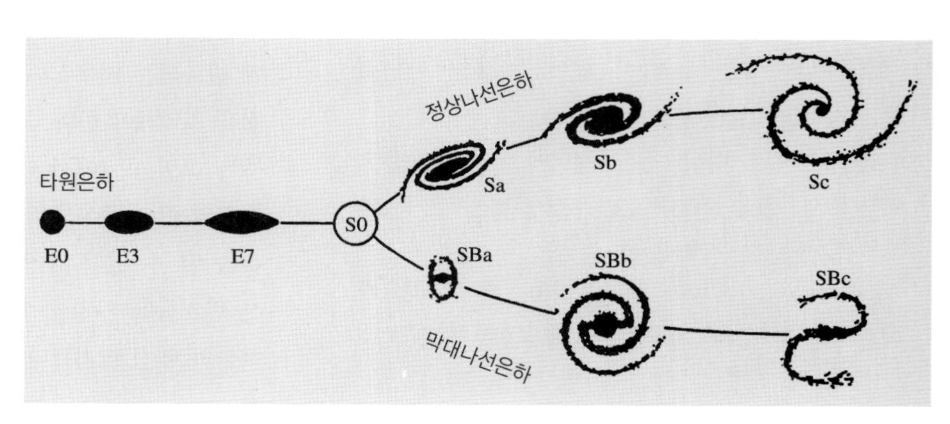

그림 19.2 허블이 1936년에 내놓은 허블계열. 이때는 S0형의 존재가 아직 의심받고 있었다. 허블 형들의 사진은 그림 18.6과 18.15(E), 18.3과 18.4(S0와 S), 18.12(S와 Irr II), 18.5(Irr I과 dE)에 보인다. [Hubble, E.P. (1936): *The Realm of the Nebulae* (Yale University Press, New Haven)]

E1, ⋯, E7으로 분류된다. 타원은하의 장축과 단축을 a와 b라 한다면,

$$n = 10\left(1 - \frac{b}{a}\right) \tag{19.1}$$

에 의해 En형으로 정의한다. 따라서 E0은하는 하늘에서 원형으로 보인다. 우리가 보는 E형 은하들의 모습은 그 은하가 보이는 방향에 따라 다르다. E0은하는 실제로 구형일 수도 있고, 위에서 내려다보면 둥근 원반일 수도 있는 것이다.

허블의 분류에 나중에 추가된 종류로 cD로 표시되는 **거대타원은하**(giant elliptical galaxy)가 있다. 이들은 일반적으로 은하단의 중심 부분에서 발견된다. 그들의 중심부는 보통의 타원은하같이 보이며, 이 중심부는 별로 이루어진 크고 흐린 헤일로로 둘러싸여 있다.

허블계열에서 렌즈(S0)형 은하들은 타원형과 나선형 사이에 해당한다. 이들은 타원은하와 같이 성간물질이 거의 없고 나선 구조를 보이지 않는다. 그러나 일반적인 타원형의 별 분포에다 별들로 이루어진 납작한 원반을 추가로 가지고 있다. 이 점에서 보면 이들은 나선은하와 비슷하다(그림 19.3, 19.4).

나선은하의 특징은 원반에 잘 발달되어 있는 나선패턴이다. 나선은하들은 **중앙팽대부**와 별들로 이루어진 원반(stellar disk)으로 구성되어 있는데, 전자는 E은하와 구조적인 면에서 비슷하며, 후자는 S0은하와 비슷하다. 이와 함께, 가스와 다른 성간물질들로 이루어진 얇은 원반이 있는데, 여기서 젊은 별들이 태어나 나선패턴을 형성한다. 나선형에는 정상나선형 Sa–Sb–Sc와 막대나선형 SBa–SBb–SBc의 두 계열이 있다. 막대나선은하에서는 나선패턴이 중심부의 막대에서 끝나며, 정상나선은하에서는 나선패턴이 내부고리(inner ring)에서 끝나거나 중심부까지 계속될 수 있다. 나선계열 내에서 은하가 어디에 속하느냐 하는 것은 세 가지 기준에 따라 결정된다(항상 일치하지는 않지만). 즉 만기형으로 갈수록 더 작은 중앙팽대부, 더 좁은 나선팔, 그리고 더 열린 나선패턴 등을 가진다. 우리은하는 SABbc형(Sb와 Sc의 중간이며 정상과 막대형의 중간)이라 생각된다.

고전적인 허블계열은 기본적으로 밝은 은하들을 토대로 만들어졌고, 그래서 어두운 은하들에는 이를 맞추기가 쉽지 않다. 예를 들어 원래 허블계열의 불규칙은하들은 IrrI과 IrrII의 두 종류로 분류될 수 있다. IrrI은하는 허블계열에서 Sc은하 다음의 연장선상에 놓인 은하로, 많은 가스와 젊은 별들을 포함한다. IrrII은하는 다소 불규칙한 작은 타원형 은하로 새로 탄생하는 별을 매우 적게 포함하는 반면 많은 양의 성간먼지를 가지고 있다.

가장 작은 불규칙 은하는 **왜소불규칙은하**(dwarf irregulars, dIrr)로 분류된다. 또 다른 큰 부류의 왜소은하들은 **구형왜소은하**(dwarf spheroidals, dSph) 혹은 **타원형왜소은하**(dwarf ellipsoids, dE)다. 이들은 일반적인 타원은하에 비해 매우 작고, 별의 밀도 또한 매우 낮다. 최근에는 새로운 유형의 더 작은 은하들이 발견되었으며 **초미광왜소은하**(ultrafaint dwarfs, uFd), 청색밀집왜소은하(blue compact dwarfs, BCD), 그리고 초밀집왜소은하(ultracompact dwarfs, UCD)가 이에 해당한다(그림 19.7).

정밀한 형태학적 분류와 더불어 2000년대 초반 색을 기반으로 한 더 단순한 분류법이 도입되었다. 이는 현대 디지털 탐사 프로그램으로 쏟아져 나오는 수백만 개의 새로운 은하를 빠르게 분류할 뿐만 아니라 눈으로 식별이 어려운 희미한 은하들의 분류를 가능하게 하였다. 은하들을 별들과 비슷하게 색-등급도상에서 나타내면 **적색 계열**(red sequence)과 **청색 계열**(blue sequence)로 뚜렷하게 양분된다(그림 19.8). 적색 은하들은 대부분 오래된 별들로 이루어진 타원은하이며 청색 은하들은 주로 새로 탄생하는 별들을 많이 포함하는 나선은하이다.

그림 19.3 정상나선은하와 S0은하들의 분류 (사진출처 : Mt. Wilson Observatory)

그림 19.4 SB0은하와 SB은하들의 여러 다른 형. (r)형 또는 (s)형은 은하가 고리(ring)를 가지고 있는지 여부에 따른다. (사진출처 : Mt. Wilson Observatory)

그림 19.5 (위) 우리은하의 왜소 동반은하인 소마젤란운(허블형 Irr I) (사진출처 : Royal Observatory, Edinburgh). (아래) dE 왜소구형 은하인 조각가자리은하(사진출처 : ESO)

그림 19.6 안드로메다은하의 작은 타원형 동반은하인 M32(E2형) (사진출처 : NOAO/Kitt Peak National Observatory)

그림 19.7 초밀집왜소은하 M60-UCD1은 M60은하 가까이 위치한다. 이 왜소은하의 질량은 $200 \times 10^6 M_\odot$ 지만 반경은 100광년에 불과하다. [사진출처 : NASA, ESA, CXC, J. Strader, (Michigan State University)]

19.2 광도와 질량

거리. 은하의 절대광도와 실제 크기를 구하려면 우선 거리를 알아야 한다. 거리는 은하의 질량을 구하는 데도 필요한데, 질량을 알아내기 위해서는 은하의 절대적인 크기도 알아야 하기 때문이다. 국부은하군 내의 거리는 우리은하 안에서와 같은 방법을 사용하는데, 그중 가장 중요한 방법은 변광성을 이용하는 것이다. 더 먼 거리(50Mpc 이상)에 대해서는 우주의 팽창을 토대로 하여 추산할 수 있다(20.1절 참조). 이 두 방법을 연결하기 위해서는 개개 은하의 성질에 근거를 둔 거리 결정방법이 필요하다.

가까운 거리는 HII 영역의 크기나 구상성단의 등급과 같은 은하의 구조를 구성하는 성분들을 어느 정도 이용할 수 있다. 그러나 수십 Mpc의 거리를 측정하기 위해서는, 거리에 의존하지 않고 은하 전체의 절대광도를 결정하는 방법이 필요하다. 그러한 방법이 몇 개 제안되어

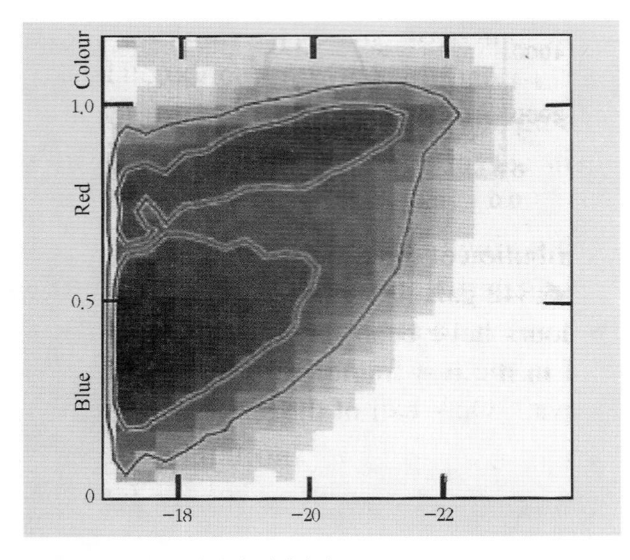

그림 19.8 슬론 디지털 전천탐사(Sloan digital sky survey, SDSS)에서 관측된 144,000개 은하들의 색-등급도. 밝기는 왼쪽에서 오른쪽으로 증가한다. 은하들이 적색과 청색 두 영역으로 뚜렷하게 나뉘어 분포한다. (Blanton et al. 2003, ApJ 592, 819)

있는데, 한 예로 반덴버그가 도입한 만기 나선형은하의 광도 분류방법이 있다. 이 방법은 은하의 광도와 나선 모양의 뚜렷한 정도 사이의 상관관계에 기초한다. 현재 이 방법은 완벽하게 정확하지는 않은 것으로 생각된다.

은하의 총 광도와 관계있으며 은하까지의 거리와는 독립적으로 측정될 수 있는 은하의 고유성질이 있다면, 이것들도 거리지표로 이용될 수 있다. 그러한 성질로는 색깔, 표면밝기, 은하의 내부 운동속도 등이 있는데, 이 모두가 나선은하와 타원은하의 거리를 측정하는 데 사용되어 왔다.

예를 들어 은하의 절대광도는 질량에 의존하며, 질량은 은하 내 별들과 가스의 속도에서 추정될 수 있다. 타원은하의 경우 절대광도와 속도분산의 상관관계가 있으며, 나선은하의 경우 절대광도와 회전속도의 상관관계가 존재한다. 후자의 관계를 **툴리-피셔 관계**(Tully-Fisher relation)라고 한다. 회전속도가 수소 21cm선의 폭으로부터 매우 정확하게 측정될 수 있기 때문에, 툴리-피셔 관계는 아마도 현재 알려진 가장 정확한 거리지표일 것이다.

은하단에 속한 은하 중 가장 밝은 은하의 광도는 어느 정도 일정하다는 사실이 알려져 있다. 이 사실은 앞서 언급한 것보다 더 먼 거리를 측정하는 데 사용될 수 있으며, 우주론에서 중요한 거리측정 방법이 되고 있다.

광도. 은하의 전체 광도를 어떻게 정의하느냐 하는 것은 다소 임의적인데, 이는 은하들이 뚜렷이 구분되는 바깥 경계를 가지고 있지 않기 때문이다. 관례적으로 은하에서 어떤 특정한 표면밝기, 예를 들어 26.5등급/각초^2 내에 들어오는 부분의 광도만을 측정한다. 한 허블형 내에서도 은하마다 매우 다른 총 광도 L을 가질 수 있다.

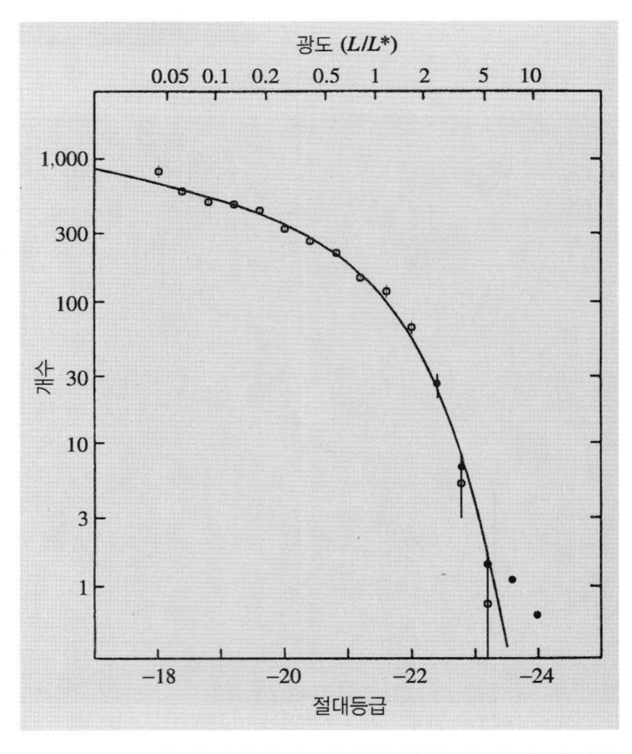

그림 19.9 13개 은하단의 광도함수를 합친 것. 속이 빈 기호들은 cD은하를 제외하고 얻은 것이며, 그 분포가 식 (19.2)에 의해 잘 기술된다. cD은하들(속이 찬 기호)의 분포는 밝은 쪽 끝에서 앞의 분포와 차이를 보인다. [Schechter, P. (1976): Astrophys. J. 203, 297]

별의 경우에서와 같이, 은하광도의 분포는 **광도함수** $\Phi(L)$로 기술된다(그림 19.9). 이것은 광도가 L과 $L+\mathrm{d}L$ 사이에 있는 은하들의 공간밀도가 $\Phi(L)dL$이라고 정의한 것이다. 은하들의 거리가 어떤 방법에 의해서 추산되면, 관측된 등급들로부터 광도함수를 결정할 수 있다. 실제로는 먼저 $\Phi(L)$에 대한 어떤 적당한 함수 형태를 가정한 후, 이를 관측에 맞추어 얻게 된다. 일반적으로 사용되는 형태 중 하나로 **셰크터(Schechter) 광도함수**가 있다.

$$\Phi(L)\mathrm{d}L = \Phi^*\left(\frac{L}{L^*}\right)^{\alpha} \mathrm{e}^{-L/L^*}\,\mathrm{d}\left(\frac{L}{L^*}\right) \tag{19.2}$$

매개변수 Φ^*, L^*, α의 값은 다른 은하형마다 관측적으로 결정되는데, 일반적으로 이들은 위치의 함수이다.

광도함수의 형태는 매개변수 α, L^*에 의해서 기술된다. 흐린 은하들의 상대적인 수는 α에 의해서 기술되는데, 이것의 관측치가 약 -1.1이므로 은하의 밀도는 더 흐린 광도 쪽으로 가면서 단조증가한다. 광도함수는 광도가 L^*보다 높으면 급격히 떨어지므로, L^*는 밝은 은하들의 특성광도(characteristic luminosity)의 역할을 한다. 관측된 L^*값은 절대등급 $M^*=-21.0$등급에 해당하며, 우리은하의 절대등급은 아마도 -20.2등급이 될 것이다. cD 거대은하들은 이 밝기분포를 따르지 않는데, 그들의 등급은 -24등급보다 더 밝을 수 있다.

매개변수 Φ^*는 은하의 공간밀도에 비례하며, 따라서 위치에 따라 매우 달라진다. 식 (19.2) 관계에 의해 예측되는 은하의 총 개수밀도는 무한대이므로, 광도가 L^*보다 큰 은하의 밀도인 $n^*=\int_{L^*}^{\infty}\Phi(L)\mathrm{d}L$을 정의한다. 우주의 큰 공간에 대해 관측된 평균값은 $n^*=3.5\times10^{-3}\mathrm{Mpc}^{-3}$인데, 이 밀도에 해당하는 은하 사이의 평균거리는 4Mpc이다. 대부분의 은하들이 L^*보다 더 흐리고, 또한 그들은 종종 은하군에 속하므로, 보통의 은하들 사이의 거리는 일반적으로 그들의 지름보다 그리 크지 않다.

질량. 은하 내의 질량분포는 은하의 기원과 진화에 관한 이론과 우주론 모두에 중요한 양으로, 별들과 성간가스의 속도로부터 결정될 수 있다. 은하단에 포함된 은하들의 총 질량은 은하의 운동으로부터 구할 수 있다. 이렇게 얻은 결과는 태양의 질량과 광도를 단위로 하는 질량-광도비 M/L로 흔히 주어진다. 우리은하의 태양 근처에서 측정된 질량-광도비 값은 $M/L=3$이다. M/L이 한 은하 내에서 일정하다면 관측된 광도분포에 M/L을 곱하여 질량분포를 얻을 수 있다. 하지만 모든 곳에 일률적으로 적용 가능한 공통적인 M/L 값은 존재하지 않는다.

타원은하의 질량은 분광선의 증폭에 의해 얻어지는 별들의 속도분산으로부터 구할 수 있다. 이 방법은 비리얼 정리(6.10절 참조)에 기반을 둔 것으로, 이 정리는 평형상태에 있는 계에서 운동에너지 T와 퍼텐셜에너지 U는

$$2T+U=0 \tag{19.3}$$

의 관계를 따른다는 것이다. 타원은하들은 천천히 회전하므로 회전 운동에너지를 무시할 수 있어서 별들의 운동에너지를

$$T=Mv^2/2 \tag{19.4}$$

와 같이 쓸 수 있는데, 여기서 M은 은하의 총 질량이고, v는 분광선의 속도 폭이다. 퍼텐셜에너지는

$$U=-GM^2/2R \tag{19.5}$$

인데, 여기서 R은 빛의 분포로부터 추산되거나 계산될 수 있는 은하의 적당한 평균 반지름이다. 식 (19.4)와 (19.5)를 식 (19.3)에 대입하면 다음을 얻는다.

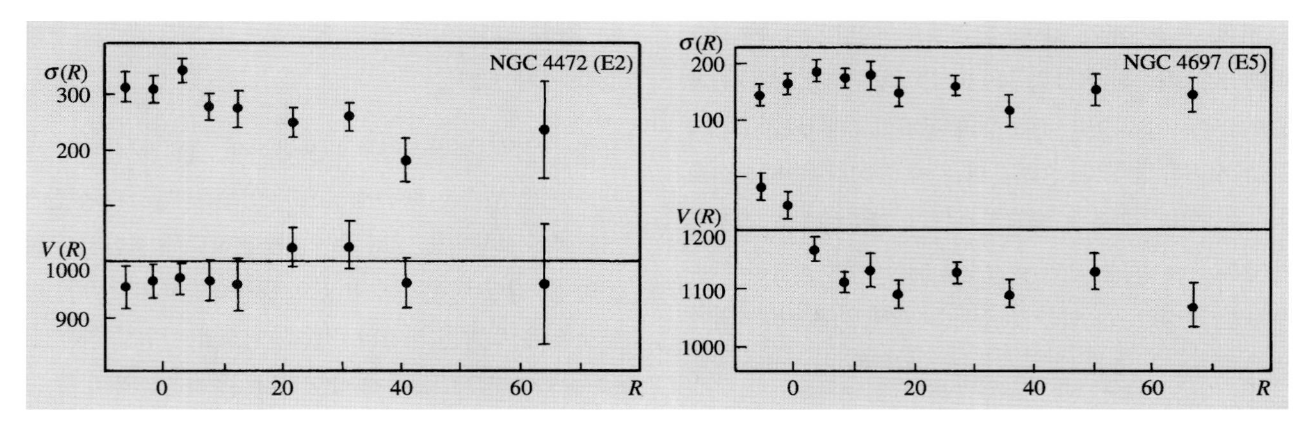

그림 19.10 E2형(NGC 4472)과 E5형(NGC 4697)에 대한 반지름(은하 중심으로부터의 거리)의 함수로서 회전속도 $V(R)$[km s^{-1}]과 속도분산 $\sigma(R)$[km s^{-1}]. NGC 4697은 회전하고 있으나, NGC4472는 회전하지 않는다. [Davies, R. L.(1981): Mon. Not. R. Astron. Soc. **194**, 879]

$$M = 2v^2R/G \tag{19.6}$$

v^2과 R을 알고 있으면 이 공식으로부터 타원은하의 질량을 계산할 수 있다. 타원은하 내 속도에 대한 관측의 예가 그림 19.10에 주어져 있는데, 이에 대한 더 자세한 논의는 19.4절에서 다룰 것이다. 이러한 관측에 의해서 반지름 10kpc 이내에 대해 얻어진 M/L 값은 약 10이며, 따라서 밝은 타원은하의 질량은 $10^{13}M_{\odot}$에까지 이른다.

나선은하의 질량은 반지름(즉 은하 중심으로부터 거리)에 따른 회전속도의 변화인 회전곡선 $v(R)$에서 구한다. 대부분의 질량이 거의 구형인 팽대부에 있다고 가정하면, 반지름 R 내의 질량 $M(R)$은 케플러 제3법칙인

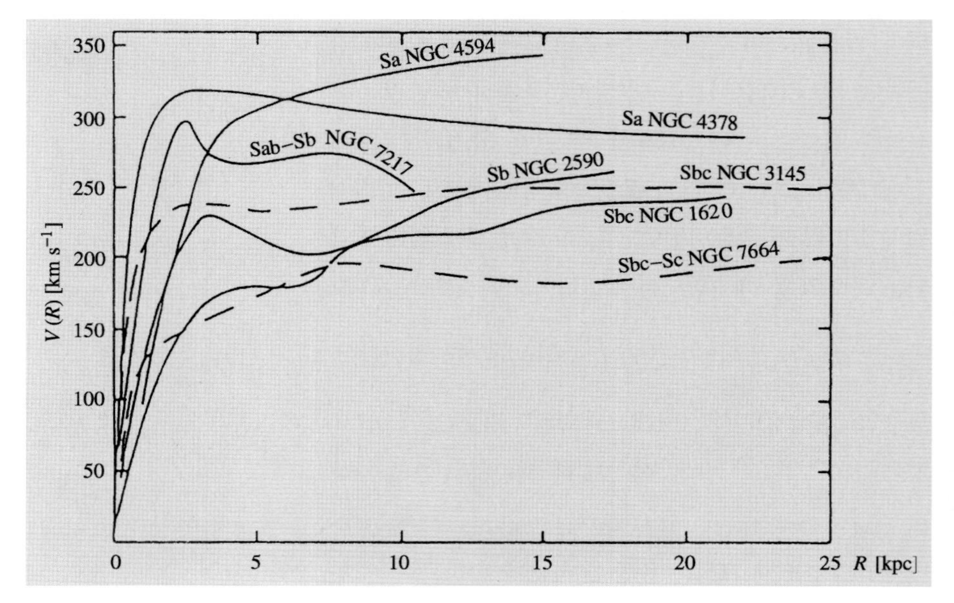

그림 19.11 7개 나선은하에서 관측된 회전곡선 [Rubin, V.C., Ford, W.K., Thonnard, N. (1978): Astrophys. J. (Lett.) **225**, L107]

$$M(R) = Rv(R)^2/G \tag{19.7}$$

로부터 구해진다. 그림 19.11은 은하의 전형적인 회전곡선들을 보여준다. 많은 나선은하의 바깥쪽에서는 $v(R)$이 R에 의존하지 않고 일정하다. 이는 $M(R)$이 반지름에 직접 비례함을 의미하는데, 즉 더 멀리 나갈수록 내포된(enclosed) 질량이 점점 더 커진다. 나선은하의 바깥 부분은 아주 흐리므로, R이 큰 곳에서는 M/L 값이 반지름에 직접 비례한다. 원반에 대해서는 조기형 나선은하에서 M/L=8의 값을, 만기형 나선은하에서 M/L= 4의 값을 보인다. 측정된 나선은하의 질량 중 가장 큰 값은 $2\times10^{12}M_\odot$ 이다.

빛이 검출되지 않는 은하 외곽지역의 질량을 측정하기 위해서는 은하시스템 내에서의 운동을 이용해야 한다. 이것이 가능한 경우 중 하나는 은하의 쌍들을 이용하는 것인데, 원칙적으로 이 방법은 쌍성에 대한 방법과 같다. 그러나 쌍은하의 궤도주기는 약 10^9년이나 되기 때문에, 이 방법으로는 통계적인 정보만을 얻을 수 있다. 결과가 아직 확실하지는 않지만, 쌍 사이의 거리가 약 50kpc일 때 쌍은하계는 $M/L = 20-30$의 값을 가지는 것으로 나타난다.

은하질량 결정의 네 번째 방법은 은하단에 비리얼 정리를 적용하는 것으로, 이 방법에서는 은하단이 역학적 평형상태에 있다는 가정이 이루어져야 한다. 식 (19.4)에서 운동에너지 T는 관측된 적색이동으로부터, 퍼텐셜에너지 U는 은하들 사이의 거리들로부터 계산될 수 있다. 만약 은하들의 질량이 그들의 광도에 비례한다고 가정하면, 은하단 중심으로부터 1Mpc 내에서의 M/L 값은 약 200으로 알려졌다. 그러나 은하단에 따라 이 값은 큰 변화를 보인다.

질량측정을 위한 두 가지의 새롭고 더 정확한 방법이 있다. 다섯 번째 방법으로 은하 주변 또는 은하단의 높

그림 19.12 히드라 은하단(Hydra galaxy cluster)에 있는 별들과 높은 온도의 가스. (왼쪽) 은하단 중심부를 보여주는 가시광선 이미지. (오른쪽) 같은 영역을 찬드라 위성으로 찍은 엑스선 이미지. 가스의 온도는 약 4×10^7K이다. (사진출처 : (왼쪽) UK Schmidt/DSS1/ESO, SRC, (오른쪽) NASA/CXC/SAO)

은 온도의 가스들로부터 방출되는 엑스선을 이용하는 것이다(그림 19.12). 은하단 주변 가스들의 온도는 약 10^7도에 해당하며 경우에 따라 10^8도까지 올라가기도 한다. 이러한 가스들은 은하단의 강한 중력장 안에 안정되게 속박되어 있으며, 은하단의 총 질량과 가스온도는 비례하는 경향을 보인다. 즉 온도가 높을수록 은하단의 질량이 크다. 무거운 은하단의 질량은 무려 $10^{15} M_{\odot}$로 추정되며, 오직 1%의 질량만이 관측 가능한 보통물질이다.

중력렌즈는 가장 정밀한 질량측정 방법이다(19.7절). 은하의 질량에 의해 은하 주변의 빛은 직선이 아닌 휘어진 채로 지나가게 되며, 이 휘어짐의 정도는 은하의 질량과 관련이 있다. 중력렌즈 방법은 일반적으로 은하단의 질량을 측정하는 데 이용되지만, 렌즈은하에 의해 여러 개의 상이 생기거나 뚜렷하게 왜곡된 상이 관측되는 경우에는 개개 은하의 질량을 추정하는 데도 이용될 수 있다. 중력렌즈 방법을 이용하여 은하 질량의 대략 1/6이 보통물질(별과 가스와 같은)이며 나머지는 암흑물질이라는 것을 재확인하였다.

암흑물질. 우주배경복사 관측위성인 더블유맵(WMAP)과 플랑크(Planck)는 암흑물질에 대한 가장 정밀한 값들을 제시하였다. 제20장에서 언급되겠지만, 우주를 구성하는 질량과 에너지의 총량의 약 31%가 물질이다. 2015년 발표된 플랑크 위성의 최종 결과에 따르면 그 중 보통물질은 5%이고 26%는 차가운 암흑물질이다.

암흑물질의 분포는 약한(weak) 또는 강한(strong) 중력렌즈를 통해 유추될 수 있으며, 그 결과 암흑물질은 은하나 은하단 주변의 넓은 헤일로처럼 분포되어 있음

그림 19.13 은하단 MACS J0717.5+3745 주변의 암흑물질 분포. 배경 이미지는 허블우주망원경으로부터 제공되었다. 강한 중력렌즈와 약한 중력렌즈 효과를 이용하여 계산된 암흑물질의 분포가 중첩되어 있다. [사진출처 : NASA, ESA, Harald Ebeling (University of Hawaii at Manoa) & Jean-Paul Kneib (LAM)]

을 알 수 있다.

하지만 암흑물질의 정체가 무엇인지는 아직 밝혀지지 않았다. 암흑물질은 오로지 중력으로만 보통물질과 상호작용하며, 그 성질은 차가운 것으로 추측된다. '차갑다'는 의미는 빛의 속도에 가깝게 움직이는 중성미자 같은 입자와는 달리 입자들이 느린 속도로 움직인다는 것이다.

암흑물질들은 아직 밝혀지지 않은 기본입자들로 구성되어 있을 것이라고 예상되고 있다. 가능한 입자 후보로는 가벼운 엑시온(axion) 또는 뉴트랄리노(neutralino)와 같이 초대칭 이론에서 예상되는 무거운 입자인 윔프(weakly interacting massive particle, WIMP)가 있다. 그들의 질량은 약 100GeV~1TeV, 또는 양성자 질량의 수백 배로 예상된다. 암흑물질의 검출을 위해 지하의 섬광 검출기들과 CERN 연구소의 LHC 가속기가 이용되고 있다.

19.3 은하의 구조

타원은하와 팽대부. 모든 은하에서 가장 늙은 별들은 다소 둥근 분포를 가진다. 우리은하에서 이 성분은 종족 II 별들에 해당한다. 이들의 안쪽 영역은 팽대부라고 불리며, 바깥 영역은 헤일로라고 불린다. 물리적으로는 팽대부와 헤일로 사이에 큰 차이가 있어 보이지 않는다. 늙은 별의 종족은 타원은하에서 가장 잘 연구될 수 있는데, 타원은하에는 이 늙은 종족밖에 없기 때문이다. 나선은하나 S0은하의 팽대부는 같은 크기를 가지는 타원은하와 매우 유사하다.

타원은하의 표면밝기 분포는 근본적으로 중심으로부터의 거리와 장축, 단축의 방향에만 의존한다. 장축을 따라 잰 반지름을 r이라 하면, 표면밝기 $I(r)$은 **드 보클레르**(de Vaucouleurs) **법칙**에 의해 잘 기술된다.

$$\log \frac{I(r)}{I_e} = -3.33\left[\left(\frac{r}{r_e}\right)^{1/4} - 1\right] \qquad (19.8)$$

은하 전체 광도의 1/2이 반지름 r_e 이내에서 복사되고, 이 반지름에서 표면밝기가 I_e가 되도록 식 (19.8)의 상수들이 선택되었다. 매개변수 r_e와 I_e는 식 (19.8)을 관측된 밝기분포에 맞춰서 결정되는데, 타원은하, 정상나선은하, S0은하들에 대한 전형적인 값은 $r_e = 1-10$kpc과 $I_e = 20-23$등급/각초^{2}의 범위에 있다.

드 보클레르 법칙은 순전히 경험적 관계이긴 하지만, 관측되는 빛의 분포를 놀랄 만큼 잘 나타내준다. 그러나 타원은하의 바깥쪽 영역에서는 차이가 종종 생긴다. 즉 왜소구형은하의 표면밝기는 종종 식 (19.8)보다 더 빠르게 감소하는데, 아마도 이러한 은하들의 외부가 다른 은하들과의 조석조우(tidal encounter)로 떨어져나가기 때문일 것이다. cD형 거대은하에서는 표면밝기가 더 천천히 떨어진다(그림 19.14 참조). 이러한 cD은하들은 보통 은하단들의 중심부에 위치하며 수십억 년 동안 여러 작은 은하들을 흡수한다. 부수어진 은하로부터 나온 별들은 대부분 거대은하들의 주변부에서 그대로 궤도운동을 하며 거대은하들의 바깥 부분 광도를 높이는 역할을 한다. 따라서 cD은하들은 은하계의 식인 은하로 불리기도 한다.

타원은하의 등광도선(等光度線, isophotes)은 근사적으로 타원이긴 하지만, 타원율(ellipticity)과 장축의 방위(orientation)는 반지름의 함수로 변화한다. 이 점에서 은하들마다 차이가 크게 나는데, 이는 타원은하의 구조가 우리가 보는 것 같이 그렇게 간단하지 않음을 나타낸다. 특히 장축의 방향이 은하 내에서 종종 변하는데, 이는 타원은하의 형태가 축대칭이 아님을 암시한다. 이는 각각 다른 축에 대해 회전하며 다른 모양을 가지는 많은 은하들이 지금의 은하에 흡수되었기 때문으로 추정된다.

글상자 19.1에 설명한 바와 같이 표면밝기의 분포로부터 은하의 3차원적 구조를 추측할 수도 있다. 식 (19.8)의 관계로부터 구한 밝기분포는 중심에서 아주 강

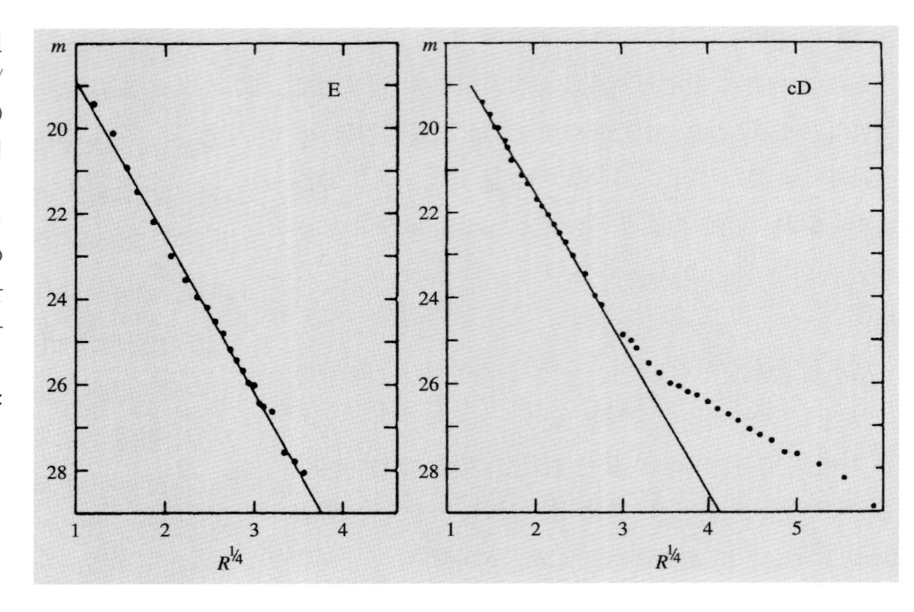

그림 19.14 E은하와 cD은하의 표면밝기 분포. 세로축 : 표면밝기, 등급/각초^2) 가로축 : (반지름[kpc])$^{1/4}$. 식 (19.8)은 이 그림에서 직선에 해당한다. 이것은 E은하에는 잘 맞으나, cD형에서는 바깥 영역에서 광도가 더 천천히 감소한다. 그림 19.15와 비교하면 cD은하의 밝기 분포가 S0은하와 비슷한 모습을 가짐을 볼 수 있다. cD은하들은 때때로 S0은하로 잘못 분류된다. (Thuan, T.X., Romanishin, W. (1981): Astrophys. J. **248**, 439)

하게 최고점에 이른다. 타원은하들이 가지는 축비율(axial ratio)의 실제 분포는 관측에서 통계적으로 추정될 수 있다. 타원은하들이 회전 대칭을 이루고 있다는 (의문시되는) 가정하에서 축비율을 구해보면, 축비율 분포의 최댓값이 E3–E4형에서 나타나는 넓은 분포를 얻게 된다. 만약 실제의 모양이 축대칭이 아니라면, 관측에서 통계적으로도 축비율이 유일한 값으로 결정되지 않는다.

원반. 밝고 무거운 별원반(stellar disk)은 S0은하와 나선은하의 특징이며, 따라서 이들은 원반은하라고 불린다. 일부 타원은하에는 밝은 팽대부 뒤에 희미한 원반이 숨어 있다는 징후가 있기도 하다. 우리은하의 원반은 종족 I 별들로 이루어져 있다.

원반의 표면밝기 분포는 다음의 형태를 갖는다.

$$I(r) = I_0 \, e^{-r/r_0} \tag{19.9}$$

그림 19.11은 관측되는 표면밝기의 반지름에 따른 분

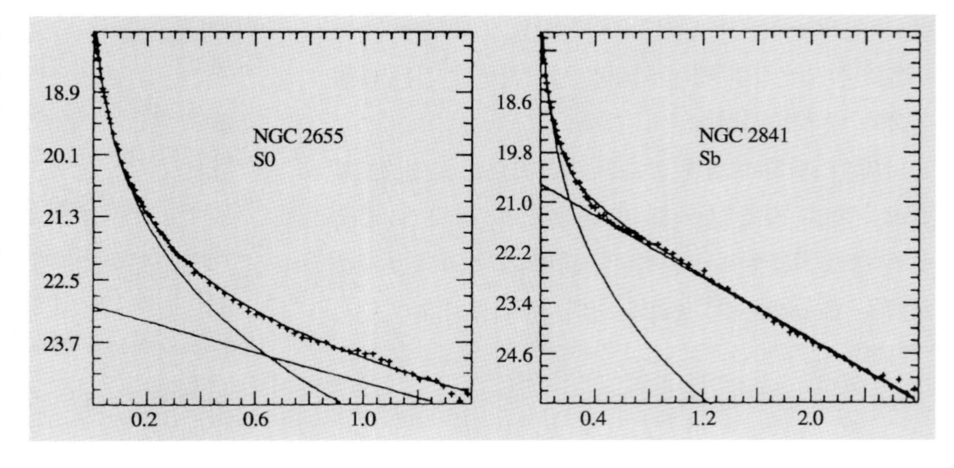

그림 19.15 S0은하와 Sb은하의 표면밝기 분포. 세로축 : 등급/각초^2, 가로축 : 반지름[각초]. 관측된 표면밝기가 팽대부와 원반 성분으로 분해되었다. Sb형의 원반 성분이 더 큼에 주목하라. [Boroson, T. (1981): Astrophys. J. Suppl. 46, 177]

포가 2개의 독립된 성분의 합으로 표현될 수 있음을 보여준다. 중심부에서는 팽대부가 지배적이고, 바깥 부분에서는 원반이 지배적이다. 원반 중심부의 전형적인 표면밝기 I_0는 21~22등급/각초^{2}이고, 반지름 거리척도(radial scale length)는 $r_0 = 1 - 5\mathrm{kpc}$ 이다. Sc은하에서는 팽대부의 총 밝기가 일반적으로 원반의 총 밝기보다 약간 작은 데 비해, 더 조기형인 은하에서는 팽대부가 원반보다 큰 총 밝기를 보인다. 측면에서 보이는 은하에서 측정된 원반의 두께는 대개 약 1.2kpc이다. 어떤 경우에는 은하 중심에서 거리가 약 $4r_0$에서 뚜렷한 원반의 끝이 보인다.

성간매질. 타원은하들과 S0은하들은 매우 적은 양의 성간가스를 가지고 있다. 하지만 일부 타원은하에서는 중성수소의 양이 관측된 전체 질량의 약 0.1%에 이르며, 이러한 은하에서는 최근 일어난 별 형성의 흔적이 종종 보인다. 일부 S0은하에서는 훨씬 더 많은 양의 가스 질량이 관측되었으나, 가스의 상대적인 양은 은하마다 차이가 크다. 이러한 은하들에서 가스를 거의 찾을 수 없다는 것은 다소 의외인데, 그 이유는 이 은하들이 진화하는 동안 별들이 내놓는 가스의 양이 관측되고 있는 가스의 양보다 훨씬 더 많아야 하기 때문이다.

나선은하 내 중성수소의 상대적인 양은 허블형과 관계가 있는데, Sa형은 약 2%, Sc형은 약 10%를 가지고 있으며, IrrI형은 30% 이상의 양을 보인다.

중성수소 원자의 분포는 전파관측을 통해 가까운 은하들에서 자세히 관측되었다. 은하의 안쪽 영역에서는 가스가 약 200pc의 거의 일정한 두께를 가지는 얇은 원반의 형태를 이루고 있으며, 어떤 경우에는 원반의 중심부에 수 킬로파섹의 지름을 가지는 구멍이 있다. 가스 원반은 가시광에서 보이는 원반보다 훨씬 더 멀리까지 뻗어가면서 두꺼워지며, 종종 중앙 원반면으로부터 뒤틀려(warped) 있기도 한다.

나선은하 내 성간가스의 대부분은 수소 분자의 형태로 있다. 수소 분자를 직접 관측할 수는 없지만, 일산화탄소의 분포 지도는 전파관측을 통해 만들어질 수 있다. CO와 H_2 사이의 밀도비가 모든 곳에서 같다고 가정하면 일산화탄소의 분포로부터 수소 분자의 분포를 구할 수 있다. 그러나 이러한 가정이 항상 성립하는 것은 아니다. 수소 분자의 분포는 젊은 별들이나 HII 영역의 분포와 비슷한 지수함수를 따르는데, 우리은하와 일부 은하에서는 중심부에 밀도의 극소점이 존재한다. 분자가스의 표면밀도는 HI의 그것보다 5배까지 클 수 있지만, 분자가스들은 중심부에 많이 몰려 있기 때문에 총 질량은 아마도 2배 정도밖에 더 많지 않을 것이다.

은하 내 우주선과 자기장의 분포는, 상대론적 전자에서 나오는 싱크로트론 복사를 전파로 관측해서 구할 수 있다. 이러한 식으로 구한 자기장 세기의 전형적인 값은 0.5~1nT이다. 관측된 복사는 편광되어 있는데, 이는 자기장이 큰 스케일에 걸쳐 잘 정돈되어 있음을 보여준다. 편광면은 자기장의 방향에 수직이므로, 이를 이용하여 큰 스케일의 자기장 구조에 대한 지도를 만들 수 있다. 하지만 편광면은 페러데이 회전에 의해 바뀔 수 있으며, 이 때문에 자기장의 방향을 구하기 위해서는 여러 파장에서의 관측이 필요하다. 이렇게 얻어진 결과를 보면, 일반적으로 자기장의 세기는 원반면에서 가장 세고, 원반면에서는 나선팔을 따르는 방향을 가진다. 초신성 폭발 등으로 인해 상승되는 가스 덩어리와 원반부의 차등회전의 복합적인 작용에 의해 자기장이 만들어진다고 생각되는데, 이는 제13장에서 설명한 태양 자기장의 생성과 원리적으로 같은 방식이다.

은하의 바깥 부분. 눈에 보이는 은하 원반의 가장 바깥 부분도 완전히 빈 공간은 아니다. 최근 원반이 여러 종류의 물질을 포함하고 있음이 알려졌다. 가장 큰 비율을 차지하는 것은 암흑물질로 은하 주변에 구형 혹은 약간

그림 19.16 측면에서 본 나선은하 NGC 5907. 이 큰 은하에 병합된 왜소은하들의 잔해인 별들의 흐름이 NGC 5907 주변을 감싸고 있다. (사진출처 : Gabany, Martinez-Delgado et al., 2010, AJ 140, 962)

평평한 회전타원체 형태로 존재하며, 보이는 물질보다 10배 정도 더 멀리 뻗어 있다.

두 번째 많은 물질은 높은 온도의 가스다. 놀라울 정도로 뜨겁고 많은 양이 존재한다. 예를 들어 우리은하는 구형으로 된 높은 온도의 가스로 둘러싸여 있으며 멀리 150kpc까지 분포해 있다. 이 가스의 온도는 $1-2.5 \times 10^6$K 이며 총 질량은 우리은하의 별의 총 질량과 비슷하다.

세 번째 구성 물질은 은하의 어떤 물질들보다도 더 큰 속도를 가지는 가스구름들이다. 일부 가스구름들은 은하 중심부로부터 기원하며, 일부는 다른 은하로부터 온 것이다.

또 다른 구성 성분은 성단들과 별의 흐름(star stream)이다. 왜소은하들이 큰 은하들에 흡수되면서 남겨진 잔해의 일부로 별들이 집중된 것을 볼 수 있다. 예를 들어 구상성단 M54는 우리은하에서 생성된 것이 아니라 궁수자리 왜소타원은하가 우리은하 중심부를 지나면서 남긴 잔해이다. 이렇게 부수어지고 흩어진 왜소은하는 은하 주위의 별들의 흐름으로 보이기도 한다(그림 19.16).

글상자 19.1(은하의 3차원 모양) 방정식 (19.8)과 (19.9)는 천구에 투영된 은하의 빛 분포를 나타낸다. 은하 내에서 3차원적인 실제 광도분포는 이 투영을 역산(逆算)해서 구한다. 이 방법은 은하가 구형일 때 가장 쉽다.

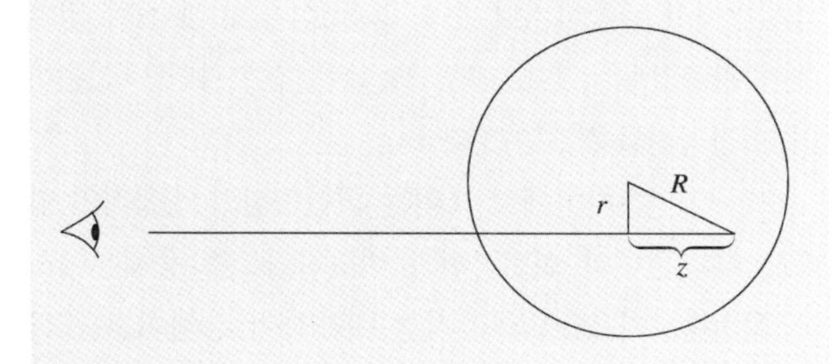

구형의 은하가 투영된 광도분포 $I(r)$을 갖는다고 가정하자[예로 식 (19.8)에서와 같이]. 위의 그림에서와 같이 좌표를 선택하면, $I(r)$을 3차원의 광도분포 $\rho(R)$로 나타내면

$$I(r) = \int_{-\infty}^{\infty} \rho(R) \mathrm{d}z$$

와 같다. $z^2 = R^2 - r^2$이므로, 변수 변환을 통해

$$I(r) = 2\int_{r}^{\infty} \frac{\rho(R) R \,\mathrm{d}R}{\sqrt{R^2 - r^2}}$$

을 얻는다. 이것은 $\rho(R)$에 대한 아벨(Abel) 적분방정식으로 알려져 있으며, 다음과 같은 해를 갖는다.

$$\begin{aligned}\rho(R) &= -\frac{1}{\pi R}\frac{\mathrm{d}}{\mathrm{d}R}\int_{R}^{\infty}\frac{I(r) r\,\mathrm{d}r}{\sqrt{r^2 - R^2}} \\ &= -\frac{1}{\pi}\int_{R}^{\infty}\frac{(\mathrm{d}I/\mathrm{d}r)\mathrm{d}r}{\sqrt{r^2 - R^2}}\end{aligned}$$

관측된 $I(r)$을 이 방정식에 대입하면 실제 광도함수 $\rho(R)$을 얻게 된다. 다음 그림의 실선은 드 보클레르 법칙(점선)으로부터 구한 3차원 광도분포를 보여준다.

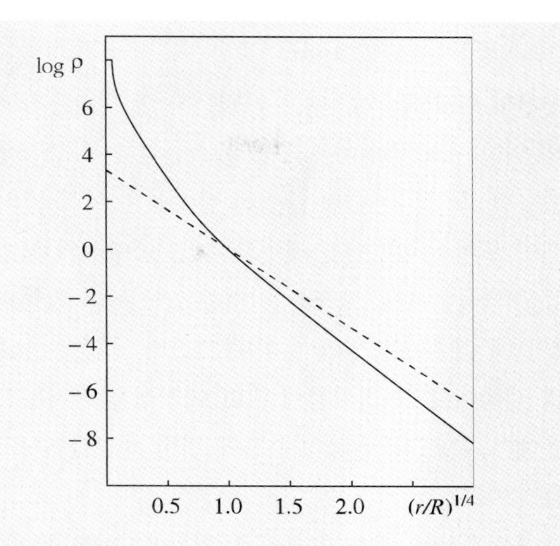

만약 은하가 구형이 아니면 시선방향에 대한 은하의 기울기를 알고 있을 때만 은하의 3차원적 모양을 구할 수 있다. 은하원반은 얇고 두께가 일정하므로, 원반은하의 기울기 i는 은하의 투영된 영상의 축비율에서 직접 구해진다 : $\sin i = b/a$

기울기가 알려지면 팽대부의 실제 축비율 q_0가 투영된 값 q로부터 결정될 수 있다. 회전 대칭을 이루는 팽대부에 대해서는 q와 q_0 사이의 관계가 다음과 같게 된다.

$$\cos^2 i = \frac{1 - q^2}{1 - q_0^2}$$

이 관계식에서 구한 원반은하 팽대부들이 갖는 편평도는 $q_0 = 0.3 - 0.5$의 범위 내에 있다. 타원은하의 기울기는 일반적으로 알려지지 않으므로, q_0의 통계적 분포에서 q의 통계적 분포를 구할 수 있을 뿐이다.

19.4 은하 역학

앞에서 우리는 은하의 질량이 어떻게 별들과 가스의 속도 관측으로부터 구해질 수 있는지를 보았다. 같은 관측이 은하 내 질량의 분포를 더 자세히 연구하는 데도 쓰일 수 있다.

천천히 회전하는 시스템. 타원은하 및 원반은하 팽대부의 역학은 도플러 이동과 별 흡수선의 선폭 증가를 통해 연구할 수 있다. 어떤 주어진 흡수선은 여러 별의 흡수선이 모여서 이루어진 것이므로, 그 흡수선의 도플러 이동은 별들의 평균 속도를 알려주고, 선폭은 별들의 속도분산에 의존하는 양에 따라 증가한다. 분광선들의 파장과 선폭이 은하 반지름에 따라 어떻게 달라지는지를 관측해서, 은하 내 질량의 분포에 관한 정보를 얻을 수 있는 것이다.

타원은하에 대해 구해진 반지름에 따른 회전속도와 속도분산의 예가 그림 19.10에 주어져 있다. 관측된 회전속도는 종종 매우 작은 데($<100 \text{km s}^{-1}$) 반해, 속도분산은 대개 200km s^{-1} 정도 된다. 만약 타원은하가 실제로 타원체(ellipsoid)가 회전하는 것이라면, 은하의 편평도, 회전속도, 속도분산 사이에 어떤 통계적인 관계가 있어야 할 것이다(투영의 효과에 주의를 기울여 분석한다면). 이러한 관계는 어두운 타원은하와 원반은하 팽대부에서 관측되었다. 하지만 일부 가장 밝은 타원은하들은 매우 천천히 회전하며, 따라서 이들의 편평함은 회전 때문이 아닐 것이다.

속도분산의 반지름에 대한 의존성은 은하 내 질량분포에 대한 정보를 준다. 속도분산은 은하 내 별들이 가지는 궤도의 모양들이 어떻게 분포하는지에도 의존하기 때문에, 이러한 분석에는 자세한 역학적 모형이 필요하다.

일부 타원은하들은 이와는 다른 속도 체계를 갖기도 한다. 극단적인 예로 E7/S0로 분류된 NGC 4550을 들 수 있는데, 절반 정도의 별들은 은하 중심을 한 방향으로 궤도운동하며 나머지 절반은 그 반대방향으로 운동한다. 이는 각각 반대방향으로 회전운동하는 2개의 나선형 은하들이 병합한 것을 암시한다. 타원은하에서 별들 간의 거리는 매우 멀기 때문에 별들끼리의 직접적 충돌은 일어나지 않으며 시스템을 안정되게 유지한다.

회전곡선. 나선은하에서는 성간가스의 회전속도를 관측하여 질량의 분포를 직접적으로 연구할 수 있다. 회전속도는 HII 영역에 있는 전리된 가스의 방출선을 통해 가시광에서 관측하거나 수소 21cm선을 통해 전파 영역에서 관측할 수 있다. 그림 19.11은 전형적인 나선은하의 회전곡선들을 보여준다.

모든 나선은하들에서 보이는 회전곡선의 정성적인 양태는 우리은하의 회전곡선과 비슷하다. 즉 중심부에서는 회전속도가 반지름에 직접 비례하여 강체회전을 하고 있고, 수 킬로파섹의 반지름에서는 회전속도의 곡선이 편평해져서 회전속도가 반지름에 의존하지 않는다. 조기형 나선은하에서는 중심부에서 속도가 더 빨리 증가하여, 편평한 속도 영역에서의 속도가 더 큰 값을 가진다(Sa는 약 300km s^{-1}, Sc는 약 200km s^{-1}). 더 큰 속도는 식 (19.7)에 따라 더 많은 질량을 의미하므로, Sa형 은하들은 은하 중심부에 더 높은 밀도를 가지고 있어야 한다. 이는 조기형 나선은하들이 더 큰 팽대부를 가진다는 사실로 설명될 수 있다.

큰 반지름에서 회전속도가 작아진다면 이는 대부분의 질량이 그 반지름보다 안쪽에 있다는 것을 의미할 것이다. 어떤 은하들에서는 이러한 감소가 관측되었지만, 다른 은하들에서는 관측할 수 있는 바깥 한계까지 회전속도가 계속 일정하게 유지된다.

나선구조. 나선은하들(그림 19.17)은 비교적 밝은 천체들이다. 어떤 것들은 잘 구별되고 규모가 큰 2개의 팔을 가진 나선패턴을 가진 반면, 다른 것들은 나선구조가 많은 수의 짧은 필라멘트(filament) 같은 팔들로 이루어져 있다. 나선패턴이 중앙팽대부의 전면에서 보이는 은하들을 통해, 나선팔의 바깥쪽이 안쪽보다 처져서(trailing) 회전하고 있음을 알게 되었다. 그러나 모든 나선은하들

그림 19.17 (위) 위에서 내려다보는 나선은하 M51(Sc형). 상호작용하고 있는 동반은하는 NGC 5195 (IrrII형)이다. (사진출처 : Lick Observatory) (아래) 옆에서 보는 나선은하 Sb형 은하 NGC 4565 (사진출처 : NOAO/Kitt Peak National Observatory)

이 같지는 않으며, 나선팔의 바깥쪽이 안쪽보다 앞서 (leading) 회전하는 은하들도 있다.

나선구조는 성간티끌, HII 영역, 젊은 별들로 이루어진 OB 성협 등에 의해 가장 명확하게 나타난다. 티끌들은 종종 나선팔의 안쪽 끝을 따라 띠(lane)를 형성하며, 이 티끌띠 바깥쪽에는 별이 형성되는 영역이 있다. 나선팔에서는 주변보다 더 많은 싱크로트론 전파의 방출도 검출되었다.

안정된 형태의 넓은 나선패턴은 상대적으로 매우 흔하다. 그러므로 나선팔은 긴 시간 동안 지속되는 현상이어야 한다. 18.4절에서 논의되었듯이, 나선패턴은 일반적으로 별들로 이루어진 원반(stellar disk)의 밀도파(density wave)라고 생각된다. 성간가스의 흐름이 밀도파를 지나가면서 수축되어 충격파가 형성되며(충격파의 흔적이 티끌띠이다), 이는 분자구름의 중력 붕괴와 별 형성으로 이어진다. 밀도파 이론은 나선팔 내에서 특정한 물질의 흐름을 예측하는데, 실제로 이러한 흐름이 몇몇 은하의 HI 21cm선의 관측으로부터 확인되었다.

나선팔이 형성되는 데는 몇 가지 이유가 있을 수 있다. 가장 흔한 이유는 다른 은하가 가까이 지나갈 때 생기는 외부의 섭동이 은하원반에 파동을 형성시키기 때문이다. 또는 은하의 막대(bar) 성분이나 별들이 일시적으로 집중되어 생기는 중력장도 그러한 섭동의 공급원이 될 수 있다.

외부은하와의 조우나 별들의 집중 현상은 일시적으로 생기는 나선패턴을 설명할 수 있지만, 지속적으로 유지되는 나선패턴을 설명하지는 못한다. 은하 내의 차등회전이 몇 번의 회전주기 안에 혹은 수백만 년 안에 나선패턴을 없앨 수 있기 때문이다. 따라서 나선팔을 영구적으로 지속시키기 위한 새로운 물리적 기작이 필요하다.

정상파(standing waves)는 나선팔의 지속성을 설명할 수 있다. 나선팔의 생성과 운동은 은하 전체를 관통하는 밀도파를 만들어낼 수 있다. 이러한 파동은 중심부의 팽대부에 의해 반사되거나 굴절될 수 있다. 다른 방향으로 진행하던 파면들이 만나면, 파동이 감쇄되거나 혹은 증폭될 수 있다. 나선팔은 증폭된 정상파 파면으로 별들과 가스들이 집중된 지역이다. 나선패턴은 은하 내에서 일정한 속도로 움직인다.

19.5 별의 나이와 은하의 원소함량비

우리은하의 경우로부터 종족 I과 종족 II는 공간분포뿐만 아니라 나이와 중원소 함량비도 서로 다르다는 것을 알고 있다. 이 사실은 우리은하의 형성에 관한 중요한 증거를 제공하며, 따라서 다른 은하에서도 이와 비슷한 관계를 찾을 수 있다면 흥미로울 것이다.

구성성분에 대한 정보를 주는 물리량 중 가장 측정하기 쉬운 것은 은하 내 및 은하 간에서의 색지수 변화이다. 이러한 변화 중에 두 가지 규칙이 있음이 발견되었다. 첫째, 타원은하와 S0은하가 가지는 **색-광도 관계**(color-luminosity relation)에 의하면 더 밝은 은하가 더 붉다. 둘째, 은하의 중심부가 더 붉은데 이를 **색-구경 관계**(color-aperture relation)라 한다. 나선은하의 경우, 색-구경 관계는 원반에 있는 젊고 무거운 별들에 기인하는 것이지만, 타원은하와 S0은하에서도 이 관계가 관측되었다.

은하의 스펙트럼은 은하를 구성하는 모든 별의 스펙트럼이 합쳐져서 이루어진 것이다. 은하의 색은 별들의 나이와 중원소 함량 Z에 의존하는데, 젊은 별들이 더 푸르고 더 큰 Z를 가지는 별이 더 붉다. 따라서 관측 결과를 해석할 때는 은하 내 다양한 별들의 구성에 대한 자세한 모형, 즉 **종족합성**(population synthesis)에 기반을 두어야 한다.

다른 분광형을 가지는 별들은 각기 다른 특징의 흡수선들을 통해 전체 은하 스펙트럼에 기여한다. 여러 다른 분광특징들의 세기를 관측하면 은하를 이루는 별들의 질량, 나이, 화학조성 등을 찾아낼 수 있다. 이러한 목적을 위하여 스펙트럼의 많은 전형적인 특징들, 흡수선의 세기, 광대역 색깔 등을 측정하고, 이러한 관측들을 여러 별 스펙트럼들의 조합을 이용해 재현하는 시도를 한다. 만약 만족스러운 해(재현)가 얻어지지 않으면 더 다양한 별 스펙트럼을 넣어야 한다. 최종 결과로 종족 모형을 얻게 되는데, 이로부터 은하 내 별들의 구성을 알 수 있게 된다. 이를 이론적인 별 진화계산과 결합하면, 은하에서 나오는 빛의 진화도 계산할 수 있다.

종족합성 방법을 통해 E은하들의 경우 사실상 모든 별들이 우주의 나이와 맞먹는 130~140억 년 전에 동시에 태어났음을 알게 되었다.[1] 이 은하들의 빛의 대부분은 적색거성에서 나오는 것인 반면, 그들 질량의 대부분은 $1M_\odot$보다 작은 주계열 하단부의 별들로 이루어져 있다. 모든 별들이 거의 같은 나이를 가지기 때문에, 타원은하의 색깔은 그들의 금속함량과 직접적으로 관계되어 있다. 따라서 색-광도 관계로부터 거대타원은하의 Z는 태양 주변값의 2배가 되고, 왜소은하들의 Z는 태양 주변값의 100배 정도 작다는 것을 알 수 있다. 이와 비슷하게, 타원은하 중심부에서의 Z가 은하 바깥 지역에서보다 10배 정도 크다면, 색깔이 은하 중심으로부터의 거리에 따라 달라지는 것을 설명할 수 있다.

원반은하 팽대부의 별 구성은 일반적으로 타원은하와 비슷하다. 나선은하 내 성간가스의 원소함량비는 새로 태어난 별들에 의해서 전리된 HII 영역에서 나오는 방출선들을 이용하여 연구될 수 있다. 이 경우에도 금속함량비가 중심으로 갈수록 커진다.

은하의 탄생 역사는 별들의 금속함량비와 나이의 다양한 분포를 부분적으로 설명한다. 이후에 설명되겠지만 은하들은 수십 억 년 동안 충돌하고 병합해 왔다. 이러한 현상은 왜소은하에서 가장 분명하게 볼 수 있는데, 별들의 개수가 적어서 단 한 번의 병합일지라도 뚜렷한 흔적을 남기기 때문이다. 그림 19.18은 우리은하의 2개의 이웃은하 내부 별들의 나이 분포를 보여주고 있다. Leo A은하의 일부 별들은 우주가 생성된 후 얼마 지나지 않아 생겼으나, 대부분의 별들은 지금으로부터 50~60억 년 전부터 생긴 것을 알 수 있다. 카리나(Carina) 왜소은하의 경우 크게 세 번의 별 생성 시기를 가지며 이는 각각 우주 탄생 후 10~20억 년, 60~80억 년, 그리고 110억 년 정도로 추정된다.

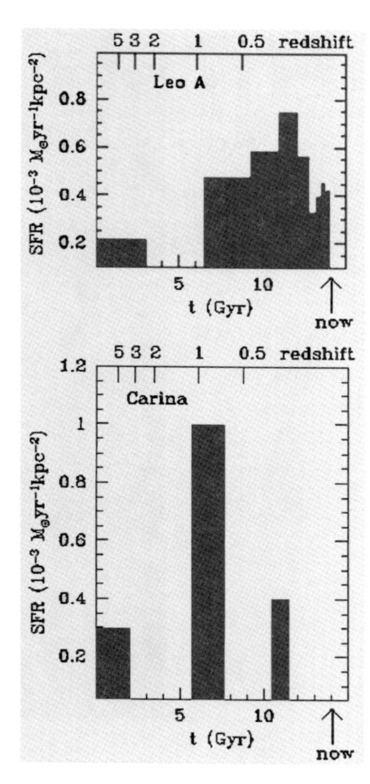

그림 19.18 왜소은하 Leo와 Carina 안 별들의 나이 분포는 은하들이 여러 번의 충돌을 거치며 생성된 것을 보여준다. (Tolstoy, Hill, Tosi, 2009, Ann. Rev. Astron. Astrophys. 47, 371)

---
1) 역주 : WMAP 3년 관측 결과를 반영한 우주 모형에 의하면 우주의 나이가 137억 년이고, 대폭발 이후 수억 년이 지나서 은하가 형성되었으므로, 타원은하의 형성 시기는 130억 년 전으로 추정된다.

그림 19.19 생쥐은하로 알려진 은하쌍 NGC 4676. 은하들은 충돌하기 직전이며, 가스와 별들의 꼬리가 각각의 은하에서부터 길게 뻗어 나오고 있다. [사진출처 : Hubble/NASA, H. Ford (JHU), G. Illingworth (UCSC/LO), M. Clampin (STScI), G. Hartig (STScI), the ACS Science Team, ja ESA]

19.6 은하의 시스템

은하들은 공간에 고르게 분포되어 있지 않고, 은하쌍, **은하군**(銀河群, galaxy group), **은하단**(銀河團, galaxy cluster), 몇 개의 은하군이나 은하단으로 이루어진 대형의 은하단 및 **초은하단**(supercluster) 등 여러 크기의 시스템을 형성한다. 시스템이 클수록 시스템의 밀도가 우주의 평균밀도를 초과하는 정도가 작아진다. 평균적으로 반지름 5Mpc의 시스템에서는 밀도가 배경밀도의 2배이고, 20Mpc의 반지름에서는 배경보다 10%가 더 크다.

은하들의 상호작용. 은하들은 독립적으로 진화하지 않는다. 대신 끊임없이 은하 간에 상호작용하며 진화한다. 각각의 큰 은하는 여러 다른 큰 은하들과의 간접조우 혹은 충돌을 경험하며 작은 은하들과는 수십에서 수백 번의 상호작용을 한다. 그중 충돌에 의한 가장 흔한 은하의 변형은 상호작용 시 조석력에 의해 은하 간의 연결다리(bridges) 또는 꼬리(tails) 모양이 생기는 것이다. 때로는 작은 은하들이 잘게 와해되어 큰 은하의 적도평면이나 극 궤도에 고리(ring)를 형성하기도 한다. 가장 눈에 띄는 고리은하는 밀도가 높은 은하가 다른 은하를 정면으로 관통할 때 생성된다(그림 19.20). 은하 간 충돌 시 많은 경우 은하 안의 가스들과 먼지구름들이 만나면서 가스들이 수축하고 결과적으로 새로운 별들을 탄생시킨다. 은하 주변에 희미하지만 뚜렷한 고리가 존재하는 경우 이미지 처리가 필요하다(그림 19.21).

은하 사이의 상호작용이 항상 극적으로 일어나는 것은 아니다. 예를 들어 우리은하는 2개의 위성은하, 대마젤란운과 소마젤란운을 가지고 있는데(그림 19.5 참조), 이들은 약 60kpc의 거리에 있으며 IrrI형 왜소은하들이다. 대략 5×10^8년 전에 이 은하들이 약 10~15kpc의 거리에서 우리은하를 통과하면서, 180°에 이르는 길고 가는 중성수소의 흐름, 즉 **마젤란 흐름**(Magellanic Stream)을 뒤에 남겨 놓았다. 거대한 은하가 몇 개의 위성은하

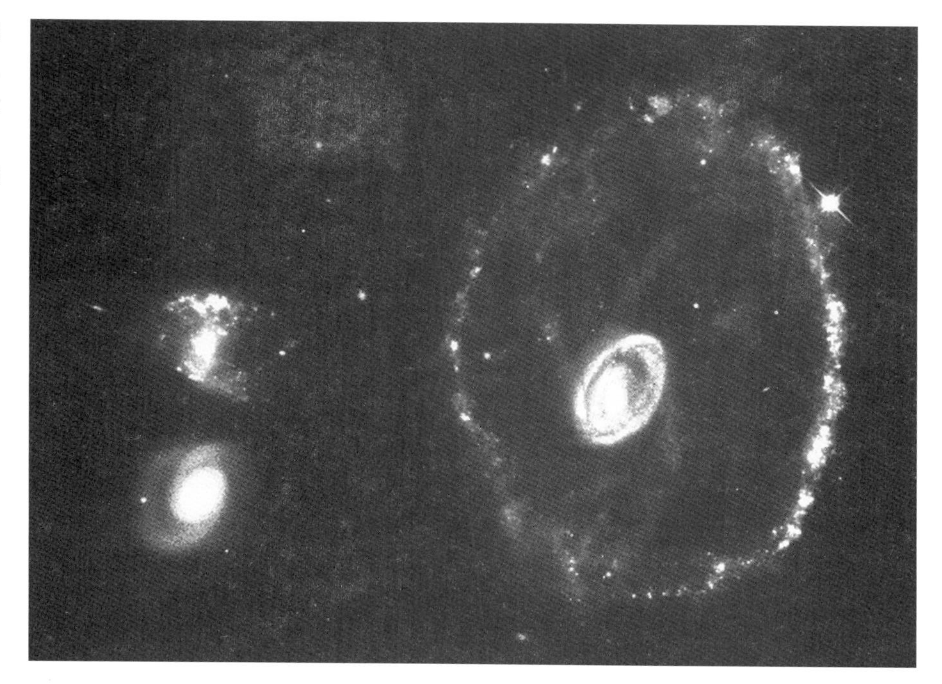

그림 19.20 수레바퀴은하(Cartwheel)는 가장 잘 알려진 고리은하이다. 작은 은하가 큰 은하의 중심부를 관통할 때 생긴 것이다. [사진출처 : Hubble, K. Borne (STScI) and NASA]

그림 19.21 NGC 474 은하 바깥 부분은 별들이 뚜렷한 경계를 가진 고리 모양으로 분포해 있다. 이러한 고리들은 렌즈형은하가 회전하는 나선은하를 층별로 찢는 과정에서 생긴 것으로 보인다. (CFHT/Coelum-J.-C. Cuillandre & G. Anselmi)

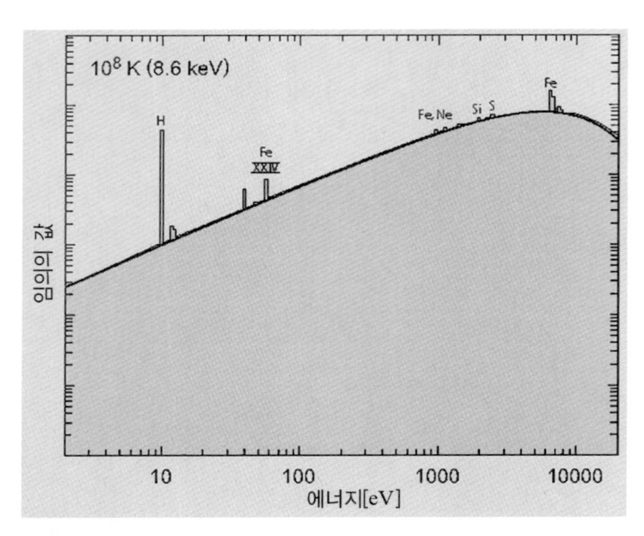

그림 19.22 온도가 10^8K인 플라스마가 방출하는 이론적인 엑스선 스펙트럼. 복사의 대부분은 전자의 제동복사에 의한 것으로 8.6keV에서 최대를 이룬다(두꺼운 실선). 다양한 이온들에 의한 방출선이 추가되었다.(Böhringer & Hensler, 1989, A&A, 215, 147).

에 둘러싸인 이러한 형태의 시스템은 꽤 흔하다. 계산에 의하면 이러한 시스템 중 많은 경우, 조석작용이 매우 강해서 다음 접근 때에는 위성은하가 모은하(母銀河, parent galaxy)에 병합되는 것으로 나타난다. 마젤란운들에게서도 이러한 현상이 일어날 가능성이 높다.

밀도가 더 높았던 우주의 초기에는 은하들 사이의 상호작용이 지금보다는 더 빈번했을 것이기 때문에, 밝은 은하 중 많은 수는 그들의 역사 중 어떤 시점들에 대병합들을 겪었을 것이라고 추측되고 있다. 특히, 천천히 회전하고 비축대칭(non-axisymmetric)인 거대타원은하들은 원반은하의 병합으로 만들어졌을 것이라고 믿어지고 있다.

은하군. 은하의 시스템 중 가장 보편적인 형태는 수십 개의 은하로 이루어진 작고 불규칙한 집단인 은하군이다. 그 전형적인 예가 **국부은하군**(Local Group)인데, 이곳에는 우리은하 외에 2개의 큰 은하들이 포함되어 있다. 이 두 은하 중 하나는 2개의 왜소 동반은하를 거느리고 크기가 우리은하와 거의 같은 Sb 나선형의 안드로메다은하 M31이고, 다른 것은 이보다 작은 Sc 나선형의 M33이다. 국부 은하군에 속한 나머지 35개 은하들은 왜소은하들인데, 약 20개는 dE형이고 10개는 IrrI형이다. 국부은하군의 지름은 약 1.2Mpc이다.

은하단. 은하의 시스템이 은하군보다 더 많은 수(적어도 50개)의 밝은 은하들을 포함하고 있다면 은하단이라고 정의될 수 있다. 은하단에 속한 은하의 수와 은하단의 크기는 은하단이 어떻게 정의되느냐에 따라 달라진다. 은하단을 정의하는 한 가지 방법은 식 (19.8)을 은하단 내 은하의 관측된 분포에 맞추는 것이다. 이러한 방식으로 은하단의 반지름을 구하면 약 2~5Mpc이 된다. 은하단 멤버의 수는 은하단의 반지름과 한계등급(limiting magnitude)에 따라 달라진다. 큰 은하단의 경우, 식 (19.2)의 특성광도 L^*보다 두 등급 이내로 더 흐린 은하를 수백 개 포함할 수 있다.

은하단들은, 넓게 퍼져 있으며 밀도가 낮고 불규칙적인 시스템(은하의 구름이라 불리기도 한다)으로부터 밀도가 크고 더 규칙적인 시스템까지, 하나의 계열로 배열될 수 있다(그림 19.23). 은하단을 구성하는 은하의 형태도 이 계열에 따라 다른데, 불규칙적인 은하단에서는 밝은 은하들이 주로 나선형인 반면, 밀도가 큰 은하단에 속한 은하들은 거의 모두가 E형과 S0형들이다. 가장 가까운 은하단은 약 15Mpc의 거리에 있는 처녀자리 은하단이다. 이 은하단은 비교적 불규칙한 은하단으로, 밀도가 높은 중심 영역은 조기형의 은하들로 이루어져 있고 그 밖은 주로 나선은하들로 넓게 둘러싸여 있다. 가장 가까이에 있는 규칙적인 은하단은 대략 90Mpc 거리에 있는 머리털자리 은하단이다. 중심부에는 거대타원은하의 쌍이 있고 이 쌍은 조기형 은하들의 편평한(축비가 약 2 : 1) 시스템으로 둘러싸여 있다.

그림 19.23 (위) 불규칙적 시스템인 처녀자리 은하단. (아래) 규칙적 시스템인 머리털자리 은하단 (사진출처 : ESO and Karl-Schwarzschild-Observatorium)

초기에는 은하군을 보이는 은하들의 집합체로 연구하였으나, 최근 2개의 더 무거운 성분들이 추가되었다.

우선, 이전 19.2절에서 언급한 것처럼 은하단은 높은 온도의 기체에 둘러싸여 있으며 이러한 가스는 엑스선에 의해 관측될 수 있다. 엑스선 스펙트럼은 전형적인 전자에 의한 제동복사(bremsstrahlung)와 완전히 이온화된 금속(예 : FeXXIV)들의 방출선을 보여준다. 엑스선 스펙트럼을 통해 추정되는 온도는 $10^7 \sim 10^8$K이다. 가스의 총 질량은 은하들의 총 질량에 비하여 작은 은하단의 경우 5배, 큰 은하단의 경우 20배까지 더 큰 것으로 추정된다. 일부의 가스들은 은하들로부터 기원한 것이지만(퀘이사의 제트, 초신성 폭발), 대부분은 빅뱅에서 만들어진 수소와 헬륨으로 이루어져 있다.

엑스선 이미지 외에도 은하단의 고온 가스의 존재는 슈나예브-젤도비치(Sunyayev-Zel′dovicht) 영향에 의하여 우주배경복사에 만들어진 특별한 흔적으로도 확인할 수 있다. 우주배경복사의 광자가 뜨거운 가스 안의 전자들과 충돌하면 역컴프턴산란(inverse Compton scattering)에 의해 추가적인 에너지를 얻게 된다. 그 결과 주파수 218GHz 아래에서는 우주배경복사가 약간 낮은 온도로, 218GHz 이상에서는 약간 밝게 관측된다. 이러한 흔적의 각지름은 대략 1′이며, 주변과의 온도 차이는 0.1∼1mK이다(그림 19.25). 플랑크 위성의 주요 목표 중 하나가 이 현상을 이용하여 은하단 주변의 가스들을 찾아내는 것이었다. 2015년 최종 발표된 플랑크 목록은 1,600개가 넘는 천체들을 포함하고 있으며, 그중 대부분은 이전에는 발견되지 않은 적색이동 $z = 0 - 1.5$를 보이는 은하들이다.

강한 중력장이 없다면 은하단의 고온 가스들은 쉽게 우주공간으로 흩어져 버릴 것이다. 은하단의 중력장은 암흑물질에 의한 것인데, 암흑물질의 총 질량은 보통물질(뜨거운 가스+보이는 은하)의 질량의 5배가 넘는다. 은하단의 암흑물질을 연구하기 위해 중력렌즈가 이용되고 있다(19.7절).

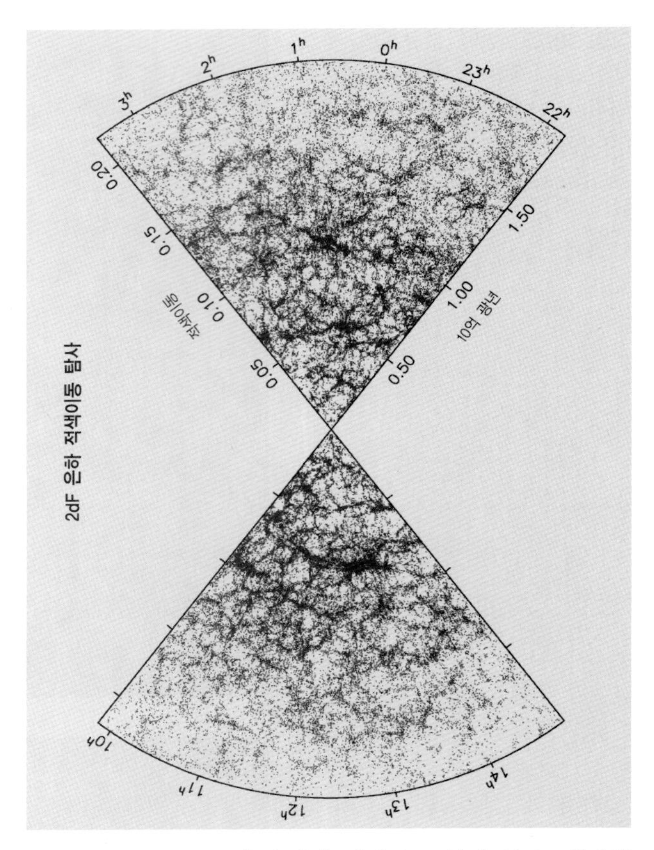

그림 19.24 245,591개 은하의 거대구조 상의 분포. 방사상(radial) 좌표는 적색이동인데, 이는 허블상수값을 이용하여 거리로 환산할 수 있다. 이 부채꼴의 두께는 약 10°이다. (2dFGRS Team, http://www2.aao.gov.au/∼TDFgg/)

초은하단. 은하군과 은하단들은 더 큰 시스템인 초은하단을 형성할 수 있다. 예를 들어 국부은하군은 **국부초은하단**(Local Supercluster)에 속하는데, 국부초은하단은 수십 개의 작은 은하군과 은하단을 포함하는 편평한 시스템이며, 그 중심에는 처녀자리 은하단이 있다. 머리털자리 은하단은 또 다른 초은하단의 일부이다. 초은하단의 지름은 10∼20Mpc인데, 이렇게 큰 규모의 시스템도 개별적인 시스템으로 볼 수 있는지는 불확실하다. 아마도 작은 집단들로 이루어진 벽(wall)과 끈(string)으로 큰 은

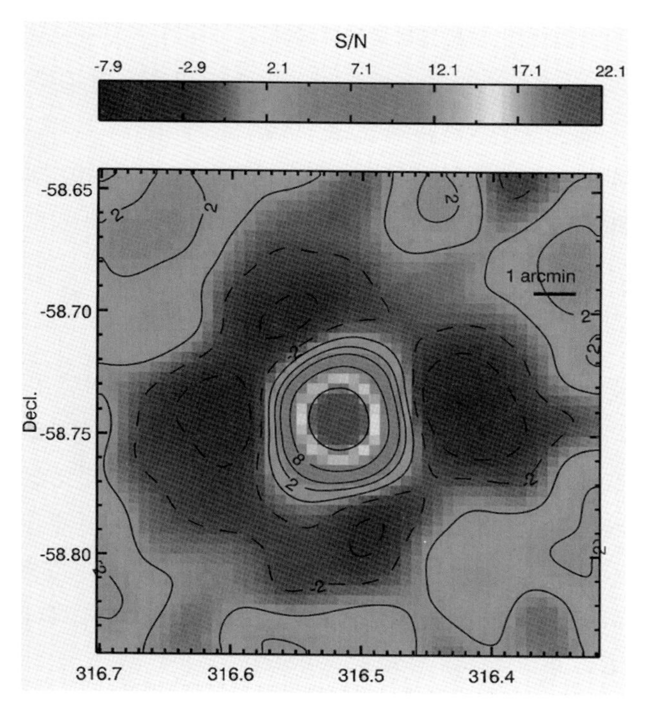

그림 19.25 슈나예브-젤도비치효과에 의해 우주배경복사의 밝기가 상승한 경우. 남극망원경(South pole telescope)을 이용하여 밀리미터 파장을 이용한 전파관측 결과이다. 밝기 상승의 폭은 가스의 온도가 1.2×10^8K이며 은하단의 총 질량이 $10^{15}M_\odot$ 임을 알려준다. 같은 위치의 광학 이미지는 적색이동이 $z=1.13$인 먼 은하단 SPT-CL J2106-5844를 보여준다. (Foley, Andersson, Bazin, de Haan, Ruel et al., 2011, ApJ 731, p. 89)

하단들이 연결된, 연속적인 네트워크로 은하의 분포를 생각하는 것이 더 정확할지도 모른다. 이 네트워크들 사이에는 은하들이 거의 없는 공허한 영역이 존재하는데, 이러한 지역의 지름은 50Mpc에까지 이를 수 있다(그림 19.24, 그림 20.8).

19.7 활동은하와 퀘이사

이 장에서 지금까지 우리는 보통 은하들의 성질을 논하였다. 그러나 어떤 은하들은 정상을 넘어서는 활동을 보이는데, 이러한 활동은 은하핵에서 만들어지기 때문에 이러한 핵을 활동은하핵(AGN)이라고 부른다.

활동은하핵의 광도는 대단히 큰 경우도 있는데, 어떤 경우엔 은하의 핵을 제외한 나머지 부분에서 나오는 광도보다 크기도 하다. 은하가 이렇게 큰 에너지 출력을 오랜 기간 유지할 수 있을 것으로 보이지는 않는다. 이 때문에 활동은하는 은하의 한 종류로 구분되는 것이 아니고, 단지 보통 은하의 진화 중 한 단계일 뿐이라고 생각된다.

활동은 여러 다른 형태로 나타난다. 어떤 은하들은 거대한 이온화된 수소 영역과 비슷한 모습을 가지는 예외적으로 밝은 핵을 가지고 있다. 이 은하들은 아마도 중심부에서 별들이 형성되어 초신성으로 진화해 가고 있는 젊은 은하들일 것이다(폭발적 항성생성핵, starburst nucleus). 다른 은하들의 핵에서는 가장 가능성 높은 에너지원이 초거대질량 블랙홀(supermassive black hole, 질량> $10^8M_\odot$)의 중력에너지이다. 어떤 은하에서는 분광선들의 폭이 유별나게 넓게 나타나는데, 이는 내부 속도가 크다는 것을 의미한다. 이러한 넓은 폭은 블랙홀 근처에서의 회전속도 때문이거나 핵에서 일어나는 폭발에 기인하는 것 같다. 어떤 은하에서는 제트가 핵으로부터 나오는 것이 보인다. 여러 활동은하는 비열적 복사를 방출하는데, 이것은 자기장에서 빠르게 운동하는 전자가 방출하는 싱크로트론 복사인 것으로 보인다.

활동은하들의 종류를 분류하는 것은 다소 덜 체계적으로 이루어져 왔는데, 이는 많은 활동은하가 최근에야 발견되어 아직 충분한 연구가 이루어지지 않았기 때문이다. 예를 들어 마카리언(Benyamin Yerishevich Markarian, 1913-1985)에 의해 1970년대 초에 만들어진 목록인 마카리언 은하들은 강한 자외선 방출을 가진 것들로 정의된 것인데, 이 중 많은 은하들은 세이퍼트 은하들이며 또 다른 은하들은 폭발적인 별 형성을 겪고 있다. N 은하들은 세이퍼트 은하들과 매우 유사한 또 다른 종류를 형성한다.

활동은하를 자연스럽게 두 가지 기본적인 종류로 분류하면 **세이퍼트 은하**(Seyfert galaxy)와 **전파은하**(radio galaxy)이다. 전자는 나선형이고 후자는 타원형이다. 어떤 천문학자들은 세이퍼트 은하들이 활동 단계에 있는 정상나선은하를 대표하고, 전파은하들은 활동 단계에 있는 타원은하를 대표한다고 생각한다.

세이퍼트 은하. 세이퍼트 은하들은 1943년 이 은하들을 발견한 세이퍼트(Carl Seyfert, 1911-1960)의 이름을 딴 것이다. 이들의 가장 중요한 특성은 밝고 점 같은 중심핵과 폭이 넓은 방출선들을 보이는 스펙트럼이다. 이들의 연속 스펙트럼은 비열적 성분을 가지고 있는데, 이는 자외선에서 가장 뚜렷하다. 방출선들은 큰 속도를 가지고 핵으로 접근하는 가스구름에서 방출되는 것으로 생각된다.

스펙트럼을 토대로 해서 세이퍼트 은하들은 1형과 2형으로 분류된다. 1형의 스펙트럼에서는 허용된 선들의 폭이 금지된 선들보다 훨씬 더 넓다(10^4 km s^{-1}의 속도에 해당). 2형에서는 모든 선들이 비슷하고 폭이 더 좁다($<10^3$ km s^{-1}). 이 두 형 사이의 과도기 또는 중간에 해당하는 경우들도 관측되었다. 스펙트럼 선폭의 차이는, 허용된 선들은 핵 근처의 밀도가 높은 가스에서 방출되고 금지된 선들은 바깥쪽의 밀도가 상대적으로 낮은 가스에서 방출되기 때문인 것으로 생각된다. 2형 세이퍼트 은하에는 밀도가 높은 구름이 없거나 다른 물질에 의해 우리에게 가려져(obscured) 있다.

허블형이 알려진 세이퍼트 은하들은 거의 모두가 나선형인데, 2형 세이퍼트의 경우에는 꼭 그렇지 않다. 세이퍼트 은하들은 강력한 적외선원이며, 1형 은하들은 종종 강한 엑스선을 방출한다.

순수한 세이퍼트 은하들은 비교적 약한 전파원이다. 그러나 세이퍼트 은하와 사실상 같은 가시광 스펙트럼을 가지는 밀집(compact) 전파은하들도 있다. 이들도 어쩌면 세이퍼트 은하로 분류되어야 할 것이다. 일반적으로 2형 스펙트럼은 더 강한 전파 방출을 동반하는 것 같다.

모든 밝은 나선은하들 중 약 1%가 세이퍼트 은하인 것으로 추산된다. 세이퍼트 은하의 핵은 약 10^{36}~10^{39}W의 광도를 가지며, 이는 은하의 모든 다른 부분의 광도를 합친 것과 비슷한 크기이다. 세이퍼트 은하에서는 밝기의 변화가 흔히 일어난다.

전파은하. 전파은하는 강한 전파원(radio source)인 은하로 정의된다. 전파은하의 전파 방출은 비열적 싱크로트론 복사이다. 전파광도는 전형적으로 10^{33}~10^{38}W인데, 이는 보통 은하의 전체 광도만큼 크다. 전파 방출을 설명하는 데 있어 주요 문제는 상대론적 전자와 자기장이 어떻게 만들어졌으며, 결국 전자들이 어디에서 에너지를 얻었느냐를 알아내는 일이다.

전파은하 내 전파 방출 영역의 형태와 크기에 대한 연구는, 1950년대에 전파간섭계가 광학망원경의 분해능에 도달할 수 있게 된 때부터 시작되었다. 강한 전파은하의 특징은 이중구조인데, 은하의 반대가 되는 양쪽으로 2개의 거대한 전파 방출 영역이 존재한다. 어떤 전파은하의 두 전파 방출 영역들 사이의 거리는, 우리은하와 안드로메다은하 사이 거리의 약 10배인 6Mpc이나 된다. 가장 작은 이중 전파원의 하나는 M87은하로(그림 19.26), 이 은하의 두 전파 영역은 서로 수 킬로파섹밖에 떨어져 있지 않다.

전파은하의 이중구조는 핵에서 분출(ejection)된 물질로 이루어진 것으로 보인다. 그러나 이 전파 로브(lobe)에 있는 전자들이 은하 중심에서 나왔을 수는 없는데, 왜냐하면 그렇게 먼 거리를 이동하는 동안 전자들은 모든 에너지를 잃을 것이기 때문이다. 그러므로 전자들은 전파방출 영역 내에서 지속적으로 가속되어야 한다. 전파 로브 내에는 밝고 점과 같은 영역인 뜨거운 점(hot spot)들이 있다. 이들은 일반적으로 핵에 대해서 대칭을

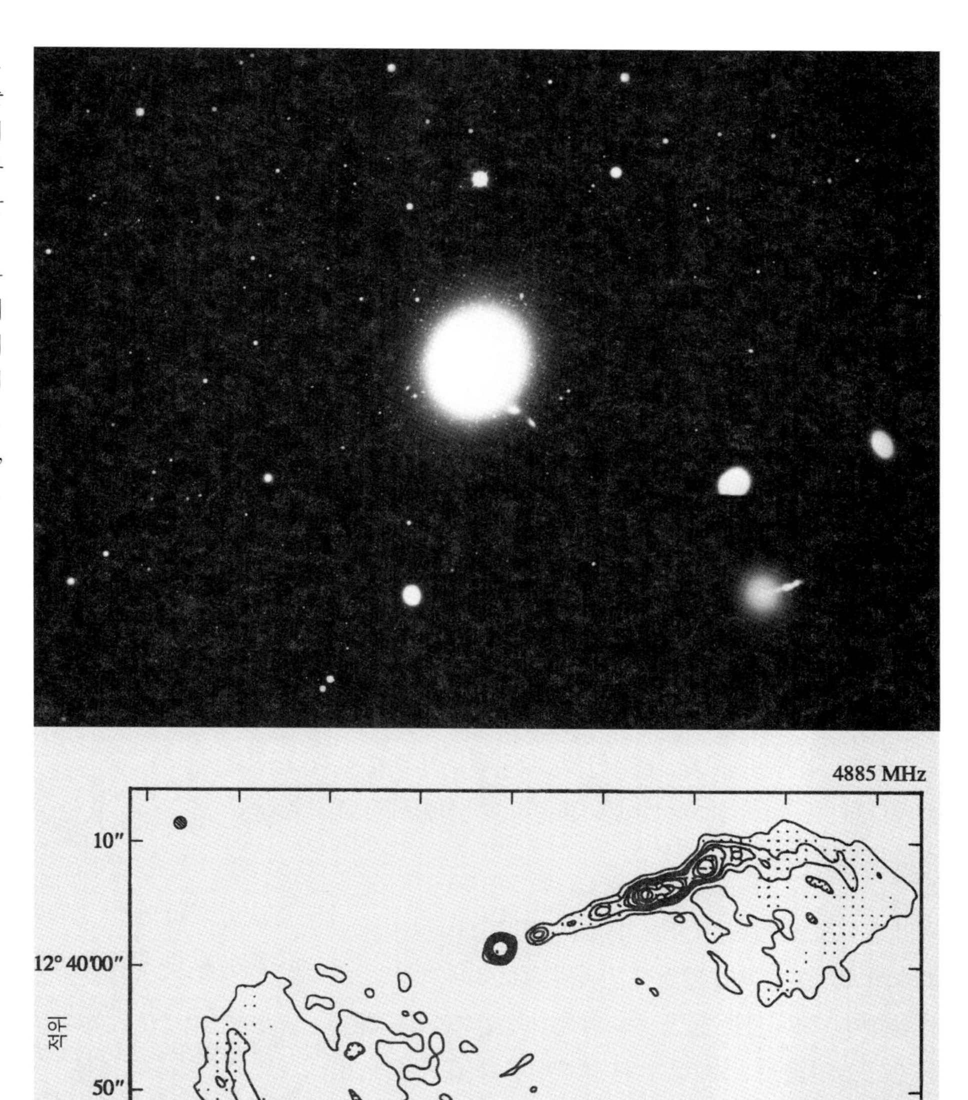

그림 19.26 (위) 활동은하 M87. 오른쪽 아래 모퉁이에 짧은 노출로 찍은 핵 지역 영상이 삽입되어 있다(주 사진과 같은 척도). 보통의 E0은하의 핵에서 푸른 제트가 나오는 것이 보인다. (사진출처 : NOAO/Kitt Peak National Observatory). (아래) VLA 관측을 통해 만들어진 전파영상 지도에서는 제트가 양쪽에서 보인다. 이 영상의 면적은 위의 사진보다 훨씬 작다. [Owen, F.N., Hardee, P.E., Bignell, R.C. (1980): Astrophys. J. (Lett.) 239, L11]

이루고 분포되어 있어, 핵에서 분출되어 생긴 결과로 보인다.

'꼬리를 가진' 전파원들도 존재한다. 이들의 전파는 주로 은하의 한쪽 편에서 방출되고, 종종 은하의 지름보다 수십 배나 긴 구부러진 꼬리를 형성한다. 그 가장 좋은 예는 페르세우스 은하단에 속한 NGC 1265와 동반은하 주위를 타원궤도로 도는 것으로 보이는 3C129이다. 꼬리는 전파은하가 은하 간 공간을 지나가면서 남긴 흔적으로 해석된다.

전파분포도에서 밝혀진 특별한 양상 중 또 하나는 제트의 존재이다. 제트는 전파를 방출하는 좁은 선과 같은 물질의 흐름인데, 보통 핵에서 시작하여 은하 밖까지 멀리 뻗쳐 있다. 가장 잘 알려진 것은 M87의 제트인데, 이 제트는 가시광과 엑스선에서도 제트로 관측되었다. 이 가시광 제트는 전파원으로 둘러싸여 있으며, 비슷한 전파원이 핵 반대쪽에도 보이나, 가시광 제트는 거기에 보이지 않는다. 우리에게서 가장 가까운 전파은하인 센타우루스(Centaurus) A도 핵에서 은하의 가장자리 근처까지 뻗어나간 제트를 가지고 있다.

VLBI로 관측된 전파 제트에서는 **초광속운동**(superluminal motion)도 나타났는데, 이는 밀집된 천체들에서 구성 성분들이 빛보다 빠른 속도로 서로에게서 멀어지는 것처럼 보이는 현상이다. 상대론에 따르면 빛보다 빠른 속도는 불가능하므로, 관측된 속도는 겉보기 속도일 뿐일 것이고, 여러 모형이 이를 설명하기 위해 제안되었다.

퀘이사. 첫 번째 퀘이사는 1963년 **슈미트**(Maarten Schmidt, 1929~)가 이미 알려진 전파원 3C273의 가시광 방출선들이 16% 적색이동한 수소의 발머선인 것으로 해석하면서 발견되었다. 이렇게 큰 적색이동이 퀘이사의 가장 주목할 만한 특징이다. 정확히 말해서 퀘이사란 용어는 준성전파원(準星電波源, quasistellar radio source)의 준말이며, 어떤 천문학자들은 이 천체를 QSO(quasistellar object, 준성체)라 부르는 것을 선호하는데, 이는 모든 퀘이사가 전파 복사를 방출하지는 않기 때문이다.

관측기술의 발달로 거의 정상인 은하들 내에 위치한 퀘이사의 수가 늘어나고 있기는 하지만, 가시광에서 퀘이사들은 거의 점원(point source)으로 보인다(그림 19.27). 처음에는 퀘이사들이 전파관측에 의해서 발견되긴 했지만, 가시광에서 확인된 모든 퀘이사 중 소수만이 밝은 전파원이다. 대부분의 전파 퀘이사는 점원이지만, 어떤 것들은 전파은하와 같은 이중구조(제트)를 가지고 있다. 위성에서 관측한 엑스선 영상에서도 퀘이사들은 점과 같은 구조를 보인다.

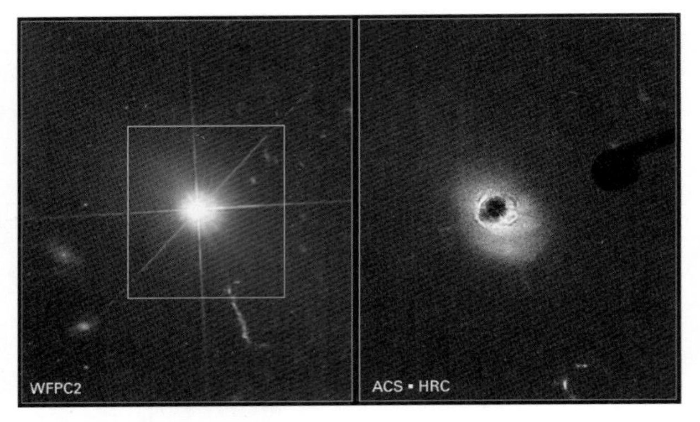

그림 19.27 가장 가까운 퀘이사 중 하나인 3C 273을 허블우주망원경에 있는 2개의 카메라로 촬영하였다. (왼쪽) Wide Field Planetary Camera로는 밝은 점 같은 천체로 보이며, 제트가 퀘이사로부터(5시 방향을 향해서) 뿜어져 나오는 것이 보인다. (오른쪽) Advanced Camera for Surveys의 코로나그래프(coronagraph)가 퀘이사의 가장 밝은 부분을 차단하였다. 모은하의 나선팔이 티끌띠(dust lane)와 함께 보이며, 제트의 경로에 세부적인 것들도 새롭게 보인다. (사진출처 : Hubble/NASA/ESA)

가시광 영역에서 관측된 퀘이사의 스펙트럼에는, 정지파장이 자외선 영역에 있는 분광선들이 지배적으로 많다. 첫 번째로 관측된 퀘이사의 적색이동(redshift)은 $z=0.16$과 0.37이고, 이후의 탐사들에 의해 최고 적색이동의 값이 계속 커지고 있다. 현재 기록은 $z=8.7$이며, 관측된 천체 중 3개는 $z=10$을 보여준다. 만일 이 천체들이 퀘이사라면, 그 빛들은 우주가 겨우 5억 년일 때 방출됐다는 것을 의미한다. 이와 같이 퀘이사들의 거리는 매우 먼 것으로 추산되고 있는데, 이는 그들의 광도가 극히 커야 함을 의미한다. 전형적인 광도값은 10^{38}~10^{41}W의 범위에 있다. 퀘이사들의 밝기는 수일 이내에서 매우 빨리 변할 수 있으며, 따라서 그들의 방출 영

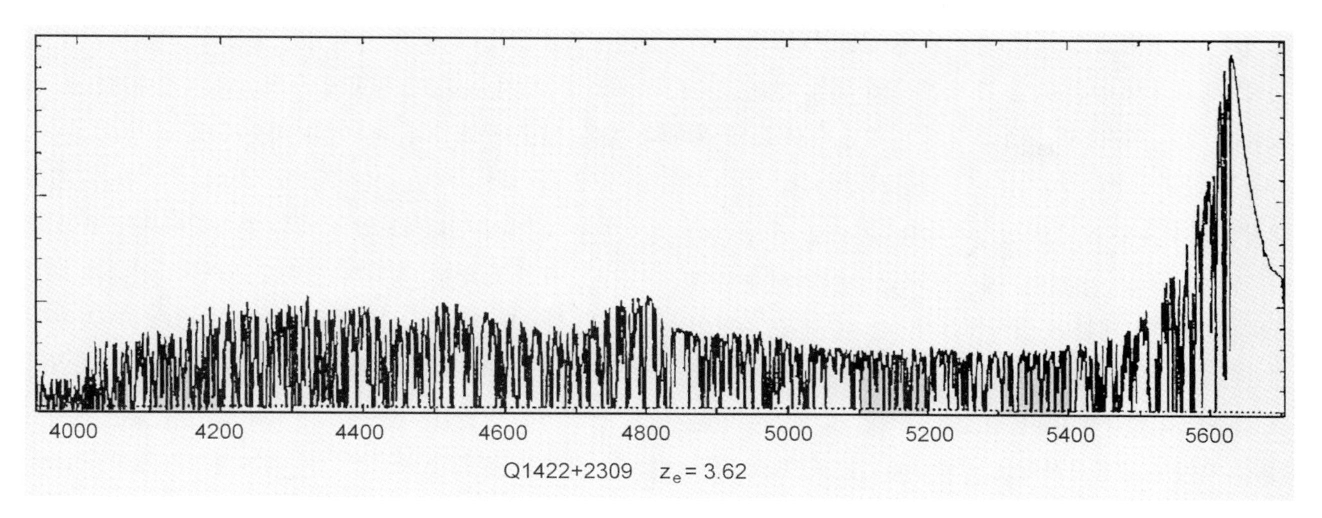

그림 19.28 10미터 켁 망원경으로 관측한 퀘이사 Q1422+2309 스펙트럼의 일부. 퀘이사의 라이먼 α 방출선은 오른쪽 끝 가까이에 위치한다. 적색이동은 3.62이다. 이 방출선의 왼쪽에 보이는 것은 라이먼 α구름떼(Lyman α forest)로 각각의 흡수선은 퀘이사 스펙트럼이 수소구름들을 관통하면서 만들어진 것이다. 파장은 옴스트롱 단위이다. (Kuva Womble, Sargent, Lyons)

역은 수 광일(light-day), 즉 약 100au 정도보다 클 수 없다.

퀘이사는 종종 스펙트럼에 방출선과 흡수선을 모두 가지고 있다. 방출선들은 그 폭이 매우 넓으며 퀘이사 자체에서 나오는 것으로 생각된다. 대부분의 흡수 스펙트럼들은 수소 라이먼 α선인 것으로 생각되는 좁은 흡수선들이 빽빽이 분포하고 있는 것인데, 이들은 퀘이사와 지구 사이의 퀘이사 시선방향에 놓인 가스구름에서 생긴 것이다. 이러한 '**라이먼 α 구름떼**(Lyman α forest, 그림 19.28)'를 만들어내는 구름들은 젊은 은하들이거나 원시은하(protogalaxy)들이며, 따라서 이 구름들은 은하의 생성에 대한 중요한 증거들을 제공한다. 라이먼 α 구름떼는 적색이동 $z = 6$까지 은하 간 가스구름을 연구하는 데 이용될 수 있다(그림 19.29). 그 이전의 우주에서는 수소들이 모두 중성수소의 형태로 존재했기 때문에 라이먼 α 구름떼의 흡수선을 이용할 수 없다.

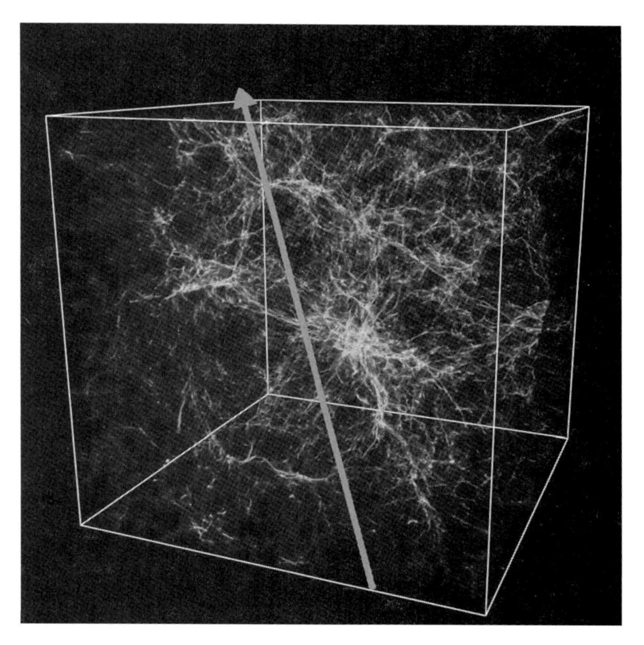

그림 19.29 우주 거대구조 형성에 관한 시뮬레이션을 이용하여 수소의 공간적 분포를 구한 것을 보여준다. 퀘이사로부터 방출되는 빛이 화살표로 나타낸 것과 같이 여러 가스구름들을 통과하면서 라이먼 α 구름떼를 만든다. (Renyue Cen, Princeton University)

통일된 모형. 처음 보기에는 은하활동의 형태들이 다양한 것처럼 보이지만, 이 활동들은 매우 널리 받아들여지고 있는 하나의 개략적인 모형으로 통일될 수 있으며 이는 은하 각각의 성질이 몇 가지 변수에 의해 기술될 수 있다는 것을 의미한다. 이 모형에 따르면, 대부분의 은하들은 질량이 $10^7 \sim 10^{10} M_\odot$ 인 밀집된 중심핵, 즉 초거대질량 블랙홀을 가지고 있으며, 이는 가스로 된 원반이나 고리에 둘러싸여 있다. 에너지의 근원은 기체가 블랙홀로 떨어지며 내놓는 중력에너지이다. 블랙홀 주변의 원반은 제트를 발생시킬 수 있는데, 이 제트에서 에너지의 일부가 회전축을 따라 원반에 수직인 방향으로 변환된다. 따라서 활동은하핵은 블랙홀과 가스원반의 질량이 훨씬 더 크다는 점을 제외하고 우리은하의 핵과 유사하다.

중심부 블랙홀의 질량을 유추하는 것은 어렵고 부정확하다. 하지만 가까운 은하의 중심부에 있는 별과 가스의 운동을 이용하는 여러 방법을 통해, 약 30개 은하의 블랙홀 질량이 구해져 있다. 이 연구들의 가장 중요한 결과는, 블랙홀 질량과 은하 중심부 속도분산 사이에 밀접한 관계가 있다는 사실이다. 비리얼 정리에 따르면 속도분산은 팽대부 질량을 알려주는 잣대가 되므로, 결론적으로 팽대부 질량과 중심부 블랙홀의 질량 사이에 밀접한 관계가 있게 되는 것이다.

활동은하핵에 관한 통일된 모형의 첫 번째 주요 매개변수는 물론 총 광도이다. 예를 들어 세이퍼트 1 은하와 약전파(radio-quiet) 퀘이사 사이의 본질적인 차이는 후자의 광도가 더 크다는 것이다. 또 다른 기본적인 매개변수는 전파 밝기인데, 이것은 제트의 세기에 관련된다. 전파 광도를 근거로, 세이퍼트 은하와 약전파 은하를 연결시킬 수 있는 한편, 다른 한편으론 전파은하와 전파퀘이사도 연결시킬 수 있다.

통일된 모형의 세 번째 중요한 매개변수는 중심핵 원반이 우리에게 보이는 각도이다. 예를 들어 원반의 측면에서 보게 되면 실제 핵은 원반에 의해 가려 버리는데, 이것이 세이퍼트 1형과 2형 사이의 차이를 설명할 수 있다. 2형에서는 블랙홀 근처에서 형성되는 넓은 폭의 방출선은 보지 못하고, 원반에서 형성되는 상대적으로 더 좁은 선들만 보게 된다. 이와 비슷하게, 측면(edge-on)에서 볼 때는 이중 전파원으로 보이는 은하가 윗면(face-on)에서 내려다보았을 때는 전파퀘이사로 보일 것이다. 후자의 경우, 정확히 제트를 따라 이 천체를 보고 있을 확률도 있는데, 이 경우엔 블레이저(blazar)로 보일 것이다. 블레이저는 밝기와 편광이 매우 빠르고 격렬하게 변하며, 방출선이 아주 약하거나 보이지 않는 천체이다. 제트가 거의 상대론적인 경우에는 제트의 횡방향(transverse) 운동이 빛의 속도보다 빠른 것처럼 보일 수 있으며, 따라서 초광속운동이 이해될 수 있다.

통일된 모형은 세이퍼트 2 은하처럼 원반에 의해 핵이 가려져 있는 퀘이사가 많이 있어야 한다고 예측한다. 세이퍼트 은하들의 경우를 따라, 이러한 천체들은 2형 AGN 또는 2형 퀘이사라고 불린다. 차폐 현상 때문에 이러한 천체들은 가시광, 자외선, 연엑스선 파장대에서의 탐사 결과에는 포함되어 있지 않을 것이다. 경엑스선에서는 차폐가 적고, 원적외선에서는 흡수된 에너지가 재방출된다. 2형 퀘이사들에 대한 탐사가 찬드라 엑스선 위성과 스피처 우주망원경에 의해 경엑스선과 원적외선에서 이루어졌는데, 이러한 탐사들에 따르면 최소한 모든 초거대 블랙홀 중 3/4이 강한 차폐 현상을 겪는 것으로 보인다.

중력렌즈. 퀘이사와 관련되어 처음 발견된 흥미로운 현상은 중력렌즈(gravitational lens)이다. 빛의 경로는 중력장에 의해서 휘어지므로, 거리가 먼 퀘이사와 관측자 사이에 놓인 질량(예 : 은하)은 퀘이사의 영상을 변형시킬 것이다. 이러한 효과의 첫 번째 예는 1979년에 발견되었는데, 하늘에서 5.7″ 떨어져 있는 2개의 퀘이사가 본질적으로 똑같은 스펙트럼을 가지고 있었으며, 이 '쌍'은 실제로 단일 퀘이사의 이중 영상이라 결론지어졌다.

그림 19.30 (a) 아인슈타인 십자가의 여러 성분들은 같은 퀘이사가 중력적으로 휘어져 만들어진 영상들이다. (사진출처 : ESA/NASA) (b) 무거운 은하단인 Abell 2218이 자신을 통과해 지나가는 빛들을 휘어지게 하여 거대한 중력렌즈의 역할을 한다. 2000년 1월에 촬영한 이 허블 영상에서 멀리 있는 은하들의 호(arc) 모양 영상들이 보인다. (사진출처 : A. Fruchter, S. Baggett, R. Hook, Z. Levay, NASA/STScI)

그 후 중력렌즈 효과를 보이는 퀘이사들이 여러 개 발견되었다(그림 19.30).

중력렌즈는 은하단에서도 발견되었다. 이 경우, 은하단의 중력장이 멀리 있는 은하의 영상을 호의 형태로 변형시키는데, 이 호는 은하단 중심 주위에 생기게 된다. 현재 200여 개의 개별 은하들과 20여 개의 은하단이 배경의 은하와 퀘이사에 대하여 중력렌즈 이미지를 만드는 것으로 알려져 있다. 이러한 시스템을 강한 중력렌즈(strong gravitational lenses)라 한다(그림 19.31).

최근에는 조금 더 흔한 약한 중력렌즈(weak gravitational lenses)가 주목을 받게 되었다(그림 19.32). 약한 중력렌즈는 분리된 상들이나 호들을 만들어내는 대신, 이미지를 조금 평평한 형태로 변형시킨다. 은하들의 원래 모양이 알려져 있지 않고 은하 이미지의 축비율이 불과 1~2%밖에 변형되지 않기 때문에, 약한 중력렌즈를 이용하여 개별 은하의 모양을 연구할 수는 없다. 하지만 밀집한 질량 주변에서 수백~수천 개 은하들을 관측한다면, 통계적 분석으로 은하 이미지가 편평해진 정도를 보일 수 있다. 2010년대에 들어서는 암흑물질의 분포를 측정하는 데 약한 중력렌즈가 흔히 사용되었다.

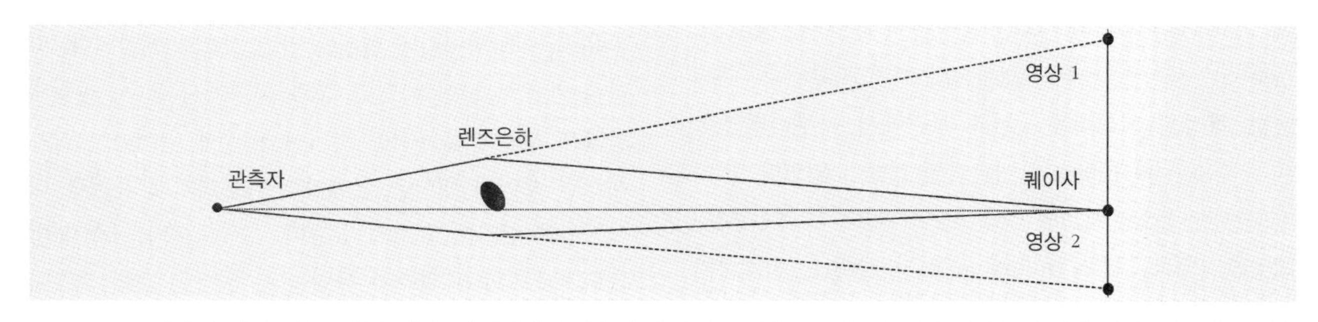

그림 19.31 강한 중력렌즈의 도식적 설명. 퀘이사에서 방출된 빛이 렌즈 역할을 하는 은하의 중력장에 의해 휘어진다. 렌즈 역할을 하는 은하 양쪽에 각각 퀘이사의 이미지가 나타난다.

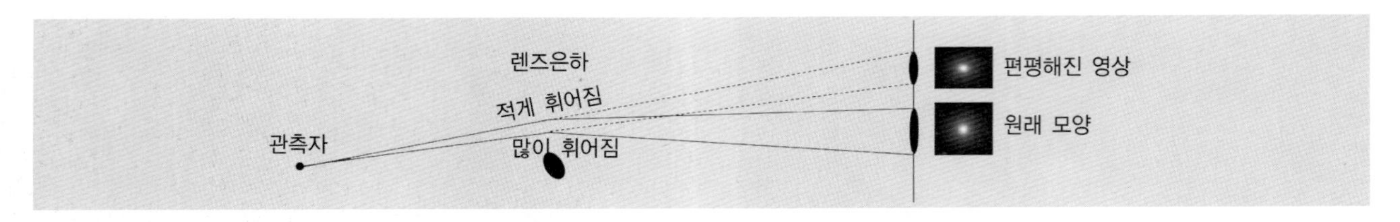

그림 19.32 약한 중력렌즈의 도식적 설명. 먼 은하의 윗부분과 아랫부분에서 오는 빛들이 중력렌즈에 의하여 다른 각도로 휘어진다. 그에 따라 은하의 이미지가 다소 편평해진 형태로 보인다.

그림 19.13은 은하단 주변의 암흑물질 구름들의 분포를 추정한 예를 보여주고 있다.

19.8 은하의 기원과 진화

빛의 속도는 유한하기 때문에, 우리가 보는 멀리 있는 은하는 그 은하 생애의 이른 시기에 해당한다. 다음 장에서는 주어진 적색이동을 가지는 은하의 나이를 우주의 팽창률로부터 어떻게 계산할 수 있는지를 볼 것이다. 하지만 적색이동과 나이 사이의 관계는 우주론 모형에 따라 다르기 때문에, 은하의 진화를 연구할 때에는 어떤 모형이 쓰였는지를 항상 명확히 해야 한다.

적색이동 $z = 10 - 20$에서 첫 세대 별들이 탄생함으로써 은하들의 진화가 시작되었다. 당시 우주는 중성수소와 중성헬륨으로 이루어져 있었으며 가스들의 온도가 100켈빈 이하로 낮아지게 되었다. 첫 세대 별들은 매우 무거웠으며 짧은 시간만 생존했다. 첫 세대 별들, 첫 세대 은하들, 그리고 퀘이사들로부터 나오는 자외선 복사에 의해 성간물질과 은하간 물질들이 빠르게 이온화되었다. 이 시기를 우주의 재이온화 시기로 부른다. 재이온화 과정은 적색이동 $z = 6$ 부근에서 마무리되었고, 이후 수소 원자의 99%가 이온화된 상태가 되었다. 재이온화가 끝나가는 시기인 적색이동 $z = 6 - 15$에는 이미 무거운 은하들($M > 10^{10} M_\odot$)이 탄생하였다. 현재까지 관측된 가장 먼 은하는 $z = 10 - 12$에 해당한다.

현재 널리 받아들여지고 있는 우주론 모형에 따르면, 우주에 있는 물질의 거의 대부분은 빛을 내지 않는 형태로 있으며, 이들은 중력적인 효과에 의해서만 관측될 수 있다. 이러한 차가운 암흑물질(Cold Dark Matter, CDM) 이론(20.7절 참조)에 의하면, 처음으로 함몰하여 별을 만드는 시스템은 왜소은하 정도의 질량을 가졌으며, 이러한 작은 조각들이 더 큰 덩어리로 모이면서 큰 은하들이 형성되었다. 대부분의 별이 작은 은하에서 만들어졌다는 이 이론은 통상 계층적(hierarchical) 이론으로 묘사된다.

우리가 가지고 있는 은하 진화에 관한 이론적 아이디어의 많은 부분은 가스구름의 함몰과 그 안에서의 별 형성에 관한 수치 모의실험(numerical simulation)에 기초한다. 별 형성에 관한 모종의 수치적 모형을 이용하여, 수치실험에서 만들어지는 은하의 스펙트럼 에너지분포(spectral energy distribution)와 화학조성비의 진화를 계산할 수 있다. 이러한 모형 계산의 결과들은 이 장의 앞 절에서 보여준 관측 자료들과 비교해볼 수 있다.

암흑물질의 밀도분포는 매우 불규칙적일 것이며, 수많은 소규모 덩어리의 형태를 가질 것으로 예상된다. 따라서 계층적 모형과 단일 붕괴 모형에서 모두, 물질의 함몰은 상당히 불균질할 것이며, 이후에 일어나는 작은 시스템 사이의 병합은 흔해야 한다. 여기에 문제를 더 복잡하게 만드는 요소가 있는데, 은하로부터 가스가 방출되거나 새로운 가스가 유입될 수 있다는 것이 그것이다. 주변과의 상호작용은 진화의 추이를 급진적으로 바꿀 수 있는데, 밀도가 큰 시스템에서는 상호작용에 의해 개개 은하의 병합이 하나의 거대타원은하로 귀결될 수 있다. 은하의 거시적인 역학적 상태나 활동은하핵이 별 형성에 어떤 영향을 주는지에 대해서는 아직 많은 연구가 필요하다.

은하의 진화에 관한 우리의 관측적 지식은 매우 빠르게 진보하고 있다. 기본적으로, 이 장에서 언급된 모든 관계들이 시간의 함수로 연구되어 왔다. 하지만 우주가 어떻게 현재 상태에 도달하였는지에 대한 완벽하고 널리 받아들여지는 설명은 아직 확립되지 않았다. 여기서는 오늘날 우리가 보고 있는 은하로 이끄는 과정들의 양상 중 몇 가지 중요한 것들에 대해서만 언급할 수 있다.

밀도와 광도의 진화. 은하의 형성과 진화를 연구하는 가장 기본적인 방법은 어떤 주어진 한계등급보다 더 밝은 은하의 수를 세거나(허블에 의해 1930년대에 이미 수행되었듯이; 20.1절 참조), 또는 적색이동의 함수로 개수밀도를 구하는 것이다. 은하가 진화하지 않는다고 가정하고 주어진 우주 모형에서 기대되는 은하의 수와 관측된 은하의 수를 비교할 수 있다. 따라서 이러한 일은 우주론 모형에 대한 검증으로 쓰이거나, 또는 우주의 진화 모형에 대한 검증으로 쓰일 수 있다. 하지만 현재 우주론 모형에 대해서는 더 신뢰할 만한 다른 검증들이 존재하므로 수를 세는 일, 즉 헤아리기(number count)는 주로 은하의 진화를 연구하는 데 이용된다.

두 가지 방식으로 은하의 진화가 헤아리기에 영향을 줄 수 있다. 밀도의 진화에 의해서는 은하의 실제 개수가 변하는 데 반해, 광도의 진화에 의해서는 개개 은하의 광도만 진화한다. 가장 간단한 형태의 광도 진화는 **수동적 광도 진화**(passive luminosity evolution)라고 불리는데, 이는 정상적인 별 진화에 의해 별의 광도가 변하는 것에 기인한다. 단일 붕괴 모형에서는 순수한 광도 진화가 지배적일 것이라고 예상되는 반면, 계층적 모형에서는 밀도 진화가 우세할 것이다. 계층적 모형에서는 작은 은하들이 훨씬 더 많이 파괴되어 더 크고 밝은 은하를 만들어내고 있기 때문이다.

그림 19.33은 은하 개수 헤아리기 결과의 한 예를 보여준다. 은하의 진화가 없는 모형은 관측된 개수를 설명할 수 없으며, 여러 가지 진화 효과를 포함하는 모형들이 도입되어야만 한다. 하지만 헤아리기 방법만을 이용해서는 유일한 해를 얻을 수 없다.

먼 은하들. 은하 형성에 더 직접적으로 접근하는 방법은 관측할 수 있는 것 중 가장 멀리 있는 은하들을 직접 탐색하는 것이다. 그림 19.34는 허블우주망원경에서 매우 긴 27일의 노출 시간을 주어 여러 파장대에서 관측한

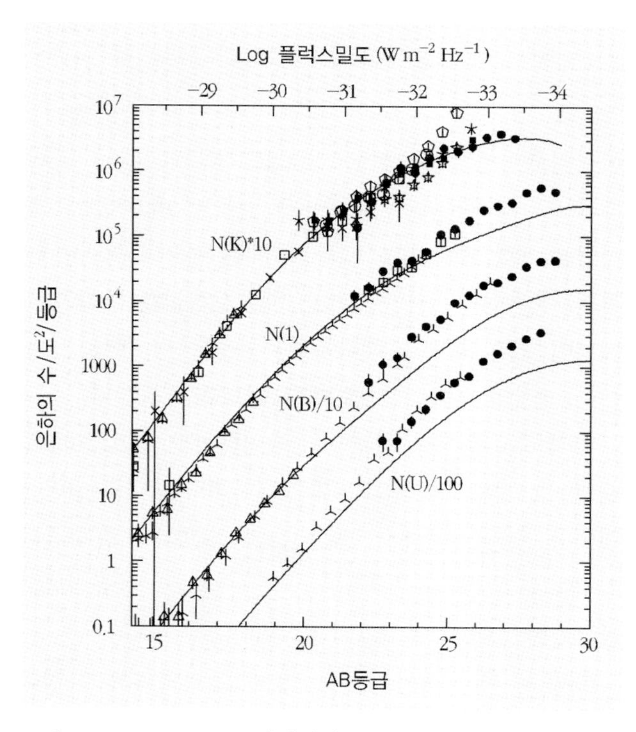

그림 19.33 U, B, I, K 파장대에서의 은하 개수 헤아리기. 은하의 진화가 없는 우주론 모형에서 은하의 개수(실선)와 비교되고 있다. 현재 선호되고 있는 '일치(concordance)' 모형의 우주론 인자들을 사용하였다(20.5절 참조). (H.C. Ferguson et al., 2000, ARAA 38, 667, Fig. 4)

그림 19.34 허블우주망원경으로 가장 긴 시간 노출하여 찍은 이미지로 2014년에 발표되었다. 총 노출시간은 27일이다. 원본 사진은 15,000개의 희미한 은하를 포함하고 있다. (NASA, ESA, H. Teplitz, M. Rafelski, A. Koekemore, R. Windhorst and Z. Levay)

하늘의 한 영역인 허블울트라딥필드(Hubble Ultra Deep Field, HUDF)를 보여준다. 이 영상은 약 15,000개의 은하들을 포함하고 있다. 5,000여 개는 점으로 보이며 그들의 적색이동은 6 이상이다. 다른 은하들은 점이 아닌 면적이 있는 형태로 관측되며, 이들은 적색이동 $z = 1-5$에서의 은하 진화에 대한 정보를 제공한다.

가장 중요한 관측 결과는 적색이동이 커지면 은하 형태의 허블 분류가 점점 맞지 않다가 마침내 사라진다는 것이다. 현재 우주에서 관측되는 나선 형태의 은하들은 적색이동 $z = 3$ 부근에서는 거의 사라지고, 불규칙하고 불분명한 형태의 은하들이 나타난다.

그림 19.35는 적색이동 $z = 2-4$에서의 다양한 형태의 먼 은하들을 보여준다. 10% 이상은 '체인은하(chain galaxies)'이며 다른 20%는 '응집은하(clump clusters)'로 불린다. 다른 15%는 '쌍은하(doubles)', 그리고 10%는 '올챙이(tadpoles)' 형태의 은하이다. 약 30%의 은하들은 진화하는 나선은하, 10%의 타원은하들이다.

다른 중요한 발견은 과거의 은하들은 지금의 은하들에 비해 크기가 작았다는 점이다. 질량과 광도가 지금의 은하들과 비슷하다면, $z = 3$인 은하들의 지름은 현재 은하들에 비하여 10분의 1에 불과하다. 가장 그럴듯한 설명은 은하의 바깥 부분이 작은 은하들의 병합을 통하여 커졌다는 것이다. 거대한 은하가 하나의 왜소은하와 충돌하면, 은하의 총 질량에는 별 영향을 주지 않는 반면 은하 바깥 부분에 별들을 분포시킴으로써 은하 전체의 지름을 크게 만든다. 이러한 관측은 은하 간의 충돌과 병합이 은하들이 현재 상태로 진화하는 데 얼마나 중요한 역할을 해 왔는지를 명확히 보여준다.

AGN의 진화. 우주론적 진화의 첫 번째 확실한 징후는 전파은하와 퀘이사의 수에 있었다. 퀘이사의 밀도는 높은 적색이동으로 갈수록 확연히 증가한다는 것이 이미 1960년대 후반에 확실해졌었다(그림 19.36). 대략적으로, 퀘이사의 개수밀도는 $z = 2$의 적색이동까지 현재 값에 비해 100배 증가하며, 이 근처에서 넓은 최고점 영역을 보인다. 이러한 양상은 밀도 진화 또는 광도 진화 중 하나에 의한 것일 것이다. 전파은하의 밀도 또한 적색이동 1.5~3에서 최고점을 가지며, 이때를 **퀘이사 시대**(quasar era)라고 부르기도 한다.

우주에서의 별 형성 역사. 첫 번째 별이 만들어지기 시작한 때에는 우주에 중성가스만 존재했었기 때문에, 은하가 어떻게 만들어졌는지를 기술하는 가장 일반적인 방법은 가스가 별로 전환되는 속도를 이용하는 것이다. 적색이동 약 8까지 거슬러 올라가는 별 형성의 역사가 그림 19.37에 나타나 있는데, 적색이동 1~2에서는 별 생성률이 지금보다 10배 정도 더 컸었다. 더 큰 적색이동에서는 생성률이 거의 같거나 천천히 감소하는 것으로 보인다.

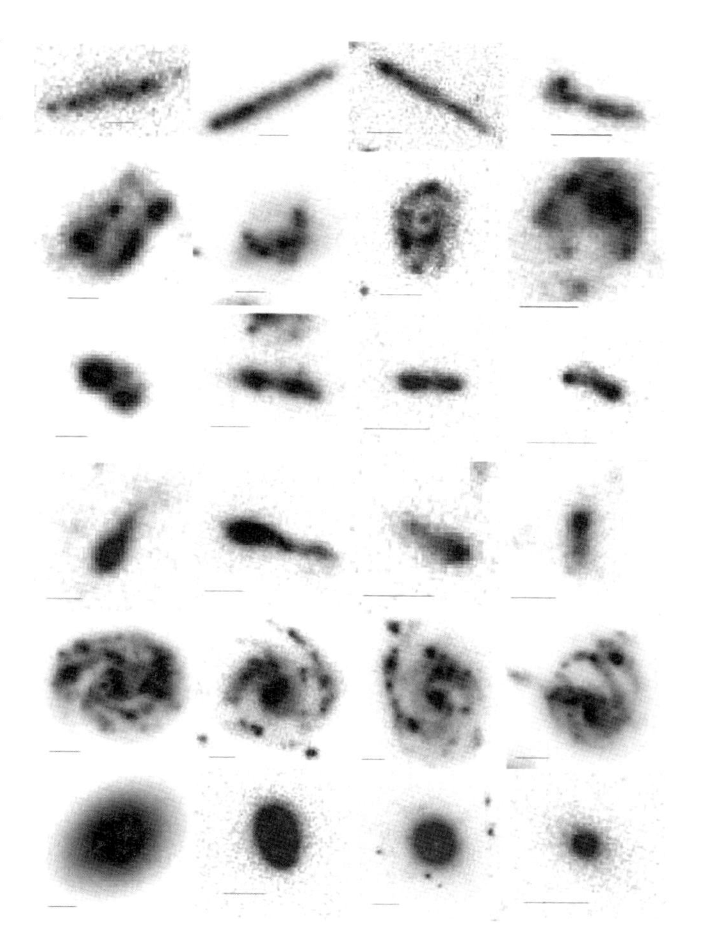

그림 19.35 적색이동 $z=2-4$인 우주 초기에 생성된 다양한 은하들. 1열 : 체인은하, 2열 : 응집은하, 3열 : 쌍은하, 4열 : 올챙이은하, 5열 : 새로 생성되는 나선은하, 6열 : 타원형 은하. (Elmegreen, Elmegreen, Rubin, Schaffer, 2005, ApJ 631, p. 87)

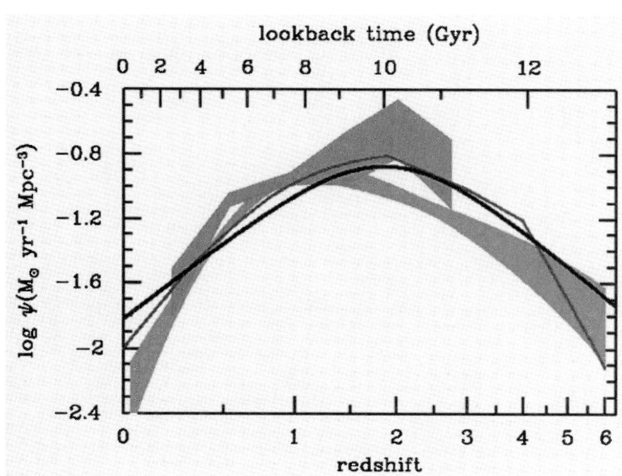

그림 19.36 엑스선(회색 영역)과 적외선(회색 선) 관측에 나타난 적색이동에 따른 퀘이사 활동의 변화. 검은색 선은 별 생성률(그림 19.37)을 보여준다. (Madau ja Dickinson, 2014, Ann. Rev. Astron, Astrophys. 52)

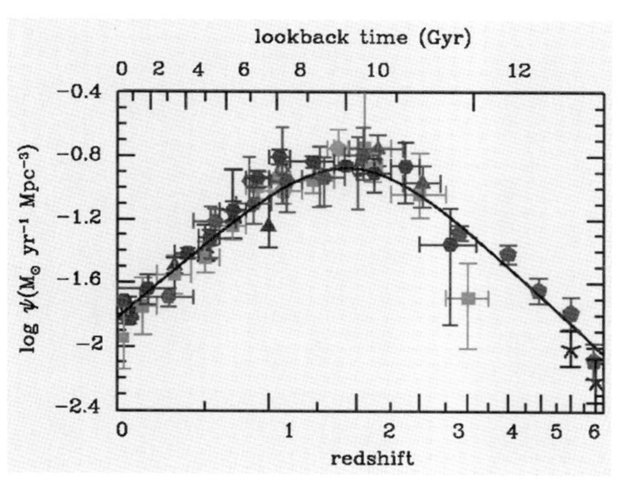

그림 19.37 적색이동에 따른 별 생성률의 진화. 각각의 도형은 다른 여러 연구에서 나온 결과와 오차들을 보여준다 (Madau and Dickinson, 2014, Ann. Rev. Astron. Astrophys. 52)

19.9 연습문제

연습문제 19.1 은하 NGC 772는 M31과 비슷한 Sb은하이다. 이 은하의 각지름은 7′이며 겉보기등급은 12.0등급이다. M31의 경우 이 값들은 3.0°, 5.0등급이다. 이 은하들까지의 거리들의 비를 구하는데,

a) 이 은하들의 크기가 같다고 가정하라.

b) 이 은하들이 밝기가 같다고 가정하라.

연습문제 19.2 퀘이사 3C279의 밝기는 일주일 정도의 주기로 변한다. 복사를 방출하는 지역의 크기를 추정하라. 이 퀘이사의 겉보기등급은 18등급이다. 만약 퀘이사까지의 거리가 2,000Mpc이면, 절대등급과 광도는 얼마인가? AU^3당 생산되는 에너지는 얼마인가?

우주론

20

우주론은 전 우주의 구조와 진화를 연구하는 과학이다. 우주론에서의 연구는 다음과 같은 질문들에 대한 답을 찾으려는 노력이다. 우주란 얼마나 크며, 얼마나 오래되었나? 우주는 어떻게 태어났는가? 우주의 물질은 어떠한 분포를 하고 있는가? 각종 원소들은 어떻게 만들어졌는가? 우주의 미래는 무엇일까?

아리스토텔레스(Aristoteles, BC 384-BC 322)의 세계관에 종지부가 찍히고 나서도, 수백 년의 세월을 거쳐서 천문관측과 물리학의 이론이 성장한 다음에야 비로소 물리적 우주에 대한 근대적이며 과학적인 세계관을 마련할 수 있게 되었다. 이렇게 되기까지의 과정에서 결정적 계기를 마련한 두 가지 사건이 있었으니, 그 하나는 우주에 대한 이론적 연구의 기틀을 제공한 1910년대에 아인슈타인이 개발한 일반 상대성 이론의 출현이고, 또 하나는 1920년대에 이룩한 외부은하에 대한 본질적 이해라고 하겠다. 그럼에도 수십 년 전까지만 하더라도 증명되지 않는 주장들과 온갖 종류의 추측들이 난무하였다. 최근에야 위성관측에 힘입어 우주론 상수들이 합리적 수준에서 정확하게 측정되었고, 여러 대안적인 모델들이 배제될 수 있었다. 현대 우주론에서 신봉되고 있는 중심 '교의(敎義)'는 팽창 우주 모형이며, 이는 관측적인 증거에 의해서 지속적으로 뒷받침되고 있다.

20.1 우주론적 관측 사실

올베르스 역설. 밤하늘이 어둡다는 점이 가장 간단한 우주론적 관측 사실이다. 이 사실에 처음 주목한 학자 케플러는 1610년에 이 사실을 우주의 유한성에 대한 증거로 삼았었다. 그러나 코페르니쿠스 혁명의 결과로 우주가 태양과 같은 별들로 무한히 채워진 공간이라는 생각이 널리 퍼지게 되었고, 이에 따라 밤하늘의 어두움은 하나의 문제로 남아 있게 되었다. 18, 19세기에 들어와서, 핼리(Edmond Halley, 1656-1742), 세조(Loys de Chéseaux, 1718-1751), 올베르스(Heinrich Olbers, 1758-1840) 등이 이 문제를 논하는 글들을 남겨 놓았고, 그 이후 밤하늘이 어둡다는 사실은 올베르스의 역설(paradox)이라고 부르게 되었다(그림 20.1).

역설인 이유는 다음과 같다. 우주는 무한하고 그 속에 별들이 균질하게 분포되어 있다고 하자. 그렇다면 어느 방향을 보든 관측자의 시선방향은 결국 어느 별이든지 하나의 별 표면과 반드시 만나게 될 것이다. 표면밝기, 즉 플럭스밀도는 거리의 함수가 아니므로, 전 하늘의 밝기가 태양 표면만큼이나 밝게 빛나야 할 것이다. 그런데 현실은 이와는 확연히 다르다. 이 역설의 현대판 설명은 항성들이 우주에 존재해 온 시간이 유한하기 때문에 아주 먼 별에서 오는 빛은 아직 도착하지 않았다는 것이다. 그래서 올베르스의 역설은 우주의 공간적 유한성을

그림 20.1 올베르스의 역설. 무한하고 정적인 공간에 별들이 균일하게 분포되어 있다면, 하늘은 태양 표면만큼이나 밝게 빛날 것이다. 왜냐하면 그러한 상황에서는 우리의 시선방향이 어디를 향하든 별의 표면과 반드시 만나게 되기 때문이다. 2차원적 비유를 우리는 울창한 밀림에서 찾을 수 있다. 어느 방향을 보든, 우리의 시선은 나무줄기와 반드시 만나게 된다. (사진출처 : M. Poutanen and H. Kartunen)

입증한다기보다는 우주의 나이가 유한함을 보이고 있다고 하겠다.

외부은하 공간. 1923년에 허블이 안드로메다 은하 M31이 우리은하 밖에 위치한다는 사실을 처음 밝힘으로써 은하수와 안드로메다성운과의 관계에 대한 오랜 논란이 비로소 해결되었다. 사진에 보이는 수많은 은하들이 차지하고 있는 공간은 우리은하에 비교도 안 될 정도로 광막하다. 우리은하 외부에 존재하는 은하와 은하단들의 분포와 운동이 우주 어디에서나 우리은하 근처와 같을 것이라는 생각은 우주론에서 매우 중요한 의미를 지닌다. 은하들은 은하군, 은하단, 초은하단 등 여러 계층의 집단을 이루고 있다. 현재까지 알려진 가장 거대한 구조들은 대략 100Mpc에 이르는 크기를 갖는데(20.6절 참조), 이 구조들은 은하의 분포가 조사된 우주공간의 부피(수천 Mpc 크기)에 비교하면 상당히 작은 것이다. 거시적 척도에서 은하 분포의 균질성을 연구하는 한 가지 방법은 주어진 한계등급 m보다 밝은 은하들의 개수를 조사하는 것이다. 은하들이 공간에 균질하게 분포하는 경우, 주어진 등급 m보다 밝은 은하들의 개수는 $10^{0.6m}$에 비례하여 증가해야 한다(예제 18.1 참조). 예를 들어 1934년에 허블이 44,000개의 외부은하를 상대로 조사해 본 바에 의하면, 은하들의 분포는 위치에 무관하며(균질 분포) 방향에도 무관(등방 분포)하였다. 즉 허블은 우주의 '가장자리'를 찾을 수 없었으며, 그 이후에 수행된 은하의 수 헤아림 연구에서도 마찬가지였다.

우리은하 밖에 존재하는 전파원들에 대해서도 비슷한 연구들이 수행되었다[이 경우에는 등급 대신에 플럭스 밀도가 쓰인다. 플럭스밀도를 F라 하면 등급과 플럭스밀도 사이에는 $m = -2.5\log(F/F_0)$의 관계가 성립하므로, 주어진 플럭스밀도 F보다 밝은 전파원의 총 수는 $F^{-3/2}$에 비례하여 증가할 것이다]. 이 연구들에 쓰인 전파원들은 주로 먼 거리에 있는 전파은하와 퀘이사들이었다(그림 20.2). 이 연구들의 결과는 전파원들이 현재보다 과거에 훨씬 더 밝았었든지 또는 그 수가 훨씬 더 많았었다는 것을 암시하고 있는 듯하다(19.8절). 이러한 사실은 진화하며 팽창하는 우주 모형을 뒷받침하는 증거가 된다.

일반적으로 밝기와 개수에 관한 단순한 기하학적인

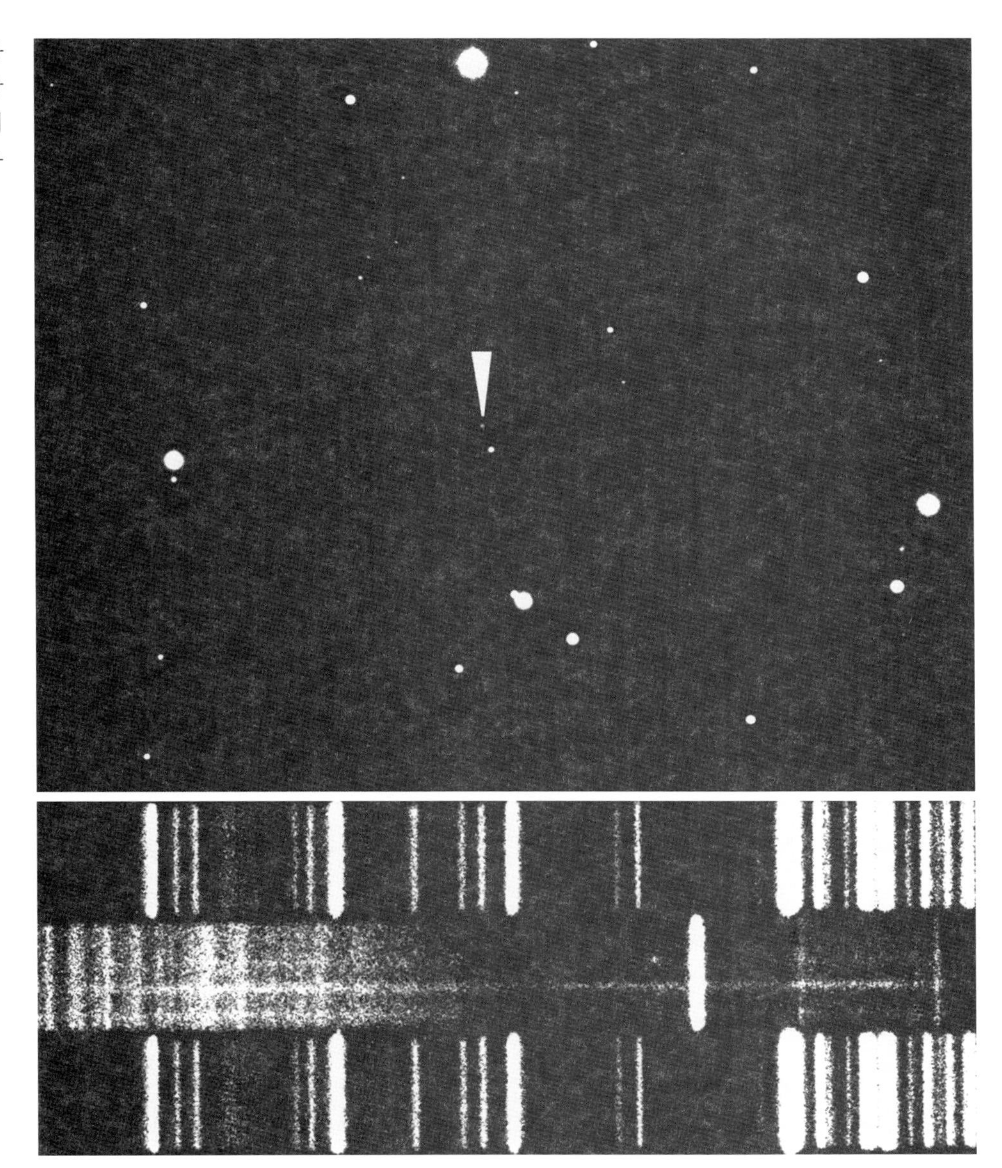

그림 20.2 퀘이사 3C295의 사진과 스펙트럼. 퀘이사는 가장 멀리 있는 우주론적 천체들이다. (사진출처 : Palomar Observatory)

관계는 공간에 균일하게 분포된 천체의 경우에만 적용된다. 그러나 우리은하 근처에서는 국부적 비균질도 때문에, 먼 천체의 경우에는 우주의 진화와 공간의 기하학적 성질 때문에 기본적인 $10^{0.6m}$ 의 관계식과 다르게 될 것이다.

허블법칙(그림 20.3 참조). 1920년대 후반기, 허블은 은하의 스펙트럼선들이 긴 파장 쪽으로 이동되어 있으며 그 이동량이 거리에 비례한다는 사실을 발견하였다. 이러한 적색이동이 도플러 효과에 기인하는 것이라면, 이것은 은하들이 서로 멀어지고 있으며 그 후퇴속도가 은하들 사이의 거리에 비례함을 의미한다. 즉 우주는 전반적으로 팽창하고 있는 셈이다.

적색이동 $z = (\lambda - \lambda_0)/\lambda_0$로서 허블법칙을 서술하면,

$$z = (H/c)r \tag{20.1}$$

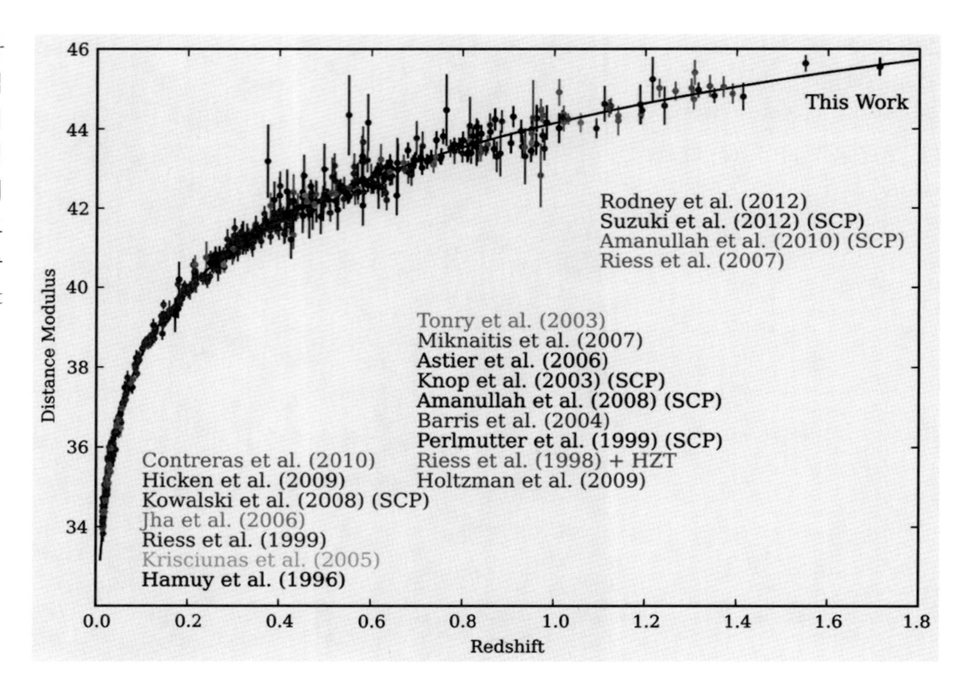

그림 20.3 초신성 Ia형의 밝기와 적색이동의 관계로 나타낸 허블법칙. 실선은 20.7절에서 언급한 기본 상수값들을 갖는 일치 모형(concordance model)에서의 관계를 보여준다. 우주상수가 0인 모형을 나타내는 다른 선들은 관측과 잘 맞지 않는다. (D. Rubin et al., 2013, ApJ 763, 35)

이 된다. 여기서 c는 광속, H는 **허블상수**(Hubble constant), r은 은하의 거리를 의미한다. 속력이 광속에 비하여 작은 경우($V \ll c$), 도플러 적색이동은 $z = V/c$가 된다. 그러므로 허블법칙은

$$V = Hr \tag{20.2}$$

과 같이 표현될 수 있다. 이것이 허블법칙의 가장 흔한 표현법이다.

'표준촉광(standard candle)'의 역할을 할 수 있는 은하, 즉 절대등급이 어떤 평균값 M_0에 가까운 은하에 대해서 허블의 관계를 조사해보면, 적색이동의 대수값 $\log z$가 겉보기등급 m에 직접 비례함을 알 수 있다. 거리 r에 있는 은하는 겉보기등급 $m = M_0 + 5\log(r/10\mathrm{pc})$을 가지므로, 허블법칙은

$$m = M_0 + 5\log\left(\frac{cz}{H \times 10\,\mathrm{pc}}\right) = 5\log z + C \tag{20.3}$$

로 되기 때문이다. 여기서 상수 C는 H와 M_0에 의해 결정된다. 적당한 표준촉광의 예로는 은하단 내에 있는 가장 밝은 은하들과 광도 계급을 알고 있는 Sc은하들을 들 수 있다. 은하들의 거리를 결정할 수 있는 몇 가지 다른 방법들을 19.2절에서 소개하였다. 가장 최근에는 먼 은하에 속한 Ia형 초신성이 적색이동 $z = 1.7$까지의 거리를 측정하는 데 사용되고 있는데, 이러한 거리에서 이미 허블법칙으로부터 벗어나고 있음이 관측되었다(14.4절).

우주가 팽창하고 있다면, 과거에는 은하들이 현재보다 훨씬 더 가까이 있었을 것이다. 만약, 팽창률이 일정하게 유지되어 왔다면, 허블상수의 역수 H^{-1}이 우주의 나이를 나타낼 것이다. 우주의 팽창이 서서히 감속한다면, 허블상수의 역수는 우주 나이의 상한값을 줄 것이다. 뒤에서 논의하겠지만, 실제로 관측사실들은 우주의 팽창률이 현재 가속되고 있음을 암시한다. 그러한 경우 우주의 나이는 더 커질 수도 있다. 그러나 H^{-1}은 여전히 우주의 나이에 대한 척도가 된다.

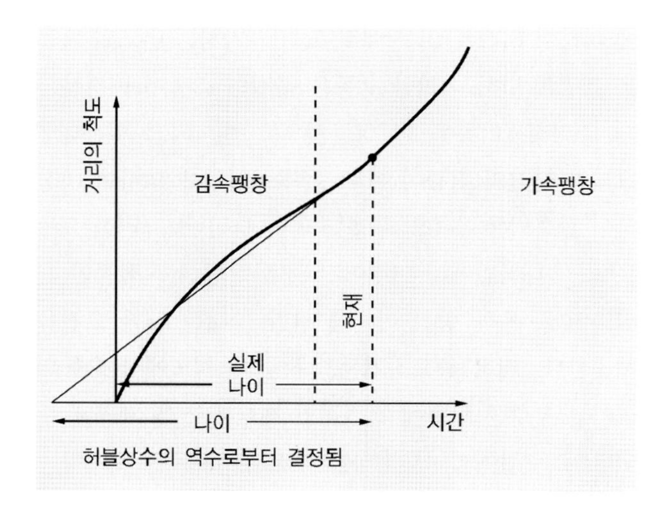

그림 20.4 현대우주론에서는 우주의 팽창률이 초기에 감소하다가 약 50억 년 전부터 감속에서 가속으로 바뀌었다고 가정한다. 현재의 허블상수값으로 계산된 우주의 나이($1/H$)는 실제 나이보다 크다.

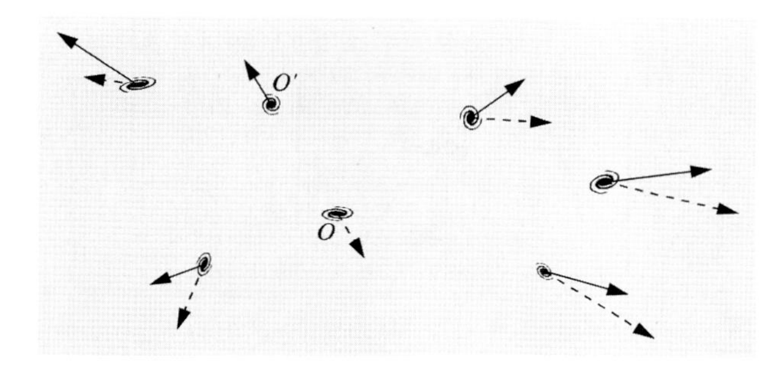

그림 20.5 허블법칙에 따라 우주가 규칙적으로 팽창한다는 것이 우리은하(O)가 팽창의 중심이라는 것을 의미하지는 않는다. 다른 은하 O'에서도 같은 허블 팽창(점선)을 보게 된다.

허블상수를 결정하는 것이 어려운 이유는 외부은하의 거리를 측정하는 것이 불확실하기 때문이다. 두 번째 문제는 국부 은하군 안에서 태양의 운동을 보정한 은하의 후퇴속도 V의 값이 각 은하들의 특이운동에 상당히 큰 영향을 받는다는 것이다. 은하의 특이운동은 물질분포의 국부적 특성, 예를 들면 은하군이나 은하단과 같은 밀집지역 때문에 생기는 것이다. 국부 은하군은 국부 초은하단의 중심(처녀자리 은하단)을 향하여 상당히 큰 속도로 끌려간다. 흔히 처녀자리 은하단을 사용하여 H를 측정하므로, 이러한 국부 은하군의 특이운동을 무시하는 것은 H의 측정치에 커다란 오차를 줄 수 있다. 이 특이운동의 크기는 아직 정확히 알려져 있지는 않지만 대략 $250\mathrm{km\,s^{-1}}$ 정도인 것 같다.

허블상수를 결정하기 위한 가장 야심 찬 최근 프로젝트에서는 가까운 은하들에 속한 세페이드 변광성의 거리를 측정하기 위하여 허블우주망원경을 사용하였다. 그리고 이 거리들은 툴리-피셔 관계와 초신성 Ia형과 같은 다른 거리지표들의 눈금을 보정하는 데 사용되었다. 최종 결과는 $H=(72\pm8)\mathrm{km\,s^{-1}\,Mpc^{-1}}$이다. 이 결과에 남아 있는 가장 큰 오차 요인은 세페이드 광도의 눈금을 보정하는 데 사용되는 대마젤란운의 거리이다.

현재 허블상수의 가장 정확한 값은 우주배경복사의 각파워스펙트럼을 연구하여 얻은 것이다(20.7절). 플랑크(Planck) 위성의 관측 결과에 따르면 $H=(67.7\pm0.5)\mathrm{km\,s^{-1}\,Mpc^{-1}}$이며 우주의 나이는 138.0 ± 0.2억 년이다.

허블법칙의 형태는 우리은하가 마치 우주 팽창의 중심에 위치하고 있는 것 같은 인상을 주는데, 이러한 생각은 코페르니쿠스적 원리에 명백히 위배되는 바이다. 그림 20.5를 보면 고르게 팽창하는 우주에서는 어느 지점에서도 허블법칙이 똑같은 형태로 주어진다는 것을 이해할 수 있다. 그러므로 팽창의 중심이 없는 셈이다.

열적 마이크로파 배경복사. 허블법칙 다음으로 발견된 가장 중요한 우주론적 발견은 배경복사의 검출이다. 1965년에 펜지아스(Arno Penzias, 1933~)와 윌슨(Robert Wilson, 1936~)은 범우주적 배경복사를 마이크로 파장대에서 발견하였는데, 이 복사의 스펙트럼은 절대온도 3K의 완전 흑체(5.6절 참조)에 대응한다(그림 20.6). 바로 이 발견으로 그들은 1979년에 노벨상을 수상하였다.

열적 우주배경복사의 존재는 이미 1940년 후반에 가모프(George Gamow, 1904-1968)가 예측했었다. 가모프

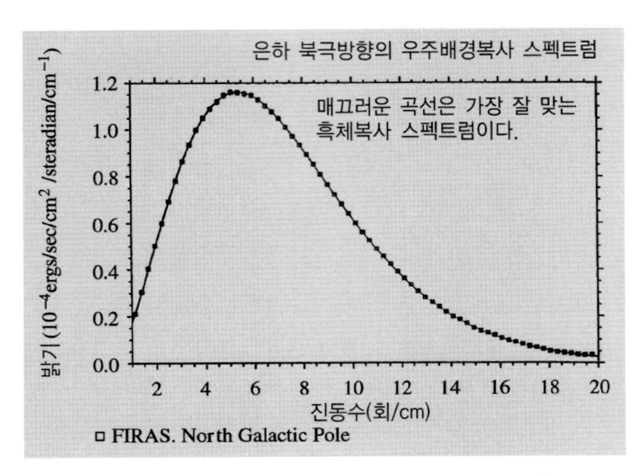

그림 20.6 1990년 COBE 위성이 관측한 우주배경복사의 스펙트럼은 2.7K의 완전 흑체복사와 일치한다.

는 우주 팽창의 초기 상태를 연구한 최초의 학자들 중 한 사람이다. 그에 따르면, 초기 우주는 지극히 높은 온도의 복사로 채워져 있었다. 우주가 팽창함에 따라 복사는 냉각되기 시작하여 현재는 절대온도로 겨우 수 도 정도에 이르게 되었다. 펜지아스와 윌슨에 의해서 처음 발견된 이래, 우주배경복사는 0.5cm에서 50cm까지의 파장대에서 연구되었다. 1989년 궤도에 올려진 COBE(Cosmic Background Explorer) 위성을 이용한 상세 측정에 의하면 우주배경복사는 2.725 ± 0.002K의 플랑크 스펙트럼에 가깝다(그림 20.6).[1] 최근에는 WMAP 위성에 의하여 우주배경복사의 전천 지도가 더욱 상세하게 만들어졌다.[2]

열적 우주배경복사의 존재는 우주가 초기에 매우 높은 온도에 있었음을 강력하게 시사하고 있다. 한걸음 더 나아가서, 우주배경복사의 등방성은 우주의 등방 · 균질 모형을 뒷받침한다. 또한 COBE와 WMAP 위성은 배경에 비하여 6×10^{-6}의 상대적 크기를 가지는 온도의 요동을 검출하였다. 이러한 요동은 물질의 집중이 배경복사에 중력적색이동을 일으킨 것으로 해석되고 있는데,[3] 그러한 물질의 집중이 이후 중력 불안정에 의하여 성장하여 관측되는 우주의 구조를 만들게 된다. 그러한 요동은 초기 대폭발에서 만들어진 물질 요동의 직접적인 흔적들인데, 은하 형성 이론에 관한 중대한 제한 요건을 제공한다. 더욱 중요하게는, 다른 각 척도에서 요동의 크기는 우주론 모형에 결정적인 제한 요건을 제공해 주었다. 20.7절에서 이 문제를 다시 논하게 될 것이다.

물질과 복사의 등방성. 우주배경복사 외에도 몇 가지 관측 사실에서부터 우주의 등방성이 더 확인되었다. 허블법칙은 물론이고, 전파원, 엑스선 배경복사, 흐린 원거리 은하 등의 분포 역시 등방성을 보이고 있다. 거시적인 비균질도는 비등방성으로 관측될 것이므로, 관측된 등방성은 우주가 균질하다는 뚜렷한 증거가 된다.

우주의 나이. 지구, 태양, 구상성단의 추정된 나이들은 특정한 우주론 모형에 의존하지 않는 중요한 우주론적 관측 자료라고 하겠다. 방사성 동위원소의 붕괴를 이용하여 측정된 지구의 나이는 4.6×10^9년이다. 태양은 지구보다는 좀 더 늙었으리라고 생각된다. 우리은하의 성단 중에서 가장 늙은 성단의 나이가 $(1-1.5) \times 10^{10}$년이다.

이렇게 알려진 천체들의 나이는 분명 우주 나이의 하한값을 제공한다. 한편, 팽창 우주의 관점에서 허블상수의 역수는 우주 나이에 대한 또 다른 추정치를 준다. 직접 측정된 천체들의 나이가 허블상수에서 추정된 우주의 나이에 이 정도로 가깝다는 점은 매우 놀라운 것이다. 이것은 허블법칙이 진정 우주의 팽창에서 기인된 것

1) 역주 : COBE 위성을 제작하고 배경복사를 연구한 NASA의 연구그룹은 2006년 노벨물리학상을 수상하였다.

2) 역주 : WMAP(Wilkinson Microwave Anisotropy Probe)은 NASA가 2001년 띄운 우주배경복사 탐사선이다. 상세한 연구 결과는 http://map.gsfc.nasa.gov/을 참조하라.

3) 역주 : 우주배경복사의 요동은 중력적색이동에 한정된 것이라기보다는 물질집중이 일으키는 총체적인 효과에 의한 결과이다.

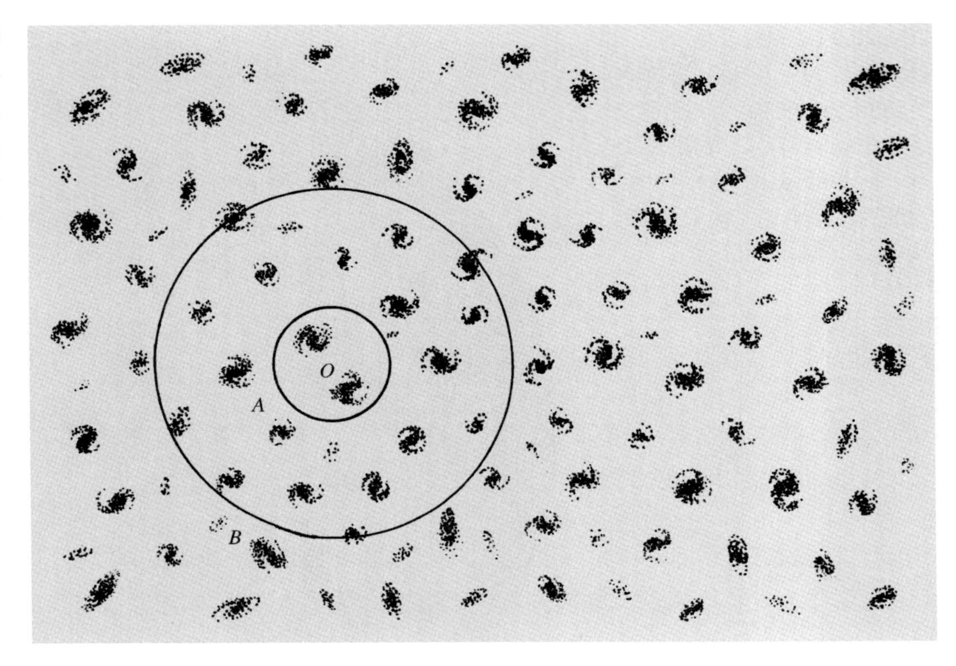

그림 20.7 우주론원리. 관측자 O 주위에 그려진 원 A 내부에는 은하들의 분포는 아직 거시적 분포의 특성을 드러내지는 못한다. 그러나 큰 원 B 내부에서는 은하들의 밀도가 평균적으로 균일함을 알 수 있다.

이라는 강력한 증거가 된다. 동시에 가장 오래된 성단들은 우주 역사의 초기에 형성되었음도 알 수 있다.

헬륨의 함량비. 우주론은 원소들의 기원과 그들의 함량비에 대한 합당한 설명을 부여할 수 있어야 하겠다. 소립자들의 함량비와 반물질의 결핍도 초기 우주에 관한 이론적 관점에서 연구되어 온 주요한 우주론적 문제이다.

수소 다음으로 흔한 원소가 헬륨인데, 아주 늙은 천체들에서 검출되는 헬륨은 전체 질량의 25%를 차지한다. 헬륨의 생성량은 우주의 초기 온도에 민감한데, 우주의 온도는 배경복사와 관련되어 있다. 팽창 우주의 표준 모형(프리드만 모형)을 기초로 한 계산 결과는 헬륨 함량비의 관측치를 정확하게 설명하고 있다.

20.2 우주론원리

우주를 점점 더 멀리 관측할수록 그 평균 성질이 간단해지고 잘 정의될 수 있으리라 기대한다. 그림 20.7에서 이 점을 설명하고 있는데, 이 그림은 우주의 한 평면에서 은하의 분포를 나타내고 있다. 관측자 O를 둘러싼 원의 크기를 늘려갈수록 그 원 내부의 평균 밀도는 원의 크기에 무관하게 일정하게 된다. 이러한 현상은 관측자의 위치를 어디에 잡았느냐에 상관하지 않는다. 즉 가까운 거리에서는 밀도가 멋대로 변하지만(그림 20.8) 포함시키는 부피가 커질수록 밀도는 일정한 값으로 접근한다. 이것이 바로 **우주론원리**(cosmological principle)의 한 가지 예이다. 국부적인 비균질성을 제외한다면 우주는 어느 위치에서 보든지 동일하게 보인다.

우주론원리는 엄청나게 중대한 의미를 내포하는 가정이다. 우주론원리를 적용함으로써 다양한 우주론 이론들을 제한시킬 수 있다. 우주론원리에 덧붙여 우주의 등방성을 가정한다면, 우주적 척도의 운동이 될 수 있는 유일한 후보는 우주 전반에 걸친 팽창뿐이다. 그렇다면 인접한 두 지점의 속도 차이는 두 지점의 거리에 정비례해야만 한다($V = Hr$). 즉 허블법칙이 성립되어야 한다.

그림 20.7에 보인 평면 우주는 국부적 불규칙성만 무시한다면 균일하고 등방하다. 각 지점에서 우주가 등방

그림 20.8 은하들의 분포가 '해면 구조'를 보이고 있다. 은하들이 밀집한 지역이 서로 연결되거나 구각을 형성하고, 그 주위는 상대적으로 비어 있는 듯이 보인다. [사진출처 : Seldner, M. et al. (1977) : Astron. J. **82**, 249]

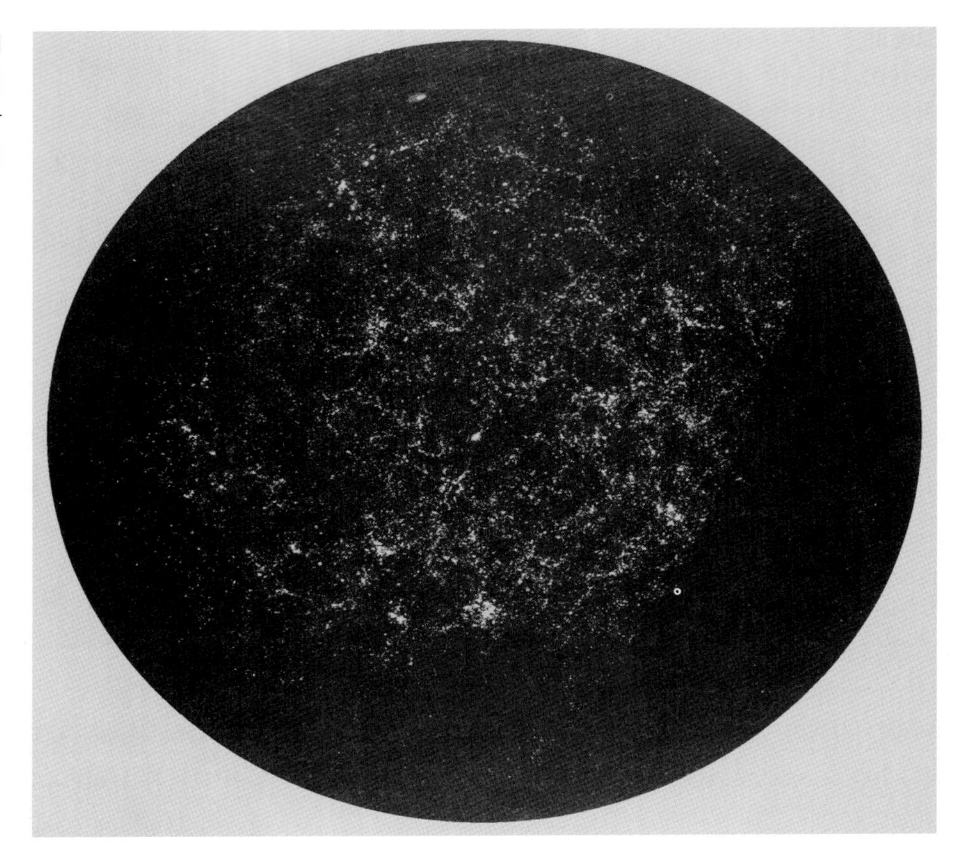

하다는 것은 동시에 균질하다는 것을 의미하지만, 그 반대로 균질성이 반드시 등방성을 요구하지는 않는다. 균질하지만 비등방인 우주의 일례로는 일정한 방향의 자기장을 포함하는 우주 모형을 들 수 있다. 자기장이 일정한 방향을 향하고 있으니 공간이 등방적일 수는 없다.

적어도 관측 가능한 우리 주변의 우주, 즉 메타은하(metagalaxy)[4]는 균질하고 등방하다는 것을 천문학적 관측 사실들이 뒷받침하고 있다. 그러므로 우주론원리에 근거하면 균질성과 등방성이 전 우주에 걸쳐 성립한다고 볼 수 있다.

우주론원리는 우주에서 우리의 위치가 전혀 특별하지 않다는 코페르니쿠스적 원리와 밀접하게 연관되어 있다. 코페르니쿠스적 원리를 적용하면, 충분히 큰 척도에서 관측된 메타은하의 국부적 성질들이 우주의 거시적 척도에서의 성질과 같을 것이라는 가정으로 쉽게 확장할 수 있다.

국부적 관측사실과 비교될 수 있는 **우주론적 모형**(cosmological model)을 확립하는 데 있어서 균질·등방성은 가장 중요하고 단순한 가정이라고 하겠다. 그러므로 예비적 가설로서 우주의 균질·등방성을 채택하는 것에 별 무리가 없다고 하겠다.

20.3 균질·등방 우주의 모형

일반적인 조건하에 우주에서 시공의 좌표를 적당히 선택하면 물질과 함께 운동하고 있는 관측자의 공간 좌푯

4) 역주 : 메타은하는 은하단과 초은하단과 같은 은하들의 집합체 또는 그것들이 이루는 우주거대구조를 말한다.

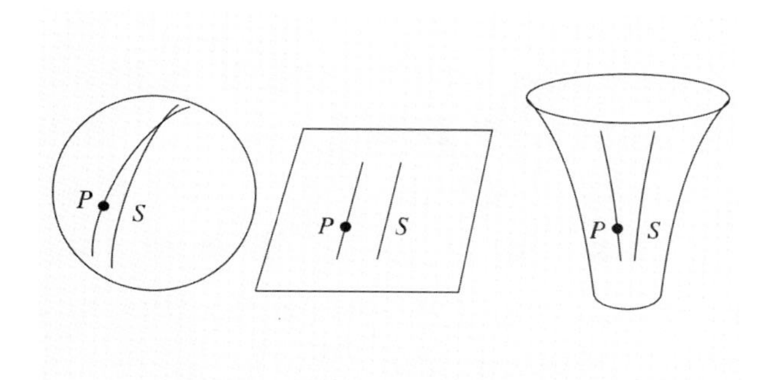

그림 20.9 프리드만 모형들의 2차원적 비유들 : 구면, 평면, 안장면

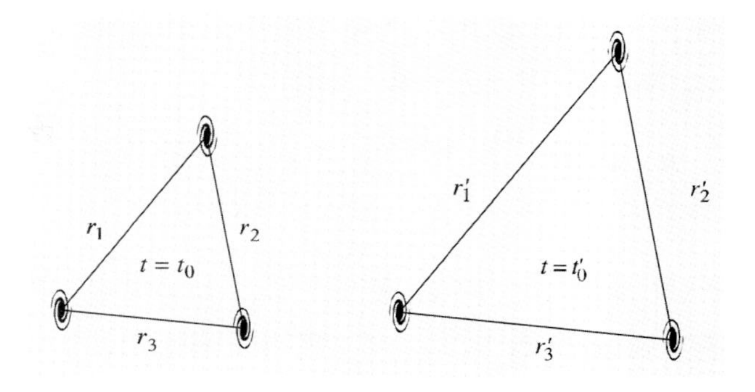

그림 20.10 공간이 팽창하면 은하 간의 거리가 척도인자 R에 비례해서 증가한다. $r' = [R(t'_0)/R(t_0)]r$

값을 일정하게 하도록 할 수 있다. 그렇다면 균질 · 등방 우주에서는 선소(line element)가 **로버트슨 워커 선소**(Robertson-Walker line element)라고 불리는 다음의 형태를 취하게 된다(부록 B)(여기서 반지름 좌표 r은 무차원의 양으로 정의되었다).[5)]

$$ds^2 = -c^2 dt^2 + R^2(t) \times \left[\frac{dr^2}{1-kr^2} + r^2 (d\theta^2 + \sin^2\theta \, d\phi^2) \right] \quad (20.4)$$

$R(t)$는 시간의 함수로 우주의 거리척도를 나타냈다. R이 시간에 따라 증가하면, 은하들 사이의 거리를 포함하여 모든 거리가 증가한다. 계수 k는 $+1$, 0, -1을 가질 수 있는데, k의 값에 따라 우주 모형이 세 가지 다른 기하를 택하게 된다 – **타원 또는 닫힌 모형**(elliptic or closed model), **포물 모형**(parabolic or flat model), **쌍곡 또는 열린 모형**(hyperbolic or open model).

이러한 모형으로 서술되는 공간은 **유클리드**(Euclid) 공간일 필요는 없고 양이나 음의 곡률을 가질 수 있다. 곡률에 따라 우주 부피의 유 · 무한이 결정되고, 양쪽 어느 경우라고 하더라도 우주공간은 가시의 경계를 갖지 않는다.

타원기하($k = +1$)의 2차원 비유는 바로 구의 표면이다(그림 20.9). 구면은 유한한 면적을 갖지만 경계는 없다. 이 경우 척도인자 $R(t)$는 구의 크기를 나타낸다. R이 변하면 구면상에 있는 두 점 사이의 거리도 역시 R의 변화율로 변한다. 마찬가지로 3차원적 '구면', 즉 타원 기하의 공간은 유한한 부피를 갖지만 경계가 없다. 임의의 방향으로 출발하여 오랫동안 가다 보면 반드시 출발점으로 되돌아오게 되어 있다(팽창에 의하여 거리가 너무 빠르게 증가하지 않는 한).

$k = 0$인 공간은 평탄한 유클리드 공간이다. 그리고 식 (20.4)로 표시한 선소가 **민코프스키**(Minkowski) 공간에서와 거의 동일하게 된다. 유일한 차이라면 바로 척도인자 $R(t)$뿐이다. 유클리드 공간에서 모든 거리는 시간에 따라 변한다. 평탄공간의 2차원적인 비유는 바로 평면이다.

쌍곡기하($k = -1$)의 공간 역시 무한하다. 이 공간의 2차원적 비유는 안장면(saddle surface) 또는 무한히 넓어지는 나팔(horn)을 생각하면 된다.

균질 · 등방 우주에서는 많은 물리량들이 척도인자 $R(t)$를 통하여 시간에 의존한다. 예를 들어 선소의 수식에서 알 수 있듯이, 모든 거리가 R에 비례한다(그림 20.10). 따라서 어느 은하까지의 거리가 시간 t인 순간

---

5) 역주 : 보통은 $R(t)$를 무차원의 척도인자로 정의하고, 대신 r은 길이의 차원을 가지는 동행좌표(comoving distance)로 정의하는 경우가 많다.

에 r이라면 t_0 시간에는 아래와 같이 된다(우주론에서 아래첨자 0은 현재의 값을 나타낸다).

$$\frac{R(t_0)}{R(t)}r \quad (20.5)$$

마찬가지로 모든 체적은 R^3에 비례한다. 그렇다면 보존량(예 : 질량)의 밀도는 R^{-3}에 따라 변할 것이다.

팽창 우주에서는 모든 길이와 마찬가지로 복사 파장의 길이도 R에 비례하여 증가한다. 척도인자의 크기가 R일 때 파장이 λ인 복사가 방출되었다면 척도인자가 R_0로 증가하였을 때 파장 λ_0는

$$\frac{\lambda_0}{\lambda}=\frac{R_0}{R} \quad (20.6)$$

로 변한다. 적색이동은 $z=(\lambda_0-\lambda)/\lambda$로 정의되므로

$$1+z=\frac{R_0}{R} \quad (20.7)$$

의 관계가 성립한다. 즉 은하의 적색이동은 빛이 방출되던 순간에서부터 관측자에게 검출될 때까지 척도인자가 얼마나 변했는가를 알려준다. 예를 들어 적색이동 $z=1$인 퀘이사에서 빛이 방출되었을 당시 모든 거리는 현재의 1/2이었었다.

적색이동이 작은 경우 식 (20.7)에서부터 허블법칙의 통상적 표현식이 유도된다. 만약 $z \ll 1$이면, 빛이 전파되어 오는 동안에 R의 변화량은 적으며, 빛의 이동시간 t에 비례할 것이다. 광원까지의 거리가 r이라면 근사적으로 $t=r/c$이므로 적색이동 역시 r에 비례한다. 비례상수를 H/c로 표시하면,

$$z=Hr/c \quad (20.8)$$

가 성립함을 알 수 있다. 이 식은 형태 면에서 식 (20.1)의 허블법칙과 일치하지만, 현대 우주론에서 적색이동은 식 (20.7)로 해석된다.[6]

우주가 팽창함에 따라서 배경복사를 이루는 광자들도 역시 적색화의 과정을 겪게 된다. 광자의 에너지는 파장에 역비례하므로, R^{-1}으로 감소한다. 광자의 총 개수가 보존됨을 증명할 수 있으므로, 광자의 개수밀도는 R^{-3}으로 감소한다. 광자의 에너지와 평균 밀도를 함께 생각하면, 배경복사의 에너지 밀도는 R^{-4}을 따라서 감소함을 알 수 있다. 한편, 흑체복사의 에너지 밀도는 T^4에 비례하므로, 배경복사의 온도 T는 R^{-1}에 따라서 감소한다.

20.4 프리드만 모형

앞 절에서 얻은 결과들은 균질 · 등방 우주에서 모두 성립한다. 척도인자 $R(t)$의 시간에 대한 정확한 의존도를 결정하려면 중력 이론이 필요하다.

아인슈타인은 1917년에 자신의 일반 상대성 이론에 기초한 우주의 모형을 하나 제안하였다. 이 모형에서는 공간이 기하학적으로 구형 대칭이며 체적은 유한하고 경계는 없다. 우주론원리에 부합하도록, 이 모형 우주는 균질 · 등방하였다. 또한 시간적으로 정적(static)이어서, 공간의 부피가 변하지 않는다.

정적 우주를 설명하기 위하여 아인슈타인은 자신의 방정식에다 새로운 척력(repulsive force)항, 즉 우주론항(cosmological term)을 도입하였다. 이 우주론 항의 크기는 우주상수(cosmological constant) Λ에 의하여 주어진다. 아인슈타인이 자신의 모형을 제시할 당시에는 아직 은하의 적색이동이 알려지지 않았으므로, 정적인 우주를 상정한다는 것이 타당하게 보였다. 그러나 우주의 팽창운동이 알려지자 우주상수를 뒷받침할 아무런 이유도 없게 되었다. 이후 아인슈타인은 Λ항을 도입했던 것

6) 역주 : 즉 도플러 효과가 아닌, 우주론적 적색이동으로 해석된다. 글상자 20.2 '세 가지 적색이동'을 참조하라.

이 자신의 일생에서 저지른 가장 커다란 실수였다고 후회하였다. 그러나 가장 최신의 관측들은 영이 아닌 우주상수가 있어야 함을 암시하고 있다.

상트페테르부르크의 물리학자인 **프리드만**(Alexander Friedmann, 1888-1925)은 아인슈타인 방정식의 해를 구하였고, 그 후에 벨기에 학자 **르메트르**(Georges Lemaître, 1894-1966)도 동일한 해를 독립적으로 구하였다. $\Lambda = 0$인 경우에는 팽창하거나 또는 수축하며 진화하는 우주 모형들만 가능하다. 프리드만의 모형들로부터 적색이동과 허블법칙에 관한 식을 엄밀하게 유도할 수 있다.

프리드만 모형에 대한 팽창 법칙을 일반 상대론을 써서 여기에 유도하지는 않겠다. 순전히 뉴턴역학을 이용하여도 세 가지 형태의 모형들과 이들의 팽창 법칙을 유도할 수 있으며, 유도된 결과들이 상대론적 결과와 완전히 일치한다는 것은 흥미로운 사실이다. 상세한 유도 과정은 글상자 20.1에 보였는데, 이들 모형의 가장 기본적인 운동학적 특성은 에너지에 근거한 논지만으로도 충분히 이해될 수 있다.

우주 내부 한 곳에서 팽창하고 있는 반지름이 r인 작은 구를 하나 생각하자. 물질의 분포가 구 대칭이라면 주어진 구각에 미치는 중력은 그 구각 내부에 있는 질량에 의해서 결정된다. 여기서는 $\Lambda = 0$인 경우를 가정하자.

구면상에 있는 질량 m인 은하의 운동을 고려하자. 허블법칙에 의하면 이 은하의 속도는 $V = Hr$이고,[7] 이에 대응하는 운동에너지는

$$T = mV^2/2 \tag{20.9}$$

이다. 질량이 M인 구의 표면에서 위치에너지는 $U = -GMm/r$로 주어진다. 따라서 총 에너지는

$$E = T + U = mV^2/2 - GMm/r \tag{20.10}$$

로 주어지며, 이것은 일정한 값을 유지하게 된다. 우주의 평균 밀도가 ρ이면, 질량은 $M = (4\pi r^3/3)\rho$이다. $E = 0$에 대응하는 밀도의 값을 **임계밀도**(critical density) ρ_c라 한다. 그 구체적 크기는

$$\begin{aligned} E &= \frac{1}{2}mH^2r^2 - \frac{GMm}{r} \\ &= \frac{1}{2}mH^2r^2 - Gm\frac{4\pi}{3}\frac{r^3\rho_c}{r} \\ &= mr^2\left(\frac{1}{2}H^2 - \frac{4}{3}\pi G\rho_c\right) = 0 \end{aligned} \tag{20.11}$$

에서

$$\rho_c = \frac{3H^2}{8\pi G} \tag{20.12}$$

으로 주어진다.

우주의 팽창은 천체의 표면에서 수직으로 던져진 물체의 운동에 비유될 수 있다. 이 물체의 궤도 특성은 초기 에너지에 따라 결정된다. 그러므로 궤도를 완전히 서술하려면 천체의 질량 M과 물체의 초기 속도가 알려져야 한다. 우주론에서는 이에 대응하는 정보가 평균 밀도와 허블상수이다.

$E = 0$인 경우는 **아인슈타인-드 시터**(Einstein-de Sitter) 모형이라고 불리는데, 평탄한 유클리드 공간에서의 프리드만 모형에 대응한다. 밀도가 임계밀도보다 크다면 구는 수축하여 한 점에 수렴한다. 이것이 닫힌 공간의 프리드만 모형이다. 끝으로 $\rho < \rho_c$이면 끝없이 팽창하는 열린 공간의 프리드만 모형이 된다. 그림 20.11은 척도인자가 시간에 따라 변하는 모습을 세 가지 우주 모형에 대하여 각각 보여준다.

이 세 가지 우주 모형을 **표준모형**(standard models)이라고 부른다. 이들이 $\Lambda = 0$에 대응하는 가장 단순한 형태의 상대론적 우주 모형들이다. 한편, $\Lambda \neq 0$인 모형은 수학적으로 훨씬 복잡하지만, 전반적으로 비슷한 양상

7) 역주 : 여기서 r은 식 (20.4)에서 $rR(t)$와 같은 것으로 길이의 차원을 갖는다.

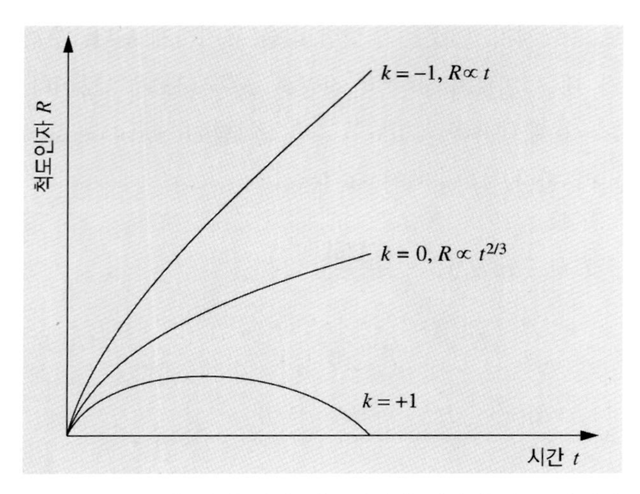

그림 20.11 k의 값에 따라 척도인자의 시간에 따른 변화가 어떻게 다른가를 보였다. 우주상수는 $\Lambda = 0$으로 잡는다.

을 보인다.

뉴턴역학에 근거하여 간단하게 팽창의 문제를 해석할 수 있었던 것은 뉴턴의 역학이 우주의 작은 영역에서 근사적으로 성립하는 이론이기 때문이다. 비록 뉴턴식 논지에서 얻어진 방정식들이 그 형태 면에서 상대론적 결과들과 유사하더라도, 관련 변수의 해석에는 서로 차이를 갖고 있다(예 : 계수 k). 거시적 영역에서 프리드만 모형의 기하학적 성질은 일반 상대론의 범주에서만 제대로 이해될 수 있다.

서로 r만큼 떨어져 있는 두 점의 상대운동속력이 V라고 하자. 현재의 시간 t_0에서 거리가 r_0라 한다면,

$$r = \frac{R(t)}{R(t_0)} r_0, \quad V = \dot{r} = \frac{\dot{R}(t)}{R(t_0)} r_0 \tag{20.13}$$

가 성립하므로, 허블상수는

$$H = \frac{V}{r} = \frac{\dot{R}(t)}{R(t)} \tag{20.14}$$

가 된다.

팽창의 감속률은 **감속인자**(deceleration parameter) q로 다음과 같이 정의된다.

$$q = -R\ddot{R}/\dot{R}^2 \tag{20.15}$$

감속인자는 팽창률 $\dot{R}$의 시간에 따른 변화를 기술한다. $\dot{R}$ 이외의 양들이 첨가된 것은 q를 무차원으로 만들기 위해서이다. 즉 q는 시간과 거리의 단위와 무관하게 된다.

감속인자의 값은 허블상수와 밀도를 써서 표현할 수도 있다. 허블상수 H의 정의와 $\ddot{R}$의 방정식(글상자 20.1에서)을 q의 정의에 대입하면, q는 다음과 같이 주어진다.

$$q = \frac{4\pi G}{3} \frac{\rho_0 R_0^3}{R^3 H^2}. \tag{20.16}$$

밀도는 보통 **밀도인자**(density parameter) Ω로 나타내는데, 이는 $\Omega = \rho/\rho_c$로 정의되는 양으로서, $\Omega = 1$은 아인슈타인-드 시터 모형에 해당한다. 그래서 밀도인자를

$$\Omega = \frac{8\pi G}{3} \frac{\rho_0 R_0^3}{R^3 H^2} \tag{20.17}$$

과 같이 쓸 수 있다. 그러므로 Ω와 q 사이에는 다음과 같은 간단한 관계가 성립한다.

$$\Omega = 2q \tag{20.18}$$

감속인자 $q = 1/2$은 임계밀도인 $\Omega = 1$에 해당한다. 감속인자와 밀도인자는 모두 우주론에서 흔히 쓰인다. 밀도와 감속이 독립적으로 측정될 수 있다는 사실에 유의하라. 따라서 식 (20.18)의 성립 여부가 $\Lambda = 0$인 일반 상대성 이론의 타당성 여부를 가늠할 수 있는 검증법이 된다.

20.5 우주론 검증법

프리드만 모형의 종류에 따라서 예측하는 바가 다르므로, 여러 모형 중 과연 어느 것이 실제 우주에 부합하는

가를 찾는 것이 현대 우주론의 중심과제이다. 최근에는 우주론적 인자들을 결정하는 일에 상당한 진전이 있었고, 처음으로 모든 관측사실을 설명할 수 있는 인자들의 집합을 찾을 수 있었다. 이 절에서는 우주론 모형을 검증할 수 있는 몇 가지 방법에 대하여 살펴보기로 하겠다. 이러한 검증 방법은 우주의 평균 성질에 관련된 것이다. 더 나아가 관측된 우주의 구조로부터 우주론 모형을 제한할 수 있는 방법을 찾을 수도 있다. 이러한 방법들을 20.7절에서 논의할 것이다.

임계밀도. 밀도가 임계밀도보다 크면 닫힌 우주이다. 허블상수의 값이 $H = 100\text{km s}^{-1}\text{ Mpc}^{-1}$이라면, 임계밀도의 크기가 $\rho_c = 1.9 \times 10^{-26}\text{kg m}^{-3}$가 된다. 이 값은 1m^3에 수소 원자가 대략 10개 들어 있는 것에 해당한다. 개개 은하의 질량을 측정하여 평균 밀도를 계산해보면 임계밀도에 훨씬 못 미치는 값이 되어, 우리가 살고 있는 우주가 열린 우주라는 생각을 갖게 한다. 그러나 이런 방법으로 결정된 평균 밀도는 실제 평균 밀도의 하한값에 불과하다. 왜냐하면 '보이지 않는' 물질이 은하의 바깥 지역에 상당량 존재할 가능성이 있기 때문이다.

은하단 내부에 있는 물질의 대부분이 보이지 않는 암흑물질이라면, 평균 밀도는 임계값에 좀 더 가깝도록 증가할 것이다. 엑스선 은하단의 비리얼 질량(19.2절)을 적용해 측정한 질량의 평균 밀도는 $\Omega_0 = 0.3$의 결과를 준다.[8)] 은하단에 속한 은하들의 속도 분산을 고려해보면, 더 큰 척도에서도 암흑물질의 상대적 양은 증가하지 않는 것처럼 보인다.

중성미자는 작은 질량을 가진다(전자 질량의 10^{-4}). 대폭발 순간에 막대한 양의 중성미자가 만들어졌음에 틀림없다. 비록 중성미자 하나의 질량이 작다 하더라도, 이들의 총 질량이 우주 전체 질량의 일부분을 차지할 수도 있다. 현재에는 중성미자의 질량이 너무 작아서 암흑물질 문제를 설명하지는 못한다고 알려져 있다. 또한 중성미자는 상대론적 속력으로 움직이므로 관측된 우주거대구조를 형성하기에는 지나치게 뜨겁다고 생각된다. 최신 우주론은 대신 **차가운 암흑물질**(Cold Dark Matter, CDM) 가설에 근거를 둔다. 즉 우주 질량의 상당량은 미지의 비상대론적인 입자의 형태로 주어진다는 것이다.

우주의 현재 구성성분들에 관한 관측으로부터 우주의 평균 밀도를 확실히 결정할 수 없다고 알려져 있다. 대신 우주배경복사를 상세히 연구하는 것으로 매우 정확한 평균 밀도를 알 수 있다. 그 이유는 배경복사 연구가 우주 전체의 내용물에 대한 단일한 설명을 제공해 주기 때문이다. 배경복사의 측정에 따르면 우주의 평균 밀도는 정확히 임계밀도와 같아서 공간은 편평하다. 2015년 최근 플랑크 위성 관측은 공간의 곡률을 0.001 ± 0.004로 측정했는데, 이는 곡률이 0의 값에서 최대 0.5% 벗어날 수 있음을 의미한다.

등급-적색이동 검증법. 모든 우주 모형에서 적색이동이 작은 표준촉광의 경우에는 허블 관계식 $m = 5\log z + C$를 예측한다. 그러나 적색이동이 큰 천체로 가면 감속인자 q의 값에 따라 m과 $\log z$에 관한 관계가 우주 모형마다 서로 조금씩 다르게 된다. 이 사실을 잘 이용하면 q의 값을 결정할 수 있다.

같은 크기의 적색이동을 갖는 은하는 열린 우주에서보다 닫힌 우주에서 더 밝게 보인다(그림 20.4 참조). 허블우주망원경을 이용하여 적색이동 $z = 1.7$까지 초신성 Ia형의 밝기를 측정한 바에 의하면, 관측된 q값이 $\Lambda = 0$인 모형들과 잘 부합되지 않는다고 밝혀졌다.[9)]

8) 역주 : 일반적으로 우주론적 인자들에 아래첨자 0이 들어간 것은 그 인자들의 현재의 값을 나타낸다. 즉 Ω_0와 H_0는 각각 밀도 인자와 허블상수의 현재의 값이다.

9) 역주 : 1998년 'High-z Supernova Search'와 2003년 'Supernova Cosmology Project'가 외부은하의 초신성 Ia형을 관측하여 우주의 팽창이 현재 가속되고 있으며, 이를 설명하기 위하

$\Omega_0 = 0.3$을 가정하면 이러한 관측들은 $\Omega_\Lambda = 0.7$을 요구하는데, Ω_Λ는 글상자 20.1에서 정의할 것이다.

각지름-적색이동 검증법. 등급-적색이동 검증법과 더불어 각지름-적색이동의 관계 역시 우주론을 검증하는 데 사용되어 왔다. 서로 다른 기하의 정적 우주 모형들에서, 표준 천체들의 각지름 θ가 거리와 어떤 함수관계를 보이는가를 우선 알아보도록 하자. 유클리드 기하의 공간에서는 각지름이 거리에 반비례하여 감소한다. 타원기하를 만족하는 공간에서는 각지름 θ의 거리에 따른 변화가 유클리드 공간에서의 거리의 역수(r^{-1})보다 느리게 감소하다가 어떤 한계를 지나면 오히려 증가한다. 이해를 돕기 위하여 구면을 생각해보도록 하자. 구면의 북극에 위치하고 있는 관측자에게는 어떤 천체의 각지름이란 바로 그 천체의 양 끝을 지나는 자오선들 사이의 각을 의미한다. 그렇다면, 천체가 적도에 있을 때 그 천체의 각지름이 최소로 보일 것이며, 천체의 위치가 적도를 지나 남반구로 내려갈수록 각지름은 점차 커지다가 남극에 이르면 무한히 크게 보일 것이다. 쌍곡기하의 공간에서는 각지름의 거리에 따른 변화가 유클리드 공간에서보다 훨씬 빠르게 감소한다.

팽창하는 닫힌 우주에서는 각지름은 적색이동의 값이 1이 되는 데서부터 증가하기 시작한다. 전파은하와 퀘이사들의 각지름에서 그러한 경향이 있는지 찾아보았으나, 그러한 반전은 발견되지 않았다. 이는 전파원들이 진화했거나, 또는 관측자료의 선택 효과 때문일 수도 있다. 작은 적색이동을 가진 은하단의 각지름을 이용하여 각지름-적색이동 검증을 수행하였으나 마찬가지로 아무런 결론을 도출할 수 없었다.

이러한 검증법에서 천체의 진화에 의한 효과가 불확실성을 지배하는 가장 중요한 요소이다. 우주가 진화함에 따라 거대구조의 크기가 변한다는 것을 알고 있다. 거대구조의 진화는 우주론적 수치모의실험을 이용하여 연구되어 왔다(예 : Millennium 시뮬레이션과 그림 20.14에 소개한 Illustris 시뮬레이션). 시뮬레이션은 적색이동에 따라 천체의 크기가 어떻게 변하는지 알려주는데, 이는 실제의 관측과 비교할 수 있다. 그 결과는 ΛCDM 일치 모형과 잘 부합한다.

기본적으로 이와 같은 개념은 우주배경복사의 가장 강한 요동의 각 크기에도 적용될 수 있다. 그러한 요동의 선형적 크기는 우주론 모형에 약하게 의존하므로, 표준 측량자(standard measuring rod)처럼 취급할 수 있다. 그것이 형성되는 적색이동은 물질과 복사가 분리되는 시기에 의하여 결정된다(20.6절 참조). 한편, 우주배경복사 요동의 각 크기에 대한 관측 결과는 $\Omega_0 + \Omega_\Lambda = 1$, 즉 우주가 편평하다는 강력한 증거를 제공해 주었다.

원시 핵합성. 표준 우주 모형에서는 대폭발 후 수 분 이내에 우주 전 질량의 25%가 헬륨으로 만들어졌다고 한다. 헬륨의 양이 합성 당시의 밀도에 민감하지 않기 때문에 헬륨의 양을 측정하여 우주의 밀도를 추정하기는 어렵다. 그러나 헬륨이 합성되면서 남은 중수소의 양은 당시의 밀도에 민감하다. 핵합성으로 생성되는 중양자(deuteron)의 거의 대부분이 헬륨 핵으로 만들어진다. 밀도가 높을수록 충돌의 빈도가 잦아서 중수소가 파괴되기 쉽다. 그러므로 현존하는 중수소의 함량이 적다는 사실은 당시의 밀도가 높았었음을 시사한다. 비슷한 논지가 원시 핵합성으로 만들어진 ^{3}He과 ^{7}Li의 함량에도 적용된다. 이러한 가벼운 원소들의 함량은 이후 다른 핵반응에 의하여 변화하게 되므로, 관측되는 현존 함량비를 해석하기가 쉽지 않다. 그럼에도 불구하고, 이 원소들의 함량에 관한 현재의 연구 결과들은 서로 잘 일치하며, Ω_b가 약 0.04에 해당하는 밀도와 잘 맞는다. 여기서 0.04는 바리온 물질, 즉 양성자와 중성자의 질량만을 말하는 것이다. 한편, 은하단의 비리얼 질량은 $\Omega_0 = 0.3$을

여 암흑에너지가 $\Omega_\Lambda \approx 0.7$ 정도 필요하다는 것을 발견하였다.

의미하므로($\Omega_0 = \Omega_{DM} + \Omega_b$), 대부분의 질량이 바리온이 아닌 암흑물질인 CDM 모형과 같은 우주 모형이 선호되고 있다.

나이. 다른 종류의 프리드만 모형이 예측하는 나이와 측정된 천체의 나이를 서로 비교함으로써 우주론 모형을 검증할 수도 있겠다. 주어진 Ω_0와 Ω_Λ의 프리드만 모형에서 현재 우주의 나이 t_0는 글상자 20.1의 식 (8)을 적분하여 구할 수 있다.

$$t_0 = H_0^{-1} \int_0^1 \mathrm{d}a \left(\Omega_0 a^{-1} + \Omega_\Lambda a^2 + 1 - \Omega_0 - \Omega_\Lambda\right)^{-1/2} \tag{20.19}$$

이 나이는 알려진 가장 늙은 천체의 나이보다는 커야 한다.

우주의 밀도가 임계밀도를 갖고, $\Lambda = 0$이면, $t_0 H_0 = 2/3$가 된다. 따라서 $H_0 = 75\mathrm{km\ s^{-1}\,Mpc^{-1}}$이라면, 우주의 나이는 $t_0 = 9 \times 10^9$년이 된다. 밀도인자 Ω_0가 커지면 예측되는 나이는 적어지지만, Λ가 양의 값을 가지면 나이는 커진다. 가장 정확하게 측정된 H_0의 값으로부터 예측된 우주의 나이가 가장 오래된 천체의 나이에 근소한 차이로 일치한다는 사실은 곤혹스러운 것이었다. 그러나 양의 값을 갖는 우주상수가 도입되고, 별의 나이가 약간 하향 조정됨으로써 이러한 문제는 사라지게 되었다. 2003년 WMAP 위성의 관측 결과에 따르면 우주의 나이는 137억 년으로 추정된다. 최근 Planck 위성의 관측에 의한 우주의 나이는 138.0±0.2억 년이다.

'일치' 모형(Concordance Model).[10] 요약하자면, 최근 다양한 우주론 검증의 결과가 놀라울 정도로 잘 수렴되고 있다. 도출된 모형은 양의 우주상수(Λ)를 가지며, 대부분의 물질이 차가운 암흑물질이다. 그래서 이러한 모형을 ΛCDM 모형이라 부른다. 여러 관측 사실들을 가장 잘 설명하는 인자들은 $H_0 = 70\mathrm{km\ s^{-1}\,Mpc^{-1}}$, $\Omega_\Lambda = 0.7$, $\Omega_0 = 0.3$이고, 차가운 암흑물질이 물질의 85%를 차지한다.

이렇게 선택된 일치 모형은 결코 확정적인 것은 아니다. 특히 우주상수가 필요한 이유는 여전히 중대한 수수께끼이다. Λ가 시간에 따라 변하는 경우를 고려하기 위하여 이를 **암흑에너지**(dark energy)라고 부르고, 우주상수는 Λ가 상수인 경우만을 지칭한다. 비록 다른 방법에 의하여 양의 Λ와 같은 효과를 만들 수 있다고 하더라도, WMAP과 Planck 위성 덕분에 다양한 관측을 통합적으로 설명할 수 있는 우주론 인자들의 조합을 찾아낸 것은 중대한 진전이라 하겠다.

한편, 우주의 거대구조에서 우주 모형에 대한 추가적인 제한 요건들을 찾을 수 있다. 이러한 제한 요건들은 일치 모형을 더 확고하게 지지하고 있는데, 이에 대해서는 20.7절에서 논의하겠다.

20.6 우주의 역사

우리는 앞에서 물질 밀도, 복사에너지 밀도와 온도가 우주의 척도인자 R의 어떠한 함수 꼴로 변하여 왔는가를 이미 조사하였다. 그리고 척도인자의 시간에 따른 변화를 알고 있으므로, 이러한 물리량이 시간에 따라 어떻게 변하는지 계산할 수 있다.

시간을 과거로 돌리면 R은 감소한다. $\rho \propto R^{-3}$이고 $T \propto R^{-1}$이므로 대폭발의 초기에는 밀도와 온도가 너무 높았으므로, 그 당시 상황에서 일어난 제반 물리적 현상들을 설명할 수 있는 믿을 만한 이론이 아직도 마련되어 있지 않다. 그럼에도 불구하고, 현대 입자물리학의 이론에 근거하여 우주의 가장 기본적인 성질을 이해하려는 많은 시도가 있었다. 예를 들어 우주에 상당량의

---

10) 역주 : concordance model은 우주배경복사, 외부은하의 초신성, 거대구조의 물질분포 등 여러 관측 사실을 모두 설명할 수 있는 우주 모형을 의미한다(Ostriker & Steinhardt, 1995).

반물질이 존재한다는 것을 입증할 만한 증거가 아직 발견된 바 없다. 그러므로 어떤 이유에 의하여 물질의 양이 반물질 양의 1.000000001배 정도로 약간 많았었음에 틀림이 없다. 바로 이 대칭성 파괴(symmetry breaking) 때문에 99.9999999%의 강입자(hadron)가 쌍소멸 과정에서 소멸되고, 나머지 10^{-7}%만이 남아서 은하와 그 외의 모든 천체를 형성하였다. 우주 대폭발의 초기 순간 10^{-35}초에서 입자물리 과정에 의해 대칭성이 파괴되었다고 추측하고 있다.

초기 우주에서 기본적 대칭성의 파괴는 우주의 급팽창(inflation)이라고 알려진 상황으로 이어졌다고 알려져 있다. 대칭성 파괴의 결과로 우주의 에너지 밀도는 양자장의 영점 에너지로 채워지게 되었고, 이는 인플레이션이라는 강력한 가속팽창을 유발하였다. 그 때문에 물질 분포의 불규칙성이 희석되고, 밀도가 임계밀도값에 매우 근접하게 되었다. 이것으로 현재 우주의 균질성, 등방성, 편평성(flatness) 등이 유래하게 된 이유를 설명할 수 있다.[11] 급팽창 모형에서 우주는 거의 편평해서, $\Omega_0 + \Omega_\Lambda = 1$이 되어야 한다. 또한 급팽창 모형은 우주배경복사의 요동의 형태에 대한 특정한 예측을 하는데, 그러한 예측들과 관측된 결과는 일반적으로 잘 일치하고 있다.

우주가 팽창하자 밀도와 온도는 서서히 내려갔고(그림 20.12), 드디어 현재 우리가 알고 있는 물리학적 원리들을 적용할 수 있는 상황이 되었다. 매우 뜨거웠던 우주의 초기에는 광자와 무거운 입자들이 서로 변환하고 있었다. 즉 높은 에너지를 갖는 광자들이 서로 부딪쳐서 입자-반입자의 쌍들을 만들기도 하고 또 이러한 입자들이 쌍소멸하여 광자로 다시 변신하기도 하였다.

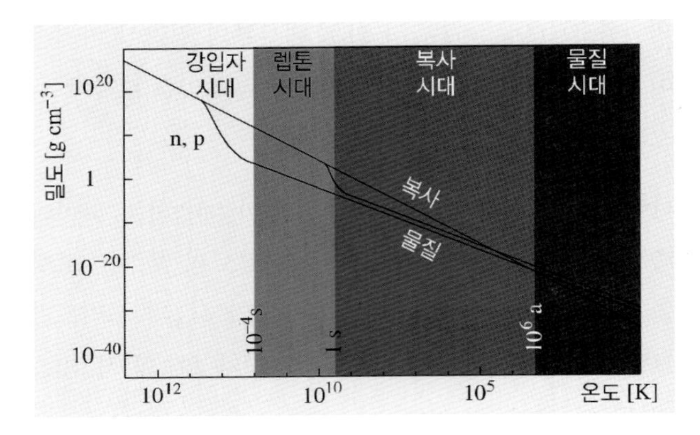

그림 20.12 우주가 팽창함에 따라 물질과 복사의 에너지 밀도가 감소한다. 10^{-4}초일 때 핵자-반핵자 쌍이 소멸되며 1초쯤 경과했을 때 전자-양전자 쌍이 소멸된다.

우주가 점점 식어가자 광자들의 에너지가 너무 낮아져서 더 이상 물질과 광자가 이러한 평형상태를 유지할 수 없게 된다. 우주의 온도가 문턱값 온도(threshold temperature)보다 더 내려가면, 주어진 종류의 입자가 더 이상 생성될 수 없게 된다. 예를 들면 강입자(양성자, 중성자, 메존)가 쌍생성되는 문턱값 온도는 $T = 10^{12}$K이며, 우주의 나이가 $t = 10^{-4}$초가 되었을 때 이 문턱값에 이르게 된다. 그러므로 현재 우주를 구성하고 있고 기본 단위인 원자핵, 양성자, 중성자 모두는 소위 강입자 시대(hadron era)라고 불리는 10^{-8}~10^{-4}초 때의 유물이다.[12]

강입자시대 이전인 10^{-12}초 부근에 모든 물질의 5/6를 차지하는 암흑물질 입자들이 생성되었다. 이 입자들은

11) 역주 : 1980년대 급팽창 이론이 나오기 이전의 대폭발 이론은 우주가 등방하고 편평한 이유를 설명하지 못하였는데, 이를 지평선 문제와 편평성 문제라고 한다. 급팽창 시기에 우주가 대략 10^{50}배 팽창하였으므로, 당시 인과적으로 연결된 지평선($r_H \sim 2ct$) 안의 영역이 팽창된 것에 비하면 지금 관측되는 우주는 훨씬 작다는 점에서 지평선 문제, 즉 우주의 등방성을 설명할 수 있다. 한편, 급팽창 이전 우주의 기하학적 성질과 무관하게 우리는 팽창된 우주의 작은 일부분만을 관측하게 되므로, 우주가 편평하게 보일 수밖에 없다는 것으로 편평성 문제를 설명할 수 있다.

12) 역주 : 우주의 나이가 10^{-6}초 이전에는 주로 자유 쿼크(free quark) 상태로 있었으나, 10^{-6}초에 3개의 쿼크가 묶여서 핵자(양성자, 중성자)가 되었고, 반쿼크가 묶여서 반핵자(반양성자, 반중성자)가 되었다. 10^{-4}초 부근에서 핵자-반핵자 쌍은 소멸되고 $1/10^9$의 핵자만이 남아 물질이 되었다.

10^{-9}초에 복사에서 분리되어 중력불안정에 의하여 거대 구조들을 형성하기 시작하였고, 수억 년 뒤에는 보통물질들이 암흑물질을 따라서 응축하기 시작했다.

렙톤시대. 대폭발 이후 10^{-4}~1초에 이르는 **렙톤시대**(lepton era)에는 광자들의 에너지가 쌍생성 과정을 거쳐 전자-양전자 쌍과 같은 가벼운 입자들을 만들 수 있었다. 물질-반물질 대칭성 깨어짐 때문에 물질인 전자가 약간 살아남아 현재 우리가 보는 천체로 만들어졌다. 렙톤시대에 와서 물질과 중성미자가 분리되는 **중성미자 분리**(neutrino decoupling)가 일어났다. 이 시대 이전에는 중성미자들이 온갖 종류의 빠른 반응을 통해 다른 입자들과 평형을 이루고 있었다. 그러다가 밀도와 온도가 낮아짐에 따라, 입자들 사이의 반응률 역시 감소하게 되어 중성미자는 다른 입자들과 더 이상 평형을 유지할 수 없게 된다. 즉 중성미자들은 물질과 분리되어 다른 입자들과 상호작용을 하지 않은 채 공간에 자유롭게 전파되어 나간다. 이렇게 분리되어 나온 중성미자가 현재 우주에는 1cm^3당 600여 개가 있다고 한다. 그러나 중성미자의 상호작용이 너무나 미약하기 때문에 이를 검출하기는 지극히 어렵다. 중성미자 분리 이후 자유 중성자는 붕괴하여 양성자와 전자로 변화되어 그 양이 지속적으로 줄어들었다.

복사시대. 대폭발 순간에서 1초쯤 경과하여 렙톤시대가 끝날 당시 가장 중요한 에너지의 형태는 전자기 복사였다. 그래서 이 시기를 우리는 **복사시대**(radiation era)라고 부른다. 온도가 10^{10}K 수준에서 시작한 복사시대는 약 100만 년이 경과한 후,[13] 복사에너지 밀도가 물질에너지 밀도와 같아질 때 끝나게 되는데, 이때의 온도는 40,000K가 된다. 복사시대의 초기 수백 초 동안에 헬륨이 만들어졌다.

헬륨이 합성되기 바로 직전에 자유 중성자가 붕괴함에 따라 자유 양성자 대 자유 중성자의 개수 비가 점차 변하고 있었다. 시간이 10^2초쯤 되었을 때 온도는 10^9K로 떨어지고, 중양자가 형성되기 시작했다. 이때까지 남아 있던 중성자는 중양자로 만들어졌고 이어서 헬륨핵 합성에 모두 쓰이게 된다. 그러므로 합성된 헬륨의 양은 $t=100$초 당시의 양성자 대 중성자의 개수 비에 따라 결정된다. 계산에 의하면 양성자 대 중성자의 비가 14 : 2였다. 16개의 핵자들 중에서 양성자 2개와 중성자 2개가 헬륨핵으로 합성된다. 그러므로 질량의 4/16=25%가 헬륨으로 변환되었다. 이는 측정된 원시 헬륨의 함량비에 놀랄 만큼 가까운 값이다.

원시 핵반응으로 상당한 수가 합성된 동위원소는 ^{2}H, ^{3}He, ^{4}He, ^{7}Li뿐이었다. 이보다 무거운 원소들은 나중에 항성 내부에서 합성되거나 초신성 폭발과 은하핵에서의 격렬한 반응 등을 거쳐서 만들어진 것이다.

물질시대와 복사의 분리. 앞 절에서 복사의 등가 질량밀도($E=mc^2$에서 계산되는)는 R^{-4}으로 감소하고, 보통 물질의 밀도는 R^{-3}으로 감소하는 것을 보았다. 우주가 팽창함에 따라서 복사의 질량밀도가 물질보다 빠르게 감소하는 셈이다. 복사밀도가 물질밀도보다 작아지면 복사시대가 끝난다. 이후 물질이 우주의 밀도를 지배하게 되는 **물질시대**(matter era)가 열리면서 은하, 항성, 행성, 그리고 인간을 비롯한 생명체가 만들어진다. 현재는 복사밀도가 물질밀도보다 현저하게 낮으므로 우주의 역학적 특성은 거의 전적으로 무거운 입자들의 밀

---

13) 역주 : 우주배경복사의 온도로부터 복사에너지의 밀도는 정확하게 알려져 있으나, 물질의 양은 상대적으로 덜 정확하다. 그러므로 복사와 물질의 에너지 밀도가 같아지는 시기(time of equality, t_{Eq})는 Ω_m과 h에 의존한다. WMAP의 관측 결과에 근거한 일치 모형에서는 대폭발 이후 대략 $t_{\text{Eq}} \approx 55{,}000$년($z \sim 3{,}300$)이 지나면서 복사와 물질에너지 밀도가 같아진다. 이후 물질시대가 시작되고, 우주의 나이가 대략 40만 년이 되면($z \sim 1{,}100$) 원자의 재결합에 의하여 복사와 물질이 분리(decoupling)된다고 알려져 있다. 원서에서 100만 년이라고 인용한 것은 이전 이론에서 추정된 것으로 보인다.

도에 의하여 결정된다.

복사시대가 끝나고, (물질시대가 시작된 후) 우주의 나이가 대략 40만 년이 되었을 때 복사는 물질에서 분리된다. 복사의 분리는 우주의 온도가 약 3,000K로 떨어지면서 양성자가 전자와 결합하여 수소 원자로 되면서 일어난다. 이때부터 **암흑시대**(dark age)[14]가 시작되는데, 별들과 은하들이 만들어지기 이전인 적색이동 $z \approx$ 1,000~100 사이에 해당한다. 이 시기에 우주는 암흑물질, 흑체복사, 그리고 서서히 식어가는 중성가스만이 존재하였다.

현재의 우주에서 복사는 공간을 자유롭게 전파되어 간다. 즉 세상은 빛에 대하여 투명하다. 멀리 있는 은하에서 오는 빛의 세기는 r^{-2}법칙에 의하여 감소하는 동시에 적색이동에 의한 영향만을 받을 뿐이다. 중성가스에 의한 광자의 흡수가 관측되지 않았으므로, 복사분리 시기에 중성화되었던 우주는 **재이온화**(reionisation)되었어야 한다. 재이온화는 $z=5\sim10$ 사이에 일어났다고 추정되고 있다.

20.7 구조의 형성

현재에서 과거로 거슬러 올라가면, 은하들 사이와 은하단들 사이의 거리가 지금보다 더 가까웠을 것이다. 현재 은하 간 평균 거리는 은하 지름의 100배이다. 그러므로 적색이동이 $z=99(1+z= R(now)/R(t)=100)$이었을 때에는 은하들이 사실상 접촉하고 있었을 것이다. 이러한 이유 때문에 현재와 같은 형태의 은하들이 $z=100$ 시기 이전에는 존재하지 않았을 것이다. 항성들은 은하보다 나중에 형성되었을 터이므로, 현재 우리가 보는 천체들 모두가 $z=100$ 이후에 만들어졌음에 틀림이 없다.[15]

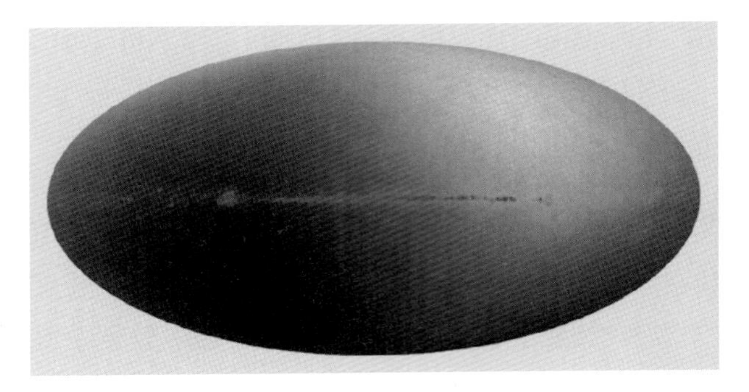

그림 20.13 우주배경복사에 대한 우리은하의 운동은 WMAP의 측정 결과에서 볼 수 있다. 하늘의 한쪽은 더 어둡고(차갑고), 다른 쪽은 더 밝다(따뜻하다). 중앙을 가로지르는 띠는 우리은하의 가장 밀도가 높은 지역이다. (사진출처 : NASA)

우주에서 관측되는 모든 구조는 주위보다 밀도가 높은 지역이 중력 수축하여 만들어졌다고 생각된다. 현재 관측되는 은하들은 상당한 진화를 거쳤으므로 그 초기 상태를 추정하기 어려운 반면, 더 큰 척도에서는 밀도의 변화가 작아서 초기 진화를 연구하는 것이 쉽다. 그러한 우주거대구조를 이 절에서 고려할 것이다. 은하들의 진화는 19.8절에서 기술하였고, 우리은하의 형성 과정은 18.5절에서 다루었다.

거대구조의 통계적 기술. 우주의 물질분포가 완벽한 균일성으로부터 벗어나는 것은 무작위의 성질을 가지므로, 통계적 방법을 사용하여 기술되어야 한다. 가장 직접적인 방법은 아마도 특정한 질량에 해당하는 크기를 가지는 지역을 잡아서 상대적 밀도의 변화에 대한 확률분포를 주는 것이다.

두 번째 방법은 은하 또는 은하단과 같은 특정한 천체 사이의 거리 간격을 고려하는 것이다. 이러한 간격의 분포는 **상관함수**(correlation function)를 정의하는 데 사용하는데, 이는 대상 천체의 군집도(clustering)의 척도가

14) 역주 : 가시광선 영역의 전자기파, 즉 빛이 없어 어두웠으므로 암흑시대라 부른다.

15) 역주 : 아래에서 기술한 것처럼 일치 모형인 ΛCDM 우주 모형에서는 $z=30\sim20$ 정도에서 항성이 먼저 생성되고 이후 은하가 형성되었다고 추정한다.

된다.

거대구조의 밀도 요동을 기술하는 세 번째 방법은 **파워스펙트럼**(power spectrum)을 사용하는 것이다. 여기서 (공간에서 또는 천구상에 투영된) 밀도 요동은 다양한 파동들의 합으로 나타내진다. 파워스펙트럼은 파장의 함수로 나타낸 이러한 파동들의 진폭의 제곱이다.

세 가지 방법 모두 우주의 밀도 요동을 기술하는 것이며, 이론적으로 서로 밀접하게 연관되어 있다. 그러나 실제 그것들은 다른 방법으로 관측되므로, 관측의 종류에 따라서 가장 적당한 방법을 선택하게 된다. 밀도의 요동은 보통 아래에서 소개하게 될 스펙트럼의 지수 n과 진폭 σ_8에 의하여 기술된다.

밀도 요동의 성장. 우주에서 구조들의 성장을 기술하기 위하여 질량 M을 포함하는 주어진 영역을 고려해보자. 이 영역의 밀도가 평균 밀도보다 약간 크다면, 그것의 팽창은 나머지 우주의 팽창보다 약간 느려지게 되어 상대적 밀도는 더욱 증가할 것이다. 질량에 따른 성장률은 우주를 구성하는 물질의 성분, 즉 암흑물질, 복사, 바리온 물질 등의 상대적 중요도에 따라 달라진다.

밀도 요동의 초기 분포에서 질량 M을 가지는 요동의 진폭이 $M^{-(n+3)/6}$에 비례한다고 가정하자. 여기서 지수 n은 관측을 통하여 결정할 수 있는 우주론 인자가 된다.

구조 형성의 첫 단계는 주어진 질량의 요동이 **지평선**(horizon) 안에 들어오는 시기이다. 즉 대폭발 이후 빛 신호가 주어진 크기의 영역을 지나가는 시기에 해당한다.[16] 복사시대 동안에는 지평선 안에 포함된 질량은 $M_{\rm H} \propto t^{3/2}$에 비례하여 증가하므로,[17] 질량 M이 지평선 안에 들어오는 시간은 $t \propto M^{2/3}$에 비례한다. 모든 크기의 요동들은 처음에는 지평선 질량보다 크며, 이때 이 요동의 진폭은 t에 비례하여 성장한다.[18] 일단 요동이 지평선 안으로 들어오면 요동이 더 이상 자라지 못하여 그 진폭은 일정하게 유지된다. 이 일정한 진폭은 $tM^{-(n+3)/6}$으로 주어지므로, $M^{-(n-1)/6}$에 비례한다. 만약 $n=1$인 경우, 지평선 안에 들어오는 요동의 진폭은 질량과 무관하게 일정할 것이다. 실제 관측된 n의 값은 1에 매우 가깝다는 사실을 알게 될 것이다.

복사시대에는 암흑물질과 바리온 물질의 요동은 모두 위에서 기술한 것처럼 성장하게 된다. 복사의 에너지 밀도가 (비상대론적인) 물질밀도와 같아지는 시기에 복사시대가 끝나는데, 이 시기를 $t_{\rm EQ}$(time of matter-radiation equality)라고 하자. 이때 지평선의 질량은 $M_{\rm EQ} \approx 10^{16} M_\odot$이다. 지평선 안에 들어 있는 요동의 경우, 즉 $M \ll M_{\rm EQ}$인 요동의 진폭은 질량과 무관하게 일정하므로 지평선 질량 $M_{\rm EQ}$의 진폭과 같고, $M \gg M_{\rm EQ}$인 요동은 초기에 주어진 것처럼 $M^{-(n+3)/6}$에 비례할 것이다. $t_{\rm EQ}$ 이후 물질시대에서는 암흑물질의 요동은 질량에 관계없이 자유롭게 $t^{2/3}$에 비례하여 성장하게 된다.

암흑물질과 달리 보통의 바리온 물질의 요동은 우주가 이온화되어 있는 동안은 성장하지 못한다.[19] 대신 중력 수축이 가능한 가스구름의 최소 질량은 **진스질량**(Jeans mass) $M_{\rm J}$로 주어진다.

$$M_{\rm J} \approx \frac{P^{3/2}}{G^{3/2}\rho^2} \tag{20.20}$$

여기서 ρ와 P는 가스구름 내부의 밀도와 압력이다

16) 역주 : 복사시대에 지평선은 $d_H = 2ct$로 성장한다.

17) 역주 : 복사시대에 척도인자는 $R \propto t^{1/2}$으로 증가하므로, 지평선 안에 포함된 질량은 $M_H \propto \rho d_H^3 \propto R^{-3} t^3 \propto t^{3/2}$으로 증가한다.

18) 역주 : 배경밀도를 ρ_o라고 한다면, 지평선보다 큰 요동의 진폭은 복사시대에는 $(\rho-\rho_o)/\rho_o \equiv \delta\rho/\rho_o \propto t$로 성장하고, 물질시대에는 $\delta\rho/\rho_o \propto t^{2/3}$으로 성장한다.

19) 역주 : 이온화된 물질은 전자산란을 통하여 복사에 묶여 있고 복사압을 받게 되어 중력 수축이 억제된다.

(6.11절 참조). 복사분리 시대 이전에는 M_J가

$$M_J = 10^{18} M_\odot \tag{20.21}$$

인데, 복사가 물질에서 분리된 이후에는

$$M_J = 10^5 M_\odot \tag{20.22}$$

로 감소한다. 진스질량에 이렇게 큰 차이가 나타나는 이유는 분리 이전에는 물질이 막강한 세기의 복사 압력을 느끼고 있었기 때문이다($P = u/3$, 글상자 11.1 참조). 복사분리 이후에 중성 물질은 복사압의 영향을 더 이상 받지 않는다.

복사분리 이전에 진스질량이 크기 때문에 $z = 1{,}000$ 이전에는 보통의 가스구름이 자라지 못한다. 대신 보통 물질의 요동은 음파(파동)처럼 진동하게 된다. 복사분리 이후에는 다양한 크기의 질량을 가진 요동이 진스 불안정해진다. 그때가 되면 암흑물질의 밀도 요동이 성장할 충분한 시간이 지났으므로, 가스는 암흑물질이 만든 중력 퍼텐셜로 급격하여 떨어지게 된다. 중력 수축하는 지역에서 첫 별들이 생성되기 시작하고, 별이 방출하는 자외선에 의하여 우주의 물질이 재이온화된다.

우주의 팽창이 중력 수축에 반하여 작용하므로, 진스 불안정한 영역의 밀도는 다소 천천히 증가한다. 현재 관측되는 천체들이 형성되기 위해서는 분리시기에 밀도 요동이 지나치게 작을 수는 없다. 이러한 논거에 근거하여 우주배경복사에 있어야만 되는 요동의 진폭을 추정할 수 있다. 만약 암흑물질이 없다면, 관측되는 거대구조를 설명하기 위해 필요한 우주배경복사의 요동이 지나치게 크게 된다. 다행히 CDM 모형에서 예측하는 요동의 진폭은 우주배경복사의 관측 데이터에 잘 부합한다.

CDM 모형에서 M_{EQ}보다 작은 질량을 가지는 밀도 요동의 진폭은 질량에 약하게 의존한다. 그러므로 CDM 모형에서는 구조형성 과정이 계층적(hierarchical)으로

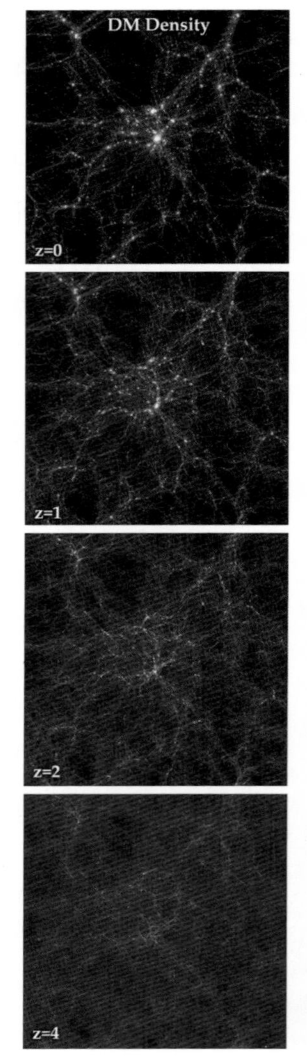

그림 20.14 우주론 시뮬레이션은 우주 구조의 진화를 연구하는 데 사용된다. 국제공동연구 프로젝트인 Illustris 시뮬레이션에서 암흑물질의 네트워크가 적색이동 4(가장 아래)에서 0(가장 위쪽)으로 진화하는 모습을 보여준다. (출처 : Illustris Collaboration, www.illustris-project. org)

일어난다. 이 이론에 의하면 복사분리 이후에 $10^5 M_\odot$보다 큰 모든 질량의 구조들이 함께 자라나기 시작한다. 작은 구조가 더 빨리 수축하기 때문에 $z = 20$ 부근에서 가장 먼저 천체가 생성된다. 첫 광원, 별 탄생체 또는 AGN(활동성은하핵)이 생성되고, 주변의 가스들을 재이온화할 수 있다. 이것으로 $z = 10 \sim 5$ 부근에서 암흑시대에 종지부를 찍게 된다.

재이온화가 일어나는 시기의 적색이동은 아직 정확히 알려지지 않았는데, 관측되는 우주 거대구조에 근거한

검증 과정에서 알아내야 할 인자 중 하나이다. 이것은 보통 우주배경복사의 전자 산란에 대한 광학적 깊이 τ로 나타낸다. τ값이 클수록 전자밀도가 큰 것에 해당하고, 따라서 재이온화가 더 큰 적색이동에서 일어났다는 것을 의미한다. 적색이동이 6보다 큰 은하가 관측되었는데, 이에 해당하는 $\tau = 0.03$이 최솟값이 된다. WMAP 관측의 최종 결과(2012년)는 $\tau = 0.081 \pm 0.012$를 주었는데, 이는 재이온화 적색이동 $z = 10.1 \pm 1.0$에 해당한다. Planck 위성관측의 최종 결과(2015년)는 재이온화의 평균 적색이동으로 8.8 ± 0.1을 제시했다.

마지막으로 어디에서 초기 밀도 요동이 왔는가에 대한 질문에 답하는 것이 필요하다. 급팽창 이론이 매력적인 이유 중 하나는 우주의 시작에서 양자 효과로부터 유도되는 초기 요동에 대한 특정한 예측을 준다는 것이다. 그러므로 가장 큰 척도에서 관측되는 거대구조의 성질은 우주의 가장 초기 단계에 대한 정보를 내포하고 있다.[20)]

우주배경복사의 요동. 우주 초기의 거대구조를 연구하는 중요한 방법 중 하나는 우주배경복사의 요동을 이용하는 것이다. 우주 초기에 주변보다 밀도가 높은 지역은 나중에 관측되는 구조들을 만들 뿐만 아니라 우주배경복사의 온도에 변이를 만든다.

그러한 배경복사 요동의 지도는 COBE 위성이 처음 만들었고 최근 WMAP(그림 20.13)과 Planck 위성이 다시 만들었다. Planck에 의한 CMB의 지도는 그림 20.15에 보였다. 관측된 배경복사의 요동은 위에서 기술한 거대구조 형성에 관한 이론과 정성적으로 일치하고 있다.

좀 더 정량적인 관점의 관측은 그림 20.16에 나타낸 요동의 파워스펙트럼이 제공해준다. 이것은 천구상에서 분리각의 함수로 온도 요동의 진폭을 보여준다.

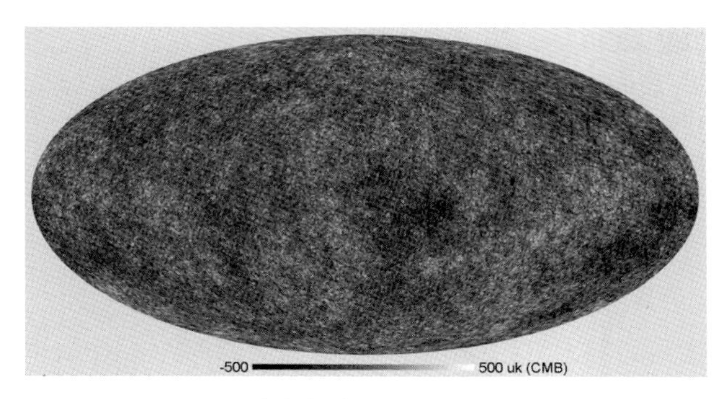

그림 20.15 Planck 위성이 관측한 우주배경복사의 온도 분포. 어두운 부분은 더 차갑고, 밝은 부분은 더 따뜻하고 밀도가 높은 지역을 나타낸다. (출처 : Planck 공동연구단)

위에서 이미 설명한 물리 과정들이 이 파워스펙트럼에 나타나는 여러 특징을 만들었다. 첫 번째 봉우리($l \sim 200$)는 복사밀도와 물질 밀도가 같은 시기(t_{EQ}) 이후 최고 밀도로 수축한 요동이 다시 튕겨 나오기 직전에 만든 것이다. 이 요동의 선형 크기는 우주 모형 인자들의 정확한 값에 크게 의존하지 않으므로, 봉우리가 생기는 각 척도의 위치(즉 l의 값 200)는 각지름-적색이동 검증법의 표준 측량자로 사용될 수 있다. 파워스펙트럼의 두 번째와 세 번째 봉우리는 '음파 봉우리(acoustic peaks)'라고 하는데, 각각 최대 수축 후에 다시 튕겨 나온 요동과 다시 수축한 요동에 해당한다. 파워스펙트럼에서 이 봉우리들의 위치(l)와 진폭은 우주 모형 인자들에 의존한다. 그러므로 WMAP의 CMB 관측은 다음 6개의 자유 인자를 포함하는 모형으로 맞출 수 있었다—허블상수(H_0), 암흑물질의 밀도(Ω_{DM}), 바리온의 밀도(Ω_b), 재이온화 광학적 깊이(τ), 초기 섭동의 파워스펙트럼 진폭(σ_8)과 기울기(n)이다. 우주의 곡률은 $1 - \Omega_0 - \Omega_\Lambda = 0$으로 간주할 수 있으므로,[21)] 여기서 $\Omega_0 = \Omega_b + \Omega_{DM}$이고, $\Omega_\Lambda = 1 - \Omega_0$가 결정된다. WMAP과

---

20) 역주 : 급팽창 이전에 원자의 척도에 존재하던 양자 요동이 급팽창 이후 10^{50}배로 커지면서 은하, 은하단, 우주 거대 구조의 생성을 설명할 수 있는 밀도 요동의 씨앗을 제공하게 된다.

21) 역주 : 급팽창 이론에서 우주공간의 기하학적 성질이 편평해야 하므로 $\Omega_0 + \Omega_\Lambda = 1$이다.

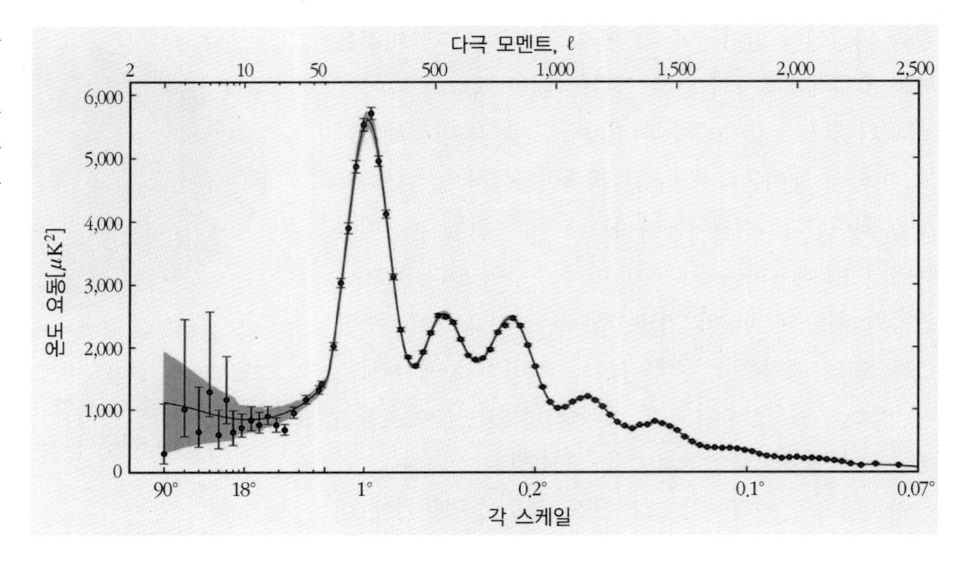

그림 20.16 Planck 위성이 관측한 우주배경복사의 온도 요동에 대한 각 파워스펙트럼을 보여준다. 분리각 척도에 따라 온도 요동의 진폭의 제곱을 보여준다. (출처 : Planck Collaboration)

Planck 위성 관측 결과로부터 구한 인자들의 값은 일치 모형과 완전하게 일치하고 있다.

초거대구조. 복사분리 이후 여러 다른 척도에서의 구조들이 자유롭게 성장하였다. 중요한 경계선은 주어진 요동이 나머지 우주와 같이 여전히 팽창하고 있느냐 아니면 팽창을 멈추고 수축하였느냐 하는 것이다. 이미 수축한 계는 상당히 빠르게 비리얼화(virialise)된다. 즉 역학적으로 평형인 정상상태에 도달하게 된다. 그러한 계는 안정된 천체계(astronomical system)를 이룬다.

그처럼 비리얼화된 천체 중에 가장 큰 것은 은하단이다. 더 거대한 구조인 초은하단이 존재하느냐 하는 것이 한동안 논쟁의 대상이었다. 그에 대한 답은 초은하단을 어떻게 정의하느냐에 달려 있다는 것을 깨닫게 되면서, 1970년대에 이 논쟁은 끝나게 되었다. 은하단(수 Mpc의 크기)보다 크며 100Mpc에 이르는 척도에서도 고밀도 지역이 존재하지만, 그것들은 은하단과 같이 근사적인 평형상태에 있는 독립적인 구조를 이루고 있지는 않다.

이러한 두 종류의 중간에 있는 구조들은 이제 막 팽창을 멈추고 수축을 시작하는 것들이다. 그러한 구조의 척도를 찾는 것이 초기 밀도 요동의 진폭을 정의하는 하나의 방법이 된다. 현 우주에서 그 척도는 8Mpc의 크기에 해당하는데, 그러한 이유로 밀도 요동의 진폭을 보통 σ_8으로 나타내며 σ_8은 1에 가까운 값을 갖는다.

8Mpc보다 작은 척도에서의 요동들은 이미 수축하였는데, 그것들의 분포를 통계적으로 기술하는 다양한 방법이 있다. 가장 많이 연구된 군집도를 기술하는 방법으로는 상관함수(correlation function) $\xi(r)$이 있다. 거리가 r만큼 떨어진 2개의 작은 부피소 $\mathrm{d}V_1$과 $\mathrm{d}V_2$를 생각해 보자. 만약 물질의 분포가 균일하고 은하의 개수밀도가 N이라면, 이 두 부피소 안에서 은하를 찾을 확률은 $N^2\mathrm{d}V_1\mathrm{d}V_2$에 비례할 것이다. 그러나 군집도가 있으면 이 확률은 $N^2(1+\xi(r))\mathrm{d}V_1\mathrm{d}V_2$가 될 것이다. 그러므로 상관함수는 주변에서 은하를 찾을 확률이 균일한 분포에 비하여 얼마나 높은지를 알려준다.

천구상의 은하의 분포로부터 상관함수를 측정할 수도 있으나, 적색이동으로 거리를 구하여 3차원 분포를 찾는 것이 좀 더 정확한 측정방법이다. 그러한 방법으로 조사한 예가 그림 20.17(Sloan Digital Sky Survey, SDSS)이다.

예상한 대로 상관함수는 멱함수이다(즉 가까운 쌍은 더 흔하고, 멀리 있는 쌍은 더 드물다). 1970년대부터 상

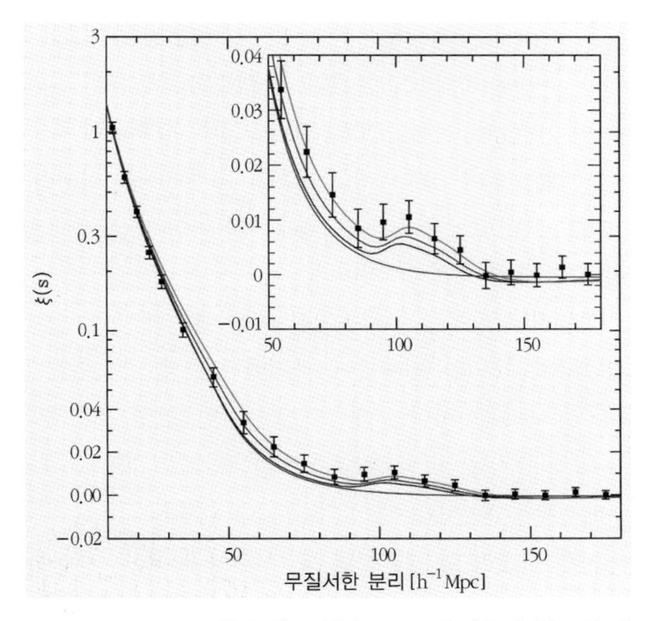

그림 20.17 47,000개의 밝고 붉은 SDSS 은하들의 분포에 대한 상관함수. 오른쪽 위에 삽입된 그림은 관측된 돌기(bump)를 상세히 보여준다. 허블상수를 100으로 나누어준 값은 $h \approx 0.7$이므로, 거리의 간격 $100h^{-1}$은 150Mpc(천구상에서 각거리 6도)에 해당한다. 이 돌기는 바리온 물질의 음파 진동, 즉 보이는 물질의 거대 척도에서 음파에 대하여 알려준다. (출처 : Eisenstein et al., 2005, ApJ, 633, 560)

관함수가 근사적으로 $\xi(r) \propto r^{-\gamma}$에 비례한다는 것이 알려져 왔다. 비례상수는 진폭 σ_8에 관련되어 있고, 지수 γ는 초기 밀도 요동의 지수 n에 관련되어 있다. 지수 γ의 관측된 값은 1.8 정도인데, 조사대상 천체의 종류에 따라 약간씩 다르다.

큰 척도에서 상관함수가 예기치 않았던 최댓값(돌기)을 갖는다는 것을 2005년 최초로 관측하였다. 이는 Planck 위성이 관측한 배경복사의 각 파워스펙트럼에 나타나는 음파 봉우리에 해당하는 것이다. 이러한 관측은 ΛCDM 우주론을 뒷받침하며, 음파들이 $z = 1{,}000$에서 생성되어 현재까지 남아 있는 것을 은하의 분포에서 확인한 것이다. 이후 더 큰 규모의 SDSS 탐사에서도 동일한 돌기가 관측되었다.

우주 모형 인자를 결정하기 위해서 보통 은하분포의 (3차원) 파워스펙트럼을 사용하는데, 가장 잘 맞는 모형을 찾기 위하여 인자에 의존하는 이론적 파워스펙트럼과 관측된 스펙트럼을 비교한다. 재이온화의 광학적 깊이 τ는 이 검증에 영향을 미치지 않는다. 이러한 검증의 결과는 일치 모형과 완벽하게 부합한다.

일치 모형 다시 보기. 우주 모형 인자들을 결정하기 위하여 우주배경복사와 거대구조에서 은하의 분포를 사용한다는 것을 앞서 논의하였다. 이 두 방법은 독립적으로 서로 일치하는 결과를 주는데, 두 결과를 결합하면 인자들의 값을 더욱 정확하게 찾을 수 있다. 더 나아가 이 값들은 20.5절에서 논의했던 전통적인 우주론 검증 방법으로부터 얻은 값들과도 일치하고 있다.

일치 모형을 기술하는 8개의 기본 인자가 있다. Planck 위성 관측의 최종 결과(2015년)에 따르면 그 인자들의 값은 다음과 같이 주어진다. 허블상수는 $H_0 = 67.7 \pm 0.5\,\mathrm{km\,s^{-1}Mpc^{-1}}$이고, 바리온의 밀도인자는 $\Omega_\mathrm{b} = 0.049 \pm 0.001$, 물질의 밀도인자는 $\Omega_0 = \Omega_\mathrm{b} + \Omega_\mathrm{DM} = 0.259 \pm 0.006$, 재이온화 적색이동은 $z_\mathrm{ri} = 8.8 \pm 1.1$, 밀도 요동의 스펙트럼 지수는 $n = 0.967 \pm 0.004$, 요동의 진폭은 $\sigma_8 = 0.82 \pm 0.01$이다.

우주 구조에 의한 중력렌즈, 질량 집중에 의한 특이운동, 은하단의 개수 등을 이용한 다른 종류의 덜 포괄적인 검증방법들도 일치 모형을 뒷받침하고 있다. 이처럼 다양하지만 독립적 방법에 의하여 결정된 인자들이 놀라울 정도로 일치하고 있다는 사실에서 일치 모형의 이름이 유래되었다. 우주를 일반적으로 기술하기 위하여 필요한 인자들이 정확히 결정되고 나면, 중력파 또는 중성미자와 같은 다른 성분들도 우주 모형에 포함시킬 수 있다. 이러한 우주론의 새로운 발전을 '정밀우주론(precision cosmology)' 시대라고 부른다. 그러나 이러한 우주 모형에서는 암흑물질과 암흑에너지의 존재를 가정해야만 하며, 이 두 성분은 우주론에서의 역할 이외에는 실제 아무런 증거도 없다는 것을 기억해야 할 것이다.

20.8 우주의 미래

표준 우주 모형들은 우주의 미래에 관하여 두 가지 다른 전망을 제시하고 있다. 영원 무궁히 팽창하든가, 또는 역으로 수축하여 모든 것이 결국 한 점에 다시 모인다는 것이다. 재수축하는 경우, 최후의 수축 순간에는 우주의 초기 역사가 반대방향으로 재현된다. 은하, 항성, 원자, 핵자 등의 순서로 쪼개진다. 그리하여 현재 우리의 물리학적 이론으로는 서술이 불가능한 상황에까지 이른다. 그러한 수축이 한 점에 도달할 때까지 계속될지 또는 특이점에 이르는 것을 피하고 새롭게 팽창을 시작할지는 알려져 있지 않다.

하지만, 최신 관측에 따르면 우주의 운명은 그러한 예상과 달리 영원히 팽창할 것이며 심지어 팽창은 가속될 것이다.

열린 우주 모형에서는 수축하는 모형과는 다르게 전개된다. 항성은 진화하여 다음의 네 가지 중 하나에 귀결된다. 백색왜성, 중성자성, 블랙홀 중 하나든가 아니면 완전히 파괴되어 버릴 것이다. 10^{11}년 정도 세월이 흐르면, 현존하는 항성 모두는 자신들의 핵연료를 소진하여 앞에서 열거한 넷 중 하나의 운명이 될 것이다.

어떤 별들은 은하에서 튕겨나가는가 하면, 또 어떤 것들은 은하 중심에 극도로 높은 밀도의 성단을 형성할 것이다. 대략 10^{27}년이 지나면 중심 성단의 밀도가 지나치게 높아져 결국 블랙홀로 변한다. 마찬가지로 은하단을 구성하는 은하들도 서로 충돌하여 중심에 모여 거대한 질량의 블랙홀이 된다.

블랙홀이라고 해서 영원히 지속되는 것은 아니다. 양자역학적 터널 효과에 의하여 블랙홀의 질량이 자신의 사상의 지평선을 넘어 무한의 영겁으로 사라진다. 이 현상을 증발(evaporation)이라고 표현하며 호킹 과정(Hawking process)이라고도 부른다. 블랙홀의 증발률은 질량에 반비례한다. 은하 규모의 질량을 갖는 블랙홀이 증발하는 데는 무려 10^{98}년이나 걸리는 것으로 계산되었다. 그러므로 이렇게 긴 시간이 경과하면 거의 모든 블랙홀이 증발해 버리고 말 것이다.

영원히 팽창하는 우주공간은 이제 흑색왜성, 중성자성, 행성 규모의 천체들이 차지한다(양성자의 수명이 10^{31}년으로 유한하다는 예측이 맞는다면, 양성자의 붕괴로 앞에 열거한 천체들도 역시 파괴되고 말 것이다). 우주배경복사의 온도는 10^{-20}K로 내려간다.

이제 시간이 더 경과하면 또 다른 양자역학적 현상들이 작용하게 된다. 터널 효과로 흑색왜성들이 중성자성으로 바뀌고, 중성자성은 다시 블랙홀이 된다. 결국 모든 별은 블랙홀이 되고, 블랙홀도 충분한 시간이 경과하면 증발해 버린다. 이 지경까지 이르는 시간이 $10^{10^{26}}$년으로 추산되었다! 끝에 가서는 복사만 남아서 절대온도 영도로 냉각되고 있을 것이다(그림 20.18).

물론 현재 우리가 가지고 있는 우주론이 그처럼 먼 미래에 대하여 예측할 수 있을 정도로 진정 확고한 것인지

그림 20.18 현재 우주론에서 예측하는 우주의 미래는 이처럼 보일 것이다. 아주 오랜 시간이 지나면 모든 물질은 복사로 전환될 것이고, 영원히 팽창하며 냉각하는 공간에서 복사의 파장은 무한대로 증가할 것이다.

매우 의심스럽다. 새로운 이론 체계와 새로운 관측적 사실들이 현대인이 갖고 있는 우주에 대한 생각들을 앞으로 송두리째 바꾸어 놓을 수도 있다.

글상자 20.1[뉴턴역학에 기초한 척도인자 $R(t)$의 미분방정식 유도] 질량이 큰 구의 표면 가까이에 있는 은하를 하나 생각해보자(그림 참조). 은하는 구의 중심에 대하여 다음과 같이 중력과 우주론적 힘을 받는다.

$$m\ddot{r} = -\frac{4\pi G}{3}\frac{r^3\rho m}{r^2} + \frac{1}{3}m\Lambda r$$

또는

$$\ddot{r} = -\frac{4\pi}{3}G\rho r + \frac{1}{3}\Lambda r \qquad (1)$$

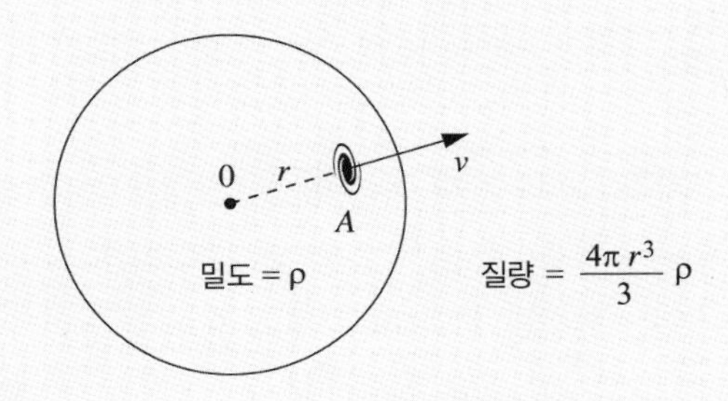

여기서 구의 반지름 r과 밀도 ρ는 시간에 따라 변한다. 척도인자를 써서 다시 나타내면 아래와 같다.

$$r = (R/R_0)r_0 \qquad (2)$$

여기서 $r = r_0$일 때 $R = R_0$의 값을 갖는다. 마찬가지로 밀도는

$$\rho = (R_0/R)^3\rho_0 \qquad (3)$$

로 주어지므로, $R = R_0$일 때 $\rho = \rho_0$가 된다. 식 (2)와 (3)을 식 (1)에 대입하면

$$\ddot{R} = -\frac{a}{R^2} + \frac{1}{3}\Lambda R \qquad (4)$$

이 성립하는데, 여기서 $a = 4\pi GR_0^3\rho_0/3$이다. 식 (4)의 양변에 $\dot{R}$를 곱하면 좌변은

$$\dot{R}\ddot{R} = \frac{1}{2}\frac{\mathrm{d}(\dot{R}^2)}{\mathrm{d}t}$$

이므로, 식 (4)는

$$\mathrm{d}(\dot{R}^2) = -\frac{2a}{R^2}\mathrm{d}R + \frac{2}{3}\Lambda R\,\mathrm{d}R \qquad (5)$$

로 변형된다. $R_0 = R(t_0)$로 정의하고 식 (5)를 t_0에서부터 t까지 적분하면

$$\dot{R}^2 - \dot{R}_0^2 = 2a\left(\frac{1}{R} - \frac{1}{R_0}\right) + \frac{1}{3}\Lambda(R^2 - R_0^2) \qquad (6)$$

의 관계를 얻는다. 상수 $\dot{R}_0$와 a를 소거하고 대신에 허블상수 H_0와 밀도인자 Ω_0를 쓰도록 하자. $\rho_c = 3H_0^2/8\pi G$이므로

$$2a = 8\pi GR_0^3\rho_0/3 = H_0^2R_0^3\rho_0/\rho_c = H_0^2R_0^3\Omega_0 \qquad (7)$$

가 성립한다. 여기서 $\Omega_0 = \rho_0/\rho_c$이다. 식 (6)과 $\dot{R}_0 = H_0R_0$를 식 (7)에 대입하고 $\Omega_\Lambda = \Lambda/(3H_0^2)$으로 정의하면

$$\frac{\dot{R}^2}{H_0^2R_0^2} = \Omega_0\frac{R_0}{R} + \Omega_\Lambda\left(\frac{R}{R_0}\right)^2 + 1 - \Omega_0 - \Omega_\Lambda \qquad (8)$$

인 $R(t)$를 결정하는 기본적인 미분방정식을 얻는다.

단순화하기 위하여 $\Omega_\Lambda = 0$으로 두면, 시간에 따른 R의 변화 양상은 Ω_0의 값에 따라 다르게 된다. 항상 $\dot{R}^2>0$이므로, 식 (8)에서부터 우리는

$$\Omega_0 \frac{R_0}{R} - \Omega_0 + 1 \ge 0$$

즉

$$\frac{R_0}{R} \ge \frac{\Omega_0 - 1}{\Omega_0} \tag{9}$$

이 성립함을 알 수 있다. 만약 $\Omega_0 > 1$이라면, 위 식은

$$R \le R_0 \frac{\Omega_0}{\Omega_0 - 1} \equiv R_{\max}$$

를 의미한다. 척도인자 R이 $R_{\max}$에 이르면 식 (8)에 의해 $\dot{R} = 0$ 이 되고, 팽창은 방향을 돌려 수축으로 변한다. 만약 $\Omega_0 < 1$이면, 식 (8)의 우변은 늘 양수이므로 팽창은 영원히 계속될 것이다.

거리 척도의 시간에 따른 변화를 서술하는 방정식이 일반 상대성 이론에서는 k라는 상수를 포함하게 되는데, k가 공간의 기하학적 성질을 결정한다.

$$\dot{R}^2 = \frac{8\pi G R_0^3 \rho_0}{3R} - kc^2 \tag{10}$$

만약

$$H_0^2 R_0^2 (\Omega_0 - 1) = kc^2$$

을 쓰면 식 (10)과 (6)[또는 식 (8)]이 모두 동일하게 된다. 따라서 R에 관한 상대론적 방정식이 뉴턴역학에 근거한 결과와 완전히 일치한다. 기하 상수 $k = +1,\ 0,\ -1$은 $\Omega_0 > 1,\ = 1,\ < 1$에 각각 대응한다. 좀 더 일반적으로 $k = 0$인 평탄 모형의 조건은 $\Omega_0 + \Omega_\Lambda = 1$에 해당한다.

$k = 0$일 때, 팽창의 시간 변화는 매우 간단하게 표현된다. $\Omega_0 = 1$을 택하고 식 (10)과 (7)에서 우리는

$$\dot{R}^2 = \frac{H_0^2 R_0^3}{R}$$

을 얻는다. 이 방정식의 해는

$$R = \left(\frac{3H_0 t}{2}\right)^{2/3} R_0 \tag{11}$$

이다. 이 경우 팽창의 시초에서부터 $R = R_0$에 이르기까지 걸린 시간 t_0는

$$t_0 = \frac{2}{3} \frac{1}{H_0}$$

과 같이 된다. 이것이 아인슈타인-드 시터 우주의 나이이다.

글상자 20.2(세 가지 적색이동) 멀리 있는 은하에서 측정되는 적색이동은 사실상 세 가지 다른 요인의 적색이동이 합성된 결과이다. 첫째 요인은 우주의 전반적 팽창운동에 대한 관측자의 고유운동이다. 지구는 태양 주위를 움직이고 태양은 우리은하의 중앙을 중심으로 회전하며, 우리은하와 국부 은하군의 은하들은 함께 처녀자리 은하단의 중심을 향해 떨어지고 있다. 그러므로 먼 은하에서 오는 빛을 검출하는 측정기 자체도 정지해 있지는 않으며, 그러한 측정기의 운동에 의한 도플러 이동을 보정해야 한다. 이러한 운동속도들은 대개의 경우 광속에 비하여 무척 느리다. 그래서 도플러 이동은 간단하게

$$z_{\mathrm{D}} = v/c \tag{1}$$

와 같이 주어진다. 운동속도가 크다면 다음과 같은 상

대론적 공식을 이용해야 한다.

$$z_D = \sqrt{\frac{c+v}{c-v}} - 1 \tag{2}$$

허블법칙에 들어가는 적색이동은 **우주론적 적색이동**(cosmological redshift) z_c로서, 은하에서 빛이 방출될 때의 우주의 척도인자 R과 관측자에게 검출될 때의 척도인자 R_0만으로

$$z_c = R_0/R - 1 \tag{3}$$

와 같이 결정된다.

세 번째 종류는 **중력적색이동**(gravitational redshift) z_g이다. 일반 상대성 이론에 의하면, 빛은 중력장의 영향으로도 적색이동된다고 한다. 예를 들어 반지름 R, 질량 M인 별의 표면에서 방출되는 빛은 다음과 같은 적색이동이 일어난다.

$$z_g = \frac{1}{\sqrt{1 - R_S/R}} - 1 \tag{4}$$

여기서 $R_s = 2GM/c^2$은 이 별의 슈바르츠실트 반지름이다. 은하의 경우, 중력적색이동은 무시할 정도로 작다.

적색이동의 합성은 다음과 같이 이루어질 수 있다. 원래 파장이 λ_0인 빛이 두 가지 다른 요인에 의하여 z_1, z_2만큼 적색이동되었다면

$$z = \frac{\lambda_2 - \lambda_0}{\lambda_0} = \frac{\lambda_2}{\lambda_0} - 1 = \frac{\lambda_2}{\lambda_1}\frac{\lambda_1}{\lambda_0} - 1$$

또는

$$(1+z) = (1+z_1)(1+z_2)$$

의 관계가 성립한다. 이러한 논지를 따르면 z_D, z_c, z_g가 모두 결합된 적색이동 z는

$$1 + z = (1+z_D)(1+z_c)(1+z_g) \tag{5}$$

로 주어진다.

20.9 예제

예제 20.1 (a) 어떤 밀림지역에 1km^2당 n그루의 나무가 균일하게 있고, 나무줄기의 두께가 D라고 하자. 관측자가 사방을 둘러보았을 때, 나무에 가려지지 않고 볼 수 있는 거리의 평균값을 구하라. (주어진 시선방향에 대하여 거리 x에서 나무줄기를 만날 확률을 구하라.)

(b) 이것을 올베르스의 역설과 어떻게 관련시킬 수 있을지 설명하라.

a) 관측자를 중심으로 반지름이 x인 원을 바라보았을 때, 관측자의 시선이 나무줄기에 의하여 가려진 비율을 $0 \le s(x) \le 1$이라 하자. 원의 반지름을 $\mathrm{d}x$만큼 늘려서 반지름이 x인 원 바깥에 원을 그려보자. 두 원이 만드는 고리 안에는 $2\pi nx\,\mathrm{d}x$개의 나무가 있다. 고리 안의 나무들에 의하여 가려진 길이는 $2\pi xnD\,\mathrm{d}x$이므로, 가려진 원호의 비율은 $nD\,\mathrm{d}x$가 된다. x에서 이미 $s(x)$의 비율로 가려져 있으므로, $x+\mathrm{d}x$에서 고리에 의하여 추가로 가려진 비율은 $(1-s(x))nD\,\mathrm{d}x$가 된다. 그러므로

$$s(x+\mathrm{d}x) = s(x) + (1-s(x))nD\,\mathrm{d}x$$

가 되어, s에 대한 미분방정식이 다음과 같이 얻어진다.

$$\frac{\mathrm{d}s(x)}{\mathrm{d}x} = (1-s(x))nD$$

위 방정식을 변수를 분리하여 적분하면,

$$\int_0^s \frac{ds}{1-s} = \int_0^x nD\,dx$$

가 되고, 다음과 같이 해를 구할 수 있다.

$$s(x) = 1 - e^{-nDx}$$

여기서 $s(x)$는 관측자가 임의의 방향으로 거리 x까지를 보았을 때 나무줄기에 의하여 가려진 비율이므로, 이는 누적확률분포를 준다. 이에 대응하는 확률밀도는 미분된 값인 ds/dx 이다. 거리 x까지 볼 확률이 ds/dx 이므로, x의 평균값, 즉 평균자유경로 λ는 이 분포의 기댓값이다.

$$\lambda = \int_0^\infty x\left(\frac{ds(x)}{dx}\right)dx = \frac{1}{nD}$$

예를 들어 $1km^2$당 20만 그루의 나무가 있고, 줄기의 두께가 10cm라면($nD = 2\times10^{-2}m$), 평균적으로 50m 거리를 볼 수 있다.

b) 위의 결과는 3차원으로 쉽게 일반화할 수 있다. 단위부피당 n개의 별이 있고, 별의 지름은 D, 시선방향에 대한 면적은 $A = \pi D^2$이다. 이를 적용하면

$$s(x) = 1 - e^{-nAx}$$

이 되고, 여기서 평균자유경로는

$$\lambda = 1/nA$$

이다. 예를 들어 $1pc^3$ 당 1개의 태양이 있다고 하면, 평균자유경로는 $1.6\times10^4 pc$이 된다. 만약 우주가 무한의 나이와 무한의 크기를 가지고 있다면, 관측자의 시선은 어느 방향에서든지 결국 별 표면과 만나게 될 것이다. 하지만 우리는 꽤 먼 거리를 볼 수 있다.

예제 20.2 2.7K의 우주배경복사의 광자밀도를 구하라.

복사의 세기는

$$B_\nu = \frac{2h\nu^3}{c^2}\frac{1}{e^{h\nu/(kT)}-1}$$

이므로, 에너지 밀도는

$$u_\nu = \frac{4\pi}{c}B_\nu = \frac{8\pi h\nu^3}{c^3}\frac{1}{e^{h\nu/(kT)}-1}$$

이다. 단위부피당 광자의 개수는 에너지 밀도를 광자 개개의 에너지로 나누어 주고, 그것을 진동수에 대하여 적분하여 구한다.

$$N = \int_0^\infty \frac{u_\nu d\nu}{h\nu} = \frac{8\pi}{c^3}\int_0^\infty \nu^2\frac{d\nu}{e^{h\nu/(kT)}-1}$$

여기서 $h\nu/kT = x,\ d\nu = (kT/h)dx$ 로 치환하면

$$N = 8\pi\left(\frac{kT}{hc}\right)^3\int_0^\infty \frac{x^2dx}{e^x-1}$$

가 된다. 여기서 적분은 기초적인 함수로 나타낼 수는 없지만 [무한급수 $2\sum_{n=0}^{\infty}(1/n^3)$로 표현할 수 있다], 수치계산으로 추산할 수는 있다. 이것의 값은 2.4041이다. 그러므로 2.7K 흑체복사의 광자밀도는 아래와 같다.

$$N = 16\pi\left(\frac{1.3805\times10^{-23}\,J\,K^{-1}\times2.7\,K}{6.6256\times10^{-34}\,J\,s\times2.9979\times10^8\,m\,s^{-1}}\right)^3 \times 1.20206$$

$$= 3.99\times10^8\,m^{-3} \approx 400\,cm^{-3}$$

20.10 연습문제

연습문제 20.1 은하 NGC3159의 겉보기 각지름은 1.3′이고, 겉보기등급은 14.4등급이며, 은하에 대한 시선속도는 $6{,}940 km\,s^{-1}$이다. 이 은하까지의 거리, 지름, 절대등급을 구하라. 예측한 답에 오차를 줄 수 있는 잠재적 요인은 무엇인가?

연습문제 20.2 은하 NGC772의 시선속도는 2,562km s^{-1}이다. 이 정보를 이용하여 거리를 계산하고, 연습문제 19.1에서 얻은 결과와 비교해보라.

연습문제 20.3 중성미자가 질량을 가지고 있고, 우주가 닫혀 있다고(closed) 한다면, 이렇게 되기 위해 필요한 중성미자의 최소 질량은 얼마인가? $\Lambda = 0$이고, 다른 물질의 밀도는 임계밀도의 1/10이며, 중성미자의 개수밀도는 600cm^{-3}이라고 가정하라.

천문생물학

21

우주에서 지구 이외의 곳에도 생명이 살고 있을까? 만약 외계 생명체가 있다면, 그들도 우리와 같은 고도의 지적 존재일까? 지구에는 생명이 어떻게 처음 출현하게 되었을까? 생명이란 도대체 무엇인가? 지적 존재를 어떻게 정의하면 좋을까? 누구나 궁금해하는 인류의 근본에 관한 질문이다. 자연과학에서 가장 흥미로운 주제지만 쉽게 풀리지 않은 문제가 바로 외계 생명과 지구 생명에 관한 이와 같은 질문들일 것이다. 최근 몇십 년 사이에 과학자들은 이 물음에 대한 답을 찾기 위해 천문생물학이라는 새로운 학문 분야를 열었다.

21.1 생명이란 무엇인가?

우리는 공상과학 TV 시리즈물을 통해서 외계의 생명체들과 종종 만나게 된다. 그들은 지구인에게서는 찾아볼 수 없는 이상한 기관들을 달고 있어서 우선 보기에 아주 흉물스럽다. 그러나 그들의 모습을 잘 뜯어보면 기본 골격과 구조가 지구인과 크게 다르지 않다. 그들도 감정을 가진 존재로서, 인간과 사랑을 나누고 심지어 짝짓기도 하는 것으로 묘사된다. 그렇지만 외계 생명이 지구 생명과 독립적으로 진화해 온 존재라면, 지구인과 외계인의 이종 교배는 전혀 가능성이 없는 상상일 뿐이다.

외계 생명의 화학은 지구 생명의 그것과는 완전히 다를 수가 있다. 그들이 살아있는 존재라는 사실을 우리가 이해나 할 수 있을지 모르겠다. 도대체 살아있음이란 무엇인가? 사실 생명이란 참으로 모호한 개념이다. 지구 생명만 놓고 보더라도, 생명은 단순히 몇 가지 속성만으로 정의하기 어려운 개념이다. 지구 생명의 정체가 그러할진대, 우주 생물까지 아우르는 생명의 포괄적 정의는 기대하지 말아야 할 것이다. 이러한 현실에서 우리가 택할 수 있는 길은 단 한 가지뿐이다. 지구의 생명 현상에서 알게 된 생명의 여러 특성 중 가장 기본적인 몇 가지 사항은 외계 생명에게도 그대로 적용된다고 가정하는 것이다.

모든 지구 생명의 공통적인 특징은, 자기 복제를 통한 번식과 종의 진화, 이렇게 두 가지로 요약될 수 있다. 만약 모든 생명체가 자신과 완전히 동일한 자손만 번식한다면, 변하는 환경에의 적응이란 기대할 수 없으며, 종의 진화는 일어날 수도 없었을 것이다. 그러므로 생명의 자기 복제는 완벽한 복제가 아니어야 한다. 그래야 종의 다양성과 생명의 진화를 기대할 수 있다. 불완전 복제가 '적자생존'의 기제를 통하여 자연에게 선택의 길을 열어줬던 것이다.[1)]

---

1) 역주 : 이렇게 얘기하면 불완전 복제를 경험하는 '생명'이, 선택의 주체로 생각되는 '자연'과 완전히 독립된 별개의 실체로 오해될 수 있다. 개체 생명이 무슨 짓을 하든, 그 개체를 둘러싼 자연에는 아무런 영향을 미치지 않는다는 식으로 말이다. 하지만 불완전 복제를 경험한 생명 역시

자연 선택은 생물학의 상당히 일반적인 원리이다. 어떤 점에서 생물학 이외의 영역에서도 곧잘 성립하는 원리라 하겠다. 생명의 진화에 관한 이보다 더 일반적인 원리가 있을 수 있을까? 아니, 이와 조금이라도 다른 원리를 찾아낼 수 있을까? 지구 생명과는 별개로 진화해 온 생명의 예를 우주에서 단 한 건이라도 발견하게 된다면, 우리는 생명의 본질을 훨씬 더 깊이 이해할 수 있을 것이다.

에너지 소비도 생명의 근본 속성이다. 생명이 생명으로 기능함은 '질서의 증가'를 의미한다. 즉 생명은 엔트로피의 감소를 전제로 한다. 엔트로피의 국부적 감소는 열역학의 대원칙에 위배되는 것이 아니다. 개체 생명이 외부로부터 어떤 형태로든 에너지를 받아들여서 성장, 이동, 번식 등의 목적에 활용할 수 있을 때, 개체는 엔트로피의 증가를 피할 수 있다.

개체 생명은 자신과 비슷한 후손을 번식하기 위하여 복제와 생존에 필요한 정보를 갖고 있어야 하며, 또 그것을 후손에게 물려줄 줄도 알아야 한다. 이 목적이 달성될 수 있도록 지구 생명은 하나같이 뉴클레오타이드로 이루어진 DNA나 RNA 분자에 필요한 정보를 기록하여 저장한다(21.2절 참조).

탄소는 다른 원소와 결합하여 매우 복잡한 구조의 분자들을 형성할 수 있다. 규소도 큰 분자를 만들 수 있으나, 규소를 기반으로 하는 분자들은 탄소 화합물만큼 안정적이지 못하다.[2] 더구나 규소는 탄소처럼 고리 형태의 분자를 만들지도 못한다. 아주 단순한 형태의 생명들의 경우, 규소를 기반으로 할 수도 있을 것이다. 한 걸음 더 나아가 우리가 상상할 수도 없는 것들에 기반을 둔 생명체도 가능할지 모른다.

생명에게는 액체 용매가 반드시 필요하다. 우리 자신도 물이 없다면 생명을 유지할 수 없지 않은가. H_2O 성분의 물이 액체 상태를 유지할 수 있는 온도의 범위가, 다른 물질에 비하여 좀 더 넓은 편이기 때문에 물은 생명 현상에 더 없이 중요한 용매로 기능한다. 그러나 천문학의 관점에서는 이 범위도 지극히 제한적일 수밖에 없다. 특히 물이 어는 아주 추운 환경을 염두에 둔다면, 메탄이나 암모니아에 더 큰 관심을 갖게 된다. 저온의 상황에서는 이들이 용매로 기능할 수 있기 때문이다.

지상의 모든 생명체를 구성하는 기본 단위는 세포이다. 세포는 액체상태의 세포질을 감싸는 막을 갖고 있다. 그런데 세포막은 반투과성이어서 쌍방 여과지로 기능한다. 어떤 종류의 분자들은 세포막을 통해 세포 안으로 들어오게 하고, 또 다른 것들은 밖으로 내보낸다. 이러한 선택적 수송은 특정 단백질들로 만들어진 통로들을 통해서 구현된다. 세포에는 두 종류가 있다. 하나는 좀 더 단순한 형태의 **원핵세포**(prokaryotes)이고, 다른 하나는 이보다 훨씬 복잡한 **진핵세포**(eukaryotes)이다. 진핵세포에는 DNA 분자의 형태로 존재하는 유전 물질이 핵막에 둘러싸여 세포핵 안에 들어 있다. 반면, 원핵세포에는 세포핵이 따로 없이 닫힌 고리 구조의 똘똘 말린 DNA 부유체가 세포질에 그냥 떠다닌다.

생명의 최근 분류법에서는 지구상의 모든 생명을 3개의 **영**(領) 또는 **도메인**(domain)으로 나눈다. **세균령**(細菌領, Bacteria), **고세균령**(古細菌領, Archaea), **진핵생물령**(眞核生物領, Eukarya)이 그 셋이다. 세균과 고세균은 대개의 경우 원핵세포 하나로 구성된 단세포 생물이다. 진핵생물에는 동식물과 같은 훨씬 더 복잡한 존재들이 포함된다. 바이러스는 일부 특성에서는 생명과 공통성을 갖지만, 생명의 삼대 도메인 중에 바이러스가 설 자리는 없다. 이 분류법은 바이러스를 살아있는 존재로 간주하

자연의 일부이므로, 실제로 자연 선택의 주체에는 적응을 해야 하는 생명도 포함되어 있다. 오늘날 우리가 겪고 있는 지구 생태 환경의 난제들은 인류가 이 사실을 망각했기 때문에 생긴 결과다.

2) 역주 : 고온고압이나 저온고압의 상황에서는 규소도 매우 안정적인 중합체를 만든다. 생체분자의 결합이 구조의 안정을 유지할 정도의 세기는 유지해야 하겠지만, 너무 강하여 유연성이 부족해도 안 된다.

지 않는다. 분자들 중에는, 비로이드(viroid)와 프리온(prion) 같이 무생물과는 다르지만 생물로 분류되지 않는 것들도 있다.

지구 생명의 정의에서조차 경계가 모호한 영역을 피할 수 없는데, 가능한 생명 양식을 모두 다 아우르는 정의를 찾는다는 것은 인간 지성에의 엄청난 도전임에 틀림이 없다. 당면한 이 현실적 난관을 생각하건대, 우리의 논의 대상은 결국 지구 생명과 어느 정도 유사한 생명으로 좁혀질 수밖에 없다.

21.2 생명의 화학

생명 현상에 정말 중요한 원소는 의외로 몇 '종' 되지 않는다. 수소(H), 산소(O), 질소(N), 탄소(C), 황(S)에 인(P) 정도가 추가된다. 이 목록에서 수소보다 무거운 원소만 따진다면 연상기호 SPONC로 쉽게 기억할 수 있다.

탄소는 다양한 원소와 결합하여 생명 현상의 필수 기능들을 수행하는 데 필요한 매우 복잡한 분자들을 만들 수 있다. 바로 이 점에서 탄소가 생명 현상의 가장 중요한 원소인 것이다. 생명체를 구성하는 기본 단위로 세 가지 분자가 있는데, 각종 막을 구성하는 지질, 뉴클레오타이드, 그리고 아미노산이 그것이다.

아미노산은 다시 카르복실기(COOH), 아민기(NH_2), 그리고 측면에 붙는 고리, 이렇게 세 가지 구성요소로 나누어볼 수 있다. 측면 고리, 즉 곁사슬은 수소 원자 하나가 맡는 경우도 있지만, 대부분 더 복잡한 구조를 가진다. 아미노산에는 수십 종류가 있지만, 유전자 코드에 따라 합성되는 단백질에는 그중에서 20종만이 쓰인다.

아미노산이 모여서 더욱 복잡한 분자인 단백질을 만든다. 1개의 단백질 분자에 보통 수백 개의 아미노산이 필요하다. 단백질은 생체에서 다양한 기능을 수행한다. 세포의 구조를 지탱하고, 효소로서 거의 모든 생체 반응에 촉매로 작용하며, 또 호르몬으로서 화학 반응에 필요한 메시지를 전달하는 등의 역할을 한다.

유전 물질인 데옥시리보핵산(deoxyribonucleic acid, DNA)과 리보핵산(ribonucleic acid, RNA)을 구성하는 기본 단위를 뉴클레오타이드라 하는데, 뉴클레오타이드 분자 하나는 당(糖), 인산(燐酸), 염기(鹽基)의 세 부분으로 구성되어 있다. 이 중에서 인산 성분은 DNA와 RNA에서 모두 동일하다. DNA와 RNA 분자들은 각각 동일한 당 성분을 갖고 있지만, DNA의 당은 RNA의 당보다 산소가 하나 적다. 염기에는 아데닌(adenine), 구아닌(guanine), 시토신(cytosine), 티민(thymine)과 우라실(uracil)의 다섯 가지가 있다. 이 중에서 DNA 분자에 들어가는 염기 종은 A, G, C, T의 넷이다. RNA에는 A, G, C, U가 들어간다. 그러니까 DNA의 티민만이 RNA에서 우라실로 바뀐 셈이다.

핵산은 뉴클레오타이드들이 길게 결합하여 사슬의 형태를 이루고 있다. DNA 사슬(그림 21.1)은 나선 두 가닥이 묶인 이중 나선의 구조를 가진다. 서로 짝을 이루는 염기가 수소결합으로 묶여서 AT, TA, CG, GC와 같은 쌍을 이루고 있다.

나사못이 우리에게 가장 익숙한 나선 구조일 것이다. 흔히 오른 나사를 쓰지만, 왼 나사가 필요한 경우도 있다. 나사못과 마찬가지로 이중 나선도 두 가지 방향으로 감길 수 있을 것이다. 즉 좌손성(L-Chirality)과 우손성(R-Chirality)을 다 택할 수 있다. 그런데 자연이 선택한 DNA의 손성은 좌손성뿐이다. DNA 손성의 이와 같은 비대칭성이 어디에서 연유한 것인지는 아직 밝혀지지 않았다.

DNA 분자는 단백질 제조 방법에 관한 정보를 가지고 있다. 이 정보의 구축 방식은 다음과 같다. 3개의 염기쌍으로 된 코드를 코돈(codon)이라 부르는데, 코돈 하나가 아미노산 한 종을 지정하는 식이다. 그런데 아미노산 수백 개가 모여야 단백질 분자 하나를 형성하므로, 단백질 분자 하나를 합성하는 데 수천 개의 염기쌍에 해당하

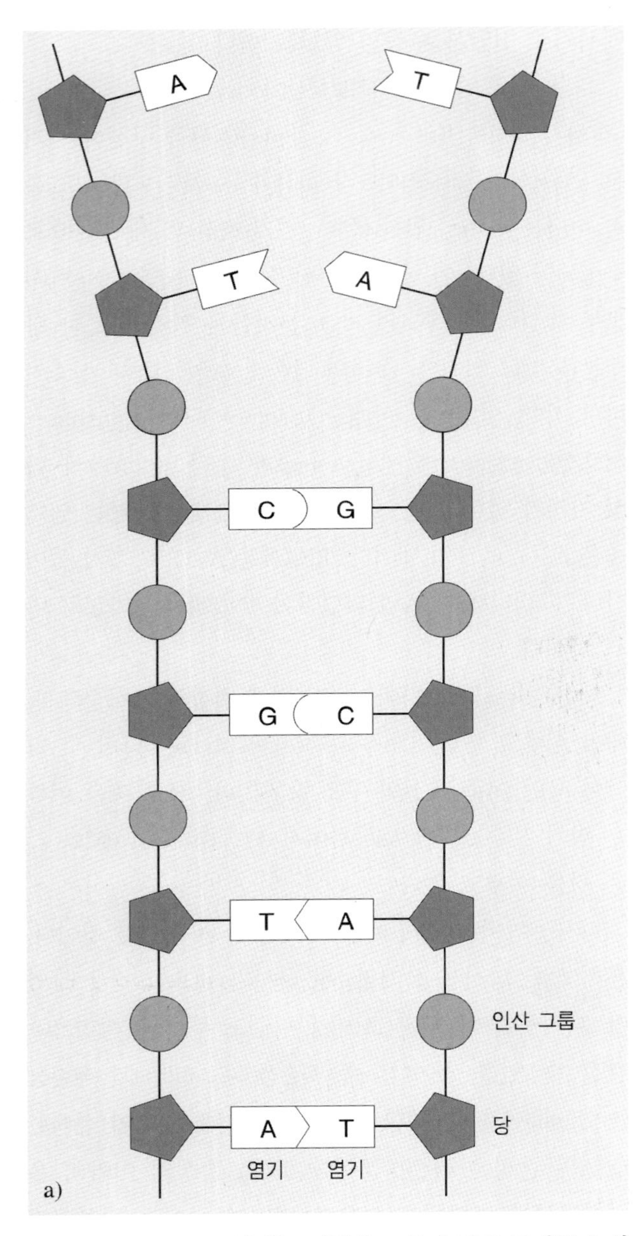

그림 21.1 (a) DNA 분자는 인산염 그룹과 당이 교대로 늘어서 있는 2개의 긴 가닥이 상보하는 염기쌍으로 연결된 구조를 갖고 있다. DNA 분자의 특정 부위에 저장되어 있는 유전 정보가 필요할 때가 되면, 그 부분이 벌어지고 각 가닥의 염기 배열과 상보하는 배열의 RNA 분자가 만들어진다. (b) DNA 분자의 두 가닥이 서로 꼬여 이중 나선의 구조를 하고 있다.(Webb: *Where is everybody?*)

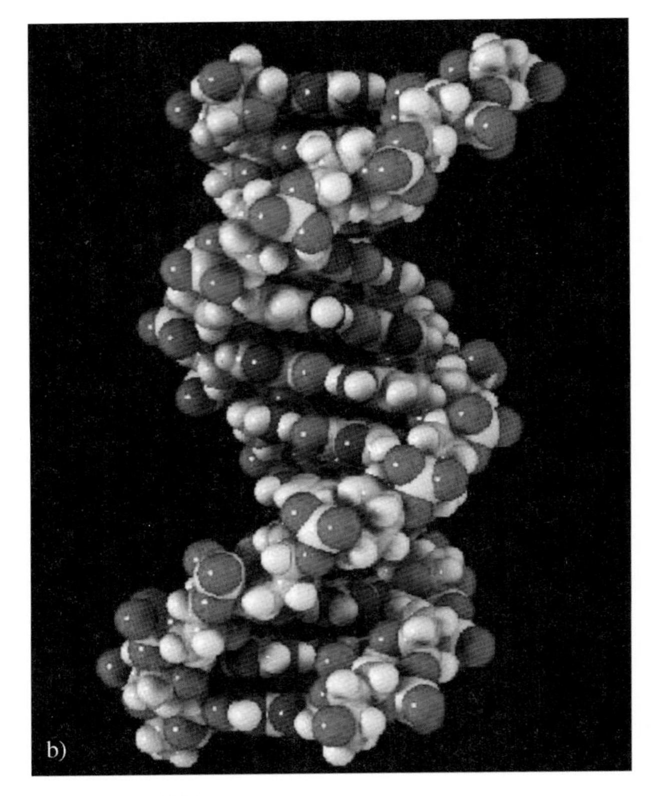

그림 21.1 (계속)

는 정보가 필요하다.

유전 형질을 지정하는 기본 단위를 진(gene) 또는 유전자라 부르며, 유전자는 DNA 분자의 부분에 해당한다. 하나의 유전자로 구현되는 결과물은 단백질 분자나 RNA 분자이다.

인간 세포는 대략 25,000개의 유전자를 가지는데, DNA는 3×10^9개의 염기쌍으로 이루어져 있다. 그러니까 30억 개의 염기쌍이 모두 유전자를 기술하는 데 쓰인다면, 유전자 하나에 평균적으로 12만 개의 염기쌍이 필요한 셈이다. 그러나 DNA 사슬의 일부분에만 유전자가 자리하므로, 실제로 몇만 개의 염기쌍이면 유전자 하나를 기술할 수 있을 것이다. 식물은 인간보다 훨씬 더 많은 수의 유전자를 갖는다. 즉 식물의 게놈이 인간의 게놈보다 크다는 얘기다. 그러나 가장 간단한 박테리아의 게놈에는 겨우 수백 개의 유전자가 있을 뿐이다. 생명체가 되기 위한 유전자의 최소 개수는 200~300개 정도다.

앞에서 언급했듯이, 유전자를 기술하는 데 DNA 사슬의 일부만 쓰인다. 이 부분을 제외한 나머지를 쓰레기-DNA라고 한다. 여기서 '쓰레기'라 함은 그 기능이 아직 알려져 있지 않다는 뜻으로도 해석될 수 있을 것이다. 실제로 DNA에서 쓰레기-DNA가 차지하는 비율은 생물의 종마다 천차만별이다. 박테리아의 경우 DNA에서 쓰레기가 차지하는 부분이 지극히 적은 것들도 있다.

데옥시리보핵산, 즉 DNA에 유전 코드가 저장되어 있더라도 DNA가 유전 코드의 지령을 직접 수행할 수 있는 건 아니다. 코드의 명령을 실제로 집행하려면 여러 종류의 RNA가 동원되는 복잡한 분자 번역 기구가 가동되어야 한다.

RNA 종류마다 번역 과정에서 담당하는 역할이 따로 있다. 염기쌍들의 배열 순서로 데옥시리보핵산에 기록되어 있는 유전 암호가 RNA에 일단 복사된다. 이를 전사(轉寫, transcription)라 하며, 전사 과정에서 전령 RNA, 즉 mRNA(messenger RNA)가 만들어진다. mRNA가 전사된 유전 정보를 여러 개의 RNA(ribosome RNA, rRNA)와 다수의 단백질 분자로 구성된, 리보솜이라 불리는 세포 소기관으로 가져간다. 한편 아미노산을 리보솜의 단백질 합성 반응이 일어나는 위치로 가져오는 역할은 운반 RNA(transfer RNA, tRNA)가 담당한다. 그다음에 rRNA들 중 하나가 인접 아미노산들을 펩타이드 결합으로 연결하는 임무를 수행하게 된다.

RNA는 1개의 단백질 분자를 제조할 정보만 운반하면 된다. 따라서 RNA 사슬은 DNA보다 훨씬 짧다. 그럼에도 RNA는 DNA와 비슷한 정보를 가지고 있으며, 바이러스 같이 단순한 형태의 것들에서는 RNA가 유전 코드를 저장할 수 있다.

21.3 생명의 필수 요건

대폭발 직후 우주에는 수소와 헬륨 이외의 원소들은 거의 없었다. 그런데 수소와 헬륨을 제외한 중원소 물질은 개체 생명을 만드는 원료일 뿐 아니라, 발현된 생명이 진화의 여정을 밟아갈 바탕이 될 고체 행성을 형성하는 데도 반드시 필요한 성분이다. 그렇다면 초기별들 중에서 적어도 일부는 초신성으로 폭발하여 자신의 핵융합 산물인 중원소를 성간으로 방출했음에 틀림이 없다.

타원은하와 구상성단을 이루는 별들은 나이가 매우 많다. 그래서 그들의 중원소 함량비도 무척 낮다. 그러므로 이러한 별들 주위에서는 생명체가 존재할 행성을 찾을 가능성 또한 희박하다. 생명체가 발붙일 수 있는 가장 그럴듯한 장소는 금속 함량비가 높은 비교적 젊은 별들의 주위일 것이다. 이런 요건을 갖춘 별들은 구상성단이 아니라 주로 나선은하의 원반부에 자리한다.

그렇다고 해서 나선은하의 원반부 전체가 생명체가 존재할 여건을 제공하지는 않는다. 은하 중심에서부터 멀리 떨어져 있는 외곽에서는 별의 생성률이 낮으므로 그 지역에 있는 물질의 금속 함량비 역시 낮을 수밖에 없다. 중심에 가까운 지역은 금속 함량비는 높으나 대신 환경이 험악하다. 별들이 조밀하게 분포하므로 그 지역에는 복사장의 에너지 밀도가 대단히 높을 뿐 아니라 별들 사이의 평균 거리가 짧아서 한 별의 행성 궤도들이 다른 별에 의하여 교란되기 십상이다. 추산에 의하면 우리의 은하수를 포함한 원반 은하들에서는 대략 20%의 별들만이 해당 은하의 생명 거주 가능 지역에 존재한다고 한다.

어떤 별이 자신이 속한 은하의 생명 거주 가능 지역에 들어 있다고 하자. 그렇더라도 이 별의 생명 거주 가능 지역에 실제로 고체 행성이 들어 있느냐는 또 다른 문제일 것이다. 우리는 별 주위의 생명 거주 가능 지역을 온도가 물의 어는점보다 높고 끓는점보다 낮은 영역으로 정의한다. 중심별이 태양인 경우 태양 중심 거리가 0.56~1.04AU인 지역이 이에 해당된다. 이 지역에 빠르게 자전하는 완전 흑체의 행성이 자리한다면 그 행성의 표면온도가 물의 어는점과 끓는점 사이에 놓이게 된다는 뜻이다[식 (7.51)에 반사도 A=0을 대입]. 그러나 행성은 완전한 의미의 흑체가 아니며, 실제 상황은 위의 식으로 간단히 처리될 수 있을 정도로 간단하지도 않다. 행성표면의 반사도가 높은 경우 입사 복사의 대부분이 공간으로 되돌아가게 되므로, 행성의 온도는 위에서 추산한 값보다 훨씬 낮아질 것이다. 한편 대기의 화학조성과 구름의 존재 여부에 따라서 온실효과가 표면온도를 높일 수도 있다. 행성 대기는 다양한 성분의 기체로 구성되어 있는데, 이 중 대부분은 가시광에 투명하다. 따라서 중심별이 방출하는 가시광은 행성 대기를 통과하여 표면에까지 도달하여 표토층에 흡수됨으로써 그 행성의 표면온도를 높여준다. 이렇게 덥혀진 지표는 흡수한 가시광 에너지를 다시 적외선으로 방출하고, 방출된 적외선 복사는 대기 중에 있는 수증기, 이산화탄소, 메탄 등의 온실 기체에 흡수되어 대기에 갇히게 된다.[3)]

표면온도가 낮은 별일수록 생명 거주 가능 지역이 좁다. 뜨거운 별의 생명 거주 가능 지역은 그만큼 넓지만, 대신 주계열에 머무는 기간이 짧아서 진화에 필요한 충분한 시간이 생명에게 허락되지 않을 것이다. 그러므로 태양과 비슷한 주계열 별들이 생명 거주 행성을 가질 최적의 후보로 간주된다.

별들은 주계열에 머무는 동안 조금 더 밝아지므로, 생명 거주 가능 지역은 중심별이 진화함에 따라 점점 바깥 지역으로 이동하게 된다. 그러므로 온도가 적정 수준에 오랫동안 유지될 수 있는 지역은 주어진 순간의 생명 거주 가능 지역보다 더 좁을 것이다. 따라서 생명이 지속적으로 거주할 수 있는 지역을 따로 정의할 필요가 있다. 별이 주계열에 머무는 기간 동안 생명체의 거주가 가능하도록 온도가 유지되는, 그런 지역으로 해당 별의 지속적 생명 거주 가능 지역을 정의한다. 태양의 경우 이 지역의 폭이 0.06~0.2AU 사이의 값을 갖는 것으로 계산된다. 이러한 계산을 하려면 대기의 반사도와 온실효과를 장기간에 걸쳐 추정할 수 있어야 한다. 이것이 실질적으로 가장 어려운 과제이며, 바로 이 때문에 생명 거주가 지속적으로 가능한 지역의 폭이 학자마다 제각각이다.

쌍성계는 우주에 매우 흔하지만 생명 거주 가능 지역을 가질 수 없을 것으로 판단되었었다. 쌍성계에서는 행성의 궤도가 매우 복잡하고 불안정할 수밖에 없기 때문이었다. 그러나 최근의 연구 결과에 의하면, 쌍성계에서도 경우에 따라서는 행성들이 안정적인 궤도에 머물 수 있다고 한다. 쌍성계를 이루는 두 별이 서로 멀리 떨어져 있는 경우라면, 구성별 각각이 행성계를 하나씩 따로 가질 수 있다. 한편 근접 쌍성계의 경우에는 행성들이 쌍성계의 중력 중심에서 아주 멀리 떨어진 곳에서 궤도 운동을 할 수도 있을 것이다.

21.4 위험 요소

비록 생명체가 어떤 행성에 출현했다 하더라도 그것을 멸종시킬 위험요소가 그 행성의 시공간 도처에 널려 있다. 예를 들어보자. 달 표면에 있는 운석 구덩이들의 크기 분포를 분석해보면 태양계가 형성되던 초기에 운석의 강력한 충돌이 매우 빈번하게 일어났음을 알 수 있다. 큰 규모의 소행성이나 혜성과의 충돌도 갓 태어난 생명에게 매우 위협적인 사건이었을 것이다. 충돌에 따른 지표의 폭발이 갓 태어난 생명에게 직접적으로 큰 피해를 줄 뿐 아니라, 충돌의 결과가 행성의 전체 환경에 장기적으로 악영향을 끼칠 수 있기 때문이다. 충돌에 의하여 먼지가 대기로 많이 방출된다면 기온 하강은 불을

3) 역주 : 대기를 이루는 기체가 가시광은 흡수하지 않지만 적외선은 효과적으로 흡수한다는 뜻이다.

그림 21.2 태양계 형성 초기에는 소형 천체들이 대형 행성들과 끊임없이 충돌했다. 이러한 충돌은, 당시 행성 표면에 겨우 출현했을지 모르는 생명이 진화하는 데 심각한 위험 요인으로 작용했을 것이다. 시간이 흐름에 따라 원시 행성체와의 충돌에 의하여 소형 천체들은 원시태양계 원반에서 서서히 사라진다. 그럼에도 일부 남아 있던 소형 천체들이 오늘날에도 행성들과 종종 충돌한다. 1994년에 있었던 혜성 슈메이커-레비와 목성의 충돌이 바로 그런 사건이었다. 슈메이커-레비는 이 충돌 과정에서 목성 대기층에 곤두박질하기 전에 십여 개의 작은 덩어리로 쪼개졌다. 쪼개진 파편들이 목성 대기에 순차적으로 충돌하면서 어두운 반점으로 자신들의 존재를 드러냈다. 1908년 6월 20일 시베리아 퉁구스카에서 거대한 폭발 사건이 발생했다. 이 폭발에서 2,000~3,000km^{2}에 이르는 넓은 지역의 산림이 초토화되었다. 직경이 100m쯤 되는 혜성과 지구가 충돌한 결과로 여겨진다.

보듯 뻔한 노릇이다. 그리고 이렇게 불리한 기온의 상태가 적어도 수년 동안은 지속될 것이다. 6,500만 년 전 지구에 있었던 대량 멸종도 그러한 사건의 한 결과일 것이다. 1994년 혜성 슈메이커-레비가 목성과 충돌할 때 우리가 목격했던 바와 같이(그림 21.2) 그러한 충돌은 지금도 일어난다. 그러나 다행인 것은 이러한 거대 충돌이 흔하지는 않다는 사실이다.

현재까지 발견된 외계행성들은 거의 대부분 목성과 같은 거대 기체 행성이었다. 거대 행성에 의한 중력 섭동이 잔해들을 신생 행성계의 바깥으로 방출시켜서, 거대 행성은 갓 태어난 행성계의 잔존물을 청소하는 역할을 한다. 그러므로 거대 행성의 존재는 생명이 거주할 수 있는 행성들이 자리 잡는 데 유리한 조건을 제공할 것이다. 그러나 여태껏 알려진 외계 거대 행성의 대다수는 이심률이 큰 타원 궤도를 따라 운동하므로, 지구형 고체 행성들의 궤도가 교란될 위험이 있다. 지구형 행성들이 궤도를 안정적으로 유지하려면 거대 행성이 원에 가까운 형태의 궤도를 따라 움직여야 하며, 여기에 중심별에 너무 가까이 있지 않아야 한다는 조건이 더 필요하다.

작은 행성들도 자신의 궤도 부근을 청소하는 데 한몫을 했는데, 이러한 사실은 행성의 새로운 정의에 반영되었다.[4)]

계절은 자전축이 기울어진 각도와 궤도의 이심률에 의하여 결정된다. 경사각과 이심률이 클수록 계절에 따른 온도의 변화폭이 넓어진다. 지구의 경우에는 비교적

4) 역주 : 명왕성 궤도 주위, 즉 카이퍼 대에 소형의 천체들이 아직 많이 남아 있기 때문에, 명왕성은 행성으로 간주하지 않는다.

질량이 큰 달이 가까이에 있어서 지구의 자전과 공전 운동이 안정적으로 유지될 수 있었다. 달이 없었다면 자전축의 기울기가 심하게 요동해서, 생명 현상에 치명적인 영향을 미칠 빙하기가 지구에 더 심화되었을 것이다.[5)] 그러므로 비교적 큰 동반 위성의 존재가 생명 거주 가능 행성이 갖추어야 할 또 하나의 필요조건이다.

과학자들은 최근에 와서야 대기에서 일어나는 미묘한 균형과 복잡한 되먹임(feedback) 작용을 이해하기 시작했다. 현재는 온실효과의 증가로 기온이 상승하고 있지만 지구는 과거 한때 정반대의 상황에 처했던 경험도 있다. 지구의 반사도가 증가한다고 상상해보자. 지표에 도달하는 태양에너지의 양이 줄고, 빙하와 만년설 지역이 적도 쪽으로 확장될 것이며, 대기의 수증기가 눈과 얼음으로 모두 응결될 때까지 구름의 양이 증가할 것이다. 이러한 변화들이 다시 반사도의 증가를 불러와서, 결국 온실효과 대신 '얼음집 효과'를 가속시킬 것이다. 지질학적 증거들을 조사해보면, 빙하가 7억 5,000만에서 5억 8,000만 년 전 사이와 23억 년 전에 지구의 거의 전 지역을 뒤덮었을 것으로 추측된다. 이러한 추측에 근거한 '눈덩이 지구' 가설에 의하면, 지구가 수백만 년 동안 혹한의 상태에 머물러 있었고, 지표면이 적어도 1km 두께의 두꺼운 얼음 층으로 온통 뒤덮였었다고 한다. 그 당시까지 지구 생명은 모두가 물속에서 살고 있었다. 긴 세월에 걸친 빙하기의 도래로 지구는 유기 생명체의 멸종을 경험할 수밖에 없었다. 그렇지만 한편에선 화산활동이 여전히 진행 중이었으므로, 시간이 지남에 따라 대기에는 이산화탄소의 함량이 점점 증가했다. 그리하여 지구는 '얼음집'에서 '온실'로의 변신에 성공하게 된다.

생명에 중대한 영향을 미칠 것으로 보이는 요소들이 많이 있다. 일부는 그다지 중요하지 않은 것처럼 보일 수도 있겠으나, 어쩌면 그것들이 생명의 출현 자체를 막았을 수도 있다. 그러나 많은 경우 그러한 요소들이 실제로 얼마나 중요했었는지, 또는 중요할지 우리는 아직 잘 모른다. 그리고 그들이 외계 생명에게도 중요할지는 더욱 미지의 늪이다.

5) 역주 : 행성의 자전축 방향과 공전 궤도는 주위 행성들에 의한 섭동 때문에 큰 변화를 자주 겪게 된다. 따라서 행성 기후에도 큰 폭의 변화가 나타난다.

21.5 생명의 기원

지구 생명의 기원을 이해하기 위한 한 가지 확실한 방법은 지구에 있는 원자와 분자들이 생명을 정말 만들어낼 수 있는지 알아보는 것이다. 최근 수십 년 동안 이 방향의 연구에 상당한 진전이 있었다. 하지만 그 생화학적 과정이 너무 복잡하여 여전히 잘 이해되지 않는 구석이 많다. 우리는 분자에서 생명으로의 변화가 어떤 과정을 거쳐 성사될 수 있었는지를 이제 겨우 추측할 뿐이다.

우리의 추측은, 유리(Harold Urey, 1893-1981)와 밀러(Stanley Miller, 1930-2007)가 1953년 수행한 유명한 실험에서 비롯한다. 유리와 밀러는 지구 대기의 초기 성분이 주로 메탄, 암모니아, 수소와 수증기일 것으로 믿고, 이와 같은 성분의 혼합 기체에 전기 방전을 일으켜 에너지를 공급했다. 수일 후에 용액의 성분을 조사해보았더니 아미노산을 비롯하여 여러 종의 유기화합물을 발견할 수 있었다. 이 당시에는 지구의 초기 대기가 환원성이라고 믿고들 있었다. 그래서 위와 같은 성분의 원시 대기를 상정했던 것이다. 그러나 최근 연구 결과들에 의하면, 최초의 지구 대기는 중성이었을 것으로 추정된다. 과학자들은 CO_2, CO, N_2, H_2O와 약간의 H_2 등이 초기 대기의 주성분이었을 것으로 추측한다. 이러한 성분의 대기에서라면, 유기화합물이 합성되었더라도 환원성 대기에서보다는 그 반응이 훨씬 더 느리게 진행되었을 것이다.

몇몇 종의 아미노산들이 운석에서 발견되는 것으로 보아, 태양 행성계가 태어난 모체 성간운에 이미 이러한 종류의 아미노산이 존재했을 것으로 추측된다. 그뿐만 아니라 성간 분자운에서 오늘날 상당히 복잡한 유기 분자들이 발견된다(15.3절 참조). 그리고 아미노산 중에서 가장 간단한 글리신이 성간운에서 발견됐다고 종종 보고되지만 이런 주장에는 아직 논쟁의 여지가 남아 있다.

다음 단계는 기본 단위의 유기 분자들을 조합하여 DNA 또는 RNA를 직접 합성하는 것이지만, 성공하기 매우 어려운 과업이다. '닭과 달걀'의 패러독스가 이 문제를 더욱 어렵게 만들었다. DNA에 담겨 있는 유전정보가 단백질을 만드는 데 필요하고, 단백질은 핵산의 기본 단위인 뉴클레오타이드를 제작하는 촉매제로 필요하다. 그렇다면 무엇이 먼저란 말인가?

1980년대에 와서 **알트만**(Sidney Altman, 1939~)과 **체크**(Thomas Cech, 1947~)가 어떤 RNA 분자들은 촉매 역할도 한다는 사실을 발견하였다. RNA는 DNA와 분자 구조가 유사하므로, 유전 정보 물질이 RNA에도 어느 정도 저장될 수 있을 것이다. 그러므로 DNA와 단백질이 동시에 꼭 필요했던 것은 아니었다. RNA 사슬의 조각들조차 실험실에서 쉽게 합성되지 않는다. 그렇지만 RNA 분자들은 효소로 작용할 뿐 아니라 자기 복제의 기능도 갖고 있으므로, 생명을 향한 화학 진화의 초기 과정에서 짧고 간단한 RNA 분자들이 만들어졌을 가능성이 크다. 결국 그런 RNA 사슬의 짧은 조각 여럿이 결합하여 점점 더 복잡한 것들로 변신하고, 그중에서 남보다 자기 복제에 조금 더 능하거나 내구력이 좀 더 강한 일부는 처해진 환경에 선택적으로 더 잘 적응했을 것이다. 그러므로 자연의 선택이 더욱 복잡한 분자들에게 생존의 길을 터준 셈이다. 이러한 화학 진화는 지구에 생명이 출현하기 이전부터 진행되었을 것이다.

최초의 세포는 어떻게 만들어질 수 있었을까? 최초 세포는 한쪽 끝은 물을 끌어당기고 다른 쪽은 밀쳐내는 비대칭성, 또는 지질(脂質) 성분의 분자들에서 진화했을 것이다. 이 분자들은 물을 좋아하는 끝점이 바깥을 향하고 싫어하는 점은 안쪽으로 모여서 복층 구조의 막을 형성하려는 경향이 있다. 그러한 막은 자발적으로 구형의 소낭(小囊)이나 기포(氣胞)로 변한다. 만약 RNA 분자 하나가 이러한 막으로 둘러싸인 주머니 안으로 들어가게 된다면, 변하는 외부 환경으로부터 안전하게 보호받을 수 있을 것이다. 특히 소낭 안에 여러 개의 RNA 조각들이 모이게 된다면, 이들은 자기네들이 만든 화학적 환경에 안주하게 되는 셈이다. 그렇다면 자기 복제의 확률 또한 높아진다. 결국 소낭 안에 RNA의 농도가 더욱 증가하는 결과를 가져왔을 것이다.

이러한 정황적 사실들을 종합하건대 최초의 원시 생명체는 RNA였을 것으로 판단된다. 그러나 RNA는 DNA 만큼 안정적이지 못하고, RNA의 복제 과정은 단백질이 중재하는 DNA의 복제 과정만큼 정교하게 진행되지도 않는다. RNA의 진화는 결국 DNA 분자의 출현으로 이어졌을 것이다. 안정성의 관점에서 DNA가 RNA보다 우수하므로, 얼마 가지 않아서 유전 정보의 전달자 역할도 DNA가 RNA로부터 물려받았을 것으로 추정된다.

오늘날 태양에서 오는 빛에너지는 모든 식물과 몇몇 종의 박테리아에 의해서 광합성에 널리 이용되고 있다. 광합성 과정을 통해서 물과 이산화탄소로부터 유기물인 탄수화물이 합성되는 것이다. 태양빛에 의존하는 대신 화학에너지를 이용하여 유기화합물을 생산하는 유기체도 있다. 즉 광합성 대신 화학합성을 하는 것들이다. 예를 들면 중앙해령의 열수구 부근에서 발견되는 유기체들이 그와 같은 화학합성을 한다(그림 21.3). 열수구에서는 광물 성분이 풍부한 고온의 물이 대양으로 뿜어져 나오고 있다. 수온이 400°C까지 올라가지만, 압력이 워낙 높아서 끓지는 않는다. 이 정도의 수온이라면 대부분의 생명체에게 치명적이겠지만, 열수구에서 좀 떨어진 곳이라면 호열성 세균이 살기에 적당했을 것이다. 그러므로 호열성 세균이 최초의 생명체였을 수 있다. 그렇다면 생명은 다윈의 '미지근한 연못'이 아니라 '뜨거운 압

그림 21.3 이 사진에서 검은 연기를 토해내는 마치 '굴뚝' 같은 구조가 대서양의 중앙해령에서 발견된 심해저 열수구다. 광물질이 많이 녹아 있는 고온의 수용액이 밑에서 뿜어져 나오면서 저온의 바닷물에 섞여 갑자기 식게 될 때 다량의 광물 결정들이 응결된다. 이렇게 만들어진 결정 입자들 때문에 열수구가 검은 연기를 토하는 굴뚝으로 보이는 것이다. [사진출처 : P. Rona Credit : OAR/National Undersea Research Program (NURP); NOAA]

력 주전자'에서 출현한 것이리라. 그렇지만 이 문제 역시 논란의 대상으로 남아 있다.

지금까지 우리는 성간물질에 이미 들어 있던 간단한 분자들로부터 생명을 만들어보려는 시도를 따라가보았다. 이와 같은 '밑에서부터 위로'의 접근방식과 달리, '위에서부터 아래로'의 접근방식도 있다. 즉 생명의 진화 과정을 역으로 거슬러 돌아갈 수 있는 시점에까지 가보겠다는 것이다.

지상에서 발견된 가장 오래된 퇴적암들의 나이가 대략 38억 년인 것으로 밝혀졌다. 이러한 암석들은 그린란드 서부의 이수아 층(Isua Formation)에서 발견되었다. 물에 의한 퇴적물과 물속에서 굳어졌을 것으로 추정되는 베개 모양의 용암이 이 퇴적암들에 포함되어 있는 것으로 보아, 당시의 온도가 지금과 크게 다르지는 않았을 것이란 추측이 가능하다. 물론 38억 년 전 태양의 광도는 지금보다 많이 낮았다. 하지만 그 당시 지구에는 지금보다 더 많은 양의 방사능 물질이 있었을 터이므로, 온도 추산에 방사능 붕괴 에너지가 추가적으로 고려되어야 한다. 그리고 갓 태어난 지구가 그때까지 가지고 있던 형성 초기의 잔열 역시 오늘에 비하여 상당했을 것이다. 따라서 잔열과 방사능 에너지가 태양 광도의 부족분을 충분히 상쇄할 수 있었을 것이다.

가장 오래된 생명의 흔적도 거의 같은 시기까지 거슬러 올라간다. 그러나 이 흔적들은 박테리아의 생체 활동의 결과로 해석될 수 있는 동위원소 함량비에 관한 자료일 뿐이다. 탄소의 가벼운 동위원소 ^{12}C가 무거운 ^{13}C보다 평균적으로 약 100배 정도 지구에 더 많이 존재한다. 그런데 ^{12}C가 ^{13}C보다 화학적으로 좀 더 잘 반응하기 때문에 살아있는 유기체에서는 일반적으로 ^{12}C 대 ^{13}C의 함량비가 앞에서 얘기한 평균값을 상회하는 경향이 있다. 이수아 퇴적암에도 ^{12}C의 함량비가 약간 초과되어 있다. 그러므로 학자들은 당시에 모종의 생명이 존재했을 것으로 추론한다.

가장 오래된 생명의 흔적으로 말할 것 같으면 오스트레일리아의 와라우나(Warrawoona) 층군도 우리의 흥미를 끈다. 모종의 미생물 세포와 탄산칼슘으로 형성된 것 같은 얕은 언덕이 거기 있는데, 이 언덕의 형성 연대가 약 35억 년 전인 것으로 판명되었다. 우리가 이 언덕에 특별히 주목하게 되는 이유는 이것이 스트로마톨라이트(stromatolite) 마운드일 가능성이 있기 때문이다. 정말

스트로마톨라이트라면 35억 년 전 지구에 이미 남세균(cyanobacteria)이 살고 있었다는 증거가 되겠지만, 최종 결론은 여전히 논란의 대상이다.

지구 역사의 적어도 초기 10억 년 동안에 있었던 광합성 반응은 대기 중으로 산소를 내놓는 것이 아니었다. 남세균이 산소를 생성하는 최초의 광합성 유기체였을 것이고, 그들이 산소를 만들기 시작했던 아주 초기에는 광합성에서 나온 산소가 물에 용해되어서 각종 산화작용에 소진되었기 때문이다. 그러다가 수중에 더 이상 산화 반응을 일으킬 물질이 없어지자, 비로소 대기의 산소 함량이 증가하기 시작했다. 그리하여 지금으로부터 22억 년 전쯤에 와서야 비로소 산소가 현재 수준의 10%, 즉 전체 대기의 2%를 차지하게 되었다.

진핵생물이 화석 기록에 나타나기 시작한 것은 21억 년 전이고, 다세포 유기체는 15억 년 전이다. 화석에 나타나는 생명의 증거는 원생대 말기로 오면 더욱 뚜렷해진다. 크고 복잡한 구조의 동물들에 대한 최초의 화석 기록은 6억 년 전에 형성된 에디아카라 동물 화석군집에서 볼 수 있다. 이들은 몸체가 부드러운 동물이었다.[6] 5억 4,300만 년 전 캄브리아기 말기에는 에디아카라 생물군이 사라지고 그 대신 새로운 종류의 동물들이 엄청 많이 나타난다. 이 중에는 몸체를 보호할 껍질을 가진 동물들이 많이 있었다. 이와 같이 다양한 형태의 생물 종들이 이 시기에 와서 갑자기 많이 나타난 현상을 캄브리아 폭발이라고 부른다.

모든 형태의 생명들이 비슷한 방식의 유전 코드를 사용한다. 그러므로 지구 생명은 모두가 공통의 조상에서 비롯되었음을 알 수 있다. 우리는 지구상 모든 생명의 이 원초적 조상을 마지막 공통 조상(Last Universal Common Ancestor, LUCA)이라 부른다.

6) 역주 : 현생 생물 중에 이와 비슷한 것이 없기 때문에 이 화석이 어떤 생물에 속하는지 잘 모른다. 에디아카라 생물군이 현생 생물과 전혀 관계가 없을 것이라는 견해도 있다.

현생 생물들의 RNA나 DNA 분자를 비교하여 그들의 상호 진화 관계를 알아낼 수 있다. 분자 구조가 다를수록 진화의 관점에서 서로 멀리 떨어져 있는 것이다. 분자의 특성이 다른 정도를 길이로 계량하여 진화의 유연관계를 지도의 형태로 기술할 수 있다. 유전 계통수(phylogenetic tree)가 바로 그렇게 만들어진 지도이다(그림 21.4).

현재 우리가 알고 있는 계통수에는 큰 줄기가 3개 있는데, 이 줄기 하나하나를 영(領) 또는 도메인(domain)이라 부른다. **고세균령**(古細菌領, Archaea), **세균령**(細菌領, Bacteria), **진핵생물령**(眞核生物領, Eukarya)이 그 세 줄기에 붙여진 이름이다. 열수구 부근이나 온천 같이 뜨거운 물에서 발견되는 호열성 세균들이 계통수의 뿌리에 가장 가깝다. 그렇다면 LUCA는 뜨거운 환경에서 비롯했을 것이라는 결론에 이른다. 그러나 우리를 당황케 하는 건, 그러한 환경에서는 RNA 분자가 제대로 살아남을 수가 없다는 사실이다. 만약 최초의 생명이 RNA를 근간으로 했다면, 열수구 바로 근처에서라기보다 좀 멀리 떨어진 저온의 환경에서 진화했을 가능성이 크다. 최초 생명의 탄생지를 우리는 이처럼 아직 잘 모르고 있다.

현생 생물의 계통수가 비록 공통의 기원을 가리킨다고 해서, 지구 생명의 진화사에 이와 다른 기원(들)에서 비롯한 생명(들)이 전혀 없었다는 뜻은 아니다. 다른 기원의 생명(들)이 있었을 수 있다. 그렇지만 경쟁에 조금이라도 불리한 것들은 자연 선택의 기제를 통하여 모두 제거되었을 것이다.[7]

21.6 우리가 화성인이란 말인가?

화성과 지구는 자전주기와 자전축의 경사각이 서로 비슷하다. 화성에서 운하를 발견했다는 오보가 있은 후,

7) 역주 : 이러한 연유에서 '공통 조상' 앞에 '마지막'이란 수식어가 붙게 되었다.

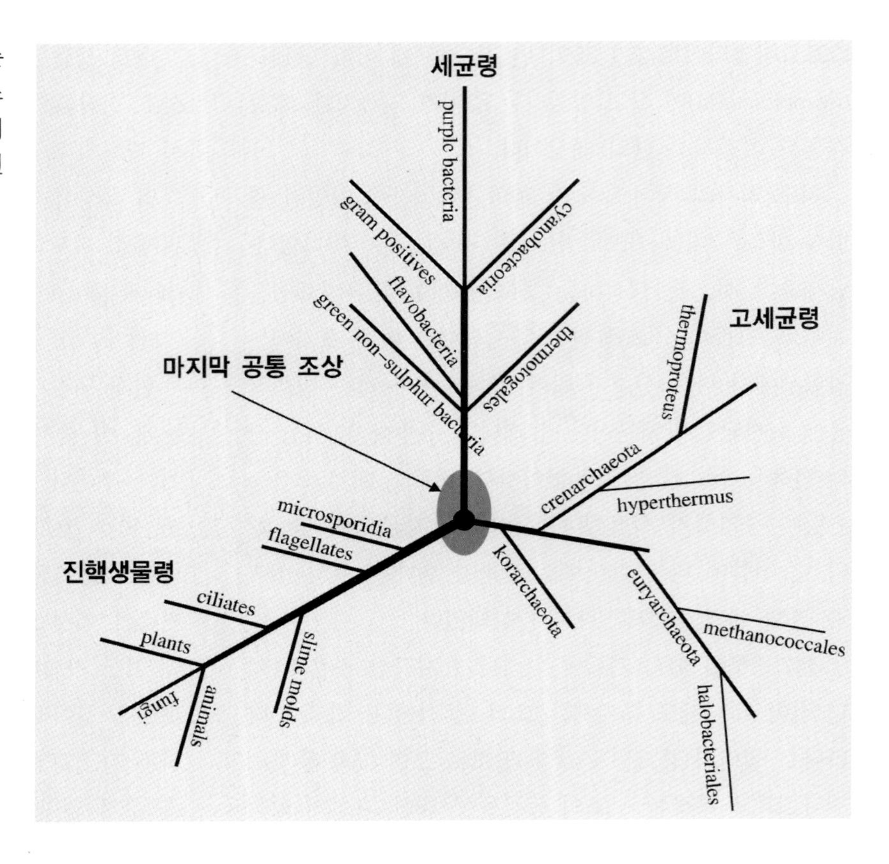

그림 21.4 계통수의 요점만 표시한 단순 개념도이다. 이 지도에서 마지막 공통 조상, LUCA, 즉 계통수의 뿌리에 가까이 위치하는 것일수록 지구상에 태어난 지 오래된 생명이다. (Webb: *Where is everybody?*)

화성과 화성인은 한동안 공상과학 이야기의 가장 인기 있는 주제였다. 그 후에 관측을 통하여 화성은 대기가 매우 희박하고 온도가 낮아서 생명이 살기에 척박한 곳으로 알려지게 되었지만, 화성의 환상을 결정적으로 깨게 해준 건 바이킹 착륙선이 보내온 화성 표면의 생생한 모습이었다. 그 사진을 보면 화성의 '얼굴' 한복판이 깊고 길게 갈라져 있다. 그러나 간단한 구조의 생명체가 화성에 존재할 가능성은 여전하다.

남극 대륙 앨런 힐스(Allan Hills) 지역에서 1984년에 발견된 운석 하나가 아주 특별한 운석인 것으로 나중에 밝혀졌다(그림 21.5). ALH84001로 명명된 이 운석의 나이는 39억 년인 것으로 추정되었고, 화학 조성을 조사해 본 결과 틀림없이 화성에서 온 것이었다. 화성 표면에 있었던 어떤 충돌 과정에서 이 암석이 튕겨져 나와 지구에까지 도달하는 궤도로 진입했던 것이다.

1996년 NASA 과학자 몇몇이 이 운석에 관하여 깜짝 놀랄 만한 발표를 했다. 이 운석에서 화석화된 미생물의 구조와 생명체의 생성물로 간주되는 화합물을 발견했다는 발표였다. 그 화합물은, 예를 들면 자철광이나 다환 방향족 탄화수소(polycyclic aromatic hydrocarbon, PHA) 등을 의미한다. 그러나 이러한 구조와 흔적들이 생명 현상과 무관하게 만들어졌을 가능성도 배제할 수 없다. 예상했던 대로 이 주장에는 수많은 회의와 의심의 눈길이 쏟아졌다. 앞으로 더 많은 화성 탐사와 현지 실험을 통해서만 한때 화성에 생명이 있었는지가 확인될 것이다.

만약 화성에 실제로 생명체가 있었다면, 다음과 같은 세 가지 가능성이 있다.

1. 생명이 화성과 지구에서 독립적으로 발현하였다.

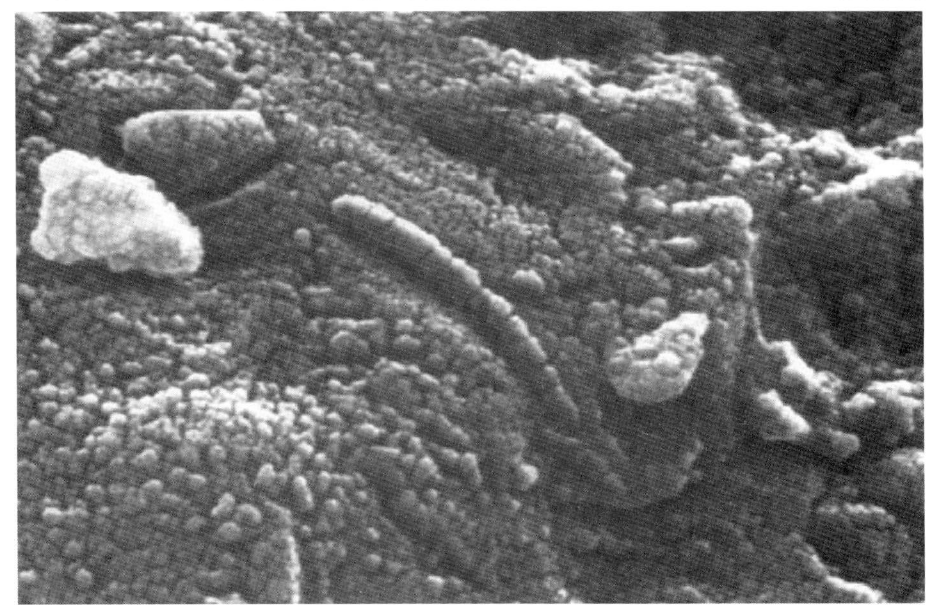

그림 21.5 남극에서 발견된 운석 ALH84001은 그 화학 조성비를 볼 때 화성에서 온 것이 확실하다. 이 운석은 살아 있던 유기체에서 만들어졌을지 모르는 수종의 물질을 포함하고 있다. 이 사진에 보이는 벌레 같은 구조가 박테리아를 많이 닮았다. 그러나 이 단 하나의 표본으로 화성에 과거 생명이 있었음을 증명할 수 있는지는 의문이다. (사진출처 : NASA)

2. 생명은 지구에서만 발현하여 나중에 화성으로 옮겨갔다.
3. 생명은 화성에서만 발현하여 나중에 지구로 옮겨왔다.

원시 지구에 생명 발현의 여건이 마련되자마자 생명이 실제로 발현했던 것으로 보인다. 하지만 한편에서는 생명이 이렇게 빨리 발현할 수는 없다고 의심한다. 만약 지구 생명이 화성에서 발현한 것이라면 이러한 의심은 해소될 수 있을 것이다. 화성은 태양에서 지구보다 더 멀리 떨어져 있고 또 크기가 지구보다 작기 때문에 화성의 표면은 지구보다 훨씬 먼저 식었다. 그러므로 생명 발현의 여건도 지구보다 화성에서 먼저 마련되었을 것이다. 그렇다면 화성에서는 생명이 진화할 충분한 시간이 있었다는 얘기다. 화성에서 먼저 발현한 생명들이 지구 표면에 생명 서식의 조건이 성숙할 즈음 지구로 옮겨 왔을 것으로 추측할 수 있다. 이러한 추측이 사실이라면 지구 생명의 조상은 화성에서 이주한 박테리아인 셈이다. 그러나 이 주장은 아직 단순한 추측의 수준에 불과하다.

한 천체에서 발생한 생명이 다른 천체로 옮겨간다는 이론을 **범종설**(凡種說, panspermia), 또는 **포자 범재설**이라고 부른다. 범종설과 관련된 주장은 오래전부터 있어 왔다. 그러나 최초 주창자의 자격은 역시 1908년에 범종설에 관한 책을 저술하여 발표한 스웨덴의 화학자 **아레니우스**(Svante Arrhenius, 1859-1927)에게 주어져야 할 것이다. 범종설의 신봉자들 중 **호일 경**(Sir Fred Hoyle, 1915-2001)이 가장 유명하다. 범종설이 그의 정상우주론과 잘 어울리기 때문일 것이다. 정상우주론에 따르면, 우주는 시작이 없이 항상 존재해야 한다. 물론 생명도 그래야 할 것이다. 그러므로 정상우주론을 받아들인다면 생명의 기원이라는 어려운 문제도 교묘하게 피해 갈 수 있다.

최근에 범종설은 정상우주론의 측면에서보다 실현 가능성의 측면에서 큰 진전이 있었다. 적어도 생명의 행성 간 이주는 가능하다고 밝혀졌다. 운석 안에 들어 있는 미생물과 같은 원시 생명체들은, 한 행성에서 다른 행성으로 이동할 수 있을 정도로 오랜 기간 동안, 행성 간 공간의 치명적일 수 있는 추위와 강한 복사장을 견뎌낼 수 있다고 한다. 그러나 별들 사이는 너무 멀어서 한 별의 행성계에 속해 있던 운석이 다른 별의 행성계로 이동할 가능성은 매우 희박해 보인다. 그러므로 지구 생명은 태양계 안에서 발생했을 가능성이 크다.

21.7 태양계의 생명

한때 화성에 생명이 있었을 수도 있다. 비록 탐사선이 생명의 흔적을 확인하지 못했더라도 모종의 미생물이 존재할 가능성은 여전히 남아 있다. 하지만 화성에서 거시 생명체를 기대할 수는 없다. 그것은 태양계의 다른 행성의 경우에서도 마찬가지다. 수성은 대기가 없고, 금성은 너무 뜨겁고, 거대 기체 행성들에는 단단한 고체 표면이 없다. 그러므로 지구와 화성을 제외한다면, 생명 거주 가능 여건은 몇몇 위성들에서나 기대해볼 만하다. 거대 기체 행성의 대기에 둥둥 떠다닐 수 있는 특수 구조의 생명체를 상정하는 학자들도 있지만, 생명이 발현하여 그와 같은 형태와 구조의 생물체로 진화하기란 불가능해 보인다.

유로파를 비롯한 얼음 위성들에서도 생명이 살아갈 수 있다. 얼음 위성의 표면이 매우 춥다고 하더라도, 내부는 조석작용에 의한 마찰열로 충분히 따뜻해질 수 있기 때문이다. 큰 위성들은 대개 동주기 자전을 하므로 조석 작용이 없을 것으로 오해될 수 있다. 그러나 이들의 공전궤도가 완벽한 원이 아니라면, 케플러 제2법칙에 따라 공전 속도가 궤도상 위치에 따라 계속해서 변하기 마련이다. 따라서 비록 위성이 동주기 자전을 하더라도 우리의 달과 마찬가지로 칭동(秤動)을 경험하게 되며, 이 때문에 위성 내부를 관통하는 조석력의 방향이 지속적으로 변한다. 이뿐만 아니라 모행성(母行星)으로부터의 거리가 변하므로 조석력의 세기도 변한다. 그 까닭에 동주기 자전을 하는 위성에서도 조석 가열은 가능하다.

유로파의 표면은 얼음으로 덮여 있다. 어떤 지역에서는 얼음 표면이 여러 개의 판으로 갈라져 있는 것으로 보아 틀림없이 판들의 상대 위치가 계속해서 변해 왔을 것이다. 한편 표면의 자전주기는 내부에 묶여 있는 자기장의 자전주기와 다른 것으로 관측된다. 이 관측을 통하여 우리는 유로파에서는 얼음의 껍질층이 대양 위에 떠 있을 것으로 추측한다. 얼음층 밑이 광합성을 하기에는 너무 어둡겠지만, 지구에서처럼 거기에도 열수구들이 있다면, 유로파의 바다에도 열에너지를 이용하는 미생물들이 거주할 수 있을 것이다.

타이탄은 행성에 딸린 위성인 주제에 제법 두꺼운 층의 대기까지 갖고 있는 태양계의 유일한 구성원이다. 타이탄의 대기에는 메탄과 같은 유기화합물이 풍부하다. 메탄 분자는 쉽게 해리된다. 그런데 타이탄 대기의 메탄 함유량이 높다는 사실은, 메탄의 공급원이 어디엔가 있음을 암시한다. 유기 생명체도 메탄의 공급원이 될 수야 있겠지만, 타이탄은 너무 추워서 생명체가 실제로 살 만한 곳은 아니다. 그러므로 타이탄 대기의 메탄을 근거로 생명의 존재를 가정하기보다 타이탄에 한때 메탄의 바다가 있었다고 생각하는 편이 더 자연스럽다. 그런데 최근에 하위헌스 탐사선이 타이탄 표면에서 한때 액체가 흘렀던 흔적이 확실한 건조 지대를 발견하였다. 한편, 카시니 탐사선이 아주 최근에 보내온 타이탄의 레이더 영상에는 메탄의 호수일 것으로 의심되는 어두운 지역들이 뚜렷하게 보인다(그림 8.25).

21.8 외계 생명 탐지

생명이 거주 가능할 것으로 지목되는 행성을 하나 찾게 된다면, 그 행성에 생명의 존재 여부를 어떻게 확인할 수 있을까? 인공위성에서 지구를 대신 관측하여 생명의 존재를 확인할 수 있는지 조사해보면, 앞에 던진 물음에 답을 할 수 있을 것이다. 1990년에 갈릴레오 탐사선이 바로 이러한 목적의 실험들을 수행했다. 실험의 결과는 적어도 지구 생명체와 비슷한 속성의 생명이라면 실제로 확인이 가능하다는 것이다. 달에 대하여 유사한 실험을 수행해본 결과, 달은 생명의 흔적을 전혀 보여주지 않았다.

이 검출 기법의 핵심은 생명 활동의 징후로 간주되는 스펙트럼선들을 조사하는 것이다. 그런데 이 선들이 주로 적외선 영역에 있어서 관측을 대기권 밖에서 해야 한다.

생명활동의 가장 확실한 징후는 오존과 메탄의 존재다. 광합성에서 만들어진 산소가 자외선을 받아 2개의 산소 원자로 해리된 다음, 이 자유 산소 원자 하나가 산소 분자와 결합하여 오존 분자를 형성하기 때문에 오존의 존재는 광합성의 한 가지 증거가 될 수 있다. 메탄도 역시 생물체에 의하여 만들어진다. 그러나 메탄은 쉽게 산화되는 분자이다. 그러므로 메탄 함량을 적정 수준으로 유지하려면 메탄이 지속적으로 공급되어야 한다. 한편 메탄이 많이 고여 있는 장소들이 있을 수 있다. 특히 저온의 환경에서 그렇다. 그러므로 메탄 자체가 생명의 징후인 건 아니다. 메탄과 오존이 함께 검출된다면, 그건 더욱 확실한 증거가 될 것이다.

녹색식물의 적외선 반사스펙트럼도 생명의 징후로 활용될 수 있다. 엽록소는 파란색과 빨간색의 광학 영역의 빛을 잘 흡수한다. 그러나 엽록체의 흡수 계수가 파장 690~740nm에서 갑자기 감소하기 때문에 식물의 스펙트럼에 '적색 경계'가 나타난다. 과도한 가열을 막기 위하여 녹색식물이 이보다 긴 파장의 빛을 효과적으로 반사하기 때문이다.[8)]

21.9 SETI – 외계지적생명체 탐사

인류의 전파 송출 역사는 거의 100년이나 된다. 그러므로 지구에서 방출된 전파 신호가 현재 반지름 100광년의 거대한 부피의 구를 가득 채우고 있을 것이다. 만약 가까운 별 주위에 우리와 비슷한 수준의 문명권이 살고 있고, 그들이 마음만 먹는다면 큰 전파 망원경을 가지고 이 전파 신호를 검출할 수 있을 것이다. 그러나 이렇게 지구에서 누출된 전파 신호는 매우 미약한 세기일 것이 확실하다. 왜냐하면 인류가 전파 수신기를 발명한 이래 오늘에 이르기까지 수신기의 감도가 엄청나게 좋아졌기 때문이다. 이제는 송신 파워가 아주 약해도 지구상에서의 통신에는 무리가 없다. 따라서 최근에 우주공간으로

8) 역주 : 그런 특성의 것들만 선택적으로 살아남을 수 있었다.

누출되는 전파 신호는 과거의 것에 비해서 많이 약할 것이다. 나아가 요즘은 신호를 케이블과 광섬유를 통하여 점점 더 많이 주고받는다. 따라서 누출되는 전파 신호의 세기뿐 아니라 양도 격감했을 것이란 얘기다. 만약 외계 문명도 지구가 밟아온 문명의 진화 과정을 거쳐 왔다면, 외계 문명에서 누출되는 신호를 우리가 직접 검출할 가능성은 매우 희박하다고 하겠다. 자신의 신호가 검출되기를 바라면서 잠재적인 수신기를 향하여 외계인이 의도적으로 신호를 송출했을 때라야 비로소 그 신호가 검출될 확률이 높아진다.

망원경의 좁은 빔 안에 많은 수의 별들을 한꺼번에 들어오게 할 수 있다는 생각에서, 외부 은하나 성단들을 관측하면 외계행성을 더 발견하기 쉬울 거라 생각한다면, 그건 큰 오산일 것이다. 우선 은하들은 아주 멀리 떨어져 있어서 거기에서 오는 신호는 검출되기에 너무 미약하다. 또한 구상성단의 경우는 금속함량비가 낮은 늙은 별들의 집단이므로, 구상성단을 구성하는 별들 주위에서 행성의 형성을 기대하기 어렵고, 생명이 거주 가능한 행성은 더더욱 찾아보기 어려울 것이다. 끝으로 산개성단은 상대적으로 너무 젊어서, 비록 생명이 발현했었더라도, 그들에게는 성간 통신이 가능할 수준의 문명으로 성장할 시간적 여유가 부족했을 것이다.

검출에 어느 주파수를 이용하면 유리할까? 만약 보내고 받는 쪽 모두 전파천문학이 발달된 문명권이라면, 양쪽 모두 수소 21cm 방출선의 주파수를 잘 알고 있을 것이다. 성간 수소가 내놓는 배경 잡음 때문에 이 파장 자체가 썩 좋은 선택은 아니겠지만, 이 주파수의 조화 주파수는 조용한 대역에 떨어질 수 있다. 22GHz의 H_2O 메이저 방출선도 좋은 선택이 될 수 있겠다. 이 주파수 부근에서는, 소수의 전파원들만 제외한다면, 하늘이 꽤나 조용한 편이기 때문이다. 그러나 전자기 파동의 주파수는, 송신기와 수신기 사이에 상대운동이 있다면, 도플러 효과의 영향을 받게 된다. 따라서 달랑 해당 주파수의 신호만 듣겠다고 해서 목적한 바가 이루어지는 건 아니다. 만약 송신기나 수신기가 별 주위를 돌고 있다면, 도플러 효과에 의한 주파수의 변화량 역시 주기적으로 변할 것이다. 다행히도 현대의 수신기는 수백만 개의 주파수를 동시에 추적할 수 있다.

인공이 아닌 자연 전파원에서 오는 신호는 한결같이 잡음뿐이거나 주기적, 반주기적, 또는 무질서하게 변한다. 인공 신호임이 알려지도록 하고 싶다면, 자연에서 발생할 수 없는 특별한 패턴의 신호를 송출 신호에 포함시키면 된다. 예를 들면 처음 몇 개의 소수(素數)들에 해당하는 수만큼의 펄스를 소수의 크기순으로 내보낼 수 있을 것이다.

SETI(Search for ExtraTerrestrial Intelligence) 관련 연구는 그동안 주로 전파 영역에 집중되어 있었지만, 최근에 와서 광학 파장역도 심각하게 고려되고 있다. 예를 들면 광학 레이저의 펄스를 내보는 것이다. 보통 10^{-9}초 동안 지속되는 짧은 펄스에 많은 양의 에너지를 집약해 실을 수 있을 뿐 아니라 파장대역이 좁고 지향성 또한 우수해서 인공 신호임을 암시하는 데 적격이다. 이런 레이저 펄스를 외계 문명이 방출한다면, 수신하는 순간 펄스의 섬광이 중심별보다 훨씬 더 밝을 수 있다. 그러므로 그러한 신호가 우리를 향하고 있다면 비교적 쉽게 검출될 것이다. 이와 같은 광학 SETI, 즉 OSETI(Optical SETI)도 이미 시작되었지만, 아직 전파 SETI에 비해 기술적으로 많이 뒤처져 있다.

1974년 드레이크(Frank Drake, 1930~)가 아레시보(Arecibo) 전파망원경을 사용하여 구상성단 M13에 전파 메시지를 보냈다(실은 구상성단에 생명이 있을 가능성은 그리 높지 않다). 그 메시지에는 1,679개의 펄스가 포함되어 있었다. 이 숫자는 단 2개의 소수, 즉 23과 73의 곱으로 주어지는 수이다. 그러므로 어느 정도 수학을 이해하는 존재가 거기에 있었다면 그 메시지가 2차원의 그림을 포함한다고 추측했을 것이다. 우리가 이와 비슷

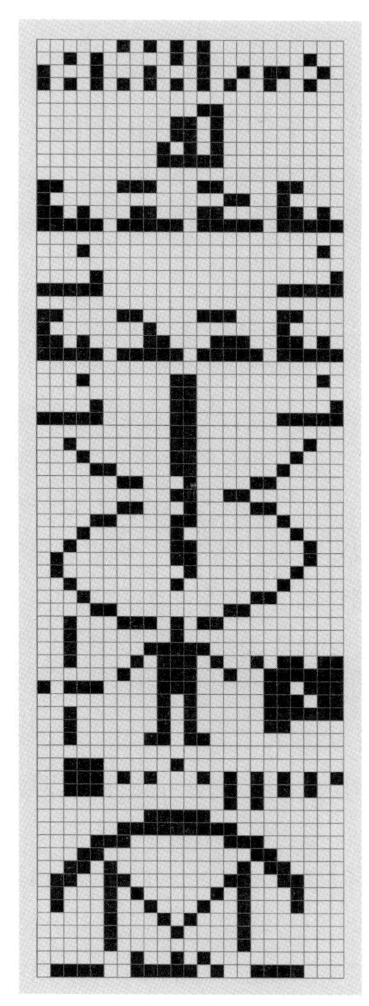

그림 21.6 아레시보 전파망원경을 이용하여 외계로 내보내진 신호로서 1,679개의 펄스로 구성되어 있다. 이 숫자 1679는 2개의 소수 23과 73의 곱으로만 주어진다. 그러므로 23×73 화소의 2차원 정보라는 게 확실하다. 이 화상을 송출한 주체에 대한 많은 정보가 1,679개의 화소에 암호의 형태로 숨어 있다. 하지만 이 화상을 받아볼 외계 문명이 암호화된 정보를 제대로 해석할 수 있을지 의심하지 않을 수 없다. 그럼에도 여기 보여준 이미지가 자연에서 비롯한 게 아니라 뭔가 인공적 소산물이란 추측도 가능케 한다.

한 성격의 메시지를 받게 된다면, 내용을 쉽게 이해하지는 못하더라고 인공적인 것임은 곧 알아챌 수 있을 것이다.

최초의 진정한 SETI 프로젝트는 역시 드레이크에 의하여 1960년에 수행된 Search for ExtraTerrestrial Civilizations라 하겠다. 오즈마(Ozma)라는 별칭의 이 계획에서 드레이크의 연구진은 태양계에서 가까운, 고래자리 타우와 에리다누스자리 엡실론을 선정하여 파장 21cm의 신호를 모니터링하였다. 그 이후 전파천문학의 기술이 놀랄 만큼 향상되었다. 그래서 현재는 방대한 숫자의 채널들을 동시에 모니터링할 수 있게 되었다.

외계 문명 탐색에 기본적으로 두 가지 전략을 구사할 수 있다. 과녁탐색과 전천탐색이 그것이다. 전자는 생명을 가지고 있을 확률이 높은 소수의 후보 천체를 선별하여 이들만 집중적으로 관측하자는 전략이다. 후자는 하늘의 되도록 넓은 영역을 훑어보자는 것이다. 현행 프로젝트의 거의 대부분이 후자를 채택하고 있다.[9)]

대형 망원경을 사용하는 데는 많은 경비가 든다. 그뿐 아니라 망원경의 사용시간은 확실히 결과를 낼 것으로 기대되는 프로젝트에 우선적으로 할당된다. 이러한 현실적 문제를 피해 갈 요량으로 SERENDIP 프로젝트가 고안되었다. 다른 관측기기의 등에 SETI용 수신기를 업혀서 사용한다면, SETI 프로젝트 그 자체를 위한 망원경 사용 시간이 따로 필요하지 않다. 물론 이런 방식의 단점도 있다. 망원경의 원래 사용권을 가진 계획이 목표로 삼는 천체들이 SETI의 관점에서는 관심 밖의 것일 수 있기 때문이다.

방대한 자료 중에서 인공 신호의 후보를 식별하려면 컴퓨터 자원이 엄청나게 많이 필요하다. 그래서 seti@home 프로젝트에서는 수백만 대의 컴퓨터를 하나의 거대한 가상 컴퓨터로 연결하여 이들로 하여금 관측 데이터를 해석하게 한다. 인터넷에 연결된 컴퓨터를 갖고 있는 사람이라면 누구든지 스크린세이버(screensaver) 프로그램을 내려받아 자신의 컴퓨터에 설치한 후, 해석할 데이터를 자동으로 가져와 분석하고, 그 결과를 또 자동

---

9) 역주 : 지구형 고체 행성이 발견되면 전천탐색보다 과녁탐색이 더 많이 채택될 것이다.

으로 SETI 연구진에게 보낼 수 있다.

지금까지 외계 문명이 보낸 메시지는 지구에서 단 한 건도 확인된 예가 없다. 그동안 관심을 끌 만한 경우가 몇 건 있긴 했지만, 모두 그 기원이 무엇인지 밝혀지지 않은 1회성의 폭발 신호였다. 이 신호들은 그 후 감도가 많이 향상된 기계를 동원해서도 확인 검출에 실패하였다.

21.10 외계 문명권의 수

아직 외계 문명이 발견되지 않았지만, 그들의 수는 추정해볼 수 있다. SETI의 선구자인 드레이크가, 주어진 시점에 우리은하 안에서 우리와 성간 통신을 할 만한 수준에 이른 문명권의 수를 계산하는 방안으로 다음과 같은 공식을 제안하였다.

$$N = R \times f_{\mathrm{p}} \times f_{\mathrm{h}} \times f_{\mathrm{l}} \times f_{\mathrm{i}} \times f_{\mathrm{c}} \times L \qquad (21.1)$$

여기서 N은 우리가 알고자 하는 우리은하 안에 있는 성간 통신이 가능한 문명의 개수이고, R은 별의 연간 탄생률, f_{p}는 행성을 가진 별의 비율, f_{h}는 생명이 거주 가능한 행성의 비율, f_{l}은 생명 거주 가능 행성들 중에서 생명이 실제로 발현한 행성의 비율, f_{i}는 그러한 행성 중에 지적 생명체를 갖고 있는 행성의 비율, f_{c}는 그러한 지적 생명체들 중에서 성간 통신의 능력을 갖춘 문명의 비율, 마지막으로 L은 그러한 문명권이 성간 통신을 시도할 수 있는 햇수, 즉 문명의 수명이다. 별 탄생률 R의 단위가 [1/년]이기 때문에 L의 단위는 반드시 [년]이 되어야 한다. 비율 또는 확률을 나타내는 모든 f는 [0, 1] 사이의 값을 갖는다.

천문학적 인자들(R, f_{p}, f_{h})은 우리가 어느 정도의 정확도로 알고 있다. 생물학적 인자인 f_{l}과 f_{i}를 알려면 많은 추측을 해야 한다. 그런데 f_{c}와 L은 외계 문명의 사회학적 행동에 관련된 정보이므로 그 구체적 값은 추측하기조차 어렵다.

사실 이 공식은 미국의 웨스트버지니아주 소재 그린뱅크에서 1961년에 열린 한 SETI 회의에서 토의 안건을 구체화하기 위해 제안됐던 것이다. 이 회의가 그 후 이 분야 연구에 큰 영향력을 행사하게 된다. 드레이크의 공식은 풀기 어려운 큰 문제 하나를 여러 개의 작은 문제들로 쪼개어 각각을 따로 공략하자는 현실적인 책략이었다. 그렇지만 이 공식만 가지고는 문명의 수를 제대로 알아낼 수 없다. 공식에 들어가는 인자 대부분을 우리가 너무나 모르고 있기 때문이다. 우리의 무지를 드러내는 이 인자들에 가장 '낙관적'인 값을 대입해보면, 이웃하는 문명들 사이의 '평균 거리'가 수 파섹 정도인 것으로 계산된다. 하지만 좀 더 현실적인 값을 개개의 확률 인자에 대입하면, 이들의 곱이 너무 작아져서 우리은하 안에 고등 문명으로는 지구 문명이 거의 유일한 존재일 것이라는 결론에 이른다. 우리는 이 공식을 통해서 적어도 우리의 무지가 얼마나 심각한 수준인지 실감할 수 있었다.

생명 발현에 필요한 조건들이 충족될 수 있으며, 성간 통신의 능력을 갖춘 문명으로의 진화가 비교적 쉽게 이루어진다 하더라도, 마지막 인자 L이 N의 크기를 제한하는 결정적인 요인으로 작용한다. 문명의 수명이 우주의 나이에 비하여 무척 짧다면, 다른 별로부터 메시지를 들을 수 있는 확률이 그만큼 낮아질 수밖에 없기 때문이다.

이전에는 많은 천문학자들이 외계 문명이 그렇게 희귀한 존재가 아니라고 생각했던 것 같다. 이와 대조적으로 생물학자들은 생명 진화에 작용하는 수많은 걸림돌을 생각할 때, 외계 문명이 그리 쉽게 기대할 존재가 아니라고 주장한다. 최근에 와서 우리는 초기 생명의 발현에 관여했음 직한 생화학적 과정들에 관하여 굉장히 많이 알게 되었다. 그리고 생명이 발현하여 진화하고 문명을 이루기까지 행성이 갖추어야 할 조건도 깊이 이해하기 시작하였다. 그렇지만 외계 생명에 관해 내릴 수 있는 결론은 학자마다 그 내용이 매우 다양할 수밖에 없다. 아직도 우리의 지식이 외계 생명과 문명의 존재를 예측하기에 턱없이 부족하기 때문이다. 매우 간단한 형태의 미생물 같은 존재들은 외계에서 비교적 흔히 볼 수 있겠지만, 성간 통신의 능력을 갖춘 문명권은 지극히 드물 것으로 추측된다. 이것이 현 단계에서 우리가 내릴 수 있는 최선의 결론이다.

21.11 연습문제

연습문제 21.1 태양계에서 생명 거주 가능 지역의 내·외부 한계를 계산해 보여라. 태양계 행성들을 반사도가 0.3이며 빠르게 자전하는 흑체로 취급하라. 태양의 초기 광도가 현재의 70%였다면, 생명이 지속적으로 거주 가능한 지역이 어디로 옮겨 갈 것인지 그 한계를 제시하라.

연습문제 21.2 별들이 $1\mathrm{pc}^3$마다 n개씩 들어 있는 상황을 상정하고 다음 물음에 답하라. 이 중에서 비율 p에 해당하는 별들만이 성간 통신이 가능한 문명을 갖고 있다고 할 경우, 이웃하는 두 문명권의 평균 거리를 n과 p를 써서 기술하라. 이 결과를 구체적으로 태양 근처의 상황에 적용해보라. 태양 근처 성간에서의 별의 밀도는 표 C.17을 참조하고, 문명을 갖춘 행성의 확률이 a) $p=10^{-2}$와 b) $p=10^{-5}$인 경우 각각에 대하여, 이웃하는 두 문명권의 평균 거리를 구체적으로 계산해 보여라.

연습문제 21.3 직경 100m 크기의 소행성 하나가 지구에 접근 중이다. 지구와의 충돌에서 발생할 운동에너지의 최솟값을 추산하고, 그 결과를 히로시마에 떨어진 TNT 15kt 급의 원자탄과 비교하라. 참고로 TNT 1톤에서 $4.184\times10^9\mathrm{J}$의 에너지가 방출된다.

외계행성

22

코페르니쿠스의 원리라는 것이 있다. 우주에서 지구의 특수 지위가 점차 사라진다는 현실 인식이 코페르니쿠스의 원리다. 지구는, 통상의 은하 안에 있는 평범한 별인 태양 주위를 궤도운동하는 행성계의 한 구성원 행성일 뿐이다. 그렇다면 행성계는 얼마나 흔한 존재인가? 현대 천체물리학이 알려주는 바에 의하면 행성계의 출현이 별의 탄생과 진화의 과정에서 자연스럽게 동반되는 현상이라는 것이다. 그렇지만 이러한 주장과 추측을 관측으로 직접 입증해 보이기는 쉽지 않다. 우선 태양 이외의 별 주위를 도는 행성, 즉 **외계행성**을 직접 관측하기가 쉽지 않기 때문이다. 외계에서 지구를 본다면, 지구가 반사한 태양의 빛이 태양광 자체에 비해서 너무 미약하기 때문에 지구의 존재는 밝은 태양의 광채에 완전히 매몰될 것이다. 하지만 최근 관측 기술의 발달로 외계행성 검출에서 만나게 되는 이러한 난관은 서서히 극복되는 중이다.

22.1 외계행성계

2016년 초까지 알려진 바에 따르면 그때까지 발견된 1,300여 개의 외계행성계에 총 2,000여 개의 행성이 존재하는 것으로 밝혀졌다. 지난 몇 년 사이 이 숫자가 매우 빠른 속도로 증가하고 있다. 이러한 통계 자료가 우리로 하여금 행성계의 탄생이 별의 형성 과정과 긴밀하게 연결되어 있음을 실감케 한다.

동원 가능한 외계행성의 검출 방법이 갖고 있는 현실적 한계 때문에 현재까지 발견된 외계행성은 질량이 지구보다 월등히 큰 거대 기체 행성들이 주를 이룬다. 아주 최근에 와서야 지구 규모의 질량을 갖는 외계행성들이 검출되기 시작했다. 그렇다면 이 규모의 행성들에 생명이 존재하는지가 현대 천문학의 최대 관심 사안일 것이다.

그동안 행성계의 기원은 이론 계산을 통하여 주로 연구되어 왔다. 여태껏 계산 연구의 대부분이 단일 성(星) 주위에 형성되는 안정적 행성계에 초점이 맞춰져 있었다. 그러나 쌍성계에도 안정적인 행성계가 자리할 수 있음이 알려지기 시작했다. 즉 쌍성계를 구성하는 두 별 사이의 거리가 먼 경우, 한 구성별 근처에만 행성계가 있거나 각 구성별 주위에 행성계가 하나씩 따로 만들어질 수 있다.

우리은하에는 별이 10^{11}개 정도 들어 있다. 이 중 10^9~10^{10}개쯤의 주위에 안정적인 행성계가 자리 잡고 있을 것으로 추산된다.

외계행성의 최초 발견이 1992년에 있었다. 하지만 발견된 행성은 아주 이상한 존재였다. 통상의 별이 아니라 펄서 주위를 궤도운동하는 행성이었다. 펄서는 별이 겪는 진화의 마지막 과정이 아니던가. 중량급 항성이 격렬하게 폭발하면서 중심에 남게 되는 게 펄서이므로 원래 별 주위에 있었던 행성이라면 폭발 과정에서 파괴되었을 확률이 크다.[1] 바로 이러한 이유 때문에 펄서 주위에서 발견된 행성이 이상한 존재로 비춰진다.

외계행성 탐사 연구의 아주 초기에 있었던 관측 결과에서도 행성의 존재가 점쳐진 경우가 몇 건 있었지만 딱 부러지는 결론에 이르지는 못했다. 통상의 별 주위에서 행성이 발견된 최초의 예가 1995년 화가자리 베타별 주위에서였다.

외계행성은 별 주위를 궤도운동하는 행성으로만 있는 게 아니다. 어떤 행성계의 일원으로 중심별의 중력장에 속박되어 있다가 그 계에서 이탈한 유랑행성(rogue planet)의 존재를 알리는 증거들이 몇 가지 있다.[2] 별이 탄생하는 지역은 별의 개수 밀도가 매우 높게 마련이다. 이러한 지역에서는 다른 별들에 의한 섭동이 어떤 별 주위에 자리하는 한 행성계에 중력적으로 섭동을 주어서 그 행성계를 구성하는 행성들의 궤도를 흩어 놓을 수 있다. 이때 일부 행성들이 그 계를 벗어나게 된다. 이렇게 우주공간으로 떨어져 나온 행성들은 관측을 통해 그 존재를 확인하기가 무척 어렵다.

22.2 관찰 방법

현재 우리가 구사할 수 있는 관측 기술로는 극소수 행성의 이미지만을 직접 촬영할 수 있다. 그 이외의 외계행성들은 모두 간접 관측에 의해 그 존재가 확인된 것이다. 이 절에서 우리는 간접 관측 방법들 하나하나를 알아보기로 한다.

측성학적 방법은 주위 행성에 의한 중심별의 고유운동 또는 시선속도에 나타나는 섭동의 결과를 관측하는 것이다. 섭동 때문에 중심별의 천구상 궤적이 직선이 아니라 일종의 파형을 그리게 된다. 해당 별의 주위를 궤도운동하는 행성이나 행성들의 질량이 무시할 수 없을 정도라면, 별과 행성(들)로 이루어진 계 전체의 질량중심이 별의 중심에서 떨어져 있을 수 있다. 예를 들어 우리 태양계의 질량중심은 태양의 표면 바깥에 자리한다. 행성들이 실은 태양의 중심이 아니라 이 질량중심을 중심으로 궤도운동을 한다. 태양도 물론 태양계의 질량중심 주위를 궤도운동한다. 따라서 태양이 우주공간을 가르는 운동은 천구상에서 직선이 아니라 일종의 파동의 형태로 나타나게 마련이다. 그런데 태양계의 경우 그 파동의 가장 뚜렷한 주기가 목성의 궤도 주기인 12년이다.

항성의 천구상 운동 궤적을 측정하는 측성학적 기법은 원래 쌍성계를 이루는 성분 별들의 상대운동과 질량을 결정하기 위해 고안된 방법이다. 그러므로 외계행성을 검출하려는 최초의 노력이 바로 이 측성학적 관측에 의존한 것은 당연한 선택이었다. 하지만 쌍성계의 성분 별이 아닌 행성에 의해 나타나는 파형의 진폭은 매우 작아서 측성학적 방법으로 별 주위에 있는 행성의 존재 여부를 딱 부러지게 결론지을 수가 없었다. 한 가지 장점이라고 한다면, 이 방법이 행성의 궤도면이 시선방향과 일치하지 않아도 좋다는 것이다. 시선방향이 궤도면과 이루는 각도에 관한 정보가 행성의 질량을 결정하는 데 아무런 영향을 주지 않는다.[3]

측성학적 관측에서보다 훨씬 더 정확한 결과를 얻을 수 있는 방법이 있다. 중심별의 시선속도가 주기적으로 변하는 양상을 도플러 효과를 이용하여 알아내는 분광학적 방법이 그것이다. 근거리 항성들 중에서 시선속도가 주기적 변화를 보이는 별들이 꽤 있다. 이런 별들은 주위에, 그 존재가 겉으로 드러나 있지는 않지만, 비교적 큰 질량의 동반성이 돌고 있기 때문에 시선속도가 주

1) 역주 : 펄서 주위 행성은 중량급 항성의 폭발 잔해물이 응결된 결과일 가능성이 크다.
2) 역주 : 성간행성, 떠돌이행성, 부랑아 행성, 고아행성, 방랑행성, 중심별이 없는 행성, 태양을 잃은 행성 등 참으로 다양한 이름으로 불린다.
3) 역주 : 그럼에도 궤도면이 관측자의 시선방향에 수직일수록 진폭이 더 큰 파형을 기대할 수 있으므로 관측이 용이한 것은 사실이다.

기적으로 변하는 것이다. 이와 같은 분광학적 방법으로는 질량이 목성 또는 목성보다 큰 규모의 행성이라면 검출이 가능하다. 목성보다 질량이 작은 행성은 현재 우리가 구사할 수 있는 분광 관측 기술로 측정이 가능할 정도로 중심별을 크게 흔들 수 없다. 현재까지 발견된 외계행성의 대부분이 목성보다 큰 질량을 갖는 거대 행성인 이유가 바로 여기에 있다.

시선속도의 변화는 관측자의 시선방향이 행성의 궤도면에 가까울수록 크게 나타난다. 수직일 경우에는 시선속도가 변하지 않으므로 도플러 효과가 나타나지 않는다.

세 번째 방법은 행성의 성면통과(星面通過, transit) 현상을 이용하는 것이다. 외계행성이 중심별과 관측자 사이에 오면 행성이 관측자의 시선에서 중심별의 표면 일부를 가리게 된다. 따라서 성면통과가 이루어지는 동안 중심별의 밝기가 평소보다 약간 어둡게 관측되는 부분식이 일어난다. 그러한 부분식은 지상 망원경을 통하여 이미 관측된 현상이었다. 그러나 2009년 NASA가 성식(星蝕) 현상을 전문적으로 관측하기 위하여 케플러 우주망원경을 우주로 쏘아 올렸다. 케플러 우주망원경이 은하의 생명 거주 가능 지역에 자리하는 10만 개의 별들을 집중적으로 감시 관측하기에 이른다. 물론 케플러의 성면통과 관측은 성공적이었다. 관측의 시선방향이 외계행성의 궤도면에 아주 가까이 놓이기만 하면 부분 성식에 의한 중심별의 밝기 감소와 그 주기적 변화를 정확하게 측정할 수 있었다. 밝기의 감소 정도가 행성의 크기에 관한 정보를 준다. 밝기의 시간에 따른 변화를 나타내는 광도곡선은 행성 궤도의 특성을 알려준다. 이 방법으로 검출된 1,000여 개 이상의 외계행성 중에서 지구 규모의 것들도 여럿이 있다. 케플러 우주망원경은 성식뿐 아니라 다른 요인에 의한 광도변화 역시 감시 관측할 수 있었다. 그 결과 변광성 연구에도 큰 기여를 했다.

네 번째 방법은 중력렌즈 현상을 이용하는 것이다(19.7절 참조). 어떤 별이 배경 천체의 전방을 통과할 때, 그 별의 중력장이 배경 천체에서 오는 빛의 경로를 휘게 한다. 중간 천체의 질량에서 비롯한 중력이 중간 천체에게 렌즈의 기능을 갖게 한 것이다. 이를 두고 우리는 중력렌즈 현상이라 부른다. 중간에 자리하는 별 또는 천체를 '중력렌즈' 또는 '렌즈 천체'라 불러도 좋을 것이다. '중력렌즈'가 배경별의 전방을 통과하는 제한된 시간 동안 관측자에게 드러난 배경별의 밝기가 평소보다 밝아진다. 밝기의 시간에 따른 변화, 즉 광도곡선의 폭, 진폭, 윤곽 등에서 렌즈 천체의 질량 정보를 얻어낼 수 있다. 그런데 배경 천체의 밝기 변화를 이끌어낸 별, 즉 '중력 렌즈' 주위에 행성이 궤도운동을 하고 있는 경우, 행성에서 비롯하는 추가 중력이 앞에서 얘기한 광도곡선에 일종의 '스파이크'를 첨가한다. 연속적으로 완만하게 변하던 광도곡선에 덧씌워진 이 스파이크 부분의 특성을 중력렌즈의 이론으로 잘 분석하면 해당 행성의 질량도 알아낼 수 있다.

성면통과 또는 중력렌즈 현상을 이용하여 유랑행성도 검출이 가능하다. 그런데 이 경우 밝기의 변화가 매우 짧은 시간 동안 한 번에 그치고 만다. 이러한 이벤트성 관측 결과는 해석에 문제가 따르기 마련이다. 밝기 변화가 정말로 행성이 배경별의 전방 또는 전방을 지나면서 생긴 형상인지 아니면 배경별 자체의 밝기 변화인지 구별하기가 쉽지 않다.

다섯 번째 방법으로 시각 측정법이 있다. 이 방법은 밝기가 규칙적으로 변하는 천체에 유효하다. 어떤 별 주위에 행성이 궤도운동을 하고 있다면 행성의 운동과 더불어 진폭이 매우 작기는 하겠지만 중심별 역시 궤도운동을 하게 될 터이므로, 관측자로부터 해당 별까지의 거리가 규칙적으로 변할 것이다. 거리의 변화는 변광의 주기성에 규칙적인 변화를 더해준다.[4)]

이 방법에 의해서 1992년 펄서 PSR B1257+12에 행

4) 역주 : 빛이 이동하는 데 시간이 걸리기 때문이다.

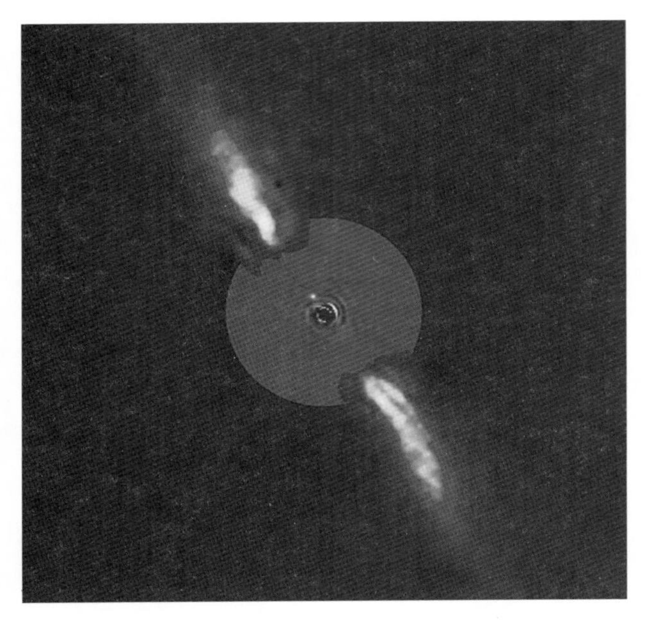

그림 22.1 화가자리 베타별을 둘러싼 회전 원반의 상세한 모습이다. 칠레 라실라에 위치한 유럽남반구천문대(ESO)의 3.6m 망원경에 적응광학계 ADONIS를 설치하고, 거기에다 프랑스 그르노블 천문대의 코로나그래프까지 장착하여, 파장 1.25 마이크로미터 적외선으로 1996년에 촬영한 사진이다. 원반이 중심별에서 약 1,500AU까지 뻗쳐 있다. 코로나그래프가 가려준 중심별 주변의 검은 지역은 지름이 24AU에 이른다. 태양계에서라면 천왕성과 해왕성 궤도 중간쯤에 해당하는 거리다. 행성들은 이 사진에 자신의 존재를 직접 드러내지 않았지만 이들이 원반 구조에 미친 중력의 효과는 뚜렷하다. 원반에서 중심별에 가까운 안쪽 부분이 주 평면에서 약간 뒤틀린 것은 그 안에 있는 행성(들)의 궤도가 주 평면에서 기울어져 있기 때문인 것으로 해석된다.(사진출처 : ESO)

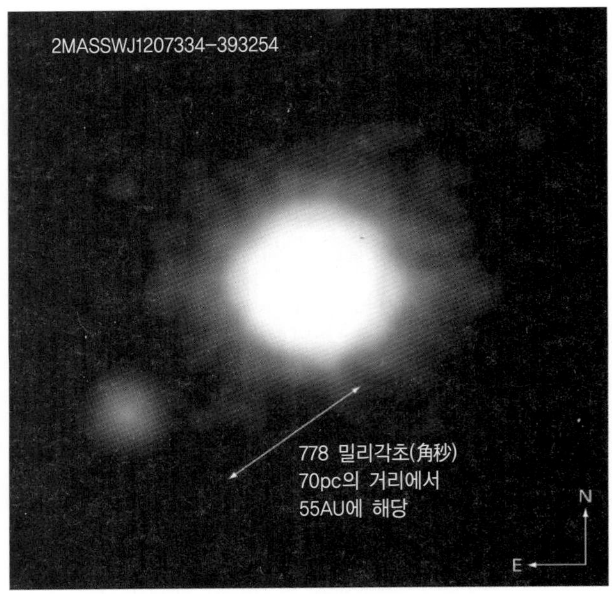

갈색왜성 2M1207 자신과 그가 거느린 행성
(VLT/ NACO)

ESO PR Photo 14a/05 (30 April 2005) ©ESO

그림 22.2 외계행성의 존재를 직접 촬영으로 확인할 수 있었던 최초의 행성 사진이다. VLT 망원경이 2004년에 거둔 대성공이라 하겠다. 목성의 5배 정도 질량을 갖는 행성이 갈색왜성 주위를 55AU의 거리에서 공전하고 있다.(사진출처 : ESO)

성이 딸려 있음을 확정적으로 알아낼 수 있었다. 이 행성이 최초로 발견·확인된 외계행성이다. 이 펄서의 시간에 따른 신호 변화의 양상이 규칙적으로 변했다. 펄서는 보통 행성을 가지지 않으므로 이것은 의외의 발견이었다. 이 행성은 펄서의 기원이 된 초신성 폭발의 잔해가 다시 응결해서 생긴 제2세대 행성이라 하겠다. 나중에 시각 측정법을 변광성에 적용하여 변광성들 주위에서도 행성의 존재를 확인할 수 있었다.

외계행성의 이미지를 직접 촬영하는 방식은 실용적으로 아직 큰 성과를 거두지 못하고 있다. 최초로 얻어낸 외계행성의 직접 이미지는, 다른 간접 방법으로 행성의 존재가 이미 알려져 있던 별에서 확보될 수 있었다(그림 22.1).

최근에 탄생한 별 중에도 그 주위에 행성계의 존재를 암시하는 경우가 있다. 이들 별들 중 많은 수가 **티끌 원반**으로 둘러싸여 있다(그림 22.2). 신생 항성들에서 관측되는 적외선 이미지의 특성을 이해할 수 있는 방법은, 미세 고체 입자들로 이루어진 상당한 질량의 회전 원반이 별 주위를 회전하면서 중심별과 상호작용한다고 상정하는 것이다. 세월이 지나고 나면 이 회전원반이 행성계로 변신할 것이다. 예를 들면 직녀성과 화가자리 베타별 주위에서 이와 같은 회전원반이 발견되었다.

22.3 외계행성의 성질

행성검출 방법이 갖고 있는 한계성 때문에 질량이 크고 궤도 장반경이 짧은 행성들이 발견되기 쉽다. 행성의 질량이 클수록 중심별의 운동에 보다 강력한 중력을 미칠 것이고, 궤도주기가 짧을수록 관측이 그만큼 용이하다. 따라서 현재까지 발견된 외계행성들의 많은 수가 소위 '뜨거운 목성'이다. 이 점이 그림 22.3에 보인 질량과 궤도 긴반지름의 분포도에 그대로 드러나 있다. 현재까지 확인된 외계행성의 거의 대부분이 지구보다 질량이 큰 행성이다. 이 점은 천문학에서 어쩔 수 없이 수용해야 하는 관측의 선택 효과일 뿐이다. 지구 규모의 질량을 갖는 행성들이 수없이 많을 것으로 추정되지만 이들의 검출은 관측의 지난한 과제로 남아 있다.

태양계 행성들의 궤도는 원에 가깝다. 수성을 제외한 모든 행성들의 궤도 이심률이 0.1보다 작다. 그런데 외계행성들의 궤도는 매우 찌그러진 타원을 그린다(그림 22.4). 행성계의 동력학적 진화에 관한 이론이라면 궤도 이심률의 감소가 어떻게 구현될 수 있는지 설명할 수 있어야 한다. 이심률 감소의 구체적 기작의 예로서 우리는 행성과 소형 천체의 충돌이나 행성과 행성의 상호 섭동을 제안할 수 있겠다.

앞으로 지구와 같은 질량 규모의 고체 행성이 관측될 날이 올 것이다. 그날이 온다면 우리는 그들이 과연 생명이 생존 · 번식하기에 알맞은 환경을 갖고 있는지부터 알고 싶어 할 것이다. 그리고, 앞 장에서 논의된 바와 같이, 그들에서 관측되는 스펙트럼에 생명 활동을 추정케 하는 특징의 신호를 가려내려 노력할 것이다.

22.4 연습문제

연습문제 22.1 태양에서 10파섹 떨어진 외계행성에서 태양의 운동을 관측하고 있다면, 목성의 중력 섭동에서 비롯한 태양 겉보기 운동의 진폭이 얼마로 관측될지 추산하라.

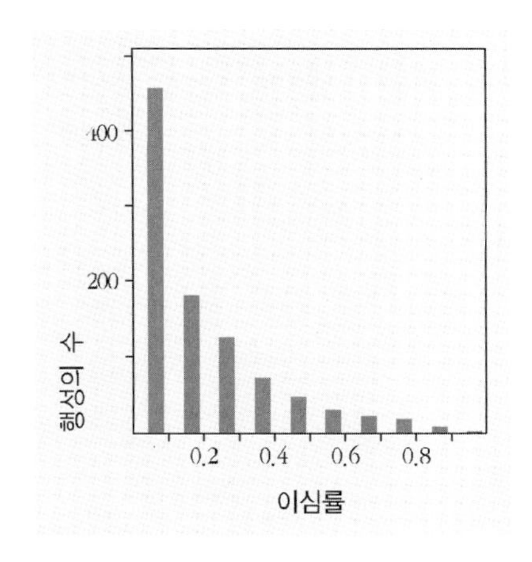

그림 22.4 외계행성의 궤도 이심률 분포

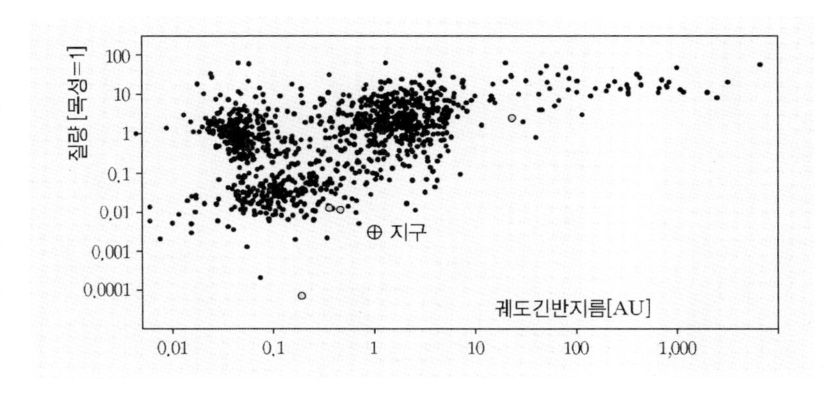

그림 22.3 외계행성의 궤도긴반지름과 질량의 분포도. 열린 원은 펄서 주위에서 발견된 행성을 표시한다. 질량은 목성의 질량을 단위로 표시하였다. 이 그림에 실린 1,200여 개의 외계행성은 2016년 초까지 궤도긴반지름과 질량이 비교적 정확하게 알려진 것들이다. 이보다 훨씬 많은 수의 외계행성들이 발견되었지만, 궤도와 질량에 관한 정보가 부실한 것들은 이 분포도에 포함시키지 않았다.

연습문제 22.2 태양에서 멀리 떨어진 어느 외계행성에서 태양의 밝기를 감시 관측 중이라고 가정하자. 목성의 태양면 통과가 이루어질 때 태양의 겉보기 밝기 변화를 등급으로 계산하여 제시하라. 지구의 태양면 통과에 의한 밝기의 감소도 추산하라.

수학

A

A.1 기하학

각과 입체각의 단위. 라디안은 이론적 연구에서 가장 적당한 각도의 단위이다. 1라디안은 반지름과 동일한 길이의 호가 품는 각이다. 반지름 r인 원의 경우 호의 길이가 s이면 호가 품는 각은

$$\alpha = s/r$$

이다.

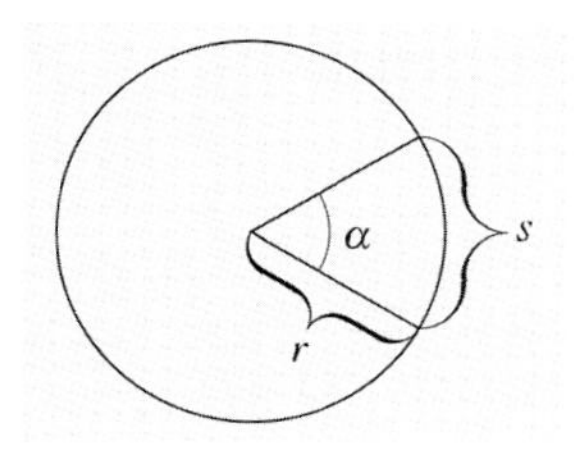

원의 둘레는 $2\pi r$이므로

$$2\pi \text{ rad} = 360° \quad \text{또는} \quad 1 \text{ rad} = 180°/\pi$$

이다.

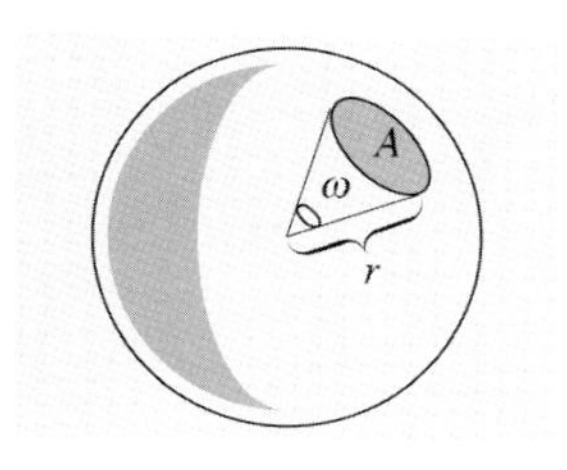

유사하게 입체각의 단위인 스테라디안도 위에서처럼 단위 구(unit sphere)의 중심이 구면상의 단위면적을 품는 입체각으로 정의할 수 있다. 반지름 r인 구의 경우 면적이 A이면 입체각은

$$\omega = A/r^2$$

이다.

구의 표면적은 $4\pi r^2$이므로 전 입체각(full solid angle)은 4π스테라디안이다.

원

면적 $A = \pi r^2$

부분 면적 $A_s = \dfrac{1}{2}\alpha r^2$

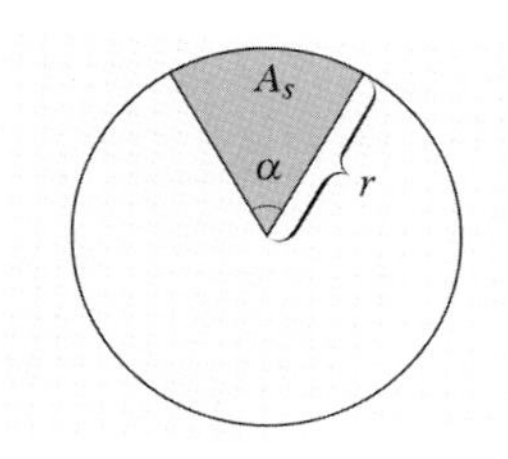

구

면적 $A = 4\pi r^2$

부피 $V = \dfrac{4}{3}\pi r^3$

부분 부피 $V_s = \dfrac{2}{3}\pi r^2 h = \dfrac{2}{3}\pi r^3(1-\cos\alpha)$

$= V_{\text{sphere}}\text{hav}\,\alpha$[1)]

부분 면적 $A_s = 2\pi rh = 2\pi r^2(1-\cos\alpha)$

$= A_{\text{sphere}}\text{hav}\,\alpha$

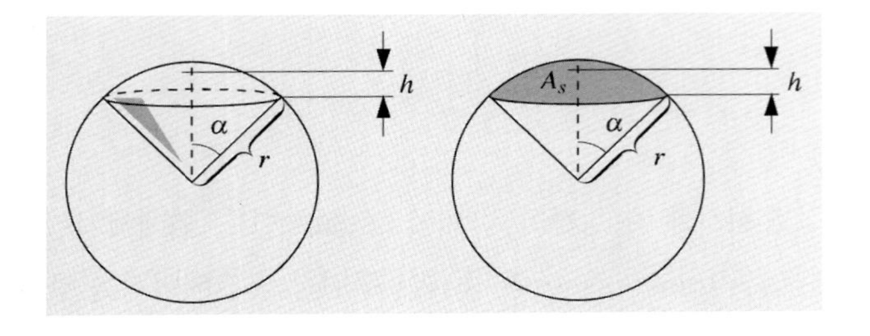

A.2 원뿔 곡선

그 이름 자체가 말해주듯이 원뿔 곡선이란 원뿔을 평면으로 자를 때 얻어지는 곡선들을 뜻한다.

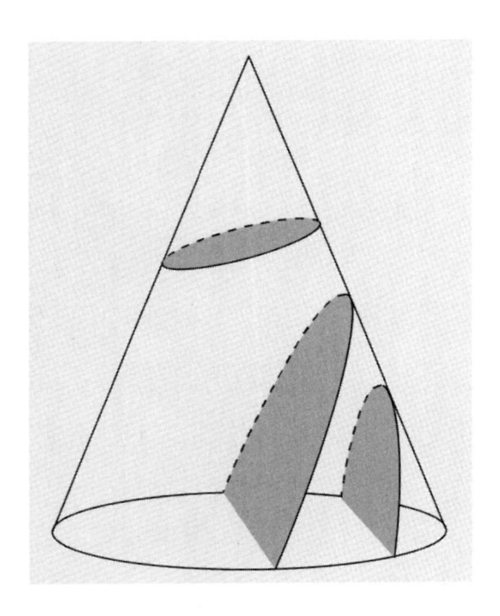

타원. 직각좌표계에서의 방정식

$$\frac{x^2}{a^2}+\frac{y^2}{b^2}=1$$

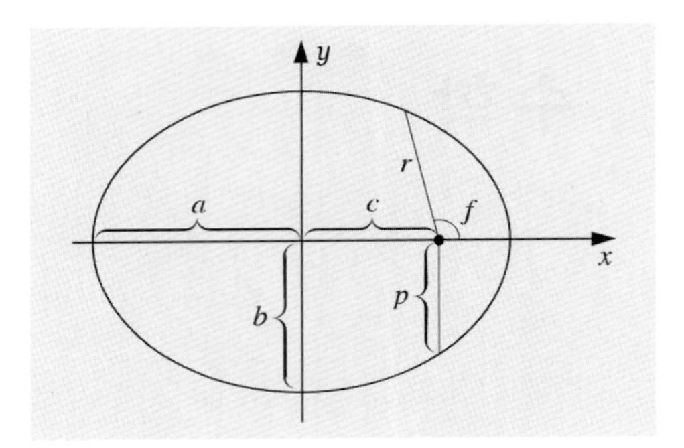

여기서

$a=$긴반지름

$b=$짧은반지름 $b=a\sqrt{1-e^2}$

$e=$이심률 $0 \le e < 1$

중심에서 초점까지 거리 $c=ea$

반통경(半通徑) $p=a(1-e^2)$

면적 $A=\pi ab$

극좌표계에서의 방정식

$$r=\frac{p}{1+e\cos f}$$

여기서 거리 r은 중심에서부터의 거리가 아니고 한 초점으로부터의 거리이다.

$e=0$일 때 곡선은 원이 된다.

쌍곡선. 직각좌표계와 극좌표계에서의 방정식

$$\frac{x^2}{a^2}-\frac{y^2}{b^2}=1, \qquad r=\frac{p}{1+e\cos f}$$

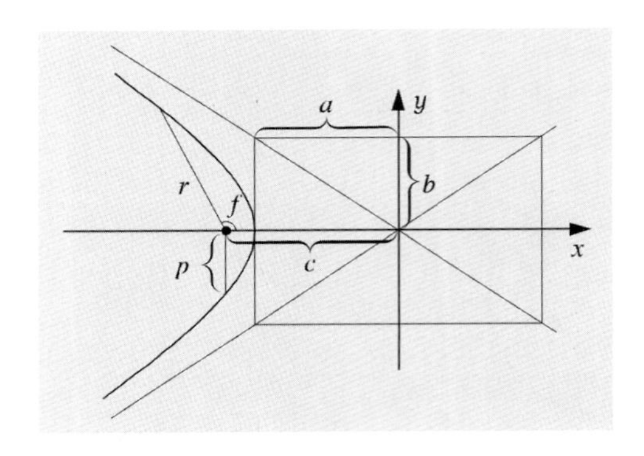

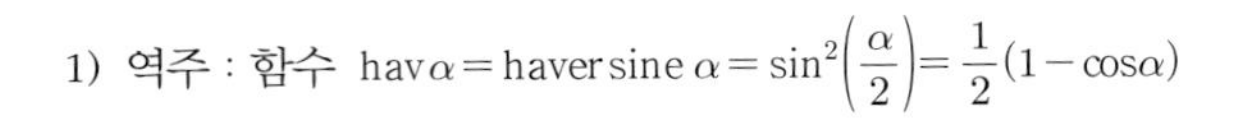

1) 역주 : 함수 $\text{hav}\,\alpha = \text{haversine}\,\alpha = \sin^2\left(\dfrac{\alpha}{2}\right) = \dfrac{1}{2}(1-\cos\alpha)$

이심률 $e > 1$

짧은반경 $b = a\sqrt{e^2 - 1}$

반통경 $p = a(e^2 - 1)$

점근선 $y = \pm \frac{b}{a}x$

포물선. 포물선은 쌍곡선과 타원 사이의 극한에 해당한다. 즉 이심률 $e = 1$인 경우에 해당한다.

방정식

$$x = -ay^2, \quad r = \frac{p}{1 + \cos f}$$

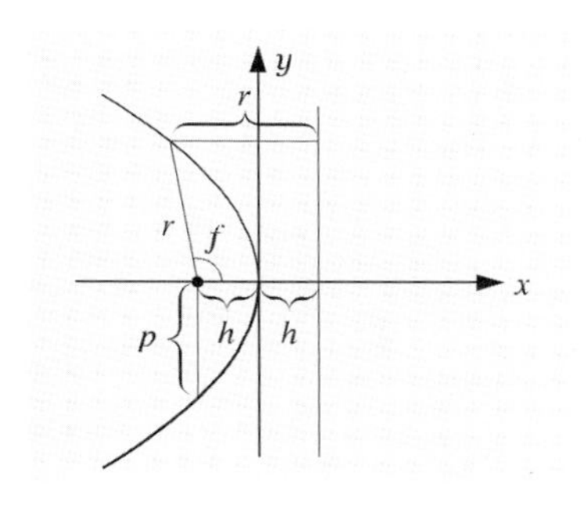

정점으로부터 초점까지의 거리 $h = \frac{1}{4} \cdot a = a/4$

반통경 $p = \frac{1}{2} \cdot a = a/2$

A.3 테일러 급수

한 변수로 정의되는 미분 가능한 실함수 $f: \boldsymbol{R} \to \boldsymbol{R}$을 생각하자. x_0에서 이 함수의 접선은

$$y = f(x_0) + f'(x_0)(x - x_0)$$

이며 여기서 $f'(x_0)$는 점 x_0에서의 미분값이다. 이때 x가 x_0에 가까운 값이라면 점 x에서의 접선은 이 함수와 크게 다르지 않을 것이다. 따라서 이 함수를

$$f(x) \approx f(x_0) + f'(x_0)(x - x_0)$$

로 근사할 수 있다. 이때 구간 $[x_0, x]$에서 미분값 $f'(x)$의 변화가 더 클수록 근사의 오차가 더 커진다. 한편 f'의 변화율은 2차 도함수 f''으로 기술된다. 오차를 줄이기 위해서는 고차 미분항을 고려해주어야 한다. x에서 함수 f의 값은(도함수가 존재한다고 가정하면)

$$\begin{aligned} f(x) = f(x_0) &+ f'(x_0)(x - x_0) \\ &+ \frac{1}{2}f''(x_0)(x - x_0)^2 + \cdots \\ &+ \frac{1}{n!}f^{(n)}(x_0)(x - x_0)^n + \cdots \end{aligned}$$

이다. 여기서 $f^{(n)}(x_0)$는 점 x_0에서 n차 미분값이며 $n! = 1 \cdot 2 \cdot 3 \cdot \cdots \cdot n$으로 주어진다. 이러한 전개를 점 x_0에서의 테일러 급수(Taylor series)라고 부른다.

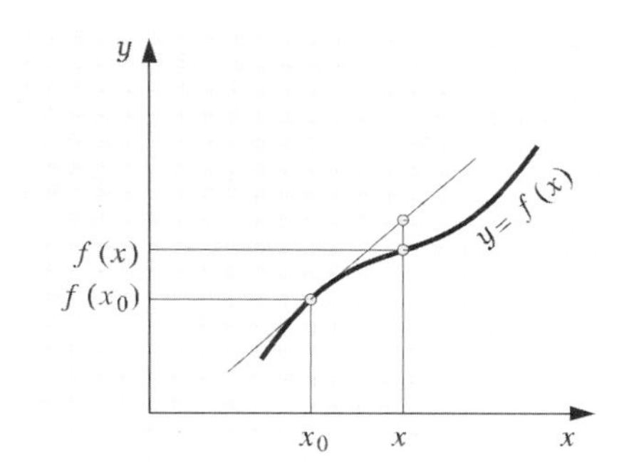

다음은 유용하게 쓰이는 함수들의 테일러 급수들이다(여기서 함수들은 모두 $x_0 = 0$에서 전개한 것이다).

$$\frac{1}{1 + x} = 1 - x + x^2 - x^3 + \ldots$$

$|x| < 1$이면 수렴

$$\frac{1}{1 - x} = 1 + x + x^2 + x^3 + \cdots$$

$$\sqrt{1 + x} = 1 + \frac{1}{2}x - \frac{1}{8}x^2 + \frac{1}{16}x^3 - \cdots$$

$$\sqrt{1 - x} = 1 - \frac{1}{2}x - \frac{1}{8}x^2 - \frac{1}{16}x^3 - \cdots$$

$$\frac{1}{\sqrt{1+x}} = 1 - \frac{1}{2}x + \frac{3}{8}x^2 - \frac{5}{16}x^3 - \cdots$$

$$\frac{1}{\sqrt{1-x}} = 1 + \frac{1}{2}x + \frac{3}{8}x^2 + \frac{5}{16}x^3 - \cdots$$

$$e^x = 1 + x + \frac{1}{2!}x^2 + \frac{1}{3!}x^3 + \cdots + \frac{1}{n!}x^n + \cdots$$

모든 x에 대하여 수렴

$$\ln(1+x) = x - \frac{1}{2}x^2 + \frac{1}{3}x^3 - \frac{1}{4}x^4 + \cdots$$

$x \in [-1, 1]$

$$\sin x = x - \frac{1}{3!}x^3 + \frac{1}{5!}x^5 - \cdots \quad \text{모든 } x\text{에 대하여}$$

$$\cos x = 1 - \frac{1}{2!}x^2 + \frac{1}{4!}x^4 - \cdots \quad \text{모든 } x\text{에 대하여}$$

$$\tan x = x + \frac{1}{3}x^3 + \frac{2}{15}x^5 + \cdots \quad |x| < \frac{\pi}{2}$$

많은 문제들이 작은 섭동을 포함하므로, 빠른 속도로 수렴하는 테일러 전개식을 갖는 표현식을 찾는 것이 가능하다. 이것의 큰 장점은 복잡한 식을 간단한 다항식으로 근사할 수 있다는 것이다. 특별히 유용한 경우는

$$\sqrt{1+x} \approx 1 + \frac{1}{2}x, \qquad \frac{1}{\sqrt{1+x}} \approx 1 - \frac{1}{2}x, \text{ 등}$$

과 같은 선형 근사이다.

A.4 벡터 해석

벡터(vector)는 크기(magnitude)와 방향(direction)의 두 가지 중요한 성질을 갖는 양이다. 벡터는 흔히 굵은 글자 $\boldsymbol{a}$, $\boldsymbol{b}$, $\boldsymbol{A}$, $\boldsymbol{B}$ 등으로 표시한다. 벡터 $\boldsymbol{A}$와 $\boldsymbol{B}$의 합(sum)은 $\boldsymbol{B}$의 시점을 $\boldsymbol{A}$의 종점으로 이동시킨 다음 $\boldsymbol{A}$의 시점에서 $\boldsymbol{B}$의 종점을 연결하면 쉽게 기하학적으로 구해진다. 벡터 $-\boldsymbol{A}$는 $\boldsymbol{A}$와 같은 크기를 갖고, $\boldsymbol{A}$와 평행하지만, 반대방향을 향한다. 벡터의 차(difference) $\boldsymbol{A} - \boldsymbol{B}$는 $\boldsymbol{A} + (-\boldsymbol{B})$로 정의된다.

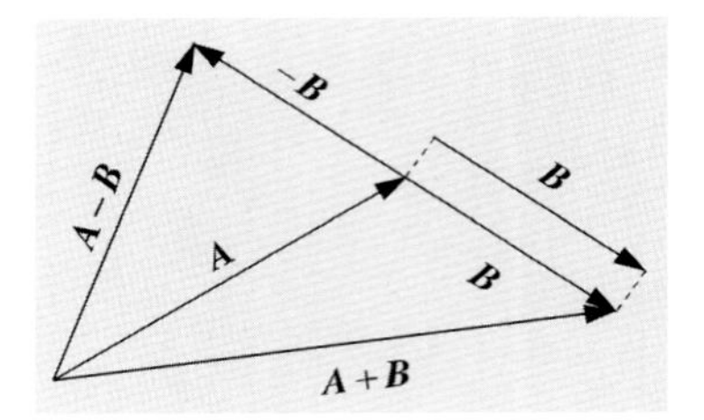

벡터의 합은 교환(commutativity)과 결합(associativity)의 일반법칙을 따른다.

$$\boldsymbol{A} + \boldsymbol{B} = \boldsymbol{B} + \boldsymbol{A},$$
$$\boldsymbol{A} + (\boldsymbol{B} + \boldsymbol{C}) = (\boldsymbol{A} + \boldsymbol{B}) + \boldsymbol{C}$$

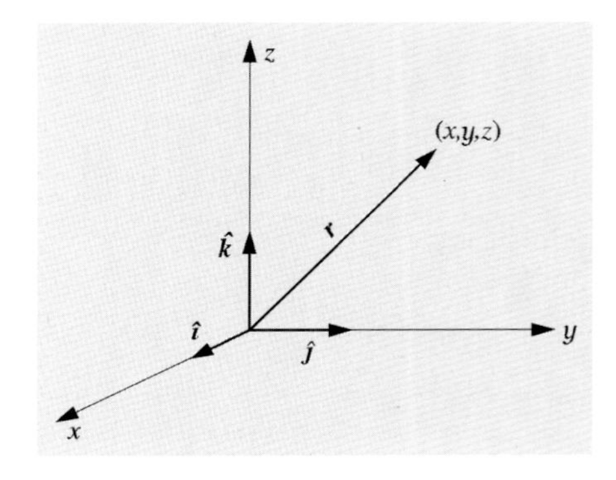

어느 좌표계에서 한 점은 그 좌표계의 원점에서 그 점까지 직선으로 연결한 위치벡터(position vector) 또는 반지름벡터(radius vector)로 정의된다. 위치벡터는 원점에서 그 점까지 연장된다. 위치벡터 $\boldsymbol{r}$은 통상 1 거리 단위의 길이를 갖는 단위벡터(unit vector)라고 하는 기본벡터(basis vector)의 항으로 표시될 수 있다. 직각 xyz 좌표계에서 좌표축에 평행인 기본벡터를 $\hat{\boldsymbol{i}}$, $\hat{\boldsymbol{j}}$, $\hat{\boldsymbol{k}}$라 하자. (x, y, z)에 해당하는 위치벡터는

$$\boldsymbol{r} = x\hat{\boldsymbol{i}} + y\hat{\boldsymbol{j}} + z\hat{\boldsymbol{k}}$$

로 주어진다. 이때 x, y, z는 위치벡터 $\boldsymbol{r}$의 성분(component)이다. 벡터의 합은 성분의 합으로 구해진다. 예를 들면

$$\boldsymbol{A} = a_x\,\hat{\boldsymbol{i}} + a_y\,\hat{\boldsymbol{j}} + a_z\,\hat{\boldsymbol{k}}$$
$$\boldsymbol{B} = b_x\,\hat{\boldsymbol{i}} + b_y\,\hat{\boldsymbol{j}} + b_z\,\hat{\boldsymbol{k}}$$

이다.

$$\boldsymbol{A} + \boldsymbol{B} = (a_x + b_x)\,\hat{\boldsymbol{i}} + (a_y + b_y)\,\hat{\boldsymbol{j}} + (a_z + b_z)\,\hat{\boldsymbol{k}}$$

한편 벡터 $\boldsymbol{r}$의 크기는

$$r = |\boldsymbol{r}| = \sqrt{x^2 + y^2 + z^2}$$

으로 구해진다.

두 벡터 $\boldsymbol{A}$와 $\boldsymbol{B}$의 내적(內積, scalar product)은 실수(스칼라)가 되며

$$\boldsymbol{A}\cdot\boldsymbol{B} = a_x b_x + a_y b_y + a_z b_z = |\boldsymbol{A}||\boldsymbol{B}|\cos(\boldsymbol{A},\ \boldsymbol{B})$$

로 정의된다. 여기서 $(\boldsymbol{A},\ \boldsymbol{B})$는 두 벡터 $\boldsymbol{A}$와 $\boldsymbol{B}$ 사이의 각을 뜻한다. 한편 내적은 벡터 $\boldsymbol{A}$를 벡터 $\boldsymbol{B}$에 투영시킨 후 $\boldsymbol{B}$의 길이를 곱한 것으로 생각할 수 있다. 만약 $\boldsymbol{A}$와 $\boldsymbol{B}$가 수직이면 그 내적은 0이 된다. 따라서 내적으로 나타낸 한 벡터의 크기는 $A = |\boldsymbol{A}| = \sqrt{\boldsymbol{A}\cdot\boldsymbol{A}}$로 표시할 수 있다.

두 벡터 $\boldsymbol{A}$와 $\boldsymbol{B}$의 외적(外積, vector product)은 벡터량이 된다. 즉

$$\boldsymbol{A}\times\boldsymbol{B} = (a_y b_z - a_z b_y)\hat{\boldsymbol{i}} + (a_z b_x - a_x b_z)\hat{\boldsymbol{j}} + (a_x b_y - a_y b_x)\hat{\boldsymbol{k}} = \begin{vmatrix} \hat{\boldsymbol{i}} & \hat{\boldsymbol{j}} & \hat{\boldsymbol{k}} \\ a_x & a_y & a_z \\ b_x & b_y & b_z \end{vmatrix}$$

이다. 이 벡터의 방향은 $\boldsymbol{A}$와 $\boldsymbol{B}$에 수직하며 크기는 $\boldsymbol{A}$와 $\boldsymbol{B}$를 두 변으로 하는 평행사변형의 면적과 같다. 따라서 나란한 두 벡터의 외적은 0벡터(null vector)가 된다. 벡터의 내적은 반교환적(anti-commutative)이다.

$$\boldsymbol{A}\times\boldsymbol{B} = -\boldsymbol{B}\times\boldsymbol{A}$$

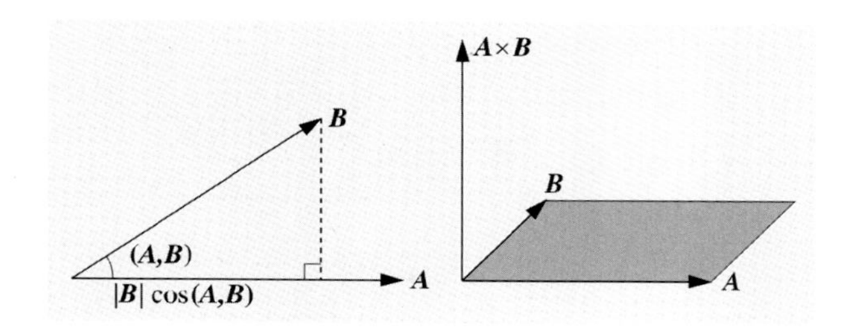

내적과 외적은 분배법칙을 만족한다.

$$\boldsymbol{A}\cdot(\boldsymbol{B}+\boldsymbol{C}) = \boldsymbol{A}\cdot\boldsymbol{B} + \boldsymbol{A}\cdot\boldsymbol{C}$$
$$\boldsymbol{A}\times(\boldsymbol{B}+\boldsymbol{C}) = \boldsymbol{A}\times\boldsymbol{B} + \boldsymbol{A}\times\boldsymbol{C}$$
$$(\boldsymbol{A}+\boldsymbol{B})\cdot\boldsymbol{C} = \boldsymbol{A}\cdot\boldsymbol{C} + \boldsymbol{B}\cdot\boldsymbol{C}$$
$$(\boldsymbol{A}+\boldsymbol{B})\times\boldsymbol{C} = \boldsymbol{A}\times\boldsymbol{C} + \boldsymbol{B}\times\boldsymbol{C}$$

3중 내적(scalar triple product)은 스칼라 양이다.

$$\boldsymbol{A}\times\boldsymbol{B}\cdot\boldsymbol{C} = \begin{vmatrix} a_x & a_y & a_z \\ b_x & b_y & b_z \\ c_x & c_y & c_z \end{vmatrix}$$

여기서 ×표와 •표는 교환 가능하며, 각 항들이 순열적으로 자리를 바꾸어도 답은 변하지 않는다. 예를 들어 $\boldsymbol{A}\times\boldsymbol{B}\cdot\boldsymbol{C} = \boldsymbol{B}\times\boldsymbol{C}\cdot\boldsymbol{A} = \boldsymbol{B}\cdot\boldsymbol{C}\times\boldsymbol{A}$지만, $\boldsymbol{A}\times\boldsymbol{B}\cdot\boldsymbol{C} = -\boldsymbol{B}\times\boldsymbol{A}\cdot\boldsymbol{C}$가 된다.

3중 외적(vector triple product)은 벡터이며 그 값은 다음의 전개식에 의해서 구해진다.

$$\boldsymbol{A}\times(\boldsymbol{B}\times\boldsymbol{C}) = \boldsymbol{B}(\boldsymbol{A}\cdot\boldsymbol{C}) - \boldsymbol{C}(\boldsymbol{A}\cdot\boldsymbol{B})$$
$$(\boldsymbol{A}\times\boldsymbol{B})\times\boldsymbol{C} = \boldsymbol{B}(\boldsymbol{A}\cdot\boldsymbol{C}) - \boldsymbol{A}(\boldsymbol{B}\cdot\boldsymbol{C})$$

내적과 외적에 끼어 있는 스칼라 양은 그 결과에 영향을 주지 않고 그 위치를 옮길 수 있다. 즉

$$\boldsymbol{A}\cdot k\boldsymbol{B} = k(\boldsymbol{A}\cdot\boldsymbol{B})$$
$$\boldsymbol{A}\times(\boldsymbol{B}\times k\boldsymbol{C}) = k(\boldsymbol{A}\times(\boldsymbol{B}\times\boldsymbol{C}))$$

등으로 고쳐 쓸 수 있다.

한 입자의 위치벡터는 흔히 시간의 함수로 주어진다.

즉 $\boldsymbol{r}=\boldsymbol{r}(t)=x(t)\hat{\boldsymbol{i}}+y(t)\hat{\boldsymbol{j}}+z(t)\hat{\boldsymbol{k}}$ 이다. 입자의 속도는 벡터량으로 궤도의 접선으로 주어지며 $\boldsymbol{r}$을 시간에 대하여 미분해줌으로써 구해진다.

$$\boldsymbol{v}=\frac{\mathrm{d}}{\mathrm{d}t}\boldsymbol{r}(t)=\dot{\boldsymbol{r}}=\dot{x}\hat{\boldsymbol{i}}+\dot{y}\hat{\boldsymbol{j}}+\dot{z}\hat{\boldsymbol{k}}$$

한편 가속도는 위치벡터 $\boldsymbol{r}$의 2차 미분 $\ddot{\boldsymbol{r}}$로 주어진다.

내적과 외적의 미분은 실변수 함수들의 곱의 미분과 동일한 법칙을 따르면 된다. 즉

$$\frac{\mathrm{d}}{\mathrm{d}t}(\boldsymbol{A}\cdot\boldsymbol{B})=\dot{\boldsymbol{A}}\cdot\boldsymbol{B}+\dot{\boldsymbol{A}}\cdot\boldsymbol{B}$$

$$\frac{\mathrm{d}}{\mathrm{d}t}(\boldsymbol{A}\times\boldsymbol{B})=\dot{\boldsymbol{A}}\times\boldsymbol{B}+\dot{\boldsymbol{A}}\times\boldsymbol{B}$$

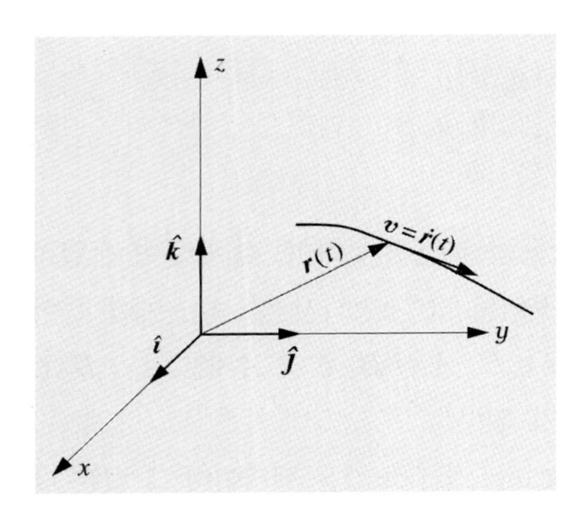

한편 외적을 계산할 때에는 항상 벡터가 놓여진 순서를 그대로 유지해야 한다는 것을 잊어서는 안 된다. 왜냐하면 그 순서를 바꾸면 부호가 바뀌기 때문이다.

A.5 행렬

성분이 (x, y, z)인 벡터 $\boldsymbol{x}$를 가정하자. 성분이 원래 벡터의 성분을 다음과 같이 선형 조합한 또 하나의 벡터 $\boldsymbol{x}'=(x', y', z')$을 생각할 수 있다.

$$x'=a_{11}x+a_{12}y+a_{13}z$$

$$y'=a_{21}x+a_{22}y+a_{23}z$$

$$z'=a_{31}x+a_{32}y+a_{33}z$$

이것은 벡터 $\boldsymbol{x}$에서 벡터 $\boldsymbol{x}'$으로 사상(map)해주는 선형 변환식이다.

계수를 모아 배열로 만들 수 있는데 이것을 행렬(matrix) $\boldsymbol{A}$라고 부른다.

$$\boldsymbol{A}=\begin{pmatrix} a_{11} & a_{12} & a_{13} \\ a_{21} & a_{22} & a_{23} \\ a_{31} & a_{32} & a_{33} \end{pmatrix}$$

일반 행렬은 그 수가 임의적인 행(row)과 열(column)로 이루어진다. 이 책에서 오로지 3차원 공간의 벡터에 작용하는 행렬만 필요하므로 이 행렬은 언제나 3개의 행과 3개의 열만 갖는다. 2개의 아래첨자는 행렬의 다른 원소를 표시하며 첫 번째 아래첨자는 행, 두 번째는 열을 가리킨다.

행렬의 형식을 이용할 때 벡터를 열 벡터로 쓰는 것이 편리하다.

$$\boldsymbol{A}=\begin{pmatrix} x \\ y \\ z \end{pmatrix}$$

행렬과 열 벡터의 곱을 다음과 같이 정의하자.

$$\boldsymbol{x}'=\boldsymbol{A}\boldsymbol{x}$$

즉

$$\begin{pmatrix} x' \\ y' \\ z' \end{pmatrix}=\begin{pmatrix} a_{11} & a_{12} & a_{13} \\ a_{21} & a_{22} & a_{23} \\ a_{31} & a_{32} & a_{33} \end{pmatrix}\begin{pmatrix} x \\ y \\ z \end{pmatrix}$$

는

$$x'=a_{11}x+a_{12}y+a_{13}z$$

$$y'=a_{21}x+a_{22}y+a_{23}z$$

$$z'=a_{31}x+a_{32}y+a_{33}z$$

를 의미한다. 이 방정식들을 비교하면 $\boldsymbol{x}'$의 첫 번째 성분은 행렬의 첫 번째 행에서 얻을 수 있다. 이것은 $\boldsymbol{x}$의 성분과 그 열에 해당하는 성분을 곱해 그 곱들을 더한 것이다.

이 정의는 두 행렬의 곱으로 쉽게 일반화된다. 행렬의 원소

$$\boldsymbol{C} = \boldsymbol{A}\boldsymbol{B}$$

는

$$c_{ij} = \sum_k a_{ik} b_{kj}$$

이다. 첫 번째 요소 $\boldsymbol{A}$의 i번째 행과 두 번째 요소 $\boldsymbol{B}$의 j번째 열을 취해서 두 벡터의 내적을 계산한다는 것을 알면 쉽게 기억된다. 예를 들어

$$\begin{pmatrix} 1 & 1 & 1 \\ 0 & 1 & 2 \\ 1 & 2 & 3 \end{pmatrix} \begin{pmatrix} 1 & 2 & 0 \\ 2 & 1 & 1 \\ 1 & 3 & 2 \end{pmatrix} = \begin{pmatrix} 1+2+1 & 2+1+3 & 0+1+2 \\ 0+2+2 & 0+1+6 & 0+1+4 \\ 1+4+3 & 2+2+9 & 0+2+6 \end{pmatrix} = \begin{pmatrix} 4 & 6 & 3 \\ 4 & 7 & 5 \\ 8 & 13 & 8 \end{pmatrix}$$

이다.

행렬을 곱할 때 $\boldsymbol{AB} \neq \boldsymbol{BA}$ 이므로 요소의 순서에 주의해야 한다. 앞의 예에서 순서를 바꾸면 완전히 다른 결과를 얻게 된다.

$$\begin{pmatrix} 1 & 2 & 0 \\ 2 & 1 & 1 \\ 1 & 3 & 2 \end{pmatrix} \begin{pmatrix} 1 & 1 & 1 \\ 0 & 1 & 2 \\ 1 & 2 & 3 \end{pmatrix} = \begin{pmatrix} 1 & 3 & 5 \\ 3 & 5 & 7 \\ 3 & 8 & 13 \end{pmatrix}$$

단위행렬(unit matrix) I는 대각선 성분이 모두 1이고 나머지 성분이 모두 0인 행렬이다.

$$\boldsymbol{I} = \begin{pmatrix} 1 & 0 & 0 \\ 0 & 1 & 0 \\ 0 & 0 & 1 \end{pmatrix}$$

벡터 또는 행렬을 단위행렬에 곱해도 변화가 없다.

두 행렬의 곱이 단위행렬이라면 두 행렬은 각각의 역행렬(inverse matrix)이다. 행렬 $\boldsymbol{A}$의 역행렬은 $\boldsymbol{A}^{-1}$으로 표시한다. 다음을 만족한다.

$$\boldsymbol{A}^{-1}\boldsymbol{A} = \boldsymbol{A}\boldsymbol{A}^{-1} = \boldsymbol{I}$$

구면 천문학에서 좌표의 회전을 설명하기 위해 회전행렬(rotation matrix)이 필요하다. 다음 행렬이 각각 x, y, z축에 대한 회전에 해당한다.

$$\boldsymbol{R}_x(\alpha) = \begin{pmatrix} 1 & 0 & 0 \\ 0 & \cos\alpha & \sin\alpha \\ 0 & -\sin\alpha & \cos\alpha \end{pmatrix}$$

$$\boldsymbol{R}_y(\alpha) = \begin{pmatrix} \cos\alpha & 0 & \sin\alpha \\ 0 & 1 & 0 \\ -\sin\alpha & 0 & \cos\alpha \end{pmatrix}$$

$$\boldsymbol{R}_z(\alpha) = \begin{pmatrix} \cos\alpha & \sin\alpha & 0 \\ -\sin\alpha & \cos\alpha & 0 \\ 0 & 0 & 1 \end{pmatrix}$$

각이 $\alpha = 0$이면 단위행렬만 남는다.

회전행렬의 요소는 쉽게 결정된다. 예를 들어 x축의 회전은 x좌표값에는 영향을 안 미친다. 따라서 대각선 성분이 1인 것을 제외하고 첫 번째 행과 열은 모두 0이어야 한다. 이제 나머지 4개 성분이 남았다. 각이 0이면 행렬은 단위벡터여야 한다. 따라서 대각선 요소는 코사인이고 다른 하나는 사인이다. 이제 유일하게 남은 문제는 어떤 사인이 음의 부호를 갖는가 하는 것이다. 이것 역시 기본 벡터에 행렬이 어떻게 작용하는가를 보면 쉽게 판단된다.

회전행렬의 역행렬은 반대방향으로 회전하는 것에 해당한다. 따라서 각 α를 $-\alpha$로 바꾸면 원래 행렬로부터 역행렬을 얻을 수 있다. 행렬에서 유일한 변화는 사인의

부호가 바뀌는 것이다.

예를 들어 세차 행렬(precession matrix)은 3개의 회전 행렬의 곱이다. 행렬의 곱에 교환법칙이 성립하지 않기 때문에 순서에 따라 계산되어야 한다.

A.6 다중적분

표면 A에 대한 함수 f의 적분

$$I = \int_A f \mathrm{d}A$$

는 면적소 $\mathrm{d}A$를 미분된 좌표의 곱으로 표시한 다음 그에 대하여 2중 적분해줌으로써 구해진다. 직각좌표계에서의 면적소는

$$\mathrm{d}A = \mathrm{d}x\,\mathrm{d}y$$

이고 극좌표계에서는

$$\mathrm{d}A = r\,\mathrm{d}r\,\mathrm{d}\phi$$

로 주어진다. 가장 안쪽에 있는 적분의 경계는 다른 적분 변수에 의존할 수도 있다. 예를 들어 함수 xe^y을 어둡게 칠해진 영역에 대하여 적분해보자.

$$\begin{aligned} I &= \int_A x\mathrm{e}^y \mathrm{d}A = \int_{x=0}^{1}\int_{y=0}^{2x} x\mathrm{e}^y \mathrm{d}x\,\mathrm{d}y \\ &= \int_0^1 \left[\Big|_0^{2x} x\mathrm{e}^y \right] \mathrm{d}x = \int_0^1 (x\mathrm{e}^{2x} - x)\mathrm{d}x \\ &= \Big|_0^1 \frac{1}{2}x\mathrm{e}^{2x} - \frac{1}{4}\mathrm{e}^{2x} - \frac{1}{2}x^2 = \frac{1}{4}(\mathrm{e}^2 - 1) \end{aligned}$$

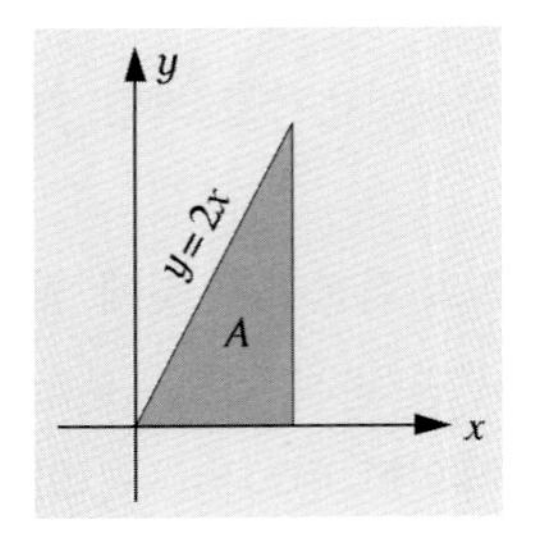

적분 면은 반드시 평면일 필요는 없다. 예를 들면 그것이 구면상의 면적일 수도 있다.

$$A = \int_S \mathrm{d}S$$

여기서 적분은 구면 S에 대한 것이다. 이 경우에 면적소는

$$\mathrm{d}S = R^2 \cos\theta\,\mathrm{d}\varphi\,\mathrm{d}\theta$$

이고 구의 총 표면적은

$$\begin{aligned} A &= \int_{\varphi=0}^{2\pi}\int_{\theta=-\pi/2}^{\pi/2} R^2\cos\theta\,\mathrm{d}\varphi\,\mathrm{d}\theta \\ &= \int_0^{2\pi}\left[\Big|_{-\pi/2}^{\pi/2} R^2 \sin\theta \right]\mathrm{d}\varphi \\ &= \int_0^{2\pi} 2R^2\,\mathrm{d}\varphi = 4\pi R^2 \end{aligned}$$

이다.

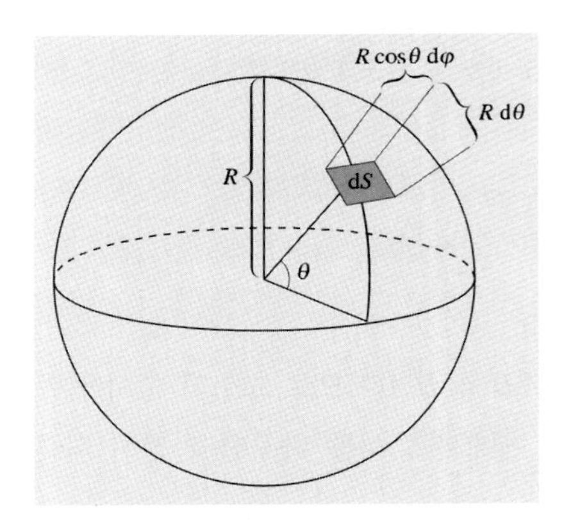

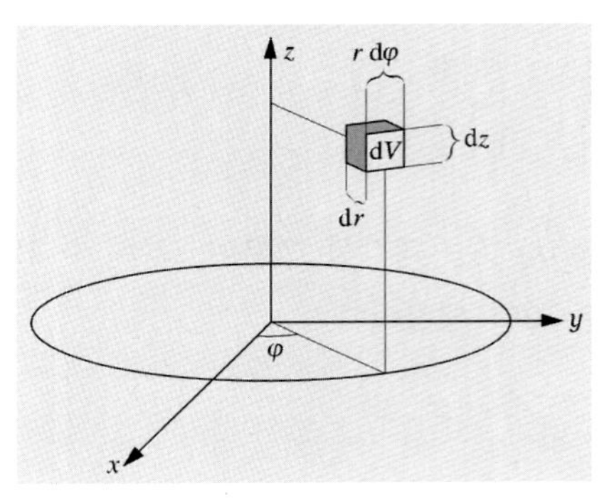

비슷한 방법으로 체적 적분을 하면

$$I = \int_V f \mathrm{d}V$$

는 3중 적분으로 구해진다. 직각좌표계에서 체적소 $\mathrm{d}V$는

$$\mathrm{d}V = \mathrm{d}x\ \mathrm{d}y\,\mathrm{d}z$$

이고 원통좌표계에서는

$$\mathrm{d}V = r\ \mathrm{d}r\ \mathrm{d}\phi\ \mathrm{d}z$$

그리고 구면좌표계에서는

$$\mathrm{d}V = r^2 \cos\theta\ \mathrm{d}r\ \mathrm{d}\phi\ \mathrm{d}\theta$$

(θ는 xy평면에서 측정, 그림 참조)

또는

$$\mathrm{d}V = r^2 \sin\theta\ \mathrm{d}r\ \mathrm{d}\phi\ \mathrm{d}\theta$$

(θ는 z축으로부터 측정)

로 표시된다.

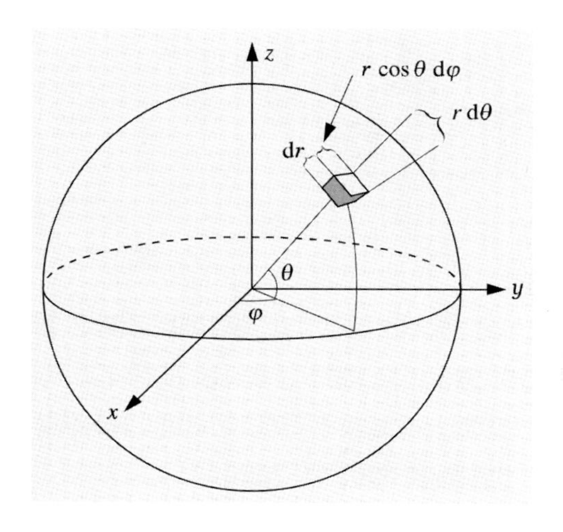

예를 들어 반지름 R인 구의 체적은

$$\begin{aligned} V &= \int_V \mathrm{d}V \\ &= \int_{r=0}^{R}\int_{\varphi=0}^{2\pi}\int_{\theta=-\pi/2}^{\pi/2} r^2\cos\theta\,\mathrm{d}r\,\mathrm{d}\varphi\,\mathrm{d}\theta \\ &= \int_0^R\int_0^{2\pi}\left[\Big|_{-\pi/2}^{\pi/2} r^2\sin\theta\right]\mathrm{d}r\,\mathrm{d}\varphi \\ &= \int_0^R\int_0^{2\pi} 2r^2\,\mathrm{d}r\,\mathrm{d}\varphi \\ &= \int_0^R 4\pi r^2\mathrm{d}r = \Big|_0^R \frac{4\pi r^3}{3} = \frac{4}{3}\pi R^3 \end{aligned}$$

이다.

A.7 방정식의 수치 해법

가끔 해석적으로 해를 구할 수 없는 방정식을 다루게 된다. 케플러 방정식이 대표적인 예가 된다. 해석적으로 해를 구할 수 없다면 언제나 수치 해법을 써서 그 해를 구할 수 있다. 여기서는 두 가지 아주 간단한 수치 해법을 제시하고자 한다. 그중 첫 번째 것은 특히 계산기를 사용할 때 유용한 방법이다.

제1방법 : 직접 반복. 방정식을 $f(x) = x$의 형태로 두고, 그 해를 찾기 위해 우선 초기 추정치 x_0를 구한다. 이때 단순 추정의 과정을 통하거나 기하학적인 방법으로 그 값을 구할 수 있다. $x_1 = f(x_0)$, $x_2 = f(x_1)$을 반복해서 얻어지는 해의 차가 어떤 한계치보다 작아질 때까지 계속하여 해를 구하면 된다. 이때 마지막 축차에서 얻어지는 x_i가 그 방정식의 해가 된다. 몇 개의 x_i의 값을 구해보면 그들이 수렴하는지를 쉽게 알 수 있다. 만일 수렴하지 않는다면 이 방정식을 $f^{-1}(x) = x$로 놓고 그 해를 구한다(f^{-1}은 함수 f의 역함수이다).

하나의 예로서 $x = -\ln x$ 방정식을 풀어보자. 추정치로 $x_0 = 0.5$를 취하면

$$x_1 = -\ln 0.5 = 0.69, \quad x_2 = 0.37, \quad x_3 = 1.00$$

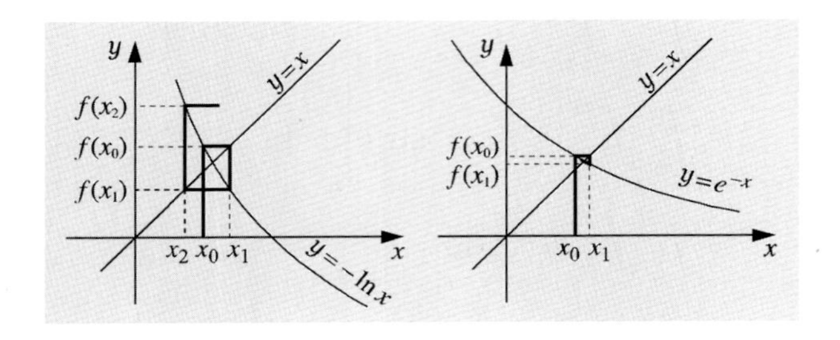

을 얻게 된다. 이것은 무언가 잘못되었음을 알려준다. 이러한 경우에는 위의 식을 $x = e^{-x}$ 으로 놓고 다시 시작한다.

$$x_0 = 0.5$$
$$x_1 = e^{-0.5} = 0.61$$
$$x_2 = 0.55$$
$$x_3 = 0.58$$
$$x_4 = 0.56$$
$$x_5 = 0.57$$
$$x_6 = 0.57$$

이렇게 하여 구한 해 $x_i = 0.57$은 소수점 아래 두 자리까지 정확하다.

제2방법 : 구간 이등분법. 경우에 따라서 앞의 방법으로는 그 해가 수렴하지 않는 때가 있다. 이러한 경우에는 절대적으로 안전한 구간 이등분법을 사용할 수 있다. 만일 함수가 연속이라면(고전 물리학에서 다루는 대부분의 함수처럼) $f(x_1) > 0$과 $f(x_2) < 0$를 만족하는 두 점 x_1과 x_2를 찾을 수 있다. 이때 이 함수의 해는 x_1과 x_2 사이에 있음을 알 수 있다. 즉 $f(x) = 0$을 만족하는 x는 x_1과 x_2 사이에 존재할 것이다. 이제 x_1과 x_2구간의 중간점에서 함수 f값의 부호를 찾은 다음 이와 부호를 달리하는 구간의 2등분 점을 선택한다. 이 방정식의 해가 존재하는 구간이 충분히 작아질 때까지 위의 과정을 반복한다.

이 방법을 사용하여 $x = -\ln x$를 풀어보자. 이제 $f(x) = x + \ln x = 0$을 만족하는 x를 찾으면 된다. $x \to 0$일 때 $f(x) \to -\infty$, 그리고 $f(1) > 0$이므로 $f(x) = 0$의 해는 $(0, 1)$ 사이에 있다. 그런데 $f(0.5) < 0$이므로 $x \in (0.5, 1)$이다. 이러한 방법을 반복해 가면

$$f(0.75) > 0 \quad \Rightarrow \quad x \in (0.5, 0.75)$$
$$f(0.625) > 0 \quad \Rightarrow \quad x \in (0.5, 0.625)$$
$$f(0.563) < 0 \quad \Rightarrow \quad x \in (0.563, 0.625)$$
$$f(0.594) > 0 \quad \Rightarrow \quad x \in (0.563, 0.594)$$

를 얻는다.

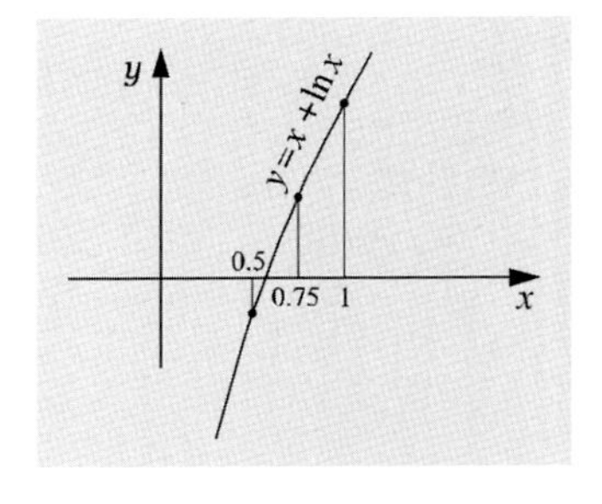

이 경우에 수렴 속도는 느리지만 수렴하는 것만은 확실하다. 각 축차 과정마다 해가 존재하는 구간이 그 전 과정에서보다 절반씩 축소되어 간다. 이러한 과정을 통해서 점차 개선된 해를 찾아가는 것이다.

상대성 이론

B

아인슈타인은 1905년에 특수 상대성 이론(special theory of relativity)을 발표하였으며 그로부터 10년 후에 일반 상대성 이론(general theory of relativity)을 내놓았다. 특히 일반 상대성 이론은 중력 이론이 그 주축을 이루고 있으므로 우주의 진화에 관한 이론적 연구를 수행하는 데 대단히 중요하다. 그러한 이유로 상대성 이론의 기본원리를 간단히 살펴보고자 한다. 보다 상세한 논의는 대단히 복잡한 수식을 사용해야 할 뿐만 아니라 이 책에서 다루려는 수준을 넘어서므로 여기에서는 복잡한 설명은 피하기로 하겠다.

B.1 기본개념

누구나 다 잘 알고 있는 피타고라스 정리에 의하면

$$\triangle s^2 = \triangle x^2 + \triangle y^2$$

이다. 여기서 $\triangle s$는 직각삼각형 빗변의 길이고 $\triangle x$와 $\triangle y$는 다른 두 변의 길이다[간단하게 표시하기 위해 $\triangle s^2 = (\triangle s)^2$이라고 쓰겠다]. 이 관계를 3차원까지 일반화하면

$$\triangle s^2 = \triangle x^2 + \triangle y^2 + \triangle z^2$$

이다. 이 식은 유클리드 공간 내에서 일반 직각좌표계의 계량(metric)을 기술해준다. 즉 거리를 어떻게 측정하는지 알려준다.

일반적으로 두 점 사이의 거리는 그 점들의 위치에 의해서 결정된다. 이때 계량은 좌표곡선들의 곡률을 고려해주기 위하여 무한소 거리의 함수로 나타내야 한다(여기서 좌표곡선이란 다른 모든 좌표를 고정시켜 놓고 오직 한 좌표만 변화시켰을 때 그 좌표가 지나는 곡선을 뜻한다). 이때 무한소의 길이를 선소(line element)라고 부른다. 유클리드 직각좌표계에서 선소는

$$\mathrm{d}s^2 = \mathrm{d}x^2 + \mathrm{d}y^2 + \mathrm{d}z^2$$

으로 표시되며 구면좌표계에서는

$$\mathrm{d}s^2 = \mathrm{d}r^2 + r^2(\mathrm{d}\theta^2 + \cos^2\theta\,\mathrm{d}\phi^2)$$

으로 주어진다. 일반적으로 $\mathrm{d}s^2$은

$$\mathrm{d}s^2 = \sum_{i,j} g_{ij}\,\mathrm{d}x_i\,\mathrm{d}x_j$$

로 쓸 수 있는데 여기서 x_i는 임의의 좌표 그리고 계수 g_{ij}는 계량 텐서(metric tensor)의 성분이다. 이들은 구면좌표계에서처럼 모두 좌표의 함수일 수도 있다. n차원 공간의 계량 텐서는 $n \times n$행렬로 표시될 수 있다. $\mathrm{d}x_i\,\mathrm{d}x_j = \mathrm{d}x_j\,\mathrm{d}x_i$이므로 계량 텐서는 대칭성을 갖는다. 즉 $g_{ij} = g_{ji}$이다. 만일 모든 좌표곡선들이 서로 수직하

다면 그 좌표계는 **직교**(orthogonal)한다고 말한다. 직각좌표계에서 $i \neq j$인 경우는 $g_{ij}=0$이다. 예를 들어 직교하는 구면좌표계에서 계량 텐서는

$$(g_{ij}) = \begin{pmatrix} 1 & 0 & 0 \\ 0 & r^2 & 0 \\ 0 & 0 & r^2\cos^2\theta \end{pmatrix}$$

로 주어진다. 만일 g의 성분이 모두 상수로 주어지는 좌표계가 있다면 그 좌표계가 정의하는 공간은 **평탄**(flat)하다고 한다. 유클리드 공간의 직각좌표계에서 $g_{11} = g_{22} = g_{33} = 1$이므로 그 공간은 평탄하다. 비록 공간은 평탄하지만 계량 텐서의 성분이 상수가 아닌 좌표계가 있다는 사실을 구면좌표계를 통해서 알 수 있다. 2차원적 구면상에서의 선소는 r에 일정한 값 R을 집어넣어 줌으로써 구면좌표계의 계량에서 얻어진다.

$$\mathrm{d}s^2 = R^2(\mathrm{d}\theta^2 + \cos^2\theta\,\mathrm{d}\phi^2)$$

따라서 계량 텐서는

$$(g_{ij}) = \begin{pmatrix} 1 & 0 \\ 0 & \cos^2\phi \end{pmatrix}$$

로 표시된다. 이 텐서는 상수 텐서로 변환될 수 없다. 따라서 구면은 **굽은 공간**(curved space)이다.

어떤 좌표계의 계량 텐서를 안다면 그 좌표계의 공간이 평탄한지 또는 굽어 있는지 그 여부를 판별해주는 4차의 **곡률 텐서**(curvature tensor) R_{ijkl}을 계산할 수 있다. 그런데 이 계산은 좀 복잡해서 여기서는 제시하지 않으려고 한다.

계량 텐서는 거리, 벡터의 크기, 면적 등에 관련된 모든 계산에 사용된다. 또한 벡터의 내적을 구하는 데 있어서도 계량을 알아야 한다. 실제로 계량 텐서의 각 성분은 기본 벡터(basis vector)의 내적으로 표시된다.

$$g_{ij} = \hat{\boldsymbol{e}}_i \cdot \hat{\boldsymbol{e}}_j$$

임의의 두 벡터 $\boldsymbol{A}$와 $\boldsymbol{B}$가 다음과 같이 주어졌을 때

$$\boldsymbol{A} = \sum_i a^i \hat{\boldsymbol{e}}_i, \qquad \boldsymbol{B} = \sum_i b^i \hat{\boldsymbol{e}}_i$$

이들의 내적은

$$\boldsymbol{A} \cdot \boldsymbol{B} = \sum_i \sum_j a^i b^j \hat{\boldsymbol{e}}_i \cdot \hat{\boldsymbol{e}}_j = \sum_i \sum_j g_{ij}\, a^i b^j$$

로 계산된다.

B.2 로렌츠 변환. 민코프스키 공간

특수 상대성 이론은 모든 관측자에게 동일한 비율로 흐른다고 생각되는 절대 시간을 수용하지 않는다. 그 대신 광속도가 모든 좌표계에서 일정한 값 c를 갖는다는 사실을 요구하고 있다. 광속도가 일정하다는 사실은 특수 상대성 이론의 기본원리이다. 다른 관측자는 다른 시간 간격을 측정해야만 그러한 원리가 가능하다.

원점에 있는 광원으로부터 빛이 방출되었다고 하자. 그 빛은 c의 속도로 한 직선을 따라 직진할 것이다. 어떤 순간 t에서 시공간 좌표계는

$$x^2 + y^2 + z^2 = c^2 t^2 \tag{B.1}$$

을 만족한다. 그러면 xyz좌표계에 대하여 v의 속도로 움직이는 $x'y'z'$좌표계에서 볼 때 위의 상황은 어떻게 기술되는지 살펴보기로 하자. 이제 $t=0$일 때 $x'y'z'$좌표계가 xyz좌표계와 일치하도록 새 좌표계를 택하자. 또한 $x'y'z'$좌표계의 시간 t'도 $t=0$일 때 $t'=0$이 되도록 취하자. 마지막으로 $x'y'z'$좌표계가 양의 x축 방향으로 이동한다고 하자. 빛은 $x'y'z'$좌표계에서도 속도 c로 전파할 것이므로

$$x'^2 + y'^2 + z'^2 = c^2 t'^2$$

이 된다. 새 좌표계의 좌표를 구 좌표계의 좌표들로부터

선형변환(linear transformation)시켜 구했고 역변환은 단순히 v를 $-v$로 치환했다면 $x'y'z'$ 그리고 t'은

$$x' = \frac{x - vt}{\sqrt{1 - v^2/c^2}}$$
$$y' = y \qquad \text{(B.2)}$$
$$z' = z$$
$$t' = \frac{t - vx/c^2}{\sqrt{1 - v^2/c^2}}$$

과 같이 표시된다. 이처럼 한 좌표계와 그에 대하여 일정한 속도로 움직이는 좌표계 상호 간의 변환을 **로렌츠 변환**(Lorentz transformation)이라고 한다.

로렌츠 변환은 식 (B.1)의 불변성을 가정하면 쉽게 유도되므로 두 사건 사이의 **간격**(interval)

$$\triangle s^2 = - c^2 \triangle t^2 + \triangle x^2 + \triangle y^2 + \triangle z^2$$

은 모든 로렌츠 변환에 대하여 불변(invariant)한다. 이 식은 4차원의 시공간에서 계량을 정의해준다. 이런 계량을 갖는 공간을 **민코프스키 공간**(Minkowski space) 또는 로렌츠 공간이라고 부른다. 이때 계량 텐서 g의 성분은

$$(g_{ij}) = \begin{pmatrix} -c^2 & 0 & 0 & 0 \\ 0 & 1 & 0 & 0 \\ 0 & 0 & 1 & 0 \\ 0 & 0 & 0 & 1 \end{pmatrix}$$

로 주어진다. 계량 텐서의 성분이 상수이므로 이 공간은 평탄하다. 그러나 이때의 공간은 흔히 말하는 유클리드 공간은 아니다. 그 까닭은 시간 성분의 부호가 공간 성분의 부호와 다르기 때문이다. 좀 오래된 문헌에서는 시간 t 대신에 ict를 사용하는 경우가 있다. 여기서 i는 허수의 단위이다. 이때의 계량은 유클리드 같이 보이지만 실제는 그렇지 않다. 공간의 성질은 단순히 기호를 바꿈으로써 변화되는 것은 아니다.

민코프스키 공간 내에서 위치, 속도, 운동량, 그리고 그 밖의 벡터양들은 시간 성분 1개와 공간 성분 3개로 된 **사차원 벡터**(four-vector)로 기술된다. 사차원 벡터의 성분을 한 좌표계에서 다른 좌표계로 변환시킬 때 한 좌표계가 다른 좌표계에 대하여 일정한 속도로 직선상을 따라 움직인다면 좌표 상호 간의 변환은 로렌츠 변환을 따른다.

고전 물리학에 의하면 두 사건 간의 거리는 관측자의 운동에 의존하지만 두 사건 사이의 시간 간격은 모든 관측자에게 일정하다. 한편 특수 상대론에서는 관측자에 따라서 시간까지도 다른 값을 갖게 되니 특수 상대론의 세계는 무정부 상태라고 불러야 마땅하겠다.

B.3 일반 상대성 이론

등가원리(等價原理, equivalent principle). 뉴턴의 법칙은 입자의 가속도 a와 외부에서 가해준 힘 F와의 관계

$$F = m_i a$$

를 나타내며 여기서 m_i는 입자의 **관성질량**(inertial mass)이다. 이것은 입자를 움직이려는 힘에 대해 저항하려는 성질을 갖는다. 입자가 받는 중력은

$$F = m_g f$$

로 표시된다. 여기서 m_g는 입자의 **중력질량**(gravitational mass)이며 f는 다른 물체의 질량에만 관계되는 양이다. m_i와 m_g는 전혀 다른 현상과 관련된 계수로 표시되어 있다. 이때 m_i와 m_g가 어떤 공통점을 지니고 있다고 가정할 물리적 이유가 전혀 없다. 그러나 이미 갈릴레이는 그의 실험에서 $m_i = m_g$임을 보인 바 있다. 또한 이러한 사실은 그 후 대단히 높은 정밀도로 입증되었다.

$m_i = m_g$임을 주장하는 **약한 등가원리**(weak equivalence principle)는 하나의 물리적 공리로 인정받고 있다. 한편 **강한 등가원리**(strong equivalence principle)는

이것을 일반화해준다. 즉 충분히 작은 시공간(space time)의 한정된 영역에서 관측할 경우 중력장 내에 있는지 아니면 등가속도의 운동 상태에 있는지를 구별할 길이 없다. 강한 등가원리는 일반 상대성 이론의 기본 가정 중 하나이다.

공간의 곡률(curvature of space). 일반 상대성 이론은 시공간의 기하학적 성질로 중력을 기술하고 있다. 등가원리는 명백히 이러한 개념으로부터 발생된 하나의 결과이다. 시공간 내에서 입자의 운동은 가능한 한 가장 짧은 경로를 따르며 이때 그 경로를 **측지선**(測地線, geodesic)이라고 한다. 3차원 공간으로 측지선을 투영할 때 두 점 간의 거리가 반드시 가장 짧은 경로와 일치할 필요는 없다.

시공간의 기하학은 질량과 에너지 분포에 의해서 결정된다. 이들의 분포를 알면 **장 방정식**(場方程式, field equation)을 쓸 수 있으며 이때 장 방정식은 계량과 질량 및 에너지 분포를 연결시켜 주며 시공간의 곡률을 기술하는 편미분방정식이 된다.

단일 질점의 경우 장 방정식은 슈바르츠실트 계량을 제시해주며 이때 선소는

$$\mathrm{d}s^2 = -\left(1 - \frac{2GM}{c^2 r}\right)c^2\,\mathrm{d}t^2 + \frac{\mathrm{d}r^2}{1 - 2GM/c^2 r} + r^2\left(\mathrm{d}\theta^2 + \sin^2\theta\,\mathrm{d}\phi^2\right)$$

으로 주어진다. 여기서 M은 질점의 질량 r, θ, ϕ는 보통의 구면좌표이다. 계량의 성분들은 동시에 상수로 변환되지 못하므로 질량 때문에 이들의 시공간은 굽어져 있다.

시공간에서 극히 좁은 제한된 영역만을 살펴본다면 곡률은 별 영향을 미치지 못한다. 국부적으로 공간은 언제나 특수 상대성 이론이 성립되는 민코프스키 공간이 된다. 여기서 국부성이란 공간의 제한뿐 아니라 시간 간격의 제한까지 포함하고 있다.

뉴턴역학 체계에서와는 달리 일반 상대성 이론에서는 입자의 운동을 설명하는 운동방정식이 없다. 공간의 계량 텐서와 물체의 궤도를 나타내는 측지선을 계산하기 위해 물체의 위치를 사용하는 것은 가능하다. 물체가 움직일 때 공간의 계량은 계속 변한다. 따라서 이 방법은 매우 힘든 일이다. PPN(Parametrized Post-Newtonian) 방식이 실질적인 계산을 위해 개발되었다. 이 방식에 의해 운동방정식의 근사를 얻을 수 있다. 10개의 상수가 포함되어 있는데 각각의 값은 아인슈타인의 중력 이론에 대해 정해져 있다. 또 다른 이론에 대해서는 이 상수들이 다른 값들을 갖는다. 이러한 체계는 일반 상대성 이론의 실험적 검증의 기본적 체계를 제공한다.

PPN 방식은 속도가 빛의 속도에 비해 매우 느리고 중력장이 약해서 공간의 곡률이 작을 때만 사용될 수 있는 근사이다.

B.4 일반 상대성 이론의 검증

일반 상대성 이론은 고전 물리학과는 다른 예측을 제시한다. 대부분의 경우 그 차이는 극히 미소하지만 일반 상대성 이론의 유효성을 시험하는 데 사용될 수 있는 차이를 내는 현상들이 있다. 현재 일반 상대성 이론은 다섯 가지의 천문학적 검증을 통과했다.

우선 행성은 완전히 닫힌 케플러의 타원 궤도를 그리지 않는다. 이러한 효과는 가장 안쪽에 위치한 내행성들에서 가장 강하게 나타나는데, 근일점이 조금씩 이동한다. 수성의 근일점 운동의 대부분은 뉴턴 역학에 의해서 예측되지만 단지 100년에 43″만큼의 여분의 이동은 뉴턴 역학으로 설명되지 않는다. 그런데 이 여분의 근일점 이동은 바로 일반 상대성 이론이 제시하는 보정 양과 일치하고 있다.

둘째로 빛이 태양 가까이 지날 때 그 빛은 굽어진다. 태양 표면을 스쳐가는 빛이 굽어지는 각도는 약 1.75″

로 예측되고 있다. 이러한 효과가 실제로 태양의 개기일식 때 관측되었으며 또한 점 전파원들이 태양에 의해서 엄폐(掩蔽, occultation) 직전과 직후에도 관측되었다.

일반 상대성 이론을 검증하는 세 번째 방법은 광자가 중력장을 빠져나올 때 생기는 적색이동(redshift)을 측정하는 것이다. 이때 생긴 적색이동은 광자가 중력 포텐셜을 거슬러 일을 할 때 발생되는 광자의 에너지 손실 때문에 나타나는 현상이다. 한편 중력적색이동이 계량 때문에 생기는 현상으로도 생각할 수 있다. 즉 멀리 떨어져 있는 관측자에게는 중심 질점과 가까워질수록 시간은 더 느리게 가는 것처럼 보이고 따라서 복사의 진동수는 더 낮아지는 것처럼 관측된다. 슈바르츠실트 계량에서 시간의 지연(time dilation)은 dt의 계수에 의해서 기술된다. 광원이 멀리 떨어져 있다면, r만큼 떨어진 곳의 질량 M으로부터 진동수 ν를 갖고 방출된 복사는

$$\nu_{\infty} = \nu \sqrt{1 - \frac{2GM}{c^2 r}} \tag{B.3}$$

인 진동수의 복사로 관측된다. 이러한 중력적색이동 현상은 실험실에서도 입증된 바 있다.

네 번째의 검증은 태양 근방의 중력장에서 광속도가 감소되는 현상을 이용하는 것이다. 실제로 이러한 광속도의 감소 현상은 레이더 실험에 의해서 검증된 바 있다.

앞에 기술한 검증들은 태양계 내의 천체들과 관련되어 있다. 태양계 밖의 천체의 경우에는 이중 펄서를 이용함으로써 일반 상대성 이론을 검증할 수 있다. (쌍성계처럼) 가속운동을 하고 있는 비대칭성 항성계는 중력파(gravitational wave)를 방출하기 때문에 에너지를 상실한다. 따라서 이중 펄서의 두 별이 서로 가까이 접근해서 그들의 공전주기는 감소할 것이다. 대부분의 경우 중력파의 역할은 작지만 밀집 천체의 경우는 그 효과가 검출될 정도로 클 수도 있다. 공전주기의 감소를 나타내는 최초의 천체로는 이중 펄서 PSR 1913+16을 들 수 있다.

표 C

표 C.1 SI 기본단위

양	기호	단위	약어	정의
길이	$l, s, \cdots$	미터	m	빛이 진공 중을 1/299,792,458초 동안에 움직인 거리
질량	m, M	킬로그램	kg	국제 표준 원기의 kg과 같은 질량
시간	t	초	s	세슘133 원자의 바닥상태의 미세구조 준위에서의 천이에서 방출되는 복사의 9,192,631,770개의 진동 주기에 해당하는 간격
전류	I	암페어	A	단면적이 무시될 수 있을 정도로 가는 무한 직선의 도선을 진공 중에 1m 간격으로 늘어놓았을 때 2×10^{-7} Nm^{-1}의 힘을 도선에 느끼게 할 수 있는 전류의 세기
온도	T	켈빈	K	물의 삼중점의 열역학적 온도의 1/273.16에 해당
물질의 양	n	몰	mol	구성입자 수가 ^{12}C 0.012kg 속에 있는 원자들의 개수만큼 되는 양
빛의 세기	I	칸델라	cd	540×10^{12}Hz 단색 광원에서 주어진 방향으로 1/683W sr^{-1}의 복사 세기

표 C.2 10에 붙이는 지수를 지칭하는 접두어

접두어	기호	수	접두어	기호	수
욕토(yocto)	y	10^{-24}	데카(deca)	da	10^{1}
젭토(zepto)	z	10^{-21}	헥토(hecto)	h	10^{2}
아토(atto)	a	10^{-18}	킬로(kilo)	k	10^{3}
펨토(femto)	f	10^{-15}	메가(Mega)	M	10^{6}
피코(pico)	p	10^{-12}	기가(Giga)	G	10^{9}
나노(nano)	n	10^{-9}	테라(Tera)	T	10^{12}
마이크로(micro)	μ	10^{-6}	페타(Peta)	P	10^{15}
밀리(milli)	m	10^{-3}	엑사(Exa)	E	10^{18}
센티(centi)	c	10^{-2}	제타(Zetta)	Z	10^{21}
데시(deci)	d	10^{-1}	요타(Yotta)	Y	10^{24}

표 C.3 상수와 단위

상수와 단위	기호	값
1라디안	1rad	$=180°/\pi=57.2957795°=206,264.8''$
1(각의)도	1°	$=0.01745329$rad
1(각의)초	1″	$=0.000004848$rad
광속	c	$=299,792,458\text{m s}^{-1}$
중력상수	G	$=6.673\times10^{-11}\text{m}^3\text{kg}^{-1}\text{s}^{-2}$
		$=4\pi^2\text{ AU}^3 M_\odot^{-1}\text{ a}^{-2}$
		$=3,986,005\times10^8\text{ m}^3 M_\oplus^{-1}\text{s}^{-2}$
플랑크 상수	h	$=6.6261\times10^{-34}\text{J s}$
	$\hbar$	$=h/2\pi=1.0546\times10^{-34}\text{J s}$
볼츠만 상수	k	$=1.3807\times10^{-23}\text{J K}^{-1}$
복사밀도상수	a	$=7.5659\times10^{-16}\text{Jm}^{-3}\text{K}^{-4}$
슈테판-볼츠만 상수	σ	$=ac/4=5.6705\times10^{-8}\text{Wm}^{-2}\text{K}^{-4}$
원자 질량 단위	amu	$=1.6605\times10^{-27}$kg
전자볼트	eV	$=1.6022\times10^{-19}$J
전자의 전하	e	$=1.6022\times10^{-19}$C
전자의 질량	m_e	$=9.1094\times10^{-31}\text{kg}=0.511$MeV
양성자의 질량	m_p	$=1.6726\times10^{-27}\text{kg}=938.3$MeV
중성자의 질량	m_n	$=1.6749\times10^{-27}\text{kg}=939.6$MeV
^{1}H 원자의 질량	m_H	$=1.6735\times10^{-27}\text{kg}=1.0078$amu
$^4_2$He의 질량	m_{He}	$=6.6465\times10^{-27}\text{kg}=4.0026$amu
^{1}H의 리드베르크 상수	R_H	$=1.0968\times10^7\text{m}^{-1}$
질량이 ∞인 경우의 리드베르크 상수	R_∞	$=1.0974\times10^7\text{m}^{-1}$
가스 상수	R	$=8.3145\text{JK}^{-1}\text{mol}^{-1}$
표준기압	atm	$=101,325\text{Pa}=1,013\text{mbar}=760$mmHg
천문 단위	AU	$=1.49597870\times10^{11}$m
파섹	pc	$=3.0857\times10^{16}\text{m}=206,265\text{AU}=3.26$ly
광년	ly	$=0.9461\times10^{16}\text{m}=0.3066$pc

표 C.4 시간단위

단위	대응기간
항성년	365.2564일(항성에 대하여)
회귀년	365.2422일(춘분점에서 춘분점)
근점년	365.2596일(근일점에서 근일점)
그레고리 역년	365.2425일
율리우스 역년	365.25일
율리우스 세기	36,525일
식년	346.6200일(달의 승교점에 대하여)
태음년	354.367일=12(삭망월)
삭망월	29.5306일(삭에서 삭)
항성월	27.3217일(항성에 대하여)
회귀월	27.3216일(춘분점에 대하여)
근점월	27.5546일(근지점에서 근지점)
교점월	27.2122일(교점에서 교점)
평균 태양일	24평균태양시=24시 03분 56.56초(항성시)=1.00273791항성일
항성일	24항성시=23시 56분 04.09초(평균태양시)=0.99726957평균태양일
지구의 자전주기(항성에 대한)	1.000000097항성일=23시 56분 04.10초(평균태양시)

표 C.5 그리스문자

A, α	B, β	Γ, γ	Δ, δ	E, ε	Z, ζ	H, η	$\Theta, \theta, \vartheta$
알파(aplha)	베타(beta)	감마(gamma)	델타(delta)	엡실론(epsilon)	제타(zeta)	에타(eta)	세타(theta)
I, ι	K, κ	Λ, λ	M, μ	N, ν	Ξ, ξ	O, o	Π, π, ϖ
요타(iota)	카파(kappa)	람다(lambda)	뮤(mu)	뉴(nu)	크시(xi)	오미크론(omicron)	파이(pi)
P, ρ	$\Sigma, \sigma, \varsigma$	T, τ	Υ, υ	Φ, ϕ, φ	X, χ	Ψ, ψ	Ω, ω
로(rho)	시그마(sigma)	타우(tau)	입실론(upsilon)	파이(phi)	카이(chi)	프시(psi)	오메가(omega)

표 C.6 태양

성질	기호	값
질량	$M_{\odot}$	1.989×10^{30}kg
반경	$R_{\odot}$	6.960×10^{8}m=0.00465AU
유효온도	T_e	5785K
광도	$L_{\odot}$	3.9×10^{26}W
겉보기 안시등급	V	−26.78
색지수	$B-V$	0.62
	$U-B$	0.10
절대안시등급	M_V	4.79
절대복사등급	M_{bol}	4.72
적도의 황도에 대한 경사각		7°15′
적도 수평 시차	$\pi_{\odot}$	8.794″
운동 : 향점의 방향		$\alpha=270°$
		$\delta=30°$
지방 표준좌표계(LSR)에 대한 속도		19.7km s^{-1}
은하 중심으로부터 거리		8.5kpc

표 C.7 지구

성질	기호	값
질량	$M_{\oplus}$	$M_{\odot}$/332,946=5.974×10^{24}kg
질량, 지구+달	$M_{\oplus}+M_{☾}$	$M_{\odot}$/328,900.5=6.048×10^{24}kg
적도 반경	R_e	6,378,137m
극 반경	R_p	6,356,752m
편평도	f	$(R_e - R_p)/R_e$ =1/298.257
표면 중력	g	9.81m s^{-2}

표 C.8 달

성질	기호	값
질량	$M_{☾}$	$M_{\oplus}$/81.30=7.348×10^{22}kg
반지름	$R_{☾}$	1,738km
표면중력	$g_{☾}$	1.62m s^{-2}=0.17g
평균 적도 수평시차	π	57′
궤도긴반지름	a	384,400km
지구에서 최단 거리	r_{min}	356,400km
지구에서 최장 거리	r_{max}	406,700km
궤도의 황도면에 대한 경사각	i	5.145°

표 C.9 행성. R_e =적도반지름, ρ=평균밀도, τ_{sid} =항성자전주기(R은 역행자전을 나타냄), ε =황도면에 대한 궤도 경사각(2,000초 기준), f=편평도, T=표면온도, p=기하학적 반사도, V_0 =충에서 평균등급. 이 자료는 대부분 역서에 근거하였다.

이름	R_e[km]	질량			ρ[g cm^{-3}]	알려진 위성의 수
		행성[kg]	행성 + 위성			
			[$M_\oplus$]	[$M_\odot$]		
수성	2,440	3.30×10^{23}	0.0553	1/6,023,600	5.4	–
금성	6,052	4.87×10^{24}	0.8150	1/408,523.5	5.2	–
지구	6,378	5.97×10^{24}	1.0123	1/328,900.5	5.5	1
화성	3,397	6.42×10^{23}	0.1074	1/3,098,710	3.9	2
목성	71,492	1.90×10^{27}	317.89	1/1,047.355	1.3	67
토성	60,268	5.69×10^{26}	95.17	1/3,498.5	0.7	62
천왕성	25,559	8.66×10^{25}	14.56	1/22,869	1.3	27
해왕성	24,764	1.03×10^{26}	17.24	1/19,314	1.8	14

이름	τ_{sid}	ε[°]	f	T[K]	p	V_0(등급)
수성	58.646d	0.0	0	130–615	0.106	–
금성	243.019d R	177.4	0	750	0.65	–
지구	23h 56min 04.1s	23.4	0.003353	300	0.367	–
화성	24h 37min 22.6s	25.2	0.006476	220	0.150	−2.01
목성	9h 55min 30s	3.1	0.06487	140	0.52	−2.70
토성	10h 39min 22s	26.7	0.09796	100	0.47	+0.67
천왕성	17h 14min 24s R	97.8	0.02293	65	0.51	+5.52
해왕성	16h 06min 36s	28.3	0.01708	55	0.41	+7.84

표 C.10 행성의 등급. 이 표는 역서에서 사용되는 표현법을 사용하고 있다. 즉 등급은 위상 α의 함수로 주었다. 내행성들은 상당히 큰 위상에서도 관측되므로, 위상곡선을 기술하기 위하여 여러 개의 항들이 필요하다. 외행성들의 위상은 항상 작기 때문에 단순한 표현을 사용해도 충분하다. 토성의 등급은 행성 자체만의 등급을 의미하는데, 총 등급은 고리들의 방향에 따라 달라진다.

	$V(1, 0)$	$V(1, \alpha)$
수성	−0.36	$V(1, 0) + 3.80(\alpha/100°) - 2.73(\alpha/100°)^2 + 2.00(\alpha/100°)^3$
금성	−4.29	$V(1, 0) + 0.09(\alpha/100°) + 2.39(\alpha/100°)^2 - 0.65(\alpha/100°)^3$
화성	−1.52	$V(1, 0) + 1.60(\alpha/100°)$
목성	−9.25	$V(1, 0) + 0.5(\alpha/100°)$
토성	−8.88	
천왕성	−7.19	$V(1, 0) + 0.28(\alpha/100°)$
해왕성	−6.87	$V(1, 0)$

표 C.11 행성의 접촉 궤도 요소(2000년 2월 24일=JD 2,451,600.5 기점). a=궤도 긴반지름, e=이심률, i=궤도경사각, Ω=승교점의 경도, ϖ= 근일점의 경도, L=평균경도, P_{sid}=평균 항성궤도주기(1a는 1 율리우스 해 또는 365.25일이다). P_{syn}=평균 회합주기

행성	a [AU]	[10^6km]	e	i [°]	Ω [°]	ϖ [°]	L [°]	P_{sid} [a]	[d]	P_{syn} [d]
수성	0.387	57.9	0.2056	7.01	48.3	77.5	119.4	0.2408	87.97	115.9
금성	0.723	108.2	0.0068	3.39	76.7	131.9	270.9	0.6152	224.7	583.9
지구	1.000	149.6	0.0167	0.00	143.9	102.9	155.2	1.0000	365.3	–
화성	1.524	228.0	0.0934	1.85	49.6	336.1	24.5	1.8807	686.9	779.9
목성	5.204	778.6	0.0488	1.30	100.5	15.5	39.0	11.8565	4,330.6	398.9
토성	9.582	1433.4	0.0558	2.49	113.6	89.9	51.9	29.4235	10,747	378.1
천왕성	19.224	2875.8	0.0447	0.77	74.0	170.3	314.1	83.747	30,589	369.7
해왕성	30.092	4501.7	0.0112	1.77	131.8	39.5	305.5	163.723	59,800	367.5

표 C.12 행성의 평균 궤도 요소(적도와 J2000.0 춘분점을 기준). 변수 t는 J2000.0 이후의 시간을 일단위로 표시한 것이고, T는 같은 시간을 율리우스세기로 표시한 것이다. $t=J-2{,}451{,}545.0$, $T=t/36{,}525$. $L=M+\varpi$= 평균경도. 평균궤도 요소에는 주기적 섭동의 영향이 고려되어 있지 않았으므로, 이들로부터 계산된 행성 위치의 정확도는 대략 수 분(각) 정도이다. 수치들은 역서의 해설부록(*Explanatory Supplement to the Astronomical Almanac*)에서 가져왔다. 지구의 궤도요소들은 지구–달 계의 무게중심의 궤도를 기술한다.

행성		
수성	$a=0.38709893+0.00000066\,T$	$e=0.20563069+0.00002527\,T$
	$i=7.00487°-23.51''T$	$\Omega=48.33167°-446.30''T$
	$\varpi=77.45645°+573.57''T$	$L=252.25084°+4.09233880°t$
금성	$a=0.72333199+0.00000092\,T$	$e=0.00677323-0.00004938\,T$
	$i=3.39471°-2.86''T$	$\Omega=76.68069°-996.89''T$
	$\varpi=131.53298°-108.80''T$	$L=181.97973°+1.60213047°t$
지구+달	$a=1.00000011-0.00000005\,T$	$e=0.01671022-0.00003804\,T$
	$i=0.00005°-46.94''T$	$\Omega=-11.26064°-18{,}228.25''T$
	$\varpi=102.94719°+1198.28''T$	$L=100.46435°+0.98560910°t$
화성	$a=1.52366231-0.00007221\,T$	$e=0.09341233+0.00011902\,T$
	$i=1.85061°-25.47''T$	$\Omega=49.57854°-1020.19''T$
	$\varpi=336.04084°+1560.78''T$	$L=355.45332°+0.52403304°t$
목성	$a=5.20336301+0.00060737\,T$	$e=0.04839266-0.00012880\,T$
	$i=1.30530°-4.15''T$	$\Omega=100.55615°+1217.17''T$
	$\varpi=14.75385°+839.93''T$	$L=34.40438°+0.08308676°t$
토성	$a=9.53707032-0.00301530\,T$	$e=0.05415060-0.00036762\,T$
	$i=2.48446°+6.11''T$	$\Omega=113.71504°-1591.05''T$
	$\varpi=92.43194°-1948.89''T$	$L=49.94432°+0.03346063°t$
천왕성	$a=19.19126393+0.00152025\,T$	$e=0.04716771-0.00019150\,T$
	$i=0.76986°-2.09''T$	$\Omega=74.22988°+1681.40''T$
	$\varpi=170.96424°+1312.56''T$	$L=313.23218°+0.01173129°t$
해왕성	$a=30.06896348-0.00125196\,T$	$e=0.00858587+0.00002514\,T$
	$i=1.76917°-3.64''T$	$\Omega=131.72169°-151.25''T$
	$\varpi=44.97135°-844.43''T$	$L=304.88003°+0.00598106°t$

표 C.13 행성의 가장 큰 위성들. 거대행성들은 많은 수의 위성을 가지고 있고, 새로운 위성들이 자주 발견된다. 또한 큰 고리입자와 작은 위성 사이의 구분이 다소 임의적이다. 그러므로 이 표는 완벽하다고 볼 수 없다. a=궤도긴반지름, $P_{\rm sid}$=항성주기(토성의 위성은 회귀주기임, 역행궤도인 경우에는 R을 첨부함), e=이심률, i=행성의 적도면에 대한 궤도경사각(황도면에 대한 경사각이 주어진 경우에는 E를 첨부함), r=위성의 반지름, M=행성의 질량단위로 나타낸 질량, ρ=추정한 밀도, p=기하학적 반사도, V_0=충에서 평균등급

행성명	위성명	발견자	발견된 해	a [10^3km]	[R_p]	$P_{\rm sid}$ [d]	e	i [°]	r [km]	M [$M_{\rm plan}$]	ρ [gcm^{-3}]	p	V_0
지구													
	Moon			384.4	60.27	27.3217	0.055	18.28–28.58	1737	0.0123	3.34	0.12	−12.74
화성													
	Phobos	Hall	1877	9.38	2.76	0.3189	0.015	1.0	13×11×9	1.7×10^{-8}	2.0	0.07	11.3
	Deimos	Hall	1877	23.46	6.91	1.2624	0.0005	0.9–2.7	7×6×5	3.7×10^{-9}	2.7	0.08	12.4
목성													
XVI	Metis	Synnott	1979	128	1.79	0.295			20	5×10^{-11}	2.8	0.05	17.5
XV	Adrastea	Jewitt Danielson Synnott	1979	129	1.80	0.298			13×10×8	1×10^{-11}	4.4	0.05	19.1
V	Amalthea	Barnard	1892	181	2.53	0.498	0.003	0.40	131×73×67	3.8×10^{-9}	2.7	0.07	14.1
XIV	Thebe	Synnott	1979	222	3.11	0.674	0.015	0.8	55×45	4×10^{-10}	1.3	0.04	15.7
I	Io	Galilei	1610	422	5.90	1.769	0.004	0.04	1830×1819×1815	4.7×10^{-5}	3.5	0.63	5.0
II	Europa	Galilei	1610	671	9.39	3.551	0.009	0.47	1565	2.5×10^{-5}	3.0	0.67	5.3
III	Ganymede	Galilei	1610	1,070	15.0	7.155	0.002	0.21	2634	7.8×10^{-5}	1.9	0.44	4.6
IV	Callisto	Galilei	1610	1,883	26.3	16.689	0.007	0.51	2403	5.7×10^{-5}	1.9	0.20	5.6
XIII	Leda	Kowal	1974	11,094	155.2	238.72	0.148	26.07	5	3×10^{-12}		0.07	20.2
VI	Himalia	Perrine	1905	11,480	160.6	250.566	0.158	27.63	85	5×10^{-9}		0.03	14.8
X	Lysithea	Nicholson	1938	11,720	163.9	259.22	0.107	29.02	12	4×10^{-11}		0.06	18.4
VII	Elara	Perrine	1905	11,737	164.2	259.653	0.207	24.77	40	4×10^{-10}		0.03	16.8
XII	Ananke	Nicholson	1951	21,200	297	631 R	0.169	147	10	2×10^{-11}		0.06	18.9
XI	Carme	Nicholson	1938	22,600	316	692 R	0.207	164	15	5×10^{-11}		0.06	18.0
VIII	Pasiphae	Melotte	1908	23,500	329	735 R	0.378	145	18	1×10^{-10}		0.10	17.0
IX	Sinope	Nicholson	1914	23,700	332	758 R	0.275	153	14	4×10^{-11}		0.05	18.3
토성													
XVIII	Pan	Showalter	1990	133.58	2.22	0.575			10			0.5	
XV	Atlas	Terrible	1980	137.67	2.28	0.602	0.000	0.3	18×17×13			0.8	18
XVI	Prometheus	Collins Carlson	1980	139.35	2.31	0.613	0.003	0.0	74×50×34			0.5	16
XVII	Pandora	Collins Carlson	1980	141.70	2.35	0.629	0.004	0	55×44×31			0.7	16
XI	Epimetheus	Cruikshank	1980	151.42	2.51	0.694	0.009	0.34	69×55×55	9.5×10^{-10}	0.6	0.8	15
X	Janus	Pascu	1980	151.47	2.51	0.695	0.007	0.14	97×95×77	3.4×10^{-9}	0.7	0.9	14
I	Mimas	W. Herschel	1789	185.52	3.08	0.942	0.020	1.53	209×196×191	6.6×10^{-8}	1.1	0.5	12.9
II	Enceladus	W. Herschel	1789	238.02	3.95	1.370	0.005	0.00	256×247×245	1×10^{-7}	0.9	1.0	11.7

행성명	위성명	발견자	발견된 해	a [10^3km]	[R_p]	P_{sid} [d]	e	i [°]	r [km]	M [M_{plan}]	ρ [gcm^{-3}]	p	V_0
XIII	Telesto	Smith Larson Reitsema	1980	294.66	4.89	1.888			15×12×7			1.0	18.5
III	Tethys	Cassini	1684	294.66	4.89	1.888	0.000	1.86	536×528×526	1.1×10^{-6}	1.0	0.9	10.2
XIV	Calypso	Pascu Seidelmann Baum Currie	1980	294.66	4.89	1.888			15×8×8			1.0	18.7
IV	Dione	Cassini	1684	377.40	6.26	2.737	0.002	0.02	560	1.9×10^{-6}	1.5	0.7	10.4
XII	Helene	Laques Lecacheux	1980	377.40	6.26	2.737	0.005	0.0	18×16×15			0.7	18
V	Rhea	Cassini	1672	527.04	8.74	4.517	0.001	0.35	764	4.1×10^{-6}	1.2	0.7	9.7
VI	Titan	Huygens	1665	1,221.83	20.3	15.945	0.03	0.33	2,575	2.4×10^{-4}	1.9	0.22	8.3
VII	Hyperion	Bond	1848	1,481.1	24.6	21.277	0.10	0.43	180×140×113	4×10^{-8}	1.4	0.3	14.2
VIII	Iapetus	Cassini	1671	3,561.3	59.1	79.330	0.028	14.72	718	2.8×10^{-6}	1.0	0.5/0.05	11.1
IX	Phoebe	Pickering	1898	12,952	215	550.48 R	0.163	177 E	110	7×10^{-10}?		0.06	16.4
천왕성													
VI	Cordelia	Voyager2	1986	49.77	1.95	0.335	0.00	0.08	13			0.07	24.1
VII	Ophelia	Voyager2	1986	53.79	2.10	0.376	0.01	0.10	15			0.07	23.8
VIII	Bianca	Voyager2	1986	59.17	2.32	0.435	0.00	0.19	21			0.07	23.0
IX	Cressida	Voyager2	1986	61.78	2.42	0.464	0.00	0.01	31			0.07	22.2
X	Desdemona	Voyager2	1986	62.68	2.45	0.474	0.00	0.11	27			0.07	22.5
XI	Juliet	Voyager2	1986	64.35	2.52	0.493	0.00	0.07	42			0.07	21.5
XII	Portia	Voyager2	1986	66.09	2.59	0.513	0.00	0.06	54			0.07	21.0
XIII	Rosalind	Voyager2	1986	69.94	2.74	0.558	0.00	0.28	27			0.07	22.5
XIV	Belinda	Voyager2	1986	75.26	2.94	0.624	0.00	0.03	33			0.07	22.1
XVIII	S/1986U10	Karkoschka	1999	77.30	3.0	0.637			20			0.07	
XV	Puck	Voyager2	1985	86.01	3.37	0.762	0.00	0.32	77			0.07	20.2
V	Miranda	Kuiper	1948	129.39	5.06	1.413	0.003	4.2	240×234×233	8×10^{-7}	1.3	0.27	16.3
I	Ariel	Lassell	1851	191.02	7.47	2.520	0.003	0.3	581×578×578	1.6×10^{-5}	1.7	0.35	14.2
II	Umbriel	Lassell	1851	266.30	10.42	4.144	0.005	0.36	585	1.4×10^{-5}	1.4	0.19	14.8
III	Titania	W. Herschel	1787	435.91	17.06	8.706	0.002	0.14	789	4.1×10^{-5}	1.7	0.28	13.7
IV	Oberon	W. Herschel	1787	583.52	22.83	13.463	0.001	0.10	761	3.5×10^{-5}	1.6	0.25	13.9
XVI	Caliban	Nicholson	1997	7,169	281	579 R	0.08	140 E	30			0.07	22.4
XVII	Sycorax	Nicholson	1997	12,214	477	1,289 R	0.5	153 E	60			0.07	20.9
해왕성													
III	Naiad	Voyager2	1989	48.23	1.95	0.294	0.000	4.74	29			0.06	24.7
IV	Thalassa	Voyager2	1989	50.07	2.02	0.311	0.000	0.21	40			0.06	23.8
V	Despina	Voyager2	1989	52.53	2.12	0.335	0.000	0.07	74			0.06	22.6
VI	Galatea	Voyager2	1989	61.95	2.50	0.429	0.000	0.05	79			0.06	22.3
VII	Larissa	Voyager2	1989	73.55	2.97	0.555	0.001	0.20	104×89			0.06	22.0
VIII	Proteus	Voyager2	1989	117.65	4.75	1.122	0.000	0.55	218×208×201			0.06	20.3
I	Triton	Lassell	1846	354.76	14.33	5.877 R	0.000	157.35	1,353	2.1×10^{-4}	2.1	0.77	13.5
II	Nereid	Kuiper	1949	5,513.4	222.6	360.136	0.751	27.6	170	2×10^{-7}	1.0	0.4	18.7

표 C.14 유명한 소행성들. a=궤도긴반지름, e=이심률, i=궤도경사각, d=지름, τ_{sid}=항성자전주기, p=기하학적 반사도, V_0=충에서 평균등급

	소행성명	발견자	발견된 해	a [AU]	e	i [°]	d [km]	τ_{sid} [h]	p	V_0	분류
1	Ceres	Piazzi	1801	2.77	0.08	10.6	946	9.08	0.07	7.9	C
2	Pallas	Olbers	1802	2.77	0.23	34.8	583	7.88	0.09	8.5	U
3	Juno	Harding	1804	2.67	0.26	13.0	249	7.21	0.16	9.8	S
4	Vesta	Olbers	1807	2.36	0.09	7.1	555	5.34	0.26	6.8	U
5	Astraea	Hencke	1845	2.58	0.19	5.3	116	16.81	0.13	11.2	S
6	Hebe	Hencke	1847	2.42	0.20	14.8	206	7.27	0.16	9.7	S
7	Iris	Hind	1847	2.39	0.23	5.5	222	7.14	0.20	9.4	S
8	Flora	Hind	1847	2.20	0.16	5.9	160	13.60	0.13	9.8	S
9	Metis	Graham	1848	2.39	0.12	5.6	168	5.06	0.12	10.4	S
10	Hygiea	DeGasparis	1849	3.14	0.12	3.8	443	18.00	0.05	10.6	C
243	Ida	Palisa	1884	2.86	0.04	1.1	32	4.63	0.16		
433	Eros	Witt	1898	1.46	0.22	10.8	20	5.27	0.18	11.5	S
588	Achilles	Wolf	1906	5.18	0.15	10.3	70	?	?	16.4	U
624	Hektor	Kopff	1907	5.16	0.03	18.3	230	6.92	0.03	15.3	U
944	Hidalgo	Baade	1920	5.85	0.66	42.4	30	10.06	?	19.2	MEU
951	Gaspra	Neujmin	1916	2.21	0.17	4.1	19	7.04	0.15		
1221	Amor	Delporte	1932	1.92	0.43	11.9	5	?	?	20.4	?
1566	Icarus	Baade	1949	1.08	0.83	22.9	2	2.27	?	12.3	U
1862	Apollo	Reinmuth	1932	1.47	0.56	6.4	2	?	?	16.3	?
2060	Chiron	Kowal	1977	13.64	0.38	6.9	320	?	?	17.3	?
5145	Pholus	Rabinowitz	1992	20.46	0.58	24.7	190				

표 C.15 주요 유성우

유성우	관측가능시간	최대	방사점		시간당 유성 수	관련 혜성
			α(적경)	δ(적위)		
Quadrantids	1월 1~5일	1월 3~4일	15.5h	+50°	30~40	
Lyrids	4월 19~25일	4월 22일	18.2h	+34°	10	Thatcher
η Aquarids	5월 1~12일	5월 5일	22.4h	−1°	5~10	Halley
Perseids	7월 20일~8월 18일	8월 12일	3.1h	+58°	40~50	Swift-Tuttle
κ Cygnids	8월 17~24일	8월 20일	19.1h	+59°	5	
Orionids	10월 17~26일	10월 21일	6.3h	+16°	10~15	Halley
Taurids	10월 10일~12월 5일	11월 1일	3.8h	+14°, +22°	5	Encke
Leonids	11월 14~20일	11월 17일	10.2h	+22°	10	Tempel-Tuttle
Geminids	12월 7~15일	12월 13~14일	7.5h	+33°	40~50	
Ursids	12월 17~24일	12월 22일	13.5h	+78°	5	

표 C.16 근일점을 여러 번 통과한 주기 혜성. N= 관측된 근일점 통과 횟수, τ=근일점 통과 시간, P=항성주기, q=근일점거리, e=이심률, ω=근일점의 이각(1950.0), Ω=승교점의 경도(1950.0), i=궤도경사각, $l=\Omega+\arctan(\tan\omega\cos i)$=근일점 경도, b=근일점 위도($\sin b=\sin\omega\sin i$), Q=원일점 거리. 궤도요소들은 행성에 의한 섭동과 증발하는 물질에 의한 반응력에 따라 달라지는데, 그러한 양을 추정하기는 어렵다.

혜성	N	τ	P [a]	q [AU]	e	ω [°]	Ω [°]	i [°]	l [°]	b [°]	Q [AU]
Encke	56	1994.02.09	3.28	0.331	0.850	186.3	334.0	11.9	160.2	−1.3	4.09
Grigg-Skjellerup	16	1992.07.24	5.10	0.995	0.664	359.3	212.6	21.1	212.0	−0.3	4.93
Honda-Mrkos-Pajdušáková	8	1990.09.12	5.30	0.541	0.822	325.8	88.6	4.2	54.5	−2.4	5.54
Tuttle-Giacobini-Kresák	8	1990.02.08	5.46	1.068	0.656	61.6	140.9	9.2	202.1	8.1	5.14
Tempel 2	19	1994.03.16	5.48	1.484	0.522	194.9	117.6	12.0	312.1	−3.1	4.73
Wirtanen	8	1991.09.21	5.50	1.083	0.652	356.2	81.6	11.7	77.9	−0.8	5.15
Clark	8	1989.11.28	5.51	1.556	0.501	208.9	59.1	9.5	267.7	−4.6	4.68
Forbes	8	1993.03.15	6.14	1.450	0.568	310.6	333.6	7.2	284.5	−5.4	5.25
Pons-Winnecke	20	1989.08.19	6.38	1.261	0.634	172.3	92.8	22.3	265.6	2.9	5.62
d'Arrest	15	1989.02.04	6.39	1.292	0.625	177.1	138.8	19.4	316.0	1.0	5.59
Schwassmann-Wachmann 2	11	1994.01.24	6.39	2.070	0.399	358.2	125.6	3.8	123.8	−0.1	4.82
Wolf-Harrington	8	1991.04.04	6.51	1.608	0.539	187.0	254.2	18.5	80.8	−2.2	5.37
Ciacobini-Zinner	12	1992.04.14	6.61	1.034	0.707	172.5	194.7	31.8	8.3	3.9	6.01
Reinmuth 2	8	1994.06.29	6.64	1.893	0.464	45.9	295.4	7.0	341.1	5.0	5.17
Perrine-Mrkos	8	1989.03.01	6.78	1.298	0.638	166.6	239.4	17.8	46.6	4.1	5.87
Arend-Rigaux	7	1991.10.03	6.82	1.438	0.600	329.1	121.4	17.9	91.7	−9.1	5.75
Borrelly	11	1987.12.18	6.86	1.357	0.624	353.3	74.8	30.3	69.0	−3.4	5.86
Brooks 2	14	1994.09.01	6.89	1.843	0.491	198.0	176.2	5.5	14.1	−1.7	5.40
Finlay	11	1988.06.05	6.95	1.094	0.700	322.2	41.7	3.6	4.0	−2.2	6.19
Johnson	7	1990.11.19	6.97	2.313	0.366	208.3	116.7	13.7	324.3	−6.4	4.98
Daniel	8	1992.08.31	7.06	1.650	0.552	11.0	68.4	20.1	78.7	3.8	5.71
Holmes	8	1993.04.10	7.09	2.177	0.410	23.2	327.3	19.2	349.4	7.4	5.21
Reinmuth 1	8	1988.05.10	7.29	1.869	0.503	13.0	119.2	8.1	132.0	1.8	5.65
Faye	19	1991.11.15	7.34	1.593	0.578	204.0	198.9	9.1	42.6	−3.7	5.96
Ashbrook-Jackson	7	1993.07.13	7.49	2.316	0.395	348.7	2.0	12.5	350.9	−2.4	5.34
Schaumasse	10	1993.03.05	8.22	1.202	0.705	57.5	80.4	11.8	137.3	10.0	6.94
Wolf	14	1992.08.28	8.25	2.428	0.406	162.3	203.4	27.5	7.6	8.1	5.74
Whipple	9	1994.12.22	8.53	3.094	0.259	201.9	181.8	9.9	23.4	−3.7	5.25
Comas Solá	8	1987.08.18	8.78	1.830	0.570	45.5	60.4	13.0	105.2	9.2	6.68
Väisälä 1	6	1993.04.29	10.8	1.783	0.635	47.4	134.4	11.6	181.2	8.5	7.98
Tuttle	11	1994.06.27	13.5	0.998	0.824	206.7	269.8	54.7	106.1	−21.5	10.3
Halley	30	1986.02.09	76.0	0.587	0.967	111.8	58.1	162.2	305.3	16.4	35.3

표 C.17 가까운 별들. V=겉보기안시등급, $B-V$=색지수, r=거리, μ=고유운동, v_r=시선속도(멀어지는 경우 양의 값)

이름	α_{2000}		δ_{2000}		V	$B-V$	분광형	r [pc]	μ [″/년]	v_r [km s^{-1}]
	[h]	[min]	[°]	[′]						
Sun					−26.8	0.6	G2V			
α Cen C(Proxima)	14	29.7	−62	41	11.0	2.0	M5eV	1.30	3.9	−16
α Cen A	14	39.6	−60	50	−0.0	0.7	G2V	1.33	3.7	−22
α Cen B	14	39.6	−60	50	1.3	0.9	K1V	1.33	3.7	−22
Barnard's star	17	57.8	4	42	9.5	1.7	M5V	1.83	10.3	−108
Wolf359	10	56.5	7	01	13.5	2.0	M6eV	2.39	4.7	+13
BD+36°2147	11	03.3	35	58	7.5	1.5	M2V	2.54	4.8	−86
α CMa(Sirius) A	6	45.1	−16	43	−1.5	0.0	A1V	2.66	1.3	−8
α CMa(Sirius) B	6	45.1	−16	43	8.4		wdA	2.66	1.3	−8
Luyten 726−8 A	1	39.0	−17	57	12.5		M6eV	2.66	3.3	+29
Luyten 726−8 B (UVCet)	1	39.0	−17	57	13.0		M6eV	2.66	3.3	+32
Ross 154	18	49.8	−23	50	10.4		M4eV	2.92	0.7	−4
Ross 248	23	41.9	44	11	12.2	1.9	M5eV	3.13	1.6	−81
ε Eri	3	32.9	−9	27	3.7	0.9	K2V	3.26	1.0	+16
Ross 128	11	47.7	0	48	11.1	1.8	M5V	3.31	1.4	−13
Luyten 789−6 A	22	38.6	−15	17	12.8	2.0	M5eV	3.40	3.3	−60
Luyten 789−6 B	22	38.6	−15	17	13.3			3.40	3.3	−60
BD+43°44 A	0	18.4	44	01	8.1	1.6	M3V	3.44	2.9	+13
BD+43°44 B	0	18.4	44	01	11.0	1.8	M6V	3.44	2.9	+20
ε Ind	22	03.4	−56	47	4.7	1.1	K5V	3.45	4.7	−40
BD+59°1915 A	18	42.8	59	38	8.9	1.5	M4V	3.45	2.3	0
BD+59°1915 B	18	42.8	59	38	9.7	1.6	M4V	3.45	2.3	+10
61Cyg A	21	06.9	38	45	5.2	1.2	K5V	3.46	5.2	−64
61Cyg B	21	06.9	38	45	6.0	1.4	K7V	3.46	5.2	−64
τ Cet	1	43.1	−15	56	3.5	0.7	G8V	3.48	1.9	−16
CD−36°15693	23	05.9	−35	51	7.4	1.5	M2V	3.51	6.9	+10
α CMi(Procyon) A	7	39.3	5	14	0.4	0.4	F5IV	3.51	1.3	−3
α CMi(Procyon) B	7	39.3	5	14	10.7		wdF	3.51	1.3	
G51−15	8	29.8	26	47	14.8		M7V	3.62	1.3	
BD+5°1668	7	27.4	5	13	9.8	1.6	M4V	3.76	3.8	+26
Luyten 725−32	1	12.6	−17	00	11.8		M6eV	3.77	1.4	
Kapteyn's star	5	11.7	−45	01	8.8	1.6	M1VI	3.85	8.8	+245
CD−39°14192	21	17.2	−38	52	6.7	1.4	M0eV	3.85	3.5	+21
Krüger 60 A	22	28.0	57	42	9.9	1.6	M3V	3.95	0.9	−26
Krüger 60 B	22	28.0	57	42	11.5	1.8	M4eV	3.95	0.9	−26
Ross 614 A	6	29.4	−2	49	11.2	1.7	M4eV	4.13	1.0	+24
Ross 614 B	6	29.4	−2	49	14.8			4.13	1.0	+24
BD−12°4523	16	30.3	−12	40	10.2	1.6	M5V	4.15	1.2	−13
Wolf 424 A	12	33.3	9	01	13.2	1.8	M6V	4.29	1.8	−5
Wo1f 424 B	12	33.3	9	01	13.2			4.29	1.8	−5

표 C.17 (계속)

이름	α_{2000}		δ_{2000}		V	$B-V$	분광형	r	μ	v_r
	[h]	[min]	[°]	[′]				[pc]	[″/년]	[km s^{-1}]
van Maanen's star	0	49.2	5	23	12.4	0.6	wdG	4.33	3.0	+54
Luyten 1159−16	2	00.2	13	03	12.2		M5eV	4.48	2.1	
CD−37°15492	0	05.4	−37	21	8.6	1.5	M3V	4.48	6.1	+23
Luyten 143−23	10	44.5	−61	12	13.9		dM	4.48	1.7	
CD−46°11540	17	28.7	−46	54	9.4	1.5	M3	4.52	1.1	
LP731−58	10	48.2	−11	20	15.6		M7V	4.55	1.6	
Luyten 145−141	11	45.7	−64	50	11.4	0.2	wdA	4.57	2.7	
BD+68°946	17	36.4	68	20	9.1	1.5	M3V	4.63	1.3	−22
CD−49°13515	21	33.6	−49	01	8.7	1.5	M2V	4.63	0.8	+8
BD+50°1725	10	11.3	49	27	6.6	1.4	K2V	4.67	1.5	−26
G 158−27	0	06.7	−07	32	13.7		M5V	4.67	2.1	
BD−15°6290	22	53.3	−14	18	10.2	1.6	M4V	4.69	1.1	+9
CD−44°11909	17	37.1	−44	19	11.0		M5V	4.72	1.1	
G208−44/45 A	19	53.9	44	25	13.4		M6eV	4.72	0.7	
G208−44/45 B	19	53.9	44	25	14.3		dM	4.72	0.7	
G208−44/45 C	19	53.9	44	25	15.5		dM	4.72	0.7	
o^2 Eri A	4	15.3	−7	39	4.4	0.8	K0V	4.76	4.0	−43
o^2 Eri B	4	15.3	−7	39	9.5	0.0	wdA	4.76	4.0	−21
o^2 Eri C	4	15.3	−7	39	11.2	1.7	M4eV	4.76	4.0	−45
BD+20°2465	10	19.6	19	52	9.4	1.5	M4V	4.88	0.5	+11
70 Oph A	18	05.5	2	30	4.2	0.9	K0V	4.98	1.1	−7
70 Oph B	18	05.5	2	30	6.0		K5V	4.98	1.1	−10
BD+44°2051 A	11	05.5	43	32	8.7		M2V	5.00	4.5	+65
BD+44°2051 B	11	05.5	43	32	14.4		M5eV	5.00	4.5	+65
α Aql(Altair)	19	50.8	8	52	0.8	0.2	A7V	5.08	0.7	−26

표 C.18 밝은 별들($V \leq 2$). V=겉보기안시등급, $B-V$=색지수, r=거리. 비고 : b=쌍성, sb=분광 쌍성, v=변광성

이름		α_{2000} [h]	[min]	δ_{2000} [°]	[′]	V	$B-V$	분광형	r [pc]	비고
α CMa	Sirius	6	45.2	−16	43	−1.5	0.0	A1V,wdA	2.7	b
α Car	Canopus	6	24.0	−52	42	−0.7	0.2	A9II	60	
α Cen	Rigil Kentaurus	14	39.6	−60	50	−0.3	0.7	G2V,K1V	1.3	b, Proxima 분리각 2.2°
α Boo	Arcturus	14	15.7	19	11	−0.0	1.2	K2IIIp	11	
α Lyr	Vega	18	36.9	38	47	0.0	0.0	A0V	8	
α Aur	Capella	5	16.7	46	00	0.1	0.8	G2III,G6III	14	b
β Ori	Rigel	5	14.5	−8	12	0.1	−0.0	B8Ia	90	b
α CMi	Procyon	7	39.3	5	14	0.4	0.4	F5IV,wdF	3.5	b
α Eri	Achernar	1	37.7	−57	14	0.5	−0.2	B3Vp	40	
α Ori	Betelgeuze	5	55.2	7	24	0.5	1.9	M2I	200	v 0.4−1.3, sb
β Cen	Hadar	14	03.8	−60	22	0.6	−0.2	B1III	60	b
α Aql	Altair	19	50.8	8	52	0.8	0.2	A7V	5.1	
α Cru	Acrux	12	26.6	−63	06	0.8	−0.3	B0.5IV,B1V	120	b 1.6+2.1
α Tau	Aldebaran	4	35.9	16	31	0.9	1.5	K5III	20	b, v
α Vir	Spica	13	25.2	−11	10	1.0	−0.2	B1IV	50	sb, 여러 성분
α Sco	Antares	16	29.4	−26	26	1.0	1.8	M1.5I,B2.5V	50	v 0.9−1.8
β Gem	Pollux	7	45.3	28	02	1.2	1.1	K0III	11	
α PsA	Fomalhaut	22	57.6	−29	37	1.2	0.1	A3V	7.0	
α Cyg	Deneb	20	41.4	45	17	1.3	0.1	A2Ia	500	
β Cru	Mimosa	12	47.7	−59	41	1.3	−0.2	B0.5III	150	v, sb
α Leo	Regulus	10	08.4	11	58	1.4	−0.1	B7V	26	b
ϵ CMa	Adhara	6	58.6	−28	58	1.5	−0.2	B2II	170	b
α Gem	Castor	7	34.6	31	53	1.6	0.0	A1V,A2V	14	b
γ Cru	Gacrux	12	31.2	−57	07	1.6	1.6	M3.5III	40	v
λ Sco	Shaula	17	33.6	−37	06	1.6	−0.2	B1.5IV		v
γ Ori	Bellatrix	5	25.1	6	21	1.6	−0.2	B2III	40	
β Tau	Elnath	5	26.3	28	36	1.7	−0.1	B7III	55	
β Car	Miaplacidus	9	13.2	−69	43	1.7	0.0	A1III	30	
ϵ Ori	Alnilam	5	36.2	−1	12	1.7	−0.2	B0Ia		
α Gru	Al Na'ir	22	08.2	−46	58	1.7	−0.1	B7IV	20	
ϵ UMa	Alioth	12	54.0	55	58	1.8	−0.0	A0IVp	120	v
γ Vel	Regor	8	09.5	−47	20	1.8	−0.2	WC8,B1IV		b 1.8+4.3, 각각 sb
α Per	Mirfak	3	24.3	49	52	1.8	0.5	F5Ib	35	
α UMa	Dubhe	11	03.7	61	45	1.8	1.1	K0III	30	b
ϵ Sgr	Kaus Australis	18	24.2	−34	23	1.9	−0.0	A0II	70	
δ CMa	Wezen	7	08.4	−26	23	1.9	0.7	F8Ia		
ϵ Car	Avior	8	22.5	−59	31	1.9	1.3	K3III,B2V	25	sb
η UMa	Alkaid	13	47.5	49	19	1.9	−0.2	B3V		
θ Sco	Girtab	17	37.3	−43	00	1.9	0.4	F0II	50	
β Aur	Menkalinan	5	59.6	44	57	1.9	0.0	A1IV	30	
ζ Ori	Alnitak	5	40.8	−1	57	1.9	−0.2	O9.5Ib,B0III	45	b2.1+4.2
α TrA	Atria	16	48.7	−69	02	1.9	1.4	K2II−III	40	
γ Gem	Alhena	6	37.7	16	24	1.9	0.0	A1IV	30	
α Pav	Peacock	20	25.7	−56	44	1.9	−0.2	B3V		
δ Vel		8	44.7	−54	43	2.0	0.0	A1V	20	
β CMa	Mirzam	6	22.7	−17	57	2.0	−0.2	B1II−III	70	v
α Hya	Alphard	9	27.6	−8	40	2.0	1.4	K3II−III	60	
α Ari	Hamal	2	07.2	23	28	2.0	1.2	K2III	25	

표 C.19 쌍성계. 각 별의 등급은 m_1과 m_2이고, d=분리각, r=거리

이름		α_{2000} [h]	[min]	δ_{2000} [°]	[′]	m_1	m_2	분광형		d [″]	r [pc]
η Cas	Achird	0	49.1	57	49	3.7	7.5	G0V	M0	12	6
γ Ari	Mesarthim	1	53.5	19	18	4.8	4.9	A1p	B9V	8	40
α Psc	Alrescha	2	02.0	2	46	4.3	5.3	A0p	A3m	2	60
γ And	Alamak	2	03.9	42	20	2.4	5.1	K3IIb	B8V, A0V	10	100
δ Ori	Mintaka	5	32.0	−0	18	2.5	7.0	B0III, O9V	B2V	52	70
λ Ori	Meissa	5	35.1	9	56	3.7	5.7	O8e	B0.5V	4	140
ζ Ori	Alnitak	5	40.8	−1	56	2.1	4.2	O9.51be	B0III	2	40
α Gem	Castor	7	34.6	31	53	2.0	3.0	A1V	A5Vm	3	15
γ Leo	Algieba	10	20.0	19	50	2.6	3.8	K1III	G7III	4	80
ξ UMa	Alula Australis	11	18.2	31	32	4.4	4.9	G0V	G0V	1	7
α Cru	Acrux	12	26.6	−63	06	1.6	2.1	B0.5IV	B1V	4	120
γ Vir	Porrima	12	41.7	−1	27	3.7	3.7	F0V	F0V	3	10
α CVn	Cor Caroli	12	56.1	38	18	2.9	5.5	A0p	F0V	20	40
ζ UMa	Mizar	13	23.9	54	56	2.4	4.1	A1Vp	A1m	14	21
α Cen	Rigil Kentaurus	14	39.6	−60	50	0.0	1.3	G2V	K1V	21	1.3
ϵ Boo	Izar	14	45.0	27	04	2.7	5.3	K0II-III	A2V	3	60
δ Ser		15	34.8	10	32	4.2	5.3	F0IV	F0IV	4	50
β Sco	Graffias	16	05.4	−19	48	2.6	4.9	B1V	B2V	14	110
α Her	Rasalgethi	17	14.6	14	23	3.0−4.0	5.7	M5Ib-II	G5III, F2V	5	120
ρ Her		17	23.7	37	08	4.5	5.5	B9.5III	A0V	4	
70 Oph		18	05.5	2	30	4.3	6.1	K0V	K5V	2	5
ϵ Lyr		18	44.3	39	40	4.8	4.4	A4V, F1V	A8V, F0V	208	50
ϵ^1 Lyr		18	44.3	39	40	5.1	6.2	A4V	F1V	3	50
ϵ^2 Lyr		18	44.4	39	37	5.1	5.3	A8V	F0V	2	50
ζ Lyr		18	44.8	37	36	4.3	5.7	Am	F0IV	44	30
θ Ser	Alya	18	56.2	4	12	4.5	4.9	A5V	A5V	22	30
γ Del		20	46.7	16	07	4.5	5.4	K1IV	F7V	10	40
ζ Aqr		22	28.8	−0	01	4.4	4.6	F3V	F6IV	2	30
δ Cep		22	29.1	58	24	3.5−4.3	7.5	F5Ib-G2Ib	B7IV	41	90

표 C.20 우리은하의 특성

성질	값
질량	$> 2 \times 10^{11} M_\odot$
원반의 지름	30 kpc
원반의 두께(별)	1 kpc
원반의 두께(가스와 티끌)	200 pc
헤일로의 지름	50 kpc
은하 중심에서 태양의 거리	8.5 kpc
태양의 궤도 속도	220 km s^{-1}
태양의 회전주기	240×10^6 년
은하 중심 방향(2000.0)	α= 17 h 45.7 min δ=−29°00′
은하의 북극 방향(2000.0)	α= 12 h 51.4 min δ=+27°08′
천구의 북극의 은하 좌표	l= 123°00′ b=+27°08′

표 C.21 국부 은하군의 구성원. V=겉보기안시등급, M_V=절대안시등급, r=거리

	α_{2000}		δ_{2000}		은하의 형태	V	M_V	r
	[h]	[min]	[°]	[′]				[kpc]
Milky Way	17	45.7	−29	00	Sbc		−20.9	8
NGC 224=M31	00	42.7	41	16	Sb	3.2	−21.2	760
NGC 598=M33	01	33.8	30	30	Sc	5.6	−18.9	790
Large Magellanic Cloud	05	19.6	−69	27	Irr	0.0	−18.5	50
Small Magellanic Cloud	00	52.6	−72	48	Irr	1.8	−17.1	60
NGC 221=M32	00	42.7	40	52	E2	7.9	−16.5	760
NGC 205	00	40.4	41	41	dE5	8.0	−16.4	760
IC 10	00	20.4	59	17	Irr	7.8	−16.3	660
NGC 6822	19	44.9	−14	48	Irr	7.5	−16.0	500
NGC 185	00	39.0	48	20	dE3	8.5	−15.6	660
IC 1613	01	04.8	02	08	Irr	9.0	−15.3	720
NGC 147	00	33.2	48	30	dE4	9.0	−15.1	660
WLM	00	02.0	−15	28	Irr	10.4	−14.4	930
Sagittarius	18	55.1	−30	29	dE7	3.1	−13.8	24
Fornax	02	39.9	−34	30	dE3	7.6	−13.1	140
Pegasus	23	28.6	14	45	Irr	12.1	−12.3	760
Leo I	10	08.4	12	18	dE3	10.1	−11.9	250
And II	01	16.5	33	26	dE3	12.4	−11.8	700
And I	00	45.7	38	00	dE0	12.7	−11.8	810
Leo A	09	59.4	30	45	Irr	12.7	−11.5	690
Aquarius	20	46.9	−12	51	Irr	13.7	−11.3	1020
SagDIG	19	30.0	−17	41	Irr	15.0	−10.7	1400
Pegasus II = And VI	23	51.7	24	36	dE	14.0	−10.6	830
Pisces = LGS 3	01	03.9	21	54	Irr	14.1	−10.4	810
And III	00	35.3	36	30	dE6	14.2	−10.2	760
And V	01	10.3	47	38	dE	14.3	−10.2	810
Leo II	11	13.5	22	10	dE0	11.5	−10.1	210
Cetus	00	26.1	−11	02	dE	14.3	−10.1	780
Sculptor	01	00.1	−33	43	dE3	10.0	−9.8	90
Phoenix	01	51.1	−44	27	Irr	13.2	−9.8	400
Tucana	22	41.8	−64	25	dE5	15.1	−9.6	870
Sextans	10	13.0	−01	37	dE4	10.3	−9.5	90
Cassiopeia = And VII	23	26.5	50	42	dE	14.7	−9.5	690
Carina	06	41.6	−50	58	dE4	10.6	−9.4	100
Ursa Minor	15	08.8	67	07	dE5	10.0	−8.9	60
Draco	17	20.3	57	55	dE3	10.9	−8.6	80
Ursa Major	158	43.2	51	55	dE	13.2	−6.8	100
Canes Venatici	13	28.0	33	33	dE	13.9	−7.9	220
Boötes	14	00.0	14	30	dE	13.3	−5.7	60
Ursa Major II	08	51.5	63	08	dE	14.3	−3.8	30
Coma Berenices	12	27.0	23	54	dE	14.5	−3.7	44
Canes Venatici II	12	57.2	34	19	dE	15.1	−4.8	150
Hercules	16	31.0	12	47.5	dE	14.7	−6.0	140
Leo IV	11	33.0	−0	32	dE	15.9	−5.1	160
And IX	00	52.9	43	12	dE	16.2	−8.3	760
And X	01	06.5	44	48	dE	16.1	−8.1	710
And XI	00	46.3	33	48	dE	17.2	−7.3	760
And XII	00	47.5	34	22	dE	18.1	−6.4	760
And XIII	00	51.8	33	00	dE	17.6	−6.9	760

표 C.22 가시광에서 밝은 은하들. B=겉보기청색등급, d=각지름, r=거리

이름	σ_{2000}		δ_{2000}		은하의 형태	B	d [″]	r [Mpc]
	[h]	[min]	[°]	[′]				
NGC 55	0	15.1	−39	13	Sc/Irr	7.9	30×5	2.3
NGC 205	0	40.4	41	41	E6	8.9	12×6	0.7
NGC 221=M32	0	42.7	40	52	E2	9.1	3.4×2.9	0.7
NGC 224=M31	0	42.8	41	16	Sb	4.3	163×42	0.7
NGC 247	0	47.2	−20	46	S	9.5	21×8	2.3
NGC 253	0	47.6	−25	17	Sc	7.0	22×5	2.3
Small Magellanic Cloud	0	52.6	−72	48	Irr	2.9	216×216	0.06
NGC 300	0	54.9	−37	41	Sc	8.7	22×16	2.3
NGC 598=M33	1	33.9	30	39	Sc	6.2	61×42	0.7
Fornax	2	39.9	−34	32	dE	9.1	50×35	0.2
Large Magellanic Cloud	5	23.6	−69	45	Irr/Sc	0.9	432×432	0.05
NGC 2403	7	36.9	65	36	Sc	8.8	22×12	2.0
NGC 2903	9	32.1	21	30	Sb	9.5	16×7	5.8
NGC 3031=M81	9	55.6	69	04	Sb	7.8	25×12	2.0
NGC 3034=M82	9	55.9	69	41	Sc	9.2	10×1.5	2.0
NGC 4258=M106	12	19.0	47	18	Sb	8.9	19×7	4.3
NGC 4472=M49	12	29.8	8	00	E4	9.3	10×7	11
NGC 4594=M104	12	40.0	−11	37	Sb	9.2	8×5	11
NGC 4736=M94	12	50.9	41	07	Sb	8.9	13×12	4.3
NGC 4826=M64	12	56.8	21	41		9.3	10×4	3.7
NGC 4945	13	05.4	−49	28	Sb	8.0	20×4	3.9
NGC 5055=M63	13	15.8	42	02	Sb	9.3	8×3	4.3
NGC 5128=Cen A	13	25.5	−43	01	E0	7.9	23×20	3.9
NGC 5194=M51	13	29.9	47	12	Sc	8.9	11×6	4.3
NGC 5236=M83	13	37.0	−29	52	Sc	7.0	13×12	2.4
NGC 5457=M101	14	03.2	54	21	Sc	8.2	23×21	4.3
NGC 6822	19	45.0	−14	48	Irr	9.2	20×10	0.7

표 C.23 별자리. 첫 번째 행은 별의 이름을 만드는 데 사용하는 별자리 라틴명의 약어를 준다.

약어	라틴명	소유격	우리말 별자리
And	Andromeda	Andromedae	안드로메다
Ant	Antlia	Antliae	공기 펌프
Aps	Apus	Apodis	극락조
Aql	Aquila	Aquilae	독수리
Aqr	Aquarius	Aquarii	물병
Ara	Ara	Arae	제단
Ari	Aries	Arietis	양
Aur	Auriga	Aurigae	마차부
Boo	Boötes	Boötis	목동
Cae	Caelum	Caeli	조각칼
Cam	Camelopardalis	Camelopardalis	기린
Cnc	Cancer	Cancri	게
CMa	Canis Major	Canis Majoris	큰개
CMi	Canis Minor	Canis Minoris	작은개
Cap	Capricornus	Capricorni	염소
Car	Carina	Carinae	용골
Cas	Cassiopeia	Cassiopeiae	카시오페이아
Cen	Centaurus	Centauri	센타우루스
Cep	Cepheus	Cephei	세페우스
Cet	Cetus	Ceti	고래
Cha	Chamaeleon	Chamaeleontis	카멜레온
Cir	Circinus	Circini	컴퍼스
Col	Columba	Columbae	비둘기
Com	Coma Berenices	Comae Berenices	머리털
CrA	Corona Austrina	Coronae Austrinae	남쪽왕관
CrB	Corona Borealis	Coronae Borealis	북쪽왕관
Crv	Corvus	Corvi	까마귀
Crt	Crater	Crateris	컵
Cru	Crux	Crucis	남십자
CVn	Canes Venatici	Canum Venaticorum	사냥개
Cyg	Cygnus	Cygni	백조
Del	Delphinus	Delphini	돌고래
Dor	Dorado	Doradus	황새치
Dra	Draco	Draconis	용
Equ	Equuleus	Equulei	조랑말
Eri	Eridanus	Eridani	에리다누스
For	Fornax	Fornacis	화로
Gem	Gemini	Geminorum	쌍둥이
Gru	Grus	Gruis	두루미
Her	Hercules	Herculis	허큘리스
Hor	Horologium	Horologii	시계
Hya	Hydra	Hydrae	바다뱀
Hyi	Hydrus	Hydri	물뱀
Ind	Indus	Indi	인도인
Lac	Lacerta	Lacertae	도마뱀

표 C.23 (계속)

약어	라틴명	소유격	우리말 별자리
Leo	Leo	Leonis	사자
Lep	Lepus	Leporis	토끼
Lib	Libra	Librae	천칭
LMi	Leo Minor	Leonis Minoris	작은사자
Lup	Lupus	Lupi	이리
Lyn	Lynx	Lyncis	살쾡이
Lyr	Lyra	Lyrae	거문고
Men	Mensa	Mensae	멘사
Mic	Microscopium	Microscopii	현미경
Mon	Monoceros	Monocerotis	외뿔소
Mus	Musca	Muscae	파리
Nor	Norma	Normae	직각자
Oct	Octans	Octantis	팔분의
Oph	Ophiuchus	Ophiuchi	뱀주인
Ori	Orion	Orionis	오리온
Pav	Pavo	Pavonis	공작
Peg	Pegasus	Pegasi	페가수스
Per	Perseus	Persei	페르세우스
Phe	Phoenix	Phoenicis	봉황새
Pic	Pictor	Pictoris	화가
PsA	Piscis Austrinus	Piscis Austrini	남쪽물고기
Psc	Pisces	Piscium	물고기
Pup	Puppis	Puppis	고물
Pyx	Pyxis	Pyxidis	나침반
Ret	Reticulum	Reticuli	그물
Scl	Sculptor	Sculptoris	조각가
Sco	Scorpius	Scorpii	전갈
Sct	Scutum	Scuti	방패
Ser	Serpens	Serpentis	뱀
Sex	Sextans	Sextantis	육분의
Sge	Sagitta	Sagittae	화살
Sgr	Sagittarius	Sagittarii	궁수
Tau	Taurus	Tauri	황소
Tel	Telescopium	Telescopii	망원경
TrA	Triangulum Australe	Trianguli Australis	남쪽삼각형
Tri	Triangulum	Trianguli	삼각형
Tuc	Tucana	Tucanae	큰부리새
UMa	Ursa Major	Ursae Majoris	큰곰
UMi	Ursa Minor	Ursae Minoris	작은곰
Vel	Vela	Velorum	돛
Vir	Virgo	Virginis	처녀
Vol	Volans	Volantis	날치
Vul	Vulpecula	Vulpeculae	여우

표 C.24 대형 광학망원경. D=반사경의 지름

망원경	위치	완성된 해	D [m]
Gran TeCan	La Palma	2009	10.4
William M. Keck Telescope I	Mauna Kea, Hawaii	1992	10
William M. Keck Telescope II	Mauna Kea, Hawaii	1996	10
Southern African Large Telescope	Sutherland, South Africa	2005	10
Subaru Telescope	Mauna Kea, Hawaii	1999	8.3
Large Binocular Telescope 1	Mt. Graham, Arizona	2005	8.4
Kueyen Telescope (VLT 2)	Cerro Paranal, Chile	1999	8.2
Melipal Telescope (VLT 3)	Cerro Paranal, Chile	2000	8.2
Yepun Telescope (VLT 4)	Cerro Paranal, Chile	2000	8.2
Gemini North Telescope	Mauna Kea, Hawaii	1999	8.1
Gemini South Telescope	Cerro Pachon, Chile	2000	8.1
Multi-Mirror Telescope	Mt. Hopkins, Arizona	1999	6.5
Walter Baade (Magellan 1 Telescope)	Las Campanas, Chile	2000	6.5
Landon Clay (Magellan 2 Telescope)	Las Campanas, Chile	2002	6.5

표 C.25 대형 포물면 전파망원경. D=반사경의 지름, λ_{min}=최단 파장

전파망원경	위치	완성된 해	D [m]	λ_{min} [cm]	비고
Arecibo	Puerto Rico, USA	1963	305	5	경면이 땅에 고정되어 있어 추적에 한계가 있다.
Green Bank	West Virginia, USA	2001	100×110	0.3	완전 조향이 가능한 전파망원경으로는 세계 최대 구경이다.
Effelsberg	Bonn, Germany	1973	100	0.8	
Jodrell Bank	Macclesfield, Great Britain	1957	76.2	10~20	최초로 건설된 대형 포물면 전파망원경
Jevpatoria	Crimea	1979	70	1.5	
Parkes	Australia	1961	64	2.5	경면 중앙부 17m는 3mm 파장까지 관측할 수 있다.
Goldstone	California, USA		64	1.5	NASA의 딥스페이스 네트워크에 속하였다.
Tidbinbilla	Australia		64	1.3	NASA
Madrid	Spain		64	1.3	NASA

표 C.26 밀리미터와 서브밀리미터 파장대에서의 전파망원경과 전파 간섭계들. h=해발고도, D=안테나의 지름, λ_{min}=최단 파장

운영기관	위치	h [m]	D [m]	λ_{min} [min]	비고 : 최초 사용시기
NRAO, VLA	New Mexico, USA	2124	25	7	안테나 27기 d_{max}=36.6km 1976
NRAO,VLBA	USA	16–3720	25	13	안테나 10기 1988–1993
Max-Planck-Institut für Radioastronomie & University of Arizona	Mt. Graham, USA	3250	10	0.3	1994
California Institute of Technology	Mauna Kea, Hawaii	4100	10.4	0.3	1986
Science Research Council England & Holland	Mauna Kea, Hawaii	4100	15.0	0.5	The James Clerk Maxwell Telescope 1986
California Institute of Technology	Owens Valley, USA	1220	10.4	0.5	안테나 3기 간섭계 1980
Sweden-ESO Southern Hemisphere Millimeter Antenna (SEST)	La Silla, Chile	2400	15.0	0.6	1987
Institut de Radioastronomie Millimetrique (IRAM), France & Germany	Plateau de Bure, France	2550	15.0	0.6	안테나 3기 간섭계 1990, 네 번째 안테나 1993
IRAM	Pica Veleta, Spain	2850	30.0	0.9	1984
National Radio Astronomy Observatory (NRAO)	Kitt Peak, USA	1940	12.0	0.9	1983 (1969)
University of Massachusetts	New Salem, USA	300	13.7	1.9	radom 1978
University of California, Berkeley	Hat Creek Observatory	1040	6.1	2	안테나 3기 간섭계 1968
Purple Mountain Observatory	Nanjing, China	3000	13.7	2	radom 1987
Daeduk Radio Astronomy Observatory	Daejeon, South-Korea	300	13.7	2	radom 1987
University of Tokyo	Nobeyama, Japan	1350	45.0	2.6	1982
University of Tokyo	Nobeyama, Japan	1350	10.0	2.6	안테나 5기 간섭계 1984
Chalmers University of Technology	Onsala, Sweden	10	20.0	2.6	radom 1976

표 C.27 주요 천문학 위성과 우주탐사선(1980~2002년)

위성	운용 국가	발사일	목표점
Solar Max	USA	1980.02.14	태양
Venera 13	SU	1981.10.30	금성
Venera 14	SU	1981.11.04	금성
IRAS	USA	1983.01.25	적외선
Astron	SU	1983.03.23	자외선
Venera 15	SU	1983.06.02	금성
Venera 16	SU	1983.06.07	금성
Exosat	ESA/USA	1983.05.26	엑스선
Vega 1	SU	1984.12.15	금성/핼리 혜성
Vega 2	SU	1984.12.21	금성/핼리 혜성
Giotto	ESA	1985.07.02	핼리 혜성
Suisei	Japan	1985.08.18	핼리 혜성
Ginga	Japan	1987.02.05	엑스선
Magellan	USA	1989.05.04	금성
Hipparcos	ESA	1989.08.08	측성학
COBE	USA	1989.11.18	우주배경복사
Galileo	USA	1989.10.18	목성 및 기타
Granat	SU	1989.12.01	감마선
Hubble	USA/ESA	1990.04.24	자외선, 가시광
Rosat	Germany	1990.06.01	엑스선
Gamma	SU	1990.07.11	감마선
Ulysses	ESA	1990.10.06	태양
Compton	USA	1991.04.05	감마선
EUVE	USA	1992.06.07	극자외선
Asuka	Japan	1993.02.20	엑스선
Clementine	USA	1994.01.25	달
ISO	ESA	1995.11.17	적외선
SOHO	ESA	1995.12.02	태양
Near-Shoemaker	USA	1996.02.17	소행성 마틸다, 에로스
BeppoSAX	Italy	1996.04.30	엑스선
Mars Global Surveyor	USA	1996.11.07	화성
Cassini/Huygens	USA/ESA	1997.10.15	토성, 타이탄
Mars Pathfinder/Sojourner	USA	1996.12.04	화성
Lunar Prospector	USA	1998.01.06	달
Nozomi	Japan	1998.07.04	화성
Deep Space 1	USA	1998.10.24	소행성 브레일리, 보렐리
Stardust	USA	1999.02.07	빌트 2 혜성
Chandra	USA	1999.07.23	엑스선
XMM-Newton	ESA	1999.12.10	엑스선
Hete 2	USA	2000.10.09	감마선
Mars Odyssey	USA	2001.04.07	화성
MAP	USA	2001.06.30	우주배경복사

표 C.27 (계속)

위성	운용 국가	발사일	목표점
Genesis	USA	2001.08.08	태양입자
RHESSI	USA	2002.02.05	태양
Grace	Gernany-USA	2002.03.17	지구의 중력
Integral	ESA	2002.10.17	감마선
Galex	USA	2003.04.28	은하
Hayabusa	Japan	2003.05.09	소행성 이토카와
Mars Express	ESA	2003.06.02	화성
Spirit	USA	2003.06.10	화성
Opportunity	USA	2003.07.08	화성
Spitzer	USA	2003.06.10	적외선
Smart-1	ESA	2003.09.28	달
Rosetta	ESA	2004.03.02	Churyumov-Gerasimenko 혜성
Gravity Probe B	USA	2004.04.20	상대론
Messenger	USA	2004.08.03	수성
Swift	USA	2004.11.20	감마선폭발체
Deep Impact	USA	2005.01.12	템플 1
Mars Recon Orbiter	USA	2005.08.12	화성
Venus Express	ESA	2005.11.09	금성
New Horizons	USA	2006.01.19	명왕성
Akari	Japan	2006.02.22	적외선

연습문제 해답

제2장

2.1 거리는 7,640km. 가장 북쪽인 지점은 북그린란드에 위치한 79°N, 45°W이다. 북극에서 1,250km 떨어졌다.

2.2 별은 천정의 남쪽 또는 북쪽에서 자오선을 지날 수 있다. 남쪽인 경우 $\delta = 65°$, $\phi = 70°$이고, 북쪽인 경우 $\delta = 70°$, $\phi = 65°$이다.

2.3 a) $\phi > 58° \ 7'$. 대기의 굴절을 고려하면, 한계치는 $57° \ 24'$이다.

b) $\phi = \delta = 7° \ 24'$.

c) $-59° \ 10' \leq \phi \leq -0° \ 50'$

2.4 천문학 지식이 형편없이 낮다.

2.5 $\lambda_{\odot} = 70° \ 22'$, $\beta_{\odot} = 0° \ 0'$, $\lambda_{\oplus} = 250° \ 22'$, $\beta_{\oplus} = 0° \ 0'$

2.6 c) $\Theta_0 = 18\text{h}$

2.8 $\alpha = 6\text{h} \ 45\text{min} \ 9\text{s}$, $\delta = -16° \ 43'$

2.9 $v_t = 16.7\text{km s}^{-1}$, $v = 18.5\text{km s}^{-1}$. 약 61,000년 이후. $\mu = 1.62''/$년, 시차는 $0.42''$

제3장

3.1 a) 초점면에서 플럭스밀도와 노출시간은 $(D/f)^2$에 비례한다. 그러므로 필요한 노출시간은 3.2초이다.

b) 1.35cm와 1.80cm c) 60과 80

3.2 a) $0.001''$ (대물렌즈에 해당하는 간섭계는 원형이 아니라 선형이므로 계수 1.22를 사용하지 않는 것에 주의하라).

b) 140m

제4장

4.1 0.9

4.2 절대등급은 −17.5등급, 겉보기등급은 6.7등급이다.

4.3 $N(m+1)/N(m) = 10^{3/5} = 3.98$

4.4 $r = 2.1\text{kpc}$, $E_{B-V} = 0.7$, $(B-V)_0 = 0.9$

4.5 a) $\Delta m = 1.06$등급, $m = 2.42$등급

b) $\tau = -\ln 0.85^6 \approx 0.98$

제5장

5.2 $\lambda = 21.04\text{cm}$에 해당하는 주양자수는 $n = 166$이다. 그러한 천이는 $n = 166$ 준위에 있는 원자의 비율을 높게 만들어, 이 상태에서 아래 상태로 떨어지는 천이를 유발하게 된다. 그러한 천이가 검출되지 않았으므로, 이 방출선은 다른 과정에서 만들어져야 한다.

5.3 단위파장당 단색복사강도가 최대가 되는 파장은

$\lambda_{max} = 1.1\text{mm}$이다. 단위진동수당 단색복사강도가 최대가 되는 파장은 $\lambda_{max} = 1.9\text{mm}$이다. 총 복사강도는 $2.6 \times 10^{13}\text{W m}^{-2}\text{ sr}^{-1}$이다. 파장이 550nm에서 강도는 거의 영(0)이다.

5.4 a) $L = 1.35 \times 10^{29}\text{W}$. 주어진 파장 범위에서의 플럭스는 플랑크 법칙을 수치적으로 적분해서 구한다. 빈의 근사식을 사용하면 다소 복잡한 수식을 유도할 수 있다. 두 방법 모두 가시광선 영역의 복사는 3.3%를 차지한다는 결과를 준다. 그러므로 $L_V = 4.45 \times 10^{27}\text{W}$

b) 10pc의 거리에서 관측된 별의 플럭스밀도는 $3.7 \times 10^{-9}\text{W m}^{-2}$이다.

c) 10.3km

5.5 $M_{bol} = 0.87$, 그러므로 $R = 2.0R_{\odot}$

5.6 $T = 1{,}380\text{K}$. 이 파장 영역에는 강한 흡수선이 여럿 있어서 밝기온도를 낮춘다.

5.8 $v_{rms} \approx 6{,}700\text{ km s}^{-1}$

제6장

6.1 $v_a/v_p = (1-e)/(1+e)$. 지구 궤도의 경우 이 비율은 0.97이다.

6.2 $a = 1.4581\text{AU}$, $v \approx 23.6\text{ km s}^{-1}$

6.3 주기는 지구자전의 항성주기와 같아야 한다. $r = 42{,}339\text{ km} = 6.64R_{\oplus}$. 정지위성은 극에서 8.6° 안쪽에 있는 지역은 볼 수 없다. 감추어진 면적은 전체 표면적의 1.1%이다.

6.4 $\rho = 3\pi/(GP^2(\alpha/2)^3) \approx 1{,}400\text{ kg m}^{-3}$

6.5 $M = 90°$, $E = 90.96°$, $f = 91.91°$.

6.6 궤도는 쌍곡선이다. $a = 3.55 \times 10^7\text{AU}$, $e = 1 + 3.97 \times 10^{-16}$, $r_p = 2.1\text{ km}$. 이 혜성은 태양과 충돌한다.

6.7 표 C.12에 주어진 자료로부터 계산된 지구 궤도의 요소는 $a = 1.0000$, $e = 0.0167$, $i = 0.0004°$, $\Omega = -11.13°$, $\varpi = 102.9°$, $L = 219.5°$. 황도좌표계로 나타낸 태양의 지심 반지름벡터는

$$r = \begin{pmatrix} 0.7583 \\ 0.6673 \\ 0.0 \end{pmatrix}$$

이고, 이에 해당하는 적도좌표계로 나타낸 반지름벡터는

$$r = \begin{pmatrix} 0.7583 \\ 0.6089 \\ 0.2640 \end{pmatrix}$$

이므로, $\alpha \approx 2\text{h } 35\text{min } 3\text{s}$, $\delta \approx 15.19°$이다. 정확한 방향은 $\alpha = 2\text{h } 34\text{min } 53\text{s}$, $\delta = 15.17°$이다.

제7장

7.1 궤도가 원이라고 가정하면, 최대 이각은 arcsine(a/1AU)이다. 수성의 경우 23°가 되고, 금성은 46°가 된다. 외행성의 이각은 180°까지 될 수 있다. 천구는 시간당 15° 회전하므로, 수성과 금성에 해당하는 시간은 각각 1시 30분과 3시 5분이다. 충에서는 화성을 밤새 볼 수 있다. 그러나 실제 시간은 행성의 적위에 따라 달라진다.

7.2 a) 8.7°

b) 지구는 금성의 승교점에 대하여 90°의 각을 가져야 한다. 이것은 춘분과 추분의 13일 전에 해당하는데, 각각 3월 8일과 9월 10일이 된다.

7.3 a) 궤도의 반지름이 a_1과 a_2라면, 역행운동의 각속도는 다음과 같다.

$$\frac{d\lambda}{dt} = \frac{\sqrt{GM}}{\sqrt{a_1 a_2}(\sqrt{a_1} + \sqrt{a_2})}$$

b) 6일 동안 명왕성은 0.128°를 움직이는데, 이는 4mm에 해당한다. 소행성대의 소행성의 변위는 거의 4cm에 이른다.

7.4 그 행성의 궤도속도가 v라면, 벗어난 각을 라디안의 단위로 표시하면

$$\alpha = \frac{v}{c} = \frac{1}{c}\sqrt{\frac{GM_\odot}{a}}$$

가 된다. 이것은 수성의 경우 최댓값을 갖는데, $\alpha = 0.00016\mathrm{rad} = 33''$이다. 이러한 행성의 광행차는 정확하게 행성의 위치를 계산하는 데 반드시 고려해야 한다. 이 편차는 행성이 합이나 충일 때, 즉 시선방향에 수직으로 움직이고 있을 때 가장 크다.

7.5 $p = 0.11$, $q = 2$, $A = 0.2$. 실제 달은 대부분의 빛을 바로 뒤쪽으로 반사시키므로(충 효과), q와 A는 훨씬 작다.

7.6 $\Delta m = 0.9$. 표면밝기는 일정하다.

7.7 절대등급은 $V(1, 0) = 23$등급

a) $m = 18.7$등급

b) $m = 14.2$등급

소행성이 충돌하기 하루 전에라도 발견하기 위해서는 적어도 구경 15cm 망원경이 필요하다.

7.8 부록 C에 제시된 값을 이용하면 극에서 중력 가속도 값은 $9.865\mathrm{m\,s^{-2}}$이고 적도에서는 $9.799\mathrm{m\,s^{-2}}$이다. 따라서 적도에서는 회전 속도가 $464\mathrm{m\,s^{-2}}$이고 원심 가속도는 $0.034\mathrm{m\,s^{-2}}$이다. 따라서 전체 가속도는 $9.765\mathrm{m\,s^{-2}}$이다.

제8장

8.1 $P_{\mathrm{sid}} = 11.9\mathrm{a}$(항성년), $a = 5.20\,\mathrm{AU}$, $d = 144{,}000\mathrm{km}$. 당연히 이 행성은 목성이다.

8.2 a) 힌트 : 공통의 회합주기 P가 있다면, 반드시 $(n_2 - n_1)P = 2\pi p$와 $(n_3 - n_1)P = 2\pi q$를 만족하는 정수 p와 q가 있어야 한다. 태양계 전체 행성의 배열이 어떤 주기가 지나면 다시 재연된다는 주장을 간혹 볼 수 있다. 그러한 주장은 명백히 터무니없는 것이다.

b) 7.06일

8.3 $P_1 = 24.62$이고 $P_2 = 30.30$인 식 (7.1)을 적용하자. 그러므로 $P_{1,2} = 131.34\mathrm{h} = 5\mathrm{d}11\mathrm{h}20\mathrm{min}$이다. 화성의 표면에서 바라볼 때 한 바퀴는 131.34시간 걸린다. 따라서 데이모스는 한 시간에 2.74° (360/131.34) 움직이는 것처럼 보인다.

8.4 예제 8.1에 따르면 로슈한계까지의 거리는 $R \approx 2.5 \times \boldsymbol{R}$이다. 여기에서 $\boldsymbol{R}$은 행성의 반지름이다. 다음 표는 가장 가까운 달과 각 행성의 가장 밝은 고리의 안쪽까지의 거리이다.

행성	가장 가까운 위성	행성의 반지름(km)	가장 가까운 위성의 궤도반지름 (km)	위성의 궤도반지름과 행성 반지름의 비
Earth	Moon	6,378	384,400	60
Mars	Phobos	3,396	9,377	2.8
Jupiter	Metis	71,492	127,690	1.8
–	rengas	–	122,500	1.7
Saturn	Pan	60,268	133,584	2.2
–	ring	–	92,000	1.5
Uranus	Cordelia	25,559	49,751	1.9
–	ring	–	44,718	1.7
Neptune	Naiad	24,764	48,227	1.9
–	ring	–	63,000	2.5

가장 가까운 위성과 고리의 안쪽 경계는 로슈한계와 매우 가깝거나 안쪽에 있다. 지구의 달은 이런 관점에 예외라고 할 수 있다.

8.5 가장 밀도 높은 육각 포장은 부피 밀도가

$$\frac{\pi}{3\sqrt{3}} \times \frac{2r}{\sqrt{8/3}\,r} = \frac{\pi}{3\sqrt{2}} \approx 0.74$$

이다. $1m^3$에 들어갈 수 있는 수소 원자의 질량은 $(1/5.5\times10^{-11})3\times1.67\times10^{-27}\times0.74=7,428$kg이다. 이런 식으로 계산한 목성의 밀도는 7,428kg m^{-3}이다. 실제 밀도는 단지 1,326kg m^{-3}이다.

제9장

9.1 c g a d f e b; 실제 분광형은 위에서 아래로, A0, M5, O6, F2, K5, G2, B3이다.

제10장

10.1 주기는 $P=1/\sqrt{2}$ 년이고 상대적인 속도는 42,100ms^{-1}이다. 분광선이 최대로 떨어진 간격은 0.061nm이다.

10.3 값들을 예제 10.1의 방정식에 대입하면 a에 대한 방정식을 얻게 된다. 그 해는 $a=4.4$AU 이다. 행성의 질량은 $0.0015M_\odot$ 이다.

제11장

11.1 10.5

11.2 a) $9.5\times10^{37}\ s^{-1}$

b) 중성미자의 생성률은 $1.9\times10^{38}\ s^{-1}$, 그리고 매초 9×10^{28} 중성미자가 지구에 충돌한다.

11.3 평균자유경로는 $1/\kappa\rho\approx42,000$AU이다.

제12장

12.1 $t_{ff}=6.7\times10^5$ a(항성년). 별들은 매년 $0.75M_\odot$의 생성률로 태어난다.

12.2 $t_t\approx400,000$ a, $t_n\approx3\times10^8$ a

12.3 약 9억 년

제13장

13.1 a) $6.3\times10^7\mathrm{W\,m^{-2}}$. b) $16\mathrm{m^2}$

13.2 $807\mathrm{W\,m^{-2}}$

제14장

14.1 $dr/r=-0.46\ dM=0.14$

14.2 a) $T=3,570$K

b) $R_{min}/R_{max}=0.63$

14.3 a) 1,300pc

b) 860년 전. 오차 때문에 안전한 예측은 860±100년이다. 사실 폭발은 1054년에 관측되었다.

c) −7.4

제15장

15.1 $L=2.3\times10^{40}\mathrm{kg\,m^2\,s^{-1}}$. $dR=45$m

15.2 a) $M=0.5M_\odot$, $a=0.49\times10^9\mathrm{m\,s^{-2}}\approx4\times10^7$g

b) 서 있는 우주인은 아래위로 늘이는 기조력을 받게 된다. 발에 작용하는 중력 가속도는 머리에 작용하는 것보다 $3,479\mathrm{m\,s^{-2}}\approx355$g만큼 더 크다. 우주인이 접선방향으로 누워 있다면 177g에 해당하는 누르는 힘을 받는다.

15.3 $\nu=\nu_e(1-GM/(Rc^2))$. 만약 $\Delta\nu/\nu$가 작다면, $\Delta\lambda=(GM/Rc^2)\lambda_e$가 된다. 태양에서 방출된 광자는 $2.1\times10^{-6}\lambda_e$만큼 파장이 길어진다. 노란색 빛(550nm)은 0.0012nm만큼 길어진다.

제16장

16.1 2.6kpc과 0.9kpc, $a=1.5$등급/kpc

16.2 $7\mathrm{km\,s^{-1}}$

16.3 양성자의 속도는 $v = 0.0462c = 1.38 \times 10^7 \mathrm{m\,s^{-1}}$ 이다. 궤도반지름은 $r = mv/qB = 0.01\mathrm{AU}$ 이다.

제17장

17.1 7.3

17.2 퍼텐셜에너지는 근사적으로 $U = -G(m^2n^2/(2R))$ 인데, 여기서 m은 별 하나의 질량이고, n은 별의 개수이며($n(n-1)/2 \approx n^2/2$쌍이 있다), R은 성단의 반지름이다. 평균 속도는 $\approx \sqrt{Gmn/(2R)} = 0.5\mathrm{km\,s^{-1}}$ 이다.

제18장

18.1 $\mu = 0.0055''$/년

18.2 a) 5.7kpc

b) 11kpc. 거리의 추정치가 다른 이유는 1) 거리가 너무 멀어서 오르트 공식을 유도하기 위하여 취하였던 가정이 더 이상 맞지 않을 수 있다. 2) 성간 소광을 고려하면 b)에서 계산한 거리가 줄어든다. 3) 별의 고유운동을 무시했다.

18.3 a) 3(그리고 태양)

b) 수는 대략 10만 개. 이것은 전형적인 선택 효과이다. 즉 밝은 별은 소수지만, 먼 거리에서도 볼 수 있다.

18.4 a) 원반부의 두께를 H라 하면, 빛은 $s = \min\{r, (H/2)\sec b$의 거리의 성간물질을 진행해야 한다. 그러므로 등급은 $m = M + 5\log(r/10\mathrm{pc}) + as$가 된다.

b) $s = 200\mathrm{pc}$, $m = 10.2$등급

제19장

19.1 a) 26

b) 25

19.2 지름이 대략 1광주일(light week) $\approx$1,200AU가 되어야 한다. $M = -23.5$등급. 이것이 복사등급이라고 하면, 광도는 $L \approx 2 \times 10^{11} L_\odot$ 이고, 이는 $210 L_\odot AU^{-3}$에 해당한다.

제20장

20.1 $r = v/H = 93\mathrm{Mpc}$ ($H = 75$라면), 지름은 35kpc, $M = -20.4$등급. 오차를 유발하는 원인은 1) 허블상수의 부정확성, 2) 은하의 특이운동, 3) 은하 간 공간에서의 소광, 4) 2차원의 투영된 분포만이 관측되었고, 은하의 가장자리는 한계등급에 따라 달라진다는 것이다.

20.2 만약 $H = 50\mathrm{km\,s^{-1}\,Mpc^{-1}}$이면, 거리는 $r = 51\mathrm{Mpc}$ 또는 M31의 거리의 74배이다. 만약 H가 2배가 되면, 거리는 1/2로 줄어든다. 그러나 이것은 여전히 연습문제 19.1에서 얻은 값보다는 크다. 은하의 특이운동이 그 차이를 설명할 수 있을 것이다.

20.3 $m_\nu = 1.5 \times 10^{-35}\mathrm{kg}$, 또는 전자 질량의 0.00002배

제21장

21.1 온실효과를 무시한다면, 373K와 273K에 해당하는 거리는 각각 0.47AU, 0.87AU가 된다. 젊은 태양의 유효온도는 $T = \sqrt[4]{0.7} \times 5{,}785\,\mathrm{K} = 5{,}291\,\mathrm{K}$ 이다. 이에 해당하는 거리의 한계는 0.39AU와 0.73AU이다. 그러므로 지속적으로 생명이 서식할 수 있는 지역은 0.47에서 0.73AU에 걸쳐 있다.

21.2 주어진 부피 V 안에 n개의 별이 있다면, 가장 가까운 이웃별의 거리는 대략 $\sqrt[3]{V/n}$ 이 된다. 표 C.17에 있는 쌍성과 삼중성을 하나의 천체로 간주한다면, $520\mathrm{pc}^3$ 안에 47개의 별이 있다.

a) 이것 중에 1%에 생명체가 있다면, 이웃 문명의 평균 거리는 10pc이다.

b) 100pc

21.3 혜성의 대부분은 더러운 얼음이기 때문에 밀도는 물과 비슷하다. 따라서 혜성의 질량은 약 5×10^8kg이다. 자유 낙하하는 물체는 지구의 탈출속도 11km s^{-1}와 같은 속도에 이를 것이다. 혜성의 운동에너지는 적어도 3×10^{16}J이다. 이것은 TNT 7.6메가톤 혹은 히로시마 폭탄의 500배에 해당한다.

제22장

22.1 태양과 목성의 무게 중심은 태양의 중심에서 약 743,000km 떨어져 있다. 즉 이 지점은 태양표면에서 살짝 바깥에 있다. 10pc에서 보면 이 거리는 0.0005각초에 해당한다. 진폭의 전체 양은 1밀리각초이다.

22.2 목성은 태양 원반을 1로 보았을 때 0.0106에 해당한다. 이것은 0.0115등급에 해당한다. 지구에 대해서 이 변화는 0.0001등급이다.

참고문헌

비록 완벽한 참고문헌 목록이 되지는 못할 것이나, 아래 목록은 중급 또는 고급 수준의 자료를 포함하고 있으므로 더 자세하고 깊은 내용을 배우고자 하는 독자들에게 시작점을 제공할 수 있을 것이다.

일반 참고문헌

Cox: *Allen's Astrophysical Quantities*, Springer 2000.
Harwit: *Astrophysical Concepts*, 4th ed., Springer 2006.
Kutner: *Astronomy: A Physical Perspective*, 2nd ed., Cambridge University Press 2003.
Lang: *Astrophysical Formulae*, 3rd edn., Springer 1999.
Maran (ed.): *The Astronomy and Astrophysics Encyclopedia*, Van Nostrand–Cambridge University Press 1992.
Meeus: *Astronomical Algorithms*, Willman-Bell 1991.
Schaifers, Voigt (eds.): *Landolt-Börnstein Astronomy and Astrophysics*, Springer 1981–82.
Shu: *The Physical Universe*, University Science Books 1982.
Unsöld, Baschek: *The New Cosmos*, 5th edn., Springer 2002.

제2장 구면 천문학

Green: *Spherical Astronomy*, Cambridge University Press 1985.
Seidelmann (ed.): *Explanatory Supplement to the Astronomical Almanac*, University Science Books 1992.
Smart: *Spherical Astronomy*, Cambridge University Press 1931.

제3장 관측과 기기

Evans: *Observation in Modern Astronomy*, English Universities Press 1968.
Hecht, Zajac (1974): *Optics*, Addison-Wesley 1974.
Howell (ed.): *Astronomical CCD Observing and Reduction Techniques*, ASP Conference Series 23, 1992.
King: *The History of the Telescope*, Charles Griffin & Co. 1955, Dover 1979.
Kitchin: *Astrophysical Techniques*, Hilger 1984; 4th edn., Institute of Physics Publishing 2003.
Léna: *Observational Astrophysics*, Springer 1998.
Roth (ed.): *Compendium of Practical Astronomy 1–3*, Springer 1994.
Rutten, van Venrooij: *Telescope Optics*, Willman-Bell 1988.

제4장과 제5장 측광과 복사 기작

Chandrasekhar: *Radiative Transfer*, Dover 1960.
Emerson: *Interpreting Astronomical Spectra*, Wiley 1996; reprinted 1997.
Rybicki, Lightman: *Radiative Processes in Astrophysics*, Wiley 1979.

제6장 천체역학

Brouwer, Clemence: *Methods of Celestial Mechanics*, Academic Press 1960.
Danby: *Fundamentals of Celestial Mechanics*, MacMillan 1962; 2nd ed. Willman-Bell, 3rd revised and enlarged printing 1992.
Goldstein: *Classical Mechanics*, Addison-Wesley 1950.
Roy: *Orbital Motion*, John Wiley & Sons 1978; 3rd edn.

Institute of Physics Publishing 1988, reprinted 1991, 1994.
Valtonen and Karttunen: *The Three-Body Problem*, Cambridge University Press 2006.

제7장 태양계

Atreya, Pollack, Matthews (eds.): *Origin and Evolution of Planetary and Satellite Atmospheres*, 1989;
Bergstrahl, Miner, Matthews (eds.): *Uranus*, 1991;
Binzel, Gehrels, Matthews (eds.): *Asteroids II*, 1989;
Burns, Matthews (ed.): *Satellites*, 1986;
Cruikshank: *Neptune and Triton*, 1996;
Gehrels (ed.): *Jupiter*, 1976;
Gehrels (ed.): *Asteroids*, 1979;
Gehrels (ed.): *Saturn*, 1984;
Gehrels (ed.): *Hazards due to Comets and Asteroids*, 1994;
Greenberg, Brahic (eds.): *Planetary Rings*, 1984;
Hunten, Colin, Donahue, Moroz (eds.): *Venus*, 1983;
Kieffer, Jakosky, Snyder, Matthews (eds.): *Mars*, 1992;
Lewis, Matthews, Guerreri (eds.): *Resources of Near-Earth Space*, 1993;
Morrison (ed.): *Satellites of Jupiter*, 1982;
Vilas, Chapman, Matthews (eds.): *Mercury*, 1988;
Wilkening (ed.): *Comets*, 1982;

Beatty, Chaikin (eds.): *The New Solar System*, Sky Publishing, 3rd ed. 1990.
Encrenaz et al.: *The Solar System*, 3rd ed., Springer 2004.
Heiken, Vaniman, French (eds.): *Lunar Sourcebook*, Cambridge University Press 1991.
Lewis: *Physics and Chemistry of the Solar System*, Academic Press, Revised Edition 1997.
Minnaert: *Light and Color in the Outdoors*, Springer 1993.
Schmadel: *Dictionary of Minor Planet Names*, 5th ed., Springer 2003.

제9장 항성의 스펙트럼

Böhm-Vitense: *Introduction to Stellar Astrophysics*, Cambridge University Press, Vol. 1–3, 1989–1992.
Gray: *Lectures on Spectral-line Analysis: F, G, and K stars*, Arva, Ontario, 1988.
Gray: *The Observation and Analysis of Stellar Photospheres*, 2nd edition, Cambridge University Press 1992.
Mihalas: *Stellar Atmospheres*, Freeman 1978.
Novotny: *Introduction to Stellar Atmospheres and Interiors*, Oxford University Press 1973.

제10장 쌍성계와 항성의 질량

Aitken: *The Binary Stars*, Dover 1935, 1964.
Heinz: *Double Stars*, Reidel 1978.
Hilditch: *An Introduction to Close Binary Stars*, Cambridge University Press 2001.
Sahade, Wood: *Interacting Binary Stars*, Pergamon Press 1978.

제11장과 제12장 항성의 내부 구조와 진화

Bowers, Deeming: *Astrophysics I: Stars*, Jones and Bartlett Publishers 1984.
Böhm-Vitense: *Introduction to Stellar Astrophysics*; Cambridge University Press, Vol. 1–3 1989–1992.
Clayton: *Principles of Stellar Evolution and Nucleosynthesis*, McGraw-Hill 1968.
Eggleton: *Evolutionary Processes in Binary and Multiple Stars*, Cambridge University Press 2006.
Hansen, Kawaler: *Stellar interiors, Physical principles, structure and evolution*, Springer 1994.
Harpaz: *Stellar Evolution*, Peters Wellesley 1994.
Kippenhahn, Weigert: *Stellar Structure and Evolution*, 2nd edn., Springer 1994.
Phillips: *The physics of Stars*, Manchester Phys. Ser. 1994, 2nd ed. 1999.
Salaris, Cassisi: *Evolution of Stars and Stellar Populations*, Wiley 2005.
Taylor: *The Stars: their structure and evolution*, Cambridge University Press 1994.

제13장 태양

Golub, Pasachoff: *The Solar Corona*, Cambridge university Press 1997.
Priest: *Solar Magnetohydrodynamics*, Reidel 1982.
Stix: *The Sun* 2nd ed., Springer 2002.
Taylor: *The Sun as a Star*, Cambridge University Press 1997.

제14장 변광성

Cox: *Theory of Stellar Pulsations*, Princeton University Press 1980.

Glasby: *Variable Stars*, Constable 1968.
Warner: *Cataclysmic Variable Stars*, Cambridge University Press 1995; paperback ed. 2003.

제15장 밀집성

Camenzind: *Compact Objects in Astrophysics*, Springer 2007.
Chandrasekhar: *The Mathematical Theory of Black Holes*, Oxford University Press 1983.
Frank, King, Raine: *Accretion Power in Astrophysics*, Cambridge Astrophysics series 21, 2nd ed., Cambridge University Press 1992.
Glendenning: *Compact Stars*, 2nd edn., Springer 2000.
Lewin, van Paradijs, van den Heuvel (eds.), *X-ray Binaries*, Cambridge University Press 1995.
Manchester, Taylor: *Pulsars*, Freeman 1977.
Smith: *Pulsars*, Cambridge University Press 1977.
Poutanen, Svensson: *High energy processes in accreting black holes*, Astronomical Society of Pacific Conference series Vol. 161, 1999.
Shapiro, Teukolsky: *Black Holes, White Dwarfs and Neutron Stars*, Wiley 1983.

제16장 성간물질

Dopita, Sutherland: *Astrophysics of the Diffuse Universe*, Springer 2003.
Dyson, Williams: *The Physics of the Interstellar Medium*, Manchester University Press 1980.
Longair: *High Energy Astrophysics*, Cambridge University Press, 2nd ed. Vol. 1–2 1992, 1994.
Spitzer: *Physical Processes in the Interstellar Medium*, Wiley 1978.
Tielens: *The Physics and Chemistry of the Interstellar Medium*, Cambridge University Press 2005.

제17장 성단과 성협

Ashman, Zepf: *Globular Cluster Systems*, Cambridge University Press 1998.
Hanes, Madore (eds.): *Globular Clusters*, Cambridge University Press 1980.
Spitzer: *Dynamical Evolution of Globular Clusters*, Princeton University Press 1987.

제18장 우리은하

Binney, Merrifield: *Galactic Astronomy*, Princeton University Press 1998.
Bok, Bok: *Milky Way*, Harvard University Press, 5. painos 1982.
Gilmore, King, van der Kruit: *The Milky Way as a Galaxy*, University Science Books 1990
Mihalas, Binney: *Galactic Astronomy*, Freeman 1981.
Scheffler, Elsässer: *Physics of the Galaxy and the Interstellar Matter*, Springer 1988.

제19장 은하

van den Bergh: *Galaxy Morphology and Classification*, Cambridge University Press 1998.
Binney, Tremaine: *Galactic Dynamics*, Princeton University Press 1987.
Combes, Boissé, Mazure, Blanchard: *Galaxies and Cosmology*, Springer 1995; 2nd ed. 2001.
Frank, King, Raine: *Accretion Power in Astrophysics*, Cambridge Astrophysics series 21, 2nd ed., Cambridge University Press 1992.
Salaris, Cassisi: *Evolution of Stars and Stellar Populations*, Wiley 2005.
Krolik: *Active Galactic Nuclei*, Princeton University Press 1999.
Sandage: *The Hubble Atlas of Galaxies*, Carnegie Institution 1961.
Sparke, Gallagher: *Galaxies in the Universe*, Cambridge University Press 2000.

제20장 우주론

Dodelson: *Modern Cosmology*, Academic Press 2003.
Harrison: *Cosmology*, Cambridge University Press 1981.
Kolb, Turner: *The Early Universe*, Perseus Books 1993.
Peacock: *Cosmological Physics*, Cambridge University Press 1999.
Peebles: *Physical Cosmology*, Princeton University Press 1971.
Peebles: *Principles of Physical Cosmology*, Princeton University Press 1993.
Raine: *The Isotropic Universe*, Hilger 1981.
Roos: *Introduction to Cosmology*, Wiley 1994, 2nd edn. 1997.
Weinberg: *Gravitation and Cosmology*, Wiley 1972.

제21장 천문생물학

Cassen, Guillot, Quirrenbach: *Extrasolar Planets*, Springer 2006.

Gargaud, Barbier, Martin, Reisse (Eds.): *Lectures in Astrobiology*, Springer Vol I (2006), Vol II (2007)

Gilmour, Sephton: *An Introduction to Astrobiology*, The Open University, Cambridge University Press 2004.

Rettberg, Horneck (eds.): *Complete Course in Astrobiology*, Wiley-VCH 2007.

Webb: *Where is everybody?* Copernicus Books in association with Praxis Publishing 2002.

물리학

Feynman, Leighton, Sands: *The Feynman Lectures on Physics I-III*, Addison-Wesley 1963.

Shu: *The Physics of Astrophysics I–II*, University Science Books 1991

Taylor, Wheeler: *Spacetime Physics*, Freeman 1963.

Misner, Thorne, Wheeler: *Gravitation*, Freeman 1970.

성도와 성표

Burnham: *Burnham's Celestial Handbook I, II, III*, Dover 1966, 2nd ed. 1978.

de Vaucouleurs et al.: *Reference Catalogue of Bright Galaxies*, University of Texas Press 1964, 2nd catalogue 1976.

Hirshfeld, Sinnott: *Sky Catalogue 2000.0*, Sky Publishing 1985.

Hoffleit: *Bright Star Catalogue*, Yale University Observatory 1982.

Kholopov (ed.): *Obshij katalog peremennyh zvezd*, Nauka, 4th edition 1985.

Luginbuhl, Skiff: *Observing Handbook and Catalogue of Deep-sky Objects*, Cambridge University Press 1989.

Ridpath: *Norton's 2000.0*, Longman 1989.

Rükl: *Atlas of the Moon*, Hamlyn 1991.

Ruprecht, Baláz, White: *Catalogue of Star Clusters and Associations*, Akadémiai Kiadó (Budapest) 1981.

Tirion, Rappaport, Lovi: *Uranometria 2000.0*, Willman-Bell 1987.

Greeley, Batson: *The NASA Atlas of the Solar System*, Cambridge University Press 1997.

역서

The Astronomical Almanac, Her Majesty's Stationery Office.

유용한 인터넷 주소

Apparent Places of Fundamental Stars
http://www.ari.uni-heidelberg.de/ariapfs/

The Astronomical Almanac Online
http://asa.usno.navy.mil/, http://asa.nao.rl.ac.uk/

ESO
http://www.eso.org/

ESA
http://www.esa.int/

H.M. Nautical Almanac Office
http://www.nao.rl.ac.uk/

Hubble Space Telescope
http://oposite.stsci.edu/

IAU
http://www.iau.org

IAU Central Bureau for Astronomical Telegrams
http://cfa-www.harvard.edu/cfa/ps/cbat.html

Jet Propulsion Laboratory
http://www.jpl.nasa.gov/

Mauna Kea Observatories
http://www.ifa.hawaii.edu/mko/maunakea.htm

Nasa
http://www.nasa.gov/

Nasa Planetary Photojournal
http://photojournal.jpl.nasa.gov/

National Optical Astronomy Observatory
http://www.noao.edu/

National Radio Astronomy Observatory
http://www.nrao.edu/

National Space Science Data Center
http://nssdc.gsfc.nasa.gov/

U.S. Naval Observatory
http://aa.usno.navy.mil/

사진 자료 출처

저자들은 사진과 그림 자료를 사용하도록 허가해 주신 다음 기관들에 감사를 표한다(그림 설명문에서는 약어로 표시하였음).

Anglo-Australian Observatory, photograph by David R. Malin

Arecibo Observatory, National Astronomy and Ionosphere Center, Cornell University

Arp, Halton C., Mount Wilson and Las Campanas Observatories (colour representation of plate by Jean Lorre)

Big Bear Solar Observatory, California Institute of Technology

Catalina Observatory, Lunar and Planetary Laboratory

CSIRO (Commonwealth Scientific and Industrial Research Organisation), Division of Radiophysics, Sydney, Australia

ESA (copyright Max-Planck-Institut für Astronomie, Lindau, Harz, FRG)

European Southern Observatory (ESO)

Helsinki University Observatory

High Altitude Observatory, National Center for Atmospheric Research, National Science Foundation

Karl-Schwarzschild-Observatory Tautenburg of the Central Institute of Astrophysics of the Academy of Sciences of the GDR (Archives)

Lick Observatory, University of California at Santa Cruz

Lowell Observatory

Lund Observatory

Mauna Kea Observatory Hawaii, The James Clerk Maxwell Telescope

Mount Wilson and Las Campanas Observatories, Carnegie Institution of Washington

NASA (National Aeronautics and Space Administration)

National Optical Astronomy Observatories, operated by the Association of Universities for Research in Astronomy (AURA), Inc., under contract to the National Science Foundation

NRL-ROG (Space Research Laboratory, University of Groningen)

Palomar Observatory, California Institute of Technology

Yerkes Observatory, University of Chicago

찾아보기

【ㅅ】

【ㅇ】

【ㅈ】

【ㅊ】

【기타】

컬러사진

제2장 구면 천문학

사진 1. 장시간 노출로 천구의 겉보기 일주운동을 촬영한 모습. 사진작가 Pekka Parviainen은 이 영상에 별들의 궤적, 그믐달과 떠오르는 태양의 궤적을 함께 담았다. 24 stop ND-filter를 사용하였다. (사진출처 : www.polarimage.fi)

사진 2. 대기에 의한 빛의 굴절 때문에 지는 해의 모양이 일그러지고 색깔이 변하였다. 태양 위로 드물게 나타나는 녹색 부분을 볼 수 있다. (사진출처 : Pekka Parviainen)

제3장 관측과 기기

사진 3. 천문대는 맑은 하늘을 가지는 건조한 고지대에 세워진다. 이 사진은 세계에서 가장 큰 켁 망원경을 가지고 있는 하와이 마우나케아의 정상에 세워진 쌍둥이 돔을 보여준다. 각 망원경은 모자이크로 이루어진 지름이 10m인 반사경을 가지고 있다. (사진출처 : W.M. Keck Observatory)

사진 4. 차세대 우주망원경인 제임스 웹(James Webb) 망원경이 미국에서 건설 중이다. 이 위성망원경은 2021년에 궤도에 오를 예정인데, 18개의 조각으로 이루어진 6.5m 반사경을 갖게 될 것이다. 이 망원경은 지구에서 150만km 떨어진 태양-지구계의 L2 라그랑주 점에 올려질 예정이다. (그림출처 : NASA)

제7장 태양계

사진 5. 태양의 원반을 지나가는 수성의 모습이 1999년과 2003년에 널리 관측되었다. 사진에서 수성이 태양면을 통과하는 마지막 단계에서 태양의 가장자리에 위치하고 있다. 이 사진은 라팔마에 위치한 1m 스웨덴 태양 망원경으로 촬영한 것이다. (사진출처 : Royal Swedish Academy of Sciences)

사진 6. 식현상은 일반 대중의 관심을 끄는 천문현상이다. 5번의 노출 영상을 합성해서 만든 이 사진은 지구 그림자의 크기에 대비하여 오른쪽 아래에서 왼쪽 위로 움직이는 달의 운동을 보여주고 있다. 이 월식은 2004년 10월에 일어났다. (사진출처 : Pekka Parviainen)

사진 7. 1982년 첫 번째이면서 유일한 금성 표면의 컬러 사진을 촬영하였다. 베네라 13호(위)와 베네라 14호(아래)에서 찍은 파노라마 전경. 사진의 양 옆은 카메라가 본 지평선이고, 중심은 우주선 하부 주변 땅이다. 우주선 하부의 일부, 카메라의 보호덮개 등을 볼 수 있다. (사진출처 : Soviet Academy of Science)

사진 8. 캐나다 북부 마니쿠아강(Manicouagan) 호수에 있는 충돌 구덩이. 지상에서 볼 수 있는 가장 큰 충돌 구덩이이다. 이 고대의 충돌 구조는 지름이 대략 70km이다. 여기 보이는 컬러 사진은 2001년 6월에 NASA의 테라(Terra) 위성이 촬영한 것이다. 충돌은 2억 1,200만 년 전에 일어났다고 추정된다. (사진출처 : NASA/JPL/MISR)

사진 9. 마지막으로 달 표면을 걸었던 사람은 해리슨 슈미트(Harrison Schmitt, 사진 속)와 사진을 찍었던 유진 서넌(Eugene Cernan)이다. 사진에서 슈미트는 1972년 12월 아폴로 17호가 착륙한 토러스-리트로우(Taurus-Littrow) 착륙지점에 있는 커다란 바위를 조사하고 있는 중이다. 전면에 월면 작업차가 보인다. (사진출처 : NASA)

사진 10. 화성의 '인내의 구덩이(Endurance Crater)'에 있는 '번스 절벽(Burns Cliff)'. 사진은 2004년 11월 화성 탐사로봇 오퍼튜니티(Opportunity)호가 촬영한 것이다. 오퍼튜니티호와 그의 쌍둥이 형제 스피릿(Spirit)호는 2002년 초 화성에 착륙해서 화성의 표면을 전례 없이 상세하게 조사하였다. 모자이크 영상의 끝에서 끝이 180도에 해당한다. (사진출처 : NASA)

사진 11. 색을 보강한 유로파의 표면 사진. 표면에 수많은 줄무늬 구조가 교차하고 있다. 색깔의 차이로 보아 이러한 구조들이 주변보다 더 젊다는 사실을 알 수 있다. 표면은 주로 얼음으로 이루어져 있다. (사진출처 : Galileo/NASA)

사진 12. 2000년 카시니 탐사선이 토성을 향하여 가던 도중 목성에 가장 가깝게 접근했을 때 촬영한 목성의 컬러 모자이크이다. 목성의 구름들은 적갈색과 흰색의 띠를 따라 움직인다. 대적반과 다수의 작은 타원형 구름들이 보인다. 이 사진에서 가장 작은 구조들은 60km 정도의 크기를 가지고 있다. (사진출처 : NASA)

사진 13. 2005년 5월 카시니 탐사선이 측정한 전파 엄폐의 결과를 이용하여 만들어낸 토성 고리의 영상. 녹색과 파란색은 입자의 크기가 각각 5cm, 1cm보다 작은 지역을 보여준다. 보라색 지역은 입자가 대부분 5cm보다 크다. 흰색 지역은 전파 신호가 차단된 가장 두꺼운 B 고리에 해당한다. (사진출처 : NASA)

사진 14. 2005년 1월 유럽의 하위헌스 탐사선이 토성의 가장 큰 위성인 타이탄에 연착륙하여 처음으로 촬영한 타이탄의 표면 모습. 표석(漂石)들은 얼음으로 이루어져 있으며 크기가 10~20cm이다. 표면은 메탄으로 채워진 진흙과 모래이다. (사진출처 : ESA/NASA)

사진 15. 해왕성의 가장 큰 위성인 트리톤의 얼음 표면 상세 사진. 중앙에 있는 평지는 투오넬라(Tuonela)라고 한다. 트리톤의 반사도는 명왕성과 매우 흡사하므로, 2015년 7월 뉴 호라이즌(New Horizon) 탐사선이 명왕성을 지나갈 때 이와 비슷한 모습을 보게 될 것이다. (사진출처 : Voyager 2/NASA)

사진 16. 빌트 2(Wild 2) 혜성의 표면 모습과 제트. 2004년 1월 스타더스트(Stardust) 탐사선이 빌트 2의 머리 부분을 통과하였다. 장시간 노출로 찍은 최상의 혜성 표면 흑백 사진이다. 희미한 티끌의 제트가 표면에서 뿜어져 나오는 것을 볼 수 있다. 혜성의 머리 부분의 지름은 대략 5km이다. (사진출처 : NASA)

제9장 항성의 스펙트럼

사진 17. 분광형에 따른 항성의 스펙트럼. 파장 영역은 400~700nm의 가시광선 영역을 포함한다. 가장 위에 있는 O형 별은 가장 뜨거우며, 가장 아래에 있는 M형 별이 가장 차갑다. (사진출처 : NOAO/AURA/NSF)

제13장 태양

사진 18. 1998년 5월 소호(SOHO) 위성의 극자외선 영상망원경(Ex-treme Ultraviolet Imaging Telescope)으로 촬영한 태양 표면의 3색 합성 사진. 다른 자외선 파장(17.1nm, 19.5nm, 28.4nm)으로 촬영한 3개의 자외선 영상을 빨강, 노랑, 파랑으로 바꾸어 하나로 합성하였다. (사진출처 : SOHO/EIT/NASA/Goddard Space Flight Center)

제16장 성간물질

사진 19. 2006년 오리온성운의 가장 상세한 광학 사진이 발표되었다. 허블우주망원경으로 105번 촬영한 자료로 만들어진 것이다. 원본은 10억 개의 화소를 가지고 있다. 이 사진에서 이전에 발견되지 않았던 수천 개의 별과 다수의 갈색왜성이 발견되었다. 오리온성운은 먼지와 가스로 이루어진 거대한 영역으로 새로운 별이 탄생하는 지역이다. 사진의 폭은 대략 1/2°(보름달의 크기)이다. (사진출처 : NASA/ESA/M. Robberto)

사진 20. 2006년 스피처 망원경으로 적외선에서 촬영한 오리온성운. 허블우주망원경으로 촬영한 사진 19는 밝은 가스 영역에 어두운 먼지 띠를 보여주지만, 스피처 망원경은 먼지가 밝은 영역으로 보인다. 8마이크로미터는 붉은색으로, 5.8마이크로미터는 주황색으로 나타내었다. 이 파장의 빛을 통하여 별빛으로 가열된 먼지를 볼 수 있다. 4.5마이크로미터(녹색)는 뜨거운 가스와 먼지를, 3.6마이크로미터(파란색)는 별빛을 나타낸다. (사진출처 : NASA)

사진 21. 암흑성운 바너드 68은 뱀주인자리(Ophiuchus)에 있다. B68은 막 수축을 시작한 고밀도의 분자운으로 앞으로 새로운 별이 탄생할 지역이다. 분자운의 지름은 7광월(0.2pc)이고 거리는 대략 500광년이다. 1999년 Antu(VLT1) 망원경으로 촬영한 것이다. (사진출처 : ESO)

사진 22. 외뿔소자리(Monoceros)의 별 V838이 2002년 초에

갑자기 밝아졌다. 이 폭발은 수 주 동안 지속되었고, 그 결과로 빛의 구면파가 주변 성간물질로 퍼져 나갔다. 빛이 별 주변의 먼지구름에서 반사되면서, 이전에 볼 수 없었던 패턴을 드러냈다. 이 영상은 폭발이 일어난 지 3년이 지난 후인 2004년 말에 허블우주망원경이 촬영한 것이다. (사진출처 : NASA/ESA)

사진 23. 외뿔소자리의 장미성운(Rosette Nebula)은 오리온성운처럼 먼지와 가스로 이루어진 거대한 영역이다. 장미성운 안에는 에너지를 방출하는 NGC 2244라는 젊은 성단이 있다. 별들이 방출하는 자외선에 의해 광전리된 수소는 붉은 빛을 방출하며, 산소는 녹색 빛을 방출한다. 이 영상은 약 1°의 크기인데, 마우나케아에 위치한 캐나다-프랑스-하와이 망원경(CFHT)의 메가프라임(MegaPrime) 카메라로 2003년에 촬영한 것이다. (사진출처 : CFHT/J.-C. Cuillandre)

사진 24. 나선성운은 가장 가까운 행성상성운이면서 겉보기 크기가 큰 것이다. 각지름이 1°에 가깝지만(보름달이 2개 들어가는 크기), 표면밝기가 낮아 맨눈으로는 볼 수 없다. 이 행성상성운은 물병자리에 있다. 이 영상은 허블우주망원경의 초선명(ultra-sharp) 모자이크 영상과 키트 피크 천문대의 WIYN 0.9m 망원경의 광시야 영상을 합성한 것이다. (사진출처 : NASA/NOAO/ESA)

사진 25. 카시오페이아 A(Cas A) 초신성 잔해의 전파 영상. Cas A는 하늘에 있는 가장 밝은 전파원들 중 하나다. 이 영상은 뉴멕시코에 있는 VLA(Very Large Array) 전파망원경을 이용하여 3개의 주파수인 1.4GHz, 5.0GHz, 8.4GHz에서 관측한 것이다. 전파는 주로 상대론적 전자가 방출하는 것이다. (사진출처 : NRAO/AUI)

사진 26. 타이코 초신성 잔해를 엑스선으로 찍은 모습. 이 초신성은 1572년 폭발한 것으로 타이코 브라헤에 의하여 당시 관측되었다. 최근 찬드라 엑스선 위성 망원경이 이 천체를 관측하였다. 영상은 매우 뜨거운 가스(녹색과 붉은색)의 팽창하는 구각을 보여주며, 바깥쪽에 빠르게 운동하는 전자들(파란색)의 구각을 보여준다. (사진출처 : NASA/Chandra)

제19장 은하

사진 27. 하와이의 마우나케아에 위치한 일본의 스바루 8.4m 망원경으로 촬영한 안드로메다은하(M31)의 일부분 영상. 은하핵은 사진의 왼쪽 윗방향의 바깥에 위치한다. 수직선을 가진 별들은 전면(foreground)에 위치한 우리은하의 별이다. M31은 우리은하와 비슷하게 성단, 먼지, 가스운과 나선팔 등을 가지고 있어 우리은하의 자매 은하라 하겠다. (사진출처 : Subaru Telescope, NOAJ)

사진 28. 2004년 스피처 망원경을 이용하여 지금까지 촬영한 안드로메다은하의 사진들 중에서 가장 상세한 적외선 영상을 얻을 수 있었다. 스바루 망원경으로 촬영한 사진 27은 은하의 별빛을 보여주지만, 스피처의 사진은 나선팔에 있는 먼지가 방출하는 파장이 24마이크로미터인 적외선을 기록한 것이다. 따뜻한 먼지와 별이 생성되고 있는 구름을 포함하는 나선팔은 가시광보다 적외선에서 훨씬 더 분명하게 볼 수 있다. (사진출처 : Spitzer/NASA)

사진 29. 허블우주망원경으로 본 활동성 은하 Centaurus A(NGC 5128)의 중심 부분. 두꺼운 먼지 띠가 은하 전체를 가로지르고 있는데, 먼지 띠에는 따뜻한 먼지와 가스로 이루어진 복잡하게 얽혀 있는 머리카락 같은 구조들이 있다. 먼지의 장막 뒤 은하의 중심부에 양방향으로 강력한 제트를 내뿜는 블랙홀이 있다. 제트는 엑스선 또는 전파로만 볼 수 있다. Centaurus A의 넓은 시야 영상은 다음 사진에 있다. (사진출처 : NASA)

사진 30. Centaurus A의 외곽 부분을 촬영한 최근 영상. 흐리고 푸른 별들을 포함하는 다수의 고리 형태의 구조를 드러내었다. 작은 은하가 Centaurus A와 충돌하면서 많은 별들을 Centaurus A에게 빼앗겼고, 그러한 상호작용을 통하여 고리 구조가 만들어졌을 것으로 추정한다. (사진출처 : Cerro Tololo International Observatory, NOAO/NSF)

사진 31. 중앙에 있는 은하 NGC 4319와 오른쪽 위에 있는 퀘이사 Markarian 215로 이루어진 은하-퀘이사 쌍이다. 두 천체가 가까이 있는 듯이 보이지만, 사실 우연히 한 방향에 놓여 있는 경우인데, 퀘이사는 은하보다 14배나 먼 거리에 있다. (사진출처 : Hubble Space Telescope/NASA)

사진 32. '세이퍼트 6인조'라고 부르는 상호작용하고 있는 은하들의 소그룹이다. 이름이 의미하듯이 6개의 은하가 우주 군무를 추고 있는 것 같다. 그러나 상호작용하고 있는 은하의 개수는 단지 4개뿐이다. 중앙에서 오른쪽에 있는 작고 뚜렷한 나선은하는 다른 은하들보다 5배나 먼 거리에 있다. 그리고 가장 오른쪽에 은하처럼 보이는 것은 은하가 아니고, 다른 은하들에서 떨어져 나온 별들로 이루어진 기다란 '조석 꼬리(tidal tail)'이다. (사진출처 : Hubble Space Telescope/NASA)

제20장 우주론

사진 33. 허블우주망원경은 우주의 대표적인 표본을 얻기 위하여 여러 곳의 딥필드를 촬영하였다. 이 사진은 큰부리새자리(Tucana)의 한 방향을 찍은 남쪽 허블 딥필드를 보여주는데, 120억 광년에 이르는 거리에 이전에 알려지지 않았던 수천 개의 은하들이 포함되어 있다. 사진의 가운데에 있는 붉은 점은 먼 퀘이사이다. 우주망원경의 영상 분광기로 이 퀘이사의 분광 스펙트럼을 관측하여, 우리와 퀘이사 사이의 우주공간에 있는 보이지 않는 수소 가스구름의 분포를 연구하였다. (사진출처 : NASA)

사진 34. WMAP(Wilkinson Microwave Anisotropy Probe) 위성이 2002년 관측한 우주배경복사 온도의 요동을 보여준다. 온도 요동의 척도에 대한 의존도로부터 우주의 평균 밀도는 임계밀도에 매우 가까우며, 우주의 나이는 137억 년이라고 추정하였다. (사진출처 : WMAP/NASA)

사진 1

사진 2

사진 3

사진 4

사진 5

사진 6

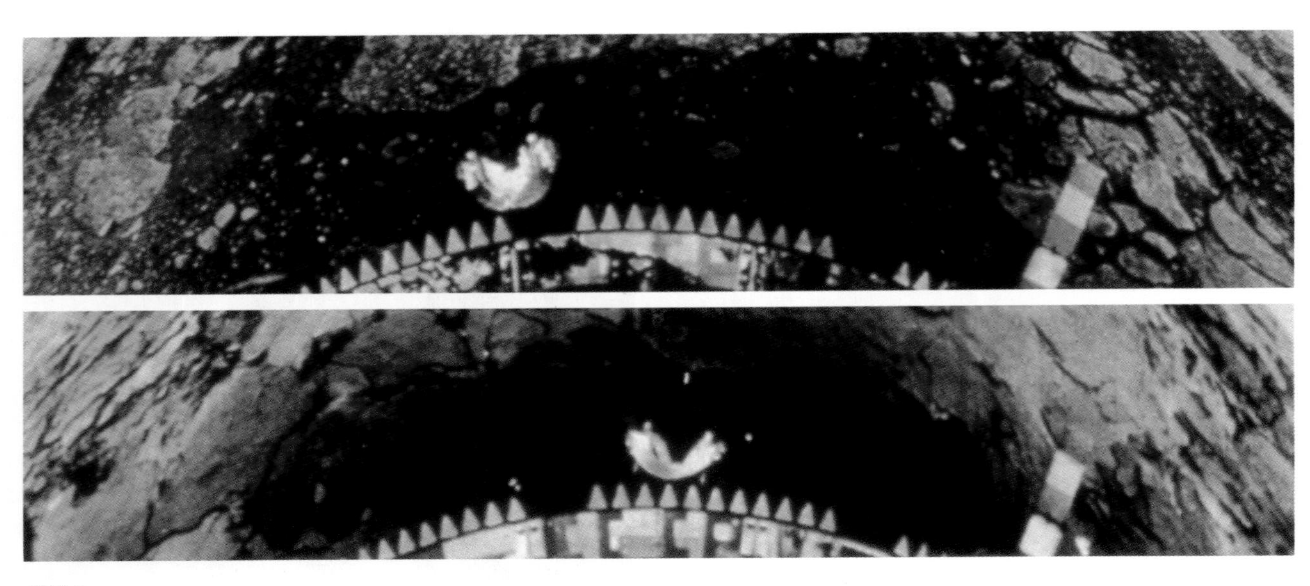

사진 7

사진 8

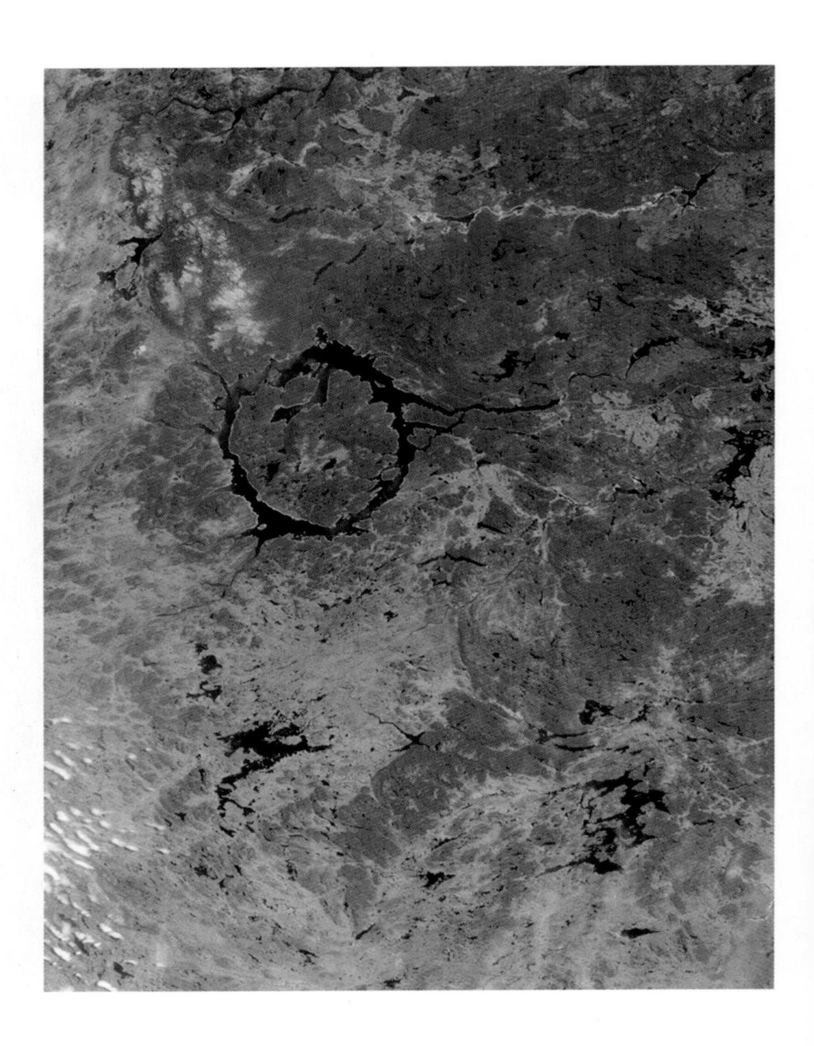

사진 9

사진 10

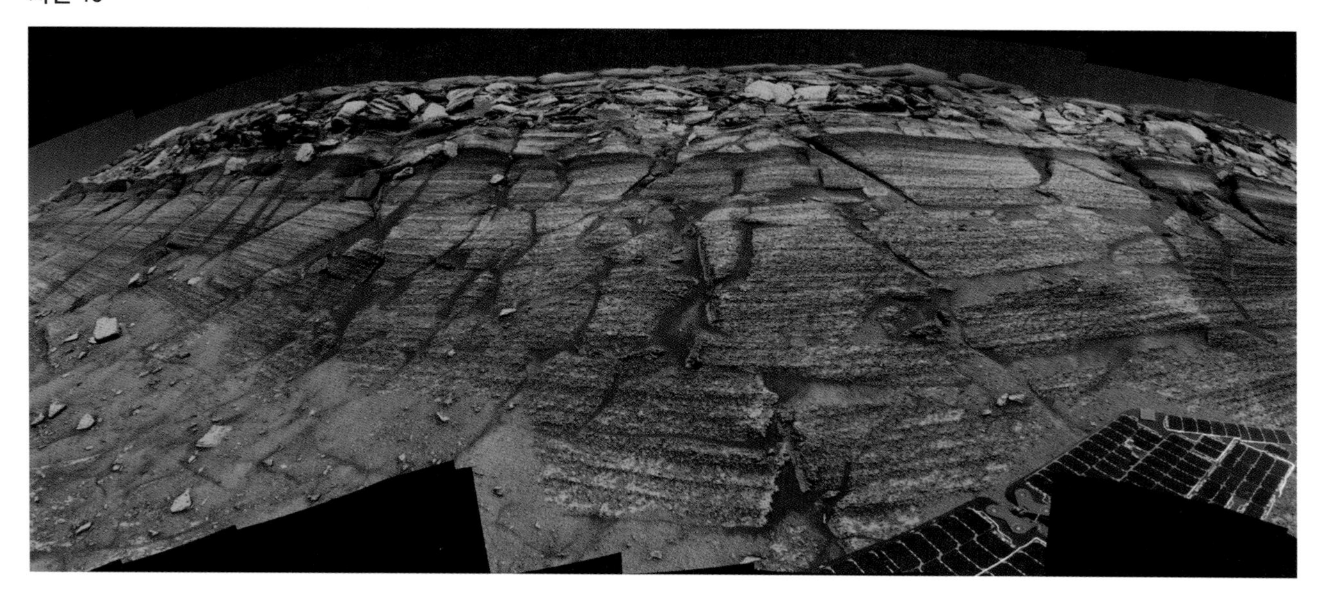

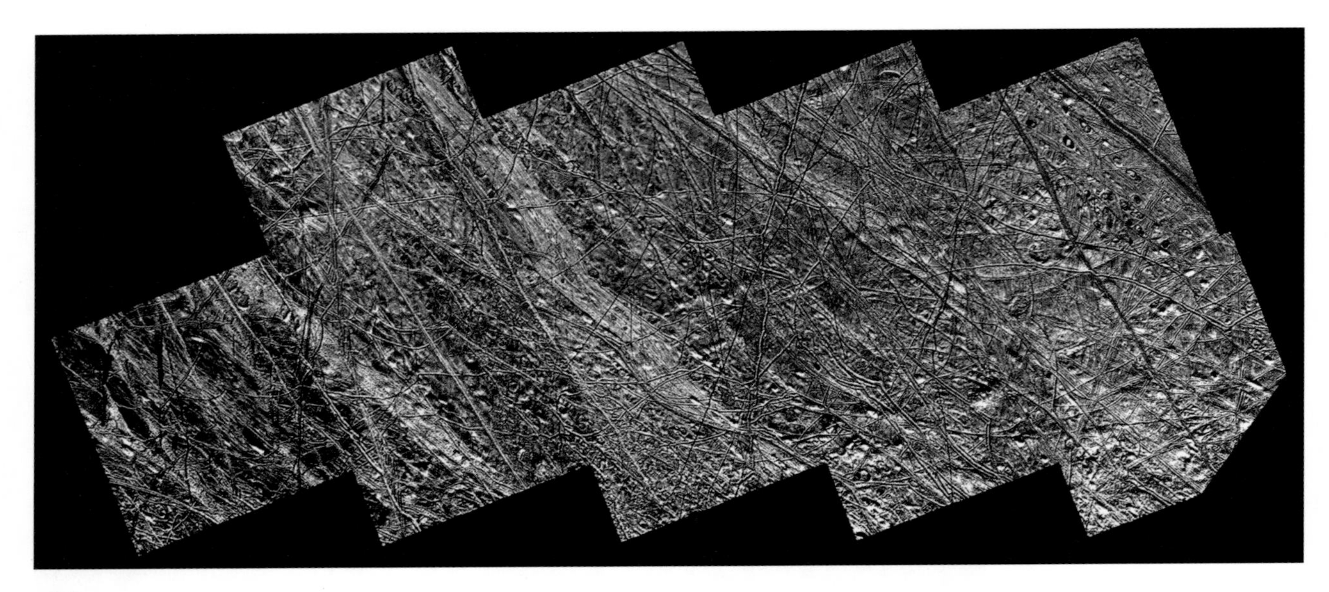

사진 11

사진 12

사진 13

사진 14

사진 15

사진 16

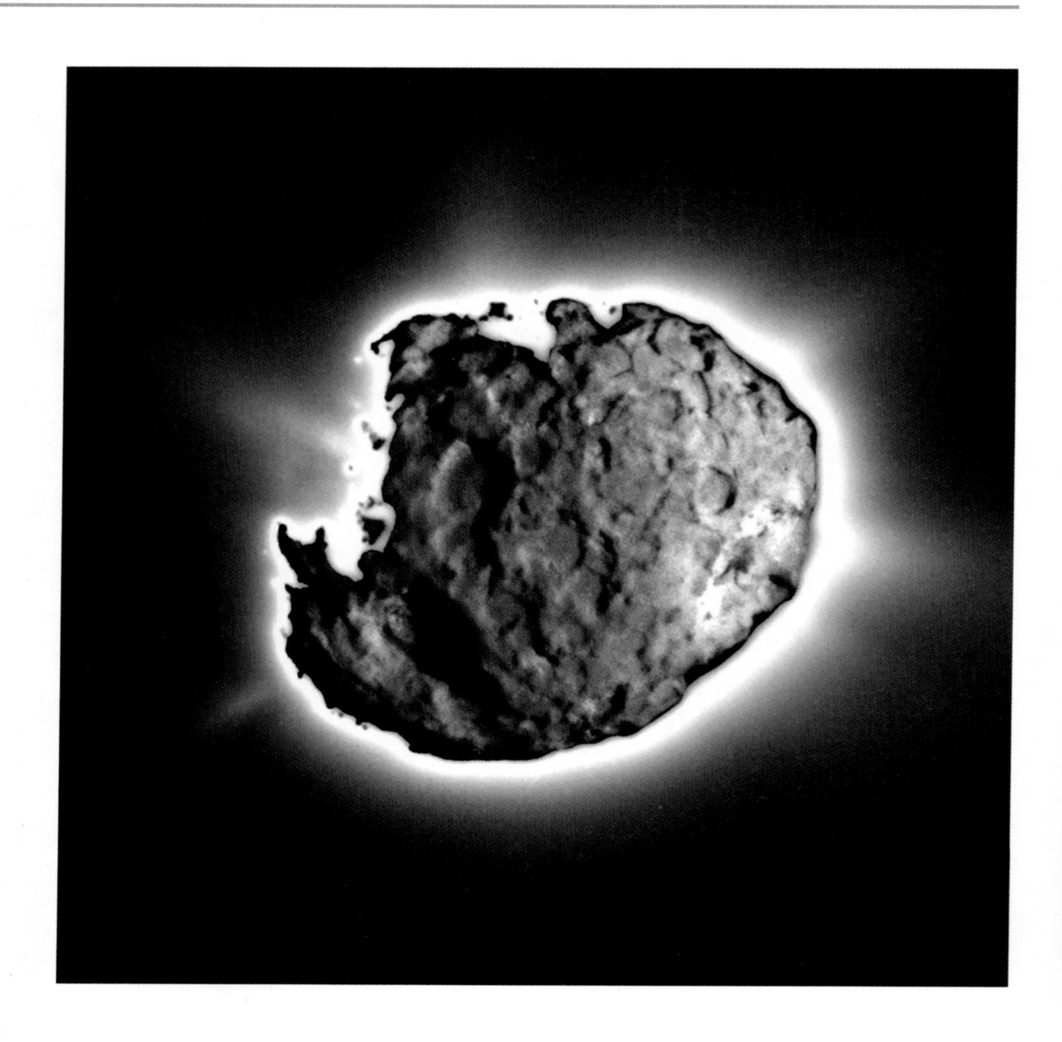

사진 17

O6.5
B0
B6
A1
A5
F0
F5
G0
G5
K0
K5
M0
M5
HD 12993
HD 158659
HD 30584
HD 116608
HD 9547
HD 10032
BD 61 0367
HD 28099
HD 70178
HD 23524
SAO 76803
HD 260655
Yale 1755

사진 18

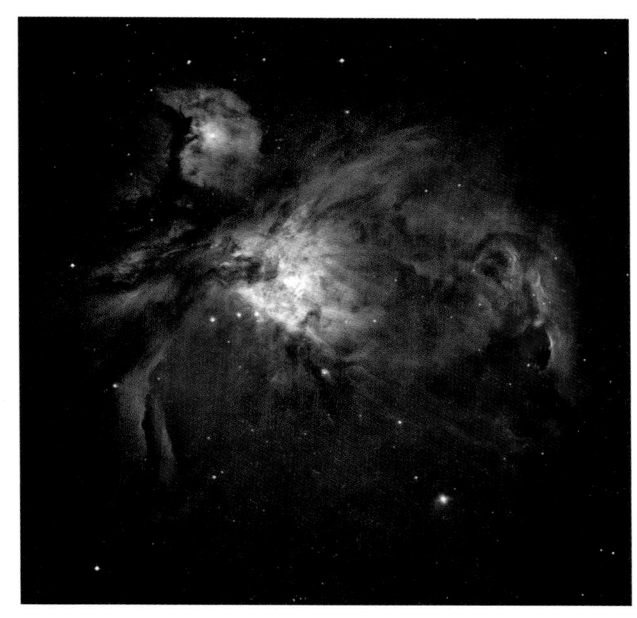

사진 19

사진 20

사진 21

사진 22

사진 23

사진 24

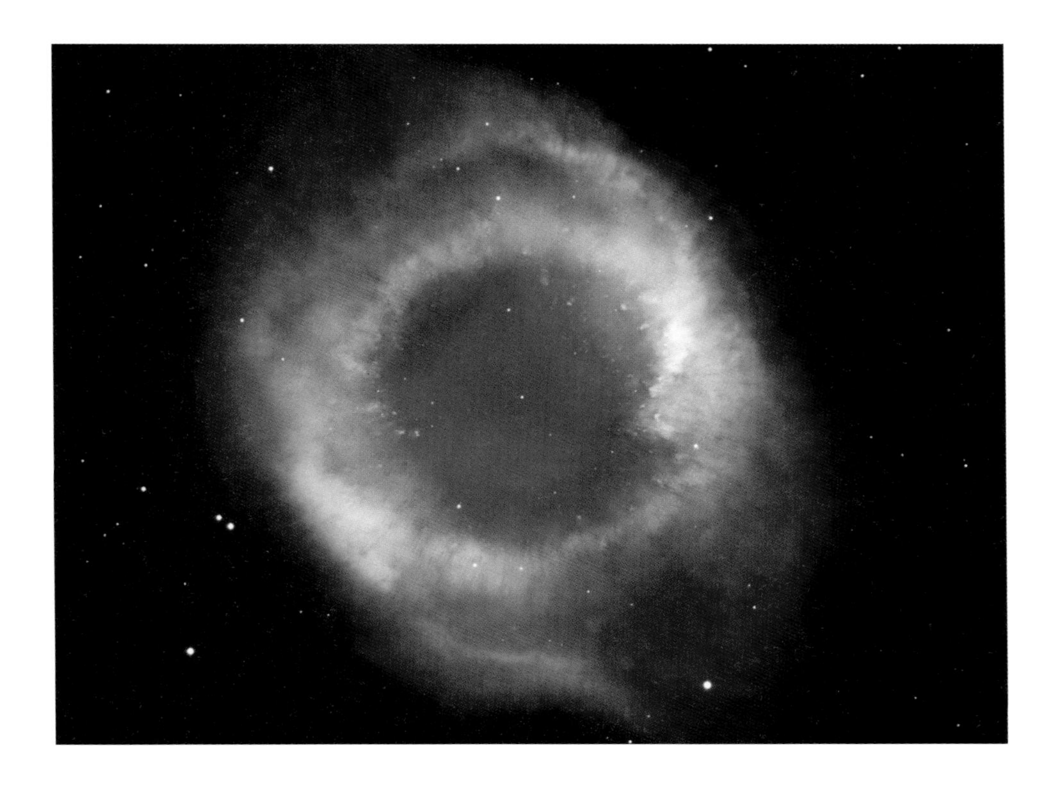

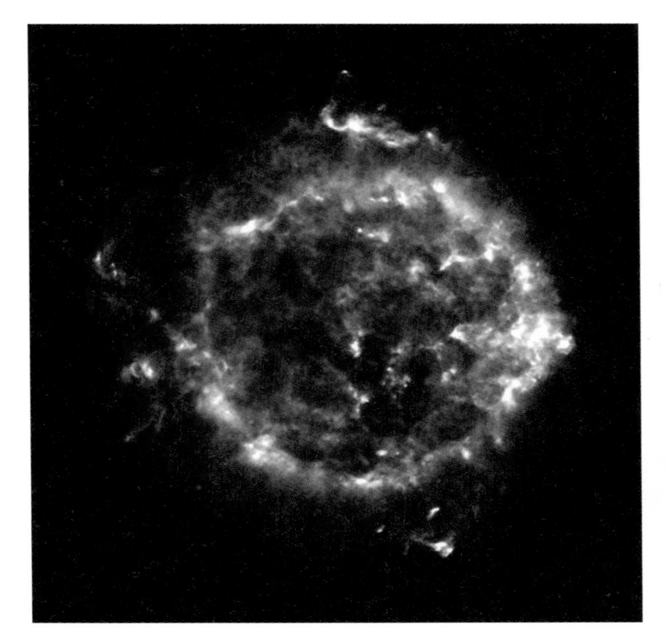

사진 25

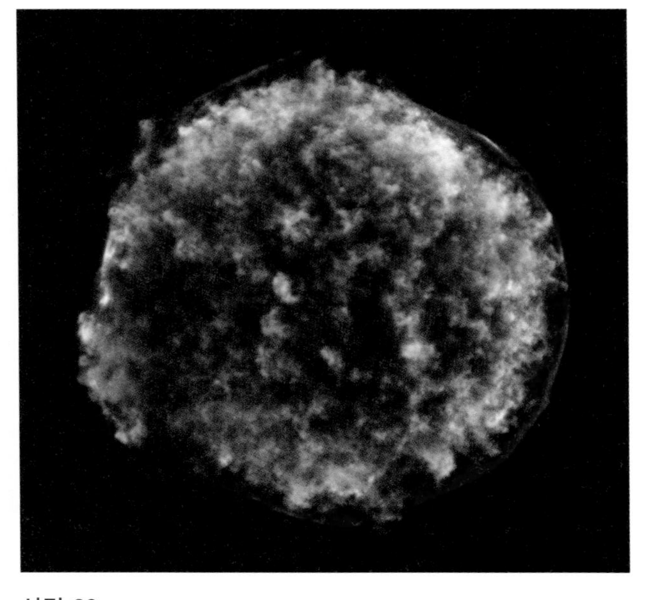

사진 26

사진 27

사진 28

사진 29

사진 30

사진 31

사진 32

사진 33

사진 34

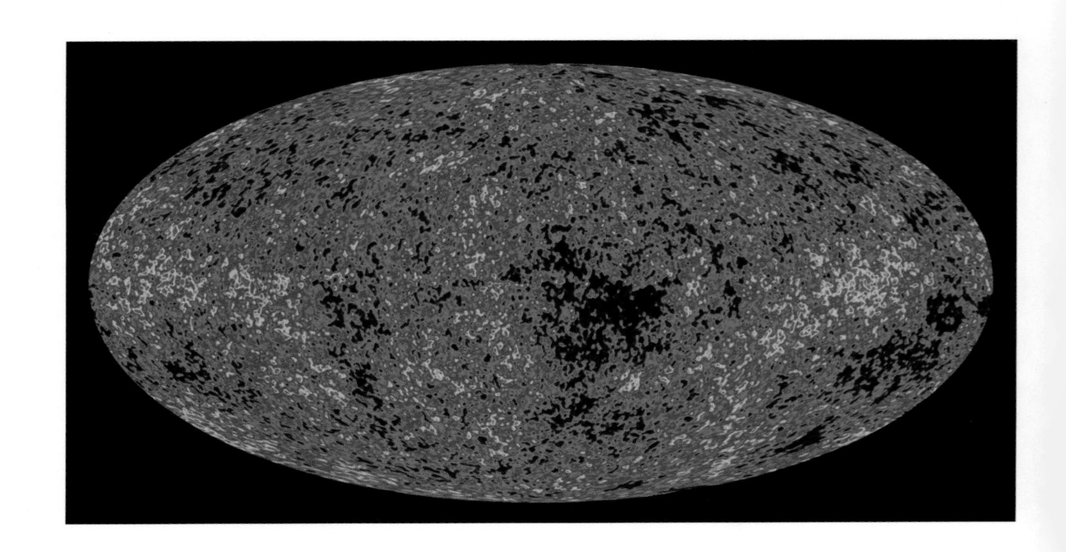

역자소개

강혜성

미국 텍사스주립대학교(오스틴) 천문학과 박사
현재 부산대학교 지구과학교육과 교수

민영기

미국 렌셀러공과대학교 전파천문학 박사
현재 한국과학기술한림원 정회원

윤홍식

미국 인디애나대학교 천체물리학 박사
현재 서울대학교 명예교수

이수창

연세대학교 천문우주학과 박사
현재 충남대학교 천문우주과학과 교수

장헌영

영국 케임브리지대학교 천체물리학과 박사
현재 경북대학교 천문대기과학과 교수

전명원

미국 텍사스주립대학교(오스틴) 천문학과 박사
현재 경희대학교 글로벌 인문융합센터 조교수

홍승수

미국 뉴욕주립대학교(올버니) 천체물리학과 박사
서울대학교 물리천문학부 명예교수 역임